모아교육그룹이 함께 만들어갑니다!"

소방기술사 / 소방시설관리사 / 소방설비기사 / 소방설비산업기사 / 소방실무 / 소방안전관리자 / 화재감식평가(산업)기사

전기안전기술사 / 건축전기설비기술사 / 발송배전기술사 / 전기응용기술사 / 정보통신기술사 / 전기기능장 / 전기기사 / 전기산업기사 / 전기기능사

화공안전기술사 / 산업안전기사 / 에너지관리기사 / 에너지관리산업기사 / 에너지관리기능사 / 공조냉동기계기사 / 공조냉동기계산업기사 / 공조냉동기계기능사

건축기계설비기술사 / 건축설비기사 / 건축설비산업기사 / 가스기사 / 가스산업기사 / 가스기능사 / 위험물기능장 / 위험물산업기사 / 위험물기능사

건설안전기사 / 대기환경기사 / 식품안전기사 / 산업위생관리기사 / 승강기기능사 / 설비보전기능사

NEXT 모아 합격자 FESTIVAL

기술자격증은
모아바 에서 시작하세요!

수강상담 & 학습문의

모아바 고객센터
02.2068.2852

평일 10:00~19:00
(점심 12:00~13:00)
(주말/공휴일 휴무)

모아소방전기학원 × 모아바

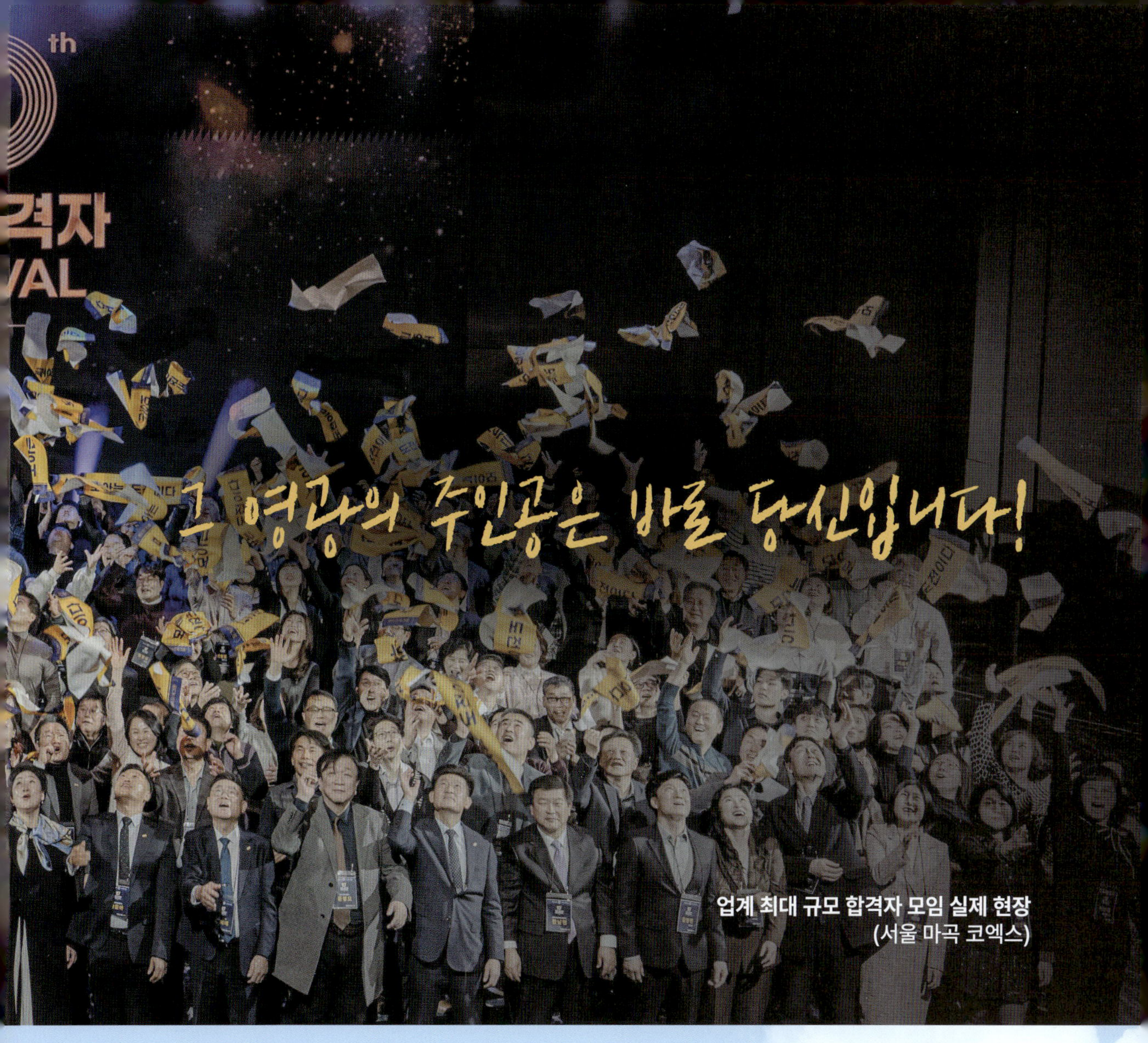

그 영광의 주인공은 바로 당신입니다!

업계 최대 규모 합격자 모임 실제 현장
(서울 마곡 코엑스)

 기록적인 성장
1648%
*2017년 vs 2024년 매출 기준

 경이로운 수강생 증가
760%
*2018년 vs 2025년 1,2월 수강인원 기준

 강의 만족도
99%
*2024년, 2025년 모아바 합격수기 평가 점수 변환 기준

  압도적인 합격률
79%
*2024년 소방시설관리사 2차 합격률

"합격을 넘어 실무까지, 모아가 만듭니다!"
모아소방전기학원
모아직업기술교육원

소방기술사 강의

과정평가형

국가기간전략산업직종훈련

전기기능장 / 기능사 작업형

소방분야	소방기술사 / 소방시설관리사 / 소방설비기사(전기 / 기계) / 소방설비산업기사(전기 / 기계)
전기분야	전기안전기술사 / 전기응용기술사 / 발송배전기술사 / 건축전기설비기술사 / 전기기능장 / 전기기능사 / 전기기사·산업기사
안전분야	화공안전기술사 / 건축기사·산업기사 / 건축설비기사·산업기사 / 건설안전기술사 / 건설안전기사·산업기사 / 산업안전기사·산업기사 / 산업안전지도사 / 승강기기능사 / 공조냉동기계기사
통신분야	정보통신기술사
실무분야	소방감리실무 / 현장에서 통하는 소방설비 찐 실무
과정평가형	소방설비산업기사(전기 / 기계) / 산업안전산업기사 / 산업안전기사 / 건설안전기사 / 전기공사산업기사
국가기간전략훈련	[국기] 전기기능사 취득과정
위탁기관 위탁교육	서울시노동자복지관 / 제대군인지원센터 / 기아 AutoLand 조합원 단체 교육

모아소방전기학원

자격증 취득 & 과정 상담

모아소방전기학원
02.2068.2851

모아직업기술교육원
02.2068.2854

평일 09:00~19:00 / 토·일 08:00~17:00 (공휴일 휴무)

〽〽 모아소방전기학원 ✕ 〽〽 모아직업기술교육원

모아
산업위생관리
기사 필기

핵심이론 + 과년도 7개년

모아합격전략연구소

모아북스

2026년 산업위생관리기사시험 한눈에 보기

[왜 산업위생관리기사인가?]

화학물질과 분진, 소음, 유해가스 등 다양한 유해 요인으로 인한 산업재해와 직업병은 더 이상 특정 업종에만 국한된 문제가 아닙니다. 안전보건 규제가 강화되고 ESG 경영이 보편화되면서 기업들은 근로자의 건강을 지키고 지속 가능한 작업환경을 구축할 수 있는 전문 인재를 요구하고 있으며, 그 해답이 바로 산업위생관리기사입니다. 단순한 환경 안전 관리 자격을 넘어 안전보건 분야의 핵심 자격으로 자리매김한 산업위생관리기사는 현재의 취업 경쟁력은 물론 미래 산업 변화와 사회적 요구에 대비할 수 있는 확실한 전문 자격증이라 할 수 있습니다.

[시험과목 및 합격 기준]

산업위생관리기사		
구분	**필기**	**실기**
시험과목	• 산업위생학개론 • 작업위생 측정 및 평가 • 작업환경관리대책 • 물리적 유해인자 관리 • 산업독성학	작업환경관리 실무
검정방법	객관식 4지 택일형, 과목당 20문항 총 100문항(과목당 30분)	필답형(3시간)
합격 기준	100점을 만점으로 하여 과목당 40점 이상, 전과목 평균 60점 이상	100점을 만점으로 하여 60점 이상

[2026년 시험 예상 일정]

필기시험		
회별	**원서접수 (휴일 제외)**	**시험시행**
제1회	1.12(월) ~ 1.15(목)	2.6(금) ~ 3.3(화)
제2회	4.13(월) ~ 4.16(목)	5.9(토) ~ 5.29(금)
제3회	7.20(월) ~ 7.23(목)	8.8(토) ~ 8.31(월)

실기시험		
회별	**원서접수 (휴일 제외)**	**시험시행**
제1회	3.23(월) ~ 3.26(목)	4.18(토) ~ 5.8(금)
제2회	6.22(월) ~ 6.25(목)	7.18(토) ~ 8.5(수)
제3회	9.21(월) ~ 9.24(목)	10.31(토) ~ 11.20(금)

※ 정확한 시험일정과 관련된 정보는 Q-Net에서 확인하시길 바랍니다.

산업위생학개론

- 산업위생에 대한 전체적인 내용을 다루는 과목으로 기본개념을 이해해야 합니다.
- 난이도가 높지 않은 과목으로 고득점을 노리는 전략이 필요합니다.

☑ 비전공자는 이렇게 접근하세요!
- 기본적인 용어 정의와 개념 정리에 집중합니다.
- 가장 기본적인 형태의 계산문제가 출제되므로 이 과목의 계산문제는 절대 포기하지 않아야 합니다.

작업위생 측정 및 평가

- 계산문제가 많이 출제되는 과목으로 기본공식을 암기해야 합니다.
- 평가 및 통계 부분은 내용을 깊게 공부하기보다는 공식만 정확하게 암기하면 됩니다.

☑ 비전공자는 이렇게 접근하세요!
- 공식을 암기하고, 공식에 수치를 대입하는 연습을 해야 합니다.
- 시료분석기술과 관련해서는 기본개념을 잘 정립해야 합니다.

작업환경관리대책

- 복합적인 계산문제가 많이 출제되는 과목으로 객관적으로 가장 어렵습니다.
- 국소환기에 관련된 문제가 다양하게 출제됩니다.

☑ 비전공자는 이렇게 접근하세요!
- 계산문제에 자신이 없다면 단위환산 기초특강을 수강하면 도움이 됩니다.
- 계산문제를 풀 때에는 공식만 보지 않고, 단위를 함께 보고 문제를 풀어야 합니다.

물리적 유해인자 관리

- 다른 과목과 겹치는 부분이 많은 과목입니다.
- 비교적 난이도가 높지 않아 고득점을 노리는 전략이 필요합니다.

☑ 비전공자는 이렇게 접근하세요!
- 방사선과 조명 관련해서는 다소 생소한 내용이 있어 용어에 대한 정리가 필요합니다.
- 소음 관련 계산문제가 자주 출제되므로 관련 공식을 정확하게 암기해야 합니다.

산업독성학

- 화학적인 용어가 많이 출제되는 과목입니다.
- 유해물질이 인체에 미치는 영향, 치료제, 대사산물 등이 자주 출제됩니다.

☑ 비전공자는 이렇게 접근하세요!
- 유해물질의 독성 반응 전체를 이해할 필요는 없습니다.
- 이론에 과하게 집중하기보다는 기출문제에 자주 나오는 내용 위주로 공부해야 합니다.

이 책의 활용방법

Step 01. 학습 준비

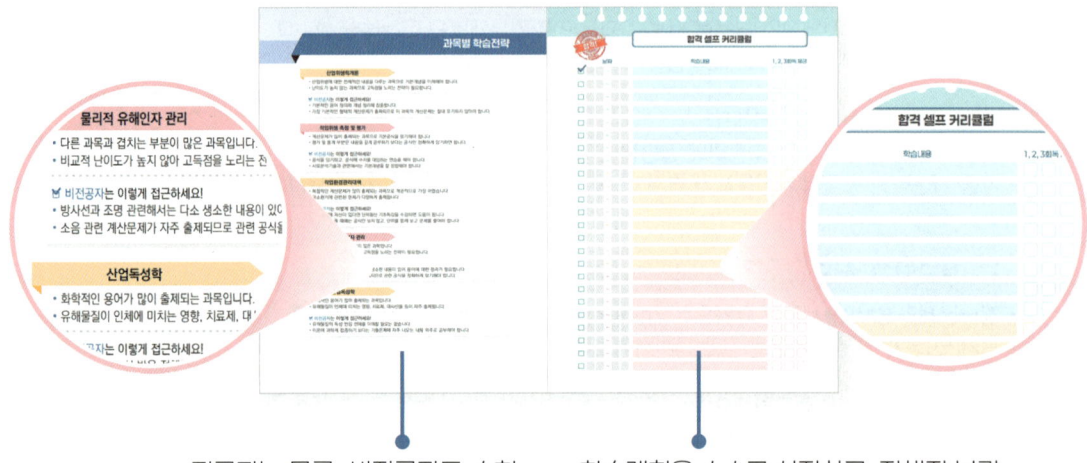

전공자는 물론, 비전공자도 수험 준비 방향을 수월하게 잡을 수 있게 과목별로 학습전략을 정리했습니다.

학습계획을 스스로 설정하고, 정해진 분량을 체크하며 학습 루틴을 형성할 수 있도록 도와주는 맞춤형 진도표입니다.

Step 02. 효율적인 이론 학습

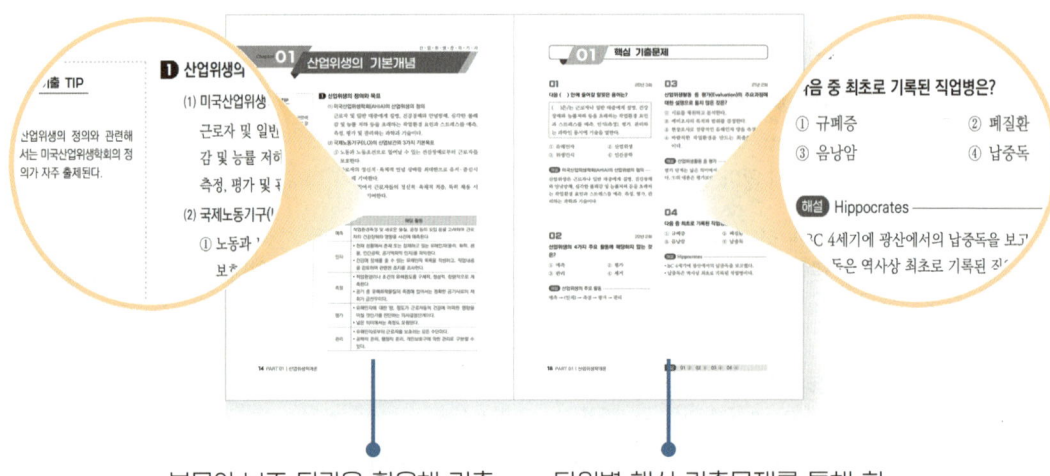

본문의 보조 단락을 활용해 기출 TIP을 정리함으로써, 이해 중심의 학습을 이어가며 동시에 실전 감각까지 자연스럽게 익힐 수 있습니다.

단원별 핵심 기출문제를 통해 학습한 내용을 다지고 중요한 부분을 짚으며 시험에 대비할 수 있습니다.

Step 03. 과년도 기출문제 풀이

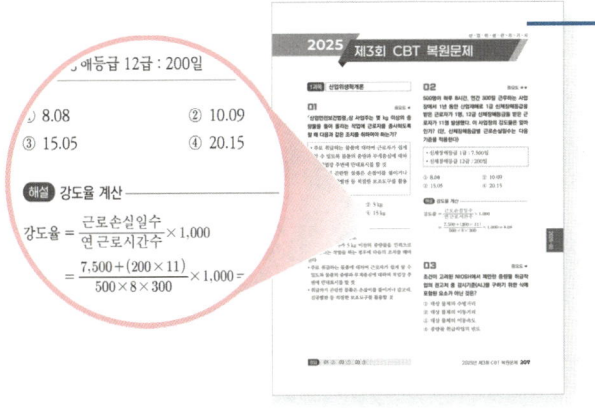

연도별 출제 패턴을 익히고 상세 해설을 통해 오답까지 학습 자원으로 활용할 수 있습니다.

[추천! 9주 완성 초단기 로드맵 - 하루 3시간 기준]

주차	학습목표	주요 내용
1 ~ 2주차	전과목 구조 파악 + 기초 개념 정리	• 계산문제 관련 기초특강 수강 • 단원별 기본원리 정리 • 산업위생, 직업병 등 기본용어 개념 정리
3 ~ 5주차	과목별 기출 연계 개념 학습	• 이론 뒤에 있는 핵심 기출문제 풀이 • 과목별 기본개념 및 용어 정리 • 과목별 공식 정리 및 암기
6 ~ 7주차	기출 반복 + 약점 집중 보완	• 7개년 기출 2회독 완료 • 자주 틀리는 문제 점검 • 작업환경관리대책 과목 계산문제 복습
8 ~ 9주차	마무리 정리 + 총 정리	• 7개년 기출 1회독 완료 • 틀린 기출문제 위주로 기출문제 복습 • "최대빈출 공식 N선"으로 공식 최종 암기

산업위생관리기사

합격 셀프 커리큘럼

날짜	학습내용	1, 2, 3회독 체크
☑ ▢▢ ~ ▢▢		▢ ▢ ▢
▢ ▢▢ ~ ▢▢		▢ ▢ ▢
▢ ▢▢ ~ ▢▢		▢ ▢ ▢
▢ ▢▢ ~ ▢▢		▢ ▢ ▢
▢ ▢▢ ~ ▢▢		▢ ▢ ▢
▢ ▢▢ ~ ▢▢		▢ ▢ ▢
▢ ▢▢ ~ ▢▢		▢ ▢ ▢
▢ ▢▢ ~ ▢▢		▢ ▢ ▢
▢ ▢▢ ~ ▢▢		▢ ▢ ▢
▢ ▢▢ ~ ▢▢		▢ ▢ ▢
▢ ▢▢ ~ ▢▢		▢ ▢ ▢
▢ ▢▢ ~ ▢▢		▢ ▢ ▢
▢ ▢▢ ~ ▢▢		▢ ▢ ▢
▢ ▢▢ ~ ▢▢		▢ ▢ ▢
▢ ▢▢ ~ ▢▢		▢ ▢ ▢
▢ ▢▢ ~ ▢▢		▢ ▢ ▢
▢ ▢▢ ~ ▢▢		▢ ▢ ▢
▢ ▢▢ ~ ▢▢		▢ ▢ ▢
▢ ▢▢ ~ ▢▢		▢ ▢ ▢
▢ ▢▢ ~ ▢▢		▢ ▢ ▢
▢ ▢▢ ~ ▢▢		▢ ▢ ▢
▢ ▢▢ ~ ▢▢		▢ ▢ ▢
▢ ▢▢ ~ ▢▢		▢ ▢ ▢
▢ ▢▢ ~ ▢▢		▢ ▢ ▢
▢ ▢▢ ~ ▢▢		▢ ▢ ▢

합격자가 인정한 이 책의 가치

아직 길이 보이지 않아도 괜찮습니다. 차근차근 쌓아가는 과정이 결국 합격으로 이어집니다.
이번 도전이 두렵지 않도록, 우리가 함께 걸어가겠습니다.
첫 시험, 첫 도전, 그리고 첫 합격. 이 책이 여러분의 그 출발점이 되어 드리겠습니다.

처음엔 낯설지만 흐름을 잡으면 길이 보인다

"처음 접했을 땐 용어조차 어려워 막막했지만, 한두 해치 기출을 풀면서 조금씩 구조가 보이기 시작했습니다. 자주 등장하는 개념을 메모하며 반복하다 보니 시험 전에는 자신감이 생겼습니다. 시험은 결국 전체를 다 아는 게 아니라 중요한 흐름을 익히는 것이 관건임을 깨달았습니다."

서○○ (비전공자)

시간 부족 속에서 효율이 합격을 좌우한다

"업무와 병행하다 보니 공부할 수 있는 시간이 늘 부족했습니다. 그래서 전체 내용을 다 보기보다 꼭 나오는 개념을 정리하고, 실제 출제된 문제를 통해 빈출 영역을 집중적으로 익혔습니다. 반복된 문제를 풀며 감을 잡다 보니 시험장에서 효율적인 선택과 집중이 가능했습니다.."

한○○ (직장인)

실패를 뒤집어준 출제 포인트 학습

"처음에는 모든 내용을 암기하려다 실패했지만, 다시 준비하면서는 출제 포인트 중심으로 접근했습니다. 과년도 문제를 7회차 꾸준히 돌리며 변하지 않는 유형을 익히자 안정감이 생겼습니다. 세부 개념마다 달린 기출 팁을 확인하며 학습하니, 단순 반복이 아닌 이해 중심의 학습으로 바뀌었습니다."

이○○ (재도전자)

문제풀이 감각을 살려낸 반복 훈련

"이론은 익숙했지만 시험장에서 막상 마주한 문제는 단순 암기로는 풀리지 않았습니다. 여러 해 기출을 반복하며 패턴을 익히자 답을 찾는 흐름이 보였고, 작은 단서가 정답으로 이어지는 경우가 많았습니다. 세부 개념을 짚는 훈련이 합격에 직결되었으며, TIP 표시 부분은 문제 풀이에 자주 연결돼 바로 떠올릴 수 있었습니다."

최○○ (전공자)

목차

모아북스

▶ 학습전략

산업위생학개론은 산업위생관리기사의 전체적인 내용을 다루는 과목으로 출제범위
가 넓은 편입니다.

산업위생의 개념과 산업위생의 역사와 관련된 내용은 간단하면서도 자주 출제되기
때문에 시험에 출제되면 반드시 맞혀야 하는 문제로 생각해야 합니다.

산업위생학개론에서도 계산문제가 출제되는데 시간가중평균노출기준(TWA)과 비정
상 작업시간에 따른 허용농도 보정 관련 문제는 이 과목에도 출제되지만 다른 과목에
서도 출제되므로 공식을 암기하고 풀이과정을 정확하게 이해해야 합니다.

Part 01
산업위생학개론

> **세부구성**

Chapter **01** 산업위생의 기본개념

1 산업위생의 정의와 목표

(1) **미국산업위생학회(AHIA)의 산업위생 정의**

근로자 및 일반 대중에게 질병, 건강장해와 안녕방해, 심각한 불쾌감 및 능률 저하 등을 초래하는 작업환경 요인과 스트레스를 예측, 측정, 평가 및 관리하는 과학과 기술이다.

(2) **국제노동기구(ILO)의 산업보건의 3가지 기본목표**

① 노동과 노동조건으로 일어날 수 있는 건강장해로부터 근로자를 보호한다.

② 근로자의 정신적 · 육체적 안녕 상태를 최대한으로 유지 · 증진시키는 데 기여한다.

③ 작업에 있어서 근로자들의 정신적 · 육체적 적응, 특히 채용 시 적정배치에 기여한다.

2 산업위생 활동

구분	해당 활동
예측	작업환경 측정 및 새로운 물질, 공정 등의 도입 등을 고려하여 근로자의 건강장해와 영향을 사전에 예측한다.
인지	• 현재 상황에서 존재 또는 잠재하고 있는 유해인자(물리, 화학, 생물, 인간공학, 공기역학적 인자)를 파악한다. • 건강에 장해를 줄 수 있는 유해인자 목록을 작성하고, 작업내용을 검토하며 관련된 조치를 조사한다.
측정	• 작업환경이나 조건의 유해정도를 구체적, 정성적, 정량적으로 계측한다. • 공기 중 유해화학물질의 측정에 있어서는 정확한 공기시료의 채취가 급선무이다.
평가	• 유해인자에 대한 양, 정도가 근로자들의 건강에 어떠한 영향을 미칠 것인가를 판단하는 의사결정단계이다. • 넓은 의미에서는 측정도 포함된다.
관리	• 유해인자로부터 근로자를 보호하는 모든 수단이다. • 공학적 관리, 행정적 관리, 개인보호구에 의한 관리로 구분할 수 있다.

기출 TIP

산업위생의 정의와 관련해서는 미국산업위생학회의 정의가 자주 출제된다.

산업위생활동의 구분에 따라 해당되는 활동을 고르는 문제가 출제된다.

❸ 외국의 산업위생 역사

(1) Hippocrates(B.C 4세기)

  ① 광산에서의 납 중독을 보고했다.

  ② 납 중독은 역사상 최초로 기록된 직업병이다.

(2) Bernardino Ramazzini(1633 ~ 1714년)

  ① 산업보건의 시조로, 산업의학의 아버지이다.

  ② "직업인의 질병"이라는 저서를 기록하여 수공업자에 대한 질병을 집대성했다.

  ③ 근로자들의 과격한 동작 및 불안전한 작업자세, 작업장에서 사용하는 유해물질 등을 직업병의 원인으로 지목했다.

(3) Percivall Pott(18세기)

  ① 영국의 외과의사로 직업성 암을 최초로 보고했다.

  ② 어린이 굴뚝청소부에서 많이 발생한 음낭암(Scrotal Cancer)의 원인물질을 검댕(Soot)으로 규명했다.

  ③ 8살 이하 어린이는 굴뚝청소부로 일하지 못하게 하는 굴뚝청소부법(1788년)을 제정하도록 했다.

(4) 영국의 공장법(1833년)

  ① 산업보건에 관한 최초의 법률로 실제로 효과를 거둔 최초의 법이다.

  ② 공장법의 주요내용

    ㉠ 감독관을 임명하여 공장을 감독하도록 한다.

    ㉡ 근로자에게 교육을 시키도록 의무화한다.

    ㉢ 18세 미만 근로자의 야간작업을 금지한다.

    ㉣ 작업할 수 있는 연령을 13세 이상으로 제한한다.

    ㉤ 주간 작업시간을 48시간으로 제한한다.

(5) Bismark(1880년대)

독일에서 근로자에 대한 질병보험법과 공장재해보험법을 제정했다.

(6) Loriga(1911년대)

진동공구의 사용으로 인한 레이로드(Raynand)현상을 보고했다.

(7) Alice Hamilton(20세기)

  ① 미국의 여자 의사로 미국 최초의 산업보건학자이다.

  ② 현대적 의미의 최초의 산업위생전문가이다.

  ③ 납, 수은, 이황화탄소 중독 및 직업성 질환과의 관계를 규명했다.

  ④ 미국의 산업재해보상법을 제정하는 데에 크게 기여했다.

🖉 기출 TIP

Hippocrates가 최초로 기록한 직업병이 무엇인지 묻는 문제가 자주 출제된다.

외국의 산업위생역사 관련해서는 Percivall Pott와 관련된 문제가 가장 많이 출제된다.

Alice Hamilton이 한 활동을 문제에서 설명하고 이름을 묻는 문제가 주로 출제된다.

✏️ **기출 TIP**

한국의 산업위생 역사는 외국의 산업위생 역사보다 출제빈도는 적은 편이다.

4 한국의 산업위생 역사

(1) 근로기준법 제정 공포(1953년)

　① 우리나라 산업위생에 대한 최초의 법령이다.

　② 안전, 위생에 관한 규정 및 산업재해 방지를 위한 사업주의 의무를 부여했다.

　③ 1962년 위험관리에 관한 규정을 포함한 근로기준법 시행령을 제정했다.

(2) 산업안전보건법 제정 공포(1981년)

　① 노동청을 노동부로 승격시켰다.

　② 법의 시행일은 1982년 7월 1일이다.

(3) 한국산업안전공단 설립(1987년)

(4) 우리나라가 국제노동기구(ILO) 가입(1911년)

(5) 작업환경 측정기관에 대한 정도관리 규정 제정(1992년)

(6) 대한산업보건협회에서 12개 산업보건센터 설립, 운영(2002년)

5 한국의 주요 산업재해 발생 현황

(1) 문송면 군(15세)의 수은 중독 사망

공장에서 온도계에 수은을 작업하는 작업을 하던 중 수은 증기 흡입으로 수은에 중독되어 사망했다.

원진레이온에서 어떤 물질에 근로자들이 중독되었는지 묻는 문제가 자주 출제된다.

(2) 원진레이온(주)의 이황화탄소 중독

1998년 비스코레이온을 만드는 과정에서 이황화탄소에 근로자가 집단으로 중독되는 산업재해가 발생했다.

6 산업위생 관련 기관

(1) 미국정부산업위생전문가협의회(ACGIH)

American Conference of Governmental Industrial Hygienists

(2) 미국산업위생학회(AIHA)

American Industrial Hygiene Association

(3) 미국산업안전보건청(OSHA)

Occupational Safety and Health Administration

(4) 영국산업위생학회(BOHS)

British Occupational Hygiene Society

(5) 영국산업안전보건청(HSE)

Health Safety Executive

(6) 한국산업안전보건공단(KOSHA)

Korea Occupational Safety & Health Agency

7 산업위생 윤리강령(미국산업위생학술원)

(1) 전문가로서의 책임

① 성실성과 학문적 실력 면에서 최고수준을 유지해야 한다.

② 과학적 방법의 적용과 자료의 해석에서 경험을 통한 전문가의 객관성을 유지한다.

③ 전문분야로서의 산업위생을 학문적으로 발전시킨다.

④ 근로자, 사회 및 전문직종의 이익을 위해 과학적 지식을 공개하고 발표한다.

⑤ 활동을 통해 얻은 개인 및 기업체의 기밀은 누설하지 않는다.

⑥ 전문적 판단이 타협에 의하여 좌우될 수 있거나 이해관계가 있는 상황에는 개입하지 않는다.

(2) 근로자에 대한 책임

① 근로자의 건강보호가 산업위생전문가의 1차적인 책임이라는 것을 인식한다.

② 근로자와 기타 여러 사람의 건강과 안녕이 산업위생전문가의 판단에 좌우된다는 것을 깨달아야 한다.

③ 위험요인의 측정, 평가 및 관리에 있어서 외부의 영향력에 굴하지 않고 중립적(객관적)인 태도를 취해야 한다.

④ 건강의 유해요인에 대한 정보와 필요한 예방조치에 대해 근로자와 상담한다.

(3) 기업주와 고객에 대한 책임

① 결과 및 결론을 뒷받침할 수 있도록 정확한 기록을 유지하고 산업위생사업을 전문가답게 운영하고 관리한다.

② 산업위생전문가의 궁극적 책임은 기업주와 고객보다는 근로자의 건강보호에 있다.

③ 쾌적한 작업환경을 조정하기 위하여 책임 있게 행동한다.

④ 신뢰를 바탕으로 정직하게 권고하고 결과의 개선점 및 권고사항을 정확하게 보고한다.

(4) 일반 대중에 대한 책임

① 일반 대중에 관한 사항은 정직하게 발표한다.

② 적절하고도 확실한 사실을 근거로 전문적인 견해를 발표한다.

🖊 기출 TIP

보기에 네 가지의 책임에 해당되는 내용을 주고, 누구에 대한 책임인지를 묻는 문제가 주로 출제된다.

출제빈도로 보면 일반 대중에 대한 책임 관련 문제보다는 전문가, 근로자, 기업주와 고객에 대한 책임 문제가 자주 출제된다.

01

2020년 3회

다음 ( ) 안에 들어갈 알맞은 용어는?

> ( )은/는 근로자나 일반 대중에게 질병, 건강 장해와 능률저하 등을 초래하는 작업환경 요인과 스트레스를 예측, 인식(측정), 평가, 관리하는 과학인 동시에 기술을 말한다.

① 유해인자　　　　② 산업위생
③ 위생인식　　　　④ 인간공학

해설 미국산업위생학회(AHIA)의 산업위생 정의 ——
산업위생은 근로자나 일반 대중에게 질병, 건강장해와 안녕방해, 심각한 불쾌감 및 능률저하 등을 초래하는 작업환경 요인과 스트레스를 예측, 측정, 평가, 관리하는 과학과 기술이다.

02

2022년 2회

산업위생의 4가지 주요 활동에 해당하지 않는 것은?

① 예측　　　　② 평가
③ 관리　　　　④ 제거

해설 산업위생의 주요 활동 ——
예측 → (인지) → 측정 → 평가 → 관리

03

2021년 2회

산업위생활동 중 평가(Evaluation)의 주요과정에 대한 설명으로 옳지 않은 것은?

① 시료를 채취하고 분석한다.
② 예비조사의 목적과 범위를 결정한다.
③ 현장조사로 정량적인 유해인자 양을 측정한다.
④ 바람직한 작업환경을 만드는 최종적인 활동이다.

해설 산업위생활동 중 평가 ——
평가단계는 넓은 의미에서 보면 측정단계도 포함된다. ④의 내용은 평가보다는 관리에 해당된다.

04

2021년 2회

다음 중 최초로 기록된 직업병은?

① 규폐증　　　　② 폐질환
③ 음낭암　　　　④ 납 중독

해설 Hippocrates ——
• BC 4세기에 광산에서의 납 중독을 보고했다.
• 납 중독은 역사상 최초로 기록된 직업병이다.

05

영국에서 최초로 직업성 암을 보고하여, 1788년에 굴뚝청소부법이 통과되도록 노력한 사람은?

① Ramazzini
② Paracelsus
③ Percivall Pott
④ Robert Owen

해설 Percivall Pott ──────────

Percivall Pott는 어린이 굴뚝청소부에서 많이 발생하는 음낭암(Scrotal Cancer)의 원인물질을 검댕(Soot)으로 규명했고, 8살 이하 어린이는 굴뚝청소부로 일하지 못하게 하는 굴뚝청소부법(1788년)이 통과되도록 노력했다.

06

미국에서 1910년 납(Lead) 공장에 대한 조사를 시작으로 레이온 공장의 이황화탄소 중독, 구리 광산에서 규폐증, 수은 광산에서의 수은 중독 등을 조사하여 미국의 산업보건 분야에 크게 공헌한 선구자는?

① Leonard Hill
② Max Von Pettenkofer
③ Edward Chadwick
④ Alice Hamilton

해설 Alice Hamilton ──────────

Alice Hamilton은 미국의 여자 의사로 미국 최초의 산업보건학자이다.
그녀는 납, 수은, 이황화탄소 중독 및 직업성 질환과의 관계를 규명했으며 미국의 산업재해보상법을 제정하는 데에 크게 기여했다.

07

우리나라 산업위생역사에서 중요한 원진레이온 공장에서의 집단적인 직업병 유발물질은 무엇인가?

① 수은
② 디클로로메탄
③ 벤젠(Benzene)
④ 이황화탄소(CS_2)

해설 우리나라 산업위생의 역사 ──────────

원진레이온에서 1991년에 처음 이황화탄소 중독을 발견했으나 작업환경 측정을 소홀히 하여 1998년에 집단적인 직업병이 발생했다.

08

산업위생전문가들이 지켜야 할 윤리강령에 있어 전문가로서의 책임에 해당하는 것은?

① 일반 대중에 관한 사항은 정직하게 발표한다.
② 위험요소와 예방조치에 관하여 근로자와 상담한다.
③ 과학적 방법의 적용과 자료의 해석에서 객관성을 유지한다.
④ 위험요인의 측정, 평가 및 관리에 있어서 외부의 압력에 굴하지 않고 중립적 태도를 취한다.

해설 산업위생전문가의 윤리강령 ──────────
① 일반 대중에 대한 책임이다.
② 근로자에 대한 책임이다.
④ 근로자에 대한 책임이다.

Chapter 02 인간공학

✎ 기출 TIP

인간공학의 정의보다는 고
려해야 할 인간의 특성에 대
한 문제가 자주 출제된다.

1 인간공학의 기본개념

(1) 인간공학의 정의

① 인간의 능력과 한계능력을 공학적으로 분석·평가한 후 이 결과
를 복잡한 체계의 설계에 응용함으로써 효율을 최대로 활용할
수 있도록 하는 학문이다.

② 기계와 그 기계의 조작 및 환경요인을 인간의 특성에 맞추어 설
계하기 위한 수단을 연구하는 학문이다.

(2) 인간공학에서 고려해야 할 인간의 특성

① 인간의 습성

② 신체의 크기와 작업환경

③ 감각과 지각

④ 운동력과 근력

⑤ 기술, 집단에 대한 적응능력

MPL과 AL의 관계, 중량물
취급지수의 의미를 묻는 문
제가 주로 출제된다.

2 들기작업

(1) NOISH 들기작업 지침의 최대허용기준(MPL)

① 역학적 조사결과 MPL를 초과하는 작업에서는 대부분의 근로자
에게 근육, 골격 장애가 나타났다.

② 인간공학적 연구결과 L_5/S_1 디스크에 가하는 압력이 6,400 N
의 압력이 가해지면 대부분의 근로자가 견딜 수 없었다.

③ 정신물리학적 연구결과 남자는 25 %, 여자는 1 % 미만에서만
MPL 수준의 작업이 가능하다.

> MPL(최대허용기준) = 3AL(감시기준)

(2) 들기지수, 중량물 취급지수(LI)

① LI는 실제 작업물의 무게와 권장무게한계(RWL)의 비이며 특정
한 작업에서 육체적인 스트레스의 양을 나타낸다.

② LI이 1.0보다 크면 작업부하가 권장치보다 크다고 본다.

$$LI = \frac{\text{실제 작업 무게}(L)}{\text{권장무게한계}(RWL)}$$

3 노동생리

(1) 근육운동(노동)에 필요한 에너지원

구분	내용
혐기성 대사	• 근육 내에 존재하는 크레아틴인산(CP), 글리코겐 또는 포도당이 ATP(아데노신삼인산)를 만들고 ATP로 에너지 생산 • CP, ATP는 순환하고 글리코겐은 소모되어 고갈됨
호기성 대사	• 근육 사용 직후는 혐기성 대사로 에너지를 공급받지만 2분 정도 후 에너지의 고갈로 호기성 대사로 에너지를 공급받음 • 음식물로 섭취한 에너지(포도당, 단백질, 지방)가 산소와 결합하여 에너지를 생산

(2) 산소 소비량

① 산소 소비량은 작업부하가 증가하면 일정한 비율로 계속 증가하나 작업부하가 일정한계를 초과하면 더 이상 증가하지 않는다.

② 산소 부채(Oxygen debt)현상

  ㉠ 운동이 격렬하게 진행될 때 산소가 부족해지는 현상이다.

  ㉡ 부족한 산소량은 운동이 끝난 뒤에 원래대로 보상되어야 한다.

  ㉢ 운동이 끝난 뒤에도 일정기간 산소를 소비(산소의 부채를 보상)하는 것이다.

4 근골격계 질환

(1) 근골격계 질환(누적외상성 질환, CTDs)의 발생원인

① 반복적인 동작

② 부적절한 작업자세

③ 무리한 힘의 사용

④ 날카로운 면과의 신체 접촉

⑤ 진동 및 온도(저온)

(2) 대표적인 근골격계 질환의 종류

① 수근관증후군(손목뼈터널증후군) : 반복적이고 지속적인 손목의 압박, 무리한 힘 등으로 인해 수근관(손가락을 구부리는 근육과 신경이 지나는 곳) 내부에 정중신경이 손상되어 발생한다.

② 수완진동증후군 : 진동공구의 진동으로 인해 손가락 혈관이 수축되어 손가락 감각이 마비되거나 저리는 증상이 발생한다.

✏ **기출 TIP**

혐기성 대사와 호기성 대사의 에너지원을 묻는 문제가 주로 출제된다.

산소 부채의 개념을 묻는 문제가 자주 출제되므로 대비가 필요하다.

근골격계 질환의 발생원인을 묻는 문제가 자주 출제된다. 고온 작업보다는 저온 작업이 근골격계 질환의 원인이 됨을 기억해야 한다.

01

인간공학에서 고려해야 할 인간의 특성과 가장 거리가 먼 것은?

① 감각과 지각
② 운동과 근력
③ 감정과 생산능력
④ 기술, 집단에 대한 적응능력

해설 인간공학에서 고려해야 할 인간의 특성 ─────

• 인간의 습성
• 운동과 근력
• 감각과 지각
• 신체의 크기와 작업환경
• 기술과 집단에 대한 적응능력

02

L_5/S_1 디스크에 얼마 정도의 압력이 초과되면 대부분의 근로자에게 장해가 나타나는가?

① 3,400 N
② 4,400 N
③ 5,400 N
④ 6,400 N

해설 디스크 ─────────────

L_5/S_1 디스크에 약 650 kg(6,400 N) 정도의 압력이 초과되면 대부분의 근로자에게 장해가 나타난다.

03

미국산업안전보건연구원(NIOSH)에서 제시한 중량물의 들기작업에 관한 감시기준(Action Limit)과 최대허용기준(Maximum Permissible Limit)의 관계를 바르게 나타낸 것은?

① MPL = 5AL
② MPL = 3AL
③ MPL = 10AL
④ MPL = $\sqrt{2}$ AL

해설 최대허용기준과 감시기준 ─────────

MPL(최대 허용기준) = 3AL(감시기준)

04

물체의 실제무게를 미국 NIOSH의 권고 중량물한계기준(RWL : Recommended Weight Limit)으로 나누어 준 값을 무엇이라 하는가?

① 중량상수(LC)
② 빈도승수(FM)
③ 비대칭승수(AM)
④ 중량물 취급지수(LI)

해설 중량물 취급지수(LI) ─────────

물체의 실제 무게와 권고중량물한계기준(RWL)로 나누어 준 값이다.

$$LI = \frac{\text{실제 작업 무게}(L)}{\text{권장무게한계}(RWL)}$$

05

근육운동의 에너지원 중 혐기성 대사의 에너지원에 해당되는 것은?

① 지방
② 포도당
③ 단백질
④ 글리코겐

해설 에너지원 ————————————

혐기성 대사의 에너지원은 글리코겐이다.

구분	내용
혐기성 대사	• 근육 내에 존재하는 크레아틴인산(CP), 글리코겐 또는 포도당이 ATP(아데노신삼인산)를 만들고 ATP로 에너지 생산 • CP, ATP는 순환하고 글리코겐은 소모되어 고갈됨
호기성 대사	• 근육 사용 직후는 혐기성 대사로 에너지를 공급받고 그 이후 호기성 대사로 에너지를 공급받음 • 음식물로 섭취한 에너지(포도당, 단백질, 지방)가 산소와 결합하여 에너지를 생산

06

다음 중 근육운동에 동원되는 주요 에너지 생산방법 중 혐기성 대사에 사용되는 에너지원이 아닌 것은?

① 아데노신삼인산
② 크레아틴인산
③ 지방
④ 글리코겐

해설 에너지원 ————————————

지방은 호기성 대사에 사용되는 에너지원이다.

07

다음 내용이 설명하는 것은?

> 작업 시 소비되는 산소 소비량은 초기에 서서히 증가하다가 작업강도에 따라 일정한 양에 도달하고, 작업이 종료된 후 서서히 감소되어 일정 시간 동안 산소가 소비된다.

① 산소 부채
② 산소 섭취량
③ 산소 부족량
④ 최대 산소량

해설 산소 부채 ————————————

산소 부채에 대한 설명이다.

08

누적외상성 장애(CTDs : Cumulative Trauma Disorders)의 원인이 아닌 것은?

① 불안전한 자세에서 장기간 고정된 한 가지 작업
② 고온 작업장에서 갑작스럽게 힘을 주는 전신 작업
③ 작업속도가 빠른 상태에서 힘을 주는 반복작업
④ 작업내용의 변화가 없거나 휴식시간 없이 손과 팔을 과도하게 사용하는 작업

해설 누적외상성 장애(CTDs)의 발생요인 ————————————

• 반복적인 동작
• 부적절한 작업자세
• 무리한 힘의 사용
• 날카로운 면과의 신체 접촉
• 진동 및 온도(저온) 등의 요인

1 피로의 3단계

구분	내용
1단계(보통피로)	하룻밤을 자고 나면 회복이 가능한 정도
2단계(과로)	• 다음날까지 피로상태 지속 • 단기간의 휴식으로는 회복될 수 있는 상태
3단계(곤비)	• 과로가 축적되어 단기간의 휴식으로 회복될 수 없는 발병단계 • 심한 노동 후의 피로현상으로 병적인 상태

곤비 상태가 무엇인지 묻는 문제가 자주 출제된다.

2 피로의 평가

(1) 전신피로의 평가

① 작업종료 후 회복기 심박수(Heart rate)를 측정하여 평가한다.

심한 전신피로 상태를 판단 하는 기준을 묻는 문제가 주 로 출제된다.

② 심한 전신피로 상태 : $HR_{30 \sim 60}$이 110을 초과하고, $HR_{60 \sim 90}$과 $HR_{150 \sim 180}$의 차이가 10 미만인 경우이다.

ⓐ $HR_{30 \sim 60}$: 작업종료 후 30 ~ 60초 사이의 평균 맥박수

ⓑ $HR_{60 \sim 90}$: 작업종료 후 60 ~ 90초 사이의 평균 맥박수

ⓒ $HR_{150 \sim 180}$: 작업종료 후 150 ~ 180초 사이의 평균 맥박수

③ 전신피로의 원인

ⓐ 근육 내 글리코겐의 양의 감소

ⓑ 혈중 포도당 농도 저하

ⓒ 혈중 젖산 농도 증가

ⓓ 산소공급의 부족

(2) 국소피로의 평가

① 근육이 위의 피부 표면에 2개의 전극을 부착하여 측정한 근전도(EMG) 검사로 평가한다.

② 피로한 근육에서 나타나는 근전도(EMG)의 특징

ⓐ 총 전압이 증가한다.

ⓑ 저주파수(0 ~ 40 Hz) 영역에서 힘(전압)이 증가한다.

ⓒ 고주파수(400 ~ 200 Hz) 영역에서 힘(전압)이 감소한다.

ⓓ 평균 주파수 영역에서 힘(전압)이 감소한다.

3 육체적 작업능력(PWC)

① 피로를 느끼지 않고 하루에 4분간 계속할 수 있는 작업강도이다.

② 하루 8시간의 작업강도 = $PWC \times \dfrac{1}{3}$

4 작업강도

(1) 에너지 대사율(RMR)

$$RMR = \frac{작업\ 대사량}{기초\ 대사량}$$

$$= \frac{작업\ 시\ 열량소비량 - 안정\ 시\ 열량소비량}{기초대사량}$$

$$= \frac{작업\ 시\ 산소소비량 - 안정\ 시\ 산소소비량}{기초대사량}$$

(2) 실노동률(실동률)

실노동률(실동률)(%) = 85 − (5 × RMR)

RMR : 에너지대사율(작업대사율)

(3) 피로예방을 위한 적정 휴식시간 비[$T_{rest}(\%)$]

$$T_{rest}(\%) = \left(\frac{PWC의\ \frac{1}{3} - 작업\ 대사량}{휴식\ 대사량 - 작업대사량} \right) \times 100$$

PWC : 육체적 작업능력

(4) 작업강도(%MS)

$$작업강도(\%MS) = \frac{RF}{MS} \times 100$$

RF : 작업 시 요구되는 힘(한 손에 요구되는 힘)

MS : 근로자가 가지고 있는 약한 손의 최대 힘

5 교대 근무제 관리원칙

① 3조 3교대 근무나 4조 3교대 근무가 바람직하다.

② 연속해서 3일 이상 야간근무를 하는 것은 피하고, 야간근무 후에 는 1 ~ 2일 정도 휴식을 취하는 것이 바람직하다.

③ 야간근무 시 가면은 반드시 필요하며 보통 2 ~ 4시간(1시간 30분 이상)이 적합하다.

④ 야간근무 교대시간은 자정 이전으로 한다.

⑤ 근무시간표는 순차적으로 편성(정교대)하는 것이 바람직하다.

예 주간근무 → 저녁근무 → 야간근무 → 주간근무

기출 TIP

PWC는 적정 휴식시간 비를 계산할 때에도 활용된다.

RMR는 계산문제보다는 공식 자체를 묻는 문제가 더 많이 출제된다.

적정 휴식시간비와 작업강도는 계산문제로 자주 출제되고, 수치가 조금씩 변경되어 출제되는 경향이 있다.

교대 근무제의 효과적인 운영방법을 묻는 문제가 자주 출제된다.

01

2021년 3회

단기간의 휴식에 의하여 회복될 수 없는 병적상태를 일컫는 용어는?

① 곤비
② 과로
③ 국소피로
④ 전신피로

해설 피로의 단계 ─────────

곤비는 과로가 축적되어 단기간의 휴식을 통해서는 회복할 수 없는 병적인 상태이다.

02

2018년 1회

전신피로의 정도를 평가하기 위하여 맥박을 측정한 값이 심한 전신피로 상태라고 판단되는 경우는?

① $HR_{30 \sim 60} = 107$, $HR_{150 \sim 180} = 89$, $HR_{60 \sim 90} = 101$
② $HR_{30 \sim 60} = 110$, $HR_{150 \sim 180} = 95$, $HR_{60 \sim 90} = 108$
③ $HR_{30 \sim 60} = 114$, $HR_{150 \sim 180} = 92$, $HR_{60 \sim 90} = 118$
④ $HR_{30 \sim 60} = 116$, $HR_{150 \sim 180} = 102$, $HR_{60 \sim 90} = 108$

해설 전신피로 상태의 판단 ─────────

$HR_{30 \sim 60}$이 110을 초과하고, $HR_{60 \sim 90}$과 $HR_{150 \sim 180}$의 차이가 10 미만인 경우이다.

03

2018년 3회

국소피로를 평가하기 위하여 근전도(EMG)검사를 실시하였다. 피로한 근육에서 측정된 현상을 설명한 것으로 맞는 것은?

① 총 전압의 증가
② 평균 주파수 영역에서 힘(전압)의 증가
③ 저주파수($0 \sim 40$ Hz) 영역에서 힘(전압)의 감소
④ 고주파수($40 \sim 200$ Hz) 영역에서 힘(전압)의 증가

해설 피로한 근육에서 측정된 현상 ─────────

② 평균 주파수 영역에서 힘(전압)이 감소
③ 저주파수($0 \sim 40$ Hz) 영역에서 힘(전압)이 증가
④ 고주파수($400 \sim 200$ Hz) 영역에서 힘(전압)이 감소

04

2017년 2회

육체적 작업능력(PWC)이 12 kcal/min인 어느 여성이 8시간 동안 피로를 느끼지 않고 일을 하기 위한 작업강도는 어느 정도인가?

① 3 kcal/min
② 4 kcal/min
③ 6 kcal/min
④ 12 kcal/min

해설 작업강도 계산 ─────────

$$작업강도 = PWC \times \frac{1}{3} = 12 \times \frac{1}{3} = 4 \, kcal/min$$

05

2021년 2회

작업대사율이 3인 강한작업을 하는 근로자의 실동률(%)은?

① 50
② 60
③ 70
④ 80

해설 실동률(%) 계산 ─────────

- 실노동률(실동률)(%) = 85 - (5 × RMR)
- RMR : 에너지대사율(작업대사율)
- 실노동률(실동률)(%) = 85 - (5 × 3) = 70

06

2018년 2회

PWC가 16 kcal/min인 근로자가 1일에 8시간 동안 물체를 운반하고 있다. 이때의 작업대사량이 6 kcal/min이고, 휴식 시의 대사량이 2 kcal/min이다. 작업시간은 어떻게 배분하는 것이 가장 이상적인가?

① 5분 휴식, 55분 작업
② 10분 휴식, 50분 작업
③ 15분 휴식, 45분 작업
④ 25분 휴식, 35분 작업

해설 피로예방을 위한 적정 휴식시간 비($T_{rest}(\%)$) ─

$$T_{rest}(\%) = \left(\frac{16 \times \frac{1}{3} - 6}{2 - 6} \right) \times 100 = 16.67\%$$

매 시간당 적정 휴식시간 및 작업시간
휴식시간 = 60 min × 0.1667 = 10 min
작업시간 = 60 min - 10 min = 50 min

07

2022년 2회

젊은 근로자에 있어서 약한 쪽 손의 힘은 평균 45 kp라고 한다. 이러한 근로자가 무게 8 kg인 상자를 양 손으로 들어 올릴 경우 작업강도(%MS)는 약 얼마인가?

① 17.8 %
② 8.9 %
③ 4.4 %
④ 2.3 %

해설 작업강도 계산 ─────────

문제에서 근로자가 무게 8 kg인 상자를 두 손으로 들어 올렸다고 했으므로 한 손에 요구되는 힘은 4 kg을 적용해야 함을 주의해야 한다.

$$작업강도(\%MS) = \frac{4}{45} \times 100 = 8.88$$

08

2020년 4회

효과적인 교대근무제의 운용방법에 대한 내용으로 옳은 것은?

① 야간근무 종료 후 휴식은 24시간 전후로 한다.
② 야근은 가면(假眠)을 하더라도 10시간 이내가 좋다.
③ 신체적 적응을 위하여 야간근무의 연속일수는 대략 1주일로 한다.
④ 누적 피로를 회복하기 위해서는 정교대방식보다는 역교대방식이 좋다.

해설 교대근무제 운용방법 ─────────

① 24시간 전후 → 48시간 전후
③ 1주일 → 2 ~ 3일
④ 정교대방식이 좋다.

Chapter **04** 직업성 질환

1 직업성 질환의 정의와 범위

(1) 직업성 질환의 정의

① 직업성 질환이란 작업에 의하여 악화되거나 작업과 관련하여 높은 발병률을 보이는 질병이다.

② 직업성 질환은 작업환경과 업무수행상의 요인들이 다른 위험요인과 함께 복합적으로 작용하여 발생한다.

직업성 질환의 정의보다는 범위와 관련된 문제가 자주 출제된다.

(2) 직업성 질환의 범위

① 직업상 업무에 기인하여 1차적으로 발생하는 원발성 질환은 포함된다.

② 원발성 질환과 합병 적용하여 제2의 질환을 유발하는 경우(속발성 질환)는 포함된다.

③ 합병증이 원발성 질환과 불가분의 관계를 가지는 경우는 포함된다.

④ 원발성 질환에서 떨어진 다른 부위에 같은 원인에 의한 제2의 질환을 일으키는 경우는 포함된다.

2 직업성 질환의 원인

(1) 직업성 질환의 발생요인

직업성 질환의 발생요인을 구분할 수 있는지 묻는 문제가 출제된다.

구분	요인
직접원인	① 환경요인 • 물리적 요인 : 진동현상, 대기조건의 변화, 방사선 등 • 화학적 요인 : 화학물질의 취급 또는 발생 ② 작업요인 : 격렬한 근육운동, 단순한 반복작업 등
간접원인	① 작업요인 : 작업강도와 작업시간 모두 직업병 발생의 중요한 요인이다. ② 환경요인 : 작업장의 환경은 직업병 발생과 증세의 악화를 조장하는 원인이 될 수 있다. ③ 인적요인(개체요인) • 일반적으로 연소자의 직업병 발병률이 성인보다 높게 나타난다. • 유기인은 중독은 여성에서 더 많이 발생한다.

(2) 직업의 종류에 따른 직업병 발생

① 잠수부 : 잠함병

② 도금작업 : 크롬중독(비중격천공증)

③ 인쇄작업 : 유기용제 중독

④ 제강, 요업, 용광로작업 : 고온장해(열사병)

⑤ 채석작업(채석광, 채광부) : 규폐증

⑥ 타이핑작업 : 경견완증후군

⑦ 갱내 착암작업 : 규폐증, 산소결핍

⑧ 유리제조, 용광로작업, 세라믹 제조 : 백내장

(3) 유해인자별 발생 직업병

① 크롬 : 폐암

② 이상기압 : 폐수종(잠함병)

③ 방사선 : 피부염 및 백혈병

④ 수은 : 무뇨증

⑤ 망간 : 신장염, 파킨슨증후군

⑥ 석면 : 악성중피종, 폐암

⑦ 진동 : 레이노씨병

⑧ 분진 : 규폐증

❸ 직업성 질환의 진단 및 예방대책

(1) 직업성 질환을 판단할 때 참고해야 할 사항

① 작업내용과 그 작업에 종사한 기간 또는 유해작업의 정도

② 유해물질에 의한 중독증

③ 유해물질에 폭로된 때부터 발병까지의 시간적 간격 및 증상의 경로

④ 발병 이전의 신체 이상과 과거력

⑤ 작업환경, 취급원료, 중간체, 부산물 및 제품 자체 등의 유해성 유무 또는 공기 중 유해물질의 농도

(2) 직업성 질환의 예방대책

① 근로자의 보호구 착용(가장 소극적인 대책으로 가장 나중에 적용) 및 근로자의 정기적인 건강진단 실시

② 작업환경의 정리정돈

③ 작업장 환기 및 작업방법 개선

④ 작업시간의 단축 및 기업주에 대한 안전 · 보건교육 실시

기출 TIP

직업의 종류와 유해인자별 발생 직업병을 묻는 문제가 자주 출제된다.
출제빈도로 보면 잠수부, 수은, 석면과 관련된 문제가 자주 출제되므로 대비가 필요하다.

직업성 질환의 예방대책으로 가장 나중에 적용해야 하는 것이 무엇인지 묻는 문제가 출제된다.

01
2021년 2회

직업성 질환 중 직업상의 업무에 의하여 1차적으로 발생하는 질환은?

① 합병증　　　　② 일반 질환
③ 원발성 질환　　④ 속발성 질환

해설 직업성 질환의 구분 ──────────

직업상 업무에 기인하여 1차적으로 발생하는 원발성 질환은 직업성 질환에 포함된다.

02
2018년 1회

직업성 질환 발생의 요인을 직접적인 원인과 간접적인 원인으로 구분할 때 직접적인 원인에 해당되지 않는 것은?

① 물리적 환경요인
② 화학적 환경요인
③ 작업강도와 작업시간적 요인
④ 부자연스러운 자세와 단순 반복작업 등의 작업 요인

해설 직업성 질환 발생의 요인 ──────────

작업강도와 작업시간적 요인은 직접적인 원인이 아니라 간접적 원인에 해당된다.

03
2016년 2회

직업병의 발생요인 중 직접요인은 크게 환경요인과 작업요인으로 구분되는데 환경요인으로 볼 수 없는 것은?

① 진동현상
② 대기조건의 변화
③ 격렬한 근육운동
④ 화학물질의 취급 또는 발생

해설 직업병의 발생요인 ──────────

격렬한 근육운동은 환경요인이 아니라 작업요인에 해당된다.

04
2022년 2회

직업병의 원인이 되는 유해요인, 대상 직종과 직업병 종류의 연결이 잘못된 것은?

① 면분진 - 방직공 - 면폐증
② 이상기압 - 항공기 조종 - 잠함병
③ 크롬 - 도금 - 피부점막 궤양, 폐암
④ 납 - 축전지제조 - 빈혈, 소화기장애

해설 직업병의 원인이 되는 요인 ──────────

이상기압 - 잠수부 - 잠함병

05

유리제조, 용광로작업, 세라믹 제조과정에서 발생 가능성이 가장 높은 직업성 질환은?

① 요통
② 근육경련
③ 백내장
④ 레이노현상

해설 직업성 질환 ────────────

유리제조, 용광로작업, 세라믹 제조과정에서는 자외선에 과다 노출될 수 있다.
자외선에 과다노출되면 백내장에 걸릴 가능성이 높다.

06

유해인자와 그로 인하여 발생되는 직업병의 연결이 틀린 것은?

① 크롬 – 폐암
② 이상기압 – 폐수종
③ 망간 – 신장염
④ 수은 – 악성중피종

해설 유해인자와 발생 직업병 ──────────

수은에 노출되면 무뇨증이 발생한다.
석면에 노출되면 악성중피종이 발생한다.

07

직업병을 판단할 때 참고하는 자료로 적합하지 않은 것은?

① 업무내용과 종사시간
② 발병 이전의 신체이상과 과거력
③ 기업의 산업재해 통계와 산재보험료
④ 작업환경 측정 자료와 취급물질의 유해성 자료

해설 직업병 판단 시 참고자료 ──────────

기업의 산업재해 통계와 산재보험료는 직업병을 판단할 때 참고하는 자료로 적합하지 않다.

08

다음 중 직업병 예방을 위하여 설비개선 등의 조치로는 어려운 경우 가장 마지막으로 적용하는 방법은?

① 격리 및 밀폐
② 개인보호구의 지급
③ 환기시설 등의 설치
④ 공정 또는 물질의 변경, 대치

해설 직업병 예방을 위한 조치 ──────────

직업병 예방을 위하여 설비개선 등의 조치로는 어려운 경우 마지막으로 적용하는 방법이 개인보호구의 지급이다.
개인보호구 지급은 수동적인 2차적 대안이다.

Chapter 05 실내환경

✏️ 기출 TIP

석면은 현재는 제조 자체가 금지되었지만 시험문제에는 관련 내용이 종종 출제되므로 대비가 필요하다.

1 실내오염의 주요 원인물질

(1) 석면

① 건축물의 단열재, 절연재, 흡음재 등에 사용되었던 물질이며 청석면, 갈석면 및 백석면으로 구분된다.

② 각섬석 계열의 석면인 청석면이 독성이 가장 강하다.

③ 석면에 노출되면 피부질환이 생기고, 10 ~ 30년의 잠복기를 거쳐 폐암, 악성중피종 등을 일으킨다.

(2) 라돈

① 라돈(Rn)은 우라늄($238U$)과 토륨($232Th$)의 방사성 붕괴에 의해서 만들어진 라듐($226Ra$)이 방사성 붕괴했을 때 생성되며 이 과정에서 방사선이 방출되어 폐암을 일으킬 수 있다.

② 라돈은 지각 중에 포함되어 있어 이를 원료로 하는 건축자재로부터 방출되기도 하고, 토양으로부터 발생하여 벽의 틈새, 하수도 등을 이용하여 실내로 유입되기도 한다.

③ 라돈은 무색, 무취한 가스로 인간의 감각으로 감지할 수 없다.

④ 방사성 기체로 폐암 발생의 원인이 된다.

(3) 레지오넬라균

① 주로 여름과 초가을에 흔히 발생한다.

② 냉방장치와 같이 공기를 순환시키는 장치와 냉각탑 등에 기생하여 실내외로 확산되어 호흡기 질환을 발생시킨다.

③ 레지오넬라균은 호흡기 질병의 중요한 원인균 중의 하나로 물속에 있으면 최대 1년까지도 생존할 수 있다.

2 사무실 공기질 측정을 위한 시료채취

채취하고자 하는 물질에 맞는 채취방법을 고르는 문제가 출제된다.

(1) 시료채취방법

① 미세먼지(PM 10) : PM 10 샘플러(Sampler)를 장착한 고용량 시료채취기에 의한 채취

② 초미세먼지(PM 2.5) : PM 2.5 샘플러(Sampler)를 장착한 고용량 시료채취기에 의한 채취

③ 이산화탄소(CO_2) : 비분산적외선검출기에 의한 채취
④ 일산화탄소(CO) : 비분산적외선검출기 또는 전기화학검출기에 의한 채취
⑤ ㅍ이산화질소(NO_2) : 고체흡착관에 의한 시료채취
⑥ 포름알데하이드(HCHO) : 2,4 - DNPH(2,4 - Dinitrophenyl-hydrazine)가 코팅된 실리카겔관(Silicagel Tube)이 장착된 시료채취기에 의한 채취
⑦ 총휘발성유기화합물(TVOC) : 고체흡착관 또는 캐니스터(Canister)로 채취
⑧ 라돈 : 라돈연속검출기(자동형), 알파트랙(수동형), 충전막전리함(수동형) 측정 등
⑨ 총부유세균 : 충돌법을 이용한 부유세균채취기(Bioair Sampler)로 채취
⑩ 곰팡이 : 충돌법을 이용한 부유진균채취기(Bioair Sampler)로 채취

⑵ **측정결과의 평가**
① 사무실 공기질의 측정결과는 측정치 전체에 대한 평균값을 오염물질별 관리기준과 비교하여 평가한다.
② 이산화탄소는 각 지점에서 측정한 측정치 중 최고값을 기준으로 비교·평가한다.

❸ 사무실 오염물질 관리기준

오염물질	관리기준
미세먼지(PM 10)	100 $\mu g/m^3$
초미세먼지(PM 2.5)	50 $\mu g/m^3$
이산화탄소(CO_2)	1,000 ppm
일산화탄소(CO)	10 ppm
이산화질소(NO_2)	0.1 ppm
포름알데하이드(HCHO)	100 $\mu g/m^3$
총 휘발성 유기화합물(TVOC)	500 $\mu g/m^3$
라돈(Radon)	148 $\mu g/m^3$
총 부유세균	800 CFU/m^3
곰팡이	500 CFU/m^3

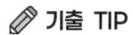
기출 TIP

다른 물질은 평균값으로 평가하지만 이산화탄소는 최고값을 기준으로 평가하는 것을 구분해야 한다.

사무실 오염물질 관리기준 수치는 필기뿐만 아니라 실기에도 자주 출제되므로 정확하게 암기해야 한다.

01

실내공기오염물질 중 석면에 대한 일반적인 설명으로 거리가 먼 것은?

① 석면의 발암성 정보물질의 표기는 1 A에 해당한다.
② 과거 내열성, 단열성, 절연성 및 견인력 등 뛰어난 특성 때문에 여러 분야에서 사용되었다.
③ 석면의 여러 종류 중 건강에 가장 치명적인 영향을 미치는 것은 사문석 계열의 청석면이다.
④ 작업환경 측정에서 석면은 길이가 5 μm보다 크고, 길이 대 넓이의 비가 3 : 1 이상인 섬유만 개수한다.

해설 석면 ─────────────────

석면의 여러 종류 중 건강에 가장 치명적인 영향을 미치는 청석면은 각섬석 계통이다.

02

토양이나 암석 등에 존재하는 우라늄의 자연적 붕괴로 생성되어 건물의 균열을 통해 실내공기로 유입되는 발암성 오염물질은?

① 라돈
② 석면
③ 알레르겐
④ 포름알데하이드

해설 라돈 ─────────────────

라돈은 우라늄의 자연적 붕괴로 생성되어 폐암을 일으키는 물질이다.

03

주로 여름과 초가을에 흔히 발생되고 강제기류 난방장치, 가습장치, 저수조 온수장치 등 공기를 순환시키는 장치들과 냉각탑 등에 기생하며 실내·외로 확산되어 호흡기 질환을 유발시키는 세균은?

① 푸른곰팡이
② 나이세리아균
③ 바실러스균
④ 레지오넬라균

해설 레지오넬라균 ─────────────────

레지오넬라균에 대한 설명이다.

04

「산업안전보건법령」상 사무실 공기의 시료채취방법이 잘못 연결된 것은?

① 일산화탄소 - 전기화학검출기에 의한 채취
② 이산화질소 - 캐니스터(Canister)를 이용한 채취
③ 이산화탄소 - 비분산적외선검출기에 의한 채취
④ 총부유세균 - 충돌법을 이용한 부유세균채취기로 채취

해설 사무실 공기의 시료채취방법 ─────────────────

이산화질소 - 고체흡착관에 의한 시료채취

05

「사무실 공기관리 지침」에 관한 내용으로 옳지 않은 것은? (단, 고용노동부 고시를 기준으로 한다)

① 오염물질인 미세먼지(PM 10)의 관리기준은 100 $\mu g/m^3$이다.
② 사무실 공기의 관리기준은 8시간 시간가중평균농도를 기준으로 한다.
③ 총부유세균의 시료채취방법은 충돌법을 이용한 부유세균채취기(Bioair sampler)로 채취한다.
④ 사무실 공기질의 모든 항목에 대한 측정결과는 측정치 전체에 대한 평균값을 이용하여 평가한다.

해설 사무실 공기관리 지침 ———————
일반적으로 사무실 공기질의 모든 항목에 대한 측정결과는 평균값을 이용하여 평가하지만 이산화탄소는 각 지점에서 측정한 측정치 중 최고값을 기준으로 비교·평가한다.

06

「산업안전법령」상 사무실 공기관리의 관리대상 오염물질의 종류에 해당하지 않는 것은?

① 곰팡이
② 총부유세균
③ 호흡성 분진(RPM)
④ 일산화탄소(CO)

해설 관리대상 오염물질 ———————
호흡성 분진(RPM)은 사무실 공기관리의 관리대상 오염물질에 해당되지 않는다.

07

「산업안전보건법령」상 사무실 오염물질에 대한 관리기준으로 옳지 않은 것은?

① 라돈 : 148 Bq/m^3 이하
② 일산화탄소 : 10 ppm 이하
③ 이산화질소 : 0.1 ppm 이하
④ 포름알데하이드 : 500 $\mu g/m^3$ 이하

해설 오염물질 관리기준 ———————
포름알데하이드 : 100 $\mu g/m^3$ 이하

08

「사무실 공기관리 지침」상 오염물질과 관리기준이 잘못 연결된 것은? (단, 관리기준은 8시간 시간가중평균농도이며, 고용노동부 고시를 따른다)

① 총 부유세균 - 800 CFU/m^3
② 일산화탄소(CO) - 10 ppm
③ 초미세먼지(PM2.5) - 50 $\mu g/m^3$
④ 포름알데하이드(HCHO) - 150 $\mu g/m^3$

해설 오염물질 관리기준 ———————
포름알데하이드(HCHO) - 100 $\mu g/m^3$

Chapter **06**

산업위생 관련 법규

1 산업안전보건법의 목적

이 법은 산업안전 및 보건에 관한 기준을 확립하고 그 책임의 소재를 명확하게 하여 산업재해를 예방하고 쾌적한 작업환경을 조성함으로써 노무를 제공하는 사람의 안전 및 보건을 유지·증진함을 목적으로 한다.

2 작업환경 측정

(1) 목적

작업환경 실태를 파악하기 위하여 해당 근로자 또는 작업장에 대하여 사업주가 유해인자에 대한 측정계획을 수립한 후 시료를 채취하고 분석·평가하는 것이다.

(2) 작업환경 측정 시 지켜야 할 사항

① 작업환경 측정을 하기 전에 예비조사를 할 것

② 작업이 정상적으로 이루어져 작업시간과 유해인자에 대한 근로자의 노출정도를 정확히 평가할 수 있을 때 실시할 것

③ 모든 측정은 개인시료채취방법으로 하되, 개인시료채취방법이 곤란한 경우에는 지역시료채취방법으로 실시할 것

④ 작업환경 측정기관에 위탁하여 실시하는 경우에는 해당 작업환경 측정기관에 공정별 작업내용, 화학물질의 사용실태 및 물질안전보건자료 등 작업환경 측정에 필요한 정보를 제공할 것

(3) 작업환경 측정을 연 1회 이상 할 수 있는 경우

사업주는 최근 1년간 작업공정에서 공정 설비의 변경, 작업방법의 변경, 설비의 이전, 사용 화학물질의 변경 등으로 작업환경 측정 결과에 영향을 주는 변화가 없는 경우로서 다음의 어느 하나에 해당하는 경우에는 해당 유해인자에 대한 작업환경 측정을 연(年) 1회 이상 할 수 있다.

① 작업공정 내 소음의 작업환경 측정 결과가 최근 2회 연속 85데시벨(dB) 미만인 경우

② 작업공정 내 소음 외의 다른 모든 인자의 작업환경 측정 결과가 최근 2회 연속 노출기준 미만인 경우

(4) 3개월에 1회 이상 작업환경 측정을 해야 하는 경우

    ① 화학적 인자(고용노동부장관이 정하여 고시하는 물질)의 측정 치가 노출기준을 초과하는 경우

    ② 화학적 인자(고용노동부장관이 정하여 고시하는 물질은 제외) 의 측정치가 노출기준을 2배 이상 초과하는 경우

❸ 중대재해의 범위

① 사망자가 1명 이상 발생한 재해

② 3개월 이상의 요양이 필요한 부상자가 동시에 2명 이상 발생한 재해

③ 부상자 또는 직업성 질병자가 동시에 10명 이상 발생한 재해

❹ 보건관리자의 자격과 업무

(1) 보건관리자의 자격

    ① 산업보건지도사 자격을 가진 사람

    ② 「의료법」에 따른 의사

    ③ 「의료법」에 따른 간호사

    ④ 「국가기술자격법」에 따른 산업위생관리산업기사 또는 대기환 경산업기사 이상의 자격을 취득한 사람

    ⑤ 「국가기술자격법」에 따른 인간공학기사 이상의 자격을 취득한 사람

    ⑥ 「고등교육법」에 따른 전문대학 이상의 학교에서 산업보건 또는 산업위생 분야의 학위를 취득한 사람(법령에 따라 이와 같은 수 준 이상의 학력이 있다고 인정되는 사람을 포함)

(2) 보건관리자의 업무

    ① 산업안전보건위원회 또는 노사협의체에서 심의, 의결한 업무와 안전보건관리규정 및 취업규칙에서 정한 업무

    ② 안전인증대상 기계 등과 자율안전확인대상 기계 등 중 보건과 관련된 보호구(保護具) 구입 시 적격품 선정에 관한 보좌 및 지 도·조언

    ③ 위험성평가에 관한 보좌 및 지도·조언

    ④ 물질안전보건자료의 게시 또는 비치에 관한 보좌 및 지도·조언

    ⑤ 산업보건의의 직무

    ⑥ 해당 사업장의 근로자를 보호하기 위한 다음의 조치에 해당하 는 의료행위(보건관리자가 의사 또는 간호사인 경우로 한정함)

        ㉠ 자주 발생하는 가벼운 부상에 대한 치료

        ㉡ 응급처치가 필요한 사람에 대한 처치

기출 TIP

어떠한 산업재해가 중대재 해에 해당되는지 묻는 문제 가 출제된다.

보건관리자의 자격을 얻을 수 있는 국가기술자격증의 종류를 묻는 문제가 출제된 다.

보건관리자의 업무에 해당 되지 않는 것을 고르는 문제 형태로 출제된다.

ⓒ 부상·질병의 악화를 방지하기 위한 처치

ⓔ 건강진단 결과 발견된 질병자의 요양지도 및 관리

ⓜ ㉠부터 ⓔ까지의 의료행위에 따르는 의약품의 투여

⑦ 작업장 내에서 사용되는 전체환기장치 및 국소 배기장치 등에 관한 설비의 점검과 작업방법의 공학적 개선에 관한 보좌 및 지도·조언

⑧ 사업장 순회점검, 지도 및 조치 건의

⑨ 산업재해 발생의 원인 조사·분석 및 재발 방지를 위한 기술적 보좌 및 지도·조언

⑩ 산업재해에 관한 통계의 유지·관리·분석을 위한 보좌 및 지도·조언

⑪ 법 또는 법에 따른 명령으로 정한 보건에 관한 사항의 이행에 관한 보좌 및 지도·조언

⑫ 업무 수행내용의 기록·유지

⑬ 그 밖에 고용노동부장관이 정하는 사항

5 노출기준

(1) 시간가중평균노출기준(TWA)

① 1일 8시간 작업을 기준으로 하여 유해인자의 측정치에 발생시간을 곱하여 8시간으로 나눈 값이다.

② 계산공식

$$\text{TWA 환산값} = \frac{C_1 \times T_1 + C_2 \times T_2 + \cdots C_n \times T_n}{8}$$

C : 유해인자의 측정치$(\text{mg/m}^3, \text{ppm})$

T : 유해인자의 발생시간(시간)

(2) 혼합물의 노출지수(EI)

① 화학물질이 2종 이상 혼재하는 경우에 혼재하는 물질 간에 유해성이 인체의 서로 다른 부위에 작용한다는 증거가 없는 한 유해작용은 가중된다.

② 노출지수 공식

$$EI = \frac{C_1}{T_1} + \frac{C_2}{T_2} + \cdots + \frac{C_n}{T_n}$$

C_n : 화학물질 각각의 측정치

T_n : 화학물질 각각의 노출기준

③ 평가

        ㉠ $EI > 1$: 노출기준 초과

        ㉡ $EI < 1$: 노출기준을 초과하지 않음

(3) **비정상 작업시간에 대한 허용농도 보정**

   ① OSHA의 보정법

$$보정된\ 노출기준 = 8시간\ 노출기준 \times \frac{8시간}{노출시간/일}$$

   ② Brief and Scala 보정법

$$보정된\ 노출기준 = RF \times 노출기준(허용농도)$$
$$RF = \left(\frac{8}{H}\right) \times \frac{24-H}{16}$$

H : 노출시간/일

✏️ **기출 TIP**

OSHA의 보정법과 Brief and Scala 보정법을 모두 계산한 후 두 보정법의 차이 값을 묻는 문제가 자주 출제된다.

B 소음기준

(1) **소음의 정의**

   ① 소음작업이란 1일 8시간 작업을 기준으로 85 dB(A) 이상의 소음이 발생되는 작업을 말한다.

   ② 충격소음이라 함은 최대음압수준이 120 dB(A) 이상인 소음이 1초 이상의 간격으로 발생하는 것을 말한다.

   ③ 최대 음압수준이 140 dB(A)를 초과하는 충격소음에 노출돼서는 안 된다.

(2) **충격소음작업**

충격소음작업은 소음이 1초 이상의 간격으로 발생하는 작업으로서 다음의 어느 하나에 해당하는 작업이다.

   ① 120 dB을 초과하는 소음이 1일 1만 회 이상 발생하는 작업

   ② 130 dB을 초과하는 소음이 1일 1천 회 이상 발생하는 작업

   ③ 140 dB을 초과하는 소음이 1일 1백 회 이상 발생하는 작업

(3) **강렬한 소음작업**

   ① 90 dB 이상의 소음이 1일 8시간 이상 발생하는 작업

   ② 95 dB 이상의 소음이 1일 4시간 이상 발생하는 작업

   ③ 100 dB 이상의 소음이 1일 2시간 이상 발생하는 작업

   ④ 105 dB 이상의 소음이 1일 1시간 이상 발생하는 작업

   ⑤ 110 dB 이상의 소음이 1일 30분 이상 발생하는 작업

   ⑥ 115 dB 이상의 소음이 1일 15분 이상 발생하는 작업

충격소음작업과 강렬한 소음작업의 dB 기준을 묻는 문제가 출제된다.

06 핵심 기출문제

01

2021년 3회

「산업안전보건법령」상 작업환경 측정에 관한 내용으로 옳지 않은 것은?

① 모든 측정은 지역시료채취방법을 우선으로 실시하여야 한다.

② 작업환경 측정을 실시하기 전에 예비조사를 실시하여야 한다.

③ 작업환경 측정자는 그 사업장에 소속된 사람으로 산업위생관리산업기사 이상의 자격을 가진 사람이다.

④ 작업이 정상적으로 이루어져 작업시간과 유해인자에 대한 근로자의 노출 정도를 정확히 평가할 수 있을 때 실시하여야 한다.

해설 작업환경 측정 ─────────

모든 측정은 개인시료채취방법으로 하되, 개인시료채취방법이 곤란한 경우에는 지역시료채취방법으로 실시한다.

02

2019년 1회

「산업안전보건법령」상 석면에 대한 작업환경 측정 결과 측정치가 노출기준을 초과하는 경우 그 측정일로부터 몇 개월에 몇 회 이상의 작업환경 측정을 하여야 하는가?

① 1개월에 1회 이상

② 3개월에 1회 이상

③ 6개월에 1회 이상

④ 12개월에 1회 이상

해설 석면에 대한 작업환경 측정 ─────────

석면은 고용노동부장관이 정하여 고시하는 화학적 인자에 해당되므로 작업환경 측정 결과 측정치가 노출기준을 초과하는 경우 3개월에 1회 이상 작업환경 측정을 해야 한다.

03

2021년 2회

「산업안전보건법령」상 중대재해에 해당되지 않는 것은?

① 사망자가 2명이 발생한 재해

② 상해는 없으나 재산피해 정도가 심각한 재해

③ 4개월의 요양이 필요한 부상자가 동시에 2명이 발생한 재해

④ 부상자 또는 직업성 질병자가 동시에 12명이 발생한 재해

해설 중대재해 ─────────

법에서 정하는 중대재해에 재산피해액은 포함되지 않는다.

04

2022년 2회

「산업안전보건법령」상 보건관리자의 자격기준에 해당하지 않는 사람은?

① 「의료법」에 따른 의사

② 「의료법」에 따른 간호사

③ 「국가기술자격법」에 따른 환경기능사

④ 「산업안전보건법」에 따른 산업보건지도사

정답 01 ① 02 ② 03 ② 04 ③

해설 보건관리자의 자격 ──────

산업위생관리산업기사, 대기환경산업기사 이상, 인간공학기사 이상의 자격을 취득한 사람이 보건관리자의 자격에 해당된다.

해설 노출기준 보정 ──────

(1) OSHA의 보정법

보정된 노출기준 $= 200 \times \dfrac{8}{9} = 177.78$ppm

(2) Brief and Scala 보정법

$RF = \left(\dfrac{8}{9}\right) \times \dfrac{24-9}{16} = 0.8333$

보정된 노출기준 $= 0.8333 \times 200$
$\qquad\qquad = 166.66$ ppm

(3) 보정된 허용기준치 간의 차이

177.78 - 166.66 = 11.12 ppm

05
2022년 2회

방직공장의 면분진 발생공정에서 측정한 공기 중 면분진 농도가 2시간은 2.5 mg/m³, 3시간은 1.8 mg/m³, 3시간은 2.6 mg/m³ 일 때, 해당 공정의 시간가중평균노출기준 환산값은 약 얼마인가?

① 0.86 mg/m³   ② 2.28 mg/m³
③ 2.35 mg/m³   ④ 2.60 mg/m³

해설 시간가중평균노출기준(TWA) ──────

$TWA = \dfrac{(2.5 \times 2) + (1.8 \times 3) + (2.6 \times 3)}{8}$
$\qquad = 2.275\, mg/m^3$

07
2022년 2회

「산업안전보건법령」상 충격소음의 강도가 130 dB(A)일 때 1일 노출회수기준으로 옳은 것은?

① 50   ② 100
③ 500   ④ 1,000

해설 충격소음 ──────

130 dB을 초과하는 소음이 1일 1천 회 이상 발생하는 작업이 충격소음이다.

06
2020년 3회

Diethyl ketone(TLV = 200 ppm)을 사용하는 근로자의 작업시간이 9시간일 때 허용기준을 보정하였다. OSHA 보정법과 Brief and Scala 보정법을 적용하였을 경우 보정된 허용기준치 간의 차이는 약 몇 ppm인가?

① 5.05   ② 11.11
③ 22.22   ④ 33.33

Chapter 07 산업재해

기출 TIP

산업재해의 직접원인과 간접원인을 구분하는 문제가 출제된다.

산업재해의 원인을 보기로 주고, 4M 중 무엇에 해당되는지를 찾는 문제가 출제된다.

사고연쇄반응의 순서를 기억하고 있는지 묻는 문제가 주로 출제된다.

1 산업재해의 정의 및 원인

(1) 정의

노무를 제공하는 사람이 업무에 관계되는 건설물·설비·원재료·가스·증기·분진 등에 의하거나 작업 또는 그 밖의 업무로 인하여 사망 또는 부상하거나 질병에 걸리는 것이다.

(2) 산업재해의 원인

구분	내용
직접원인	• 인적 원인 : 불안전한 행동 • 물적 원인 : 불안전한 상태
간접원인	• 기술적 원인 : 기계의 설계불량, 재료의 부적합 등 • 교육적 원인 : 안전지식의 부족 등 • 신체적 원인 : 두통, 현기증 등 • 정신적 원인 : 의식의 우회 등 • 작업관리상 원인 : 작업지시의 부적당 등

(3) 산업재해의 기본원인 4M

① Man(인간) : 본인 외의 사람으로서 인간관계, 의사소통의 불량 등

② Machine(기계) : 기계, 설비 자체의 결함

③ Media(작업환경, 작업방법) : 인간과 기계의 매개체를 말하며 작업자세, 작업동작의 결함

④ Management(관리) : 안전교육과 훈련의 부족, 부하에 대한 지도·감독의 부족

2 산업재해의 분석

(1) 하인리히의 사고연쇄반응(도미노이론)

① 1단계 : 선천적 결함(사회, 환경, 유전적 결함)

② 2단계 : 개인적 결함

③ 3단계 : 불안전한 행동 및 상태(인적 및 물적 결함)

④ 4단계 : 사고

⑤ 5단계 : 재해(상해)

(2) 하인리히의 사고예방대책의 기본원리 5단계

    ① 1단계 : 안전조직

    ② 2단계 : 사실의 발견

    ③ 3단계 : 분석

    ④ 4단계 : 시정책(대책)의 선정

    ⑤ 5단계 : 시정책(대책)의 적용

(3) 하인리히의 사고빈도법칙(1 : 29 : 300의 법칙)

무상해 사고 300건이 발생하면 경미한 상해는 29건, 중상 또는 사
망은 1건이 발생한다.

✎ 기출 TIP

사고예방대책의 기본원리 5
단계의 순서가 올바로 나열
되어 있는지 묻는 문제가 출
제된다.

❸ 재해율의 계산

(1) 연천인율

근로자 1,000명 중 재해자 수의 비율(1년간)이다.

$$연천인율 = \frac{연간\,재해자\,수}{연평균\,근로자\,수} \times 1,000$$

(2) 도수율(빈도율, FR)

100만 근로시간당 재해발생 건수의 비율이다.

$$도수율(빈도율) = \frac{재해건수}{연\,근로시간\,수} \times 10^6$$

(3) 강도율(SR)

1,000 근로시간당 근로손실일수의 비율이다.

$$강도율 = \frac{근로\,손실일수}{연\,근로시간\,수} \times 1,000$$

(4) 종합재해지수

$$종합재해지수 = \sqrt{도수율 \times 강도율}$$

재해율의 계산과 관련해서
는 연천인율보다는 도수율,
강도율 관련 문제의 출제비
중이 높다.
재해율의 계산은 수치가 주
어지고 직접 재해율을 계산
하는 문제가 출제된다.

❹ 산업재해 예방의 4원칙

① 예방가능의 원칙 : 재해는 원칙적으로 예방이 가능하다.

② 손실우연의 원칙 : 사고의 결과 발생되는 손실은 우연적이므로 사
고의 예방이 중요하다.

③ 대책선정의 원칙 : 재해의 예방을 위한 안전대책은 반드시 존재
한다.

④ 원인계기의 원칙 : 재해발생에는 반드시 원인이 있으므로 사고와
원인의 관계는 필연적이다.

산업재해 예방의 4원칙에 대
한 설명으로 틀린 것을 고르
는 문제가 자주 출제된다.

01

산업재해의 원인을 직접원인(1차 원인)과 간접원인(2차 원인)으로 구분할 때 직접원인에 대한 설명으로 옳지 않은 것은?

① 불안전한 상태와 불안전한 행위로 나눌 수 있다.
② 근로자의 신체적 원인(두통, 현기증, 만취상태 등)이 있다.
③ 근로자의 방심, 태만, 무모한 행위에서 비롯되는 인적 원인이 있다.
④ 작업장소의 결함, 보호장구의 결함 등의 물적 원인이 있다.

해설 산업재해의 원인 ──────

근로자의 신체적 원인은 간접원인(2차 원인)이다.

02

산업재해의 기본원인을 4M(Management, Machine, Media, Man)이라고 할 때 다음 중 Man(사람)에 해당되는 것은?

① 안전교육과 훈련의 부족
② 인간관계·의사소통의 불량
③ 부하에 대한 지도·감독 부족
④ 작업자세·작업동작의 결함

해설 산업재해의 원인 4M ──────

Man(인간) : 본인 외의 사람으로서 인간관계, 의사소통의 불량 등

03

하인리히의 사고연쇄반응이론(도미노이론)에서 사고가 발생하기 바로 직전의 단계에 해당하는 것은?

① 개인적 결함
② 사회적 환경
③ 선진 기술의 미적용
④ 불안전한 행동 및 상태

해설 하인리히의 사고연쇄반응이론 ──────

선천적 결함 → 개인적 결함 → 불안전한 행동 및 상태 → 사고 → 재해(상해)

04

하인리히의 사고예방대책의 기본원리 5단계를 순서대로 나타낸 것은?

① 조직 → 사실의 발견 → 분석·평가 → 시정책의 선정 → 시정책의 적용
② 조직 → 분석·평가 → 사실의 발견 → 시정책의 선정 → 시정책의 적용
③ 사실의 발견 → 조직 → 분석·평가 → 시정책의 선정 → 시정책의 적용
④ 사실의 발견 → 조직 → 시정책의 선정 → 시정책의 적용 → 분석·평가

해설 사고예방대책의 기본원리 ──────

①번이 하인리히의 사고예방대책의 기본원리 5단계 순서에 해당된다.

05

A 사업장에서 중대재해인 사망사고가 1년간 4건 발생하였다면 이 사업장의 1년간 4일 미만의 치료를 요하는 경미한 사고건수는 몇 건이 발생하는지 예측되는가? (단, Heinrich의 이론에 근거하여 추정한다)

① 116
② 120
③ 1,160
④ 1,200

해설 하인리히의 사고빈도법칙

하인리히의 이론에 따르면 무상해 사고 300건이 발생하면 경미한 상해는 29건, 중상 또는 사망은 1건이 발생한다.

$1 : 29 = 4 : x$

$x = \dfrac{29 \times 4}{1} = 116$

06

근로시간 1,000시간당 발생한 재해에 의하여 손실된 총 근로손실일수로 재해자의 수나 발생빈도와 관계없이 재해의 내용(상해 정도)을 측정하는 척도로 사용되는 것은?

① 건수율
② 연천인율
③ 재해 강도율
④ 재해 도수율

해설 강도율과 도수율의 구분

• 강도율 : 1,000 근로시간당 근로손실일수의 비율이다.
• 도수율 : 100만 근로시간당 재해발생 건수의 비율이다.

07

어떤 플라스틱 제조공장에 200명의 근로자가 근무하고 있다. 1년에 40건의 재해가 발생하였다면 이 공장의 도수율은? (단, 1일 8시간, 연간 290일 근무기준이다)

① 200
② 86.2
③ 17.3
④ 4.4

해설 도수율 계산

$$도수율 = \dfrac{40}{200명 \times 8시간 \times 290일} \times 10^6$$

$$= 86.2$$

08

재해예방의 4원칙에 대한 설명으로 옳지 않은 것은?

① 재해발생에는 반드시 그 원인이 있다.
② 재해가 발생하면 반드시 손실도 발생한다.
③ 재해는 원인 제거를 통하여 예방이 가능하다.
④ 재해예방을 위한 가능한 안전대책은 반드시 존재한다.

해설 재해예방의 4원칙

사고의 결과 발생되는 손실은 우연적이므로 사고의 예방이 중요하다.

작업위생 측정 및 평가 과목은 계산문제가 많이 출제되므로 공식을 정확하게 암기하고 계산을 정확하게 하는 연습을 해야 합니다.

특히 습구흑구온도지수(WBGT) 계산, ppm과 mg/m^{3}의 상호 농도변환, 노출지수(EI), 혼합물의 허용기준(TLV), 합성소음도 계산 등은 자주 출제되고 실기에도 연관되는 내용이므로 필기 때부터 정확하게 이해해야 합니다.

Part 02
작업위생 측정 및 평가

Chapter 01 시료채취계획

1 「산업안전보건법」상 용어 정의

(1) 개인시료채취

개인시료채취기를 이용하여 가스·증기·분진·흄(Fume)·미스트 (Mist) 등을 근로자의 호흡위치(호흡기를 중심으로 반경 30 cm인 반구)에서 채취하는 것을 말한다.

(2) 지역시료채취

시료채취기를 이용하여 가스·증기·분진·흄(Fume)·미스트(Mist) 등을 근로자의 작업행동 범위에서 호흡기 높이에 고정하여 채취하 는 것을 말한다.

(3) 단위작업장소

단위작업장소란 작업환경 측정 대상이 되는 작업장 또는 공정에서 정상적인 작업을 수행하는 동일 노출집단의 근로자가 작업을 하는 장소를 말한다.

(4) 입자상 물질

화학적 인자가 공기 중으로 분진, 흄(Fume), 미스트(Mist) 등의 형 태로 발생되는 물질을 말한다.

(5) 정도관리

정도관리란 작업환경 측정·분석결과에 대한 정확성과 정밀도를 확보하기 위하여 작업환경 측정기관의 측정·분석능력을 확인하 고, 그 결과에 따라 지도·교육 등 측정·분석능력 향상을 위하여 행하는 모든 관리적 수단을 말한다.

(6) 정확도

정확도란 분석치가 참값에 얼마나 접근하였는가 하는 수치상의 표 현을 말한다.

(7) 정밀도

정밀도란 일정한 물질에 대해 반복측정·분석을 했을 때 나타나는 자료분석치의 변동 크기가 얼마나 작은가 하는 수치상의 표현을 말한다.

② 작업환경 측정방법

(1) 시료채취 근로자수

① 단위작업장소에서 최고 노출근로자 2명 이상에 대하여 동시에 개인시료채취방법으로 측정하되, 단위작업장소에 근로자가 1명인 경우에는 그러하지 아니한다.

② 동일 작업근로자수가 10명을 초과하는 경우에는 매 5명당 1명 이상 추가하여 측정하여야 한다.

③ 동일 작업근로자수가 100명을 초과하는 경우에는 최대 시료채취 근로자수를 20명으로 조정할 수 있다.

(2) 작업측정 단위

① 가스, 증기, 분진, 흄(Fume), 미스트(Mist) : ppm 또는 mg/m^3

② 석면 : $개/cm^3$

③ 소음 : dB(A)

④ 고온(복사열) : 습구흑구온도지수(WBGT)를 구하여 섭씨온도(℃)로 표기

(3) ppm과 mg/m^3의 상호 농도변환

① 0℃, 1기압인 경우 : $mg/m^3 = \dfrac{ppm \times 분자량}{22.4}$

② 25℃, 1기압인 경우 : $mg/m^3 = \dfrac{ppm \times 분자량}{24.45}$

③ 소음의 측정방법

(1) 소음측정기기

① 소음측정에 사용되는 기기(소음계)는 누적소음 노출량측정기, 적분형 소음계 또는 이와 동등 이상의 성능이 있는 것으로 한다.

② 소음계의 청감보정회로는 A 특성으로 한다.

③ 소음계 지시침의 동작은 느린(Slow) 상태로 한다.

④ 소음계의 지시치가 변동하지 않는 경우에는 해당 지시치를 그 측정점에서의 소음수준으로 한다.

⑤ 누적소음노출량 측정기로 소음을 측정하는 경우에는 Criteria는 90 dB, Exchange Rate는 5 dB, Threshold는 80 dB로 기기를 설정한다.

⑥ 소음이 1초 이상의 간격을 유지하면서 최대음압수준이 120 dB(A) 이상의 소음인 경우에는 소음수준에 따른 1분 동안의 발생횟수를 측정한다.

기출 TIP

시료채취 근로자수는 직접 근로자수를 계산하는 문제 형태로 출제된다.

작업측정 단위를 묻는 문제는 자주 출제되므로 정확하게 암기해야 한다.

소음측정기기 문제 중에서는 Criteria, Exchange Rate, Threshold의 설정 값을 묻는 문제가 자주 출제된다.

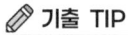
(2) 측정위치

① 개인시료채취방법으로 측정하는 경우에는 소음측정기의 센서 부분을 작업 근로자의 귀 위치(귀를 중심으로 반경 30 cm인 반구)에 장착하여야 한다.

② 지역시료채취방법으로 측정하는 경우에는 소음측정기를 측정대상이 되는 근로자의 주 작업행동 범위 내에서 작업근로자 귀 높이에 설치하여야 한다.

(3) 측정시간

① 단위작업장소에서 소음수준은 규정된 측정위치 및 지점에서 1일 작업시간 동안 6시간 이상 연속 측정하거나 작업시간을 1시간 간격으로 나누어 6회 이상 측정하여야 한다.

② 단위작업장소에서의 소음발생시간이 6시간 이내인 경우나 소음발생원에서의 발생시간이 간헐적인 경우에는 발생시간 동안 연속 측정하거나 등간격으로 나누어 4회 이상 측정하여야 한다.

4 고열의 측정방법

(1) 측정기기

습구흑구온도지수(WBGT)를 측정할 수 있는 기기를 사용한다.

(2) 측정방법

① 측정은 단위작업장소에서 측정대상이 되는 근로자의 주 작업위치에서 측정한다.

② 측정기의 위치는 바닥면으로부터 50 cm 이상, 150 cm 이하의 위치에서 측정한다.

③ 측정기를 설치한 후 충분히 안정화시킨 상태에서 1일 작업시간 중 가장 높은 고열에 노출되는 1시간을 10분 간격으로 연속하여 측정한다.

(3) 습구흑구온도지수(WBGT) 계산

① 옥외(태양광선이 내리쬐는 장소)

$$WBGT(℃) = 0.7 \times 자연습구온도 + 0.2 \times 흑구온도 + 0.1 \times 건구온도$$

② 옥내 혹은 옥외(태양광선이 내리쬐지 않는 장소)

$$WBGT(℃) = 0.7 \times 자연습구온도 + 0.3 \times 흑구온도$$

5 입자상 물질의 측정

(1) 측정 및 분석방법

① 석면의 농도는 여과채취방법으로 측정하고 계수방법 또는 이와 동등 이상의 분석방법으로 분석할 것

② 광물성 분진은 여과채취방법으로 측정하고 석영, 크리스토바라이트, 트리디마이트를 분석할 수 있는 적합한 방법으로 분석할 것(다만 규산염과 그 밖의 광물성 분진은 중량분석방법으로 분석함)

③ 용접흄은 여과채취방법으로 측정하되 용접보안면을 착용한 경우에는 그 내부에서 시료를 채취하고 중량분석방법과 원자흡광광도계 또는 유도결합프라스마를 이용한 방법으로 분석할 것

(2) 측정위치

① 개인시료채취방법으로 측정하는 경우에는 측정기기를 작업 근로자의 호흡기 위치에 장착하여야 한다.

② 지역시료채취방법으로 측정하는 경우에는 측정기기를 발생원의 근접한 위치 또는 작업근로자의 주 작업행동 범위 내에서 작업근로자 호흡기 높이에 설치하여야 한다.

✏️ **기출 TIP**

입자상 물질 중 규산염은 예외로 중량분석방법으로 분석한다는 점을 기억해야 한다.

6 가스상 물질의 측정

(1) 측정기기

개인시료채취기 또는 이와 동등 이상의 특성을 가진 측정기기를 사용하여 시료를 채취한 후 원자흡광분석, 가스크로마토그래프분석 또는 이와 동등 이상의 분석방법으로 정량분석하여야 한다.

(2) 측정위치

입자상 물질의 측정위치와 동일한 기준을 적용한다.

(3) 검지관방식으로 측정할 수 있는 경우

① 예비조사 목적인 경우

② 검지관방식 외에 다른 측정방법이 없는 경우

③ 발생하는 가스상 물질이 단일물질인 경우(자격자가 측정하는 사업장에 한정함)

검지관방식으로 측정할 수 있는 경우에 대한 문제가 자주 출제된다.

7 동일노출그룹(유사노출그룹)

① 유사노출그룹은 노출되는 유해인자의 농도와 특성이 유사한 동일한 근로자그룹이다.

② 유사노출그룹은 시료채취 수를 경제적으로 하기 위해 설정한다.

동일노출그룹은 시료채취 수를 경제적으로 하기 위함임을 기억해야 한다.

01
2020년 1·2회

시료채취기를 근로자에게 착용시켜 가스·증기·미스트·흄 또는 분진 등을 호흡기 위치에서 채취하는 것을 무엇이라고 하는가?

① 지역시료채취　　② 개인시료채취
③ 작업시료채취　　④ 노출시료채취

해설 개인시료채취 ———————

개인시료채취는 개인시료채취기를 이용하여 가스·증기·분진·흄(Fume)·미스트(Mist) 등을 근로자의 호흡위치(호흡기를 중심으로 반경 30 cm인 반구)에서 채취하는 것을 말한다.

02
2021년 3회

「산업안전보건법령」상 단위작업장소에서 작업근로자수가 17명일 때, 측정해야 할 근로자 수는? (단, 시료채취는 개인시료채취로 한다)

① 1　　　　　　② 2
③ 3　　　　　　④ 4

해설 시료채취 근로자 수 ———————

기본적으로 2명의 근로자에게 시료채취를 해야 한다.
근로자수가 17명으로 10명을 초과한다.
11 ~ 15명일 때는 1명 추가, 16 ~ 20명일 때는 2명을 추가해야 한다.
기본 2명 + 2명 추가 = 총 4명

03
2021년 1회

「산업안전보건법령」상 유해인자와 단위의 연결이 틀린 것은?

① 소음 - dB
② 흄 - mg/m^3
③ 석면 - 개/cm^3
④ 고열 - 습구·흑구온도지수, ℃

해설 유해인자와 단위 ———————

소음의 단위 - dB(A)

04
2019년 2회

다음은 작업장 소음측정에서 관한 고용노동부 고시 내용이다. ( ) 안에 내용으로 옳은 것은?

> 누적소음 노출량 측정기로 소음을 측정하는 경우에는 Criteria 90 dB, Exchange Rate 5 dB, Threshold ( ) dB로 기기를 설정한다.

① 50　　　　　　② 60
③ 70　　　　　　④ 80

해설 소음을 측정하는 경우 기기설정값 ———————

• Criteria 90 dB
• Exchange Rate 5 dB
• Threshold 80 dB

05

옥내 작업장에서 측정한 건구온도가 73 ℃이고 자연습구온도가 65 ℃, 흑구온도가 81 ℃일 때, 습구흑구온도지수는?

① 64.4 ℃   ② 67.4 ℃
③ 69.8 ℃   ④ 71.0 ℃

해설 습구흑구온도지수 ————————

문제의 조건에 따라 옥내이고 태양광선이 내리쬐지 않는 장소라는 것을 알 수 있다.

$$WBGT(℃) = 0.7 × 자연습구온도 + 0.3 × 흑구온도$$
$$= 0.7 × 65 + 0.3 × 81$$
$$= 69.8 ℃$$

06

다음은 가스상 물질을 측정 및 분석하는 방법에 대한 내용이다. ( ) 안에 알맞은 것은? (단, 고용노동부 고시를 기준으로 한다)

> 가스상 물질을 검지관방식으로 측정하는 경우에는 1일 작업시간 동안 1시간 간격으로 (㉠)회 이상 측정하되 측정시간마다 (㉡)회 이상 반복 측정하여 평균값을 산출하여야 한다.

① ㉠ : 6   ㉡ : 2   ② ㉠ : 6   ㉡ : 3
③ ㉠ : 8   ㉡ : 2   ④ ㉠ : 8   ㉡ : 3

해설 검지관방식의 측정 ————————

검지관방식으로 측정하는 경우에는 1일 작업시간 동안 1시간 간격으로 6회 이상 측정하되 측정시간마다 2회 이상 반복 측정하여 평균값을 산출하여야 한다. 다만 가스상 물질의 발생시간이 6시간 이내일 때에는 작업시간 동안 1시간 간격으로 나누어 측정하여야 한다.

07

유사노출그룹에 대한 설명으로 틀린 것은?

① 유사노출그룹은 노출되는 유해인자의 농도와 특성이 유사하거나 동일한 근로자그룹을 말한다.
② 역학조사를 수행할 때 사건이 발생된 근로자가 속한 유사노출그룹의 노출농도를 근거로 노출원인을 추정할 수 있다.
③ 유사노출그룹 설정을 위해 시료채취수가 과다해지는 경우가 있다.
④ 유사노출그룹은 모든 근로자의 노출 상태를 측정하는 효과를 가진다.

해설 유사노출그룹 ————————

유사노출그룹은 해당 근로자가 속한 동일 노출그룹의 노출농도를 근거로 노출원인 및 농도를 추정하는 것으로 시료채취의 수를 경제적으로 하기 위한 것이다.

Chapter **02**

시료분석기술

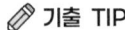 기출 TIP

① 표준기구의 종류

(1) 1차 표준기구

① 물리적 크기에 의해 공간의 부피를 직접 측정할 수 있는 기구로 자체의 기준만으로도 측정이 가능하다.

② 기구 자체가 정확한 값(정확도 ±1 % 이내)을 가진다.

③ 온도와 압력을 영향을 받지 않는다.

④ 모든 유량계를 보정할 때 기본이 되는 기구이다.

사용범위와 정확도보다는 1차 표준기구와 2차 표준기구의 종류를 구분할 수 있는지 묻는 문제가 주로 출제된다.

⑤ 종류

구분	사용범위	정확도
비누거품미터	1 ~ 30 L/분	±1 %
폐활량계	100 ~ 600 L	±1 %
가스치환병	10 ~ 500 mL/분	±0.05 ~ 0.25 %
유리피스톤미터	10 ~ 200 mL/분	±2 %
흑연피스톤미터	1 ~ 50 mL/qns	±1 ~ 2 %
피토튜브	15 mL/분 이하	±1 % 이내

(2) 2차 표준기구

① 공간의 부피를 직접 측정할 수 없고 유속, 압력 등을 이용하여 간접적인 물리량을 이용하여 측정하는 것으로 1차 표준기구를 기준으로 보정해서 사용해야 하는 기구이다.

② 온도와 압력을 영향을 받는다.

③ 종류

구분	사용범위	정확도
로타미터	1 mL/분 이하	±1 ~ 25 %
습식 테스트미터	0.5 ~ 230 L/분	±0.5 %
건식 가스미터	10 ~ 150 L/분	±1 %
오리피스미터	직경에 따라 다양함	±0.5 %
열선기류계	0.05 ~ 40.6 m/초	±0.1 ~ 0.2 %

2 현미경분석

(1) 위상차 현미경

① 공기 중 석면을 막여과지로 채취한 후 전처리하여 분석한다.

② 다른 방법에 비해 간편하나 석면을 감별하기 어렵다.

③ 석면분석에 가장 많이 사용된다.

(2) 전자 현미경

① 공기 중 석면시료분석에 가장 정확한 방법이다.

② 석면의 성분분석(감별분석)이 가능하다.

③ 위상차 현미경으로 볼 수 없는 가는 섬유도 관찰할 수 있다.

④ 분석시간이 길고 가격이 비싸다.

(3) X – 선 회절법

① 가격이 비싸고 조작이 복잡하다.

② 토석, 암석 및 광물성 분진(석면분진 제외) 중의 유리규산(SiO_2) 함유율분석에 사용한다.

③ 석면을 포함한 물질을 은막 여과지에 놓고 X선을 조사한다.

3 흡광광도법(분광광도계)

(1) 기본원리

① 물질에 흡수되는 빛의 양(흡광도)이 물질의 농도에 따라 다른 원리를 이용한다.

② 일정한 파장에서 시료용액의 흡광도를 측정하여 그 파장에서 빛을 흡수하는 물질의 양을 정량한다.

③ 램버트 – 비어(Lambert – Beer)법칙이 적용된다.

(2) 램버트 – 비어의 법칙

① 빛이 흡광물질이 담긴 용기를 통과하면 시료에 의해 빛이 흡수되기 때문에 빛의 강도가 약해진다.

② 흡광물질이 없을 때의 빛의 강도(I_0)에 대한 흡광물질이 있을 때의 빛의 강도(I)의 비를 투과도(T)라고 한다.

③ 빛의 투과도는 항상 1보다 작으며 %로 표시할 수 있다.

$$T = \frac{I}{I_0}, \ \% \, T = T \times 100$$

(3) 흡광도(A) 계산공식

$$A = \log \frac{1}{투과도(T)}$$

기출 TIP

현미경분석과 관련해서는 석면을 분석하는 방법에 대한 문제가 출제된다.

흡광광도법이 어떤 법칙을 이용한 것인지 묻는 문제가 자주 출제된다.

흡광도는 공식을 이용하여 직접 수치를 계산하는 문제가 출제된다.

4 원자흡광광도법

(1) 기본원리

① 분석 대상 원자에 특정 파장의 빛을 투과시킨 후 원자가 흡수하는 빛의 세기를 분석한다.

② 구리, 산화철, 카드뮴 등의 금속 및 중금속의 분석에 사용한다.

③ 램버트 - 비어(Lambert - Beer)법칙이 적용된다.

(2) 원자흡광광도법으로 분석할 수 있는 유해인자

구리, 납, 니켈, 크롬, 망간, 산화마그네슘, 산화아연, 산화철, 수산화나트륨, 카드뮴 등을 분석할 수 있다.

5 유도결합플라즈마(원자발광분석기, ICP)

(1) 기본원리

① 원자가 에너지를 흡수하면 들뜬 상태가 되고, 들뜬 상태의 원자는 다시 낮은 에너지 상태로 돌아오며 에너지를 방출한다.

② 금속은 낮은 에너지 상태로 돌아올 때 고유한 방출 스펙트럼을 가지고 있으므로 이를 측정하여 중금속의 종류를 분석한다.

(2) 장점과 단점

구분	내용
장점	• 분석의 정밀도가 높다. • 적은 양의 시료로 한번에 많은 금속을 분석할 수 있다. • 화학물질로 인한 방해로부터 거의 영향을 받지 않는다. • 검량선의 직선성 범위가 넓어 직선성 확보가 유리하다.
단점	• 원자들은 높은 온도에서 많은 복사선을 방출하므로 분광학적 방해 영향이 있다. • 관리비용과 기기 구입비용이 많이 든다.

6 크로마토그래피

(1) 기본원리

① 서로 혼합되지 않는 이동상과 고정상의 두 개의 상으로 이루어져 있다.

② 시료 중의 성분이 고정상과 그 사이를 통과해서 흐르는 이동상의 서로 다른 비율로 분배되면 성분마다 고정상을 이동하는 속도에 차이가 생겨 분리된다.

③ 이동상으로 기체를 사용하는 것을 기체 크로마토그래피, 이동상으로 액체를 사용하는 것을 액체 크로마토그래피라고 한다.

④ 가스크로마토그래피의 충진분리관에 사용되는 액상은 휘발성 및 점성이 작아야 한다.

🖉 기출 TIP

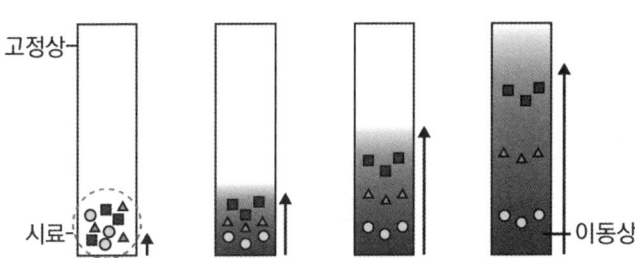

(2) 가스크로마토그래피(GC) 분석에서 분해능(또는 분리도)을 높이기 위한 방법
① 시료와 고정상의 양을 적게 한다.
② 고체 지지체의 입자 크기를 작게 한다.
③ 분리관(Column)의 길이를 길게 한다.
④ 온도를 낮춘다.

(3) 고성능 액체크로마토그래피(HPLC)
① 이동상은 액체이고, 분석시료의 용해성을 이용하여 분석한다.
② 끓는점이 높아 가스크로마토그래피를 적용하기 곤란한 고분자 화합물이나 열에 불안정한 물질, 극성이 강한 물질들을 고정상과 액체 이동상 사이의 물리 · 화학적 반응성의 차이(용해성의 차이)를 이용하여 분석한다.
③ 고성능 액체크로마토그래피는 액체 크로마토그래피 중 가장 많이 쓰이는 분석장비이다.

고성능 액체그로마토그래피는 이동상으로 액체를 사용한다는 점을 기억해야 한다.

7 검출한계와 정량한계

(1) 검출한계(LOD : Limit of Detection)
① 공시료와 다르게 분석될 수 있는 가장 적은 양이다.
② 분석기기가 검출할 수 있는 가장 작은 양이다.

(2) 정량한계(LOQ : Limit of Quantity)
① 분석결과가 신뢰성을 가질 수 있는 양이다.
② 분석기기가 정량할 수 있는 가장 작은 양이다.
③ 정량한계는 표준편차의 10배 또는 검출한계(LOD)의 3배 또는 3.3배이다.
④ 분석법 검증을 위해 사용하는 값이다.

정량한계가 표준편차의 몇 배에 해당되는지 묻는 문제가 자주 출제되므로 대비가 필요하다.

01

다음 중 1차 표준기구가 아닌 것은?

① 오리피스미터
② 폐활량계
③ 가스치환병
④ 유리피스톤미터

해설 표준기구의 종류 ———————

오리피스미터는 2차 표준기구이다.

02

다음 2차 표준기구 중 주로 실험실에서 사용하는 것은?

① 비누거품미터
② 폐활량계
③ 유리피스톤미터
④ 습식테스트미터

해설 2차 표준기구 ———————

습식테스트미터는 실험실에서 주로 사용하고 건식가스미터는 현장에서 주로 사용한다.

03

석면 측정방법 중 전자현미경법에 관한 설명으로 틀린 것은?

① 석면의 감별분석이 가능하다.
② 분석시간이 짧고 비용이 적게 소요된다.
③ 공기 중 석면시료분석에 가장 정확한 방법이다.
④ 위상차현미경으로 볼 수 없는 매우 가는 섬유도 관찰이 가능하다.

해설 석면 측정방법 ———————

전자현미경법으로 석면을 측정하면 석면의 감별분석(성분분석)이 가능하지만 가격이 비싸고 분석시간이 많이 소요된다.

04

흡광광도계에서 단색광이 어떤 시료용액을 통과할 때 그 빛의 60 %가 흡수될 경우, 흡광도는 약 얼마인가?

① 0.22
② 0.37
③ 0.40
④ 1.60

해설 흡광도 계산 ———————

$$흡광도 = \log \frac{1}{투과도} = \log \frac{1}{(1-0.6)} = 0.397$$

05

「작업환경 측정 및 정도관리 등에 관한 고시」상 원자흡광광도법(AAS)으로 분석할 수 있는 유해인자가 아닌 것은?

① 코발트
② 구리
③ 산화철
④ 카드뮴

해설 원자흡광광도법(AAS)로 분석할 수 있는 유해인자

- 구리
- 납
- 니켈
- 크롬
- 망간
- 산화마그네슘
- 산화아연
- 산화철
- 수산화나트륨
- 카드뮴

06

다음 중 유도결합플라즈마 원자발광분석기의 특징과 가장 거리가 먼 것은?

① 분광학적 방해 영향이 전혀 없다.
② 검량선의 직선성 범위가 넓다.
③ 동시에 여러 성분의 분석이 가능하다.
④ 아르곤 가스를 소비하기 때문에 유지비용이 많이 든다.

해설 유도결합플라즈마 원자발광분석기 ──────
유도결합 플라즈마 원자발광분석기는 원자들은 높은 온도에서 많은 복사선을 방출하므로 분광학적 방해 영향이 있다.

07

고성능 액체크로마토그래피(HPLC)에 관한 설명으로 틀린 것은?

① 주 분석대상 화학물질은 PCB 등의 유기화학물질이다.
② 장점으로 빠른 분석속도, 해상도, 민감도를 들 수 있다.
③ 분석물질이 이동상에 녹아야 하는 제한점이 있다.
④ 이동상인 운반가스의 친화력에 따라 용리법, 치환법으로 구분된다.

해설 고성능 액체크로마토그래피 ──────
고성능 액체크로마토그래피(HPLC)는 이동상으로 액체를 사용한다.

08

정량한계에 관한 설명으로 옳은 것은?

① 표준편차의 3배 또는 검출한계의 5배(또는 5.5배)로 정의
② 표준편차의 3배 또는 검출한계의 10배(또는 10.3배)로 정의
③ 표준편차의 5배 또는 검출한계의 3배(또는 3.3배)로 정의
④ 표준편차의 10배 또는 검출한계의 3배(또는 3.3배)로 정의

해설 정량한계 ──────
정량한계(LOQ)는 표준편차의 10배 또는 검출한계(LOD)의 3배 또는 3.3배이다.

유해인자 측정

◀ 물리적 유해인자 측정

(1) 시간가중평균노출기준(TWA)

① 1일 8시간 작업을 기준으로 하여 유해인자의 측정치에 발생시간을 곱하여 8시간으로 나눈 값이다.

② 계산공식

$$\text{TWA 환산값} = \frac{C_1 \times T_1 + C_2 \times T_2 + \cdots C_n \times T_n}{8}$$

C : 유해인자의 측정치(mg/m³, ppm)
T : 유해인자의 발생시간(시간)

(2) 단시간 노출기준(STEL)

① 근로자가 1회 15분간 유해인자에 노출되는 경우의 기준(허용농도)이다.

② 이 기준 이하에서는 노출간격이 1시간 이상인 경우 1일 작업시간 동안 총 4회까지 노출이 허용될 수 있다.

(3) 최고노출기준(C)

① 근로자가 1일 작업시간 동안 잠시라도 노출되지 않아야 하는 기준이다.

② 노출기준 앞에 "C"를 붙여 표시한다.

(4) 혼합물의 노출기준

① 노출지수(EI) 계산공식 : 화학물질이 2종 이상 혼재하는 경우 다음 공식을 이용하여 노출기준을 산정한다.

$$EI = \frac{C_1}{T_1} + \frac{C_2}{T_2} + \cdots + \frac{C_n}{T_n}$$

C_n : 화학물질 각각의 측정치
T_n : 화학물질 각각의 노출기준

㉠ $EI > 1$: 노출기준 초과

㉡ $EI < 1$: 노출기준을 초과하지 않음

② 혼합물의 허용기준 농도(TLV)

$$TLV = \frac{C_1 + C_2 + \cdots\ C_n}{EI}$$

C_n : 화학물질 각각의 측정치

EI : 노출지수

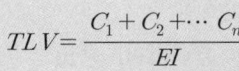

② 물리적 유해인자의 노출기준

(1) 작업강도의 분류

① 경작업 : 200 kcal까지의 열량이 소요되는 작업을 말하며 앉아 서 또는 서서 기계를 조정하기 위하여 손 또는 팔을 가볍게 쓰 는 일 등을 뜻한다.

② 중등작업 : 시간당 200 ~ 350 kcal의 열량이 소모되는 작업을 말하며 물체를 들거나 밀면서 걸어 다니는 일 등을 뜻한다.

③ 중(힘든)작업 : 시간당 350 ~ 500 kcal의 열량이 소요되는 작업 을 말하며 곡괭이질 또는 삽질하는 일 등을 뜻한다.

(2) 작업강도별 고온의 노출기준(단위 : ℃)

구분	작업강도		
	경작업	중등작업	중작업
계속작업	30.0	26.7	25.0
매시간 75 % 작업, 25 % 휴식	30.6	28.0	25.9
매시간 50 % 작업, 50 % 휴식	31.4	29.4	27.9
매시간 25 % 작업, 75 % 휴식	32.2	31.1	30.0

작업강도의 분류와 고온의 노출기준은 하나의 문제로 도 출제되기 때문에 둘 사이 의 연관성을 기억해야 한다.

(3) 소음의 노출기준(충격소음은 제외)

1일 노출시간(hr)	소음수준[dB(A)]
8	90
4	95
2	100
1	105
1/2	110
1/4	115

※ 주 : 115 dB(A)를 초과하는 소음수준에 노출되어서는 안 됨

(4) 합성소음도 계산

$$L = 10 \times \log\left(10^{\frac{L_1}{10}} + 10^{\frac{L_2}{10}} + \cdots 10^{\frac{L_n}{10}}\right)$$

L : 합성소음도[dB(A)]

L_n : 각각 소음원의 소음[dB(A)]

❸ 화학적 유해인자 측정

(1) 액체포집방법

① 시료 공기를 액체 속으로 통과시키거나 표면과 접촉시켜 용해,
반응, 흡수 등을 일으키게 하여 측정하는 하는 방법이다.

② 활성탄관이나 실리카겔로 흡착이 되지 않는 증기, 산 등을 채취
한다.

③ 흡수용액을 이용하여 시료를 포집할 때 흡수효율을 높이는 방법
㉠ 포집용액의 온도를 낮추어 오염물질의 휘발성을 제한한다.

㉡ 흡수액의 양을 늘린다.

㉢ 두 개 이상의 버블러를 연속적으로 연결하여 용액의 양을 늘
린다.

㉣ 시료채취속도를 낮춘다(기포의 체류시간을 길게 함).

㉤ 가는 구멍이 많은 Fritted 버블러 등 채취효율이 좋은 기구
를 사용한다.

㉥ 시료채취 유량을 낮춘다.

(3) 고체포집방법

① 시료 공기를 흡착력이 강한 고체의 작은 입자층을 통과시켜 포
집하는 방법이다.

② 활성탄관(공기 중 가스상 물질의 고체포집법)
㉠ 비극성 유기용제, 방향족 유기용제(방향족 탄화수소류), 할
로겐화 지방족 유기용제(할로겐화 탄화수소류), 에스테르류,
알코올류 등의 포집에 이용된다.

㉡ 탈착용매로는 이황화탄소(CS_2)가 사용된다.

③ 실리카겔관
㉠ 실리카 및 알루미나 흡착제는 그 표면에서 물과 같은 극성분
자를 선택적으로 흡착한다.

㉡ 실리카겔의 친화력(극성이 강한 순서)

물 > 알코올류 > 알데하이드류 > 케톤류 > 에스테르류 >
방향족탄화수소류 > 올레핀류 > 파라핀류

❹ 입자상 물질의 측정

✏️ 기출 TIP

(1) 입자상 물질의 입자 크기별 분류(ACGIH)

① 흡입성 분진(IPM) : 평균입경이 약 100 μm로 호흡기의 어느 부위에 침착하더라도 독성을 유발한다.

② 흉곽성 분진(TPM) : 평균입경이 약 10 μm로 기도나 하기도(가스교환 부위) 또는 폐포나 폐기도에 침착하여 독성을 유발한다.

③ 호흡성 분진(RPM) : 평균입경이 약 4 μm로 가스교환 부위(폐포)에 침착하여 독성 유발한다.

(2) 입경분립충돌기의 장점과 단점

① 공기 중의 분진을 충돌의 원리에 의해 입자크기별로 분리하여 측정하는 것이다.

② 장점과 단점

입경분립충돌기에서는 단점으로 되튐으로 인한 시료의 손실이 발생한다는 점이 자주 출제된다.

구분	내용
장점	• 호흡기에 부분별로 침착된 입자크기의 자료를 추정할 수 있다. • 입자의 질량크기 분포를 얻을 수 있다.
단점	• 시료채취가 까다로워 전문가가 측정해야 한다. • 시료채취 준비기간이 길고 비용이 많이 든다. • 되튐으로 인한 시료의 손실이 발생한다.

(3) 여과지의 종류 및 특징

여과지의 종류별로 채취할 수 있는 물질이 무엇인지 묻는 문제가 출제된다.

구분	특성
MCE막 여과지	• 산에 쉽게 용해되므로 입자상 물질 중의 금속을 채취하여 원자흡광광도법으로 분석하는 데 사용된다. • 수분을 흡수하는 특성(흡습성)이 높아 오차를 유발할 수 있기 때문에 중량 분석에는 적합하지 못하다. • 석면, 중금속, 불소 등 무기물질 채취에 사용한다.
PVC막 여과지	• 유리규산을 채취하여 X – 선 회절분석법으로 분석하는 데에 적합하고 6가크롬 및 아연산화합물의 채취에 사용된다. • 수분에 대한 영향이 크지 않아 공해성 먼지, 총 먼지 등의 중량분석에 용이하다.
PTFE막 여과지	• 열과 화학물질 등에 강한 특성을 가지고 있다. • 농약, 알칼리성 먼지 등을 채취한다.
은막 여과지	• 균일한 금속은을 소결하여 만든 것으로 열적·화학적 안정성이 있다. • 코크스 제조공정에서 발생하는 코크스 오븐 배출물질 또는 다핵방향족탄화수소 등을 채취하는 데 사용된다.

01

벤젠이 배출되는 작업장에서 채취한 시료의 벤젠농도 분석결과가 3시간 동안 4.5 ppm, 2시간 동안 12.8 ppm, 1시간 동안 6.8 ppm일 때, 이 작업장의 벤젠 TWA(ppm)는?

① 4.5　　　　② 5.7
③ 7.4　　　　④ 9.8

해설 TWA ─────────────

$$TWA = \frac{(4.5 \times 3) + (12.8 \times 2) + (6.8 \times 1)}{8}$$
$$= 5.737 \, ppm$$

02

다음 (　) 안에 들어갈 수치는?

> 단시간노출기준(STEL) : (　)분간의 시간가중평균노출값

① 10　　　　② 15
③ 20　　　　④ 40

해설 단시간 노출농도(STEL) ─────────

근로자가 1회 15분간 유해인자에 노출되는 경우의 기준(허용농도)이다.

03

공기 중 Acetone 500 ppm, Sec-Butyl Acetate 100 ppm 및 Methyl Ethyl Ketone 150 ppm이 혼합물로서 존재할 때 복합노출지수(ppm)는? (단, Acetone, Sec-Butyl Acetate 및 Methyl Ethyl Ketone의 TLV는 각각 750, 200, 200 ppm이다)

① 1.25　　　　② 1.56
③ 1.74　　　　④ 1.92

해설 노출지수 계산 ─────────

$$EI = \frac{500}{750} + \frac{100}{200} + \frac{150}{200} = 1.916$$

04

시간당 200 ~ 300 kcal의 열량이 소요되는 중등작업 조건에서 WBGT 측정치가 31.1 ℃일 때 고열작업 노출기준의 작업휴식조건으로 가장 적절한 것은?

① 계속 작업
② 매시간 25 % 작업, 75 % 휴식
③ 매시간 50 % 작업, 50 % 휴식
④ 매시간 75 % 작업, 25 % 휴식

해설 작업휴식조건 ─────────

시간당 200 ~ 300 kcal의 열량이 소모되는 작업은 중등작업이고, WBGT 측정치가 31.1 ℃이므로 매시간 25 % 작업, 75 % 휴식해야 한다.

05

공기 중 유기용제 시료를 활성탄관으로 채취하였을 때 가장 적절한 탈착용매는?

① 황산
② 사염화탄소
③ 중크롬산칼륨
④ 이황화탄소

해설 탈착용매 ─────────────

공기 중 유기용제 시료를 활성탄관으로 채취할 때 이황화탄소를 탈착용매로 사용한다.

이황화탄소는 탈착효율이 좋고, 분석 시 유리한 점이 있으나 독성이 있고, 인화성도 있으므로 사용 시 주의가 필요하다.

06

호흡성 먼지(PRM)의 입경(μm) 범위는? (단, 미국 ACGIH 정의기준이다)

① 0 ~ 10
② 0 ~ 20
③ 0 ~ 25
④ 10 ~ 100

해설 호흡성 먼지의 입경범위 ──────────

호흡성 먼지(RPM)의 평균입경은 약 4 μm이다.

07

실리카겔과 친화력이 가장 큰 물질은?

① 알데하이드류
② 올레핀류
③ 파라핀류
④ 에스테르류

해설 실리카겔의 친화력(극성이 강한 순서) ───────

물 > 알코올류 > 알데하이드류 > 케톤류 > 에스테르류 > 방향족탄화수소류 > 올레핀류 > 파라핀류

08

직경분립충돌기에 관한 설명으로 틀린 것은?

① 흡입성, 흉곽성, 호흡성 입자의 크기별 분포와 농도를 계산할 수 있다.
② 호흡기의 부분별로 침착된 입자 크기를 추정할 수 있다.
③ 입자의 질량크기 분포를 얻을 수 있다.
④ 되튐 또는 과부하로 인한 시료 손실이 적어 비교적 정확한 측정이 가능하다.

해설 직경분립충돌기 ──────────────

직경분립충돌기는 되튐으로 인한 시료의 손실이 발생한다.

09

다음 중 석면을 포집하는 데 적합한 여과지는?

① 은막 여과지
② 섬유상 막여과지
③ PTEE 막여과지
④ MCE 막여과지

해설 셀룰로오스 에스테르 막여과지(MCE) ───────

• 산에 쉽게 용해되므로 입자상 물질 중의 금속을 채취하여 원자흡광광도법으로 분석하는 데 사용된다.
• 유해물질이 여과지의 표면에 주로 침착되기 때문에 석면 등 현미경분석을 위한 시료채취에 유리하다.

Part 02

Chapter **04**

평가 및 통계

✎ 기출 TIP

문제에 조건을 주고 중앙치 (중앙값)을 계산하는 문제가 출제된다.

산술평균과 기하평균은 계 산문제 형태로 출제되므로 공식을 암기하고 정확하게 계산하는 방법을 연습해야 한다.

1 자료의 분포

(1) 대수정규분포(Log Normal Distribution)
① 산업위생 통계에서 흔히 볼 수 있는 통계이다.
② 좌측이나 우측 방향으로 비대칭을 이루며 보통 우측 방향으로 무한대로 뻗어 있는 형태이다.

(2) 산포도
① 측정치가 평균 가까이에 있는지, 흩어져 있는지를 나타낸다.
② 표준편차가 클수록 평균에서 떨어진 값이 많은 것이다.
③ 표준편차가 0이라면 측정치가 모두 같은 값임을 의미한다.

(3) 중앙치(중앙값)
① N개의 측정치를 크기 순서로 배열하였을 때 중앙에 위치하는 값을 말한다.
② 값이 짝수일 때에는 중앙에 위치하는 두 개의 값을 평균 내어 중앙값으로 한다.

2 평균 및 표준편차의 계산

(1) 산술평균(M)

$$M = \frac{X_1 + X_2 + X_3 + \cdots X_n}{N}$$

X_n : 측정치
N : 측정치 개수

(2) 기하평균(GM)
① 누적분포에서 50 %에 해당하는 값이다.
② 계산공식

$$GM = \sqrt[N]{X_1 \cdot X_2 \cdots X_n}$$

N : 측정치의 수
X_n : 측정치

(3) 표준편차(SD)

① 표준편차(SD) 공식

$$SD = \sqrt{\frac{\sum_{i=1}^{N}(X_i - \overline{X})^2}{N-1}}$$

X_i : 측정치
$\overline{X}$: 측정치의 산술평균치
N : 측정치의 수

② 기하표준편차(GSD)

$$\log(GSD) = \left[\frac{(\log X_1 - \log GM)^2 + (\log X_2 - \log GM)^2 + \cdots (\log X_N - \log GM)^2}{N-1} \right]^{0.5}$$

N : 측정치의 수
X_n : 측정치

$$GSD = \frac{84.1\%\text{에 해당하는 값}}{50\%\text{에 해당하는 값}} = \frac{50\%\text{에 해당하는 값}}{15.9\%\text{에 해당하는 값}}$$

(4) 변이계수(CV%)

① 표준편차의 수치가 평균치의 몇 % 정도인지를 나타낸다.
② 변이계수가 작을수록 자료들이 평균에 가깝게 분포한다.

$$CV\% = \frac{\text{표준편차}}{\text{산술평균}} \times 100$$

3 오차

(1) 누적오차(여러 요소에 의해 발생한 오차의 합)

$$E_c = \sqrt{E_1^2 + E_2^2 + E_3^2 + \cdots E_n^2}$$

E_c : 누적오차(%)
E_n : 각 요소의 오차율(%)

(2) 표준오차(각 측정치의 평균과 전체 평균의 차이)

$$\sigma = \frac{SD}{\sqrt{N}}$$

SD : 표준편차
N : 자료의 수

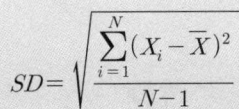

✏️ **기출 TIP**

기하표준편차를 계산하는 문제는 자주 출제된다. 기하표준편차는 계산식이 복잡하기 때문에 계산과정에서 실수하지 않도록 연습해야 한다.

오차와 관련해서는 누적오차를 계산하는 문제가 자주 출제된다.

Part 02

01

2021년 2회

두 집단의 어떤 유해물질의 측정값이 아래 도표와 같을 때 두 집단의 표준편차의 크기 비교에 대한 설명 중 옳은 것은?

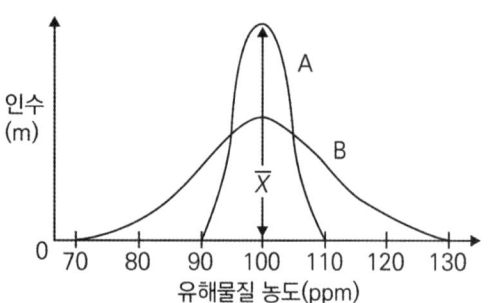

① A집단과 B집단은 서로 같다.
② A집단의 경우가 B집단의 경우보다 크다.
③ A집단의 경우가 B집단의 경우보다 작다.
④ 주어진 도표만으로 판단하기 어렵다.

해설 표준편차 ─────────

- 표준편차란 측정값의 산포도로 평균 가까이에 얼마나 많은 측정값들이 분포하고 있는지를 측정하는 데 사용된다.
- A집단의 경우 B집단보다 평균 $\overline{X}$ 값에 더 가까이 분포하므로 A 집단의 표준편차가 B 집단보다 작다.

02

2021년 1회

어느 작업장에서 소음의 음압수준(dB)을 측정한 결과가 85, 87, 84, 86, 89, 81, 82, 84, 83, 88일 때, 측정결과의 중앙값(dB)은?

① 83.5 ② 84.0
③ 84.5 ④ 84.9

해설 중앙값 계산 ─────────

(1) 측정치를 크기 순서로 배열
   81, 82, 83, 84, 84, 85, 86, 87, 88, 89
(2) 중앙에 위치하는 두 값 선정
   84, 85
(3) 두 값의 평균값을 계산하면 중앙값이 됨
$$\frac{84+85}{2} = 84.5$$

03

2019년 2회

화학공장의 작업장 내에 먼지농도를 측정하였더니 5, 6, 5, 6, 6, 6, 4, 8, 9, 8 ppm일 때, 측정치의 기하평균은 약 몇 ppm인가?

① 5.13 ② 5.83
③ 6.13 ④ 6.83

해설 기하평균 계산 ─────────

$$GM = \sqrt[10]{5 \times 6 \times 5 \times 6 \times 6 \times 6 \times 4 \times 8 \times 9 \times 8}$$
$$= 6.127$$

04

먼지를 크기별 분포로 측정한 결과를 가지고 기하 표준편차(GSD)를 계산하고자 할 때 필요한 자료가 아닌 것은?

① 15.9 %의 분포를 가진 값
② 18.1 %의 분포를 가진 값
③ 50.0 %의 분포를 가진 값
④ 84.1 %의 분포를 가진 값

해설 기하표준편차(GSD)

$$GSD = \frac{84.1\,\%에\ 해당하는\ 값}{50\,\%에\ 해당하는\ 값}$$
$$= \frac{50\,\%에\ 해당하는\ 값}{15.9\,\%에\ 해당하는\ 값}$$

05

산업위생통계에서 적용하는 변이계수에 대한 설명으로 틀린 것은?

① 표준오차에 대한 평균값의 크기를 나타낸 수치이다.
② 통계집단의 측정값들에 대한 균일성, 정밀성 정도를 표현하는 것이다.
③ 단위가 서로 다른 집단이나 특성값의 상호 산포도를 비교하는 데 이용될 수 있다.
④ 평균값의 크기가 0에 가까울수록 변이계수의 의의가 작아지는 단점이 있다.

해설 변이계수(CV%)

표준편차의 수치가 평균치의 몇 % 정도인지를 나타낸다.

$$CV\% = \frac{표준편차}{산술평균} \times 100$$

06

유량, 측정시간, 회수율 및 분석에 의한 오차가 각각 18 %, 3 %, 9 %, 5 %일 때, 누적오차는 약 몇 %인가?

① 18
② 21
③ 24
④ 29

해설 누적오차 계산

$$E_c = \sqrt{18^2 + 3^2 + 9^2 + 5^2} = 20.952\,\%$$

07

다음 중 표본에서 얻은 표준편차와 표본의 수만 가지고 얻을 수 있는 것은?

① 산술평균치
② 분산
③ 변이계수
④ 표준오차

해설 표준오차(σ)

$$\sigma = \frac{SD}{\sqrt{N}}$$

SD : 표준편차, N : 자료의 수

▶ 학습전략

산업환기의 개요 부분에서는 전체환기와 국소환기가 필요한 상황을 구분하는 문제가
자주 출제되므로 두 가지 상황을 구분할 수 있어야 합니다.
작업환경관리대책 과목도 2과목처럼 계산문제가 많이 출제되는 경향이 있습니다.
전체환기량 계산, 오염물질이 감소되는 데 걸리는 시간, 후드의 종류별 필요 송풍량
(환기량) 등은 자주 출제되면서 수치나 조건이 조금씩 변형되어 출제되는 경향이 있
으므로 공식을 정확하게 암기하고 풀이과정을 이해해야 합니다.

Part 03
작업환경관리대책

Chapter **01** 산업환기의 개요

기출 TIP

자연환기의 특성 중 정확한 환기량을 산정할 수 없다는 보기가 자주 출제된다.

전체환기가 필요한 상황과 국소환기가 필요한 상황을 구분하는 문제가 자주 출제된다.

mmHg, mmH₂O 단위가 자주 출제된다.

1 환기의 기본개념

(1) 전체환기(희석환기)

① 작업장 전체를 환기시키는 방식으로 공기를 희석하여 유해인자의 농도를 낮추는 것이다.

② 자연환기의 특징

    ㉠ 설치비 및 유지보수비가 적게 든다.

    ㉡ 소음발생이 적다.

    ㉢ 외부 기상조건과 내부 조건에 따라 환기량이 일정하지 않다.

    ㉣ 정확한 환기량을 산정할 수 없다.

③ 전체환기가 필요한 상황

    ㉠ 유해물질의 독성이 비교적 낮은 경우

    ㉡ 동일한 작업장에 다수의 오염원이 분산되어 있는 경우

    ㉢ 유해물질의 발생량이 적은 경우

    ㉣ 오염원이 근무자가 근무하는 장소로부터 멀리 떨어져 있는 경우

(2) 국소환기

① 발생된 유해물질이 공기 중에 확산되기 전에 국소적으로 공기를 흡입하여 처리하는 것이다.

② 국소환기가 필요한 상황

    ㉠ 유해물질 발생량이 적은 경우

    ㉡ 유해물질의 독성이 강한 경우

    ㉢ 유해물질 발생원과 작업위치가 근접해 있는 경우

    ㉣ 발생주기가 균일하지 않은 경우

2 유체의 흐름 계산 관련 기본개념

(1) 압력(P)

단위면적당 작용하는 힘으로 다음과 같은 다양한 단위가 있다.

$$1기압(atm) = 760 \text{ mmHg} = 10,332 \text{ mmH}_2\text{O} = 101,325 \text{ Pa}$$
$$= 101.325 \text{ kPa} = 1.0332 \text{ kgf/cm}^2$$

(2) 포화농도

$$포화농도(ppm) = \frac{물질의 증기압(mmHg)}{대기압(760mmHg)} \times 10^6$$

$$포화농도(\%) = \frac{물질의 증기압(mmHg)}{대기압(760mmHg)} \times 10^2$$

(3) 밀도(ρ)

단위체적당 유체의 질량이다.

$$\rho = \frac{질량}{부피}(g/cm^3, kg/m^3)$$

계산문제의 수치가 주어진 경우 밀도와 비중 수치를 함께 사용하는 경우도 많이 있다.

(4) 비중(S)

① 표준물질의 밀도와 실제 물질에 대한 밀도의 비이다.

② 기체의 경우 표준밀도는 0 ℃ 1기압의 공기밀도 : $1.293\ kg/m^3$

$$S = \frac{실제 물질의 밀도}{표준물질의 밀도}$$

(5) 보일 – 샤를의 법칙

① 보일의 법칙 : 일정한 온도에서 부피와 압력은 반비례한다.

② 샤를의 법칙 : 일정한 압력에서 온도와 부피는 비례한다.

③ 보일 – 샤를의 법칙

$$\frac{P_1 V_1}{T_1} = \frac{P_2 V_2}{T_2}$$

P_1 : 처음 압력(kPa), P_2 : 나중 압력(kPa)

V_1 : 처음 부피(m^3), V_2 : 나중 부피(m^3)

T_1 : 처음 온도(K), T_2 : 나중 온도(K)

보일 – 샤를의 법칙을 활용하여 부피를 보정하여 밀도값을 보정한다.

❸ 유체역학적 원리의 적용

(1) 유체역학적 원리의 전제조건

① 공기는 상대습도를 기준으로 한다.

② 공기는 건조하다고 가정한다.

③ 공기의 압축이나 팽창은 무시한다.

④ 환기시설 내외의 열 교환은 무시한다.

⑤ 공기 중에 포함된 유해물질의 무게와 용량은 무시한다.

유체역학에서 공기는 상대습도를 기준으로 한다는 점이 자주 출제된다.

(2) 연속의 방정식(질량보존의 법칙 이용)

① 정상류로 흐르는 한 단면의 유체의 질량은 다른 단면을 통과하는 유체의 질량과 같다.

② 유량 공식

$$Q = AV$$
$$Q : 유량(m^3/sec), \ A : 단면적(m^2), \ V : 유속(m/sec)$$

③ 유량 관련 연속의 방정식

$$Q = A_1 V_1 = A_2 V_2$$
$$Q : 유량(m^3/sec)$$
$$A_1 : 변경 \ 전 \ 단면적(m^2), \ A_2 : 변경 \ 후 \ 단면적(m^2)$$
$$V_1 : 변경 \ 전 \ 유속(m/sec), \ V_2 : 변경 \ 후 \ 유속(m/sec)$$

(3) 레이놀즈수(Re)

① 무차원수(단위가 없는 수)로서 유체의 운동특성을 나타낸다.

② 계산공식

$$Re = \frac{\rho V d}{\mu} = \frac{V d}{\nu}$$
$$\rho : 유체(공기)의 \ 밀도(kg/m^3)$$
$$V : 유체(공기)의 \ 속도(m/sec)$$
$$d : 관(덕트)의 \ 직경(m)$$
$$\mu : 유체(공기)의 \ 점성계수(kg/m \cdot sec)$$
$$\nu : 유체(공기)의 \ 동점성계수(m^2/sec)$$

③ 레이놀즈수가 2,100 이하이면 층류이고, 4,000 이상이면 난류이다.

4 환기량 계산

(1) 전체환기량(Q) 계산

① 계산공식

$$Q = \frac{G}{TLV} \times K$$
$$Q : 전체환기량(m^3/sec)$$
$$G : 오염물질 \ 발생률(mL/sec)$$
$$K : 안전계수$$
$$TLV : 노출기준(ppm \ 또는 \ mL/m^3)$$

② 안전계수(K)

　　㉠ 불안정한 혼합을 보정하기 위한 여유계수로 K = 1일 경우 전
　　체환기로도 환기가 충분한 상태이다.

　　㉡ 유해물질의 TLV, 환기방식의 효율성, 유해물질의 발생률,
　　근로자의 위치와 발생원과의 거리, 유해물질의 발생점의 위
　　치와 수 등을 고려하여 결정한다.

(2) 환기를 통해 오염물질이 감소하는 데 걸리는 시간(t)

오염물질이 감소하는 데 걸
리는 시간은 자주 출제되므
로 공식을 정확하게 암기해
야 한다.

$$t = -\frac{V}{Q'} \ln\left(\frac{C_2}{C_1}\right)$$

t : 시간(min)

V : 작업공간의 부피(m^3)

Q' : 환기량(m^3/min)

C_1 : 유해물질의 처음농도(ppm)

C_2 : 유해물질의 나중농도 또는 노출기준(ppm)

(3) 시간당 공기교환 횟수(ACH)

$$ACH = \frac{\text{실내 환기량}(m^3/hr)}{\text{실내 체적}(m^3)}$$

$$ACH = \frac{\ln(C_1 - C_0) - \ln(C_2 - C_0)}{hr}$$

C_1 : 처음의 이산화탄소 농도(ppm)

C_2 : 시간이 경과한 후 이산화탄소 농도(ppm)

C_0 : 외부 공기 중 이산화탄소 농도(ppm)

(4) 화재 및 폭발방지를 위한 전체환기량(Q)

화재 및 폭발방지를 위한 전
체환기량은 계산문제보다는
공식의 변수의 의미를 묻는
문제로 주로 출제된다.

$$Q = \frac{24.1 \times S \times W \times C}{MW \times LBL \times B} \times 10^2$$

Q : 전체환기량(m^3/min)

S : 물질의 비중, W : 인화물질 사용량

C : 안전계수, MW : 물질의 분자량

LBL : 폭발농도 하한치

B : 온도에 따른 보정상수

01
2019년 1회

다음 중 전체환기를 적용할 수 있는 상황과 가장 거리가 먼 것은?

① 유해물질의 독성이 높은 경우
② 작업장 특성상 국소배기장치의 설치가 불가능한 경우
③ 동일 사업장에 다수의 오염발생원이 분산되어 있는 경우
④ 오염발생원이 근로자가 작업하는 장소로부터 멀리 떨어져 있는 경우

해설 전체환기를 적용할 수 있는 상황 ──────

유해물질의 독성이 높은 경우에는 전체환기보다는 국소환기를 적용해야 한다.

02
2022년 1회

공기 중의 포화증기압이 1.52 mmHg인 유기용제가 공기 중에 도달할 수 있는 포화농도(ppm)는?

① 2,000   ② 4,000
③ 6,000   ④ 8,000

해설 포화농도 계산 ──────

$$포화농도(ppm) = \frac{물질의 증기압}{대기압} \times 10^6$$

$$= \frac{1.52 \, mmHg}{760 \, mmHg} \times 10^6$$

$$= 2,000 \, ppm$$

03
2018년 2회

온도 125 ℃, 800 mmHg인 관 내로 100 m³/min의 유량의 기체가 흐르고 있다. 표준상태에서 기체의 유량은 약 몇 m³/min인가? (단, 표준상태는 20 ℃, 760 mmHg로 한다)

① 52   ② 69
③ 77   ④ 83

해설 기체의 유량 보정 ──────

$$\frac{P_1 V_1}{T_1} = \frac{P_2 V_2}{T_2}$$

$$V_2 = \frac{T_2}{P_2} \times \frac{P_1 V_1}{T_1}$$

$$= \frac{20 + 273}{760} \times \frac{800 \times 100}{125 + 273}$$

$$= 77.492 \, m^3$$

기체의 유량 = 77.492 m³/min

04
2021년 3회

환기시설 내 기류가 기본적 유체역학적 원리에 의하여 지배되기 위한 전제조건에 관한 내용으로 틀린 것은?

① 환기시설 내외의 열 교환은 무시한다.
② 공기의 압축이나 팽창을 무시한다.
③ 공기는 포화 수증기 상태로 가정한다.
④ 대부분의 환기시설에서는 공기 중에 포함된 유해물질의 무게와 용량을 무시한다.

해설 유체역학적 원리의 적용 ──────

유체역학적 원리의 적용할 때 공기는 건조하다고 가정한다.

05

덕트 직경이 30 cm이고 공기유속이 10 m/sec일 때, 레이놀즈수는 약 얼마인가? (단, 공기의 점성계수는 1.85×10^{-5} kg/sec·m, 공기밀도는 1.2 kg/m³이다)

① 195,000　　　② 215,000
③ 235,000　　　④ 255,000

해설 레이놀즈수(Re)

$$Re = \frac{\rho V d}{\mu} = \frac{V d}{\nu}$$

$$Re = \frac{\rho V d}{\mu} = \frac{1.2 \times 10 \times 0.3}{1.85 \times 10^{-5}} = 194,594.594$$

06

7 m × 14 m × 3 m의 체적을 가진 방에 톨루엔이 저장되어 있고 공기를 공급하기 전에 측정한 농도가 300 ppm이었다. 이 방으로 10 m³/min의 환기량을 공급한 후 노출기준인 100 ppm으로 도달하는 데 걸리는 시간(min)은?

① 12　　　② 16
③ 24　　　④ 32

해설 오염물질이 감소하는 데 걸리는 시간(t)

$$t = -\frac{V}{Q} \ln\left(\frac{C_2}{C_1}\right)$$

$$t = -\frac{7 \times 14 \times 3}{10} \ln\left(\frac{100}{300}\right) = 32.299 \, \text{min}$$

07

작업장 용적이 10 m × 3 m × 40 m이고 필요환기량이 120 m³/min일 때 시간당 공기교환 횟수는?

① 360회　　　② 60회
③ 6회　　　④ 0.6회

해설 시간당 공기교환 횟수(ACH)

$$ACH = \frac{\text{실내 환기량}(\text{m}^3/\text{hr})}{\text{실내 체적}(\text{m}^3)}$$

$$= \frac{\dfrac{120\,\text{m}^3}{\text{min}} \times \dfrac{60\,\text{min}}{\text{hr}}}{10\,\text{m} \times 3\,\text{m} \times 40\,\text{m}} = 6\,\text{회}/\text{hr}$$

08

오후 6시 20분에 측정한 사무실 내 이산화탄소의 농도는 1,200 ppm, 사무실이 빈 상태로 1시간이 경과한 오후 7시 20분에 측정한 이산화탄소의 농도는 400 ppm이었다. 이 사무실의 시간당 공기교환 횟수는? (단, 외부공기 중의 이산화탄소의 농도는 330 ppm이다)

① 0.56　　　② 1.22
③ 2.52　　　④ 4.26

해설 시간당 공기교환 횟수(ACH)

$$ACH = \frac{\ln(C_1 - C_0) - \ln(C_2 - C_0)}{\text{hr}}$$

$$ACH = \frac{\ln(1,200 - 330) - \ln(400 - 330)}{1}$$

$$= 2.519\,\text{회}$$

Part 03

Chapter **02** # 국소환기 01

▣ 국소배기시설의 개요

(1) 국소배기시설의 구성

① 구성 : 후드 → 덕트 → 공기정화기 → 송풍기 → 배출구

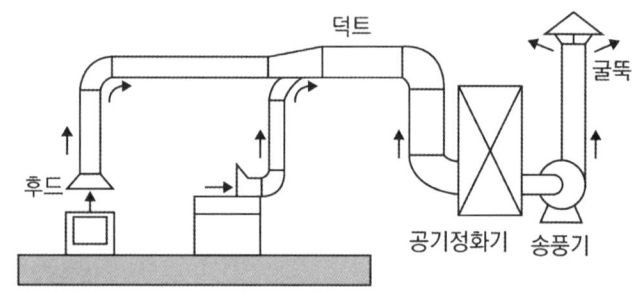

(2) 국소배기시설의 설계

① 설계순서 : 후드형식 선정 → 제어속도 선정 → 소요풍량 계산 → 반송속도 결정

② 제어속도 : 오염물질을 후드 안쪽으로 흡인하기 위하여 필요한 최소풍속(공기풍속)이다.

③ 반송속도 : 유해물질이 덕트 안에서 퇴적이 일어나지 않고 이동하기 위해 필요한 최소속도이다.

▣ 압력의 종류

(1) 정압(SP : Static Pressure)

① 공기의 유동이 없을 때 발생하는 압력으로 덕트 내 공기가 주위에 미치는 압력이다.

② 송풍기 앞(흡입관)에서는 음압, 송풍기 뒤(배출관)에서는 양압이다.

(2) 동압(속도압)(VP : Velocity Pressure)

① 공기의 흐름이 있을 때 발생하는 압력으로 공기흐름 방향의 속도에 의해 생기는 압력이다.

② 속도압은 항상 양압이다.

(3) 전압(TP : Total Pressure)

정압(SP)과 동압(VP)을 합한 압력이다.

(4) 속도압(VP) 계산공식

① 속도압(VP) 계산

$$VP = \frac{\gamma V^2}{2g}$$

VP : 속도압(동압)(mmH₂O)

γ : 공기의 밀도(kg/m³), V : 공기의 속도(m/sec)

g : 중력가속도(m/sec²)

② 속도압(VP)으로 유속 계산(21 ℃, 1기압에서 적용 가능)

$$V = 4.043\sqrt{VP}$$

V : 유속(m/sec), VP : 속도압(mmH₂O)

기출 TIP

속도압 계산문제는 자주 출제되므로 공식은 정확하게 암기해야 한다.

❸ 후드(Hood)

(1) 후드가 갖추어야 할 사항(필요환기량을 감소시키는 방법)

① 오염물질 발생원에 가깝게 설치한다.

② 제어속도는 작업조건을 고려하여 적정하게 선정한다.

③ 작업에 방해가 되지 않도록 설치한다.

④ 가급적이면 공정을 많이 포위한다.

⑤ 공정에서 발생 또는 배출되는 오염물질의 절대량을 감소시킨다.

필요환기량을 감소시키는 방법은 하나의 보기가 틀린 형태로 자주 출제된다.

(2) 후드의 형식 및 종류

① 포위식 : 유해물질의 발생원을 전부 또는 부분적으로 포위한다.

② 외부식 : 유해물질의 발생원을 포위하지 않고 발생원 가까운 위치에 설치한다.

③ 레시버식

㉠ 열상승 기류가 있는 경우 캐노피형 후드를 설치한다.

㉡ 연마작업 등 유해물질이 일정한 방향으로 비산하는 경우 커버형 후드를 설치한다.

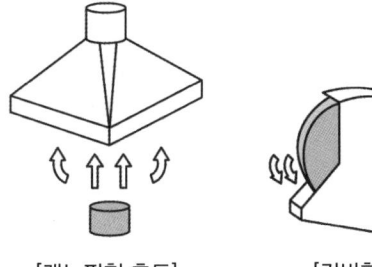

[캐노피형 후드]　　　[커버형 후드]

Part 03

(3) 외부식 후드의 특징 및 종류

구분	특징
슬롯형 후드	• 후드의 개구면의 폭 : 길이의 비가 0.2 이하인 것이다. • 슬롯은 공기의 균일한 흡입을 돕는다. • 전기도금, 용해, 분무도장 작업 등에 사용된다. • 충만실은 슬롯 후드 뒤쪽에 위치하여 압력을 균일화시키는 역할을 한다.
그리드형 후드	주로 분무도장, 주형털기 등의 작업에 사용된다.
PUSH – PULL형 후드	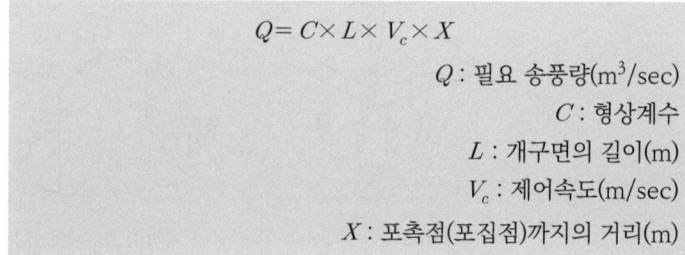 • 제어길이가 비교적 길어서 외부식 후드에 의한 제어효과가 문제가 되어 공기를 불어주고 당겨주는 장치로 이루어져 있다. • 도금조 및 자동차 도장공정과 같이 오염물질 발생원의 개방면적이 큰 작업공정에 주로 적용된다. • 공정에서 작업물체를 처리조에 넣거나 꺼내는 중에 공기막이 파괴되어 오염물질이 발생한다. • 포집효율을 증가시키면서 필요유량을 대폭 증가시킬 수 있다. • 작업자의 방해가 적고 적용이 쉽지만 설계가 잘못되었을 경우 유해물질을 비산시킬 위험이 있다.

(4) 후드의 종류별 필요 송풍량(환기량)

① 외부식 슬롯형 후드

$$Q = C \times L \times V_c \times X$$

Q : 필요 송풍량(m³/sec)

C : 형상계수

L : 개구면의 길이(m)

V_c : 제어속도(m/sec)

X : 포촉점(포집점)까지의 거리(m)

② 외부식 후드(자유공간 배치, 플랜지 미부착, 원형 및 장방형)

$$Q = V_c \times (10X^2 + A)$$

Q : 필요환기량(m^3/sec)

V_c : 제어속도(m/sec)

X : 후드의 중심선으로부터 발생원(오염원)까지의 거리(m)

A : 개구면적(m^2)

기출 TIP

플랜지를 부착하면 송풍량 25 % 감소하고 후드를 작업대에 부착하고 플랜지도 부착하면 송풍량이 50 % 감소한다.
이 원리와 공식을 함께 암기하는 것이 좋다.

③ 외부식 후드(자유공간 배치, 플랜지 부착, 원형 및 장방형)

$$Q = 0.75 \times V_c \times (10X^2 + A)$$

④ 외부식 후드(작업대 위, 플랜지 부착, 장방형)

$$Q = 0.5 \times V_c \times (10X^2 + A)$$

⑤ 외부식 후드(작업대 위, 플랜지 미부착, 장방형)

$$Q = V_c \times (5X^2 + A)$$

(5) 후드의 압력손실($\triangle P$)

$$\triangle P = F_h \times VP$$

$\triangle P$: 압력손실(mmH$_2$O)

F_h : 압력손실계수

$$F_h = \frac{1}{Ce^2} - 1$$

Ce : 유입계수

VP : 속도압 또는 동압(mmH$_2$O)

4 제어속도(m/sec)의 범위(ACGIH)

작업조건	예시	제어속도
움직이지 않는 공기 중에서 속도 없이 배출	액면에서 발생하는 가스	0.25 ~ 0.5
비교적 조용한 대기 중에서 저속으로 비산하는 작업	용접, 도금, 스프레이도장	0.5 ~ 1.0
발생기류가 높고 유해물질이 활발히 발생하는 작업	용기충전, 분쇄기	1.0 ~ 2.5
초고속기류가 있는 작업장소에서 초고속으로 비산하는 작업	회전연삭, 연마, 블라스트 작업	2.5 ~ 10

작업조건별 제어속도 범위를 묻는 문제 형태로 주로 출제된다.

01
2022년 1회

국소배기시설에서 장치 배치순서로 가장 적절한 것은?

① 송풍기 → 공기정화기 → 후드 → 덕트 → 배출구
② 공기정화기 → 후드 → 송풍기 → 덕트 → 배출구
③ 후드 → 덕트 → 공기정화기 → 송풍기 → 배출구
④ 후드 → 송풍기 → 공기정화기 → 덕트 → 배출구

해설 국소배기시설에서 장치 배치순서 ─────

후드 → 덕트 → 공기정화기 → 송풍기 → 배출구

02
2021년 2회

국소환기장치 설계에서 제어속도에 대한 설명으로 옳은 것은?

① 작업장 내의 평균유속을 말한다.
② 발산되는 유해물질을 후드로 흡인하는 데 필요한 기류속도이다.
③ 덕트 내의 기류속도를 말한다.
④ 일명 반송속도라고도 한다.

해설 제어속도 ─────

제어속도는 오염물질을 후드 안쪽으로 흡인하기 위하여 필요한 최소풍속(공기풍속)이다.

03
2021년 3회

밀도가 1.225 kg/m³인 공기가 20 m/s의 속도로 덕트를 통과하고 있을 때 동압(mmH₂O)은?

① 15
② 20
③ 25
④ 30

해설 속도압(동압)계산 ─────

$$VP = \frac{\gamma V^2}{2g} = \frac{1.225 \times 20^2}{2 \times 9.8} = 25\,\text{mmH}_2\text{O}$$

04
2019년 3회

필요환기량을 감소시키는 방법으로 옳지 않은 것은?

① 가급적이면 공정이 많이 포위되지 않도록 하여야 한다.
② 후드 개구면에서 기류가 균일하게 분포되도록 설계한다.
③ 공정에서 발생 또는 배출되는 오염물질의 절대량을 감소시킨다.
④ 포집형이나 레시버형 후드를 사용할 때는 가급적 후드를 배출 오염원에 가깝게 설치한다.

해설 필요환기량을 감소시키기 위한 방법 ─────

필요환기량을 감소시키기 위해서는 가급적이면 공정을 많이 포위해야 한다.

05

전기도금 공정에 가장 적합한 후드 형태는?

① 캐노피 후드
② 슬롯 후드
③ 포위식 후드
④ 종형 후드

해설 슬롯형 후드 ───────────

• 후드의 개구면이 좁고 폭과 길이의 비가 0.2 이하인 것이다.
• 슬롯은 공기의 균일한 흡입을 돕는다.
• 전기도금, 분무도장 작업 등에 사용된다.

06

다음 중 밀어당김형 후드(Push-pull Hood)가 가장 효과적인 경우는?

① 오염원의 발산량이 많은 경우
② 오염원의 발산농도가 낮은 경우
③ 오염원의 발산농도가 높은 경우
④ 오염원 발산면의 폭이 넓은 경우

해설 푸쉬풀 후드(Push-pull Hood) ───────

도금조 및 자동차 도장공정과 같이 오염물질 발생원의 개방면적이 큰 작업공정에 주로 적용된다.

07

지름이 100 cm인 원형 후드 입구로부터 200 cm 떨어진 지점에 오염물질이 있다. 제어풍속이 3 m/s일 때, 후드의 필요환기량(m^3/s)은? (단, 자유공간에 위치하며 플랜지는 없다)

① 143   ② 122
③ 103   ④ 83

해설 외부식 후드(자유공간 배치, 플랜지 미부착)의 필요환기량 ───────

$$Q = V_c \times (10X^2 + A)$$

$$Q = 3 \times \left(10 \times 2^2 + \frac{\pi}{4} \times 1^2\right) = 122.356 \mathrm{m^3/sec}$$

08

용기충전이나 콘베이어 적재와 같이 발생기류가 높고 유해물질이 활발하게 발생하는 작업조건의 제어속도로 가장 알맞은 것은? (단, ACGIH 권고 기준이다)

① 2.0 m/s   ② 3.0 m/s
③ 4.0 m/s   ④ 5.0 m/s

해설 포착속도(제어속도) 범위(ACGIH) ───────

발생기류가 높고 유해물질이 활발히 발생하는 작업의 제어속도 범위는 1.0 ~ 2.5 m/sec이다.

Chapter 03 국소환기 02

1 덕트의 개요

(1) 덕트의 설치기준(산업안전보건법기준)

① 가능하면 길이는 짧게 하고 굴곡부의 수는 적게 할 것

② 접속부의 안쪽은 돌출된 부분이 없도록 할 것

③ 청소구를 설치하는 등 청소하기 쉬운 구조로 할 것

④ 덕트 내부에 오염물질이 쌓이지 않도록 이송속도를 유지할 것

⑤ 연결 부위 등은 외부 공기가 들어오지 않도록 할 것

(2) 덕트의 일반적인 설치원칙

① 가능한 후드와 가까운 곳에 설치한다.

② 가급적 짧게 배치하고, 밴드의 수는 가능한 한 적게 한다.

③ 공기가 아래로 흐르도록 하향구배로 설치한다.

④ 가급적 원형 덕트를 사용하고, 사각 덕트 사용 시에는 정방형을 사용한다.

⑤ 곡관의 곡률반경은 최소 덕트직경의 1.5배 이상, 주로 2.0을 사용한다.

(3) 유해물질별 덕트의 재료

유해물질	덕트의 재질
유기용제	아연도금 강판
강산, 염소계 용제	스테인리스스틸 강판
알칼리	강판
주물사, 고온가스	흑피 강판
전리방사선	중질 콘크리트

(4) 덕트의 접속

① 가지덕트(분지관)를 주관에 연결할 때에는 30°에 가깝게 한다.

② 분지관이 연결되는 주관의 확대각은 15° 이내로 한다.

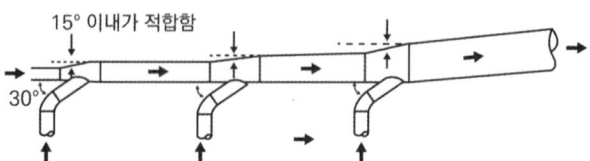

15° 이내가 적합함

30°

(5) 반송속도(m/sec)

발생형태	유해물질 종류	반송속도
증기, 가스, 연기	모든 증기 및 가스	5 ~ 10
흄	아연흄, 용접흄	10 ~ 12.5
미세하고 가벼운 분진	미세한 면분진, 목분진	12.5 ~ 15
건조한 분진이나 분말	고무분진, 면분진, 가죽분진, 동물털 분진	15 ~ 20
일반 산업분진	그라인더 분진, 일반적인 금속분말 분진	17.5 ~ 20
무거운 분진	젖은 톱밥분진, 납분진	20 ~ 22.5
무겁고 습한 분진	습한 시멘트 분진	22.5 이상

📎 기출 TIP

가벼운 물질에서 무거운 물질일수록 반송속도가 높아지는 경향성을 파악해야 한다.

② 덕트에서의 압력손실

(1) 직관 덕트의 압력 손실(달시의 방정식)

$$\triangle P = f \times \frac{L}{D} \times \frac{\gamma V^2}{2g}$$

$\triangle P$: 압력손실
f : 관마찰계수
L : 덕트의 길이(m), D : 덕트의 직경(m)
γ : 유체의 밀도(kg/m³), V : 유체의 속도(m/sec)
g : 중력가속도(m/sec²)

달시의 방정식 관련 문제는 직접 계산하는 문제보다는 압력손실이 무엇에 비례하는지 묻는 문제가 더 많이 출제된다.

(2) 곡관의 연결

① 곡관의 덕트직경(D)과 곡률반경(R)의 비인 반경비(R/D)를 크게 할수록 압력손실이 적어진다.

② 곡관에서 곡률반경비(R/D)가 동일할 경우 조각관의 개수가 많을수록 압력손실계수 값이 작아진다.

③ 곡관의 곡률반경은 최소 덕트직경의 1.5배 이상, 주로 2.0을 사용한다.

곡률반경 수치기준이 자주 출제된다.

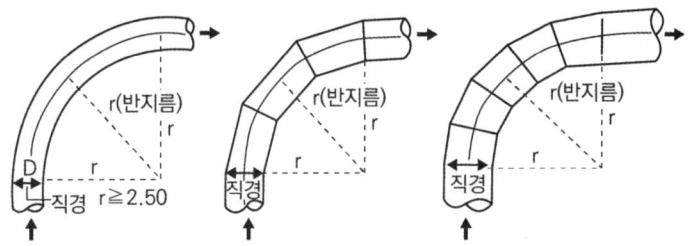

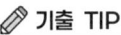

(3) 곡관의 압력손실

$$\triangle P = \left(\zeta \times \frac{\theta}{90°} \right) \times VP$$

$\triangle P$: 압력손실(mmH$_2$O)

ζ : 압력손실계수, θ : 곡관의 각도, VP : 속도압(동압)(mmH$_2$O)

3 송풍기의 개요

(1) 송풍기의 풍량 조절방법

① 회전수 조절법 : 풍량을 크게 하려고 할 때 가장 적절한 방법이다.

② 안내익 조절법 : 송풍기 흡입구에 부착된 방사상 Blade 각도를 변경하는 것이다.

③ 댐퍼부착법 : 배관 내에 댐퍼를 부착하여 송풍량을 조절하는 것으로 송풍량 조절이 가장 쉽다.

(2) 송풍기의 동작점

① 성능곡선 : 송풍기의 정압에 따라 송풍량이 변하는 경향을 나타낸다.

② 시스템 요구곡선 : 송풍량에 따라 송풍기 정압이 변하는 경향을 나타낸다.

③ 동작점 : 송풍기의 성능곡선과 시스템 요구곡선이 만나는 점이다.

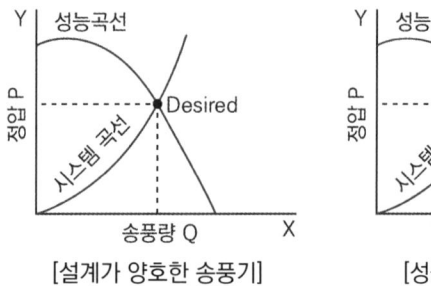

[설계가 양호한 송풍기]　　[성능이 낮은 송풍기]

(3) 송풍기의 상사법칙

① 풍량(Q)은 직경(D)의 세제곱, 회전수(N)에 비례한다.

$$\frac{Q_2}{Q_1} = \left(\frac{D_2}{D_1} \right)^3, \ \frac{Q_2}{Q_1} = \frac{N_2}{N_1}$$

② 풍압(P)은 직경(D)의 제곱, 회전수(N)의 제곱에 비례한다.

$$\frac{P_2}{P_1} = \left(\frac{D_2}{D_1} \right)^2, \ \frac{P_2}{P_1} = \left(\frac{N_2}{N_1} \right)^2$$

③ 동력(HP)은 직경(D)의 다섯 제곱, 회전수(N)의 세제곱에 비례한다.

✏️ 기출 TIP

$$\frac{HP_2}{HP_1} = \left(\frac{D_2}{D_1}\right)^5, \ \frac{HP_2}{HP_1} = \left(\frac{N_2}{N_1}\right)^3$$

Q_1 : 변경 전 풍량(m^3/min), Q_2 : 변경 후 풍량(m^3/min)

P_1 : 변경 전 풍압(mmH_2O), P_2 : 변경 후 풍압(mmH_2O)

HP_1 : 변경 전 동력(kW), HP_2 : 변경 후 동력(kW)

N_1 : 변경 전 회전수(rpm), N_2 : 변경 후 회전수(rpm)

D_1 : 변경 전 직경(m), D_2 : 변경 후 직경(m)

(4) 송풍기의 소요동력(HP)

송풍기의 소요동력 문제는 자주 출제되고 공식에 수치만 대입하면 풀 수 있는 문제 형태로 출제된다.

$$HP = \frac{Q \times P}{6,120 \times \eta} K$$

HP : 송풍기의 소요동력(kW)

Q : 풍량(m^3/min), P : 유효전압(mmH_2O)

η : 효율

K : 안전계수(주어지지 않으면 1로 간주)

4 송풍기의 종류 및 특성

다익형, 날개형, 터보형 송풍기의 특징을 구분하는 문제가 출제된다.

(1) **전향 날개형(다익형) 송풍기**

① 송풍기의 임펠러가 다람쥐 쳇바퀴 모양으로 생겼다.

② 강도가 크게 요구되지 않기 때문에 적은 비용으로 제작가능하다.

③ 다른 송풍기에 비해 소음이 적다.

④ 큰 압력손실에서는 송풍량이 급격하게 떨어진다.

(2) **방사 날개형 송풍기**

① 날개(깃)가 평판 모양으로 강도 높게 설계되어 있다.

② 깃의 구조가 분진을 자체적으로 정화할 수 있다.

③ 시멘트, 곡물, 모래 등의 고농도의 분진을 함유한 공기, 부식성이 강한 공기를 이송시키는 데 많이 이용된다.

④ 효율은 다익형보다는 약간 높으나 터보형보다는 낮다.

(3) **후향 날개형(터보형) 송풍기**

① 팬의 날이 회전방향에 반대되는 쪽으로 기울어진 형태이다.

② 송풍량이 증가해도 동력이 증가하지 않는다.

③ 압력 변동이 있어도 풍량의 변화가 비교적 작다.

④ 원심력식 송풍기 중 효율이 가장 좋다.

01

「안전보건규칙」상 국소배기장치의 덕트 설치기준으로 틀린 것은?

① 가능하면 길이는 짧게 하고 굴곡부의 수는 적게 할 것
② 접속부의 안쪽은 돌출된 부분이 없도록 할 것
③ 덕트 내부에 오염물질이 쌓이지 않도록 이송속도를 유지할 것
④ 연결 부위 등은 내부 공기가 들어오지 않도록 할 것

> **해설** 덕트의 설치기준 —————————

덕트의 연결 부위 등은 외부 공기가 들어오지 않도록 할 것

02

주물사, 고온가스를 취급하는 공정에 환기시설을 설치하고자 할 때, 다음 중 덕트의 재료로 가장 적절한 것은?

① 아연도금 강판
② 중질 콘크리트
③ 스테인레스 강판
④ 흑피 강판

> **해설** 덕트의 재료 —————————

주물사, 고온가스를 취급하는 공정의 덕트의 재료는 흑피 강판으로 한다.
흑피는 금속을 가열해 가공한 후 식는 과정에서 자연적으로 형성되는 표면의 산화피막이다.

03

샌드 블라스트(Sand Blast) 그라인더분진 등 보통 산업분진을 덕트로 운반할 때의 최소설계속도(m/s)로 가장 적절한 것은?

① 10
② 15
③ 20
④ 25

> **해설** 덕트의 반송속도 —————————

보통 산업분진(일반 산업분진)의 반송속도는 17.5 ~ 20 m/sec이다.

04

다음은 직관의 압력손실에 관한 설명으로 잘못된 것은?

① 직관의 마찰계수에 비례한다.
② 직관의 길이에 비례한다.
③ 직관의 직경에 비례한다.
④ 속도(관내유속)의 제곱에 비례한다.

> **해설** 달시의 방정식 —————————

$$\triangle P = f \times \frac{L}{D} \times \frac{\gamma V^2}{2g}$$

압력손실($\triangle P$)은 직관의 직경(D)에 반비례한다.

05

송풍기의 회전수 변화에 따른 풍량, 풍압 및 동력에 대한 설명으로 옳은 것은?

① 풍량은 송풍기의 회전수에 비례한다.
② 풍압은 송풍기의 회전수에 반비례한다.
③ 동력은 송풍기의 회전수에 비례한다.
④ 동력은 송풍기 회전수의 제곱에 비례한다.

해설 송풍기의 상사법칙 ─────────────
• 풍량은 송풍기의 회전수에 비례한다.
• 풍압은 송풍기 회전수의 제곱에 비례한다.
• 동력은 송풍기 회전수의 세제곱에 비례한다.

06

회전수가 600 rpm이고, 동력은 5 kW인 송풍기의 회전수를 800 rpm으로 상향조정하였을 때, 동력은 약 몇 kW인가?

① 6   ② 9
③ 12   ④ 15

해설 송풍기의 상사법칙 ─────────────
동력(HP)은 송풍기 직경의 다섯 제곱, 회전수의 세제곱에 비례한다.

$$\frac{HP_2}{HP_1} = \left(\frac{D_2}{D_1}\right)^5, \quad \frac{HP_2}{HP_1} = \left(\frac{N_2}{N_1}\right)^3$$

$$HP_2 = HP_1 \times \left(\frac{N_2}{N_1}\right)^3 = 5 \times \left(\frac{800}{600}\right)^3$$

$$= 11.851 \text{kW}$$

07

흡인풍량이 200 m³/min, 송풍기 유효전압이 150 mmH₂O, 송풍기 효율이 80 %인 송풍기의 소요동력(kW)은?

① 4.1   ② 5.1
③ 6.1   ④ 7.1

해설 송풍기의 소요동력(HP) ─────────────

$$HP = \frac{Q \times P}{6,120 \times \eta} \times K$$

$$= \frac{200 \times 150}{6,120 \times 0.8} = 6.127 \text{kW}$$

08

원심력 송풍기 중 다익형 송풍기에 관한 설명과 가장 거리가 먼 것은?

① 큰 압력손실에서도 송풍량이 안정적이다.
② 송풍기의 임펠러가 다람쥐 쳇바퀴 모양으로 생겼다.
③ 강도가 크게 요구되지 않기 때문에 적은 비용으로 제작가능하다.
④ 다른 송풍기와 비교하여 동일 송풍량을 발생시키기 위한 임펠러 회전속도가 상대적으로 낮기 때문에 소음이 작다.

해설 다익형 송풍기 ─────────────
다익형 송풍기는 큰 압력손실에서는 송풍량이 급격하게 떨어진다.

Part 03

Chapter **04**

국소환기 03

1 집진장치(공기정화장치)의 종류 및 특징

(1) 중력 집진장치

① 중력에 의한 자연침강(Stokes법칙)을 이용한다.

② 다른 집진장치에 비해 압력손실이 적다.

③ 설치유지비가 적으며 유지·관리가 용이하다.

④ 전처리 장치로 이용되며 고온가스 처리가 용이하다.

⑤ 넓은 설치면적이 요구되며 집진효율이 낮다.

(2) 관성력 집진장치

① 기류의 방향을 급격하게 전환시키고 입자의 관성력에 의해 분리·포집한다.

② 충돌 전의 처리가스 속도는 크게 하고, 충돌 후의 처리가스 속도는 느리게 한다.

③ 기류의 방향전환 각도가 클수록 제진효율이 높아진다.

④ 구조 및 원리가 간단하며 운전비용이 적다.

⑤ 큰 입자 제거에 효율적이며 미세입자 제거효율은 낮다.

(3) 원심력집진장치(사이클론)

① 함진가스에 선회류를 일으키는 원심력을 이용하여 분리·포집한다.

② 구조가 간단하여 설치비 및 유지, 보수비용이 저렴하다.

③ 고온에서 운전이 가능하다.

④ 블로우다운(Blow - down)방식을 사용한다.

⑤ 블로운다운방식은 더스트 박스 및 호퍼부에서 처리가스의 5 ~ 10 %를 흡인하여 난류현상을 억제시키고, 원심력을 증대시켜 집진효율을 증대시키는 것이다.

(4) 세정식 집진장치(스크러버)

① 액체를 분사시켜 분진을 포함한 유해가스를 세정하여 분리·포집한다.

② 가연성, 폭발성 분진을 처리할 수 있다.

③ 좁은 장소에서 설치할 수 있으며 초기비용이 적게 든다.

④ 폐수가 발생하여 수질오염의 원인이 된다.

⑤ 한랭기에 동결의 우려가 있어 폐수의 재가열이 필요하다.

(5) 여과 집진장치

① 함진가스를 여과재(Filter media)에 통과시켜 관성충돌, 직접 차단, 확산, 정전기적인 인력에 의해 입자를 분리, 포집한다.

② 집진효율이 99 % 이상으로 높다.

③ 여과속도가 느릴수록 미세입자 포집에 유리하다.

④ 여과재의 사용에 따른 설계상의 융통성이 있다.

⑤ 고온, 산·알칼리 등의 부식성 물질이 있으면 여과재의 수명이 단축된다.

⑥ 습한 가스를 취급할 수 없고, 압력손실이 크다.

(6) 전기 집진장치

① 고온의 입자상 물질 처리는 가능하나 가연성 입자의 처리는 곤란하다.

② 0.1 μm 정도의 미세입자의 포집이 가능하여 높은 집진효율을 얻을 수 있다.

③ 압력손실이 낮으므로 대용량의 처리가스가 가능하며 송풍기의 운전 및 유지비용이 저렴하다.

④ 초기 설치비용이 많이 들며 설치공간이 많이 필요하다.

⑤ 전압 변동과 같은 운전조건의 변동에 쉽게 적응하지 못한다.

② 집진장치 관련 계산공식

(1) Stokes의 침강속도법칙

$$V = \frac{d_p^2(\rho_p - \rho)g}{18\mu}$$

V : 침강속도(m/sec)

d_p : 입자의 직경(m)

ρ_p : 입자의 밀도(kg/m³), ρ : 가스(공기)의 밀도(kg/m³)

g : 중력가속도(9.8 m/sec²), μ : 점성계수(kg/m·sec)

(2) Lippman식에 의한 침강속도

입자의 크기가 1 ~ 50 μm인 경우에 적용한다.

$$V = 0.003 \times \rho \times d^2$$

V : 침강속도(cm/sec)

ρ : 입자밀도(비중)(g/cm³), d : 입자직경(μm)

기출 TIP

전기집진장치로 가연성 입자는 처리가 곤란하다는 점이 자주 출제된다.

침강속도는 공기와 입자 사이의 밀도차에 비례한다는 점이 자주 출제된다.

Lippman식은 Stokes식을 간단히 정리한 것으로 필기에서 자주 출제된다.

01
2020년 3회

입자상 물질을 처리하기 위한 공기정화장치로 가장 거리가 먼 것은?

① 사이클론
② 중력집진장치
③ 여과집진장치
④ 촉매산화에 의한 연소장치

해설 입자상 물질 처리장치 ─────────

촉매산화에 의한 연소장치는 가연성 가스 등을 연소시켜 제거하는 방법으로 입자상 물질보다는 가스상 물질을 처리하기 위한 공기정화장치이다.

02
2016년 3회

관성력 제진장치에 관한 설명으로 틀린 것은?

① 충돌 전의 처리가스 속도를 적당히 빠르게 하면 미세입자를 포집할 수 있다.
② 처리 후의 출구가스 속도가 느릴수록 미세입자를 포집할 수 있다.
③ 기류의 방향전환각도가 작을수록 압력손실이 적어져 제진효율이 높아진다.
④ 기류의 방향전환 횟수가 많을수록 압력손실은 증가한다.

해설 관성력 제진장치 ─────────

관성력 제진장치는 기류의 방향전환각도가 클수록 제진효율이 높아진다.

03
2022년 2회

사이클론 설계 시 블로우다운 시스템에 적용되는 처리량으로 가장 적절한 것은?

① 처리 배기량의 1 ~ 2 %
② 처리 배기량의 5 ~ 10 %
③ 처리 배기량의 40 ~ 50 %
④ 처리 배기량의 80 ~ 90 %

해설 블로우다운(Blow – down) ─────────

더스트 박스 및 호퍼부에서 처리가스의 5 ~ 10 %를 흡인하여 난류현상을 억제시키고, 원심력을 증대시켜 집진효율을 증대시키는 운전방식이다.

04
2020년 4회

세정 제진장치의 특징으로 틀린 것은?

① 배출수의 재가열이 필요 없다.
② 포집효율을 변화시킬 수 있다.
③ 유출수가 수질오염을 야기할 수 있다.
④ 가연성, 폭발성 분진을 처리할 수 있다.

해설 세정 제진장치 ─────────

세정 제진장치는 세정수를 사용하기 때문에 폐수가 발생하고 한랭기에는 동결의 우려가 있어 배출수의 재가열이 필요하다.

05

입자상 물질을 처리하기 위한 장치 중 고효율 집진이 가능하며 원리가 직접차단, 관성충돌, 확산, 중력침강 및 정전기력 등이 복합적으로 작용하는 장치는?

① 여과 집진장치 ② 전기 집진장치
③ 원심력 집진장치 ④ 관성력 집진장치

해설 여과 집진장치 —————————

여과 집진장치는 함진가스를 여과재(Filter Media)에 통과시켜 관성충돌, 직접차단, 확산, 정전기적인 인력에 의해 입자를 분리, 포집한다.

06

전기집진장치의 장점으로 옳지 않은 것은?

① 가연성 입자의 처리에 효율적이다.
② 넓은 범위의 입경과 분진농도에 집진효율이 높다.
③ 압력손실이 낮으므로 송풍기의 가동비용이 저렴하다.
④ 고온가스를 처리할 수 있어 보일러와 철강로 등에 설치할 수 있다.

해설 전기집진장치 —————————

고온의 입자상 물질 처리는 가능하나 가연성 입자의 처리는 곤란하다.

07

입자의 침강속도에 대한 설명으로 틀린 것은? (단, 스토크스식을 기준으로 한다)

① 입자직경의 제곱에 비례한다.
② 공기와 입자 사이의 밀도차에 반비례한다.
③ 중력가속도에 비례한다.
④ 공기의 점성계수에 반비례한다.

해설 침강속도(Stokes 법칙) —————————

$$V = \frac{d_p^2(\rho_p - \rho)g}{18\mu}$$

입자의 침강속도(V)는 공기와 입자 사이의 밀도차 ($\rho_p - \rho$)에 비례한다.

08

층류영역에서 직경이 2 μm이며 비중이 3인 입자상 물질의 침강속도(cm/s)는?

① 0.032 ② 0.036
③ 0.042 ④ 0.046

해설 Lippman식에 의한 침강속도 —————————

입자의 크기가 1 ~ 50 μm인 경우에 적용한다.

$V = 0.003 \times \rho \times d^2 = 0.003 \times 3 \times 2^2$

$= 0.036 \text{cm/sec}$

Chapter **05** 국소환기 **04**

① 다중 국소배기시설의 설계

(1) 정압조절평형법(설계방법에 의한 평형법)

① 덕트의 직경을 크게 하거나 감소시켜 저항을 줄이거나 증가시키는 방법으로 합류점의 정압이 같게 하는 것이다.

② 장점과 단점

구분	내용
장점	• 침식, 부식, 분진 퇴적에 의한 덕트 폐쇄가 없다. • 설계 시 잘못 설계된 분지관 또는 저항이 제일 큰 분지관을 쉽게 발견할 수 있다. • 설계가 정확할 때 가장 효율적인 시설이다.
단점	• 설계 시 잘못된 유량을 고치기 어렵다. • 설계가 복잡하고 시간이 오래 걸린다. • 설치된 후의 개조 및 변경에 대한 유연성이 낮다. • 설계유량 산정이 잘못된 경우 덕트 크기를 변경해야 한다. • 경우에 따라 전체 필요한 최소유량보다 더 초과될 수 있다.

(2) 저항조절평형법(댐퍼를 이용한 평형법)

① 덕트에 댐퍼를 부착하여 압력을 조정하여 평형을 유지한다.

② 장점과 단점

구분	내용
장점	• 설치 후 송풍량의 조절, 덕트 위치 변경이 가능하다. • 최소 설계풍량으로 평형유지가 가능하다. • 설계계산이 비교적 간단하다. • 설계에 고도의 지식을 요하지 않는다.
단점	• 임의로 댐퍼 조정 시 평형상태가 파괴될 수 있다. • 평형상태시설에 댐퍼를 잘못 설치하면 평형상태 파괴를 유발한다. • 최대 저항경로 선정이 잘못되어도 설계 시 쉽게 발견하기 어렵다. • 댐퍼가 노출되어 누구나 쉽게 조절할 수 있어 정상기능을 저해할 우려가 있다.

🅱 공기공급 시스템

(1) 공기공급 시스템의 개요

① 보충용 공기(Make-up Air)란 배기로 인하여 부족해진 공기를 작업장에 공급하는 것이다.

② 국소배기장치가 효과적인 기능을 발휘하기 위해서는 배출되는 공기와 같은 양의 공기가 외부로부터 보충되어야 하는데 이러한 시스템을 공기공급 시스템이라고 한다.

(2) 공기공급 시스템이 필요한 이유

① 연료를 절약하기 위해서

② 작업장 내 안전사고를 예방하기 위해서

③ 국소배기장치를 적절하게 가동시키기 위해서

④ 작업장 내의 교차기류(방해기류) 생성을 방지하기 위해서

⑤ 외부 공기가 정화되지 않은 채로 건물 내로 유입되는 것을 방지하기 위해서

🅲 국소배기장치 검사장비

(1) 국소배기장치 성능시험 시 필요한 장비

① 발연관(연기발생기, Smoke Tester)

    ㉠ 오염물질의 확산과 이동의 관찰에 유용하게 사용한다.

    ㉡ 후드의 성능에 미치는 난기류의 영향에 대한 평가에 사용된다.

    ㉢ 후드로부터 오염물질의 이탈요인의 규명에 사용된다.

② 청음기 또는 청음봉

③ 절연저항계

④ 표면온도계 및 초자온도계

⑤ 줄자

⑥ 열선풍속계

(2) 공기의 유속 측정장비

① 피토관

② 회전날개형 풍속계, 그네 날개형 풍속계

③ 열선 풍속계, 카타온도계

④ 풍향풍속계, 풍차 풍속계

(3) 국소배기장치의 압력측정 장비

① 피토관

② U자 마노미터, 경사 마노미터

🖋 기출 TIP

공기공급 시스템이 필요한 이유를 묻는 문제가 자주 출제된다.

발연관은 연기를 내는 기구로, 공기가 어떻게 이동하는지 눈으로 볼 수 있는 장비이다.

피토관은 풍속과 압력을 모두 측정할 수 있어 현장에서 많이 사용되고, 시험에도 많이 출제된다.

01

2021년 3회

국소환기시설 설계에 있어 정압조절평형법의 장점으로 틀린 것은?

① 예기치 않은 침식 및 부식이나 퇴적문제가 일어나지 않는다.

② 설치된 시설의 개조가 용이하여 장치변경이나 확장에 대한 유연성이 크다.

③ 설계가 정확할 때에는 가장 효율적인 시설이 된다.

④ 설계 시 잘못 설계된 분지관 또는 저항이 제일 큰 분지관을 쉽게 발견할 수 있다.

해설 정압조절평형법 ─────────

정압조절평형법은 설치된 후의 개조 및 변경이나 확장에 대한 유연성이 낮다.

02

2017년 3회

총압력손실 계산법 중 정압조절평형법에 대한 설명과 가장 거리가 먼 것은?

① 설계가 어렵고 시간이 많이 걸린다.

② 예기치 않은 침식 및 부식이나 퇴적문제가 일어난다.

③ 송풍량은 근로자나 운전자의 의도대로 쉽게 변경되지 않는다.

④ 설계 시 잘못 설계된 분지관 또는 저항이 가장 큰 분지관을 쉽게 발견할 수 있다.

해설 정압조절평형법 ─────────

정압조절평형법은 침식, 부식, 분진 퇴적에 의한 덕트 폐쇄가 없다.

03

2017년 1회

배출원이 많아서 여러 개의 후드를 주관에 연결한 경우(분지관의 수가 많고 덕트의 압력손실이 클 때) 총압력손실계산법으로 가장 적절한 방법은?

① 정압조절평형법　　② 저항조절평형법

③ 등가조절평형법　　④ 속도압평형법

해설 저항조절평형법 ─────────

배출원이 많아 분지관의 수가 많고 덕트의 압력손실이 클 때 댐퍼를 부착하는 저항조절평형법을 사용한다.

04

2020년 3회

덕트 합류 시 댐퍼를 이용한 균형유지방법의 장점이 아닌 것은?

① 시설 설치 후 변경에 유연하게 대처 가능

② 설치 후 부적당한 배기유량 조절 가능

③ 임의로 유량을 조절하기 어려움

④ 설계 계산이 상대적으로 간단함

해설 댐퍼를 이용한 균형유지방법 ─────────

댐퍼를 이용한 균형유지방법은 설치 후 송풍량의 조절, 덕트 위치 변경을 통해 유량을 조절할 수 있다.

05

다음 보기 중 공기공급 시스템(보충용 공기의 공급 장치)이 필요한 이유가 모두 선택된 것은?

> ㉠ 연료를 절약하기 위해서
> ㉡ 작업장 내 안전사고를 예방하기 위해서
> ㉢ 국소배기장치를 적절하게 가동시키기 위해서
> ㉣ 작업장의 교차기류를 유지하기 위해서

① ㉠, ㉡
② ㉠, ㉡, ㉢
③ ㉡, ㉢, ㉣
④ ㉠, ㉡, ㉢, ㉣

해설 공기공급 시스템 ────────

작업장 내의 교차기류(방해기류) 생성을 방지하기 위해서 공기공급 시스템이 필요하다.

06

연기발생기 이용에 관한 설명으로 가장 거리가 먼 것은?

① 오염물질의 확산이동 관찰
② 공기의 누출입에 의한 음과 축수상자의 이상음 점검
③ 후드로부터 오염물질의 이탈 요인 규명
④ 후드 성능에 미치는 난기류의 영향에 대한 평가

해설 연기발생기 ────────

연기발생기는 이상음이 아니라 오염물질의 확산과 이동의 관찰을 위해 사용한다.

07

덕트에서 속도압 및 정압을 측정할 수 있는 표준기기는?

① 피토관
② 풍차풍속계
③ 열선풍속계
④ 임핀저관

해설 피토관 ────────

덕트에서 속도압 및 정압은 피토관으로 측정한다. 피토관은 흐르는 유체(기체, 액체)의 압력 차이를 통해 속도를 측정하는 기구이다.
풍차풍속계, 열선풍속계로는 풍속을 측정한다.

08

공기의 유속을 측정할 수 있는 기구가 아닌 것은?

① 열선 유속계
② 로터미터형 유속계
③ 그네 날개형 유속계
④ 회전 날개형 유속계

해설 유속 측정기구 ────────

로터미터는 유량을 측정하는 기구이다.

Part 03

Chapter 06 작업공정관리 및 보호구

1 작업공정관리

(1) 작업환경관리의 목적

① 직업병 예방

② 산업재해 예방 및 직업능률 향상

③ 작업환경 개선 및 근로자 건강의 효율적 관리

(2) 작업환경 개선대책

① 대치(대체, Substitution)

구분	내용
공정의 변경	• 고속 그라인더 작업을 저속 작업으로 변경한다. • 분진 비산작업에 습식공법을 채택한다. • 두들겨서 자르던 공정을 톱 절단으로 변경한다. • 압축공기식 임팩트 렌치 작업을 저소음 유압식 렌치로 대치한다.
유해물질 변경 (물질의 대체)	• 아조염료의 합성에서 벤지딘을 디클로로벤지딘으로 변경한다. • 금속제품의 탈지(세척작업)에서 트리클로로에틸렌을 사용하는 것을 계면활성제로 전환한다. • 성냥제조 시에 황린 대신 적린을 사용한다. • 야광시계의 자판을 라듐 대신 인을 사용한다. • 금속표면을 블라스팅할 때 모래 대신 철구슬을 사용한다. • 페인트를 만들 때 납 대신 아연을 사용한다. • 보온재료로 석면 대신 유리섬유를 사용한다. • 분체의 원료를 입자가 작은 것에서 큰 것으로 변경한다.
시설의 변경	• 고소음 송풍기를 저소음 송풍기로 교체한다. • 페인트 도장 시 분사 대신 담금 도장으로 한다. • 흄 배출 후드의 창을 안전유리로 교체한다.

② 격리(Isolation) : 작업자와 유해요인 사이를 물리적, 거리적, 시간적으로 격리하는 것으로 쉽게 적용할 수 있고 다른 방법에 비해 효과가 좋다.

③ 환기(Ventilation) : 국소환기와 전체환기를 한다.

④ 교육(Education) : 올바른 작업방법에 대한 교육을 한다.

➋ 호흡용 보호구

(1) 방진마스크

① 전면형 방진마스크 : 눈, 코, 입 등 얼굴 전체를 보호할 수 있는 형태이다.

② 반면형 방진마스크 : 입과 코 부위만 보호할 수 있는 형태이다.

③ 방진마스크의 등급

등급	사용장소
특급	• 베릴륨 등과 같이 독성이 강한 물질들을 함유한 분진 등 발생장소 • 석면 취급장소
1급	• 특급마스크 착용장소를 제외한 분진 등 발생장소 • 금속흄 등과 같이 열적으로 생기는 분진 등 발생장소 • 기계적으로 생기는 분진 등 발생장소
2급	특급 및 1급 마스크 착용장소를 제외한 분진 등 발생장소

④ 방진마스크의 표집효율

형태 및 등급		포집효율(%)
분리식	특급	99.95 이상
	1급	94.0 이상
	2급	80.0 이상
안면부 여과식	특급	99.0 이상
	1급	94.0 이상
	2급	80.0 이상

⑤ 방진마스크의 구비조건

㉠ 흡, 배기저항이 낮을 것(흡, 배기저항 상승률이 낮을 것)

㉡ 표집효율이 높을 것

㉢ 시야가 확보되고 중량이 가벼울 것

㉣ 안면 밀착성이 좋을 것

(2) 방독마스크

① 파과 : 대응하는 가스에 대하여 정화통 내부의 흡착제가 포화상태가 되어 흡착능력을 상실한 것이다.

② 파과시간 : 유해물질을 포함한 공기를 일정 유량으로 정화통에 통과하기 시작할 때 부터 파과가 보일 때까지의 시간이다.

③ 안전인증 방독마스크의 추가 표시사항 : 파과곡선도, 사용시간 기록카드, 정화통의 외부측면의 표시색, 사용상의 주의사항

✏️ 기출 TIP

방진마스크의 등급 및 표집 효율과 관련해서는 특급과 관련된 내용이 자주 출제된다.

방진마스크의 구비조건 중에서는 흡, 배기저항이 낮아야 한다는 내용이 자주 출제된다.

Part 03

④ 방독마스크의 흡수제(필터)의 재질 : 활성탄, 큐브라마이트, 호프칼라이트, 실리카겔, 소다라임, 알칼리제제, 카본 등

(3) 송기마스크(호스마스크 및 에어라인마스크)

유독가스와 분진으로부터 오염되지 않은 외부공기를 호스를 통하여 공급하는 것으로 산소결핍 장소에서도 사용할 수 있다.

③ 호흡용 보호구 관련 공식

(1) 위해비(HR : Hazardous Ratio)

공기 중의 오염물질의 농도가 노출기준의 몇 배 인지를 나타낸다.

$$HR = \frac{C}{TLV}$$

C : 공기 중 유해물질의 농도, TLV : 노출기준

(2) 할당보호계수(APF : Assigend Protection Factor)

① 보호구 바깥쪽 공기 중 오염물질 농도와 보호구 안쪽 오염물질 농도의 비를 나타낸다.

$$APF = \frac{C_0}{C_i}$$

C_0 : 보호구 밖의 농도, C_i : 보호구 안의 농도

② 호흡용 보호구 선정 시 위해비(HR)보다 할당보호계수(APF)가 큰 보호구를 선택해야 한다.

③ APF가 100인 보호구를 착용하면 근로자는 외부 유해물질로 부터 100배 만큼의 보호를 받을 수 있다는 의미이다.

(3) 최대사용농도(MUC : Maximum Use Concentration)

$$MUC = 노출기준 \times APF$$

④ 피부 보호구

(1) 피막 형성형 피부 호보제

① 분진이나 유리섬유 등으로부터 피부를 직접 보호한다.

② 피막형성형 도포제를 바르고 장시간 작업 시에는 피부에 장애를 줄 수 있으므로 작업 완료 후 즉시 닦아야 한다.

(2) 소수성 피부 보호제

① 내수성 피막을 만들고 소수성으로 산을 중화한다.

② 적용 화학물질은 밀랍, 탈수라노린, 파라핀, 탄산마그네슘 등이다.

③ 광산류, 유기산, 염류 및 무기염류 취급작업 시 사용한다.

(3) 보호장구 재질에 따른 적용 물질

① Neoprene 고무 : 비극성 용제, 산, 부식성 물질에 사용

② Vitron : 비극성 용제에 사용

③ Nitrile : 비극성 용제에 사용

④ 천연고무(Latex) : 극성 용제 및 수용성 용액에 사용

⑤ Butyl 고무 : 극성용제(알코올, 알데하이드 등)

⑥ 면 : 고체상 물질에 사용(용제에는 사용 못 함)

⑦ 가죽 : 찰과상 예방(용제에는 사용 못 함)

📝 기출 TIP

보호장구 재질에 따른 적용 물질은 자주 출제되므로 정확하게 암기해야 한다.

5 방음 보호구

(1) 방음 보호구의 성능

① 귀마개는 25 ~ 35 dB(A) 정도, 귀덮개는 35 ~ 45 dB(A) 정도의 차음효과가 있다.

② 귀마개는 고주파수 영역(4,000 Hz)에서 감음효과가 가장 크다.

귀마개와 귀덮개의 차이점을 이해하고 있는지 묻는 문제가 출제된다.

(2) 귀마개의 특징

① 보안경과 안전모 사용에 구애받지 않는다.

② 제대로 착용하는 데 시간이 걸리고 요령이 필요하다.

③ 고온 작업장, 좁은 공간에서도 사용할 수 있다.

④ 귀에 질병이 있는 경우에는 사용할 수 없다.

⑤ 착용 여부 파악이 곤란하다.

⑥ 차음효과는 일반적으로 귀덮개보다 떨어진다.

⑦ 귀마개 오염에 따른 감염 가능성이 있다.

(3) 귀덮개의 특징

① 귀 안에 염증이 있어도 사용할 수 있다.

② 멀리서도 착용 유무를 쉽게 알 수 있다.

③ 귀마개보다 일관성 있는 차음효과를 얻을 수 있다.

④ 크기를 여러 가지로 할 필요가 없다.

⑤ 좁은 공간에서는 착용하기 불편할 수 있다.

⑥ 고온에서 착용하면 땀이 나서 불편하다.

⑦ 저음에서 20 dB 이상, 고음에서 45 dB 이상의 차음효과가 있다.

(4) 차음효과[dB(A)] 계산

차음효과 계산문제는 공식만 암기하고 있다면 풀 수 있는 정도로 출제된다.

$$차음효과 = (NRR - 7) \times 0.5$$
$$NRR : 차음평가수(차음평가지수)$$

Part 03

01

다음 중 작업환경관리의 목적과 가장 거리가 먼 것은?

① 산업재해 예방
② 작업환경의 개선
③ 작업능률의 향상
④ 직업병 치료

해설 작업환경관리 ─────────

작업환경관리는 직업병을 치료하는 것이 아니라 직업병에 걸리지 않도록 작업환경을 관리하는 것이다.

02

작업환경관리 대책 중 물질의 대체에 해당되지 않는 것은?

① 성냥을 만들 때 백린을 적린으로 교체한다.
② 보온재료인 유리섬유를 석면으로 교체한다.
③ 야광시계의 자판에 라듐 대신 인을 사용한다.
④ 분체 입자를 큰 입자로 대체한다.

해설 물질의 대체 ─────────

석면은 인체에 유해한 영향을 주기 때문에 현재는 제조가 금지된 물질이다.
석면으로 된 보온재료는 유리섬유, 암면 또는 스티로폼 등으로 교체해야 한다.

03

다음 중 특급 분리식 방진마스크의 여과재분진 등의 포집효율은? (단, 고용노동부 고시를 기준으로 한다)

① 80 % 이상
② 94 % 이상
③ 99.0 % 이상
④ 99.95 % 이상

해설 특급 분리식 방진마스크의 표집효율 ─────────

형태 및 등급		포집효율(%)
분리식	특급	99.95 이상
	1급	94.0 이상
	2급	80.0 이상

04

「산업안전보건법령」상 안전인증 방독마스크에 안전인증 표시 외에 추가로 표시되어야 할 항목이 아닌 것은?

① 포집효율
② 파과곡선도
③ 사용시간 기록카드
④ 사용상의 주의사항

해설 안전인증 방독마스크의 추가 표시사항 ─────────

파과곡선도, 사용시간 기록카드, 정화통의 외부측면의 표시색, 사용상의 주의사항

정답 01 ④ 02 ② 03 ④ 04 ①

05

호흡기 보호구에 대한 설명으로 옳지 않은 것은?

① 호흡기 보호구를 선정할 때는 기대되는 공기 중의 농도를 노출기준으로 나눈 값을 위해비(HR)라 하는데, 위해비보다 할당보호계수(APF)가 작은 것을 선택한다.

② 할당보호계수(APF)가 100인 보호구를 착용하고 작업장에 들어가면 외부 유해물질로부터 적어도 100배만큼의 보호를 받을 수 있다는 의미이다.

③ 보호구를 착용함으로써 유해물질로부터 얼마만큼 보호해주는지 나타내는 것은 보호계수(PF)이다.

④ 보호계수(PF)는 보호구 밖의 농도(C_o)와 안의 농도(C_i)의 비(C_o/C_i)로 표현할 수 있다.

해설 호흡용 보호구 선정

호흡용 보호구 선정 시 위해비(HR)보다 할당보호계수(APF)가 큰 것을 선택해야 한다.

06

보호구의 재질에 따른 효과적 보호가 가능한 화학물질을 잘못 짝지은 것은?

① 가죽 - 알코올
② 천연고무 - 물
③ 면 - 고체상 물질
④ 부틸고무 - 알코올

해설 보호구의 재질

가죽은 찰과상 예방에 사용하고 용제에는 사용하지 못한다.

07

귀마개에 관한 설명으로 가장 거리가 먼 것은?

① 휴대가 편하다.
② 고온작업장에서도 불편 없이 사용할 수 있다.
③ 근로자들이 착용하였는지 쉽게 확인할 수 있다.
④ 제대로 착용하는 데 시간이 걸리고 요령을 습득해야 한다.

해설 귀마개

귀마개는 귀덮개에 비해 착용 여부를 파악하기 어렵다.

08

작업장의 음압수준이 86 dB(A)이고, 근로자는 귀덮개(차음평가지수 = 19)를 착용하고 있을 때 근로자에게 노출되는 음압수준은 약 몇 dB(A)인가?

① 74
② 76
③ 78
④ 80

해설 차음효과[dB(A)]

$$차음효과 = (NRR - 7) \times 0.5$$
$$= (19 - 7) \times 0.5 = 6 \, dB(A)$$
$$NRR : 차음평가수(차음평가지수)$$

귀덮개의 차음효과가 6 dB이므로 근로자에게 노출되는 음압수준은 다음과 같다.

86 - 6 = 80 dB(A)

> **학습전략**

물리적 유해인자 관리 과목은 다른 과목보다는 계산문제가 적은 편이고, 비교적 중복되는 문제도 많은 편으로 고득점을 노리는 전략을 가지고 공부해야 합니다.

이 과목에서는 저온, 고온, 이상기압, 고압, 저압 환경이 생체에 미치는 영향에 대한 문제가 자주 출제됩니다.

방사선 관련 내용 중에서는 인체의 투과력 순서와 단위가 자주 출제되므로 해당 부분은 정확하게 이해하고, 암기해야 할 부분은 암기해야 합니다.

Part 04
물리적 유해인자 관리

Chapter 01 온열조건

기출 TIP

열 교환에 영향을 미치는 요소가 아닌 것을 묻는 문제가 주로 출제된다.

1 고온

(1) 온열조건(열 교환에 영향을 미치는 요소)
① 기온(온도)
② 기습(습도)
③ 기류(대류, 풍속)
④ 복사열

(2) 열평형 방정식(인체의 열 교환)

$$\triangle S = M - E \pm R \pm C$$

$\triangle S$: 생체 내 열용량의 변화
M : 대사에 의한 열 생산
E : 수분증발에 의한 열 방산
R : 복사에 의한 열 득실
C : 대류 및 전도에 의한 열 득실

고열장해와 관련된 문제가 고온과 관련된 문제 중 출제 빈도가 가장 높다.

(3) 고열장해의 분류

구분	내용
열경련	전형적인 고열 건강장해로 고온환경에서 심한 육체적인 노동을 할 때 탈수와 염분 소실로 인해 경련이 발생한다.
열성발진	가장 흔한 피부장해로 땀띠라고도 하고, 피부에 작은 수포가 생기는 것이다.
열사병	태양의 복사열에 직접 노출되어 뇌의 온도 상승으로 체온조절 중추기능 장해가 발생하는 것이다.
열피로	고온 환경에서 장시간 노동을 할 때 과대 발한으로 인해 수분과 염분손실 및 탈수로 인한 혈장량이 감소하여 발생한다.

(4) 습구흑구온도지수(WBGT)
① 근로자가 고열환경에 종사함으로써 받는 열스트레스를 평가하기 위한 도구로 기온, 기습, 복사열을 종합적으로 고려한 지표이다.
② 단위로는 섭씨온도(℃)를 사용한다.

③ 고온의 노출기준(WBGT, ℃)

구분	작업강도		
	경작업	중등작업	중작업
계속작업	30.0	26.7	25.0
매시간 75 % 작업, 25 % 휴식	30.6	28.0	25.9
매시간 50 % 작업, 50 % 휴식	31.4	29.4	27.9
매시간 25 % 작업, 75 % 휴식	32.2	31.1	30.0

✏️ **기출 TIP**

2과목과도 연관되는 내용으로 해당 표의 수치는 자주 출제되므로 전체를 암기해야 한다.

2 저온

(1) 저온(한랭) 환경에서의 생리적 변화

저온(한랭) 환경에서의 생리적 변화가 아닌 것을 묻는 문제가 출제된다.

구분	내용
일차적 반응	• 근육 긴장이 증가 및 떨림이 발생한다. • 피부혈관이 수축된다. • 체표면적이 감소한다. • 화학적 대사작용이 증가(갑상선 호르몬의 분비 증가)한다.
이차적 반응	• 말초혈관의 수축으로 표면조직이 냉각된다. • 근육활동, 조직대사의 증진으로 식욕이 항진된다. • 피부혈관이 수축되어 혈압이 상승한다. • 피부혈관의 수축으로 순환기능이 감소한다.

(2) 동상의 구분

구분	내용
제1도	가렵고, 혈관확장으로 국소발적이 생긴다.
제2도	수포와 함께 광범위한 삼출성 염증이 생긴다.
제3도	심부조직까지 동결되어 조직의 괴사와 괴저가 일어난다.
제4도	조직의 광범위한 괴사가 일어나고 손상부위가 떨어져 나가기도 한다.

(3) 참호족(침수족)

① 한랭 환경에 장기간 노출됨과 동시에 발이 지속적으로 습기나 물에 잠길 경우 발생한다.

② 지속적인 국소의 산소결핍이 원인이며 모세혈관벽이 손상되어 부종, 작열감, 가려움, 동통 등이 나타나며 수포, 궤양이 형성되기도 한다.

③ 침수족이 참호족보다 노출시간이 더 길 때 발생하지만 증상은 거의 비슷하다.

참호족은 한랭 환경에 장기간 노출되었을 때 발생한다는 점을 꼭 기억해야 한다.

01

인체와 환경 간의 열 교환에 관여하는 온열조건 인자로 볼 수 없는 것은?

① 대류 ② 증발
③ 복사 ④ 기압

> **해설** 열 교환에 영향을 미치는 요소 ────
>
> 열 교환에 영향을 미치는 요소는 기온(온도), 습도, 기류(대류, 풍속), 증발, 복사열 등이다.

02

인체와 작업환경과의 사이에 열 교환의 영향을 미치는 것으로 가장 거리가 먼 것은?

① 대류(Convection)
② 열복사(Radiation)
③ 증발(Evaporation)
④ 열순응(Acclimatization to heat)

> **해설** 열평형 방정식(인체의 열 교환) ────
>
> $$\triangle S = M - E \pm R \pm C$$
>
> $\triangle S$: 생체 내 열용량의 변화
> M : 대사에 의한 열 생산
> E : 수분증발에 의한 열 방산
> R : 복사에 의한 열 득실
> C : 대류 및 전도에 의한 열 득실

03

고온환경에서 심한 육체노동을 할 때 잘 발생하며, 그 기전은 지나친 발한에 의한 탈수와 염분소실로 나타나는 건강장해는?

① 열경련(Heat cramps)
② 열피로(Heat fatigue)
③ 열실신(Heat syncope)
④ 열발진(Heat rashes)

> **해설** 열경련 ────
>
> 전형적인 고열 건강장해로 고온환경에서 심한 육체적인 노동을 할 때 탈수와 염분소실로 인해 경련이 발생한다.

04

WBGT에 대한 설명으로 옳지 않은 것은?

① 표시단위는 절대온도(K)이다.
② 기온, 기습, 기류 및 복사열을 고려하여 계산된다.
③ 태양광선이 있는 옥외 및 태양광선이 없는 옥내로 구분된다.
④ 고온에서의 작업휴식시간비를 결정하는 지표로 활용된다.

> **해설** 습구흑구온도지수 ────
>
> WBGT(습구흑구온도지수)의 표시단위는 섭씨온도(℃)이다.

05

「산업안전보건법령」상 고온의 노출기준 중 중등작업의 계속작업 시 노출기준은 몇 ℃(WBGT)인가?

① 26.7 ② 28.3
③ 29.7 ④ 31.4

해설 고온 노출기준 ────────

중등작업의 계속작업 시 노출기준 : 26.7 ℃

06

한랭 환경에서 인체의 일차적 생리적 반응으로 볼 수 없는 것은?

① 피부혈관의 팽창
② 체표면적의 감소
③ 화학적 대사작용의 증가
④ 근육긴장의 증가와 떨림

해설 저온(한랭) 환경에서의 일차적 반응 ────

- 근육 긴장이 증가 및 떨림이 발생한다.
- 피부혈관이 수축된다.
- 체표면적이 감소한다.
- 화학적 대사작용이 증가(갑상선 호르몬의 분비 증가)한다.

07

제2도 동상의 증상으로 적절한 것은?

① 따갑고 가려운 느낌이 생긴다.
② 혈관이 확장하여 발적이 생긴다.
③ 수포를 가진 광범위한 삼출성 염증이 생긴다.
④ 심부조직까지 동결되면 조직의 괴사와 괴저가 일어난다.

해설 동상의 증상 ────────

①, ② : 1도 동상의 증상이다.
④ : 3도 동상의 증상이다.

08

한랭노출 시 발생하는 신체적 장해에 대한 설명으로 옳지 않은 것은?

① 동상은 조직의 동결을 말하며, 피부의 이론상 동결온도는 약 -1 ℃ 정도이다.
② 전신 체온강하는 장시간의 한랭노출과 체열상실에 따라 발생하는 급성 중증장해이다.
③ 참호족은 동결 온도 이하의 찬 공기에 단기간의 접촉으로 급격한 동결이 발생하는 장해이다.
④ 침수족은 부종, 저림, 작열감, 소양감 및 심한 동통을 수반하며, 수포, 궤양이 형성되기도 한다.

해설 한랭노출 시 발생하는 신체적 장해 ────

참호족은 근로자의 발이 한랭에 장기간 노출됨과 동시에 지속적으로 습기나 물에 잠기게 될 경우에 발생한다.

Chapter 02 기압

✐ 기출 TIP

잠수작업의 종류, 압력과 관련된 용어 정의를 묻는 문제가 자주 출제된다.

1 이상기압

(1) 이상기압 관련 용어 정의

① 고압작업 : 고기압에서 잠함공법(潛函工法)이나 그 외의 압기공법(壓氣工法)으로 하는 작업을 말한다.

② 표면공급식 잠수작업 : 수면 위의 공기압축기 또는 호흡용 기체통에서 압축된 호흡용 기체를 공급받으면서 하는 작업이다.

③ 스쿠버 잠수작업 : 호흡용 기체통을 휴대하고 하는 작업이다.

④ 기압조절실 : 고압작업을 하는 근로자 또는 잠수작업을 하는 근로자가 가압 또는 감압을 받는 장소를 말한다.

⑤ 압력 : 게이지 압력이다.

⑥ 비상기체통 : 주된 기체공급 장치가 고장 난 경우 잠수작업자가 안전한 지역으로 대피하기 위하여 필요한 충분한 양의 호흡용 기체를 저장하고 있는 압력용기와 부속장치를 말한다.

(2) 1기압(1 atm)을 나타내는 단위

① 760 mmHg

② 101,325 Pa = 101.325 kPa

③ 10,332 mmH_2O = 10.332 mH_2O

④ 1.0332 kg_f/cm^2 = 10,332 kg_f/m^2

⑤ 14.7 psi

2 고압환경에서의 생체영향

1차적 가압현상, 2차적 가압현상을 묻는 문제가 모두 출제되므로 대비가 필요하다.

(1) 1차적 가압현상(생체와 환경 사이의 기압 차로 발생)

① 동통(근육통, 관절통)이 발생한다.

② 출혈 및 부종이 발생한다.

(2) 2차적 가압현상(고압하의 대기가스의 독성 때문에 발생)

① 질소 마취 : 4기압 이상이 되면 질소는 마취작용을 일으킨다.

② 산소 중독 : 산소분압이 2기압을 넘으면 산소 중독이 나타난다.

③ 이산화탄소 중독 : 이산화탄소의 증가는 산소의 독성과 질소의 마취작용을 촉진시킨다.

❸ 감압환경에서의 생체영향

(1) 감압병(잠함병, 케이슨병)

① 급격한 감압 시에 혈액 속의 질소가 혈액과 조직에 기포를 형성(종격기종, 기흉)하여 혈액순환 장해와 조직손상을 일으킨다.

② 감압병의 치료는 재가압 산소요법이 가장 좋다.

③ 감압이 끝날 무렵에 순수한 산소를 흡입시키면 감압시간을 25 % 가량 단축시킬 수 있다.

④ 헬륨은 호흡저항이 작고, 체외로 배출되는 시간이 질소에 비해 50 % 정도밖에 걸리지 않아 고압환경에서 근무하는 근로자에게는 질소를 헬륨으로 대치한 공기를 호흡시키면 감압병을 예방할 수 있다.

(2) 감압 시에 조직 내 질소기포 형성량에 영향을 주는 요인

① 감압속도

② 조직에 용해된 가스량 : 체내 지방량(지방이 많은 부위에 질소기포가 잘 생성), 고기압 폭로의 정도와 시간

③ 혈류를 변화시키는 상태 : 연령, 기온, 음주, 공포감 등

❹ 저압환경에서의 생체영향

(1) 폐수종

① 진해성 기침과 호흡곤란이 나타나고 폐동맥 혈압이 상승하다가 산소공급과 해면으로 귀환 시 급속히 소실된다.

② 어른보다 순화적응 속도가 느린 어린이에게 많이 발생한다.

③ 고공순화된 사람이 해면에 돌아올 때 자주 발생한다.

(2) 저기압의 작업환경에 대한 인체의 영향

① 고도의 상승으로 기압이 저하되면 공기의 산소분압이 감소되고 동시에 폐포 내의 산소분압도 감소된다.

② 산소결핍을 보충하기 위해 호흡수, 맥박수가 증가한다.

(3) 산소결핍

공기 중 산소의 농도가 18 % 미만인 상태이다.

(4) 적정공기의 정의

① 산소농도의 범위 : 18 % 이상 23.5 % 미만

② 이산화탄소(탄산가스)의 농도 : 1.5 % 미만

③ 일산화탄소의 농도 : 30 ppm 미만

④ 황화수소의 농도 : 10 ppm 미만

✏️ **기출 TIP**

감압병을 일으키는 기체의 종류가 질소인 것을 꼭 기억해야 한다.

저압환경과 관련된 내용 중에서는 폐수종과 관련된 문제가 자주 출제된다.

산소결핍기준은 적정공기의 정의 중 산소농도의 범위와 연관 지어 암기하면 된다.

01
2021년 2회

「산업안전보건법령」상 이상기압에 의한 건강장해의 예방에 있어 사용되는 용어의 정의로 옳지 않은 것은?

① 압력이란 절대압과 게이지압의 합을 말한다.
② 고압작업이란 고기압에서 잠함공법이나 그 외의 압기공법으로 하는 작업을 말한다.
③ 기압조절실이란 고압작업을 하는 근로자 또는 잠수작업을 하는 근로자가 가압 또는 감압을 받는 장소를 말한다.
④ 표면공급식 잠수작업이란 수면 위의 공기압축기 또는 호흡용 기체통에서 압축된 호흡용 기체를 공급받으면서 하는 작업을 말한다.

[해설] 이상기압 관련 용어 ─────────
압력이란 게이지압력을 말한다.

02
2018년 3회

1기압(atm)에 관한 설명으로 틀린 것은?

① 약 1 kgf/cm² 과 동일하다.
② torr로는 0.76에 해당한다.
③ 수은주로 760 mmHg과 동일하다.
④ 수주(水柱)로 10,332 mmH₂O에 해당한다.

[해설] 1기압 ────────────

$torr = 1기압의 \dfrac{1}{760}$

$1 \ torr = 1 \ mmHg$

03
2022년 2회

고압환경에서의 2차적 가압현상(화학적 장해)에 의한 생체 영향과 거리가 먼 것은?

① 질소 마취
② 산소 중독
③ 질소기포 형성
④ 이산화탄소 중독

[해설] 고압환경의 2차적 가압현상 ─────────
고압환경의 2차적 가압현상은 질소 마취, 산소 중독, 이산화탄소 중독이다.

04
2021년 3회

고압환경의 2차적인 가압현상 중 산소중독에 관한 내용으로 옳지 않은 것은?

① 일반적으로 산소의 분압이 2기압이 넘으면 산소중독증세가 나타난다.
② 산소중독에 따른 증상은 고압산소에 대한 노출이 중지되면 멈추게 된다.
③ 산소의 중독작용은 운동이나 중등량의 이산화탄소의 공급으로 다소 완화될 수 있다.
④ 수지와 족지의 작열통, 시력장해, 정신혼란, 근육경련 등의 증상을 보이며 나아가서는 간질모양의 경련을 나타낸다.

[해설] 산소중독 ────────────
운동이나 이산화탄소의 공급은 산소중독 증상을 더 심하게 한다.

05

다음 중 감압과정에서 감압속도가 너무 빨라서 나타나는 종격기종, 기흉의 원인이 되는 것은?

① 질소
② 이산화탄소
③ 산소
④ 일산화탄소

해설 감압 ————————————

감압속도가 너무 빠르면 혈액 속의 질소가 혈액과 조직에 기포를 형성하여 (종격기종, 기흉)을 일으킬 수 있다. 이 경우 혈액순환 장해와 조직손상(감압병)이 발생한다.

06

감압에 따른 인체의 기포 형성량을 좌우하는 요인과 가장 거리가 먼 것은?

① 감압속도
② 산소공급량
③ 조직에 용해된 가스량
④ 혈류를 변화시키는 상태

해설 감압 시 질소기포 형성량에 영향을 주는 요인 ——

• 감압속도
• 조직에 용해된 가스량 : 체내 지방량, 고기압 폭로의 정도와 시간
• 혈류를 변화시키는 상태 : 연령, 기온, 음주, 공포감 등

07

이상기압의 영향으로 발생되는 고공성 폐수종에 관한 설명으로 옳지 않은 것은?

① 어른보다 아이들에게서 많이 발생된다.
② 고공 순화된 사람이 해면에 돌아올 때에도 흔히 일어난다.
③ 산소공급과 해면 귀환으로 급속히 소실되며, 증세가 반복되는 경향이 있다.
④ 진해성 기침과 과호흡이 나타나고 폐동맥 혈압이 급격히 낮아진다.

해설 고공성 폐수종 ————————————

고공성 폐수종이 발생하면 진해성 기침과 과호흡이 나타나고 폐동맥의 혈압이 높아진다.

08

「산업안전보건법령」상 적정공기의 범위에 해당하는 것은?

① 산소농도 18 % 미만
② 일산화탄소 농도 50 ppm 미만
③ 탄산가스 농도 10 % 미만
④ 황화수소 농도 10 ppm 미만

해설 적정공기 정의 ————————————

「안전보건규칙」 제618조
• 산소농도의 범위가 18 % 이상 23.5 % 미만
• 이산화탄소(탄산가스)의 농도가 1.5 % 미만
• 일산화탄소의 농도가 30 ppm 미만
• 황화수소의 농도가 10 ppm 미만

Chapter **03** 소음

기출 TIP

소음작업의 정의 관련해서는 dB 수치와 관련된 내용이 자주 출제된다.

1 소음작업의 정의

(1) 소음작업

1일 8시간 작업을 기준으로 85 dB 이상의 소음이 발생하는 작업

(2) 강렬한 소음작업

① 90 dB 이상의 소음이 1일 8시간 이상 발생하는 작업

② 95 dB 이상의 소음이 1일 4시간 이상 발생하는 작업

③ 100 dB 이상의 소음이 1일 2시간 이상 발생하는 작업

④ 105 dB 이상의 소음이 1일 1시간 이상 발생하는 작업

⑤ 110 dB 이상의 소음이 1일 30분 이상 발생하는 작업

⑥ 115 dB 이상의 소음이 1일 15분 이상 발생하는 작업

(3) 충격소음

최대음압수준이 120 dB(A) 이상인 소음이 1초 이상의 간격으로 발생하는 것을 말한다.

(4) 충격소음작업

① 120 dB을 초과하는 소음이 1일 1만 회 이상 발생하는 작업

② 130 dB을 초과하는 소음이 1일 1천 회 이상 발생하는 작업

③ 140 dB을 초과하는 소음이 1일 1백 회 이상 발생하는 작업

2 소음의 단위

(1) dB(decibel)

음압수준을 나타내는 단위이다.

1 sone이 해당하는 음의 크기를 묻는 문제가 출제된다.

(2) sone

① 감각적인 음의 크기(소리가 크게 들리는 정도)를 나타낸다.

② 1 sone : 1,000 Hz, 40 dB의 음의 크기

③ 1,000 Hz에서 10 dB이 증가할 때마다 sone 값은 2배씩 증가한다.

(3) phon

① 소리의 크기를 사람이 느끼는 정도에 맞춰 표현하는 단위이다.

② 1 phon : 1,000 Hz, 1 dB의 음의 크기

❸ 소음 관련 계산공식

(1) 합성소음도

$$L = 10 \times \log\left(10^{\frac{L_1}{10}} + 10^{\frac{L_2}{10}} + \cdots 10^{\frac{L_n}{10}}\right)$$

L : 합성소음도(dB)

L_n : 각각 소음원의 소음(dB)

(2) 음압수준(SPL : Sound Pressure Level)

$$\mathrm{SPL} = 20\log\left(\frac{P}{P_0}\right)$$

SPL : 음압수준(dB)

P : 측정된 음압($\mathrm{N/m^2}$)

P_0 : 기준음압($\mathrm{N/m^2}$) = $2 \times 10^{-5}\mathrm{N/m^2}$

(3) 음의 세기라벨(SIL : Sound Intensity Level)

$$\mathrm{SIL} = 10\log\left(\frac{I}{I_0}\right)$$

SIL : 음의 세기라벨(dB)

I : 대상 음의 세기($\mathrm{W/m^2}$)

I_0 : 기준음향의 세기($10^{-12}\mathrm{W/m^2}$)

(4) 음향파워레벨(PWL : Sound Power Level)

$$\mathrm{PWL} = 10\log\left(\frac{W}{W_0}\right)$$

PWL : 음향파워레벨(dB)

W : 대상 음원의 음력(W), W_0 : 기준음력($10^{-12}\mathrm{W}$)

(5) 소음과 거리 관계식

$$\mathrm{dB_2} = \mathrm{dB_1} - 20 \times \log\left(\frac{d_2}{d_1}\right)$$

$\mathrm{dB_1}$: 소음기계로부터 d_1 떨어진 곳의 소음

$\mathrm{dB_2}$: 소음기계로부터 d_2 떨어진 곳의 소음

❹ 소음의 물리적 특성

(1) 음(Sound)의 물리적 특성

① 음의 높낮이는 음의 주파수로 결정된다.

② 건강한 사람의 가청주파수는 20 ~ 20,000 Hz 정도이다.

📝 기출 TIP

소음 관련 계산문제는 자주 출제되기 때문에 관련 공식은 정확하게 암기해야 한다. 소음 관련 계산문제는 4과목뿐만 아니라 다른 과목에서도 자주 출제된다.

가청주파수의 범위를 묻는 문제가 종종 출제되므로 수치기준은 기억해야 한다.

③ 같은 크기의 에너지를 가진 소리라도 주파수에 따라 크기를 다르게 느낀다.

④ 언어를 구성하는 주파수(회화음역)는 250 ~ 3,000 Hz 정도이다.

(2) 음속

$$C = 331.42 + 0.6t$$
$$C : 음속(m/sec), \ t : 온도(℃)$$
$$C = f \times \lambda$$
$$f : 주파수(Hz), \ \lambda : 파장(m)$$

(3) 음원에 따른 SPL과 PWL의 관계식

① PWL은 거리에 따라 변화되지 않는 절대적인 값이고, SPL은 거리에 따라 변하는 상대적인 값이다.

② 무지향성 점음원이 자유공간(공중)에 위치할 경우

$$SPL(dB) = PWL - 20 \log r - 11$$
$$SPL : 음압수준(dB)$$
$$PWL : 음향파워레벨(dB), \ r : 소음원으로부터의 거리(m)$$

③ 무지향성 점음원이 반자유공간(바닥, 벽)에 위치할 경우

$$SPL(dB) = PWL - 20 \log r - 8$$

(4) 주파수 분석

$$f_c = \sqrt{f_L \times f_U}, \ f_c = \sqrt{2} f_L$$
$$f_c : 중심주파수(Hz), \ f_L : 하한주파수(Hz), \ f_U : 상한주파수(Hz)$$

5 소음의 생체작용

(1) 일시적 청력손실

① 4,000 ~ 6,000 Hz에서 가장 많이 발생한다.

② 일시적인 현상으로 12 ~ 24시간 정도면 회복된다.

(2) 영구적 청력손실

① 심한 소음에 반복노출되어 코르티기관의 손상되어 발생한다.

② 4,000 ~ 6,000 Hz에서 가장 많이 발생한다.

③ 일주일 이상 지나도 회복되지 않는 청력손실이다.

(3) 소음성 난청(청력손실)에 영향을 미치는 요소

① 개인의 감수성 : 소음에 대한 감수성이 높은 사람도 존재한다.

② 소음의 크기 : 음압수준이 높을수록 유해하다.

③ 폭로시간 : 계속적 노출이 간헐적 노출보다 유해하다.

④ 주파수 : 고주파음이 저주파음보다 유해하다.

(4) C₅ - dip현상

소음성 난청의 초기단계로서 4,000 Hz 부근의 음에 대한 청력저하가 심하게 생기는 현상이다.

(5) 평균청력손실의 계산(4분법, 6분법)

$$\text{평균 청력손실} = \frac{a+2b+c}{4} = \frac{a+2b+2c+d}{6}$$

$$a : 500\,\text{Hz에서의 청력손실(dB)}$$
$$b : 1,000\,\text{Hz에서의 청력손실(dB)}$$
$$c : 2,000\,\text{Hz에서의 청력손실(dB)}$$
$$d : 4,000\,\text{Hz에서의 청력손실(dB)}$$

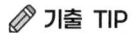 기출 TIP

평균청력손실의 계산에서는 4분법보다 6분법 문제가 자주 출제된다.

B 소음의 측정 및 관리

(1) 누적소음노출량을 고려한 시간가중 평균 소음수준(TWA)

$$\text{TWA} = 16.61 \times \log\left[\frac{D}{12.5 \times t}\right] + 90$$

$$D : \text{누적소음노출량(\%)}, \ t : \text{소음에 노출된 시간}$$

(2) 청력보호구의 차음효과[dB(A)]

$$\text{차음효과} = (\text{NRR} - 7) \times 0.5$$

$$\text{NRR : 차음평가수}$$

(3) 소음감소량(NR)

$$\text{NR} = 10\log\left(\frac{A_2}{A_1}\right)$$

$$NR : \text{소음감소량(dB)}$$
$$A_1 : \text{흡음처리 전 실내의 전체 흡음력(sabin)}$$
$$A_2 : \text{흡음처리 후 실내의 전체 흡음력(sabin)}$$

(4) 반향시간(잔향시간)

① 반향시간은 음압수준이 60 dB 감소하는 데 소요되는 시간이다.

② 반향시간은 실내 공간의 크기에 비례한다.

③ 실내 흡음량을 증가시키면 반향시간은 감소한다.

④ 반향시간은 기록지의 레벨 감쇠곡선의 폭이 25 dB 이상일 때 이를 산출한다.

소음의 측정 및 관리에 관한 세 가지 공식은 모두 자주 출제되므로 정확하게 암기해야 한다.

01

「산업안전보건법령」상 소음작업의 기준은?

① 1일 8시간 작업을 기준으로 80데시벨 이상의 소음이 발생하는 작업
② 1일 8시간 작업을 기준으로 85데시벨 이상의 소음이 발생하는 작업
③ 1일 8시간 작업을 기준으로 90데시벨 이상의 소음이 발생하는 작업
④ 1일 8시간 작업을 기준으로 95데시벨 이상의 소음이 발생하는 작업

해설 소음작업의 기준 ─────

1일 8시간 작업을 기준으로 85데시벨 이상의 소음이 발생하는 작업을 소음작업이라고 한다.

02

1 sone이란 몇 Hz에서, 몇 dB의 음압레벨을 갖는 소음의 크기를 말하는가?

① 1,000 Hz, 40 dB
② 1,200 Hz, 45 dB
③ 1,500 Hz, 45 dB
④ 2,000 Hz, 48 dB

해설 sone ─────

• 감각적인 음의 크기를 나타낸다.
• 1 sone : 1,000 Hz, 40 dB의 음의 크기이다.

03

0.01 W의 소리에너지를 발생시키고 있는 음원의 음향파워레벨(PWL, dB)은 얼마인가?

① 100
② 120
③ 140
④ 150

해설 PWL ─────

$$\text{PWL} = 10\log\left(\frac{W}{W_0}\right)$$
$$= 10\log\left(\frac{0.01}{10^{-12}}\right) = 100 \text{ dB}$$

04

음원으로부터 40 m 되는 지점에서 음압수준이 75 dB로 측정되었다면 10 m 되는 지점에서의 음압수준(dB)은 약 얼마인가?

① 84
② 87
③ 90
④ 93

해설 소음과 거리 관계 ─────

$$\text{dB}_2 = \text{dB}_1 - 20 \times \log\left(\frac{d_2}{d_1}\right)$$
$$= 75 - 20 \times \log\left(\frac{10}{40}\right) = 87.041 \text{ dB}$$

05

2022년 1회

18 ℃ 공기 중에서 800 Hz인 음의 파장은 약 몇 m인가?

① 0.35
② 0.43
③ 3.5
④ 4.3

해설 음의 파장 계산

$C = 331.42 + 0.6t$
$\quad = 331.42 + (0.6 \times 18) = 342.22 \text{m/sec}$
$C = f \times \lambda$
$342.22 = 800 \times \lambda$
$\lambda = \dfrac{342.22}{800} = 0.427\text{m}$

06

2022년 2회

소음에 의한 인체의 장해(소음성 난청)에 영향을 미치는 요인이 아닌 것은?

① 소음의 크기
② 개인의 감수성
③ 소음 발생장소
④ 소음의 주파수 구성

해설 소음성 난청에 영향을 미치는 요인

• 개인의 감수성
• 소음의 크기
• 폭로시간
• 주파수

07

2022년 1회

다음 중 소음에 의한 청력장해가 가장 잘 일어나는 주파수 대역은?

① 1,000 Hz
② 2,000 Hz
③ 4,000 Hz
④ 8,000 Hz

해설 C_5 – dip현상

• 소음성 난청의 초기단계로 4,000 Hz에서 청력장해가 커지는 현상이다.
• 사람의 귀는 4,000 Hz에서 소음성 난청이 가장 많이 발생한다.

08

2021년 2회

소음의 흡음평가 시 적용되는 반향시간(Reverberation time)에 관한 설명으로 옳은 것은?

① 반향시간은 실내 공간의 크기에 비례한다.
② 실내 흡음량을 증가시키면 반향시간도 증가한다.
③ 반향시간은 음압수준이 30 dB 감소하는 데 소요되는 시간이다.
④ 반향시간을 측정하려면 실내 배경소음이 90 dB 이상 되어야 한다.

해설 반향시간

② 실내 흡음량을 증가시키면 반향시간은 감소한다.
③ 반향시간은 음압수준이 60 dB 감소하는 데 소요되는 시간이다.
④ 반향시간을 측정할 때 실내 배경소음이 꼭 90 dB 이상 되어야 하는 것은 아니다.

Chapter 04 진동

✏ 기출 TIP

1 전신진동

(1) 전신진동이 인체에 미치는 영향

① 전신진동의 영향은 자율신경과 순환기에 크게 나타난다.

② 수직과 수평진동이 동시에 가해지면 2배의 자각현상이 나타난다.

③ 전신진동에 노출되면 말초혈관이 수축되고, 혈압이 상승하고 맥박수가 증가한다.

④ 신체의 공명현상(공진현상)은 앉아 있을 때가 서 있을 때보다 심하게 나타난다.

전신진동에 의한 생체반응에 관여하는 인자가 아닌 것을 묻는 문제가 주로 출제된다.

(2) 전신진동에 의한 생체반응에 관여하는 인자

① 진동의 강도   ② 진동수

③ 진동방향   ④ 폭로시간(노출시간)

2 국소진동

(1) 국소진동이 인체에 미치는 영향

① 국소적으로 손, 발 등 신체의 특정부위로 전달되는 진동이다.

② 착암기, 분쇄기(그라인더), 연마기 등 진동공구를 작업할 때 많이 발생한다.

③ 국소진동에 지나치게 노출되면 혈관신경장해를 일으키며 손가락 마비, 근육통, 관절통 등이 발생한다.

국소진동과 관련된 내용 중에서는 레이노현상과 관련된 문제의 출제비중이 가장 높다.

(2) 레이노(Raynand)현상

① 국소진동으로 인해 말초혈관운동장해가 발생하여 수지가 창백해지고 손이 차며 통증이 발생하는 것이다.

② 추운 환경에서 작업할 경우 더 자주 발생한다.

(3) 인체에 영향을 주는 진동범위

① 전신진동 : 2 ~ 100 Hz

② 국소진동 : 8 ~ 1,500 Hz

③ 사람이 느끼는 최소 진동치 : 55 ± 5 dB

④ 두부와 견부는 20 ~ 30 Hz, 안구는 60 ~ 90 Hz에서 공명한다.

③ 진동증후군(HAVS)에 대한 스톡홀름 워크숍의 분류

단계	증상
0단계	증상 없음
1단계	• 가벼운 증상 발생 • 하나 또는 그 이상의 손가락 끝부분이 하얗게 변함
2단계	하나 또는 그 이상의 손가락의 중간부위 이상에 때때로 증상이 나타나는 단계
3단계	• 심각한 증상 발생 • 대부분의 손가락 전체에서 하얗게 변하는 증상이 빈번하게 나타나는 단계
4단계	• 매우 심각한 증상 발생 • 대부분의 손가락이 하얗게 변하고 손끝에서 땀의 분비가 제대로 일어나지 않는 등의 변화가 나타나는 단계

기출 TIP

진동증후군의 각 단계별 증상을 묻는 문제가 주로 출제되는데, 3단계 관련 내용이 잘못된 보기로 출제되는 경향이 있다.

④ 방진재료

(1) 금속스프링

① 공진 시에 전달률이 매우 좋다.

② 저주파 차진에 좋으며 감쇠가 거의 없다.

③ 다양한 형상으로 제작이 가능하며 내구성이 좋다.

(2) 방진고무의 특징

방진재료 중에서는 방진고무가 가장 많이 출제된다.

① 고무 자체의 내부마찰로 적당한 저항을 얻을 수 있다.

② 설계자료가 잘 되어 있고 동적배율이 타 방진재료보다 높아 스프링 정수(용수철 정수)를 광범위하게 선택할 수 있다.

③ 내열성, 내약품성이 약하다.

④ 공기 중의 오존에 의해 산화된다.

⑤ 내부마찰에 의한 발열 때문에 열화될 수 있다.

(3) 코르크

① 재질이 일정하지 않아 정확한 설계가 곤란하고 처짐을 크게 할 수 없다.

② 고유진동수가 10 Hz 전후 밖에 되지 않아 진동방지보다 고체음의 전파방지에 사용된다.

(4) 펠트(Felt)

방진재료보다는 강체 간의 고체음 전파방지에 사용된다.

01

일반적으로 전신진동에 의한 생체반응에 관여하는 인자와 가장 거리가 먼 것은?

① 온도　　　　　② 진동의 강도
③ 진동방향　　　④ 진동수

해설 전신진동에 의한 생체반응에 관여하는 인자 ──
- 진동의 강도
- 진동수
- 진동방향
- 폭로시간(노출시간)

02

다음 중 레이노현상(Raynaud's Phenomenon) 의 주요 원인으로 옳은 것은?

① 국소진동　　　② 전신진동
③ 고온환경　　　④ 다습환경

해설 레이노증후군 ──
- 국소진동으로 인하여 말초혈관의 운동장해가 발생하는 것이다.
- 추운 환경에서 잘 발생하는 것으로 수지가 창백해지고 손이 차며 통증이 발생한다.

03

인체에 미치는 영향이 가장 큰 전신진동의 주파수 범위는?

① 2 ~ 100 Hz
② 140 ~ 250 Hz
③ 275 ~ 500 HZ
④ 4,000 Hz 이상

해설 인체에 영향을 주는 진동범위 ──
- 전신진동 : 2 ~ 100 Hz
- 국소진동 : 8 ~ 1,500 Hz

04

사람이 느끼는 최소 진동역치로 맞는 것은?

① 35 ± 5 dB　　　② 45 ± 5 dB
③ 55 ± 5 dB　　　④ 65 ± 5 dB

해설 최소 진동역치 ──
사람이 느끼는 최소 진동역치 : 55 ± 5 dB

05

진동증후군(HAVS)에 대한 스톡홀름 워크숍의 분류로서 옳지 않은 것은?

① 진동증후군의 단계를 0부터 4까지 5단계로 구분하였다.

② 1단계는 가벼운 증상으로 1개 또는 그 이상의 손가락 끝부분이 하얗게 변하는 증상을 의미한다.

③ 3단계는 심각한 증상으로 1개 또는 그 이상의 손가락 가운뎃마디 부분까지 하얗게 변하는 증상이 나타나는 단계이다.

④ 4단계는 매우 심각한 증상을 대부분의 손가락이 하얗게 변하는 증상과 함께 손끝에서 땀의 분비가 제대로 일어나지 않는 등의 변화가 나타나는 단계이다.

[해설] 진동증후군 ─────────

3단계는 심각한 증상이 발생하는 단계이다.
3단계에서는 대부분의 손가락 전체에 빈번하게 하얗게 변하는 증상이 나타나는 단계이다.

06

방진재료로 적절하지 않은 것은?

① 방진고무   ② 코르크
③ 유리섬유   ④ 코일 용수철

[해설] 방진재료 ─────────

• 방진재료란 진동이나 충격을 흡수하여 전달을 막는 재료이다.
• 유리섬유는 유리를 섬유처럼 가늘게 뽑아낸 물질로 단열재로 주로 사용된다.

07

방진재료인 금속스프링의 특징이 아닌 것은?

① 공진 시에 전달률이 좋지 않다.

② 환경요소에 대한 저항이 크다.

③ 저주파 차진에 좋으며 감쇠가 거의 없다.

④ 다양한 형상으로 제작이 가능하며 내구성이 좋다.

[해설] 금속스프링 ─────────

금속스프링은 공진 시에 전달률이 매우 크다.

08

다음 설명에 해당하는 진동 방진재료는?

> 여러 가지 형태로 된 철물에 견고하여 부착할 수 있는 반면 내구성, 내약품성이 약하고 공기 중의 오존에 의해 산화된다는 단점을 가지고 있다.

① 코르크   ② 금속스프링
③ 방진고무   ④ 공기스프링

[해설] 방진고무의 특징 ─────────

• 고무 자체의 내부마찰로 적당한 저항을 얻을 수 있다.
• 설계자료가 잘 되어 있고 동적배율이 타 방진재료보다 높아 스프링 정수(용수철 정수)를 광범위하게 선택할 수 있다.
• 내열성, 내약품성이 약하다.
• 공기 중의 오존에 의해 산화된다.
• 내부마찰에 의한 발열 때문에 열화될 수 있다.

Chapter 05 방사선과 조명

1 전리방사선

(1) 전리방사선과 비전리방사선의 구분

① 인간 생체에서 이온화시키는 데 필요한 최소에너지를 기준으로 전리방사선과 비전리방사선으로 구분한다.

② 에너지의 강도가 12 eV 이상이면 전리방사선으로 구분한다.

(2) 전리방사선의 종류 및 특성

① α선 : 두 개의 양자와 두 개의 중성자로 구성되어 있다.

② β선 : 방사성 원자핵이 내뿜는 전자의 흐름이다.

③ γ선 : 원자핵 전환에 따라 방출되는 자연 발생적인 전자파이다.

④ X선 : 파장이 짧은 전자기파로 에너지가 클수록 파장은 짧아진다.

⑤ 중성자 : 전기적인 성질이 없고 파동성을 가지고 있는 입자 형태의 방사선이다.

(3) 전리방사선의 인체의 투과력 순서

중성자 > X선 또는 γ선 > β선 > α선

(4) 방사선의 단위

① 베크렐(Bq) : 1초에 하나의 방사선 붕괴가 일어나는 방사능의 세기를 1 Bq라고 한다.

② 큐리(Ci) : 초당 3.7×10^{10}개의 원자붕괴가 일어나는 방사성 물질의 양으로 $1Ci = 3.7 \times 10^{10}Bq$이다.

③ 뢴트겐(R) : 방사선량의 단위로 공기 중 생성되는 이온의 양을 나타낸다.

④ 그레이(Gy) : 방사선 피폭량을 나타내는 단위로 1 Gy는 1 kg의 물질에 1J의 방사선 에너지가 흡수되었을 때의 값이다.

⑤ 래드(Rad) : 방사선이 물질에 흡수되는 정도를 나타내는 단위로 1 Red = 0.01 Gy이다.

⑥ 렘(Rem) : 1뢴트겐의 X선이 인체에 조사되었을 때 이것을 피복한 사람의 생체 실효선량을 나타낸다.

기출 TIP

전리방사선과 비전리방사선을 구분하는 에너지 강도기준을 묻는 문제가 자주 출제된다.

전리방사선 관련 문제 중에서는 인체의 투과력 순서가 자주 출제되므로 순서를 정확하게 암기해야 한다.

---

⑦ 시버트(Sv) : 방사선의 생물학적 영향을 나타내는 단위로 1 Sv 는 100 Rem이다.

(5) **전리방사선에 대한 인체 내의 감수성 순서**

> 골수, 림프조직, 눈의 수정체 > 피부 등 상피세포 > 혈관 등 내피세포 > 결합조직, 지방조직 > 뼈, 근육조직 > 폐 등 내장기관 > 신경조직

(6) **방사선 노출을 최소화 하기 위한 원칙(국제방사선방호위원회)**

① 작업의 최적화 : 작업조건을 조절하여 노출을 최소화한다.

② 작업의 정당성 : 피폭 상황의 변화가 있는 경우 관련 행위가 손해(위해)보다 이익이 커야 한다.

③ 개개인의 노출량의 한계 : 개인의 총 선량은 국제방사선방호위원회(ICRP)가 권고하는 선량한도를 초과하지 않아야 한다.

2 비전리방사선

(1) **자외선**

① 자외선의 구분

구분	내용
근자외선 (UV – A)	• 파장 : 315 ~ 400 nm(3,150 ~ 4,000 Å) • 피부의 색소침착을 일으킴
도르노선 (UV – B)	• 파장 : 280 ~ 315 nm(2,800 ~ 3,150 Å) • 소독작용, 비타민 D 형성 • 홍반, 피부암 유발
UV – C	• 파장 : 100 ~ 280 nm(1,000 ~ 2,800 Å) • 살균작용이 있음

② 254 ~ 280 nm 파장에서 살균작용이 가장 강하다.

(2) **적외선**

① 태양 복사에너지의 약 52 % 정도를 차지한다.

② 분자의 운동에너지를 상승시켜 피부조직 온도를 상승시킨다.

③ 약 1,400 nm 이상의 적외선은 각막손상을 일으킨다.

④ 적외선의 구분

구분	내용
IR – A	700 ~ 1,400 nm
IR – B	1,400 ~ 3,000 nm
IR – C	3,000 nm ~ 1 mm

✎ **기출 TIP**

전리방사선에 대한 인체의 감수성이 가장 큰 것을 묻는 문제가 자주 출제된다.

자외선 중에서는 도르노선 관련 문제가 자주 출제된다.

적외선 관련 문제는 파장 수치보다는 전체적인 특징과 관련된 문제가 더 많이 출제된다.

마이크로파와 라디오파는
비슷한 특징을 가지는 경향
이 있으므로 연계해서 특징
을 파악하는 것이 좋다.

(3) 가시광선

① 파장 : 400 ~ 760 nm(4,000 ~ 7,600 Å)

② 조명이 부족한 상태에서 장시간 작업하면 근시, 안구진탕증 등을 일으킨다.

(4) 마이크로파

① 파장이 1 ~ 300 cm로 3 cm 이하는 외피에 흡수되고, 25 ~ 200 cm는 세포조직과 신체기관까지 투과한다.

② 인체에 흡수되면 열로 전환된다.

③ 주파수에 따른 인체에 미치는 영향

주파수	영향
10,000 MHz	피부에 온감각을 줌
1,000 ~ 10,000 MHz	백내장을 일으킴
150 ~ 1,200 MHz	내장조직 손상
300 ~ 1,200 MHz	중추신경에 영향

(5) 라디오파

① 주파수가 3 kHz ~ 3 THz(파장 : 1 mm ~ 100 km)까지의 모든 전자기파이다.

② 마이크로파와 라디오파는 인체에 흡수되면 열로 전환된다.

③ 150 MHz 이하의 마이크로파와 라디오파는 인체에 흡수되어도 감지되지 않는다.

레이저 광선은 예리한 지향
성을 가지고 쉽게 산란하지
않는다는 점이 보기로 자주
출제된다.

(6) 레이저 광선

① 광선을 증폭시킴으로 얻는 복사선이다.

② 단일파장으로 강력하고 예리한 지향성을 지난 광선이다.

③ 출력이 강력하고 극히 좁은 파장범위를 갖기 때문에 쉽게 산란하지 않는다.

❸ 조명 관련 용어 정의

(1) 광도

① 광원으로부터 나오는 빛의 세기이다.

② 칸델라(candela : cd) : 광도를 측정하는 국제단위(SI) 단위로 특정 방향으로 방출되는 빛의 세기이다.

③ 촉광(candle) : 지름이 1인치 되는 촛불이 수평방향으로 비칠 때의 빛의 밝기이다.

(2) 광속(lm)

　① 광원으로부터 방출되는 빛의 전체 양이다.

　② 루멘(lm) : 1촉광의 광원에서 단위입체각으로 나가는 빛의 양이다.

(3) 조도

　① 단위 면적에 입사하는 빛의 세기(밝기)이다.

　② foot-candle(fc) : 1루멘의 빛이 1 ft^2 평면상에 수직방향으로 비칠 때 그 평면의 빛의 양이다.

　③ lux : 1루멘의 빛이 1 m^2 평면상에 수직방향으로 비칠 때 그 평면의 빛의 양이다.

$$조도(lux) = \frac{광도(lm)}{거리^2}$$

(4) 휘도

　① 단위 표면적에서 발산 또는 반사되는 빛의 양이다.

　② 램버트(Lambert) : 평면 $1 \text{ ft}^2 (1 \text{ cm}^2)$에서 1루멘의 빛을 반사시킬 때의 밝기이다.

　③ 니트(Nit) : 1니트는 1 m^2당 1 cd의 빛을 반사하는 밝기이다.

4 채광 및 조명방법

(1) 목적에 따른 창의 방향

　① 많은 채광을 요구할 경우 : 남향

　② 조명의 평등을 요하는 작업실의 경우 : 북향 또는 북동향

(2) 창의 면적 및 각도

　① 창의 면적은 방바닥 면적의 15 ~ 20 % 정도가 적당하다.

　② 실내 각점의 개각은 4 ~ 5°가 좋으며 개각이 클수록 실내는 밝다.

　③ 입사각은 28° 이상이 좋으며 입사각이 클수록 실내는 밝다.

(3) 전반조명과 국부조명

　① 전반조명은 작업장 전체를 균일하게 밝히는 것이다.

　② 국부조명은 필요한 곳만 강하게 밝히는 것으로 전반조명의 조도는 국부조명의 1/10 ~ 1/5 정도가 적당하다.

(4) 조도기준

　① 초정밀작업 : 750 lux 이상

　② 정밀작업 : 300 lux 이상

　③ 보통작업 : 150 lux 이상

　④ 그 밖의 작업 : 75 lux 이상

기출 TIP

조명 관련 용어 문제는 계산 문제보다는 기본적인 용어 정의를 알고 있는지 묻는 문제가 주로 출제된다.

실내 각점의 개각과 입사각 수치가 자주 출제되므로 수치를 정확하게 암기해야 한다.

조도기준과 관련된 수치가 보기로 출제된다.

01

인간 생체에서 이온화시키는 데 필요한 최소에너지를 기준으로 전리방사선과 비전리방사선을 구분한다. 전리방사선과 비전리방사선을 구분하는 에너지의 강도는 약 얼마인가?

① 7 eV ② 12 eV
③ 17 eV ④ 22 eV

해설 **경계 에너지**

전리방사선과 비전리방사선의 경계 에너지의 강도는 12eV이다.

02

방사선의 투과력이 큰 것에서부터 작은 순으로 올바르게 나열한 것은?

① $X > \beta > \gamma$ ② $X > \beta > \alpha$
③ $\alpha > X > \gamma$ ④ $\gamma > \alpha > \beta$

해설 **전리방사선의 인체투과력 순서**

중성자 > X선 또는 γ선 > β선 > α선

03

다음 중 방사선에 감수성이 가장 큰 인체조직은?

① 눈의 수정체
② 뼈 및 근육조직
③ 신경조직
④ 결합조직과 지방조직

해설 **방사선에 감수성이 큰 인체조직**

전리방사선에 대한 감수성은 골수, 눈의 수정체가 가장 크다.

04

도르노선(Dorno-ray)에 대한 내용으로 옳은 것은?

① 가시광선의 일종이다.
② 280 ~ 315 Å 파장의 자외선을 의미한다.
③ 소독작용, 비타민 D 형성 등 생물학적 작용이 강하다.
④ 절대온도 이상의 모든 물체는 온도에 비례하여 방출한다.

해설 **도르노선**

① 도르노선은 자외선의 일종이다.
② 도르노선의 파장은 2,800 ~ 3,150 Å이다.
④ 적외선(열선)에 가까운 내용이다.

05

마이크로파와 라디오파에 관한 설명으로 옳지 않은 것은?

① 마이크로파의 주파수 대역은 100 ~ 3,000 MHz 정도이며, 국가(지역)에 따라 범위의 규정이 각각 다르다.
② 라디오파의 파장은 1 MHz와 자외선 사이의 범위를 말한다.
③ 마이크로파와 라디오파의 생체작용 중 대표적인 것은 온감을 느끼는 열작용이다.
④ 마이크로파의 생물학적 작용은 파장뿐만 아니라 출력, 노출시간, 노출된 조직에 따라 다르다.

해설 라디오파 ─────────────
라디오파의 파장은 1 mm에서 약 100 km 정도로 가기광선, 자외선보다 훨씬 긴 파장을 가진다.

06

빛과 밝기의 단위에 관한 설명으로 옳지 않은 것은?

① 반사율은 조도에 대한 휘도의 비로 표시한다.
② 광원으로부터 나오는 빛의 양을 광속이라고 하며 단위는 루멘을 사용한다.
③ 입사면의 단면적에 대한 광도의 비를 조도라 하며 단위는 촉광을 사용한다.
④ 광원으로부터 나오는 빛의 세기를 광도라고 하며 단위는 칸델라를 사용한다.

해설 빛과 밝기의 단위 ─────────────
촉광은 광도의 단위이고 조도의 단위는 lux 또는 fc 이다.

07

자연조명에 관한 설명으로 옳지 않은 것은?

① 창의 면적은 바닥면적의 15 ~ 20 % 정도가 이상적이다.
② 개각은 4 ~ 5°가 좋으며 개각이 작을수록 실내는 밝다.
③ 균일한 조명을 요구하는 작업실은 동북 또는 북창이 좋다.
④ 입사각은 28° 이상이 좋으며 입사각이 클수록 실내는 밝다.

해설 자연조명 ─────────────
자연조명에서 개각은 4 ~ 5°가 좋으며 개각이 클수록 실내는 밝다.

08

「산업안전보건법령」상 정밀작업을 수행하는 작업장의 조도기준은?

① 150럭스 이상
② 300럭스 이상
③ 450럭스 이상
④ 750럭스 이상

해설 조도기준 ─────────────
• 초정밀작업 : 750 lux 이상
• 정밀작업 : 300 lux 이상
• 보통작업 : 150 lux 이상
• 그 밖의 작업 : 75 lux 이상

산업독성학 과목은 다소 생소한 내용이 많아 처음 공부하는 수험생들이 어려워하는 과목입니다.

이 과목에서는 각종 유해화학물질, 중금속 등이 우리 몸 안에 들어왔을 때 어떻게 반응하고 배출되는지에 대한 내용과 관련된 내용이 주로 구성되는데, 시험에 자주 출제되는 것은 유해화학물질에 노출되었을 때 걸리는 질병의 종류, 치료제의 종류, 대사산물의 종류 등입니다.

이 과목의 내용 자체는 난이도가 높지만 시험에 자주 출제되는 내용 위주로 공부한다면 합격점수 이상의 점수를 쉽게 획득할 수 있습니다.

Part 05
산업독성학

Chapter **01**

입자상 물질

1 입자상 물질의 종류 및 분류

(1) 입자상 물질의 정의

① 공기 중에 부유하고 있는 고체 또는 액체의 미립자이다.

② 흄, 미스트, 먼지, 연기(액체나 고체로 존재) 등이 있다.

(2) 흄(Fume)의 발생기전 3단계

① 금속의 증기화 : 금속이 열을 받아 증기로 된다.

② 증기물의 산화 : 금속증기가 산소에 의해 산화물을 형성한다.

③ 산화물의 응축 : 냉각, 응축되면서 다시 고체로 된다.

(3) 입자상 물질의 분류(ACGIH)

구분	기준
흡입성 분진 (IPM)	• 호흡기의 어느 부위에 침착하더라도 독성 유발 • 주로 호흡기의 기도 부위에 침착되어 독성 유발 • 평균입경 : 100 μm
흉곽성 분진 (TPM)	• 기도나 하기도(가스교환 부위) 또는 폐포나 폐기도에 침착하여 독성 유발 • 평균입경 : 10 μm(공기역학적 직경 : 30 μm 이하)
호흡성 분진 (RPM)	• 가스교환 부위(폐포)에 침착하여 독성 유발 • 평균입경 : 4 μm(공기역학적 직경 : 10 μm 이하)

2 입자상 물질의 인체 영향

(1) 입자상 물질의 호흡기계 축적기전

① 충돌(관성충돌) : 공기의 흐름이 바뀔 때 입자가 원래 방향대로 이동하다가 부딪치며 충돌에 의해 침착된다.

② 침전(중력침강) : 폐의 심층부에서 공기흐름이 느려지면 입자가 중력에 의해 낙하하여 축적된다.

③ 차단 : 길이가 긴 입자가 호흡기계로 들어오면서 그 입자의 가장자리가 기도의 표면을 스치게 됨으로써 침착되는 현상이다.

④ 확산 : 미세입자의 무질서한 운동에 의해 기체분자와 충돌하여 침착되는 현상이다.

(2) 입자상 물질의 노출기준

① TLV-C : 근로자가 1일 동안 잠시라도 노출돼서는 안 되는 농도이다.

② TLV-STEL : 단기허용농도로 최대 15분간 노출될 수 있는 농도로 노출농도가 시간가중평균노출기준(TWA)을 초과하고 단시간노출기준(STEL) 이하인 경우에는 1회 노출 지속시간이 15분 미만이어야 하고, 이러한 상태가 1일 4회 이하로 발생하여야 하며, 각 노출의 간격은 60분 이상이어야 한다.

③ TLV-TWA : 시간가중평균허용농도로 1일 8시간, 주 40시간 동안 노출될 수 있는 허용 농도이다.

④ TLV-skin : 피부를 통한 흡수 가능성이 있는 경우 표시한다.

(3) 진폐증의 정의 및 구분

① 분진이 폐 조직에 축적되어 폐 조직의 섬유화(굳어짐) 등의 병적인 변화를 일으키는 질환을 총칭하여 진폐증이라고 한다.

② 분진의 종류에 따른 진폐증의 구분

구분	종류
무기성 분진	규폐증, 규조토폐증, 탄소폐증, 용접공폐증, 석면폐증, 베릴륨폐증, 활석폐증
유기성 분진	연초폐증, 면폐증, 설탕폐증, 목재분진폐증, 모발분진폐증

(4) 진폐증의 종류 및 특징

① 규폐증(Silicosis)

㉠ 이산화규소(SiO_2, 석영) 분진의 흡입으로 폐조직에 섬유화가 나타나는 진폐증이다.

㉡ 건축업, 도자기 작업장, 채석장, 석재공장 등의 작업장에서 근무하는 근로자에게 잘 발생한다.

② 석면폐증(Asbestosis) : 석면을 취급하는 작업자에게 발생하는 진폐증으로 폐암, 악성중피종 등을 일으킨다.

③ 농부폐증 : 건초를 다루는 사업장에서 잘 발생하고, 호열성 방선균류의 과민증상이 잘 나타난다.

(5) 입자상 물질의 인체 내 방어기전

① 점액 섬모운동(기관지) : 기도와 기관지에 침착된 먼지는 점막 섬모운동과 같은 방어작용에 의해 정화된다.

② 대식세포 작용(폐포) : 대식세포는 면역담당 세포로서 세균, 이물질 등을 포식, 소화하는 역할을 한다.

✏️ 기출 TIP

TLV-C, TLV-STEL과 관련된 문제의 출제비중이 더 높다.

무기성 분진과 유기성 분진을 구분하는 문제가 주로 출제된다.

진폐증과 관련된 문제 중에서는 규폐증의 출제비중이 가장 높으므로 대비가 필요하다.

Part 05

01
2022년 2회

입자상 물질의 하나인 흄(Fume)의 발생기전 3단계에 해당하지 않는 것은?

① 산화　　　　　② 입자화
③ 응축　　　　　④ 증기화

해설 흄(Fume)의 생성단계 —————
• 금속의 증기화
• 증기물의 산화
• 산화물의 응축

02
2020년 1·2회

기관지와 폐포 등 폐 내부의 공기통로와 가스교환 부위에 침착되는 먼지로서 공기역학적 지름이 30 μm 이하의 크기를 가지는 것은?

① 흉곽성 먼지　　② 호흡성 먼지
③ 흡입성 먼지　　④ 침착성 먼지

해설 흉곽성 분진(TPM) —————
• 기도나 하기도(가스교환 부위) 또는 폐포나 폐기도에 침착하여 독성 유발
• 평균입경 : 10 μm(공기역학적 직경 : 30 μm 이하)

03
2020년 1·2회

공기 중 입자상 물질의 호흡기계 축적기전에 해당하지 않는 것은?

① 교환　　　　　② 충돌
③ 침전　　　　　④ 확산

해설 입자상 물질의 호흡기계 축적기전 —————
• 충돌(관성충돌)
• 침전(중력침강)
• 차단
• 확산

04
2021년 1회

입자상 물질의 호흡기계 침착기전 중 길이가 긴 입자가 호흡기계로 들어오면 그 입자의 가장자리가 기도의 표면을 스치게 됨으로써 침착하는 현상은?

① 충돌　　　　　② 침전
③ 차단　　　　　④ 확산

해설 입자상 물질의 호흡기계 침착기전 —————
길이가 긴 입자가 호흡기계로 들어오면서 그 입자의 가장자리가 기도의 표면을 스치게 됨으로써 침착되는 현상은 차단이다.

정답 01 ②　02 ①　03 ①　04 ③

05

근로자가 1일 작업시간 동안 잠시라도 노출되어서는 아니 되는 기준을 나타내는 것은?

① TLV - C
② TLV - STEL
③ TLV - TWA
④ TLV - skin

해설 노출기준 관련 용어 ─────

TLV - C는 근로자가 1일 동안 잠시라도 노출되어서는 안 되는 농도이다.

06

「산업안전보건법령」상 다음의 설명에서 ㉠ ~ ㉢에 해당하는 내용으로 옳은 것은?

> 단시간노출기준(STEL)이란 (㉠)분간의 시간가중평균노출값으로서 노출농도가 시간가중평균노출기준(TWA)을 초과하고 단시간노출기준(STEL) 이하인 경우에는 1회 노출 지속시간이 (㉡)분 미만이어야 하고, 이러한 상태가 1일 (㉢)회 이하로 발생하여야 하며, 각 노출의 간격은 60분 이상이어야 한다.

① ㉠ : 15, ㉡ : 20, ㉢ : 2
② ㉠ : 20, ㉡ : 15, ㉢ : 2
③ ㉠ : 15, ㉡ : 15, ㉢ : 4
④ ㉠ : 20, ㉡ : 20, ㉢ : 4

해설 단시간 노출기준 ─────

㉠은 15, ㉡은 15, ㉢은 4이다.

07

규폐증(Silicosis)에 관한 설명으로 옳지 않은 것은?

① 직업적으로 석영분진에 노출될 때 발생하는 진폐증의 일종이다.
② 석면의 고농도분진을 단기적으로 흡입할 때 주로 발생되는 질병이다.
③ 채석장 및 모래분사 작업장에 종사하는 작업자들이 잘 걸리는 폐질환이다.
④ 역사적으로 보면 이집트의 미라에서도 발견되는 오래된 질병이다.

해설 규폐증 ─────

석면을 흡입하면 석면폐증, 악성중피종에 걸린다.

08

호흡기계로 들어온 입자상 물질에 대한 제거기전의 조합으로 가장 적절한 것은?

① 면역작용과 대식세포의 작용
② 폐포의 활발한 가스교환과 대식세포의 작용
③ 점액 섬모운동과 대식세포에 의한 정화
④ 점액 섬모운동과 면역작용에 의한 정화

해설 입자상 물질의 인체 내 방어기전 ─────

• 점액 섬모운동(기관지) : 기도와 기관지에 침착된 먼지는 점막 섬모운동과 같은 방어작용에 의해 정화된다.
• 대식세포 작용(폐포) : 대식세포는 면역담당 세포로서 세균, 이물질 등을 포식, 소화하는 역할을 한다.

Part 05

Chapter 02 유해화학물질

✏️ 기출 TIP

1 유해화학물질의 인체 유입

(1) 유해물질의 인체침입 경로

① 호흡기 : 혈관이 많이 분포되어 있어 유해물질의 인체침입 경로 중 가장 영향이 크다.

② 피부 : 흡수량은 접촉 피부면적과 유해물질의 유해성에 비례한다.

③ 소화기 : 유해물질이 흡수 전 해독, 분해, 대사과정을 거쳐 바로 흡수되지 않고 일부는 변형되고 배설되기도 한다.

중추신경계 억제작용 순서는 자주 출제되므로 순서를 정확하게 암기해야 한다.

(2) 유기화학물질의 중추신경계 억제작용 순서

> 할로겐화합물(할로겐족) > 에테르 > 에스테르 > 유기산 > 알코올 > 알켄 > 알칸

2 유해화학물질이 인체에 미치는 영향

(1) 벤젠

① 골수 및 조혈장해(재생불량성 빈혈, 백혈병)를 일으킨다.

② 주로 페놀로 대사된다.

사염화탄소 관련 문제가 자주 출제되는데 사염화탄소는 간에 대한 독성이 강하다는 점을 기억해야 한다.

(2) 할로겐화탄화수소

구분	내용
사염화탄소 (CCl_4)	• 고농도로 폭로되면 간장이나 신장에 장해가 일어나 황달, 단백뇨 등이 생긴다. • 간에 대한 독성이 특히 강해 중심소엽성 괴사를 일으킨다.
염화비닐	장기간 노출된 경우 간에 혈관육종을 일으킨다.
염화에틸렌	화기에 접촉하면 유독성의 포스겐이 발생하여 폐수종을 일으킨다.
염화탄화수소	간장해를 일으킨다.
트리클로로에틸렌	• 무색의 휘발성 용액이다. • 도금 사업장에서 금속 표면의 탈지 및 세정용으로 사용한다. • 간 및 신장장해, 스티븐슨존슨증후군을 일으킨다.

(3) 다핵방향족 탄화수소(PAHs)

① 석유, 석탄 등에 포함되어 있으며 석탄연료 배출물, 자동차 연료 배출가스 등 흡연 및 연소공장에서 주로 생성된다.

② 벤젠고리가 2개 이상 연결(나프탈렌, 벤조피렌)되어 있고 대사가 거의 되지 않는 방향족 고리로 구성되어 있다.

③ 대사에 관여하는 효소는 시토크롬 P-448로 대사되는 중간산물이 발암성을 나타낸다.

④ 지용성 화합물로 소화관을 통해 흡수된다.

✎ 기출 TIP

다핵방향족 탄화수소에 해당되는 물질에 관한 문제가 자주 출제된다.

(4) 기타 화학물질

구분	내용
메탄올	• 플라스틱, 필름제조, 휘발유 첨가제로 사용된다. • 시신경장해, 중추신경억제를 일으킨다. • 시각장해 독성을 나타내는 단계 : 메탄올 → 포름알데하이드 → 포름산 → 이산화탄소
이황화탄소	신경행동학적 이상, 말초신경 장애를 일으킨다.
벤지딘	급성 중독 시 피부염, 급성방광염을 일으키고 만성 중독 시 방광암을 일으킨다.

(5) 화학물질의 생리적 작용에 의한 분류

구분	내용
상기도 점막 자극제	물에 잘 녹는 물질로 암모니아, 염화수소, 불화수소, 아황산가스, 크롬산 등이 있다.
상기도 점막 및 폐조직 자극제	물에 대한 용해도가 중간 정도인 물질로 염소, 브롬, 요오드, 플루오르 등이 있다.
종말 기관지 및 폐포점막 자극제	물에 잘 녹지 않는 물질로 이산화질소, 3염화비소, 포스겐 등이 있다.

물에 잘 녹지 않는 물질일수록 폐의 깊숙한 곳까지 침투한다는 점을 기억해야 한다.

(6) 질식제의 구분

구분	내용
단순 질식제	• 생리적으로는 아무 작용도 하지 않으나 공기 중에 많이 존재하면 산소의 공급 부족을 초래한다. • 수소, 이산화탄소, 질소, 헬륨, 메탄 등
화학적 질식제	• 인체의 산소공급 체계를 화학적 작용을 통해 방해하여 질식을 유발하는 물질이다. • 혈액의 혈색소와 결합하여 산소운반 능력을 방해한다. • 황화수소, 일산화탄소, 시안화수소, 아닐린 등

단순 질식제와 화학적 질식제를 구분할 수 있는지 묻는 문제가 출제된다.

3 피부질환

(1) 직업성 피부질환

① 대부분 화학물질에 의한 접촉피부염이다.

② 자극에 의한 원발성 피부염이 직업성 피부질환 중 가장 많은 부분을 차지한다.

③ 직업성 피부질환의 간접요인으로는 인종, 연령, 계절, 아토피, 피부질환 등이 있다.

(2) 자극성 접촉피부염과 알레르기성 접촉피부염의 구분

구분	내용
자극성 접촉 피부염	• 작업장에서 발생빈도가 가장 높다. • 접촉 피부염의 대부분을 차지한다. • 과거의 노출경험과는 무관하다.
알레르기성 접촉 피부염	• 특정 물질에 알레르기성 체질이 있는 사람에게만 발생한다. • 일반적인 보호기구로 잘 개선되지 않는다. • 진단이 쉽지 않으며 기존에 가지고 있는 병력을 참고하여 진단한다. • 첩포시험(Patch Test)을 통해 진단한다.

4 직업성 천식

(1) 직업성 천식의 발생 및 특징

① 천식 유발물질을 흡입할 경우 대식세포와 같은 항원공여세포가 탐식하면서 시작된다.

② 특정 알레르기 항원에 대한 IgG를 생성하도록 B림프구를 활성화한다.

③ 생성된 항체가 항체 수용체에 결합하면 이들 세포에서 히스타민(Histamine)이 분비되어 천식증상이 나타난다.

④ 한번 발생하면 추후 소량의 동일한 유발물질에 노출되더라도 지속적으로 증상이 발현된다.

⑤ 근무시간에 증상이 심해지고 휴일 등 비근무시간에는 증상이 완화되거나 사라진다.

(2) 직업성 천식을 일으키는 물질

① 이소시아네이트류(TDI)

② 무수트리멜리트산(TMA)

③ 니켈, 아연, 코발트, 크롬 등의 금속류

5 독성물질의 생체작용

(1) 독성실험 관련 용어

① LC_{50} : 실험동물의 50 %에서 사망을 유발하는 농도이다.

② LD_{50} : 실험동물의 50 %가 일정시간 안에 사망하게 되는 투여 용량이다.

③ ED_{50} : 실험동물의 50 %에서 가역적 반응을 나타내는 용량이다.

④ TD_{50} : 실험동물의 50 %에서 유독반응(부작용)이 나타나는 용량이다.

(2) 독성실험단계

① 1단계(동물에 대한 급성폭로시험)

㉠ 치사성과 기관장해에 대한 양 – 반응곡선을 작성한다.

㉡ 눈과 피부에 대한 자극성 실험을 한다.

㉢ 변이원성에 대해 1차적인 스크리닝 실험을 한다.

② 2단계(동물에 대한 만성폭로시험)

㉠ 상승작용과 기승작용 및 상쇄작용에 대하여 시험한다.

㉡ 생식영향(생식독성)과 산아장해(최기형성) 독성시험을 한다.

㉢ 변이원성에 대해 2차적인 스크리닝 실험을 한다.

㉣ 장기독성을 시험한다.

㉤ 변이원성에 대해 2차적인 스크리닝 실험을 한다.

(3) 체내 흡수량

$$SHD = C \times T \times V \times R$$
SHD : 안전흡수량과 체중을 고려한 체내 흡수량(mg)
C : 공기 중 유해물질 농도(mg/m^3)
T : 노출시간(hr)
V : 호흡률(폐환기율)(m^3/hr)
R : 체내 잔류율(보통 1임)

(4) ACGIH의 발암물질 구분

등급	의미
A1	인체 발암성 확인 물질
A2	인체 발암성 의심 물질
A3	동물에서만 발암성이 확인된 물질(인체 연관성 불명)
A4	인체 발암성으로 분류할 수 없는 물질(미분류)
A5	인체 발암성이 의심되지 않는 물질

✏️ 기출 TIP

LD_{50}, ED_{50}과 관련된 내용이 자주 출제된다.

체내 흡수량은 직접 계산하는 문제가 출제되므로 공식을 정확하게 암기해야 한다.

발암물질 구분법은 다양한 방법이 있는데 5과목에서는 ACGIH 기준을 묻는 문제가 자주 출제된다.

01

2022년 1회

다음 중 중추신경 활성억제 작용이 가장 큰 것은?

① 알칸 ② 알코올
③ 유기산 ④ 에테르

해설 중추신경 억제작용 순서 ─────

할로겐화합물(할로겐족) > 에테르 > 에스테르 > 유기산 > 알코올 > 알켄 > 알칸

02

2021년 2회

사염화탄소에 관한 설명으로 옳지 않은 것은?

① 생식기에 대한 독성작용이 특히 심하다.
② 고농도에 노출되면 중추신경계 장애 외에 간장과 신장장애를 유발한다.
③ 신장장애 증상으로 감뇨, 혈뇨 등이 발생하며, 완전 무뇨증이 되면 사망할 수도 있다.
④ 초기증상으로는 지속적인 두통, 구역 또는 구토, 복부선통과 설사, 간압통 등이 나타난다.

해설 사염화탄소 ─────

사염화탄소는 간에 대한 독성작용이 특히 심해 간의 중심소엽성 괴사를 일으킨다.

03

2019년 2회

다음 중 다핵방향족 탄화수소(PAHs)에 대한 설명으로 틀린 것은?

① 철강제조업의 석탄 건류공정에서 발생된다.
② PAHs의 대사에 관여하는 효소는 시토크롬 P-448이다.
③ PAHs의 배설을 쉽게 하기 위하여 수용성으로 대사된다.
④ 벤젠고리가 2개 이상인 것으로 톨루엔이나 크실렌 등이 있다.

해설 다핵방향족 탄화수소 ─────

다핵방향족 탄화수소는 벤젠고리가 2개 이상인 나프탈렌, 벤조피렌 등이다.
톨루엔, 크실렌은 모두 벤젠고리가 1개로 단핵방향족 탄화수소이다.

04

2021년 2회

상기도 점막 자극제로 볼 수 없는 것은?

① 포스겐 ② 크롬산
③ 암모니아 ④ 염화수소

해설 상기도 점막 자극제 ─────

크롬산, 암모니아, 염화수소는 상기도 점막 자극제이고, 포스겐은 종말 기관지 및 폐포점막 자극제이다.

05

단순 질식제에 해당되는 물질은?

① 아닐린   ② 황화수소

③ 이산화탄소   ④ 니트로벤젠

해설 단순 질식제 ─────────

단순 질식제는 이산화탄소와 같이 생리적으로는 작용하지 않지만 공기 중에 많이 존재하면 산소의 공급부족을 초래하는 것이다.

06

접촉성 피부염의 특징으로 옳지 않은 것은?

① 작업장에서 발생빈도가 높은 피부질환이다.
② 증상은 다양하지만 홍반과 부종을 동반하는 것이 특징이다.
③ 원인물질은 크게 수분, 합성화학물질, 생물성 화학물질로 구분할 수 있다.
④ 면역학적 반응에 따라 과거 노출경험이 있어야만 반응이 나타난다.

해설 접촉성 피부염 ─────────

접촉성 피부염은 외부 물질과의 직접 접촉에 의하여 발생하는 피부염으로 과거의 노출경험과는 관련이 적다.

07

화학물질을 투여한 실험동물의 50 %가 관찰 가능한 가역적인 반응을 나타내는 양을 의미하는 것은?

① ED_{50} ② LC_{50}

③ LE_{50} ④ TE_{50}

해설 실험동물 관련 용어 ─────────

- ED_{50} : 실험동물의 50 %에서 가역적 반응을 나타내는 용량이다.
- LC_{50} : 실험동물의 50 %에서 사망을 유발하는 농도이다.

08

어떤 물질의 독성에 관한 인체실험 결과 안전 흡수량이 체중 1 kg당 0.15 mg이었다. 체중이 70 kg인 근로자가 1일 8시간 작업할 경우, 이 물질의 체내 흡수를 안전흡수량 이하로 유지하려면, 공기 중 농도를 약 얼마 이하로 하여야 하는가? (단, 작업 시 폐환기율(또는 호흡률)은 1.3 m³/h, 체내 잔류율은 1.0으로 한다)

① 0.52 mg/m³   ② 1.01 mg/m³

③ 1.57 mg/m³   ④ 2.02 mg/m³

해설 체내 흡수량 ─────────

$SHD = C \times T \times V \times R$

$C = \dfrac{SHD}{T \times V \times R}$

$= \dfrac{\dfrac{0.15\text{mg}}{1\text{kg}} \times 70\text{kg}}{8 \times 1.3 \times 1.0} = 1.009 \text{mg/m}^3$

Chapter 03 중금속

✏️ 기출 TIP

금속의 독성작용기전에 해당되는 않는 것을 묻는 문제가 출제된다.

1 중금속이 인체에 미치는 전반적인 영향

(1) 중금속의 인체 흡수

① 대부분 호흡기를 통하여 입자상 물질(흄, 먼지, 미스트)의 형태로 흡수된다.

② 일부 유기납(4 - 에틸납, 4 - 메틸납)은 피부로 흡수될 수 있다.

(2) 금속의 독성작용기전

① 효소의 억제 : 독성 금속은 단백질과 직접 반응하여 효소구조와 기능을 변화시킨다.

② 금속평형의 파괴 : 어떤 금속이 과잉공급되면 생물학적 필수금속이 과잉되거나 고갈된다.

③ 간접영향 : 대부분의 금속은 세포성분의 역할을 변화시킨다.

④ 필수 금속성분의 대체 : 필수금속과 화학적으로 유사한 독성금속이 필수금속을 대체할 수 있다.

2 납

(1) 납의 흡수 및 축적

① 무기납은 주로 호흡기로 흡수되고, 유기납은 피부로 흡수된다.

② 연제련, 축전지 제조업, 페인트 제조, 도자기 제조업 등에서 노출될 수 있다.

③ 인체에 흡수된 납은 주로 뼈에 축적된다.

④ 납 중독의 치료는 배설촉진제인 Ca - EDTA를 사용한다.

납 중독의 치료제인 Ca - EDTA는 납 관련 문제뿐만 아니라 다른 문제에서도 보기로 출제되므로 정확하게 암기해야 한다.

(2) 납 중독의 증상

① 위장계통 장해

② 중추신경 및 말초신경 장해

③ 신경 및 근육계통 장해

④ 빈혈 등 조혈기능 장해

⑤ 세포의 효소작용 방해(포르피린과 헴의 합성 방해)

⑥ 만성 신장기능 장해

⑦ 연산통(심한 복부 통증)

⑧ 소아이미증(영유아의 납 중독으로 학습장해 및 기능저하)

(3) 납 중독을 확인하는 시험

① 혈중 납농도 측정 : 가장 표준적인 검사이다.

② 신경전달속도 측정 : 납 중독에 의해 신경전달속도가 느려지는 경향이 있으므로 보조 진단자료로 활용한다.

③ 소변 중 헴의 대사(ALA 축적) 측정 : 납은 헴 합성효소를 억제하므로 헴 대사체 변화를 통해 보조 진단자료로 활용한다.

④ 혈중 ZPP 측정 : ZPP는 납이 특정 효소의 작용을 억제하여 증가하는 물질로 휴대용 측정기구로도 측정할 수 있다.

⑤ Ca - EDTA 이동시험 : Ca - EDTA 투여 후 소변을 채취하여 체내의 납의 양을 측정한다.

❸ 수은

(1) 수은의 흡수 및 축적

① 체내에 흡수된 수은은 주로 신장에 축적된다.

② 알킬수은화합물(유기수은)의 독성은 무기수은화합물의 독성보다 훨씬 강하다.

③ 전리된 수은이온이 단백질을 침전시키고 thiol기(-SH)를 가진 효소작용을 억제하여 독성을 나타낸다.

(2) 수은이 인체에 미치는 영향

① 식욕부진, 구내염

② 근육 진전(떨림), 수전증

③ 정신장해

④ 신장기능 저하

(3) Hatter's shake

① 19 ~ 20세기 중절모를 만드는 작업자에게 발생된 수은 중독이다.

② 비버나 토끼의 털을 모자를 만들기 위한 섬유로 가공하는 과정에서 수은을 많이 사용하여 수은 중독이 발생했다.

③ 수은 중독에 걸린 사람이 근육 진전(떨림) 증세를 많이 나타내어 Hatter's Shake라는 이름이 붙여졌다.

(4) 수은 중독 치료

① 급성 중독의 경우 우유와 계란흰자를 먹여 수은을 침전시킨 후 위세척을 한다.

② 만성 중독의 경우 전문적인 해독제인 BAL, N - Acetyl - D - Penicillamine을 투여한다.

🖋 **기출 TIP**

납 중독을 확인하는 시험이 아닌 것을 묻는 문제가 자주 출제된다.

중금속 중독 증상 중 구내염은 수은에 해당되는 특징으로 연관 지어 암기하는 것이 좋다.

수은 중독 치료제는 수은 관련 문제뿐만 아니라 다른 문제에서도 보기로 출제되는 경향이 있다.

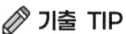
4 카드뮴

(1) 카드뮴의 인체 영향

① 호흡기를 통한 독성이 경구 독성보다 8배 정도 강하다.

② 체내에 흡수된 카드뮴은 혈장 단백질과 결합하여 간으로 이송되고 간에서 서서히 배출되어 최종적으로 신장에 축적된다.

③ 체내에 흡수된 카드뮴의 약 70 ~ 75 %는 간 및 신장에 축적된다.

④ 체내에 노출되면 Metallothionein이라는 단백질을 합성하여 노출된 중금속의 독성을 감소시킨다.

⑤ 소변 속의 카드뮴 배설량을 카드뮴 흡수를 나타내는 지표이다.

(2) 카드뮴 중독의 치료

① Ca - EDTA, BAL을 사용하면 신장 독성을 증가시키므로 사용하면 안 된다.

② 산소흡입 및 스테이로이드 주사를 투여한다.

③ 비타민D를 피하 주사한다.

5 크롬

(1) 크롬의 인체 영향

① 3가크롬은 안정된 상태로 피부 흡수가 어렵고 세포 내에서 세포핵과 결합할 때만 발암성을 가진다.

② 6가크롬은 쉽게 피부를 통과하여 수 분 내지 수 시간 만에 발암성을 가진다.

③ 산업현장에서 노출의 관점에서 보면 6가크롬이 더 해롭다.

④ 체내에 흡수되어 간, 신장, 폐 등에 축적되며 주로 소변을 통하여 배설된다.

⑤ 호흡기, 소화기, 피부를 통해 체내에 흡수되며 호흡기로 인한 흡수가 가장 큰 영향을 미친다.

⑥ 만성 크롬중독의 경우 특별한 치료방법이 없다.

(2) 크롬중독 증상

구분	내용
급성 중독	• 신장장해가 발생한다. • 심한 경우 무뇨증을 일으켜 요독증으로 사망할 수 있다.
만성 중독	• 접촉성 피부염이 발생한다. • 폐암이 발생(6가크롬의 영향)한다. • 비중격천공증, 비강암이 발생(6가크롬의 영향)한다.

B 기타 중금속의 인체 영향

(1) 중금속 중독 시 나타나는 현상

구분	내용
비소	• 체내에 흡수되어 피부, 체모, 골격 등에 축적된다. • 농약, 살충제 및 목재 방부제 등을 제조할 때 노출될 수 있다. • 대부분 소변으로 배출되고 일부는 대변으로 배출된다. • 급성 중독되면 활성탄과 하제를 투여하여 구토를 유발시키며 확진되면 Dimercaprol를 투여한다.
망간	• 전기용접봉 제조업, 도자기 제조업, 철강 제조업 등에서 망간 중독이 발생한다. • 2가 망간이온이 만성 중독에 영향을 준다. • 언어장해, 균형감각상실, 보행장해, 신장염, 신경염 등의 증상이 나타난다. • 망간의 노출이 계속되면 중추신경계 장해로 파킨슨증후군을 유발한다.
베릴륨	• 가볍고 단단해서 산업현장에서 많이 사용한다. • 급성 중독되면 접촉성 피부염, 폐부종 등을 일으킨다. • 만성 중독되면 육아 종양, 화학적 폐렴 및 폐암을 일으킨다.
니켈	• 도금, 합금, 전지 등의 생산과정에서 노출된다. • 급성 중독되면 접촉성 피부염, 폐렴 등 호흡기 증상이 나타난다. • 만성 중독되면 폐암 및 비강암, 비중격천공증이 발생할 수 있다.
아연	• 용접, 전지제조, 도금 등의 작업에서 노출될 수 있다. • 중독되면 전신(계통)적 장해를 일으킨다. • 산화아연 흄에 노출되면 금속열을 일으킨다.

(2) 금속열

① 용접, 절단 등의 용융 금속 취급을 하는 작업자가 금속 흄을 흡입했을 때 발생한다.

② 아연, 구리, 마그네슘, 망간, 니켈, 카드뮴, 안티몬 등의 금속이 금속열을 일으킨다.

③ 금속열은 발열, 오한, 구토감, 기침 등이 대표적인 증상으로 감기와 증상이 비슷하다.

④ 월요일에 출근하면 증상이 더 심해지는 경향이 있어 월요일 열(Monday Fever)이라고도 한다.

⑤ 금속열은 특별한 치료를 하지 않아도 1 ~ 2일 정도 휴식을 취하면 증상이 사라지고, 심각한 후유증을 남기지 않는다.

 기출 TIP

망간과 연관된 병으로 파킨슨증후군이 자주 출제된다.

니켈은 폐암 및 비강암의 원인이 된다는 점을 기억해야 한다.

금속열에 걸리면 심각한 후유증을 남긴다는 말이 오답 보기로 자주 출제된다.

Part 05

01

금속의 일반적인 독성작용기전으로 옳지 않은 것은?

① 효소의 억제
② 금속평형의 파괴
③ DNA 염기의 대체
④ 필수 금속성분의 대체

해설 금속의 독성작용기전 ─────────

• 효소의 억제
• 금속평형의 파괴
• 간접영향(세포 성분의 역할 변화)
• 필수 금속성분의 대체

02

납 중독에 대한 치료방법의 일환으로 체내에 축적된 납을 배출하도록 하는 데 사용되는 것은?

① Ca - EDTA   ② DMPS
③ 2 - PAM   ④ Atropin

해설 납 중독 치료 ─────────

Ca - EDTA은 체내에 쌓인 납과 결합해서 납을 소변으로 배출하게 하는 대표적인 약물이다.

03

납 중독을 확인하는 데 이용하는 시험으로 옳지 않은 것은?

① 혈중 납농도
② EDTA 흡착능
③ 신경전달속도
④ 헴(Heme)의 대사

해설 납 중독을 확인하는 시험 ─────────

• 혈중 납농도 측정
• 신경전달속도 측정
• 헴의 대사(ALA 축적) 측정

04

다음 중 중절모자를 만드는 사람들에게 처음으로 발견되어 Hatter's Shake라고 하며 근육경련을 유발하는 중금속은?

① 카드뮴   ② 수은
③ 망간   ④ 납

해설 수은 중독 ─────────

중절모자의 원료로 사용한 비버나 토끼의 털을 가공하는 과정에서 수은 화합물이 많이 사용되었다.
모자를 만드는 사람들이 수은 중독에 많이 걸려서 작업자들이 떨림 등의 증세를 많이 겪어 Hatter's Shake라는 말이 생겼다.

05

다음 설명에 해당하는 중금속의 종류는?

> 이 중금속 중독의 특징적인 증상은 구내염, 정신증상, 근육 진전이다. 급성 중독 시 우유와 계란흰자를 먹이며, 만성 중독 시 취급을 즉시 중지하고 BAL을 투여한다.

① 납　　　　　　　② 크롬
③ 수은　　　　　　④ 카드뮴

해설 수은 중독 ─────────

수은에 중독되면 응급조치로 우유와 계란흰자를 먹이고 위세척을 하고, 전문적 해독제인 BAL를 투여한다.

06

카드뮴의 중독, 치료 및 예방대책에 관한 설명으로 옳지 않은 것은?

① 소변 속의 카드뮴 배설량은 카드뮴 흡수를 나타내는 지표가 된다.
② BAL 또는 Ca‑EDTA 등을 투여하여 신장에 대한 독작용을 제거한다.
③ 칼슘대사에 장해를 주어 신결석을 동반한 증후군이 나타나고 다량의 칼슘배설이 일어난다.
④ 폐활량 감소, 잔기량 증가 및 호흡곤란의 폐증세가 나타나며, 이 증세는 노출기간과 노출농도에 의해 좌우된다.

해설 카드뮴 중독치료 ─────────

카드뮴 중독 시 BAL 또는 Ca‑EDTA를 투여하면 신장 독성을 증가시키므로 위험하다.

07

중금속의 노출 및 독성기전에 대한 설명으로 옳지 않은 것은?

① 작업환경 중 작업자가 흡입하는 금속형태는 흄과 먼지 형태이다.
② 대부분의 금속이 배설되는 가장 중요한 경로는 신장이다.
③ 크롬은 6가크롬보다 3가크롬이 체내 흡수가 많이 된다.
④ 납에 노출될 수 있는 업종은 축전지 제조, 합금업체, 전자산업 등이다.

해설 중금속의 독성기전 ─────────

크롬 중에서는 3가크롬보다 6가크롬이 쉽게 피부를 통과하고 독성이 더 강하다

08

금속열에 관한 설명으로 틀린 것은?

① 고농도의 금속산화물을 흡입함으로써 발병된다.
② 용접, 전기도금, 제련과정에서 발생하는 경우가 많다.
③ 폐렴과 폐결핵의 원인이 되며 증상은 유행성 감기와 비슷하다.
④ 주로 아연과 마그네슘의 증기가 원인이 되지만 다른 금속에 의하여 생기기도 한다.

해설 금속열 ─────────

금속열은 특별한 치료를 하지 않아도 1 ~ 2일 정도 휴식을 취하면 증상이 사라지고, 심각한 후유증을 남기지 않는다.

Chapter 04 유해물질의 대사

 **기출 TIP**

유해물질은 대체로 간장과 신장에 저장되는 경향이 있으나 납은 뼈에 저장되는 것에 주의해야 한다.

2상 반응은 1상 반응이 이루어진 후에 진행된다는 것을 구분해야 한다.

1 물질의 대사과정

(1) 유해물질의 흡수 및 대사

① 체내로 흡수된 유해물질은 혈액을 통하여 신체 각 부위의 조직으로 운반된다.

② 유해물질은 대부분 간에서 대사되며 대사작용에 의해 유해물질의 독성이 감소 또는 증가한다.

③ 유해물질이 체내에서 해독(분해)되는 경우 가장 중요한 작용을 하는 것은 효소이다.

④ 간장과 신장은 다른 기관에 비해 월등히 많은 양의 유해물질을 저장할 수 있다.

⑤ 납의 경우 인체 내에 존재하는 양의 약 90 %가 뼈에 저장된다.

⑥ 간(간장)은 유해물질을 대사시키고 신장과 함께 배설하는 기능을 가지고 있어 다른 장기보다 유해물질 농도가 높다.

(2) 독성물질의 생체 내 변환과정

① 1상 반응 : 독성물질에 극성기를 도입하는 과정으로 이 과정에서 물질은 산화, 환원, 가수분해 등의 반응을 겪어 구조가 변한다.

② 2상 반응 : 1상 반응을 거친 중간 대사산물이 체내에서 존재하는 친수성 인자와 결합하는 것으로 친수성이 더 증가한다.

(3) 신장을 통한 배설

① 신장을 통한 배설은 사구체 여과, 세뇨관, 재흡수, 세뇨관 분비에 의해 유해물질이 제거된다.

② 세뇨관 내의 아미노산과 당류는 재흡수되고 독성 물질은 일부는 흡수되나 대체로 배설된다.

2 화학물질의 독성

(1) 독성과 유해성의 구분

① 독성 : 화학물질이 사람에게 흡수되었을 때 초래되는 바람직하지 않은 영향의 범위이다.

② 유해성 : 독성을 가지고 있는 화학물질의 잠재적인 유해성으로 관리수준에 따라 유해성이 달라진다.

(2) Haber의 법칙

유해가스의 농도(C)와 노출 시간(t)의 곱이 일정할 때 동일한 독성 효과(K)가 발생한다.

$$K = C \times t$$

기출 TIP

Haber의 법칙은 계산문제 보다는 공식 자체는 묻는 형태로 출제된다.

❸ 생물학적 모니터링

(1) 생물학적 모니터링의 정의 및 필요성

① 생물학적 모니터링의 정의는 근로자의 유해인자에 대한 노출정도를 소변, 혈액, 호기 중에서 그 물질이나 대사산물을 측정함으로써 노출 정도를 추정하는 방법이다.

② 생물학적 모니터링은 유해물질의 인체 침입경로, 노출량 정보, 개인위생보호구의 효율성 평가, 위생관리에 대한 평가, 근로자 보호를 위한 개선대책의 평가를 위해 필요하다.

생물학적 모니터링에서 채취하는 시료는 소변, 혈액, 호기임을 기억해야 한다.

(2) 생물학적 결정인자의 종류

① 근로자의 체액에서의 화학물질이나 대사산물

② 조직에 작용하는 화학물질의 양(표적분자에 실제 활성인 화학물질)

③ 건강상 영향을 초래하지 않는 조직 또는 부위(내재용량)

(3) 생물학적 모니터링의 결정인자를 선택하는 기준

① 결정인자가 충분히 특이적일 것

② 적절한 민감도를 가질 것

③ 분석적인 변이나 생물학적 변이가 타당할 것

④ 검체의 채취 및 검사과정에서 불편함을 주지 않을 것

⑤ 건강위험을 평가하는 유용성을 고려할 것(톨루엔의 노출지표로 마뇨산보다 o - 크레졸이 더 신뢰성이 있음)

(4) 생물학적 노출지수(BEI)의 특징

① 화학물질이 건강상 영향을 나타내는 조직이나 부위에 결합된 양을 나타낸다.

② 혈액에서 휘발성 물질의 BEI는 정맥 중의 농도를 말한다.

③ 작업환경 측정에서 설정한 공기 중의 허용농도(TLV)보다 훨씬 적은 생물학적 노출지수(BEI)가 있다.

④ 근로자가 노출기준 값을 넘는다고 하여 반드시 건강장해가 있는 것은 아니다.

BEI가 TLV보다 개수가 적다는 것이 보기로 자주 출제된다.

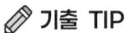
⑤ 생물학적 시료를 분석하는 것은 작업환경 측정보다 훨씬 복잡하고 취급이 어렵다.

(5) 생물학적 모니터링에서 사용하는 약어

구분	내용
B (Background)	직업적으로 노출되지 않은 근로자의 검체에서 동일한 결정인자가 검출될 수 있다는 의미
CAS	화학구조나 조성이 확정된 화학물질에 부여된 고유번호
Sc – susceptibiliy (감수성)	화학물질의 영향으로 감수성이 커질 수도 있다는 의미
Nq (Nonqualitative)	충분한 자료가 없어 생물학적 노출지수가 설정되지 않았음을 의미
Ns – nonspecific (비특이적)	특정 화학물질 노출에서분만 아니라 다른 화학물질에 의해서도 이 결정인자가 나타날 수 있다는 의미

(6) 화학물질의 생물학적 노출지표물질

화학물질	노출지표물질
벤젠	소변 중 페놀 소변 중 t,t – 뮤코닉산
크실렌	소변 중 메틸마뇨산
톨루엔	소변 중 o – 크레졸
이황화탄소	소변 중 TTCA
퍼클로로에틸렌 (테트라클로로에틸렌)	소변 중 트리클로로초산(삼염화초산)
트리클로로에틸렌 (삼염화에틸렌)	소변 중 트리클로로초산(삼염화초산), 소변 중 트리클로로에탄올(삼염화에탄올)
노말헥산	소변 중 2,5 – hexanedione
니트로벤젠	혈중 메트헤모글로빈
일산화탄소	혈액 중 Carboxyhemglobin
에틸벤젠	소변 중 만델린산

(7) 화학물질의 시료채취시기

① 대체로 반감기가 짧은 물질이 많아 작업종료 후 채취한다.

② 납, 카드뮴의 경우 반감기가 길어 시료채취시기가 중요하지 않다.

③ 테트라클로로에틸렌, 트리클로로에틸렌, 크롬(6가)은 주말작업 종료 직후 채취한다.

4 혼합물질의 화학적 상호작용

구분	내용
상승작용	두 물질에 동시 노출될 경우 독성은 단독물질의 독성의 합보다 더 크게 증가한다. 예 2 + 3 = 9
상가작용	두 물질에 동시에 노출될 경우 독성은 각 물질의 독성의 합과 같다. 예 2 + 3 = 5
강화작용 (가승작용)	하나의 물질은 독성이 없으나 다른 물질이 독성이 없는 물질의 독성을 크게 증폭시킨다. 예 2 + 0 = 5
길항작용	두 물질이 동시에 노출될 경우 독성은 단독물질의 독성보다 약해진다. 예 2 + 3 = 1

🖉 기출 TIP

혼합물의 화학적 상호작용은 자주 출제되므로 숫자를 통해 암기하는 것이 좋다.

5 산업역학

(1) 상대위험도(비교위험도)

① 유해인자에 노출된 집단이 노출되지 않은 집단에 비하여 질병의 발생률이 몇 배인지를 나타내는 정도(위험도가 얼마나 큰지 정도)를 나타내는 것이다.

② 계산공식

$$상대위험도 = \frac{노출군에서의\ 질병발생률}{비노출군에서의\ 질병발생률}$$

상대위험도가 1일 때의 의미를 묻는 문제가 출제되고, 종종 직접 상대위험도를 계산하라는 문제도 출제된다.

㉠ 상대위험도 = 1 : 유해인자의 노출에 대한 노출과 질병 사이의 연관성이 없다.

㉡ 상대위험도 > 1 : 유해인자의 노출에 대한 위험성의 증가를 의미한다.

㉢ 상대위험도 < 1 : 유해인자의 노출에 대한 질병에 대한 방어효과가 있다.

(2) 민감도와 특이도

① 민감도 : 실제 유해물질에 노출된 사람 중에서 진짜로 노출로 판정된 비율이다.

② 100명의 유해물질 노출자 검사결과 민감도 80 % : 80명은 노출로 나오고, 20명은 음성(노출로 판정되지 않음)이다.

③ 특이도 : 실제로 노출되지 않은 사람 중에서 정말로 노출되지 않음으로 판정된 비율이다.

④ 100명의 비노출자를 검사할 때 특이도가 90 % : 90명은 정상(비노출)으로 판정, 10명은 잘못 양성(노출)로 판정된다.

민감도와 특이도를 계산하는 문제가 출제되므로 두 개념을 구분할 수 있어야 한다.

Part 05

01

인체 내 주요 장기 중 화학물질 대사능력이 가장 높은 기관은?

① 폐
② 간장
③ 소화기관
④ 신장

해설 화학물질 대사능력이 높은 기관 ─────
유해물질은 대부분 간(간장)에서 대사되며 대사작용에 의해 유해물질의 독성이 감소 또는 증가한다.

02

생물학적 모니터링(Biological Monitoring)에 관한 설명으로 옳지 않은 것은?

① 주목적은 근로자 채용시기를 조정하기 위하여 실시한다.
② 건강에 영향을 미치는 바람직하지 않은 노출상태를 파악하는 것이다.
③ 최근의 노출량이나 과거로부터 축적된 노출량을 파악한다.
④ 건강상의 위험은 생물학적 검체에서 물질별 결정인자를 생물학적 노출지수와 비교하여 평가된다.

해설 생물학적 모니터링 ─────
생물학적 모니터링은 근로자의 생체시료로부터 유해물질 자체 및 대사산물을 분석하여 유해물질의 체내 흡수 정도 및 건강영향 가능성을 평가하기 위해 실시한다.

03

생물학적 모니터링에 대한 설명으로 옳지 않은 것은?

① 화학물질의 종합적인 흡수 정도를 평가할 수 있다.
② 노출기준을 가진 화학물질의 수보다 BEI를 가지는 화학물질의 수가 더 많다.
③ 생물학적 시료를 분석하는 것은 작업환경 측정보다 훨씬 복잡하고 취급이 어렵다.
④ 근로자의 유해인자에 대한 노출 정도를 소변, 호기, 혈액 중에서 그 물질이나 대사산물을 측정함으로써 노출정도를 추정하는 방법을 의미한다.

해설 생물학적 노출지수 ─────
생물학적 노출지수(BEI)는 주로 일부 대표적 물질로 한정하여 설정되며 노출기준(TLV)이 있지만 BEI가 없는 경우가 많다.

04

벤젠의 생물학적 지표가 되는 대사물질은?

① Phenol
② Coproporphyrin
③ Hydroquinone
④ 1,2,4-Trihydroxybenzene

해설 벤젠의 생물학적 지표 ─────
벤젠의 대사물질은 소변 중 페놀, t,t - 뮤코닉산이다.

05

2021년 2회

이황화탄소를 취급하는 근로자를 대상으로 생물학적 모니터링을 하는 데 이용될 수 있는 생체 내 대사산물은?

① 소변 중 마뇨산
② 소변 중 메탄올
③ 소변 중 메틸마뇨산
④ 소변 중 TTCA(2 - thiothiazolidine - 4 - carboxylic acid)

해설 이황화탄소의 대사산물 ——————

이황화탄소의 대사물질은 소변 중 TTCA이다.

06

2020년 4회

근로자의 유해물질 노출 및 흡수 정도를 종합적으로 평가하기 위하여 생물학적 측정이 필요하다. 또한 유해물질 배출 및 축적속도에 따라 시료채취시기를 적절히 정해야 하는데, 시료채취시기에 제한을 가장 작게 받는 것은?

① 요중 납
② 호기중 벤젠
③ 요중 총 페놀
④ 혈중 총 무기수은

해설 시료채취시기 ——————

납은 체내 반감기가 길어서 시료채취시기에 특별한 제한이 없다.

07

2021년 1회

수치로 나타낸 독성의 크기가 각각 2와 3인 두 물질이 화학적 상호작용에 의해 상대적 독성이 9로 상승하였다면 이러한 상호작용을 무엇이라 하는가?

① 상가작용
② 가승작용
③ 상승작용
④ 길항작용

해설 상승작용 ——————

상승작용은 두 물질에 동시 노출될 경우 독성은 단독 물질의 독성의 합보다 더 크게 증가하는 것이다.

08

2019년 3회

다음 표와 같은 크롬중독을 스크린하는 검사법을 개발하였다면 이 검사법의 특이도는 얼마인가?

구분		크롬중독진단		합계
		양성	음성	
검사법	양성	15	9	24
	음성	9	21	30
합계		24	30	54

① 68 %
② 69 %
③ 70 %
④ 71 %

해설 특이도 계산 ——————

- TN(진짜 음성) : 검사법, 진단 모두 음성 = 21
- FP(가짜 양성) : 검사법 양성, 진단 음성 = 9
- 특이도 $= \dfrac{TN}{TN+FP} = \dfrac{21}{21+9} = 0.7 = 70\%$

Part 05

▶ 학습전략

산업위생관리기사 필기시험에 합격하기 위해서는 본 교재에 수록된 7개년 기출문제를 최소 3회 이상 회독해야 합니다.

본 교재에서는 기출문제 전 문항의 중요도를 별표로 표기했습니다. 별표가 3개인 문제는 자주 출제되고 기본적인 문제이므로 반드시 맞혀야 하는 문제로 생각해야 합니다.

2과목과 3과목에서는 계산문제가 많이 출제되는 경향이 있습니다. 계산문제는 눈으로만 풀어보면 안 되고, 실제 연습장에 공식과 계산과정을 쓰면서 풀어봐야 실제 시험에서도 실수하지 않고 정확한 답을 고를 수 있습니다.

Part 06
과년도 기출문제

1과목 **산업위생학개론**

01
중요도 ★★

산업피로를 가장 적게 하고 생산량을 최고로 올릴 수 있는 경제적인 작업속도를 무엇이라 하는가?

① 지적속도
② 산소섭취속도
③ 산소소비속도
④ 작업효율속도

해설 지적속도 ────────

작업자의 체격과 숙련도, 작업환경에 따라 피로를 가장 적게 하고 생산량을 최고로 올릴 수 있는 경제적인 작업속도이다.

02
중요도 ★★

우리나라의 규정에 따르면 하루에 25 kg 이상의 물체를 몇 회 이상 드는 작업일 경우 근골격계 부담작업에 해당하는가?

① 2회
② 5회
③ 10회
④ 25회

해설 근골격계 부담작업 ────────

「근골격계 부담작업의 범위 및 유해요인 조사방법에 관한 고시」 제3조
• 하루에 10회 이상 25 kg 이상의 물체를 드는 작업
• 하루에 25회 이상 10 kg 이상의 물체를 무릎 아래에서 들거나 어깨 위에서 들거나 팔을 뻗은 상태에서 드는 작업

03
중요도 ★★

주로 여름과 초가을에 흔히 발생되고 강제기류 난방장치, 가습장치, 저수조 온수장치 등 공기를 순환시키는 장치들과 냉각탑 등에 기생하며 실내·외로 확산되어 호흡기 질환을 유발시키는 세균은?

① 푸른곰팡이
② 나이세리아균
③ 바실러스균
④ 레지오넬라균

해설 레지오넬라균 ────────

• 주로 여름과 초가을에 발생된다.
• 난방장치, 가습장치 등과 같이 공기를 순환시키는 장치에 기생한다.
• 실내외로 확산되어 호흡기 질환을 유발시키는 세균이다.

04
중요도 ★★★

토양이나 암석 등에 존재하는 우라늄의 자연적 붕괴로 생성되어 건물의 균열을 통해 실내공기로 유입되는 발암성 오염물질은?

① 라돈
② 석면
③ 알레르겐
④ 포름알데하이드

해설 라돈(Rn) ────────

• 토양이나 암석 등에 존재하는 우라늄과 토륨의 방사성 붕괴로 만들어진다.
• 지표에 가깝게 존재한다.
• 무색, 무취, 무미한 가스로 인간의 감각으로는 감지할 수 없다.
• 라듐(Ra)의 α붕괴를 통해 발생하며, 폐암을 발생시키는 발암성 물질이다.

05

직업성 질환 중 직업상의 업무에 의하여 1차적으로 발생하는 질환을 무엇이라 하는가?

① 합병증
② 원발성 질환
③ 일반질환
④ 속발성 질환

해설 직업성 질환 ─────────────

어떤 직업에 종사함으로써 발생하는 업무상 질병을 직업성 질환이라고 한다.
직업성 질환 중 직업상의 업무에 의하여 1차적으로 발생하는 질환을 원발성 질환이라고 한다.

06

어떤 물질에 대한 작업환경을 측정한 결과 다음과 같은 TWA 결과값을 얻었다. 환산된 TWA는 약 얼마인가?

농도(ppm)	100	150	250	300
발생시간(분)	120	240	60	60

① 169 ppm
② 198 ppm
③ 220 ppm
④ 256 ppm

해설 시간가중평균노출기준(TWA) ─────────

$$TWA\ 환산값 = \frac{C_1 T_1 + C_2 T_2 + \cdots C_n T_n}{8}$$

C : 유해인자의 측정치$(mg/m^3, ppm)$
T : 유해인자의 발생시간(시간)
문제에서는 발생시간이 분으로 주어졌으나 공식상 T는 시간으로 대입해야 함을 주의해야 한다.

TWA 환산값

$= \dfrac{(100 \times 2) + (150 \times 4) + (250 \times 1) + (300 \times 1)}{8}$

$= 168.75 ppm$

07

유리제조, 용광로작업, 세라믹 제조과정에서 발생 가능성이 가장 높은 직업성 질환은?

① 요통
② 근육경련
③ 백내장
④ 레이노현상

해설 직업성 질환 ─────────────

유리제조, 용광로작업, 세라믹 제조과정에서는 자외선에 과다 노출될 수 있다.
자외선에 과다 노출되면 백내장에 걸릴 가능성이 높다.

08

작업 관련 질환은 다양한 원인에 의해 발생할 수 있는 질병으로 개인적인 소인에 직업적 요인이 부가되어 발생하는 질병을 말한다. 다음 중 직업 관련 질환에 해당하는 것은?

① 진폐증
② 악성중피종
③ 납 중독
④ 근골격계질환

해설 대표적인 직업 관련 질환 ─────────

• 근골격계질환
• 직업 관련성 뇌, 심혈관 질환

09

중요도 ★★★

「화학물질 및 물리적 인자의 노출기준」상 사람에게 충분한 발암성 증거가 있는 물질의 표기는?

① 1A
② 1B
③ 2C
④ 1D

해설 발암성의 구분 ─────────

「화학물질의 분류·표시 및 물질안전보건자료에 관한 기준」별표1

구분	구분기준
1A	사람에게 충분한 발암성 증거가 있는 물질
1B	시험동물에서 발암성 증거가 충분히 있거나, 시험동물과 사람 모두에서 제한된 발암성 증거가 있는 물질
2	사람이나 동물에서 제한된 증거가 있지만, 구분 1로 분류하기에는 증거가 충분하지 않는 물질

10

중요도 ★★★

다음 산업위생의 정의 중 ( ) 안에 들어갈 내용으로 볼 수 없는 것은?

> 산업위생이란 근로자나 일반 대중에게 질병, 건강장해 등을 초래하는 작업환경 요인과 스트레스를 ( )하는 과학과 기술이다.

① 보상
② 예측
③ 평가
④ 관리

해설 산업위생의 정의(AHIA) ─────────

근로자 및 일반 대중에게 질병, 건강장해와 안녕방해, 심각한 불쾌감 및 능률 저하 등을 초래하는 작업환경 요인과 스트레스를 예측, 측정, 평가 및 관리하는 과학과 기술이다.

11

중요도 ★★★

「산업안전보건법령상」의 "충격소음작업"은 몇 dB 이상의 소음이 1일 100회 이상 발생되는 작업을 말하는가?

① 110
② 120
③ 130
④ 140

해설 충격소음작업의 정의 ─────────

「안전보건규칙」제512조
충격소음작업은 소음이 1초 이상의 간격으로 발생하는 작업으로서 다음의 어느 하나에 해당하는 작업이다.

• 120 dB을 초과하는 소음이 1일 1만 회 이상 발생하는 작업
• 130 dB을 초과하는 소음이 1일 1천 회 이상 발생하는 작업
• 140 dB을 초과하는 소음이 1일 1백 회 이상 발생하는 작업

12

중요도 ★★

「산업안전보건법」에 따라 사업주는 잠함(潛艦) 또는 잠수작업 등 높은 기압에서 하는 작업에 종사하는 근로자에 대하여 몇 시간을 초과하여 근로하게 해서는 안 되는가?

① 1일 6시간, 1주 34시간
② 1일 8시간, 1주 34시간
③ 1일 6시간, 1주 40시간
④ 1일 8시간, 1주 40시간

해설 잠수시간 ─────────

「고기압 작업에 관한 기준」제6조
• 잠수작업 시간은 1일 6시간을 초과하지 아니할 것
• 잠수시간과 감압시간을 모두 합한 시간이 1주 34시간을 초과하지 아니할 것

13

중요도 ★★

권장무게한계가 10 kg이고, 근로자가 실제 작업하는 물체의 무게가 8 kg일 경우 중량물 취급지수(LI)는 얼마인가?

① 0.4
② 0.8
③ 1.25
④ 1.5

해설 중량물 취급지수(LI)

$$LI = \frac{\text{실제 작업 무게}(L)}{\text{권장무게한계}(RWL)}$$

$$= \frac{8}{10} = 0.8$$

14

중요도 ★★★

미국산업위생학회(AIHA)의 산업위생에 대한 정의에서 제시된 4가지 활동과 가장 거리가 먼 것은 무엇인가?

① 예측
② 평가
③ 관리
④ 보완

해설 산업위생의 주요 활동

예측 → (인지) → 측정 → 평가 → 관리

15

중요도 ★

「산업안전보건법」상 근로자가 상시 작업하는 장소의 조도기준은 무엇을 기준으로 하는가?

① 눈높이의 공간
② 작업장의 바닥면
③ 작업면
④ 천장

해설 조도기준

「안전보건규칙」 제8조
사업주는 근로자가 상시 작업하는 장소의 작업면 조도(照度)를 다음의 기준에 맞도록 하여야 한다.
• 초정밀작업 : 750 lux 이상
• 정밀작업 : 300 lux 이상
• 보통작업 : 150 lux 이상
• 그 밖의 작업 : 75 lux 이상

연계학습 4과목에서는 작업별 조도기준 수치를 직접 묻는 문제도 출제된다.

16

중요도 ★★★

다음 중 피로물질로 거리가 가장 먼 것은?

① 크레아틴
② 젖산
③ 글리코겐
④ 초성포도당

해설 피로물질

글리코겐은 근육에 저장되어 에너지원으로 사용되는 물질로 피로물질과는 거리가 멀다.

17

중요도 ★★

산업위생의 역사에 있어 가장 오래된 것은?

① Pott : 최초의 직업성 암 보고
② Agricola : 먼지에 의한 규폐증 기록
③ Galen : 구리광산에서의 산(酸)의 위험성 보고
④ Hamilton : 유해물질 노출과 질병과의 관계 규명

해설 산업위생의 역사

① Pott → 18세기
② Agricola → 1494 ~ 1555년
③ Galen → A.D. 2세기
④ Hamilton → 20세기

18

산업재해의 직접 원인을 크게 인적 원인과 물적 원인으로 구분할 때 물적 원인에 해당되는 것은?

① 복장·보호구의 결함
② 위험물 취급 부주의
③ 안전장치의 기능 제거
④ 위험장소의 접근

해설 산업재해의 직접 원인

구분	내용
불안전한 행동 (인적 원인)	• 보호구 미착용 • 위험장소 접근 • 안전장치의 기능 제거 • 주변에 대한 부주의 • 불안전한 자세 • 복장, 보호구의 잘못된 착용
불안전한 상태 (물적 원인)	• 방호장치 미설치 • 시끄러운 주변환경 • 경고 및 위험표지 미설치 • 안전보호장치의 결함 • 복장, 보호구의 결함

19

「산업안전보건법령」상 중대재해에 해당되지 않는 것은?

① 사망자가 1명 이상 발생한 재해
② 부상자가 동시에 5명 발생한 재해
③ 직업성 질병자가 동시에 12명 발생한 재해
④ 3개월 이상의 요양을 요하는 부상자가 동시에 3명 발생한 재해

해설 중대해재

부상자가 동시에 10명 이상 발생한 재해가 중대재해이다.

관련법령 중대재해의 범위
「산업안전보건법 시행규칙」 제3조
• 사망자가 1명 이상 발생한 재해
• 3개월 이상의 요양이 필요한 부상자가 동시에 2명 이상 발생한 재해
• 부상자 또는 직업성 질병자가 동시에 10명 이상 발생한 재해

20

다음 중 「사무실 공기관리 지침」의 관리대상 오염물질이 아닌 것은?

① 질소(N_2)
② 미세먼지(PM 10)
③ 총 부유세균
④ 곰팡이

해설 관리대상 오염물질

질소(N_2)는 사무실 공기관리의 관리대상 오염물질에 해당되지 않는다.

관련법령 오염물질 관리기준
「사무실 공기관리 지침」 제2조

오염물질	관리기준
미세먼지(PM 10)	$100\ \mu g/m^3$
초미세먼지(PM 2.5)	$50\ \mu g/m^3$
이산화탄소(CO_2)	1,000 ppm
일산화탄소(CO)	10 ppm
이산화질소(NO_2)	0.1 ppm
포름알데하이드(HCHO)	$100\ \mu g/m^3$
총휘발성유기화합물(TVOC)	$500\ \mu g/m^3$
라돈(Radon)	$148\ \mu g/m^3$
총 부유세균	$800\ CFU/m^3$
곰팡이	$500\ CFU/m^3$

21

중요도 ★★★

정량한계(LOQ)에 관한 설명으로 가장 적절한 것은?

① 검출한계의 2배
② 검출한계의 3배
③ 검출한계의 5배
④ 검출한계의 10배

해설 정량한계(LOQ) ──────────

- 분석결과가 신뢰성을 가질 수 있는 양이다.
- 분석기기가 정량할 수 있는 가장 작은 양이다.
- 정량한계는 표준편차의 10배 또는 검출한계(LOD)의 3배 또는 3.3배이다.

22

중요도 ★★★

어느 옥내작업장의 온도를 측정한 결과 건구온도가 30 ℃, 자연습구온도가 26 ℃, 흑구온도가 36 ℃이었다. 이 작업장의 WBGT는?

① 28 ℃
② 29 ℃
③ 30 ℃
④ 31 ℃

해설 옥내의 습구흑구온도지수(WBGT)의 산출 ──────

$$WBGT(℃) = 0.7 \times 자연습구온도 + 0.3 \times 흑구온도$$
$$WBGT(℃) = (0.7 \times 26) + (0.3 \times 36)$$
$$= 29℃$$

23

중요도 ★★★

어느 작업장에서 샘플러를 사용하여 분진농도를 측정한 결과, 샘플링 전, 후의 필터의 무게가 각각 32.4 mg, 44.7 mg이었을 때, 이 작업장의 분진농도는 몇 mg/m³인가? (단, 샘플링에 사용된 펌프의 유량은 20 L/min이고, 2시간 동안 시료를 채취하였다)

① 1.6
② 5.1
③ 6.2
④ 12.3

해설 분진농도 계산 ──────────

$$\frac{mg}{m^3} = \frac{(44.7 - 32.4)mg}{\frac{20L}{min} \times \frac{m^3}{1,000L} \times 120min}$$
$$= 5.125mg/m^3$$

24

중요도 ★

작업환경 내 유해물질 노출로 인한 위험성(위해도)의 결정 요인은?

① 반응성과 사용량
② 위해성과 노출요인
③ 노출기준과 노출량
④ 반응성과 노출기준

해설 위험성(위해도) ──────────

위험성(위해도) = 위해성 × 노출요인

25

중요도 ★★★

작업장 내 다습한 공기에 포함된 비극성 유기증기를 채취하기 위해 이용할 수 있는 흡착제의 종류로 가장 적절한 것은?

① 활성탄(Activated charcoal)
② 실리카겔(Silica Gel)
③ 분자체(Molecular sieve)
④ 알루미나(Alumina)

해설 활성탄관을 사용하여 채취하기 적절한 시료

• 비극성류의 유기용제
• 각종 방향족 유기용제
• 할로겐화 지방족 유기용제
• 에스테르류, 에테르류 등

26

중요도 ★

저온의 작업환경 공기온도를 측정하려고 한다. 영하 20 ℃까지 측정할 수 있는 온도계로 측정하려고 할 때 측정시간으로 가장 적합한 것은?

① 30초 이상
② 1분 이상
③ 3분 이상
④ 5분 이상

해설 저온의 작업환경 온도 측정

저온 작업환경 공기온도를 측정할 때 영하 20 ℃까지의 측정시간은 5분 이상으로 한다.

27

중요도 ★★★

종단속도가 0.632 m/hr인 입자가 있다. 이 입자의 직경이 3 μm라면 비중은?

① 0.65
② 0.55
③ 0.86
④ 0.77

해설 침강속도 계산

Lippman식에 의한 침강속도(종단속도)
입자의 크기가 1 ~ 50 μm인 경우에 적용한다.

$$V = 0.003 \times \rho \times d^2$$

V : 침강속도(cm/sec)
ρ : 입자밀도(비중)(g/cm^3)
d : 입자직경(μm)

$$\rho = \frac{V}{0.003 \times d^2}$$

$$= \frac{\dfrac{0.632\text{m}}{\text{hr}} \times \dfrac{\text{hr}}{3,600\text{sec}} \times \dfrac{100\text{cm}}{\text{m}}}{0.003 \times 3^2}$$

$$= 0.650$$

28

중요도 ★★★

공기유량과 용량을 보정하는 데 사용되는 표준기구 중 1차 표준기구가 아닌 것은?

① 폐활량계
② 로타미터
③ 비누거품미터
④ 가스미터

해설 표준기구의 종류

1차 표준기구의 종류
• 비누거품미터(Soap bubble meter)
• 폐활량계(Spirometer)
• 가스치환병(Mariotte bottle)
• 유리피스톤미터(Glass piston meter)
• 흑연피스톤미터(Fictionless meter)
• 피토튜브(Pitot tube)

2차 표준기구의 종류
• 로타미터(Rotameter)
• 습식테스트미터(Wet-test-meter)
• 건식가스미터(Dry-test-meter)
• 오리피스미터(Orifice meter)
• 열선기류계

29

중요도 ★★★

농약공장의 작업환경 내에는 TLV가 0.1 mg/m³인 파리티온과 TLV가 0.5 mg/m³인 EPN이 2 : 3의 비율로 혼합된 분진이 부유하고 있다. 이러한 혼합분진의 TLV(mg/m³)는?

① 0.15 ② 0.17
③ 0.19 ④ 0.21

해설 **혼합물의 노출기준(TLV)**

$$TLV = \cfrac{1}{\cfrac{f_a}{TLV_a} + \cfrac{f_b}{TLV_b} + \cdots + \cfrac{f_n}{TLV_n}}$$

TLV : 노출기준 또는 허용기준(mg/m³)

f_n : 혼합물에서 각 성분 무게(중량)

TLV_n : 해당 물질의 노출기준(mg/m³)

파리티온 = $\dfrac{2}{5} \times 100 = 40\%$

EPN = $\dfrac{3}{5} \times 100 = 60\%$

$$TLV = \cfrac{1}{\cfrac{0.4}{0.1} + \cfrac{0.6}{0.5}} = 0.192 \text{mg/m}^3$$

30

중요도 ★★★

공기 중 석면을 막여과지에 채취한 후 전처리하여 분석하는 방법으로 다른 방법에 비하여 간편하거나 석면의 감별에 어려움이 있는 측정방법은?

① X선 회절법 ② 편광현미경법
③ 위상차현미경법 ④ 전자현미경법

해설 **위상차현미경법**

- 석면 측정에 이용되는 현미경으로 일반적으로 가장 많이 사용한다.
- 막여과지에 시료를 채취한 후 전처리하여 위상차현미경으로 분석한다.
- 다른 방법에 비해 간편하지만 석면의 감별이 어렵다.

31

중요도 ★★★

1일 12시간 작업할 때 톨루엔(TLV-100 ppm)의 보정노출기준은 약 몇 ppm인가? (단, 고용노동부 고시를 기준으로 한다)

① 25 ② 67
③ 75 ④ 150

해설 **1일 작업시간 8시간 초과 시 보정노출기준**

$$\text{보정노출기준} = \text{8시간 노출기준} \times \dfrac{8}{h}$$

h : 1일 노출시간

$$\text{보정노출기준} = 100 \times \dfrac{8}{12} = 66.666 \text{ppm}$$

32

중요도 ★★

측정값이 1, 3, 5, 7, 9일 때, 변이계수는?

① 약 0.13 ② 약 0.63
③ 약 1.33 ④ 약 1.83

해설 **변이계수**

- 산술평균(M) 계산

  $$M = \dfrac{1+3+5+7+9}{5} = 5$$

- 표준편차(SD) 계산

  $$SD = \sqrt{\dfrac{\begin{matrix}(1-5)^2 + (3-5)^2 + (5-5)^2 \\ + (7-5)^2 + (9-5)^2\end{matrix}}{5-1}}$$

  $$= 3.16$$

- 변이계수(CV)

  $$CV\% = \dfrac{\text{표준편차}}{\text{산술평균}} = \dfrac{3.16}{5} = 0.632$$

2025-01

33

중요도 ★★

"여러 성분이 있는 용액에서 증기가 나올 때, 증기의 각 성분의 부분압은 용액의 분압과 평형을 이룬다"는 내용의 법칙은?

① 라울의 법칙
② 픽스의 법칙
③ 게이 - 루삭의 법칙
④ 보일 - 샤를의 법칙

해설 기체 관련 법칙 ─────────

'여러 성분이 있는 용액에서 증기가 나올 때, 증기의 각 성분의 부분압은 용액의 분압과 평형을 이룬다'는 것은 라울의 법칙이다.

34

중요도 ★★★

다음 화학적 인자 중 농도의 단위가 다른 것은?

① 흄
② 석면
③ 분진
④ 미스트

해설 작업환경 측정의 단위 ─────────

「작업환경 측정 및 정도관리 등에 관한 고시」 제20조
• 가스, 증기, 분진, 흄(Fume), 미스트(Mist) : ppm 또는 mg/m^3
• 석면 : 개/cm^3
• 소음 : dB(A)
• 고온(복사열) : 습구흑구온도지수(WBGT)를 구하여 섭씨온도(℃)로 표기

35

중요도 ★★★

입자상 물질의 크기 표시를 하는 방법 중 입자의 면적을 이등분하는 직경으로 과소평가의 위험성이 있는 것은?

① 마틴직경
② 페렛직경
③ 스톡크직경
④ 등면적직경

해설 물리적 직경의 종류 ─────────

• 마틴직경 : 입자의 면적을 2등분하는 선의 길이로 나타내는 직경으로 과소평가할 수 있는 단점이 있다.
• 페렛직경 : 입자의 가장자리를 이등분한 직경으로 과대평가될 가능성이 있다.
• 등면적 직경 : 입자의 면적과 동일한 면적을 가진 원의 직경으로 환산한 직경이다.
• 공기역학적 직경 : 대상 먼지와 침강속도가 같고 밀도가 1이며 구형인 먼지 직경으로 환산한 직경이다.

36

중요도 ★★

흡광도 측정에서 최초광의 70 %가 흡수될 경우 흡광도는 약 얼마인가?

① 0.28
② 0.35
③ 0.46
④ 0.52

해설 흡광도 ─────────

$$흡광도 = \log \frac{1}{투과도} = \log \frac{1}{(1-0.7)} = 0.522$$

37 중요도 ★★

다음 중 원자흡광광도계에 대한 설명과 가장 거리가 먼 것은?

① 증기발생방식은 유기용제 분석에 유리하다.

② 흑연로장치는 감도가 좋으므로 생물학적 시료 분석에 유리하다.

③ 원자화방법는 불꽃방식, 비불꽃방식, 증기발생 방식이 있다.

④ 광원, 원자화장치, 단색화장치, 검출기, 기록계 등으로 구성되어 있다.

해설 원자흡광광도계 ————

증기발생방식은 화학적 반응을 유도하여 분석하고자 하는 원소를 기화시켜 분석하는 방식이다.
휘발성 금속화합물을 형성할 수 있을 때에 사용하며 As, Hg, Bi 등에 적용한다.

38 중요도 ★

작업환경의 감시(Monitoring)에 관한 목적을 가장 적절하게 설명한 것은?

① 잠재적인 인체에 대한 유해성을 평가하고 적절한 보호대책을 결정하기 위함이다.

② 유해물질에 의한 근로자의 폭로도를 평가하기 위함이다.

③ 적절한 공학적 대책 수립에 필요한 정보를 제공하기 위함이다.

④ 공정변화로 인한 작업환경 변화를 파악하기 위함이다.

해설 작업환경의 감시(Monitoring)의 목적 ———

잠재적인 인체에 대한 유해성을 평가하고 적절한 보호대책을 결정하기 위함이다.

39 중요도 ★★★

작업환경공기 중 A 물질(TLV 10 ppm) 5 ppm, B 물질(TLV 100 ppm)이 50 ppm, C 물질(TLV 100 ppm)이 60 ppm 있을 때, 혼합물의 허용농도는 약 몇 ppm인가? (단, 상가작용기준이다)

① 78   ② 72

③ 68   ④ 64

해설 혼합물의 허용기준 농도 ————

노출지수(EI)

$$EI = \frac{C_1}{T_1} + \frac{C_2}{T_2} + \cdots + \frac{C_n}{T_n}$$

혼합물의 허용기준 농도(TLV)

$$TLV = \frac{C_1 + C_2 + \cdots C_n}{EI}$$

C_n : 화학물질 각각의 측정치

T_n : 화학물질 각각의 노출기준

$$EI = \frac{5}{10} + \frac{50}{100} + \frac{60}{100} = 1.6$$

$$TLV = \frac{5 + 50 + 60}{1.6} = 71.875 \, ppm$$

40 중요도 ★★★

다음 중 흡착제에 대한 설명으로 틀린 것은?

① 실리카 및 알루미나계 흡착제는 그 표면에서 물과 같은 극성 분자를 선택적으로 흡착한다.

② 흡착제의 선정은 대개 극성 오염물질이면 극성 흡착제를, 비극성 오염물질이면 비극성 흡착제를 사용하나 반드시 그러하지는 않다.

③ 활성탄은 다른 흡착제에 비하여 큰 비표면적을 갖고 있다.

④ 활성탄은 탄소의 불포화결합을 가진 분자를 선택적으로 흡착한다.

해설 흡착제의 특징 ————

실리카 및 알루미늄 흡착제는 탄소의 불포화결합을 가진 분자를 선택적으로 흡착한다.

41
중요도 ★★

원심력 송풍기 중 전향 날개형 송풍기에 관한 설명으로 옳지 않은 것은?

① 송풍기의 임펠러가 다람쥐 쳇바퀴 모양으로 생겼다.
② 송풍기의 깃이 회전방향과 반대 방향으로 설계되어 있다.
③ 큰 압력손실에서 송풍량이 급격하게 떨어지는 단점이 있다.
④ 다익형 송풍기라고도 한다.

해설 전향 날개형(다익형) 송풍기 ─────────

• 송풍기의 임펠러가 다람쥐 쳇바퀴 모양으로 회전날개가 회전방향과 동일한 방향으로 설계되어 있다.
• 동일 송풍량을 발생시키기 위한 임펠러 회전속도가 상대적으로 낮아 소음문제가 거의 발생하지 않는다.
• 강도 문제가 그리 중요하지 않아 저가로 제작이 가능하다.
• 높은 압력손실에서는 송풍량이 급격하게 떨어지므로 이송시켜야 할 공기량이 많고 압력손실이 작게 걸리는 전체환기나 공기조화용으로 널리 사용된다.

42
중요도 ★

다음 중 중성자의 차폐(Shielding)효과가 가장 적은 물질은?

① 물
② 파라핀
③ 납
④ 흑연

해설 중성자의 차폐 ─────────

중성자의 차폐(Shielding) 효과가 큰 물질은 물, 파라핀, 흑연, 붕소 함유 물질, 콘크리트 등이다.

43
중요도 ★★

크롬산 미스트를 취급하는 공정에 가로 0.6 m, 세로 2.5 m로 개구되어 있는 포위식 후드를 설치하고자 한다. 개구면상의 기류분포는 동일하고 제어속도가 0.6 m/sec일 때 필요 송풍량은?

① $24 \text{ m}^3/\text{min}$
② $35 \text{ m}^3/\text{min}$
③ $46 \text{ m}^3/\text{min}$
④ $54 \text{ m}^3/\text{min}$

해설 유량 공식으로 송풍량 계산 ─────────

$Q = AV$
Q : 송풍량(m^3/sec)
A : 단면적(m^2), V : 유속(m/sec)
$Q = (0.6 \times 2.5) \times 0.6$
$\quad = \dfrac{0.9\text{m}^3}{\text{sec}} \times \dfrac{60\text{sec}}{\text{min}} = 54\text{m}^3/\text{min}$

44
중요도 ★

희석환기를 적용하기에 가장 부적당한 화학물질은?

① Acetone
② Xylene
③ Toluene
④ Ethylene Oxide

해설 희석환기 ─────────

산화에틸렌(Ethylene Oxide)은 독성이 높은 특별관리물질이므로 완전한 제거를 위해 국소배기를 적용해야 한다.

45

공기 중의 사염화탄소 농도가 0.3 %라면 정화통의 사용가능시간은? (단, 사염화탄소 0.5 %에서 100 분간 사용 가능한 정화통 기준이다)

① 166분
② 181분
③ 218분
④ 235분

해설 유효시간(파과시간) ————————

유효시간(파과시간)

$$= \frac{\text{시험가스 농도} \times \text{표준유효시간}}{\text{작업장 공기 중 유해가스 농도}} (\text{분})$$

$$= \frac{0.5 \times 100}{0.3} = 166.66\text{분}$$

46

중요도 ★★

25 ℃에서 공기의 밀도 $\rho = 1.203 \text{kg/m}^3$, 점성계수 $\mu = 1.607 \times 10^{-4} \text{poise}$ 이다. 이때 동점성 계수(m^2/sec)는?

① 1.336×10^{-5}
② 1.736×10^{-5}
③ 1.336×10^{-6}
④ 1.736×10^{-6}

해설 레이놀즈수(Re) ————————

$$Re = \frac{\rho Vd}{\mu} = \frac{Vd}{\nu}$$

ρ : 유체(공기)의 밀도(kg/m^3)
V : 유체(공기)의 속도(m/sec)
d : 관(덕트)의 직경(m)
μ : 유체(공기)의 점성계수($\text{kg/m} \cdot \text{sec}$)
ν : 유체(공기)의 동점성계수(m^2/sec)
poise는 점성계수의 단위로 $\text{g/cm} \cdot \text{sec}$이다.

$$\frac{\rho Vd}{\mu} = \frac{Vd}{\nu}$$

$$\frac{\rho}{\mu} = \frac{1}{\nu}$$

$$\nu = \frac{\mu}{\rho} = \frac{\dfrac{1.607 \times 10^{-4}\text{g}}{\text{cm} \cdot \text{sec}} \times \dfrac{\text{kg}}{1,000\text{g}} \times \dfrac{100\text{cm}}{1\text{m}}}{\dfrac{1.203\text{kg}}{\text{m}^3}}$$

$$= 1.336 \times 10^{-5}\text{m}^2/\text{sec}$$

47

중요도 ★★

폭 a, 길이 b인 사각형관과 유체학적으로 등가인 원형관(직경 D)의 관계식으로 옳은 것은?

① $D = \dfrac{ab}{2(a+b)}$
② $D = \dfrac{2(a+b)}{ab}$
③ $D = \dfrac{2ab}{a+b}$
④ $D = \dfrac{a+b}{2ab}$

해설 상당직경(등가직경) ————————

사각형관과 동일한 유체역학적 특성을 갖는 원형관의 직경(D)이다.

$$D = \frac{2ab}{a+b}$$

a : 폭, b : 길이

48

중요도 ★★

국소배기시설에서 장치 배치순서로 가장 적절한 것은?

① 송풍기 → 공기정화기 → 후드 → 덕트 → 배출구
② 공기정화기 → 후드 → 송풍기 → 덕트 → 배출구
③ 후드 → 덕트 → 공기정화기 → 송풍기 → 배출구
④ 후드 → 송풍기 → 공기정화기 → 덕트 → 배출구

해설 국소배기시설에서 장치 배치순서 ————

후드 → 덕트 → 공기정화기 → 송풍기 → 배출구

49

중요도 ★★★

덕트에서 공기 흐름의 평균속도압이 25 mmH$_2$O였다면 덕트에서의 공기의 반송속도(m/s)는? (단, 공기 밀도는 1.21 kg/m^{3}로 동일하다)

① 10
② 15
③ 20
④ 25

해설 속도압이 주어진 경우 유속 계산 ─────

$V = 4.043\sqrt{VP}$

V : 유속(m/sec), VP : 속도압(mmH$_2$O)

$V = 4.043\sqrt{25} = 20.215\text{m/sec}$

50

중요도 ★★★

유입계수를 Ce 라고 할 때 유입손실계수 F를 나타내는 식으로 옳은 것은?

① $F_h = \dfrac{Ce^2}{1 - Ce^2}$

② $F_h = \dfrac{1}{Ce^2} - 1$

③ $F_h = \sqrt{\dfrac{1}{1 + Ce}}$

④ $F_h = \sqrt{\dfrac{1}{1 + Ce^2}}$

해설 압력손실계수(유입손실계수) ─────

$F_h = \dfrac{1}{Ce^2} - 1$

F_h : 유입손실계수, Ce : 유입계수

51

중요도 ★★★

다음 중 귀마개에 장점으로 맞는 것만을 짝지은 것은?

> ㉠ 외이도에 이상이 있어도 사용가능하다.
> ㉡ 좁은 장소에서도 사용이 가능하다.
> ㉢ 고온의 작업장소에서도 사용이 가능하다.

① ㉠, ㉡
② ㉡, ㉢
③ ㉠, ㉢
④ ㉠, ㉡, ㉢

해설 귀마개 ─────

귀마개는 귀에 질병이 있거나 외이도에 이상이 있으면 사용하기 어렵다.

귀덮개의 경우 고온의 작업장소에서는 땀이 나서 사용하기 어렵지만 귀마개는 고온의 장소, 좁은 공간에서도 사용할 수 있다.

52

중요도 ★★

축류 송풍기에 관한 설명으로 가장 거리가 먼 것은?

① 전동기와 직결할 수 있고, 또 축방향 흐름이기 때문에 관로 도중에 설치할 수 있다.
② 무겁고, 재료비 및 설치비용이 비싸다.
③ 풍압이 낮으며, 원심송풍기보다 주속도가 커서 소음이 크다.
④ 규정 풍량 이외에서는 효율이 떨어지므로 가열공기 또는 오염공기의 취급에 부적당하다.

해설 축류 송풍기 ─────

• 전향 날개형 송풍기와 유사한 특징을 갖는다.
• 경량이고, 재료비 및 설치비용이 저렴하다.
• 규정 풍량 외에는 갑자기 효율이 떨어지기 때문에 가열공기 또는 오염공기 취급에는 부적당하다.
• 압력손실이 비교적 많이 걸리는 시스템에 사용했을 때 서징현상으로 진동과 소음이 심한 경우가 생긴다.

53

중요도 ★★★

작업장의 음압수준이 86 dB(A)이고, 근로자는 귀 덮개(차음평가지수 = 19)를 착용하고 있을 때 근로 자에게 노출되는 음압수준은 약 몇 dB(A)인가?

① 74
② 76
③ 78
④ 80

해설 차음효과[dB(A)] ────────────

차음효과 $= (NRR - 7) \times 0.5$

NRR : 차음평가수(차음평가지수)

차음효과 $= (19 - 7) \times 0.5 = 6dB(A)$

귀덮개의 차음효과가 6 dB이므로 근로자에게 노출되는 음압수준은 다음과 같다.

86 - 6 = 80 dB(A)

54

중요도 ★★

세정집진장치의 입자포집원리에 관한 설명으로 옳지 않은 것은?

① 입자를 함유한 가스를 선회운동시켜 입자에 원심력을 갖게 하여 부착된다.
② 액적에 입자가 충돌하여 부착된다.
③ 입자를 핵으로 한 증기의 응결에 따라서 응집성이 촉진된다.
④ 액막 및 기포에 입자가 접촉하여 부착된다.

해설 세정집진장치 ────────────

①은 원심력집진장치(사이클론)에 대한 설명이다.

개념확인 세정집진장치의 원리

• 액적과 입자의 충돌
• 입자를 핵으로 한 증기의 응결
• 액적 및 기포와 입자의 접촉

55

중요도 ★★★

보호장구의 재질과 대상 화학물질이 잘못 짝지어진 것은?

① 부틸고무 – 극성용제
② 면 – 고체상 물질
③ 천연고무(Latex) – 수용성 용액
④ Vitron – 극성용제

해설 보호장구 재질에 따른 적용물질 ────────

• Neoprene 고무 : 비극성 용제, 산, 부식성 물질에 사용
• Vitron : 비극성 용제에 사용
• Nitrile : 비극성 용제에 사용
• 천연고무(Latex) : 극성 용제 및 수용성 용액에 사용
• Butyl 고무 : 극성용제(알코올, 알데하이드 등)
• 면 : 고체상 물질에 사용(용제에는 사용 못함)
• 가죽 : 찰과상 예방(용제에는 사용 못함)

56

중요도 ★★

온도 125 ℃, 800 mmHg인 관 내로 100 m³/min 의 유량의 기체가 흐르고 있다. 표준상태에서 기체의 유량은 약 몇 m³/min인가? (단, 표준상태는 20 ℃, 760 mmHg로 한다)

① 52
② 69
③ 77
④ 83

해설 부피 보정 ────────────

온도와 압력에 따라 기체의 부피가 변하므로 보일 – 샤를의 법칙으로 표준상태에서 기체의 부피를 계산한다.

$$\frac{P_1 V_1}{T_1} = \frac{P_2 V_2}{T_2}$$

$$V_2 = \frac{T_2}{P_2} \times \frac{P_1 V_1}{T_1} = \frac{20 + 273}{760} \times \frac{800 \times 100}{125 + 273}$$

$$= 77.492 m^3$$

기체의 유량 = 77.492m³/min

57

국소환기시스템의 덕트설계에 있어서 덕트 합류 시 균형유지방법인 설계에 의한 정압균형유지법의 장·단점으로 틀린 것은?

① 설계유량 산정이 잘못된 경우 수정은 덕트 크기 변경을 필요로 한다.
② 설계 시 잘못된 유량의 조정이 용이하다.
③ 최대저항경로 선정이 잘못되어도 설계 시 쉽게 발견할 수 있다.
④ 설계가 복잡하고 시간이 오래 걸린다.

해설 정압균형유지법(정압조절평형법)의 특징 ———

구분	내용
장점	• 침식, 부식, 분진 퇴적에 의한 덕트 폐쇄가 없다. • 설계 시 잘못 설계된 분지관 또는 저항이 제일 큰 분지관을 쉽게 발견할 수 있다. • 설계가 정확할 때 가장 효율적인 시설이다.
단점	• 설계 시 잘못된 유량을 고치기 어렵다. • 설계가 복잡하고 시간이 오래 걸린다. • 설치된 후의 개조 및 변경이나 확장에 대한 유연성이 낮다.

58

무거운 분진(납분진, 주물사, 금속가루 분진)의 일반적인 반송속도로 적절한 것은?

① 5 m/s
② 10 m/s
③ 15 m/s
④ 25 m/s

해설 유해물질별 덕트 내 반송속도(m/sec) ———

반송속도는 유해물질이 덕트 안에서 퇴적이 일어나지 않고 이동하기 위해 필요한 최소속도이다.

발생형태	반송속도
증기, 가스, 연기	5 ~ 10
흄	10 ~ 12.5
미세하고 가벼운 분진	12.5 ~ 15
건조한 분진이나 분말	15 ~ 20
일반 산업분진	17.5 ~ 20
무거운 분진	20 ~ 22.5
무겁고 습한 분진	22.5 이상

59

미스트에 대한 차단성능을 갖는 보호복은 몇 형식인가?

① 3형식
② 4형식
③ 5형식
④ 6형식

해설 화학물질용 보호복 ———

「보호구 안전인증 고시」 별표8의2
• 2형식 : 호흡용 공기가 공급되는 가스 비차단 보호복
• 3형식 : 액체 차단 성능을 갖는 보호복
• 4형식 : 분무 차단 성능을 갖는 보호복
• 5형식 : 분진 등과 같은 에어로졸에 대한 차단 성능을 갖는 보호복
• 6형식 : 미스트에 대한 차단성능을 갖는 보호복

60

중요도 ★★★

덕트직경이 30 cm이고 공기유속이 5 m/s일 때, 레이놀즈수는 약 얼마인가? (단, 공기의 점성계수는 20 ℃에서 1.85×10^{-5} kg/m·s, 공기밀도는 20 ℃에서 1.2 kg/m³이다)

① 97,300
② 117,500
③ 124,400
④ 135,200

해설 레이놀즈수(Re) ─────────────

$$Re = \frac{\rho V d}{\mu} = \frac{V d}{\nu}$$

ρ : 유체(공기)의 밀도(kg/m³)
V : 유체(공기)의 속도(m/sec)
d : 관(덕트)의 직경(m)
μ : 유체(공기)의 점성계수(kg/m·sec)
ν : 유체(공기)의 동점성계수(m²/sec)

$$Re = \frac{\rho V d}{\mu} = \frac{1.2 \times 5 \times 0.3}{1.85 \times 10^{-5}} = 97,297.297$$

4과목 물리적 유해인자 관리

61

중요도 ★★★

고열로 인하여 발생하는 건강장해 중 가장 위험성이 큰 중추신경계통의 장해로 신체 내부의 체온조절계통이 기능을 잃어 발생하며 1차적으로 정신착란, 의식결여 등의 증상이 나타나는 고열장해는?

① 열사병(Heat Stroke)
② 열소진(Heat Exhaustion)
③ 열피로(Heat Fatigue)
④ 열발진(Heat Rashes)

해설 고열으로 인한 건강장해 ─────────────

열사병은 태양의 복사열에 직접 노출되어 뇌의 온도 상승으로 체온조절 중추기능 장해가 발생하는 것이다.

62

중요도 ★★

실효음압이 2×10^{-3} N/m²인 음의 음압수준은 약 몇 dB인가?

① 40
② 50
③ 60
④ 70

해설 음압수준(SPL) 계산 ─────────────

$$SPL = 20\log\left(\frac{P}{P_0}\right)$$

SPL : 음압수준(dB), P : 측정된 음압(N/m²)
P_0 : 기준음압(N/m²) = 2×10^{-5} N/m²

$$SPL = 20\log\left(\frac{2 \times 10^{-3}}{2 \times 10^{-5}}\right) = 40 \text{ dB}$$

63

중요도 ★★★

산소결핍이라 함은 공기 중의 산소농도가 몇 % 미만인 상태를 말하는가?

① 16   ② 18

③ 21   ④ 23.5

해설 산소결핍 —————————

공기 중의 산소 농도가 18 % 미만일 때 산소결핍이라고 한다.

64

중요도 ★★★

고압 환경의 2차적인 가압현상인 산소중독에 관한 설명으로 틀린 것은?

① 산소의 분압이 2기압이 넘으면 산소중독증세가 나타난다.
② 중독증세는 고압산소에 대한 노출이 중지된 후에도 상당기간 지속된다.
③ 1기압에서 순산소는 인후를 자극하나 비교적 짧은 시간의 노출이라면 중독증상은 나타나지 않는다.
④ 산소의 중독작용은 운동이나 이산화탄소의 존재로 보다 악화된다.

해설 산소중독 —————————

- 산소의 분압이 2기압을 넘으면 산소 중독증세가 나타난다.
- 수지나 족지의 작열통, 시력장해, 근육경련 등의 증상을 보인다.
- 고압산소에 대한 폭로가 중지되면 증상은 즉시 멈춘다.

65

중요도 ★

전리방사선의 단위 중 조직 또는 물질의 단위질량당 흡수된 에너지를 나타내는 것은?

① Gy(Gray)   ② R(Rontgen)

③ Sv(Sivert)   ④ Bq(Becquerel)

해설 흡수선량(Gy) —————————

방사선에 피복되는 물질의 단위 질량당 인체에 흡수된 방사선 에너지량이다.

66

중요도 ★★★

해머 작업을 하는 작업장에서 발생되는 93 dB(A)의 소음원이 3개 있다. 이 작업장의 전체 소음은 약 몇 dB(A)인가?

① 94.8   ② 96.8

③ 97.8   ④ 99.4

해설 합성소음도 —————————

$$L = 10 \times \log\left(10^{\frac{L_1}{10}} + 10^{\frac{L_2}{10}} + \cdots 10^{\frac{L_n}{10}}\right)$$

L : 합성소음도(dB)

L_n : 각각 소음원의 소음(dB)

$$L = 10 \times \log\left(10^{\frac{93}{10}} + 10^{\frac{93}{10}} + 10^{\frac{93}{10}}\right)$$

$$= 97.771 dB$$

67

중요도 ★★★

내부마찰로 적당한 저항력을 가지며, 설계 및 부착이 비교적 간결하고, 금속과도 견고하게 접착할 수 있는 방진재료는?

① 코르크
② 펠트(Felt)
③ 방진고무
④ 공기용수철

해설 방진고무의 특징 —————

- 방진고무 자체의 내부마찰로 적당한 저항을 얻을 수 있다.
- 설계자료가 잘 되어 있고 동적배율이 타 방진재료보다 높아 스프링 정수(용수철 정수)를 광범위하게 선택할 수 있다.
- 내열성, 내약품성이 약하다.
- 공기 중의 오존에 의해 산화된다.
- 내부마찰에 의한 발열 때문에 열화될 수 있다.

68

중요도 ★★

일반적으로 인공조명 시 고려하여야 할 사항으로 가장 적절하지 않은 것은?

① 광색은 백색에 가깝게 한다.
② 가급적 간접조명이 되도록 한다.
③ 조도는 작업 중에 충분히 유지시킨다.
④ 조명도는 균등히 유지할 수 있어야 한다.

해설 인공조명 —————

광색은 백색보다는 주광색(태양과 유사한 빛을 내는 밝고 하얀 광)에 가깝게 하는 것이 좋다.

69

중요도 ★★

전리방사선을 인체 투과력이 큰 것에서부터 작은 순서대로 나열한 것은?

① γ선 $>$ β선 $>$ α선
② β선 $>$ γ선 $>$ α선
③ β선 $>$ α선 $>$ γ선
④ α선 $>$ β선 $>$ γ선

해설 전리방사선의 인체 투과력 순서 —————

중성자 $>$ X선 또는 γ선 $>$ β선 $>$ α선

70

중요도 ★★

다음 중 압력이 가장 높은 것은?

① 2 atm
② 760 mmHg
③ 14.7 psi
④ 101,325 Pa

해설 1기압을 나타내는 압력 단위 —————

- 1 atm
- 760 mmHg
- 101,325 Pa = 101.325 kPa
- 10,332 mmH_2O = 10.332 mH_2O
- 1.0332 kg_f/cm^2 = 10,332 kg_f/m^2
- 14.7 psi

71

중요도 ★★★

레이노현상(Raynaud Phenomenon)의 주된 원인이 되는 것은?

① 소음
② 고온
③ 진동
④ 기압

해설 레이노증후군 ————————

- 국소진동으로 인하여 말초혈관의 운동장해가 발생하는 것이다.
- 추운 환경에서 잘 발생하는 것으로 수지가 창백해지고 손이 차며 통증이 발생한다.

72

중요도 ★★★

「산업안전보건법」상의 이상기압에 대한 설명으로 틀린 것은?

① 압력이란 게이지 압력을 말한다.
② 사업주는 잠수작업을 하는 잠수작업자에게 고농도의 산소만을 마시도록 하여야 한다.
③ 사업주는 기압조절실에서 고압작업자에게 가압을 하는 경우 1분에 제곱센티미터당 0.8킬로그램 이하의 속도로 가압하여야 한다.
④ 사업주는 근로자가 고압작업에 종사하는 경우에 작업실 공기의 부피가 근로자 1인당 4세곱미터 이상이 되도록 하여야 한다.

해설 이상기압 ————————

잠수작업자가 고농도의 산소만을 마시면 산소 중독을 유발할 수 있으므로 위험하다.
잠수작업자는 작업환경에 따라 질소 또는 헬륨 등을 적절하게 혼합한 혼합기체를 마셔야 한다.

73

중요도 ★

동상의 종류와 증상이 잘못 연결된 것은?

① 1도 : 발적
② 2도 : 수포 형성과 염증
③ 3도 : 조직괴사로 괴저발생
④ 4도 : 출혈

해설 동상의 구분 ————————

구분	내용
제1도 동상	가려움이 발생하고 혈관확장으로 국소발적이 생긴다.
제2도 동상	수포와 함께 광범위한 삼출성 염증이 생긴다.
제3도 동상	심부조직까지 동결되어 조직의 괴사와 괴저가 일어난다.
제4도 동상	조직의 광범위한 괴사가 일어나고 손상부위가 떨어져 나간다.

74

중요도 ★★

방사능의 방어대책으로 볼 수 없는 것은?

① 방사선을 차폐한다.
② 노출시간을 줄인다.
③ 발생량을 감소시킨다.
④ 거리를 가능한 한 멀리한다.

해설 방사능의 방어대책 ————————

- 방사선을 차폐한다.
- 노출시간을 줄인다.
- 거리를 가능한 한 멀리한다.

75

중요도 ★★

정밀작업과 보통작업을 동시에 수행하는 작업장의 적정 조도는?

① 150럭스 이상

② 300럭스 이상

③ 450럭스 이상

④ 750럭스 이상

해설 조도기준

「안전보건규칙」 제8조

사업주는 근로자가 상시 작업하는 장소의 작업면 조도(照度)를 다음의 기준에 맞도록 하여야 한다.

• 초정밀작업 : 750 lux 이상

• 정밀작업 : 300 lux 이상

• 보통작업 : 150 lux 이상

• 그 밖의 작업 : 75 lux 이상

76

중요도 ★★★

진동에 의한 생체영향과 가장 거리가 먼 것은?

① C_5-dip현상

② Raynaud현상

③ 내분비계 장해

④ 뼈 및 관절의 장해

해설 진동에 의한 생체영향

C_5-dip현상은 소음성 난청의 초기단계로 약 4,000 Hz에서 청력 장해가 현저히 커지는 현상이다.

77

중요도 ★

개인의 평균 청력손실을 평가하기 위하여 6분법을 적용하였을 때, 500 Hz에서 6 dB, 1,000 Hz에서 10 dB, 2,000 Hz에서 10 dB, 4,000 Hz에서 20 dB이면 이때의 청력손실은 얼마인가?

① 10 dB

② 11 dB

③ 12 dB

④ 13 dB

해설 6분법

$$평균\ 청력손실 = \frac{a+2b+2c+d}{6}$$

a : 500 Hz에서의 청력손실(dB)

b : 1,000 Hz에서의 청력손실(dB)

c : 2,000 Hz에서의 청력손실(dB)

d : 4,000 Hz에서의 청력손실(dB)

평균 청력손실

$$= \frac{6+(2\times10)+(2\times10)+20}{6} = 11dB$$

2025-01

78

중요도 ★

사람이 느끼는 최소 진동역치로 맞는 것은?

① 35 ± 5 dB

② 45 ± 5 dB

③ 55 ± 5 dB

④ 65 ± 5 dB

해설 진동역치

사람이 느끼는 최소 진동치 : 55 ± 5 dB

79

중요도 ★★★

난청에 관한 설명으로 옳지 않은 것은?

① 일시적 난청은 청력의 일시적인 피로현상이다.
② 영구적 난청은 노인성 난청과 같은 현상이다.
③ 일반적으로 초기청력 손실을 C_5-dip현상이라
   한다.
④ 소음성 난청은 내이의 세포변성을 원인으로 볼
   수 있다.

해설 난청

영구적 난청은 코르티기관(달팽이관)의 손상으로 회
복될 수 없는 청력손실이다.
노인성 난청은 노화에 의한 퇴행성 질환으로 영구적
난청과는 다른 현상이다.

80

중요도 ★★

**태양으로부터 방출되는 복사 에너지의 52 % 정도
를 차지하고 피부조직 온도를 상승시켜 충혈, 혈관
확장, 각막손상, 두부장해를 일으키는 유해광선은?**

① 자외선   ② 적외선
③ 가시광선   ④ 마이크로파

해설 적외선

• 태양복사에너지의 52 % 정도를 차지한다.
• 열선이라고도 하며 절대온도 이상의 모든 물체는 적
  외선을 복사한다.
• 피부조직 온도를 상승시켜 충혈, 혈관확장, 각막손
  상, 두부장해를 일으킨다.

81

중요도 ★★

직업성 피부질환에 관한 설명으로 틀린 것은?

① 가장 빈번한 피부반응은 접촉성 피부염이다.
② 알레르기성 접촉피부염은 효과적인 보호기구
   를 사용하거나 자극성이 적은 물질을 사용하면
   효과가 좋다.
③ 첩포시험은 알레르기성 접촉피부염을 검사하
   는 도구이다.
④ 일부 화학물질과 식물은 광선에 의해서 활성화
   되어 피부반응을 보일 수 있다.

해설 직업성 피부질환

자극성 접촉피부염이 효과적인 보호기구를 사용하거
나 자극성이 적은 물질을 사용하면 효과가 좋다.

82

중요도 ★★

**다음 중 생물학적 모니터링을 할 수 없거나 어려운
물질은?**

① 카드뮴   ② 유기용제
③ 톨루엔   ④ 자극성 물질

해설 생물학적 모니터링

카드뮴, 유기용제, 톨루엔은 모두 대사산물을 특정해
생물학적 모니터링이 가능하다.
자극성 물질은 특정한 대사산물이 없이 피부 등에서
일시적으로 반응을 일으키므로 생물학적 모니터링을
하기 어렵다.

83

중요도 ★★

다음 중 수은에 관한 설명으로 틀린 것은?

① 무기수은화합물로는 질산수은이 있으며 대부분의 금속과 화합하여 아말감을 만든다.
② 유기수은화합물로는 알킬수은화합물이 있다.
③ 수은은 상온에서 액체 상태로 존재하는 금속이다.
④ 무기수은화합물의 독성은 알킬수은화합물의 독성보다 훨씬 강하다.

해설 수은의 독성 ──────────────

알킬수은화합물의 독성이 무기수은화합물보다 훨씬 강하다.

84

중요도 ★★★

유해물질이 인체 내에 침입 시 영향이 가장 큰 순서대로 나열된 것은?

① 소화기 > 피부 > 호흡기
② 호흡기 > 피부 > 소화기
③ 피부 > 소화기 > 호흡기
④ 소화기 > 호흡기 > 피부

해설 유해물질의 인체 내 침입경로 ──────

유해물질이 호흡기를 통해 유입될 경우 폐를 통하여 곧바로 혈액에 흡수되어 인체 내에 미치는 영향이 가장 크다.
피부를 통한 흡수도 일부 물질의 경우 위험할 수 있으나 일반적으로 호흡기보다는 영향이 작다.
소화기를 통한 흡수는 여러 대사 과정을 거치기 때문에 상대적으로 영향이 낮은 편이다.

85

중요도 ★★★

장기간 노출된 경우 간 조직제포에 섬유화증상이 나타나고, 특징적인 악성변화로 간에 혈관육종 (Hemangiosarcoma)을 일으키는 물질은?

① 염화비닐
② 삼염화에틸렌
③ 메틸클로로포름
④ 사염화에틸렌

해설 염화비닐 ──────────────

• 장기간 노출된 경우 간 조직세포에 섬유화증상이 나타난다.
• 간에 혈관육종을 일으킨다.

86

중요도 ★★★

진폐증을 일으키는 물질이 아닌 것은?

① 철
② 흑연
③ 베릴륨
④ 셀레늄

해설 진폐증의 원인 물질 ──────────

진폐증은 산업 현장에서 흡입하는 다양한 분진이 폐에 쌓여 발생하는 작업성 폐질환이다.
진폐증의 대표적인 원인 물질로는 규소, 석탄, 석면, 철, 흑연, 베릴륨 등이 있다.
셀레늄은 인체에 필요한 미량 원소로 갑상선에 영향을 주고 진폐증과는 관련이 없다.

87 중요도 ★★★

인체에 미치는 영향에 있어서 석면(Asbestos)은 유리규산(Free silica)과 거의 비슷하지만 구별되는 특징이 있다. 석면에 의한 특징적 질병 혹은 증상은?

① 폐기종
② 악성중피종
③ 호흡곤란
④ 가슴의 통증

해설 석면에 의한 질병 ──────────

석면에 노출되면 악성중피종, 폐암, 석면폐증에 걸리게 된다.

88 중요도 ★★

급성독성과 관련이 있는 용어는?

① TWA
② C(Ceiling)
③ ThD0(Threshold Dose)
④ NOEL(No Observed Effect Level)

해설 C(Ceiling) ──────────

• 최고한계치 농도이다.
• 단시간 내 농도가 임계값을 넘을 때 즉각적이고 급성독성이 발생될 수 있으므로 급성독성과 직접적으로 관련이 있는 용어이다.

89 중요도 ★★★

독성물질 간의 상호작용을 잘못 표현한 것은? (단, 숫자는 독성값을 표현한 것이다)

① 길항작용 : 3 + 3 = 0
② 상승작용 : 3 + 3 = 5
③ 상가작용 : 3 + 3 = 6
④ 가승작용 : 3 + 0 = 10

해설 상승작용 ──────────

두 물질에 동시 노출될 경우 독성은 단독물질의 독성의 합보다 더 크게 증가한다.
3 + 3 = 9

90 중요도 ★★★

염료, 합성고무 경화제의 제조에 사용되며 급성 중독으로 피부염, 급성 방광염을 유발하며, 만성 중독으로는 방광, 요로계 종양을 유발하는 유해물질은?

① 벤지딘
② 이황화탄소
③ 노말헥산
④ 이염화메틸렌

해설 방광암 유발 유해물질 ──────────

벤지딘에 급성 중독되면 피부염, 방광염에 걸릴 수 있고, 만성 중독되면 방광암에 걸릴 수 있다.

91 중요도 ★★★

중추신경계에 억제작용이 가장 큰 것은?

① 알칸족
② 알코올족
③ 알켄족
④ 할로겐족

해설 중추신경계 억제작용 순서 ──────────

할로겐화합물(할로겐족) > 에테르 > 에스테르 > 유기산 > 알코올 > 알켄 > 알칸

92

중요도 ★★★

다음 중 생체 내에서 혈액과 화학작용을 일으키셔 질식을 일으키는 물질은?

① 수소
② 헬륨
③ 질소
④ 일산화탄소

[해설] 질식제 ―――――――

일산화탄소는 혈액의 헤모글로빈에 산소 대신 결합하여 산소의 운반을 방해한다.

[개념확인] 질식제의 구분

구분	내용
단순 질식제	• 생리적으로는 아무 작용도 하지 않으나 공기 중에 많이 존재하면 산소의 공급부족을 초래한다. • 수소, 이산화탄소, 질소, 헬륨, 메탄 등
화학적 질식제	• 인체의 산소공급 체계를 화학적 작용을 통해 방해하여 질식을 유발하는 물질이다. • 황화수소, 일산화탄소, 시안화수소, 아닐린 등

93

중요도 ★★★

다음 중 유해화학물질에 의한 간의 중요한 장해인 중심소엽성 괴사를 일으키는 물질로 옳은 것은?

① 수은
② 사염화탄소
③ 이황화탄소
④ 에틸렌글리콜

[해설] 사염화탄소 ―――――――

사염화탄소(CCl_4)는 주로 간, 신장, 중추신경계에 대한 독성이 강하고, 특히 간에 대한 독성이 강해 중심소엽성 괴사를 일으킨다.

94

중요도 ★★

메탄올의 시각장애 독성을 나타내는 대사단계의 순서로 맞는 것은?

① 메탄올 → 에탄올 → 포름산 → 포름알데하이드
② 메탄올 → 아세트알데하이드 → 아세테이트 → 물
③ 메탄올 → 아세트알데하이드 → 포름알데하이드 → 이산화탄소
④ 메탄올 → 포름알데하이드 → 포름산 → 이산화탄소

[해설] 메탄올의 시각장애 독성을 나타내는 대사단계 ―――

메탄올 → 포름알데하이드 → 포름산 → 이산화탄소

95

중요도 ★★★

카드뮴에 노출되었을 때 체내의 주요 축적기관으로만 나열한 것은?

① 간, 신장
② 심장, 뇌
③ 뼈, 근육
④ 혈액, 모발

[해설] 카드뮴의 체내 축적기관 ―――――――

체내에 흡수된 카드뮴은 혈장 단백질과 결합하여 간으로 이송되고, 간에서 서서히 배출되어 최종적으로 신장에 축적된다.

96

중요도 ★★

다음에서 설명하고 있는 유해물질 관리기준은?

이것은 유해물질에 폭로된 생체시료 중의 유해
물질 또는 그 대사물질 등에 대한 생물학적 감시
(Monitoring)를 실시하여 생체 내에 침입한 유
해물질의 총량 또는 유해물질에 의하여 일어난
생체변화의 강도를 지수로서 표현한 것이다.

① TLV(Threshold Limit Value)
② BEI(Biological Exposure Indices)
③ THP(Total Health Promotion Plan)
④ STEL(Short Term Eexposure Limit)

해설 생물학적 노출지수(BEI) ─────────

근로자가 유해물질에 얼마나 노출되었는지 평가하기
위해 혈액, 소변 등의 생체시료에서 유해물질 자체 또
는 그 대사산물, 또는 이로 인한 생화학적 변화산물
등을 분석하여 얻는 수치이다.

97

중요도 ★★

다음 중 규폐증(Silicosis)을 잘 일으키는 먼지의 종류와 크기로 가장 적절한 것은?

① SiO_2 함유 먼지 0.1 μm의 크기
② SiO_2 함유 먼지 0.5 ~ 5 μm의 크기
③ 석면 함유 먼지 0.1 μm의 크기
④ 석면 함유 먼지 0.5 ~ 5 μm의 크기

해설 규폐증(Silicosis)의 원인 ───────

• 이산화규소(SiO_2, 석영) 분진의 흡입으로 폐조직에
  섬유화가 나타나는 진폐증이다.
• 규폐증은 SiO_2 함유 먼지 0.5 ~ 5 μm의 크기에서
  가장 잘 발생한다.
• 0.5 ~ 5 μm보다 먼지 입자가 크면 폐에 도달하기
  어렵고, 0.5 μm보다 더 작은 입자는 실제로 작업장
  에서 잘 발생하지 않는다.

98

중요도 ★★

공기역학적 직경(Aerodynamic Diameter)에 대한 설명과 가장 거리가 먼 것은?

① 역학적 특성, 즉 침강속도 또는 종단속도에 의
  해 측정되는 먼지 크기이다.
② 직경분립충돌기(Cascade Impactor)를 이용
  해 입자의 크기 및 형태 등을 분리한다.
③ 대상 입자와 같은 침강속도를 가지며 밀도가 1
  인 가상적인 구형의 직경으로 환산한 것이다.
④ 마틴직경, 페렛직경 및 등면적 직경(Projected
  Area Diameter)의 세 가지로 나누어진다.

해설 직경 관련 용어 정의 ──────────

마틴직경, 페렛직경 및 등면적 직경은 공기역학적 직
경과는 별개의 개념이다.

개념확인 공기역학적 직경

입자의 모양에 관계없이 해당 먼지가 밀도가 1
g/cm^3인 구형이라고 가정했을 때 같은 침강속도를
가지는 가상 입자의 직경이다.

99

중요도 ★★★

수은 중독에 관한 설명 중 틀린 것은?

① 주된 증상은 구내염, 근육진전, 정신증상이 있다.
② 급성 중독인 경우의 치료는 10 % EDTA를 투
  여한다.
③ 알킬수은화합물의 독성은 무기수은화합물의 독
  성보다 훨씬 강하다.
④ 전리된 수은이온이 단백질을 침전시키고 thiol
  기(SH)를 가진 효소작용을 억제한다.

해설 수은 중독 ──────────

① 수은 중독의 주된 증상은 구내염, 근육진전(떨림), 정신증상(감정변화)이 있다.
② 수은 중독의 치료제는 BAL이고, EDTA는 납 중독의 치료제이다.
③ 알킬수은(메틸수은)은 독성이 매우 강해 주의가 필요하다.
④ 전리된 수은이온은 단백질을 침전시키고 thiol 기 (SH)를 가진 효소와 결합해 그 기능을 억제시킨다.

100

석면분진 노출과 폐암과의 관계를 나타낸 다음 표를 참고하여 석면분진에 노출된 근로자가 노출이 되지 않는 근로자에 비해 폐암이 발생할 수 있는 비교위험도(Relative risk)를 바르게 나타낸 식은?

폐암 유무 / 석면 노출	있음	없음	합계
노출됨	a	b	a + b
노출 안 됨	c	d	c + d
합계	a + c	b + d	a + b + c + d

① $\dfrac{a}{a+b} \div \dfrac{c}{c+d}$ ② $\dfrac{b}{a+b} \div \dfrac{d}{c+d}$

③ $\dfrac{a}{a+b} \times \dfrac{c}{c+d}$ ④ $\dfrac{b}{a+b} \times \dfrac{d}{c+d}$

해설 상대위험도(비교위험도) ──────────

유해인자에 노출된 집단이 노출되지 않은 집단에 비하여 질병의 발생률이 몇 배인지를 나타내는 정도(위험도가 얼마나 큰지 정도)를 나타내는 것이다.

$$상대위험도 = \frac{노출군에서의\ 질병발생률}{비노출군에서의\ 질병발생률}$$

노출군에서의 폐암 발생률 = $\dfrac{a}{a+b}$

비노출군에서의 폐암 발생률 = $\dfrac{c}{c+d}$

상대위험도 = $\dfrac{a}{a+b} \div \dfrac{c}{c+d}$

2025 제2회 CBT 복원문제

1과목 | 산업위생학개론

01
중요도 ★★★

공기 중에 분산되어 있는 유해물질의 인체 내 침입 경로 중 유해물질이 가장 많이 유입되는 경로는 무엇인가?

① 호흡기계통
② 피부계통
③ 소화기계통
④ 신경·생식계통

해설 유해물질의 인체 내 침입경로 ─────────

공기 중에 분산되어 있는 유해물질은 인체의 호흡기계통으로 가장 많이 유입되고, 그 다음으로 피부를 통해 유입된다.

02
중요도 ★★★

산업위생의 목적과 거리가 먼 것은?

① 작업환경의 개선
② 작업자의 건강보호
③ 직업병 치료와 보상
④ 작업조건의 인간공학적 개선

해설 산업위생의 목적 ─────────

- 작업환경개선 및 직업병의 근원적 예방
- 작업환경 및 작업조건의 인간공학적 개선
- 직업자의 건강보호 및 생산성 향상
- 근로자들의 육체적, 정신적, 사회적 건강 유지
- 산업재해의 예방 및 직업성 질환을 가지고 있는 사람의 작업 전환

03
중요도 ★★

「산업안전보건법령」상 유해인자의 분류기준에 있어 다음 설명 중 ( ) 안에 해당하는 내용을 바르게 나열한 것은?

> 급성독성 물질은 입 또는 피부를 통하여 (㉠)회 투여 또는 24시간 이내에 여러 차례로 나누어 투여하거나 호흡기를 통하여 (㉡)시간 동안 흡입하는 경우 유해한 영향을 일으키는 물질을 말한다.

① ㉠ : 1, ㉡ : 4
② ㉠ : 1, ㉡ : 6
③ ㉠ : 2, ㉡ : 4
④ ㉠ : 2, ㉡ : 6

해설 급성독성 물질 ─────────

「산업안전보건법 시행규칙」별표18
입 또는 피부를 통하여 1회 투여 또는 24시간 이내에 여러 차례로 나누어 투여하거나 호흡기를 통하여 4시간 동안 흡입하는 경우 유해한 영향을 일으키는 물질이다.

정답 01 ① 02 ③ 03 ①

04

중요도 ★★

육체적 작업능력(PWC)이 12 kcal/min인 어느 여성이 8시간 동안 피로를 느끼지 않고 일을 하기 위한 작업강도는 어느 정도인가?

① 3 kcal/min
② 4 kcal/min
③ 6 kcal/min
④ 12 kcal/min

해설 작업강도

$$작업강도 = PWC \times \frac{1}{3} = 12 \times \frac{1}{3}$$
$$= 4 \text{kcal/min}$$

05

중요도 ★

산업재해가 발생할 급박한 위험이 있거나 중대재해가 발생하였을 경우 취하는 행동으로 적합하지 않은 것은?

① 근로자는 직상급자에게 보고한 후 해당 작업을 즉시 중지시킨다.
② 사업주는 즉시 작업을 중지시키고 근로자를 작업장소로부터 대피시켜야 한다.
③ 고용노동부 장관은 근로감독관 등으로 하여금 안전·보건진단이나 그 밖의 필요한 조치를 하도록 할 수 있다.
④ 사업주는 급박한 위험에 대한 합리적인 근거가 있을 경우에 작업을 중지하고 대피한 근로자에게 해고 등의 불리한 처우를 해서는 안 된다.

해설 산업재해 예방

근로자는 산업재해가 발생할 급박한 위험이 있는 경우 바로 작업을 중지하고 대피해야 한다.

관련법령 근로자의 작업중지
「산업안전보건법」제52조
• 근로자는 산업재해가 발생할 급박한 위험이 있는 경우에는 작업을 중지하고 대피할 수 있다.

• 작업을 중지하고 대피한 근로자는 지체 없이 그 사실을 관리감독자 또는 그 밖에 부서의 장에게 보고하여야 한다.
• 사업주는 산업재해가 발생할 급박한 위험이 있다고 근로자가 믿을 만한 합리적인 이유가 있을 때에는 작업을 중지하고 대피한 근로자에 대하여 해고나 그 밖의 불리한 처우를 해서는 아니 된다.

06

중요도 ★★★

유해인자와 그로 인하여 발생되는 직업병이 올바르게 연결된 것은?

① 크롬 – 간암
② 이상기압 – 침수족
③ 망간 – 비중격천공
④ 석면 – 악성중피종

해설 유해인자별 발생 직업병

유해인자	직업병
크롬	폐암
이상기압	폐수종, 잠함병
방사선	피부염, 백혈병
수은	무뇨증
망간	신장염, 신경염
석면	악성중피종
진동	레이노씨병

07

다음 중 신체적 결함과 그 원인이 되는 작업이 가장 적합하게 연결된 것은?

① 평발 - VDT작업
② 진폐증 - 고압, 저압작업
③ 중추신경 장애 - 광산작업
④ 경견완증후군 - 타이핑작업

해설 신체적 결함과 관련되는 작업

① 평발 - 서서 하는 작업
② 진폐증 - 분진 취급작업
③ 중추신경 장애 - 화학물질 취급작업

08

다음 중 도수율에 관한 설명으로 옳지 않은 것은?

① 산업재해의 발생빈도를 나타낸다.
② 연 근로시간 합계 100만 시간당의 재해발생건수이다.
③ 사망과 경상에 따른 재해강도를 고려한 값이다.
④ 일반적으로 1인당 연간 근로시간수는 2,400시간으로 한다.

해설 도수율

도수율은 재해발생건수를 기준으로 한 것으로 사망과 경상에 따른 재해강도는 고려하지 않은 값이다.

09

어떤 사업장에서 500명의 근로자가 1년 동안 작업하던 중 재해가 50건 발생하였으며 이로 인해 총 근로시간의 5 %의 손실이 발생하였다. 이 사업장의 도수율은 얼마인가? (단, 근로자는 1일 8시간씩 연간 300일을 근무했다)

① 14   ② 24
③ 34   ④ 44

해설 도수율

$$도수율 = \frac{재해발생건수}{연 근로시간 수} \times 10^6$$

$$= \frac{50}{500명 \times 8시간 \times 300일 \times 0.95} \times 10^6$$

$$= 43.86$$

근로시간의 5 %의 손실이 발생했다고 했으므로 연 근로시간수에 0.95를 곱해야 한다.

10

산업피로의 증상에 대한 설명으로 틀린 것은?

① 혈당치가 높아지고 젖산, 탄산이 증가한다.
② 호흡이 빨라지고, 혈액 중에 있는 CO_2의 양이 증가한다.
③ 체온은 처음에는 높아지지만 피로가 심해지면 떨어진다.
④ 혈압은 처음에는 높아지나 피로가 진행되면 떨어진다.

해설 산업피로

산업피로가 발생되면 혈당치가 낮아지고 젖산과 탄산량이 증가한다.

11

중요도 ★★★

직업병이 발생된 원진레이온에서 사용한 원인 물질은?

① 납
② 사염화탄소
③ 수은
④ 이황화탄소

해설 원진레이온에서의 이황화탄소(CS_2) 중독사건 ─

- 펄프를 이황화탄소를 이용하여 비스코레이온을 만드는 공정에서 발생했다.
- 작업환경 측정을 소홀히 하여 산업재해 예방에 실패한 사례이다.
- 1991년 이황화탄소 중독을 발견하였고, 1998년에 집단적인 직업병이 발생했다.

12

중요도 ★★

다음 중 노출기준에 피부(Skin) 표시를 첨부하는 물질이 아닌 것은?

① 옥탄올 - 물 분배계수가 높은 물질
② 반복하여 피부에 도포했을 때 전신작용을 일으키는 물질
③ 손이나 팔에 의한 흡수가 몸 전체에서 많은 부분을 차지하는 물질
④ 동물을 이용한 급성 중독 실험결과 피부흡수에 의한 치사량이 비교적 높은 물질

해설 피부(Skin) 표시 ─

동물을 이용한 급성 중독 실험결과 피부 흡수에 의한 치사량이 비교적 낮은 물질에 피부(Skin) 표시를 첨부해야 한다.

13

중요도 ★★★

다음 중 「산업안전보건법」상 '충격소음작업'에 해당하는 것은? (단, 작업은 소음이 1초 이상의 간격으로 발생한다)

① 120 dB을 초과하는 소음이 1일 1만 회 이상 발생하는 작업
② 125 dB을 초과하는 소음이 1일 1천 회 이상 발생하는 작업
③ 130 dB을 초과하는 소음이 1일 1백 회 이상 발생하는 작업
④ 140 dB을 초과하는 소음이 1일 10회 이상 발생하는 작업

해설 충격소음작업의 정의 ─

「안전보건규칙」 제512조
충격소음작업은 소음이 1초 이상의 간격으로 발생하는 작업으로서 다음의 어느 하나에 해당하는 작업이다.

- 120 dB을 초과하는 소음이 1일 1만 회 이상 발생하는 작업
- 130 dB을 초과하는 소음이 1일 1천 회 이상 발생하는 작업
- 140 dB을 초과하는 소음이 1일 1백 회 이상 발생하는 작업

14

중요도 ★

중량물 취급과 관련하여 요통 발생에 관여하는 요인으로 가장 관계가 적은 것은?

① 근로자의 심리상태 및 조건
② 작업습관과 개인적인 생활 태도
③ 요통 및 기타 장애(자동차 사고, 넘어짐)의 경력
④ 작업빈도, 물체의 위치, 물체의 크기 등 물리적 환경요인

2025-02

해설 요통을 발생시키는 요인 ────────

- 잘못된 작업방법 및 자세
- 작업빈도, 물체의 위치와 무게, 크기 등과 같은 물리적인 환경요인
- 근로자의 육체적 조건
- 요통 및 기타 장애(자동차 사고, 넘어짐 등)의 경력

15

중요도 ★

근육과 뼈를 연결하는 섬유조직을 무엇이라 하는가?

① 건(Tendon)
② 관절(Joint)
③ 뉴런(Neuron)
④ 인대(Ligament)

해설 섬유조직의 종류 ────────

근육과 뼈를 연결하는 섬유조직 : 건(Tendon)

16

중요도 ★★★

현재 총 흡음량이 1,200 sabins인 작업장의 천장에 흡음물질을 첨가하여 2,400 sabins를 추가할 경우 예측되는 소음감음량은(NR)은 약 몇 dB인가?

① 2.6
② 3.5
③ 4.8
④ 5.2

해설 소음감음량(NR) ────────

$$NR = 10\log\left(\frac{A_2}{A_1}\right)$$

NR : 소음감음량(dB)
A_1 : 흡음처리 전 실내의 전체 흡음력(sabin)
A_2 : 흡음처리 후 실내의 전체 흡음력(sabin)

$$NR = 10\log\left(\frac{1,200 + 2,400}{1,200}\right) = 4.77\text{dB}$$

17

중요도 ★★

A 사업장에서 중대재해인 사망사고가 1년간 4건 발생하였다면 이 사업장의 1년간 4일 미만의 치료를 요하는 경미한 사고건수는 몇 건이 발생하는지 예측되는가? (단, Heinrich의 이론에 근거하여 추정한다)

① 116
② 120
③ 1,160
④ 1,200

해설 하인리히의 사고빈도법칙(1 : 29 : 300 법칙) ──

무상해 사고 300건이 발생하면 경미한 상해는 29건, 중상 또는 사망은 1건이 발생한다.

$1 : 29 = 4 : x$

$$x = \frac{29 \times 4}{1} = 116$$

18

중요도 ★

생체와 환경과의 열 교환 방정식을 올바르게 나타낸 것은? (단, △S : 생체 내 열용량의 변화, M : 대사에 의한 열 생산, E : 수분 증발에 의한 열 방산, R : 복사에 의한 열 득실, C : 대류 및 전도에 의한 열 득실이다)

① $\triangle S = M + E \pm R - C$
② $\triangle S = M - E \pm R \pm C$
③ $\triangle S = R + M + C + E$
④ $\triangle S = C - M - R - E$

해설 열평형 방정식(인체의 열 교환) ────────

$\triangle S = M - E \pm R \pm C$
△S : 생체 내 열용량의 변화
M : 대사에 의한 열 생산
E : 수분 증발에 의한 열 방산
R : 복사에 의한 열 득실
C : 대류 및 전도에 의한 열 득실

19

중요도 ★★★

금속이 용해되어 액상 물질로 되고, 이것이 가스상 물질로 기화된 후 다시 응축되어 발생하는 고체 입자를 무엇이라고 하는가?

① 에어로졸(Aerosol)
② 흄(Fume)
③ 미스트(Mist)
④ 스모그(Smog)

해설 흄(Fume)의 생성단계 ─────

• 금속의 증기화
• 증기물의 산화
• 산화물의 응축

연계학습 산업독성학 내용인 금속열은 금속흄을 흡입했을 때 발생하는 질병이다.
금속열은 감기와 유사한 증상을 보이고 1 ~ 2일 정도 휴식을 취하면 대부분 회복된다.

20

중요도 ★

「산업안전보건법령」에 따라 근로자가 근골격계 부담작업을 하는 경우 유해요인조사의 주기는?

① 6개월   ② 2년
③ 3년   ④ 5년

해설 유해요인조사 ─────

「안전보건규칙」 제657조
사업주는 근로자가 근골격계 부담작업을 하는 경우에는 3년마다 유해요인조사를 하여야 한다.

21

중요도 ★★

공장 내 지면에 설치된 한 기계로부터 10 m 떨어진 지점의 소음이 70 dB(A)일 때, 기계의 소음이 50 dB(A)로 들리는 지점은 기계에서 몇 m 떨어진 곳인가? (단, 점음원을 기준으로 하고, 기타 조건은 고려하지 않는다)

① 50   ② 100
③ 200   ④ 400

해설 소음과 거리 관계식 ─────

$$dB_2 = dB_1 - 20 \times \log\left(\frac{d_2}{d_1}\right)$$

dB_1 : 소음기계로부터 d_1 떨어진 곳의 소음
dB_2 : 소음기계로부터 d_2 떨어진 곳의 소음

$$\log\left(\frac{d_2}{d_1}\right) = \frac{dB_1 - dB_2}{20} = \frac{70 - 50}{20} = 1$$

$$\frac{d_2}{d_1} = 10^1 = 10$$

$$d_2 = d_1 \times 10 = 10 \times 10 = 100m$$

22

중요도 ★

작업환경 측정결과를 통계처리 시 고려해야 할 사항으로 적절하지 않은 것은?

① 대표성
② 불변성
③ 통계적 평가
④ 2차 정규분포 여부

해설 작업환경 측정결과의 통계처리 시 고려사항 ─────

• 대표성
• 불변성
• 통계적 평가

2025-02

23

중요도 ★★★

어떤 작업장에서 액체 혼합물이 A가 30 %, B가 50 %, C가 20 %인 중량비로 구성되어 있다면, 이 작업장의 혼합물의 허용농도는 몇 mg/m³인가? (단, 각 물질의 TLV는 A는 1,600 mg/m³, B는 720 mg/m³, C는 670 mg/m³이다)

① 101
② 257
③ 847
④ 1,151

액체 혼합물의 노출기준 ─────────

$$TLV = \frac{1}{\frac{f_a}{TLV_a} + \frac{f_b}{TLV_b} + \cdots + \frac{f_n}{TLV_n}}$$

f_n : 액체 혼합물에서 각 성분 무게(중량)비

TLV_n : 해당 물질의 노출기준(mg/m³)

$$TLV = \frac{1}{\frac{0.3}{1,600} + \frac{0.5}{720} + \frac{0.2}{670}} = 847.133 \text{mg/m}^3$$

24

중요도 ★

수은의 노출기준이 0.05 mg/m³이고 증기압이 0.0018 mmHg인 경우, VHR(Vapor Hazard Ratio)는 약 얼마인가? (단, 25 ℃, 1기압 기준이며, 수은 원자량은 200.59이다)

① 306
② 321
③ 354
④ 389

VHR 계산 ─────────

(1) 이상기체 상태방정식을 이용하여 포화증기압 농도 계산

$$PV = nRT$$

$$\frac{n}{V} = \frac{P}{RT} = \frac{\frac{0.0018}{760}}{0.082 \times 298}$$

$$= 9.69 \times 10^{-8} \text{mol/L}$$

(2) 포화증기압농도의 단위를 mg/m³로 변환

$$\frac{9.69 \times 10^{-8} \text{mol}}{L} \times \frac{200.59 \text{g}}{\text{mol}} \times \frac{1,000 \text{mg}}{\text{g}} \times \frac{1,000 \text{L}}{\text{m}^3}$$

$$= 19.44 \text{mg/m}^3$$

(3) VHR(Vapor Hazard Ratio) 계산

$$VHR = \frac{C}{TLV}$$

C : 포화증기압농도(mg/m³)

TLV : 노출기준(mg/m³)

$$VHR = \frac{19.44}{0.05} = 388.8$$

25

중요도 ★★★

분석기기에서 바탕선량(Background)과 구별하여 분석될 수 있는 최소의 양은?

① 검출한계
② 정량한계
③ 정성한계
④ 정도한계

검출한계(LOD) ─────────

분석기기마다 바탕선량(Background)과 구별하여 분석될 수 있는 가장 적은 분석물질의 양이다.

26

중요도 ★★

원통형 비누거품미터를 이용하여 공기시료채취기의 유량을 보정하고자 한다. 원통형 비누거품미터의 내경은 4 cm이고 거품막이 30 cm의 거리를 이동하는데 10초의 시간이 걸렸다면 이 공기시료채취기의 유량은 약 몇(cm³/sec)인가?

① 37.7
② 16.5
③ 8.2
④ 2.2

해설 유량 계산 ─────────────

지름이 D인 원의 넓이 공식 $= \frac{\pi}{4}D^2$

$$\text{채취유량} = \frac{\frac{\pi}{4} \times (4\text{cm})^2 \times 30\text{cm}}{10\text{sec}}$$

$$= 37.699\text{cm}^3/\text{sec}$$

27

화학적 인자에 대한 작업환경 측정 순서를 [보기]를 참고하여 올바르게 나열한 것은?

> A : 예비조사
> B : 시료채취 전 유량보정
> C : 시료채취 후 유량보정
> D : 시료채취
> E : 시료채취전략수립
> F : 분석

① A → B → C → D → E → F
② A → B → E → D → C → F
③ A → E → D → B → C → F
④ A → E → B → D → C → F

해설 작업환경 측정 순서 ─────────────

- 예비조사
- 시료채취전략수립
- 시료채취 전 유량보정
- 시료채취
- 시료채취 후 유량보정
- 분석

28

근로자에게 노출되는 호흡성 먼지를 측정한 결과가 다음과 같았다. 이때 기하 평균농도는? (단, 단위는 mg/m³이다)

> 2.4, 1.9, 4.5, 3.5, 5.0

① 3.04　　　　② 3.24
③ 3.54　　　　④ 3.74

해설 기하평균(GM) ─────────────

$$GM = \sqrt[N]{X_1 \cdot X_2 \cdots X_n}$$

N : 측정치의 수, X_n : 측정치

$$GM = \sqrt[5]{2.4 \times 1.9 \times 4.5 \times 3.5 \times 5.0}$$

$$= 3.243$$

29

어느 작업장에 있는 기계의 소음측정 결과가 다음과 같을 때, 이 작업장에 음압레벨 합산은 약 몇 dB인가?

> - A기계 : 92 dB
> - B기계 : 90 dB
> - C기계 : 88 dB

① 92.3　　　　② 93.7
③ 95.1　　　　④ 98.2

해설 합성소음도 ─────────────

$$L = 10 \times \log\left(10^{\frac{L_1}{10}} + 10^{\frac{L_2}{10}} + \cdots 10^{\frac{L_n}{10}}\right)$$

L : 합성소음도(dB)

L_n : 각각 소음원의 소음(dB)

$$L = 10 \times \log\left(10^{\frac{92}{10}} + 10^{\frac{90}{10}} + 10^{\frac{88}{10}}\right)$$

$$= 95.073\text{dB}$$

30

수동식 시료채취기(Passive Sampler)로 8시간 동안 벤젠을 포집하였다. 포집된 시료를 GC를 이용하여 분석한 결과 20,000 ng이었으며 공시료는 0 ng이었다. 회사에서 제시한 벤젠의 시료채취량은 35.6 mL/분이고 탈착효율이 0.96이라면 공기 중 농도는 몇 ppm인가? (단, 벤젠의 분자량은 78, 25 ℃, 1기압 기준이다)

① 0.38   ② 1.22

③ 5.87   ④ 10.57

해설 단위환산을 이용한 계산 ―――――――――

(1) 금속의 농도(mg/m^3) 계산

금속의 농도(mg/m^3)

$$= \frac{분석량}{공기채취량 \times 탈착효율}$$

$$= \frac{20,000ng \times \frac{mg}{10^6 ng}}{\frac{35.6mL}{min} \times 480min \times \frac{m^3}{10^6 mL} \times 0.96}$$

$$= 1.219 mg/m^3$$

(2) 금속의 농도(mg/m^3)를 ppm으로 변환

$$ppm = mg/m^3 \times \frac{24.45}{그램 분자량}$$

$$= 1.219 \times \frac{24.45}{78}$$

$$= 0.382ppm$$

31

두 개의 버블러를 연속적으로 연결하여 시료를 채취할 때, 첫 번째 버블러의 채취효율이 75 %이고, 두 번째 버블러의 채취효율이 90 %이면 전체 채취효율(%)은?

① 91.5   ② 93.5

③ 95.5   ④ 97.5

해설 총집진율 계산 ―――――――――――

$$\eta_T = \eta_1 + \eta_2(1 - \eta_1)$$

η_T : 총집진율

η_1 : 1차 집진장치의 집진율

η_2 : 2차 집진장치의 집진율

$$\eta_T = 0.75 + 0.9(1 - 0.75)$$

$$= 0.975 = 97.5\%$$

32

유량, 측정시간, 회수율, 분석에 의한 오차가 각각 10, 5, 7, 5 %였다. 만약 유량에 의한 오차(10 %)를 5 %로 개선시켰다면 개선 후의 누적오차(%)는?

① 약 8.9   ② 약 11.1

③ 약 12.4   ④ 약 14.3

해설 누적오차(E_c) ―――――――――――

$$E_c = \sqrt{E_1^2 + E_2^2 + E_3^2 + \cdots E_n^2}$$

E_c : 누적오차(%), E_n : 각 요소의 오차율(%)

개선 후의 누적오차인 5 %를 적용한다.

$$E_c = \sqrt{5^2 + 5^2 + 7^2 + 5^2} = 11.135\%$$

33

중요도 ★★

시료 측정 시 측정하고자 하는 시료의 피크와는 전혀 관계가 없는 피크가 크로마토그램에 때때로 나타나는 경우가 있는데 이것을 유령피크(Ghost Peak)라고 한다. 유령피크의 발생원인으로 가장 거리가 먼 것은?

① 칼럼이 충분하게 묵힘(Aging)되지 않아서 칼럼에 남아 있는 성분들이 배출되는 경우
② 주입부에 있던 오염물질이 증발되어 배출되는 경우
③ 운반기체가 오염된 경우
④ 주입부에 사용하는 격막(Septum)에서 오염물질이 방출되는 경우

해설 크로마토그램의 유령피크 발생원인 ──────

• 칼럼이 충분하게 묵힘(Aging)되지 않아서 칼럼에 남아 있던 성분들이 배출되는 경우
• 주입부에 있던 오염물질이 증발되어 배출되는 경우
• 주입부에 사용하는 격막(Septum)에서 오염물질이 방출되는 경우

34

중요도 ★

노출 대수정규분포에서 평균노출을 가장 잘 나타내는 대푯값은?

① 기하평균
② 산술평균
③ 기하표준편차
④ 범위

해설 산업통계의 용어 정의 ──────

산술평균은 통상적으로 평균이라고 부르는 용어로 평균노출을 잘 나타내는 대푯값이다.

35

중요도 ★

작업환경 측정 시 온도 표시에 관한 설명으로 옳지 않은 것은? (단, 고용노동부 고시를 기준으로 한다)

① 열수 : 약 100 ℃
② 상온 : 15 ~ 25 ℃
③ 온수 : 50 ~ 60 ℃
④ 미온 : 30 ~ 40 ℃

해설 온도 표시 기준 ──────

온수 : 60 ~ 70 ℃

36

중요도 ★

NaOH 10 g을 10 L의 용액에 녹였을 때, 이 용액의 몰농도(M)는? (단, 나트륨 원자량은 23이다)

① 0.025
② 0.25
③ 0.05
④ 0.5

해설 몰농도 계산 ──────

NaOH의 분자량 = 23 + 16 + 1 = 40 g/mol

NaOH 10 g의 몰수 = $\dfrac{10g}{\dfrac{40g}{mol}} = 0.25 mol$

몰농도$(M) = \dfrac{\text{용질의 몰수(mol)}}{\text{용액의 부피(L)}}$

몰농도 $= \dfrac{\text{용질의 몰수(mol)}}{\text{용액의 부피(L)}}$

$= \dfrac{0.25mol}{10L} = 0.025M$

37

기기 내의 알코올이 위의 눈금에서 아래 눈금까지 하강하는 데 소요되는 시간을 측정하여 기류를 직접적으로 측정하는 기기는?

① 열선 풍속계
② 카타온도계
③ 액정 풍속계
④ 아스만 통풍계

해설 카타온도계 ─────────

카타온도계는 알코올의 눈금이 $100\,°F$에서 $95\,°F$까지 내려가는 데 소요되는 시간을 초시계로 $4 \sim 5$회 측정하여 평균을 내고, 이 값으로 기류속도를 계산한다.

38

1일 12시간 작업할 때 톨루엔(TLV-100 ppm)의 보정노출기준은 약 몇 ppm인가? (단, 고용노동부 고시를 기준으로 한다)

① 25
② 67
③ 75
④ 150

해설 보정노출기준 계산 ─────────

1일 작업시간 8시간을 초과 시 보정노출기준

보정노출기준 = 8시간 노출기준 $\times \dfrac{8}{h}$

h : 1일 노출시간

보정노출기준 $= 100 \times \dfrac{8}{12} = 66.666\,ppm$

39

일산화탄소 $0.1\,m^3$가 밀폐된 차고에 방출되었다면, 이때 차고 내 공기 중 일산화탄소의 농도는 몇 ppm인가? (단, 방출 전 차고 내 일산화탄소 농도는 0 ppm이며, 밀폐된 차고의 체적은 100,000 m^3이다)

① 0.1
② 1
③ 10
④ 100

해설 ppm 농도 ─────────

ppm은 10^6분의 1을 나타내는 단위이다.

CO의 농도 $= \dfrac{0.1}{100,000} \times 10^6 = 1\,ppm$

40

다음은 가스상 물질을 측정횟수에 관한 내용이다. ( ) 안에 맞는 내용은?

> 가스상 물질을 검지관방식으로 측정하는 경우에는 1일 작업시간 동안 1시간 간격으로 ( )회 이상 측정하되 측정시간마다 2회 이상 반복 측정하여 평균값을 산출하여야 한다.

① 2회
② 4회
③ 6회
④ 8회

해설 검지관방식의 측정 ─────────

「작업환경 측정 및 정도관리 등에 관한 고시」 제25조 검지관방식으로 측정하는 경우에는 1일 작업시간 동안 1시간 간격으로 6회 이상 측정하되 측정시간마다 2회 이상 반복 측정하여 평균값을 산출하여야 한다.

41

중요도 ★

다음 중 입자상 물질을 처리하기 위한 공기정화장치와 가장 거리가 먼 것은?

① 사이클론
② 중력집진장치
③ 여과집진장치
④ 촉매산화에 의한 연소장치

해설 입자상 물질을 처리하기 위한 공기정화장치 ——
• 원심력집진장치(사이클론)
• 중력집진장치
• 여과집진장치
• 전기집진장치
• 관성력집진장치

42

중요도 ★

일반적인 실내외 공기에서 자연환기의 영향을 주는 요소와 가장 거리가 먼 것은?

① 기압   ② 온도
③ 조도   ④ 바람

해설 자연환기 ——
자연환기란 동력을 사용하지 않고 온도차나 기압의 차이 등으로 발생하는 바람으로 공기를 순환시키는 것이다.

43

중요도 ★★

다음 중 보호구를 착용하는 데 있어서 착용자의 책임으로 가장 거리가 먼 것은?

① 지시대로 착용해야 한다.
② 보호구가 손상되지 않도록 잘 관리해야 한다.
③ 매번 착용할 때마다 밀착도 체크를 실시해야 한다.
④ 노출 위험성의 평가 및 보호구에 대한 검사를 해야 한다.

해설 보호구 착용 ——
④번은 착용자의 책임이 아니라 사업주의 책임에 해당된다.

44

중요도 ★

새우등을 이용하여 곡관을 제작할 때 관의 직경이 15 cm 이상인 경우, 새우등은 몇 개 이상을 사용하는 것이 가장 적절한가?

① 2개   ② 3개
③ 4개   ④ 5개

해설 새우등 곡관 제작 ——
새우등을 이용하여 곡관을 제작할 때 관의 직경이 15 cm 미만이면 새우등을 3개 이상, 15 cm 이상이면 새우등을 5개 이상 사용하는 것이 적절하다.

2025-02

45

귀덮개 착용 시 일반적으로 요구되는 차음효과는?

① 저음에서 15 dB 이상, 고음에서 30 dB 이상
② 저음에서 20 dB 이상, 고음에서 45 dB 이상
③ 저음에서 25 dB 이상, 고음에서 50 dB 이상
④ 저음에서 30 dB 이상, 고음에서 55 dB 이상

해설 귀덮개의 차음효과 ——————————

귀덮개는 귀 전체를 덮은 것으로 일반적으로 저음에서 20 dB 이상, 고음에서 45 dB 이상의 차음효과가 있다.

46

다음 보기 중 공기공급시스템(보충용 공기의 공급장치)이 필요한 이유가 모두 선택된 것은?

> ㉠ 연료를 절약하기 위해서
> ㉡ 작업장 내 안전사고를 예방하기 위해서
> ㉢ 국소배기장치를 적절하게 가동시키기 위해서
> ㉣ 작업장의 교차기류를 유지하기 위해서

① ㉠, ㉡
② ㉠, ㉡, ㉢
③ ㉡, ㉢, ㉣
④ ㉠, ㉡, ㉢, ㉣

해설 공기공급시스템이 필요한 이유 ——————————

• 연료를 절약하기 위해서
• 작업장 내 안전사고를 예방하기 위해서
• 국소배기장치를 적절하게 가동시키기 위해서
• 작업장 내의 교차기류(방해기류) 생성을 방지하기 위해서

47

화학공장에서 A물질(분자량 : 86.17, 노출기준 100 ppm)과 B물질(분자량 : 98.96, 노출기준 50 ppm)이 각각 100 g/hr, 50 g/hr씩 기화하고 있다면 이때의 필요환기량(m^3/min)은? (단, 두 물질 간의 화학작용은 없으며 21 ℃ 기준이고, K값은 각각 6과 4이다)

① 26.8
② 39.6
③ 44.2
④ 58.3

해설 필요환기량 계산 ——————————

(1) 21 ℃에서 물질의 발생량(mL/min) 계산
21 ℃에서 기체 1몰의 부피를 계산한다.
$$V_2 = \frac{T_2}{T_1} \times V_1 = \frac{21+273}{273} \times 22.4\text{L}$$
$$= 24.123\text{L}$$
21 ℃에서 A물질의 발생량을 계산한다.
$$86.17\text{g} : 24.123\text{L} = 100\text{g} : x\text{ L}$$
$$x = \frac{24.123\text{L} \times 100\text{g}}{86.17\text{g}} = 27.994\text{L}$$
$$\frac{27.994\text{L}}{\text{hr}} \times \frac{\text{hr}}{60\text{min}} \times \frac{1,000\text{mL}}{\text{L}}$$
$$= 466.566\,\text{mL/min}$$
21 ℃에서 B물질의 발생량을 계산한다.
$$98.96\text{g} : 24.123\text{L} = 50\text{g} : x\text{ L}$$
$$x = \frac{24.123\text{L} \times 50\text{g}}{98.96\text{g}} = 12.188\text{L}$$
$$\frac{12.188\text{L}}{\text{hr}} \times \frac{\text{hr}}{60\text{min}} \times \frac{1,000\text{mL}}{\text{L}}$$
$$= 203.133\,\text{mL/min}$$

(2) 전체환기량(Q) 계산
$$Q = \frac{G}{TLV} \times K$$
Q : 전체환기량(m^3/sec)
G : 오염물질 발생량(mL/sec)
K : 안전계수
TLV : 노출기준(ppm 또는 mL/m^3)
$$Q_A = \frac{466.566\text{mL/sec}}{100\text{mL/m}^3} \times 6$$
$$= 27.993\,\text{m}^3/\text{min}$$

$$Q_B = \frac{203.133 \text{mL/sec}}{50 \text{mL/m}^3} \times 4$$

$$= 16.250 \, \text{m}^3/\text{min}$$

$$Q = 27.993 + 16.250 = 44.243 \, \text{m}^3/\text{min}$$

48 중요도 ★★★

원심력집진장치에 관한 설명 중 옳지 않은 것은?

① 비교적 적은 비용으로 집진이 가능하다.
② 분진의 농도가 낮을수록 집진효율이 증가한다.
③ 함진가스에 선회류를 일으키는 원심력을 이용한다.
④ 입자의 크기가 크고 모양이 구체에 가까울수록 집진효율이 증가한다.

해설 원심력집진장치 ————————

원심력집진장치는 원심력과 중력을 동시에 이용하기 때문에 입자의 입경과 밀도(농도)가 클수록 집진효율이 증가한다.

49 중요도 ★★

정상류가 흐르고 있는 유체 유동에 관한 연속 방정식을 설명하는 데 적용된 법칙은?

① 관성의 법칙 　　② 운동량의 법칙
③ 질량보존의 법칙 　④ 점성의 법칙

해설 연속의 방정식(질량보존의 법칙) ————

정상류로 흐르는 한 단면의 유체의 질량(유량)은 다른 단면을 통과하는 질량(유량)과 같다.

50 중요도 ★★★

방독마스크를 효과적으로 사용할 수 있는 작업으로 가장 적절한 것은?

① 맨홀 작업
② 오래 방치된 우물 속의 작업
③ 오래 방치된 정화조 내 작업
④ 지상의 유해물질 중독 위험작업

해설 방독마스크 사용장소 ————————

①, ②, ③은 산소가 결핍된 장소이기 때문에 방독마스크가 아니라 송기마스크를 사용해야 한다.

51 중요도 ★★

장방형 송풍관의 폭이 0.13 m, 길이가 0.26 m, 관의 전체 길이가 30 m, 속도압이 30 mmH$_2$O, 관마찰계수가 0.004일 때 관 내의 압력손실은? (단, 관의 내면은 매끈하다)

① 10.6 mmH$_2$O 　　② 15.4 mmH$_2$O
③ 20.8 mmH$_2$O 　　④ 10.6 mmH$_2$O

해설 달시의 방정식 ————————————

$$\triangle P = f \times \frac{L}{D} \times \frac{\gamma V^2}{2g}$$

속도압$(VP) = \dfrac{\gamma V^2}{2g}$ 이므로 위의 식은 다음과 같이 정리할 수 있다.

$$\triangle P = f \times \frac{L}{D} \times VP$$

$$= 0.004 \times \frac{30}{\dfrac{2(0.13 \times 0.26)}{0.13 + 0.26}} \times 30$$

$$= 20.769 \, \text{mmH}_2\text{O}$$

상당직경(등가직경)

사각형관과 동일한 유체역학적 특성을 갖는 원형관의 직경(D)이다.

$$D = \frac{2ab}{a+b}$$

a : 폭, b : 길이

문제에서 관이 원형이 아니라 장방형이라고 했으므로 관의 직경(D)는 상당직경을 대입해야 한다.

52

중요도 ★★★

방진재료로 사용하는 방진고무의 장점으로 가장 거리가 먼 것은?

① 내후성, 내유성, 내약품성이 좋아 다양한 분야에 적용이 가능하다.
② 여러 가지 형태로 된 철물에 견고하게 부착할 수 있다.
③ 설계자료가 잘 되어 있어서 용수철 정수를 광범위하게 선택할 수 있다.
④ 고무의 내부마찰에 의해 적당한 저항을 가지며 공진 시의 진폭도 지나치게 크지 않다.

해설 방진고무의 특징 ―――――――――

• 방진고무 자체의 내부마찰로 적당한 저항을 얻을 수 있다.
• 설계자료가 잘 되어 있고 동적배율이 타 방진재료보다 높아 스프링 정수(용수철 정수)를 광범위하게 선택할 수 있다.
• 내열성, 내약품성이 약하다.
• 공기 중의 오존에 의해 산화된다.
• 내부마찰에 의한 발열 때문에 열화될 수 있다.

53

중요도 ★★

A 분진의 노출기준은 10 mg/m³이며 일반적으로 반면형 마스크의 할당보호계수(APF)는 10일 때, 반면형 마스크를 착용할 수 있는 작업장 내 A 분진의 최대 농도는 얼마인가?

① 1 mg/m³
② 10 mg/m³
③ 50 mg/m³
④ 100 mg/m³

해설 최대사용농도(MUC) ―――――――――

$$MUC = \text{노출기준} \times APF = 10 \times 10$$
$$= 100 \text{mg/m}^3$$

54

중요도 ★★

다음 중 전체환기를 실시하고자 할 때, 고려해야 하는 원칙과 가장 거리가 먼 것은?

① 필요환기량은 오염물질이 충분히 희석될 수 있는 양으로 설계한다.
② 오염물질이 발생하는 가장 가까운 위치에 배기구를 설치해야 한다.
③ 오염원 주위에 근로자의 작업공간이 존재할 경우에는 급기를 배기보다 약간 많이 한다.
④ 희석을 위한 공기가 급기구를 통하여 들어와서 오염물질이 있는 영역을 통과하여 배기구로 빠져나가도록 설계해야 한다.

해설 전체환기 ―――――――――

오염원 주위에 근로자의 작업공간이 존재할 경우에는 공기 공급량(급기)을 배출량(배기)보다 적게 하여 음압을 형성시켜 주위 근로자에게 오염물질이 확산되지 않도록 해야 한다.

55

중요도 ★★

다음 중 덕트 설치 시 압력손실을 줄이기 위한 주요 사항과 가장 거리가 먼 것은?

① 덕트는 가능한 한 상향구배를 만든다.
② 덕트는 가능한 한 짧게 배치하도록 한다.
③ 가능한 한 후드의 가까운 곳에 설치한다.
④ 밴드의 수는 가능한 한 적게 하도록 한다.

해설 덕트의 일반적인 설치원칙 ─────

- 가능한 후드와 가까운 곳에 설치한다.
- 가급적 짧게 배치한다.
- 밴드의 수는 가능한 한 적게 한다.
- 공기가 아래로 흐르도록 하향구배로 설치한다.
- 가급적 원형 덕트를 사용하고, 사각덕트 사용 시에는 정방형을 사용한다.

56

중요도 ★★★

표준공기(21 ℃)에서 동압이 5 mmHg일 때 유속 (m/s)은?

① 9
② 15
③ 33
④ 45

해설 동압이 주어진 경우 유속 계산 ─────

$V = 4.043\sqrt{VP}$

V : 유속(m/sec), VP : 속도압(mmH_2O)

$VP = 5\text{mmHg} \times \dfrac{10{,}332\text{mmH}_2\text{O}}{760\text{mmHg}}$

$\quad = 67.973\text{mmH}_2\text{O}$

$V = 4.043\sqrt{67.973} = 33.332\text{m/sec}$

57

중요도 ★

푸시풀(Push-pull) 후드에 관한 설명으로 옳지 않은 것은?

① 도금조와 같이 폭이 넓은 경우에 사용하면 포집효율을 증대시키면서 필요유량을 대폭 감소시킬 수 있다.
② 제어속도는 푸시 제트기류에 의해 발생한다.
③ 가압노즐 송풍량은 흡인 후드 송풍량의 2.5 ~ 5배 정도이다.
④ 공정에서 작업물체를 처리조에 넣거나 꺼내는 중에 공기막이 파괴되어 오염물질이 발생한다.

해설 푸시풀 후드 ─────

푸시풀 후드에서 가압노즐 송풍량은 흡인 후드 송풍량의 1.5 ~ 2배 정도이다.

58

중요도 ★★

A 물질의 증기압이 50 mmHg일 때, 포화증기농도(%)는? (단, 표준상태를 기준으로 한다)

① 4.8
② 6.6
③ 10.0
④ 12.2

해설 포화농도 계산 ─────

$\text{포화농도(\%)} = \dfrac{\text{물질의 증기압}}{\text{대기압}} \times 10^2$

$\quad = \dfrac{50\text{mmHg}}{760\text{mmHg}} \times 10^2$

$\quad = 6.57\%$

59

중요도 ★★★

개구면적이 0.6 m²인 외부식 사각형 후드가 자유 공간에 설치되어 있다. 개구면과 유해물질 사이의 거리는 0.5 m이고 제어속도가 0.8 m/s일 때, 필요한 송풍량은 약 몇 m³/min인가? (단, 플랜지를 부착하지 않은 상태이다)

① 126
② 149
③ 164
④ 182

해설 후드의 송풍량 계산 —————————

외부식 후드(자유공간 배치, 플랜지 미부착)의 송풍량 (필요환기량) 계산

$Q = V_c \times (10X^2 + A)$

Q : 필요환기량(m³/sec)

V_c : 제어속도(m/sec)

X : 후드 중심에서 오염원까지의 거리(m)

A : 개구면적(m²)

$Q = 0.8 \times (10 \times 0.5^2 + 0.6)$

$= \dfrac{2.48 \text{m}^3}{\text{sec}} \times \dfrac{60 \text{sec}}{\text{min}} = 148.8 \text{m}^3/\text{min}$

60

중요도 ★★★

산소가 결핍된 밀폐공간에서 작업하는 경우 가장 적합한 호흡용 보호구는?

① 방진마스크
② 방독마스크
③ 송기마스크
④ 면체여과식 마스크

해설 송기마스크 —————————

산소가 결핍된 장소에서는 외부 공기를 직접 공급하는 송기마스크를 착용해야 한다.

4과목 물리적 유해인자 관리

61

중요도 ★

기온이 0 ℃이고, 절대습도는 4.57 mmHg, 0 ℃의 포화습도가 4.57 mmHg라면 이때의 비교습도는 얼마인가?

① 30 %
② 40 %
③ 70 %
④ 100 %

해설 비교습도 계산 —————————

비교습도 또는 상대습도(%)

$= \dfrac{\text{절대습도}}{\text{포화습도}} \times 100$

$= \dfrac{4.57}{4.57} \times 100 = 100\%$

62

중요도 ★★

다음 중 질소 마취 증상과 가장 연관성이 높은 직업은 무엇인가?

① 잠수작업
② 용접작업
③ 냉동작업
④ 알루미늄 작업

해설 고압작업 —————————

질소가스는 4기압 이상의 고압에서는 마취작용을 일으킨다.
물속에서 일하는 잠수작업은 고압 상태에서 일하는 것이므로 질소 마취 증상과 연관성이 높다.

63

중요도 ★

다음 중 마이크로파의 에너지량과 거리와의 관계에 관한 설명으로 옳은 것은?

① 에너지량은 거리의 제곱에 비례한다.
② 에너지량은 거리에 비례한다.
③ 에너지량은 거리의 제곱에 반비례한다.
④ 에너지량의 거리에 반비례한다.

해설 마이크로파의 에너지량과 거리와의 관계 ———

마이크로파의 에너지는 거리의 제곱에 반비례하여 거리가 멀어질수록 급격하게 감소한다.

64

중요도 ★

다음 중 진동에 관한 설명으로 옳은 것은?

① 수평 및 수직진동이 동시에 가해지면 2배의 자각현상이 나타난다.
② 신체의 공진현상은 서 있을 때가 앉아 있을 때보다 심하게 나타난다.
③ 국소진동은 골, 관절, 지각이상 이외의 중추신경이나 내분비계에는 영향을 미치지 않는다.
④ 말초혈관운동의 장애로 인한 혈액순환장애로 손가락 등이 창백해지는 현상은 전신진동에서 주로 발생한다.

해설 진동 관련 현상 ———

② 서 있을 때보다 앉아 있을 때 공진현상이 더 심하게 나타난다.
③ 국소진동은 심한 경우 중추신경이나 내분비계에도 영향을 미친다.
④ 말초혈관운동의 장애로 손가락이 창백해지는 것은 국소진동에서 주로 발생한다.

65

중요도 ★★

다음 중 소음의 대책에 있어 전파경로에 대한 대책과 가장 거리가 먼 것은?

① 거리감쇠 : 배치의 변경
② 차폐효과 : 방음벽 설치
③ 지향성 : 음원방향 유지
④ 흡음 : 건물 내부 소음처리

해설 소음의 대책 ———

소음의 대책에 있어 전파경로에 대한 대책은 음원방향을 변경하는 것이다.

66

중요도 ★★

다음 중 자외선의 인체 내 작용에 대한 설명과 가장 거리가 먼 것은?

① 홍반은 250 nm 이하에서 노출 시 가장 강한 영향을 준다.
② 자외선 노출에 의한 가장 심각한 만성영향은 피부암이다.
③ 280 ~ 320 nm에서는 비타민D의 생성이 활발해진다.
④ 254 ~ 280 nm에서 강한 살균작용을 나타낸다.

해설 자외선의 영향 ———

자외선 중 홍반에 가장 큰 영향을 주는 것은 도르노선이다.
도르노선의 파장범위는 약 280 ~ 315 nm이다.

2025-02

67

중요도 ★★

다음 중 온열요소를 결정하는 주요인자로만 나열된 것은?

㉠ 기온	㉡ 기습
㉢ 지형	㉣ 위도
㉤ 기류	

① ㉠, ㉡, ㉢
② ㉡, ㉢, ㉣
③ ㉢, ㉣, ㉤
④ ㉠, ㉡, ㉤

해설 온열요소(열 교환)에 영향을 미치는 요소 ———

• 기온(온도)
• 습도(기습)
• 기류(대류, 풍속)
• 복사열

68

중요도 ★★★

빛 또는 밝기와 관련된 단위가 아닌 것은?

① cd
② lm
③ nit
④ Wb

해설 빛 또는 밝기와 관련된 단위 ———

① cd : 광도의 단위
② lm : 광속의 단위
③ nit : 단위면적에 대한 광도(밝기)의 단위
④ Wb : 자기선속의 단위

69

중요도 ★★

공기 $1 m^3$ 중에 포함된 수증기의 양을 g으로 나타낸 것을 무엇이라 하는가?

① 절대습도
② 상대습도
③ 포화습도
④ 한계습도

해설 절대습도 ———

• 절대적인 수증기의 양을 나타낸 것이다.
• 단위 부피($1 m^3$)의 공기 중에 함유량 수증기량(g)을 나타낸다.
• 수증기량이 일정하면 절대습도는 온도가 변해도 변하지 않는다.

70

중요도 ★★★

레이노(Raynaud)증후군의 발생 가능성이 가장 큰 작업은?

① 인쇄작업
② 용접작업
③ 보일러 수리 및 가동
④ 공기 해머(Hammer)작업

해설 레이노증후군 ———

레이노(Raynaud)증후군은 국소진동에 지나치게 노출되었을 때 발생하는 질병이다.
공기 해머를 이용한 작업을 하면 국소진동에 노출될 가능성이 높아 레이노증후군에 걸릴 수 있다.

71
중요도 ★

음(Sound)의 용어를 설명한 것으로 틀린 것은?

① 음선 - 음의 진행방향을 나타내는 선으로 파면에 수직한다.
② 파면 - 다수의 음원이 동시에 작용할 때 접촉하는 에너지가 동일한 점들을 연결한 선이다.
③ 음파 - 공기 등의 매질을 통하여 전파하는 소밀파이며, 순음의 경우 정현파적으로 변화한다.
④ 파동 - 음에너지의 전달은 매질의 운동에너지와 위치에너지의 교번작용으로 이루어진다.

해설 음과 관련된 용어 ──────────

파면은 파동의 위상이 같은 점들을 연결한 면을 의미한다.

72
중요도 ★★

갱 내부 조명 부족과 관련한 질환으로 맞는 것은?

① 백내장
② 망막변성
③ 녹내장
④ 안구진탕증

해설 조명 부족과 관련된 질환 ──────────

갱의 내부처럼 조명이 부족한 환경에서 오래 일하게 되면 안구진탕증에 걸릴 수 있다.
안구진탕증에 걸리면 안구가 고정되지 않고 떨리게 되면서 초점을 잘 맞출 수 없게 된다.

73
중요도 ★★★

비전리방사선으로만 나열한 것은?

① α선, β선, 레이저, 자외선
② 적외선, 레이저, 마이크로파, α선
③ 마이크로파, 중성자, 레이저, 자외선
④ 자외선, 레이저, 마이크로파, 가시광선

해설 전리방사선과 비전리방사선의 구분 ──────

• 전리방사선은 충분한 에너지를 가지고 있어 물질의 원자를 이온화시킬 수 있다.
  예) α선, β선, γ선, 중성자선, X-ray 등
• 비전리방사선은 물질의 원자를 이온화시킬 수 없다.
  예) 레이저, 자외선, 가시광선, 라디오파 등

74
중요도 ★★★

다음 설명 중 ( ) 안에 알맞은 내용은?

생체를 이온화시키는 최소에너지를 방사선을 구분하는 에너지 경계선으로 한다. 따라서 ( ) 이상의 광자에너지를 가지는 경우를 이온화방사선이라 부른다.

① 1 eV
② 12 eV
③ 25 eV
④ 50 e

해설 이온화방사선의 경계에너지 ──────

전리방사선(이온화방사선)과 비전리방사선의 경계 에너지의 강도는 12 eV이다.

정답 71 ② 72 ④ 73 ④ 74 ②

75

「산업안전보건법」상 산소결핍, 유해가스로 인한 화재·폭발 등의 위험이 있는 밀폐공간 내에서 작업할 때의 조치사항으로 적합하지 않은 것은?

① 사업주는 밀폐공간 보건작업 프로그램을 수립하여 시행하여야 한다.
② 사업주는 밀폐공간에는 관계 근로자가 아닌 사람의 출입을 금지하고, 그 내용을 보기 쉬운 장소에 게시하여야 한다.
③ 사업주는 근로자가 밀폐공간에서 작업을 하는 경우 작업을 시작하기 전에 방독마스크를 착용하게 하여야 한다.
④ 사업주는 근로자가 밀폐공간에서 작업을 하는 경우에 그 장소에 근로자를 입장시키거나 퇴장시킬 때마다 인원을 점검하여야 한다.

해설 밀폐공간에서 작업 시 조치사항 ─────
산소가 부족한 밀폐공간에서 작업할 때에는 방독마스크가 아니라 송기마스크를 착용해야 한다.

76

중요도 ★★

파장이 400 ~ 760 nm이면 어떤 종류의 비전리방사선인가?

① 적외선 ② 라디오파
③ 마이크로파 ④ 가시광선

해설 방사선의 파장 범위 ─────
가시광선의 파장 : 400 ~ 760 nm

77

중요도 ★★★

고압 환경에서 발생할 수 있는 화학적인 인체 작용이 아닌 것은?

① 일산화탄소 중독에 의한 호흡곤란
② 질소 마취작용에 의한 작업력 저하
③ 산소 중독증상으로 간질 모양의 경련
④ 이산화탄소 분압증가에 의한 동통성 관절 장해

해설 고압 환경이 인체에 미치는 영향 ─────
(1) 고압 환경의 1차적 가압현상
  동통(근육통, 관절통), 출혈 및 부종 발생
(2) 고압 환경의 2차적 가압현상
  • 질소 마취 : 4기압 이상이 되면 질소 가스는 마취작용을 일으킨다.
  • 산소 중독 : 산소분압이 2기압을 넘으면 산소중독 증세가 나타난다.
  • 이산화탄소 중독 : 이산화탄소의 증가는 산소의 독성과 질소의 마취작용을 촉진시킨다.

78

중요도 ★★★

열경련(Heat Cramp)을 일으키는 가장 큰 원인은?

① 체온상승
② 중추신경마비
③ 순환기계 부조화
④ 체내수분 및 염분손실

해설 열경련 ─────
열경련은 전형적인 고열 건강장해로 고온 환경에서 심한 육체적인 노동을 할 때 탈수와 염분소실로 인해 발생한다.

79

중요도 ★★★

일반소음에 대한 차음효과는 벽체의 단위 표면적에 대하여 벽체의 무게가 2배가 될 때마다 약 몇 dB씩 증가하는가? (단, 벽체 무게 이외의 조건은 모두 동일하다)

① 4
② 6
③ 8
④ 10

해설 차음효과 ──────────

장벽을 실시한 경우 표면적에 대하여 벽체 무게가 2배가 될 때마다 차음효과는 6 dB씩 증가한다.

80

중요도 ★★★

1촉광의 광원으로부터 한 단위 입체각으로 나가는 광속의 단위를 무엇이라 하는가?

① 럭스(lux)
② 램버트(lambert)
③ 캔들(candle)
④ 루멘(lumen)

해설 빛의 단위 ──────────

루멘(lumen)이란 1촉광의 광원에서 나오는 빛의 총량으로 광속을 나타내는 단위이다.

81

중요도 ★★

납 중독에 대한 대표적인 임상증상으로 볼 수 없는 것은?

① 위장장해
② 안구장해
③ 중추신경장해
④ 신경 및 근육계통의 장해

해설 납 중독의 증상 ──────────

• 위장계통 장해
• 중추신경 및 말초신경 장해
• 신경 및 근육계통 장해
• 빈혈 등 조혈기능 장해
• 만성 신장기능 장해
• 소아이미증(영유아의 납 중독으로 학습장애 및 기능 저하 발생)

82

중요도 ★

다음 중 피부에 묻었을 경우 피부를 강하게 자극하고, 피부로부터 흡수되어 간장장애 등의 중독증상을 일으키는 유해화학물질은?

① 납(Lead)
② 헵탄(Haptane)
③ 아세톤(Acetone)
④ DMF(Dimethylformanide)

해설 DMF ──────────

DMF는 피부를 통해 쉽게 흡수되며 체내에 흡수되면 간장장애를 일으킨다.

83

중요도 ★★★

비중격천공을 유발시키는 물질은?

① 납(Pb)
② 크롬(Cr)
③ 수은(Hg)
④ 카드뮴(Cd)

해설 크롬(Cr) 중독

구분	내용
급성 중독	신장장해가 발생하고 심한 경우 무뇨증을 일으켜 요독증으로 사망할 수 있다.
만성 중독	• 접촉성 피부염 발생 • 폐암 발생(6가크롬의 영향) • 비중격천공증 발생

연계학습 3가크롬과 6가크롬 중 더 위험한 물질을 묻는 문제도 출제된다.
3가크롬보다 6가크롬이 인체에 더 잘 흡수되고 발암성도 크므로 6가크롬이 더 위험하다.

84

중요도 ★★★

흡인된 분진이 폐 조직에 축적되어 병적인 변화를 일으키는 질환을 총괄적으로 의미하는 용어는?

① 천식
② 질식
③ 진폐증
④ 중독증

해설 진폐증

진폐증이란 흡인된 폐 분진이 폐 조직에 축적되어 병적인 변화를 일으키는 질환을 총괄적으로 의미한다.

85

중요도 ★

산업위생관리에서 사용되는 용어의 설명으로 틀린 것은?

① STEL은 단시간 노출기준을 의미한다.
② LEL은 생물학적 허용기준을 의미한다.
③ TLV는 유해물질의 허용농도를 의미한다.
④ TWA는 시간가중평균노출기준을 의미한다.

해설 용어 정의

LEL(Lower Explosive Limit)는 가연성 가스나 증기 등이 공기 중에서 점화될 수 있는 최저 농도이다.

86

중요도 ★

유해물질이 인체에 미치는 유해성(건강영향)을 좌우하는 인자로 그 영향이 적은 것은?

① 호흡량
② 개인의 감수성
③ 유해물질의 밀도
④ 유해물질의 노출시간

해설 유해물질이 인체에 미치는 유해성 결정인자

• 유해물질의 농도와 접촉시간
• 근로자의 감수성
• 작업강도 및 호흡량
• 기상조건
• 인체 내의 침입경로

87

중요도 ★

화학물질에 의한 암발생이론 중 다단계이론에서 언급되는 단계와 거리가 먼 것은?

① 개시단계　　　　② 진행단계
③ 촉진단계　　　　④ 병리단계

해설 암발생이론 중 다단계이론의 단계 ──────

• 개시단계 : 유전자가 손상을 받아 변이가 일어나는 초기단계
• 촉진단계 : 돌연변이 세포가 증식하는 단계
• 진행단계 : 종양이 악성으로 변하고 암의 특성을 획득하는 단계

88

중요도 ★★★

체내에서 유해물질을 분해하는 데 가장 중요한 역할을 하는 것은?

① 혈압　　　　② 효소
③ 백혈구　　　④ 적혈구

해설 체내에서의 유해물질 분해 ──────

효소는 유해물질을 포함한 다양한 고분자 물질을 분해하여 작은 단위로 만들어 체외로 배출하는 역할을 한다.
백혈구는 면역활동과 관련되어 있어 세균과 바이러스를 공격하는 식균작용을 한다.
적혈구는 혈액 내에서 산소 및 이산화탄소를 운반하는 역할을 한다.

89

중요도 ★★

벤젠에 노출되는 근로자 10명이 6개월 동안 근무하였고, 5명이 2년 동안 근무하였을 경우 노출인년(Person-years of Exposure)은 얼마인가?

① 10　　　　② 15
③ 20　　　　④ 25

해설 노출인년 계산 ──────

노출인년은 각 근로자가 특정기간 동안 노출된 시간을 모두 합산하는 단위로 사람 수에 노출연수를 곱해서 계산한다.
10명이 6개월 동안 근무 : 10명 × 0.5년 = 5
5명이 2년 동안 근무 : 5명 × 2년 = 10
총 노출인년 = 5 + 10 = 15

90

중요도 ★★★

석유정제 공장에서 다량의 벤젠을 분리하는 공정의 근로자가 해당 유해물질에 반복적으로 계속해서 노출될 경우 발생 가능성이 가장 높은 직업병은 무엇인가?

① 신장 손상
② 직업성 천식
③ 급성 골수성 백혈병
④ 다발성말초신경장해

해설 벤젠 ──────

• 골수 및 조혈장해(재생불량성 빈혈, 급성 골수성 백혈병)를 유발한다.
• 벤젠에 저농도로 만성노출될 경우 혈액장해, 간장장해, 빈혈, 백혈병에 걸릴 수 있다.

91

중요도 ★★

다음 중 작업자의 호흡작용에 있어서 호흡공기와 혈액 사이에 기체교환이 가장 비활성적인 곳은?

① 기도(Trachea)
② 폐포낭(Alveolar Sac)
③ 폐포(Alveoli)
④ 폐포관(Alveolar Dust)

해설 인체 내 호흡작용 ───────────

기도는 공기의 통로 역할만 하고 실제 기체교환(산소와 이산화탄소의 교환)은 거의 일어나지 않는다.
폐포낭, 폐포, 폐포관은 모두 모세혈관과 밀접하게 접촉되어 기체교환이 일어난다.

92

중요도 ★★

다음 중 중절모자를 만드는 사람들에게 처음으로 발견되어 Hatter's Shake라고 하며 근육경련을 유발하는 중금속은?

① 카드뮴
② 수은
③ 망간
④ 납

해설 수은이 인체에 미치는 영향 ───────

19세기와 20세기 초 중절모와 같은 모자는 주로 비버나 토끼의 털로 만들었다.
비버나 토끼의 털을 가공하는 과정에서 수은 화합물이 많이 사용되어 모자를 만드는 사람들이 수은 중독에 많이 걸려서 작업자들이 신경계 이상, 떨림 등의 증세를 많이 겪어 Hatter's Shake라는 말이 생기게 되었다.

93

중요도 ★★★

작업자의 소변에서 o-크레졸이 검출되었다. 이 작업자는 어떤 물질을 취급하였다고 볼 수 있는가?

① 톨루엔
② 에탄올
③ 클로로벤젠
④ 트리클로로에틸렌

해설 자주 출제되는 유해물질과 생물학적 노출지표 ──

• 벤젠 - 소변 중 페놀, t,t-뮤코닉산
• 크실렌 - 소변 중 메틸마뇨산
• 톨루엔 - 소변 중 o-크레졸
• 이황화탄소 - 소변 중 TTCA
• 노말헥산 - 소변 중 2,5-hexanedione

94

중요도 ★

다음 중 발암작용이 없는 물질은?

① 브롬
② 벤젠
③ 벤지딘
④ 석면

해설 발암작용이 있는 물질 ───────────

② 벤젠은 백혈병 등 혈액암을 일으킨다.
③ 벤지딘은 방광암과 연관이 있다.
④ 석면은 폐암, 악성중피종과 연관이 있다.

95

중요도 ★★★

다음 중 상온 및 상압에서 흄(Fume)의 상태를 가장 적절하게 나타낸 것은?

① 고체상태
② 기체상태
③ 액체상태
④ 기체와 액체의 공존상태

해설 흄(Fumd)

흄은 금속이 고온에서 증기로 된 후 산화되어 다시 응축된 것으로 고체 미립자가 기체 중에 부유하고 있는 상태이다.

96

중요도 ★★

「산업안전보건법령」상 다음 유해물질 중 노출기준(ppm)이 가장 낮은 것은? (단, 노출기준은 TWA 기준이다)

① 오존(O_3)
② 암모니아(NH_3)
③ 염소(Cl_2)
④ 일산화탄소(CO)

해설 유해물질의 노출기준

「화학물질 및 물리적 인자의 노출기준」 별표1

유해물질	노출기준(TWA, ppm)
오존(O_3)	0.08
암모니아(NH_3)	25
염소(Cl_2)	0.5
일산화탄소(CO)	30

97

중요도 ★

신장을 통한 배설과정에 대한 설명으로 틀린 것은?

① 세뇨관을 통한 분비는 선택적으로 작용하며 능동 및 수동 수송방식으로 이루어진다.
② 신장을 통한 배설은 사구체 여과, 세뇨관, 재흡수, 그리고 세뇨관 분비에 의해 제거된다.
③ 세뇨관 내의 물질은 재흡수에 의해 혈중으로 돌아갈 수 있으나, 아미노산 및 독성물질은 재흡수되지 않는다.
④ 사구체를 통한 여과는 심장의 박동으로 생성되는 혈압 등의 정수압(Hydrostatic Pressure)의 차이에 의하여 일어난다.

해설 신장을 통한 배설과정

아미노산은 단백질을 이루는 기본단위로 대부분 재흡수 된다. 아미노산이 소변에 검출될 경우 신장 기능에 문제가 있는 것이다.
독성 물질의 경우 일부 재흡수되기도 하지만 대체로 소변으로 배출된다.

98

중요도 ★★★

생물학적 모니터링을 위한 시료채취시간에 제한이 없는 것은?

① 소변 중 아세톤
② 소변 중 카드뮴
③ 호기 중 일산화탄소
④ 소변 중 총 크롬(6가)

해설 시료채취기간

카드뮴, 납과 같은 중금속은 반감기가 길어서 시료채취기간이 중요하지 않다.

99

중요도 ★

다음 중 알데하이드류에 관한 설명으로 틀린 것은?

① 호흡기에 대한 자극작용이 심하다.
② 포름알데하이드는 무취, 무미하며 발암성이 있다.
③ 지용성 알데하이드류는 기관지 및 폐를 자극한다.
④ 아크롤레인은 특별히 독성이 강하다.

해설 알데하이드류 ─────────────

알데하이드류 중 포름알데하이드는 발암성이 있고 자극성인 냄새가 난다.

100

중요도 ★

작업장 유해인자의 위해도 평가를 위해 고려하여야 할 요인과 거리가 먼 것은?

① 공간적 분포
② 조직적 특성
③ 평가의 합리성
④ 시간적 빈도와 기간

해설 위해도 평가를 위해 고려하여야 할 요인 ───────

• 시간적 빈도와 시간(간헐적 작업, 시간 외 작업, 계절 및 기후조건 등)
• 공간적 분포(유해인자 농도 및 강도, 생산공정 등)
• 노출대상의 특성(민감도, 개인의 특성 등)
• 조직적 특성(보건제도, 관리정책 등)
• 유해인자가 가지고 있는 위해성
• 노출상태

1과목 산업위생학개론

01
중요도 ★

「산업안전보건법령」상 사업주는 몇 kg 이상의 중량물을 들어 올리는 작업에 근로자를 종사하도록 할 때 다음과 같은 조치를 취하여야 하는가?

- 주로 취급하는 물품에 대하여 근로자가 쉽게 알 수 있도록 물품의 중량과 무게중심에 대하여 작업장 주변에 안내표시를 할 것
- 취급하기 곤란한 물품은 손잡이를 붙이거나 갈고리, 진공빨판 등 적절한 보조도구를 활용할 것

① 3 kg
② 5 kg
③ 10 kg
④ 15 kg

해설 중량의 표시 등

「안전보건규칙」 제665조
사업주는 근로자가 5 kg 이상의 중량물을 인력으로 들어 올리는 작업을 하는 경우에 다음의 조치를 해야 한다.
- 주로 취급하는 물품에 대하여 근로자가 쉽게 알 수 있도록 물품의 중량과 무게중심에 대하여 작업장 주변에 안내표시를 할 것
- 취급하기 곤란한 물품은 손잡이를 붙이거나 갈고리, 진공빨판 등 적절한 보조도구를 활용할 것

02
중요도 ★★

500명이 하루 8시간, 연간 300일 근무하는 사업장에서 1년 동안 산업재해로 1급 신체장해등급을 받은 근로자가 1명, 12급 신체장해등급을 받은 근로자가 11명 발생했다. 이 사업장의 강도율은 얼마인가? (단, 신체장해등급별 근로손실일수는 다음 기준을 적용한다)

- 신체장해등급 1급 : 7,500일
- 신체장해등급 12급 : 200일

① 8.08
② 10.09
③ 15.05
④ 20.15

해설 강도율 계산

$$강도율 = \frac{근로손실일수}{연 근로시간수} \times 1,000$$
$$= \frac{7,500 + (200 \times 11)}{500 \times 8 \times 300} \times 1,000 = 8.08$$

03
중요도 ★

조건이 고려된 NIOSH에서 제안한 중량물 취급작업의 권고치 중 감시기준(AL)을 구하기 위한 식에 포함된 요소가 아닌 것은?

① 대상 물체의 수평거리
② 대상 물체의 이동거리
③ 대상 물체의 이동속도
④ 중량물 취급작업의 빈도

해설 감시기준(AL) 관계식

$$AL(kg)$$
$$= 40\left(\frac{15}{H}\right)(1 - 0.004\,|\,V - 75\,|)\left(0.7 + \frac{7.5}{D}\right)\left(1 - \frac{F}{F_{max}}\right)$$

H : 대상 물체의 수평거리
V : 대상 물체의 수직거리
D : 대상 물체의 이동거리
F : 중량물 취급작업의 빈도

04
중요도 ★★

물질안전보건자료(MSDS)의 작성원칙에 관한 설명으로 틀린 것은?

① MSDS는 한글로 작성하는 것을 원칙으로 한다.
② 실험실에서 시험·연구목적으로 사용하는 시약으로서 MSDS가 외국어로 작성된 경우에는 한국어로 번역하지 아니할 수 있다.
③ 외국어로 되어 있는 MSDS를 번역하는 경우에는 자료의 신뢰성이 확보될 수 있도록 최초 작성기관명과 시기를 함께 기재하여야 한다.
④ 각 작성항목을 빠짐없이 작성하여야 하지만 부득이 어느 항목에 대해 관련 정보를 얻을 수 없는 경우에는 작성란에 "해당 없음"이라 기재한다.

해설 물질안전보건자료 작성원칙

물질안전보건자료(MSDS)의 각 작성항목은 빠짐없이 작성하여야 한다. 다만 부득이 어느 항목에 대해 관련 정보를 얻을 수 없는 경우에는 작성란에 "자료 없음"이라고 기재하고, 적용이 불가능하거나 대상이 되지 않는 경우에는 작성란에 "해당 없음"이라고 기재한다.

05
중요도 ★★

「산업안전보건법령」에 따라 작업환경 측정방법에 있어 동일 작업근로자 수가 100명을 초과하는 경우 최대 시료채취 근로자 수는 몇 명으로 조정할 수 있는가?

① 10명   ② 15명
③ 20명   ④ 50명

해설 시료채취 근로자 수

「작업환경 측정 및 정도관리 등에 관한 고시」 제19조 동일 작업근로자 수가 100명을 초과하는 경우에는 최대 시료채취 근로자 수를 20명으로 조정할 수 있다.

06
중요도 ★★★

「산업안전보건법령」상 밀폐공간 작업으로 인한 건강장애 예방을 위하여 '적정한 공기'의 조성 조건으로 옳은 것은?

① 산소농도가 18 % 이상 21 % 미만, 이산화탄소 농도가 1.5 % 미만, 황화수소 농도가 10 ppm 미만인 공기
② 산소농도가 16 % 이상 23.5 % 미만, 이산화탄소 농도가 3 % 미만, 황화수소 농도가 5 ppm 미만인 공기
③ 산소농도가 18 % 이상 21 % 미만, 이산화탄소 농도가 1.5 % 미만, 황화수소 농도가 5 ppm 미만인 공기
④ 산소농도가 18 % 이상 23.5 % 미만, 이산화탄소 농도가 1.5 % 미만, 황화수소 농도가 10 ppm 미만인 공기

해설 적정공기의 기준

• 산소농도의 범위가 18 % 이상 23.5 % 미만
• 이산화탄소의 농도가 1.5 % 미만
• 일산화탄소의 농도가 30 ppm 미만
• 황화수소의 농도가 10 ppm 미만

07

중요도 ★

다음 중 근육운동에 필요한 에너지를 생산하는 혐기성 대사의 반응이 아닌 것은?

① ATP + H₂O ↔ ADP + P + Free energy
② Glycogen + ADP ↔ Citrate + ATP
③ Glucose + P + ADP → Lactate + ATP
④ Creatine phosphate + ADP ↔ Creatine + ATP

> **해설** 혐기성 대사(근육 운동)
>
> • ATP + H₂O ↔ ADP + P + Free energy
> • Creatine phosphate + ADP
>   ↔ Creatine + ATP
> • Glucose + P + ADP → Lactate + ATP

08

중요도 ★★

사망에 대한 근로손실을 7,500일로 산출한 근거는 다음과 같다. (   )에 알맞은 내용으로만 나열한 것은?

- 재해로 인한 사망자의 평균연령을 (   )세로 본다.
- 노동이 가능한 연령을 (   )세로 본다.
- 1년 동안의 노동일수를 (   )일로 본다.

① 30, 55, 300
② 30, 60, 310
③ 35, 55, 300
④ 35, 60, 310

> **해설** 근로손실 일수 산정
>
> 사망 및 신체장애등급 1 ~ 3급의 근로손실일수는 7,500일로 산정한다.
> 재해로 인한 사망자의 평균연령을 30세로 보고, 노동이 가능한 연령을 55세로 보며 1년 동안의 노동일수를 300일로 산정한 결과이다.
> 25년 × 300일 = 7,500일

09

중요도 ★★★

온도 25℃, 1기압하에서 분당 100 mL씩 60분 동안 채취한 공기 중에서 벤젠이 5 mg 검출되었다면 검출된 벤젠은 약 몇 ppm인가? (단, 벤젠의 분자량은 78이다)

① 15.7
② 26.1
③ 157
④ 261

> **해설** mg/m³과 ppm 농도 변환
>
> $$mg/m^3 = \frac{ppm \times 분자량}{24.45}$$
>
> $$ppm = mg/m^3 \times \frac{24.45}{분자량}$$
>
> $$\frac{100mL}{min} \times 60min \times \frac{10^{-6}m^3}{mL} = 0.006m^3$$
>
> $$ppm = mg/m^3 \times \frac{24.45}{분자량}$$
>
> $$= \frac{5}{0.006} \times \frac{24.45}{78} = 261.22$$

10

중요도 ★★

산업위생의 정의에 나타난 산업위생의 활동단계 4가지 중 평가(Evaluation)에 포함되지 않는 것은?

① 시료의 채취와 분석
② 예비조사의 목적과 범위 결정
③ 노출정도를 노출기준과 통계적인 근거로 비교하여 판정
④ 물리적, 화학적, 생물학적, 인간공학적 유해인자 목록 작성

> **해설** 산업위생 활동
>
> ④번 내용은 산업위생 활동 4단계 중 예측(인지)에 해당된다.

산업위생 활동은 5단계로 구분하고, 예측과 인지단계를 합쳐 한 단계로 보면 4단계로 구분한다.

구분	내용
예측	작업환경 측정 및 새로운 물질, 공정 등의 도입 등을 고려하여 근로자의 건강장해와 영향을 사전에 예측한다.
인지	현재 상황에서 존재 또는 잠재하고 있는 유해인자를 파악한다.
측정	작업환경이나 조건의 유해정도를 구체적, 정성적, 정량적으로 계측한다.
평가	유해인자에 대한 양, 정도가 근로자들의 건강에 어떠한 영향을 미칠 것인가를 판단하는 의사결정단계이다.
관리	유해인자로부터 근로자를 보호하는 모든 수단이다.

11

중요도 ★

여러 기관이나 단체 중에서 산업위생과 관계가 가장 먼 기관은?

① EPA
② ACGIH
③ BOHS
④ KOSHA

해설 **산업위생과 관련된 단체**

① EPA : 미국환경보호청
② ACGIH : 미국정부산업위생문가협의회
③ BOHS : 영국산업위생학회
④ KOSHA : 한국안전보건공단

12

중요도 ★★

알레르기성 접촉피부염의 진단법은 무엇인가?

① 첩포시험
② X-ray검사
③ 세균검사
④ 자외선검사

해설 **첩포시험(Patch test)**

• 피부염의 원인 물질로 예상되는 화학물질을 피부에 도포하고 48시간 정도 유지한 뒤 피부염의 발생 여부를 확인한다.
• 첩포시험 결과 피부염(침윤, 부종)이 발생한 경우 알레르기성 접촉피부염으로 진단한다.

13

중요도 ★★

작업대사량(RMR)을 계산하는 방법이 아닌 것은?

① $\dfrac{\text{작업 대사량}}{\text{기초 대사량}}$

② $\dfrac{\text{기초작업 대사량}}{\text{작업 대사량}}$

③ $\dfrac{\text{작업 시 열량소비량} - \text{안정 시 열량소비량}}{\text{기초 대사량}}$

④ $\dfrac{\text{작업 시 산소소비량} - \text{안정 시 산소소비량}}{\text{기초 대사 시 산소소비량}}$

해설 **작업대사량**

$$RMR = \dfrac{\text{작업 대사량}}{\text{기초 대사량}}$$

$$= \dfrac{\text{작업 시 열량소비량} - \text{안정 시 열량소비량}}{\text{기초대사량}}$$

$$= \dfrac{\text{작업 시 산소소비량} - \text{안정 시 산소소비량}}{\text{기초대사량}}$$

14

우리나라 산업위생의 역사와 관련된 내용 중 맞는 것은?

① 문송면 - 납 중독 사건
② 원진레이온 - 이황화탄소 중독 사건
③ 근로복지공단 - 작업환경 측정기관에 대한 정도관리제도 도입
④ 보건복지부 - 산업안전보건법·시행령·시행규칙의 제정 및 공포

해설 산업위생의 역사 —————

① 문송면 - 수은 중독 사건
③ 고용노동부 - 작업환경 측정기관에 대한 정도관리제도 도입
④ 고용노동부 - 산업안전보건법·시행령·시행규칙의 제정 및 공포

15

에틸벤젠(TLV = 100 ppm)을 사용하는 작업장의 작업시간이 9시간일 때 허용기준을 보정하여야 한다. OSHA 보정법과 Brief & Scala 보정방법을 적용하였을 때 두 보정된 허용기준치 간의 차이는 약 얼마인가?

① 2.2 ppm
② 3.3 ppm
③ 4.2 ppm
④ 5.6 ppm

해설 허용기준 보정법 —————

OSHA의 보정법

$$보정노출기준 = 8시간\ 노출기준 \times \frac{8시간}{노출시간/일}$$

$$= 100 \times \frac{8}{9} = 88.89 \text{ppm}$$

Brief and Scala 보정법

보정된 노출기준 = RF × 노출기준(허용농도)

$$RF = \left(\frac{8}{H}\right) \times \frac{24 - H}{16}$$

H : 노출시간/일

$$RF = \left(\frac{8}{9}\right) \times \frac{24 - 9}{16} = 0.8333$$

보정된 노출기준 = 0.8333 × 100 = 83.33ppm
보정된 허용기준치 간의 차이
88.89 − 83.33 = 5.56ppm

16

미국산업위생학술원(AAIH)이 채택한 윤리강령 중 기업주와 고객에 대한 책임에 해당하는 내용은?

① 일반 대중에 관한 사항은 정직하게 발표한다.
② 위험요소와 예방조치에 관하여 근로자와 상담한다.
③ 성실과 학문적 실력 면에서 최고 수준을 유지한다.
④ 궁극적 책임은 기업주와 고객보다 근로자의 건강보호에 있다.

해설 산업위생전문가의 기업주와 고객에 대한 책임 —

• 결과 및 결론을 뒷받침할 수 있도록 정확한 기록을 유지하고 산업위생사업을 전문가답게 운영하고 관리한다.
• 산업위생전문가의 궁극적 책임은 기업주와 고객보다는 근로자의 건강보호에 있다.
• 쾌적한 작업환경을 조정하기 위하여 책임 있게 행동한다.
• 신뢰를 바탕으로 정직하게 권고하고 결과의 개선점 및 권고사항을 정확하게 보고한다.

17 중요도 ★★

어떤 유해요인에 노출될 때 얼마만큼의 환자 수가 증가되는지를 설명해주는 위험도는?

① 상대위험도　　　　② 인자위험도
③ 기여위험도　　　　④ 노출위험도

해설 기여위험도(귀속위험도) ─────────
• 어떤 유해요인에 노출되어 얼마만큼의 환자수가 증가되어 있는지를 설명한다.
• 기여위험도는 노출군에서의 질병 발생률에서 비노출군에서의 질병 발생률을 빼서 구한다.

18 중요도 ★

고용노동부장관은 직업병의 발생원인을 찾아내거나 직업병의 예방을 위하여 필요하다고 인정할 때는 근로자의 질병과 화학물질 등 유해요인과의 상관관계에 관한 어떤 조사를 실시할 수 있는가?

① 역학조사　　　　② 안전보건진단
③ 작업환경 측정　　④ 특수건강진단

해설 역학조사 ─────────────────
「산업안전보건법」 제141조
고용노동부장관은 직업성 질환의 진단 및 예방, 발생원인의 규명을 위하여 필요하다고 인정할 때에는 근로자의 질환과 작업장의 유해요인의 상관관계에 관한 역학조사를 할 수 있다.

19 중요도 ★

다음 중 작업환경개선을 위한 인체측정에 있어 구조적 인체치수에 해당하지 않는 것은?

① 팔길이　　　　② 앉은키
③ 눈높이　　　　④ 악력

해설 구조적 인체치수 ───────────
구조적 인체치수는 정적인 치수를 의미하므로 악력은 해당되지 않는다.

20 중요도 ★

직업성 변이(Occupational Stigmata)를 가장 잘 설명한 것은?

① 직업에 따라서 체온의 변화가 일어나는 것
② 직업에 따라서 신체의 운동량에 변화가 일어나는 것
③ 직업에 따라서 신체활동의 영역에 변화가 일어나는 것
④ 직업에 따라서 신체형태와 기능에 국소적인 변화가 일어나는 것

해설 직업성 변이 ──────────────
직업에 따라서 신체형태와 기능에 국소적인 변화가 일어나는 것을 직업성 변이라고 한다.

21
중요도 ★★★

다음 용제 중 극성이 가장 강한 것은?

① 에스테르류

② 알코올류

③ 방향족 탄화수소류

④ 알데하이드류

[해설] 실리카겔의 친화력(극성이 강한 순서)

물 > 알코올류 > 알데하이드류 > 케톤류 > 에스테르류 > 방향족 탄화수소류 > 올레핀류 > 파라핀류

22
중요도 ★★

한 소음원에서 발생되는 음에너지의 크기가 1 watt인 경우 음향파워레벨(Sound Power Level)은?

① 60 dB

② 80 dB

③ 100 dB

④ 120 dB

[해설] 음력수준(PWL)

$$PWL = 10\log\left(\frac{W}{W_0}\right)$$

PWL : 음력수준 또는 음향파워레벨(dB)

W : 대상 음원의 음력(W)

W_0 : 기준음력(10^{-12} W)

$$PWL = 10\log\left(\frac{1}{10^{-12}}\right) = 120\text{dB}$$

23
중요도 ★★

다음 내용이 설명하는 막여과지는?

- 농약, 알칼리성 먼지, 콜타르피치 등을 채취한다.
- 열, 화학물질, 압력 등에 강한 특성이 있다.
- 석탄건류나 증류 등의 고열공정에서 발생되는 다핵방향족탄화수소를 채취하는 데 이용된다.

① 은막 여과지

② PVC 막여과지

③ 섬유상 막여과지

④ PTFE 막여과지

[해설] PTFE막 여과지

- 열과 화학물질 등에 강한 특성을 가지고 있어 석탄건류나 증류 등의 고열에서 발생하는 다핵방향족탄화수소를 채취하는 데 사용된다.
- 농약, 알칼리성 먼지 등을 채취한다.

24
중요도 ★★★

1일 12시간 작업할 때 톨루엔(TLV-100 ppm)의 보정노출기준은 약 몇 ppm인가? (단, 고용노동부 고시를 기준으로 한다)

① 25

② 67

③ 75

④ 150

[해설] 1일 작업시간 8시간 초과 시 보정노출기준

보정노출기준 = 8시간 노출기준 $\times \dfrac{8}{h}$

h : 1일 노출시간

보정노출기준 = $100 \times \dfrac{8}{12} = 66.666\text{ppm}$

25

중요도 ★★

활성탄관(Charcoal Tubes)을 사용하여 포집하기에 가장 부적합한 오염물질은?

① 할로겐화 탄화수소류
② 에스테르류
③ 방향족 탄화수소류
④ 니트로벤젠류

해설 활성탄관을 사용하여 채취하기 적절한 시료 ———

- 비극성류의 유기용제
- 각종 방향족 유기용제(방향족 탄화수소류)
- 할로겐화 지방족 유기용제(할로겐화 탄화수소류)
- 에스테르류, 에테르류 등

26

중요도 ★

1회 분석의 우연오차의 표준편차를 σ라 하였을 때 n회의 평균치의 표준편차는?

① $\dfrac{\sigma}{n}$

② $\sigma\sqrt{n}$

③ $\dfrac{\sqrt{n}}{\sigma}$

④ $\dfrac{\sigma}{\sqrt{n}}$

해설 표준오차(SE) ———

표준오차는 추정량의 정도를 나타내는 척도로써 각 측정치들의 평균이 전체 평균과 얼마나 차이를 보이는지 계산하는 것이다.

$$SE = \frac{\sigma}{\sqrt{n}}$$

σ : 표준편차, n : 자료의 수

27

중요도 ★★★

흉곽성 먼지(TPM)의 50 %가 침착되는 평균입자의 크기는? (단, ACGIH 기준이다)

① 0.5 μm
② 2 μm
③ 4 μm
④ 10 μm

해설 입자상 물질의 분류(ACGIH) ———

구분	기준
흡입성 분진 (IPM)	• 호흡기의 어느 부위에 침착하더라도 독성 유발 • 평균입경 : 100 μm
흉곽성 분진 (TPM)	• 기도나 하기도(가스교환 부위) 또는 폐포나 폐기도에 침착하여 독성 유발 • 평균입경 : 10 μm
호흡성 분진 (RPM)	• 가스교환 부위(폐포)에 침착하여 독성 유발 • 평균입경 : 4 μm

28

중요도 ★★

금속가공유를 사용하는 절단작업 시 주로 발생할 수 있는 공기 중 부유물질의 형태로 가장 적합한 것은?

① 미스트(Mist)
② 먼지(Dust)
③ 가스(Gas)
④ 흄(Fume)

해설 미스트(Mist) ———

- 공기 중에 부유 또는 비산되는 액체 미립자이다.
- 금속가공유를 사용하여 절단작업을 할 때에는 액체 미립자가 발생한다.

29

중요도 ★★

일정한 온도조건에서 가스의 부피와 압력이 반비례하는 것과 가장 관계가 있는 법칙은?

① 보일의 법칙
② 샤를의 법칙
③ 라울의 법칙
④ 게이 – 루삭의 법칙

해설 기체 관련 법칙 ─────────

① 보일의 법칙 : 일정한 온도에서 부피와 압력은 반비례한다.
② 샤를의 법칙 : 일정한 압력에서 온도와 부피는 비례한다.
③ 라울의 법칙 : 여러 성분이 있는 용액에서 증기가 나올 때, 증기의 각 성분의 부분압은 용액의 분압과 평형을 이룬다.
④ 게이 – 루삭의 법칙 : 일정한 부피조건에서 압력과 온도는 비례한다.

30

중요도 ★★

금속탈지 공정에서 측정한 Trichloroethylene의 농도(ppm)가 아래와 같을 때, 기하평균 농도(ppm)는?

| 101, 45, 51, 87, 36, 54, 40 |

① 49.7   ② 54.7
③ 55.2   ④ 57.2

해설 기하평균(GM) ─────────

$GM = \sqrt[N]{X_1 \cdot X_2 \cdots X_n}$

N : 측정치의 수, X_n : 측정치

$GM = \sqrt[7]{101 \times 45 \times 51 \times 87 \times 36 \times 54 \times 40}$
$\quad = 55.23$

31

중요도 ★★★

시간당 200 ~ 350 kcal의 열량이 소모되는 중등작업 조건에서 WBGT 측정치가 31.2 ℃일 때 고열작업 노출기준의 작업휴식조건은?

① 매 시간 50 % 작업, 50 % 휴식 조건
② 매 시간 75 % 작업, 25 % 휴식 조건
③ 매 시간 25 % 작업, 75 % 휴식 조건
④ 계속작업 조건

해설 고온의 노출기준(단위 : ℃) ─────────

「화학물질 및 물리적 인자의 노출기준」 별표3

구분	작업강도		
	경작업	중등작업	중작업
계속작업	30.0	26.7	25.0
매 시간 75 % 작업, 25 % 휴식	30.6	28.0	25.9
매 시간 50 % 작업, 50 % 휴식	31.4	29.4	27.9
매 시간 25 % 작업, 75 % 휴식	32.2	31.1	30.0

32

중요도 ★★★

흡착제를 이용하여 시료를 채취할 때 영향을 주는 인자에 관한 설명으로 옳지 않은 것은?

① 온도 : 고온일수록 흡착능이 감소하며 파과가 일어나기 쉽다.
② 시료채취속도 : 시료채취속도가 높고 코팅된 흡착제일수록 파과가 일어나기 쉽다.
③ 오염물질의 농도 : 공기 중 오염물질 농도가 높을수록 파과용량(흡착제에 흡착된 오염물질의 양)이 감소한다.
④ 습도 : 극성 흡착제를 사용할 때 수증기가 흡착되기 때문에 파과가 일어나기 쉽다.

파과용량에 영향을 미치는 요인 ─────

- 온도 : 온도가 높아지면 흡착대상 오염물질과 흡착제의 표면 사이 또는 2종 이상의 흡착 대상 물질 간 반응속도가 증가하여 파과가 일어나기 쉽다.
- 습도 : 습도가 높으면 파과공기량(파과가 일어날 때까지의 채취 공기량)이 적어진다.
- 시료채취속도 : 시료채취속도가 크고 코팅된 흡착제일수록 파과가 일어나기 쉽다.
- 유해물질 농도 : 농도가 높으면 파과용량이 증가하나 파과공기량은 감소한다.
- 흡착제의 크기 : 입자 크기가 작을수록 표면적 및 채취효율이 증가하지만 압력강하가 심하다.
- 흡착관의 크기 : 흡착제의 양이 많아지면 전체 흡착제의 표면적이 증가하여 채취용량이 증가하므로 파과가 쉽게 발생하지 않는다.

33

중요도 ★★

흡광광도법에서 사용되는 흡수셀의 재질 중 자외선 영역의 파장범위에 사용되는 재질은?

① 유리
② 석영
③ 플라스틱
④ 유리와 플라스틱

흡수셀의 재질 ─────

- 유리 : 가시·근적외선 파장에 사용
- 석영 : 자외선 파장에 사용
- 플라스틱 : 근적외선 파장에 사용

34

중요도 ★★★

표집효율이 90 %와 50 %의 임핀저(Impinger)를 직렬로 연결하여 작업장 내 가스를 포집할 경우 전체 포집효율(%)은?

① 93
② 95
③ 97
④ 99

전체 포집효율 계산 ─────

$$\eta_T = \eta_1 + \eta_2\left(1 - \frac{\eta_1}{100}\right)$$

η_T : 전체 포집효율(%)
η_1 : 1차 집진장치의 포집효율(%)
η_2 : 2차 집진장치의 포집효율(%)

$$\eta_T = 90 + 50\left(1 - \frac{90}{100}\right) = 95\%$$

35

중요도 ★

「산업안전보건법령」상 고열 측정시간과 간격으로 옳은 것은?

① 작업시간 중 노출되는 고열의 평균온도에 해당하는 1시간, 10분 간격
② 작업시간 중 노출되는 고열의 평균온도에 해당하는 1시간, 5분 간격
③ 작업시간 중 가장 높은 고열에 노출되는 1시간, 5분 간격
④ 작업시간 중 가장 높은 고열에 노출되는 1시간, 10분 간격

고열 측정방법 ─────

「작업환경 측정 및 정도관리 등에 관한 고시」 제31조
- 측정은 단위작업장소에서 측정대상이 되는 근로자의 주 작업 위치에서 측정한다.
- 측정기의 위치는 바닥면으로부터 50 cm 이상, 150 cm 이하의 위치에서 측정한다.
- 측정기를 설치한 후 충분히 안정화시킨 상태에서 1일 작업시간 중 가장 높은 고열에 노출되는 1시간을 10분 간격으로 연속하여 측정한다.

33 ② 34 ② 35 ④

36

87 ℃와 동등한 온도는? (단, 정수로 반올림한다)

① 351 K
② 189 °F
③ 700 °R
④ 186 K

해설 화씨온도 ─────────────────

$$°F = \left(\frac{9}{5} \times ℃\right) + 32$$

$$= \left(\frac{9}{5} \times 87\right) + 32 = 188.6°F$$

37

소음측정을 위한 소음계(Sound Level Meter)는 주파수에 따른 사람의 느낌을 감안하여 세 가지 특성, 즉 A, B 및 C특성에서 음압을 측정할 수 있다. 다음 내용에서 A, B 및 C 특성에 대한 설명이 바르게 된 것은?

① A 특성 보정치는 4,000 Hz 수준에서 가장 크다.
② B 특성 보정치와 C 특성 보정치는 각각 70 phon과 40 phon의 등감곡선과 비슷하게 보정하여 측정한 값이다.
③ B 특성 보정치(dB)는 2,000 Hz에서 값이 0이다.
④ A 특성 보정치(dB)는 1,000 Hz에서 값이 0이다.

해설 소음계 ─────────────────

① A 특성 보정치는 저주파에서 크다.
② B 특성 보정치와 C 특성 보정치는 각각 70 phon과 100 phon의 등감곡선과 비슷하게 보정하여 측정한 값이다.
③ B 특성 보정치(dB)는 1,000 Hz에서 값이 0이다.
④ A, B, C 세 가지 값이 거의 일치하기 시작하는 주파수는 1,000 Hz이므로 이때 값이 0이다.

38

가스크로마토그래피(GC) 분석에서 분해능(또는 분리도)을 높이기 위한 방법이 아닌 것은?

① 시료의 양을 적게 한다.
② 고정상의 양을 적게 한다.
③ 고체 지지체의 입자 크기를 작게 한다.
④ 분리관(Column)의 길이를 짧게 한다.

해설 가스크로마토그래피(GC) 분석에서 분해능(또는 분리도)을 높이기 위한 방법 ──────

• 시료와 고정상의 양을 적게 한다.
• 고체 지지체의 입자 크기를 작게 한다.
• 분리관(Column)의 길이를 길게 한다.
• 온도를 낮춘다.

39

흡착제의 탈착을 위한 이황화탄소 용매에 대한 설명으로 틀린 것은?

① 활성탄으로 시료채취 시 많이 사용된다.
② 탈착효율이 좋다.
③ GC의 불꽃이온화검출기에서 반응성이 낮아 피크가 작게 나와 분석에 유리하다.
④ 인화성이 적어 화재의 염려가 적다.

해설 이황화탄소 용매 ─────────────

공기 중 유기용제 시료를 활성탄관으로 채취할 때 이황화탄소를 탈착용매로 사용한다.
이황화탄소는 탈착효율이 좋고, 분석 시 유리한 점이 있으나 독성이 있고, 인화성도 있으므로 사용 시 주의가 필요하다.

40

중요도 ★★★

검지관의 장·단점에 관한 내용으로 옳지 않은 것은?

① 사용이 간편하고, 복잡한 분석실 분석이 필요 없다.
② 산소결핍이나 폭발성 가스로 인한 위험이 있는 경우에도 사용이 가능하다.
③ 민감도 및 특이도가 낮고 색변화가 선명하지 않아 판독자에 따라 변이가 심하다.
④ 측정대상 물질의 동정이 미리 되어 있지 않아도 측정을 용이하게 할 수 있다.

해설 검지관방식 ————————

검지관방식은 특정 가스에 반응하는 시약이 들어 있는 검지관을 이용하는 것으로 동정(가스의 성분 확인)이 되어 있어야 한다.

개념확인 검지관의 장점과 단점

구분	내용
장점	• 사용이 간편하다. • 반응시간이 빨라 빠른 측정이 필요할 때 사용가능하다. • 비전문가도 어느 정도만 숙지하면 사용할 수 있다.
단점	• 민감도가 낮으며 비교적 고농도에 적용할 수 있다. • 특이도가 낮아 다른 방해물질의 영향을 받기 쉽고 오차가 크다. • 한 검지관으로는 하나의 물질만 측정할 수 있다. • 미리 특정대상물질의 동정이 되어 있어야 측정할 수 있다.

3과목 | 작업환경관리대책

41

중요도 ★★

관성력 제진장치에 관한 설명으로 틀린 것은?

① 충돌 전의 처리가스 속도를 적당히 빠르게 하면 미세입자를 포집할 수 있다.
② 처리 후의 출구가스 속도가 느릴수록 미세입자를 포집할 수 있다.
③ 기류의 방향전환각도가 작을수록 압력손실이 적어져 제진효율이 높아진다.
④ 기류의 방향전환 횟수가 많을수록 압력손실은 증가한다.

해설 관성력 제진장치 ————————

관성력 제진장치는 기류의 방향전환각도가 클수록 제진효율이 높아진다.

42

중요도 ★★★

환기량을 Q(m³/hr), 작업장 내 체적을 V(m³)라고 할 때, 시간당 환기횟수(회/hr)로 옳은 것은?

① 시간당 환기횟수 = $Q \times V$
② 시간당 환기횟수 = V/Q
③ 시간당 환기횟수 = Q/V
④ 시간당 환기횟수 = $Q \times \sqrt{V}$

해설 시간당 환기횟수(ACH) ————————

$$ACH = \frac{실내\ 환기량(m^3/hr)}{실내\ 체적(m^3)} = \frac{Q}{V}$$

43

A 유체관의 압력을 직접 측정한 결과 정압이 −18.56 mmH₂O이고, 전압이 20 mmH₂O이었다. 이 유체관의 유속(m/sec)은 약 얼마인가? (단, 공기의 밀도는 1.2 kg/m³이다)

① 10 ② 15
③ 20 ④ 25

해설 속도압 계산 ─────────

전압 = 속도압(VP) + 정압(SP)

속도압(VP) = 20 − (−18.56) = 38.56 mmH₂O

$$VP = \frac{\gamma V^2}{2g}$$

γ : 공기의 밀도(kg/m³)

g : 중력가속도(m/sec²)

V : 공기의 속도(m/sec)

$$38.56 = \frac{1.2\,V^2}{2 \times 9.8}$$

$$V = \sqrt{\frac{38.56 \times 2 \times 9.8}{1.2}} = 25.096 \text{m/sec}$$

44

유해성 유기용매 A가 7 m × 14 m × 4 m의 체적을 가진 방에 저장되어 있다. 공기를 공급하기 전에 측정한 농도는 400 ppm이었다. 이 방으로 60 m³/min의 공기를 공급한 후 노출기준인 100 ppm으로 달성되는 데 걸리는 시간은? (단, 유해성 유기용매 증발 중단, 공급공기의 유해성 유기용매 농도는 0, 희석만 고려한다)

① 약 3분 ② 약 5분
③ 약 7분 ④ 약 9분

해설 오염물질이 감소하는 데 걸리는 시간 계산 ─────

$$t = -\frac{V}{Q'} \ln\left(\frac{C_2}{C_1}\right)$$

t : 시간(min)

V : 작업공간의 부피(m³)

Q' : 환기량(m³/min)

C_1 : 유해물질의 처음농도(ppm)

C_2 : 유해물질의 나중농도 또는 노출기준(ppm)

$$t = -\frac{7 \times 14 \times 4}{60} \ln\left(\frac{100}{400}\right) = 9.057 \text{min}$$

45

청력보호구의 차음효과를 높이기 위한 유의사항 중 틀린 것은?

① 청력보호구는 머리의 모양이나 귓구멍에 잘 맞는 것을 사용한다.
② 청력보호구는 잘 고정시켜서 보호구 자체의 진동을 최소한도로 줄여야 한다.
③ 청력보호구는 기공(氣孔)이 많은 재료를 사용하여 제조한다.
④ 귀덮개 형식의 보호구는 머리카락이 길 때와 안경테가 굵어서 잘 밀착되지 않을 때는 사용이 어렵다.

해설 청력보호구 ─────────

청력보호구의 차음효과를 높이기 위해서는 기공이 적은 재료를 사용하여 제조해야 한다.

46 중요도 ★★

작업환경의 관리원칙인 대치 개선방법으로 옳지 않은 것은?

① 성냥 제조 시 황린 대신 적린을 사용한다.
② 세탁 시 화재예방을 위해 석유나프타 대신 4-클로로에틸렌을 사용한다.
③ 땜질한 납을 Oscillating-type Sander로 깎던 것을 고속회전 그라인더를 이용한다.
④ 분말로 출하되는 원료를 고형 상태의 원료로 출하한다.

해설 작업환경 관리원칙 ────────

고속회전 그라인더를 이용하던 것을 저속 Oscillating-type Sander로 변경해야 한다.

47 중요도 ★★

적용 화학물질이 밀랍, 탈수라노린, 파라핀, 유동파라핀, 탄산마그네슘이며 적용 용도로는 광산류, 유기산, 염류 및 무기염류 취급작업인 보호크림의 종류로 가장 알맞은 것은?

① 친수성 크림
② 차광 크림
③ 소수성 크림
④ 피막형 크림

해설 소수성 물질 차단 피부 보호제 ────────

• 내수성 피막을 만들고 소수성으로 산을 중화한다.
• 적용 화학물질은 밀랍, 탈수라노린, 파라핀, 탄산마그네슘 등이다.
• 광산류, 유기산, 염류 및 무기염류 취급작업 시 사용한다.

48 중요도 ★★★

어떤 송풍기가 송풍기 유효전압 100 mmH$_2$O이고, 풍량은 16 m^3/min의 성능을 발휘한다. 전압효율이 80 %일 때 축동력(kW)은?

① 약 0.13
② 약 0.26
③ 약 0.33
④ 약 0.57

해설 송풍기의 소요동력 또는 축동력(HP) ────────

$$HP = \frac{Q \times P}{6,120 \times \eta} K$$

HP : 송풍기의 소요동력(kW)
Q : 풍량(m^3/min)
P : 유효전압(mmH$_2$O)
η : 효율
K : 안전계수(주어지지 않으면 1로 간주)

$$HP = \frac{16 \times 100}{6,120 \times 0.8} = 0.326\,\mathrm{kW}$$

49 중요도 ★★★

환기시설 내 기류가 기본적인 유체역학적 원리에 따르기 위한 전제조건과 가장 거리가 먼 것은?

① 공기는 절대습도를 기준으로 한다.
② 환기시설 내외의 열 교환은 무시한다.
③ 공기의 압축이나 팽창은 무시한다.
④ 공기 중에 포함된 유해물질의 무게와 용량을 무시한다.

해설 유체역학적 원리의 전제조건 ────────

유체역학적 원리에서 공기는 건조하다고 가정하고, 상대습도를 기준으로 한다.

50

중요도 ★★★

송풍기에 관한 설명으로 옳은 것은?

① 풍량은 송풍기의 회전수에 비례한다.
② 동력은 송풍기의 회전수의 제곱에 비례한다.
③ 풍력은 송풍기의 회전수의 세제곱에 비례한다.
④ 풍압은 송풍기의 회전수의 세제곱에 비례한다.

해설 송풍기의 상사법칙

- 풍량은 송풍기의 회전수에 비례한다.
- 풍압은 송풍기 회전수의 제곱에 비례한다.
- 동력은 송풍기 회전수의 세제곱에 비례한다.

51

중요도 ★★★

용접작업대에 그림과 같은 외부식 후드를 설치할 때 개구면적이 0.3 m²이면 필요 송풍량은 약 얼마인가? (단, V_c는 제어속도이다)

플랜지
x
x = 1.0 m
Vc = 0.5 m/sec

① 150 m³/min
② 155 m³/min
③ 160 m³/min
④ 165 m³/min

해설 외부식 후드(작업대 위, 플랜지 부착)의 필요 송풍량(Q)

$$Q = 0.5 \times V_c(10X^2 + A)$$

Q : 필요 송풍량(m³/sec)
V_c : 제어속도(m/sec)
X : 후드 중심에서 오염원까지의 거리(m)
A : 개구면적(m²)

$$Q = 0.5 \times 0.5 \times (10 \times 1.0^2 + 0.3)$$

$$= \frac{2.575 \text{m}^3}{\text{sec}} \times \frac{60 \text{sec}}{\text{min}} = 154.5 \text{m}^3/\text{min}$$

52

중요도 ★★★

전체환기를 적용하기 부적절한 경우는?

① 오염 발생원이 근로자가 근무하는 장소와 근접되어 있는 경우
② 소량의 오염물질이 일정한 시간과 속도로 사업장으로 배출되는 경우
③ 오염물질의 독성이 낮은 경우
④ 동일 사업장에 다수의 오염 발생원이 분산되어 있는 경우

해설 국소환기와 전체환기가 필요한 상황

구분	내용
국소환기	• 유해물질 발생량이 많은 경우 • 유해물질의 독성이 강한 경우 • 유해물질 발생원과 작업위치가 근접해 있는 경우 • 발생주기가 균일하지 않은 경우
전체환기	• 유해물질의 독성이 비교적 낮은 경우 • 동일한 작업장에 다수의 오염원이 분산되어 있는 경우 • 유해물질의 발생량이 적은 경우 • 오염원이 근무자가 근무하는 장소로부터 멀리 떨어져 있는 경우

53

중요도 ★★

다음 중 작업환경개선의 기본원칙인 대체의 방법과 가장 거리가 먼 것은?

① 장소의 변경
② 시설의 변경
③ 공정의 변경
④ 물질의 변경

해설 작업환경개선에서 공학적인 대책 ─────

• 대치(대체) : 공정의 변경, 유해물질의 변경, 시설의 변경
• 격리 : 저장물질의 격리, 시설의 격리, 공정의 격리, 작업자의 격리
• 환기 : 국소환기, 전체환기

54

중요도 ★★

내경이 15 mm인 원형관에 비압축성 유체가 40 m/min의 속도로 흐른다. 내경이 10 mm가 되면 유속(m/min)은 어떻게 되는가? (단, 유량은 같다)

① 90
② 120
③ 160
④ 210

해설 유량 공식으로 유속 계산 ─────

$Q = A_1 V_1 = A_2 V_2$

Q : 유량(m^3/min)

A : 단면적(m^2), V : 유속(m/min)

$$V_2 = \frac{A_1}{A_2} \times V_1 = \frac{\frac{\pi}{4} \times 0.015^2}{\frac{\pi}{4} \times 0.01^2} \times 40$$

$$= 90m/min$$

55

중요도 ★★★

전기집진장치의 장점으로 옳지 않은 것은?

① 미세입자의 처리가 가능하다.
② 전압 변동과 같은 조건 변동에 적용이 용이하다.
③ 압력 손실이 적어 소요동력이 작다.
④ 고온가스의 처리가 가능하다.

해설 전기집진장치 ─────

전기집진장치는 전압 변동과 같은 운전조건의 변화에 쉽게 적응하지 못한다.

56

중요도 ★★

주관에 45°로 분지관이 연결되어 있다. 주관 입구와 분지관의 속도압은 20 mmH$_2$O로 같고 압력손실계수는 각각 0.2 및 0.28이다. 주관과 분지관의 합류에 의한 압력손실(mmH$_2$O)은?

① 약 6
② 약 8
③ 약 10
④ 약 12

해설 합류관에서의 압력손실($\triangle P$) ─────

$\triangle P = (F_{h1} \times VP_1) + (F_{h2} \times VP_2)$

$\triangle P$: 압력손실(mmH$_2$O)

F_{h1} : 분지관의 압력손실계수

VP_1 : 분지관의 속도압 또는 동압(mmH$_2$O)

F_{h2} : 주관의 압력손실계수

VP_2 : 주관의 속도압 또는 동압(mmH$_2$O)

$\triangle P = (0.28 \times 20) + (0.2 \times 20)$

$\quad\quad = 9.6mmH_2O$

57

환기시스템에서 공기의 유량이 0.15 m³/sec, 덕트의 직경이 10.0 cm, 후드의 압력손실계수(F_h)가 0.4일 때 후드의 정압(SP_h)은 약 얼마인가? (단, 공기밀도는 1.2 kg/m³이다)

① 31mmH₂O   ② 38mmH₂O

③ 43mmH₂O   ④ 48mmH₂O

해설 후드의 정압 계산 ─────────

(1) 유량으로 공기의 속도 계산

$$Q = AV$$

$$V = \frac{Q}{A} = \frac{0.15}{\frac{\pi}{4} \times 0.1^2} = 19.098 \text{m/sec}$$

(2) 속도압(VP) 계산

$$VP = \frac{\gamma V^2}{2g}$$

VP : 속도압(동압)(mmH₂O)

γ : 공기의 밀도(kg/m³)

g : 중력가속도(m/sec²)

V : 공기의 속도(m/sec)

$$VP = \frac{1.2 \times 19.098^2}{2 \times 9.8} = 22.33 \text{mmH}_2\text{O}$$

(3) 후드의 정압(SP_h) 계산

$$SP_h = VP(1 + F_h)$$

SP_h : 후드의 정압(mmH₂O)

F_h : 압력손실계수(유입손실계수)

$$SP_h = 22.33(1 + 0.4) = 31.262 \text{mmH}_2\text{O}$$

58

플랜지 없는 외부식 사각형 후드가 설치되어 있다. 성능을 높이기 위해 플랜지 있는 외부식 사각형 후드로 작업대에 부착했을 때, 필요환기량의 변화로 옳은 것은? (단, 포촉거리, 개구면적, 제어속도는 같다)

① 기존 대비 10 %로 줄어든다.

② 기존 대비 25 %로 줄어든다.

③ 기존 대비 50 %로 줄어든다.

④ 기존 대비 75 %로 줄어든다.

해설 필요환기량의 변화 ─────────

플랜지 부착 → 송풍량 25 % 감소

후드를 작업대에 부착 → 송풍량 25 % 감소

플랜지 부착 + 후드를 작업대에 부착

 → 송풍량 50 % 감소

59

귀덮개의 사용환경으로 가장 옳은 것은?

① 장시간 사용 시

② 간헐적 소음 노출 시

③ 덥고 습한 환경에서 작업 시

④ 다른 보호구와 동시 사용 시

해설 귀덮개의 사용환경 ─────────

간헐적 소음에 노출되는 경우 귀덮개를 사용하고, 연속적인 소음에 노출되는 경우 귀마개를 사용한다.

60

벤젠의 증기 발생량이 400 g/h일 때, 실내 벤젠의 평균농도를 10 ppm 이하로 유지하기 위한 필요환기량은 약 몇 m³/min인가? (단, 벤젠 분자량은 78, 25 ℃, 1기압 상태기준, 안전계수는 1이다)

① 130
② 150
③ 180
④ 210

해설 필요환기량 계산

(1) 21 ℃에서 벤젠의 발생량(mL/sec) 계산

25 ℃에서 기체 1몰의 부피를 계산한다.

$$V_2 = \frac{T_2}{T_1} \times V_1 = \frac{25+273}{273} \times 22.4L$$

$$= 24.451L$$

25 ℃에서 벤젠 400 g의 발생량을 계산한다.

$$78g : 24.451L = 400g : xL$$

$$x = \frac{24.451L \times 400g}{78g} = 125.389L$$

$$\frac{125.389L}{hr} \times \frac{hr}{3,600sec} \times \frac{1,000mL}{L}$$

$$= 34.83mL/sec$$

(2) 전체환기량(Q) 계산

$$Q = \frac{G}{TLV} \times K$$

Q : 전체환기량(m³/sec)
G : 오염물질 발생률(mL/sec)
K : 안전계수
TLV : 노출기준(ppm 또는 mL/m³)

$$Q = \frac{34.83mL/sec}{10mL/m^3} \times 1$$

$$= \frac{3.483m^3}{sec} \times \frac{60sec}{min} = 208.98m^3/min$$

61

현재 총 흡음량이 500 sabins인 작업장의 천장에 흡음물질을 첨가하여 900 sabins을 더할 경우 소음감소량은 약 얼마로 예측되는가?

① 2.5 dB
② 3.5 dB
③ 4.8 dB
④ 5.5 dB

해설 소음감소량(NR)

$$NR = 10\log\left(\frac{A_2}{A_1}\right)$$

NR : 소음감소량(dB)
A_1 : 흡음처리 전 실내의 전체 흡음력(sabin)
A_2 : 흡음처리 후 실내의 전체 흡음력(sabin)

$$NR = 10\log\left(\frac{500+900}{500}\right) = 4.471dB$$

62

전리방사선의 종류에 해당하지 않는 것은?

① γ선
② 중성자
③ 레이저
④ β선

해설 전리방사선의 종류

• 전리방사선은 충분한 에너지를 가지고 있어 물질의 원자를 이온화시킬 수 있다.
  예 α선, β선, γ선, 중성자선, X-ray 등
• 비전리방사선은 물질의 원자를 이온화시킬 수 없다.
  예 레이저, 자외선, 가시광선, 라디오파 등

63

중요도 ★★★

충격소음의 노출기준에서 충격소음의 강도와 1일 노출횟수가 잘못 연결된 것은?

① 120 dB : 10,000회
② 130 dB : 1,000회
③ 140 dB : 100회
④ 150 dB : 10회

해설 충격소음의 노출기준 ─────

「화학물질 및 물리적 인자의 노출기준」 별표2의 2

1일 노출회수	충격소음의 강도 dB(A)
100	140
1,000	130
10,000	120

64

중요도 ★★

다음 계측기기 중 기류 측정기가 아닌 것은?

① 흑구온도계
② 카타온도계
③ 풍차풍속계
④ 열선풍속계

해설 기류 측정기 ─────

흑구온도계는 열복사 환경을 측정하는 것으로 기류(공기의 흐름)를 측정하는 기구가 아니다.
카타온도계는 알코올이 냉각되는 시간을 측정하여 기류속도를 계산한다.

65

중요도 ★★

작업장의 조도를 균등하게 하기 위하여 국소조명과 전체조명이 병용될 때, 일반적으로 전체조명의 조도는 국부조명의 어느 정도가 적당한가?

① $\frac{1}{20} \sim \frac{1}{10}$
② $\frac{1}{10} \sim \frac{1}{5}$
③ $\frac{1}{5} \sim \frac{1}{3}$
④ $\frac{1}{3} \sim \frac{1}{2}$

해설 작업장의 조도 ─────

국부조명과 전체조명이 병용되는 경우 작업장의 조도를 균일하게 하기 위해서는 전체조명의 조도를 국부조명의 $\frac{1}{10} \sim \frac{1}{5}$ 정도로 하는 것이 좋다.

66

중요도 ★★

빛의 단위 중 휘도(luminance)의 단위에 해당하지 않은 것은?

① nit
② lambert
③ cd/m^2
④ lumen/m^2

해설 빛의 단위 ─────

④는 광속(lumen)을 면적(m^2)으로 나눈 것으로 조도의 단위이다.

개념확인 휘도(luminance)의 단위

• cd/m^2
• cd/m^2 = 1 nit
• lambert

2025-03

67

중요도 ★★

다음 중 전리방사선의 외부노출에 대한 방어 3원칙에 해당하지 않는 것은?

① 차폐　　　　　　② 거리
③ 시간　　　　　　④ 흡수

해설 전리방사선의 외부노출에 대한 방어원칙 ────

- 시간 : 노출시간은 최소로 한다.
- 거리 : 방사선은 거리의 제곱에 비례하여 감소하므로 멀리 떨어진다.
- 차폐 : 방사선이 통과하지 못하는 물질로 방어한다.

68

중요도 ★

자외선에 관한 설명으로 틀린 것은?

① 비전리방사선이다.
② 200 nm 이하의 자외선은 망막까지 도달한다.
③ 생체반응으로는 적혈구, 백혈구에 영향을 미친다.
④ 280 ~ 315 nm의 자외선을 도르노선(Dorno-ray)이라고 한다.

해설 자외선 ────

자외선 중 270 ~ 280 nm의 파장이 주로 망막에 영향을 미쳐 망막에 손상을 일으킨다.
200 nm 이하의 자외선은 각막과 수정체를 통과하지 못해 망막까지 도달하지 못한다.

69

중요도 ★★

한랭장해에 대한 예방법으로 적절하지 않은 것은?

① 의복 등은 습기를 제거한다.
② 과도한 피로를 피하고, 충분한 식사를 한다.
③ 가능한 항상 발과 다리를 움직여 혈액순환을 돕는다.
④ 가능한 꼭 맞는 구두, 장갑을 착용하여 한기가 들어오지 않도록 한다.

해설 한랭장해 예방법 ────

한랭장해를 예방하기 위해서는 너무 꼭 맞는 구두, 장갑을 착용하기보다는 약간 큰 장갑과 방한화를 착용하는 것이 좋다.

70

중요도 ★★

마이크로파의 생체작용과 가장 거리가 먼 것은?

① 체표면은 조기에 온감을 느낀다.
② 두통, 피로감, 기억력 감퇴 등을 나타낸다.
③ 500 ~ 1,000 MHz의 마이크로파는 백내장을 일으킨다.
④ 중추신경에 대해서는 300 ~ 1,200 MHz의 주파수 범위에서 가장 민감하다.

해설 마이크로파가 인체에 미치는 영향 ────

주파수	영향
10,000 MHz	피부에 온감각을 줌
1,000 ~ 10,000 MHz	백내장을 일으킴
150 ~ 1,200 MHz	내장조직 손상
300 ~ 1,200 MHz	중추신경에 영향

71

중요도 ★

인체에 적당한 기류(온열요소)속도 범위로 맞는 것은?

① 2 ~ 3 m/min
② 6 ~ 7 m/min
③ 12 ~ 13 m/min
④ 16 ~ 17 m/min

해설 인체에 적당한 기류속도

인체에 적당한 기류속도 범위는 6 ~ 7 m/min이고, 기온이 10 ℃ 이하일 때에는 1 m/sec 이상의 기류에 직접 접촉하지 않아야 한다.

72

중요도 ★★★

1,000 Hz에서 40 dB의 음향레벨을 갖는 순음의 크기를 1로 하는 소음의 단위는?

① sone
② phon
③ NRN
④ dB(C)

해설 sone

• 감각적인 음의 크기를 나타낸다.
• 1 sone : 1,000 Hz, 40 dB의 음의 크기이다.

73

중요도 ★★

전신진동이 인체에 미치는 영향이 가장 큰 진동의 주파수 범위는?

① 2 ~ 100 Hz
② 140 ~ 250 Hz
③ 275 ~ 500 Hz
④ 4,000 Hz 이상

해설 인체에 영향을 주는 진동범위

• 전신진동 : 2 ~ 100 Hz
• 국소진동 : 8 ~ 1,500 Hz

74

중요도 ★

다음 중 매 시간 50 % 작업, 50 % 휴식에 해당되는 온도조건에 해당되는 것은?

① 중등작업이고 WBGT 값이 28.0 ℃이다.
② 경작업이고, WBGT 값이 31.4 ℃이다.
③ 시간당 200 kcal의 열량이 소모되는 작업이고 WBGT 값이 32.2 ℃이다.
④ 시간당 400 kcal의 열량이 소모되는 작업이고 WBGT 값이 25.9 ℃이다.

해설 고온의 노출기준

① 매 시간 75 % 작업, 25 % 휴식 기준이다.
② 매 시간 50 % 작업, 50 % 휴식 기준이다.
③ 시간당 200 kcal까지의 열량이 소모되는 작업은 경작업이다. 경작업이고 32.2 ℃이므로 매 시간 25 % 작업, 75 % 휴식 기준이다.
④ 시간당 350 ~ 500 kcal의 열량이 소모되는 작업은 중작업이고, 25.9 ℃이므로 매 시간 75 % 작업, 25 % 휴식 기준이다.

관련법령 고온의 노출기준(단위 : ℃)
「화학물질 및 물리적 인자의 노출기준」 별표3

구분	작업강도		
	경작업	중등작업	중작업
계속작업	30.0	26.7	25.0
매 시간 75 % 작업, 25 % 휴식	30.6	28.0	25.9
매 시간 50 % 작업, 50 % 휴식	31.4	29.4	27.9
매 시간 25 % 작업, 75 % 휴식	32.2	31.1	30.0

75

$A = \dfrac{Q}{V} = 0.1\text{m}^2$ 인 경우 덕트의 관경은 얼마인가?

① 352 mm ② 355 mm
③ 357 mm ④ 359 mm

해설 덕트의 관경 계산 —————

$A = \dfrac{\pi}{4}D^2 = 0.1\text{m}^2$

$D = \sqrt{\dfrac{0.1\text{m}^2 \times 4}{\pi}} = 0.3568\text{m} = 356.8\text{mm}$

76

중요도 ★

생체 내에서 산소공급정지가 몇 분 이상이 되면 활동성이 회복되지 않을 뿐만 아니라 비가역적인 파괴가 일어나는가?

① 1분 ② 1.5분
③ 2분 ④ 3분

해설 산소공급정지 —————

생체 내에서 산소공급정지가 2분 이상이 되면 비가역적인 파괴가 일어난다.

77

중요도 ★★

저기압의 작업환경에 대한 인체의 영향을 설명한 것으로 틀린 것은?

① 고도 18,000 ft 이상이 되면 21 % 이상의 산소를 필요로 하게 된다.
② 인체 내 산소소모가 줄어들게 되어 호흡수, 맥박수가 감소한다.
③ 고도 10,000 ft까지는 시력, 협조운동의 가벼운 장해 및 피로를 유발한다.
④ 고도 상승으로 기압이 저하되면 공기의 산소분압이 저하되고 동시에 폐포 내 산소분압도 저하된다.

해설 저기압이 인체에 미치는 영향 —————

저기압이 되면 산소가 부족해서 호흡수, 맥박수가 증가한다.

78

중요도 ★★

자유공간에 위치한 점음원의 음향파워레벨(PWL)이 110 dB일 때, 이 점음원으로부터 100 m 떨어진 곳의 음압레벨(SPL)은?

① 49 dB ② 59 dB
③ 69 dB ④ 79 dB

해설 자유공간, 점음원의 음압수준(SPL) —————

$\text{SPL(dB)} = \text{PWL} - 20\log r - 11$
r : 소음원으로부터의 거리(m)
PWL : 음향파워레벨(dB)
$\text{SPL(dB)} = 110 - 20\log 100 - 11$
$\qquad = 59\text{dB}$

79 중요도 ★★

소음의 흡음평가 시 적용되는 반향시간(Reverberation Time)에 관한 설명으로 맞는 것은?

① 반향시간은 실내 공간의 크기에 비례한다.
② 실내 흡음량을 증가시키면 반향시간도 증가한다.
③ 반향시간은 음압수준이 30 dB 감소하는 데 소요되는 시간이다.
④ 반향시간을 측정하려면 실내 배경소음이 90 dB 이상 되어야 한다.

해설 반향시간(잔향시간)

• 잔향시간은 음압수준이 60 dB 감소하는 데 소요되는 시간이다.
• 반향시간은 실내 공간의 크기에 비례한다.
• 실내 흡음량을 증가시키면 잔향시간은 감소한다.
• 잔량시간은 기록지의 레벨 감쇠곡선의 폭이 25 dB 이상일 때 이를 산출한다.

80 중요도 ★★★

다음 중 피부 투과력이 가장 큰 것은?

① X선　　　　② α선
③ β선　　　　④ 레이저

해설 전리방사선의 인체 투과력 순서

중성자 > X선 또는 γ선 > β선 > α선

81 중요도 ★★★

납 중독을 확인하는 데 이용하는 시험으로 옳지 않은 것은?

① 혈중 납농도
② EDTA 흡착능
③ 신경전달속도
④ 헴(Heme)의 대사

해설 납 중독을 확인하는 시험

• 혈중 납농도 : 가장 표준적인 검사이다.
• 신경전달속도 : 납 중독에 의해 신경전달속도가 느려지는 경향이 있으므로 보조 진단자료로 활용한다.
• 헴의 대사(ALA 축적) : 납은 헴 합성효소를 억제하므로 헴 대사체 변화를 통해 보조 진단자료로 활용한다.

82 중요도 ★★★

체내에 소량 흡수된 카드뮴은 체내에서 해독되는데 이들 반응에 중요한 작용을 하는 것은?

① 효소　　　　② 임파구
③ 간과 신장　　　④ 백혈구

해설 카드뮴의 해독

카드뮴이 체내에 들어오면 간에서 무독성 형태로 변환되어 독성이 감소한다.
간에서 독성이 감소된 카드뮴은 혈액을 통해 신장으로 이동하여 배출된다.

2025-03

83

중요도 ★

다음 중 피부에 건강상의 영향을 일으키는 화학물질과 가장 거리가 먼 것은?

① PAH   ② 망간흄

③ 크롬   ④ 절삭유

해설 피부에 건강상의 영향을 일으키는 화학물질 ——

망간흄은 주로 호흡기로 흡입할 때 영향을 주며 금속열을 일으키고 피부에는 특별한 영향을 주지 않는다.

① PAH : 피부 접촉 시 염증이 생기고, 피부암을 유발할 수 있다.

③ 크롬 : 접촉성 피부염, 피부궤양을 일으킬 수 있다.

④ 절삭유 : 피부의 수분과 유분이 손실되어 피부 건조나 피부염이 발생된다.

84

중요도 ★

Habor의 법칙에서 유해물질지수는 노출시간(T)과 무엇의 곱으로 나타내는가?

① 상수(Constant)

② 용량(Capacity)

③ 천장치(Ceiling)

④ 농도(Conentration)

해설 Haber의 법칙(Haber's Law) ——

유해가스의 농도(C)와 노출 시간(t)의 곱이 일정할 때 동일한 독성 효과(K)가 발생한다.

$K = C \times t$

85

중요도 ★★★

고농도로 폭로되면 중추신경계 장해 외에 간장이나 신장에 장해가 일어나 황달, 단백뇨, 혈뇨의 증상을 보이는 할로겐화 탄화수소로 적절한 것은?

① 벤젠

② 톨루엔

③ 사염화탄소

④ 파라니트로클로벤젠

해설 사염화탄소(CCl_4) ——

• 탈지용 용매로 사용된다.

• 주로 간, 신장, 중추신경계에 대한 독성이 강하다.

• 간에 대한 독성이 강해 황달, 중심소엽성 괴사를 일으킨다.

86

중요도 ★★★

무기성 납으로 인한 중독 시 원활한 체내 배출을 위해 사용하는 배설촉진제는?

① β-BAL   ② Ca-EDTA

③ δ-ALAD   ④ 코프로폴피린

해설 납 중독 치료제 ——

Ca-EDTA은 체내에 쌓인 납과 결합해서 납을 소변으로 배출하게 하는 대표적인 약물이다.

87

중요도 ★★

유기용제 중독을 스크린 하는 다음 검사법의 민감도(Sensitivity)는 얼마인가?

구분		실제값(질병)		합계
		양성	음성	
검사법	양성	15	25	40
	음성	5	15	20
합계		20	40	60

① 25.0 %   ② 37.5 %
③ 62.5 %   ④ 75.0 %

해설 민감도 계산 ─────────────

민감도는 참 양성(검사법과 실제 모두 양성)을 실제 양성 전체로 나누어서 계산한다.

민감도 $= \dfrac{15}{20} = 0.75 = 75\%$

민감도가 높다는 것은 실제로 질병이 있는 사람을 놓치지 않고 잘 찾아낸다는 뜻이다.

88

중요도 ★★

화기 등에 접촉하면 유독성의 포스겐이 발생하여 폐수종을 일으킬 수 있는 유기용제는?

① 벤젠   ② 크실렌
③ 노말헥산   ④ 염화에틸렌

해설 포스겐 발생 물질 ─────────────

염화에틸렌과 같은 일부 유기용제가 화기에 접촉하면 유독성의 포스겐이 발생한다.

89

중요도 ★

동물실험을 통하여 산출한 독물량의 한계치(NOED : No-observable Effect Dose)를 사람에게 적용하기 위하여 인간의 안전폭로량(SHD)을 계산할 때 안전계수와 함께 활용하는 항목은?

① 체중   ② 축적도
③ 평균수명   ④ 감응도

해설 안전폭로량 ─────────────

동물실험에서 얻은 독성량을 인간에게 적용할 때에는 동물과 사람 간의 체중 차이를 고려하여 값을 변환한 후 안전계수(종간 차이)로 나누어 안전폭로량을 계산한다.

90

중요도 ★★★

구리의 독성에 대한 인체실험 결과 안전흡수량이 kg당 0.008 mg이었다. 1일 8시간 작업 시의 허용농도는 약 몇 mg/m^{3}인가? (단, 근로자의 평균체중은 70 kg, 작업 시 폐환기율은 1.45 m^3/h로 가정한다)

① 0.035   ② 0.048
③ 0.056   ④ 0.064

해설 체내 흡수량 ─────────────

$SHD = C \times T \times V \times R$

SHD : 안전흡수량(mg)

C : 공기 중 유해물질 농도(mg/m^3)

T : 노출시간(hr)

V : 호흡률(폐환기율)(m^3/hr)

R : 체내 잔류율(보통 1임)

$C = \dfrac{SHD}{T \times V \times R}$

$= \dfrac{\dfrac{0.008\text{mg}}{1\text{kg}} \times 70\text{kg}}{8 \times 1.45 \times 1.0} = 0.048\text{mg/m}^3$

2025-03

91
중요도 ★★

생물학적 노출지수(BEI)에 관한 설명으로 틀린 것은?

① 시료는 소변, 호기 및 혈액 등이 주로 이용된다.
② 혈액에서 휘발성 물질의 생물학적 노출지수는 동맥 중의 농도를 말한다.
③ 유해물질의 대사산물, 유해물질 자체 및 생화학적 변화 등을 총칭한다.
④ 배출이 빠르고 반감기가 5분 이내의 물질에 대해서는 시료채취 시기가 대단히 중요하다.

해설 생물학적 노출지수 ───────

생물학적 노출지수는 화학물질에 노출된 사람의 혈액, 소변, 호기 등에 포함된 유해물질 또는 그 대사산물의 허용기준 농도이다.
혈액에서 휘발성 물질의 노출지수를 측정할 때는 동맥이 아니라 정맥에서 채취한다.
동맥혈은 채취가 어렵기 때문에 산업현장에서는 대부분 정맥혈로 채취한다.

92
중요도 ★★★

유기용제의 중추신경 활성억제의 순위를 큰 것에서부터 작은 순으로 나타낸 것 중 맞는 것은?

① 알켄 > 알칸 > 알코올
② 에테르 > 알코올 > 에스테르
③ 할로겐화합물 > 에스테르 > 알켄
④ 할로겐화합물 > 유기산 > 에테르

해설 중추신경계 억제작용 순서 ───────

할로겐화합물(할로겐족) > 에테르 > 에스테르 > 유기산 > 알코올 > 알켄 > 알칸

93
중요도 ★★

다음 중 유기용제과 그 특이사항을 짝지은 것으로 틀린 것은?

① 벤젠 - 조혈장해
② 염화탄화수소 - 시신경장해
③ 메틸부틸케톤 - 말초신경장해
④ 이황화탄소 - 중추신경 및 말초신경장해

해설 유기용제가 건강에 미치는 영향 ───────

① 벤젠 : 백혈병을 일으키는 등 조혈장해와 관련이 있다.
② 염화탄화수소 : 염화비닐과 유사하게 간장해와 연관성이 크다.
③ 메틸부틸케톤 - 말초신경장해를 일으켜 다발성 신경병증을 유발한다.
④ 이황화탄소 - 중추신경 및 말초신경장해를 일으켜 인지기능 저하, 운동장해를 유발한다.

94
중요도 ★★

다음 중 내재용량에 대한 개념으로 잘못된 것은?

① 개인시료채취량과 동일하다.
② 최근에 흡수된 화학물질의 양을 나타낸다.
③ 과거 수개월 동안 흡수된 화학물질의 양을 나타낸다.
④ 체내 주요조직이나 부위의 작용과 결합한 화학물질의 양을 의미한다.

해설 내재용량 ───────

개인시료채취량은 근로자가 들이마신 공기 중의 유해화학물질의 농도를 알기 위해 공기를 직접 측정해서 유해화학물질의 양을 분석하는 것이다.
내재용량은 개인의 혈액, 소변, 조직 등 인체 내에 실제로 흡수되어 존재하거나 대사된 화학물질의 양으로 개인시료채취량과 동일하지 않다.

95

중요도 ★★★

메탄올에 관한 설명으로 틀린 것은?

① 특징적인 악성 변화는 간의 혈관육종이다.

② 자극성이 있고, 중추신경계를 억제한다.

③ 플라스틱, 필름제조와 휘발유첨가제 등에 이용된다.

④ 시각장해의 기전은 메탄올의 대사산물인 포름알데하이드가 망막조직을 손상시키는 것이다.

해설 메탄올

메탄올은 시각장해와 연관이 있고 혈관육종은 염화비닐에 노출되면 발생한다.

96

중요도 ★

유해화학물질에 노출되었을 때 간장이 표적장기가 되는 이유에 해당되지 않는 것은?

① 간장은 각종 대사효소가 집중적으로 분포되어 있고, 이들 효소활동에 의해 다양한 대사물질이 만들어지기 때문에 다른 기관에 비해 독성물질의 노출가능성이 매우 높다.

② 간장은 대정맥을 통하여 소화기계로부터 혈액을 공급받기 때문에 소화기관을 통하여 흡수된 독성물질의 이차표적이 된다.

③ 간장은 정상적인 생활에서도 여러 가지 복잡한 생화학 반응 등 매우 복합적인 기능을 수행함에 따라 기능의 손상 가능성이 매우 높다.

④ 간장은 혈액의 흐름이 매우 풍부하기 때문에 혈액을 통해서 쉽게 침투가 가능하다.

해설 유해화학물질 노출

간장(간)은 대정맥이 아니라 문맥이라는 특수한 혈관을 통해 소화기관에서 흡수한 물질이 처음으로 지나가는 장기이다.

소화기관을 통하여 흡수된 독성물질의 1차 표적이 간장이다.

97

중요도 ★★

남성 근로자의 생식독성 유발 유해인자와 가장 거리가 먼 것은?

① 고온　　　　　② 저혈압증

③ 항암제　　　　④ 마이크로파

해설 남성의 생식독성 유발 유해인자

① 고온 : 고온에 많이 노출되면 남성의 생식기에서 정자 생성이 저해된다.

② 저혈압증 : 저혈압의 주된 증상은 어지럼증, 피로 등이고, 남성의 생식독성과는 큰 관련이 없다.

③ 항암제 : 대표적인 생식독성 유해인자이다.

④ 마이크로파 : 과다 노출될 경우 생식독성을 일으킬 수 있다.

98

중요도 ★★★

다음 중 유해물질의 생체 내 배설과 관련된 설명으로 틀린 것은?

① 유해물질은 대부분 위(胃)에서 대사된다.

② 흡수된 유해물질은 수용성으로 대사된다.

③ 유해물질의 분포량은 혈중 농도에 대한 투여량으로 산출한다.

④ 유해물질의 혈장농도가 50 %로 감소하는 데 소요되는 시간을 반감기라고 한다.

해설 유해물질의 배설

유해물질의 대사가 가장 활발하게 일어나는 기관은 간이다.

위에서는 소화작용이 주로 일어나며 일부 유해물질의 대사가 일어날 수도 있다.

99

중요도 ★★

공기 중 일산화탄소 농도가 10 mg/m³인 작업장에서 1일 8시간 동안 작업하는 근로자가 흡입하는 일산화탄소의 양은 몇 mg인가? (단, 근로자의 시간당 평균 흡기량은 1,250 L이다)

① 10
② 50
③ 100
④ 500

해설 단위환산을 이용한 계산 ─────────

$$\frac{10\text{mg}}{\text{m}^3} \times \frac{1,250\text{L}}{\text{hr}} \times 8\text{hr} \times \frac{\text{m}^3}{1,000\text{L}} = 100\text{mg}$$

100

중요도 ★★★

직업성 천식이 유발될 수 있는 근로자와 거리가 가장 먼 것은?

① 채석장에서 돌을 가공하는 근로자
② 목분진에 과도하게 노출되는 근로자
③ 빵집에서 밀가루에 노출되는 근로자
④ 폴리우레탄 페인트 생산에 TDI를 사용하는 근로자

해설 직업성 천식 ─────────

① 채석장의 근로자는 석영에 많이 노출되어 규폐증에 걸릴 가능성이 높다.
② 목분진은 직업성 천식을 일으킨다.
③ 밀가루는 직업성 천식을 일으키는 물질로 제빵사들이 천식에 많이 걸려 제빵사 천식이라고 부르기도 한다.
④ TDI는 대표적인 직업성 천식 유발인자이다.

2024 제1회 CBT 복원문제

2024-01

1과목 산업위생학개론

01
중요도 ★★

일반적으로 오차는 계통오차와 우발오차로 구분된다. 다음 중 계통오차에 관한 내용으로 틀린 것은?

① 계통오차가 작을 때는 정밀하다고 말한다.

② 크기와 부호를 추정할 수 있고 보정할 수 있다.

③ 측정기 또는 분석기기의 미비로 기인되는 오차이다.

④ 계통오차의 종류로는 외계오차, 기계오차, 개인오차가 있다.

해설 오차의 종류 ─────

계통오차가 작을 때는 정확하다고 말하고, 우발오차가 정밀도로 정의한다.

02
중요도 ★★

분진 채취 전후의 여과지 무게가 각각 21.3 mg, 25.8 mg이고, 개인시료채취기로 포집한 공기량이 450 L일 경우 분진농도는 약 몇 mg/m³인가?

① 1   ② 10

③ 20   ④ 25

해설 단위환산을 이용한 계산 ─────

$$\frac{mg}{m^3} = \frac{(25.8 - 21.3)mg}{450L \times \frac{m^3}{1,000L}} = 10mg/m^3$$

$$1,000L = m^3$$

03
중요도 ★★★

우리나라의 화학물질의 노출기준에 관한 설명으로 틀린 것은?

① Skin이라고 표시된 물질은 피부 자극성을 뜻한다.

② 발암성 정보물질의 표기 중 1 A는 사람에게 충분한 발암성 증거가 있는 물질을 의미한다.

③ Skin 표시물질은 점막과 눈 그리고 경피로 흡수되어 전신영향을 일으킬 수 있는 물질을 말한다.

④ 화학물질이 IARC 등의 발암성 등급과 NTP의 R 등급을 모두 갖는 경우에는 NTP의 R등급은 고려하지 아니한다.

해설 화학물질의 노출기준 ─────

「화학물질 및 물리적 인자의 노출기준」 별표1
Skin 표시물질은 점막과 눈 그리고 경피로 흡수되어 전신영향을 일으킬 수 있는 물질이다.

연계학습 산업독성학에 나오는 유기납(4메틸납)이 피부로 흡수된다.

정답   01 ①   02 ②   03 ①

04

중요도 ★★★

육체적 작업능력이 16 kcal/min인 근로자가 1일에 8시간씩 일하고 있다. 이때의 작업대사량은 8 kcal/min이고, 휴식 시의 대사량은 1.2 kcal/min이다. 1시간을 기준으로 할 때 이 근로자의 적정휴식시간은 약 얼마인가?

① 18.2분
② 23.4분
③ 25.3분
④ 30.5분

해설 피로예방을 위한 적정 휴식시간 비($T_{rest}(\%)$) —

$$T_{rest}(\%) = \left(\frac{PWC의 \frac{1}{3} - 작업\ 대사량}{휴식\ 대사량 - 작업\ 대사량} \right) \times 100$$

$$= \left(\frac{16 \times \frac{1}{3} - 8}{1.2 - 8} \right) \times 100 = 39.21\%$$

매 시간당 적정 휴식시간
휴식시간 = 60 min × 0.3921 = 23.526 min

05

중요도 ★★

직업성 피부질환에 대한 설명으로 틀린 것은?

① 대부분은 화학물질에 의한 접촉피부염이다.
② 접촉피부염의 대부분은 알레르기에 의한 것이다.
③ 정확한 발생빈도와 원인 물질의 추정은 거의 불가능하다.
④ 직업성 피부질환의 간접요인으로는 인종, 연령, 계절 등이 있다.

해설 접촉피부염 —

• 대부분 외부 물질과의 접촉에 의하여 발생한다.
• 자극에 의한 원발성 피부염이 가장 많은 부분을 차지한다.

06

중요도 ★

다음 중 근로자 건강진단 실시 결과 건강관리 구분에 따른 내용의 연결이 틀린 것은?

① R : 건강관리상 사후관리가 필요 없는 근로자
② C_1 : 직업성 질병으로 진전될 우려가 있어 추적 검사 등 관찰이 필요한 근로자
③ D_1 : 직업성 질병의 소견을 보여 사후관리가 필요한 근로자
④ D_2 : 일반질병의 소견을 보여 사후관리가 필요한 근로자

해설 건강관리구분 판정 —

• A : 건강관리상 사후관리가 필요 없는 근로자(건강한 근로자)
• C_1 : 직업성 질병으로 진전될 우려가 있어 추적검사 등 관찰이 필요한 근로자(직업병 요관찰자)
• C_2 : 일반질병으로 진전될 우려가 있어 추적관찰이 필요한 근로자(일반질병 요관찰자)
• D_1 : 직업성 질병의 소견을 보여 사후관리가 필요한 근로자(직업병 유소견자)
• D_2 : 일반질병의 소견을 보여 사후관리가 필요한 근로자(일반질병 유소견자)
• R : 건강진단 1차 검사결과 건강수준의 평가가 곤란하거나 질병이 의심되는 근로자(제2차 건강진단 대상자)

07 중요도 ★★

턱뼈의 괴사를 유발하여 영국에서 사용 금지된 최초의 물질은?

① 벤지딘(Benzidine)
② 청석면(Crocidolite)
③ 적린(Red phosphorus)
④ 황린(Yellow phosphorus)

해설 황린

황린은 낮은 온도에서도 불이 잘 붙는 성질이 있어 성냥 제조에 많이 사용했다.
황린은 독성이 매우 강해 성냥을 제조하던 작업자의 턱뼈가 괴사되어 영국에서 사용이 금지되었다.

08 중요도 ★

다음 중 수근관터널증후군(CTS)이 가장 발생하기 쉬운 작업은?

① 대형버스 운전
② 조선소의 용접작업
③ 항만, 공항의 물건 하역작업
④ 드라이버를 이용한 기계 조립

해설 수근관터널증후군

수근관터널증후군은 반복적이고 지속적인 손목의 압박, 무리한 힘 등으로 인해 수근관(손가락을 구부리는 근육과 신경이 지나는 곳) 내부에 정중신경이 손상되어 발생한다.
드라이버를 이용한 기계 조립 등 손목과 손가락을 많이 사용하는 작업을 하면 수근관터널증후군이 발생하기 쉽다.

09 중요도 ★★★

정상 작업영역에 대한 설명으로 맞는 것은?

① 두 다리를 뻗어 닿는 범위이다.
② 손목이 닿을 수 있는 범위이다.
③ 전박(前膊)과 손으로 조작할 수 있는 범위이다.
④ 상지(上肢)와 하지(下肢)를 곧게 뻗어 닿는 범위이다.

해설 정상 작업영역

• 위팔은 몸통 옆에 자연스럽게 내린 자세에서 아래팔의 움직임에 의해 편안하게 도달 가능한 작업영역
• 움직이지 않고 전박(팔꿈치부터 손목까지)과 손으로 조작할 수 있는 범위

10 중요도 ★

실내 공기오염과 가장 관계가 적은 인체 내의 증상은?

① 광과민증(Photosensitization)
② 빌딩증후군(Sick building Syndrome)
③ 건물 관련 질병(Building related Disease)
④ 복합화합물질 민감증(Multiple Chemical Sensitivity)

해설 공기오염이 인체에 미치는 영향

광과민증이란 피부가 자외선 등 햇빛에 노출되었을 때 민감하게 반응하는 것으로 실내 공기오염과는 관계가 적다.

2024-01

11 중요도 ★★

다음은 A 전철역에서 측정한 오존의 농도이다. 기하 평균농도는 약 몇 ppm인가?

> (단위 : ppm)
> 4.42, 5.58, 1.26, 0.57, 5.82

① 2.07　　　　② 2.21
③ 2.53　　　　④ 2.74

해설 기하 평균농도(GM)

$$\log(GM) = \frac{\log X_1 + \log X_2 + \cdots \log X_n}{N}$$

X_n : 측정값, n : 측정치의 개수

$$\log(GM)$$
$$= \frac{\log 4.42 + \log 5.58 + \log 1.26 + \log 0.57 + \log 5.82}{5}$$
$$= 0.403$$
$$GM = 10^{0.403} = 2.53$$

12 중요도 ★

실내환경과 관련된 질환의 종류에 해당되지 않는 것은?

① 빌딩증후군(SBS)
② 새집증후군(SHS)
③ 시각표시단말증후군(VDTS)
④ 복합 화학물질 과민증(MCS)

해설 실내환경과 관련된 질환

시각표시단말증후군(VDTS)은 일명 거북목이라고 부르는 질환으로 컴퓨터나 스마트폰과 같은 영상표시장치를 오래 사용할 때 발생하는 증상이다.

13 중요도 ★★

다음 중 피로에 관한 내용과 가장 거리가 먼 것은?

① 에너지원의 소모
② 신체조절기능의 저하
③ 체내에서의 물리·화학적 변조
④ 물질 대사에 의한 노폐물의 체내 소모

해설 피로

물질 대사에 의한 노폐물인 젖산 등의 축적이 피로와 관련이 있다.

14 중요도 ★★★

영국에서 최초로 직업성 암을 보고하여, 1788년에 굴뚝청소부법이 통과되도록 노력한 사람은?

① Ramazzini　　② Paracelsus
③ Percivall Pott　　④ Robert Owen

해설 Percivall Pott

• 영국의 외과의사로 직업성 암을 최초로 보고했다.
• 어린이 굴뚝청소부에서 많이 발생하는 음낭암(Scrotal Cancer)의 원인 물질을 검댕(Soot)으로 규명했다.
• 8살 이하 어린이는 굴뚝청소부로 일하지 못하게 하는 굴뚝청소부법(1788년)을 제정하도록 했다.

15

중요도 ★

재해통계지수 중 종합재해지수를 올바르게 나타낸 것은?

① $\sqrt{도수율 \times 강도율}$

② $\sqrt{도수율 \times 연천인율}$

③ $\sqrt{강도율 \times 연천인율}$

④ 연천인율 $\times \sqrt{도수율 \times 강도율}$

해설 종합재해지수 —————————

종합재해지수 $= \sqrt{도수율 \times 강도율}$

16

중요도 ★★

산업보건의 정의로 가장 거리가 먼 것은?

① 사회적 건강유지 및 증진

② 근로자의 체력증진 및 진료

③ 육체적, 정신적 건강 유지 및 증진

④ 생리적, 심리적으로 적합한 작업환경에 배치

해설 산업보건의 정의 —————————

• 근로자들의 육체적, 정신적, 사회적 건강 유지·증진

• 작업조건으로 인한 질병 예방 및 건강에 유해한 취업을 방지

• 근로자들 생리적, 심리적으로 적합한 작업환경(직무)에 배치

17

중요도 ★

새로운 건물이나 새로 지은 집에 입주하기 전 실내를 모두 닫고 30 ℃ 이상으로 5 ~ 6시간 유지시킨 후 1시간 정도 환기를 하는 방식을 여러 번 반복하여 실내의 휘발성 유기화합물이나 포름알데하이드의 저감효과를 얻는 방법을 무엇이라 하는가?

① Bake out

② Heating up

③ Room heating

④ Burning up

해설 베이크 아웃(Bake out) —————————

새로운 건물이나 새로 지은 집에 입주하기 전 실내를 모두 닫고 30 ℃ 이상으로 5 ~ 6시간 유지시킨 후 1시간 정도 환기를 하는 방식을 여러 번 반복하여 실내의 휘발성 유기화합물이나 포름알데하이드의 저감효과를 얻는 방법이다.

18

중요도 ★★

「산업안전보건법」에 따라 작업환경 측정을 실시한 경우 작업환경 측정결과는 며칠 이내에 관할 지방고용노동관서의 장에게 제출하여야 하는가?

① 7일

② 30일

③ 45일

④ 90일

해설 작업환경 측정 결과의 보고 —————————

「산업안전보건법 시행규칙」 제188조
사업주는 작업환경 측정을 한 경우에는 작업환경 측정을 마친 날부터 30일 이내에 관할 지방고용노동관서의 장에게 제출해야 한다.

2024-01

19

중요도 ★★★

「산업안전보건법령」상 사무실 오염물질에 대한 관리기준으로 옳지 않은 것은?

① 라돈 : 148 Bq/m³ 이하

② 일산화탄소 : 10 ppm 이하

③ 이산화질소 : 0.1 ppm 이하

④ 포름알데하이드 : 500 μg/m³ 이하

해설 오염물질 관리기준 ─────────

포름알데하이드 : 100 μg/m³ 이하

관련법령 오염물질 관리기준

「사무실 공기관리 지침」제2조

오염물질	관리기준
미세먼지(PM 10)	100 μg/m³
초미세먼지(PM 2.5)	50 μg/m³
이산화탄소(CO_2)	1,000 ppm
일산화탄소(CO)	10 ppm
이산화질소(NO_2)	0.1 ppm
포름알데하이드(HCHO)	100 μg/m³
총휘발성유기화합물(TVOC)	500 μg/m³
라돈(Radon)	148 μg/m³
총 부유세균	800 CFU/m³
곰팡이	500 CFU/m³

20

중요도 ★★

신발 제조업에서 보건관리자를 1명 이상을 반드시 두어야 하는 사업장의 규모는 상시 근로자가 몇 명 이상이어야 하는가?

① 30　　　　　　② 50

③ 100　　　　　④ 300

해설 신발 제조업의 보건관리자의 수 ─────

「산업안전보건법 시행령」별표5

• 상시 근로자 50명 이상 500명 미만 : 1명 이상

• 상시근로자 500명 이상 2천 명 미만 : 2명 이상

21

중요도 ★★

소음의 측정시간 및 횟수에 관한 기준으로 옳지 않은 것은?

① 단위작업장소에서의 소음 발생시간이 6시간 이내인 경우나 소음 발생원에서의 발생시간이 간헐적인 경우에는 등간격으로 나누어 3회 이상 측정하여야 한다.

② 단위작업장소에서 소음수준은 규정된 측정위치 및 지점에서 1일 작업시간을 1시간 간격으로 나누어 6회 이상 측정한다.

③ 소음의 발생특성이 연속음으로서 측정치가 변동이 없다고 자격자 또는 지정측정기관이 판단한 경우에는 1시간 동안을 등간격으로 나누어 3회 이상 측정할 수 있다.

④ 단위작업장소에서 소음수준은 규정된 측정위치 및 지점에서 1일 작업시간 동안 6시간 이상 연속 측정한다.

해설 소음의 측정시간 ―――――――――

「작업환경 측정 및 정도관리 등에 관한 고시」 제28조 단위작업장소에서의 소음 발생시간이 6시간 이내인 경우나 소음 발생원에서의 발생시간이 간헐적인 경우에는 발생시간 동안 연속 측정하거나 등간격으로 나누어 4회 이상 측정하여야 한다.

22

중요도 ★★★

분석기기에서 바탕선량(Background)과 구별하여 분석될 수 있는 최소의 양은?

① 검출한계　　　　　② 정량한계
③ 정성한계　　　　　④ 정도한계

해설 검출한계(LOD) ―――――――――

분석기기마다 바탕선량(Background)과 구별하여 분석될 수 있는 가장 적은 분석물질의 양이다.

23

중요도 ★★★

입경이 20 μm이고 입자비중이 1.5인 입자의 침강속도는 약 몇 cm/sec인가?

① 1.8　　　　　② 2.4
③ 12.7　　　　　④ 36.2

해설 Lippman식에 의한 침강속도 ―――――――

입자의 크기가 1 ~ 50 μm인 경우에 적용한다.

$V = 0.003 \times \rho \times d^2$

V : 침강속도(cm/sec)

ρ : 입자밀도(비중)(g/cm^3)

d : 입자직경(μm)

$V = 0.003 \times 1.5 \times 20^2 = 1.8 \, \text{cm/sec}$

24

중요도 ★★★

고체 흡착관으로 활성탄을 연결한 저유량 펌프를 이용하여 벤젠증기를 용량 0.012 m³로 포집하였다. 실험실에서 앞부분과 뒷부분을 분석한 결과 총 550 μg이 검출되었다. 벤젠 증기의 농도는? (단, 온도는 25 ℃, 압력은 760 mmHg, 벤젠의 분자량은 78이다)

① 5.6 ppm ② 7.2 ppm
③ 11.2 ppm ④ 14.4 ppm

해설 mg/m³과 ppm의 농도 변환 —————

(1) mg/m³ 단위로 벤젠의 농도 계산

$$\frac{mg}{m^3} = \frac{550\mu g \times \dfrac{mg}{10^3 \mu g}}{0.012 m^3} = 45.833 \, mg/m^3$$

(2) mg/m³ 단위로 농도를 ppm으로 환산

$$ppm = mg/m^3 \times \frac{24.45}{분자량}$$

$$ppm = 45.833 \times \frac{24.45}{78} = 14.366 \, ppm$$

25

중요도 ★★

측정결과를 평가하기 위하여 "표준화 값"을 산정할 때 필요한 것은? (단, 고용노동부고시를 기준으로 한다)

① 시간가중평균값(단시간 노출값)과 허용기준
② 평균농도와 표준편차
③ 측정농도와 시료채취분석오차
④ 시간가중평균값(단시간 노출값)과 평균농도

해설 시간가중평균값 —————

표준화 값은 시간가중평균값 또는 단시간 노출값을 노출기준(허용기준)으로 나누어 산정한다.

26

중요도 ★★★

옥외(태양광선이 내리쬐는 장소)에서 습구흑구온도지수(WBGT)의 산출식은?

① (0.7 × 자연습구온도) + (0.2 × 건구온도) + (0.1 × 흑구온도)
② (0.7 × 자연습구온도) + (0.2 × 흑구온도) + (0.1 × 건구온도)
③ (0.7 × 자연습구온도) + (0.3 × 흑구온도)
④ (0.7 × 자연습구온도) + (0.2 × 건구온도)

해설 습구흑구온도지수(WBGT)의 산출 —————

(1) 옥외(태양광선이 내리쬐는 장소)
$$WBGT(℃) = 0.7 \times 자연습구온도 + 0.2 \times 흑구온도 + 0.1 \times 건구온도$$
(2) 옥내 또는 옥외(태양광선이 내리쬐지 않는 장소)
$$WBGT(℃) = 0.7 \times 자연습구온도 + 0.3 \times 흑구온도$$

27

중요도 ★

다음 중 수동식 채취기에 적용되는 이론으로 가장 적절한 것은?

① 침강원리, 분산원리
② 확산원리, 투과원리
③ 침투원리, 흡착원리
④ 충돌원리, 전달원리

해설 수동식 채취기의 포집원리 —————

확산, 투과, 흡착

28

중요도 ★★★

다음은 작업장 소음측정에서 관한 고용노동부 고시 내용이다. ( ) 안에 내용으로 옳은 것은?

> 누적소음 노출량 측정기로 소음을 측정하는 경우에는 Criteria 90 dB, Exchange Rate 5 dB, Threshold ( )dB로 기기를 설정한다.

① 50　　　　　　② 60
③ 70　　　　　　④ 80

해설 누적소음노출량 측정기로 소음을 측정하는 경우 기기 설정값

「작업환경 측정 및 정도관리 등에 관한 고시」 제26조
① Criteria 90 dB
② Exchange Rate 5 dB
③ Threshold 80 dB

29

중요도 ★★★

입자상 물질인 흄(Fume)에 관한 설명으로 옳지 않은 것은?

① 용접공정에서 흄이 발생한다.
② 일반적으로 흄은 모양이 불규칙하다.
③ 흄의 입자크기는 먼지보다 매우 커 폐포에 쉽게 도달하지 않는다.
④ 흄은 상온에서 고체상태의 물질이 고온으로 액체화된 다음 증기화되고, 증기물의 응축 및 산화로 생기는 고체상의 미립자이다.

해설 흄(Fume)

흄(Fume)의 입자크기는 약 $0.1\ \mu m$ 이하로 먼지(1 ~ 10 μm)보다 작아 폐포에 쉽게 도달한다.

30

중요도 ★

소음진동공정시험기준에 따른 환경기준 중 소음측정방법으로 옳지 않은 것은?

① 소음계의 동특성은 원칙적으로 빠름(Fast) 모드로 하여 측정하여야 한다.
② 소음계와 소음도 기록기를 연결하여 측정·기록하는 것을 원칙으로 한다.
③ 소음계 및 소음도기록기의 전원과 기기의 동작을 점검하고 매회 교정을 실시하여야 한다.
④ 소음계의 청감보정회로는 C 특성에 고정하여 측정하여야 한다.

해설 청감보정회로 및 동특성

• 소음계의 청감보정회로는 A 특성에 고정하여 측정하여야 한다.
• 소음계의 동특성은 원칙적으로 빠름(Fast)모드로 하여 측정하여야 한다.
※ 작업환경 측정 시 동측성을 느림(Slow)으로 해야 하는 것과 구분해야 한다.

31

중요도 ★

저온의 작업환경 공기온도를 측정하려고 한다. 영하 20 ℃까지 측정할 수 있는 온도계로 측정하려고 할 때 측정시간으로 가장 적합한 것은?

① 30초 이상　　　　② 1분 이상
③ 3분 이상　　　　④ 5분 이상

해설 저온의 작업환경 측정

저온 작업환경 공기온도를 측정할 때 영하 20 ℃까지의 측정시간은 5분 이상으로 한다.

32

중요도 ★★★

어느 작업장 근로자가 400 ppm의 Acetone (TLV = 1,000 ppm)과 50 ppm의 Secbutyl acetone(TLV = 200 ppm)와 2-butanone(TLV = 200 ppm)에 폭로되었다. 이 근로자가 허용치 이하로 폭로되기 위해서는 2-butanone에 몇 ppm 이하에 폭로되어야 하는가? (단, 상가작용하는 것으로 가정한다)

① 70 ppm
② 82 ppm
③ 114 ppm
④ 122 ppm

해설 노출지수(EI) ────────────

$$EI = \frac{C_1}{T_1} + \frac{C_2}{T_2} + \cdots + \frac{C_n}{T_n}$$

C_n : 화학물질 각각의 측정치

T_n : 화학물질 각각의 노출기준

$EI > 1$: 노출기준 초과

$EI < 1$: 노출기준을 초과하지 않음

2-butanone의 측정치(ppm)을 x로 놓고 노출지수 식을 작성한다.

$$1.0 = \frac{400}{1,000} + \frac{50}{200} + \frac{x}{200}$$

$$1.0 = 0.4 + 0.25 + \frac{x}{200}$$

$$x = 200 \times (1.0 - 0.4 - 0.25) = 70 \text{ppm}$$

33

중요도 ★★★

미국의 ACGIH에 의하면 호흡성 먼지는 가스교환부위, 즉 폐포에 침착할 때 유해한 물질이다. 평균 입경을 얼마로 정하고 있는가?

① 1.5 μm
② 2.5 μm
③ 4.0 μm
④ 5.0 μm

해설 입자상 물질의 평균입경기준 ────────

• 흡입성 분진(IPM) : 100 μm
• 흉곽성 분진(TPM) : 10 μm
• 호흡성 분진(RPM) : 4 μm

34

중요도 ★★

원자가 가장 낮은 에너지 상태인 바닥에서 에너지를 흡수하면 들뜬 상태가 되고 들뜬 상태의 원자들이 낮은 에너지 상태로 돌아올 때 에너지를 방출하게 된다. 금속마다 고유한 방출스펙트럼을 갖고 있으며 이를 측정하여 중금속을 분석하는 장비는?

① 불꽃 원자흡광광도계
② 비불꽃 원자흡광광도계
③ 이온크로마토그래피
④ 유도결합플라즈마 분광광도계

해설 유도결합플라즈마 분광광도계(ICP) ────────

금속원자가 흡수하는 파장을 분석하는 것이 원자흡광광도계이고, 들뜬 상태의 원자가 바닥 상태로 돌아오면서 방출하는 파장을 분석하는 것이 유도결합플라즈마 분광광도계이다.

35

중요도 ★★★

어느 작업장의 소음측정 결과가 다음과 같았다. 이 때의 총 음압레벨(음압레벨 합산)은? (단, 기계 음압레벨 측정기준이다)

> • A기계 : 95 dB(A)
> • B기계 : 90 dB(A)
> • C기계 : 88 dB(A)

① 약 92.3 dB(A) ② 약 94.6 dB(A)
③ 약 96.8 dB(A) ④ 약 98.2 dB(A)

해설 합성소음도(총 음압수준)

$$L = 10 \times \log\left(10^{\frac{L_1}{10}} + 10^{\frac{L_2}{10}} + \cdots 10^{\frac{L_n}{10}}\right)$$

L : 합성소음도[dB(A)]

L_n : 각각 소음원의 소음[dB(A)]

$$L = 10 \times \log\left(10^{\frac{95}{10}} + 10^{\frac{90}{10}} + 10^{\frac{88}{10}}\right)$$

$$= 96.806 dB$$

36

중요도 ★

원자흡광광도계의 표준시약으로서 적당한 것은?

① 순도가 1급 이상인 것
② 풍화에 의한 농도변화가 있는 것
③ 조해에 의한 농도변화가 있는 것
④ 화학변화 등에 의한 농도변화가 있는 것

해설 원자흡광광도계의 표준시약

원자흡광광도계의 표준시약은 순도가 1급 이상인 것이어야 한다.

37

중요도 ★★

시료채취방법 중 유해물질에 따른 흡착제의 연결이 적절하지 않은 것은?

① 방향족 유기용제류 - Charcoal Tube
② 방향족 아민류 - Silicagel Ttube
③ 니트로벤젠 - Silicagel Tube
④ 알코올류 - Amberlite(XAD-2)

해설 흡착제

알코올류는 활성탄관(Charcoal Tube)을 사용하여 채취한다.

38

중요도 ★★★

메틸에틸케톤이 20 ℃, 1기압에서 공기 중에서 증기압이 71.2 mmHg라면 공기 중 포화농도(ppm)는?

① 63,700 ② 73,700
③ 83,700 ④ 93,700

해설 포화농도 계산

$$포화농도(ppm) = \frac{증기압(mmHg)}{대기압(760mmHg)} \times 10^6$$

$$= \frac{71.2mmHg}{760mmHg} \times 10^6$$

$$= 93,684 ppm$$

39

입자상 물질 채취기기인 직경분립충돌기에 관한 설명으로 옳지 않은 것은?

① 시료채취가 까다롭고 비용이 많이 소요되며 되튐으로 인한 시료의 손실이 일어날 수 있다.
② 호흡기의 부분별 침착된 입자 크기의 자료를 추정할 수 있다.
③ 흡입성, 흉곽성, 호흡성 입자의 크기별 분포와 농도는 계산할 수 없으나 질량 크기 분포는 얻을 수 있다.
④ 채취준비에 시간이 많이 걸리며 경험이 있는 전문가가 철저한 준비를 통하여 측정하여야 한다.

[해설] 입경분립충돌기(직경분립충돌기) ─────

구분	내용
장점	• 호흡기에 부분별로 침착된 입자크기의 자료를 추정할 수 있다. • 흡입성, 흉곽성, 호흡성 입자의 크기별 분포와 농도를 계산할 수 있다. • 입자의 질량크기 분포를 얻을 수 있다.
단점	• 시료채취가 까다로워 전문가가 측정해야 한다. • 시료채취 준비기간이 길고 비용이 많이 든다. • 되튐으로 인한 시료의 손실이 발생한다.

40

유사노출그룹(HEG)에 관한 내용으로 틀린 것은?

① 시료채취수를 경제적으로 하는 데 목적이 있다.
② 유사노출그룹은 우선 유사한 유해인자별로 구분한 후 유해인자의 동질성을 보다 확보하기 위해 조직을 분석한다.
③ 역학조사 수행할 때 사건이 발생된 근로자가 속한 유사노출그룹의 노출농도를 근거로 노출원인 및 농도를 추정할 수 있다.
④ 유사노출그룹은 노출되는 유해인자의 농도와 특성이 유사하거나 동일한 근로자그룹을 말하며 유해인자의 특성이 동일하다는 것은 노출되는 유해인자가 동일하고 농도가 일정한 변이 내에서 통계적으로 유사하다는 의미이다.

[해설] 유사노출그룹 ─────────

유사노출그룹(HEG)는 조직, 공정, 작업범주, 공정과 작업내용별로 구분하여 설정한다.

41

중요도 ★★★

작업환경개선 대책 중 대치의 방법을 열거한 것이다. 공정변경의 대책으로 가장 거리가 먼 것은?

① 금속을 두드려서 자르는 대신 톱으로 자름
② 흄 배출용 드래프트 창 대신에 안전유리로 교체함
③ 작은 날개로 고속 회전시키는 송풍기를 큰 날개로 저속 회전시킴
④ 자동차 산업에서 땜질한 납 연마 시 고속회전 그라인더의 사용을 저속 Oscillating-Type sander로 변경함

해설 작업환경개선 대책 ─────────

②번은 공정변경의 대책보다는 시설변경의 대책에 해당된다.

42

중요도 ★★

분진이나 섬유유리 등으로 부터 피부를 직접 보호하기 위해 사용하는 산업용 피부 보호제는?

① 수용성 물질차단 피부 보호제
② 피막 형성형 피부 보호제
③ 지용성 물질차단 피부 보호제
④ 광과민성 물질차단 피부 보호제

해설 피막 형성형 피부 보호제 ─────────

• 분진이나 유리섬유 등으로부터 피부를 직접 보호하기 위해 사용한다.
• 피막 형성형 보호제를 바르고 장시간 작업 시에는 피부에 장애를 줄 수 있으므로 작업 완료 후 즉시 닦아야 한다.

43

중요도 ★★★

작업장에서 Methyl alcohol(비중 = 0.792, 분자량 = 32.04, 허용농도 = 200 ppm)을 시간당 2리터 사용하고 안전계수가 6, 실내온도가 20 ℃일 때 필요환기량(m³/min)은 약 얼마인가?

① 400
② 600
③ 800
④ 1,000

해설 필요환기량 계산 ─────────

(1) Methyl alcohol의 증발량(g/hr) 계산

$$\frac{2L}{hr} \times \frac{0.792g}{mL} \times \frac{1,000mL}{L} = 1,584g/hr$$

(2) Methyl alcohol의 발생량(mL/sec) 계산
20 ℃에서 기체 1몰의 부피 계산

$$V_2 = \frac{T_2}{T_1} \times V_1 = \frac{20+273}{273} \times 22.4L$$

$$= 24.041L$$

Methyl alcohol 1,584 g의 부피 계산

$$32.04g : 24.041L = 1,584g : x L$$

$$x = \frac{24.041L \times 1,584g}{32.04g} = 1,188.543L$$

$$\frac{1,188.543L}{hr} \times \frac{hr}{3,600sec} \times \frac{1,000mL}{L}$$

$$= 330.1508mL/sec$$

(3) 전체환기량(Q) 계산

$$Q = \frac{G}{TLV} \times K$$

Q : 전체환기량(m³/sec)
G : 오염물질 발생률(mL/sec)
K : 안전계수
TLV : 노출기준(ppm 또는 mL/m³)

$$Q = \frac{330.1508mL/sec}{200mL/m^3} \times 6$$

$$= \frac{9.904m^3}{sec} \times \frac{60sec}{min} = 594.24m^3/min$$

44

중요도 ★★

공기가 흡인되는 덕트관 또는 공기가 배출되는 덕트관에서 음압이 될 수 없는 압력의 종류는?

① 속도압(VP)　　　　② 정압(SP)
③ 확대압(EP)　　　　④ 전압(TP)

해설 속도압

속도압(VP)은 공기가 이동하는 힘으로 생기는 압력으로 항상 0 이상이기 때문에 음압이 될 수 없다.

45

중요도 ★★

1기압에서 혼합기체의 부피비가 질소 71 %, 산소 14 %, 탄산가스 15 %로 구성되어 있을 때, 질소의 분압(mmHg)은?

① 433.2　　　　② 539.6
③ 646.0　　　　④ 653.6

해설 질소의 분압 계산

1기압 = 760 mmHg
질소의 분압 = 760mmHg × 0.71
　　　　　 = 539.6mmHg

46

중요도 ★★★

총흡음량이 900 sabins인 소음 발생 작업장에 흡음재를 천장에 설치하여 2,000 sabins 더 추가하였다. 이 작업장에서 기대되는 소음 감소치[NR ; db(A)]는?

① 약 3　　　　② 약 5
③ 약 7　　　　④ 약 9

해설 소음감음량(NR)

$$NR = 10\log\left(\frac{A_2}{A_1}\right)$$

A_1 : 흡음처리 전 실내의 전체 흡음력(sabin)
A_2 : 흡음처리 후 실내의 전체 흡음력(sabin)

$$NR = 10\log\left(\frac{900+2,000}{900}\right) = 5.08\text{dB}$$

47

중요도 ★

송풍기의 동작점에 관한 설명으로 가장 알맞은 것은?

① 송풍기의 성능곡선과 시스템 동력곡선이 만나는 점
② 송풍기의 정압곡선과 시스템 효율곡선이 만나는 점
③ 송풍기의 성능곡선과 시스템 요구곡선이 만나는 점
④ 송풍기의 정압곡선과 시스템 동압곡선이 만나는 점

해설 송풍기의 동작점

송풍기의 동작점은 송풍기의 성능곡선과 시스템 요구곡선이 만나는 점이다.

48

중요도 ★★★

폭 320 mm, 높이 760 mm의 곧은 각의 관 내에 Q = 280 m³/min의 표준공기가 흐르고 있을 때 레이놀즈수(Re)의 값은? (단, 동점성계수는 1.5 × 10⁻⁵ m²/sec이다)

① 5.76×10^5　　　　② 5.76×10^6
③ 8.76×10^5　　　　④ 8.76×10^6

레이놀즈수 계산

(1) 유량 공식으로 속도(V) 계산

$$V = \frac{Q}{A} = \frac{\dfrac{280\text{m}^3}{\text{min}}}{0.32\text{m} \times 0.76\text{m}}$$

$$= \frac{1,151.315\text{m}}{\text{min}} \times \frac{\text{min}}{60\text{sec}}$$

$$= 19.188\text{m/sec}$$

(2) 동점성계수로 레이놀즈수(Re) 계산

$$Re = \frac{Vd}{\nu}$$

V : 유체(공기)의 속도(m/sec)

d : 관(덕트)의 직경(m)

ν : 유체(공기)의 동점성계수(m²/sec)

$$Re = \frac{Vd}{\nu} = \frac{19.188 \times \dfrac{2(0.32 \times 0.76)}{0.32 + 0.76}}{1.5 \times 10^{-5}}$$

$$= 5.76 \times 10^5$$

개념확인 상당직경(등가직경)

$$D = \frac{2ab}{a+b}$$

a : 폭, b : 길이

문제에서 관이 원형이 아닌 장방형이므로 관의 직경(D)는 상당직경을 대입해야 한다.

49

중요도 ★★★

후드의 유입계수가 0.86일 때, 압력손실계수는 약 얼마인가?

① 0.25

② 0.35

③ 0.45

④ 0.55

해설 후드의 압력손실계수(F_h)

$$F_h = \frac{1}{Ce^2} - 1$$

Ce : 유입계수

$$F_h = \frac{1}{Ce^2} - 1 = \frac{1}{0.86^2} - 1 = 0.352$$

50

중요도 ★★

한랭작업장에서 일하고 있는 근로자의 관리에 대한 내용으로 옳지 않은 것은?

① 가장 따뜻한 시간대에 작업을 실시한다.

② 노출된 피부나 전신의 온도가 떨어지지 않도록 온도를 높이고 기류의 속도는 낮추어야 한다.

③ 신발은 발을 압박하지 않고 습기가 있는 것을 신는다.

④ 외부 액체가 스며들지 않도록 방수 처리된 의복을 입는다.

해설 한랭작업장

한랭작업장에서 일하고 있는 근로자는 발을 압박하지 않고 고무인 바닥을 천으로 둘러싸고 가죽으로 덮은 신발을 신어야 한다.

51

중요도 ★★

원심력 송풍기인 방사 날개형 송풍기에 관한 설명으로 옳지 않은 것은?

① 플레이트 송풍기 또는 평판형 송풍기라고도 한다.

② 깃이 평판으로 되어 있고 강도가 매우 높게 설계되어 있다.

③ 깃의 구조가 분진을 자체 정화할 수 있도록 되어 있다.

④ 견고하고 가격이 저렴하며 효율이 높은 장점이 있다.

해설 방사 날개형 송풍기

• 날개(깃)가 평판 모양으로 강도 높게 설계되어 있다.

• 깃의 구조가 분진을 자체적으로 정화할 수 있다.

• 시멘트, 곡물, 모래 등의 고농도의 분진을 함유한 공기, 부식성이 강한 공기를 이송시키는 데 많이 이용된다.

• 효율은 다액팬보다는 약간 높으나 터보팬보다는 낮다.

2024-01

52

중요도 ★★

다음 중 가지덕트를 주덕트에 연결하고자 할 때, 각 도로 가장 적합한 것은?

① 30°　　　　　② 50°
③ 70°　　　　　④ 90°

해설 가지덕트 연결 ─────────

가지덕트(분지관)를 주덕트에 연결할 때에는 30°에 가깝게 설치해야 한다.

53

중요도 ★★★

0 ℃, 1기압인 표준상태에서 공기의 밀도가 1.293 kg/Sm³라고 할 때 25 ℃, 1기압에서의 공기의 밀도는 몇 kg/m³인가?

① 0.903 kg/m³　　　② 1.085 kg/m³
③ 1.185 kg/m³　　　④ 1.411 kg/m³

해설 부피 보정으로 밀도 계산 ─────────

25 ℃의 공기의 부피를 샤를의 법칙으로 계산한다.

$$\frac{V_1}{T_1} = \frac{V_2}{T_2}$$

$$V_2 = \frac{T_2}{T_1} \times V_1 = \frac{25+273}{0+273} \times 1 = 1.0915 \text{ m}^3$$

공기의 밀도를 계산한다.

$$밀도 = \frac{1.293\text{kg}}{1.0915\text{m}^3} = 1.1846 \text{ kg/m}^3$$

54

중요도 ★★

톨루엔을 취급하는 근로자의 보호구 밖에서 측정한 톨루엔 농도가 30 ppm이었고 보호구 안의 농도가 2 ppm으로 나왔다면 보호계수(PF : Protestion Factor) 값은? (단, 표준상태기준이다)

① 15　　　　　② 30
③ 60　　　　　④ 120

해설 보호계수(PF) ─────────

보호구를 착용함으로써 유해물질로부터 보호구가 얼마만큼을 보호해주는가를 나타내는 정도로 항상 1보다 크다.

$$PF = \frac{C_0}{C_i} = \frac{30}{2} = 15$$

C_0 : 보호구 밖의 농도

C_i : 보호구 안의 농도

55

중요도 ★★★

회전수가 600 rpm이고, 동력은 5 kW인 송풍기의 회전수를 800 rpm으로 상향조정하였을 때, 동력은 약 몇 kW인가?

① 6　　　　　② 9
③ 12　　　　　④ 15

해설 송풍기의 상사법칙 ─────────

동력(HP)은 송풍기 직경의 다섯 제곱, 회전수의 세제곱에 비례한다.

$$\frac{HP_2}{HP_1} = \left(\frac{D_2}{D_1}\right)^5, \ \frac{HP_2}{HP_1} = \left(\frac{N_2}{N_1}\right)^3$$

$$HP_2 = HP_1 \times \left(\frac{N_2}{N_1}\right)^3 = 5 \times \left(\frac{800}{600}\right)^3$$

$$= 11.851 \text{ kW}$$

56 중요도 ★★

다음 중 도금조와 사형주조에 사용되는 후드형식으로 가장 적절한 것은?

① 부스식
② 포위식
③ 외부식
④ 장갑부착상자식

해설 후드의 형식 ─────────

도금조와 사형주조에는 공정상 작업에 방해가 없는 외부식 후드를 설치한다.

57 중요도 ★★★

오염물질의 농도가 200 ppm까지 도달하였다가 오염물질 발생이 중지되었을 때, 공기 중 농도가 200 ppm에서 19 ppm으로 감소하는 데 걸리는 시간은? (단, 1차 반응으로 가정하고 공간부피, V = 3,000 m³, 환기량 Q = 1.17 m³/s이다)

① 약 89분
② 약 101분
③ 약 109분
④ 약 115분

해설 오염물질이 감소하는 데 걸리는 시간(t) ─────

$$t = -\frac{V}{Q'} \ln\left(\frac{C_2}{C_1}\right)$$

t : 시간(min)
V : 작업공간의 부피(m³)
Q' : 환기량(m³/min)
C_1 : 유해물질의 처음농도(ppm)
C_2 : 유해물질의 나중농도 또는 노출기준(ppm)

$$t = -\frac{3{,}000\mathrm{m}^3}{\dfrac{1.17\mathrm{m}^3}{\mathrm{sec}} \times \dfrac{60\mathrm{sec}}{\mathrm{min}}} \ln\left(\frac{19}{200}\right) = 100.593\mathrm{min}$$

58 중요도 ★

공기정화장치의 한 종류인 원심력 제진장치의 분리계수(Separation Factor)에 대한 설명으로 옳지 않은 것은?

① 분리계수는 중력가속도와 반비례한다.
② 사이클론에서 입자에 작용하는 원심력을 중력으로 나눈 값을 분리계수라고 한다.
③ 분리계수는 입자의 접선방향 속도에 반비례한다.
④ 분리계수는 입자의 회전반경에 반비례한다.

해설 분리계수(Separation Factor) ─────────

$$분리계수 = \frac{원심력(가속도)}{중력(가속도)} = \frac{V^2}{R \cdot g}$$

V : 입자의 접선방향 속도
R : 입자의 회전반경, g : 중력가속도
분리계수는 입자의 접선방향 속도(V)에 비례한다.

59 중요도 ★★★

국소환기장치 설계에서 제어속도에 대한 설명으로 옳은 것은?

① 작업장 내의 평균유속을 말한다.
② 발산되는 유해물질을 후드로 흡인하는 데 필요한 기류속도이다.
③ 덕트 내의 기류속도를 말한다.
④ 일명 반송속도라고도 한다.

해설 제어속도 ─────────

제어속도는 오염물질을 후드 안쪽으로 흡인하기 위하여 필요한 최소풍속(공기풍속)이다.

2024-01

60

중요도 ★★

외부식 후드(포집형 후드)의 단점으로 틀린 것은?

① 포위식 후드보다 일반적으로 필요 송풍량이 많다.

② 외부 난기류의 영향을 받아서 흡인효과가 떨어진다.

③ 기류속도가 후드 주변에서 매우 빠르므로 유기용제나 미세 원료분말 등과 같은 물질의 손실이 크다.

④ 근로자가 발생원과 환기시설 사이에서 작업할 수 없어 여유계수가 커진다.

해설 외부식 후드의 특징 ────────

• 포위식 후드보다 일반적으로 필요 송풍량이 많다.

• 작업자가 방해를 받지 않고 작업을 할 수 있어 일반적으로 많이 사용된다.

• 외부 난기류의 영향을 받아서 흡인효과가 떨어진다.

• 송풍기의 규격이 커지고 설치, 운전비용이 많이 든다.

• 기류속도가 후드 주변에서 매우 빠르므로 쉽게 흡인되는 물질의 손실이 크다.

4과목 물리적 유해인자 관리

61

중요도 ★★

물체가 작열(灼熱)되면 방출되므로 광물이나 금속의 용해작업, 노(Furnace)작업, 특히 제강, 용접, 야금공정, 초자제조공정, 레이저, 가열램프 등에서 발생되는 방사선은?

① X선　　　　　　② β선

③ 적외선　　　　　④ 중성자선

해설 적외선의 발생원 ────────

• 자연적 발생원 : 태양복사에너지의 약 52 %를 차지한다.

• 인공적 발생원 : 제철, 제강업, 주물업, 가열램프, 금속의 용해작업, 노작업 등

62

중요도 ★★★

고온다습 환경에 노출될 때 발생하는 질병 중 뇌 온도의 상승으로 체온조절중추의 기능장해를 초래하는 질환은?

① 열사병　　　　　② 열경련

③ 열피로　　　　　④ 피부장해

해설 열사병 ────────

태양의 복사열에 직접 노출되어 뇌의 온도 상승으로 체온조절중추의 기능장해가 발생하는 것이다.

63

중요도 ★★

다음 중 소음작업장에서 소음예방을 위한 전파경로 대책으로 가장 거리가 먼 것은?

① 공장 건물 내벽의 흡음처리
② 지향성 변화
③ 방음벽 설치
④ 소음기 설치

해설 소음대책 ───────────────

소음기를 설치하는 것은 소음원이 발생하는 기계, 설비 등에서 직접 소음을 억제하는 소음원 대책에 해당되므로 전파경로 대책과는 거리가 멀다.

64

중요도 ★★★

0.1 W의 음향출력을 발생하는 소형 사이렌의 음향파워레벨(PWL)은 몇 dB인가?

① 90
② 100
③ 110
④ 120

해설 음향파워레벨 ───────────────

$$PWL = 10\log\left(\frac{W}{W_0}\right)$$

PWL : 음향파워레벨(dB)
W : 대상 음원의 음력(W)
W_0 : 기준음력(10^{-12} W)

$$PWL = 10\log\left(\frac{0.1}{10^{-12}}\right) = 110\text{dB}$$

65

중요도 ★

수심 40 m에서 작업을 할 때 작업자가 받는 절대압은 어느 정도인가?

① 3기압
② 4기압
③ 5기압
④ 6기압

해설 수심에 따른 압력 증가 ───────────────

물속에 들어갈 때에는 10 m 정도마다 1기압이 증가한다.

절대압 = 작용압 + 1기압

$$= \left(40\text{m} \times \frac{1\text{기압}}{10\text{m}}\right) + 1\text{기압} = 5\text{기압}$$

66

중요도 ★★★

감압과 관련된 다음 설명 중 ( ) 안에 알맞은 내용으로 나열한 것은?

> 깊은 물에서 올라오거나 감압실 내에서 감압을 하는 도중에 폐압박의 경우와는 반대로 폐 속에 공기가 팽창한다. 이때는 감압에 의한 (㉠)과 (㉡)의 두 가지 건강상 문제가 발생한다.

① ㉠ 폐수종, ㉡ 저산소증
② ㉠ 질소기포형성, ㉡ 산소중독
③ ㉠ 가스팽창, ㉡ 질소기포 형성
④ ㉠ 가스압축, ㉡ 이산화탄소 중독

해설 감압병 ───────────────

감압병은 높은 압력 환경에서 낮은 압력 환경으로 급격하게 이동할 때 발생한다.
압력이 갑자기 낮아지면 가스가 팽창하고, 체내에 녹아 있던 질소 기체가 기포를 형성하여 혈관이나 조직을 막아 건강상의 문제가 발생한다.

67

중요도 ★★★

흑구온도는 32 ℃, 건구온도는 27 ℃, 자연습구온도는 30 ℃인 실내작업장의 습구흑구온도지수는?

① 33.3 ℃　　　　　② 32.6 ℃

③ 31.3 ℃　　　　　④ 30.6 ℃

해설 옥내의 습구흑구온도지수(WBGT)의 산출 ——

$$WBGT(℃) = 0.7 \times 자연습구온도 + 0.3 \times 흑구온도$$
$$WBGT(℃) = (0.7 \times 30) + (0.3 \times 32)$$
$$= 30.6℃$$

68

중요도 ★

채광계획에 관한 설명으로 옳지 않는 것은?

① 창의 면적은 방바닥 면적의 15 ~ 20 %가 이상적이다.

② 조도의 평등을 요하는 작업실은 남향으로 하는 것이 좋다.

③ 실내 각점의 개각은 4 ~ 5°, 입사각은 28° 이상이 되어야 한다.

④ 유리창은 청결한 상태여도 10 ~ 15 % 조도가 감소되는 점을 고려한다.

해설 채광계획 ——

많은 채광을 요구할 경우 남향으로 하고, 조명의 평등을 요하는 작업실은 북향 또는 동북향으로 하는 것이 좋다.

69

중요도 ★★

빛과 밝기에 관한 설명으로 옳지 않은 것은?

① 광도의 단위로는 칸델라(candela)를 사용한다.

② 광원으로부터 한 방향으로 나오는 빛의 세기를 광속이라 한다.

③ 루멘(Lumen)은 1촉광의 광원으로부터 단위 입체각으로 나가는 광속의 단위이다.

④ 조도는 어떤 면에 들어오는 광속의 양에 비례하고, 입사면의 단면적에 반비례한다.

해설 빛과 밝기의 단위 ——

• 광도란 광원으로부터 한 방향(특정 방향)으로 나오는 빛의 세기이며 단위는 칸델라(cd)이다.

• 광속이란 광원에서 모든 방향으로 방출되는 빛의 총량을 에너지로 표현한 것이며 단위는 루멘(lm)이다.

• 조도는 면적에 입사하는 빛의 총량(광속)으로 광속에 비례하고 단면적에 반비례한다.

70

중요도 ★★

방진재료로 적절하지 않은 것은?

① 방진고무　　　　　② 코르크

③ 유리섬유　　　　　④ 코일 용수철

해설 방진재료 ——

• 방진재료란 진동이나 충격을 흡수하여 전달을 막는 재료이다.

• 유리섬유는 유리를 섬유처럼 가늘게 뽑아낸 물질로 단열재로 주로 사용된다.

71

중요도 ★★★

저기압 상태의 작업환경에서 나타날 수 있는 증상이 아닌 것은?

① 저산소증(Hypoxia)
② 잠함병(Caisson Disease)
③ 폐수종(Pulmonary Edema)
④ 고산병(Mountain Sickness)

해설 감압병(잠함병) ─────────

• 높은 압력 환경에서 낮은 압력 환경으로 급격하게 이동할 때 발생한다.
• 압력이 갑자기 낮아지면 체내에 녹아 있던 질소 기체가 기포를 형성하여 혈관이나 조직을 막아 건강상의 문제가 발생한다.

72

중요도 ★★★

70 dB(A)의 소음을 발생하는 두 개의 기계가 동시에 소음을 발생시킨다면 얼마 정도가 되겠는가?

① 73 dB(A)
② 76 dB(A)
③ 80 dB(A)
④ 140 dB(A)

해설 합성소음도 ─────────

$$L = 10 \times \log\left(10^{\frac{L_1}{10}} + 10^{\frac{L_2}{10}} + \cdots 10^{\frac{L_n}{10}}\right)$$

L : 합성소음도(dB)
L_n : 각각 소음원의 소음(dB)

$$L = 10 \times \log\left(10^{\frac{70}{10}} + 10^{\frac{70}{10}}\right) = 73.01\text{dB}$$

73

중요도 ★★

다음 중 산소결핍의 위험이 가장 적은 작업은?

① 실내에서 전기용접을 실시하는 작업장소
② 장기간 사용하지 않은 우물 내의 작업장소
③ 장기간 밀폐된 보일러 탱크 내부의 작업장소
④ 물품저장을 위한 지하실 내부의 청소 작업장소

해설 산소결핍 위험작업 ─────────

②, ③, ④번은 밀폐공간에서의 작업으로 산소결핍의 위험성이 크다.

74

중요도 ★★★

다음 중 「산업안전보건법령」상 '적정한 공기'에 해당하는 것은? (단, 다른 성분의 조건은 적정한 것으로 가정한다)

① 산소농도가 16 %인 공기
② 산소농도가 25 %인 공기
③ 탄산가스 농도가 1.0 %인 공기
④ 황화수소 농도가 25 ppm인 공기

해설 적정공기 정의 ─────────

「안전보건규칙」 제618조
• 산소농도의 범위가 18 % 이상 23.5 % 미만
• 이산화탄소(탄산가스)의 농도가 1.5 % 미만
• 일산화탄소의 농도가 30 ppm 미만
• 황화수소의 농도가 10 ppm 미만

2024-01

75

중요도 ★

다음 중 사람의 청각에 대한 반응에 가깝게 음을 측정하여 나타낼 때 사용하는 단위는?

① dB(A)
② PWL(Sound Power Level)
③ SPL(Sound Pressure Level)
④ SIL(Sound Intensity Level)

해설 소리를 나타내는 단위 —————

• dB은 소리의 세기를 나타내는 절대적인 단위로, 소리의 강도(SPL)를 나타낸다.
• dB(A)는 인간의 귀가 저음과 고음에 둔감하고, 중간 주파수(2 ~ 5 Hz)에 민감하게 듣는 특성을 반영한 수치로 인간이 실제로 느끼는 크기에 맞추어 조정된 수치이다.

76

중요도 ★

다음 중 유해광선과 거리와의 노출관계를 올바르게 표현한 것은?

① 노출량은 거리에 비례한다.
② 노출량은 거리에 반비례한다.
③ 노출량은 거리의 제곱에 비례한다.
④ 노출량은 거리의 제곱에 반비례한다.

해설 유해광선과 거리와의 관계 —————

유해광선의 노출량은 거리의 제곱에 반비례하여 그 강도가 감소한다.

77

중요도 ★★★

다음 중 자연채광을 이용한 조명방법으로 가장 적절하지 않은 것은?

① 입사각은 25° 미만이 좋다.
② 실내각점의 개각은 4 ~ 5°가 좋다.
③ 창의 면적은 바닥면적의 15 ~ 20 %가 이상적이다.
④ 창의 방향은 많은 채광을 요구할 경우 남향이 좋으며 조명의 평등을 요하는 작업실의 경우 북향이 좋다.

해설 자연채광 —————

자연채광을 할 때 실내의 입사각은 28° 이상이 좋다.

78

중요도 ★

기류의 측정에 쓰이는 기기에 대한 설명으로 틀린 것은?

① 옥내 기류측정에는 kata온도계가 쓰인다.
② 풍차풍속계는 1 m/sec 이하의 풍속을 측정하는 데 쓰이는 것으로, 옥외용이다.
③ 열선풍속계는 기온과 정압을 동시에 구할 수 있어 환기시설의 점검에 유용하게 쓰인다.
④ kata온도계의 표면에는 눈금이 아래위로 두 개 있는데 일반용은 아래가 95 °F(35 ℃)이고 위가 100 °F(37.8 ℃)이다.

해설 풍차풍속계 —————

• 1 ~ 150 m/sec 범위의 풍속을 측정한다.
• 옥외 기류측정에 사용한다.
• 풍차의 회전속도로 풍속을 측정한다.

79

중요도 ★★★

전리방사선에 해당하는 것은?

① 마이크로파
② 극저주파
③ 레이저광선
④ X선

해설 전리방사선과 비전리방사선의 구분 ─────
- 전리방사선은 충분한 에너지를 가지고 있어 물질의 원자를 이온화시킬 수 있다.
  예 α선, β선, γ선, 중성자선, X-ray 등
- 비전리방사선은 물질의 원자를 이온화시킬 수 없다.
  예 레이저, 자외선, 가시광선, 라디오파 등

80

중요도 ★★★

손가락의 말초혈관운동의 장해로 인한 혈액순환장해로 손가락의 감각이 마비되고, 창백해지며, 추운 환경에서 더욱 심해지는 레이노(Raynaud)현상의 주요 원인으로 옳은 것은?

① 진동
② 소음
③ 조명
④ 기압

해설 레이노증후군 ─────
- 국소진동으로 인하여 말초혈관의 운동장해가 발생하는 것이다.
- 추운 환경에서 잘 발생하는 것으로 수지가 창백해지고 손이 차며 통증이 발생한다.

5과목 산업독성학

81

중요도 ★★★

단순 질식제에 해당되는 물질은?

① 탄산가스
② 아닐린가스
③ 니트로벤젠가스
④ 황화수소가스

해설 질식제 ─────
탄산가스(이산화탄소)는 대표적인 단순 질식제이다.

개념확인 질식제의 구분

구분	내용
단순 질식제	• 생리적으로는 아무 작용도 하지 않으나 공기 중에 많이 존재하면 산소의 공급부족을 초래한다. • 수소, 이산화탄소, 질소, 헬륨, 메탄 등
화학적 질식제	• 인체의 산소공급 체계를 화학적 작용을 통해 방해하여 질식을 유발하는 물질이다. • 황화수소, 일산화탄소, 시안화수소, 아닐린 등

82

중요도 ★★★

직업적으로 벤지딘(Benzidine)에 장기간 노출되었을 때 암이 발생될 수 있는 인체 부위로 가장 적절한 것은?

① 피부
② 뇌
③ 폐
④ 방광

해설 벤지딘 ─────
벤지딘에 만성 중독되면 방광암에 걸릴 수 있다.

83

중요도 ★★

생물학적 모니터링을 위한 시료가 아닌 것은?

① 공기 중의 바이오 에어로졸

② 요 중의 유해인자나 대사산물

③ 혈액 중의 유해인자나 대사산물

④ 호기(Exhaled Air) 중의 유해인자나 대사산물

해설 생물학적 모니터링 ————————

생물학적 모니터링은 사람의 생체시료(소변, 혈액, 호기)를 측정하는 것이다.
①번은 작업환경 모니터링에 해당된다.

84

중요도 ★

다음 중 유병률(P)는 10 % 이하이고 발생률(I)와 평균이환기간(D)이 시간경과에 따라 일정하다고 할 때 유병률과 발생률 사이의 관계로 옳은 것은?

① $P = \dfrac{I}{D^2}$

② $P = \dfrac{I}{D}$

③ $P = I \times D^2$

④ $P = I \times D$

해설 유병률 ————————

유병률(P)이 10 % 이하로 낮을 때 유병률은 발생률(I)과 평균이환기간(D)의 곱으로 나타낼 수 있다.
$P = I \times D$

85

중요도 ★★

금속열은 고농도의 금속산화물을 흡입함으로써 발생되는 질병이다. 다음 중 원인 물질로 가장 대표적인 것은?

① 니켈

② 크롬

③ 아연

④ 비소

해설 금속열의 원인물질 ————————

• 금속열은 금속이 용융점 이상으로 가열될 때 생기는 금속흄을 흡입할 경우에 발생하는 급성열성 질환이다.

• 아연은 다른 금속보다 낮은 온도에서 기화되어 산화아연이 대량으로 발생할 수 있어 금속열을 일으키는 대표적인 물질이다.

86

중요도 ★

급성 중독자에서 활성탄과 하제를 투여하고 구토를 유발시키며 확진되면 Dimercaprol로 치료를 시작하는 유해물질은?

① 납(Pb)

② 크롬(Cr)

③ 비소(As)

④ 카드뮴(Cd)

해설 비소(As) ————————

• 급성 중독 시 활성탄과 하제를 투여하고 구토를 유발시킨 뒤 BAL를 투여한다.

• 확진되면 Dimercaprol로 치료한다.

• 비소에 대한 폭로가 매우 심한 경우 전체 수혈을 해야 한다.

87

중요도 ★★★

유기성 분진에 의한 진폐증에 해당하는 것은?

① 규폐증

② 탄소폐증

③ 활석폐증

④ 농부폐증

해설 진폐증의 구분 ————————

건초 등의 유기물에서 잘 번식하는 것이 호열성 방선균류이다.
건초를 많이 다루는 농부에게 많이 발생하는 진폐증이라서 농부폐증이라고 부른다.

88

중요도 ★

대사과정에 의해서 변화된 후에만 발암성을 나타내는 선행발암물질(Procarcinogen)로만 연결된 것은?

① PAH, Nitrosamine
② PAH, Methyl nitrosourea
③ Benzo(a)pyrene, Dimethyl sulfate
④ Nitrosamine, Ethyl methanesulfonate

해설 **선행발암물질**

선행발암물질(Procarcinogen)은 본래는 암을 유발하지 않으나 대사과정을 통해 변형된 후에만 암을 유발하게 되는 물질이다.
PAH, Nitrosamine는 대표적인 선행발암물질이다.
Methyl nitrosourea, Dimethyl sulfate, Ethyl methanesulfonate는 모두 대사적 활성화 없이 직접적으로 암을 일으키는 직접작용 발암물질이다.

89

중요도 ★★

작업장에서 생물학적 모니터링의 결정인자를 선택하는 근거를 설명한 것으로 틀린 것은?

① 충분히 특이적이다.
② 적절한 민감도를 갖는다.
③ 분석적인 변이나 생물학적 변이가 타당해야 한다.
④ 톨루엔에 대한 건강위험 평가는 크레졸보다 마뇨산이 신뢰성이 있는 결정인자이다.

해설 **생물학적 모니터링 결정인자**

저농도 톨루엔에 노출된 경우에는 마뇨산이 생물학적 지표로 정확성이 떨어지는 연구결과가 발표되어 최근에는 마뇨산 보다 o-크레졸을 톨루엔의 생물학적 지표로 사용한다.

90

중요도 ★★★

급성 중독 시 우유와 계란의 흰자를 먹여 단백질과 해당 물질을 결합시켜 침전시키거나, BAL (Dimercaprol)을 근육주사로 투여하여야 하는 물질은?

① 납   ② 크롬
③ 수은   ④ 카드뮴

해설 **수은 중독 치료법**

수은에 중독되었을 때 우유와 계란흰자를 먹으면 계란흰자와 우유가 수은 이온과 결합해 불용성 침전을 형성해 수은이 몸속에 흡수되는 것을 지연시킨다.
우유와 계란흰자는 응급조치에 해당되므로 수은 중독 시 해독제인 BAL를 투여해야 한다.

91

중요도 ★★

ACGIH에서 발암성 구분이 "A1"으로 정하고 있는 물질이 아닌 것은?

① 석면   ② 텅스텐
③ 우라늄   ④ 6가크롬 화합물

해설 **발암성 구분기준**

A1은 인체 발암성이 확인된 물질이다.
석면, 우라늄, 6가크롬 화합물, 니켈, 벤젠, 벤지딘, 염화비닐, 베릴륨 등이 A1 물질이다.

92

중요도 ★★★

사업장에서 사용되는 벤젠은 중독증상을 유발시킨다. 벤젠중독의 특이증상으로 가장 적절한 것은?

① 조혈기관의 장해
② 간과 신장의 장해
③ 피부염과 피부암 발생
④ 호흡기계 질환 및 폐암 발생

해설 벤젠 ─────────

• 골수 및 조혈장해(재생불량성 빈혈)를 유발한다.
• 벤젠에 저농도로 만성노출될 경우 혈액장해, 간장장해, 빈혈, 백혈병에 걸릴 수 있다.

93

중요도 ★★★

인체 내에서 독성이 강한 화학물질과 무독한 화학물질이 상호작용하여 독성이 증가되는 현상을 무엇이라 하는가?

① 상가작용
② 상승작용
③ 가승작용
④ 길항작용

해설 독성의 상호작용 ─────────

① 상가작용 : 두 물질에 동시에 노출될 경우 독성은 각 물질의 독성의 합과 같다.
  예 2 + 3 = 5
② 상승작용 : 두 물질에 동시 노출될 경우 독성은 단독물질의 독성의 합보다 더 크게 증가한다.
  예 2 + 3 = 9
③ 가승작용 : 독성이 없던 물질을 독성이 있는 물질과 혼합하면 독성이 강해진다.
  예 2 + 0 = 5
④ 길항작용 : 두 물질이 동시에 노출될 경우 독성은 단독물질의 독성보다 약해진다.
  예 2 + 3 = 1

94

중요도 ★★

다음 중 무기연에 속하지 않는 것은?

① 금속연
② 일산화연
③ 사산화삼연
④ 4메틸연

해설 무기연과 유기연의 구분 ─────────

4알킬연, 4메틸연이 대표적인 유기연이다.

95

중요도 ★★★

다음 중 특정한 파장의 광선과 작용하여 광알레르기성 피부염을 일으킬 수 있는 물질은 무엇인가?

① 아세톤(Acetone)
② 아닐린(Aniline)
③ 아크리딘(Acridine)
④ 아세토니트릴(Acetonitrile)

해설 광독성 반응 ─────────

아크리딘은 자외선에 노출될 때 강한 광독성 반응을 일으켜 피부에 염증 반응이나 광알레르기성 피부염을 일으킨다.

96

중요도 ★

다음 중 전향적 코호트 역학연구와 후향적 코호트 연구의 가장 큰 차이점은?

① 질병의 종류
② 유해인자의 종류
③ 질병의 발생률
④ 연구 개시시점과 기간

해설 코호트 연구의 구분 ─────────

• 전향적 코호트 연구 : 코호트가 정의된 시점에서 노출에 대한 자료를 새롭게 수집한다.
• 후향적 코호트 연구 : 이미 과거에 수집한 자료를 이용한다.

97 중요도 ★★★

다음 중 악성중피종(Mesothelioma)을 유발시키는 대표적인 인자는?

① 석면
② 주석
③ 아연
④ 크롬

해설 석면 ─────────────

석면에 노출되면 악성중피종, 폐암, 석면폐증에 걸리게 된다.

98 중요도 ★★

폐결핵을 합병증으로 하여 폐하엽 부위에 많이 생기는 증상으로 맞는 것은?

① 면폐증
② 철폐증
③ 규폐증
④ 석면폐증

해설 규폐증(Silicosis) ─────────────

- 이산화규소(SiO_2, 석영) 분진의 흡입으로 폐조직에 섬유화가 나타나는 진폐증이다.
- 폐결핵을 합병증으로 하며 폐하엽 부위에 많이 생긴다.
- 암석에 이산화규소(석영)이 많이 포함되어 있다.
- 암석을 많이 사용하는 건축업, 도자기 작업장, 석재공장 근로자들이 규폐증에 많이 걸린다.

99 중요도 ★★

페노바비탈은 디란틴을 비활성화시키는 효소를 유도함으로써 급·만성의 독성이 감소될 수 있다. 이러한 상호작용을 무엇이라고 하는가?

① 상가작용
② 부가작용
③ 단독작용
④ 길항작용

해설 길항작용 ─────────────

두 물질이 동시에 노출될 경우 독성은 단독물질의 독성보다 약해진다.

예 2 + 3 = 1

100 중요도 ★

여성 근로자의 생식독성 인자 중 연결이 잘못된 것은?

① 중금속 – 납
② 물리적 인자 – X선
③ 화학물질 – 알킬화제
④ 사회적 습관 – 루벨라바이러스

해설 생식독성 인자 ─────────────

① 납은 대표적인 생식독성 중금속으로 남녀 모두에게 생식독성이 있다.
② X선은 과도하게 노출되면 생식세포의 손상 및 불임을 일으킬 수 있다.
③ 알킬화제는 항암제에 포함된 물질로 생식독성이 있다.
④ 루벨라바이러스(풍진) 바이러스는 사회적 습관이 아니라 감염에 의한 생식독성 인자이다. 임산부가 루벨라바이러스에 감염되면 선천성 기형을 유발할 수 있다.

2024 제2회 CBT 복원문제

01
중요도 ★

산업피로에 대한 대책으로 거리가 먼 것은?

① 정신신경 작업에 있어서는 몸을 가볍게 움직이는 휴식을 취하는 것이 좋다.
② 단위시간당 적정 작업량을 도모하기 위하여 일 또는 월간 작업량을 적정화하여야 한다.
③ 전신의 근육을 쓰는 작업에서는 휴식 시에 체조 등으로 몸을 움직이는 편이 피로회복에 도움이 된다.
④ 작업 자세(물체와 눈과의 거리, 작업에 사용되는 신체 부위의 위치, 높이 등)를 적정하게 유지하는 것이 좋다.

해설 산업피로에 대한 대책 ──────
전신의 근육을 쓰는 작업에서는 휴식 시에 안정을 취하는 편이 피로회복에 도움이 된다.

02
중요도 ★

국가 및 기관별 허용기준에 대한 사용 명칭을 잘못 연결한 것은?

① 영국 HSE - OEL
② 미국 OSHA - PEL
③ 미국 ACGIH - TLV
④ 한국 - 화학물질 및 물리적 인자의 노출기준

해설 국가 및 기관별 허용기준 ──────
영국 HSE - WEL

03
중요도 ★★

직업병의 발생요인 중 직접요인은 크게 환경요인과 작업요인으로 구분되는데 환경요인으로 볼 수 없는 것은?

① 진동현상
② 대기조건의 변화
③ 격렬한 근육운동
④ 화학물질의 취급 또는 발생

해설 직업병의 발생요인 ──────

구분	요인
환경요인	• 진동현상 • 대기조건의 변화 • 화학물질의 취급 또는 발생
작업요인	• 격렬한 근육운동 • 높은 속도의 작업 • 부자연스러운 자세 • 단순한 반복작업

04
중요도 ★★

L_5/S_1 디스크에 얼마 정도의 압력이 초과되면 대부분의 근로자에게 장해가 나타나는가?

① 3,400 N
② 4,400 N
③ 5,400 N
④ 6,400 N

해설 디스크 ──────

L_5/S_1 디스크에 약 650 kg(6,400 N) 정도의 압력이 초과되면 대부분의 근로자에게 장해가 나타난다.

05

실내공기오염물질 중 석면에 대한 일반적인 설명으로 거리가 먼 것은?

① 석면의 발암성 정보물질의 표기는 1 A에 해당한다.

② 과거 내열성, 단열성, 절연성 및 견인력 등 뛰어난 특성 때문에 여러 분야에서 사용되었다.

③ 석면의 여러 종류 중 건강에 가장 치명적인 영향을 미치는 것은 사문석 계열의 청석면이다.

④ 작업환경 측정에서 석면은 길이가 5 μm보다 크고, 길이 대 넓이의 비가 3 : 1 이상인 섬유만 개수한다.

해설 석면 ─────────────

석면의 여러 종류 중 건강에 가장 치명적인 영향을 미치는 청석면은 각섬석 계통이다.

06

산업재해를 대비하여 작업 근로자가 취해야 할 내용과 거리가 먼 것은?

① 보호구 착용

② 작업방법의 숙지

③ 사업장 내부의 정리정돈

④ 공정과 설비에 대한 검토

해설 산업재해 대비 ─────────────

공정과 설비에 대한 검토는 작업 근로자보다는 사업주가 취해야 할 내용이다.

07

영상표시단말기(VDT)의 작업자세로 틀린 것은?

① 발의 위치는 앞꿈치만 닿을 수 있도록 한다.

② 눈과 화면의 중심 사이의 거리는 40 cm 이상이 되도록 한다.

③ 윗 팔과 아랫 팔이 이루는 각도는 90도 이상이 되도록 한다.

④ 아래팔은 손등과 일직선을 유지하여 손목이 꺾이지 않도록 한다.

해설 영상표시단말기의 작업자세 ─────────────

영상표시단말기(VDT)를 활용하는 작업자의 발의 위치는 발바닥의 전면이 바닥면에 닿은 자세를 취해야 한다.

08

전신피로 정도를 평가하기 위한 측정수치가 아닌 것은? (단, 측정수치는 작업을 마친 직후 회복기의 심박수이다)

① 작업종료 후 30 ~ 60초 사이의 평균 맥박수

② 작업종료 후 60 ~ 90초 사이의 평균 맥박수

③ 작업종료 후 120 ~ 150초 사이의 평균 맥박수

④ 작업종료 후 150 ~ 180초 사이의 평균 맥박수

해설 전신피로 상태의 판단 ─────────────

$HR_{30 \sim 60}$이 110을 초과하고, $HR_{60 \sim 90}$과 $HR_{150 \sim 180}$의 차이가 10 미만인 경우이다.

• $HR_{30 \sim 60}$: 작업종료 후 30 ~ 60초 사이의 평균 맥박수

• $HR_{60 \sim 90}$: 작업종료 후 60 ~ 90초 사이의 평균 맥박수

• $HR_{150 \sim 180}$: 작업종료 후 150 ~ 180초 사이의 평균 맥박수

09

다음은 미국 ACGIH에서 제안하는 TLV-STEL을 설명한 것이다. 여기에서 단시간은 몇 분인가?

> 근로자가 자극, 만성 또는 불가역적 조직장애, 사고유발, 응급 시 대처능력의 저하 및 작업능률 저하 등을 초래할 정도의 마취를 일으키지 않고 단시간 동안 노출될 수 있는 농도이다.

① 5분   ② 15분
③ 30분   ④ 60분

해설 단시간 노출농도(STEL)

- 근로자가 1회 15분간 유해인자에 노출되는 경우의 기준(허용농도)이다.
- 이 기준 이하에서는 노출간격이 1시간 이상인 경우 1일 작업시간 동안 총 4회까지 노출이 허용될 수 있다.
- 고농도에서 급성 중독을 초래할 수 있는 물질에 적용한다.

10

분진발생 공정에서 측정한 호흡성 분진의 농도가 다음과 같을 때 기하 평균농도는 약 몇 mg/m³인가?

측정농도(단위 : mg/m³)
2.5, 2.8, 3.1, 2.6, 2.9

① 2.62   ② 2.77
③ 2.92   ④ 3.03

해설 기하 평균농도(GM)

$$\log(GM) = \frac{\log X_1 + \log X_2 + \cdots \log X_n}{N}$$

X_n : 측정값

n : 측정치의 개수

$$\log(GM)$$
$$= \frac{\log 2.5 + \log 2.8 + \log 3.1 + \log 2.6 + \log 2.9}{5}$$
$$= 0.443$$
$$GM = 10^{0.443} = 2.77$$

11

단기간 휴식을 통해서는 회복될 수 없는 발병단계의 피로를 무엇이라 하는가?

① 곤비   ② 정신피로
③ 과로   ④ 전신피로

해설 피로의 단계

곤비는 과로가 축적되어 단기간의 휴식을 통해서는 회복할 수 없는 병적인 상태이다.

12

허용농도 설정의 이론적 배경으로 '인체실험자료'가 있다. 이러한 인체실험 시 반드시 고려해야 할 사항으로 틀린 것은?

① 자발적으로 실험에 참여하는 자를 대상으로 한다.
② 영구적 신체장애를 일으킬 가능성은 없어야 한다.
③ 인류 보건에 기여할 물질에 대해 우선적으로 적용한다.
④ 실험에 참여하는 자는 서명으로 실험에 참여할 것을 동의해야 한다.

해설 인체실험 시 반드시 고려해야 할 사항

- 자발적으로 실험에 참여하고자 하는 자를 대상으로 한다.
- 영구적 신체장애를 일으키지 않아야 한다.
- 실험에 참여하는 자는 서명으로 실험에 참여할 것을 동의해야 한다.
- 제한적으로 실시해야 한다.

13

최대작업영역(Maximum Working Area)에 대한 설명으로 맞는 것은?

① 양팔을 곧게 폈을 때 도달할 수 있는 최대영역
② 팔을 위 방향으로만 움직이는 경우에 도달할 수 있는 작업영역
③ 팔을 아래 방향으로만 움직이는 경우에 도달할 수 있는 작업영역
④ 팔을 가볍게 몸체에 붙이고 팔꿈치를 구부린 상태에서 자유롭게 손이 닿는 영역

> **해설** 최대작업영역 ─────────
> • 양팔을 곧게 폈을 때 도달할 수 있는 최대영역
> • 전완과 상완을 곧게 펴서 파악할 수 있는 구역

14

체중이 60 kg인 사람이 1일 8시간 작업 시 안전흡수량이 1 mg/kg인 물질의 체내 흡수를 안전흡수량 이하로 유지하려면 공기 중 유해물질 농도를 몇 mg/m³ 이하로 하여야 하는가? (단, 작업 시 폐환기율은 1.25 m³/hr, 체내 잔류율은 1로 가정한다)

① 0.06
② 0.6
③ 6
④ 60

> **해설** SHD : 체내 흡수량(mg) ─────────
>
> $SHD = C \times T \times V \times R$
> C : 공기 중 유해물질 농도(mg/m^3)
> T : 노출시간(hr)
> V : 호흡률(폐환기율)(m^3/hr)
> R : 체내 잔류율(보통 1임)
>
> $SHD = 60kg \times \dfrac{1mg}{kg} = 60mg$
>
> $C = \dfrac{SHD}{T \times V \times R} = \dfrac{60}{8 \times 1.25 \times 1} = 6mg/m^3$

15

미국산업위생학술원(AAIH)에서 채택한 산업위생전문가의 윤리강령 중 근로자에 대한 책임과 가장 거리가 먼 것은?

① 위험요소와 예방조치에 대하여 근로자와 상담해야 한다.
② 근로자의 건강보호가 산업위생전문가의 1차적인 책임이라는 것을 인식해야 한다.
③ 위험요인의 측정, 평가 및 관리에 있어서 외부의 압력에 굴하지 않고 근로자 중심으로 판단한다.
④ 근로자와 기타 여러 사람의 건강과 안녕이 산업위생전문가의 판단에 좌우된다는 것을 깨달아야 한다.

> **해설** 산업위생전문가의 근로자에 대한 책임 ─────────
> • 근로자의 건강보호가 산업위생전문가의 1차적인 책임이라는 것을 인식한다.
> • 근로자와 기타 여러 사람의 건강과 안녕이 산업위생전문가의 판단에 좌우된다는 것을 깨달아야 한다.
> • 위험요인의 측정, 평가 및 관리에 있어서 외부의 영향력에 굴하지 않고 중립적(객관적)인 태도를 취해야 한다.
> • 건강의 유해요인에 대한 정보와 필요한 예방조치에 대해 근로자와 상담한다.

16

미국산업안전보건연구원(NIOSH)의 중량물 취급 작업기준 중 들어 올리는 물체의 폭에 대한 기준은 얼마인가?

① 55 cm 이하
② 65 cm 이하
③ 75 cm 이하
④ 85 cm 이하

> **해설** 중량물 취급작업기준 ─────────
> 들어 올리는 물체의 폭은 75 cm 이하로 두 손을 적당히 벌리고 작업할 수 있어야 한다.

17

중요도 ★

다음 중 근육작업 근로자에게 비타민 B를 공급하는 이유로 가장 적절한 것은?

① 영양소를 환원시키는 작용이 있다.
② 비타민 B1이 산화될 때 많은 열량을 발생한다.
③ 글리코겐 합성을 돕는 효소의 활동을 증가시킨다.
④ 호기적인 산화를 도와 근육의 열량공급을 원활하게 해준다.

해설 산업피로 대책 ─────────

비타민 B는 근육에 호기적 산화를 촉진시켜 근육의 열량 공급을 원활하게 해주므로 근육작업을 하는 근로자에게 공급해주어야 한다.

18

중요도 ★★★

1일 8시간 작업 시 기준치가 0.05 mg/m³인 물질이 있다. 1일 10시간 작업할 경우 Brief와 Scala의 보정방법으로 허용농도를 보정할 경우 보정된 기준치는 얼마인가?

① 0.025 mg/m³   ② 0.035 mg/m³
③ 0.045 mg/m³   ④ 0.045 mg/m³

해설 Brief and Scala 보정법 ─────────

보정된 노출기준 $=RF \times$ 노출기준(허용농도)

$RF = \left(\dfrac{8}{H}\right) \times \dfrac{24-H}{16}$

H : 노출시간/일

$RF = \left(\dfrac{8}{10}\right) \times \dfrac{24-10}{16} = 0.7$

보정된 노출기준 $= 0.7 \times 0.05 = 0.035 \text{mg/m}^3$

19

중요도 ★

다음 중 재해성 질병의 인정 시 종합적으로 판단하는 사항으로 틀린 것은?

① 재해의 성질과 강도
② 재해가 작용한 신체부위
③ 재해가 발생할 때까지의 시간적 관계
④ 작업내용과 그 작업에 종사한 기간 또는 유해작업의 정도

해설 재해성 질병의 인정 ─────────

작업내용과 그 작업에 종사한 기간 또는 유해작업의 정도는 직업성 질환에 해당되는 내용이다.

20

중요도 ★★★

사고예방대책 기본원리 5단계를 올바르게 나열한 것은?

① 사실의 발견 → 조직 → 분석·평가 → 시정방법의 선정 → 시정책의 적용
② 사실의 발견 → 조직 → 시정방법의 선정 → 시정책의 적용 → 분석·평가
③ 조직 → 사실의 발견 → 분석·평가 → 시정방법의 선정 → 시정책의 적용
④ 조직 → 분석·평가 → 사실의 발견 → 시정방법의 선정 → 시정책의 적용

해설 하인리히의 사고예방대책의 기본원리 5단계 ──

• 1단계 : 안전조직
• 2단계 : 사실의 발견
• 3단계 : 분석
• 4단계 : 시정책(대책)의 선정
• 5단계 : 시정책(대책)의 적용

2과목 작업위생 측정 및 평가

21

중요도 ★★

두 개의 버블러를 연속적으로 연결하여 시료를 채취할 때, 첫 번째 버블러의 채취효율이 75 %이고, 두 번째 버블러의 채취효율이 90 %이면 전체 채취효율(%)은?

① 91.5   ② 93.5
③ 95.5   ④ 97.5

해설 총집진율 계산

$\eta_T = \eta_1 + \eta_2(1 - \eta_1)$

η_T : 총집진율

η_1 : 1차 집진장치의 집진율

η_2 : 2차 집진장치의 집진율

$\eta_T = 0.75 + 0.9(1 - 0.75)$

$\quad = 0.975 = 97.5\%$

22

중요도 ★★★

다음 ( ) 안에 들어갈 수치는?

> 단시간노출기준(STEL) : ( )분간의 시간가중 평균노출값

① 10   ② 15
③ 20   ④ 40

해설 단시간 노출농도(STEL)

• 근로자가 1회 15분간 유해인자에 노출되는 경우의 기준(허용농도)이다.
• 이 기준 이하에서는 노출간격이 1시간 이상인 경우 1일 작업시간 동안 총 4회까지 노출이 허용될 수 있다.

23

중요도 ★★

실리카겔이 활성탄에 비해 갖는 특징으로 옳지 않은 것은?

① 극성 물질을 채취한 경우 물, 에탄올 등 다양한 용매로 쉽게 탈착되고, 추출액이 화학분석이나 기기분석에 방해물질로 작용하는 경우가 많지 않다.
② 활성탄에 비해 수분을 잘 흡수하여 습도에 민감하다.
③ 유독한 이황화탄소를 탈착용매로 사용하지 않는다.
④ 활성탄으로 채취가 쉬운 아닐린, 오르토 - 톨루이딘 등의 아민류는 실리카겔로 채취가 어렵다.

해설 실리카겔관의 장점과 단점

구분	내용
장점	• 매우 유독한 이황화탄소를 탈착용매로 사용하지 않는다. • 극성물질을 채취한 경우 물, 에탄올 등 다양한 용매로 쉽게 탈착된다. • 추출액이 화학분석이나 기기분석에 방해물질로 작용하는 경우가 많지 않다. • 활성탄으로 채취가 어려운 아닐린, 오르쏘 - 톨루이딘 등의 아민류나 무기물의 채취가 가능하다.
단점	• 수분을 잘 흡수하여 습도가 증가하면 흡착용량이 감소한다. • 습도가 높은 작업장에서는 파과용량이 작아져 파과를 일으키기 쉽다.

24

작업장에서 어떤 유해물질의 농도를 무작위로 측정한 결과가 아래와 같을 때, 측정값에 대한 기하평균(GM)은?

(단위 : ppm)
5, 10, 28, 46, 90, 200

① 11.4 ② 32.4

③ 63.2 ④ 104.5

해설 기하평균(GM) ─────

$GM = \sqrt[N]{X_1 \cdot X_2 \cdots X_n}$

N : 측정치의 수

X_n : 측정치

$GM = \sqrt[6]{5 \times 10 \times 28 \times 46 \times 90 \times 200}$
$\quad = 32.411$

25

코크스 제조공정에서 발생되는 코크스 오븐 배출물질을 채취할 때, 다음 중 가장 적합한 여과지는?

① 은막 여과지 ② PVC 여과지

③ 유리섬유 여과지 ④ PTFE 여과지

해설 은막 여과지 ─────

• 균일한 금속은을 소결하여 만든 것으로 열적·화학적 안정성이 있다.
• 코크스 제조공정에서 발생하는 코크스 오븐 배출물질 또는 다핵방향족탄화수소 등을 채취하는 데 사용된다.
• 결합제나 섬유가 포함되어 있지 않다.

26

레이저광의 폭로량을 평가하는 사항에 해당하지 않는 항목은?

① 각막 표면에서의 조사량(J/cm^2) 또는 폭로량을 측정한다.
② 조사량의 서한도는 1 mm 구경에 대한 평균치이다.
③ 레이저광과 같은 직사광파 형광등 또는 백열등과 같은 확산광은 구별하여 사용해야 한다.
④ 레이저광에 대한 눈의 허용량은 폭로시간에 따라 수정되어야 한다.

해설 레이저광의 폭로량 평가 ─────

레이저광에 대한 눈의 허용량(노출기준)은 그 파장에 따라 수정되어야 한다.

27

빛의 파장의 단위로 사용되는 Å(Ångström)을 국제표준 단위계(SI)로 나타낸 것은?

① 10^{-6} m ② 10^{-8} m

③ 10^{-10} m ④ 10^{-12} m

해설 파장의 단위 ─────

$Å = 10^{-10}m$

28 중요도 ★★★

입자의 가장자리를 이등분한 직경으로 과대평가될 가능성이 있는 직경은?

① 마틴직경
② 페렛직경
③ 공기역학 직경
④ 등면적 직경

해설 물리적 직경의 종류 —————————

① 마틴직경 : 입자의 면적을 2등분하는 선의 길이로 나타내는 직경으로 과소평가할 수 있는 단점이 있다.
② 페렛직경 : 입자의 가장자리를 이등분한 직경으로 과대평가될 가능성이 있다.
③ 공기역학 직경 : 대상 먼지와 침강속도가 같고 밀도가 1이며 구형인 먼지의 직경으로 환산한 직경이다.
④ 등면적 직경 : 입자의 면적과 동일한 면적을 가진 원의 직경으로 환산한 직경이다.

29 중요도 ★

음파 중 둘 또는 그 이상의 음파의 구조적 간섭에 의해 시간적으로 일정하게 음압의 최고와 최저가 반복되는 패턴의 파는?

① 발산파
② 구면파
③ 정재파
④ 평면파

해설 정재파 —————————

정재파는 둘 또는 그 이상의 음파의 구조적 간섭에 의해 시간적으로 일정하게 음압의 최고와 최저가 반복되는 패턴의 파이다.

30 중요도 ★

작업장의 기본특성을 파악하기 위한 예비조사 내용 중 유사노출그룹(HEG) 설정에 관한 설명으로 가장 거리가 먼 것은?

① 역학조사 수행 시 사건이 발생된 근로자와 다른 노출그룹의 노출농도를 근거로 사건이 발생된 노출농도의 추정에 유용하며 지역시료채취만 인정된다.
② 조직, 공정, 작업범주 그리고 공정과 작업내용별로 구분하여 설정한다.
③ 모든 근로자를 유사한 노출그룹별로 구분하여 그룹별로 대표적인 근로자를 선택하여 측정하면 측정하지 않은 근로자의 노출농도까지도 추정할 수 있다.
④ 유사노출그룹 설정을 위한 목적 중 시료채취수를 경제적으로 하기 위함도 있다.

해설 유사노출그룹 —————————

유사노출그룹 설정 시에는 개인시료채취만 인정된다.

31 중요도 ★

다음 중 조선소에서 용접작업 시 발생 가능한 유해인자와 가장 거리가 먼 것은?

① 오존
② 자외선
③ 황산
④ 망간 흄

해설 용접작업 시 발생 가능한 유해인자 —————

• 용접 흄 : 망간, 카드뮴, 크롬, 니켈 등
• 유해광선 : 자외선, 적외선, 가시광선
• 유해가스 : 오존, 일산화탄소, 포스핀 등
• 소음

32

중요도 ★★★

유량, 측정시간, 회수율 및 분석에 의한 오차가 각각 18 %, 3 %, 9 %, 5 %일 때, 누적오차는 약 몇 %인가?

① 18
② 21
③ 24
④ 29

해설 누적오차(E_c)

$$E_c = \sqrt{E_1^2 + E_2^2 + E_3^2 + \cdots E_n^2}$$

E_c : 누적오차(%)

E_n : 각 요소의 오차율(%)

$$E_c = \sqrt{18^2 + 3^2 + 9^2 + 5^2} = 20.952\%$$

33

중요도 ★★

다음 중 0.2 ~ 0.5 m/sec 이하의 실내기류를 측정하는 데 사용할 수 있는 온도계는?

① 금속온도계
② 건구온도계
③ 카타온도계
④ 습구온도계

해설 카타온도계

카타온도계는 0.2 ~ 0.5 m/sec 정도의 약한 실내기류를 측정하는 데 사용한다.

34

중요도 ★★★

「산업안전보건법령」상 1회라도 초과 노출되어서는 안 되는 충격소음의 음압수준[dB(A)]기준은?

① 120
② 130
③ 140
④ 150

해설 충격소음의 노출기준

「화학물질 및 물리적 인자의 노출기준」 별표2의 2

1일 노출회수	충격소음의 강도 dB(A)
100	140
1,000	130
10,000	120

• 최대 음압수준이 140 dB(A)를 초과하는 충격소음에 노출되어서는 안 된다.
• 충격소음이라 함은 최대음압수준에 120 dB(A) 이상인 소음이 1초 이상의 간격으로 발생하는 것을 말한다.

35

중요도 ★★★

다음 2차 표준기구 중 주로 실험실에서 사용하는 것은?

① 비누거품미터
② 폐활량계
③ 유리피스톤미터
④ 습식테스트미터

해설 표준기구의 분류

습식테스트미터는 실험실에서 주로 사용하고 건식가스미터는 현장에서 주로 사용한다.

개념확인 1차 표준기구의 종류
① 비누거품미터(Soap bubble meter)
② 폐활량계(Spirometer)
③ 가스치환병(Mariotte bottle)
④ 유리피스톤미터(Glass piston meter)
⑤ 흑연피스톤미터(Fictionless meter)
⑥ 피토튜브(Pitot tube)

2차 표준기구의 종류
① 로타미터(Rotameter)
② 습식테스트미터(Wet-test-meter)
③ 건식가스미터(Dry-test-meter)
④ 오리피스미터(Orifice meter)
⑤ 열선기류계

36

중요도 ★

전자기 복사선의 파장범위 중에서 자외선-A의 파장영역으로 가장 적절한 것은?

① 100 ~ 280 nm
② 280 ~ 315 nm
③ 315 ~ 400 nm
④ 400 ~ 760 nm

해설 자외선의 파장영역

구분	파장영역
자외선-A	315 ~ 400 nm
자외선-B	280 ~ 315 nm
자외선-C	100 ~ 280 nm

37

중요도 ★

제관공장에서 오염물질 A를 측정한 결과가 다음과 같다면, 노출농도에 대한 설명으로 옳은 것은?

- 오염물질 A의 측정값 : 5.9 mg/m³
- 오염물질 A의 노출기준 : 5.0 mg/m³
- SAE(시료채취 분석오차) : 0.12

① 허용농도를 초과한다.
② 허용농도를 초과할 가능성이 있다.
③ 허용농도를 초과하지 않는다.
④ 허용농도를 평가할 수 없다.

해설 표준화 값(Y) 계산

$$Y = \frac{측정농도}{허용기준} = \frac{5.9}{5.0} = 1.18$$

95 % 신뢰도를 가진 하한치 계산
하한치 = Y-시료채취 분석오차
= 1.18-0.12 = 1.06
"하한치 > 1"일 때 허용기준을 초과한 것으로 판단하므로 허용농도를 초과한다.

38

중요도 ★★★

작업장의 현재 총 흡음량은 1,500 sabins이다. 이 작업장을 천장과 벽 부분에 흡음재를 이용하여 3,300 sabins 추가하였을 때 흡음 대책에 따른 실내 소음의 저감량(dB)은?

① 약 15 dB
② 약 8 dB
③ 약 5 dB
④ 약 1 dB

해설 소음의 저감량($\triangle L$)

$$\triangle L = 10\log\left(\frac{A_2}{A_1}\right)$$

$\triangle L$: 소음 저감량(dB)
A_1 : 초기 총 흡음량(sabins)
A_2 : 최종 총 흡음량(sabins)

$$\triangle L = 10\log\left(\frac{1,500+3,300}{1,500}\right) = 5.05\text{dB}$$

39

중요도 ★★★

50 % 톨루엔, 10 % 벤젠, 40 % 노말헥산으로 혼합된 원료를 사용할 때, 이 혼합물이 공기 중으로 증발한다면 공기 중 허용농도는 약 몇 mg/m³인가? (단, 각각의 노출기준은 톨루엔 375 mg/m³, 벤젠 30 mg/m³, 노말헥산 180 mg/m³이다)

① 115
② 125
③ 135
④ 145

해설 액체 혼합물의 허용농도(노출기준)

$$허용농도(\text{mg/m}^3) = \frac{1}{\dfrac{f_a}{TLV_a} + \dfrac{f_b}{TLV_b} + \cdots + \dfrac{f_n}{TLV_n}}$$

f_n : 액체 혼합물에서 각 성분의 무게(중량)비
TLV_n : 해당 물질의 노출기준(mg/m³)

$$허용농도(\text{mg/m}^3) = \frac{1}{\dfrac{0.5}{375} + \dfrac{0.1}{30} + \dfrac{0.4}{180}}$$
$$= 145.161\ \text{mg/m}^3$$

40

중요도 ★★★

작업장 공기 중 벤젠증기를 활성탄관 흡착제로 채취할 때 작업장 공기 중 페놀이 함께 다량 존재하면 벤젠증기를 효율적으로 채취할 수 없게 되는 이유로 가장 적합한 것은?

① 벤젠과 흡착제와의 결합자리를 페놀이 우선적으로 차지하기 때문
② 실리카겔 흡착제가 벤젠과 페놀이 반응할 수 있는 장소로 이용되어 부산물을 생성하기 때문
③ 페놀이 실리카겔과 벤젠의 결합을 증가시키는 다리 역할을 하여 분석 시 벤젠의 탈착을 어렵게 하기 때문
④ 벤젠과 페놀이 공기 내에서 서로 반응을 하여 벤젠의 일부가 손실되기 때문

해설 벤젠증기 채취 ——————————

작업장 공기 중 벤젠증기를 활성탄관 흡착제로 채취할 때 작업장 공기 중 페놀이 함께 다량 존재하면 벤젠과 흡착제와의 결합자리를 페놀이 우선적으로 차지하여 벤젠증기를 효율적으로 채취할 수 없게 된다.

41

중요도 ★★

직경이 400 mm인 환기시설을 통해서 50 m³/min의 표준상태의 공기를 보낼 때, 이 덕트 내의 유속은 약 몇 m/sec인가?

① 3.3　　　　　　② 4.4
③ 6.6　　　　　　④ 8.8

해설 유량 공식을 이용하여 유속 계산 ——————

$Q = AV$

Q : 유량(m^3/sec)

A : 단면적(m^2), V : 유속(m/sec)

$$V = \frac{Q}{A} = \frac{\dfrac{50\text{m}^3}{\text{min}} \times \dfrac{\text{min}}{60\text{sec}}}{\dfrac{\pi}{4} \times (0.4\text{m})^2}$$

$$= 6.631\text{m/sec}$$

42

중요도 ★

산업위생보호구와 가장 거리가 먼 것은?

① 내열 방화복　　　② 안전모
③ 일반장갑　　　　④ 일반 보호면

해설 안전보호구와 위생보호구의 종류 ——————

• 안전보호구 : 안전모, 안전대, 안전장갑 등
• 위생보호구 : 귀마개, 방진마스크, 일반장갑, 일반 보호면, 방화복, 보안경 등

43

중요도 ★★

다음의 ( )에 들어갈 내용이 알맞게 조합된 것은?

원형직관에서 압력손실은 (㉠)에 비례하고 (㉡)에 반비례하며 속도의 (㉢)에 비례한다.

① ㉠ 송풍관의 길이, ㉡ 송풍관의 직경, ㉢ 제곱
② ㉠ 송풍관의 직경, ㉡ 송풍관의 길이, ㉢ 제곱
③ ㉠ 송풍관의 길이, ㉡ 속도압, ㉢ 세제곱
④ ㉠ 속도압, ㉡ 송풍관의 길이, ㉢ 세제곱

해설 달시의 방정식 ─────

$$\triangle P = f \times \frac{L}{D} \times \frac{\gamma V^2}{2g}$$

$\triangle P$: 압력손실
f : 관마찰계수
L : 덕트의 길이, D : 덕트의 직경
γ : 유체의 밀도, V : 유체의 속도
g : 중력가속도
압력손실($\triangle P$)은 덕트의 길이(L)에 비례하고, 덕트의 직경(D)에 반비례하며 속도(V)의 제곱에 비례한다.

44

중요도 ★★

후드의 정압이 12.00 mmH₂O이고, 덕트의 속도압이 0.80 mmH₂O일 때 유입계수는 얼마인가?

① 0.129
② 0.194
③ 0.258
④ 0.389

해설 후드의 정압(SP_h)으로 유입계수 계산 ─────

$$SP_h = VP(1 + F_h)$$

SP_h : 후드의 정압(mmH₂O)
F_h : 압력손실계수(유입손실계수)

$$F_h = \frac{1}{Ce^2} - 1$$

Ce : 유입계수

$$F_h = \frac{SP_h}{VP} - 1 = \frac{12}{0.8} - 1 = 14$$

$$Ce = \sqrt{\frac{1}{F_h + 1}} = \sqrt{\frac{1}{14 + 1}} = 0.258$$

45

중요도 ★

외부식 후드의 필요 송풍량을 절약하는 방법에 대한 설명으로 틀린 것은?

① 가능한 발생원의 형태와 크기에 맞는 후드를 선택하고 그 후드의 개구면을 발생원에 접근시켜 설치한다.
② 발생원의 특성에 맞는 후드의 형식을 선정한다.
③ 후드의 크기는 유해물질이 밖으로 빠져 나가지 않도록 가능한 크게 하는 편이 좋다.
④ 가능하면 발생원의 일부만이라도 후두 개구 안에 들어가도록 설치한다.

해설 후드의 필요 송풍량 ─────

후드의 크기는 유해물질이 새지 않는 한 최대한 작은 것이 좋다.
후드의 크기가 너무 크게 되면 필요 송풍량이 증가하여 비용도 증가한다.

46

송풍기의 전압이 300 mmH₂O이고 풍량이 400 m³/min, 효율이 0.6일 때 소요동력(kW)은?

① 약 33 ② 약 45
③ 약 53 ④ 약 65

해설 송풍기의 소요동력(HP) ──────

$$HP = \frac{Q \times P}{6,120 \times \eta} K$$

HP : 송풍기의 소요동력(kW)

Q : 풍량(m³/min)

P : 유효전압(mmH₂O), η : 효율

K : 안전계수(주어지지 않으면 1로 간주)

$$HP = \frac{400 \times 300}{6,120 \times 0.6} = 32.679 \, kW$$

47

중요도 ★★★

송풍기의 회전수 변화에 따른 풍량, 풍압 및 동력에 대한 설명으로 옳은 것은?

① 풍량은 송풍기의 회전수에 비례한다.
② 풍압은 송풍기의 회전수에 반비례한다.
③ 동력은 송풍기의 회전수에 비례한다.
④ 동력은 송풍기 회전수의 제곱에 비례한다.

해설 송풍기의 상사법칙 ──────

• 풍량은 송풍기의 회전수에 비례한다.
• 풍압은 송풍기 회전수의 제곱에 비례한다.
• 동력은 송풍기 회전수의 세제곱에 비례한다.

48

중요도 ★★

작업환경관리 대책 중 물질의 대체에 해당되지 않는 것은?

① 성냥을 만들 때 백린을 적린으로 교체한다.
② 보온재료인 유리섬유를 석면으로 교체한다.
③ 야광시계의 자판에 라듐 대신 인을 사용한다.
④ 분체 입자를 큰 입자로 대체한다.

해설 물질의 대체 ──────

석면은 인체에 유해한 영향을 주기 때문에 현재는 제조가 금지된 물질이다.

석면으로 된 보온재료는 유리섬유, 암면 또는 스티로폼 등으로 교체해야 한다.

연계학습 석면에 노출되면 악성중피종에 걸린다.

49

중요도 ★

「산업안전보건법령」상 안전인증 방독마스크에 안전인증 표시 외에 추가로 표시되어야 할 항목이 아닌 것은?

① 포집효율
② 파과곡선도
③ 사용시간 기록카드
④ 사용상의 주의사항

해설 안전인증 방독마스크의 추가 표시사항 ──────

「보호구 안전인증 고시」 별표5
• 파과곡선도
• 사용시간 기록카드
• 정화통의 외부측면의 표시색
• 사용상의 주의사항

50

중요도 ★★★

레시버식 캐노피형 후드 설치에 있어 열원 주위 상부의 퍼짐각도는? (단, 실내에는 다소의 난기류가 존재한다)

① 20°
② 40°
③ 60°
④ 90°

해설 상부의 퍼짐각도

- 열원 주변에 난기류가 없는 경우 퍼지는 각도는 약 20°로 제작한다.
- 실제 실내에는 다소의 난기류가 존재하므로 퍼짐각도를 약 40°로 제작한다.

51

중요도 ★

화학공장에서 작업환경을 측정하였더니 TCE 농도가 10,000 ppm이었을 때 오염공기의 유효비중은? (단, TCE의 증기비중은 5.7, 공기비중은 1.0이다)

① 1.028
② 1.047
③ 1.059
④ 1.087

해설 유효비중 계산

ppm은 parts per million의 약자로 백만분율이다. 10,000 ppm을 %로 변환하면 다음과 같다.

$10{,}000\,\mathrm{ppm} \times 10^{-6} = 0.01 = 1\%$

유효비중을 계산하면 다음과 같다.

$(0.01 \times 5.7) + (0.99 \times 1.0) = 1.047$

52

중요도 ★★

입자상 물질을 처리하기 위한 장치 중 고효율 집진이 가능하며 원리가 직접차단, 관성충돌, 확산, 중력침강 및 정전기력 등이 복합적으로 작용하는 장치는?

① 여과집진장치
② 전기집진장치
③ 원심력집진장치
④ 관성력집진장치

해설 여과집진장치

- 함진가스를 여과재(Filter Media)에 통과시켜 입자를 분리, 포집하는 장치이다.
- $1\,\mu\mathrm{m}$ 이상의 분진의 포집은 99 %가 관성충돌과 직접차단에 의해 이루어진다.
- $1\,\mu\mathrm{m}$ 이하의 분진은 확산과 정전기력에 의해 포집한다.

53

중요도 ★★

연속 방정식 Q = AV의 적용조건은? (단, Q = 유량, A = 단면적, V = 평균속도이다)

① 압축성, 정상 유동
② 압축성, 비정상 유동
③ 비압축성, 정상 유동
④ 비압축성, 비정상 유동

해설 연속 방정식(베르누이 방정식) 적용 조건

- 정상 유동
- 비압축성(비점성) 유동
- 마찰이 없는 유동
- 동일한 유선상의 유동

54

중요도 ★★★

금속을 가공하는 음압수준이 98 dB(A)인 공정에서 NRR이 17인 귀마개를 착용했을 때의 차음효과[dB(A)]는? (단, OSHA의 차음효과 예측방법을 적용한다)

① 2   ② 3
③ 5   ④ 7

해설 차음효과[dB(A)] ─────────

차음효과 $= (NRR - 7) \times 0.5$
NRR : 차음평가수
차음효과 $= (17 - 7) \times 0.5 = 5\,dB(A)$

55

중요도 ★★

국소배기 시스템의 유입계수(Ce)에 관한 설명으로 옳지 않은 것은?

① 후드에서의 압력손실이 유량의 저하로 나타나는 현상이다.
② 유입계수란 실제유량/이론유량의 비율이다.
③ 유입계수는 속도압/후드정압의 제곱근으로 구한다.
④ 손실이 일어나지 않은 이상적인 후드가 있다면 유입계수는 0이 된다.

해설 유입계수(Ce) ─────────

• 후드 내로 유입되는 유량과 이론상 후드 내로 유입되는 유량의 비이다.
• 후드의 유입효율을 나타내며 1에 가까울수록 압력손실이 작은 후드이다.
• $Ce = \dfrac{\text{실제유량}}{\text{이론유량}}$

56

중요도 ★★

축류 송풍기에 관한 설명으로 가장 거리가 먼 것은?

① 전동기와 직결할 수 있고, 또 축방향 흐름이기 때문에 관로 도중에 설치할 수 있다.
② 가볍고 재료비 및 설치비용이 저렴하다.
③ 원통형으로 되어 있다.
④ 규정 풍량범위가 넓어 가열공기 또는 오염공기의 취급에 유리하다.

해설 축류 송풍기 ─────────

• 규정 풍량 외에는 갑자기 효율이 떨어지기 때문에 가열공기 또는 오염공기 취급에는 부적당하다.
• 압력손실이 비교적 많이 걸리는 시스템에 사용했을 때 서징현상으로 진동과 소음이 심하게 발생할 수 있다.

57

중요도 ★

송풍기 배출구의 총합정압은 20 mmH$_2$O이고, 흡인구의 총압전압은 -90 mmH$_2$O이며 송풍기 전후의 속도압은 20 mmH$_2$O이다. 이 송풍기의 실효정압(mmH$_2$O)은?

① -130   ② -110
③ + 130   ④ + 110

해설 송풍기의 유효전압 ─────────

송풍기의 유효전압(실효정압)
 = 배출구 정압 - 흡입구 정압
송풍기 유효전압(실효정압) = 20 - (-90)
 = 110 mmH$_2$O

58

중요도 ★★★

회전차 외경이 600 mm인 레이디얼(방사날개형) 송풍기의 풍량은 300 m³/min, 송풍기 전압은 60 mmH₂O, 축동력이 0.70 kW이다. 회전차 외경이 1,000 mm로 상사인 레이디얼(방사날개형) 송풍기가 같은 회전수로 운전될 때 전압(mmH₂O)은? (단, 공기 비중은 같다)

① 167
② 182
③ 214
④ 246

해설 송풍기의 상사법칙 ────────

풍압(전압)(P)은 송풍기 직경의 제곱, 회전수의 제곱에 비례한다.

$$\frac{P_2}{P_1} = \left(\frac{D_2}{D_1}\right)^2, \quad \frac{P_2}{P_1} = \left(\frac{N_2}{N_1}\right)^2$$

$$P_2 = P_1 \times \left(\frac{D_2}{D_1}\right)^2 = 60 \times \left(\frac{1,000}{600}\right)^2$$

$$= 166.666 \text{mmH}_2\text{O}$$

59

중요도 ★★★

입자의 침강속도에 대한 설명으로 틀린 것은? (단, 스토크스식을 기준으로 한다)

① 입자직경의 제곱에 비례한다.
② 공기와 입자 사이의 밀도차에 반비례한다.
③ 중력가속도에 비례한다.
④ 공기의 점성계수에 반비례한다.

해설 침강속도(Stokes법칙) ────────

$$V = \frac{d_p^2 (\rho_p - \rho) g}{18\mu}$$

V : 침강속도(m/sec)
d_p : 입자의 직경(m)
ρ_p : 입자의 밀도(kg/m³)
ρ : 가스(공기)의 밀도(kg/m³)
g : 중력가속도(9.8 m/sec²)
μ : 점성계수(kg/m·sec)

입자의 침강속도(V)는 공기와 입자 사이의 밀도차 ($\rho_p - \rho$)에 비례한다.

60

중요도 ★★

사무실에서 일하는 근로자의 건강장해를 예방하기 위해 시간당 공기교환횟수는 6회 이상 되어야 한다. 사무실의 체적이 150 m³일 때 최소 필요한 환기량(m³/min)은?

① 9
② 12
③ 15
④ 18

해설 시간당 공기교환 횟수(ACH) ────────

$$ACH = \frac{\text{실내환기량}(\text{m}^3/\text{hr})}{\text{실내 체적}(\text{m}^3)}$$

$$6 = \frac{\text{실내환기량}(\text{m}^3/\text{hr})}{150\text{m}^3}$$

$$\text{실내환기량}(\text{m}^3/\text{hr}) = \frac{900\text{m}^3}{\text{hr}} \times \frac{\text{hr}}{60\text{min}}$$

$$= 15\text{m}^3/\text{min}$$

61

중요도 ★★

진동에 의한 작업자의 건강장해를 예방하기 위한 대책으로 옳지 않은 것은?

① 공구의 손잡이를 세게 잡지 않는다.
② 가능한 한 무거운 공구를 사용하여 진동을 최소화한다.
③ 진동공구를 사용하는 작업시간을 단축시킨다.
④ 진동공구와 손 사이 공간에 방진재료를 채워 놓는다.

해설 **진동작업**

진동작업을 할 때 진동공구의 무게는 10 kg 이상을 초과하지 않아야 한다.

62

중요도 ★★★

3 N/m²의 음압은 약 몇 dB의 음압수준인가?

① 95
② 104
③ 110
④ 1,115

해설 **음압레벨수준(L_p) 계산**

$$L_p = 20\log\left(\frac{P}{P_0}\right)$$

L_p : 음압레벨(dB), P : 측정된 음압(N/m²)

P_0 : 기준음압(N/m²) = 2×10^{-5} N/m²

$$L_p = 20\log\left(\frac{3}{2 \times 10^{-5}}\right) = 103.521 \text{ dB}$$

63

중요도 ★★★

열사병(Heat Stroke)에 관한 설명으로 맞는 것은?

① 피부가 차갑고 습한 상태로 된다.
② 보온을 시키고, 더운 커피를 마시게 한다.
③ 지나친 발한에 의한 탈수와 염분소실이 원인이다.
④ 뇌 온도 상승으로 체온조절중추의 기능이 장해를 받게 된다.

해설 **열사병**

태양의 복사열에 직접 노출되어 뇌의 온도 상승으로 체온조절 중추기능 장해가 발생하는 것이다.

64

중요도 ★★★

비전리방사선이 아닌 것은?

① 감마선
② 극저주파
③ 자외선
④ 라디오파

해설 **전리방사선과 비전리방사선의 구분**

- 전리방사선은 충분한 에너지를 가지고 있어 물질의 원자를 이온화시킬 수 있다.
  예 α선, β선, γ선, 중성자선, X-ray 등
- 비전리방사선은 물질의 원자를 이온화시킬 수 없다.
  예 레이저, 자외선, 가시광선, 라디오파 등

65

중요도 ★★

작업장에서 사용하는 트리클로로에틸렌을 독성이 강한 포스겐으로 전환시킬 수 있는 광화학 작용을 하는 유해 광선은?

① 적외선 ② 자외선
③ 감마선 ④ 마이크로파

해설 포스겐 생성 물질 ——————————

태양의 자외선과 산업현장에서 발생하는 자외선은 공기 중의 트리클로로에틸렌을 독성이 강한 포스겐으로 전환시키는 광화학 작용을 한다.

66

중요도 ★

옥타브밴드로 소음의 주파수를 분석하였다. 낮은 쪽의 주파수가 250 Hz이고, 높은 쪽의 주파수가 2배인 경우 중심주파수는 약 몇 Hz인가?

① 250 ② 300
③ 354 ④ 375

해설 중심주파수(f_c) ——————————

$$f_c = \sqrt{f_L \times f_U}$$

f_c : 중심주파수(Hz)

f_L : 중심주파수 보다 낮은 쪽의 주파수(Hz)

f_U : 중심주파수 보다 높은 쪽의 주파수(Hz)

$$f_c = \sqrt{250 \times (250 \times 2)} = 353.553\text{Hz}$$

67

중요도 ★

피부로 감지할 수 없는 불감기류의 최고 기류범위는 얼마인가?

① 약 0.5 m/s 이하
② 약 1.0 m/s 이하
③ 약 1.3 m/s 이하
④ 약 1.5 m/s 이하

해설 불감기류 ——————————

불감기류의 범위 : 0.2 ~ 0.5 m/sec

68

중요도 ★★★

도르노선(Dorno-ray)에 대한 내용으로 맞는 것은?

① 가시광선의 일종이다.
② 280 ~ 315 Å 파장의 자외선을 의미한다.
③ 소독작용, 비타민 D 형성 등 생물학적 작용이 강하다.
④ 절대온도 이상의 모든 물체는 온도에 비례하여 방출한다.

해설 도르노선(Dorno-ray) ——————————

• 자외선의 일종이다.
• 파장범위 : 280 ~ 315 nm(2,800 ~ 3,150 Å)
• 인체에 유익한 작용을 하여 건강선(생명선)이라고도 한다.
• 소독작용, 비타민 D 형성, 피부의 색소 침착 등 생물학적 작용이 강하다.

69

중요도 ★★

제2도 동상의 증상으로 적절한 것은?

① 따갑고 가려운 느낌이 생긴다.
② 혈관이 확장하여 발적이 생긴다.
③ 수포를 가진 광범위한 삼출성 염증이 생긴다.
④ 심부조직까지 동결되면 조직의 괴사와 괴저가 일어난다.

해설 동상의 구분

구분	내용
제1도 동상	가려움이 발생하고 혈관확장으로 국소발적이 생긴다.
제2도 동상	수포와 함께 광범위한 삼출성 염증이 생긴다.
제3도 동상	심부조직까지 동결되어 조직의 괴사와 괴저가 일어난다.
제4도 동상	조직의 광범위한 괴사가 일어나고 손상 부위가 떨어져 나간다.

70

중요도 ★★

소음성 난청에 대한 설명으로 틀린 것은?

① 손상된 섬모세포는 수일 내에 회복이 된다.
② 강렬한 소음에 노출되면 일시적으로 난청이 발생될 수 있다.
③ 일주일 정도가 지나도록 회복되지 않는 청력치의 감소부분은 영구적 난청에 해당된다.
④ 강한 소음은 달팽이관 주변의 모세혈관 수축을 일으켜 이 부근에 저산소증을 유발한다.

해설 소음성 난청

강렬한 소음이나 지속적인 소음 노출로 인해 코르티기관의 섬모세포가 손상되면 회복되지 않고 영구적인 청력저하가 발생한다.

71

중요도 ★★

감압병 예방을 위한 이상기압 환경에 대한 대책으로 적절하지 않은 것은?

① 작업시간을 제한한다.
② 가급적 빨리 감압시킨다.
③ 순환기에 이상이 있는 사람은 취업 또는 작업을 제한한다.
④ 고압 환경에서 작업 시 헬륨 – 산소혼합가스 등으로 대체하여 이용한다.

해설 감압병 예방

감압병을 예방하기 위해서는 감압은 천천히 진행해야한다.

72

중요도 ★★★

전리방사선의 영향에 대한 감수성이 가장 큰 인체 내 기관은?

① 혈관
② 뼈 및 근육조직
③ 신경조직
④ 골수 및 임파구

해설 전리방사선에 대한 감수성 순서

㉠ 골수, 흉선 및 림프조직(조혈기관), 눈의 수정체
㉡ 피부 등 상피세포
㉢ 혈관 등 내피세포
㉣ 결합조직, 지방조직
㉤ 뼈, 근육조직
㉥ 폐 등 내장기관
㉦ 신경조직

73

음의 세기레벨이 80 dB에서 85 dB로 증가하면 음의 세기는 약 몇 배가 증가하겠는가?

① 1.5배
② 1.8배
③ 2.2배
④ 2.4배

해설 음의 세기라벨(SIL) ──────────

$$SIL = 10\log\left(\frac{I}{I_0}\right)$$

SIL : 음의 세기라벨(dB)
I : 대상 음의 세기(W/m^2)
I_0 : 기준음향의 세기($10^{-12} \, W/m^2$)

$$80 = 10\log\left(\frac{I_1}{10^{-12}}\right) \rightarrow 8 = \log\left(\frac{I_1}{10^{-12}}\right)$$

$$10^8 = \frac{I_1}{10^{-12}}$$

$$I_1 = 10^8 \times 10^{-12} = 10^{-4} W/m^2$$

$$85 = 10\log\left(\frac{I_2}{10^{-12}}\right) \rightarrow 8.5 = \log\left(\frac{I_2}{10^{-12}}\right)$$

$$10^{8.5} = \frac{I_2}{10^{-12}}$$

$$I_2 = 10^{8.5} \times 10^{-12} = 3.162 \times 10^{-4} W/m^2$$

$$증가율 = \frac{I_2 - I_1}{I_1}$$

$$= \frac{(3.162 \times 10^{-4}) - 10^{-4}}{10^{-4}} = 2.162$$

74

빛의 밝기 단위에 관한 설명 중 틀린 것은?

① 럭스(lux) - 1 ft^{2}의 평면에 1루멘의 빛이 비칠 때의 밝기이다.
② 촉광(candle) - 지름이 1인치 되는 촛불이 수평방향으로 비칠 때가 1촉광이다.
③ 루멘(lumen) - 1촉광의 광원으로부터 한 단위 입체각으로 나가는 광속의 단위이다.
④ 풋캔들(foot-candle) - 1루멘의 빛이 1 ft^{2}의 평면상에 수직 방향으로 비칠 때 그 평면의 빛의 양이다.

해설 럭스(lux) ──────────

국제단위계(SI)에서 사용하는 조도의 단위로 1 m^2(제곱미터)의 면적에 1 lm(루멘)의 광속이 균일하게 비추어질 때의 조도(밝기)이다.

75

5,000 m 이상의 고공에서 비행업무에 종사하는 사람에게 가장 큰 문제가 되는 것은?

① 산소 부족
② 질소 부족
③ 탄산가스
④ 일산화탄소

해설 고공증상 ──────────

5,000 m 이상의 고공에서 비행업무에 종사하는 사람에게 발생하는 가장 큰 문제는 산소 부족(저산소증)이다.

76
중요도 ★★

1루멘(lumen)의 빛이 1 m²의 평면에 비칠 때의 밝기를 무엇이라 하는가?

① lambert
② 럭스(lux)
③ 촉광(candle)
④ 푸트캔들(foot-candle)

해설 조도의 단위 ─────

(1) 푸트캔들(foot-candle)
미국에서 주로 사용하는 조도의 단위로 1 ft²(제곱피트)의 면적에 1 lm(루멘)의 광속이 균일하게 비추어질 때의 조도(밝기)이다.
(2) 럭스(lux)
국제단위계(SI)에서 사용하는 조도의 단위로 1 m²(제곱미터)의 면적에 1 lm(루멘)의 광속이 균일하게 비추어질 때의 조도(밝기)이다.

77
중요도 ★★

레이저광선에 가장 민감한 인체기관은?

① 눈   ② 소뇌
③ 갑상선   ④ 척수

해설 레이저광선 ─────

레이저광선에 가장 민감한 인체기관은 눈으로 레이저광선은 눈에 닿지 않게 주의해야 한다.

78
중요도 ★

조명 시의 고려사항으로 광원으로부터 직접적인 눈부심을 없애기 위한 방법으로 가장 적당하지 않은 것은?

① 광원 또는 전등의 휘도를 줄인다.
② 광원을 시선에서 멀리 위치시킨다.
③ 광원 주위를 어둡게 하여 광도비를 높인다.
④ 눈이 부신 물체와 시선과의 각을 크게 한다.

해설 조명 시의 고려사항 ─────

광원 주위를 어둡게 해서 광도비를 높일 경우 주위와 광원 사이의 휘도 대비가 커져 눈부심을 더 심하게 만든다.
조명설계에서 눈부심을 줄이기 위해서는 오히려 광원 주위도 적절하게 밝게 하여 휘도 대비(광도비)를 완화해야 한다.

79
중요도 ★

진동이 발생되는 작업장에서 근로자에게 노출되는 양을 줄이기 위한 관리대책 중 적절하지 못한 것은?

① 진동전파 경로를 차단한다.
② 완충물 등 방진재료를 사용한다.
③ 공진을 확대시켜 진동을 최소화한다.
④ 작업시간의 단축 및 교대제를 실시한다.

해설 진동 관리대책 ─────

공진이란 물체가 자신의 고유 진동수와 동일한 진동수의 외부 힘을 받을 때 진동이 증폭되는 현상이다.
공진을 확대시키면 진동이 더 많이 발생하게 된다.

80

시간당 150 kcal의 열량이 소요되는 작업을 하는 실내 작업장이다. 다음 온도조건에서 시간당 작업 휴식시간비로 가장 적절한 것은?

- 흑구온도 : 32 ℃
- 건구온도 : 27 ℃
- 자연습구온도 : 30 ℃

① 계속작업
② 매 시간 25 % 작업, 75 % 휴식
③ 매 시간 50 % 작업, 50 % 휴식
④ 매 시간 75 % 작업, 25 % 휴식

해설 고온의 노출기준 ───────────

시간당 200 kcal까지의 열량을 소요되는 작업은 경작업이다.
$$WBGT(℃) = (0.7 \times 30) + (0.3 \times 32)$$
$$= 30.6℃$$
고온의 노출기준에 따르면 매 시간 75 % 작업, 25 % 휴식해야 한다.

관련법령 고온의 노출기준(단위 : ℃)
「화학물질 및 물리적 인자의 노출기준」 별표3

구분	작업강도		
	경작업	중등작업	중작업
계속작업	30.0	26.7	25.0
매 시간 75 % 작업, 25 % 휴식	30.6	28.0	25.9
매 시간 50 % 작업, 50 % 휴식	31.4	29.4	27.9
매 시간 25 % 작업, 75 % 휴식	32.2	31.1	30.0

5과목 산업독성학

81

납에 관한 설명으로 틀린 것은?

① 폐암을 야기하는 발암물질로 확인되었다.
② 축전지제조업, 광명단제조업 근로자가 노출될 수 있다.
③ 최근의 납의 노출정도는 혈액 중 납 농도로 확인할 수 있다.
④ 납 중독을 확인하는 데는 혈액 중 ZPP 농도를 이용할 수 있다.

해설 납 중독 ───────────

납은 위장계통의 장애, 신경, 근육계통의 장애, 중추신경 장애 등을 일으키지만 폐암과는 관련이 적다.

82

피부독성 평가에서 고려해야 할 사항과 가장 거리가 먼 것은?

① 음주·흡연
② 피부 흡수 특성
③ 열·습기 등의 작업환경
④ 사용물질의 상호작용에 따른 독성학적 특성

해설 피부독성 평가 ───────────

음주나 흡연은 피부 자체의 구조나 피부독성에 직접적인 영향을 주지는 않으므로 피부독성 평가에서 고려해야 할 사항이 아니다.

83

중요도 ★★★

유해물질의 노출기준에 있어서 주의해야 할 사항이 아닌 것은?

① 노출기준은 피부로 흡수되는 양은 고려하지 않는다.
② 노출기준은 생활환경에 있어서 대기오염 정도의 판단기준으로 사용되기에는 적합하지 않다.
③ 노출기준은 1일 8시간 평균농도이므로 1일 8시간을 초과하여 작업을 하는 경우 그대로 적용할 수 없다.
④ 노출기준은 작업장에서 일하는 근로자의 건강장해를 예방하기 위해 안전 또는 위험의 한계를 표시하는 지침이다.

해설 유해물질의 노출기준 적용 ─────────

① 노출기준은 공기 중의 유해물질 농도를 기준으로 하고 피부 흡수량은 필요한 경우에 한해 별도로 표기한다.
② 노출기준은 작업장 내 근로자를 위한 안전지침으로 생활환경의 판단기준으로 사용되기에는 적합하지 않다.
③ 노출기준은 1일 8시간 평균농도이므로 1일 8시간을 초과하여 작업을 하는 경우 보정해서 적용해야 한다.
④ 노출기준은 작업장에서 일하는 근로자의 건강장해를 예방하기 위해 안전 또는 위험의 한계를 표시하기보다는 유해조건을 평가하여 건강장애를 예방하기 위한 것이다.

84

중요도 ★★★

수은 중독 증상으로만 나열된 것은?

① 구내염, 근육진전
② 비중격천공, 인두염
③ 급성뇌증, 신근쇠약
④ 단백뇨, 칼슘대사 장애

해설 수은 중독 증상 ─────────

• 구내염, 근육진전(떨림), 정신증상(감정변화)이다.
• 알킬수은화합물(유기수은) 중 메틸수은은 미나마타병을 일으킨다.

85

중요도 ★★★

중독증상으로 파킨슨증후군 소견이 나타날 수 있는 중금속은?

① 납
② 비소
③ 망간
④ 카드뮴

해설 망간의 중독 증세 ─────────

• 망간에 지속적으로 노출되면 중추신경계 장애로 파킨슨증후군을 유발한다.
• 중독에 의한 특징적인 증상은 구내염, 근육전신, 전신증상의 3가지이다.
• 이산화망간 흄에 급성 폭로되면 열, 오한, 호흡곤란증의 증상을 특징으로 하는 금속열을 일으킨다.

86

중요도 ★★★

피부의 표피를 설명한 것으로 틀린 것은?

① 혈관 및 림프관이 분포한다.
② 대부분 각질세포로 구성된다.
③ 멜라닌세포와 랑게스한스세포가 존재한다.
④ 각화세포를 결합하는 조직은 케라틴 단백질이다.

해설 피부의 구성 ──────────

① 혈관 및 림프관은 표피 아래에 있는 진피에 존재한다.
② 표피는 대부분 각질세포로 구성되어 있다.
③ 표피에는 멜라닌세포(피부색소 세포)와 랑게스한스세포(면역세포)가 존재한다.
④ 케타틴은 각질세포(각화세포)의 주요 구조 단백질이다.

87

중요도 ★★★

직업성 천식을 확진하는 방법이 아닌 것은?

① 작업장 내 유발검사
② Ca-EDTA 이동시험
③ 증상 변화에 따른 추정
④ 특이항원 기관지 유발검사

해설 직업성 천식 확진 ──────────

Ca-EDTA는 납 중독을 치료하는 치료제이다.
Ca-EDTA 이동시험은 Ca-EDTA를 체 내에 투여한 후 일정시간 동안 소변으로 배출되는 납의 양의 측정하여 체내에 축적된 납의 정도를 평가하는 시험이다.

88

중요도 ★

미국정부산업위생전문가협의회(ACGI)의 발암물질 구분으로 동물 발암성 확인물질, 인체 발암성 모름에 해당되는 Group은?

① A2
② A3
③ A4
④ A5

해설 ACGIH의 발암물질 구분 ──────────

등급	의미
A1	인체 발암성 확인 물질
A2	인체 발암성 의심 물질
A3	동물에서만 발암성이 확인된 물질(인체 연관성 불명)
A4	인체 발암성으로 분류할 수 없는 물질(미분류)
A5	인체 발암성이 의심되지 않는 물질

89

중요도 ★★

작업환경에서 발생되는 유해물질과 암의 종류를 연결한 것으로 틀린 것은?

① 벤젠 – 백혈병
② 비소 – 피부암
③ 포름알데하이드 – 신장암
④ 1,3 부타디엔 – 림프육종

해설 유해물질과 암의 발생 ──────────

포름알데하이드는 다발성골수종이나 악성흑색종과 관련이 있다.

90

중요도 ★

「산업안전보건법령」상 기타 분진의 산화규소 결정체 함유율과 노출기준으로 맞는 것은?

① 함유율 : 0.1 % 이상, 노출기준 : 5 mg/m³
② 함유율 : 0.1 % 이하, 노출기준 : 10 mg/m³
③ 함유율 : 1 % 이상, 노출기준 : 5 mg/m³
④ 함유율 : 1 % 이하, 노출기준 : 10 mg/m³

해설 기타 분진의 노출기준 ————

기타 분진(산화규소 결정체 1 % 이하) 노출기준 (TWA) : 10 mg/m³

91

중요도 ★★★

다음 중 알레르기성 접촉피부염에 관한 설명으로 틀린 것은?

① 항원에 노출되고 일정시간이 지난 후에 다시 노출되었을 때 세포 매개성 과민반응에 의하여 나타나는 부작용의 결과이다.
② 알레르기성 반응은 극소량 노출에 의해서도 피부염이 발생할 수 있는 것이 특징이다.
③ 알레르기원에 노출되고 이 물질이 알레르기원으로 작용하기 위해서는 일정기간이 소요되며 그 기간을 휴지기라고 한다.
④ 알레르기 반응을 일으키는 관련 세포는 대식세포, 림프구, 랑거한스세포로 구분된다.

해설 알레르기성 접촉피부염 ————

알레르기원에 노출되고 이 물질이 알레르기원으로 작용하기 위해서는 일정기간이 소요되며 그 기간을 휴지기라고 하지 않고 잠복기 또는 유도기라고 한다.

92

중요도 ★★★

다음 중 조혈장해를 일으키는 물질은?

① 납
② 망간
③ 수은
④ 우라늄

해설 납 중독 ————

납 중독의 대표적인 장해는 빈혈, 혈색소 저하 등 조혈기능 장해, 위장계통 장해, 중추신경계통 장해이다.

93

중요도 ★★

다음 중 중추신경의 자극작용이 가장 강한 유기용제는?

① 아민
② 알코올
③ 알칸
④ 알데하이드

해설 중추신경의 자극작용 순서 ————

아민류 > 유기산 > 케톤 > 알데하이드 > 알코올 > 알칸

94 중요도 ★★

입자의 호흡기계 축적기전이 아닌 것은?

① 충돌   ② 변성
③ 차단   ④ 확산

해설 호흡기계 축적기전 ────────

입자상 물질의 호흡기계 축적기전에서 변성은 존재하지 않는다.

개념확인 **입자상 물질의 호흡기계 축적기전**

- 충돌(관성충돌) : 공기의 흐름이 바뀔 때 입자가 원래 방향대로 이동하다가 부딪치며 충돌에 의해 침착된다.
- 침전(중력침강) : 폐의 심층부에서 공기 흐름이 느려지면 입자가 중력에 의해 낙하하여 축적된다.
- 차단 : 길이가 긴 입자가 호흡기계로 들어오면서 그 입자의 가장자리가 기도의 표면을 스치게 됨으로써 침착되는 현상이다.
- 확산 : 미세입자의 무질서한 운동에 의해 기체분자와 충돌하여 침착되는 현상이다.

95 중요도 ★

다음 중 지방질을 지방산과 글리세린으로 가수분해하는 물질은?

① 말토오스(Maltose)
② 리파아제(Lipase)
③ 트립신(Trypsin)
④ 판크레오지민(Pancreozymin)

해설 가수분해 ────────

리파아제는 지방질(지방)을 지방산과 글리세린으로 가수분해하는 소화효소로 주로 췌장에서 분비된다.

96 중요도 ★

「산업안전보건법령」상 인체에 유해한 영향을 끼쳐 허가를 받고 제조해야 하는 물질이 아닌 것은?

① 베릴륨
② 디클로로벤지딘
③ 염화비닐
④ 4-니트로디페닐

해설 허가 대상 유해물질과 제조 금지 유해물질 구분 –

4-니트로디페닐은 β-나프틸아민, 석면, 황린성냥 등과 같이 제조 등이 금지된 유해물질이다.

97 중요도 ★

다음 중 소화기관에서 화학물질 흡수율에 영향을 미치는 요인과 가장 거리가 먼 것은?

① 위액의 산도
② 음식물의 소화기관 통과속도
③ 화학물질의 물리적 구조와 화학적 성질
④ 식도의 두께

해설 화학물질 흡수율에 영향을 미치는 요인 ────

식도의 두께는 음식물의 기계적 소화와는 관련이 있을 수 있지만 화학물질 흡수율과는 거의 관련이 없다.

98

중요도 ★★

Methyl n-butyl ketone에 노출된 근로자의 소변 중 배설량으로 생물학적 노출지표에 이용되는 물질은?

① quinol
② phenol
③ 2,5-hexanedione
④ 8-hydroxy quinone

해설 생물학적 노출지표 ─────────

Methyl n-butyl ketone에 노출된 근로자의 소변 중 배설량으로 생물학적 노출지표는 n-hexane와 동일한 2,5-hexanedione이다.

99

중요도 ★

다음 중 콜린에스테라아제 효소를 억제하여 신경증상을 일으키는 물질은?

① 유기인제
② 중금속화합물
③ 파라쿼트
④ 비소

해설 유기인제 ─────────

유기인제(유기인산화합물)는 신경전달 물질인 아세틸콜린을 분해하는 콜린에스테라아제 효소를 억제하여 신경증상(근육경련)을 나타나게 한다.

100

중요도 ★★

다음의 사례에 의심되는 유해인자는?

> 48세의 이씨는 10년 동안 용접작업을 하였다. 1998년부터 왼쪽 손 떨림, 구음장애, 왼쪽 상지의 근력저하 등의 소견이 나타났고, 주위 사람으로부터 걸을 때 팔을 흔들지 않는다는 이야기를 들었다. 몇 개월 후 한의원에서 중풍의 진단을 받고 한 달 동안 치료를 하였으나 증상의 변화는 없었다. 자기공명영상촬영에서 뇌기저핵 부위에 고신호 강도 소견이 있었다.

① 크롬
② 망간
③ 톨루엔
④ 크실렌

해설 망간중독 ─────────

용접작업자는 직업적으로 망간이 포함된 용접 흄(Fume)에 장기간 노출될 수 있고, 망간은 중추신경계에 축적되어 주로 뇌기저핵에 영향을 주어 파킨슨병과 유사한 증상을 유발할 수 있다.

2024 제3회 CBT 복원문제

1과목 **산업위생학개론**

01
중요도 ★★★

다음 산업위생의 정의 중 ( ) 안에 들어갈 내용으로 볼 수 없는 것은?

> 산업위생이란 근로자나 일반 대중에게 질병, 건강장해 등을 초래하는 작업환경 요인과 스트레스를 ( )하는 과학과 기술이다.

① 보상
② 예측
③ 평가
④ 관리

해설 산업위생의 정의(AHIA)

근로자 및 일반 대중에게 질병, 건강장해와 안녕방해, 심각한 불쾌감 및 능률 저하 등을 초래하는 작업환경 요인과 스트레스를 예측, 측정, 평가 및 관리하는 과학과 기술이다.

02
중요도 ★★★

유해물질의 생물학적 노출지수평가를 위한 소변시료 채취방법 중 채취시간에 제한 없이 채취할 수 있는 유해물질은 무엇인가? (단, ACGIH 권장기준이다)

① 벤젠
② 카드뮴
③ 일산화탄소
④ 트리클로로에틸렌

해설 시료채취기간

카드뮴과 같은 중금속은 반감기가 길기 때문에 시료채취기간이 중요하지 않아 채취시간에 제한 없이 채취할 수 있다.

03
중요도 ★★★

공기 중의 혼합물로서 아세톤 400 ppm(TLV = 750 ppm), 메틸에틸케톤 100 ppm(TLV = 200 ppm)이 서로 상가작용을 할 때 이 혼합물의 노출지수(EI)는 약 얼마인가?

① 0.82
② 1.03
③ 1.10
④ 1.45

해설 노출지수(EI)

$$EI = \frac{C_1}{T_1} + \frac{C_2}{T_2} + \cdots + \frac{C_n}{T_n}$$

C_n : 화학물질 각각의 측정치

T_n : 화학물질 각각의 노출기준

$$EI = \frac{400}{750} + \frac{100}{200} = 1.03$$

04
중요도 ★★

혈액을 이용한 생물학적 모니터링의 단점으로 옳지 않은 것은?

① 보관, 처치에 주의를 요한다.
② 시료채취 시 오염되는 경우가 많다.
③ 시료채취 시 근로자가 부담을 가질 수 있다.
④ 약물, 동력학적 변이 요인들의 영향을 받는다.

해설 생물학적 모니터링

혈액을 이용한 생물학적 모니터링에서 시료채취 시 오염될 가능성이 적다.

05

38세 된 남성 근로자의 육체적 작업능력(PWC)은 15 kcal/min이다. 이 근로자가 1일 8시간 동안 물체를 운반하고 있으며 이때의 작업대사량이 7 kcal/min이고, 휴식 시 대사량이 1.2 kcal/min 일 경우 이 사람이 쉬지 않고 계속하여 일을 할 수 있는 최대 허용시간(T_{end})은? (단, $\log T_{end} = 3.720 - 0.1949E$이다)

① 7분 ② 98분
③ 227분 ④ 3,063분

해설 작업강도에 따른 허용 작업시간 ─────

$\log T_{end} = 3.720 - 0.1949E$

T_{end} : 최대 허용시간

E : 작업대사량

$\log T_{end} = 3.720 - (0.1949 \times 7) = 2.3557$

$T_{end} = 10^{2.3557} = 226.83$

06

「산업안전보건법」상 다음 설명에 해당하는 건강진단의 종류는?

> 특수건강진단대상 업무에 종사할 근로자에 대하여 배치 예정업무에 대한 적합성 평가를 위하여 사업주가 실시하는 건강진단이다.

① 일반건강진단 ② 수시건강진단
③ 임시건강진단 ④ 배치전건강진단

해설 특수건강진단 ─────

「산업안전보건법」 제130조
사업주는 특수건강진단대상업무에 종사할 근로자의 배치 예정 업무에 대한 적합성 평가를 위하여 건강진단(배치전건강진단)을 실시하여야 한다.

07

15 ℃를 유지해야 하는 PCB 회로기판 조립라인에서 탈지작업을 위해 트리클로로에틸렌(TCE)을 사용한다. 탈지조에서 방출되는 TCE의 작업환경 측정 농도가 150 mg/m³이었다면 이 농도의 ppm 농도는 얼마인가? (단, TCE의 분자량은 131.39이다)

① 17.12 ② 25.57
③ 26.97 ④ 27.91

해설 ppm 농도 계산 ─────

(1) ppm과 mg/m³의 상호 농도변환
- 0 ℃, 1기압인 경우

$$mg/m^3 = \frac{ppm \times 그램분자량}{22.4}$$

- 15 ℃, 1기압인 경우

$$mg/m^3 = \frac{ppm \times 그램분자량}{23.63}$$

(2) 15 ℃에서 ppm 농도 계산

$$ppm = mg/m^3 \times \frac{23.63}{그램 분자량}$$

$$= 150 \times \frac{23.63}{131.39} = 26.97$$

08

중요도 ★★

업무상 사고나 업무상 질병을 유발할 수 있는 불안전한 행동의 직접원인에 해당되지 않는 것은?

① 지식의 부족
② 기능의 미숙
③ 태도의 불량
④ 의식의 우회

해설 산업재해의 원인 ────────

의식의 우회(걱정과 고민 등으로 의식이 빗나감)는 간접원인 중의 정신적 원인이다.

구분	내용
직접원인	• 인적 원인(불안전한 행동) • 물적 원인(불안전한 상태)
간접원인	• 기술적 원인 • 교육적 원인 • 신체적 원인 • 정신적 원인 • 작업관리상 원인

09

중요도 ★★★

미국에서 1910년 납(Lead) 공장에 대한 조사를 시작으로 레이온 공장의 이황화탄소 중독, 구리 광산에서 규폐증, 수은 광산에서의 수은 중독 등을 조사하여 미국의 산업보건 분야에 크게 공헌한 선구자는?

① Leonard Hill
② Max Von Pettenkofer
③ Edward Chadwick
④ Alice Hamilton

해설 Alice Hamilton(20세기) ────────

• 미국의 여자 의사로 미국 최초의 산업보건학자이다.
• 현대적 의미의 최초의 산업위생전문가이다.
• 납, 수은, 이황화탄소 중독 및 직업성 질환과의 관계를 규명했다.
• 미국의 산업재해보상법을 제정하는 데에 크게 기여했다.

10

중요도 ★

사무실 등 실내환경의 공기질 개선에 관한 설명으로 틀린 것은?

① 실내 오염원을 감소한다.
② 방출되는 물질이 없거나 매우 낮은(기준에 적합한) 건축자재를 사용한다.
③ 실외 공기의 상태와 상관없이 창문 개폐 횟수를 증가하여 실외 공기의 유입을 통한 환기 개선이 될 수 있도록 한다.
④ 단기적 방법은 베이트 아웃(Bake-out)으로 새 건물에 입주하기 전에 보일러 등으로 실내를 가열하여 각종 유해물질이 빨리 나오도록 한 후 이를 충분히 환기시킨다.

해설 실내환경의 공기질 개선 ────────

실외 공기의 상태에 따라 창문의 개폐 횟수를 조절하여야 한다.
일반적인 수준에서는 2 ~ 3시간 간격으로 창문을 열어 환기를 하는 것이 좋다.

11

중요도 ★★★

다음 중 사망 또는 영구 전노동 불능일 때 근로손실일수는 며칠로 산정하는가? (단, 산정기준은 국제노동기구의 기준을 따른다)

① 3,000일
② 4,000일
③ 5,000일
④ 7,500일

해설 근로손실일수 ────────

국제노동기구에서 사망 또는 영구 전노동 불능일 때 근로손실일수는 7,500일로 산정한다.

12

중요도 ★★★

육체적 작업능력(PWC)이 16 kcal/min인 근로자가 1일에 8시간 동안 물체를 운반하고 있다. 이때의 작업대사량이 9 kcal/min이고, 휴식 시 대사량이 1.5 kcal/min이다. 적정휴식시간과 작업시간으로 가장 적절한 것은?

① 매 시간당 25분 휴식, 35분 작업
② 매 시간당 29분 휴식, 31분 작업
③ 매 시간당 35분 휴식, 25분 작업
④ 매 시간당 39분 휴식, 21분 작업

해설 피로예방을 위한 적정 휴식시간 비($T_{rest}(\%)$) —

$$T_{rest}(\%) = \left(\frac{PWC의 \frac{1}{3} - 작업 대사량}{휴식 대사량 - 작업대사량} \right) \times 100$$

$$= \left(\frac{16 \times \frac{1}{3} - 9}{1.5 - 9} \right) \times 100 = 48.89\%$$

매 시간당 적정 휴식시간 및 작업시간
휴식시간 = 60 min × 0.4889 = 29 min
작업시간 = 60 min - 29 min = 31 min

13

중요도 ★

산업재해 보상에 관한 설명으로 틀린 것은?

① 업무상의 재해란 업무상의 사유에 따른 근로자의 부상·질병·장해 또는 사망을 의미한다.
② 유족이란 사망한 자의 손자녀·조부모 또는 형제자매를 제외한 가족의 기본구성인 배우자·자녀·부모를 의미한다.
③ 장해란 부상 또는 질병이 치유되었으나 정신적 또는 육체적 훼손으로 인하여 노동능력이 상실되거나 감소된 상태를 의미한다.
④ 치유란 부상 또는 질병이 완치되거나 치료의 효과를 더 이상 기대할 수 없고 그 증상이 고정된 상태에 이르게 된 것을 의미한다.

해설 산업재해 보상 —

용어 정의
「산업재해보상보험법」 제5조
• 업무상의 재해 : 업무상의 사유에 따른 근로자의 부상·질병·장해 또는 사망
• 유족 : 사망한 사람의 배우자·자녀·부모·손자녀·조부모 또는 형제자매
• 치유 : 부상 또는 질병이 완치되거나 치료의 효과를 더 이상 기대할 수 없고 그 증상이 고정된 상태에 이르게 된 것
• 장해 : 부상 또는 질병이 치유되었으나 정신적 또는 육체적 훼손으로 인하여 노동능력이 상실되거나 감소된 상태
• 진폐(塵肺) : 분진을 흡입하여 폐에 생기는 섬유증식성(纖維增殖性) 변화를 주된 증상으로 하는 질병

14

중요도 ★★

기초대사량이 1,500 kcal/day이고, 작업대사량이 시간당 250 kcal가 소비되는 작업을 8시간 동안 수행하고 있을 때 작업대사율(RMR)은 약 얼마인가?

① 0.17 ② 0.75
③ 1.33 ④ 6

해설 작업대사율 —

$$RMR = \frac{작업 대사량}{기초 대사량}$$

$$= \frac{250 kcal/hr}{\dfrac{1,500 kcal}{day} \times \dfrac{day}{8hr}} = 1.33$$

15 중요도 ★★

최근 실내공기질에서 문제가 되고 있는 방사성 물질인 라돈에 관한 설명으로 옳지 않은 것은?

① 자연적으로 존재하는 암석이나 토양에서 발생하는 Thorium, Uranium의 붕괴로 인해 생성되는 방사성 가스이다.
② 무색, 무취, 무미한 가스로 인간의 감각에 의해 감지할 수 없다.
③ 라돈의 감마(γ) - 붕괴에 의하여 라돈의 딸핵종이 생성되며 이것이 기관지에 부착되어 감마선을 방출하여 폐암을 유발한다.
④ 라돈의 동위원소에는 Rn^{222}, Rn^{220}, Rn^{219}가 있으며 이중 반감기가 긴 Rn^{222}가 실내공간에서 인체의 위해성 측면에서 주요 관심대상이다.

> **해설** 라돈 ────────────
> 라돈(Rn)은 라듐(Ra)의 α붕괴로 생성되거나 우라늄 계열의 자연 방사성 붕괴 사슬의 중간 생성물로 생성된다.

16 중요도 ★

작업적성에 대한 생리적 적성검사 항목에 해당하는 것은?

① 체력검사 ② 지능검사
③ 인성검사 ④ 지각동작검사

> **해설** 적성검사의 분류 ────────────
> • 신체검사
> • 생리적 적성검사 : 감각기능검사, 심폐기능검사, 체력검사
> • 심리학적 적성검사 : 지능검사, 지각동작검사, 인성검사, 기능검사

17 중요도 ★★

피로의 예방대책으로 적절하지 않은 것은?

① 충분한 수면을 갖는다.
② 작업환경을 정리, 정돈한다.
③ 정적인 자세를 유지하는 작업을 동적인 작업을 전환하도록 한다.
④ 작업과정 사이에 여러 번 나누어 휴식하는 것보다 장시간의 휴식을 취한다.

> **해설** 피로의 예방대책 ────────────
> 장시간의 휴식을 취하는 것보다 여러 번 나누어 휴식하는 것이 피로의 예방에 도움이 된다.

18 중요도 ★

다음 중 실내환경의 빌딩 관련 질환에 관한 설명으로 틀린 것은?

① SBS(Sick Building Syndrome)는 점유자들이 건물에서 보내는 시간과 관계하여 특별한 증상이 없이 건강과 편안함에 영향을 받는 것을 말한다.
② BRI(Building Related Illness)는 건물 공기에 대한 노출로 인해 야기된 질병을 지칭하는 것으로 증상의 진단이 가능하며 공기 중에 있는 물질에 직접적인 원인은 알 수 없는 질병을 뜻한다.
③ 레지오넬라 질환(Legionnarie's Disease)은 주요 호흡기 질병의 원인균 중 하나로 1년까지도 물속에서 생존하는 균으로 알려져 있다.
④ 과민성 폐렴(Hypersensitivity Pneu-monitis)은 고농도의 알레르기 유발물질에 직접 노출되거나 저농도에 지속적으로 노출될 때 발생한다.

> **해설** 실내환경의 빌딩 관련 질환 ────────────
> BRI(Building Related Illness)는 증상의 진단이 가능하며 공기 중에 부유하는 물질이 직접적인 원인이 되는 질병이다.

19

「산업안전보건법령」상 작업환경 측정에 대한 설명으로 옳지 않은 것은?

① 작업환경 측정의 방법, 횟수 등의 필요사항은 사업주가 판단하여 정할 수 있다.
② 사업주는 작업환경의 측정 중 시료의 분석을 작업환경 측정기관에 위탁할 수 있다.
③ 사업주는 작업환경 측정 결과를 해당 작업장의 근로자에게 알려야 한다.
④ 사업주는 근로자대표가 요구할 경우 작업환경 측정 시 근로자대표를 참석시켜야 한다.

해설 작업환경 측정 ─────────

작업환경 측정의 방법, 횟수 등의 필요한 사항은 고용노동부령으로 정하는 바에 따라야 한다.

20

다음 중 작업환경 내 작업자의 작업강도와 유해물질의 인체 영향에 대한 설명으로 적절하지 않은 것은?

① 인간은 동물에 비하여 호흡량이 크므로 유해물질에 대한 감수성은 동물보다 크다.
② 심한 노동을 할 때일수록 체내의 산소 요구가 많아지므로 호흡량이 증가한다.
③ 유해물질의 침입경로로서 가장 중요한 것은 호흡기이다.
④ 작업강도가 커지면 신진대사가 왕성하게 되고 피로가 증가되어 유해물질의 인체 영향이 적어진다.

해설 작업강도와 유해물질의 인체 영향 ─────────

작업강도가 커지면 열량소비량이 많아져 피로하므로 유해물질의 인체 영향이 커진다.

21

유체가 위쪽으로 흐름에 따라 Float도 위로 올라가며 Float와 관 벽 사이의 접촉면에서 발생되는 압력강하가 Float를 충분히 지지해 줄 때까지 올라간 Float의 눈금을 읽어 측정하는 장비는?

① 오리피스미터(Orifice Meter)
② 벤츄리미터(Venturi Meter)
③ 로타미터(Rotameter)
④ 유출노즐(Flow Nozzles)

해설 로터미터 ─────────

- 밑으로 갈수록 점점 가늘어지는 수직관과 그 안에서 자유롭게 상하로 움직이는 부자(Float)로 이루어져 있다.
- 유체가 위쪽으로 흐르면 부자도 위로 올라가기 때문에 올라간 부자의 눈금을 읽어 유량을 측정한다.
- 최대유량과 최소유량의 비율이 10 : 1 범위이고 ±5 % 이내의 정확성을 가진 보정선이 제공된다.

22

허용농도가 50 ppm인 트리클로로에틸렌을 취급하는 작업장에 하루 10시간 근무한다면 그 조건에서의 허용 농도치는? (단, Brief-Scala 보정방법을 기준으로 한다)

① 47 ppm ② 42 ppm
③ 39 ppm ④ 35 ppm

해설 Brief and Scala 보정법 ─────────

보정된 노출기준 $=$ RF$\times$노출기준(허용농도)

$$RF = \left(\frac{8}{H}\right)\times\frac{24-H}{16}$$

H : 노출시간/일

$$RF = \left(\frac{8}{10}\right)\times\frac{24-10}{16}=0.7$$

보정된 노출기준 $=0.7\times50=35$ppm

23

중요도 ★★★

산업보건 분야에서 스토크스의 법칙에 따른 침강속도를 구하는 식을 대신하여 간편하게 계산하는 식으로 적절한 것은? (단, V : 종단속도(cm/sec), SG : 입자의 비중, d : 입자의 직경(μm), 입자크기는 1 ~ 50 μm이다)

① $V = 0.001 \times SG \times d^2$

② $V = 0.003 \times SG \times d^2$

③ $V = 0.005 \times SG \times d^2$

④ $V = 0.009 \times SG \times d^2 V$

해설 Lippman식에 의한 침강속도(종단속도) ────

입자의 크기가 1 ~ 50 μm인 경우에 적용한다.

$V = 0.003 \times \rho \times d^2$

V : 침강속도(cm/sec)

ρ : 입자밀도(비중)(g/cm^3)

d : 입자직경(μm)

24

중요도 ★★★

작업환경 공기 중의 물질 A(TLV 50 ppm)가 55 ppm이고, 물질 B(TLV 50 ppm)가 47 ppm이며, 물질 C(TLV 50 ppm)가 52 ppm이었다면, 공기의 노출농도 초과도는? (단, 상가작용을 기준으로 한다)

① 3.62　　　　② 3.08

③ 2.73　　　　④ 2.33

해설 노출지수(EI) ────

$EI = \dfrac{C_1}{T_1} + \dfrac{C_2}{T_2} + \cdots + \dfrac{C_n}{T_n}$

C_n : 화학물질 각각의 측정치

T_n : 화학물질 각각의 노출기준

$EI = \dfrac{55}{50} + \dfrac{47}{50} + \dfrac{52}{50} = 3.08$

25

중요도 ★

근로자 개인의 청력 손실 여부를 알기 위해 사용하는 청력 측정용 기기는?

① Audiometer

② Noise dosimeter

③ Sound level meter

④ Impact sound level meter

해설 청력 측정기 ────

근로자 개인의 청력 손실 여부를 알기 위해서는 청력 측정기(Audiometer)를 사용한다.

근로자 개인의 소음 노출량을 알기 위해서는 소음선량계(Noise dosimeter)를 사용한다.

26

중요도 ★

「작업환경 측정 및 정도관리 등에 관한 고시」상 원자흡광광도법(AAS)으로 분석할 수 있는 유해인자가 아닌 것은?

① 코발트　　　　② 구리

③ 산화철　　　　④ 카드뮴

해설 원자흡광광도법 ────

원자흡광광도법(AAS)로 분석할 수 있는 유해인자
「작업환경 측정 및 정도관리 등에 관한 고시」 별표3

- 구리
- 납
- 니켈
- 크롬
- 망간
- 산화마그네슘
- 산화아연
- 산화철
- 수산화나트륨
- 카드뮴

27

중요도 ★★★

고성능 액체크로마토그래피(HPLC)에 관한 설명으로 틀린 것은?

① 주 분석대상 화학물질은 PCB 등의 유기화학물질이다.
② 장점으로 빠른 분석속도, 해상도, 민감도를 들 수 있다.
③ 분석물질이 이동상에 녹아야 하는 제한점이 있다.
④ 이동상인 운반가스의 친화력에 따라 용리법, 치환법으로 구분된다.

해설 고성능 액체크로마토그래피(HPLC) ————

- 고정상과 액체 이동상 사이의 물리·화학적 반응성의 차이(분석시료의 용해성 차이)를 이용하여 분리한다.
- 이동상으로 액체를 사용한다.

28

중요도 ★★

유기용제 작업장에서 측정한 톨루엔 농도는 65, 150, 175, 63, 83, 112, 58, 49, 205, 178 ppm일 때 산술평균과 기하평균 값은 약 몇 ppm인가?

① 산술평균 108.4, 기하평균 100.4
② 산술평균 108.4, 기하평균 117.6
③ 산술평균 113.8, 기하평균 100.4
④ 산술평균 113.8, 기하평균 117.6

해설 산술평균, 기하평균 계산 ————

산술평균(M)

$$M = \frac{65+150+175+63+83+112+58+49+205+178}{10}$$
$$= 113.8$$

기하평균(GM)

$$GM = \sqrt[N]{X_1 \cdot X_2 \cdots X_n}$$

N : 측정치의 수, X_n : 측정치

$$GM = \sqrt[10]{\begin{matrix}65 \times 150 \times 175 \times 63 \times 83 \times 112 \times \\ 58 \times 49 \times 205 \times 178\end{matrix}}$$
$$= 100.357$$

29

중요도 ★★★

근로자가 일정시간 동안 일정농도의 유해물질에 노출될 때 체내에 흡수되는 유해물질의 양은 다음 식으로 구한다. 인자의 설명이 잘못된 것은? (단, 체내 흡수량(mg) = C × T × V × R이다)

① C : 공기 중 유해물질 농도
② T : 노출시간
③ V : 작업공간 내의 공기기적
④ R : 체내 잔류율

해설 SHD : 체내 흡수량(mg) ————

$SHD = C \times T \times V \times R$

C : 공기 중 유해물질 농도(mg/m^3)

T : 노출시간(hr)

V : 호흡률(폐환기율)(m^3/hr)

R : 체내 잔류율(보통 1임)

30
중요도 ★★★

1차, 2차 표준기구에 관한 내용으로 틀린 것은?

① 1차 표준기구란 물리적 차원인 공간의 부피를 직접 측정할 수 있는 기구를 말한다.
② 1차 표준기구로 폐활량계가 사용된다.
③ Wet-test미터, Rota미터, Orifice미터는 2차 표준기구이다.
④ 2차 표준기구는 1차 표준기구를 보정하는 기구를 말한다.

> **해설** 표준기구 ─────────────

2차 표준기구는 1차 표준기구를 기준으로 보정하여 사용할 수 있는 기구이다.
2차 표준기구는 온도와 압력에 영향을 받고 공간의 부피를 직접 알 수 없으며 1차 표준기구로 다시 보정하여야 한다.

31
중요도 ★★

용접작업 중 발생되는 용접흄을 측정하기 위해 사용할 여과지를 화학천칭을 이용해 무게를 잰 결과 70.1 mg이었다. 이 여과지를 이용하여 2.5 L/min의 시료채취 유량으로 120분간 측정을 실시한 후 잰 무게는 75.88 mg이었다면 용접흄의 농도는?

① 약 13 mg/m³   ② 약 19 mg/m³
③ 약 23 mg/m³   ④ 약 28 mg/m³

> **해설** 단위환산을 이용한 계산 ──────────

$$\frac{mg}{m^3} = \frac{(75.88 - 70.1)mg}{\frac{2.5L}{min} \times 120min \times \frac{m^3}{1,000L}}$$

$$= 19.266mg/m^3$$

32
중요도 ★

입자상 물질의 채취를 위한 섬유상 여과지인 유리섬유여과지에 관한 설명으로 틀린 것은?

① 흡습성이 적고 열에 강하다.
② 결합제 첨가형과 결합제 비첨가형이 있다.
③ 와트만(Whatman) 여과지가 대표적이다.
④ 유해물질이 여과지의 안층에도 채취된다.

> **해설** 여과지 ─────────────

와트만(Whatman) 여과지는 셀룰로오스여과지의 대표적 여과지이다.

33
중요도 ★★★

미국 ACGIH에서 정의한 (A) 흉곽성 먼지(Thoracic Particulate Mass, TPM)와 (B) 호흡성 먼지(Respirable Particulate Mass, RPM)의 평균입자크기로 옳은 것은?

① (A) 5 μm, (B) 15 μm
② (A) 15 μm, (B) 5 μm
③ (A) 4 μm, (B) 10 μm
④ (A) 10 μm, (B) 4 μm

> **해설** 입자상 물질의 분류(ACGIH) ──────────

구분	기준
흡입성 분진 (IPM)	• 호흡기의 어느 부위에 침착하더라도 독성 유발 • 평균입경 : 100 μm
흉곽성 분진 (TPM)	• 기도나 하기도(가스교환 부위) 또는 폐포나 폐기도에 침착하여 독성 유발 • 평균입경 : 10 μm
호흡성 분진 (RPM)	• 가스교환 부위(폐포)에 침착하여 독성 유발 • 평균입경 : 4 μm

34

중요도 ★★★

40 % 벤젠, 30 % 아세톤 그리고 30 % 톨루엔의 중량비로 조성된 용제가 증발되어 작업환경을 오염시키고 있다. 이때 각각의 TLV가 30 mg/m³, 1,780 mg/m³ 및 375 mg/m³ 이라면 이 작업장의 혼합물의 허용농도(mg/m³)는? (단, 상가작용을 기준으로 한다)

① 47.9
② 59.9
③ 69.9
④ 76.9

해설 액체 혼합물의 노출기준 ──────

$$mg/m^3 = \cfrac{1}{\cfrac{f_a}{TLV_a} + \cfrac{f_b}{TLV_b} + \cdots + \cfrac{f_n}{TLV_n}}$$

f_n : 액체 혼합물에서 각 성분 무게(중량)비
TLV_n : 해당 물질의 노출기준(mg/m³)

$$mg/m^3 = \cfrac{1}{\cfrac{0.4}{30} + \cfrac{0.3}{1,780} + \cfrac{0.3}{375}} = 69.92$$

35

중요도 ★

작업장 내 기류측정에 대한 설명으로 옳지 않은 것은?

① 풍차풍속계는 풍차의 회전속도로 풍속을 측정한다.
② 풍차풍속계는 보통 1 ~ 150 m/sec 범위의 풍속을 측정하며 옥외용이다.
③ 기류속도가 아주 낮을 때에는 카타온도계와 복사풍속계를 사용하는 것이 정확하다.
④ 카타온도계는 기류의 방향이 일정하지 않거나 실내 0.2 ~ 0.5 m/sec 정도의 불감기류를 측정할 때 사용한다.

해설 작업장 내 기류측정 ──────

기류속도가 낮을 때 정확한 측정이 가능한 것은 열선 풍속계이다.

36

중요도 ★

계통오차의 종류에 대한 설명으로 틀린 것은?

① 한 가지 실험측정을 반복할 때 측정값들의 변동으로 발생하는 오차
② 측정 및 분석기기의 부정확성으로 발생된 오차
③ 측정하는 개인의 선입관으로 발생한 오차
④ 측정 및 분석 시 온도나 습도와 같이 알려진 외계의 영향으로 생기는 오차

해설 계통오차의 종류 ──────

• 외계오차(환경오차) : 온도나 습도와 같은 외계의 환경으로 생기는 오차이다.
• 기계오차(기기오차) : 사용하는 측정 및 분석기기의 부정확성으로 인한 오차이다.
• 개인오차 : 측정자의 습관이나 선입관에 의한 오차이다.

37

중요도 ★★

Hexane의 부분압이 120 mmHg이라면 VHR은 약 얼마인가? (단, Hexane의 OEL = 500 ppm이다)

① 271
② 284
③ 316
④ 343

해설 VHR(Vapor Hazard Ratio) ──────

$$VHR = \frac{C}{TLV \text{ 또는 } OEL}$$

C : 포화증기압농도(mg/m³ 또는 ppm)
TLV : 노출기준(mg/m³ 또는 ppm)
OEL : 허용기준(mg/m³ 또는 ppm)

$$VHR = \cfrac{\cfrac{120}{760} \times 10^6 ppm}{500 ppm} = 315.79$$

38

작업환경공기 중 벤젠(TLV = 10 ppm) 5 ppm, 톨루엔(TLV = 100 ppm) 50 ppm, 크실렌(TLV = 100 ppm) 60 ppm로 공존하고 있다면 혼합물의 허용농도? (단, 상가작용기준이다)

① 78 ppm
② 72 ppm
③ 68 ppm
④ 64 ppm

해설 노출지수(EI)

$$EI = \frac{C_1}{T_1} + \frac{C_2}{T_2} + \cdots + \frac{C_n}{T_n}$$

혼합물의 허용기준 농도(TLV)

$$TLV = \frac{C_1 + C_2 + \cdots C_n}{EI}$$

C_n : 화학물질 각각의 측정치

T_n : 화학물질 각각의 노출기준

$$EI = \frac{5}{10} + \frac{50}{100} + \frac{60}{100} = 1.6$$

$$TLV = \frac{5 + 50 + 60}{1.6} = 71.875 \text{ppm}$$

39

다음 작업환경 측정의 단위로 틀린 것은?

① 흄 : ppm
② 석면 : 개/m^2
③ 고온 : ℃
④ 소음 : dB(A)

해설 작업환경 측정의 단위

「작업환경 측정 및 정도관리 등에 관한 고시」 제20조
• 가스, 증기, 분진, 흄(Fume), 미스트(Mist) : ppm 또는 mg/m^3
• 석면 : 개/cm^3
• 소음 : dB(A)
• 고온(복사열) : 습구흑구온도지수(WBGT)를 구하여 섭씨온도(℃)로 표기

40

산업위생 통계에 적용되는 용어 정의에 대한 내용으로 옳지 않은 것은?

① 상대오차 = [(근사값 - 참값)/참값]으로 표현된다.
② 우발오차란 측정기기 또는 분석기기의 미비로 기인되는 오차이다.
③ 유효숫자란 측정 및 분석값의 정밀도를 표시하는 데 필요한 숫자이다.
④ 조화평균이란 상이한 반응을 보이는 집단의 중심경향을 파악하고자 할 때 유용하게 이용된다.

해설 우발오차의 발생원인

• 전력의 불안정으로 인해 기기반응이 불규칙한 경우
• 기기의 시료주입량이 일정하지 않은 경우
• 분석 시 부피 및 질량에 대한 측정의 변이가 발생한 경우

41

중요도 ★

페인트 도장이나 농약 살포와 같이 공기 중에 가스 및 증기상 물질과 분진이 동시에 존재하는 경우 호흡 보호구에 이용되는 가장 적절한 공기 정화기는?

① 필터
② 만능형 캐니스터
③ 요오드를 입힌 활성탄
④ 금속산화물을 도포한 활성탄

해설 호흡 보호구 ──────────────

만능형 캐니스터는 방진마스크와 방독마스크의 기능을 모두 가지고 있는 공기정화기이다.

42

중요도 ★★★

유해물질을 관리하기 위해 전체환기를 적용할 수 있는 일반적인 상황과 가장 거리가 먼 것은?

① 작업자가 근무하는 장소로부터 오염 발생원이 멀리 떨어져 있는 경우
② 오염 발생원의 이동성이 없는 경우
③ 동일작업장에 다수의 오염 발생원이 분산되어 있는 경우
④ 소량의 오염물질이 일정속도로 작업장으로 배출되는 경우

해설 전체환기와 국소환기의 적용 ──────

오염 발생원의 이동성이 없는 경우에는 해당 오염 발생원에 국소배기시설을 설치하는 것이 좋다.

43

중요도 ★★★

어떤 작업장에서 메틸알코올(비중 0.792, 분자량 32.04)이 시간당 1.0 L 증발되어 공기를 오염시키고 있다. 여유계수 K값은 3이고 TLV는 200 ppm이라면 이 작업장을 전체환기시키는 데 요구되는 필요환기량은 얼마인가? (단, 1기압 21 ℃ 기준이다)

① 120 m³/min   ② 150 m³/min
③ 180 m³/min   ④ 210 m³/min

해설 필요환기량 계산 ──────────────

(1) 메틸알코올의 증발량(g/hr)

$$\frac{1.0\,\mathrm{L}}{\mathrm{hr}} \times \frac{0.792\,\mathrm{g}}{\mathrm{mL}} \times \frac{1{,}000\,\mathrm{mL}}{\mathrm{L}} = 792\,\mathrm{g/hr}$$

(2) 21 ℃에서 메틸알코올의 발생량(mL/sec)

21 ℃에서 기체 1몰의 부피 계산

$$V_2 = \frac{T_2}{T_1} \times V_1 = \frac{21+273}{273} \times 22.4\,\mathrm{L}$$

$$= 24.123\,\mathrm{L}$$

메틸알코올 792 g의 발생량 계산

$$32.04\,\mathrm{g} : 24.123\,\mathrm{L} = 792\,\mathrm{g} : x\,\mathrm{L}$$

$$x = \frac{24.123\,\mathrm{L} \times 792\,\mathrm{g}}{32.04\,\mathrm{g}} = 596.298\,\mathrm{L}$$

$$\frac{596.298\,\mathrm{L}}{\mathrm{hr}} \times \frac{\mathrm{hr}}{3{,}600\,\mathrm{sec}} \times \frac{1{,}000\,\mathrm{mL}}{\mathrm{L}}$$

$$= 165.638\,\mathrm{mL/sec}$$

(3) 전체환기량(Q) 계산

$$Q = \frac{G}{TLV} \times K$$

Q : 전체환기량(m³/sec)

G : 오염물질 발생률(mL/sec)

K : 안전계수

TLV : 노출기준(ppm 또는 mL/m³)

$$Q = \frac{165.638\,\mathrm{mL/sec}}{200\,\mathrm{mL/m^3}} \times 3$$

$$= \frac{2.4845\,\mathrm{m^3}}{\mathrm{sec}} \times \frac{60\,\mathrm{sec}}{\mathrm{min}}$$

$$= 149.07\,\mathrm{m^3/min}$$

44

중요도 ★★

축류 송풍기에 관한 설명으로 가장 거리가 먼 것은?

① 전동기와 직결할 수 있고, 또 축방향 흐름이기 때문에 관로 도중에 설치할 수 있다.
② 가볍고 재료비 및 설치비용이 저렴하다.
③ 원통형으로 되어 있다.
④ 규정 풍량범위가 넓어 가열공기 또는 오염공기의 취급에 유리하다.

> **해설** 축류 송풍기 ──────────
> • 규정 풍량 외에는 갑자기 효율이 떨어지기 때문에 가열공기 또는 오염공기 취급에는 부적당하다.
> • 압력손실이 비교적 많이 걸리는 시스템에 사용했을 때 서징현상으로 진동과 소음이 심한 경우가 생긴다.

45

중요도 ★★

어떤 작업장의 음압수준이 86 dB(A)이고, 근로자는 귀덮개를 착용하고 있다. 귀덮개의 차음평가수는 NRR = 19이다. 근로자가 노출되는 음압(예측)수준[dB(A)]은? (단, OSHA 기준이다)

① 74   ② 76
③ 78   ④ 80

> **해설** 차음효과[dB(A)] ──────────
> $차음효과 = (NRR - 7) \times 0.5$
> NRR : 차음평가수
> $차음효과 = (19 - 7) \times 0.5 = 6 dB(A)$
> 근로자가 노출되는 음압수준 = 86-6 = 80 dB(A)

46

중요도 ★

지적온도(Optimum Temperature)에 미치는 영향인자들의 설명으로 가장 거리가 먼 것은?

① 작업량이 클수록 체열 생산량이 많아 지적온도는 낮아진다.
② 여름철이 겨울철보다 지적온도가 높다.
③ 더운 음식물, 알코올, 기름진 음식 등을 섭취하면 지적온도는 낮아진다.
④ 노인들보다 젊은 사람의 지적온도가 높다.

> **해설** 지적온도(Optimum Temperature) ──────────
> • 종류 : 쾌적감각온도, 최고생산온도, 기능지적온도
> • 작업량이 클수록 체열 생산량이 많아 지적온도는 낮아진다.
> • 여름철이 겨울철보다 지적온도가 높다.
> • 더운 음식물, 알코올, 기름진 음식 등을 섭취하면 지적온도는 낮아진다.
> • 노인들보다 젊은 사람의 지적온도가 낮다.

47

중요도 ★★

벤젠 2 kg이 모두 증발하였다면 벤젠이 차지하는 부피는? (단, 벤젠의 비중은 0.88, 분자량은 78, 21 ℃, 1기압 기준이다)

① 약 521 L   ② 약 618 L
③ 약 736 L   ④ 약 871 L

> **해설** 샤를의 법칙 ──────────
> 샤를의 법칙으로 21 ℃의 벤젠 1몰의 부피 계산
> $$\frac{V_1}{T_1} = \frac{V_2}{T_2}$$
> $$V_2 = \frac{T_2}{T_1} \times V_1 = \frac{21 + 273}{273} \times 22.4L = 24.123L$$
> 벤젠 2 kg의 몰수 = $\frac{2,000 \text{ g}}{78 \text{ g/mol}} = 25.641$ mol

벤젠 25.641몰의 부피를 비례식으로 계산

$1\ mol : 24.123\ L\ = 25.641\ mol : xL$

$$x = \frac{24.123\ L \times 25.641\ mol}{1\ mol} = 618.537\ L$$

48

중요도 ★★★

슬로트 후드에서 슬로트의 역할은?

① 제어속도를 감소시킨다.
② 후드 제작에 필요한 재료를 절약한다.
③ 공기가 균일하게 흡입되도록 한다.
④ 제어속도를 증가시킨다.

해설 슬로트 후드 ─────────

- 개구면이 좁고 길어서 폭과 길이의 비가 0.2 이하인 것이다.
- 슬로트(Slot) 후드에서 플랜지를 부착하면 필요배기량을 약 30 % 줄일 수 있다.
- 슬로트(Slot)는 공기의 균일한 흡입을 위해 설치한다.

49

중요도 ★★

길이, 폭, 높이가 각각 30 m, 10 m, 4 m인 실내 공간을 1시간당 12회의 환기를 하고자 한다. 이 실내의 환기를 위한 유량(m³/min)은?

① 240
② 290
③ 320
④ 360

해설 시간당 공기교환 횟수(ACH) ─────────

$$ACH = \frac{\text{실내 환기량}(m^3/hr)}{\text{실내 체적}(m^3)}$$

$$12 = \frac{\text{실내 환기량}(m^3/hr)}{30m \times 10m \times 4m}$$

$$\text{실내 환기량} = \frac{14,400 m^3}{hr} \times \frac{hr}{60min}$$

$$= 240 m^3/min$$

50

중요도 ★★★

비중량이 1.225 kgf/m³인 공기가 20 m/sec의 속도로 덕트를 통과하고 있을 때의 동압은?

① 15 mmH₂O
② 20 mmH₂O
③ 25 mmH₂O
④ 30 mmH₂O

해설 동압 계산 ─────────

$$VP = \frac{\gamma V^2}{2g}$$

VP : 속도압(동압)(mmH₂O)
γ : 공기의 밀도 또는 비중량(kg/m³)
g : 중력가속도(m/sec²)
V : 공기의 속도(m/sec)

$$VP = \frac{1.225 \times 20^2}{2 \times 9.8} = 25 mmH_2O$$

51

중요도 ★★★

방진재료로 사용하는 방진고무의 장·단점으로 틀린 것은?

① 공기 중의 오존에 의해 산화된다.
② 내부마찰에 의한 발열 때문에 열화되고 내유 및 내열성이 약하다.
③ 동적배율이 낮아 스프링 정수의 선택범위가 좁다.
④ 고무 자체의 내부마찰에 의해 저항을 얻을 수 있고 고주파 진동의 차진에 양호하다.

해설 방진고무의 특징 ─────────

- 고무 자체의 내부마찰로 적당한 저항을 얻을 수 있다.
- 설계자료가 잘 되어 있고 동적배율이 타 방진재료보다 높아 스프링 정수(용수철 정수)를 광범위하게 선택할 수 있다.
- 내열성, 내약품성이 약하다.
- 공기 중의 오존에 의해 산화된다.

52

중요도 ★★★

7 m × 14 m × 3 m의 체적을 가진 방에 톨루엔이 저장되어 있고 공기를 공급하기 전에 측정한 농도가 300 ppm이었다. 이 방으로 10 m³/min의 환기량을 공급한 후 노출기준인 100 ppm으로 도달하는 데 걸리는 시간(min)은?

① 12 ② 16
③ 24 ④ 32

해설 오염물질이 감소하는 데 걸리는 시간(t) ─

$$t = -\frac{V}{Q'}\ln\left(\frac{C_2}{C_1}\right)$$

t : 시간(min), V : 작업공간의 부피(m³)

Q' : 환기량(m³/min)

C_1 : 유해물질의 처음농도(ppm)

C_2 : 유해물질의 나중농도 또는 노출기준(ppm)

$$t = -\frac{7 \times 14 \times 3}{10}\ln\left(\frac{100}{300}\right) = 32.299\text{min}$$

53

중요도 ★★

작업환경관리 원칙 중 대치에 관한 설명으로 옳지 않은 것은?

① 야광시계 자판에 Radium을 인으로 대치한다.
② 건조 전에 실시하던 점토배합을 건조 후 실시한다.
③ 금속세척 작업시 TCE를 대신하여 계면활성제를 사용한다.
④ 분체 입자를 큰 입자로 대치한다.

해설 작업환경관리 ─

도자기 제조공정에서 분진의 발생을 줄이기 위해서는 점토배합을 건조 전에 실시해야 한다.

54

중요도 ★★

다음 중 사용물질과 덕트 재질의 연결이 옳지 않은 것은?

① 알칼리 - 강판
② 전리방사선 - 중질 콘크리트
③ 주물사, 고온가스 - 흑피 강판
④ 강산, 염소계 용제 - 아연도금 강판

해설 유해물질별 덕트의 재료 ─

유해물질	덕트의 재질
유기용제	아연도금강판
강산, 염소계 용제	스테인리스스틸 강판
알칼리	강판
주물사, 고온가스	흑피 강판
전리방사선	중질 콘크리트

55

중요도 ★★

다음 중 장기간 사용하지 않았던 오래된 우물 속으로 작업을 위하여 들어갈 때 가장 적절한 마스크는?

① 호스마스크
② 특급의 방진마스크
③ 유기가스용 방독마스크
④ 일산화탄소용 방독마스크

해설 착용해야 할 마스크의 종류 ─

오래된 우물 속은 산소결핍이 우려되는 장소로 송기마스크를 착용해야 한다.
호스마스크, 에어라인마스크, 복합식 에어라인마스크가 송기마스크이다.

56

중요도 ★★★

다음 중 전기집진장치의 특징으로 옳지 않은 것은?

① 가연성 입자의 처리가 용이하다.
② 넓은 범위의 입경과 분진농도에 집진효율이 높다.
③ 압력손실이 낮아 송풍기의 가동비용이 저렴하다.
④ 고온가스를 처리할 수 있어 보일러와 철강로 등에 설치할 수 있다.

해설 전기집진장치 ————————————

전기집진장치로는 고온의 입자상 물질, 폭발성 가스 처리는 가능하나 가연성 입자의 처리는 곤란하다.

57

중요도 ★★★

송풍량(Q)이 300 m³/min일 때 송풍기의 회전속도는 150 rpm이었다. 송풍량을 500 m³/min으로 확대시킬 경우 같은 송풍기의 회전속도는 몇 ppm이 되는가? (단, 기타의 조건은 모두 같다고 본다)

① 약 200 rpm   ② 약 250 rpm
③ 약 300 rpm   ④ 약 350 rpm

해설 송풍기의 풍량(Q) ————————————

풍량은 송풍기의 회전수에 비례한다.

$$\frac{Q_2}{Q_1} = \frac{N_2}{N_1}$$

Q_2 : 변경 후 풍량(m³/min)
Q_1 : 변경 전 풍량(m³/min)
N_2 : 변경 후 회전수(rpm)
N_1 : 변경 전 회전수(rpm)

$$N_2 = N_1 \times \frac{Q_2}{Q_1} = 150 \times \frac{500}{300} = 250\,rpm$$

58

중요도 ★★

입자상 물질을 처리하기 위한 공기정화장치로 가장 거리가 먼 것은?

① 사이클론
② 중력집진장치
③ 여과집진장치
④ 촉매산화에 의한 연소장치

해설 입자상 물질의 처리 ————————————

촉매산화에 의한 연소장치는 가연성 가스 등을 연소시켜 제거하는 방법으로 입자상 물질보다는 가스상 물질을 처리하기 위한 공기정화장치이다.

59

중요도 ★★★

기류를 고려하지 않고 감각온도(Effective Temperature)의 근사치로 널리 사용되는 지수는?

① WBGT
② Radiation
③ Evaporation
④ Glove Temperature

해설 WBGT(습구흑구온도지수) ————————————

감각온도와 유사한 값으로 감각온도와 다른 점은 기류를 전혀 고려하지 않는 점이다.

60

사무실 직원이 모두 퇴근한 6시 30분에 CO_2 농도는 1,700 ppm이었다. 4시간이 지난 후 다시 CO_2 농도를 측정한 결과 CO_2 농도는 800 ppm이었다면, 사무실의 시간당 공기교환 횟수는? (단, 외부공기 중 CO_2 농도는 330 ppm이다)

① 0.11   ② 0.19

③ 0.27   ④ 0.35

해설 시간당 공기교환 횟수(ACH) ────

$$ACH = \frac{\ln(C_1 - C_0) - \ln(C_2 - C_0)}{hr}$$

C_1 : 처음의 이산화탄소 농도

C_2 : 시간이 경과한 후 이산화탄소 농도

C_0 : 외부 공기 중 이산화탄소 농도

$$ACH = \frac{\ln(1,700 - 330) - \ln(800 - 330)}{4}$$

$$= 0.267회$$

61

산소결핍이 진행되면서 생체에 나타나는 영향을 순서대로 나열한 것은?

> ㉠ 가벼운 어지러움
> ㉡ 사망
> ㉢ 대뇌피질의 기능 저하
> ㉣ 중추성 기능장해

① ㉠ → ㉢ → ㉣ → ㉡

② ㉠ → ㉣ → ㉢ → ㉡

③ ㉢ → ㉠ → ㉣ → ㉡

④ ㉢ → ㉣ → ㉠ → ㉡

해설 산소결핍 진행 시 생체에 나타나는 영향 ───

가벼운 어지러움 → 대뇌피질의 기능 저하 → 중추성 기능장해 → 사망

62

다음 방사선 중 입자 방사선으로만 나열된 것은?

① α선, β선, γ선

② α선, β선, X선

③ α선, β선, 중성자

④ α선, β선, γ선, X선

해설 입자 방사선 ────

입자 방사선은 입자들이 빠른 속도로 운동하면서 에너지를 방출하는 것이다.

α선, β선, 중성자선이 대표적인 입자 방사선이다.

63

사람이 느끼는 최소 진동역치로 옳은 것은?

① $35 \pm 5 \, \text{dB}$

② $45 \pm 5 \, \text{dB}$

③ $55 \pm 5 \, \text{dB}$

④ $65 \pm 5 \, \text{dB}$

해설 최소 진동역치 —————————

사람이 느끼는 최소 진동역치 : $55 \pm 5 \, \text{dB}$

64

음력이 1.2 W인 소음원으로부터 35 m 되는 자유 공간 지점에서의 음압수준(dB)은 약 얼마인가?

① 62

② 74

③ 79

④ 121

해설 자유공간, 점음원의 음압수준(SPL) —————

$SPL(\text{dB}) = PWL - 20\log r - 11$

r : 소음원으로부터의 거리(m)

$PWL = 10\log\left(\dfrac{W}{W_0}\right)$

PWL : 음향파워레벨(dB)

W : 대상 음원의 음력(W)

W_0 : 기준음력(10^{-12} W)

$PWL = 10\log\left(\dfrac{1.2}{10^{-12}}\right) = 120.791\text{dB}$

$SPL(\text{dB}) = 120.791 - 20\log 35 - 11$

$\qquad\quad = 78.909\text{dB}$

65

10시간 동안 측정한 누적 소음노출량이 300 %일 때 측정시간 평균 소음수준은 약 얼마인가?

① $94.2 \, \text{dB(A)}$

② $96.3 \, \text{dB(A)}$

③ $97.4 \, \text{dB(A)}$

④ $98.6 \, \text{dB(A)}$

해설 소음수준(TWA)[dB(A)] —————————

$TWA = 16.61 \times \log\left[\dfrac{D}{12.5 \times t}\right] + 90$

D : 누적소음노출량(%)

t : 소음에 노출된 시간

$TWA = 16.61 \times \log\left[\dfrac{300}{12.5 \times 10}\right] + 90$

$\qquad\quad = 96.315\text{dB(A)}$

66

다음 ( ) 안에 들어갈 내용으로 옳은 것은?

> 일반적으로 ( )의 마이크로파는 신체를 완전히 투과하며 흡수되어도 감지되지 않는다.

① 150 MHz 이하

② 300 MHz 이하

③ 500 MHz 이하

④ 1,000 MHz 이하

해설 마이크로파 —————————

일반적으로 150 MHz 이하의 마이크로파와 라디오파는 신체를 완전히 투과하기 때문에 신체에 흡수되어도 감지되지 않는다.

67

중요도 ★★

질식 우려가 있는 지하 맨홀작업에 앞서서 준비해야 할 장비나 보호구로 볼 수 없는 것은?

① 안전대
② 방독마스크
③ 송기마스크
④ 산소농도 측정기

해설 **산소결핍 장소에서의 작업**

질식 우려가 있는 지하 맨홀작업을 할 때에는 방독마스크가 아니라 송기마스크를 착용해야 한다.
안전대는 높은 곳에서 떨어지는 것을 방지하기 위한 장치로 맨홀작업을 할 때에도 추락 위험이 있으므로 준비해야 한다.

68

중요도 ★★★

빛 또는 밝기와 관련된 단위가 아닌 것은?

① weber
② candela
③ lumen
④ footlambert

해설 **빛 또는 밝기와 관련된 단위**

① weber : 자기선속의 단위
② candela : 빛의 세기단위(광도)
③ lumen : 광속의 단위
④ footlambert : 확산면의 휘도 단위

69

중요도 ★★

음의 세기가 10배로 되면 음의 세기수준은?

① 2 dB 증가
② 3 dB 증가
③ 6 dB 증가
④ 10 dB 증가

해설 **음의 세기라벨(SIL)**

$$SIL = 10\log\left(\frac{I}{I_0}\right)$$

SIL : 음의 세기라벨(dB)
I : 대상 음의 세기(W/m^2)
I_0 : 기준음향의 세기(10^{-12} W/m^2)

$$SIL = 10\log\left(\frac{10I}{I_0}\right)$$
$$= 10\log 10 + 10\log\left(\frac{I}{I_0}\right)$$

$10\log(10) = 10$이므로 음의 세기가 10배로 되면 음의 세기수준은 10 dB 증가한다.

70

중요도 ★

방진재료인 금속스프링의 특징이 아닌 것은?

① 공진 시에 전달률이 좋지 않다.
② 환경요소에 대한 저항이 크다.
③ 저주파 차진에 좋으며 감쇠가 거의 없다.
④ 다양한 형상으로 제작이 가능하며 내구성이 좋다.

해설 **금속스프링**

금속스프링은 공진 시에 전달률이 매우 크다.

71

중요도 ★★

소음이 발생하는 작업장에서 1일 8시간 근무하는 동안 100 dB에 30분, 95 dB에 1시간 30분, 90 dB에 3시간 노출되었다면 소음노출지수는 얼마인가?

① 1.0
② 1.1
③ 1.2
④ 1.3

해설 노출지수(EI) ─────────

$$EI = \frac{C_1}{T_1} + \frac{C_2}{T_2} + \cdots + \frac{C_n}{T_n}$$

C_n : 소음의 노출시간

T_n : 소음의 노출기준

$$EI = \frac{0.5}{2} + \frac{1.5}{4} + \frac{3}{8} = 1.0$$

관련법령 소음의 노출기준
「화학물질 및 물리적 인자의 노출기준」 별표1

1일 노출시간(hr)	소음수준[dB(A)]
8	90
4	95
2	100
1	105
1/2	110
1/4	115

72

중요도 ★★

소음에 대한 대책으로 적절하지 않은 것은?

① 차음효과는 밀도가 큰 재질일수록 좋다.
② 흡음효과에 방해를 주지 않기 위해서, 다공질 재료 표면에 종이를 입혀서는 안 된다.
③ 흡음효과를 높이기 위해서는 흡음재를 실내의 틈이나 가장자리에 부착하는 것이 좋다.
④ 저주파 성분이 큰 공장이나 기계실 내에서는 다공질 재료에 의한 흡음처리가 효과적이다.

해설 소음에 대한 대책 ─────────

다공질 재료에 의한 흡음효과는 고주파 성분에 적용하는 것이 더 효과적이다.

73

중요도 ★★★

고압 환경에서의 2차적 가압현상에 의한 생체변환과 거리가 먼 것은?

① 질소마취
② 산소 중독
③ 질소기포의 형성
④ 이산화탄소의 영향

해설 고압 환경에서 2차적 가압현상 ─────────

고압 환경에서 2차적 가압현상과 관련된 것은 질소마취, 산소 중독, 이산화탄소의 영향이다.
질소기포의 형성은 고압 환경에서의 2차적 가압현상보다는 감압과정에서 발생하는 현상에 가깝다.

74

중요도 ★

방사선의 단위환산이 잘못된 것은?

① rad = 0.1 Gy
② 1 rem = 0.01 Sv
③ 1 Sv = 100 rem
④ 1 Bq = 2.7 × 10^{-11} Ci

해설 Gy(Gray) ─────────

• 흡수선량(방사선에 피복되는 물질의 단위질량당 흡수된 방사선의 에너지)의 단위이다.
• 1 Gy = 100 rad

75

중요도 ★★★

소음 발생의 대책으로 가장 먼저 고려해야 할 사항은?

① 소음원 밀폐
② 차음보호구 착용
③ 소음전파 차단
④ 소음 노출시간 단축

해설 소음 발생의 대책 ─────────

소음 발생 저감대책 시 가장 우선적으로 고려해야 할 사항은 소음원(발생원)의 밀폐이다.

76

중요도 ★★★

다음 중 외부조사보다 체내 흡입 및 섭취로 인한 내부조사의 피해가 가장 큰 전리방사선의 종류는?

① α선
② β선
③ γ선
④ X선

해설 내부조사의 피해가 큰 전리방사선 ─────

α선은 투과력이 약하기 때문에 외부조사로 건강상의 위해가 되는 일은 드물다.
α선을 방출하는 동위원소를 체내에 흡입·섭취하여 몸의 내부에서 α선이 방출될 경우 세포와 DNA에 영향을 끼쳐 피해가 크다.

77

중요도 ★★★

다음 중 안전과 보건에 특이 관심이 되는 자외선 영역의 파장의 범위로 Dorno-ray라고 불리는 영역으로 가장 적절한 것은?

① 350 ~ 400 nm
② 280 ~ 315 nm
③ 125 ~ 200 nm
④ 75 ~ 115 nm

해설 도르노선(Dorno-ray) ─────

- 자외선의 일종이다.
- 파장범위 : 280 ~ 315 nm(2,800 ~ 3,150 Å)
- 인체에 유익한 작용을 하여 건강선(생명선)이라고도 한다.
- 소독작용, 비타민 D 형성, 피부의 색소 침착 등 생물학적 작용이 강하다.

78

중요도 ★

다음 중 자연조명에 관한 설명으로 옳지 않은 것은?

① 창의 면적은 바닥면적의 15 ~ 20 %가 이상적이다.
② 실내 각 점의 개각은 4 ~ 5°가 좋으며 개각이 클수록 실내는 밝다.
③ 입사각은 보통 28° 이상이 좋으며, 클수록 실내는 밝아진다.
④ 지상에서의 태양의 조도는 약 10,000 lux, 창 내측에서는 약 5,000 lux 정도이다.

해설 자연조명 ─────

지상에서의 태양의 조도는 약 10,000 lux이고, 창 내측에서의 태양의 조도는 상황에 따라 다르지만 일반적으로 2,000 lux 이하이다.

79

단위시간에 일어나는 방사선 붕괴율을 나타내며, 초당 3.7×10^{10}개의 원자붕괴가 일어나는 방사능 물질의 양으로 정의되는 것은?

① R
② Ci
③ Gy
④ Sv

해설 퀴리(Curie, Ci) ──────────

• 방사능의 양을 측정하는 단위이다.
• 1초에 3.7×10^{10}번 원자붕괴가 일어나는 방사능 물질의 양이다.
• SI단위는 베크렐(Bq)이지만 퀴리(Ci)도 여러 분야에서 사용되고 있다.

80

다음 그림과 같이 복사체, 열차단판, 흑구온도계, 벽체의 순서로 배열하였을 때 열차단판의 조건이 어떤 경우에 흑구온도계의 온도가 가장 낮겠는가?

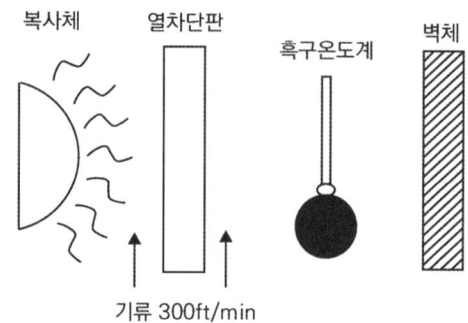

① 열차단판 양면을 흑색으로 한다.
② 열차단판 양면을 알루미늄으로 한다.
③ 복사체 쪽은 알루미늄, 온도계 쪽은 흑색으로 한다.
④ 복사체 쪽은 흑색, 온도계 쪽은 알루미늄으로 한다.

해설 열반사율 ──────────

열반사율이 큰 알루미늄으로 열차단판을 만들면 열반사율이 커서 흑구온도계의 온도가 낮아진다.

81

중요도 ★★

다음 중 작업장에서 일반적으로 금속에 대한 노출 경로를 설명한 것으로 틀린 것은?

① 호흡기를 통해 입자상 물질 중 금속이 침투된다.
② 작업장 내 휴식시간에 음료수, 음식 등에 오염된 상태로 소화관을 통해 흡수된다.
③ 대부분 피부를 통해 흡수되는 것이 일반적이다.
④ 4-에틸납은 피부로 흡수될 수 있다.

해설 금속에 대한 노출경로 ─────────

4-에틸납과 같은 일부 유기금속은 피부로 흡수될 수 있지만 대부분의 금속은 호흡기로 흡수되고 일부는 소화기로 흡수된다.

82

중요도 ★

카드뮴 중독의 발생 가능성이 가장 큰 산업작업 또는 제품으로만 나열된 것은?

① 니켈, 알루미늄과의 합금, 살균제, 페인트
② 페인트 및 안료의 제조, 도자기 제조, 인쇄업
③ 금, 은의 정련, 청동 주석 등의 도금, 인견제조
④ 가죽제조, 내화벽돌 제조, 시멘트제조업, 화학비료공업

해설 카드뮴 중독의 발생 가능성이 큰 작업 ─────

니켈 - 카드뮴 배터리 제조, 도금, 페인트 제조, 용접봉(은땜 용접 작업), 합금제조 등에서 카드뮴에 주로 노출된다.

83

중요도 ★★

화학물질의 독성 특성을 설명한 것으로 틀린 것은?

① 혈액의 독성물질이란 임파액과 호르몬의 생산이나 그 정상활동을 방해하는 것을 말한다.
② 중추신경계 독성물질이란 뇌, 척수에 작용하여 마취작용, 신경염, 정신장해 등을 일으킨다.
③ 화학성 질식성 물질이란 혈액 중의 혈색소와 결합하여 산소 운반능력을 방해하여 질식시키는 물질을 말한다.
④ 단순 질식성 물질이란 그 자체의 독성은 약하나 공기 중에 많이 존재하면 산소분압을 저하시켜 조직에 필요한 산소공급의 부족을 초래하는 물질을 말한다.

해설 화학물질의 독성 특성 ─────────

혈액의 독성물질이란 화학물질이 혈액 자체에 작용하여 산소의 운반기능을 방해하거나 혈구(적혈구, 백혈구, 혈소판)를 손상시키는 물질이다.
혈액의 독성물질과 임파액과 호르몬 생산은 큰 관련이 없다.

84

중요도 ★★★

유기용제의 중추신경계 활성억제의 순위를 바르게 나열한 것은?

① 에스테르 < 알코올 < 유기산 < 알칸 < 알켄
② 에스테르 < 유기산 < 알코올 < 알켄 < 알칸
③ 알칸 < 알켄 < 유기산 < 알코올 < 에스테르
④ 알칸 < 알켄 < 알코올 < 유기산 < 에스테르

해설 중추신경계 억제작용 순서 ─────────

할로겐화합물(할로겐족) > 에테르 > 에스테르 > 유기산 > 알코올 > 알켄 > 알칸

85

중요도 ★★★

금속열에 관한 설명으로 틀린 것은?

① 고농도 금속산화물을 흡입함으로써 발병된다.
② 용접, 전기도금, 제련과정에서 발생하는 경우가 많다.
③ 폐렴과 폐결핵의 원인이 되며 증상은 유행성 감기와 비슷하다.
④ 주로 아연과 마그네슘의 증기가 원인이 되지만 다른 금속에 의하여 생기기도 한다.

해설 금속열 ─────────────

• 금속열은 용접, 절단 등의 용융 금속 취급 작업자가 금속 흄을 흡입했을 때 발생하는 것으로 발열이 대표적인 증상이다.
• 금속열은 특별한 치료를 하지 않아도 1 ~ 2일 정도 휴식을 취하면 증상이 사라지고, 심각한 후유증을 남기지 않는다.

86

중요도 ★

유기용제의 화학적 성상에 따른 유기용제의 구분으로 볼 수 없는 것은?

① 신나류
② 글리클류
③ 케톤류
④ 지방족 탄화수소

해설 유기용제의 구분 ─────────────

신나(Thinner)는 페인트 희석, 세척 등 다양한 목적으로 사용되는 혼합 유기용제로 화학적 성상에 따른 구분이 아니라 용도에 따라 구분된 명칭이다.

87

중요도 ★

사람에 대한 안전용량(SHD)을 산출하는 데 필요하지 않은 항목은?

① 독성량(TD)
② 안전인자(SF)
③ 사람의 표준 몸무게
④ 독성 물질에 대한 역치(THDO)

해설 안전용량 산출 ─────────────

사람에 대한 안전용량(SHD)을 산출할 때 독성량(TD)는 사용하지 않는다.
SHD는 주로 무독성량, 안전인자, 표준 몸무게, 독성 물질에 대한 역치로 산출한다.

88

중요도 ★★★

크실렌의 생물학적 노출지표로 이용되는 대사산물은? (단, 소변에 의한 측정기준이다)

① 페놀
② 만델린산
③ 마뇨산
④ 메틸마뇨산

해설 자주 출제되는 유해물질과 생물학적 노출지표 ──

• 벤젠 - 소변 중 페놀, t,t-뮤코닉산
• 크실렌 - 소변 중 메틸마뇨산
• 톨루엔 - 소변 중 o-크레졸
• 이황화탄소 - 소변 중 TTCA
• 노말헥산 - 소변 중 2,5-hexanedione
• 니트로벤젠 - 혈중 메트헤모글로빈

89

중요도 ★★★

포르피린과 헴(Heme)의 합성에 관여하는 효소를 억제하며, 소화기계 및 조혈계에 영향을 주는 물질은?

① 납
② 수은
③ 카드뮴
④ 베릴륨

해설 납이 인체에 미치는 영향

• 헴(Heme) 합성경로에 관여하는 효소를 억제하여 포르피린과 헴 합성을 방해한다.
• 조혈계에 영향을 주어 적혈구 기능 저하 및 빈혈을 발생시킨다.
• 소화기계(위장관) 장애를 일으켜 복통, 구토 등의 증상이 나타낸다.

90

중요도 ★★

직업성 천식을 유발하는 물질이 아닌 것은?

① 실리카
② 목분진
③ 무수트리멜리트산(TMA)
④ 톨루엔디이소시안산염(TDI)

해설 직업성 천식 유발물질

실리카(SiO_2) 성분으로 된 석영에 노출되면 규폐증을 유발한다.
목분진, 무수트리멜리트산(TMA), 톨루엔디이소시안산염(TDI)는 모두 직업성 천식을 유발하는 물질이다.

91

중요도 ★★

크롬으로 인한 피부궤양 발생 시 치료에 사용하는 것과 가장 관계가 먼 것은?

① 10 % BAL 용액
② Sodium citrate 용액
③ Sodium thiosulfate 용액
④ 10 % CaNa2EDTA 연고

해설 크롬중독 치료제

BAL은 수은과 같은 중금속의 해독제(근육주사)로 사용되는 것으로 크롬으로 인한 피부궤양 치료와는 관련이 없다.

92

중요도 ★

유해화학물질의 생체막 투과방법에 대한 다음 내용에 해당하는 것은?

> 운반체의 확산성을 이용하여 생체막을 통과하는 방법으로 운반체는 대부분 단백질로 되어 있다. 운반체의 수가 가장 많을 때 통과속도는 최대가 되지만 유사한 대상물질이 많이 존재하면 운반체의 결합에 경합하게 되어 투과속도가 선택적으로 억제된다. 일반적으로 필수영양소가 이 방법에 의하지만 필수영양소와 유사한 화학물질이 침투하여 운반체의 결합에 경합함으로써 생체막에 화학물질이 통과하여 독성이 나타나게 된다.

① 여과
② 촉진확산
③ 단순확산
④ 능동투과

해설 촉진확산

운반체의 확산성을 이용하여 생체막을 통과하는 방법으로 운반체는 대부분 단백질로 되어 있다.

2024-03

93

중요도 ★★★

호흡기계 발암성과의 관련성이 가장 낮은 것은?

① 석면
② 크롬
③ 용접흄
④ 황산니켈

해설 호흡기계 발암성 ─────────

① 석면 : 발암성이 확실하게 입증된 물질로 폐암, 악성중피종을 일으킨다.
② 크롬 : 6가크롬이 폐암을 일으키는 물질로 입증되었다.
③ 용접흄 : 용접흄은 발암성은 없고 금속열을 일으킨다.
④ 황산니켈 : 니켈과 그 화합물은 폐암을 일으키는 물질로 증명되었다.

94

중요도 ★★

유기성 분진에 의한 것으로 체내 반응보다는 직접적인 알레르기 반응을 일으키며 특히 호열성 방선균류의 과민증상이 많은 진폐증은?

① 농부폐증
② 규폐증
③ 석면폐증
④ 면폐증

해설 농부폐증 ─────────

건초 등의 유기물에서 잘 번식하는 것이 호열성 방선균류이다.
건초를 많이 다루는 농부에게 많이 발생하는 진폐증이라서 농부폐증이라고 부른다.

95

중요도 ★★

금속 물질인 니켈에 대한 건강상의 영향이 아닌 것은?

① 접촉성 피부염이 발생한다.
② 폐나 비강에 발암작용이 나타난다.
③ 호흡기 장해와 전신중독이 발생한다.
④ 비타민D를 피하주사하면 효과적이다.

해설 니켈이 건강에 미치는 영향 ─────────

니켈과 같은 중금속 중독과 비타민D 주사는 큰 관련이 없다.

개념확인 니켈 중독

• 급성 중독 : 접촉성 피부염, 복통 및 설사 등 소화기 증상, 두통 등 신경학적 증상
• 만성 중독 : 폐암, 비강암, 비중격천공증

96

중요도 ★★

다음 표와 같은 망간중독을 스크린하는 검사법을 개발하였다면, 이 검사법의 특이도는 얼마인가?

구분		망간중독진단		합계
		양성	음성	
검사법	양성	17	7	24
	음성	5	25	30
합계		22	32	54

① 70.8 %
② 77.3 %
③ 78.1 %
④ 83.3 %

해설 특이도 ─────────

특이도란 실제로 중독이 없는 사람이 음성(중독이 아님)으로 정확하게 판별할 수 있는 비율이다.
특이도가 높을수록 검사결과가 정확하다고 평가할 수 있다.
TN(진짜 음성) : 검사법, 진단 모두 음성 = 25
FP(가짜 양성) : 검사법 양성, 진단 음성 = 7

$$특이도 = \frac{TN}{TN+FP} = \frac{25}{25+7} = 0.781 = 78.1\%$$

97

중요도 ★★★

자극성 가스이면서 화학적 질식제라 할 수 있는 것은?

① H_2S ② NH_3

③ Cl_2 ④ CO_2

해설 질식제 ─────────────

① 황화수소(H_2S) : 점막을 자극하는 가스로 대표적인 화학적 질식제이다.

② 암모니아(NH_3) : 자극성 가스이지만 화학적 질식제는 아니다.

③ 염소(Cl_2) : 자극성 가스이지만 대표적인 화학적 질식제는 아니다.

④ 이산화탄소(CO_2) : 자극성 가스가 아니고 단순 질식제이다.

개념확인 질식제의 구분

구분	내용
단순 질식제	• 생리적으로는 아무 작용도 하지 않으나 공기 중에 많이 존재하면 산소의 공급부족을 초래한다. • 수소, 이산화탄소, 질소, 헬륨, 메탄 등
화학적 질식제	• 인체의 산소공급 체계를 화학적 작용을 통해 방해하여 질식을 유발하는 물질이다. • 황화수소, 일산화탄소, 시안화수소, 아닐린 등

98

중요도 ★★★

탈지용 용매로 사용되는 물질로 간장, 신장에 만성적인 영향을 미치는 것은?

① 크롬   ② 유리규산

③ 메탄올   ④ 사염화탄소

해설 사염화탄소(CCl_4) ─────────────

• 탈지용 용매로 사용된다.

• 주로 간, 신장, 중추신경계에 대한 독성이 강하다.

• 간에 대한 독성이 강해 중심소엽성 괴사를 일으킨다.

99

중요도 ★

화학물질의 투여에 의한 독성범위를 나타내는 안전역을 맞게 나타낸 것은? (단, LD는 치사량, TD는 중독량 ED는 유효량이다)

① 안전역 = ED_1/TD_{99}

② 안전역 = TD_1/ED_{99}

③ 안전역 = ED_1/LD_{99}

④ 안전역 = LD_1/ED_{99}

해설 안전역 ─────────────

안전역은 치사량 하한선(LD_1)을 유효량 상한선(ED_{99})으로 나눈 값이다.

안전역이 높을수록 약물이 더 안전하다는 뜻이다.

100

다음의 설명 중 ( ) 안에 내용을 올바르게 나열한 것은?

단시간노출기준(STEL)이란 (㉠)간의 시간가중평균노출값으로서 노출농도가 시간가중평균노출기준(TWA)을 초과하고 단시간노출기준(STEL) 이하인 경우에는 (㉡) 노출 지속시간이 15분 미만이어야 하고, 이러한 상태가 1일 (㉢) 이하로 발생하여야 하며, 각 노출의 간격은 (㉣) 이상이어야 한다.

---

① ㉠ : 5분, ㉡ : 1회, ㉢ : 6회, ㉣ : 30분
② ㉠ : 15분, ㉡ : 1회, ㉢ : 4회, ㉣ : 60분
③ ㉠ : 15분, ㉡ : 2회, ㉢ : 4회, ㉣ : 30분
④ ㉠ : 15분, ㉡ : 2회, ㉢ : 6회, ㉣ : 60분

해설 단시간노출기준(STEL) ————————

「화학물질 및 물리적 인자의 노출기준」 제2조
15분간의 시간가중평균노출값으로서 노출농도가 시간가중평균노출기준(TWA)을 초과하고 단시간노출기준(STEL) 이하인 경우에는 1회 노출 지속시간이 15분 미만이어야 하고, 이러한 상태가 1일 4회 이하로 발생하여야 하며, 각 노출의 간격은 60분 이상이어야 한다.

1과목 | **산업위생학개론**

01
중요도 ★★★

산업위생전문가의 윤리강령 중 "근로자에 대한 책임"에 해당하는 것은?

① 적절하고도 확실한 사실을 근거로 전문적인 견해를 발표한다.
② 기업주에 대하여는 실현 가능한 개선점으로 선별하여 보고한다.
③ 이해관계가 있는 상황에서는 고객의 입장에서 관련 자료를 제시한다.
④ 근로자의 건강보호가 산업위생전문가의 1차적인 책임이라는 것을 인식한다.

해설 산업위생전문가의 근로자에 대한 책임 ——

• 근로자의 건강보호가 산업위생전문가의 1차적인 책임이라는 것을 인식한다.
• 근로자와 기타 여러 사람의 건강과 안녕이 산업위생전문가의 판단에 좌우된다는 것을 깨달아야 한다.
• 위험요인의 측정, 평가 및 관리에 있어서 외부의 영향력에 굴하지 않고 중립적(객관적)인 태도를 취해야 한다.
• 건강의 유해요인에 대한 정보와 필요한 예방조치에 대해 근로자와 상담한다.

02
중요도 ★★★

산업위생의 역사에서 직업과 질병의 관계가 있음을 알렸고, 광산에서의 납 중독을 보고한 인물은?

① Larigo
② Paracelsus
③ Percival Pott
④ Hippocrates

해설 Hippocrates ——

• BC 4세기에 광산에서의 납 중독을 보고했다.
• 납 중독은 역사상 최초로 기록된 직업병이다.

03
중요도 ★

근로자로부터 수평으로 40 cm 떨어진 10 kg의 물체를 바닥으로부터 150 cm 높이로 들어 올리는 작업을 1분에 5회씩 1일 8시간 동안 하고 있다. 이때의 중량물 취급지수는 약 얼마인가? (단, 조건 및 적용식은 다음을 따른다)

• 대상 물체의 수직거리는 0으로 한다.
• 물체는 신체의 정중앙에 있으며 몸체의 회전은 없다.
• 작업빈도에 따른 승수는 0.35이다.
• 물체를 잡는 데 따른 승수는 1이다.

$$\text{RWL} = 23\left(\frac{25}{H}\right)(1-(0.003|V-75|))\left(0.82+\frac{4.5}{D}\right)$$

$$(AM)(FM)(CM)$$

① 1.91
② 2.71
③ 3.02
④ 4.60

정답 01 ④ 02 ④ 03 ③

$$\text{RWL} = 23\left(\frac{25}{H}\right)(1 - (0.003|V - 75|))\left(0.82 + \frac{4.5}{D}\right)$$
$$(AM)(FM)(CM)$$
$$= 23\left(\frac{25}{40}\right)(1 - (0.003|0 - 75|))\left(0.82 + \frac{4.5}{150}\right)$$
$$(1)(0.35)(1)$$
$$= 3.31\text{kg}$$
$$LI = \frac{\text{물체의 무게}}{RWL} = \frac{10}{3.31} = 3.02$$

04

중요도 ★

피로의 판정을 위한 평가(검사) 항목(종류)과 가장 거리가 먼 것은?

① 혈액　　　　　　② 감각기능
③ 위장기능　　　　④ 작업성적

해설 피로의 판정을 위한 평가(검사) 항목

• 혈액
• 감각기능(근전도, 심박수, 민첩성 등)
• 작업성적

05

중요도 ★★

산업위생관리에서 중점을 두어야 하는 구체적인 과제로 적합하지 않은 것은?

① 기계·기구의 방호장치 점검 및 적절한 개선
② 작업근로자의 작업자세와 육체적 부담의 인간공학적 평가
③ 기존 및 신규화학물질의 유해성 평가 및 사용대책의 수립
④ 고령 근로자 및 여성 근로자의 작업조건과 정신적 조건의 평가

해설 산업위생관리

기계·기구의 방호장치 점검 및 적절한 개선은 산업위생관리가 아니라 산업안전관리에서 중점을 두어야 하는 구체적인 과제이다.

06

중요도 ★

근골격계질환 작업위험요인의 인간공학적 평가방법이 아닌 것은?

① OWAS　　　　　② RULA
③ REBA　　　　　④ ICER

해설 근골격계질환의 인간공학적 평가방법

• OWAS　　　　• RULA
• JSI　　　　　• REBA
• NLE　　　　　• WAC
• PATH

07

중요도 ★

다음 중 작업종류별 바람직한 작업시간과 휴식시간을 배분한 것으로 옳지 않은 것은?

① 사무작업 : 오전 4시간 중에 2회, 오후 1시에서 4시 사이에 1회, 평균 10 ~ 20분 휴식
② 정신집중작업 : 가장 효과적인 것은 60분 작업에 5분간 휴식
③ 신경운동성의 경속도 작업 : 40분간 작업과 20분간 휴식
④ 중근작업 : 1회 계속작업을 1시간 정도로 하고, 20 ~ 30분씩 오전에 3회, 오후에 2회 정도 휴식

해설 정신집중작업

30분 작업에 5분간 휴식

08

다음 중 직업병 예방을 위하여 설비개선 등의 조치로는 어려운 경우 가장 마지막으로 적용하는 방법은?

① 격리 및 밀폐
② 개인보호구의 지급
③ 환기시설 등의 설치
④ 공정 또는 물질의 변경, 대치

해설 직업병 예방 ─────────

직업병 예방을 위하여 설비개선 등의 조치로는 어려운 경우 마지막으로 적용하는 방법이 개인보호구의 지급이다.
개인보호구 지급은 수동적인 2차적 대안이다.

09

연평균 근로자 수가 5,000명인 사업장에서 1년 동안에 125건의 재해로 인하여 250명의 사상자가 발생하였다면, 이 사업장의 연천인율은 얼마인가? (단, 이 사업장의 근로자 1인당 연간 근로시간은 2,400시간이다)

① 10
② 25
③ 50
④ 200

해설 연천인율 ─────────

$$연천인율 = \frac{연간재해자 수}{연평균근로자 수} \times 1,000$$
$$= \frac{250}{5,000} \times 1,000 = 50$$

10

「산업안전보건법령」에서 정하고 있는 제조 등이 금지되는 유해물질에 해당되지 않는 것은?

① 석면(Asbestos)
② 크롬산 아연(Zinc chromates)
③ 황린 성냥(Yellow phosphorus match)
④ β-나프틸아민과 그 염(β-Naphthylamine and its salts)

해설 제조 등이 금지되는 유해물질 ─────────

「산업안전보건법 시행령」제87조
• β-나프틸아민과 그 염
• 4-니트로디페닐과 그 염
• 백연을 포함한 페인트(포함된 중량의 비율이 2 % 이하인 것은 제외)
• 벤젠을 포함하는 고무풀(포함된 중량의 비율이 5 % 이하인 것은 제외)
• 석면
• 폴리클로리네이티드 터페닐
• 황린(黃燐) 성냥

11

「산업안전보건법령」상 근로자에 대해 실시하는 특수건강진단 대상 유해인자에 해당되지 않는 것은?

① 에탄올(Ethanol)
② 가솔린(Gasoline)
③ 니트로벤젠(Nitrobenzene)
④ 디에틸에테르(Diethyl ether)

해설 특수건강진단 대상 유해인자(화학적 인자) ─────────

「산업안전보건법 시행규칙」별표22
• 유기화합물(109종) : 가솔린, 니트로벤젠, 디에틸에테르 등
• 금속류(20종) : 구리, 납, 니켈, 망간 등

- 산 및 알칼리류(8종) : 무수초산, 불화수소, 시안화나트륨 등
- 가스상태 물질류(14종) : 불소, 브롬, 염소 등
- 허가 대상 유해물질(12종)
- 금속 가공유

12
중요도 ★★

미국국립산업안전보건연구원(NIOSH)에서 제시한 직무 스트레스 모형에서 직무 스트레스 요인을 작업요인, 환경요인, 조직요인으로 크게 구분할 때 조직요인에 해당되는 것은?

① 교대근무
② 소음 및 진동
③ 관리유형
④ 작업부하

해설 직무 스트레스 요인

구분	요인
작업요인	작업부하, 작업속도, 교대근무
환경요인	소음, 진동, 고온, 한랭
조직요인	관리유형, 역할 요구, 역할 모호성 및 갈등

13
중요도 ★★★

다음 중 산업위생의 정의에 있어 4가지 주요 활동에 해당하지 않는 것은?

① 보상
② 인지
③ 평가
④ 관리

해설 산업위생의 주요 활동

예측 → (인지) → 측정 → 평가 → 관리

14
중요도 ★★★

근로시간 1,000시간당 발생한 재해에 의하여 손실된 총 근로손실일수로 재해자의 수나 발생빈도와 관계없이 재해의 내용(상해정도)을 측정하는 척도로 사용되는 것은?

① 건수율
② 연천인율
③ 재해 강도율
④ 재해 도수율

해설 강도율과 도수율의 구분

- 강도율 : 1,000 근로시간당 근로손실일수의 비율이다.
- 도수율 : 100만 근로시간당 재해발생 건수의 비율이다.

15
중요도 ★

직업성 변이(Occupational Stigmata)의 정의로 옳은 것은?

① 직업에 따라 체온량의 변화가 일어나는 것이다.
② 직업에 따라 체지방량의 변화가 일어나는 것이다.
③ 직업에 따라 신체 활동량의 변화가 일어나는 것이다.
④ 직업에 따라 신체 형태와 기능에 국소적 변화가 일어나는 것이다.

해설 직업성 변이

직업성 변이란 직업에 따라 신체 형태와 기능에 국소적 변화가 일어나는 것이다.

16

산업재해의 기본원인인 4M에 해당되지 않는 것은?

① 방식(Mode)
② 설비(Machine)
③ 작업(Media)
④ 관리(Management)

해설 산업재해의 기본원인 4M ─────────

- Man(인간)
- Machine(기계)
- Media(작업환경, 작업방법)
- Management(관리)

17

어느 작업장에서 SO_2를 측정한 결과 3 ppm을 얻었다. 이를 mg/m^3로 환산하면 얼마인가? (단, S의 원자량은 32, 온도는 24 ℃, 기압은 730 mmHg이다)

① $5.2\ mg/m^3$
② $6.4\ mg/m^3$
③ $7.6\ mg/m^3$
④ $8.2\ mg/m^3$

해설 노출기준 계산 ─────────

(1) 문제의 조건으로 부피 계산

$$\frac{P_1 V_1}{T_1} = \frac{P_2 V_2}{T_2} \rightarrow V_2 = \frac{P_1 V_1}{T_1} \times \frac{T_2}{P_2}$$

$$V_2 = \frac{1 \times 22.4}{273} \times \frac{297}{\frac{730}{760}} = 25.37 L$$

(2) 노출기준 계산

$$mg/m^3 = \frac{ppm \times 그램분자량}{25.37}$$

$$= \frac{3 \times 64}{25.37} = 7.57 mg/m^3$$

18

작업환경 측정기관이 작업환경 측정을 한 경우 결과를 시료채취를 마친 날부터 며칠 이내에 관할 지방고용노동관서의 장에게 제출하여야 하는가? (단, 제출기간의 연장은 고려하지 않는다)

① 30일
② 60일
③ 90일
④ 120일

해설 작업환경 측정 ─────────

작업환경 측정을 한 경우 시료채취를 마친 날부터 30일 이내에 지방고용노동관서의 장에게 제출하여야 한다.

19

PWC가 17.5 kcal/min인 사람이 1일 8시간 동안 물건 운반작업을 하고 있다. 이때 작업대사량(에너지소비량)이 8.75 kcal/min이고, 휴식할 때 평균 대사량이 1.7 kcal/min이라면 지속작업의 허용시간은 약 몇 분인가? (단, 작업에 따른 두 가지 상수는 3.720, 0.1949를 적용한다)

① 88분
② 103분
③ 319분
④ 383분

해설 작업강도에 따른 허용 작업시간 ─────────

$\log T_{end} = 3.720 - 0.1949 E$

T_{end} : 최대 허용시간, E : 작업대사량

$\log T_{end} = 3.720 - (0.1949 \times 8.75) = 2.014$

$T_{end} = 10^{2.014} = 103.28 min$

20

중요도 ★★

「산업안전보건법」상 작업장의 체적이 150 m³이면 납의 1시간당 허용소비량(1시간당 소비하는 관리대상 유해물질의 양)은 얼마인가?

① 1 g
② 10 g
③ 15 g
④ 30 g

(해설) 허용소비량의 기준 ─────────

1시간당 허용소비량(g)은 작업장 공기의 부피(m³)를 15로 나눈 양이다.

$$허용소비량 = \frac{150}{15} = 10g$$

21

중요도 ★

가스상 물질 흡수액의 흡수효율을 높이기 위한 방법으로 옳지 않은 것은?

① 가는 구멍이 많은 프리티드 버블러 등 채취효율이 좋은 기구를 사용한다.
② 시료채취속도를 낮춘다.
③ 용액의 온도를 높여 증기압을 증가시킨다.
④ 두 개 이상의 버블러를 연속적으로 연결하여 용액의 양을 늘린다.

(해설) 가스상 물질의 흡수효율 ─────────

흡수용액을 이용하여 시료를 포집할 때에는 용액의 온도를 낮추어 오염물질의 휘발성을 제한해야 한다.

22

중요도 ★

0.01 M–NaOH 용액의 농도는? (단, Na의 원자량은 23이다)

① 40 mg/L
② 100 mg/L
③ 400 mg/L
④ 1,000 mg/L

(해설) 농도 계산 ─────────

NaOH의 분자량 = 23 + 16 + 1 = 40 g/mol
몰농도(M)는 용액 1 L 속에 녹아 있는 용질의 몰수이다.

$$M = \frac{용질의 몰수(mol)}{용액의 부피(L)}$$

$$0.01M = 0.01mol/L$$

$$\frac{0.01mol}{L} \times \frac{40g}{mol} \times \frac{1,000mg}{g} = 400mg/L$$

23

음압레벨이 105 dB(A)인 연속소음에 대한 근로자 폭로 노출시간(시간/일) 허용기준은? (단, 우리나라 고용노동부의 허용기준이다)

① 0.5
② 1
③ 2
④ 4

해설 소음의 노출기준

1일 노출시간(hr)	소음수준[dB(A)]
8	90
4	95
2	100
1	105
0.5	110
0.25	115

24

그라인딩 작업 시 발생되는 먼지를 개인 시료 포집기를 사용하여 유리섬유여과지로 포집하였다. 이때의 먼지농도(mg/m^3)는? (단, 포집 전 유속은 1.5 L/min, 여과지 무게는 0.436 mg, 4시간의 포집하는 동안 유속 1.3 L/min, 여과지의 무게는 0.948 mg이다)

① 약 1.5
② 약 2.3
③ 약 3.1
④ 약 4.3

해설 단위환산을 이용한 계산

유속 변화를 고려하여 총 유량을 계산한다.

$$\left(\frac{1.5+1.3}{2}\right) L/min = 1.4 L/min$$

$$\frac{mg}{m^3} = \frac{(0.948-0.436)mg}{\frac{1.4L}{min} \times 240min \times \frac{m^3}{1,000L}}$$

$$= 1.523 mg/m^3$$

25

1회 분석의 우연오차의 표준편차를 σ라 하였을 때 n회의 평균치의 표준편차는?

① $\dfrac{\sigma}{n}$
② $\sigma\sqrt{n}$
③ $\dfrac{\sqrt{n}}{\sigma}$
④ $\dfrac{\sigma}{\sqrt{n}}$

해설 표준오차(SE)

표준오차는 추정량의 정도를 나타내는 척도로써 각 측정치들의 평균이 전체 평균과 얼마나 차이를 보이는지는 계산하는 것이다.

$$SE = \frac{\sigma}{\sqrt{n}}$$

σ : 표준편차, n : 자료의 수

26

시료채취용 막여과지에 관한 설명으로 틀린 것은?

① MCE 막여과지 : 표면에 주로 침착되어 중량 분석에 적당함
② PVC 막여과지 : 흡습성이 적음
③ PTFE 막여과지 : 열, 화학물질, 압력에 강한 특성이 있음
④ 은막 여과지 : 열적, 화학적 안정성이 있음

해설 막여과지

셀룰로오스 에스테르 막여과지(MCE)는 중량 분석에는 적합하지 못하다.

개념확인 셀룰로오스 에스테르 막여과지(MCE)

- 산에 쉽게 용해되므로 입자상 물질 중의 금속을 채취하여 원자흡광광도법으로 분석하는 데 사용된다.
- 유해물질이 여과지의 표면에 주로 침착되기 때문에 석면 등 현미경분석을 위한 시료채취에 유리하다.
- 셀룰로오스는 수분을 흡수하는 특성(흡습성)이 높아 오차를 유발할 수 있기 때문에 중량 분석에는 적합하지 못하다.
- 중금속, 석면, 살충제, 불소 화합물 및 기타 무기물질 채취에 많이 사용한다.

27

중요도 ★★★

공기 중 석면을 막여과지에 채취한 후 전처리하여 분석하는 방법으로 다른 방법에 비하여 간편하거나 석면의 감별에 어려움이 있는 측정방법은?

① X선 회절법
② 편광현미경법
③ 위상차현미경법
④ 전자현미경법

해설 위상차현미경법 —————————

• 석면 측정에 이용되는 현미경으로 일반적으로 가장 많이 사용한다.
• 다른 방법에 비해 간편하지만 석면의 감별이 어렵다.

28

중요도 ★★

흡착을 위해 사용하는 활성탄관의 흡착 양상에 대한 설명으로 옳지 않은 것은?

① 끓는점이 낮은 암모니아 증기는 흡착속도가 높지 않다.
② 끓는점이 높은 에틸렌, 포름알데하이드 증기는 흡착속도가 높다.
③ 메탄, 일산화탄소와 같은 가스는 흡착되지 않는다.
④ 유기용제증기, 수은증기(이는 활성탄 - 요오드관에 흡착됨) 같이 상대적으로 무거운 증기는 잘 흡착된다.

해설 활성탄의 제한점 —————————

• 메탄, 일산화탄소 등은 흡착되지 않는다.
• 휘발성이 큰 저분자의 탄화수소화합물은 채취효율이 떨어진다.
• 끓는점이 낮은 저비점 화합물인 암모니아, 에틸렌, 염화수소, 포름알데하이드 등의 증기는 흡착속도가 높지 않아 효과적이지 않다.

29

중요도 ★

입자상 물질의 측정 및 분석방법으로 틀린 것은? (단, 고용노동부 고시를 기준으로 한다)

① 석면의 농도는 여과채취방법에 의한 계수방법 또는 이와 동등 이상의 분석방법으로 측정한다.
② 광물성 분진은 여과채취방법에 따라 석영, 크리스토바라이트, 트리디마이트를 분석할 수 있는 적합한 분석방법으로 측정한다.
③ 용접흄은 여과채취방법으로 하되 용접보안면을 착용한 경우에는 호흡기로부터 반경 30 cm 이내에서 측정한다.
④ 호흡성 분진은 호흡성 분진용 분립장치 또는 호흡성분진을 채취할 수 있는 기기를 이용한 여과채취방법으로 측정한다.

해설 입자상 물질 측정 및 분석방법 —————————

「작업환경 측정 및 정도관리 등에 관한 고시」 제21조 용접흄은 여과채취방법으로 측정하되 용접보안면을 착용한 경우에는 그 내부에서 시료를 채취하고 중량분석방법과 원자흡광광도계 또는 유도결합프라스마를 이용한 방법으로 분석한다.

30

중요도 ★★

다음 중 수동식 채취기에 적용되는 이론으로 가장 적절한 것은?

① 침강원리, 분산원리
② 확산원리, 투과원리
③ 침투원리, 흡착원리
④ 충돌원리, 전달원리

해설 수동식 채취기의 포집원리 —————————

확산, 투과, 흡착

31

중요도 ★

가스크로마토그래피의 검출기 종류인 전자포획검출기에 관한 설명으로 옳지 않은 것은?

① 할로젠, 과산화물, 케톤, 니트로기와 같은 전기음성도가 큰 작용기에 대하여 대단히 예민하게 반응한다.

② 아민, 알코올류, 탄화수소와 같은 화합물에 감응하여 높은 선택성을 나타낸다.

③ 검출한계는 약 50 pg 정도이다.

④ 염소를 함유한 농약의 검출에 널리 사용된다.

해설 검출기 ─────

②는 불꽃이온화검출기(FID)에 관한 설명이다.

32

중요도 ★★★

태양광선이 내리쬐는 옥외작업장에서 온도가 다음과 같을 때, 습구흑구온도지수는 약 몇 ℃인가? (단, 고용노동부 고시를 기준으로 한다)

- 건구온도 : 30 ℃
- 흑구온도 : 32 ℃
- 자연습구온도 : 28 ℃

① 27

② 28

③ 29

④ 31

해설 옥외(태양광선이 내리쬐는 장소) ─────

$WBGT(℃) = 0.7 \times 자연습구온도 + 0.2$
$\qquad\qquad \times 흑구온도 + 0.1 \times 건구온도$

$WBGT(℃) = 0.7 \times 28 + 0.2 \times 32 + 0.1 \times 30 = 29℃$

33

중요도 ★★★

다음 설명에 해당되는 막 여과지는?

- 농약, 알칼리성 먼지 등을 채취한다.
- 열, 화학물질, 압력 등에 강하다.
- 석탄건류나 증류 등의 고열 공정에서 발생되는 다핵방향족탄화수소를 채취하는 데 이용된다.

① 은막 여과지

② PVC 여과지

③ MCE 여과지

④ PTFE 여과지

해설 막 여과지 ─────

PTFE 여과지에 대한 설명이다.

34

중요도 ★★★

기기 내의 알코올이 위의 눈금에서 아래 눈금까지 하강하는 데 소요되는 시간을 측정하여 기류를 직접적으로 측정하는 기기는?

① 열선풍속계

② 카타온도계

③ 액정풍속계

④ 아스만 통풍계

해설 카타온도계 ─────

카타온도계는 알코올의 눈금이 100 ℉에서 95 ℉까지 내려가는 데 소요되는 시간을 초시계로 4~5회 측정하여 평균을 낸다.

35
중요도 ★

가스크로마토그래피의 검출기에 관한 설명으로 옳지 않은 것은? (단, 고용노동부 고시를 기준으로 한다)

① 약 850 ℃까지 작동 가능해야 한다.
② 검출기는 시료에 대하여 선형적으로 감응해야 한다.
③ 검출기는 감도가 좋고 안정성과 재현성이 있어야 한다.
④ 검출기의 온도를 조절할 수 있는 가열기구 및 이를 측정할 수 있는 측정기구가 갖추어져야 한다.

해설 가스크로마토그래피의 검출기 ─────

검출기는 시료에 대하여 선형적으로 감응해야 하며 약 400 ℃까지 작동해야 한다.

36
중요도 ★★

농도가 24 ppm인 methyl mercaptan(CH_3SH)을 mg/m³로 환산한 값은? (단, 온도는 25 ℃, 기압은 760 mmHg이다)

① 34 mg/m³   ② 39 mg/m³
③ 42 mg/m³   ④ 47 mg/m³

해설 노출기준 계산 ─────

CH_3SH의 분자량을 계산한다.
$12 + (1 \times 3) + 32 + 1 = 48 \, g/mol$
$$mg/m^3 = \frac{ppm \times 그램분자량}{24.45}$$
$$= \frac{24 \times 48}{24.45} = 47.116 \, mg/m^3$$

37
중요도 ★★

작업장의 소음측정 시 소음계의 청감보정회로는? (단, 고용노동부 고시를 기준으로 한다)

① A특성   ② B특성
③ C특성   ④ D특성

해설 소음의 측정방법 ─────

「작업환경 측정 및 정도관리 등에 관한 고시」제26조
· 소음계의 청감보정회로는 A특성으로 한다.
· 소음계 지시침의 동작은 느린(Slow) 상태로 한다.
· 소음계의 지시치가 변동하지 않는 경우에는 해당 지시치를 그 측정점에서의 소음수준으로 한다.

38
중요도 ★★

작업환경 공기 중의 벤젠농도를 측정한 결과 8 mg/m³, 5 mg/m³, 7 mg/m³, 3 ppm, 6 mg/m³이었을 때, 기하평균은 약 몇 mg/m³인가? (단, 벤젠의 분자량은 78이고, 기온은 25 ℃이다)

① 7.4   ② 6.9
③ 5.3   ④ 4.8

해설 기하평균 ─────

문제의 조건 중 하나만 3 ppm으로 주어졌으므로 단위를 mg/m³으로 통일한다.
$$mg/m^3 = \frac{ppm \times 분자량}{24.45} = \frac{3 \times 78}{24.45}$$
$$= 9.57 \, mg/m^3$$
기하평균을 계산한다.
$$GM = \sqrt[N]{X_1 \cdot X_2 \cdots X_n}$$
N : 측정치의 수, X_n : 측정치
$$GM = \sqrt[5]{8 \times 5 \times 7 \times 9.57 \times 6}$$
$$= 6.938 \, mg/m^3$$

39

중요도 ★★★

원자흡광분석기에 적용되어 사용되는 법칙은?

① 반데르발스(Van der Waals)법칙
② 비어 - 람버트(Beer-Lambert)법칙
③ 보일 - 샤를(Boyle-Charles)법칙
④ 에너지보존(Energy Conservation)법칙

해설 원자흡광분석기 ────────────

비어 - 람버트법칙은 물질이 빛을 흡수할 때 그 흡수되는 빛의 양을 설명하는 원리로 원자흡광분석기에 적용된다.

40

중요도 ★★★

유량, 측정시간, 회수율 및 분석에 의한 오차가 8 %, 4 %, 7 %, 5 %일 때, 누적오차는?

① 12.4 %
② 15.4 %
③ 17.6 %
④ 19.3 %

해설 누적오차(E_c) ────────────

$$E_c = \sqrt{E_1^2 + E_2^2 + E_3^2 + \cdots E_n^2}$$

E_n : 각 요소의 오차율(%)

$$E_c = \sqrt{8^2 + 4^2 + 7^2 + 5^2} = 12.409\%$$

41

중요도 ★★★

용접흄을 포집·제거하기 위해 작업대에 측방 외부식 테이블상 장방형 후드를 설치하고자 한다. 개구면에서 포착점까지의 거리는 0.7 m, 제어속도가 0.30 m/s, 개구면적이 0.7 m²일 때 필요 송풍량 (m³ m/min)은? (단, 작업대에 붙여 설치하며 플랜지는 미부착했다)

① 35.3
② 47.8
③ 56.7
④ 68.5

해설 외부식 후드(작업대 위, 플랜지 미부착)의 필요
송풍량(Q) ────────────

$$Q = V_c(5X^2 + A)$$

Q : 필요 송풍량(m³/min)
V_c : 제어속도(m/sec)
X : 후드 중심에서 오염원까지의 거리(m)
A : 개구면적(m²)

$$Q = 0.3 \times (5 \times 0.7^2 + 0.7)$$

$$= \frac{0.945\text{m}^3}{\text{sec}} \times \frac{60\text{sec}}{\text{min}} = 56.7\text{m}^3/\text{min}$$

42

중요도 ★

연기발생기 이용에 관한 설명으로 가장 거리가 먼 것은?

① 오염물질의 확산이동 관찰
② 공기의 누출입에 의한 음과 축수상자의 이상음 점검
③ 후드로부터 오염물질의 이탈 요인 규명
④ 후드 성능에 미치는 난기류의 영향에 대한 평가

연기발생기(발연관)의 적용 ─────

• 오염물질의 확산과 이동의 관찰에 유용하게 사용한다.
• 후드의 성능에 미치는 난기류의 영향에 대한 평가에 사용된다.
• 후드로부터 오염물질의 이탈요인의 규명에 사용된다.
• 연기발생기에서 발생되는 연기는 부식성과 화재 위험성이 있을 수 있다.

43

중요도 ★★★

여과집진장치의 장 · 단점으로 가장 거리가 먼 것은?

① 다양한 용량을 처리할 수 있다.
② 탈진방법과 여과재의 사용에 따른 설계상의 융통성이 있다.
③ 섬유 여포상에서 응축이 일어날 때 습한 가스를 취급할 수 없다.
④ 집진효율이 처리가스의 양과 밀도 변화에 영향이 크다.

여과집진장치 ─────

• 함진가스를 여과재(Filter Media)에 통과시켜 입자를 분리, 포집하는 장치이다.
• $1\,\mu m$ 이상의 분진의 포집은 $99\,\%$가 관성충돌과 직접차단에 의해 이루어진다.
• $1\,\mu m$ 이하의 분진은 확산과 정전기력에 의해 포집한다.
• 집진효율이 높으며 집진효율은 처리가스의 양과 밀도 변화에 영향이 적다.

44

중요도 ★★

환기시설 내 기류가 기본적 유체역학적 원리에 의하여 지배되기 위한 전제조건에 관한 내용으로 틀린 것은?

① 환기시설 내외의 열 교환은 무시한다.
② 공기의 압축이나 팽창을 무시한다.
③ 공기는 포화 수증기 상태로 가정한다.
④ 대부분의 환기시설에서는 공기 중에 포함된 유해물질의 무게와 용량을 무시한다.

유체역학적 원리의 기본조건 ─────

• 공기는 상대습도를 기준으로 한다.
• 공기는 건조하다고 가정한다.
• 공기의 압축이나 팽창은 무시한다.
• 환기시설 내외의 열 교환은 무시한다.
• 공기 중에 포함된 유해물질의 무게와 용량은 무시한다.

45

중요도 ★★★

관 내 유속이 1.25 m/sec, 관의 직경이 0.05 m일 때 Reynolds수는? (단, 20 ℃, 1기압, 동점성계수 = 1.5 × 10⁻⁵ m²/sec이다)

① 3,257
② 4,167
③ 5,387
④ 6,237

레이놀즈수 ─────

$$Re = \frac{\rho V d}{\mu} = \frac{Vd}{\nu}$$

ρ : 유체(공기)의 밀도(kg/m^3)
V : 유체(공기)의 속도(m/sec)
d : 관(덕트)의 직경(m)
μ : 유체(공기)의 점성계수($kg/m \cdot sec$)
ν : 유체(공기)의 동점성계수(m^2/sec)

$$Re = \frac{Vd}{\nu} = \frac{1.25 \times 0.05}{1.5 \times 10^{-5}} = 4,166.666$$

46

중요도 ★★★

송풍량이 400 m³/min이고 송풍기 전압이 100 mmH₂O인 송풍기를 가동할 때 소요동력(kW)은? (단, 송풍기의 효율은 60 %이다)

① 약 6.9
② 약 8.4
③ 약 10.9
④ 약 12.2

해설 송풍기의 소요동력(HP)

$$HP = \frac{Q \times P}{6,120 \times \eta} K$$

HP : 송풍기의 소요동력(kW)
Q : 풍량(m³/min)
P : 유효전압(mmH₂O), η : 효율
K : 안전계수(주어지지 않으면 1로 간주)

$$HP = \frac{400 \times 100}{6,120 \times 0.6} = 10.893 \text{kW}$$

47

중요도 ★★

전기도금 공정에 가장 적합한 후드 형태는?

① 캐노피 후드
② 슬롯 후드
③ 포위식 후드
④ 종형 후드

해설 슬롯형 후드

• 후드의 개구면이 좁고 폭과 길이의 비가 0.2 이하인 것이다.
• 슬롯은 공기의 균일한 흡입을 돕는다.
• 도금조, 용해, 분무도장 작업 등에 사용된다.

48

중요도 ★★

작업환경개선에서 공학적인 대책과 가장 거리가 먼 것은?

① 교육
② 환기
③ 대체
④ 격리

해설 작업환경개선에서 공학적인 대책

• 대치(대체) : 공정의 변경, 유해물질의 변경, 시설의 변경
• 격리 : 저장물질의 격리, 시설의 격리, 공정의 격리, 작업자의 격리
• 환기 : 국소환기, 전체환기

49

중요도 ★

다음 중 위생보호구에 대한 설명과 가장 거리가 먼 것은?

① 사용자는 손질방법 및 착용방법을 숙지해야 한다.
② 근로자 스스로 폭로대책으로 사용할 수 있다.
③ 규격에 적합한 것을 사용해야 한다.
④ 보호구 착용으로 유해물질로부터의 모든 신체적 장해를 막을 수 있다.

해설 위생보호구

보호구 착용은 유해물질로부터 신체를 보호하는 가장 소극적인 대책이다.

50

중요도 ★★★

일반적인 후드 설치의 유의사항으로 가장 거리가 먼 것은?

① 오염원 전체를 포위시킬 것
② 후드는 오염원에 가까이 설치할 것
③ 오염공기의 성질, 발생상태, 발생원인을 파악할 것
④ 후드의 흡인방향과 오염가스의 이동방향은 반대로 할 것

〔해설〕 후드 설치 ─────────────

후드의 흡인방향과 오염가스의 이동방향은 같은 방향으로 해야 한다.

〔개념확인〕 후드가 갖추어야 할 사항(필요환기량을 감소시키는 방법)
• 오염물질 발생원에 가깝게 설치한다.
• 제어속도는 작업조건을 고려하여 적정하게 선정한다.
• 작업에 방해가 되지 않도록 설치한다.
• 가급적이면 공정을 많이 포위한다.
• 공정에서 발생 또는 배출되는 오염물질의 절대량을 감소시킨다.
• 공정 내 측면 부착 차폐막이나 커튼 사용을 늘려 오염물질의 희석을 방지한다.

51

중요도 ★

호스의 끝을 신선한 공기 중에 고정시키고 착용자가 자신의 폐력으로 공기를 흡입하는 폐력 흡인형 송기마스크에 대한 설명으로 가장 거리가 먼 것은?

① 누설가능성이 없다.
② 보호구 안에 음압이 생긴다.
③ Demand식이라고도 한다.
④ 착용자가 호흡할 때 생기는 압력에 따라 공기가 공급된다.

〔해설〕 폐력 흡인형 송기마스크 ─────────

폐력 흡인형 송기마스크는 착용자가 호흡 시 발생하는 압력에 따라 공기를 공급하는 것이다.
이러한 마스크는 보호구 안에 음압이 생기므로 누설 가능성이 있어 주의가 필요하다.

52

중요도 ★★

사이클론 설계 시 블로우다운 시스템에 적용되는 처리량으로 가장 적절한 것은?

① 처리 배기량의 1 ~ 2 %
② 처리 배기량의 5 ~ 10 %
③ 처리 배기량의 40 ~ 50 %
④ 처리 배기량의 80 ~ 90 %

〔해설〕 블로우다운(Blow-down) ─────────

더스트 박스 및 호퍼부에서 처리가스의 5 ~ 10 %를 흡인하여 난류현상을 억제시키고, 원심력을 증대시켜 집진효율을 증대시키는 운전방식이다.

53

중요도 ★

덕트 설치 시 고려해야 할 사항으로 가장 거리가 먼 것은?

① 직경이 다른 덕트를 연결할 때는 경사 30° 이내의 테이퍼를 부착한다.
② 곡관의 곡률반경은 최대 덕트직경의 3.0 이상으로 하며 주로 4.0을 사용한다.
③ 송풍기를 연결할 때에는 최소 덕트직경의 6배 정도는 직선구간으로 한다.
④ 가급적 원형 덕트를 사용하여 부득이 사각형 덕트를 사용할 경우는 가능한 한 정방형을 사용한다.

덕트 설치 시 고려해야 할 사항 ─────
곡관의 곡률반경은 최소 덕트직경의 1.5배 이상, 주로 2.0을 사용한다.

54
중요도 ★

고열 발생원에 대한 공학적 대책방법 중 대류에 의한 열흡수 경감법이 아닌 것은?

① 방열
② 일반환기
③ 국소환기
④ 차열판 설치

해설 열흡수 ───────────────

차열판 설치는 반사성을 이용하여 복사열원을 차단하여 고열을 경감하는 것이다.

55
중요도 ★★★

지름이 100 cm인 원형 후드 입구로부터 200 cm 떨어진 지점에 오염물질이 있다. 제어풍속이 3 m/s일 때, 후드의 필요환기량(m^3/s)은? (단, 자유공간에 위치하며 플랜지는 없다)

① 143
② 122
③ 103
④ 83

해설 외부식 후드(자유공간 배치, 플랜지 미부착)의 필요환기량 ───────

$Q = V_c \times (10X^2 + A)$

Q : 필요환기량(m^3/sec)

V_c : 제어속도(m/sec)

X : 후드의 중심선으로부터 발생원(오염원)까지의 거리(m)

A : 개구면적(m^2)

$Q = 3 \times \left(10 \times 2^2 + \dfrac{\pi}{4} \times 1^2 \right)$

$\quad = 122.356 m^3 / \sec$

56
중요도 ★★

공기정화장치의 한 종류인 원심력집진기에서 절단입경의 의미로 옳은 것은?

① 100 % 분리 포집되는 입자의 최소 크기
② 100 % 처리효율로 제거되는 입자크기
③ 90 % 이상 처리효율로 제거되는 입자크기
④ 50 % 처리효율로 제거되는 입자크기

해설 원심력집진기의 용어 ──────────

• 최소입경 : 100 % 처리효율로 제거되는 입자의 크기
• 절단입경 : 50 % 처리효율로 제거되는 입자의 크기

57
중요도 ★

호흡기 보호구에 대한 설명으로 옳지 않은 것은?

① 호흡기 보호구를 선정할 때는 기대되는 공기 중의 농도를 노출기준으로 나눈 값을 위해비(HR)라 하는데, 위해비보다 할당보호계수(APF)가 작은 것을 선택한다.
② 할당보호계수(APF)가 100인 보호구를 착용하고 작업장에 들어가면 외부 유해물질로부터 적어도 100배만큼의 보호를 받을 수 있다는 의미이다.
③ 보호구를 착용함으로써 유해물질로부터 얼마만큼 보호해주는지 나타내는 것은 보호계수(PF)이다.
④ 보호계수(PF)는 보호구 밖의 농도(C_o)와 안의 농도(C_i)의 비(C_o/C_i)로 표현할 수 있다.

해설 호흡기 보호구 ─────────────

호흡기 보호구 선정 시 위해비(HR)보다 할당보호계수(APF)가 큰 것을 선택해야 한다.

58

1기압, 15 ℃에서 속도압이 37.2 mmH₂O일 때 기류의 유속(m/sec)은? (단, 15 ℃, 1기압에서 공기의 밀도는 1.225 kg/m³이다)

① 24.4　　　　② 26.1

③ 28.3　　　　④ 29.6

해설 속도압(VP) 계산

$$VP = \frac{\gamma V^2}{2g}$$

VP : 속도압(동압)(mmH₂O)

γ : 공기의 밀도(kg/m³)

g : 중력가속도(m/sec²)

V : 공기의 속도(m/sec)

$$37.2 = \frac{1.225 \times V^2}{2 \times 9.8}$$

$$V = \sqrt{\frac{37.2 \times 2 \times 9.8}{1.225}} = 24.396 \text{m/sec}$$

59

전기집진장치의 장·단점으로 틀린 것은?

① 운전 및 유지비가 많이 든다.

② 고온 가스처리가 가능하다.

③ 설치공간이 많이 든다.

④ 압력손실이 낮다.

해설 전기집진장치

전기집진장치는 초기 설치비용이 많이 들지만 운전 및 유지비용은 저렴하다.

60

총압력손실 계산법 중 정압조절평형법에 대한 설명과 가장 거리가 먼 것은?

① 설계가 어렵고 시간이 많이 걸린다.

② 예기치 않은 침식 및 부식이나 퇴적문제가 일어난다.

③ 송풍량은 근로자나 운전자의 의도대로 쉽게 변경되지 않는다.

④ 설계 시 잘못 설계된 분지관 또는 저항이 가장 큰 분지관을 쉽게 발견할 수 있다.

해설 정압조절평형법의 장점과 단점

구분	내용
장점	• 침식, 부식, 분진 퇴적에 의한 덕트 폐쇄가 없다. • 설계 시 잘못 설계된 분지관 또는 저항이 제일 큰 분지관을 쉽게 발견할 수 있다. • 설계가 정확할 때 가장 효율적인 시설이다.
단점	• 설계 시 잘못된 유량을 고치기 어렵다. • 설계가 복잡하고 시간이 오래 걸린다. • 설치된 후의 개조 및 변경이나 확장에 대한 유연성이 낮다. • 경우에 따라 전체 필요한 최소유량보다 더 초과될 수 있다.

61

중요도 ★★

「산업안전보건법령」상 이상기압과 관련된 용어의 정의가 옳지 않은 것은?

① 압력이란 게이지 압력을 말한다.

② 표면공급식 잠수작업은 호흡용 기체통을 휴대하고 하는 작업을 말한다.

③ 고압작업이란 고기압에서 잠함공법이나 그 외의 압기 공법으로 하는 작업을 말한다.

④ 기압조절실이란 고압작업을 하는 근로자가 가압 또는 감압을 받는 장소를 말한다.

해설 이상기압 관련 용어 정의 ─────

「안전보건규칙」 제522조

• 고압작업 : 고기압에서 잠함공법(潛函工法)이나 그 외의 압기공법(壓氣工法)으로 하는 작업을 말한다.

• 표면공급식 잠수작업 : 수면 위의 공기압축기 또는 호흡용 기체통에서 압축된 호흡용 기체를 공급받으면서 하는 작업

• 스쿠버 잠수작업 : 호흡용 기체통을 휴대하고 하는 작업

• 기압조절실 : 고압작업을 하는 근로자 또는 잠수작업을 하는 근로자가 가압 또는 감압을 받는 장소를 말한다.

• 압력 : 게이지 압력

• 비상기체통 : 주된 기체공급 장치가 고장 난 경우 잠수작업자가 안전한 지역으로 대피하기 위하여 필요한 충분한 양의 호흡용 기체를 저장하고 있는 압력용기와 부속장치를 말한다.

62

중요도 ★

다음 중 진동에 의한 장해를 최소화시키는 방법과 거리가 먼 것은?

① 진동의 발생원을 격리시킨다.

② 진동의 노출시간을 최소화시킨다.

③ 훈련을 통하여 신체의 적응력을 향상시킨다.

④ 진동을 최소화하기 위하여 공학적으로 설계 및 관리한다.

해설 진동에 의한 장해 방지 ─────

훈련을 통해 신체의 적응력을 향상시키는 것보다는 근로자가 진동에 대해 지나치게 노출되지 않도록 관리하는 것이 중요하다.

63

중요도 ★

일반적으로 눈을 부시게 하지 않고 조도가 균일하여 눈의 피로를 줄이는 데 가장 효과적인 조명방법은?

① 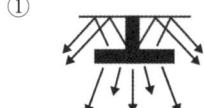   ②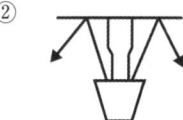

③    ④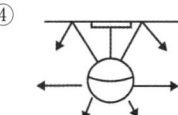

해설 간접조명 ─────

②번과 같은 간접조명이 눈을 부시게 하지 않고 조도가 균일하여 눈의 피로를 줄이는 데 효과적이다.

64

중요도 ★★★

공장 내 각기 다른 3대의 기계에서 각각 90 dB(A), 95 dB(A), 88 dB(A)의 소음이 발생된다면 동시에 기계를 가동시켰을 때의 합산 소음 [dB(A)]은 약 얼마인가?

① 96   ② 97

③ 98   ④ 99

해설 합성소음도 ─────────

$$L = 10 \times \log \left(10^{\frac{L_1}{10}} + 10^{\frac{L_2}{10}} + \cdots 10^{\frac{L_n}{10}} \right)$$

L : 합성소음도(dB)

L_n : 각각 소음원의 소음(dB)

$$L = 10 \times \log \left(10^{\frac{90}{10}} + 10^{\frac{95}{10}} + 10^{\frac{88}{10}} \right)$$

$$= 96.806 \text{dB}$$

65

중요도 ★★★

1 sone이란 몇 Hz에서, 몇 dB의 음압레벨을 갖는 소음의 크기를 말하는가?

① 1,000 Hz, 40 dB

② 1,200 Hz, 45 dB

③ 1,500 Hz, 45 dB

④ 2,000 Hz, 48 dB

해설 sone ─────────

• 감각적인 음의 크기를 나타낸다.

• 1 sone : 1,000 Hz, 40 dB의 음의 크기이다.

66

중요도 ★

인체와 작업환경과의 사이에 열 교환의 영향을 미치는 것으로 가장 거리가 먼 것은?

① 대류(Convection)

② 열복사(Radiation)

③ 증발(Evaporation)

④ 열순응(Acclimatization to Heat)

해설 열평형 방정식(인체의 열 교환) ─────

$\triangle S = M - E \pm R \pm C$

$\triangle S$: 생체 내 열용량의 변화

M : 대사에 의한 열 생산

E : 수분 증발에 의한 열 방산

R : 복사에 의한 열 득실

C : 대류 및 전도에 의한 열 득실

67

중요도 ★

고온 환경에 노출된 인체의 생리적 기전과 가장 거리가 먼 것은?

① 수분 부족

② 피부혈관 확장

③ 근육이완

④ 갑상선자극호르몬 분비 증가

해설 고온 환경에 노출된 인체의 생리적 기전 ───

④는 저온 환경에 노출된 인체의 생리적 기전에 해당된다.

68

중요도 ★★

청력손실이 500 Hz에서 12 dB, 1,000 Hz에서 10 dB, 2,000 Hz에서 10 dB, 4,000 Hz에서 20 dB일 때 6분법에 의한 평균 청력손실은?

① 19 dB
② 16 dB
③ 12 dB
④ 8 dB

해설 6분법 ─────────

평균 청력손실 = $\dfrac{a+2b+2c+d}{6}$

a : 500 Hz에서의 청력손실(dB)
b : 1,000 Hz에서의 청력손실(dB)
c : 2,000 Hz에서의 청력손실(dB)
d : 4,000 Hz에서의 청력손실(dB)
평균 청력손실
$= \dfrac{12+(2\times 10)+(2\times 10)+20}{6} = 12\text{dB}$

69

중요도 ★★

WBGT(Wet Bulb Globe Temperature index) 의 고려 대상으로 볼 수 없는 것은?

① 기온
② 상대습도
③ 복사열
④ 작업대사량

해설 WBGT(습구흑구온도지수) ─────────

근로자가 고열환경에서 작업할 때 받는 열 스트레스 또는 위해를 평가하기 위한 도구로 기류, 기습(습도), 복사열을 고려하여 측정하고, 표시단위는 섭씨온도(℃)이다.

70

중요도 ★★★

다음 설명에 해당하는 진동 방진재료는?

> 여러 가지 형태로 된 철물에 견고하여 부착할 수 있는 반면 내구성, 내약품성이 약하고 공기 중의 오존에 의해 산화된다는 단점을 가지고 있다.

① 코르크
② 금속스프링
③ 방진고무
④ 공기스프링

해설 방진고무의 특징 ─────────

• 고무 자체의 내부마찰로 적당한 저항을 얻을 수 있다.
• 설계자료가 잘 되어 있고 동적배율이 타 방진재료보다 높아 스프링 정수(용수철 정수)를 광범위하게 선택할 수 있다.
• 내열성, 내약품성이 약하다.
• 공기 중의 오존에 의해 산화된다.
• 내부마찰에 의한 발열 때문에 열화될 수 있다.

2023-01

71

중요도 ★★

가청 주파수 최대 범위로 맞는 것은?

① 10 ~ 80,000 Hz
② 20 ~ 2,000 Hz
③ 20 ~ 20,000 Hz
④ 100 ~ 8,000 Hz

해설 가청 주파수 범위 ─────────

가청 주파수 범위 : 20 ~ 20,000 Hz

72

중요도 ★

공기의 구성 성분에서 조성비율이 표준공기와 같을 때, 압력이 낮아져 고용노동부에서 정한 산소결핍 장소에 해당하게 되는데, 이 기준에 해당하는 대기압 조건은 약 얼마인가?

① 650 mmHg
② 670 mmHg
③ 690 mmHg
④ 710 mmHg

해설 산소결핍 장소 ──────────────

공기 중 산소의 농도는 21 %이고, 산소의 농도가 18 % 미만일 때 산소결핍장소이다.
대기압(1 atm)은 760 mmHg이다.
$760\text{mmHg} : 21\% = x : 18\%$

$x = \dfrac{760 \times 18}{21} = 651.428\text{mmHg}$

73

중요도 ★

X선과 동일한 특성을 가지는 전자파 전리방사선으로 원자의 핵에서 발생되고 깊은 투과성 때문에 외부 노출에 의한 문제점이 지적되고 있는 것은?

① 중성자
② 알파(α)선
③ 베타(β)선
④ 감마(γ)선

해설 감마(γ)선 ──────────────

• X선과 동일한 특성을 가지는 전자파 전리방사선으로 입자가 아니다.
• 투과력이 커서 인체를 통과할 수 있어 외부조사 시 문제가 될 수 있다.
• 전리방사선 중 투과력이 가장 강하다.

74

중요도 ★★★

빛과 밝기의 단위에 관한 내용으로 맞는 것은?

① lumen : 1촉광의 광원으로부터 1 m 거리에 1 m^2 면적에 투사되는 빛의 양
② 촉광 : 지름이 10 cm 되는 촛불이 수평 방향으로 비칠 때의 빛의 광도
③ lux : 1루멘의 빛이 1 m^2의 구면상에 수직으로 비추어질 때 그 평면의 빛 밝기
④ foot-candle : 1촉광의 빛이 1 in^2의 평면상에 수평 방향으로 비칠 때의 그 평면의 빛의 밝기

해설 빛과 밝기의 단위 ──────────────

① lumen : 1촉광의 광원으로부터 한 단위 입체각으로 나가는 광속의 단위
② 촉광 : 지름이 1인치인 촛불이 수평 방향으로 비칠 때의 빛의 강도
④ foot-candle : 1촉광의 빛이 1 ft^2의 평면상에 수직으로 비칠 때 그 평면의 빛의 밝기

75

중요도 ★★★

화학적 질식제로 산소결핍장소에서 보건학적 의의가 가장 큰 것은?

① CO
② CO_2
③ SO_2
④ NO_2

해설 일산화탄소(CO) ──────────────

• 혈액에서 산소를 운반하는 역할을 하는 헤모글로빈과의 결합력이 매우 강하다.
• 생체 내에서 혈액과 화학작용을 일으켜서 질식을 일으키는 화학적 질식제이다.

76

중요도 ★★

감압과정에서 발생하는 감압병에 관한 설명으로 틀린 것은?

① 증상에 따른 진단은 매우 용이하다.
② 감압병의 치료는 재가압산소요법이 최상이다.
③ 중추신경계 감압병은 고공비행사는 뇌에, 잠수사는 척수에 더 잘 발생한다.
④ 감압병 환자는 수중재가압으로 시행하여 현장에서 즉시 치료하는 것이 바람직하다.

해설 감압병 ────────────

현장에서 즉시 수중재가압을 시행하는 것은 위험한 방법으로 권장되지 않는다.
감압병은 고압산소치료시설에서 재가압산소요법으로 치료하는 것이 좋다.

77

중요도 ★

다음 중 전신진동에 있어 장기별 고유진동수가 올바르게 연결된 것은?

① 두개골 : 5 ~ 10 Hz
② 흉강 : 15 ~ 35 Hz
③ 안구 : 60 ~ 90 Hz
④ 골반 : 50 ~ 100 Hz

해설 장기별 고유진동수 ────────────

두부(두개골)와 견부(어깨)는 약 20 ~ 30 Hz 진동에 공명하고, 안구는 60 ~ 90 Hz 진동에 공명한다.

78

중요도 ★

가로 10 m, 세로 7 m, 높이 4 m인 작업장의 흡음률이 바닥은 0.1, 천장은 0.2, 벽은 0.15이다. 이 방의 평균 흡음률은 얼마인가?

① 0.10
② 0.15
③ 0.20
④ 0.25

해설 평균 흡음률 ────────────

평균 흡음률 $= \dfrac{\sum S_i \alpha_i}{\sum S_i}$

S_i : 단면적(m^2), α_i : 흡음률

바닥과 천장의 면적 $= 10 \times 7 = 70 m^2$
벽의 총 면적 $= (7 \times 4) \times 2 + (10 \times 4) \times 2 = 136 m^2$
평균 흡음률
$= \dfrac{(70 \times 0.1) + (70 \times 0.2) + (136 \times 0.15)}{70 + 70 + 136} = 0.15$

79

중요도 ★★★

이온화 방사선 중 입자방사선으로만 나열된 것은?

① α선, β선, γ선
② α선, β선, X선
③ α선, β선, 중성자
④ α선, β선, γ선, 중성자

해설 전리방사선(이온화 방사선)의 구분 ────────────

• 전자기방사선 : X-ray, γ선
• 입자방사선 : α선, β선, 중성자선

80

중요도 ★★★

고압작업에 관한 설명으로 맞는 것은?

① 산소분압이 2기압을 초과하면 산소중독이 나타나 건강장해를 초래한다.
② 일반적으로 고압 환경에서는 산소분압이 낮기 때문에 저산소증을 유발한다.
③ Scuba와 같이 호흡장치를 착용하고 잠수하는 것은 고압 환경에 해당되지 않는다.
④ 사람이 절대압 1기압에 이르는 고압 환경에 노출되면 개구부가 막혀 귀, 부비강, 치아 등에서 통증이나 압박감을 느끼게 된다.

해설 고압작업 ────────────

② 저압 환경에서 산소분압이 낮기 때문에 저산소증이 유발된다.
③ Scuba와 같이 호흡장치를 착용하고 잠수하는 것은 고압 환경에 해당된다.
④ 사람이 절대압 1기압에 이상에 이르는 고압 환경에 노출되면 개구부가 막혀 귀, 부비강, 치아 등에서 통증이나 압박감을 느끼게 된다.

5과목 **산업독성학**

81

중요도 ★★★

중금속과 중금속이 인체에 미치는 영향을 연결한 것으로 옳지 않은 것은?

① 크롬 - 폐암
② 수은 - 파킨슨병
③ 납 - 소아의 IQ 저하
④ 카드뮴 - 호흡기의 손상

해설 중금속이 인체에 미치는 영향 ────────

파킨슨병과 관련 있는 중금속은 망간이다.
연계학습 납 중독의 증상 중 소아이미증이 소아의 IQ 저하와 관련이 있다.
이미증은 영양분이 없는 비식용 물질을 먹는 섭식장애인데 소아의 경우 납이 함유된 물질을 먹으면 뇌에 영향을 미쳐 IQ가 저하된다.

82

중요도 ★

카드뮴의 노출과 영향에 대한 생물학적 지표를 맞게 나열한 것은?

① 혈중 카드뮴 - 혈중 ZPP
② 혈중 카드뮴 - 요 중 o-크레졸
③ 혈중 카드뮴 - 혈중 포르피린
④ 요 중 카드뮴 - 요 중 저분자량 단백질

해설 카드뮴의 생물학적 지표 ────────

ZPP와 포르피핀은 납의 노출과 관련이 있다.
o-크레졸은 톨루엔과 관련이 있다.
카드뮴은 신장에서 소변으로 배출되므로 소변 중 카드뮴 농도를 측정하거나, 소변 중 저분자량 단백질의 양을 측정한다.
카드뮴으로 인해 신장의 세뇨관이 손상되면 저분자량 단백질이 소변으로 배출된다.

83

중요도 ★★

납이 인체 내로 흡수됨으로써 초래되는 현상이 아닌 것은?

① 혈색소량 저하
② 혈청 내 철 감소
③ 망상적혈구수의 증가
④ 소변 중 코프로폴피린 증가

해설 납 중독 시 인체의 변화 ─────────

• 혈청 내 철이 증가한다.
• 혈색소량이 저하된다.
• 망상적혈구의 수가 증가한다.
• 소변 중 δ-ALAD 활성치가 저하된다.
• 적혈구 내 프로토포르피린이 증가한다.

84

중요도 ★★

다음 중 금속열을 일으키는 물질과 가장 거리가 먼 것은?

① 구리
② 아연
③ 수은
④ 마그네슘

해설 금속열 ─────────

• 금속열은 아연, 카드뮴, 안티몬, 구리, 마그네슘 등의 금속 또는 흄을 흡입할 경우 발생하는 급성열성 질환이다.
• 수은은 인체에 유해한 물질이지만 금속열을 일으키지는 않는다.

85

중요도 ★★★

최근 사회적 이슈가 되었던 유해인자와 그 직업병의 연결이 잘못된 것은?

① 석면 – 악성중피종
② 메탄올 – 청신경장애
③ 노말헥산 – 앉은뱅이증후군
④ 트리클로로에틸렌 – 스티븐슨존슨증후군

해설 유해인자과 직업병 ─────────

메탄올에 노출되면 청신경 장애가 아니라 시신경 장애가 발생한다.
술에 들어간 알코올은 에탄올인데 잘못된 방법으로 제조된 밀주에 메탄올이 들어간 경우가 있어 메탄올 중독으로 인한 실명사고가 발생한 경우가 있다.

86

중요도 ★

납은 적혈구 수명을 짧게 하고, 혈색소 합성에 장애를 발생시킨다. 납이 흡수됨으로 초래되는 결과로 틀린 것은?

① 요 중 코프로폴피린 증가
② 혈청 및 요 중 δ - ALA 증가
③ 적혈구 내 프로토폴피린 증가
④ 혈중 β-마이크로글로빈 증가

해설 납 중독과 카드뮴 중독의 구분 ─────────

카드뮴이 흡수되었을 때 요 중 β-마이크로글로빈이 증가한다.

87

중요도 ★★★

물에 대하여 비교적 용해성이 낮고 상기도를 통과하여 폐수종을 일으킬 수 있는 자극제는?

① 염화수소　　　　② 암모니아
③ 불화수소　　　　④ 이산화질소

해설 폐수종을 일으킬 수 있는 자극제 ―――

상기도를 통과한다는 것은 종말 기관지 및 폐포점막 자극제라는 것으로 이산화질소가 해당된다.
염화수소, 암모니아, 불화수소는 모두 물에 잘 녹아 상기도에서 흡수된다.

개념확인 화학물질의 생리적 작용에 의한 분류

구분	내용
상기도 점막 자극제	물에 잘 녹는 물질로 암모니아, 염화수소, 불화수소, 아황산가스, 크롬산 등이 있다.
상기도 점막 및 폐조직 자극제	물에 대한 용해도가 중간 정도인 물질로 염소, 브롬, 요오드, 플루오르 등이 있다.
종말 기관지 및 폐포점막 자극제	물에 잘 녹지 않는 물질로 이산화질소, 3 염화비소, 포스겐 등이 있다.

88

중요도 ★★★

어느 근로자가 두통, 현기증, 구토, 피로감, 황달, 빈뇨 등의 증세를 보인다면, 어느 물질에 노출되었다고 볼 수 있는가?

① 납　　　　　　　② 황화수은
③ 수은　　　　　　④ 사염화탄소

해설 사염화탄소(CCl_4) ―――

• 탈지용 용매로 사용된다.
• 주로 간, 신장, 중추신경계에 대한 독성이 강하다.
• 간에 대한 독성이 강해 황달, 중심소엽성 괴사를 일으킨다.

89

중요도 ★

Haber의 법칙을 가장 잘 설명한 공식은? (단, K는 유해지수, C는 농도, t는 시간이다)

① $K = C \div t$　　　② $K = C \times t$
③ $K = t \div C$　　　④ $K = C^2 \times t$

해설 Haber의 법칙(Haber's Law) ―――

유해가스의 농도(C)와 노출 시간(t)의 곱이 일정할 때 동일한 독성 효과(K)가 발생한다.
$K = C \times t$

90

중요도 ★★

생물학적 모니터링에 대한 설명으로 틀린 것은?

① 피부, 소화기계를 통한 유해인자의 종합적인 흡수 정도를 평가할 수 있다.
② 생물학적 시료를 분석하는 것은 작업환경 측정보다 훨씬 복잡하고 취급이 어렵다.
③ 건강상의 영향과 생물학적 변수와 상관성이 높아 공기 중의 노출기준(TLV)보다 훨씬 많은 생물학적 노출지수(BEI)가 있다.
④ 근로자의 유해인자에 대한 노출 정도를 소변, 호기, 혈액 중에서 그 물질이나 대사산물을 측정함으로써 노출 정도를 추정하는 방법을 의미한다.

해설 생물학적 모니터링 ―――

생물학적 노출지수(BEI)는 주로 일부 대표적 물질로 한정하여 설정하며 노출기준(TLV)이 있지만 BEI가 없는 경우가 많다.

91

중요도 ★★★

동일한 독성을 가진 화학물질이 합류하여 각 물질의 독성의 합보다 큰 독성을 나타내는 작용은?

① 상승작용
② 상가작용
③ 강화작용
④ 길항작용

해설 상승작용 ──────────

상승작용은 두 물질에 동시 노출될 경우 독성은 단독 물질의 독성의 합보다 더 크게 증가하는 것이다.

예 2 + 3 = 9

92

중요도 ★

최근 스마트 기기의 등장으로 이를 활용하는 방법이 빠르게 소개되고 있다. 소음측정을 위해 개발된 스마트 기기용 어플리케이션의 민감도(Sensitivity)를 확인하려고 한다. 85 dB을 넘는 조건과 그렇지 않은 조건을 어플리케이션과 소음 측정기로 동시에 측정하여 다음과 같은 결과를 얻었다. 이 스마트 기기 어플리케이션의 민감도는 얼마인가?

- 어플리케이션을 이용했을 때 85 dB 이상이 30개소, 85 dB 미만이 50개소
- 소음측정기를 이용했을 때 85 dB 이상이 25개소, 85 dB 미만이 55개소
- 어플리케이션과 소음측정기 모두 85 dB 이상은 18개소

① 60 %
② 72 %
③ 78 %
④ 86 %

해설 민감도 ──────────

민감도란 소음측정기로 측정한 기준을 어플리케이션이 정확하게 측정한 비율이다.

소음측정기와 어플리케이션 모두 85 dB 이상으로 측정한 경우 → 18개소

소음측정기는 85 dB 이상, 에플리케이션은 85 dB 미만인 경우 → 25-18 = 7개소

민감도 $= \dfrac{18}{18+7} = 0.72 = 72\%$

93

중요도 ★★★

진폐증의 독성병리기전에 대한 설명으로 틀린 것은?

① 진폐증의 대표적인 병리소견은 섬유증(Fibrosis)이다.
② 섬유증이 동반되는 진폐증의 원인 물질로는 석면, 알루미늄, 베릴륨, 석탄분진, 실리카 등이 있다.
③ 폐포탐식세포는 분진 탐식 과정에서 활성산소유리기에 의한 폐포상피세포의 증식을 유도한다.
④ 콜라겐 섬유가 증식하면 폐의 탄력성이 떨어져 호흡곤란, 지속적인 기침, 폐기능 저하를 가져온다.

해설 진폐증 ──────────

폐포상피세포가 손상되고 섬유화되어 진폐증이 발생한다.

94

중요도 ★★★

납 중독의 초기증상으로 볼 수 없는 것은?

① 권태, 체중감소
② 식욕저하, 변비
③ 연산통, 관절염
④ 적혈구 감소, Hb의 저하

해설 납 중독 ─────────────

납 중독의 초기증상으로 권태, 체중감소, 식욕저하, 변비, 적혈구 감소, Hb의 저하(빈혈)가 발생할 수 있다.
연산통(복부의 경련성 통증), 관절염은 만성적으로 중독되었을 때 나타나는 증상이다.

95

중요도 ★

산화규소는 폐암 등의 발암성이 확인된 유해인자이다. 종류에 따른 호흡성 분진의 노출기준을 연결한 것으로 맞는 것은?

① 결정체 석영 - 0.1 mg/m^3
② 결정체 tripoli - 0.1 mg/m^3
③ 비결정체 규소 - 0.01 mg/m^3
④ 결정체 tridymite - 0.5 mg/m^3

해설 화학물질의 노출기준 ─────────

「화학물질 및 물리적 인자의 노출기준」 별표1
① 결정체 석영 - 0.05 mg/m^3
② 결정체 tripoli - 0.1 mg/m^3
③ 비결정체 규소 - 0.1 mg/m^3
④ 결정체 tridymite - 0.05 mg/m^3

96

중요도 ★★★

다음 중 혈색소와 친화도가 산소보다 강하여 COHb를 형성하여 조직에서 산소공급을 억제하며, 혈중 COHb의 농도가 높아지면 HbO₂의 해리작용을 방해하는 물질은?

① 일산화탄소
② 에탄올
③ 리도카인
④ 염소산염

해설 일산화탄소 ─────────────

혈색소(헤모글로빈)는 일산화탄소(CO), 산소(O_2)와 모두 결합할 수 있으나 일산화탄소는 산소에 비해 약 200 ~ 250배 정도 높은 친화도로 결합한다.
일산화탄소(CO)가 존재할 경우 혈색소가 일산화탄소와 결합해 저산소증을 유발한다.

97

중요도 ★★★

생물학적 노출지표(BEIs) 검사 중 1차 항목 검사에서 당일 작업 종료 시 채취해야 하는 유해인자가 아닌 것은?

① 크실렌
② 디클로로메탄
③ 트리클로로에틸렌
④ N,N - 디메틸포름아미드

해설 유해인자의 채취시기 ─────────

트리클로로에틸렌은 반감기가 길어 주말작업 종료 시 채취하여 1주일간의 누적노출량을 측정한다.
①, ②, ④는 반감기가 짧아 당일 작업 종료 시 바로 채취한다.

98

중요도 ★★

작업환경 측정과 비교한 생물학적 모니터링의 장점이 아닌 것은?

① 모든 노출경로에 의한 흡수 정도를 나타낼 수 있다.
② 분석수행이 용이하고 결과 해석이 명확하다.
③ 건강상의 위험에 대해서 보다 정확한 평가를 할 수 있다.
④ 작업환경 측정(개인시료)보다 더 직접적으로 근로자 노출을 추정할 수 있다.

해설 생물학적 모니터링 ────────

생물학적 모니터링은 근로자의 혈액, 소변 등을 분석하는 것으로 좀 더 정확한 평가를 할 수 있지만 개인의 특성에 따라 결과치에 영향을 주기 때문에 결과 해석이 어렵다.

99

중요도 ★★

ACGIH에서 발암물질을 분류하는 설명으로 틀린 것은?

① Group A1 : 인체 발암성 확인 물질
② Group A2 : 인체 발암성 의심 물질
③ Group A3 : 동물 발암성 확인 물질, 인체발암성 모름
④ Group A4 : 인체 발암성 미의심 물질

해설 ACGIH의 발암물질 구분 ────────

등급	의미
A1	인체 발암성 확인 물질
A2	인체 발암성 의심 물질
A3	동물에서만 발암성이 확인된 물질(인체 연관성 불명)
A4	인체 발암성으로 분류할 수 없는 물질(미분류)
A5	인체 발암성이 의심되지 않는 물질

연계학습 「산업안전보건법령」상 발암성의 구분

구분	구분기준
1A	사람에게 충분한 발암성 증거가 있는 물질
1B	시험동물에서 발암성 증거가 충분히 있거나, 시험동물과 사람 모두에서 제한된 발암성 증거가 있는 물질

100

중요도 ★★

다핵방향족 화합물(PAH)에 대한 설명으로 틀린 것은?

① 톨루엔, 크실렌 등이 대표적이라 할 수 있다.
② PAH는 벤젠고리가 2개 이상 연결된 것이다.
③ PAH는 배설을 쉽게 하기 위하여 수용성으로 대사된다.
④ PAH는 대사에 관여하는 효소는 시토크롬 P-448로 대사되는 중간산물이 발암성을 나타낸다.

해설 다핵방향족 화합물 ────────

다핵방향족 탄화수소는 벤젠고리가 2개 이상인 나프탈렌, 벤조피렌 등이다.
톨루엔, 크실렌은 모두 벤젠고리가 1개로 단핵방향족 탄화수소이다.

개념확인 다핵방향족 탄화수소(PAHs)

• 석유, 석탄 등에 포함되어 있으며 석탄연료 배출물, 자동차 연료 배출가스 등 흡연 및 연소공장에서 주로 생성된다.
• 대사 중에 Arene oxide를 생성한다.
• 벤젠고리가 2개 이상 연결되어 있고 대사가 거의 되지 않는 방향족 고리로 구성되어 있다.
• 대사에 관여하는 효소는 시토크롬 P-448로 대사되는 중간산물이 발암성을 나타낸다.

2023 제2회 CBT 복원문제

산업위생학개론

01
중요도 ★

산업재해 발생의 역학적 특성에 대한 설명으로 틀린 것은?

① 여름과 겨울에 빈발한다.
② 손상종류로는 골절이 가장 많다.
③ 작은 규모의 산업체에서 재해율이 높다.
④ 오전 11 ~ 12시, 오후 2 ~ 3시에 빈발한다.

해설 산업재해 발생의 역학적 특성 ———
산업재해는 봄과 가을에 빈발한다.

02
중요도 ★

누적외상성장애(CTDs : Cumulative Trauma Disorders)의 원인이 아닌 것은?

① 불안전한 자세에서 장기간 고정된 한 가지 작업
② 고온 작업장에서 갑작스럽게 힘을 주는 전신 작업
③ 작업속도가 빠른 상태에서 힘을 주는 반복작업
④ 작업내용의 변화가 없거나 휴식시간 없이 손과 팔을 과도하게 사용하는 작업

해설 누적외상성장애(CTDs)의 발생요인 ———
• 반복적인 동작
• 부적절한 작업자세 및 무리한 힘의 사용
• 날카로운 면과의 신체 접촉
• 진동 및 온도(저온) 등의 요인

03
중요도 ★

신체의 생활기능을 조절하는 영양소이며 작용면에서 조절소로만 나열된 것은?

① 비타민, 무기질, 물
② 비타민, 단백질, 물
③ 단백질, 무기질, 물
④ 단백질, 지방, 탄수화물

해설 신체의 생활기능을 조절하는 영양소 ———
비타민, 무기질, 물

04
중요도 ★

앉아서 운전작업을 하는 사람들의 주의사항에 대한 설명으로 틀린 것은?

① 큰 트럭에서 내릴 때는 뛰어내려서는 안 된다.
② 차나 트랙터를 타고 내릴 때 몸을 회전해서는 안 된다.
③ 운전대를 잡고 있을 때에는 최대한 앞으로 기울이는 것이 좋다.
④ 방석과 수건을 말아서 허리에 받쳐 최대한 척추가 자연곡선을 유지하도록 한다.

해설 운전작업 ———
운전대를 잡고 있을 때에는 앞으로 기울이지 않고 허리를 펴서 요추부의 곡선을 유지하는 것이 좋다.

05

중요도 ★★

다음 중 육체적 작업능력에 영향을 미치는 요소와 내용을 잘못 연결한 것은?

① 작업특징 – 동기

② 육체적 조건 – 연령

③ 환경요소 – 온도

④ 정신적 요소 – 태도

해설 육체적 작업능력에 영향을 미치는 요소 ─────

- 정신적 요소 : 태도, 동기 등
- 육체적 요소 : 성별, 연령, 체격 등
- 환경요소 : 고온, 한랭, 소음, 고기압 등
- 작업특징 요소 : 강도, 시간, 기술, 계획

06

중요도 ★★★

다음 중 18세기 영국에서 최초로 보고하였으며, 어린이 굴뚝청소부에게 많이 발생하였고, 원인 물질이 검댕(Soot)이라고 규명된 직업성 암은?

① 폐암

② 후두암

③ 음낭암

④ 피부암

해설 Percivall Pott ─────

- 영국의 의사로 직업성 암을 최초로 보고했다.
- 어린이 굴뚝청소부에서 많이 발생하는 음낭암 (Scrotal Cancer)의 원인 물질을 검댕(Soot)으로 규명했다.
- 8살 이하 어린이는 굴뚝청소부로 일하지 못하게 하는 굴뚝청소부법(1788년)을 제정하도록 했다.

07

중요도 ★★★

「산업안전보건법령」상 발암성 정보물질의 표기법 중 '사람에게 충분한 발암성 증거가 있는 물질'에 대한 표기방법으로 옳은 것은?

① 1

② 1A

③ 2A

④ 2B

해설 발암성의 구분 ─────

「화학물질의 분류·표시 및 물질안전보건자료에 관한 기준」 별표1

구분	구분기준
1A	사람에게 충분한 발암성 증거가 있는 물질
1B	시험동물에서 발암성 증거가 충분히 있거나, 시험동물과 사람 모두에서 제한된 발암성 증거가 있는 물질
2	사람이나 동물에서 제한된 증거가 있지만, 구분 1로 분류하기에는 증거가 충분하지 않는 물질

08

중요도 ★★★

도수율이 10인 사업장에서 작업자가 평생 동안 작업할 수 있는 경우 발생할 수 있는 재해의 건수는? (단, 평생의 총 근로시간수는 120,000시간으로 한다)

① 0.8건

② 1.2건

③ 2.4건

④ 10건

해설 도수율 ─────

$$도수율 = \frac{재해건수}{연 근로시간 수} \times 10^6$$

$$재해건수 = \frac{도수율 \times 연 근로시간 수}{10^6}$$

$$= \frac{10 \times 120,000}{10^6} = 1.2$$

09

중요도 ★★

물체의 실제무게를 미국 NIOSH의 권고 중량물한 계기준(RWL : Recommended Weight Limit)으로 나누어 준 값을 무엇이라 하는가?

① 중량상수(LC)
② 빈도승수(FM)
③ 비대칭승수(AM)
④ 중량물 취급지수(LI)

해설 중량물 취급지수(LI)

$$LI = \frac{실제\,작업\,무게(L)}{권장무게한계(RWL)}$$

10

중요도 ★★★

다음 중 규폐증을 일으키는 주요 물질은?

① 면분진
② 석탄분진
③ 유리규산
④ 납흄

해설 규폐증

규폐증은 이산화규소(SiO_2, 유리규산, 석영) 분진의 흡입으로 폐 조직에 섬유화가 나타나는 진폐증이다.

11

중요도 ★★★

구리(Cu)의 공기 중 농도가 0.05 mg/m^3이다. 작업자의 노출시간은 8시간이며, 폐환기율은 1.25 m^3/hr, 체내 잔류율은 1이라고 할 때, 체내 흡수량은?

① 0.1 mg
② 0.2 mg
③ 0.5 mg
④ 0.8 mg

해설 SHD : 체내 흡수량(mg)

$SHD = C \times T \times V \times R$
C : 공기 중 유해물질 농도(mg/m^3)
T : 노출시간(hr)
V : 호흡률(폐환기율)(m^3/hr)
R : 체내 잔류율(보통 1임)
$SHD = 0.05 \times 8 \times 1.25 \times 1 = 0.5mg$

12

중요도 ★★★

A 유해물질의 노출기준은 100 ppm이다. 작업으로 인하여 작업시간이 8시간에서 10시간으로 늘었다면 이 기준치는 몇 ppm으로 보정해주어야 하는가? (단, Brief와 Scala의 보정방법을 적용하며 1일 노출시간을 기준으로 한다)

① 60
② 70
③ 80
④ 90

해설 Brief and Scala 보정법

보정된 노출기준 = RF × 노출기준(허용농도)
$$RF = \left(\frac{8}{H}\right) \times \frac{24-H}{16}$$
H : 노출시간/일
$$RF = \left(\frac{8}{10}\right) \times \frac{24-10}{16} = 0.7$$
보정된 노출기준 = 0.7 × 100 = 70ppm

13

다음 중 "작업환경 측정 및 지정측정기관평가 등에 관한 고시"에 따른 유해인자의 측정 농도 평가방법으로 틀린 것은?

① STEL 허용기준이 설정되어 있는 유해인자가 작업시간 내 간헐적(단시간)으로 노출되는 경우에는 15분간씩 측정하여 단시간 노출값을 구한다.

② 측정한 값이 허용기준 TWA를 초과하고 허용기준 STEL 이하인 때 1회 노출지속시간이 15분 이상인 경우 허용기준을 초과한 것으로 판정한다.

③ 측정한 값이 허용기준 TWA를 초과하고 허용기준 STEL 이하인 때 1일 4회를 초과하여 노출되는 경우 허용기준을 초과한 것으로 판정한다.

④ 측정한 값이 허용기준 TWA를 초과하고 허용기준 STEL 이하인 때 각 회의 간격이 90분 미만인 경우 허용기준을 초과한 것으로 판정한다.

해설 단시간 노출기준

단시간 노출기준 값이 허용기준 TWA를 초과하고 허용기준 STEL 이하인 경우에는 각 회의 간격이 60분 미만인 경우 허용기준을 초과한 것으로 판정한다.

14

다음 물질에 관한 생물학적 노출지수를 측정하려 할 때 시료의 채취시기가 다른 하나는?

① 크실렌
② 이황화탄소
③ 일산화탄소
④ 트리클로로에틸렌

해설 시료의 채취시기

시료	채취시기
크실렌	작업종료 시
이황화탄소	작업종료 시
일산화탄소	작업종료 시
트리클로로에틸렌	주말작업종료 시

15

작업대사율이 3인 강한작업을 하는 근로자의 실동률(%)은?

① 50
② 60
③ 70
④ 80

해설 실동률

실노동률(실동률)(%) = 85 - (5 × RMR)
RMR : 에너지대사율(작업대사율)
실노동률(실동률)(%) = 85 - (5 × 3) = 70

16 중요도 ★★★

「산업안전보건법령」상 제조 등이 금지되는 유해물질이 아닌 것은?

① 석면
② 염화비닐
③ β-나프틸아민
④ 4-니트로티페닐

해설 제조 등이 금지되는 유해물질 ────────

「산업안전보건법 시행령」 제87조
- β-나프틸아민과 그 염
- 4-니트로디페닐과 그 염
- 백연을 포함한 페인트(포함된 중량의 비율이 2 % 이하인 것은 제외)
- 벤젠을 포함하는 고무풀(포함된 중량의 비율이 5 % 이하인 것은 제외)
- 석면
- 폴리클로리네이티드 터페닐
- 황린(黃燐) 성냥

연계학습 염화비닐에 장기간 노출될 경우 간에 혈관육종을 일으킬 수 있다.

17 중요도 ★

직업성 질환에 관한 설명으로 옳지 않은 것은?

① 직업성 질환과 일반 질환은 경계가 뚜렷하다.
② 직업성 질환은 재해성 질환과 직업병으로 나눌 수 있다.
③ 직업성 질환이란 어떤 작업에 종사함으로써 발생하는 업무상 질병을 의미한다.
④ 직업병은 저농도 또는 저수준의 상태로 장시간 걸쳐 반복노출로 생긴 질병을 의미한다.

해설 직업성 질환 ────────

직업성 질환과 일반질환의 경계는 뚜렷하지 않다.

18 중요도 ★

다음 중 산업위생통계에 있어서 대푯값에 해당하지 않는 것은?

① 중앙값
② 표준편차값
③ 최빈값
④ 산술평균값

해설 산업위생통계 ────────

산업위생통계에 있어서 중앙값, 산술평균값, 가중평균값, 최빈값 등이 대푯값에 해당된다.

19 중요도 ★★

매년 "화학물질과 물리적 인자에 대한 노출기준 및 생물학적 노출지수"를 발간하여 노출기준 제정에 있어서 국제적으로 선구적인 역할을 담당하고 있는 기관은?

① 미국산업위생학회(AIHA)
② 미국직업안전위생관리국(OSHA)
③ 미국국립산업안전보건연구원(NIOSH)
④ 미국정부산업위생전문가협의회(ACGIH)

해설 ACGIH ────────

미국정부산업위생전문가협의회(ACGIH)에서 매년 "화학물질과 물리적 인자에 대한 노출기준 및 생물학적 노출지수"를 발간하고 있다.

20 중요도 ★

신체피로의 검사방법 중에서 CMI(Cornell Medical Index) 조사에 해당되는 것은?

① 생리적 기능검사
② 생화학적 검사
③ 동작분석
④ 피로자각증상

해설 신체피로의 검사방법 ────────

CMI는 피로의 주관적 측정을 위해 사용하는 측정방법이다.

21

중요도 ★★★

셀룰로오스 에스테르 막여과지에 관한 설명으로 틀린 것은?

① 산에 쉽게 용해된다.
② 유해물질이 표면에 주로 침착되어 현미경분석에 유리하다.
③ 흡습성이 적어 주로 중량분석에 적용한다.
④ 중금속 시료채취에 유리하다.

해설 셀룰로오스 에스테르 막여과지(MCE) ────

• 산에 쉽게 용해되므로 입자상 물질 중의 금속을 채취하여 원자흡광광도법으로 분석하는 데 사용된다.
• 유해물질이 여과지의 표면에 주로 침착되기 때문에 석면 등 현미경분석을 위한 시료채취에 유리하다.
• 셀룰로오스는 수분을 흡수하는 특성(흡습성)이 높아 오차를 유발할 수 있기 때문에 중량 분석에는 적합하지 못하다.
• 중금속, 석면, 살충제, 불소 화합물 및 기타 무기물질 채취에 많이 사용한다.

22

중요도 ★★

작업장에서 입자상 물질을 대개 여과원리에 따라 시료를 채취한다. 여과지의 공극보다 작은 입자가 여과지에 채취되는 기전은 여과이론으로 설명할 수 있는데 다음 중 여과이론에 관여하는 기전과 가장 거리가 먼 것은?

① 차단
② 확산
③ 흡착
④ 관성충돌

해설 입자상 물질의 6가지 여과원리 ────

• 직접차단
• 관성충돌
• 확산
• 중력침강
• 정전기 침강
• 체질

23

중요도 ★

캐스케이드 임팩터(Cascade Impactor)에 의하여 에어로졸을 포집할 때 관여하는 충돌이론에 대한 설명이 잘못된 것은?

① 충돌이론에 의하여 차단점 직경(Cutpoint Diameter)을 예측할 수 있다.
② 충돌이론에 의하여 포집효율 곡선의 모양을 예측할 수 있다.
③ 충돌이론은 스토크스 수(Stokes Number)와 관계되어 있다.
④ 레이놀즈수(Reynolds Number)가 200을 초과하게 되면 충돌이론에 미치는 영향은 매우 크게 된다.

해설 레이놀즈수 ────

레이놀즈수(Reynolds Number)가 200을 초과하고 약 4,000 이하에서는 임팩터의 성능이 일정하게 유지되고 레이놀즈수의 영향이 거의 없다.

24

중요도 ★★

음압레벨이 105 dB(A)인 연속소음에 대한 근로자 폭로 노출시간(시간/일) 허용기준은? (단, 우리나라 고용노동부의 허용기준이다)

① 0.5
② 1
③ 2
④ 4

해설 소음의 노출기준 ────

1일 노출시간(hr)	소음수준[dB(A)]
8	90
4	95
2	100
1	105
0.5	110
0.25	115

25

중요도 ★★★

흡광광도계에서 빛의 강도가 I_0인 단색광이 어떤 시료용액을 통과할 때 그 빛이 30 %가 흡수될 경우, 흡광도는?

① 약 0.30
② 약 0.24
③ 약 0.16
④ 약 0.12

해설 흡광도 ────────────

$$흡광도 = \log \frac{1}{투과도} = \log \frac{1}{(1-0.3)} = 0.154$$

26

중요도 ★★★

어느 작업장의 소음측정 결과가 다음과 같았다. 이때의 총 음압레벨(음압레벨 합산)은? (단, 기계 음압레벨 측정기준이다)

- A기계 : 95 dB(A)
- B기계 : 90 dB(A)
- C기계 : 88 dB(A)

① 약 92.3 dB(A)
② 약 94.6 dB(A)
③ 약 96.8 dB(A)
④ 약 98.2 dB(A)

해설 합성소음도(총 음압수준) ────────────

$$L = 10 \times \log \left(10^{\frac{L_1}{10}} + 10^{\frac{L_2}{10}} + \cdots 10^{\frac{L_n}{10}} \right)$$

L : 합성소음도[dB(A)]

L_n : 각각 소음원의 소음[dB(A)]

$$L = 10 \times \log \left(10^{\frac{95}{10}} + 10^{\frac{90}{10}} + 10^{\frac{88}{10}} \right) = 96.806 dB$$

27

중요도 ★★★

작업환경 공기 중에 벤젠(TVL = 10 ppm) 4 ppm, 톨루엔(TLV = 100 ppm) 40 ppm, 크실렌(TLV = 150 ppm) 50 ppm이 공존하고 있는 경우에 이 작업환경 전체로서 노출기준의 초과 여부 및 혼합 유기용제의 농도는?

① 노출기준을 초과, 약 85 ppm
② 노출기준을 초과, 약 98 ppm
③ 노출기준을 초과하지 않음, 약 78 ppm
④ 노출기준을 초과하지 않음, 약 93 ppm

해설 노출지수(EI) ────────────

$$EI = \frac{C_1}{T_1} + \frac{C_2}{T_2} + \cdots + \frac{C_n}{T_n}$$

$EI > 1$: 노출기준 초과

$EI < 1$: 노출기준을 초과하지 않음

혼합물의 허용기준 농도(TLV)

$$TLV = \frac{C_1 + C_2 + \cdots C_n}{EI}$$

C_n : 각각의 측정치

T_n : 각각의 노출기준

$$EI = \frac{4}{10} + \frac{40}{100} + \frac{50}{150} = 1.133$$

$EI > 1$이므로 노출기준 초과

$$TLV = \frac{4 + 40 + 50}{1.133} = 82.965 ppm$$

28

중요도 ★★

산업보건 분야에서는 입자상 물질의 크기를 표시하는 데 주로 공기역학적(유체역학적) 직경을 사용한다. 공기역학적 직경에 관한 설명으로 옳은 것은?

① 대상 먼지와 침강속도가 같고 밀도가 0.1이며 구형인 먼지의 직경으로 확산
② 대상 먼지와 침강속도가 같고 밀도가 1이며 구형인 먼지의 직경으로 확산
③ 대상 먼지와 침강속도가 다르고 밀도가 0.1이며 구형인 먼지의 직경으로 확산
④ 대상 먼지와 침강속도가 다르고 밀도가 1이며 구형인 먼지의 직경으로 확산

해설 공기역학적 직경 ─────────

공기역학적 직경이란 대상 먼지와 침강속도가 같고 단위밀도가 $1\ g/cm^3$이며 구형인 먼지의 직경으로 환산된 직경이다.

29

중요도 ★★★

다음 중 비극성 유기용제 포집에 가장 적합한 흡착제는?

① 활성탄　　　　② 염화칼슘
③ 활성칼슘　　　④ 실리카겔

해설 활성탄관을 사용하여 채취하기 적절한 시료 ──

• 비극성류의 유기용제
• 각종 방향족 유기용제
• 할로겐화 지방족 유기용제
• 에스테르류, 에테르류 등

30

중요도 ★

유사노출그룹(HEG)에 관한 내용으로 틀린 것은?

① 시료채취수를 경제적으로 하는 데 목적이 있다.
② 유사노출그룹은 우선 유사한 유해인자별로 구분한 후 유해인자의 동질성을 보다 확보하기 위해 조직을 분석한다.
③ 역학조사 수행할 때 사건이 발생된 근로자가 속한 유사노출그룹의 노출농도를 근거로 노출원인 및 농도를 추정할 수 있다.
④ 유사노출그룹은 노출되는 유해인자의 농도와 특성이 유사하거나 동일한 근로자그룹을 말하며 유해인자의 특성이 동일하다는 것은 노출되는 유해인자가 동일하고 농도가 일정한 변이 내에서 통계적으로 유사하다는 의미이다.

해설 유사노출그룹 ─────────

유사노출그룹(HEG)는 조직, 공정, 작업범주, 공정과 작업내용별로 구분하여 설정한다.

31

중요도 ★★

통계집단의 측정값들에 대한 균일성과 정밀성의 정도를 표현하는 것으로 평균값에 대한 표준편차의 크기를 백분율로 나타낸 것은?

① 정확도　　　　② 변이계수
③ 신뢰편차율　　④ 신뢰한계율

해설 변이계수(CV%) ─────────

표준편차의 수치가 평균치의 몇 % 정도인지를 나타낸다.

$$CV\% = \frac{표준편차}{산술평균} \times 100$$

32

중요도 ★★

고열장해와 가장 거리가 먼 것은?

① 열사병
② 열경련
③ 열호족
④ 열발진

해설 고열장해의 종류 ─────

- 열사병 : 뇌의 온도 상승으로 체온을 조절하는 중추 기능에 장해(마비)가 발생하여 체내에 열이 지나치게 축적되는 것이다.
- 열경련 : 고온 환경에서 심한 육체적인 노동을 할 때 체내의 수분 및 혈중 염분농도가 저해되는 것이다.
- 열발진 : 피부장해로 땀띠라고도 한다.
- 열피로 : 수분과 염분손실 및 탈수로 인한 혈장량이 감소하여 발생한다.
- 열쇠약 : 만성적인 건강장해로 전신권태, 위장장해, 빈혈 등의 증상이 발생한다.

33

중요도 ★★★

직경분립충돌기(Cascade Impactor)에 관한 설명으로 틀린 것은?

① 비용이 저렴하고, 채취준비가 간단하다.
② 공기가 옆에서 유입되지 않도록 각 충돌기의 철저한 조립과 장착이 필요하다.
③ 입자의 질량 크기 분포를 얻을 수 있다.
④ 흡입성, 흉곽성, 호흡성 입자의 크기별 분포와 농도를 얻을 수 있다.

해설 입경분립충돌기(직경분립충돌기) ─────

구분	내용
장점	• 호흡기에 부분별로 침착된 입자크기의 자료를 추정할 수 있다. • 흡입성, 흉곽성, 호흡성 입자의 크기별 분포와 농도를 계산할 수 있다. • 입자의 질량 크기 분포를 얻을 수 있다.
단점	• 시료채취가 까다로워 전문가가 측정해야 한다. • 시료채취 준비기간이 길고 비용이 많이 든다. • 되튐으로 인한 시료의 손실이 발생한다.

34

중요도 ★★

제관공장에서 용접흄을 측정한 결과가 다음과 같다면, 노출기준 초과 여부 평가로 알맞은 것은?

- 용접흄의 TWA : 5.27 mg/m^3
- 노출기준 : 5.0 mg/m^3
- SAE(시료채취 분석오차) : 0.012

① 초과
② 초과 가능
③ 초과하지 않음
④ 평가할 수 없음

해설 표준화 값(Y) 계산 ─────

$$Y = \frac{TWA \ \text{또는} \ STEL}{\text{허용기준}} = \frac{5.27}{5.0} = 1.054$$

95 % 신뢰도를 가진 하한치 계산
하한치 = Y-시료채취 분석오차
　　　 = 1.054-0.012 = 1.042
"하한치 > 1"일 때 허용기준을 초과한 것으로 판단하므로 허용농도를 초과한다.

35

중요도 ★★★

공기 중 유기용제 시료를 활성탄관으로 채취하였을 때 가장 적절한 탈착용매는?

① 황산
② 사염화탄소
③ 중크롬산칼륨
④ 이황화탄소

해설 탈착용매 ─────

공기 중 유기용제 시료를 활성탄관으로 채취할 때 이황화탄소를 탈착용매로 사용한다.
이황화탄소는 독성이 있고, 인화성도 있으므로 사용 시 주의가 필요하다.

36

중요도 ★★★

공장 내부에 소음(1대당 PWL = 85 dB)을 발생시키는 기계가 있을 때, 기계 2대가 동시에 가동된다면 발생하는 PWL의 합은 약 몇 dB인가?

① 86
② 88
③ 90
④ 92

해설 합성소음도

$$L = 10 \times \log\left(10^{\frac{L_1}{10}} + 10^{\frac{L_2}{10}} + \cdots 10^{\frac{L_n}{10}}\right)$$

L : 합성소음도(dB)

L_n : 각각 소음원의 소음(dB)

$$L = 10 \times \log\left(10^{\frac{85}{10}} + 10^{\frac{85}{10}}\right) = 88.01 \text{dB}$$

37

중요도 ★★★

작업장의 온도가 18 ℃, 기압이 770 mmHg, methylethyl ketone(분자량 72)의 농도가 26 ppm일 때 mg/m³ 단위로 환산된 농도는?

① 64.5
② 79.4
③ 87.3
④ 93.2

해설 ppm과 mg/m³의 환산

(1) 25 ℃, 1기압일 때 노출기준

$$\text{mg/m}^3 = \frac{\text{ppm} \times 분자량}{24.45}$$

$$\text{ppm} = \text{mg/m}^3 \times \frac{24.45}{분자량}$$

(2) 문제의 조건에서 기체 1몰의 부피 계산

$$\frac{P_1 V_1}{T_1} = \frac{P_2 V_2}{T_2}$$

$$V_2 = \frac{T_2}{P_2} \times \frac{P_1 V_1}{T_1} = \frac{291}{\frac{770}{760}} \times \frac{1 \times 22.4}{273}$$

$$= 23.566 \text{L}$$

(3) 환산한 농도(mg/m³) 계산

$$\text{mg/m}^3 = \frac{26 \times 72}{23.566} = 79.436 \text{mg/m}^3$$

38

중요도 ★

다음 1차 표준기구 중 일반적인 사용범위가 10 ~ 500 mL/분이고, 정확도가 ±0.05 ~ 0.25 %로 높아 실험실에서 주로 사용하는 것은?

① 폐활량계
② 가스치환병
③ 건식가스미터
④ 습식테스트 미터

해설 1차 표준기구의 사용범위 및 정확도

구분	사용범위	정확도
폐활량계	100 ~ 600 L	±1 % 이내
가스치환병	10 ~ 500 mL/분	±0.05 ~ 0.25 %
비누거품미터	1 mL/분 ~ 30 L/분	±1 % 이내
피토튜브	15 mL/분 이하	±1 % 이내

39

중요도 ★★★

다음 중 2차 표준기구인 것은?

① 유리피스톤미터
② 폐활량계
③ 열선기류계
④ 가스치환병

해설 2차 표준기구의 종류

- 로타미터(Rotameter)
- 습식테스트미터(Wet-test-meter)
- 건식가스미터(Dry-test-meter)
- 오리피스미터(Orifice meter)
- 열선기류계

40

다음은 작업장 소음측정에서 관한 고용노동부 고시 내용이다. ( ) 안에 내용으로 옳은 것은?

> 누적소음 노출량 측정기로 소음을 측정하는 경우에는 Criteria 90 dB, Exchange Rate 5 dB, Threshold ( ) dB로 기기를 설정한다.

① 50   ② 60

③ 70   ④ 80

해설 누적소음노출량 측정기로 소음을 측정하는 경우 기기 설정값 ─────────

「작업환경 측정 및 정도관리 등에 관한 고시」 제26조
- Criteria 90 dB
- Exchange Rate 5 dB
- Threshold 80 dB

3과목 | **작업환경관리대책**

41

보호장구의 재질과 적용 화학물질에 관한 내용으로 틀린 것은?

① Butyl 고무는 극성용제에 효과적으로 적용할 수 있다.
② 가죽은 기본적인 찰과상 예방이 되며 용제에는 사용하지 못한다.
③ 천연고무(Latex)는 절단 및 찰과상 예방에 좋으며 수용성 용액, 극성 용제에 효과적으로 적용할 수 있다.
④ Vitron은 구조적으로 강하며 극성 용제에 효과적으로 사용할 수 있다.

해설 보호장구 재질에 따른 적용 물질 ─────────

- Neoprene 고무 : 비극성 용제, 산, 부식성 물질에 사용
- Vitron : 비극성 용제에 사용
- Nitrile : 비극성 용제에 사용
- 천연고무(Latex) : 극성 용제 및 수용성 용액에 사용
- Butyl 고무 : 극성용제(알코올, 알데하이드 등)
- 면 : 고체상 물질에 사용(용제에는 사용 못함)
- 가죽 : 찰과상 예방(용제에는 사용 못함)

42

관(管)의 안지름이 200 mm인 직관을 통하여 가스 유량이 55 m^3/min의 표준공기를 송풍할 때 관내 평균유속(m/sec)은?

① 약 21.8   ② 약 24.5

③ 약 29.2   ④ 약 32.3

해설 유량 공식을 이용하여 유속 계산 ─────

$Q = AV$

Q : 유량(m^3/sec)

A : 단면적(m^2)

V : 유속(m/sec)

$$V = \frac{Q}{A} = \frac{\dfrac{55m^3}{min} \times \dfrac{min}{60sec}}{\dfrac{\pi}{4} \times (0.2m)^2} = 29.178m/sec$$

해설 국소배기장치 ─────

발생원이 고정되어 있는 경우 국소배기장치를 설치하고 발생원이 이동하는 경우 전체환기를 한다.

43   중요도 ★★★

덕트 설치의 주요사항으로 옳은 것은?

① 구부러짐 전, 후에는 청소구를 만든다.

② 공기 흐름은 상향구배를 원칙으로 한다.

③ 덕트는 가능한 한 길게 배치하도록 한다.

④ 밴드의 수는 가능한 한 많게 하도록 한다.

해설 덕트의 일반적인 설치원칙 ─────

• 가능한 후드와 가까운 곳에 설치한다.

• 가급적 짧게 배치한다.

• 밴드의 수는 가능한 한 적게 한다.

• 공기가 아래로 흐르도록 하향구배로 설치한다.

• 가급적 원형 덕트를 사용하고, 사각덕트 사용 시에는 정방형을 사용한다.

45   중요도 ★★

다음 중 방독마스크 사용 용도와 가장 거리가 먼 것은?

① 산소결핍장소에서는 사용해서는 안 된다.

② 흡착제가 들어있는 카트리지나 캐니스터를 사용해야 한다.

③ IDLH(Immediately Dangerous to Life and Health) 상황에서 사용한다.

④ 일반적으로 흡착제로는 비극성의 유기증기에는 활성탄을, 극성 물질에는 실리카겔을 사용한다.

해설 방독마스크 ─────

고농도 작업장(IDLH)이나 산소결핍의 위험이 있는 상황에서는 방독마스크를 사용해서는 안 되고 송기마스크나 대상 가스에 맞는 정화통을 사용해야 한다.

44   중요도 ★★★

다음 중 국소배기장치를 반드시 설치해야 하는 경우와 가장 거리가 먼 것은?

① 발생원이 주로 이동하는 경우

② 유해물질의 발생량이 많은 경우

③ 법적으로 국소배기장치를 설치해야 하는 경우

④ 근로자의 작업위치가 유해물질 발생원에 근접해 있는 경우

46   중요도 ★

다음 중 덕트 내 공기에 의한 마찰손실에 영향을 주는 요소와 가장 거리가 먼 것은?

① 덕트직경   ② 공기 점도

③ 덕트의 재료   ④ 덕트 면의 조도

해설 덕트 내의 마찰손실에 영향을 주는 요소 ─────

• 공기의 속도   • 덕트면의 조도(거칠기)

• 덕트직경   • 공기밀도

• 공기의 점도   • 덕트의 형상

47

중요도 ★

1기압에서 혼합기체가 질소(N_2) 66 %, 산소(O_2) 14 %, 탄산가스 20 %로 구성되어 있을 때 질소가스의 분압은? (단, 단위는 mmHg이다)

① 501.6

② 521.6

③ 541.6

④ 560.4

해설 질소의 분압 ─────────

1기압 = 760 mmHg

질소의 분압 $= 760 \text{mmHg} \times 0.66$

$\qquad\qquad = 501.6 \text{mmHg}$

48

중요도 ★★★

움직이지 않는 공기 중으로 속도 없이 배출되는 작업조건(예시 : 탱크에서 증발)의 제어속도 범위(m/s)는? (단, ACGIH 권고기준이다)

① 0.1 ~ 0.3

② 0.3 ~ 0.5

③ 0.5 ~ 1.0

④ 1.0 ~ 1.5

해설 포착속도(제어속도) 범위(ACGIH) ─────────

작업조건	제어속도 (m/sec)
움직이지 않는 공기 중에서 속도 없이 배출	0.25 ~ 0.5
비교적 조용한 대기 중에서 저속으로 비산하는 작업	0.5 ~ 1.0
발생기류가 높고 유해물질이 활발히 발생하는 작업	1.0 ~ 2.5
초고속기류가 있는 작업장소에서 초고속으로 비산하는 작업	2.5 ~ 10

49

중요도 ★★

공기 중의 사염화탄소 농도가 0.2 %일 때, 방독면의 사용 가능한 시간은 몇 분인가? (단, 방독면 정화통의 정화능력은 사염화탄소 0.5 %에서 60분간 사용이 가능하다)

① 110

② 130

③ 150

④ 180

해설 유효시간(파과시간) ─────────

$$\text{유효시간} = \frac{\text{시험가스 농도} \times \text{표준유효시간}}{\text{작업장 공기 중 유해가스 농도}} (\text{분})$$

$$= \frac{0.5 \times 60}{0.2} = 150 \text{분}$$

50

중요도 ★★★

여포집진기에서 처리할 배기가스량이 2 m^3/sec이고 여포집진기의 면적이 6 m^2일 때 여과속도는 약 몇 cm/sec인가?

① 25

② 30

③ 33

④ 36

해설 유량 공식을 이용하여 유속 계산 ─────────

$Q = AV$

Q : 유량(m^3/sec)

A : 단면적(m^2), V : 유속(m/sec)

$$V = \frac{Q}{A} = \frac{2m^3/\text{sec}}{6m^2} = \frac{0.333m}{\text{sec}} \times \frac{100cm}{m}$$

$$= 33.3 \text{cm/sec}$$

51

중요도 ★★★

배출원이 많아서 여러 개의 후드를 주관에 연결한 경우(분지관의 수가 많고 덕트의 압력손실이 클 때) 총 압력손실 계산법으로 가장 적절한 방법은?

① 정압조절평형법
② 저항조절평형법
③ 등가조절평형법
④ 속도압평형법

해설 저항조절평형법 ─────────────

- 각 덕트에 댐퍼를 부착하여 압력을 조정, 평형을 유지하는 방법이다.
- 분지관의 수가 많고 덕트의 압력손실이 클 때 사용한다.
- 총 압력손실 계산은 압력손실이 가장 큰 분지관을 기준으로 산정한다.

52

중요도 ★★

세정집진장치의 효율을 향상시키기 위한 방법으로 옳지 않은 것은?

① 충진탑에서 공탑 내의 배기속도를 크게 한다.
② 체류시간을 길게 한다.
③ 분무되는 물방울의 입경을 작게 한다.
④ 충진제의 표면적과 충진밀도를 크게 한다.

해설 세정진집장치의 효율을 향상시키는 방법 ───────

- 유수식에서는 세정액의 미립화 수, 가스 처리속도가 클수록 집진율이 높아진다.
- 회전식에서는 주속도를 크게 하면 집진율이 높아진다.
- 충진탑에서는 공탑 내의 속도를 1 m/sec 정도로 작게 한다.
- 충전재의 표면적, 충전밀도를 크게 하고 처리가스의 체류시간을 길게 한다.

53

중요도 ★★★

테이블에 붙여서 설치한 사각형 후드의 필요환기량 Q(m^3/min)를 구하는 식으로 적절한 것은? (단, 플랜지는 부착되지 않았고, A(m^2)는 개구면적, X(m)는 개구부와 오염원 사이의 거리, V_c(m/s)는 제어속도를 의미한다)

① $Q = V_c \times (5X^2 + A)$

② $Q = V_c \times (7X^2 + A)$

③ $Q = 60 \times V_c \times (5X^2 + A)$

④ $Q = 60 \times V_c \times (7X^2 + A)$

해설 바닥면(작업테이블면)에 위치하고 플랜지가 부착되지 않은 경우 필요환기량 ───────

$Q = 60 \times V_c \times (5X^2 + A)$

Q : 필요환기량(m^3/min)

V_c : 제어속도(m/sec)

X : 후드 중심으로 부터 오염원까지의 거리(m)

A : 개구면적(m^2)

54

중요도 ★

국소배기시설의 투자비용과 운전비를 작게 하기 위한 조건으로 옳은 것은?

① 제어속도 증가
② 필요 송풍량 감소
③ 후드개구면적 증가
④ 발생원과의 원거리 유지

해설 국소배기시설 ─────────────

국소배기시설의 투자비용과 운전비를 작게 하기 위해서는 필요 송풍량을 감소시켜야 한다.

2023-02

55

중요도 ★★

방진마스크에 대한 설명 중 틀린 것은?

① 공기 중에 부유하는 미세입자 물질을 흡입함으로써 인체에 장해의 우려가 있는 경우에 사용한다.

② 방진마스크의 종류에는 격리식과 직결식이 있고, 그 성능에 따라 특급, 1급 및 2급으로 나누어진다.

③ 장시간 사용 시 분진의 포집효율이 증가하고 압력강하는 감소한다.

④ 베릴륨, 석면 등에 대해서는 특급을 사용하여야 한다.

해설 방진마스크 ——————

방진마스크를 장시간 사용하면 분진의 포집효율은 감소하고 압력강하는 증가한다.

56

중요도 ★★

높이가 3.3 m인 곳에서 비중이 2.0, 입경이 10 μm인 분진입자가 발생하였다. 신장이 170 cm인 작업자의 호흡영역은 바닥으로부터 대략 150 cm로 본다. 이 분진입자가 작업자의 호흡영역으로 다가오는 시간은 약 몇 분인가?

① 2분　　　　② 5분
③ 8분　　　　④ 11분

해설 Lippman식에 의한 침강속도 ——————

입자의 크기가 1 ~ 50 μm인 경우에 적용한다.

$V = 0.003 \times \rho \times d^2$

V : 침강속도(cm/sec)

ρ : 입자밀도(비중)(g/cm³), d : 입자직경(μm)

$V = 0.003 \times 2 \times 10^2 = 0.6 \text{cm/sec}$

$$\text{소요시간(분)} = \frac{\text{분진 이동거리}}{\text{침강속도}}$$

$$= \frac{(330 - 150)\text{cm}}{0.6\text{cm/sec}}$$

$$= 300\text{sec} \times \frac{\text{min}}{60\text{sec}} = 5\text{min}$$

57

중요도 ★

어떠한 단순한 후드의 유입계수가 0.90이고, 속도압이 20 mmH$_2$O일 때 후드의 정압은?

① $-24.6\text{mmH}_2\text{O}$

② $-36.4\text{mmH}_2\text{O}$

③ $-42.2\text{mmH}_2\text{O}$

④ $-52.2\text{mmH}_2\text{O}$

해설 후드의 정압(SP_h) 계산 ——————

$SP_h = VP(1 + F_h)$

SP_h : 후드의 정압(mmH$_2$O)

VP : 속도압(동압)(mmH$_2$O)

F_h : 압력손실계수(유입손실계수)

Ce : 유입계수

$F_h = \dfrac{1}{Ce^2} - 1 = \dfrac{1}{0.9^2} - 1 = 0.234$

$SP_h = 20(1 + 0.234) = 24.68\text{mmH}_2\text{O}$

후드의 유입부분이므로 실제적으로는 −압력이므로 ①번이 답이 된다.

58

중요도 ★★

곡관에서 곡률반경비(R/D)가 1.0일 때 압력손실 계수 값이 가장 작은 곡관의 종류는?

① 2조각 관　　　　② 3조각 관
③ 4조각 관　　　　④ 5조각 관

해설 곡관에서의 압력손실 ─────────

곡관에서 곡률반경비(R/D)가 동일할 경우 조각관의 개수가 많을수록 압력손실계수 값이 작아진다.

59

중요도 ★★★

에틸벤젠의 농도가 400 ppm인 1,000 m³ 체적의 작업장의 환기를 위해 90 m³/min 속도로 외부 공기를 유입한다고 할 때, 이 작업장의 에틸벤젠 농도가 노출기준(TLV) 이하로 감소되기 위한 최소 소요시간(min)은? (단, 에틸벤젠의 TLV는 100 ppm이고 외부 유입공기 중 에틸벤젠의 농도는 0 ppm이다)

① 11.8　　　　② 15.4
③ 19.2　　　　④ 23.6

해설 오염물질이 감소하는 데 걸리는 시간(t) ───────

$$t = -\frac{V}{Q'}\ln\left(\frac{C_2}{C_1}\right)$$

t : 시간(min), V : 작업공간의 부피(m³)

Q' : 환기량(m³/min)

C_1 : 유해물질의 처음농도(ppm)

C_2 : 유해물질의 나중농도 또는 노출기준(ppm)

$$t = -\frac{1,000}{90}\ln\left(\frac{100}{400}\right) = 15.403\,\text{min}$$

60

중요도 ★

「안전보건규칙」상 국소배기장치의 덕트 설치기준으로 틀린 것은?

① 가능하면 길이는 짧게 하고 굴곡부의 수는 적게 할 것
② 접속부의 안쪽은 돌출된 부분이 없도록 할 것
③ 덕트 내부에 오염물질이 쌓이지 않도록 이송속도를 유지할 것
④ 연결 부위 등은 내부 공기가 들어오지 않도록 할 것

해설 덕트의 설치기준 ─────────

「안전보건규칙」제73조

• 가능하면 길이는 짧게 하고 굴곡부의 수는 적게 할 것
• 접속부의 안쪽은 돌출된 부분이 없도록 할 것
• 청소구를 설치하는 등 청소하기 쉬운 구조로 할 것
• 덕트 내부에 오염물질이 쌓이지 않도록 이송속도를 유지할 것
• 연결 부위 등은 외부 공기가 들어오지 않도록 할 것

61

중요도 ★★

방사선을 전리방사선과 비전리방사선으로 분류하는 인자가 아닌 것은?

① 파장
② 주파수
③ 이온화하는 성질
④ 투과력

해설 전리방사선과 비전리방사선의 분류인자 ———

파장, 주파수, 진동수, 이온화하려는 성질

62

중요도 ★★

기류의 측정에 사용되는 기구가 아닌 것은?

① 흑구온도계
② 열선풍속계
③ 카타온도계
④ 풍차풍속계

해설 기류 측정기구 ———

흑구온도계는 열복사 환경을 측정하는 것으로 기류(공기의 흐름)를 측정하는 기구가 아니다.
카타온도계는 알코올이 냉각되는 시간을 측정하여 기류속도를 계산한다.

63

중요도 ★★★

0.01 W의 소리에너지를 발생시키고 있는 음원의 음향파워레벨(PWL, dB)은 얼마인가?

① 100
② 120
③ 140
④ 150

해설 음향파워레벨 ———

$$PWL = 10\log\left(\frac{W}{W_0}\right)$$

PWL : 음향파워레벨(dB)
W : 대상 음원의 음력(W)
W_0 : 기준음력(10^{-12} W)

$$PWL = 10\log\left(\frac{0.01}{10^{-12}}\right) = 100\text{dB}$$

64

중요도 ★★

실내 자연채광에 관한 설명으로 틀린 것은?

① 입사각은 28° 이상이 좋다.
② 조명의 균등에는 북창이 좋다.
③ 실내각점의 개각은 40 ~ 50°가 좋다.
④ 창면적은 방바닥의 15 ~ 20 %가 좋다.

해설 자연채광 ———

자연채광에서 실내각점의 개각은 4 ~ 5°가 좋다.

65

중요도 ★★★

방사선의 투과력이 큰 것부터 작은 순으로 올바르게 나열한 것은?

① $X > \beta > \gamma$
② $\alpha > X > \gamma$
③ $X > \beta > \alpha$
④ $\gamma > \alpha > \beta$

해설 전리방사선의 인체투과력 순서 ———

중성자 > X선 또는 γ선 > β선 > α선

66

중요도 ★★★

현재 총 흡음량이 2,000 sabins인 작업장의 천장에 흡음물질을 첨가하여 3,000 sabins을 더할 경우 소음감소는 어느 정도가 예측되겠는가?

① 4 dB
② 6 dB
③ 7 dB
④ 10 dB

해설 소음감소량(NR)

$$NR = 10\log\left(\frac{A_2}{A_1}\right)$$

NR : 소음감소량(dB)
A_1 : 흡음처리 전 실내의 전체 흡음력(sabin)
A_2 : 흡음처리 후 실내의 전체 흡음력(sabin)

$$NR = 10\log\left(\frac{2,000+3,000}{2,000}\right) = 3.979\text{dB}$$

67

중요도 ★★★

「산업안전보건법령」상 적정공기의 범위에 해당하는 것은?

① 산소농도 18 % 미만
② 이황화탄소 10 % 미만
③ 탄산가스 농도 10 % 미만
④ 황화수소의 농도 10 ppm 미만

해설 적정공기 정의

「안전보건규칙」 제618조
• 산소농도의 범위가 18 % 이상 23.5 % 미만
• 이산화탄소(탄산가스)의 농도가 1.5 % 미만
• 일산화탄소의 농도가 30 ppm 미만
• 황화수소의 농도가 10 ppm 미만

68

중요도 ★★★

저온 환경에서 나타나는 일차적인 생리적 반응이 아닌 것은?

① 호흡의 증가
② 피부혈관의 수축
③ 근육긴장의 증가와 떨림
④ 화학적 대사작용의 증가

해설 저온 환경에서의 일차적인 생리적 변화

• 근육긴장의 증가 및 떨림이 발생한다.
• 피부혈관 및 말초혈관이 축소된다.
• 체표면적이 감소한다.
• 화학적 대사작용이 증가(갑상선 호르몬의 분비 증가)한다.

69

중요도 ★

작업장의 습도를 측정한 결과 절대습도는 4.57 mmHg, 포화습도는 18.25 mmHg이었다. 이 작업장의 습도 상태에 대한 설명으로 맞는 것은?

① 적당하다.
② 너무 건조하다.
③ 습도가 높은 편이다.
④ 습도가 포화상태이다.

해설 상대습도

$$상대습도(\%) = \frac{절대습도}{포화습도} \times 100$$

$$= \frac{4.57}{18.25} \times 100 = 25.041\%$$

인체에 바람직한 상대습도는 30 ~ 60 %이므로 25.041 %는 너무 건조한 상태이다.

70

중요도 ★★

다음 중 소음의 강도가 같은 경우 청력손실에 가장 큰 영향을 미치는 주파수의 범위는?

① 37.5 ~ 125 Hz

② 125 ~ 500 Hz

③ 3,000 ~ 4,000 Hz

④ 8,000 ~ 16,000 Hz

해설 청력손실 —————————————

인체의 청력손실에 가장 큰 영향을 미치는 주파수는 4,000 Hz 정도이다.

71

중요도 ★★★

각막염, 결막염 등은 아크용접작업 시 발생하는 어떤 유해광선에 의한 것인가?

① 가시광선　　　　② 자외선

③ 적외선　　　　　④ X선

해설 유해광선 —————————————

용접 시 발생하는 자외선은 각막염 및 결막염 등을 일으키므로 보호구를 착용해야 한다.

72

중요도 ★★★

다음 중 고열의 대책으로 가장 적절하지 않은 것은?

① 방열 실시　　　② 전체환기 실시

③ 복사열 차단　　④ 대류의 감소

해설 고열의 대책 —————————————

고열의 대책으로 대류(공기흐름)를 증가시켜야 한다.

73

중요도 ★★★

직접조명의 단점으로 볼 수 없는 것은?

① 휘도가 크다.

② 조명효율이 낮다.

③ 눈의 피로도가 크다.

④ 강한 음영으로 불쾌감이 있다.

해설 직접조명의 장점과 단점 —————————————

구분	내용
장점	• 효율이 좋다. • 설비비가 저렴하며 설계가 단순하다. • 점검, 보수가 용이하다. • 천정면의 색조에 영향을 받지 않는다.
단점	• 눈이 부시다. • 균일한 조도를 얻기 힘들다. • 강한 음영을 만든다.

74

중요도 ★

다음 중 원자력산업 등에서 내부 피복장해를 일으킬 수 있는 위험 핵종이 아닌 것은?

① ^{3}H　　　　　② ^{54}Mn

③ ^{59}Fe　　　　④ ^{19}F

해설 피복장해 —————————————

자연계에 존재하는 불소(F)는 대부분 동위원소 없이 안정적이므로 원자력산업 등에서 내부 피폭장해를 일으킬 수 있는 위험 핵종이 아니다.

75

중요도 ★★★

불활성가스 용접에서는 자외선량이 많아 오존이 발생한다. 염화계 탄화수소에 자외선이 조사되어 분해될 경우 발생하는 유해물질로 맞은 것은?

① $COCl_2$(포스겐)
② HCl(염화수소)
③ NO_3(삼산화질소)
④ HCHO(포름알데하이드)

해설 $COCl_2$(포스겐) ─────

- 태양의 자외선과 산업현장에서 발생하는 자외선은 공기 중의 트리클로로에틸렌을 독성이 강한 포스겐으로 전환시키는 광화학 작용을 한다.
- 포스겐은 독성이 강한 유해물질로 사람에게 노출되면 호흡기, 중추신경, 폐에 장해를 일으키고 폐수종을 유발하여 사망에 이르게 할 수도 있다.

76

중요도 ★

조명에 대한 설명으로 틀린 것은?

① 갱 내부에서의 안구진탕증은 조명 부족으로 발생할 수 있다.
② 망막변성 등 기질적 안질환은 조명 부족에 의한 영향이 큰 안질환이다.
③ 조명 부족 하에서 작은 대상물을 장시간 직시하면 근시를 유발할 수 있다.
④ 조명과잉은 망막을 자극해서 잔상을 동반한 시력장해 또는 시력협착을 일으킨다.

해설 조명 ─────

조명이 부족한 환경에서 오래 일하면 안구진탕증(무의식적인 안구 떨림)에 걸릴 수 있다.
망막변성 등 기질적 안질환은 조명의 부족보다는 노화, 유전, 기타 대사질환 등과 관련이 깊다.

77

중요도 ★

다음의 (   )에 들어갈 가장 적당한 값은?

> 정상적인 공기 중의 산소함유량은 21 vol%이며 그 절대량, 즉 산소분압은 해면에 있어서는 약 (   ) mmHg이다.

① 160
② 210
③ 230
④ 380

해설 산소분압 ─────

1기압 = 760 mmHg
해면의 산소분압 = 760 × 0.21 = 159.6 mmHg

78

중요도 ★★

음압실효치가 0.2 N/m^2일 때 음압수준(SPL : Sound Pressure Level)은 얼마인가? (단, 기준음압은 2 × 10^{-5} N/m^2으로 계산한다)

① 40 dB
② 60 dB
③ 80 dB
④ 100 dB

해설 음압수준(SPL) 계산 ─────

$$SPL = 20\log\left(\frac{P}{P_0}\right)$$

SPL : 음압수준(dB), P : 측정된 음압(N/m^2)
P_0 : 기준음압(N/m^2) = $2 \times 10^{-5} N/m^2$

$$SPL = 20\log\left(\frac{0.2}{2 \times 10^{-5}}\right) = 80dB$$

2023-02

79

중요도 ★★

인공호흡용 혼합가스 중 헬륨 – 산소 혼합가스에 관한 설명으로 틀린 것은?

① 헬륨은 고압하에서 마취작용이 약하다.
② 헬륨은 분자량이 작아서 호흡저항이 적다.
③ 헬륨은 질소보다 확산속도가 작아 인체 흡수속도를 줄일 수 있다.
④ 헬륨은 체외로 배출되는 시간이 질소에 비하여 50 % 정도 밖에 걸리지 않는다.

해설 인공호흡용 혼합가스 ──────

헬륨은 질소보다 확산속도가 크며 인체에 흡수되지 않고 혈액에 대한 용해도가 작다.

80

중요도 ★★

다음 중 저압 환경에서의 생체작용에 관한 내용으로 틀린 것은?

① 고공증상으로 항공치통, 항공이염 등이 있다.
② 고공성 폐수종은 어른보다 아이들에게 많이 발생한다.
③ 급성 고산병의 가장 특징적인 것은 흥분성이다.
④ 급성 고산병은 비가역적이다.

해설 저압 환경에서의 생체작용 ──────

급성 고산병의 증상은 48시간 내에 가장 심해졌다가 다시 정상 기압 상태로 오면 2 ~ 3일 내면 소실되므로 가역적이다.

81

중요도 ★★

작업장의 유해물질을 공기 중 허용농도에 의존하는 것 이외에 근로자의 노출상태를 측정하는 방법으로, 근로자들은 조직과 체액 또는 호기를 검사해서 건강장해를 일으키는 일이 없이 노출될 수 있는 양을 규정한 것은?

① LD
② SHD
③ BEI
④ STEL

해설 생물학적 노출지수(BEI) ──────

근로자가 유해물질에 얼마나 노출되었는지 평가하기 위해 혈액, 소변 등에서 유해물질 자체 또는 그 대사산물을 분석한 수치이다.

82

중요도 ★★★

유해물질과 생물학적 노출지표 물질이 잘못 연결된 것은?

① 납 - 소변 중 납
② 페놀 - 소변 중 총 페놀
③ 크실렌 - 소변 중 메틸마뇨산
④ 일산화탄소 - 소변 중 Carboxyhemglobin

해설 자주 출제되는 유해물질과 생물학적 노출지표 ──────

• 벤젠 - 소변 중 페놀, t,t-뮤코닉산
• 크실렌 - 소변 중 메틸마뇨산
• 톨루엔 - 소변 중 o-크레졸
• 이황화탄소 - 소변 중 TTCA
• 일산화탄소 - 혈액 중 Carboxyhemglobin

83

인간의 연금술, 의약품 등에 가장 오래 사용해 왔던 중금속 중의 하나로 17세기 유럽에서 신사용 중절 모자를 제조하는 데 사용하여 근육경련을 일으킨 물질은?

① 납 ② 비소
③ 수은 ④ 베릴륨

해설 수은 중독

19세기와 20세기 초 중절모와 같은 모자는 주로 비버나 토끼의 털로 만들었다.
비버나 토끼의 털을 가공하는 과정에서 수은 화합물이 많이 사용되어 모자를 만드는 사람들이 수은 중독에 많이 걸려서 작업자들이 신경계 이상, 떨림 등의 증세를 겪어 Hatter's Shake라는 말이 생겼다.

84

다음은 납이 발생되는 환경에서 납 노출을 평가하는 활동이다. 순서가 맞게 나열된 것은?

> ㉠ 납의 독성과 노출기준 등을 MSDS를 통해 찾아본다.
> ㉡ 납에 대한 노출을 측정하고 분석한다.
> ㉢ 납에 노출되는 것은 부적합하므로 시설개선을 해야 한다.
> ㉣ 납에 대한 노출정도를 노출기준과 비교한다.
> ㉤ 납이 어떻게 발생되는지 예비조사한다.

① ㉠ → ㉡ → ㉢ → ㉣ → ㉤
② ㉢ → ㉡ → ㉠ → ㉣ → ㉤
③ ㉤ → ㉠ → ㉡ → ㉣ → ㉢
④ ㉤ → ㉡ → ㉠ → ㉣ → ㉢

해설 납 노출을 평가하는 활동순서

예비조사 → 납에 대한 독성과 노출기준 조사 → 납에 대한 노출 측정, 분석 → 노출 정도를 노출기준과 비교 → 시설개선

85

다음 중 인체에 흡수된 대부분의 중금속을 배설, 제거하는 데 가장 중요한 역할을 담당하는 기관은 무엇인가?

① 대장 ② 소장
③ 췌장 ④ 신장

해설 중금속의 배설, 제거

신장은 우리 몸의 대표적인 배설기관으로 인체에 흡수된 대부분의 중금속을 배설, 제거하는 역할을 한다.

86

헤모글로빈의 철 성분이 어떤 화학물질에 의하여 메트헤로글로빈으로 전환되기도 하는데 이러한 현상은 철성분이 어떠한 화학작용을 받기 때문인가?

① 산화작용 ② 환원작용
③ 착화물작용 ④ 가수분해작용

해설 헤모글로빈

헤모글로빈의 철(Fe)이 2가 상태(Fe^{2+})로 존재하다가 산화작용에 의해 3가 상태(Fe^{3+})로 변하면서 메트헤모글로빈이 생성된다.
메트헤모글로빈은 혈액의 산소운반능력을 저하시킨다.

87

중요도 ★★

생물학적 모니터링(Biological Monitoring)에 관한 설명으로 틀린 것은?

① 근로자 채용 후 검사시기를 조정하기 위하여 실시한다.
② 건강에 영향을 미치는 바람직하지 않은 노출상태를 파악하는 것이다.
③ 최근 노출량이나 과거로부터 축적된 노출량을 간접적으로 파악한다.
④ 건강상의 위험은 생물학적 검체에서 물질별 결정인자를 생물학적 노출지수와 비교하여 평가된다.

해설 생물학적 모니터링

생물학적 모니터링은 근로자의 생체시료로부터 유해물질 자체 및 대사산물을 분석하여 유해물질의 체내 흡수 정도 및 건강영향 가능성을 평가하기 위해 실시한다.

88

중요도 ★★★

채석장 및 모래 분사 작업장 작업자들이 석영을 과도하게 흡입하여 발생하는 질병은?

① 규폐증   ② 탄폐증
③ 면폐증   ④ 석면폐증

해설 규폐증

규폐증(Silicosis)은 이산화규소(SiO_2, 석영) 분진의 흡입으로 폐조직에 섬유화가 나타나는 진폐증이다.

89

중요도 ★★★

ACGIH에 의한 입자상 물질의 분진의 이름과 호흡기계 부위별 누적빈도 50 %에 해당하는 크기가 연결된 것으로 틀린 것은?

① 폐포성 분진 - 1 μm
② 호흡성 분진 - 4 μm
③ 흉곽성 분진 - 10 μm
④ 흡입성 분진 - 100 μm

해설 입자상 물질의 분류(ACGIH)

구분	기준
흡입성 분진 (IPM)	• 호흡기의 어느 부위에 침착하더라도 독성 유발 • 주로 호흡기의 기도 부위에 침착되어 독성 유발 • 평균입경 : 100 μm
흉곽성 분진 (TPM)	• 기도나 하기도(가스교환 부위) 또는 폐포나 폐기도에 침착하여 독성 유발 • 평균입경 : 10 μm
호흡성(폐포성) 분진(RPM)	• 가스교환 부위(폐포)에 침착하여 독성 유발 • 평균입경 : 4 μm

90

중요도 ★★★

납 중독의 대표적인 증상 및 징후로 틀린 것은?

① 간장장해   ② 근육계통장해
③ 위장장해   ④ 중추신경장해

해설 납 중독의 증상

• 위장계통 장해
• 중추신경 및 말초신경 장해
• 신경 및 근육계통 장해
• 빈혈 등 조혈기능 장해
• 만성 신장기능 장해
• 골수침입
• 소아이미증(영유아의 납 중독으로 학습장애 및 기능 저하 발생)

91

혈액독성의 평가내용으로 거리가 먼 것은?

① 백혈구 수가 정상치보다 낮으면 재생 불량성 빈혈이 의심된다.
② 혈색소가 정상치보다 높으면 간장질환, 관절염이 의심된다.
③ 혈구용적이 정상치보다 높으면 탈수증과 다혈구증이 의심된다.
④ 혈소판수가 정상치보다 낮으면 골수기능 저하가 의심된다.

해설 **혈액독성**

① 재생 불량성 빈혈에 걸리면 백혈구, 적혈구, 혈소판이 모두 감소한다.
② 간수치에 이상이 있을 경우 간장질환, 관절염이 의심된다.
③ 혈구용적이 정상치보다 높으면 탈수증과 다혈구증이 의심된다.
④ 혈소판수 감소는 골수기능 저하 및 다양한 혈액질환에서 흔히 발견된다.

92

중요도 ★★★

다음 중 피부의 색소침착(Pigmentation)이 가능한 표피층 내의 세포는?

① 기저세포
② 멜라닌세포
③ 각질세포
④ 피하지방세포

해설 **멜라닌세포**

멜라닌세포는 색소를 생성하여 피부, 머리카락, 눈 등에 색을 부여하고, 자외선으로부터 피부를 보호하는 역할을 한다.
멜라닌세포는 표피에만 국한되어 있다.

93

중요도 ★★

자동차 정비업체에서 우레탄 도료를 사용하는 도장작업 근로자에게서 직업성 천식이 발생되었을 때, 원인 물질로 추측할 수 있는 것은?

① 시너(thinner)
② 벤젠(benzene)
③ 크실렌(Xylene)
④ TDI(Toluene diisocyanate)

해설 **직업성 천식을 유발하는 대표적인 물질**

- 이소시아네이트류(TDI)
- 무수트리멜리트산(TMA)
- 니켈, 아연, 코발트, 크롬 등의 금속류

94

중요도 ★

다음 중 유기용제 중독제에 대한 응급처치로 적절하지 않은 것은?

① 용제가 묻은 의복을 벗긴다.
② 유기용제가 있는 장소로부터 대피시킨다.
③ 차가운 장소로 이동하여 정신을 긴장시킨다.
④ 의식장애가 있을 때에는 산소를 흡입시킨다.

해설 **유기용제 중독에 대한 응급처치**

유기용제 중독자를 차가운 장소로 이동하면 체온이 유지되지 못해 더 위험해질 수 있다.

95

중요도 ★★

다음 중 이황화탄소(CS_2)에 관한 설명으로 틀린 것은?

① 감각 및 운동신경 모두에 침범한다.

② 심한 경우 불안, 분노, 자살성향 등을 보이기도 한다.

③ 인조견, 셀로판 수지와 고무제품의 용제 등에 사용된다.

④ 방향족탄화수소 중에서 유일하게 조혈장해를 일으킨다.

해설 이황화탄소 ─────

이황화탄소는 방향족탄화수소에 해당되지 않고, 조혈장해와는 큰 관련이 없다.

방향족탄화수소 중 벤젠이 대표적으로 조혈장해를 일으킨다.

연계학습 (주)원진레이온에서 이황화탄소 노출로 인한 직업병이 발생했다.

96

중요도 ★★★

다음 중 스티렌(Styrene)에 노출되었음을 알려주는 소변 중 대사산물은?

① 페놀
② o-크레졸
③ 만델린산
④ 메틸마뇨산

해설 대사산물 ─────

① 페놀 - 벤젠의 대사산물

② o-크레졸 - 톨루엔의 대사산물

③ 만델린산 - 스티렌의 대사산물

④ 메틸마뇨산 - 크실렌의 대사산물

97

중요도 ★★

ACGIH에서 제시한 TLV에서 유해화학물질의 노출기준 또는 허용기준에 'skin'이라는 표시가 있을 때 이에 대한 설명으로 가장 적합한 것은?

① 그 물질이 피부로 흡수되어 전체 노출량에 기여할 수 있다.

② 그 물질은 피부질환을 일으킬 가능성이 있다.

③ 그 물질은 어느 때라도 피부와 접촉을 하면 안 된다.

④ 그 물질은 피부가 관련되어야 독성학적으로 의미가 있다.

해설 skin 표시 ─────

TLV에서 'skin' 표시가 붙은 것은 그 물질이 피부를 통해 체내로 흡수되어 전체 노출량에 영향을 줄 수 있다는 의미이다.

공기 중 농도가 TLV 이하라도 하더라도 피부를 통해 흡수되어 체내로 과도하게 유입될 수 있다는 경고 표시이다.

98

중요도 ★

다음 중 각종 유해물질에 의한 유해성을 지배하는 인자로 가장 적합하지 않은 것은?

① 적응속도
② 개인의 감수성
③ 노출시간
④ 농도

해설 유해물질에 의한 유해성 ─────

적응속도는 사람의 몸이 새로운 환경 변화에 얼마나 빨리 적응하는지와 관련된 특성으로 유해물질에 의한 유해성과는 관련이 적다.

99

화학물질을 투여한 실험동물의 50 %가 관찰 가능한 가역적인 반응을 나타내는 양을 의미하는 것은?

① ED_{50}
② LC_{50}
③ LE_{50}
④ TE_{50}

해설 실험동물 관련 용어 ─────────

• ED_{50} : 실험동물의 50 %에서 관찰 가능한 가역적 반응을 나타내는 용량이다.
• LC_{50} : 실험동물의 50 %에서 사망을 유발하는 농도이다.
③, ④번은 잘 사용하지 않는 용어이다.

100

일산화탄소 중독과 관련이 없는 것은?

① 고압산소실
② 카나리아새
③ 식염의 다량 투여
④ 카르복시헤모글로빈(Carboxyhemoglobin)

해설 일산화탄소 ─────────────

① 일산화탄소에 중독된 경우 고압산소실에서 치료하면 빨리 회복할 수 있다.
② 카나리아새는 일산화탄소에 민감한 새로 과거에 탄광에서 일산화탄소 탐지용으로 사용한 동물이다.
③ 식염과 일산화탄소는 큰 관련이 없다.
④ 카르복시헤모글로빈은 일산화탄소가 체내 헤모글로빈과 결합해 산소운반을 방해하는 물질이다.

2023 제3회 CBT 복원문제

1과목 **산업위생학개론**

01
중요도 ★

이탈리아의 의사인 Ramazzini는 1700년에 "직업인의 질병(De Moris Artificum Diatriba)"을 발간하였는데 이 사람이 제시한 직업병의 원인과 거리가 가장 먼 것은?

① 근로자들의 과격한 동작
② 작업장을 관리하는 체계
③ 작업장에서 사용하는 유해물질
④ 근로자들의 불안전한 작업자세

해설 Ramazzini가 제시하는 직업병 원인 ─────

• 작업장에서 사용하는 유해물질
• 근로자들의 불안전한 작업자세나 과격한 동작

02
중요도 ★★

연평균 근로자 수가 5,000명인 사업장에서 1년 동안에 125건의 재해로 인하여 250명의 사상자가 발생하였다면, 이 사업장의 연천인율은 얼마인가? (단, 이 사업장의 근로자 1인당 연간 근로시간은 2,400시간이다)

① 10   ② 25
③ 50   ④ 200

해설 연천인율 ─────

$$연천인율 = \frac{연간재해자\,수}{연평균근로자\,수} \times 1,000$$

$$= \frac{250}{5,000} \times 1,000 = 50$$

03
중요도 ★

고온에 순응된 사람들이 고온에 계속적으로 노출되었을 때 증가하는 현상은?

① 심장박동   ② 피부온도
③ 직장온도   ④ 땀의 분비속도

해설 고온에 대한 순응 ─────

고온에 순응된 상태에서 계속 노출되면 땀의 분비속도가 증가한다.
심장박동, 피부온도, 직장온도는 고온에 처음 노출되었을 때 일시적으로 증가하지만 고온에 순응이 되면 정상수준으로 회복된다.

04
중요도 ★★

작업환경 측정기관이 작업환경 측정을 한 경우 결과를 시료채취를 마친 날부터 며칠 이내에 관할 지방고용노동관서의 장에게 제출하여야 하는가? (단, 제출기간의 연장은 고려하지 않는다)

① 30일   ② 60일
③ 90일   ④ 120일

해설 작업환경 측정 결과의 보고 ─────

「산업안전보건법 시행규칙」 제188조
사업주는 작업환경 측정을 한 경우에는 작업환경 측정을 마친 날부터 30일 이내에 관할 지방고용노동관서의 장에게 제출해야 한다.

05

중요도 ★★

지능검사, 기능검사, 인성검사는 직업 적성검사 중 어느 검사항목에 해당되는가?

① 감각적 기능검사
② 생리적 적성검사
③ 신체적 적성검사
④ 심리적 적성검사

해설 적성검사의 분류

- 신체검사
- 생리적 적성검사 : 감각기능검사, 심폐기능검사, 체력검사
- 심리적 적성검사 : 지능검사, 지각동작검사, 인성검사, 기능검사

06

중요도 ★

피로의 현상과 피로 조사방법 등을 나타낸 내용 중 가장 관계가 먼 것은?

① 피로현상은 개인차가 심하므로 직업에 대한 개체의 반응을 수치로 나타내기가 어렵다.
② 노동수명(Turn Over Ratio)으로서 피로를 판정하는 것은 적합지 않다.
③ 피로조사는 피로도를 판가름하는 데 그치지 않고 작업방법과 교대제 등을 과학적으로 검토할 필요가 있다.
④ 작업시간이 등차급수적으로 늘어나면 피로회복에 요하는 시간은 등비급수적으로 증가하게 된다.

해설 피로 조사방법

노동수명(Turn Over Ratio)으로서 피로를 판정할 수 있다.

07

중요도 ★★★

다음 중 역사상 최초로 기록된 직업병은?

① 광산에서의 납 중독
② 광산에서의 폐질환
③ 굴뚝검댕에 의한 음낭암
④ 금속 처리 시 발생되는 증기(흄)에 따른 중독

해설 Hippocrates

- BC 4세기에 광산에서의 납 중독을 보고했다.
- 납 중독은 역사상 최초로 기록된 직업병이다.

08

중요도 ★★★

산업위생의 목적과 거리가 먼 것은?

① 직업성 질환에 대한 판정과 보상
② 유해작업환경에 대한 공학적인 조치
③ 작업조건에 대한 인간공학적인 평가
④ 작업환경에 대한 정확한 분석기법의 개발

해설 산업위생의 목적

- 작업환경 개선 및 직업병의 근원적 예방
- 작업환경 및 작업조건의 인간공학적 개선
- 직업자의 건강보호 및 생산성 향상
- 근로자들의 육체적, 정신적, 사회적 건강유지
- 산업재해의 예방 및 직업성 질환을 가지고 있는 사람의 작업전환

09

중요도 ★★★

무색, 무취의 기체로서 흙, 콘크리트, 시멘트나 벽돌 등의 건축자재에 존재하였다가 공기 중으로 방출되며 지하공간에서 더 높은 농도를 보이고, 폐암을 유발하는 실내공기 오염물질은?

① 라듐   ② 라돈

③ 비스무스   ④ 우라늄

해설 라돈(Rn)

• 토양이나 암석 등에 존재하는 우라늄과 토륨의 방사성 붕괴로 만들어진다.
• 공기보다 9배 정도 무거워 지표에 가깝게 존재한다.
• 무색, 무취, 무미한 가스로 인간의 감각으로는 감지할 수 없다.
• 라듐(Ra)의 α붕괴를 통해 발생하며, 폐암을 발생시키는 발암성 물질이다.

10

중요도 ★★★

1년간 근로시간이 240,000시간인 작업장에서 5건의 재해가 발생하여 500일의 휴업일수를 기록하였다. 연간근로일수를 300일로 할 때 강도율은 약 얼마인가?

① 1.7   ② 2.1

③ 2.7   ④ 3.2

해설 강도율

근로손실일수 $= 500 \times \dfrac{300}{365} = 410.96$

강도율 $= \dfrac{\text{근로손실일수}}{\text{연 근로시간수}} \times 1,000$

$ = \dfrac{410.96}{240,000} \times 1,000 = 1.71$

11

중요도 ★★★

현재 총 흡음량이 1,200 sabins인 작업장의 천장에 흡음물질을 첨가하여 2,400 sabins를 추가할 경우 예측되는 소음감음량(NR)은 약 몇 dB인가?

① 2.6   ② 3.5

③ 4.8   ④ 5.2

해설 소음감음량

$NR = 10 \log \left(\dfrac{A_2}{A_1} \right)$

NR : 소음감음량(dB)

A_1 : 흡음처리 전 실내의 전체 흡음력(sabin)

A_2 : 흡음처리 후 실내의 전체 흡음력(sabin)

$NR(\text{dB}) = 10 \log \left(\dfrac{1,200 + 2,400}{1,200} \right) = 4.77 \text{dB}$

12

중요도 ★

「산업안전보건법」에 따라 사업주가 관리대상 유해물질을 취급하는 작업에 근로자를 종사하도록 하는 경우 알려야 하는 사항이 아닌 것은?

① 제조날짜
② 취급상의 주의사항
③ 인체에 미치는 영향
④ 착용하여야 할 보호구

해설 관리대상 유해물질을 취급하는 경우 사업주가 근로자에게 알려야 하는 사항

「안전보건규칙」 제449조
• 관리대상 유해물질의 명칭 및 물리적·화학적 특성
• 인체에 미치는 영향과 증상
• 취급상의 주의사항
• 착용하여야 할 보호구와 착용방법
• 위급상황 시의 대처방법과 응급조치 요령

13

중요도 ★★★

직업병의 원인이 되는 유해요인, 대상 직종과 직업병 종류의 연결이 잘못된 것은?

① 면분진 - 방직공 - 면폐증
② 이상기압 - 항공기조종 - 잠함병
③ 크롬 - 도금 - 피부점막 궤양, 폐암
④ 납 - 축전지제조 - 빈혈, 소화기장애

> **해설** 직업병의 원인 —————————

이상기압 - 잠수부 - 잠함병

14

중요도 ★

보건관리자가 보건관리업무에 지장이 없는 범위 내에서 다른 업무를 겸할 수 있는 사업장은 상시 근로자 몇 명 미만에서 가능한가?

① 100명　　　　② 200명
③ 300명　　　　④ 500명

> **해설** 보건관리자 —————————

상시 근로자가 300명 미만일 때 보건관리자가 다른 업무를 겸할 수 있다.

15

중요도 ★★

「산업안전보건법령」상 작업환경 측정에 관한 내용으로 옳지 않은 것은?

① 모든 측정은 개인시료채취방법으로만 실시하여야 한다.
② 예비조사를 먼저 실시하여야 한다.
③ 작업환경 측정자는 산업위생관리산업기사 이상의 자격을 가진 사람이어야 한다.
④ 작업이 정상적으로 이루어져 작업시간과 유해인자에 대한 근로자의 노출 정도를 정확히 평가할 수 있을 때 실시하여야 한다.

> **해설** 작업환경 측정 시 지켜야 할 사항 —————————

「산업안전보건법 시행규칙」 제189조
• 작업환경 측정을 하기 전에 예비조사를 할 것
• 작업이 정상적으로 이루어져 작업시간과 유해인자에 대한 근로자의 노출정도를 정확히 평가할 수 있을 때 실시할 것
• 모든 측정은 개인시료채취방법으로 하되, 개인시료채취방법이 곤란한 경우에는 지역시료채취방법으로 실시할 것
• 작업환경 측정기관에 위탁하여 실시하는 경우에는 해당 작업환경 측정기관에 공정별 작업내용, 화학물질의 사용실태 및 물질안전보건자료 등 작업환경 측정에 필요한 정보를 제공할 것

16

중요도 ★★★

「산업안전보건법령」상 보건관리자의 자격기준에 해당하지 않는 사람은?

① 「의료법」에 따른 의사
② 「의료법」에 따른 간호사
③ 「국가기술자격법」에 따른 산업안전기사
④ 「산업안전보건법」에 따른 산업보건지도사

> **해설** 보건관리자의 자격 —————————

「산업안전보건법 시행령」 별표6
• 산업보건지도사 자격을 가진 사람
• 「의료법」에 따른 의사 또는 간호사
• 「국가기술자격법」에 따른 산업위생관리산업기사 또는 대기환경산업기사 이상의 자격 취득자
• 「국가기술자격법」에 따른 인간공학기사 이상의 자격 취득자

17 중요도 ★★

다음 중 산업피로의 원인이 되고 있는 스트레스에 의한 신체반응 증상으로 옳은 것은?

① 혈압의 상승
② 근육의 긴장 완화
③ 소화기관에서의 위산분비 억제
④ 뇌하수체에서 아드레날린의 분비 감소

해설 스트레스에 의한 신체반응 증상 ─────

- 혈압의 상승
- 근육의 긴장 촉진
- 소화기관에서의 위산분비 촉진
- 뇌하수체에서 아드레날린의 분비 증가

18 중요도 ★★★

미국산업위생학회 등에서 산업위생전문가들이 지켜야 할 윤리강령을 채택한 바 있는데 전문가로서의 책임에 해당하는 것은?

① 일반 대중에 관한 사항은 정직하게 발표한다.
② 성실성과 학문적 실력 측면에서 최고 수준을 유지한다.
③ 위험요소와 예방조치에 관하여 근로자와 상담한다.
④ 신뢰를 존중하여 정직하게 권고하고, 결과와 개선점을 정확하게 보고한다.

해설 산업위생전문가의 전문가로서의 책임 ────

- 성실성과 학문적 실력 면에서 최고수준을 유지해야 한다.
- 과학적 방법의 적용과 자료의 해석에서 경험을 통한 전문가의 객관성을 유지한다.
- 전문분야로서의 산업위생을 학문적으로 발전시킨다.
- 근로자, 사회 및 전문직종의 이익을 위해 과학적 지식을 공개하고 발표한다.
- 활동을 통해 얻은 개인 및 기업체의 기밀은 누설하지 않는다.

- 전문적 판단이 타협에 의하여 좌우될 수 있거나 이해관계가 있는 상황에는 개입하지 않는다.

19 중요도 ★★

우리나라의 고시에 따르면 하루에 몇 시간 이상 집중적으로 자료입력을 위해 키보드 또는 마우스를 조작하는 작업을 근골격계 부담작업으로 분류하는가?

① 2시간
② 4시간
③ 6시간
④ 8시간

해설 근골격계 부담작업 ─────

「근골격계부담작의 범위 및 유해요인 조사방법에 관한 고시」 제3조

- 하루에 4시간 이상 집중적으로 자료입력 등을 위해 키보드 또는 마우스를 조작하는 작업
- 하루에 총 2시간 이상 목, 어깨, 팔꿈치, 손목 또는 손을 사용하여 같은 동작을 반복하는 작업

20 중요도 ★

직업병 진단 시 유해요인 노출 내용과 정도에 대한 평가요소와 가장 거리가 먼 것은?

① 성별
② 노출의 추정
③ 작업환경 측정
④ 생물학적 모니터링

해설 직업병 진단 ──────────────

성별은 직업병 진단 시 유해요인 노출 내용과 정도에 대한 평가요소와 거리가 멀다.

21

중요도 ★★

시료공기를 흡수, 흡착 등의 과정을 거치지 않고 진공채취병 등의 채취용기에 물질을 채취하는 방법은?

① 직접채취방법
② 여과채취방법
③ 고체채취방법
④ 액체채취방법

해설 **직접채취방법** ─────────

시료공기를 흡수, 흡착 등의 과정을 거치지 않고 직접 채취대 또는 진공채취병 등의 채취용기에 물질을 채취하는 방법이다.

22

중요도 ★★★

자연습구온도는 31 ℃, 흑구온도는 24 ℃, 건구온도는 34 ℃인 실내 작업장에서 시간당 400칼로리가 소모된다면 계속작업을 실시하는 주조공장의 WBGT는 몇 ℃ 인가? (단, 고용노동부 고시를 기준으로 한다)

① 28.9
② 29.9
③ 30.9
④ 31.9

해설 **습구흑구온도지수(WBGT)의 산출** ─────────

옥내 또는 옥외(태양광선이 내리쬐지 않는 장소)

$$WBGT(℃) = 0.7 \times 자연습구온도 + 0.3 \times 흑구온도$$

$$WBGT(℃) = 0.7 \times 31 + 0.3 \times 24 = 28.9℃$$

23

중요도 ★★

일반적으로 소음계는 A, B, C 세 가지 특성에서 측정할 수 있도록 보정되어 있다. 그 중 A 특성치는 몇 phon의 등감곡선에 기준한 것인가?

① 20 phon
② 40 phon
③ 70 phon
④ 100 phon

해설 **음의 크기 레벨(phon)과 청감보정회로** ─────────

• 40 phon : A청감보정회로(A특성)
• 70 phon : B청감보정회로(B특성)
• 100 phon : C청감보정회로(C특성)

24

중요도 ★★★

누적소음노출량(D, %)을 적용하여 시간가중평균 소음기준[TWA, dB(A)]을 산출하는 식은? (단, 고용노동부 고시를 기준으로 한다)

① $TWA = 61.16 \times \log\left[\dfrac{D}{100}\right] + 70$

② $TWA = 16.61 \times \log\left[\dfrac{D}{100}\right] + 70$

③ $TWA = 16.61 \times \log\left[\dfrac{D}{100}\right] + 90$

④ $TWA = 61.16 \times \log\left[\dfrac{D}{100}\right] + 90$

해설 **시간가중평균 소음수준(TWA)[dB(A)]** ─────────

$$TWA = 16.61 \times \log\left[\dfrac{D}{100}\right] + 90$$

D : 누적소음노출량(%)

25

Kata 온도계로 불감기류를 측정하는 방법에 대한 설명으로 틀린 것은?

① Kata 온도계의 구(球)부를 $50 \sim 60$ ℃의 온수에 넣어 구부의 알코올을 팽창시켜 관의 상부 눈금까지 올라가게 한다.

② 온도계를 온수에서 꺼내어 구(球)부를 완전히 닦아내고 스탠드에 고정한다.

③ 알코올의 눈금이 100 ℉에서 65 ℉까지 내려가는 데 소요되는 시간을 초시계 $4 \sim 5$회 측정하여 평균을 낸다.

④ 눈금 하강에 소요되는 시간으로 Kata 상수를 나눈 값 H는 온도계의 구부 1 cm^{2}에서 1초 동안에 방산되는 열량을 나타낸다.

> **해설** Kata 온도계로 불감기류 측정 ────
> 알코올의 눈금이 100 ℉에서 95 ℉까지 내려가는 데 소요되는 시간을 초시계 $4 \sim 5$회 측정하여 평균을 낸다.

26

시료채취 대상 유해물질과 시료채취 여과지를 잘못 짝지은 것은?

① 유리규산 – PVC여과지

② 납, 철, 등 금속 – MCE 여과지

③ 농약, 알칼리성 먼지 – 은막 여과지

④ 다핵방향족탄화수소(PAHs) – PTFE 여과지

> **해설** PTFE막 여과지 ────
> • 열과 화학물질 등에 강한 특성을 가지고 있어 석탄 건류나 증류 등의 고열에서 발생하는 다핵방향족탄화수소를 채취하는 데 사용된다.
> • 농약, 알칼리성 먼지 등을 채취한다.

27

포집기를 이용하여 납을 분석한 결과 0.00189 g 이였을 때, 공기 중 납 농도는 약 몇 mg/m^{3}인가? (단, 포집기의 유량은 2.0 L/min, 측정시간은 3시간 2분, 분석기기의 회수율은 100 %이다)

① 4.61
② 5.19
③ 5.77
④ 6.35

> **해설** 단위환산을 이용한 계산 ────
>
> $$\frac{mg}{m^3} = \frac{0.00189g \times \dfrac{1,000mg}{g}}{\dfrac{2.0L}{min} \times \dfrac{m^3}{1,000L} \times 182min}$$
>
> $$= 5.19mg/m^3$$
>
> $1,000mg = g, \ 1,000L = m^3$

28

온도 표시에 관한 내용으로 틀린 것은?

① 냉수는 4 ℃ 이하를 말한다.

② 실온은 $1 \sim 35$ ℃를 말한다.

③ 미온은 $30 \sim 40$ ℃를 말한다.

④ 온수는 $60 \sim 70$ ℃를 말한다.

> **해설** 온도 표시 ────
> • 상온 : $15 \sim 25$ ℃
> • 실온 : $1 \sim 35$ ℃
> • 미온 : $30 \sim 40$ ℃
> • 찬 곳은 따로 규정이 없는 한 $0 \sim 15$ ℃의 곳
> • 냉수 : 15 ℃ 이하
> • 온수 : $60 \sim 70$ ℃
> • 열수 : 약 100 ℃

29

중요도 ★★★

석면측정방법 중 전자현미경법에 관한 설명으로 틀린 것은?

① 석면의 감별분석이 가능하다.
② 분석시간이 짧고 비용이 적게 소요된다.
③ 공기 중 석면시료분석에 가장 정확한 방법이다.
④ 위상차현미경으로 볼 수 없는 매우 가는 섬유도 관찰이 가능하다.

해설 전자현미경법(석면 측정)

- 석면분진 측정방법에서 공기 중 석면시료를 가장 정확하게 분석할 수 있다.
- 석면의 감별분석(성분분석)이 가능하다.
- 위상차현미경으로 볼 수 없는 매우 가는 섬유도 관찰이 가능하다.
- 가격이 비싸고 분석시간이 많이 소요된다.

30

중요도 ★★★

다음 중 작업환경의 기류측정 기기와 가장 거리가 먼 것은?

① 풍차풍속계
② 열선풍속계
③ 카타온도계
④ 냉온풍속계

해설 기류측정 기기

- 피토관
- 회전날개형 풍속계
- 그네날개형 풍속계
- 열선풍속계
- 카타온도계
- 풍차풍속계
- 풍향풍속계
- 마노미터

31

중요도 ★★

다음 중 원자흡광광도계에 대한 설명과 가장 거리가 먼 것은?

① 증기발생방식은 유기용제 분석에 유리하다.
② 흑연로장치는 감도가 좋으므로 생물학적 시료 분석에 유리하다.
③ 원자화방법은 불꽃방식, 비불꽃방식, 증기발생방식이 있다.
④ 광원, 원자화장치, 단색화장치, 검출기, 기록계 등으로 구성되어 있다.

해설 원자흡광광도계

증기발생방식은 화학적 반응을 유도하여 분석하고자 하는 원소를 기화시켜 분석하는 방식이다. 휘발성 금속화합물을 형성할 수 있을 때에 사용하며 As, Hg, Bi 등에 적용한다.

32

중요도 ★★★

유리규산을 채취하여 X선 회절법으로 분석하는 데 적절하고 6가크롬 그리고 아연산화물의 채취에 이용하며 수분에 영향이 크지 않아 공해성 먼지, 총 먼지 등의 중량분석을 위한 측정에 사용되는 막 여과지는?

① MCE막 여과지
② PVC막 여과지
③ PTFE막 여과지
④ 은막 여과지

해설 PVC막 여과지

- 가볍고 흡습성이 낮아 분진의 중량분석에 사용된다.
- 유리규산을 채취하여 X-선 회절분석법으로 분석하는 데에 적합하고 6가크롬 및 아연산화합물의 채취에 사용된다.
- 수분에 대한 영향이 크지 않아 공해성 먼지, 총 먼지 등의 중량분석에 용이하다.
- 습기에 영향을 적게 받기 위해 전기적인 전하를 가지고 있어 채취 시 입자를 반발하여 채취효율을 떨어뜨리는 단점이 있다.

33

활성탄관을 연결한 저유량 공기 시료채취펌프를 이용하여 벤젠증기(78 g/mol)를 0.038 m³를 채취하였다. GC를 이용하여 분석한 결과 478 μg의 벤젠이 검출되었다면 벤젠증기의 농도(ppm)는? (단, 온도는 25 ℃, 1기압이고 다른 조건은 고려하지 않는다)

① 1.87   ② 2.34

③ 3.94   ④ 4.78

해설 mg/m³과 ppm의 농도 변환 ─────

$$\frac{mg}{m^3} = \frac{478\mu g \times \dfrac{mg}{10^3 \mu g}}{0.038 m^3} = 12.579 mg/m^3$$

$$ppm = 노출기준(mg/m^3) \times \frac{24.45}{분자량}$$

$$= 12.579 \times \frac{24.45}{78} = 3.943 ppm$$

34

예비조사 시 유해인자 특성파악에 해당되지 않는 것은?

① 공정보고서 작성
② 유해인자의 목록 작성
③ 월별 유해물질 사용량 조사
④ 물질별 유해성 자료 조사

해설 예비조사 시 유해인자 특성파악 내용 ─────

- 유해인자의 목록 작성
- 유해물질 사용량 조사
- 유해물질 사용기기 조사
- 물질별 유해성 자료 조사

35

금속제품을 탈지·세정하는 공정에서 사용하는 유기용제인 trichloroethylene이 근로자에게 노출되는 농도를 측정하고자 한다. 과거의 노출농도를 조사해 본 결과, 평균 40 ppm이었다. 활성탄관(100 mg/50 mg)을 이용하여 0.14 L/분으로 채취하였다면 채취해야 할 최소한의 시간(분)은? (단, trichloroethylene의 분자량은 131.39, 25 ℃, 1기압, 가스크로마토그래피의 정량한계(LOQ)는 0.4 mg이다)

① 10.3   ② 13.3

③ 16.3   ④ 19.3

해설 시료채취시간 계산 ─────

(1) 25 ℃, 1기압인 경우 농도변환

$$mg/m^3 = \frac{ppm \times 그램분자량}{24.45}$$

$$mg/m^3 = \frac{40 \times 131.39}{24.45} = 214.952 mg/m^3$$

(2) 시료채취시간 계산

정량한계가 분석기기가 정량할 수 있는 가장 작은 양이므로 정량한계 기준으로 시료채취시간을 계산한다.

$$\frac{214.952 mg}{m^3} = \frac{0.4 mg}{\dfrac{0.14 L}{min} \times \dfrac{m^3}{1,000 L} \times x \min}$$

$$x = \frac{0.4}{0.14 \times \dfrac{1}{1,000} \times 214.952} = 13.292 \min$$

36

직독식 측정기구가 전형적인 방법에 비해 가지는 장점과 가장 거리가 먼 것은?

① 측정과 작동이 간편하여 인력과 분석비를 절감할 수 있다.
② 현장에서 실제 작업시간이나 어떤 순간에서 유해인자의 수준과 변화를 쉽게 알 수 있다.
③ 직독식 기구로 유해물질을 측정하는 방법의 민감도와 특이성 외의 모든 특성은 전형적 방법과 유사하다.
④ 현장에서 즉각적인 자료가 요구될 때 매우 유용하게 사용될 수 있다.

해설 직독식 측정기구 ─────────

직독식 측정기구는 민감도가 낮아 비교적 고농도에만 적용이 가능하고 특이도가 낮아 다른 방해물질의 영향을 받기 쉽다.
직독식 측정기구는 전형적 방법과는 다소 차이가 있고 완전한 시료채취방법이라고 볼 수 없다.

37

용접작업장에서 개인시료 펌프를 이용하여 9시 5분부터 11시 55분까지, 13시 5분부터 16시 23분까지 시료를 채취한 결과 공기량이 787 L일 경우 펌프의 유량은 약 몇 L/min인가?

① 1.14
② 2.14
③ 3.14
④ 4.14

해설 단위환산을 이용한 계산 ─────────

$$\frac{L}{min} = \frac{787L}{170min + 198min} = 2.138L/min$$

38

허용기준 대상 유해인자의 노출농도 측정 및 분석방법에 관한 내용으로 틀린 것은? (단, 고용노동부 고시를 기준으로 한다)

① 바탕시험을 하여 보정한다 : 시료에 대한 처리 및 측정을 할 때, 시료를 사용하지 않고 같은 방법으로 조작한 측정치를 빼는 것을 말한다.
② 감압 또는 진공 : 따로 규정이 없는 한 760 mmHg 이하를 뜻한다.
③ 검출한계 : 분석기기가 검출할 수 있는 가장 작은 양을 말한다.
④ 정량한계 : 분석기기가 정량할 수 있는 가장 작은 양을 말한다.

해설 노출농도 측정 및 분석방법 ─────────

감압 또는 진공이란 따로 규정이 없는 한 15 mmHg 이하를 뜻한다.

39

일정한 부피조건에서 압력과 온도가 비례한다는 표준 가스에 대한 법칙은?

① 보일 법칙
② 샤를 법칙
③ 게이 - 루삭 법칙
④ 라울트 법칙

해설 기체에 대한 법칙 ─────────

• 보일의 법칙 : 일정한 온도에서 부피와 압력은 반비례한다.
• 샤를의 법칙 : 일정한 압력에서 온도와 부피는 비례한다.
• 게이 - 루삭의 법칙 : 일정한 부피조건에서 압력과 온도는 비례한다.

40

중요도 ★★★

작업장의 소음측정 시 소음계의 청감보정회로는?
(단, 고용노동부 고시를 기준으로 한다)

① A특성   ② B특성
③ C특성   ④ D특성

해설 소음의 측정방법 ────────

「작업환경 측정 및 정도관리 등에 관한 고시」 제26조
• 소음계의 청감보정회로는 A특성으로 한다.
• 소음계 지시침의 동작은 느린(Slow) 상태로 한다.
• 소음계의 지시치가 변동하지 않는 경우에는 해당 지시치를 그 측정점에서의 소음수준으로 한다.

3과목 **작업환경관리대책**

41

중요도 ★★

덕트에서 속도압 및 정압을 측정할 수 있는 표준기기는?

① 피토관   ② 풍차풍속계
③ 열선풍속계   ④ 임핀저관

해설 속도압 및 정압 측정기구 ────────

덕트에서 속도압 및 정압은 피토관으로 측정한다. 피토관은 흐르는 유체(기체, 액체)의 압력 차이를 통해 속도를 측정하는 기구이다.
풍차풍속계, 열선풍속계로는 풍속을 측정한다.

42

중요도 ★★★

송풍기 입구 전압이 280 mmH$_2$O이고 송풍기 출구 정압이 100 mmH$_2$O이다. 송풍기 출구 속도압이 200 mmH$_2$O일 때, 전압(mmH$_2$O)은?

① 20   ② 40
③ 80   ④ 180

해설 송풍기 전압 ────────

전압 = 속도압(VP) + 정압(SP)
출구 전압 = 100 + 200 = 300 mmH$_2$O
입구 전압 = 280 mmH$_2$O
송풍기 전압 = 출구 전압 - 입구 전압
송풍기 전압 = 300 - 280 = 20 mmH$_2$O

43

중요도 ★

작업장 내 열부하량이 5,000 kcal/h이며, 외기온도 20 ℃, 작업장 내 온도는 35 ℃이다. 이때 전체 환기를 위한 필요환기량은 약 몇 m³/min인가? (단, 정압비열은 0.3 kcal/(m³·℃)이다)

① 18.5

② 37.1

③ 185

④ 1111

해설 전체환기를 위한 필요환기량 ─────

$$Q = \frac{H_s}{0.3 \triangle t}$$

Q : 필요환기량(m³/min)

H_s : 작업장 내 열부하량(kcal/min)

0.3 : 정압비열

$\triangle t$: 급배기(실내, 실외)의 온도차(℃)

$$Q = \frac{\dfrac{5,000\text{kcal}}{\text{hr}} \times \dfrac{\text{hr}}{60\text{min}}}{\dfrac{0.3\text{kcal}}{\text{m}^3 \cdot ℃} \times 15℃} = 18.518\text{m}^3/\text{min}$$

44

중요도 ★★

다음은 분진발생 작업환경에 대한 대책이다. 옳은 것을 모두 고른 것은?

> ㉠ 연마작업에서는 국소배기장치가 필요하다.
> ㉡ 암석 굴진작업, 분쇄작업에서는 연속적인 살수가 필요하다.
> ㉢ 샌드블라스팅에 사용되는 모래를 철사나 금강사로 대치한다.

① ㉠, ㉡

② ㉡, ㉢

③ ㉠, ㉢

④ ㉠, ㉡, ㉢

해설 분진발생 작업에서 분진을 줄이기 위한 방법 ──

• 연마작업에서는 발생하는 분진이 전체 작업장에 퍼지지 않도록 국소배기장치를 설치한다.

• 암석 굴진작업, 분쇄작업에서는 분진이 비산되지 않도록 연속적인 살수가 필요하다.

• 샌드블라스팅에 사용되는 모래를 철사나 금강사로 대치하여 분진 발생을 줄인다.

45

중요도 ★★

방진마스크에 관한 설명으로 옳지 않은 것은?

① 일반적으로 활성탄 필터가 많이 사용된다.

② 종류에는 격리식, 직결식, 면체여과식이 있다.

③ 흡기저항 상승률은 낮은 것이 좋다.

④ 비휘발성 입자에 대한 보호가 가능하다.

해설 방진마스크 ─────

방진마스크의 필터는 면, 모, 유리섬유, 합성섬유, 금속섬유 등이 주로 사용된다.

46

중요도 ★★★

스토크스식에 근거한 중력침강속도에 대한 설명으로 틀린 것은? (단, 공기 중의 입자를 고려한다)

① 중력가속도에 비례한다.

② 입자직경의 제곱에 비례한다.

③ 공기의 점성계수에 반비례한다.

④ 입자와 공기의 밀도차에 반비례한다.

침강속도(Stokes 법칙) ────────

$$V = \frac{d_p^2 (\rho_p - \rho) g}{18 \mu}$$

V : 침강속도(m/sec)

d_p : 입자의 직경(m)

ρ_p : 입자의 밀도(kg/m^3)

ρ : 가스(공기)의 밀도(kg/m^3)

g : 중력가속도(9.8 m/sec^2)

μ : 점성계수(kg/m·sec)

입자의 침강속도(V)는 공기와 입자 사이의 밀도차 ($\rho_p - \rho$)에 비례한다.

47

중요도 ★★★

국소배기시스템 설계에서 송풍기 전압이 136 mmH_2O이고, 송풍량은 184 m^3/min일 때, 필요한 송풍기 소요동력은 약 몇 kW인가? (단, 송풍기의 효율은 60 %이다)

① 2.7
② 4.8
③ 6.8
④ 8.7

송풍기의 소요동력(HP) ────────

$$HP = \frac{Q \times P}{6,120 \times \eta} K$$

HP : 송풍기의 소요동력(kW)

Q : 풍량(m^3/min)

P : 유효전압(mmH_2O), η : 효율

K : 안전계수(주어지지 않으면 1로 간주)

$$HP = \frac{184 \times 136}{6,120 \times 0.6} = 6.814 kW$$

48

중요도 ★

송풍기에 연결된 환기시스템에서 송풍량에 따른 압력손실 요구량을 나타내는 Q-P 특성곡선 중 Q와 P의 관계는? (단, Q는 풍량, P는 풍압이며, 유동조건은 난류형태이다)

① $P \propto Q$
② $P^2 \propto Q$
③ $P \propto Q^2$
④ $P^2 \propto Q^3$

시스템 요구곡선 ────────

송풍량에 따라 송풍기 정압이 변하는 경향을 나타내는 곡선으로 $P \propto Q^2$ 관계를 나타낸다.

49

중요도 ★★

후드의 압력손실계수가 0.45이고 속도압이 20 mmH_2O일 때 압력손실(mmH_2O)은?

① 9
② 12
③ 20.45
④ 42.25

후드의 압력손실($\triangle P$) ────────

$$\triangle P = F_h \times VP$$

$\triangle P$: 압력손실(mmH_2O)

F_h : 압력손실계수

VP : 속도압 또는 동압(mmH_2O)

$\triangle P = 0.45 \times 20 = 9 mmH_2O$

50

다음 중 유해성이 적은 물질로 대체한 예와 가장 거리가 먼 것은?

① 분체의 원료는 입자가 큰 것으로 바꾼다.
② 야광시계의 자판에 라듐 대신 인을 사용한다.
③ 아조염료의 합성에서 디클로로벤지딘 대신 벤지딘을 사용한다.
④ 단열재 석면을 대신하여 유리섬유나 스티로폼을 대체한다.

해설 물질의 대체 ─────────────

벤지딘은 만성노출될 경우 방광암을 일으킬 가능성이 있어 주의해야 한다.

51

다음 중 방독마스크에 관한 설명과 가장 거리가 먼 것은?

① 일시적인 작업 또는 긴급용으로 사용하여야 한다.
② 산소농도가 15 %인 작업장에서는 사용하면 안 된다.
③ 방독마스크의 정화통은 유해물질별로 구분하여 사용하도록 되어 있다.
④ 방독마스크 필터는 압축된 면, 모, 합성섬유 등의 재질이며 여과효율이 우수하여야 한다.

해설 방독마스크의 흡수제(필터)의 재질 ─────────

활성탄, 큐브라마이트, 호프칼라이트, 실리카겔, 소다라임, 알칼리제제, 카본

52

다음 중 전체환기를 적용할 수 있는 상황과 가장 거리가 먼 것은?

① 유해물질의 독성이 높은 경우
② 작업장 특성상 국소배기장치의 설치가 불가능한 경우
③ 동일 사업장에 다수의 오염 발생원이 분산되어 있는 경우
④ 오염 발생원이 근로자가 작업하는 장소로부터 멀리 떨어져 있는 경우

해설 전체환기 ─────────────

유해물질의 독성이 비교적 낮은 경우 전체환기를 적용하고, 유해물질의 독성이 높은 경우에는 국소환기를 적용한다.

53

한랭작업장에서 일하고 있는 근로자의 관리에 대한 내용으로 옳지 않은 것은?

① 한랭에 대한 순화는 고온순화보다 빠르다.
② 노출된 피부나 전신의 온도가 떨어지지 않도록 온도를 높이고 기류의 속도를 낮추어야 한다.
③ 필요한 경우 작업을 근로자 스스로 조절하게 해야 한다.
④ 외부의 액체가 스며들지 않도록 방수처리된 의복을 입는다.

해설 한랭에 대한 순화 ─────────────

한랭에 대한 순화는 고온에 대한 순화보다 느리다.

54

중요도 ★★

작업장에 퍼져 있는 사염화에틸렌의 농도가 20,000 ppm이고, 사염화에틸렌의 비중이 5.7이라면 오염 공기의 유효비중은?

① 1.043 ② 1.063

③ 1.094 ④ 1.123

해설 유효비중 계산 ─────────

ppm은 parts per million의 약자로 백만분율이다. 20,000 ppm을 %로 변환하면 다음과 같다.

$20,000\,ppm \times 10^{-6} = 0.02 = 2\%$

유효비중을 계산하면 다음과 같다.

$(0.02 \times 5.7) + (0.98 \times 1.0) = 1.094$

55

중요도 ★★★

산소가 결핍된 밀폐공간에서 작업하는 경우 가장 적합한 호흡용 보호구는?

① 방진마스크

② 방독마스크

③ 송기마스크

④ 면체 여과식 마스크

해설 호흡용 보호구 ─────────

산소가 결핍된 환경 또는 유해물질의 농도가 높거나 독성이 강한 작업장에서는 오염되지 않은 공기를 직접 공급해주는 송기마스크를 사용해야 한다. 에어라인(Air-line) 마스크가 대표적인 송기마스크 이다.

56

중요도 ★

슬롯 길이가 3 m이고, 제어속도가 2 m/sec인 슬롯후드에서 오염원이 2 m 떨어져 있을 경우 필요 환기량은 몇 m³/min인가? (단, 공간에 설치하며 플랜지는 부착되어 있지 않다)

① 1,434 ② 2,664

③ 3,734 ④ 4,864

해설 외부식 슬롯형 후드의 필요 송풍량(Q) ─────────

$Q = C \times L \times V_c \times X$

Q : 필요 송풍량(m³/sec)

C : 형상계수

형상계수는 전원주형의 경우 ACGIH 기준 3.7이다.

L : 개구면의 길이(m)

V_c : 제어속도(m/sec)

X : 포촉점(포집점)까지의 거리(m)

$Q = 3.7 \times 3 \times 2 \times 2$

$= \dfrac{44.4m^3}{sec} \times \dfrac{60sec}{min} = 2,664 m^3/min$

57

중요도 ★★

어느 유체관의 동압이 20 mmH₂O이고 관의 직경이 25 cm일 때 유량(m³/hr)은? (단, 21 ℃, 1기압 기준이다)

① 약 3,000 ② 약 3,200

③ 약 3,500 ④ 약 3,800

해설 유량 계산 ─────────

(1) 동압(속도압)으로 유속(V) 계산

$V = 4.043 \sqrt{VP}$

V : 유속(m/sec), VP : 동압(mmH₂O)

$V = 4.043 \sqrt{20} = 18.08 m/sec$

(2) 유량 공식으로 유량 계산

$$Q = AV$$

Q : 유량(m^3/sec)

A : 단면적(m^2), V : 유속(m/sec)

$$Q = \frac{\pi}{4} \times 0.25^2 \times 18.08$$

$$= \frac{0.8874m^3}{sec} \times \frac{3,600sec}{hr}$$

$$= 3,194.64m^3/hr$$

58

중요도 ★★★

흡인풍량이 200 m^3/min, 송풍기 유효전압이 150 mmH$_2$O, 송풍기 효율이 80 %, 여유율이 1.2인 송풍기의 소요동력(kW)은? (단, 송풍기의 효율과 여유율을 고려한다)

① 4.8 kW
② 5.4 kW
③ 6.7 kW
④ 7.4 kW

해설 송풍기의 소요동력(HP)

$$HP = \frac{Q \times P}{6,120 \times \eta} K$$

HP : 송풍기의 소요동력(kW)

Q : 풍량(m^3/min), P : 유효전압(mmH$_2$O)

η : 효율, K : 안전계수(여유율)

$$HP = \frac{200 \times 150}{6,120 \times 0.8} \times 1.2 = 7.352kW$$

59

중요도 ★★

국소환기장치 설계에서 제어속도에 대한 설명으로 옳은 것은?

① 작업장 내의 평균유속을 말한다.
② 발산되는 유해물질을 후드로 흡인하는 데 필요한 기류속도이다.
③ 덕트 내의 기류속도를 말한다.
④ 일명 반송속도라고도 한다.

해설 제어속도

제어속도는 오염물질을 후드 안쪽으로 흡인하기 위하여 필요한 최소풍속(공기풍속)이다.

60

중요도 ★★★

2개의 집진장치를 직렬로 연결하였다. 집진효율이 70 %인 사이클론을 전처리장치로 사용하고 전기집진장치를 후처리장치로 사용하였을 때 총 집진효율이 95 %라면 전기집진장치의 집진효율은?

① 83.3 %
② 87.3 %
③ 90.3 %
④ 92.3 %

해설 총 집진효율 계산

$$\eta_T = \eta_1 + \eta_2(1 - \eta_1)$$

η_T : 전체 집진효율

η_1 : 전처리 장치효율, η_2 : 후처리 장치효율

$$0.95 = 0.7 + \eta_2(1 - 0.7)$$

$$\eta_2 = \frac{0.95 - 0.7}{0.3} = 0.8333 = 83.33\%$$

61

중요도 ★★

반향시간(Reverberation Time)에 관한 설명으로 옳은 것은?

① 반향시간과 작업장의 공간부피만 알면 흡음량을 추정할 수 있다.

② 소음원에서 소음 발생이 중지한 후 소음의 감소는 시간의 제곱에 반비례하여 감소한다.

③ 반향시간은 소음이 닿는 면적을 계산하기 어려운 실외에서의 흡음량을 추정하기 위하여 주로 사용한다.

④ 소음원에서 발생하는 소음과 배경소음 간의 차이가 40 dB인 경우에는 60 dB만큼 소음이 감소하지 않기 때문에 반향시간을 측정할 수 없다.

해설 반향시간(잔향시간)

$$T = \frac{0.16\,V}{A} = \frac{0.16\,V}{S\bar{\alpha}}$$

T : 반향시간(초)

V : 실내의 부피(m^3)

A : 실내의 총 흡음력(sabin)

S : 실내의 전 표면적(m^2)

$\bar{\alpha}$: 평균 흡음률

반향시간(T)과 공간부피(V)를 알면 흡음률($\bar{\alpha}$)를 추정할 수 있다.

62

중요도 ★★★

국소진동에 의하여 손가락의 창백, 청색증, 저림, 냉감, 동통이 나타나는 장해를 무엇이라 하는가?

① 레이노증후군

② 수근관통증증후군

③ 브라운세커드증후군

④ 스티브블래스증후군

해설 레이노증후군

• 국소진동으로 인하여 말초혈관의 운동장해가 발생하는 것이다.

• 추운 환경에서 잘 발생하는 것으로 수지가 창백해지고 손이 차며 통증이 발생한다.

63

중요도 ★

전리방사선에 관한 설명으로 틀린 것은?

① α선은 투과력은 약하나, 전리작용은 강하다.

② β입자는 핵에서 방출되는 양자의 흐름이다.

③ γ선은 원자핵 전환에 따라 방출되는 자연 발생적인 전자파이다.

④ 양자는 조직 전리작용이 있으며 비정(飛程)거리는 같은 에너지의 α입자보다 길다.

해설 전리방사선

β입자는 방사성 원자핵이 내뿜는 전자의 흐름이다.

64

중요도 ★

이온화 방사선의 건강영향을 설명한 것으로 틀린 것은?

① α 입자는 투과력이 작아 우리 피부를 직접 통과하지 못하기 때문에 피부를 통한 영향은 매우 작다.

② 방사선은 생체 내 구성원자나 분자에 결합되어 전자를 유리시켜 이온화하고 원자의 들뜸현상을 일으킨다.

③ 반응성이 매우 큰 자유라디칼이 생성되어 단백질, 지질, 탄수화물, 그리고 DNA 등 생체 구성 성분을 손상시킨다.

④ 방사선에 의한 분자수준의 손상은 방사선 조사 후 1시간 이후에 나타나고, 24시간 이후 DNA 손상이 나타난다.

정답 61 ① 62 ① 63 ② 64 ④

해설 방사선이 건강에 미치는 영향 ─────
방사선에 의한 분자수준의 손상은 초단위로 일어나는 짧은 변화이다.

65

중요도 ★

미국(EPA)의 차음평가수를 의미하는 것은?

① NRR
② TL
③ SNR
④ SLC80

해설 차음평가수 ─────
• NRR : 미국의 차음평가수
• SNR : 유럽의 차음평가수

66

중요도 ★

전신진동에 관한 설명으로 틀린 것은?

① 말초혈관이 수축되고, 혈압상승과 맥박증가를 보인다.
② 산소 소비량은 전신진동으로 증가되고, 폐환기도 촉진된다.
③ 전신진동의 영향이나 장해는 자율신경 특히 순환기에 크게 나타난다.
④ 두부와 견부는 $50 \sim 60\,Hz$ 진동에 공명하고, 안구는 $10 \sim 20\,Hz$ 진동에 공명한다.

해설 전신진동 ─────
두부와 견부는 $20 \sim 30\,Hz$ 진동에 공명하고, 안구는 $60 \sim 90\,Hz$ 진동에 공명한다.

67

중요도 ★★★

소음성 난청인 C_5-dip현상은 어느 주파수에서 잘 일어나는가?

① 2,000 Hz
② 4,000 Hz
③ 6,000 Hz
④ 8,000 Hz

해설 C_5-dip현상 ─────
• 소음성 난청의 초기단계로 $4,000\,Hz$에서 청력장해가 커지는 현상이다.
• 사람의 귀는 $4,000\,Hz$에서 소음성 난청이 가장 많이 발생한다.

68

중요도 ★★★

고온 노출에 의한 장해 중 열사병에 관한 설명과 거리가 가장 먼 것은?

① 중추성 체온조절 기능장해이다.
② 지나친 발한에 의한 탈수와 염분소실이 발생한다.
③ 고온다습한 환경에서 격심한 육체노동을 할 때 발병한다.
④ 응급조치방법으로 얼음물에 담가서 체온을 39℃ 정도까지 내려주어야 한다.

해설 고열 건강장해 ─────
• 열경련 : 전형적인 고열 건강장해로 고온 환경에서 심한 육체적인 노동을 할 때 탈수와 염분소실로 인해 경련이 발생한다.
• 열성발진 : 가장 흔한 피부장해로 땀띠라고 한다.
• 열사병 : 태양의 복사열에 직접 노출되어 뇌의 온도 상승으로 체온조절 중추기능 장해가 발생하는 것이다.
• 열피로 : 고온 환경에서 장시간 노동을 할 때 과대 발한으로 인해 수분과 염분손실 및 탈수로 인한 혈장량이 감소하여 발생한다.

69

중요도 ★

저온의 이차적 생리적 영향과 거리가 먼 것은?

① 말초냉각
② 식욕변화
③ 혈압변화
④ 피부혈관의 수축

해설 저온의 생리적 영향 ─────────

피부혈관이 수축되는 것은 저온 환경에서의 일차적 변화에 해당된다.

피부혈관의 수축으로 인해 혈압이 상승되는 것이 저온 환경에서의 이차적 변화이다.

70

중요도 ★★★

소음의 종류에 대한 설명으로 맞는 것은?

① 연속음은 소음의 간격이 1초 이상을 유지하면서 계속적으로 발생하는 소음을 의미한다.
② 충격소음은 소음이 1초 미만의 간격으로 발생하면서, 1회 최대 허용기준은 120 dB(A)이다.
③ 충격소음은 최대음압수준이 120 dB(A) 이상인 소음이 1초 이상의 간격으로 발생하는 것을 의미한다.
④ 단속음은 1일 작업 중 노출되는 여러 가지 음압수준을 나타내며 소음의 반복음의 간격이 3초 보다 큰 경우를 의미한다.

해설 소음의 종류 ─────────

충격소음은 최대음압수준이 120 dB(A) 이상인 소음이 1초 이상의 간격으로 발생하는 것이다.

연속음은 일반적으로 소음의 간격이 1초 미만을 유지하면서 계속적으로 발생하는 소음이고, 단속음은 소음의 발생 간격이 1초 이상이면서 간헐적으로 발생하는 소음이다.

71

중요도 ★★★

소음에 관한 설명으로 맞는 것은?

① 소음의 원래 정의는 매우 크고 자극적인 음을 일컫는다.
② 소음과 소음이 아닌 것은 소음계를 사용하면 구분할 수 있다.
③ 작업환경에서 노출되는 소음은 크게 연속음, 단속음, 충격음 및 폭발음으로 구분할 수 있다.
④ 소음으로 인한 피해는 정신적, 심리적인 것이며 신체에 직접적인 피해를 주는 것은 아니다.

해설 소음 ─────────

• 소음은 인간에게 불쾌감을 주는 음향이다.
• 소음은 주관적인 부분이 있어 소음계를 사용해도 정확하게 소음과 소음이 아닌 것을 구분하기 어렵다.
• 소음으로 인한 피해는 정신적, 심리적, 신체에 영향을 미친다.

72

중요도 ★★

1기압(atm)에 관한 설명으로 틀린 것은?

① 약 1 kgf/cm^{2}과 동일하다.
② torr로는 0.76에 해당한다.
③ 수은주로 760 mmHg과 동일하다.
④ 수주(水柱)로 10,332 mmH$_2$O에 해당한다.

해설 압력의 단위 ─────────

tott은 진공 분야에서 많이 사용하는 단위로 1 torr은 1 mmHg, $\frac{1}{760}$ atm과 같다.

개념확인 1기압을 나타내는 압력 단위

• 1 atm
• 760 mmHg
• 101,325 Pa = 101.325 kPa
• 10,332 mmH$_2$O = 10.332 mH$_2$O
• 1.0332 kg$_f$/cm^2 = 10,332 kg$_f$/m^2
• 14.7 psi

73

중요도 ★★★

피부의 색소침착 등 생물학적 작용이 활발하게 일어나서 Dorno선이라고 부르는 비전리방사선은?

① 적외선
② 가시광선
③ 자외선
④ 마이크로파

해설 도르노선(Dorno-ray)

• 자외선의 일종이다.
• 파장범위 : 280 ~ 315 nm(2,800 ~ 3,150 Å)
• 인체에 유익한 작용을 하여 건강선(생명선)이라고도 한다.
• 소독작용, 비타민 D 형성, 피부의 색소 침착 등 생물학적 작용이 강하다.

74

중요도 ★★★

습구흑구온도지수(WBGT)에 관한 설명으로 맞는 것은?

① WBGT가 높을수록 휴식시간이 증가되어야 한다.
② WBGT는 건구온도와 습구온도에 비례하고, 흑구온도에 반비례한다.
③ WBGT는 고온 환경을 나타내는 값이므로 실외작업에만 적용한다.
④ WBGT는 복사열을 제외한 고열의 측정단위로 사용되며, 화씨온도(℉)로 표현한다.

해설 습구흑구온도지수

② WBGT는 건구온도, 습구온도, 흑구온도에 모두 비례한다.
③ WBGT는 실내, 실외작업에 모두 적용할 수 있다.
④ WBGT는 복사열을 포함한 고열의 측정단위로 사용되며, 섭씨온도(℃)로 표현한다.

75

중요도 ★★

고압 환경에 의한 영향으로 거리가 먼 것은?

① 저산소증
② 질소의 마취작용
③ 산소독성
④ 근육통 및 관절통

해설 고압 환경에 의한 영향

(1) 고압 환경의 1차적 가압현상
  • 동통(근육통, 관절통) 발생
  • 출혈 및 부종 발생
(2) 고압 환경의 2차적 가압현상
  • 질소 마취 : 4기압 이상이 되면 질소 가스는 마취작용을 일으킨다.
  • 산소 중독 : 산소분압이 2기압을 넘으면 산소중독 증세가 나타난다.
  • 이산화탄소 중독 : 이산화탄소의 증가는 산소의 독성과 질소의 마취작용을 촉진시킨다.

76

중요도 ★★★

음력이 2 watt인 소음원으로부터 50 m 떨어진 지점에서의 음압수준(Sound Pressure Level)은 약 몇 dB인가? (단, 공기의 밀도는 1.2 kg/m^3, 공기에서의 음속은 344 m/s로 가정한다)

① 76.6
② 78.2
③ 79.4
④ 80.7

해설 자유공간, 점음원의 음압수준(SPL)

$$SPL(\text{dB}) = PWL - 20\log r - 11$$

r : 소음원으로부터의 거리(m)

$$PWL = 10\log\left(\frac{W}{W_0}\right)$$

PWL : 음향파워레벨(dB)
W : 대상 음원의 음력(W)
W_0 : 기준음력(10^{-12} W)

$$PWL = 10\log\left(\frac{2}{10^{-12}}\right) = 123.01\text{dB}$$

$$SPL(\text{dB}) = 123.01 - 20\log 50 - 11$$
$$= 78.03\text{dB}$$

2023-03

77

중요도 ★★

레이저(Lasers)에 관한 설명으로 틀린 것은?

① 레이저광에 가장 민감한 표적기관은 눈이다.
② 레이저광은 출력이 대단히 강력하고 극히 좁은 파장범위를 갖기 때문에 쉽게 산란하지 않는다.
③ 파장, 조사량 또는 시간 및 개인의 감수성에 따라 피부에 홍반, 수포형성, 색소침착 등이 생긴다.
④ 레이저광 중 에너지의 양을 지속적으로 축적하여 강력한 파동을 발생시키는 것을 지속파라 한다.

해설 레이저 ──────────

레이저광 중 맥동파는 에너지의 양을 지속적으로 축적하여 강력한 파동을 발생시킨다.

78

중요도 ★★

고압 및 고압산소요법의 질병 치료기전과 가장 거리가 먼 것은?

① 간장 및 신장 등 내분비계 감수성 증가효과
② 체내에 형성된 기포의 크기를 감소시키는 압력효과
③ 혈장 내 용존산소량을 증가시키는 산소분압 상승효과
④ 모세혈관 신생촉진 및 백혈구의 살균능력 항진 등 창상 치료효과

해설 고압 및 고압산소요법 ──────────

고압 및 고압산소요법은 간장 및 신장 등 내분비계 감수성을 감소시키는 효과가 있다.

79

중요도 ★★

열경련의 치료방법으로 가장 적절한 것은?

① 5 % 포도당 공급
② 수분 및 NaCl 보충
③ 체온의 급속한 냉각
④ 더운 커피 또는 강심제의 투여

해설 열경련의 치료방법 ──────────

열경련은 고온 환경에서 심한 육체적인 노동을 할 때 탈수와 염분(NaCl) 소실로 인해 경련이 발생하는 현상이다.

80

중요도 ★

진동에 대한 설명으로 틀린 것은?

① 전신진동에 대해 인체는 대략 0.01 m/sec^2까지의 진동 가속도를 느낄 수 있다.
② 진동 시스템을 구성하는 3가지 요소는 질량(Mass), 탄성(Elasticity)과 댐핑(Damping)이다.
③ 심한 진동에 노출될 경우 일부 노출군에서 뼈, 관절 및 신경, 근육, 혈관 등 연부조직에 병변이 나타난다.
④ 간헐적인 노출시간(주당 1일)에 대해 노출기준치를 초과하는 주파수-보정, 실효치, 성분가속도에 대한 급성노출은 반드시 더 유해하다.

해설 진동의 영향 ──────────

간헐적인 노출시간(주당 1일)에 대해 노출기준치를 초과하는 주파수 - 보정, 실효치, 성분가속도에 대한 급성노출이 반드시 더 유해한 것은 아니다.

81

중요도 ★★★

유해화학물질의 노출 정보에 관한 설명으로 틀린 것은?

① 위의 산도에 따라서 유해물질이 화학반응을 일으키기도 한다.
② 입으로 들어간 유해물질은 침이나 그 밖의 소화액에 의해 위장관에서 흡수된다.
③ 소화기계통으로 노출되는 경우가 호흡기로 노출되는 경우보다 흡수가 잘 이루어진다.
④ 소화기계통으로 침입하는 것은 위장관에서 산화, 환원, 분해과정을 거치면서 해독되기도 한다.

해설 유해화학물질의 노출 ────

호흡기는 혈관이 풍부하게 분포되어 있어 유해물질이 쉽게 혈액으로 들어갈 수 있는 조건이 갖추어져 있다. 소화기관은 흡수 전 해독, 분해, 대사과정이 많이 일어나므로 유해물질이 바로 흡수되지 않고 일부는 변형되고 배설되기도 한다.

82

중요도 ★★★

다음 중 중추신경 활성억제작용이 가장 큰 것은?

① 알칸
② 알코올
③ 유기산
④ 에테르

해설 중추신경계 억제작용 순서 ────

할로겐화합물(할로겐족) > 에테르 > 에스테르 > 유기산 > 알코올 > 알켄 > 알칸

83

중요도 ★★★

유기용제에 대한 생물학적 지표로 이용되는 요중 대사산물을 알맞게 짝지은 것은?

① 톨루엔 - 페놀
② 크실렌 - 페놀
③ 노말헥산 - 만델린산
④ 에틸벤젠 - 만델린산

해설 생물학적 지표 ────

① 톨루엔 - 소변 중 o-크레졸
② 크실렌 - 소변 중 메틸마뇨산
③ 노말헥산 - 소변 중 2,5-hexanedione
④ 에틸벤젠 - 소변 중 만델린산

84

중요도 ★★

납 중독에 관한 설명으로 틀린 것은?

① 혈청 내 철이 감소한다.
② 요 중 δ-ALAD 활성치가 저하된다.
③ 적혈구 내 프로토포르피린이 증가한다.
④ 임상 증상은 위장계통장해, 신경근육계통의 장해, 중추신경계통의 장해 등 크게 3가지로 나눌 수 있다.

해설 납 중독 시 인체의 변화 ────

• 혈청 내 철이 증가한다.
• 혈색소량이 저하된다.
• 망상적혈구의 수가 증가한다.
• 소변 중 δ-ALAD 활성치가 저하된다.
• 적혈구 내 프로토포르피린이 증가한다.

85

중요도 ★

수은의 배설에 관한 설명으로 틀린 것은?

① 유기수은화합물은 땀으로도 배설된다.
② 유기수은화합물은 주로 대변으로 배설된다.
③ 금속수은은 대변보다 소변으로 배설이 잘 된다.
④ 금속수은 및 무기수은의 배설경로는 서로 상이하다.

해설 수은의 배설 ─────────────

① 유기수은화합물은 대부분 대변을 통해 배설되지만 소량은 땀으로도 배설된다.
② 유기수은화합물은 주로 대변으로 배설된다.
③ 금속수은은 체 내에 들어오면 일부가 산화되어 무기수은으로 변환되고 무기수은은 주로 신장에 축적되어 소변으로 배설된다.
④ 금속수은도 체내에서 산화되어 무기수은으로 전환되고, 결과적으로 무기수은과 같이 소변과 대변으로 배설된다.

86

중요도 ★★

직업성 천식의 발생기전과 관계가 없는 것은?

① Metallothionein   ② 항원공여세포
③ IgG   ④ Histamine

해설 직업성 천식의 발생기전 ─────────

① Metallothionein : 카드뮴의 흡수와 연관된 단백질이다.
② 항원공여세포 : 면역반응을 유도하는 세포로 천식의 발생기전과 관계가 있다.
③ IgG : 반응성 염료로 인한 직업성 천식에 관여한다.
④ Histamine : 비만세포에서 분비되어 기관지의 수축 및 폐의 염증반응을 유발하는 물질로 천식에서 중심적 역할을 한다.

87

중요도 ★★

화학적 질식제에 대한 설명으로 맞는 것은?

① 뇌순환 혈관에 존재하면서 농도에 비례하여 중추신경 작용을 억제한다.
② 피부와 점막에 작용하여 부식작용을 하거나 수포를 형성하는 물질로 고농도하에서 호흡이 정지되고 구강 내 치아산식증 등을 유발한다.
③ 공기 중에 다량 존재하여 산소분압을 저하시켜 조직세포에 필요한 산소를 공급하지 못하게 하여 산소 부족현상을 발생시킨다.
④ 혈액 중에서 혈색조와 결합한 후에 혈액의 산소운반 능력을 방해하거나, 또는 조직세포 있는 철 산화요소를 불활성화시켜 세포의 산소수용 능력을 상실시킨다.

해설 화학적 질식제 ─────────────

① 화학적 질식제와 뇌순환 혈관, 중추신경 작용은 큰 관계가 없다.
② 화학적 질식제와 피부와 점막의 부식작용, 치아산식증 등은 큰 관계가 없다.
③ 단순 질식제에 대한 설명이다.
④ 화학적 질식제에 대한 설명이다.

88

중요도 ★★

다음 중 실험동물을 대상으로 투여 시 독성을 초래하지는 않지만 관찰 가능한 가역적인 반응이 나타나는 양을 의미하는 용어는?

① 유효량(ED)   ② 치사량(LD)
③ 독성량(TD)   ④ 서한량(PD)

해설 실험동물 관련 용어 ───────────

• 유효량(ED) : 실험동물 대상으로 투여 시 독성은 초래하지 않지만 가역적인 반응이 나타나는 양이다.
• ED_{50} : 실험동물의 50 %에서 가역적 반응을 나타내는 용량이다.

89

중요도 ★★

유해화학물질의 노출기준으로 정하고 있는 기관과 노출기준 명칭의 연결이 옳은 것은?

① OSHA - REL

② AIHA - MAC

③ ACGIH - TLV

④ NIOSH - PEL

해설 기관별 유해화학물질 노출기준 명칭 ─────

① OSHA(미국 산업안전보건청) - PEL

② AIHA(미국 산업위생학회) - WEEL

③ ACGIH(미국 정부산업위생전문가회의) - TLV

④ NIOSH(국립산업안전보건연구원) - REL

90

중요도 ★★★

다음 중 유해화학물질에 의한 간의 중요한 장해인 중심소엽성 괴사를 일으키는 물질로 옳은 것은?

① 수은　　　　　② 사염화탄소

③ 이황화탄소　　④ 에틸렌글리콜

해설 사염화탄소 ─────

사염화탄소(CCl_4)는 주로 간, 신장, 중추신경계에 대한 독성이 강하고, 특히 간에 대한 독성이 강해 중심소엽성 괴사를 일으킨다.

91

중요도 ★★

다음 중 이황화탄소(CS_2) 중독의 증상으로 가장 적절한 것은?

① 급성마비, 두통, 신경증상

② 피부염, 궤양, 호흡기질환

③ 치아산식증, 순환기장애, 천식

④ 질식, 시신경장애, 심장장애

해설 이황화탄소(CS_2) 중독 증상 ─────

• 말초신경장애로 파킨슨증후군을 유발한다.

• 급성마비, 두통, 신경증상을 나타낸다.

• 만성 중독으로 뇌경색증, 다발성 신경염 등을 일으킨다.

• 급성으로 고농도 노출 시 사망할 수도 있다.

92

중요도 ★★★

납 중독을 확인하는 시험이 아닌 것은?

① 혈중의 납농도

② 소변 중 단백질

③ 말초신경의 신경전달 속도

④ ALA(Amino Levulinic Acid) 축적

해설 납 중독을 확인하는 시험 ─────

• 혈중 납농도 : 가장 표준적인 검사이다.

• 신경전달속도 : 납 중독에 의해 신경전달속도가 느려지는 경향이 있으므로 보조 진단자료로 활용한다.

• 헴의 대사(ALA 축적) : 납은 헴 합성효소를 억제하므로 헴 대사체 변화를 통해 보조 진단자료로 활용한다.

93

중요도 ★★

합금, 도금 및 전지 등의 제조에 사용되며, 알레르기 반응, 폐암 및 비강암을 유발할 수 있는 중금속은?

① 비소　　　　　② 니켈

③ 베릴륨　　　　④ 안티몬

해설 니켈 중독 ─────

• 급성 중독 : 접촉성 피부염, 복통 및 설사 등 소화기 증상, 두통 등 신경학적 증상

• 만성 중독 : 폐암, 비강암, 비중격천공증

2023-03

94

중요도 ★★

다음 중 달걀 썩는 것 같은 심한 부패성 냄새가 나는 물질로, 노출 시 중추신경의 억제와 후각의 마비 증상을 유발하며, 치료를 위하여 100 % O_2를 투여하는 등의 조치가 필요한 물질은?

① 암모니아
② 포스겐
③ 오존
④ 황화수소

해설 황화수소(H_2S) ───────────

- 천연가스, 석유정제산업, 지하 석탄광업 등을 통해서 노출된다.
- 달걀 썩는 것 같은 심한 냄새가 난다.
- 독성이 강하며 노출 시 중추신경의 억제와 후각의 마비 증상을 유발한다.
- 치료를 위해 100 % O_2를 투여한다.

95

중요도 ★★

「산업안전보건법령」상 사람에게 충분한 발암성 증거가 있는 물질(1A)에 포함되어 있지 않은 것은?

① 벤지딘(Benzidine)
② 베릴륨(Beryllium)
③ 에틸벤젠(Ethyl benzene)
④ 염화비닐(Vinyl chloride)

해설 발암성 증거가 있는 물질 ───────────

벤지딘, 베릴륨, 염화비닐(클로로에틸렌)은 모두 사람에게 충분한 발암성 증거가 있는 물질(1A)에 포함되어 있다.

96

중요도 ★★★

「산업안전보건법령」상 석면 및 내화성 세라믹 섬유의 노출기준 표시단위로 옳은 것은?

① %
② ppm
③ 개/cm^3
④ mg/m^3

해설 표시단위 ───────────

「화학물질 및 물리적 인자의 노출기준」제11조
- 가스 및 증기의 노출기준 표시단위 : ppm
- 분진 및 미스트 등 에어로졸(Aerosol)의 노출기준 표시단위 : mg/m^3
- 석면 및 내화성 세라믹 섬유의 노출기준 표시단위 : 개/cm^3

97

중요도 ★★★

「화학물질 및 물리적 인자의 노출기준」에서 근로자가 1일 작업시간동안 잠시라도 노출되어서는 안 되는 기준을 나타내는 것은?

① TLV-C
② TLV-skin
③ TLV-TWA
④ TLV-STEL

해설 노출기준 용어 ───────────

① TLV-C : 근로자가 1일 동안 잠시라도 노출돼서는 안 되는 농도
② TLV-skin : 피부를 통한 흡수 가능성이 있는 경우 표시하는 방법
③ TLV-TWA : 시간가중평균허용농도로 1일 8시간, 주 40시간 동안 노출될 수 있는 허용 농도
④ TLV-STEL : 단기허용농도로 최대 15분간 노출될 수 있는 농도

98

중요도 ★

호흡성 분진 중 활석(석면 불포함)의 노출기준으로 옳은 것은?

① 1 mg/m
② 2 mg/m
③ 5 mg/m
④ 10 mg/m

해설 분진 노출기준

활석(석면 불포함) 노출기준(TWA) : 2 mg/m

99

중요도 ★★

다음 중 화학적 질식가스에 관한 설명으로 옳은 것은?

① 혈액 중의 혈색소와 결합하여 산소운반 능력을 촉진시킨다.
② 일산화탄소는 산소와 혈색소의 결합을 촉진시킨다.
③ 시안화물 및 그 화합물은 조직 내에서 산화과정을 촉진시킨다.
④ 아닐린, 메틸아닐린 등은 메트헤모글로빈을 형성시킨다.

해설 화학적 질식가스

① 혈액 중의 혈색소와 결합하여 산소운반 능력을 방해한다.
② 일산화탄소는 산소와 혈색소의 결합을 방해한다.
③ 시안화물 및 그 화합물은 조직 내 산화효소를 방해해서 조직의 산화과정(조직호흡)을 억제한다.
④ 아닐린, 메틸아닐린 등은 메트헤모글로빈을 형성시켜 산소의 운반을 방해한다.

100

중요도 ★★★

독성 물질의 생체과정인 흡수, 분포, 생전환, 배설 등에 변화를 일으켜 독성이 낮아지는 길항작용(Antagonism)은?

① 화학적 길항작용
② 기능적 길항작용
③ 배분적 길항작용
④ 수용체 길항작용

해설 길항작용

(1) 길항작용의 정의
두 물질이 서로의 작용을 방해하여 두 물질에 동시 노출될 경우 독성이 단독물질의 독성보다 약해지는 현상이다.

(2) 길항작용의 분류
• 화학적 길항작용 : 화학적인 상호반응에 의해 독성이 낮아진다.
• 배분적 길항작용 : 물질의 흡수, 대사 등에 변화를 일으켜 독성이 낮아진다.
• 수용체 길항작용 : 두 화학물질이 체내에서 같은 수용체에 결합하여 경쟁관계를 가짐으로서 독성이 낮아진다.
• 기능적 길항작용 : 생체 내에서 서로 반대되는 기능을 가져 독성이 낮아진다.

2022 제1회 기출문제

산업위생학개론

01
중요도 ★★★

중량물 취급으로 인한 요통 발생에 관여하는 요인으로 볼 수 없는 것은?

① 근로자의 육체적 조건
② 작업빈도와 대상의 무게
③ 습관성 약물의 사용 유무
④ 작업습관과 개인적인 생활태도

해설 요통을 발생시키는 요인

• 잘못된 작업방법 및 자세
• 직업빈도, 물체의 위치와 무게 크기 등과 같은 물리적인 환경요인
• 근로자의 육체적 조건
• 요통 및 기타 장애(자동차 사고, 넘어짐 등)의 경력

02
중요도 ★★★

산업위생의 기본적인 과제에 해당하지 않는 것은?

① 작업환경이 미치는 건강장애에 관한 연구
② 작업능률 저하에 따른 작업조건에 관한 연구
③ 작업환경의 유해물질이 대기오염에 미치는 영향에 관한 연구
④ 작업환경에 의한 신체적 영향과 최적환경의 연구

해설 산업위생의 기본적인 과제

• 작업능력의 향상과 저하에 따른 작업조건 및 정신적 조건의 연구
• 최적 작업환경 조성에 관한 연구 및 유해작업환경에 의한 신체적 영향 연구(작업환경이 미치는 건강장해에 관한 연구)
• 노동력의 재생산과 사회, 경제적 조건에 관한 연구

03
중요도 ★

작업시작 및 종료 시 호흡의 산소 소비량에 대한 설명으로 옳지 않은 것은?

① 산소 소비량은 작업부하가 계속 증가하면 일정한 비율로 계속 증가한다.
② 작업이 끝난 후에도 맥박과 호흡수가 작업개시 수준으로 즉시 돌아오지 않고 서서히 감소한다.
③ 작업부하 수준이 최대 산소 소비량 수준보다 높아지게 되면, 젖산의 제거 속도가 생성 속도에 못 미치게 된다.
④ 작업이 끝난 후에 남아 있는 젖산을 제거하기 위해서는 산소가 더 필요하며, 이때 동원되는 산소 소비량을 산소 부채(Oxygen Debt)라 한다.

해설 산소 소비량

산소 소비량은 작업부하가 계속 증가하면 일정한 비율로 계속 증가하나 작업부하가 일정 한계를 초과하면 더 이상 증가하지 않는다.

04

중요도 ★★

38세 된 남성근로자의 육체적 작업능력(PWC)은 15 kcal/min이다. 이 근로자가 1일 8시간 동안 물체를 운반하고 있으며 이때의 작업 대사량은 7 kcal/min이고, 휴식 시 대사량은 1.2 kcal/min이다. 이 사람의 적정 휴식시간과 작업시간의 배분(매 시간별)은 어떻게 하는 것이 이상적인가?

① 12분 휴식 48분 작업

② 17분 휴식 43분 작업

③ 21분 휴식 39분 작업

④ 27분 휴식 33분 작업

해설 피로예방을 위한 적정 휴식시간 비($T_{rest}(\%)$)

$$T_{rest}(\%) = \left(\frac{PWC의 \frac{1}{3} - 작업\ 대사량}{휴식\ 대사량 - 작업\ 대사량} \right) \times 100$$

$$= \left(\frac{15 \times \frac{1}{3} - 7}{1.2 - 7} \right) \times 100 = 34.48\%$$

매 시간당 적정 휴식시간
휴식시간 = 60 min × 0.3448 = 20.69 min
작업시간 = 60 min - 20.69 min = 39.31 min

05

중요도 ★★

산업위생의 역사에 있어 주요 인물과 업적의 연결이 올바른 것은?

① Percivall Pott - 구리광산의 산 증기 위험성 보고

② Hippocrates - 역사상 최초의 직업병(납 중독) 보고

③ G. Agricola - 검댕에 의한 직업성 암의 최초 보고

④ Bernardino Ramazzini - 금속 중독과 수은의 위험성 규명

해설 산업위생의 역사

① Glaen - 구리광산의 산 증기 위험성 보고

③ Percivall Pott - 검댕에 의한 직업성 암의 최초 보고

④ Alice Hamilton - 금속 중독과 수은의 위험성 규명

06

중요도 ★★

「산업안전보건법령」상 자격을 갖춘 보건관리자가 해당 사업장의 근로자를 보호하기 위한 조치에 해당하는 의료행위를 모두 고른 것은? (단, 보건관리자는 의료법에 따른 의사로 한정한다)

> 가. 자주 발생하는 가벼운 부상에 대한 치료
> 나. 응급처치가 필요한 사람에 대한 처치
> 다. 부상·질병의 악화를 방지하기 위한 처치
> 라. 건강진단 결과 발견된 질병자의 요양지도 및 관리

① 가, 나

② 가, 다

③ 가, 다, 라

④ 가, 나, 다, 라

해설 보건관리자

보건관리자가 의사인 경우 가, 나, 다, 라의 조치를 모두 할 수 있다.

관련법령 보건관리자가 할 수 있는 의료행위
「산업안전보건법 시행령」 제22조
해당 사업장의 근로자를 보호하기 위한 다음의 조치에 해당하는 의료행위(보건관리자가 의사 또는 간호사인 경우로 한정)
① 자주 발생하는 가벼운 부상에 대한 치료
② 응급처치가 필요한 사람에 대한 처치
③ 부상·질병의 악화를 방지하기 위한 처치
④ 건강진단 결과 발견된 질병자의 요양지도 및 관리
⑤ ①부터 ④까지의 의료행위에 따르는 의약품의 투여

07

온도 25 ℃, 1기압하에서 분당 100 mL씩 60분 동안 채취한 공기 중에서 벤젠이 5 mg 검출되었다면 검출된 벤젠은 약 몇 ppm인가? (단, 벤젠의 분자량은 78이다)

① 15.7   ② 26.1

③ 157   ④ 261

> **해설** ppm과 mg/m³의 농도변환 ─────

(1) 채취한 공기의 부피를 m³로 변환

$$\frac{100\text{mL}}{1\text{min}} \times 60\text{min} \times \frac{10^{-6}\text{m}^3}{\text{mL}} = 0.006\text{m}^3$$

(2) 25 ℃에서 ppm과 mg/m³의 상호 농도변환

$$\text{ppm} = \text{mg/m}^3 \times \frac{24.45}{\text{그램 분자량}}$$

$$\text{ppm} = \frac{5}{0.006} \times \frac{24.45}{78} = 261.217\text{ppm}$$

08

산업위생전문가들이 지켜야 할 윤리강령에 있어 전문가로서의 책임에 해당하는 것은?

① 일반 대중에 관한 사항은 정직하게 발표한다.

② 위험요소와 예방조치에 관하여 근로자와 상담한다.

③ 과학적 방법의 적용과 자료의 해석에서 객관성을 유지한다.

④ 위험요인의 측정, 평가 및 관리에 있어서 외부의 압력에 굴하지 않고 중립적 태도를 취한다.

> **해설** 산업위생전문가의 전문가로서의 책임 ─────

• 성실성과 학문적 실력 면에서 최고수준을 유지해야 한다.

• 과학적 방법의 적용과 자료의 해석에서 경험을 통한 전문가의 객관성을 유지한다.

• 전문분야로서의 산업위생을 학문적으로 발전시킨다.

• 근로자, 사회 및 전문직종의 이익을 위해 과학적 지식을 공개하고 발표한다.

• 활동을 통해 얻은 개인 및 기업체의 기밀은 누설하지 않는다.

• 전문적 판단이 타협에 의하여 좌우될 수 있거나 이해관계가 있는 상황에는 개입하지 않는다.

09

어떤 플라스틱 제조공장에 200명의 근로자가 근무하고 있다. 1년에 40건의 재해가 발생하였다면 이 공장의 도수율은? (단, 1일 8시간, 연간 290일 근무기준이다)

① 200   ② 86.2

③ 17.3   ④ 4.4

> **해설** 도수율(빈도율) ─────

100만 근로시간당 발생한 재해 건수이다.

$$\text{도수율} = \frac{\text{재해건수}}{\text{연 근로시간 수}} \times 10^6$$

$$\text{도수율} = \frac{40}{200\text{명} \times 8\text{시간} \times 290\text{일}} \times 10^6$$
$$= 86.2$$

10

중요도 ★★

「산업안전보건법령」상 충격소음의 강도가 130 dB(A)일 때 1일 노출회수기준으로 옳은 것은?

① 50
② 100
③ 500
④ 1,000

해설 충격소음작업의 정의 ——————

「안전보건규칙」 제512조

충격소음작업은 소음이 1초 이상의 간격으로 발생하는 작업으로서 다음의 어느 하나에 해당하는 작업이다.

- 120 dB을 초과하는 소음이 1일 1만 회 이상 발생하는 작업
- 130 dB을 초과하는 소음이 1일 1천 회 이상 발생하는 작업
- 140 dB을 초과하는 소음이 1일 1백 회 이상 발생하는 작업

11

중요도 ★

산업스트레스에 대한 반응을 심리적 결과와 행동적 결과로 구분할 때 행동적 결과로 볼 수 없는 것은?

① 수면방해
② 약물 남용
③ 식욕부진
④ 돌발 행동

해설 산업스트레스 ——————

수면방해는 심리적 결과로 볼 수 있다.

개념확인 산업스트레스의 반응에 따른 결과

구분	내용
행동적 결과	• 흡연 • 알코올 및 약물 남용 • 돌발적 사고 및 행동
심리적 결과	• 가정문제 • 불면증으로 인한 수면방해 • 성적 욕구 감퇴
생리적 결과	• 심혈관계 질환 • 위장관계 질환 • 기타 질환(두통, 우울증 등)

12

중요도 ★★

다음 중 일반적인 실내공기질 오염과 가장 관련이 적은 질환은?

① 규폐증(Silicosis)
② 가습기 열(Humidifier Fever)
③ 레지오넬라병(Legionnaires Disease)
④ 과민성 폐렴(Hypersensitivity Pneumonitis)

해설 실내공기질 오염 ——————

규폐증은 이산화규소(SiO_2, 유리규산, 석영) 분진의 흡입으로 폐 조직에 섬유화가 나타나는 진폐증이다. 규폐증은 주로 건축업, 도자기 작업장, 석재공장 등에서 일하는 근로자에게 발생하므로 일반적인 실내공기질 오염과 관련이 적다.

13

중요도 ★★

물체의 실제무게를 미국 NIOSH의 권고 중량물한계기준(RWL : Recommended Weight Limit)으로 나누어 준 값을 무엇이라 하는가?

① 중량상수(LC)
② 빈도승수(FM)
③ 비대칭승수(AM)
④ 중량물 취급지수(LI)

해설 중량물 취급지수(LI) ——————

물체의 실제 무게를 권고중량물한계기준(RWL)로 나누어 준 값이다.

$$LI = \frac{실제\ 작업\ 무게(L)}{권장무게한계(RWL)}$$

2022-01

「산업안전보건법령」상 사업주가 위험성평가의 결과와 조치사항을 기록·보존할 때 포함되어야 할 사항이 아닌 것은? (단, 그 밖에 위험성평가의 실시내용을 확인하기 위하여 필요한 사항은 제외한다)

① 위험성 결정의 내용
② 유해위험방지계획서 수립 유무
③ 위험성 결정에 따른 조치의 내용
④ 위험성평가 대상의 유해·위험요인

해설 위험성평가 실시내용 및 결과의 기록·보존 시 포함되어야 하는 내용 —————

「산업안전보건법 시행규칙」제37조
• 위험성평가 대상의 유해·위험요인
• 위험성 결정의 내용
• 위험성 결정에 따른 조치의 내용
• 그 밖에 위험성평가의 실시내용을 확인하기 위하여 필요한 사항으로서 고용노동부장관이 정하여 고시하는 사항

다음 중 규폐증을 일으키는 주요 물질은?

① 면분진
② 석탄 분진
③ 유리규산
④ 납흄

해설 규폐증을 일으키는 주요 물질 —————
규폐증은 이산화규소(SiO_2, 유리규산, 석영) 분진의 흡입으로 폐 조직에 섬유화가 나타나는 진폐증이다.

「화학물질 및 물리적 인자의 노출기준」 고시상 다음 (   )에 들어갈 유해물질들 간의 상호작용은?

(노출기준 사용상의 유의사항) 각 유해인자의 노출기준은 해당 유해인자가 단독으로 존재하는 경우의 노출기준을 말하며, 2종 또는 그 이상의 유해인자가 혼재하는 경우에는 각 유해인자의 (   )으로 유해성이 증가할 수 있으므로 법에 따라 산출하는 노출기준을 사용하여야 한다.

① 상승작용
② 강화작용
③ 상가작용
④ 길항작용

해설 노출기준 사용상의 유의사항 —————
「화학물질 및 물리적 인자의 노출기준」 제3조
각 유해인자의 노출기준은 해당 유해인자가 단독으로 존재하는 경우의 노출기준을 말하며, 2종 또는 그 이상의 유해인자가 혼재하는 경우에는 각 유해인자의 상가작용으로 유해성이 증가할 수 있으므로 법에 따라 산출하는 노출기준을 사용하여야 한다.

A 사업장에서 중대재해인 사망사고가 1년간 4건 발생하였다면 이 사업장의 1년간 4일 미만의 치료를 요하는 경미한 사고건수는 몇 건이 발생하는지 예측되는가? (단, Heinrich의 이론에 근거하여 추정한다)

① 116
② 120
③ 1,160
④ 1,200

해설 문제의 조건에 따라 경미한 사고건수 계산 ──────

$$1 : 29 = 4 : x$$

$$x = \frac{29 \times 4}{1} = 116$$

개념확인 하인리히의 사고빈도법칙

· 1 : 29 : 300의 법칙이라고도 한다.
· 무상해 사고 300건이 발생하면 경미한 상해는 29건, 중상 또는 사망은 1건이 발생한다.

18

중요도 ★

교대작업이 생기게 된 배경으로 옳지 않은 것은?

① 사회 환경의 변화로 국민생활과 이용자들의 편의를 위한 공공사업의 증가
② 의학의 발달로 인한 생체주기 등의 건강상 문제 감소 및 의료기관의 증가
③ 석유화학 및 제철업 등과 같이 공정상 조업중단이 불가능한 산업의 증가
④ 생산설비의 완전가동을 통해 시설투자비용을 조속히 회수하려는 기업의 증가

해설 교대작업이 생기게 된 배경 ──────

· 사회 환경의 변화로 국민생활과 이용자들의 편의를 위한 공공사업의 증가
· 석유화학 및 제철업 등과 같이 공정상 조업중단이 불가능한 산업의 증가
· 생산설비의 완전가동을 통해 시설투자비용을 조속히 회수하려는 기업의 증가

19

중요도 ★★★

작업장에 존재하는 유해인자와 직업성 질환의 연결이 옳지 않은 것은?

① 망간 – 신경염
② 무기 분진 – 진폐증
③ 6가크롬 – 비중격천공
④ 이상기압 – 레이노씨병

해설 유해인자별 발생 직업병 ──────

유해인자	직업병
크롬	폐암, 비중격천공
이상기압	폐수종(잠함병)
방사선	피부염 및 백혈병
수은	무뇨증
망간	신장염, 신경염
석면	악성중피종
진동	레이노씨병
분진	규폐증

20

중요도 ★★★

심한 노동 후의 피로현상으로 단기간의 휴식에 의해 회복될 수 없는 병적상태를 무엇이라 하는가?

① 곤비
② 과로
③ 전신피로
④ 국소피로

해설 곤비 ──────

곤비는 과로가 축적되어 단기간의 휴식을 통해서는 회복할 수 없는 병적인 상태이다.

21
중요도 ★★

고체 흡착제를 이용하여 시료채취를 할 때 영향을 주는 인자에 관한 설명으로 틀린 것은?

① 오염물질 농도 : 공기 중 오염물질의 농도가 높을수록 파과용량은 증가한다.
② 습도 : 습도가 높으면 극성 흡착제를 사용할 때 파과 공기량이 적어진다.
③ 온도 : 일반적으로 흡착은 발열 반응이므로 열역학적으로 온도가 낮을수록 흡착에 좋은 조건이다.
④ 시료채취유량 : 시료채취유량이 높으면 쉽게 파과가 일어나나 코팅된 흡착제인 경우는 그 경향이 약하다.

해설 시료채취유량 ─────────
시료채취유량이 높고 코팅된 흡착제일수록 파과되기 쉽다.

22
중요도 ★★

불꽃방식의 원자흡광광도계의 특징으로 옳지 않은 것은?

① 조작이 쉽고 간편하다.
② 분석시간이 흑연로장치에 비하여 적게 소요된다.
③ 주입 시료액의 대부분이 불꽃부분으로 보내지므로 감도가 높다.
④ 고체 시료의 경우 전처리에 의하여 매트릭스를 제거해야 한다.

해설 불꽃방식의 원자흡광광도계(원자흡광분석기의 불꽃에 의한 금속 정량의 특징) ─────────
• 흑연로 장치나 유도결합플라즈마에 비하여 가격이 저렴하다.
• 분석시간이 흑연로 장치에 비하여 적게 소요된다.
• 고체 시료의 경우 전처리에 의해 매트릭스(기질)를 제거하여야 한다.
• 시료량이 많이 소요되며 감도가 낮다.
• 시험용액 중의 납 등 작업환경 중 유해금속 분석을 할 수 있다.
• 조작이 쉽고 간편하다.

23
중요도 ★★★

「산업안전보건법령」상 소음의 측정시간에 관한 내용 중 A에 들어갈 숫자는?

단위작업장소에서 소음수준은 규정된 측정위치 및 지점에서 1일 작업시간 동안 (A)시간 연속 측정하거나 작업시간을 1시간 간격으로 나누어 (A)회 이상 측정하여야 한다.

① 2　　　　　② 4
③ 6　　　　　④ 8

해설 소음의 측정시간 ─────────
「작업환경 측정 및 정도관리 등에 관한 고시」 제28조
단위작업장소에서 소음수준은 규정된 측정위치 및 지점에서 1일 작업시간 동안 6시간 이상 연속 측정하거나 작업시간을 1시간 간격으로 나누어 6회 이상 측정하여야 한다.

24

중요도 ★★

「산업안전보건법령」상 다음과 같이 정의되는 용어는?

> 작업환경 측정·분석결과에 대한 정확성과 정밀도를 확보하기 위하여 작업환경 측정기관의 측정·분석능력을 확인하고, 그 결과에 따라 지도·교육 등 측정·분석능력 향상을 위하여 행하는 모든 관리적 수단

① 정밀관리
② 정확관리
③ 적정관리
④ 정도관리

해설 정도관리의 정의 —————

「작업환경 측정 및 정도관리 등에 관한 고시」 제2조 "정도관리"란 작업환경 측정·분석 결과에 대한 정확성과 정밀도를 확보하기 위하여 작업환경 측정기관의 측정·분석능력을 확인하고, 그 결과에 따라 지도·교육 등 측정·분석능력 향상을 위하여 행하는 모든 관리적 수단을 말한다.

25

중요도 ★★

한 근로자가 하루 동안 TCE에 노출되는 것을 측정한 결과가 아래와 같을 때, 8시간 시간가중 평균치(TWA, ppm)는?

측정시간	노출농도(ppm)
1시간	10.0
2시간	15.0
4시간	17.5
1시간	0.0

① 15.7
② 14.2
③ 13.8
④ 10.6

해설 시간가중평균노출기준(TWA) —————

$$TWA \text{ 환산값} = \frac{C_1 \times T_1 + C_2 \times T_2 + \cdots C_n \times T_n}{8}$$

C : 유해인자의 측정치(mg/m^3, ppm)

T : 유해인자의 발생시간(시간)

TWA 환산값

$$= \frac{(10 \times 1) + (15 \times 2) + (17.5 \times 4) + (0 \times 1)}{8}$$

$$= 13.75ppm$$

26

중요도 ★★

피토관(Pitot Tube)에 대한 설명 중 옳은 것은? (단, 측정 기체는 공기이다)

① Pitot Tube의 정확성에는 한계가 있어 정밀한 측정에서는 경사 마노미터를 사용한다.
② Pitot Tube를 이용하여 곧바로 기류를 측정할 수 있다.
③ Pitot Tube를 이용하여 총압과 속도압을 구하여 정압을 계산한다.
④ 속도압이 25 mmH$_2$O일 때 기류속도는 28.58 m/s이다.

해설 피토관(Pitot Tube) —————

• 유체가 흐를 때 발생하는 압력 차이를 이용하여 속도를 측정한다.
• 피토관의 정확성에는 한계가 있어 기류가 12.6 m/s 이상일 때는 U자 튜브를 이용하고, 그 이하에서는 기울어진 튜브(경사 튜브)를 사용하여 속도를 측정한다.
• 정밀한 측정에서는 경사 마노미터를 이용한다.

- 속도압이 25 mmH₂O일 때 기류속도

$$속도압(VP) = \frac{\gamma V^2}{2g}$$

$$\gamma V^2 = VP \times 2g$$

$$V^2 = \frac{VP \times 2g}{\gamma}$$

$$V = \sqrt{\frac{VP \times 2g}{\gamma}} = \sqrt{\frac{25 \times 2 \times 9.8}{1.2}}$$

$$= 20.21 \text{m/sec}$$

개념확인 속도압 공식

$$속도압(VP) = \frac{\gamma V^2}{2g}$$

γ : 비중(kg/m³), 공기의 비중 = 1.2 kg/m³

V : 속도(m/sec)

g : 중력가속도(m/sec²)

27
중요도 ★★

「산업안전보건법령」상 작업환경 측정 대상이 되는 작업장 또는 공정에서 정상적인 작업을 수행하는 동일 노출집단의 근로자가 작업을 하는 장소를 지칭하는 용어는?

① 동일작업장소
② 단위작업장소
③ 노출측정장소
④ 측정작업장소

해설 단위작업장소의 정의

「작업환경 측정 및 정도관리 등에 관한 고시」 제2조 단위작업장소란 작업환경 측정 대상이 되는 작업장 또는 공정에서 정상적인 작업을 수행하는 동일 노출집단의 근로자가 작업을 하는 장소를 말한다.

28
중요도 ★★★

근로자가 일정시간 동안 일정 농도의 유해물질에 노출될 때 체내에 흡수되는 유해물질의 양은 아래의 식을 적용하여 구한다. 각 인자에 대한 설명이 틀린 것은?

$$체내 흡수량(mg) = C \times T \times R \times V$$

① C : 공기 중 유해물질 농도
② T : 노출시간
③ R : 체내 잔류율
④ V : 작업공간 공기의 부피

해설 SHD : 체내 흡수량(mg)

$SHD = C \times T \times V \times R$

C : 공기 중 유해물질 농도(mg/m³)

T : 노출시간(hr)

V : 호흡률(폐환기율)(m³/hr)

R : 체내 잔류율(보통 1임)

29
중요도 ★★

고열(Heat Stress)의 작업환경 평가와 관련된 내용으로 틀린 것은?

① 가장 일반적인 방법은 습구흑구온도(WBGT)를 측정하는 방법이다.
② 자연습구온도는 대기온도를 측정하긴 하지만 습도와 공기의 움직임에 영향을 받는다.
③ 흑구온도는 복사열에 의해 발생하는 온도이다.
④ 습도가 높고 대기흐름이 적을 때 낮은 습구온도가 발생한다.

해설 고열의 작업환경 평가

습도가 높고 대기 흐름이 적을 때 높은 습구온도가 발생한다.

30

중요도 ★★

같은 작업장소에서 동시에 5개의 공기시료를 동일한 채취조건하에서 채취하여 벤젠에 대해 아래의 도표와 같은 분석결과를 얻었다. 이때 벤젠농도 측정의 변이계수(CV%)는?

공기시료번호	벤젠농도(ppm)
1	5.0
2	4.5
3	4.0
4	4.6
5	4.4

① 8 %   ② 14 %
③ 56 %   ④ 96 %

해설 변이계수 ─────

산술평균(M) 계산

$M = \dfrac{5.0+4.5+4.0+4.6+4.4}{5} = 4.5$

표준편차(SD) 계산

$SD = \sqrt{\dfrac{\begin{array}{l}(5.0-4.5)^2+(4.5-4.5)^2+(4.0-4.5)^2\\+(4.6-4.5)^2+(4.4-4.5)^2\end{array}}{5-1}}$

$= 0.36$

변이계수(CV%)

$CV\% = \dfrac{표준편차}{산술평균} \times 100$

$= \dfrac{0.36}{4.5} \times 100 = 8\%$

31

중요도 ★★★

작업장 내 다습한 공기에 포함된 비극성 유기증기를 채취하기 위해 이용할 수 있는 흡착제의 종류로 가장 적절한 것은?

① 활성탄(Activated Dharcoal)
② 실리카겔(Silica Gel)
③ 분자체(Molecular Sieve)
④ 알루미나(Alumina)

해설 활성탄관을 사용하여 채취하기 적절한 시료 ──

• 비극성류의 유기용제
• 각종 방향족 유기용제
• 할로겐화 지방족 유기용제
• 에스테르류, 에테르류 등

32

중요도 ★★

「산업안전보건법령」에서 가스상 물질의 측정에 관한 내용 중 일부이다. ( )에 들어갈 내용으로 옳은 것은?

> 검지관방식으로 측정하는 경우에는 1일 작업시간 동안 1시간 간격으로 ( )회 측정하되 측정시간마다 2회 이상 반복 측정하여 평균값을 산출하여야 한다.

① 2   ② 4
③ 6   ④ 8

해설 검지관방식의 측정 ─────

「작업환경 측정 및 정도관리 등에 관한 고시」 제25조 검지관방식으로 측정하는 경우에는 1일 작업시간 동안 1시간 간격으로 6회 이상 측정하되 측정시간마다 2회 이상 반복 측정하여 평균값을 산출하여야 한다. 다만 가스상 물질의 발생시간이 6시간 이내일 때에는 작업시간 동안 1시간 간격으로 나누어 측정하여야 한다.

33

벤젠과 톨루엔이 혼합된 시료를 길이 30 cm, 내경 3 mm인 충진관이 장치된 기체크로마토그래피로 분석한 결과가 아래와 같을 때, 혼합 시료의 분리효율을 99.7 %로 증가시키는 데 필요한 충진관의 길이(cm)는? (단, N, H, L, W, R_s, t_R은 각각 이론단수, 높이(HETP), 길이, 봉우리 너비, 분리계수, 머무름 시간을 의미하며, 문자 위 "–"(bar)는 평균값을, 하첨자 A와 B는 각각의 물질을 의미하며, 분리효율이 99.7 %가 되기 위한 R_s는 1.5이다)

[크로마토그램 결과]

분석 물질	머무름 시간 (Retention Time)	봉우리 너비 (Peak Width)
벤젠	16.4분	1.15분
톨루엔	17.6분	1.25분

[크로마토그램 관계식]

$$N = 16\left(\frac{t_R}{W}\right)^2, \quad H = \frac{L}{N}$$

$$R_s = \frac{2(t_{R,A} - t_{R,B})}{W_A + W_B}, \quad \frac{\overline{N_1}}{\overline{N_2}} = \frac{R_{s,1}^2}{R_{s,2}^2}$$

① 60
② 62.5
③ 67.5
④ 72.5

해설 분리도(R_s) 계산 ─────

$$R_s = \frac{2(t_{R,톨루엔} - t_{R,벤젠})}{W_{톨루엔} + W_{벤젠}} = \frac{2(17.6 - 16.4)}{1.25 + 1.15}$$

$$= 1$$

$$\overline{N_1} = \frac{N_{벤젠} + N_{톨루엔}}{2}$$

$$= \frac{16\left(\frac{t_{R벤젠}}{W_{벤젠}}\right)^2 + 16\left(\frac{t_{R톨루엔}}{W_{톨루엔}}\right)^2}{2}$$

$$= \frac{16 \times \left(\frac{16.4}{1.15}\right)^2 + 16 \times \left(\frac{17.6}{1.25}\right)^2}{2}$$

$$= 3,212.9504$$

$$H = \frac{L_1}{\overline{N_1}} = \frac{30}{3,212.9504} = 0.009337$$

$$\frac{\overline{N_1}}{\overline{N_2}} = \frac{R_{s,1}^2}{R_{s,2}^2} = \frac{1^2}{1.5^2} = 0.4444$$

$$\overline{N_2} = \frac{\overline{N_1}}{0.4444} = \frac{3,212.9504}{0.4444} = 7,229.8613$$

$$H = \frac{L}{N}$$

$$L_2 = H \times \overline{N_2} = 0.009337 \times 7,229.8613$$

$$= 67.505 \text{cm}$$

34

단위작업장소에서 소음의 강도가 불규칙적으로 변동하는 소음을 누적소음 노출량측정기로 측정하였다. 누적소음노출량이 300 %인 경우, 시간가중평균 소음수준(dB(A))은?

① 92
② 98
③ 103
④ 106

해설 시간가중평균 소음수준(TWA)[dB(A)] ─────

$$\text{TWA} = 16.61 \times \log\left[\frac{D}{100}\right] + 90$$

D : 누적소음노출량(%)

$$\text{TWA} = 16.61 \times \log\left[\frac{300}{100}\right] + 90$$

$$= 97.92 \text{dB(A)}$$

35 중요도 ★★★

공장에서 A용제 30 %(노출기준 1,200 mg/m³), B용제 30 %(노출기준 1,400 mg/m³) 및 C용제 40 %(노출기준 1,600 mg/m³)의 중량비로 조성된 액체용제가 증발되어 작업환경을 오염시킬 때, 이 혼합물의 노출기준(mg/m³)은? (단, 혼합물의 성분은 상가작용을 한다)

① 1,400   ② 1,450

③ 1,500   ④ 1,550

해설 액체 혼합물의 노출기준 ──────────

$$mg/m^3 = \frac{1}{\dfrac{f_a}{TLV_a} + \dfrac{f_b}{TLV_b} + \cdots + \dfrac{f_n}{TLV_n}}$$

f_n : 액체 혼합물에서 각 성분 무게(중량)비

TLV_n : 해당 물질의 노출기준(mg/m³)

$$mg/m^3 = \frac{1}{\dfrac{0.3}{1,200} + \dfrac{0.3}{1,400} + \dfrac{0.4}{1,600}} = 1,400$$

36 중요도 ★★

WBGT 측정기의 구성요소로 적절하지 않은 것은?

① 습구온도계   ② 건구온도계

③ 카타온도계   ④ 흑구온도계

해설 습구흑구온도지수(WBGT) 측정기의 구성요소 ─ 습구온도계, 건구온도계, 흑구온도계

37 중요도 ★★

유량, 측정시간, 회수율 및 분석에 의한 오차가 각각 18 %, 3 %, 9 %, 5 %일 때, 누적오차(%)는?

① 18   ② 21

③ 24   ④ 29

해설 누적오차(E_c) ──────────

$$E_c = \sqrt{E_1^2 + E_2^2 + E_3^2 + \cdots E_n^2}$$

E_c : 누적오차(%)

E_n : 각 요소의 오차율(%)

$$E_c = \sqrt{18^2 + 3^2 + 9^2 + 5^2} = 20.952\%$$

38 중요도 ★

흡광광도법에 관한 설명으로 틀린 것은?

① 광원에서 나오는 빛을 단색화 장치를 통해 넓은 파장 범위의 단색 빛으로 변화시킨다.

② 선택된 파장의 빛을 시료액 층으로 통과시킨 후 흡광도를 측정하여 농도를 구한다.

③ 분석의 기초가 되는 법칙은 램버어트 - 비어의 법칙이다.

④ 표준액에 대한 흡광도와 농도의 관계를 구한 후, 시료의 흡광도를 측정하여 농도를 구한다.

해설 단색화 장치 ──────────

• 슬릿, 거울, 렌즈 및 회절발로 구성된다.

• 입사된 빛 중에 원하는 파장의 빛만을 골라내기 위해 사용된다.

• 분석에 필요한 파장 또는 주파수의 스펙트럼 대역만을 선택하여 통과시키는 장치이다.

39

중요도 ★★

작업환경 중 분진의 측정 농도가 대수정규분포를 할 때, 측정 자료의 대표치에 해당되는 용어는?

① 기하평균치
② 산술평균치
③ 최빈치
④ 중앙치

해설 대표치 ─────────

작업환경 측정결과가 대수정규분포를 이루는 경우 대푯값으로 기하평균을 사용하고, 산포도로서는 기하표준편차를 사용한다.

40

중요도 ★

진동을 측정하기 위한 기기는?

① 충격측정기(Impulse Meter)
② 레이저판독판(Laser Readout)
③ 가속측정기(Accelerometer)
④ 소음측정기(Sound Level Meter)

해설 진동을 측정하기 위한 기기 ─────────

가속측정기(Accelerometer)는 진동 또는 구조물의 운동가속을 측정하는 장치이다.

41

중요도 ★★★

국소배기시설에서 장치 배치순서로 가장 적절한 것은?

① 송풍기 → 공기정화기 → 후드 → 덕트 → 배출구
② 공기정화기 → 후드 → 송풍기 → 덕트 → 배출구
③ 후드 → 덕트 → 공기정화기 → 송풍기 → 배출구
④ 후드 → 송풍기 → 공기정화기 → 덕트 → 배출구

해설 국소배기시설에서 장치 배치순서 ─────────

후드 → 덕트 → 공기정화기 → 송풍기 → 배출구

42

중요도 ★★★

금속을 가공하는 음압수준이 98 dB(A)인 공정에서 NRR이 17인 귀마개를 착용했을 때의 차음효과 [dB(A)]는? (단, OSHA의 차음효과 예측방법을 적용한다)

① 2
② 3
③ 5
④ 7

해설 차음효과[dB(A)] ─────────

차음효과 $= (NRR - 7) \times 0.5$
NRR : 차음평가수
차음효과 $= (17 - 7) \times 0.5 = 5 dB(A)$

43

중요도 ★★

다음 중 중성자의 차폐(Shielding) 효과가 가장 적은 물질은?

① 물
② 파라핀
③ 납
④ 흑연

(해설) **중성자의 차폐**

중성자의 차폐(Shielding) 효과가 큰 물질은 물, 파라핀, 흑연, 붕소함유 물질, 콘크리트 등이다.

44

중요도 ★★

테이블에 붙여서 설치한 사각형 후드의 필요환기량 Q(m³/min)를 구하는 식으로 적절한 것은? (단, 플랜지는 부착되지 않았고, A(m²)는 개구면적, X(m)는 개구부와 오염원 사이의 거리, V_c(m/s)는 제어속도를 의미한다)

① $Q = V_c \times (5X^2 + A)$
② $Q = V_c \times (7X^2 + A)$
③ $Q = 60 \times V_c \times (5X^2 + A)$
④ $Q = 60 \times V_c \times (7X^2 + A)$

(해설) **바닥면(작업테이블면)에 위치하고 플랜지가 부착되지 않은 경우 필요환기량**

$Q = 60 \times V_c \times (5X^2 + A)$

Q : 필요환기량(m³/min)

V_c : 제어속도(m/sec)

X : 후드의 중심선으로부터 발생원(오염원)까지의 거리(m)

A : 개구면적(m²)

45

중요도 ★★

원심력집진장치에 관한 설명 중 옳지 않은 것은?

① 비교적 적은 비용으로 집진이 가능하다.
② 분진의 농도가 낮을수록 집진효율이 증가한다.
③ 함진가스에 선회류를 일으키는 원심력을 이용한다.
④ 입자의 크기가 크고 모양이 구체에 가까울수록 집진효율이 증가한다.

(해설) **원심력집진장치**

원심력집진장치는 원심력과 중력을 동시에 이용하기 때문에 입자의 입경과 밀도(농도)가 클수록 집진효율이 증가한다.

46

중요도 ★

직경이 38 cm, 유효높이 2.5 m의 원통형 백필터를 사용하여 60 m³/min의 함진가스를 처리할 때 여과속도(cm/s)는?

① 25
② 32
③ 50
④ 64

(해설) **여과속도**

$Q = AV$

Q : 유량(m³/sec)

A : 단면적(m²), V : 유속(m/sec)

원통형 백필터이므로 단면적은 원의 둘레 공식에 유효높이를 곱한 πDL을 적용한다.

$V = \dfrac{Q}{A} = \dfrac{\dfrac{60m^3}{min} \times \dfrac{min}{60sec}}{\pi \times 0.38m \times 2.5m} = 0.33506 m/sec$

$\dfrac{0.33506m}{sec} \times \dfrac{100cm}{m} = 33.506 cm/sec$

47

중요도 ★★

표준상태(STP ; 0 ℃, 1기압)에서 공기의 밀도가 1.293 kg/m³일 때, 40 ℃, 1기압에서 공기의 밀도(kg/m³)는?

① 1.040
② 1.128
③ 1.185
④ 1.312

해설 부피 보정을 이용한 밀도 계산 ——————

40 ℃의 공기의 부피를 샤를의 법칙으로 계산한다.

$$\frac{V_1}{T_1} = \frac{V_2}{T_2}$$

$$V_2 = \frac{T_2}{T_1} \times V_1 = \frac{40 + 273}{0 + 273} \times 1 = 1.146 \text{m}^3$$

$$\text{밀도} = \frac{1.293 \text{kg}}{1.146 \text{m}^3} = 1.128 \text{kg/m}^3$$

48

중요도 ★★

국소배기장치로 외부식 측방형 후드를 설치할 때, 제어풍속을 고려하여야 할 위치는?

① 후드의 개구면
② 작업자의 호흡위치
③ 발산되는 오염 공기 중의 중심위치
④ 후드의 개구면으로부터 가장 먼 작업위치

해설 제어풍속 ——————

- 후드 개구면에서 유해물질이 함유된 공기를 후드로 흡입시킴으로써 그 지점의 유해물질을 제어할 수 있는 공기의 속도이다.
- 포위식 후드에서는 후드의 개구면에서 흡입되는 기류의 풍속을 의미한다.
- 외부식 후드에서는 후드 개구면으로부터 가장 먼 작업위치에서의 풍속을 제어속도(제어풍속)로 측정한다.

49

중요도 ★★

작업장에서 작업공구와 재료 등에 적용할 수 있는 진동대책과 가장 거리가 먼 것은?

① 진동공구의 무게는 10 kg 이상 초과하지 않도록 만들어야 한다.
② 강철로 코일 용수철을 만들면 설계를 자유스럽게 할 수 있으나 oil damper 등의 저항요소가 필요할 수 있다.
③ 방진고무를 사용하면 공진 시 진폭이 지나치게 커지지 않지만 내구성, 내약품성이 문제가 될 수 있다.
④ 코르크는 정확하게 설계할 수 있고 고유진동수가 20 Hz 이상이므로 진동방지에 유용하게 사용할 수 있다.

해설 진동대책 ——————

코르크는 재질이 일정하지 않아 정확한 설계가 곤란하고 고유진동수가 10 Hz 전후밖에 되지 않아 진동방지보다는 고체음의 전파방지에 주로 사용된다.

50

중요도 ★

여과집진장치의 여과지에 대한 설명으로 틀린 것은?

① 0.1 μm 이하의 입자는 주로 확산에 의해 채취된다.
② 압력강하가 적으면 여과지의 효율이 크다.
③ 여과지의 특성을 나타내는 항목으로 기공의 크기, 여과지의 두께 등이 있다.
④ 혼합섬유 여과지로 가장 많이 사용되는 것은 microsorban 여과지이다.

해설 여과지 ——————

작업환경 측정에서 가장 많이 사용되는 것은 유리섬유여과지(Glass Fiber Filter)이다.

51

중요도 ★★

일반적인 후드 설치의 유의사항으로 가장 거리가 먼 것은?

① 오염원 전체를 포위시킬 것
② 후드는 오염원에 가까이 설치할 것
③ 오염공기의 성질, 발생상태, 발생원인을 파악할 것
④ 후드의 흡인 방향과 오염가스의 이동방향은 반대로 할 것

해설 후드 설치 ─────────────
후드의 흡인 방향과 오염가스의 이동방향은 같은 방향으로 해야 한다.

52

중요도 ★

앞으로 구부리고 수행하는 작업공정에서 올바른 작업자세라고 볼 수 없는 것은?

① 작업 점의 높이는 팔꿈치보다 낮게 한다.
② 바닥의 얼룩을 닦을 때에는 허리를 구부리지 말고 다리를 구부려서 작업한다.
③ 상체를 구부리고 작업을 하다가 일어설 때는 무릎을 굴절시켰다가 다리 힘으로 일어난다.
④ 신체의 중심이 물체의 중심보다 뒤쪽에 있도록 한다.

해설 앞으로 구부리고 수행하는 작업공정 ─────────
앞으로 구부리고 수행하는 작업을 할 때에는 신체의 중심이 물체의 중심보다 앞쪽에 있어야 한다.

53

중요도 ★★

호흡기 보호구의 사용 시 주의사항과 가장 거리가 먼 것은?

① 보호구의 능력을 과대평가하지 말아야 한다.
② 보호구 내 유해물질 농도는 허용기준 이하로 유지해야 한다.
③ 보호구를 사용할 수 있는 최대 사용가능 농도는 노출기준에 할당보호계수를 곱한 값이다.
④ 유해물질의 농도가 즉시 생명에 위태로울 정도인 경우는 공기 정화식 보호구를 착용해야 한다.

해설 호흡기 보호구 ─────────────
유해물질의 농도가 높아 생명에 위태로울 정도이거나 산소가 결핍된 환경에서는 송기마스크(호스마스크, 에어라인마스크)를 착용해야 한다.

54

중요도 ★★

흡인구와 분사구의 등속선에서 노즐의 분사구 개구면 유속을 100 %라고 할 때 유속이 10 % 수준이 되는 지점은 분사구 내경(d)의 몇 배 거리인가?

① 5 d
② 10 d
③ 30 d
④ 40 d

해설 유속의 감소 ─────────────
송풍기로 공기를 불어줄 때 공기속도가 덕트직경의 30배(30 D) 지점에서 유속이 10 %로 감소한다.
공기를 흡인할 때에는 기류의 방향과 관계없이 덕트직경과 같은 거리에서 10 %로 감소한다.

55

중요도 ★★

레시버식 캐노피형 후드설치에 있어 열원 주위 상부의 퍼짐각도는? (단, 실내에는 다소의 난기류가 존재한다)

① 20°　　　　　　② 40°
③ 60°　　　　　　④ 90°

해설 상부의 퍼짐각도 ─────────

• 열원 주변에 난기류가 없는 경우 퍼지는 각도는 약 20°로 제작한다.
• 실제 실내에는 다소의 난기류가 존재하므로 퍼짐각도를 약 40°로 제작한다.

56

중요도 ★

방진마스크의 성능기준 및 사용장소에 대한 설명 중 옳지 않은 것은?

① 방진마스크 등급 중 2급은 포집효율이 분리식과 안면부 여과식 모두 90 % 이상이어야 한다.
② 방진마스크 등급 중 특급의 포집효율은 분리식의 경우 99.95 % 이상, 안면부 여과식의 경우 99.0 % 이상이어야 한다.
③ 베릴륨 등과 같이 독성이 강한 물질들을 함유한 분진이 발생하는 장소에서는 특급 방진마스크를 착용하여야 한다.
④ 금속흄 등과 같이 열적으로 생기는 분진이 발생하는 장소에서는 1급 방진마스크를 착용하여야 한다.

해설 방진마스크 ─────────

방진마스크 등급 중 2급은 포집효율이 분리식과 안면부 여과식 모두 80 % 이상이어야 한다.

관련법령 「보호구 안전인증 고시」 별표4

등급	사용장소
특급	• 베릴륨 등과 같이 독성이 강한 물질들을 함유한 분진 등 발생장소 • 석면 취급장소
1급	• 특급마스크 착용장소를 제외한 분진 등 발생장소 • 금속흄 등과 같이 열적으로 생기는 분진 등 발생장소 • 기계적으로 생기는 분진 등 발생장소
2급	특급 및 1급 마스크 착용장소를 제외한 분진 등 발생장소

방진마스크의 표집효율
「보호구 안전인증 고시」 별표4

형태 및 등급		포집효율(%)
분리식	특급	99.95 이상
	1급	94.0 이상
	2급	80.0 이상
안면부 여과식	특급	99.0 이상
	1급	94.0 이상
	2급	80.0 이상

57

중요도 ★★

정상류가 흐르고 있는 유체 유동에 관한 연속 방정식을 설명하는 데 적용된 법칙은?

① 관성의 법칙　　　② 운동량의 법칙
③ 질량보존의 법칙　④ 점성의 법칙

해설 연속의 방정식(질량보존의 법칙) ─────────

정상류로 흐르는 한 단면의 유체의 질량(유량)은 다른 단면을 통과하는 질량(유량)과 같다.

58

중요도 ★★

공기 중의 포화증기압이 1.52 mmHg인 유기용제가 공기 중에 도달할 수 있는 포화농도(ppm)는?

① 2,000 ② 4,000
③ 6,000 ④ 8,000

해설 포화농도 ─────────

$$포화농도(ppm) = \frac{물질의\ 증기압}{대기압} \times 10^6$$

$$= \frac{1.52mmHg}{760mmHg} \times 10^6 = 2,000ppm$$

59

중요도 ★★★

표준공기(21 ℃)에서 동압이 5 mmHg일 때 유속(m/s)은?

① 9 ② 15
③ 33 ④ 45

해설 속도압(동압)을 이용한 유속 계산 ─────────

(1) 속도압(VP)을 mmH₂O로 환산

$$5mmHg \times \frac{10,332mmH_2O}{760mmHg}$$

$$= 67.973mmH_2O$$

(2) 유속(V) 계산

$$V = 4.043 \sqrt{VP}$$

V : 유속(m/sec)

VP : 속도압(mmH₂O)

$$V = 4.043 \sqrt{67.973} = 33.332m/sec$$

60

중요도 ★★

국소배기시설의 투자비용과 운전비를 작게 하기 위한 조건으로 옳은 것은?

① 제어속도 증가
② 필요 송풍량 감소
③ 후드개구면적 증가
④ 발생원과의 원거리 유지

해설 국소배기시설 ─────────

국소배기시설의 투자비용과 운전비를 작게 하기 위해서는 필요 송풍량을 감소시켜야 한다.

2022-01

61

중요도 ★

일반적으로 전신진동에 의한 생체반응에 관여하는 인자와 가장 거리가 먼 것은?

① 온도
② 진동 강도
③ 진동 방향
④ 진동수

[해설] 전신진동에 의한 생체반응에 관여하는 인자 ────
- 진동의 강도
- 진동수
- 진동방향
- 폭로시간(노출시간)

62

중요도 ★★

반향시간(Reverberation Time)에 관한 설명으로 옳은 것은?

① 반향시간과 작업장의 공간부피만 알면 흡음량을 추정할 수 있다.
② 소음원에서 소음 발생이 중지한 후 소음의 감소는 시간의 제곱에 반비례하여 감소한다.
③ 반향시간은 소음이 닿는 면적을 계산하기 어려운 실외에서의 흡음량을 추정하기 위하여 주로 사용한다.
④ 소음원에서 발생하는 소음과 배경소음간의 차이가 40 dB인 경우에는 60 dB만큼 소음이 감소하지 않기 때문에 반향시간을 측정할 수 없다.

[해설] 반향시간(잔향시간) ────

$$T = \frac{0.16\,V}{A} = \frac{0.16\,V}{S\bar{\alpha}}$$

T : 반향시간(초)
V : 실내의 부피(m^3)
A : 실내의 총 흡음력(sabin)

S : 실내의 전 표면적(m^2)
$\bar{\alpha}$: 평균 흡음률

반향시간(T)과 공간부피(V)를 알면 흡음률($\bar{\alpha}$)를 추정할 수 있다.

63

중요도 ★★

「산업안전보건법령」상 이상기압과 관련된 용어의 정의가 옳지 않은 것은?

① 압력이란 게이지 압력을 말한다.
② 표면공급식 잠수작업은 호흡용 기체통을 휴대하고 하는 작업을 말한다.
③ 고압작업이란 고기압에서 잠함공법이나 그 외의 압기 공법으로 하는 작업을 말한다.
④ 기압조절실이란 고압작업을 하는 근로자가 가압 또는 감압을 받는 장소를 말한다.

[해설] 이상기압 관련 용어 정의 ────
「안전보건규칙」 제522조
- 고압작업 : 고기압에서 잠함공법(潛函工法)이나 그 외의 압기공법(壓氣工法)으로 하는 작업을 말한다.
- 표면공급식 잠수작업 : 수면 위의 공기압축기 또는 호흡용 기체통에서 압축된 호흡용 기체를 공급받으면서 하는 작업
- 스쿠버 잠수작업 : 호흡용 기체통을 휴대하고 하는 작업
- 기압조절실 : 고압작업을 하는 근로자 또는 잠수작업을 하는 근로자가 가압 또는 감압을 받는 장소를 말한다.
- 압력 : 게이지 압력
- 비상기체통 : 주된 기체공급 장치가 고장 난 경우 잠수작업자가 안전한 지역으로 대피하기 위하여 필요한 충분한 양의 호흡용 기체를 저장하고 있는 압력용기와 부속장치를 말한다.

64

빛과 밝기의 단위에 관한 설명으로 옳지 않은 것은?

① 반사율은 조도에 대한 휘도의 비로 표시한다.
② 광원으로부터 나오는 빛의 양을 광속이라고 하며 단위는 루멘을 사용한다.
③ 입사면의 단면적에 대한 광도의 비를 조도라 하며 단위는 촉광을 사용한다.
④ 광원으로부터 나오는 빛의 세기를 광도라고 하며 단위는 칸델라를 사용한다.

[해설] 조도(E)의 구분 ──────────

(1) 점광원일 경우

$$E = \frac{I}{r^2}$$

E : 조도(lux)
r : 광원으로부터의 거리(m)
I : 광도(cd)

• 조도의 단위는 럭스(lux)를 사용한다.
• 칸델라(cd)란 특정 방향으로 방출되는 빛의 세기로 광원의 밝기를 나타낸다.

(2) 면광원일 경우

$$E = \frac{\Phi}{A}$$

E : 조도(lux)
A : 조명이 비추는 면적(m^2)
Φ : 광속(lumen)

• 조도는 면적에 입사하는 빛의 총량(광속)이다.
• 루멘(lumen)이란 광원에서 나오는 빛의 총량으로 광속을 나타낸다.

65

전리방사선의 종류에 해당하지 않는 것은?

① γ선
② 중성자
③ 레이저
④ β선

[해설] 전리방사선의 종류 ──────────

• 전리방사선은 충분한 에너지를 가지고 있어 물질의 원자를 이온화시킬 수 있다.
  예) α선, β선, γ선, 중성자선, X-ray 등
• 비전리방사선은 물질의 원자를 이온화시킬 수 없다.
  예) 레이저, 자외선, 가시광선, 라디오파 등

66

다음 중 방사선에 감수성이 가장 큰 인체조직은?

① 눈의 수정체
② 뼈 및 근육조직
③ 신경조직
④ 결합조직과 지방조직

[해설] 전리방사선에 대한 감수성 순서 ──────────

㉠ 골수, 흉선 및 림프조직, 눈의 수정체
㉡ 피부 등 상피세포
㉢ 혈관 등 내피세포
㉣ 결합조직, 지방조직
㉤ 뼈, 근육조직
㉥ 폐 등 내장기관
㉦ 신경조직

67

중요도 ★★

자외선으로부터 눈을 보호하기 위한 차광보호구를 선정하고자 하는데 차광도가 큰 것이 없어 두 개를 겹쳐서 사용하였다. 각각의 보호구의 차광도가 6과 3이었다면 두 개를 겹쳐서 사용한 경우의 차광도는?

① 6   ② 8
③ 9   ④ 18

해설 차광도 ─────────

차광도
= (A 보호구의 차광도 - B 보호구의 차광도) - 1
= (6 + 3) - 1 = 8

68

중요도 ★★

산소결핍이 진행되면서 생체에 나타나는 영향을 순서대로 나열한 것은?

> ㉠ 가벼운 어지러움
> ㉡ 사망
> ㉢ 대뇌피질의 기능 저하
> ㉣ 중추성 기능장해

① ㉠ → ㉢ → ㉣ → ㉡
② ㉠ → ㉣ → ㉢ → ㉡
③ ㉢ → ㉠ → ㉣ → ㉡
④ ㉢ → ㉣ → ㉠ → ㉡

해설 산소결핍 진행 시 생체에 나타나는 영향 ───────

가벼운 어지러움 → 대뇌피질의 기능 저하 → 중추성 기능장해 → 사망

69

중요도 ★★

체온의 상승에 따라 체온조절중추인 시상하부에서 혈액 온도를 감지하거나 신경망을 통하여 정보를 받아들여 체온방산작용이 활발해지는 작용은?

① 정신적 조절작용
　 (Spiritual Thermoregulation)
② 화학적 조절작용
　 (Chemical Themoregulation)
③ 생물학적 조절작용
　 (Biological Thermoregulation)
④ 물리적 조절작용
　 (Physical Thermoregulation)

해설 열평형 작용 ─────────

• 물리적 조절작용 : 체온이 상승하면 시상하부에서 혈액온도를 감지하여 체온방산작용이 활발해진다.
• 화학적 조절작용 : 몸 안에서 세포호흡을 통해 생산되는 열의 양을 조절한다.

70

중요도 ★

다음 중 진동에 의한 장해를 최소화시키는 방법과 거리가 먼 것은?

① 진동의 발생원을 격리시킨다.
② 진동의 노출시간을 최소화시킨다.
③ 훈련을 통하여 신체의 적응력을 향상시킨다.
④ 진동을 최소화하기 위하여 공학적으로 설계 및 관리한다.

해설 진동에 의한 장해를 최소화시키는 방법 ─────

훈련을 통해 신체의 적응력을 향상시키는 것보다는 근로자가 진동에 대해 지나치게 노출되지 않도록 관리하는 것이 중요하다.

71

중요도 ★★

저온 환경에 의한 장해의 내용으로 옳지 않은 것은?

① 근육 긴장이 증가하고 떨림이 발생한다.
② 혈압은 변화되지 않고 일정하게 유지된다.
③ 피부 표면의 혈관들과 피하조직이 수축된다.
④ 부종, 저림, 가려움, 심한 통증 등이 생긴다.

해설 저온 환경에서의 생리적 변화 ————

• 근육 긴장이 증가 및 떨림이 발생한다.
• 피부혈관 및 말초혈관이 축소된다.
• 말초혈관의 수축으로 표면조직이 냉각된다.
• 근육활동, 조직대사의 증진으로 식욕이 항진된다.
• 피부혈관이 수축되어 혈압이 상승한다.
• 부종, 저림, 가려움, 심한 통증 등이 생긴다.

72

중요도 ★★★

작업장의 조도를 균등하게 하기 위하여 국소조명과 전체조명이 병용될 때, 일반적으로 전체조명의 조도는 국부조명의 어느 정도가 적당한가?

① $\frac{1}{20} \sim \frac{1}{10}$ ② $\frac{1}{10} \sim \frac{1}{5}$

③ $\frac{1}{5} \sim \frac{1}{3}$ ④ $\frac{1}{3} \sim \frac{1}{2}$

해설 작업장의 조도 ————————

국부조명과 전체조명이 병용되는 경우 작업장의 조도를 균일하게 하기 위해서는 전체조명의 조도를 국부조명의 $\frac{1}{10} \sim \frac{1}{5}$ 정도로 하는 것이 좋다.

73

중요도 ★★★

다음 중 소음에 의한 청력장해가 가장 잘 일어나는 주파수 대역은?

① 1,000 Hz ② 2,000 Hz
③ 4,000 Hz ④ 8,000 Hz

해설 C_5-dip현상 ————

• 소음성 난청의 초기단계로 4,000 Hz에서 청력장해가 커지는 현상이다.
• 사람의 귀는 4,000 Hz에서 소음성 난청이 가장 많이 발생한다.

74

중요도 ★★

다음 중 감압과정에서 감압속도가 너무 빨라서 나타나는 종격기종, 기흉의 원인이 되는 것은?

① 질소 ② 이산화탄소
③ 산소 ④ 일산화탄소

해설 감압병 ————————

감압속도가 너무 빠르면 혈액 속의 질소가 혈액과 조직에 기포를 형성하여 (종격기종, 기흉)을 일으킬 수 있다. 이 경우 혈액순환 장해와 조직손상(감압병)이 발생한다.

75

중요도 ★

음향출력이 1,000 W인 음원이 반자유공간(반구면파)에 있을 때 20 m 떨어진 지점에서의 음의 세기는 약 얼마인가?

① 0.2 W/m² ② 0.4 W/m²
③ 2.0 W/m² ④ 4.0 W/m²

해설 반자유공간에서 음의 세기(I)

$$I = \frac{P}{S}$$

I : 음의 세기(W/m^2)

P : 음향출력(W)

S : 반구의 표면적(m^2) = $2\pi r^2$

$$I = \frac{P}{2\pi r^2} = \frac{1,000}{2 \times \pi \times 20^2} = 0.397 \text{W/m}^2$$

76

다음에서 설명하는 고열 건강장해는?

> 고온 환경에서 강한 육체적 노동을 할 때 잘 발생하며 지나친 발한에 의한 탈수와 염분소실이 발생하며 수의근의 유통성 경련증상이 나타나는 것이 특징이다.

① 열성발진(Heat Rashes)

② 열사병(Heat Stroke)

③ 열피로(Heat Fatigue)

④ 열경련(Heat Cramps)

해설 고열 건강장해

- 열경련 : 전형적인 고열 건강장해로 고온 환경에서 심한 육체적인 노동을 할 때 탈수와 염분소실로 인해 경련이 발생한다.
- 열성발진 : 가장 흔한 피부장해로 땀띠라고 한다.
- 열사병 : 태양의 복사열에 직접 노출되어 뇌의 온도 상승으로 체온조절 중추기능 장해가 발생하는 것이다.
- 열피로 : 고온 환경에서 장시간 노동을 할 때 과대 발한으로 인해 수분과 염분손실 및 탈수로 인한 혈장량이 감소하여 발생한다.

77

마이크로파와 라디오파에 관한 설명으로 옳지 않은 것은?

① 마이크로파의 주파수 대역은 100 ~ 3,000 MHz 정도이며, 국가(지역)에 따라 범위의 규정이 각각 다르다.

② 라디오파의 파장은 1 MHz와 자외선 사이의 범위를 말한다.

③ 마이크로파와 라디오파의 생체작용 중 대표적인 것은 온감을 느끼는 열작용이다.

④ 마이크로파의 생물학적 작용은 파장뿐만 아니라 출력, 노출시간, 노출된 조직에 따라 다르다.

해설 마이크로파

라디오파는 주파수가 약 3 kHz부터 3 THz(파장 : 1 mm ~ 10 km)까지의 모든 전자기파이다.

78

18 ℃ 공기 중에서 800 Hz인 음의 파장은 약 몇 m인가?

① 0.35　　　　② 0.43

③ 3.5　　　　④ 4.3

해설 음속(C)

$C = 331.42 + 0.6t$

C : 음속(m/sec), t : 온도(℃)

$C = 331.42 + (0.6 \times 18) = 342.22 \text{m/sec}$

$C = f \times \lambda$

f : 주파수(Hz), λ : 파장(m)

$342.22 = 800 \times \lambda$

$$\lambda = \frac{342.22}{800} = 0.427 \text{m}$$

79

중요도 ★★

음압이 2배로 증가하면 음압레벨(Sound Pressure Level)은 몇 dB 증가하는가?

① 2   ② 3
③ 6   ④ 12

해설 음압레벨수준(L_p) 계산 ———————

$$L_p = 20\log\left(\frac{P}{P_0}\right)$$

L_p : 음압레벨(dB), P : 측정된 음압(N/m^2)

P_0 : 기준음압(N/m^2) = $2 \times 10^{-5} N/m^2$

$$L_{p1} = 20\log\left(\frac{P}{P_0}\right)$$

$$L_{p2} = 20\log\left(\frac{2P}{P_0}\right) = 20\log 2 + 20\log\left(\frac{P}{P_0}\right)$$

$20\log 2 = 6.02$

80

중요도 ★★★

고압 환경의 영향 중 2차적인 가압현상(화학적 장해)에 관한 설명으로 옳지 않은 것은?

① 4기압 이상에서 공기 중의 질소가스는 마취작용을 나타낸다.

② 이산화탄소의 증가는 산소의 독성과 질소의 마취작용을 촉진시킨다.

③ 산소의 분압이 2기압을 넘으면 산소 중독증세가 나타난다.

④ 산소중독은 고압산소에 대한 노출이 중지되어도 근육경련, 환청 등 후유증이 장기간 계속된다.

해설 산소중독 ———————

• 산소의 분압이 2기압을 넘으면 산소 중독증세가 나타난다.

• 수지나 족지의 작열통, 시력장해, 근육경련 등의 증상을 보인다.

• 고압산소에 대한 폭로가 중지되면 증상은 즉시 멈춘다.

5과목 **산업독성학**

81

중요도 ★★

「산업안전보건법령」상 사람에게 충분한 발암성 증거가 있는 유해물질에 해당하지 않는 것은?

① 석면(모든 형태)

② 크롬광 가공(크롬산)

③ 알루미늄(용접 흄)

④ 황화니켈(흄 및 분진)

해설 발암성 물질 ———————

석면(모든 형태), 크롬광 가공(크롬산), 황화니켈(흄 및 분진)은 모두 사람에게 충분한 발암성 증거가 있는 물질(1A)로 분류한다.

알루미늄(용접 흄)은 충분한 발암성 증거가 있는 물질은 아니다.

82

중요도 ★★★

다음 설명에 해당하는 중금속은?

> • 뇌홍의 제조에 사용
> • 소화관으로는 2 ~ 7 % 정도의 소량 흡수
> • 금속 형태는 뇌, 혈액, 심근에 많이 분포
> • 만성노출 시 식욕부진, 신기능부전, 구내염 발생

① 납(Pb)   ② 수은(Hg)
③ 카드뮴(Cd)   ④ 안티몬(Sb)

해설 수은(Hg) ———————

• 소화관으로는 2 ~ 7 % 소량으로 흡수되고 금속 형태는 뇌, 혈관, 심근에 많이 분포된다.

• 체내에 흡수된 수은은 주로 신장에 축적된다.

• 뇌홍(뇌산 수은)의 제조에 사용된다.

• 알킬수은화합물(유기수은) 중 메틸수은은 미나마타병을 일으킨다.

• 전리된 수은이온이 단백질을 침전시키고 thiol기(-SH)를 가진 효소작용을 억제하여 독성을 나타낸다.

83

중요도 ★★

골수장애로 재생불량성 빈혈을 일으키는 물질이 아닌 것은?

① 벤젠(benzene)
② 2-브로모프로판(2-bromopropane)
③ TNT(trinitrotoluene)
④ 2,4-TDI(Toluene-2,4-diisocyanate)

해설 재생불량성 빈혈을 일으키는 물질 ─────────

• 벤젠(benzene)
• 2-브로모프로판(2-bromopropane)
• TNT(trinitrotoluene)

해설 입자상 물질의 분류(ACGIH) ─────────

구분	기준
흡입성 분진 (IPM)	• 호흡기의 어느 부위에 침착하더라도 독성 유발 • 주로 호흡기의 기도 부위에 침착되어 독성 유발 • 평균입경 : 100 μm
흉곽성 분진 (TPM)	• 기도나 하기도(가스교환 부위) 또는 폐포나 폐기도에 침착하여 독성 유발 • 평균입경 : 10 μm
호흡성 분진 (RPM)	• 가스교환 부위(폐포)에 침착하여 독성 유발 • 평균입경 : 4 μm

84

중요도 ★★★

호흡성 먼지(Respirable Particulate Mass)에 대한 미국 ACGIH의 정의로 옳은 것은?

① 크기가 10 ~ 100 μm로 코와 인후두를 통하여 기관지나 폐에 침착한다.
② 폐포에 도달하는 먼지로 입경이 7.1 μm 미만인 먼지를 말한다.
③ 평균입경이 4 μm이고, 공기역학적직경이 10 μm 미만인 먼지를 말한다.
④ 평균입경이 10 μm인 먼지로 흉곽성(Thoracic) 먼지라고도 한다.

85

중요도 ★★★

무기성 분진에 의한 진폐증이 아닌 것은?

① 규폐증(Silicosis)
② 연초폐증(Tabacosis)
③ 흑연폐증(Graphite lung)
④ 용접공폐증(Welder's lung)

해설 분진의 종류에 따른 진폐증 ─────────

구분	내용
무기성 분진	규폐증, 규조토폐증, 탄소폐증, 용접공폐증, 석면폐증, 베릴륨폐증, 활석폐증
유기성 분진	연초폐증, 면폐증, 설탕폐증, 목재분진폐증, 모발분진폐증

86

중요도 ★★

생물학적 모니터링에 관한 설명으로 옳지 않은 것을 모두 고른 것은?

(A) 생물학적 검체인 호기, 소변, 혈액 등에서 결정인자를 측정하여 노출정도를 추정하는 방법이다.
(B) 결정인자는 공기 중에서 흡수된 화학물질이나 그것의 대사산물 또는 화학물질에 의해 생긴 비가역적인 생화학적 변화이다.
(C) 공기 중의 농도를 측정하는 것이 개인의 건강위험을 보다 직접적으로 평가할 수 있다.
(D) 목적은 화학물질에 대한 현재나 과거의 노출이 안전한 것인지를 확인하는 것이다.
(E) 공기 중 노출기준이 설정된 화학물질의 수만큼 생물학적 노출기준(BEI)이 있다.

① (A), (B), (C)
② (A), (C), (D)
③ (B), (C), (E)
④ (B), (D), (E)

해설 생물학적 모니터링 ────────

(B) 결정인자는 공기 중에서 흡수된 화학물질에 의해 생긴 가역적인 생화학적 변화이다.
(C) 공기 중의 농도를 측정하는 것보다 생물학적 모니터링이 건강상의 위험을 보다 직접적으로 평가할 수 있다.
(E) 건강상의 영향과 생물학적 변수와 상관성이 있는 물질이 많지 않아 작업환경 측정에서 설정한 TLV보다 훨씬 적은 기준을 가지고 있다.

87

중요도 ★★★

체내에 노출되면 Metallothionein이라는 단백질을 합성하여 노출된 중금속의 독성을 감소시키는 경우가 있는데 이에 해당되는 중금속은?

① 납
② 니켈
③ 비소
④ 카드뮴

해설 카드뮴의 흡수 및 축적 ────────

• 호흡기를 통한 독성이 경구독성보다 8배 정도 강하다.
• 체내에 흡수된 카드뮴은 혈장 단백질과 결합하여 간으로 이송되고, 간에서 서서히 배출되어 최종적으로 신장에 축적된다.
• 체내에 노출되면 Metallothionein이라는 단백질을 합성하여 노출된 중금속의 독성을 감소시킨다.

88

중요도 ★

「산업안전보건법령」상 다음 유해물질 중 노출기준(ppm)이 가장 낮은 것은? (단, 노출기준은 TWA 기준이다)

① 오존(O_3)
② 암모니아(NH_3)
③ 염소(Cl_2)
④ 일산화탄소(CO)

해설 유해물질의 노출기준 ────────

「화학물질 및 물리적 인자의 노출기준」 별표1

유해물질	노출기준(TWA, ppm)
오존(O_3)	0.08
암모니아(NH_3)	25
염소(Cl_2)	0.5
일산화탄소(CO)	30

89

중요도 ★★

유해인자에 노출된 집단에서의 질병 발생률과 노출되지 않은 집단에서 질병 발생률과의 비를 무엇이라 하는가?

① 교차비   ② 발병비

③ 기여위험도   ④ 상대위험도

해설 상대위험도(비교위험도) ──────

유해인자에 노출된 집단이 노출되지 않은 집단에 비하여 질병의 발생률이 몇 배인지를 나타내는 정도(위험도가 얼마나 큰지 정도)를 나타내는 것이다.

$$상대위험도 = \frac{노출군에서의\ 질병발생률}{비노출군에서의\ 질병발생률}$$

상대위험도 = 1 : 유해요인 노출과 질병 사이의 연관성 없음

상대위험도 > 1 : 위험의 증가를 의미함

상대위험도 < 1 : 질병에 대한 방어효과가 있음

90

중요도 ★

수은 중독의 예방대책이 아닌 것은?

① 수은 주입과정을 밀폐공간 안에서 자동화한다.

② 작업장 내에서 음식물 섭취와 흡연 등의 행동을 금지한다.

③ 수은 취급 근로자의 비점막 궤양 생성 여부를 면밀히 관찰한다.

④ 작업장에 흘린 수은은 신체가 닿지 않는 방법으로 즉시 제거한다.

해설 수은 중독의 예방대책 ──────

③번의 경우 예방대책이 아니라 이미 발생한 수은 중독을 조기에 발견하고 진단하는 활동에 해당된다.

91

중요도 ★★

일산화탄소 중독과 관련이 없는 것은?

① 고압산소실

② 카나리아(새)

③ 식염의 다량 투여

④ 카르복시헤모글로빈(Carboxyhemoglobin)

해설 일산화탄소 중독 ──────

① 일산화탄소에 중독된 경우 고압산소실에서 치료하면 빨리 회복할 수 있다.

② 일산화탄소에 민감한 카나리아를 탄광에서 일산화탄소 탐지용으로 사용했다.

③ 식염과 일산화탄소는 큰 관련이 없다.

④ 카르복시헤모글로로빈은 일산화탄소가 체내 헤모글로빈과 결합해 산소운반을 방해하는 물질이다.

92

중요도 ★

유해물질이 인체에 미치는 영향을 결정하는 인자와 가장 거리가 먼 것은?

① 개인의 감수성

② 유해물질의 독립성

③ 유해물질의 농도

④ 유해물질의 노출시간

해설 유해물질의 인체 영향 ──────

• 유해물질의 농도와 접촉시간

• 근로자의 감수성

• 작업강도 및 호흡량

• 기상조건

• 인체 내의 침입경로

93

중요도 ★★★

벤젠의 생물학적 지표가 되는 대사물질은?

① Phenol
② Coproporphyrin
③ Hydroquinone
④ 1,2,4-Trihydroxybenzene

해설 자주 출제되는 유해물질과 생물학적 노출지표 ──

- 벤젠 - 소변 중 페놀, t,t-뮤코닉산
- 톨루엔 - 소변 중 o-크레졸
- 이황화탄소 - 소변 중 TTCA
- 노말헥산 - 소변 중 2,5-hexanedione
- 니트로벤젠 - 혈중 메트헤모글로빈
- 에틸벤젠 - 소변 중 만델린산

94

중요도 ★★

유기용제의 흡수 및 대사에 관한 설명으로 옳지 않은 것은?

① 유기용제가 인체로 들어오는 경로는 호흡기를 통한 경우가 가장 많다.
② 대부분의 유기용제는 물에 용해되어 지용성 대사산물로 전환되어 체외로 배설된다.
③ 유기용제는 휘발성이 강하기 때문에 호흡기를 통하여 들어간 경우에 다시 호흡기로 상당량이 배출된다.
④ 체내로 들어온 유기용제는 산화, 환원, 가수분해로 이루어지는 생전환과 포합체를 형성하는 포합반응인 두 단계의 대사과정을 거친다.

해설 유기용제의 흡수 및 대사 ──

유기용제는 지방에 대한 친화력은 높고 물에 대한 친화력은 낮아 물에 용해되지 않고 신체조직의 지방부분에 축적이 잘 된다.

95

중요도 ★★

다핵방향족 탄화수소(PAHs)에 대한 설명으로 옳지 않은 것은?

① 벤젠고리가 2개 이상이다.
② 대사가 활발한 다핵 고리화합물로 되어 있으며 수용성이다.
③ 시토크롬(Cytochrome) P-450의 준개체단에 의하여 대사된다.
④ 철강 제조업에서 석탄을 건류할 때나 아스팔트를 콜타르 피치로 포장할 때 발생된다.

해설 다핵방향족 탄화수소(PAHs) ──

- 석탄연료 배출물, 자동차 연료 배출가스 등 흡연 및 연소공장에서 주로 생성된다.
- 대사 중에 Arene oxide를 생성한다.
- 벤젠고리가 2개 이상 연결되어 있고 지용성으로 체내에 잘 축적된다.
- 대사에 관여하는 효소는 시토크롬 P-448로 대사되는 중간산물이 발암성을 나타낸다.

96

중요도 ★★★

증상으로는 무력증, 식욕감퇴, 보행장해 등의 증상을 나타내며, 계속적인 노출 시에는 파킨슨씨 증상을 초래하는 유해물질은?

① 망간 ② 카드뮴
③ 산화칼륨 ④ 산화마그네슘

해설 망간의 중독 증세 ──

- 망간에 지속적으로 노출되면 중추신경계 장애로 파킨슨증후군을 유발한다.
- 중독에 의한 특징적인 증상은 구내염, 근육전신, 전신증상의 3가지이다.
- 이산화망간 흄에 급성 폭로되면 열, 오한, 호흡곤란증의 증상을 특징으로 하는 금속열을 일으킨다.

97   중요도 ★★★

다음 중 중추신경 활성억제작용이 가장 큰 것은?

① 알칸
② 알코올
③ 유기산
④ 에테르

해설 중추신경계 억제작용 순서 ─────────

할로겐화합물(할로겐족) > 에테르 > 에스테르 > 유기산 > 알코올 > 알켄 > 알칸

98   중요도 ★★

「산업안전보건법령」상 기타 분진의 산화규소 결정체 함유율과 노출기준으로 옳은 것은?

① 함유율 : 0.1 % 이상, 노출기준 : 5 mg/m^3
② 함유율 : 0.1 % 이하, 노출기준 : 10 mg/m^3
③ 함유율 : 1 % 이상, 노출기준 : 5 mg/m^3
④ 함유율 : 1 % 이하, 노출기준 : 10 mg/m^3

해설 분진 노출기준(TWA) ─────────

기타 분진(산화규소 결정체 1 % 이하) 노출기준 : 10 mg/m^3

99   중요도 ★★★

금속의 일반적인 독성작용기전으로 옳지 않은 것은?

① 효소의 억제
② 금속평형의 파괴
③ DNA 염기의 대체
④ 필수 금속성분의 대체

해설 금속의 독성작용기전 ─────────

- 효소의 억제 : 독성 금속은 단백질과 직접 반응하여 효소구조와 기능을 변화시킨다.
- 금속평형의 파괴 : 어떤 금속이 과잉공급되면 생물학적 필수금속이 과잉되거나 고갈된다.
- 간접영향 : 대부분의 금속은 세포성분의 역할을 변화시킨다.
- 필수 금속성분의 대체 : 필수금속과 화학적으로 유사한 독성금속이 필수금속을 대체할 수 있다.

100   중요도 ★★★

단순 질식제로 볼 수 없는 것은?

① 오존
② 메탄
③ 질소
④ 헬륨

해설 단순 질식제 ─────────

오존은 화학적 질식제에 포함된다고 보는 경우도 있으나, 명확하게 단순 질식제는 아니다.

개념확인 질식제의 구분

구분	내용
단순 질식제	• 생리적으로는 아무 작용도 하지 않으나 공기 중에 많이 존재하면 산소의 공급부족을 초래한다. • 수소, 이산화탄소, 질소, 헬륨, 메탄 등
화학적 질식제	• 인체의 산소공급 체계를 화학적 작용을 통해 방해하여 질식을 유발하는 물질이다. • 황화수소, 일산화탄소, 시안화수소, 아닐린 등

정답   97 ④   98 ④   99 ③   100 ①

1과목 산업위생학개론

01
중요도 ★★★

현재 총 흡음량이 1,200 sabins인 작업장의 천장에 흡음물질을 첨가하여 2,400 sabins를 추가할 경우 예측되는 소음감음량(NR)은 약 몇 dB인가?

① 2.6
② 3.5
③ 4.8
④ 5.2

해설 NR : 소음감음량(dB)

$$NR = 10\log\left(\frac{A_2}{A_1}\right)$$

A_1 : 흡음처리 전 실내의 전체 흡음력(sabin)

A_2 : 흡음처리 후 실내의 전체 흡음력(sabin)

$$NR(\text{dB}) = 10\log\left(\frac{1,200 + 2,400}{1,200}\right) = 4.77\text{dB}$$

02
중요도 ★★

젊은 근로자에 있어서 약한 쪽 손의 힘은 평균 45 kp라고 한다. 이러한 근로자가 무게 8 kg인 상자를 양 손으로 들어 올릴 경우 작업강도(%MS)는 약 얼마인가?

① 17.8 %
② 8.9 %
③ 4.4 %
④ 2.3 %

해설 작업강도(%MS)

$$\text{작업강도}(\%\text{MS}) = \frac{\text{RF}}{\text{MS}} \times 100$$

RF : 작업 시 요구되는 힘(한 손에 요구되는 힘)

MS : 근로자가 가지고 있는 약한 손의 최대 힘

문제에서 근로자가 무게 8 kg인 상자를 두 손으로 들어 올렸다고 했으므로 한 손에 요구되는 힘은 4 kg을 적용해야 한다.

$$\text{작업강도}(\%\text{MS}) = \frac{4}{45} \times 100 = 8.88$$

03
중요도 ★

누적외상성 질환(CTDs) 또는 근골격계질환(MSDs)에 속하는 것으로 보기 어려운 것은?

① 건초염(Tendosynoitis)
② 스티븐스존슨증후군(Stevens Johnson Syndrome)
③ 손목뼈터널증후군(Carpal Tunnel Syndrome)
④ 기용터널증후군(Guyon Tunnel Syndrome)

해설 직업성 질환

스티븐스존슨증후군은 피부병이 악화된 상태로 피부가 탈락되는 질환으로 대부분 약물에 의해 발생한다.

04

중요도 ★★

심리학적 적성검사에 해당하는 것은?

① 지각동작검사　　　② 감각기능검사

③ 심폐기능검사　　　④ 체력검사

해설 적성검사의 분류 ─────────

감각기능검사, 심폐기능검사, 체력검사는 모두 생리적 적성검사에 해당된다.

개념확인 적성검사의 분류

• 신체검사

• 생리적 적성검사 : 감각기능검사, 심폐기능검사, 체력검사

• 심리학적 적성검사 : 지능검사, 지각동작검사, 인성검사, 기능검사

05

중요도 ★★★

산업위생의 4가지 주요 활동에 해당하지 않는 것은?

① 예측　　　　② 평가

③ 관리　　　　④ 제거

해설 산업위생의 주요 활동 ─────────

예측 → (인지) → 측정 → 평가 → 관리

06

중요도 ★★★

사고예방대책의 기본원리 5단계를 순서대로 나열한 것으로 옳은 것은?

① 사실의 발견 → 조직 → 분석 → 시정책(대책)의 선정 → 시정책(대책)의 적용

② 조직 → 분석 → 사실의 발견 → 시정책(대책)의 선정 → 시정책(대책)의 적용

③ 조직 → 사실의 발견 → 분석 → 시정책(대책)의 선정 → 시정책(대책)의 적용

④ 사실의 발견 → 분석 → 조직 → 시정책(대책)의 선정 → 시정책(대책)의 적용

해설 하인리히의 사고예방대책의 기본원리 5단계 ───

• 1단계 : 안전조직

• 2단계 : 사실의 발견

• 3단계 : 분석

• 4단계 : 시정책(대책)의 선정

• 5단계 : 시정책(대책)의 적용

07

중요도 ★★★

「산업안전보건법령」상 보건관리자의 자격기준에 해당하지 않는 사람은?

① 「의료법」에 따른 의사

② 「의료법」에 따른 간호사

③ 「국가기술자격법」에 따른 환경기능사

④ 「산업안전보건법」에 따른 산업보건지도사

해설 보건관리자의 자격 ─────────

「산업안전보건법 시행령」 별표6

• 산업보건지도사 자격을 가진 사람

• 「의료법」에 따른 의사 또는 간호사

• 「국가기술자격법」에 따른 산업위생관리산업기사 또는 대기환경산업기사 이상의 자격 취득자

• 「국가기술자격법」에 따른 인간공학기사 이상의 자격 취득자

08

중요도 ★★★

근육운동의 에너지원 중 혐기성 대사의 에너지원에 해당되는 것은?

① 지방
② 포도당
③ 단백질
④ 글리코겐

해설 혐기성 대사 ─────────

혐기성 대사의 에너지원은 글리코겐이다.

개념확인 혐기성 대사와 호기성 대사의 구분

구분	내용
혐기성 대사	• 근육 내에 존재하는 크레아틴인산(CP), 글리코겐 또는 포도당이 ATP(아데노신삼인산)를 만들고 ATP로 에너지 생산 • CP, ATP는 순환하고 글리코겐은 소모되어 고갈됨
호기성 대사	• 근육 사용 직후는 혐기성 대사로 에너지를 공급받지만 2분 정도 후 에너지의 고갈로 호기성 대사로 에너지를 공급받음 • 음식물로 섭취한 에너지(포도당, 단백질, 지방)가 산소와 결합하여 에너지를 생산

09

중요도 ★★★

산업재해의 기본원인을 4 M(Management, Machine, Media, Man)이라고 할 때 다음 중 Man(사람)에 해당되는 것은?

① 안전교육과 훈련의 부족
② 인간관계·의사소통의 불량
③ 부하에 대한 지도·감독 부족
④ 작업자세·작업동작의 결함

해설 산업재해의 기본원인 4 M ─────────

• Man(인간) : 본인 외의 사람으로서 인간관계, 의사소통의 불량 등이다.
• Machine(기계) : 기계, 설비 자체의 결함이다.

• Media(작업환경, 작업방법) : 인간과 기계의 매체계로 작업자세와 동작의 결합이다.
• Management(관리) : 안전교육과 훈련의 부족, 부하에 대한 지도·감독의 부족이다.

10

중요도 ★★★

직업성 질환의 범위에 해당되지 않는 것은?

① 합병증
② 속발성 질환
③ 선천적 질환
④ 원발성 질환

해설 직업성 질환의 범위 ─────────

• 직업상 업무에 기인하여 1차적으로 발생하는 원발성 질환은 포함된다.
• 원발성 질환과 합병 적용하여 제2의 질환을 유발하는 경우(속발성 질환)는 포함된다.
• 합병증이 원발성 질환과 불가분의 관계를 가지는 경우는 포함된다.
• 원발성 질환에서 떨어진 다른 부위에 같은 원인에 의한 제2의 질환을 일으키는 경우는 포함된다.

11

중요도 ★★★

18세기에 Percivall Pott가 어린이 굴뚝청소부에게서 발견한 직업성 질환은?

① 백혈병
② 골육종
③ 진폐증
④ 음낭암

해설 Percivall Pott ─────────

• 영국의 의사로 직업성 암을 최초로 보고했다.
• 어린이 굴뚝청소부에서 많이 발생하는 음낭암(Scrotal Cancer)의 원인 물질을 검댕(Soot)으로 규명했다.
• 8살 이하 어린이는 굴뚝청소부로 일하지 못하게 하는 굴뚝청소부법(1788년)을 제정하도록 했다.

12

산업피로의 대책으로 적합하지 않은 것은?

① 불필요한 동작을 피하고 에너지 소모를 적게 한다.
② 작업과정에 따라 적절한 휴식시간을 가져야 한다.
③ 작업능력에는 개인별 차이가 있으므로 각 개인마다 작업량을 조정해야 한다.
④ 동적인 작업은 피로를 더하게 하므로 가능한 한 정적인 작업으로 전환한다.

해설 산업피로의 대책 ─────

산업피로를 줄이기 위해서는 동적인 작업과 정적인 작업을 적절히 혼합하여 배치해야 한다.

13

미국산업위생학술원(AAIH)에서 채택한 산업위생 분야에 종사하는 사람들이 지켜야 할 윤리강령에 포함되지 않는 것은?

① 국가에 대한 책임
② 전문가로서의 책임
③ 일반 대중에 대한 책임
④ 기업주와 고객에 대한 책임

해설 산업위생분야 종사자들의 윤리강령(AAIH) ──

• 산업위생전문가로서의 책임
• 근로자에 대한 책임
• 기업주와 고객에 대한 책임
• 일반 대중에 대한 책임

14

「사무실 공기관리 지침」상 근로자가 건강장해를 호소하는 경우 사무실 공기관리 상태를 평가하기 위해 사업주가 실시해야 하는 조사 항목으로 옳지 않은 것은?

① 사무실 조명의 조도 조사
② 외부의 오염물질 유입경로 조사
③ 공기정화시설 환기량의 적정 여부 조사
④ 근로자가 호소하는 증상(호흡기, 눈, 피부 자극 등)에 대한 조사

해설 사무실 공기관리 상태평가 ─────

「사무실 공기관리 지침」 제4조
사업주는 근로자가 건강장해를 호소하는 경우에는 다음의 방법에 따라 해당 사무실의 공기관리 상태를 평가하고, 그 결과에 따라 건강장해 예방을 위한 조치를 취한다.
• 근로자가 호소하는 증상(호흡기, 눈·피부 자극 등) 조사
• 공기정화설비의 환기량이 적정한지 여부 조사
• 외부의 오염물질 유입경로 조사
• 사무실 내 오염원 조사 등

15

ACGIH에서 제정한 TLVs(Threshold Limit Values)의 설정근거가 아닌 것은?

① 동물실험자료
② 인체실험자료
③ 사업장 역학조사
④ 선진국 허용기준

해설 ACGIH에서 TLV 설정 시 이용하는 자료 ──

• 화학구조상의 유사성과 연계하여 설정
• 동물실험자료를 근거로 설정
• 인체실험자료를 근거로 설정
• 사업장 역학조사 자료를 근거로 설정

16

중요도 ★★

다음 중 점멸 – 융합 테스트(Flicker Test)의 용도로 가장 적합한 것은?

① 진동 측정
② 소음 측정
③ 피로도 측정
④ 열중증 판정

해설 피로도 측정 ─────────────

점멸 – 융합 테스트(Flicker Test)는 중추신경계의 정신적 피로도를 측정하는 데 사용한다.

17

중요도 ★★★

직업병의 원인이 되는 유해요인, 대상 직종과 직업병 종류의 연결이 잘못된 것은?

① 면분진 – 방직공 – 면폐증
② 이상기압 – 항공기조종 – 잠함병
③ 크롬 – 도금 – 피부점막 궤양, 폐암
④ 납 – 축전지제조 – 빈혈, 소화기장애

해설 직업병의 종류 ─────────────

이상기압 – 잠수부 – 잠함병

18

중요도 ★★

「산업안전보건법령」상 물질안전보건자료 작성 시 포함되어야 할 항목이 아닌 것은? (단, 그 밖의 참고사항은 제외한다)

① 유해성 · 위험성
② 안정성 및 반응성
③ 사용빈도 및 타당성
④ 노출방지 및 개인보호구

해설 물질안전보건자료 작성항목 ─────────────

「화학물질의 분류 · 표시 및 물질안전보건자료에 관한 기준」 제10조
• 화학제품과 회사에 관한 정보
• 유해성 · 위험성
• 구성성분의 명칭 및 함유량
• 응급조치요령
• 폭발 · 화재 시 대처방법
• 누출사고 시 대처방법
• 취급 및 저장방법
• 노출방지 및 개인보호구
• 물리화학적 특성
• 안정성 및 반응성
• 독성에 관한 정보
• 환경에 미치는 영향
• 폐기 시 주의사항
• 운송에 필요한 정보
• 법적규제 현황
• 그 밖의 참고사항

19

중요도 ★

「산업안전보건법령」상 특수건강진단 대상자에 해당하지 않는 것은?

① 고온 환경하에서 작업하는 근로자
② 소음 환경하에서 작업하는 근로자
③ 자외선 및 적외선을 취급하는 근로자
④ 저기압하에서 작업하는 근로자

해설 특수건강진단 대상 유해인자 중 물리적 인자 ─────────────

• 소음작업, 강렬한 소음작업 및 충격소음작업에서 발생하는 소음
• 진동 작업에서 발생하는 진동
• 방사선
• 고기압 및 저기압
• 유해광선 : 자외선, 적외선, 마이크로파 등

20

중요도 ★★

방직공장의 면분진 발생공정에서 측정한 공기 중 면분진 농도가 2시간은 2.5 mg/m³, 3시간은 1.8 mg/m³, 3시간은 2.6 mg/m³ 일 때, 해당 공정의 시간가중평균노출기준 환산값은 약 얼마인가?

① 0.86 mg/m³   ② 2.28 mg/m³

③ 2.35 mg/m³   ④ 2.60 mg/m³

해설 시간가중평균노출기준(TWA) ―――――――

$$\text{TWA 환산값} = \frac{C_1 \times T_1 + C_2 \times T_2 + \cdots C_n \times T_n}{8}$$

C : 유해인자의 측정치(mg/m³, ppm)

T : 유해인자의 발생시간(시간)

$$\text{TWA 환산값} = \frac{(2.5 \times 2) + (1.8 \times 3) + (2.6 \times 3)}{8}$$

$$= 2.275 \text{mg/m}^3$$

2과목 **작업위생 측정 및 평가**

21

중요도 ★

작업환경 측정치의 통계처리에 활용되는 변이계수에 관한 설명과 가장 거리가 먼 것은?

① 평균값의 크기가 0에 가까울수록 변이계수의 의의는 작아진다.

② 측정단위와 무관하게 독립적으로 산출되며 백분율로 나타낸다.

③ 단위가 서로 다른 집단이나 특성값의 상호산포도를 비교하는 데 이용될 수 있다.

④ 편차의 제곱 합들의 평균값으로 통계집단의 측정값들에 대한 균일성, 정밀도 정도를 표현한다.

해설 변이계수(CV%) ―――――――

표준편차의 수치가 평균치의 몇 %정도인지를 나타낸다.

$$CV\% = \frac{\text{표준편차}}{\text{산술평균}} \times 100$$

22

중요도 ★★★

「산업안전보건법령」상 1회라도 초과 노출되어서는 안 되는 충격소음의 음압수준[dB(A)]기준은?

① 120   ② 130

③ 140   ④ 150

해설 충격소음의 노출기준 ―――――――

「화학물질 및 물리적 인자의 노출기준」 별표2의2

1일 노출회수	충격소음의 강도 dB(A)
100	140
1,000	130
10,000	120

- 최대 음압수준이 140 dB(A)를 초과하는 충격소음에 노출되어서는 안 된다.
- 충격소음이라 함은 최대음압수준에 120 dB(A) 이상인 소음이 1초 이상의 간격으로 발생하는 것을 말한다.

23
중요도 ★★★

예비조사 시 유해인자 특성파악에 해당되지 않는 것은?

① 공정보고서 작성
② 유해인자의 목록 작성
③ 월별 유해물질 사용량 조사
④ 물질별 유해성 자료 조사

해설 예비조사 시 유해인자 특성파악 내용 —————

• 유해인자의 목록 작성
• 유해물질 사용량 조사
• 유해물질 사용기기 조사
• 물질별 유해성 자료 조사

24
중요도 ★★★

분석에서 언급되는 용어에 대한 설명으로 옳은 것은?

① LOD는 LOQ의 10배로 정의하기도 한다.
② LOQ는 분석결과가 신뢰성을 가질 수 있는 양이다.
③ 회수율(%)은 첨가량/분석량 × 100으로 정의된다.
④ LOQ란 검출한계를 말한다.

해설 분석에서 사용하는 용어 —————

(1) 정량한계(LOQ)
• 분석결과가 신뢰성을 가질 수 있는 양이다.
• 분석기기가 정량할 수 있는 가장 작은 양이다.
• 정량한계는 표준편차의 10배 또는 검출한계(LOD)의 3배 또는 3.3배이다.

(2) 회수율
• 회수율은 여과지를 사용하여 채취된 분석 대상 물질이 전처리 산 용액에 얼마나 회수되는지를 나타낸다.
• 회수율(%) $= \dfrac{검출량}{첨가량} \times 100$

25
중요도 ★★

작업환경 내 유해물질 노출로 인한 위험성(위해도)의 결정 요인은?

① 반응성과 사용량
② 위해성과 노출요인
③ 노출기준과 노출량
④ 반응성과 노출기준

해설 위험성 —————

위험성(위해도) = 위해성 × 노출요인

26
중요도 ★

AIHA에서 정한 유사노출군(SEG)별로 노출농도 범위, 분포 등을 평가하며 역학조사에 가장 유용하게 활용되는 측정방법은?

① 진단모니터링
② 기초모니터링
③ 순응도(허용기준 초과 여부)모니터링
④ 공정안전조사

해설 기초모니터링 —————

유사노출군(SEG)별로 노출농도 범위, 분포 등을 평가하여 역학조사에 유용하게 활용하는 측정방법이다.

27
중요도 ★★

알고 있는 공기 중 농도를 만드는 방법인 Dynamic Method에 관한 내용으로 틀린 것은?

① 만들기가 복잡하고 가격이 고가이다.
② 온습도 조절이 가능하다.
③ 소량의 누출이나 벽면에 의한 손실은 무시할 수 있다.
④ 대개 운반용으로 제작하기가 용이하다.

알고 있는 공기 중 농도를 만드는 방법 ─────

- 오염물질을 희석공기와 연속적으로 혼합하여 일정 농도를 유지하도록 만드는 방법이다.
- 농도 변화를 줄 수 있고, 온도와 습도를 조절할 수 있다.
- 다양한 농도 범위에서 제조가 가능하다.
- 만들기가 복잡하고 가격이 비싸다.
- 소량의 누출이나 벽면에 의한 손실은 무시할 수 있다.
- 지속적인 모니터링이 필요하다.

28

중요도 ★★

기체크로마토그래피 검출기 중 PCBs나 할로겐 원소가 포함된 유기계 농약성분을 분석할 때 가장 적당한 것은?

① NPD(질소 인 검출기)
② ECD(전자포획 검출기)
③ FID(불꽃 이온화 검출기)
④ TCD(열전도 검출기)

ECD(전자포획 검출기) ─────

- PCBs나 할로겐 원소가 포함된 유기계 농약성분을 분석할 때에 사용한다.
- 방사선 동위원소로부터 방출되는 입자와 운반 기체가 충돌하면 다량의 전자가 발생된다. 이 전자를 할로겐족 원소가 포획하면 전류량이 감소되는 원리로 시료성분을 검출한다.

29

중요도 ★★★

호흡성 먼지(PRM)의 입경(μm) 범위는? (단, 미국 ACGIH 정의기준이다)

① 0 ~ 10
② 0 ~ 20
③ 0 ~ 25
④ 10 ~ 100

입자상 물질의 분류(ACGIH) ─────

구분	기준
흡입성 분진 (IPM)	• 호흡기의 어느 부위에 침착하더라도 독성 유발 • 평균입경 : 100 μm
흉곽성 분진 (TPM)	• 기도나 하기도(가스교환 부위) 또는 폐포나 폐기도에 침착하여 독성 유발 • 평균입경 : 10 μm
호흡성 분진 (RPM)	• 가스교환 부위(폐포)에 침착하여 독성 유발 • 평균입경 : 4 μm

30

중요도 ★

원자흡광광도계의 표준시약으로서 적당한 것은?

① 순도가 1급 이상인 것
② 풍화에 의한 농도변화가 있는 것
③ 조해에 의한 농도변화가 있는 것
④ 화학변화 등에 의한 농도변화가 있는 것

표준시약 ─────

원자흡광광도계의 표준시약은 순도가 1급 이상인 것이어야 한다.

31

중요도 ★★

공기 중 acetone 500 ppm, sec-butyl acetate 100 ppm 및 methyl ketone 150 ppm이 혼합물로서 존재할 때 복합노출지수(ppm)는? (단, acetone, sec-butyl acetate 및 methyl ethyl ketone의 TLV는 각각 750, 200, 200 ppm이다)

① 1.25   ② 1.56

③ 1.74   ④ 1.92

해설 노출지수(EI)

$$EI = \frac{C_1}{T_1} + \frac{C_2}{T_2} + \cdots + \frac{C_n}{T_n}$$

C_n : 화학물질 각각의 측정치

T_n : 화학물질 각각의 노출기준

$$EI = \frac{500}{750} + \frac{100}{200} + \frac{150}{200} = 1.916$$

기하표준편차(GSD)

$$\log(GSD) = \left[\frac{\begin{array}{c}(\log X_1 - \log GM)^2 \\ + (\log X_2 - \log GM)^2 \\ + \cdots (\log X_N - \log GM)^2\end{array}}{N-1}\right]^{0.5}$$

N : 측정치의 수, X_n : 측정치

$$\log(GSD) = \left[\frac{\begin{array}{c}(\log 5 - \log 6.72)^2 \\ + (\log 6 - \log 6.72)^2 \\ + (\log 5 - \log 6.72)^2 \\ + (\log 6 - \log 6.72)^2 \\ + (\log 6 - \log 6.72)^2 \\ + (\log 6 - \log 6.72)^2 \\ + (\log 4 - \log 6.72)^2 \\ + (\log 8 - \log 6.72)^2 \\ + (\log 9 - \log 6.72)^2 \\ + (\log 20 - \log 6.72)^2\end{array}}{10-1}\right]^{0.5}$$

$$= 0.1943$$

$$GSD = 10^{0.1943} = 1.564$$

32

중요도 ★

화학공장의 작업장 내에 Toluene 농도를 측정하였더니 5, 6, 5, 6, 6, 6, 4, 8, 9, 20 ppm일 때, 측정치의 기하표준편차(GSD)는?

① 1.6   ② 3.2

③ 4.8   ④ 6.4

해설 기하표준편차

기하평균(GM)

$$GM = \sqrt[N]{X_1 \cdot X_2 \cdots X_n}$$

N : 측정치의 수

X_n : 측정치

$$GM = \sqrt[10]{5 \times 6 \times 5 \times 6 \times 6 \times 6 \times 4 \times 8 \times 9 \times 20}$$

$$= 6.715 = 6.72$$

33

중요도 ★★

고열장해와 가장 거리가 먼 것은?

① 열사병   ② 열경련

③ 열호족   ④ 열발진

해설 고열장해의 종류

- 열사병 : 뇌의 온도 상승으로 체온을 조절하는 중추 기능에 장해(마비)가 발생하여 체내에 열이 지나치게 축적되는 것이다.
- 열경련 : 고온 환경에서 심한 육체적인 노동을 할 때 체내의 수분 및 혈중 염분농도가 저해되는 것이다.
- 열발진 : 피부장해로 땀띠라고도 한다.
- 열피로 : 수분과 염분 손실 및 탈수로 인한 혈장량이 감소하여 발생한다.
- 열쇠약 : 고열작업장에서의 만성적인 건강장해로 전신권태, 위장장해, 불면, 빈혈 등의 증상이 발생한다.

34

중요도 ★★★

「산업안전보건법령」상 누적소음노출량 측정기로 소음을 측정하는 경우의 기기 설정값은?

- Criteria (㉠)dB
- Exchange Rate (㉡)dB
- Threshold (㉢)dB

① ㉠ : 80, ㉡ : 10, ㉢ : 90

② ㉠ : 90, ㉡ : 10, ㉢ : 80

③ ㉠ : 80, ㉡ : 4, ㉢ : 90

④ ㉠ : 90, ㉡ : 5, ㉢ : 80

해설 누적소음노출량 측정기로 소음을 측정하는 경우 기기 설정값 ─────

「작업환경 측정 및 정도관리 등에 관한 고시」 제26조
- Criteria 90 dB
- Exchange Rate 5 dB
- Threshold 80 dB

35

중요도 ★★

직경분립충돌기에 관한 설명으로 틀린 것은?

① 흡입성, 흉곽성, 호흡성 입자의 크기별 분포와 농도를 계산할 수 있다.

② 호흡기의 부분별로 침착된 입자 크기를 추정할 수 있다.

③ 입자의 질량크기 분포를 얻을 수 있다.

④ 되튐 또는 과부하로 인한 시료 손실이 적어 비교적 정확한 측정이 가능하다.

해설 입경분립충돌기(직경분립충돌기) ─────

구분	내용
장점	• 호흡기에 부분별로 침착된 입자크기의 자료를 추정할 수 있다. • 흡입성, 흉곽성, 호흡성 입자의 크기별 분포와 농도를 계산할 수 있다. • 입자의 질량크기 분포를 얻을 수 있다.
단점	• 시료채취가 까다로워 전문가가 측정해야 한다. • 시료채취 준비기간이 길고 비용이 많이 든다. • 되튐으로 인한 시료의 손실이 발생한다.

36

중요도 ★★★

옥외(태양광선이 내리쬐지 않는 장소)의 온열조건이 아래와 같을 때, WBGT(℃)는?

[조건]
- 건구온도 : 30 ℃
- 흑구온도 : 40 ℃
- 자연습구온도 : 25 ℃

① 26.5 ② 29.5

③ 33 ④ 55.5

해설 옥외(태양광선이 내리쬐지 않는 장소) ─────

$$WBGT(℃) = 0.7 \times 자연습구온도 + 0.3 \times 흑구온도$$
$$WBGT(℃) = 0.7 \times 25 + 0.3 \times 40 = 29.5℃$$

37

중요도 ★★

여과지에 관한 설명으로 옳지 않은 것은?

① 막 여과지에서 유해물질은 여과지 표면이나 그 근처에서 채취된다.
② 막 여과지는 섬유상 여과지에 비해 공기저항이 심하다.
③ 막 여과지는 여과지 표면에 채취된 입자의 이탈이 없다.
④ 섬유상 여과지는 여과지 표면뿐 아니라 단면 깊게 입자상 물질이 들어가므로 더 많은 입자상 물질을 채취할 수 있다.

해설 여과지 ————————

막 여과지 표면에서는 여과지 표면에 채취된 입자가 이탈되는 경향이 있다.

38

중요도 ★★

어느 작업장에서 A 물질의 농도를 측정한 결과가 아래와 같을 때, 측정결과의 중앙값(Median ; ppm)은?

(단위 : ppm) 23.9, 21.6, 22.4, 24.1, 22.7, 25.4

① 22.7
② 23.0
③ 23.3
④ 23.9

해설 중앙값 계산 ————————

(1) 측정치를 크기 순서로 배열
21.6, 22.4, 22.7, 23.9, 24.1, 25.4
(2) 중앙에 위치하는 두 값 선정
22.7, 23.9
(3) 두 값의 평균값을 계산하면 중앙값이 됨
$$\frac{22.7 + 23.9}{2} = 23.3$$

39

중요도 ★

복사선(Radiation)에 관한 설명 중 틀린 것은?

① 복사선은 전리작용의 유무에 따라 전리복사선과 비전리복사선으로 구분한다.
② 비전리복사선에는 자외선, 가시광선, 적외선 등이 있고, 전리복사선에는 X선, γ선 등이 있다.
③ 비전리복사선은 에너지 수준이 낮아 분자구조나 생물학적 세포조직에 영향을 미치지 않는다.
④ 전리복사선이 인체에 영향을 미치는 정도는 복사선의 형태, 조사량, 신체조직, 연령 등에 따라 다르다.

해설 복사선 ————————

비전리복사선은 전리방사선보다 에너지 수준이 낮다. 비전리복사선 중 자외선은 피부암을 발생원인이 되고, 피부암을 일으킬 수 있는 등 생물학적 세포조직에 영향을 미친다.

40

중요도 ★★

「산업안전보건법령」에서 사용하는 용어의 정의로 틀린 것은?

① 신뢰도란 분석치가 참값에 얼마나 접근하였는가 하는 수치상의 표현을 말한다.
② 가스상 물질이란 화학적 인자가 공기 중으로 가스·증기의 형태로 발생되는 물질을 말한다.
③ 정도관리란 작업환경 측정·분석 결과에 대한 정확성과 정밀도를 확보하기 위하여 작업환경측정기관의 측정·분석능력을 확인하고, 그 결과에 따라 지도·교육 등 측정·분석능력 향상을 위하여 행하는 모든 관리적 수단을 말한다.
④ 정밀도란 일정한 물질에 대해 반복측정·분석을 했을 때 나타나는 자료 분석치의 변동크기가 얼마나 작은가 하는 수치상의 표현을 말한다.

용어의 정의 ─────────────

「작업환경 측정 및 정도관리 등에 관한 고시」 제1조
정확도란 분석치가 참값에 얼마나 접근하였는가 하는
수치상의 표현을 말한다.

3과목 작업환경관리대책

41

중요도 ★★

후드 제어속도에 대한 내용 중 틀린 것은?

① 제어속도는 오염물질의 증발속도와 후드 주위
의 난기류 속도를 합한 것과 같아야 한다.
② 포위식 후드의 제어속도를 결정하는 지점은 후
드의 개구면이 된다.
③ 외부식 후드의 제어속도를 결정하는 지점은 유
해물질이 흡인되는 범위 안에서 후드의 개구면
으로부터 가장 멀리 떨어진 지점이 된다.
④ 오염물질의 발생상황에 따라서 제어속도는 달
라진다.

제어속도 ─────────────

제어속도는 오염물질을 후드 안쪽으로 흡인하기 위하
여 필요한 최소풍속(공기풍속)이다.

42

중요도 ★★★

전기집진장치에 대한 설명 중 틀린 것은?

① 초기 설치비가 많이 든다.
② 운전 및 유지비가 비싸다.
③ 가연성 입자의 처리가 곤란하다.
④ 고온가스를 처리할 수 있어 보일러와 철강로
등에 설치할 수 있다.

전기집진장치 ─────────────

전기집진장치는 초기 설치비용이 많이 들지만 운전
및 유지비용은 저렴하다.

43

중요도 ★★

후드의 유입계수 0.86, 속도압 25 mmH₂O일 때 후드의 압력손실(mmH₂O)은?

① 8.8
② 12.2
③ 15.4
④ 17.2

44

중요도 ★

국소배기시스템 설계과정에서 두 덕트가 한 합류점에서 만났다. 정압(절대치)이 낮은 쪽 대 정압이 높은 쪽의 정압비가 1 : 1.1로 나타났을 때, 적절한 설계는?

① 정압이 낮은 쪽의 유량을 증가시킨다.
② 정압이 낮은 쪽의 덕트직경을 줄여 압력손실을 증가시킨다.
③ 정압이 높은 쪽의 덕트직경을 늘려 압력손실을 감소시킨다.
④ 정압의 차이를 무시하고 높은 정압을 지배정압으로 계속 계산해나간다.

45

중요도 ★★

마스크 본체 자체가 필터 역할을 하는 방진마스크의 종류는?

① 격리식 방진마스크
② 직결식 방진마스크
③ 안면부 여과식 마스크
④ 전동식 마스크

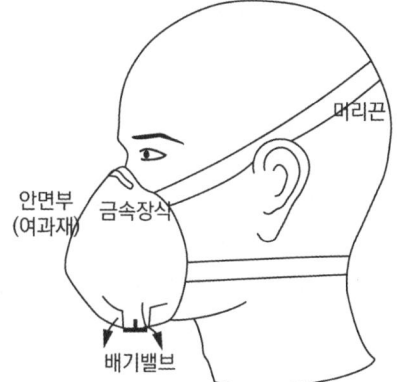

46

어떤 사업장의 산화규소 분진을 측정하기 위한 방법과 결과가 아래와 같을 때, 다음 설명 중 옳은 것은? (단, 산화규소(결정체 석영)의 호흡성 분진 노출기준은 0.045 mg/m³이다)

시료채취방법 및 결과		
사용장치	시료채취 시간(min)	무게측정 결과(μg)
10 mm 나일론사이클론 (1.7 Lpm)	480	38

① 8시간 시간가중평가노출기준을 초과한다.
② 공기채취유량을 알 수가 없어 농도계산이 불가능하므로 위의 자료로는 측정결과를 알 수가 없다.
③ 산화규소(결정체 석영)는 진폐증을 일으키는 분진이므로 흡입성 먼지를 측정하는 것이 바람직하므로 먼지시료를 채취하는 방법이 잘못됐다.
④ 38μg은 0.038mg이므로 단시간 노출기준을 초과하지 않는다.

해설 노출기준 계산

Lpm(Liter per Minute)의 단위 : L/min

$$\frac{mg}{m^3} = \frac{38\mu g \times \dfrac{mg}{10^3 \mu g}}{\dfrac{1.7L}{min} \times 480min \times \dfrac{m^3}{1,000L}}$$

$$= 0.046mg/m^3$$

$mg = 10^3 \mu g$, $1,000L = m^3$

산화규소의 노출기준이 0.045 mg/m³이므로 8시간 시간가중평가노출기준을 초과한다.
문제에 제시된 조건만으로는 단시간 노출기준을 평가하기 어렵다.

47

샌드 블라스트(Sand Blast) 그라인더 분진 등 보통 산업분진을 덕트로 운반할 때의 최소설계속도(m/s)로 가장 적절한 것은?

① 10 ② 15
③ 20 ④ 25

해설 유해물질별 덕트 내 반송속도(m/sec)

반송속도는 유해물질이 덕트 안에서 퇴적이 일어나지 않고 이동하기 위해 필요한 최소속도이다.

발생형태	반송속도
증기, 가스, 연기	5 ~ 10
흄	10 ~ 12.5
미세하고 가벼운 분진	12.5 ~ 15
건조한 분진이나 분말	15 ~ 20
일반 산업분진	17.5 ~ 20
무거운 분진	20 ~ 22.5
무겁고 습한 분진	22.5 이상

48

입자의 침강속도에 대한 설명으로 틀린 것은? (단, 스토크스식을 기준으로 한다)

① 입자직경의 제곱에 비례한다.
② 공기와 입자 사이의 밀도차에 반비례한다.
③ 중력가속도에 비례한다.
④ 공기의 점성계수에 반비례한다.

해설 침강속도(Stokes 법칙)

$$V = \frac{d_p^2 (\rho_p - \rho)g}{18\mu}$$

입자의 침강속도(V)는 공기와 입자 사이의 밀도차 ($\rho_p - \rho$)에 비례한다.

49

어떤 공장에서 1시간에 0.2 L의 벤젠이 증발되어 공기를 오염시키고 있다. 전체환기를 위해 필요한 환기량(m^3/s)은? (단, 벤젠의 안전계수, 밀도 및 노출기준은 각각 6, 0.879 g/mL, 0.5 ppm이며, 환기량은 21 ℃, 1기압을 기준으로 한다)

① 82　　　　　　② 91

③ 146　　　　　　④ 181

해설 전체환기량 계산 ─────────

(1) 벤젠의 증발량(g/hr) 계산

$$\frac{0.2L}{hr} \times \frac{0.879g}{mL} \times \frac{1,000mL}{L} = 175.8g/hr$$

(2) 21 ℃에서 벤젠의 발생량(mL/sec) 계산
벤젠(C_6H_6)의 분자량을 계산한다.
$(12 \times 6) + (1 \times 6) = 78$
21 ℃에서 기체 1몰의 부피 계산

$$V_2 = \frac{T_2}{T_1} \times V_1 = \frac{21+273}{273} \times 22.4L$$

$$= 24.123L$$

21 ℃에서 벤젠 175.8 g의 부피를 계산한다.
$78g : 24.123L = 175.8g : xL$

$$x = \frac{24.123L \times 175.8g}{78g} = 54.369L$$

$$\frac{54.369L}{hr} \times \frac{hr}{3,600sec} \times \frac{1,000mL}{L}$$

$$= 15.1mL/sec$$

(3) 전체환기량(Q) 계산

$$Q = \frac{G}{TLV} \times K$$

Q : 전체환기량(m^3/sec)
G : 오염물질 발생률(mL/sec)
K : 안전계수
TLV : 노출기준(ppm 또는 mL/m^3)

$$Q = \frac{15.1mL/sec}{0.5mL/m^3} \times 6 = 181.2m^3/sec$$

50

다음 중 도금조와 사형주조에 사용되는 후드형식으로 가장 적절한 것은?

① 부스식　　　　　② 포위식

③ 외부식　　　　　④ 장갑부착상자식

해설 후드형식 ─────────

도금조와 사형주조에는 공정상 작업에 방해가 없는 외부식 후드를 설치한다.

51

환기시스템에서 포착속도(Capture Velocity)에 대한 설명 중 틀린 것은?

① 먼지나 가스의 성상, 확산조건, 발생원 주변 기류 등에 따라서 크게 달라질 수 있다.

② 제어풍속이라고도 하며 후드 앞 오염원에서의 기류로서 오염공기를 후드로 흡인하는 데 필요하며, 방해기류를 극복해야 한다.

③ 유해물질의 발생기류가 높고 유해물질이 활발하게 발생할 때는 대략 15 ~ 20 m/s이다.

④ 유해물질이 낮은 기류로 발생하는 도금 또는 용접 작업공정에서는 대략 0.5 ~ 1.0 m/s이다.

해설 포착속도(제어속도) 범위(ACGIH) ───────

작업조건	제어속도 (m/sec)
움직이지 않는 공기 중에서 속도 없이 배출	0.25 ~ 0.5
비교적 조용한 대기 중에서 저속으로 비산하는 작업	0.5 ~ 1.0
발생기류가 높고 유해물질이 활발히 발생하는 작업	1.0 ~ 2.5
초고속기류가 있는 작업장소에서 초고속으로 비산하는 작업	2.5 ~ 10

52

국소배기시설에서 필요환기량을 감소시키기 위한 방법으로 틀린 것은?

① 후드 개구면에서 기류가 균일하게 분포되도록 설계한다.

② 공정에서 발생 또는 배출되는 오염물질의 절대량을 감소시킨다.

③ 포집형이나 레시버형 후드를 사용할 때에는 가급적 후드를 배출 오염원에 가깝게 설치한다.

④ 공정 내 측면부착 차폐막이나 커튼 사용을 줄여 오염물질의 희석을 유도한다.

해설 필요환기량을 감소시키는 방법 ————

• 오염물질 발생원에 가깝게 설치한다.
• 제어속도는 작업조건을 고려하여 적정하게 선정한다.
• 작업에 방해가 되지 않도록 설치한다.
• 가급적이면 공정을 많이 포위한다.
• 공정에서 발생 또는 배출되는 오염물질의 절대량을 감소시킨다.
• 공정 내 측면 부착 차폐막이나 커튼 사용을 늘려 오염물질의 희석을 방지한다.

53

760 mmH$_2$O를 mmHg로 환산한 것으로 옳은 것은?

① 5.6 ② 56

③ 560 ④ 760

해설 압력단위 환산 ————

$$760\text{mmH}_2\text{O} \times \frac{760\text{mmHg}}{10,332\text{mmH}_2\text{O}}$$

$$= 55.903\text{mmHg}$$

54

차음보호구인 귀마개(Ear Plug)에 대한 설명으로 가장 거리가 먼 것은?

① 차음효과는 일반적으로 귀덮개보다 우수하다.

② 외이도에 이상이 없는 경우에 사용이 가능하다.

③ 더러운 손으로 만짐으로써 외이도를 오염시킬 수 있다.

④ 귀덮개와 비교하면 제대로 착용하는 데 시간은 걸리나 부피가 작아서 휴대하기가 편리하다.

해설 귀마개의 장점과 단점 ————

구분	내용
장점	• 착용이 간편하다. • 안전모 사용에 구애받지 않는다. • 고온작업, 좁은 공간에서도 사용할 수 있다.
단점	• 귀에 질병이 있는 경우에는 사용할 수 없다. • 제대로 착용하는 데 시간이 걸리며 요령이 필요하다. • 착용 여부 파악이 곤란하다. • 차음효과는 일반적으로 귀덮개보다 떨어진다. • 귀마개 오염에 따른 감염 가능성이 있다.

55

정압이 -1.6 cmH$_2$O이고, 전압이 -0.7 cmH$_2$O로 측정되었을 때, 속도압(VP : cmH$_2$O)과 유속(V : m/s)은?

① VP : 0.9, V : 3.8

② VP : 0.9, V : 12

③ VP : 2.3, V : 3.8

④ VP : 2.3, V : 12

해설 속도압과 유속 계산

전압 = 속도압(VP) + 정압(SP)

속도압(VP) = 전압 − 정압(SP)

$= -0.7 - (-1.6) = 0.9 \text{cmH}_2\text{O}$

$V = 4.043 \sqrt{VP}$

V : 유속(m/sec)

VP : 속도압(mmH$_2$O)

$VP = 0.9 \text{cmH}_2\text{O} = 9 \text{mmH}_2\text{O}$

$V = 4.043 \sqrt{9} = 12.129 \text{m/sec}$

56

중요도 ★★

사이클론 설계 시 블로우다운 시스템에 적용되는 처리량으로 가장 적절한 것은?

① 처리 배기량의 1 ~ 2 %

② 처리 배기량의 5 ~ 10 %

③ 처리 배기량의 40 ~ 50 %

④ 처리 배기량의 80 ~ 90 %

해설 블로우다운(Blow-down)

더스트 박스 및 호퍼부에서 처리가스의 5 ~ 10 %를 흡인하여 난류현상을 억제시키고, 원심력을 증대시켜 집진효율을 증대시키는 운전방식이다.

57

중요도 ★

레시버식 캐노피형 후드의 유량비법에 의한 필요 송풍량(Q)을 구하는 식에서 "A"는? (단, q는 오염원에서 발생하는 오염기류의 양을 의미한다)

$$Q = q + (1 + A)$$

① 열상승 기류량

② 누입한계 유량비

③ 설계 유량비

④ 유도기류량

해설 레시버식 캐노피형 후드의 필요 송풍량(Q)

$Q = q + (1 + A)$

Q : 필요 송풍량

q : 오염기류의 양

A : 누입한계 유량비

58

중요도 ★★

방진마스크에 대한 설명 중 틀린 것은?

① 공기 중에 부유하는 미세입자 물질을 흡입함으로써 인체에 장해의 우려가 있는 경우에 사용한다.

② 방진마스크의 종류에는 격리식과 직결식이 있고, 그 성능에 따라 특급, 1급 및 2급으로 나누어진다.

③ 장시간 사용 시 분진의 포집효율이 증가하고 압력강하는 감소한다.

④ 베릴륨, 석면 등에 대해서는 특급을 사용하여야 한다.

해설 방진마스크

방진마스크를 장시간 사용하면 분진의 포집효율은 감소하고 압력강하는 증가한다.

59

중요도 ★★★

오염물질의 농도가 200 ppm까지 도달하였다가 오염물질 발생이 중지되었을 때, 공기 중 농도가 200 ppm에서 19 ppm으로 감소하는 데 걸리는 시간(min)은? (단, 환기를 통한 오염물질의 농도는 시간에 대한 지수함수(1차 반응)으로 근사된다고 가정하고 환기가 필요한 공간의 부피는 3,000 m³, 환기속도는 1.17 m³/s이다)

① 89   ② 101

③ 109   ④ 115

해설 오염물질이 감소하는 데 걸리는 시간(t)

$$t = -\frac{V}{Q'} \ln\left(\frac{C_2}{C_1}\right)$$

t : 시간(min)

V : 작업공간의 부피(m^3)

Q' : 환기량(m^3/min)

C_1 : 유해물질의 처음농도(ppm)

C_2 : 유해물질의 나중농도 또는 노출기준(ppm)

$$t = -\frac{3,000m^3}{\dfrac{1.17m^3}{sec} \times \dfrac{60sec}{min}} \ln\left(\frac{19}{200}\right)$$

$$= 100.593min$$

60

중요도 ★★

길이가 2.4 m, 폭이 0.4 m인 플랜지 부착 슬롯형 후드가 바닥에 설치되어 있다. 포촉점까지의 거리가 0.5 m, 제어속도가 0.4 m/s일 때 필요 송풍량(m^3/min)은? (단, 1/4 원주 슬롯형, C = 1.6을 적용한다)

① 20.2 　　　② 46.1

③ 80.6 　　　④ 161.3

해설 외부식 슬롯형 후드의 필요 송풍량(Q)

$$Q = C \times L \times V_c \times X$$

Q : 필요 송풍량(m^3/sec)

C : 형상계수

L : 개구면의 길이(m)

V_c : 제어속도(m/sec)

X : 포촉점(포집점)까지의 거리(m)

$$Q = 1.6 \times 2.4 \times 0.4 \times 0.5$$

$$= \frac{0.768m^3}{sec} \times \frac{60sec}{min} = 46.08m^3/min$$

4과목 물리적 유해인자 관리

61

중요도 ★

전기성 안염(전광선 안염)과 가장 관련이 깊은 비전리방사선은?

① 자외선 　　　② 적외선

③ 가시광선 　　　④ 마이크로파

해설 자외선의 눈에 대한 작용

• 전기용접, 자외선 살균 취급자 등에서 발생되는 자외선에 의해 전광선 안염인 극성 각막염이 유발될 수 있다.

• 나이가 많을수록 자외선 흡수량이 많아져 백내장을 일으킬 수 있다.

62

중요도 ★★★

방사선의 투과력이 큰 것에서부터 작은 순으로 올바르게 나열한 것은?

① $X > \beta > \gamma$ 　　　② $X > \beta > \alpha$

③ $\alpha > X > \gamma$ 　　　④ $\gamma > \alpha > \beta$

해설 전리방사선의 인체투과력 순서

중성자 > X선 또는 γ선 > β선 > α선

63

중요도 ★

소음에 의한 인체의 장해(소음성 난청)에 영향을 미치는 요인이 아닌 것은?

① 소음의 크기

② 개인의 감수성

③ 소음 발생장소

④ 소음의 주파수 구성

해설 소음성 난청에 영향을 미치는 요인 ————

- 개인의 감수성
- 소음의 크기 : 음압수준이 높을수록 유해하다.
- 폭로시간 : 계속적 노출이 간헐적 노출보다 유해하다.
- 주파수 : 고주파음이 저주파음보다 유해하다.

해설 도르노선(Dorno-ray) ————

- 자외선의 일종이다.
- 파장범위 : 280 ~ 315 nm(2,800 ~ 3,150 Å)
- 인체에 유익한 작용을 하여 건강선(생명선)이라고도 한다.
- 소독작용, 비타민 D 형성, 피부의 색소 침착 등 생물학적 작용이 강하다.

64
중요도 ★★

일반적으로 눈을 부시게 하지 않고 조도가 균일하여 눈의 피로를 줄이는 데 가장 효과적인 조명방법은?

①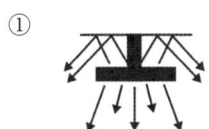
②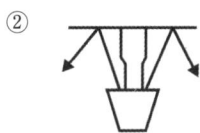

③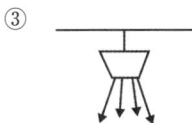
④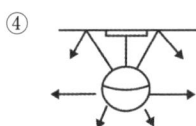

해설 조명방법 ————

②번과 같은 간접조명이 눈을 부시게 하지 않고 조도가 균일하여 눈의 피로를 줄이는 데 효과적이다.

66
중요도 ★★

「산업안전보건법령」상 충격소음의 노출기준과 관련된 내용으로 옳은 것은?

① 충격소음의 강도가 120 dB(A)일 경우 1일 최대 노출회수는 1,000회이다.
② 충격소음의 강도가 130 dB(A)일 경우 1일 최대 노출 회수는 100회이다.
③ 최대 음압수준이 135 dB(A)를 초과하는 충격소음에 노출되어서는 안 된다.
④ 충격소음이란 최대 음압수준에 120 dB(A) 이상인 소음이 1초 이상의 간격으로 발생하는 것을 말한다.

해설 충격소음의 노출기준 ————

「화학물질 및 물리적 인자의 노출기준」 별표2의 2

1일 노출회수	충격소음의 강도 dB(A)
100	140
1,000	130
10,000	120

- 최대 음압수준이 140 dB(A)를 초과하는 충격소음에 노출되어서는 안 된다.
- 충격소음이라 함은 최대음압수준에 120 dB(A) 이상인 소음이 1초 이상의 간격으로 발생하는 것을 말한다.

65
중요도 ★★★

도르노선(Dorno-ray)에 대한 내용으로 옳은 것은?

① 가시광선의 일종이다.
② 280 ~ 315 Å 파장의 자외선을 의미한다.
③ 소독작용, 비타민 D 형성 등 생물학적 작용이 강하다.
④ 절대온도 이상의 모든 물체는 온도에 비례하여 방출한다.

2022-02

67

중요도 ★★

감압에 따른 인체의 기포 형성량을 좌우하는 요인과 가장 거리가 먼 것은?

① 감압속도
② 산소공급량
③ 조직에 용해된 가스량
④ 혈류를 변화시키는 상태

해설 감압 시 질소기포 형성량에 영향을 주는 요인 ──
• 감압속도
• 조직에 용해된 가스량 : 체내 지방량, 고기압 폭로의 정도와 시간으로 결정된다.
• 혈류를 변화시키는 상태 : 연령, 기온, 음주, 공포감 등과 연관된다.

68

중요도 ★★

「작업환경 측정 및 정도관리 등에 관한 고시」상 고열 측정방법으로 옳지 않은 것은?

① 예비조사가 목적인 경우 검지관방식으로 측정할 수 있다.
② 측정은 단위작업장소에서 측정대상이 되는 근로자의 주 작업 위치에서 측정한다.
③ 측정기의 위치는 바닥면으로부터 50 cm 이상 150 cm 이하의 위치에서 측정한다.
④ 측정기를 설치한 후 충분히 안정화시킨 상태애서 1일 작업시간 중 가장 높은 고열에 노출되는 1시간을 10분 간격으로 연속하여 측정한다.

해설 고열 측정방법 ──
①번 내용은 고열이 아니라 가스상 물질 측정방법에 대한 설명이다.

관련법령 고열 측정방법
「작업환경 측정 및 정도관리 등에 관한 고시」제31조
• 측정은 단위작업장소에서 측정대상이 되는 근로자의 주 작업 위치에서 측정한다.

• 측정기의 위치는 바닥면으로부터 50 cm 이상, 150 cm 이하의 위치에서 측정한다.
• 측정기를 설치한 후 충분히 안정화시킨 상태에서 1일 작업시간 중 가장 높은 고열에 노출되는 1시간을 10분 간격으로 연속하여 측정한다.

69

중요도 ★

지적 환경(Optimum Working Environment)을 평가하는 방법이 아닌 것은?

① 생산적(Productive) 방법
② 생리적(Physiological) 방법
③ 정신적(Psychological) 방법
④ 생물역학적(Biomechanical) 방법

해설 지적 환경 ──
지적 환경은 작업자가 최적의 상태로 작업할 수 있는 환경이다.
지적 환경은 생산적, 생리적, 정신적 방법으로 평가한다.

70

중요도 ★

한랭작업과 관련된 설명으로 옳지 않은 것은?

① 저체온증은 몸의 심부온도가 35 ℃ 이하로 내려간 것을 말한다.
② 손가락의 온도가 내려가면 손동작의 정밀도가 떨어지고 시간이 많이 걸려 작업능률이 저하된다.
③ 동상은 혹심한 한냉에 노출됨으로써 피부 및 피하조직 자체가 동결하여 조직이 손상되는 것을 말한다.
④ 근로자의 발이 한랭에 장기간 노출되고 동시에 지속적으로 습기나 물에 잠기게 되면 '선단자람증'의 원인이 된다.

정답 67 ② 68 ① 69 ④ 70 ④

- 근로자의 발이 한랭에 장기간 노출됨과 동시에 지속적으로 습기나 물에 잠기게 될 경우에 발생한다.
- 조직 내부의 온도가 10 ℃에 도달하면 조직 표면이 얼게 되며 이러한 현상을 참호족이라고 한다.

71
중요도 ★★★

다음 방사선 중 입자 방사선으로만 나열된 것은?

① α선, β선, γ선
② α선, β선, X선
③ α선, β선, 중성자
④ α선, β선, γ선, X선

해설 입자 방사선 ―――――――――――――

입자 방사선은 입자들이 빠른 속도로 운동하면서 에너지를 방출하는 것이다.
α선, β선, 중성자선이 대표적인 입자 방사선이다.

72
중요도 ★★★

다음 계측기기 중 기류 측정기가 아닌 것은?

① 흑구온도계　　　② 카타온도계
③ 풍차풍속계　　　④ 열선풍속계

해설 기류 측정기 ―――――――――――――

흑구온도계는 열복사 환경을 측정하는 것으로 기류(공기의 흐름)를 측정하는 기구가 아니다.
카타온도계는 알코올이 냉각되는 시간을 측정하여 기류속도를 계산한다.

73
중요도 ★★★

다음은 빛과 밝기의 단위를 설명한 것으로 ㉠, ㉡에 해당하는 용어로 옳은 것은?

> 1루멘의 빛이 1 ft²의 평면상에 수직 방향으로 비칠 때 그 평면의 빛의 양, 즉 조도를 (㉠)(이)라고 하고, 1 m²의 평면에 1루멘의 빛이 비칠 때의 밝기를 1(㉡)(이)라고 한다.

① ㉠ : 캔들(candle), ㉡ : 럭스(lux)
② ㉠ : 럭스(lux), ㉡ : 캔들(candle)
③ ㉠ : 럭스(lux), ㉡ : 푸트캔들(foot-candle)
④ ㉠ : 푸트캔들(foot-candle), ㉡ : 럭스(lux)

해설 조도의 단위 ―――――――――――――

(1) 푸트캔들(foot-candle)
　　미국에서 주로 사용하는 조도의 단위로 1 ft²(제곱피트)의 면적에 1 lm(루멘)의 광속이 균일하게 비추어질 때의 조도이다.
(2) 럭스(lux)
　　국제단위계(SI)에서 사용하는 조도의 단위로 1 m²(제곱미터)의 면적에 1 lm(루멘)의 광속이 균일하게 비추어질 때의 조도이다.

74
중요도 ★★

고압 환경에서의 2차적 가압현상(화학적 장해)에 의한 생체 영향과 거리가 먼 것은?

① 질소 마취　　　② 산소 중독
③ 질소기포 형성　④ 이산화탄소 중독

해설 고압 환경의 2차적 가압현상 ―――――――

- 질소 마취 : 4기압 이상이 되면 질소 가스는 마취작용을 일으킨다.
- 산소 중독 : 산소분압이 2기압을 넘으면 산소중독 증세가 나타난다.
- 이산화탄소 중독 : 이산화탄소의 증가는 산소의 독성과 질소의 마취작용을 촉진시킨다.

2022-02

75

중요도 ★

다음 중 공장 내부에 기계 및 설비가 복잡하게 설치되어 있는 경우에 작업장 기계에 의한 흡음이 고려되지 않아 실제흡음보다 과소평가되기 쉬운 흡음 측정방법은?

① Sabin Method
② Reverberation Time Method
③ Sound Power Method
④ Loss Due to Distance Method

해설 잔향실법(Sabin Method) ─────

- 잔향실 내부에 흡음재를 두고 시료 설치 전후 잔향시간의 차이 및 공간요인을 고려하여 흡음률을 계산한다.
- 공장 내부에 기계 및 설비가 복잡하게 설치되어 있는 경우 작업장 기계로 인한 흡음이 고려되지 않기 때문에 실제 흡음보다 과소평가될 수 있다.

76

중요도 ★★

작업자 A의 4시간 작업 중 소음노출량이 76 %일 때, 측정시간에 있어서의 평균치는 약 몇 dB(A)인가?

① 88
② 93
③ 98
④ 103

해설 소음수준(TWA)[dB(A)] ─────

$$TWA = 16.61 \times \log\left[\frac{D}{12.5 \times t}\right] + 90$$

D : 누적소음노출량(%)
t : 소음에 노출된 시간

$$TWA = 16.61 \times \log\left[\frac{76}{12.5 \times 4}\right] + 90$$
$$= 93.02 dB(A)$$

77

중요도 ★

진동이 인체에 미치는 영향에 관한 설명으로 옳지 않은 것은?

① 맥박수가 증가한다.
② 1 ~ 3 Hz에서 호흡이 힘들고 산소소비가 증가한다.
③ 13 Hz에서 허리, 가슴 및 등 쪽에 감각적으로 가장 심한 통증을 느낀다.
④ 신체의 공진현상은 앉아 있을 때가 서 있을 때보다 심하게 나타난다.

해설 진동수가 인체에 미치는 영향 ─────

- 6 Hz : 가슴, 등 쪽에 심한 통증을 느낀다.
- 13 Hz : 머리, 안면, 볼, 눈꺼풀이 진동한다.
- 20 ~ 30 Hz : 시력 및 청력장해가 발생한다.

78

중요도 ★★★

공장 내 각기 다른 3대의 기계에서 각각 90 dB(A), 95 dB(A), 88 dB(A)의 소음이 발생된다면 동시에 기계를 가동시켰을 때의 합산 소음[dB(A)]은 약 얼마인가?

① 96
② 97
③ 98
④ 99

해설 합성소음도 ─────

$$L = 10 \times \log\left(10^{\frac{L_1}{10}} + 10^{\frac{L_2}{10}} + \cdots 10^{\frac{L_n}{10}}\right)$$

L : 합성소음도(dB)
L_n : 각각 소음원의 소음(dB)

$$L = 10 \times \log\left(10^{\frac{90}{10}} + 10^{\frac{95}{10}} + 10^{\frac{88}{10}}\right)$$
$$= 96.806 dB$$

79

중요도 ★★★

사람이 느끼는 최소 진동역치로 옳은 것은?

① 35 ± 5 dB
② 45 ± 5 dB
③ 55 ± 5 dB
④ 65 ± 5 dB

해설 사람이 느끼는 최소 진동역치 ─────

55 ± 5 dB

80

중요도 ★★★

「산업안전보건법령」상 적정공기의 범위에 해당하는 것은?

① 산소농도 18 % 미만
② 일산화탄소 농도 50 ppm 미만
③ 탄산가스 농도 10 % 미만
④ 황화수소 농도 10 ppm 미만

해설 적정공기 정의 ─────

「안전보건규칙」 제618조
• 산소농도의 범위가 18 % 이상 23.5 % 미만
• 이산화탄소(탄산가스)의 농도가 1.5 % 미만
• 일산화탄소의 농도가 30 ppm 미만
• 황화수소의 농도가 10 ppm 미만

81

중요도 ★★★

규폐증(Silicosis)에 관한 설명으로 옳지 않은 것은?

① 직업적으로 석영분진에 노출될 때 발생하는 진폐증의 일종이다.
② 석면의 고농도분진을 단기적으로 흡입할 때 주로 발생되는 질병이다.
③ 채석장 및 모래분사 작업장에 종사하는 작업자들이 잘 걸리는 폐질환이다.
④ 역사적으로 보면 이집트의 미라에서도 발견되는 오래된 질병이다.

해설 규폐증 ─────

규폐증(Silicosis)은 이산화규소(SiO_2, 석영) 분진의 흡입으로 폐조직에 섬유화가 나타나는 진폐증이다. 석면을 흡입하면 석면폐증, 악성중피종에 걸린다.

82

중요도 ★★★

입자상 물질의 하나인 흄(Fume)의 발생기전 3단계에 해당하지 않는 것은?

① 산화
② 입자화
③ 응축
④ 증기화

해설 흄(Fume)의 생성단계 ─────

• 금속의 증기화
• 증기물의 산화
• 산화물의 응축

83

중요도 ★★★

다음 중 20년간 석면을 사용하여 자동차 브레이크 라이닝과 패드를 만들었던 근로자가 걸릴 수 있는 대표적인 질병과 거리가 가장 먼 것은?

① 폐암
② 석면폐증
③ 악성중피종
④ 급성 골수성 백혈병

해설 석면과 관련된 질병 ─────────

석면을 흡입했을 때 폐암, 석면폐증, 악성중피종에 걸린다.
급성 골수성 백혈병은 방사선 노출, 벤젠과 같은 화학물질에 노출되었을 때 걸리는 경우가 많다.

84

중요도 ★★

유해물질의 생체 내 배설과 관련된 설명으로 옳지 않은 것은?

① 유해물질은 대부분 위(胃)에서 대사된다.
② 흡수된 유해물질은 수용성으로 대사된다.
③ 유해물질의 분포량은 혈중 농도에 대한 투여량으로 산출된다.
④ 유해물질의 혈장농도가 50 %로 감소하는 데 소요되는 시간을 반감기라고 한다.

해설 유해물질의 생체 내 배설 ─────────

유해물질은 대부분 간에서 대사되며 대사작용에 의해 유해물질의 독성이 감소 또는 증가한다.

85

중요도 ★★

다음 중 조혈장기에 장해를 입히는 정도가 가장 낮은 것은?

① 망간
② 벤젠
③ 납
④ TNT

해설 조혈장기에 장해를 입히는 물질 ─────────

망간은 주로 신경계에 손상을 일으킨다.
망간에 과다 노출되면 중추신경계장애로 파킨슨증후군에 걸릴 수 있다.

86

중요도 ★★

화학물질을 투여한 실험동물의 50 %가 관찰 가능한 가역적인 반응을 나타내는 양을 의미하는 것은?

① ED_{50}
② LC_{50}
③ LE_{50}
④ TE_{50}

해설 실험동물 관련 용어 ─────────

• ED_{50} : 실험동물의 50 %에서 가역적 반응을 나타내는 용량이다.
• LC_{50} : 실험동물의 50 %에서 사망을 유발하는 농도이다.
• ③, ④번은 잘 사용하지 않는 용어이다.

87

중요도 ★★

금속의 독성에 관한 일반적인 특성을 설명한 것으로 옳지 않은 것은?

① 금속의 대부분은 이온 상태로 작용된다.
② 생리과정에 이온 상태의 금속이 활용되는 정도는 용해도에 달려있다.
③ 금속 이온과 유기화합물 사이의 강한 결합력은 배설율에도 영향을 미치게 한다.
④ 용해성 금속염은 생체 내 여러 가지 물질과 작용하여 수용성 화합물로 전환된다.

금속의 독성 ──────

- 금속의 대부분은 이온 상태로 작용된다.
- 생리과정에 이온 상태의 금속이 활용되는 정도는 용해도에 달려있다.
- 금속 이온과 유기화합물 사이의 강한 결합력은 배설율에도 영향을 미치게 한다.
- 금속 중 중금속에 해당되는 납, 수은, 카드뮴 등은 수용성으로 변하지 않고, 뼈나 간 등에 축적된다.

화학물질의 생리적 작용에 의한 분류 ──────

구분	내용
상기도 점막 자극제	물에 잘 녹는 물질로 암모니아, 염화수소, 불화수소, 아황산가스, 크롬산 등이 있다.
상기도 점막 및 폐조직 자극제	물에 대한 용해도가 중간 정도인 물질로 염소, 브롬, 요오드, 플루오르 등이 있다.
종말 기관지 및 폐포점막 자극제	물에 잘 녹지 않는 물질로 이산화질소, 3염화비소, 포스겐 등이 있다.

88 　　　　　　　중요도 ★

작업자가 납 흄에 장기간 노출되어 혈액 중 납의 농도가 높아졌을 때 일어나는 혈액 내 현상이 아닌 것은?

① K^+와 수분이 손실된다.
② 삼투압에 의하여 적혈구가 위축된다.
③ 적혈구 생존시간이 감소한다.
④ 적혈구 내 전해질이 급격히 증가한다.

납 중독 ──────

납 중독으로 인해 전해질 농도에 영향을 줄 수는 있지만 적혈구 내 전해질이 급격히 증가한다고 보기는 어렵다.

89 　　　　　　　중요도 ★★★

화학물질의 생리적 작용에 의한 분류에서 종말 기관지 및 폐포점막 자극제에 해당되는 유해가스는?

① 불화수소　　　　　② 이산화질소
③ 염화수소　　　　　④ 아황산가스

90 　　　　　　　중요도 ★★★

단시간노출기준(STEL)은 근로자가 1회 몇 분 동안 유해인자에 노출되는 경우의 기준을 말하는가?

① 5분　　　　　　　② 10분
③ 15분　　　　　　④ 30분

단시간 노출농도(STEL) ──────

근로자가 1회 15분간 유해인자에 노출되는 경우의 기준(허용농도)이다.

91 　　　　　　　중요도 ★★

폴리비닐 중합체를 생산하는 데 많이 쓰이며 간장해와 발암작용이 있다고 알려진 물질은?

① 납　　　　　　　　② PCB
③ 염화비닐　　　　　④ 포름알데하이드

염화비닐 ──────

- 장기간 노출된 경우 간 조직세포에 섬유화증상이 나타난다.
- 간에 혈관육종을 일으킨다.

92

중요도 ★

알레르기성 접촉피부염에 관한 설명으로 옳지 않은 것은?

① 알레르기성 반응은 극소량 노출에 의해서도 피부염이 발생할 수 있는 것이 특징이다.
② 알레르기 반응을 일으키는 관련 세포는 대식세포, 림프구, 랑거한스세포로 구분된다.
③ 항원에 노출되고 일정시간이 지난 후에 다시 노출되었을 때 세포매개성 과민반응에 의하여 나타나는 부작용의 결과이다.
④ 알레르기원에 노출되고 이 물질이 알레르기원으로 작용하기 위해서는 일정기간이 소요되며 그 기간을 휴지기라 한다.

> **해설** 알레르기성 접촉피부염 ─────

알레르기원에 노출되고 이 물질이 알레르기원으로 작용하기 위해서는 일정기간이 소요되며 그 기간을 유도기라 한다.

93

중요도 ★

망간중독에 관한 설명으로 옳지 않은 것은?

① 호흡기 노출이 주경로이다.
② 언어장애, 균형감각상실 등의 증세를 보인다.
③ 전기용접봉 제조업, 도자기 제조업에서 빈번하게 발생된다
④ 만성 중독은 3가 이상의 망간화합물에 의해서 주로 발생한다.

> **해설** 망간중독 ─────

① 망간은 주로 분진이나 흄(증기)을 흡입하는 호흡기로 몸 안에 들어온다.
② 망간중독은 언어장애, 균형감각상실 등의 신경학적 증상을 보인다.
③ 망간중독은 주로 용접작업, 도자기 제조업에서 빈번하게 발생된다
④ 만성 중독은 주로 2가 망간 이온이 신경계에 영향을 미친다.

94

중요도 ★★

남성 근로자의 생식독성 유발요인이 아닌 것은?

① 풍진 　　　　　　② 흡연
③ 망간 　　　　　　④ 카드뮴

> **해설** 생식독성 유발요인 ─────

풍진 바이러스는 임산부가 감염될 경우 태아에 심각한 영향을 줄 수 있지만 남성의 생식독성 유발과는 큰 관련이 없다.
흡연을 하거나 망간, 카드뮴 등의 금속에 과다 노출되면 남성의 생식독성을 유발시킨다.

95

중요도 ★★

연(납)의 인체 내 침입경로 중 피부를 통하여 침입하는 것은?

① 일산화연 　　　　② 4메틸연
③ 아질산연 　　　　④ 금속연

> **해설** 납의 흡수 및 축적 ─────

- 무기납은 주로 호흡기를 통해 흡수된다.
- 유기납(4알킬연, 4메틸연)은 주로 피부를 통하여 흡수된다.
- 인체에 침입한 납(Pb)은 주로 뼈에 축적된다.

96

중요도 ★★★

산업역학에서 상대위험도의 값이 1인 경우가 의미하는 것은?

① 노출되면 위험하다.
② 노출되어서는 절대 안 된다.
③ 노출과 질병발생 사이에는 연관이 없다.
④ 노출되면 질병에 대하여 방어효과가 있다.

유해인자에 노출된 집단이 노출되지 않은 집단에 비하여 질병의 발생률이 몇 배인지를 나타내는 정도(위험도가 얼마나 큰지 정도)를 나타내는 것이다.

$$상대위험도 = \frac{노출군에서의 \ 질병발생률}{비노출군에서의 \ 질병발생률}$$

상대위험도 = 1 : 유해요인 노출과 질병 사이의 연관성 없음

상대위험도 > 1 : 위험의 증가를 의미함

상대위험도 < 1 : 질병에 대한 방어효과가 있음

97

중요도 ★★★

유해물질과 생물학적 노출지표와의 연결이 잘못된 것은?

① 벤젠 – 소변 중 페놀

② 크실렌 – 소변 중 카테콜

③ 스티렌 – 소변 중 만델린산

④ 퍼클로로에틸렌 – 소변 중 삼연화초산

해설 자주 출제되는 유해물질과 생물학적 노출지표 ──

• 벤젠 – 소변 중 페놀, t,t-뮤코닉산
• 크실렌 – 소변 중 메틸마뇨산
• 톨루엔 – 소변 중 o-크레졸
• 이황화탄소 – 소변 중 TTCA
• 퍼클로로에틸렌(테트라클로로에틸렌) – 소변 중 트리클로로초산(삼염화초산)
• 노말헥산 – 소변 중 2,5-hexanedione
• 니트로벤젠 – 혈중 메트헤모글로빈

98

중요도 ★★★

다음 설명에 해당하는 중금속의 종류는?

> 이 중금속 중독의 특징적인 증상은 구내염, 정신 증상, 근육 진전이다. 급성 중독 시 우유와 계란 흰자를 먹으며, 만성 중독 시 취급을 즉시 중지하고 BAL을 투여한다.

① 납

② 크롬

③ 수은

④ 카드뮴

해설 수은 중독 ─────────

수은에 중독되었을 때 우유와 계란흰자를 먹으면 계란흰자와 우유가 수은 이온과 결합해 불용성 침전을 형성해 수은이 몸속에 흡수되는 것을 지연시킨다.

우유와 계란흰자는 수은의 흡수를 지연시키는 역할만 하기 때문에 수은에 중독 시에는 전문적 해독제인 BAL를 투여해야 한다.

99

중요도 ★

납에 노출된 근로자가 납 중독 되었는지를 확인하기 위하여 소변을 시료로 채취하였을 경우 측정할 수 있는 항목이 아닌 것은?

① 델타 – ALA

② 납 정량

③ Coproporphyrin

④ Protoporphyrin

해설 납 중독 확인 ─────────

Protoporphyrin은 혈액을 통해 분석하는 것으로 소변으로 측정할 수 없다.

100

중요도 ★★★

다음 중 중추신경계 억제작용이 가장 큰 것은?

① 알칸

② 에테르

③ 알코올

④ 에스테르

해설 중추신경계 억제작용 순서 ─────────────

할로겐화합물(할로겐족) > 에테르 > 에스테르 > 유기산 > 알코올 > 알켄 > 알칸

산업위생학개론

01

중요도 ★

안전보건교육에 대한 내용으로 틀린 것은?

① 사업주는 소속 근로자에게 정기적으로 안전보건교육을 실시해야 한다.

② 사업주는 근로자를 채용할 때와 작업내용을 변경할 때에는 그 근로자에 대하여 해당 작업에 필요한 안전보건교육을 하여야 한다.

③ 사업주는 근로자를 유해하거나 위험한 작업에 채용할 때에는 유해하거나 위험한 작업에 필요한 안전보건교육을 추가로 하여야 한다.

④ 사업주는 안전보건에 관한 교육을 교육부장관이 지정한 안전보건교육 기관에 위탁할 수 있다.

해설 근로자에 대한 안전보건교육 ─────

「산업안전보건법」 제29조
사업주는 안전보건교육을 고용노동부장관에게 등록한 안전보건교육기관에 위탁할 수 있다.

02

중요도 ★

직업성 질환에의 예방대책 중에서 근로자의 대책에 속하지 않는 것은?

① 적절한 보호구의 착용

② 정기적인 근로자 건강진단의 실시

③ 생산라인의 개조 또는 국소배기시설의 설치

④ 보안경, 진동장갑, 귀마개 등의 보호구 착용

해설 작업환경 관리대책 ─────

생산라인의 개조 또는 국소배기시설의 설치는 생산기술 및 작업환경 관리대책이다.

03

중요도 ★★

전신피로의 정도를 평가하기 위하여 맥박을 측정한 값이 심한 전신피로 상태라고 판단되는 경우는?

① $HR_{30 \sim 60}$ = 107, $HR_{150 \sim 180}$ = 89, $HR_{60 \sim 90}$ = 101

② $HR_{30 \sim 60}$ = 110, $HR_{150 \sim 180}$ = 95, $HR_{60 \sim 90}$ = 108

③ $HR_{30 \sim 60}$ = 114, $HR_{150 \sim 180}$ = 92, $HR_{60 \sim 90}$ = 118

④ $HR_{30 \sim 60}$ = 116, $HR_{150 \sim 180}$ = 102, $HR_{60 \sim 90}$ = 108

해설 전신피로 상태의 판단 ─────

$HR_{30 \sim 60}$이 110을 초과하고, $HR_{60 \sim 90}$과 $HR_{150 \sim 180}$의 차이가 10 미만인 경우이다.

• $HR_{30 \sim 60}$: 작업종료 후 30 ~ 60초 사이의 평균 맥박수

• $HR_{60 \sim 90}$: 작업종료 후 60 ~ 90초 사이의 평균 맥박수

• $HR_{150 \sim 180}$: 작업종료 후 150 ~ 180초 사이의 평균 맥박수

04

중요도 ★★

사업장에서의 산업보건관리업무는 크게 3가지로 구분될 수 있다. 산업보건관리업무와 가장 관련이 적은 것은?

① 안전관리　　　　② 건강관리
③ 환경관리　　　　④ 작업관리

해설 산업안전보건관리의 업무 ─────────

건강관리, 환경관리, 작업관리

05

중요도 ★★

Flex-Time 제도에 대한 설명으로 맞는 것은?

① 하루 중 자기가 편한 시간을 정하여 자유롭게 출·퇴근하는 제도
② 주휴 2일제로 주당 40시간 이상의 근무를 원칙으로 하는 제도
③ 연중 4주간 연차 휴가를 정하여 근로자가 원하는 시기에 휴가를 갖는 제도
④ 작업상 전 근로자가 일하는 중추시간(Core time)을 제외하고 주당 40시간 내외의 근로조건 하에서 자유롭게 출·퇴근하는 제도

해설 Flex-Time 제도 ─────────

전 근로자가 일하는 중추시간(Core time)을 제외하고 근로자가 주당 40시간 내외의 근조조건하에서 출퇴근 시간을 자유롭게 조정하는 제도이다.

06

중요도 ★

NIOSH의 권고중량한계(Recommended Weight Limit, RWL)에 사용되는 승수(Multiplier)가 아닌 것은?

① 들기거리(Lift Multiplier)
② 이동거리(Distance Multiplier)
③ 수평거리(Horizontal Multiplier)
④ 비대칭각도(Asymmetry Multiplier)

해설 권고중량한계(RWL) ─────────

$RWL = LC \times HM \times VM \times DM \times AM \times FM \times CM$
LC : 중량상수(Load Constant)
HM : 수평계수(Horizontal Multiplier)
VM : 수직계수(Vertical Multiplier)
DM : 거리계수(Distance Multiplier)
AM : 비대칭계수(Asymmetric Multiplier)
FM : 빈도계수(Frequency Multiplier)
CM : 커플링계수(Coupling Multiplier)

07

중요도 ★

미국산업안전보건연구원(NIOSH)의 중량물 취급 작업기준 중 들어 올리는 물체의 폭에 대한 기준은 얼마인가?

① 55 cm 이하　　　　② 65 cm 이하
③ 75 cm 이하　　　　④ 85 cm 이하

해설 중량물 취급 작업기준 ─────────

들어 올리는 물체의 폭은 75 cm 이하로 두 손을 적당히 벌리고 작업할 수 있어야 한다.

08

중요도 ★★★

어떤 사업장에서 1,000명의 근로자가 1년 동안 작업하던 중 재해가 40건 발생하였을 때 도수율은 얼마인가? (단, 근로자는 1일 8시간씩 연간 평균 300일을 근무했다)

① 12.3　　　　② 16.7
③ 24.4　　　　④ 33.4

해설 도수율

$$도수율 = \frac{재해건수}{연 근로시간 수} \times 10^6$$

$$= \frac{40}{1,000명 \times 8시간 \times 300일} \times 10^6$$

$$= 16.67$$

09

중요도 ★★

다음 중 「산업안전보건법」상 산업재해의 정의로 가장 적합한 것은?

① 예기치 않고 계획되지 않은 사고이며 상해를 수반하는 경우를 말한다.
② 작업상의 재해 또는 작업환경으로부터 무리한 근로의 결과로 발생되는 절상, 골절, 염좌 등의 상태를 말한다.
③ 노무를 제공하는 사람이 업무에 관계되는 건설물·설비·원재료·가스·증기·분진 등에 의하거나 작업 또는 그 밖의 업무로 인하여 사망 또는 부상하거나 질병에 걸리는 것을 말한다.
④ 불특정 다수에 의도하지 않은 사고가 발생하여 신체적, 재산상의 손실이 발생하는 것을 말한다.

해설 산업재해의 정의

③이 「산업안전보건법」상 산업재해의 정의이다.

10

중요도 ★★

NIOSH에서 제시한 권장무게한계가 6 kg이고 근로자가 실제 작업하는 중량물의 무게가 12 kg이라면 중량물 취급지수(LI)는 얼마인가?

① 0.5　　　　② 1.0
③ 2.0　　　　④ 6.0

해설 중량물 취급지수

$$LI = \frac{실제 작업 무게(L)}{권장무게한계(RWL)}$$

$$= \frac{12}{6} = 2$$

11

중요도 ★★★

다음 중 인간의 행동에 영향을 미치는 산업안전심리의 5대 요소가 아닌 것은?

① 동기　　　　② 기질
③ 경계　　　　④ 습성

해설 산업안전심리의 5대 요소

- 동기(Motive)　　• 기질(Temper)
- 감성(Feeling)　　• 습성(Habit)
- 습관(Custom)

12

중요도 ★

산소 소비량 1 L를 에너지량, 즉 작업대사량으로 환산하면 약 몇 kcal인가?

① 5　　　　② 10
③ 15　　　　④ 20

해설 작업대사량

산소 소비량 1 L = 작업대사량 약 5 kcal

13

중요도 ★★

피로는 그 정도에 따라 3단계로 나눌 수 있는데 피로도가 증가하는 순서가 올바르게 배열된 것은?

① 곤비 → 보통피로 → 과로
② 보통피로 → 과로 → 곤비
③ 보통피로 → 곤비 → 과로
④ 곤비 → 과로 → 보통피로

해설 피로의 3단계

구분	내용
1단계 (보통피로)	하룻밤을 자고 나면 회복 가능
2단계 (과로)	• 다음날까지 피로상태 지속 • 단기간의 휴식으로는 회복될 수 있는 상태
3단계 (곤비)	• 과로가 축적되어 단기간의 휴식으로 회복될 수 없는 발병단계 • 심한 노동 후의 피로현상으로 병적인 상태

14

중요도 ★★

「산업안전보건법령」에 따라 근로자가 근골격계 부담작업을 하는 경우 유해요인 조사의 주기는?

① 6개월　　② 2년
③ 3년　　④ 5년

해설 유해요인 조사

「안전보건규칙」 제657조
사업주는 근로자가 근골격계 부담작업을 하는 경우에 3년마다 유해요인조사를 하여야 한다.

15

중요도 ★★★

인간공학에서 고려해야 할 인간의 특성과 가장 거리가 먼 것은?

① 감각과 지각
② 운동과 근력
③ 감정과 생산능력
④ 기술, 집단에 대한 적응능력

해설 인간공학에서 고려해야 할 인간의 특성

• 인간의 습성
• 운동과 근력
• 감각과 지각
• 신체의 크기와 작업환경
• 기술과 집단에 대한 적응능력

16

중요도 ★★

다음 중 물질안전보건자료(MSDS)와 관련한 기준에 따라 MSDS를 작성할 경우 반드시 포함되어야 하는 항목이 아닌 것은?

① 유해성·위험성
② 게시방법 및 위치
③ 노출방지 및 개인보호구
④ 화학제품과 회사에 대한 정보

해설 물질안전보건자료 작성항목

「화학물질의 분류·표시 및 물질안전보건자료에 관한 기준」 제10조
• 화학제품과 회사에 관한 정보
• 유해성·위험성
• 구성성분의 명칭 및 함유량
• 응급조치요령
• 폭발·화재 시 대처방법
• 누출사고 시 대처방법
• 취급 및 저장방법
• 노출방지 및 개인보호구

- 물리화학적 특성
- 안정성 및 반응성
- 독성에 관한 정보
- 환경에 미치는 영향
- 폐기 시 주의사항
- 운송에 필요한 정보
- 법적규제 현황
- 그 밖의 참고사항

17

중요도 ★★

다음 중 허용농도를 설정할 때 가장 중요한 자료는?

① 사업장에서 조사한 역학자료
② 인체실험을 통해 얻은 실험자료
③ 동물실험을 통해 얻은 실험자료
④ 유사한 사업장의 비용편익 분석자료

해설 **허용농도 설정**

사업장에서 조사한 역학자료는 근로자를 대상으로 한 조사로 가장 신뢰성이 높고, 허용농도를 설정할 때 가장 중요한 자료가 된다.

18

중요도 ★★★

피로의 예방대책으로 적절하지 않은 것은?

① 충분한 수면을 갖는다.
② 작업환경을 정리, 정돈한다.
③ 정적인 자세를 유지하는 작업을 동적인 작업을 전환하도록 한다.
④ 작업과정 사이에 여러 번 나누어 휴식하는 것보다 장시간의 휴식을 취한다.

해설 **피로의 예방대책**

장시간의 휴식을 취하는 것보다 여러 번 나누어 휴식하는 것이 피로의 예방에 도움이 된다.

19

중요도 ★

다음 중 영상표시단말기(VDT)의 취급자세로 적절하지 않은 것은?

① 무릎의 내각은 75° 이내가 되도록 한다.
② 눈으로부터 화면까지의 시거리는 40 cm 이상을 유지한다.
③ 작업자의 시선은 수평선상으로부터 아래로 10 ~ 15° 이내로 한다.
④ 작업자의 어깨가 들리지 않아야 하며 팔꿈치의 내각은 90° 이상이 되도록 한다.

해설 **영상표시단말기 취급자세**

영상표시단말기(VDT)를 취급할 때에는 상체를 등받이에 기댄 자세에서 전완(팔뚝)과 바닥이 수평이 되어야 하며, 무릎의 내각은 90 ~ 100°가 되도록 한다.

20

중요도 ★★

산업재해손실의 평가에 있어서 하인리히방식을 기준으로 직접비와 간접비의 비율은 어느 정도로 나타내는가? (단, "직접비 : 간접비"로 표현한다)

① 1 : 3
② 1 : 4
③ 1 : 10
④ 1 : 16

해설 **하인리히의 산업재해손실의 평가**

직접비 : 간접비 = 1 : 4
직접비는 치료비, 휴업보상비 등이고 간접비는 작업중단에 의한 시간손실, 기계·공구·재료 등의 손실 등이다.

21

중요도 ★★

원자흡광분광법의 기본원리가 아닌 것은?

① 모든 원자들은 빛을 흡수한다.

② 빛을 흡수할 수 있는 곳에서 빛은 각 화학적 원소에 대한 특정파장을 갖는다.

③ 흡수되는 빛의 양은 시료에 함유되어 있는 원자의 농도에 비례한다.

④ 컬럼 안에서 시료들은 충진제와 친화력에 의해서 상호 작용하게 된다.

해설 원자흡광분광법

④는 가스크로마토그래피와 관련된 설명이다.

개념확인 원자흡광분광법의 기본원리

• 모든 원자들은 빛을 흡수한다.

• 빛을 흡수할 수 있는 곳에서 빛은 각 화학적 원소에 대한 특정파장을 갖는다.

• 흡수되는 빛의 양은 시료에 함유되어 있는 원자의 농도에 비례한다.

22

중요도 ★★

액체시료포집법을 이용하여 흡수액으로 시료를 채취하려고 할 때 흡수효율을 높이기 위한 방법이 아닌 것은?

① 두 개 이상의 버블러를 연속으로 연결한다.

② 시료의 채취속도를 높인다.

③ 가는 구멍이 많은 프리티드버블러 등 채취효율이 좋은 기구를 사용한다.

④ 흡수액의 온도를 낮추어 유해물질의 휘발성을 제한한다.

해설 흡수효율을 높이기 위한 방법

시료의 채취속도를 높이면 흡수액과 시료의 접촉시간이 줄어들어 흡수효율이 떨어진다.

23

중요도 ★★

흡수액 측정법에 주로 사용되는 주요 기구로 옳지 않은 것은?

① 테드라 백(Tedlar Bag)

② 프리티드 버블러(Fritted Bubbler)

③ 간이가스 세척병(Simple Gas Washing Bottle)

④ 유리구 충진분리관(Packed Glass Bead Column)

해설 테드라 백(Tedlar Bag)

• 가스 포집을 위한 포집백이다.

• Septum Port가 장착되어 가스타이트 실린지로 미량의 샘플채취가 가능하다.

24

중요도 ★

가스상 물질을 측정하기 위한 순간시료채취방법을 사용할 수 없는 경우와 가장 거리가 먼 것은?

① 유해물질의 농도가 시간에 따라 변할 때

② 작업장의 기류속도 변화가 없을 때

③ 시간 가중 평균치를 구하고자 할 때

④ 공기 중 유해물질의 농도가 낮을 때

해설 순간시료채취방법

순간시료채취방법은 특정시점의 농도를 측정하는 것이다.

작업장의 기류속도 변화는 순간시료채취방법의 정확성에 큰 영향을 미치지 않는다.

25

중요도 ★★★

작업장에 작동되는 기계 두 대의 소음레벨이 각각 98 dB(A), 96 dB(A)로 측정되었을 때, 두 대의 기계가 동시에 작동되었을 경우에 소음레벨(dB(A))은?

① 98
② 100
③ 102
④ 104

해설 합성소음도 ─────────────

$$L = 10 \times \log\left(10^{\frac{L_1}{10}} + 10^{\frac{L_2}{10}} + \cdots 10^{\frac{L_n}{10}}\right)$$

L : 합성소음도(dB)

L_n : 각각 소음원의 소음(dB)

$$L = 10 \times \log\left(10^{\frac{98}{10}} + 10^{\frac{96}{10}}\right)$$

$$= 100.124\text{dB}$$

26

중요도 ★

바이오에어로졸을 시료채취하여 2개의 배양접시에 배지를 사용하여 세균을 배양하였으며 시료채취 전의 유량은 28.4 L/min, 시료채취 후의 유량은 28.8 L/min이었다. 시료채취는 10분 동안 시행되었다면 시료채취에 사용된 공기의 부피는?

① 284 L
② 285 L
③ 286 L
④ 288 L

해설 단위환산을 이용한 계산 ─────────────

(1) 평균유량 계산

$$\frac{(28.4 + 28.8)\text{L/min}}{2} = 28.6\text{L/min}$$

(2) 공기의 부피 계산

$$\frac{28.6\text{L}}{\text{min}} \times 10\text{min} = 286\text{L}$$

27

중요도 ★★

작업환경 측정 시 활성탄관에 흡착된 유기용제 물질 탈착에 일반적으로 사용되는 용매는?

① CS_2
② C_6H_6
③ H_2O
④ CH_2OH

해설 탈착용매 ─────────────

공기 중 유기용제 시료를 활성탄관으로 채취할 때 이황화탄소(CS_2)를 탈착용매로 주로 사용한다.

이황화탄소는 탈착효율이 좋고, 분석 시 유리한 점이 있으나 독성이 있고, 인화성도 있으므로 사용 시 주의가 필요하다.

28

중요도 ★★★

작업장에서 어떤 유해물질의 농도를 무작위로 측정한 결과가 아래와 같을 때, 측정값에 대한 기하평균(GM)은?

(단위 : ppm)
5, 10, 28, 46, 90, 200

① 11.4
② 32.4
③ 63.2
④ 104.5

해설 기하평균(GM) ─────────────

$$GM = \sqrt[N]{X_1 \cdot X_2 \cdots X_n}$$

N : 측정치의 수

X_n : 측정치

$$GM = \sqrt[6]{5 \times 10 \times 28 \times 46 \times 90 \times 200}$$

$$= 32.411$$

29

중요도 ★

입자상 물질을 채취하는 데 사용하는 여과지 중 막여과지(Membrane Filter)가 아닌 것은?

① MCE 여과지   ② PVC 여과지
③ 유리섬유 여과지   ④ PTFE 여과지

해설 여과지

유리섬유 여과지는 섬유상 여과지이다.

30

중요도 ★

작업장에서 10,000 ppm의 사염화에틸렌(분자량 166)이 공기 중에 함유되었다면 이 작업장 공기의 비중은? (단, 표준기압, 온도이며 공기의 분자량은 29이다)

① 1.028   ② 1.032
③ 1.047   ④ 1.054

해설 공기의 비중 계산

ppm은 10^{-6} 단위이다.

$10,000 \text{ppm} \times 10^{-6} = 0.01 = 1\%$

작업장의 공기는 공기가 99 %이고, 사염화에틸렌이 1 %이다.

혼합기체의 분자량을 공기의 분자량으로 나누어 작업장 공기의 비중을 계산한다.

$$\frac{(166 \times 0.01) + (29 \times 0.99)}{29} = 1.047$$

31

중요도 ★★★

유기용제 작업장에서 측정한 톨루엔 농도는 65, 150, 175, 63, 83, 112, 58, 49, 205, 178 ppm일 때 산술평균과 기하평균값은 약 몇 ppm인가?

① 산술평균 108.4, 기하평균 100.4
② 산술평균 108.4, 기하평균 117.6
③ 산술평균 113.8, 기하평균 100.4
④ 산술평균 113.8, 기하평균 117.6

해설 산술평균과 기하평균 계산

산술평균(M) 계산

$$M = \frac{\begin{array}{c}65+150+175+63+83+112+58+\\49+205+178\end{array}}{10}$$

$$= 113.8$$

기하평균(GM)

$$\text{GM} = \sqrt[N]{X_1 \cdot X_2 \cdots X_n}$$

N : 측정치의 수
X_n : 측정치

$$\text{GM} = \sqrt[10]{\begin{array}{c}65 \times 150 \times 175 \times 63 \times 83 \times 112 \times\\58 \times 49 \times 205 \times 178\end{array}}$$

$$= 100.357$$

32

중요도 ★★

측정결과를 평가하기 위하여 "표준화 값"을 산정할 때 필요한 것은? (단, 고용노동부고시를 기준으로 한다)

① 시간가중평균값(단시간 노출값)과 허용기준
② 평균농도와 표준편차
③ 측정농도과 시료채취분석오차
④ 시간가중평균값(단시간 노출값)과 평균농도

해설 표준화 값

표준화 값은 시간가중평균값 또는 단시간 노출값을 노출기준(허용기준)으로 나누어 산정한다.

33

중요도 ★★★

이황화탄소(CS_2)가 배출되는 작업장에서 시료분석 농도가 3시간에 3.5 ppm, 2시간에 15.2 ppm, 3시간에 5.8 ppm 일 때, 시간가중 평균값은 약 몇 ppm인가?

① 3.7   ② 6.4

③ 7.3   ④ 8.9

해설 시간가중 평균노출기준(TWA)

$$TWA \text{ 환산값} = \frac{C_1 \times T_1 + C_2 \times T_2 + \cdots C_n \times T_n}{8}$$

C : 유해인자의 측정치(mg/m^3, ppm)

T : 유해인자의 발생시간(시간)

TWA 환산값

$$= \frac{(3.5 \times 3) + (15.2 \times 2) + (5.8 \times 3)}{8}$$

$$= 7.287 ppm$$

34

중요도 ★★

원자흡광광도계의 구성요소와 역할에 대한 설명 중 옳지 않은 것은?

① 광원은 속빈음극램프를 주로 사용한다.
② 광원은 분석물질이 반사할 수 있는 표준 파장의 빛을 방출한다.
③ 단색화 장치는 특정 파장만 분리하여 검출기로 보내는 역할을 한다.
④ 원자화장치에서 원자화방법에는 불꽃방식, 흑연로방식, 증기화방식이 있다.

해설 원자흡광광도계

광원은 분석물질이 잘 흡수할 수 있는 특정 파장의 빛을 방출해야 한다.

35

중요도 ★★

초기 무게가 1.260 g인 깨끗한 PVC 여과지를 하이볼륨(High-volume) 시료채취기에 장착하여 작업장에서 오전 9시부터 오후 5시까지 2.5 L/분의 유량으로 시료채취기를 작동시킨 후 여과지의 무게를 측정한 결과가 1.280 g 이었다면 채취한 입자상 물질의 작업장 내 평균농도(mg/m^3)는?

① 7.8   ② 13.4

③ 16.7   ④ 19.2

해설 단위환산을 이용한 계산

$$\frac{mg}{m^3} = \frac{(1.280 - 1.260)g \times \dfrac{1{,}000mg}{g}}{\dfrac{2.5L}{min} \times \dfrac{m^3}{1{,}000L} \times (8 \times 60)min}$$

$$= 16.666 mg/m^3$$

$$1{,}000mg = g, \ 1{,}000L = m^3$$

36

중요도 ★★★

시료채취 대상 유해물질과 시료채취 여과지를 잘못 짝지은 것은?

① 유리규산 - PVC여과지
② 납, 철, 등 금속 - MCE 여과지
③ 농약, 알칼리성 먼지 - 은막 여과지
④ 다핵방향족탄화수소(PAHs) - PTFE 여과지

해설 PTFE막 여과지

• 열과 화학물질 등에 강한 특성을 가지고 있어 석탄 건류나 증류 등의 고열에서 발생하는 다핵방향족탄화수소를 채취하는 데 사용된다.
• 농약, 알칼리성 먼지 등을 채취한다.

37

중요도 ★

소음수준의 측정방법에 관한 설명으로 옳지 않은 것은? (단, 고용노동부 고시를 기준으로 한다)

① 소음계의 청감보정회로는 A특성으로 하여야 한다.
② 연속음 측정 시 소음계 지시침의 동작은 빠른 (Fast) 상태로 한다.
③ 측정위치는 지역시료채취방법의 경우에 소음 측정기를 측정대상이 되는 근로자의 주 작업행동 범위의 작업근로자 귀 높이에 설치한다.
④ 측정시간은 1일 작업시간 동안 6시간 이상 연속 측정하거나 작업시간을 1시간 간격으로 나누어 6회 이상 측정한다.

해설 소음수준의 측정방법 ——————
연속음 측정 시 소음계 지시침의 동작은 느림(Slow) 상태로 한다.

38

중요도 ★

전자기 복사선의 파장범위 중에서 자외선-A의 파장영역으로 가장 적절한 것은?

① 100 ~ 280 nm ② 280 ~ 315 nm
③ 315 ~ 400 nm ④ 400 ~ 760 nm

해설 자외선의 파장영역 ——————

구분	파장영역
자외선-A	315 ~ 400 nm
자외선-B	280 ~ 315 nm
자외선-C	100 ~ 280 nm

39

중요도 ★★

다음 중 파과용량에 영향을 미치는 요인과 가장 거리가 먼 것은?

① 포집된 오염물질의 종류
② 작업장의 온도
③ 탈착에 사용하는 용매의 종류
④ 작업장의 습도

해설 파과용량에 영향을 미치는 요인 ——————

• 온도 : 온도가 높아지면 흡착대상오염물질과 흡착제의 표면 사이 또는 2종 이상의 흡착 대상 물질 간 반응속도가 증가하여 파과가 일어나기 쉽다.
• 습도 : 습도가 높으면 파과공기량(파과가 일어날 때까지의 채취 공기량)이 적어진다.
• 시료채취속도 : 시료채취속도가 크고 코팅된 흡착제일수록 파과가 일어나기 쉽다.
• 유해물질 농도 : 농도가 높으면 파과용량이 증가하나 파과공기량은 감소한다.
• 흡착제의 크기 : 입자 크기가 작을수록 표면적 및 채취효율이 증가하지만 압력강하가 심하다.
• 흡착관의 크기 : 흡착제의 양이 많아지면 전체 흡착제의 표면적이 증가하여 채취용량이 증가하므로 파과가 쉽게 발생하지 않는다.

40

중요도 ★★

음압이 10 N/m²일 때, 음압수준은 약 몇 dB인가? (단, 기준음압은 0.00002 N/m²이다)

① 94 ② 104
③ 114 ④ 124

해설 기준음압이 주어진 경우 음압수준(L_p) 계산 ——

$$L_p = 20\log\left(\frac{P}{P_0}\right)$$

L_p : 음압수준(dB)
P : 측정된 음압(N/m²)
P_0 : 기준음압(N/m²)

$$L_p = 20\log\left(\frac{10}{0.00002}\right) = 113.979\text{dB}$$

41

중요도 ★★★

1기압, 15 ℃에서 속도압이 50 mmH$_2$O일 때 기류의 유속은? (단, 15 ℃, 1기압에서 공기의 밀도는 1.225 kg/m³이다)

① 24.4 m/sec
② 26.1 m/sec
③ 28.3 m/sec
④ 29.6 m/sec

해설 속도압(VP) 계산 ────────────

$$VP = \frac{\gamma V^2}{2g}$$

VP : 속도압(동압)(mmH$_2$O)
γ : 공기의 밀도(kg/m³)
g : 중력가속도(m/sec²)
V : 공기의 속도(m/sec)

$$50 = \frac{1.225\,V^2}{2 \times 9.8}$$

$$V = \sqrt{\frac{50 \times 2 \times 9.8}{1.225}} = 28.284\,\text{m/sec}$$

42

중요도 ★★

작업장에서 Methyl Ethyl Ketone을 시간당 1.5 리터 사용할 경우 작업장의 필요한 환기량 (m³/min)은? (단, MEK의 비중은 0.805, TLV는 200 ppm, 분자량은 72.1이고, 안전계수 K는 7로 하며 1기압 21 ℃ 기준이다)

① 약 235
② 약 465
③ 약 565
④ 약 695

해설 전체환기량 계산 ────────────

(1) MEK의 증발량(g/hr) 계산

$$\frac{1.5L}{hr} \times \frac{0.805g}{mL} \times \frac{1,000mL}{L} = 1,207.5\text{g/hr}$$

(2) 21 ℃에서 MEK의 발생량(mL/sec) 계산
21 ℃에서 기체 1몰의 부피 계산.

$$V_2 = \frac{T_2}{T_1} \times V_1 = \frac{21+273}{273} \times 22.4L$$

$$= 24.123L$$

21 ℃에서 MEK 1,207.5 g의 부피를 계산한다.
$$72.1g : 24.123L = 1,207.5g : x\,L$$

$$x = \frac{24.123L \times 1,207.5g}{72.1g} = 404.001L$$

$$\frac{404.001L}{hr} \times \frac{hr}{3,600sec} \times \frac{1,000mL}{L}$$

$$= 112.223\text{mL/sec}$$

(3) 전체환기량(Q) 계산

$$Q = \frac{G}{TLV} \times K$$

Q : 전체환기량(m³/sec)
G : 오염물질 발생률(mL/sec)
K : 안전계수
TLV : 노출기준(ppm 또는 mL/m³)

$$Q = \frac{112.223\text{mL/sec}}{200\text{mL/m}^3} \times 7$$

$$= \frac{3.927\text{m}^3}{sec} \times \frac{60sec}{min}$$

$$= 235.62\text{m}^3/\text{min}$$

43

중요도 ★

그림과 같은 작업에서 상방흡인형의 외부식 후드의 설치를 계획하였을 때 필요한 송풍량은 약 m^3/min 인가? (단, 기온에 따른 상승기류는 무시하고, P = 2(L + W), V_c = 1 m/s이다)

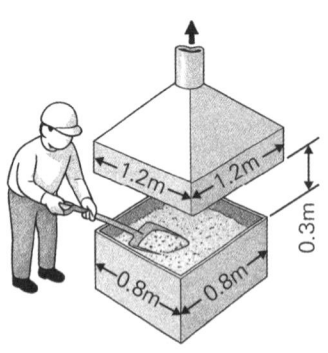

① 100
② 110
③ 120
④ 130

해설 상방흡인형 외부식 후드의 필요 송풍량

$Q = 1.4 \times P \times V_c \times D$

Q : 필요 송풍량(m^3/sec)

P : 길이(m)

D : 작업대와 후드 간의 거리(m)

V_c : 제어풍속(m/sec)

$Q = 1.4 \times 2(1.2 + 1.2) \times 1 \times 0.3$

$= \dfrac{2.016m^3}{sec} \times \dfrac{60sec}{min} = 120.96m/min$

44

중요도 ★★★

다음 중 비극성 용제에 대한 효과적인 보호장구의 재질로 가장 옳은 것은?

① 면
② 천연고무
③ Nitrile 고무
④ Butyl 고무

해설 보호장구 재질에 따른 적용 물질

• Nitrile : 비극성 용제에 사용

• 천연고무(Latex) : 극성 용제 및 수용성 용액에 사용

• Butyl 고무 : 극성용제(알코올, 알데하이드 등)

• 면 : 고체상 물질에 사용(용제에는 사용 못함)

45

중요도 ★★

관을 흐르는 유체의 양이 220 m^3/min일 때 속도압은 약 몇 mmH_2O인가? (단, 유체의 밀도는 1.21 kg/m^3, 관의 단면적은 0.5 m^2, 중력가속도는 9.8 m/s^2이다)

① 2.1
② 3.3
③ 4.6
④ 5.9

해설 속도압 계산

(1) 유량 공식을 이용하여 유속 계산

$Q = AV$

Q : 유량(m^3/sec)

A : 단면적(m^2), V : 유속(m/sec)

$V = \dfrac{Q}{A} = \dfrac{\dfrac{220m^3}{min} \times \dfrac{min}{60sec}}{0.5m^2} = 7.333m/sec$

(2) 속도압(VP) 계산

$VP = \dfrac{\gamma V^2}{2g}$

VP : 속도압(동압)(mmH_2O)

γ : 공기의 밀도(kg/m^3) g : 중력가속도(m/sec^2)

V : 공기의 속도(m/sec)

$VP = \dfrac{1.21 \times 7.333^2}{2 \times 9.8} = 3.319mmH_2O$

46

중요도 ★★★

다음 중 유해작업환경에 대한 개선대책 중 대체 (Substitution)에 대한 설명과 가장 거리가 먼 것은?

① 페인트 내에 들어 있는 아연을 납 성분으로 전환한다.

② 큰 압축공기식 임펙트렌치를 저소음 유압식렌치로 교체한다.

③ 소음이 많이 발생하는 리벳팅 작업 대신 너트와 볼트작업으로 전환한다.

④ 유기용제를 사용하는 세척공정을 스팀 세척이나, 비눗물을 이용하는 공정으로 전환한다.

해설 작업환경 개선대책 ──────────

페인트 내에 납을 넣으면 원하는 색상을 잘 만들 수 있다.

납은 인체에 노출되면 뇌세포 발달에 장애를 주고, 빈혈, 두통 등을 일으킬 수 있으므로 페인트 내에 있는 납 성분을 아연 성분으로 전환해야 한다.

47

중요도 ★★

자연환기와 강제환기에 관한 설명으로 옳지 않은 것은?

① 강제환기는 외부 조건에 관계없이 작업환경을 일정하게 유지시킬 수 있다.

② 자연환기는 환기량 예측자료를 구하기가 용이하다.

③ 자연환기는 적당한 온도 차와 바람이 있다면 비용 면에서 상당히 효과적이다.

④ 자연환기는 외부 기상조건과 내부 작업조건에 따라 환기량 변화가 심하다.

해설 자연환기의 장점과 단점 ──────────

구분	내용
장점	• 설치비 및 유지보수비가 적게 든다. • 소음 발생이 적다.
단점	• 외부 기상조건과 내부 조건에 따라 환기량이 일정하지 않다. • 정확한 환기량을 산정할 수 없다.(환기량 예측자료를 구하기 어려움)

48

중요도 ★★★

레이놀즈수(Re)를 산출하는 공식은? (단, d : 덕트 직경(m), V : 공기유속(m/s), μ : 공기의 점성계수(kg/sec · m), ρ : 공기밀도(kg/m³)이다)

① $Re = (\mu \times \rho \times d) / V$

② $Re = (\rho \times V \times \mu) / d$

③ $Re = (d \times V \times \mu) / \rho$

④ $Re = (\rho \times d \times V) / \mu$

해설 레이놀즈수(Re) ──────────

$$Re = \frac{\rho V d}{\mu} = \frac{V d}{\nu}$$

ρ : 유체(공기)의 밀도(kg/m³)

V : 유체(공기)의 속도(m/sec)

d : 관(덕트)의 직경(m)

μ : 유체(공기)의 점성계수(kg/m · sec)

ν : 유체(공기)의 동점성계수(m²/sec)

2022-03

49

중요도 ★★

덕트 주관에 45°로 분지관이 연결되어 있다. 주관과 분지관의 반송속도는 모두 18 m/s이고, 주관의 압력손실계수는 0.2이며, 분지관의 압력손실계수는 0.28이다. 주관과 분지관의 합류에 의한 압력손실(mmH₂O)은? (단, 공기밀도 = 1.2 kg/m³이다)

① 9.5 ② 8.5
③ 7.5 ④ 6.5

해설 합류관에서의 압력손실($\triangle P$)

$\triangle P = (F_{h1} \times VP_1) + (F_{h2} \times VP_2)$

$\triangle P$: 압력손실(mmH₂O)

F_{h1} : 분지관의 압력손실계수

VP_1 : 분지관의 동압(mmH₂O)

$VP = \dfrac{\gamma V^2}{2g}$

F_{h2} : 주관의 압력손실계수

VP_2 : 주관의 동압(mmH₂O)

$\triangle P = \left(0.28 \times \dfrac{1.2 \times 18^2}{2 \times 9.8}\right) + \left(0.2 \times \dfrac{1.2 \times 18^2}{2 \times 9.8}\right)$

$= 9.521\text{mmH}_2\text{O}$

50

중요도 ★

다음 호흡용 보호구 중 안면밀착형인 것은?

① 두건형 ② 반면형
③ 의복형 ④ 헬멧형

해설 안면밀착형 보호구의 종류

• 전면형 : 안면부 전체(입, 코, 눈)를 덮을 수 있는 구조
• 반면형 : 안면부의 입과 코를 덮을 수 있는 구조

51

중요도 ★★

다음 중 밀어당김형 후드(Push-pull Hood)가 가장 효과적인 경우는?

① 오염원의 발산량이 많은 경우
② 오염원의 발산농도가 낮은 경우
③ 오염원의 발산농도가 높은 경우
④ 오염원 발산면의 폭이 넓은 경우

해설 밀어당김형 후드(Push-pull Hood)

• 제어길이가 비교적 길어서 외부식 후드에 의한 제어효과가 문제가 되어 공기를 불어주고 당겨주는 장치로 이루어져 있다.
• 도금조 및 자동차 도장공정과 같이 오염물질 발생원의 개방면적이 큰 작업공정에 주로 적용된다.
• 공정에서 작업물체를 처리조에 넣거나 꺼내는 중에 공기막이 파괴되어 오염물질이 발생한다.
• 포집효율을 증가시키면서 필요유량을 대폭 증가시킬 수 있다.

52

중요도 ★★★

21 ℃의 기체를 취급하는 어떤 송풍기의 송풍량이 20 m³/min일 때, 이 송풍기가 동일한 조건에서 50 ℃의 기체를 취급한다면 송풍량은 몇 m³/min인가?

① 10 ② 15
③ 20 ④ 25

해설 송풍기의 풍량(Q)

$Q_2 = Q_1 \times \left(\dfrac{N_2}{N_1}\right) \times \left(\dfrac{D_2}{D_1}\right)^3$

Q : 풍량(m³/min), N : 회전수(rpm)

D : 직경(m)

송풍기의 풍량은 회전수와 직경에 영향을 받으므로 온도가 변해도 풍량은 변하지 않는다.

53

중요도 ★★

다음 중 방진마스크에 대한 설명으로 옳지 않은 것은?

① 포집효율이 높은 것이 좋다.
② 흡기저항 상승률이 높은 것이 좋다.
③ 비휘발성 입자에 대한 보호가 가능하다.
④ 여과효율이 우수하려면 필터에 사용되는 섬유의 직경이 작고 조밀하게 압축되어야 한다.

[해설] 방진마스크 ─────────────
방진마스크의 포집효율을 높을수록, 흡기저항 상승률은 낮을수록 좋다.

54

중요도 ★★

다음 중 국소배기장치에서 공기공급 시스템이 필요한 이유와 가장 거리가 먼 것은?

① 에너지 절감
② 안전사고 예방
③ 작업장의 교차기류 유지
④ 국소배기장치의 효율 유지

[해설] 공기공급시스템이 필요한 이유 ─────
• 연료를 절약하기 위해서
• 작업장 내 안전사고를 예방하기 위해서
• 국소배기장치를 적절하게 가동시키기 위해서
• 작업장 내의 교차기류(방해기류) 생성을 방지하기 위해서
• 외부 공기가 정화되지 않은 채로 건물 내로 유입되는 것을 방지하기 위해서

55

중요도 ★★★

다음 중 작업환경개선의 기본원칙인 대체의 방법과 가장 거리가 먼 것은?

① 시간의 변경　　② 시설의 변경
③ 공정의 변경　　④ 물질의 변경

[해설] 작업환경개선에서 공학적인 대책 ─────
• 대치(대체) : 공정의 변경, 유해물질의 변경, 시설의 변경
• 격리 : 저장물질의 격리, 시설의 격리, 공정의 격리, 작업자의 격리
• 환기 : 국소환기, 전체환기

56

중요도 ★

화재 및 폭발방지 목적으로 전체환기시설을 설치할 때, 필요환기량 계산에 필요 없는 것은?

① 안전계수
② 유해물질의 분자량
③ TLV(Threshold Limit Value)
④ LEL(Lower Explosive Limit)

[해설] 화재 및 폭발방지를 위한 전체환기량(Q) ─────
$$Q = \frac{24.1 \times S \times W \times C}{MW \times LBL \times B} \times 10^2$$
Q : 전체환기량(m³/min)
S : 물질의 비중, W : 인화물질 사용량
C : 안전계수, MW : 물질의 분자량
LBL : 폭발농도 하한치
B : 온도에 따른 보정상수

57

중요도 ★★★

직경이 2이고 비중이 3.5인 산화철 흄의 침강속도는?

① 0.023 cm/s   ② 0.036 cm/s

③ 0.042 cm/s   ④ 0.054 cm/s

해설 Lippman식에 의한 침강속도 ─────

입자의 크기가 1 ~ 50 μm인 경우에 적용한다.

$V = 0.003 \times \rho \times d^2$

V : 침강속도(cm/sec)

ρ : 입자밀도(비중)(g/cm^3)

d : 입자직경(μm)

$V = 0.003 \times 3.5 \times 2^2 = 0.042\,\text{cm/sec}$

58

중요도 ★★

조용한 대기 중에 실제로 거의 속도가 없는 상대로 가스, 증기, 흄이 발생할 대, 국소환기에 필요한 제어속도 범위로 가장 적절한 것은?

① 0.25 ~ 0.5 m/sec

② 0.1 ~ 0.25 m/sec

③ 0.05 ~ 0.1 m/sec

④ 0.01 ~ 0.05 m/sec

해설 포착속도(제어속도) 범위(ACGIH) ─────

작업조건	제어속도 (m/sec)
움직이지 않는 공기 중에서 속도 없이 배출	0.25 ~ 0.5
비교적 조용한 대기 중에서 저속으로 비산하는 작업	0.5 ~ 1.0
발생기류가 높고 유해물질이 활발히 발생하는 작업	1.0 ~ 2.5
초고속기류가 있는 작업장소에서 초고속으로 비산하는 작업	2.5 ~ 10

59

중요도 ★★★

속도압에 대한 설명으로 틀린 것은 ?

① 속도압은 항상 양압 상태이다.

② 속도압은 속도에 비례한다.

③ 속도압은 중력가속도에 반비례한다.

④ 속도압은 정지상태에 있는 공기에 작용하여 속도 또는 가속을 일으키게 함으로써 공기를 이동하게 하는 압력이다.

해설 속도압(VP) ─────

$$VP = \frac{\gamma V^2}{2g}$$

VP : 속도압(동압)(mmH$_2$O)

γ : 공기의 밀도(kg/m^3)

g : 중력가속도(m/sec^2)

V : 공기의 속도(m/sec)

속도압(VP)은 속도(V)의 제곱에 비례한다.

60

중요도 ★★

작업환경에서 환기시설 내 기류에는 유체역학적 원리가 적용된다. 다음 중 유체역학적 원리의 전제조건과 가장 거리가 먼 것은?

① 공기는 건조하다고 가정한다.

② 공기의 압축과 팽창은 무시한다.

③ 환기시설 내외의 열 교환은 무시한다.

④ 대부분 환기시설에서는 공기 중에 포함된 유해물질의 무게와 용량을 고려한다.

해설 유체역학적 원리의 전제조건 ─────

유체역학에서는 공기 중에 포함된 유해물질의 무게와 용량은 무시한다.

61 중요도 ★★

소음성 난청에 영향을 미치는 요소의 설명으로 틀린 것은?

① 음압수준 : 높을수록 유해하다.
② 소음의 특성 : 고주파음이 저주파음보다 유해하다.
③ 노출시간 : 간헐적 노출이 계속적 노출보다 덜 유해하다.
④ 개인의 감수성 : 소음에 노출된 사람이 똑같이 반응한다.

해설 소음성 난청에 영향을 미치는 요인 ─────

• 개인의 감수성 : 소음에 대한 감수성이 매우 높은 사람이 극소수 존재한다.
• 소음의 크기 : 음압수준이 높을수록 유해하다.
• 폭로시간 : 계속적 노출이 간헐적 노출보다 유해하다.
• 주파수 : 고주파음이 저주파음보다 유해하다.

62 중요도 ★★

해수면의 산소분압은 약 얼마인가? (단, 표준상태 기준이며, 공기 중 산소 함유량은 21 vol%이다)

① 90 mmHg
② 160 mmHg
③ 210 mmHg
④ 230 mmHg

해설 산소분압 ─────

1기압 = 760 mmHg
해수면의 산소분압 = 760 mmHg×0.21
= 159.6 mmHg

63 중요도 ★★

1,000 Hz에서 60 dB인 음은 몇 sone에 해당하는가?

① 1
② 2
③ 3
④ 4

해설 sone ─────

1,000 Hz에서 40 dB인 음은 1sone이다.
1,000 Hz에서 10 dB이 증가할 때마다 sone 값은 2배씩 증가한다.
50 dB = 2sone
60 dB = 4sone

64 중요도 ★★★

레이노현상(Raynaud's Phenomenon)과 관련이 없는 것은?

① 방사선
② 국소진동
③ 혈액순환장해
④ 저온 환경

해설 레이노증후군 ─────

• 국소진동으로 인하여 말초혈관의 운동장해가 발생하는 것이다.
• 추운 환경에서 잘 발생하는 것으로 수지가 창백해지고 손이 차며 통증이 발생한다.

2022-03

65

중요도 ★★

중심주파수가 8,000 Hz인 경우, 하한주파수와 상한주파수로 가장 적절한 것은? (단, 1/1 옥타브 밴드 기준이다)

① 5,150 Hz, 10,300 Hz
② 5,220 Hz, 10,500 Hz
③ 5,420 Hz, 11,000 Hz
④ 5,650 Hz, 11,300 Hz

해설 하한주파수와 상한주파수 계산 ─────

하한주파수(f_L)

$$f_L = \frac{f_c}{\sqrt{2}} = \frac{8,000}{\sqrt{2}} = 5,656.854 \text{Hz}$$

f_c : 중심주파수(Hz)

중심주파수(f_c)

$$f_c = \sqrt{f_L \times f_U}$$

f_L : 하한주파수(Hz), f_U : 상한주파수(Hz)

$$8,000 = \sqrt{5,656.854 \times f_U}$$

$$f_U = \frac{8,000^2}{5,656.854} = 11,313.709 \text{Hz}$$

66

중요도 ★★★

대상음의 음압이 1.0 N/m²일 때 음압레벨(Sound Presssure Level)은 몇 dB 인가?

① 91
② 94
③ 97
④ 100

해설 음압레벨수준(L_p) 계산 ─────

$$L_p = 20 \log \left(\frac{P}{P_0} \right)$$

L_p : 음압레벨(dB), P : 측정된 음압(N/m²)

P_0 : 기준음압(N/m²) $= 2 \times 10^{-5} \text{N/m}^2$

$$L_p = 20 \times \log \left(\frac{1.0}{2 \times 10^{-5}} \right) = 93.979 \text{dB}$$

67

중요도 ★

등청감곡선에 의하면 인간의 청력은 저주파 대역에서 둔감한 반응을 보인다. 따라서 작업현장에서 근로자에게 노출되는 소음을 측정할 경우 저주파 대역을 보정한 청감보정회로를 사용해야 하는데 이때 적합한 청감보정회로는?

① A특성
② B특성
③ C특성
④ Plat 특성

해설 소음계의 특성 ─────

• A특성 : 40 phon의 등청감곡선과 비슷하게 주파수에 따른 반응을 보정하여 측정한 음압수준으로 저주파 대역을 보정한 청감보청회로이다.
• B특성 : 70 phon의 등청감곡선과 비슷하게 주파수에 따른 반응을 보정하여 측정한 음압수준이다.
• C특성 : 100 phon의 등청감곡선과 비슷하게 주파수에 따른 반응을 보정하여 측정한 음압수준이다.

68

중요도 ★★

고압 환경의 영향에 있어 2차적인 가압현상에 해당하지 않는 것은?

① 질소 마취
② 산소 중독
③ 조직의 통증
④ 이산화탄소 중독

해설 고압 환경의 영향 ─────

(1) 고압 환경의 1차적 가압현상
  • 동통(근육통, 관절통) 발생
  • 출혈 및 부종 발생
(2) 고압 환경의 2차적 가압현상
  • 질소 마취 : 4기압 이상이 되면 질소 가스는 마취 작용을 일으킨다.
  • 산소 중독 : 산소분압이 2기압을 넘으면 산소중독 증세가 나타난다.
  • 이산화탄소 중독 : 이산화탄소의 증가는 산소의 독성과 질소의 마취작용을 촉진시킨다.

69 중요도 ★★

저압 환경상태에서 발생되는 질환이 아닌 것은?

① 폐수종
② 급성 고산병
③ 저산소증
④ 질소가스 마취장해

고압 환경의 2차적 가압현상 ―――――

• 질소 마취 : 4기압 이상이 되면 질소 가스는 마취작용을 일으킨다.
• 산소 중독 : 산소분압이 2기압을 넘으면 산소중독 증세가 나타난다.
• 이산화탄소 중독 : 이산화탄소의 증가는 산소의 독성과 질소의 마취작용을 촉진시킨다.

70 중요도 ★★

방사선 단위 "rem"에 대한 설명과 가장 거리가 먼 것은?

① 생체실효선량(Dose-equivalent)이다.
② rem = rad × RBE(상대적 생물학적 효과)로 나타낸다.
③ rem은 Roentgen Equivalent Man의 머리글자이다.
④ 피조사체 1 g에 100 erg의 에너지를 흡수한다는 의미이다.

해설 방사선 단위 ―――――――――――

④번은 1 rad에 해당되는 설명이다.

개념확인 렘(rem)

• 1 rad의 X선 또는 감마선 흡수에 의해 인체에 나타나는 생물학적 효과와 동일한 효과를 나타내는 방사선량이다.
• 생체에 대한 영향의 정도에 기초를 둔 단위이다.
• 1 rem은 어떤 종류의 방사선이든 동일한 생물학적 영향을 나타내는 방사선량이다.

71 중요도 ★

다음 설명에 해당하는 전리방사선의 종류는?

> • 원자핵에서 방출되는 입자로서 헬륨원자의 핵과 같은 두 개의 양자와 두 개의 중성자로 구성되어 있다.
> • 질량과 하전 여부에 따라서 그 위험성이 결정된다.
> • 투과력은 가장 약하나 전리작용은 가장 강하다.

① X선   ② γ선
③ α선   ④ β선

해설 전리방사선 ―――――――――――

α선에 대한 설명으로 α선은 투과력은 가장 약해서 쉽게 흡수되나 전리작용은 가장 강하다.

72 중요도 ★

마이크로파의 생물학적 작용과 거리가 먼 것은?

① 500 cm 이상의 파장은 인체조직을 투과한다.
② 3 cm 이하 파장은 외피에 흡수된다.
③ 3 ~ 10 cm 파장은 1 mm ~ 1 cm 정도 피부 내로 투과한다.
④ 25 ~ 200 cm 파장은 세포조직과 신체기관까지 투과한다.

해설 마이크로파 ―――――――――――

• 파장은 1 ~ 300 cm이며 파장에 따라 신체투과력이 달라진다.
• 3 cm 이하의 파장 : 외피에 흡수된다.
• 3 ~ 10 cm 파장 : 1 mm ~ 1 cm 정도 피부 내로 투과한다.
• 25 ~ 200 cm 파장 : 세포조직과 신체기관까지 투과한다.

73 중요도 ★★

비전리방사선에 대한 설명으로 틀린 것은?

① 적외선(IR)은 700 ~ 1 mm의 파장을 갖는 전자파로서 열선이라고 부른다.
② 자외선(UV)은 X-선과 가시광선 사이의 파장(100 ~ 400 nm)을 갖는 전자파이다.
③ 가시광선은 400 ~ 700 nm의 파장을 갖는 전자파이며 망막을 자극해서 광각을 일으킨다.
④ 레이저는 극히 좁은 파장범위이기 때문에 쉽게 산란되며 강력하고 예리한 지향성을 지닌 특징이 있다.

해설 레이저 광선의 특징

• 광선을 증폭시킴으로 얻는 복사선이다.
• 단일파장으로 강력하고 예리한 지향성을 지난 광선이다.
• 출력이 강력하고 극히 좁은 파장범위를 갖기 때문에 쉽게 산란하지 않는다.

74 중요도 ★★

작업장의 자연채광 계획수립에 관한 설명으로 맞는 것은?

① 실내의 입사각은 4 ~ 5°가 좋다.
② 창의 방향은 많은 채광을 요구할 경우 북향이 좋다.
③ 창의 방향은 조명의 평등을 요하는 작업실인 경우 남향이 좋다.
④ 창의 면적은 일반적으로 바닥면적의 15 ~ 20%가 이상적이다.

해설 자연채광 계획

• 실내의 입사각은 28° 이상이 좋다.
• 창의 방향은 많은 채광을 요구할 경우 남향이 좋다.
• 균일한 평등이 필요한 작업실의 조명은 북향(동북향)이 좋다.

75 중요도 ★★

우리나라의 경우 누적소음노출량 측정기로 소음을 측정할 때 변환율(Exchange Rate)을 5 dB로 설정하였다. 만약 소음에 노출되는 시간이 1일 2시간일 때 산업안전보건법에서 정하는 소음의 노출기준은 얼마인가?

① 80 dB(A)   ② 85 dB(A)
③ 95 dB(A)   ④ 100 dB(A)

해설 소음의 노출기준

「화학물질 및 물리적 인자의 노출기준」 별표1

1일 노출시간(hr)	소음수준[dB(A)]
8	90
4	95
2	100
1	105
1/2	110
1/4	115

※ 주 : 115 dB(A)를 초과하는 소음수준에 노출되어서는 안 됨

76 중요도 ★★

질소기포 형성 효과에 있어 감압에 따른 기포 형성량에 영향을 주는 주요인자와 가장 거리가 먼 것은?

① 감압속도
② 체내 수분량
③ 고기압의 노출정도
④ 연령 등 혈류를 변화시키는 상태

해설 감압 시 질소기포 형성량에 영향을 주는 요인

• 감압속도
• 조직에 용해된 가스량 : 체내 지방량, 고기압 폭로의 정도와 시간으로 결정된다.
• 혈류를 변화시키는 상태 : 연령, 기온, 음주, 공포감 등과 연관된다.

정답 73 ④ 74 ④ 75 ④ 76 ②

77

중요도 ★

소음에 관한 설명으로 틀린 것은?

① 소음작업자의 영구성 청력손실은 4,000 Hz에서 가장 심하다.

② 언어를 구성하는 주파수는 주로 250 ~ 3,000 Hz의 범위이다.

③ 젊은 사람의 가청주파수 영역은 20 ~ 20,000 Hz의 범위가 일반적이다.

④ 기준음압은 이상적인 청력조건 하에서 들을 수 있는 최소 가청음역으로, 0.02 dyne/cm^{2}로 잡고 있다.

해설 소음이 인체에 미치는 영향 ——————

기준음압

$2 \times 10^{-5} \text{N/m}^2 = 2 \times 10^{-4} \text{dyne/cm}^2$

1 dyne 단위

$1\text{dyne} = 1\text{g} \cdot \text{cm/sec}^2$

$1\text{dyne} = 10^{-5}\text{N}$

78

중요도 ★★

음의 세기가 10배로 되면 음의 세기수준은?

① 2 dB 증가　　② 3 dB 증가

③ 6 dB 증가　　④ 10 dB 증가

해설 음의 세기 ——————

$\text{SIL} = 10\log\left(\dfrac{I}{I_0}\right)$

SIL : 음의 세기라벨(dB)

I : 대상 음의 세기(W/m^2)

I_0 : 기준음향의 세기(10^{-12} W/m^2)

$\text{SIL} = 10\log\left(\dfrac{10I}{I_0}\right) = 10\log10 + 10\log\left(\dfrac{I}{I_0}\right)$

$10\log(10) = 10$이므로 음의 세기가 10배로 되면 음의 세기수준은 10 dB 증가한다.

79

중요도 ★★★

실내에서 박스를 들고 나르는 작업(300 kcal/h)을 하고 있다. 온도가 다음과 같을 때 시간당 작업시간과 휴식시간의 비율로 가장 적절한 것은?

- 자연습구온도 : 30 ℃
- 흑구온도 : 31 ℃
- 건구온도 : 28 ℃

① 5분 작업, 55분 휴식

② 15분 작업, 45분 휴식

③ 30분 작업, 30분 휴식

④ 45분 작업, 15분 휴식

해설 작업시간과 휴식시간 비율 ——————

(1) 옥내(실내)에서 WBGT 계산

$\text{WBGT}(℃) = 0.7 \times$ 자연습구온도 $+ 0.3$
$\times$ 흑구온도

$\text{WBGT} = 0.7 \times 30 + 0.3 \times 31 = 30.3℃$

(2) 작업강도의 분류

시간당 300 kcal의 열량이 소모되는 작업이므로 중등작업이다.

(3) 작업시간과 휴식시간 비율 산정

구분	작업강도		
	경작업	중등작업	중작업
계속작업	30.0	26.7	25.0
매 시간 75 % 작업, 25 % 휴식	30.6	28.0	25.9
매 시간 50 % 작업, 50 % 휴식	31.4	29.4	27.9
매 시간 25 % 작업, 75 % 휴식	32.2	31.1	30.0

25 % 작업 = 1시간에 15분 작업

75 % 휴식 = 1시간에 45분 휴식

80

중요도 ★★★

한랭노출 시 발생하는 신체적 장해에 대한 설명으로 틀린 것은?

① 동상은 조직의 동결을 말하며, 피부의 이론상 동결온도는 약 -1 ℃ 정도이다.

② 전신 체온강하는 장시간의 한랭노출과 체열 상실에 따라 발생하는 급성 중증장해이다.

③ 참호족은 동결온도 이하의 찬 공기에 단기간 접촉으로 급격한 동결이 발생하는 장해이다.

④ 침수족은 부종, 저림, 작열감, 소양감 및 심한 동통을 수반하며, 수포, 궤양이 형성되기도 한다.

해설 참호족 ——————————

• 근로자의 발이 한랭에 장기간 노출됨과 동시에 지속적으로 습기나 물에 잠기게 될 경우에 발생한다.

• 조직 내부의 온도가 10 ℃에 도달하면 조직 표면이 얼게 되며 이러한 현상을 참호족이라고 한다.

81

중요도 ★★★

입자상 물질의 하나인 흄(Fume)의 발생기전 3단계에 해당하지 않는 것은?

① 산화   ② 입자화

③ 응축   ④ 증기화

해설 흄(Fume)의 생성단계 ——————————

• 금속의 증기화

• 증기물의 산화

• 산화물의 응축

82

중요도 ★★★

연(납)의 인체 내 침입경로 중 피부를 통하여 침입하는 것은?

① 일산화연   ② 4메틸연

③ 아질산연   ④ 금속연

해설 납의 흡수 및 축적 ——————————

• 무기납은 주로 호흡기를 통해 흡수된다.

• 유기납(4알킬연, 4메틸연)은 주로 피부를 통하여 흡수된다.

• 인체에 침입한 납(Pb)은 주로 뼈에 축적된다.

83

중요도 ★★

망간중독에 대한 설명으로 옳지 않은 것은?

① 금속 망간의 직업성 노출은 철강제조 분야에서 많다.
② 망간의 만성 중독을 일으키는 것은 2가의 망간 화합물이다.
③ 치료제는 Ca-EDTA가 있으며 중독 시 신경이나 뇌세포 손상 회복에 효과가 크다.
④ 이산화망간 흄에 급성 폭로되면 열, 오한, 호흡곤란 등의 증상을 특징으로 하는 금속열을 일으킨다.

해설 망간중독 ——————————

Ca-EDTA는 납 중독의 치료제이다.

84

중요도 ★★★

카드뮴이 체내에 흡수되었을 경우 주로 축적되는 곳은?

① 뼈, 근육
② 뇌, 근육
③ 간, 신장
④ 혈액, 모발

해설 카드뮴의 체내흡수 ——————————

체내에 흡수된 카드뮴은 혈장단백질과 결합하여 간으로 이송되고, 간에서 서서히 배출되어 최종적으로 신장에 축적된다.

85

중요도 ★★

적혈구의 산소운반 단백질을 무엇이라 하는가?

① 백혈구
② 단구
③ 혈소판
④ 헤모글로빈

해설 헤모글로빈 ——————————

헤모글로빈은 철을 함유한 단백질로 적혈구 안에 존재하며 산소를 운반하는 역할을 한다.

86

중요도 ★★

접촉성 피부염의 특징으로 옳지 않은 것은?

① 작업장에서 발생빈도가 높은 피부질환이다.
② 증상은 다양하지만 홍반과 부종을 동반하는 것이 특징이다.
③ 원인 물질은 크게 수분, 합성화학물질, 생물성 화학물질로 구분할 수 있다.
④ 면역학적 반응에 따라 과거 노출경험이 있어야만 반응이 나타난다.

해설 접촉성 피부염 ——————————

접촉성 피부염은 외부 물질과의 직접 접촉에 의하여 발생하는 피부염으로 과거의 노출경험과는 관련이 적다.

87

중요도 ★★★

근로자가 1일 작업시간동안 잠시라도 노출되어서는 아니 되는 기준을 나타내는 것은?

① TLV-C
② TLV-STEL
③ TLV-TWA
④ TLV-skin

해설 노출기준 ——————————

① TLV-C : 근로자가 1일 동안 잠시라도 노출돼서는 안 되는 농도
② TLV-STEL : 단기허용농도로 최대 15분간 노출될 수 있는 농도
③ TLV-TWA : 시간가중평균허용농도로 1일 8시간, 주 40시간 동안 노출될 수 있는 허용 농도
④ TLV-skin : 피부를 통한 흡수 가능성이 있는 경우 표시하는 방법

88

중요도 ★★

작업환경 내의 유해물질과 그로 인한 대표적인 장애를 잘못 연결한 것은?

① 벤젠 – 시신경 장애
② 염화비닐 – 간 장애
③ 톨루엔 – 중추신경계 억제
④ 이황화탄소 – 생식기능 장애

해설 유해물질 노출 ─────────

벤젠에 노출되면 골수 및 조혈장해(재생불량성 빈혈)이 발생하고, 시신경 장애와는 큰 관련이 없다.

89

중요도 ★★

다음 중 만성 중독 시 코, 폐 및 위장의 점막에 병변을 일으키며, 장기간 흡입하는 경우 원발성 기관지암과 폐암이 발생하는 것으로 알려진 대표적인 중금속은?

① 납(Pb)
② 수은(Hg)
③ 크롬(Cr)
④ 베릴륨(Be)

해설 크롬(Cr) 중독 ─────────

구분	내용
급성 중독	신장장해가 발생하고 심한 경우 무뇨증을 일으켜 요독증으로 사망할 수 있다.
만성 중독	• 접촉성 피부염 발생 • 폐암 발생(6가크롬의 영향) • 비중격천공증 발생

90

중요도 ★★

산업독성학에서 LC_{50}의 설명으로 맞는 것은?

① 실험동물의 50 %가 죽게 되는 양이다.
② 실험동물의 50 %가 죽게 되는 농도이다.
③ 실험동물의 50 %가 살아남을 비율이다.
④ 실험동물의 50 %가 살아남을 확률이다.

해설 실험동물 관련 용어 ─────────

• LC_{50} : 실험동물의 50 %에서 사망을 유발하는 농도이다.
• ED_{50} : 실험동물의 50 %에서 가역적 반응을 나타내는 용량이다.

91

중요도 ★

다음 중 호흡기에 대한 자극작용이 가장 심한 것은?

① 케톤류 유기용제
② 글리콜류 유기용제
③ 에스테르류 유기용제
④ 알데하이드류 유기용제

해설 호흡기 자극물질 ─────────

대표적인 알데하이드류 물질이 포름알데하이드이다. 포름알데하이드는 새집증후군을 일으키는 물질로 호흡기에 대한 자극작용이 강하다.

연계학습 사무실 공기관리 지침상 포름알데하이드의 관리기준은 $100\ \mu g/m^3$이다.

92
중요도 ★★

다음 중 피부에 궤양을 유발시키는 가장 대표적인 물질은?

① 크롬산(Chromic acid)
② 콜타르피치(Coal tar pitch)
③ 에폭시 수지(Epoxy resin)
④ 벤젠(Benzene)

해설 피부에 궤양을 일으키는 물질

크롬산과 그 화합물(특히 6가크롬 화합물)은 피부에 접촉 시 진물, 궤양이 발생한다.
벤젠은 조혈장해와 관련이 있다.

93
중요도 ★

국제암연구위원회(IARC)의 발암물질에 대한 Group의 구분과 정의가 올바르게 연결된 것은?

① Group1 - 인체 발암성 가능 물질
② Group2A - 인체 발암성 예측·추정물질
③ Group3 - 인체 비발암성 추정물질
④ Group4 - 인체 발암성 미분류 물질

해설 국제암연구위원회의 발암물질 구분

구분	내용
Group1	인체 발암성 확정 물질
Group2A	인체 발암성 예측·추정 물질
Group2B	인체 발암성 가능 물질
Group3	인체 발암성 미분류 물질
Group4	인체 비발암성 추정 물질

94
중요도 ★★★

다음 중 염료나 플라스틱 산업 등에서 노출되어 강력한 방광암을 일으키는 발암물질은?

① 납
② 수은
③ 벤젠
④ 벤지딘

해설 방광암 유발물질

벤지딘은 직업성 방광암의 대표적인 발암물질로 염료와 플라스틱 등 화학산업에서 많이 사용된다.
납, 수은은 암과는 크게 관련이 없고, 벤젠은 백혈병과 같은 혈액암과 관련이 있다.

95
중요도 ★★

화학물질이 사람에게 흡수되어 초래되는 바람직하지 않은 영향의 범위, 정도, 특성을 무엇이라고 하는가?

① 위해성(Hazard)
② 유효량(Effective Dose)
③ 위험(Risk)
④ 독성(Toxicity)

해설 독성의 정의

화학물질이 사람에게 흡수되어 초래되는 바람직하지 않은 영향의 범위, 정도, 특성을 독성이라고 한다.

96
중요도 ★★★

인체 내에서 독성물질 간의 상호작용 중 그 성격이 다른 것은?

① 상가작용
② 상승작용
③ 길항작용
④ 가승작용

해설 독성물질 간의 상호작용

상가작용, 상승작용, 가승작용(강화작용)은 독성이 증가하는 것이고, 길항작용은 독성이 감소하는 것이다.

97

중요도 ★★

다음 중 가스상 물질의 호흡기계 축적을 결정하는 가장 중요한 인자는?

① 물질의 농도차
② 물질의 입자분포
③ 물질의 발생기전
④ 물질의 수용성 정도

해설 가스상 물질의 호흡기계 축적 —————

가스상 물질 중 수용성 가스는 코와 같은 상기도에서 주로 흡수되고, 지용성 가스는 폐포와 같은 하기도까지 도달하여 축적된다.

99

중요도 ★★

생물학적 지표로 이용되는 대사산물을 측정하고자 할 때 화학물질에 대한 채취기간의 조합으로 틀린 것은?

① Aceton - 작업종료 시
② Carbon monoxide - 주말작업 종료 시
③ Chlorobenzene - 작업종료 시
④ Chromium(6가) - 주말작업 종료 시

해설 대사산물 측정시기 —————

일산화탄소(Carbon monoxide)는 반감기가 매우 짧기 때문에 작업종료 시 바로 측정해야 한다.

98

중요도 ★★

공기 중 일산화탄소 농도가 10 mg/m³인 작업장에서 1일 8시간 동안 작업하는 근로자가 흡입하는 일산화탄소의 양은 몇 mg인가? (단, 근로자의 시간당 평균흡기량은 1,250 L이다)

① 10
② 50
③ 100
④ 500

해설 단위환산을 이용한 계산 —————

$$\frac{10 mg}{m^3} \times \frac{m^3}{1,000L} \times \frac{1,250L}{hr} \times 8hr = 100mg$$

100

중요도 ★★

다음 중 크롬에 관한 설명으로 틀린 것은?

① 6가크롬은 발암성 물질이다.
② 주로 소변을 통하여 배설된다.
③ 형광등 제조, 치과용 아말감 산업이 원인이 된다.
④ 만성 크롬중독인 경우 특별한 치료방법이 없다.

해설 크롬 —————

① 6가크롬은 발암성 물질로 인체 내에 유입되면 폐암을 일으킨다.
② 인체 내에 유입된 크롬은 대부분 신장을 통해 소변으로 배출된다.
③ 형광등 제조는 크롬과 큰 관련이 없고, 치과용 아말감 산업은 수은과 관련이 깊다.
④ 만성 크롬중독은 특별한 치료방법이 없으므로 노출되지 않는 것이 중요하다.

1과목 | **산업위생학개론**

01
중요도 ★★★

산업재해의 원인을 직접원인(1차 원인)과 간접원인 (2차 원인)으로 구분할 때 직접원인에 대한 설명으로 옳지 않은 것은?

① 불안전한 상태와 불안전한 행위로 나눌 수 있다.
② 근로자의 신체적 원인(두통, 현기증, 만취상태 등)이 있다.
③ 근로자의 방심, 태만, 무모한 행위에서 비롯되는 인적 원인이 있다.
④ 작업장소의 결함, 보호장구의 결함 등의 물적 원인이 있다.

해설 산업재해의 원인 ─────────────
근로자의 신체적 원인은 간접원인(2차 원인)이다.

개념확인 산업재해의 원인

구분	내용
직접원인	• 인적 원인(불안전한 행동) • 물적 원인(불안전한 상태)
간접원인	• 기술적 원인 • 교육적 원인 • 신체적 원인 • 정신적 원인 • 작업관리상 원인

02
중요도 ★

작업장에서 누적된 스트레스를 개인차원에서 관리하는 방법에 대한 설명으로 옳지 않은 것은?

① 신체검사를 통하여 스트레스성 질환을 평가한다.
② 자신의 한계와 문제의 징후를 인식하여 해결방안을 도출한다.
③ 규칙적인 운동을 삼가하고 흡연, 음주 등을 통해 스트레스를 관리한다.
④ 명상, 요가 등의 긴장 이완훈련을 통하여 생리적 휴식상태를 점검한다.

해설 스트레스 관리 ─────────────
규칙적인 운동으로 스트레스를 줄이고, 흡연, 음주보다는 직무 외적인 취미를 통해 스트레스를 관리해야 한다.

03
중요도 ★★★

어느 사업장에서 톨루엔($C_6H_5CH_3$)의 농도가 0 ℃일 때 100 ppm이었다. 기압의 변화 없이 기온이 25 ℃로 올라갈 때 농도는 약 몇 mg/m^3인가?

① 325 mg/m^3
② 346 mg/m^3
③ 365 mg/m^3
④ 376 mg/m^3

해설 ppm과 mg/m³의 상호 농도변환

(1) 0 ℃, 1기압인 경우

$$mg/m^3 = \frac{ppm \times 그램분자량}{22.4}$$

(2) 25 ℃, 1기압인 경우

$$mg/m^3 = \frac{ppm \times 그램분자량}{24.45}$$

톨루엔($C_6H_5CH_3$)의 분자량 계산

$(12 \times 6) + (1 \times 5) + 12 + (1 \times 3) = 92$

25 ℃에서 노출기준 계산

$$mg/m^3 = \frac{100 \times 92}{24.45} = 376.28$$

04

중요도 ★

인체의 항상성(Homeostasis) 유지기전의 특성에 해당하지 않는 것은?

① 확산성(Diffusion)

② 보상성(Compensatory)

③ 자가조절성(Self-regulatory)

④ 되먹이기전(Feedback mechanism)

해설 인체의 항상성(Homeostasis) 유지기전

- 보상성 : 정상에서 벗어난 상태를 보상함으로써 다시 정상 상태로 회복시키는 것(체온, 혈액 내의 pH 등)
- 자가조절성 : 정상에서 벗어난 것을 교정하기 위해 자동적으로 조절하는 것(혈압 조절 등)
- 되먹이기전 : 정상에서 벗어난 변화는 다시 정상으로 되돌리는 음성 되먹이기전

05

중요도 ★★★

「산업안전보건법령」상 밀폐공간 작업으로 인한 건강장해의 예방에 있어 다음 각 용어의 정의로 옳지 않은 것은?

① "밀폐공간"이란 산소결핍, 유해가스로 인한 화재, 폭발 등의 위험이 있는 장소이다.

② "산소결핍"이란 공기 중의 산소농도가 16 % 미만인 상태를 말한다.

③ "적정한 공기"란 산소농도의 범위가 18 % 이상 23.5 % 미만, 이산화탄소 농도가 1.5 % 미만, 황화수소의 농도가 10 ppm 미만인 수준의 공기를 말한다.

④ "유해가스"란 탄산가스·일산화탄소·황화수소 등의 기체로서 인체에 유해한 영향을 미치는 물질을 말한다.

해설 밀폐공간 작업

산소결핍이란 공기 중의 산소농도가 18 % 미만인 상태를 말한다.

관련법령 용어의 정의

「안전보건규칙」 제618조

- 밀폐공간 : 산소결핍, 유해가스로 인한 질식·화재·폭발 등의 위험이 있는 장소
- 유해가스 : 이산화탄소·일산화탄소·황화수소 등의 기체로서 인체에 유해한 영향을 미치는 물질
- 적정공기 : 산소농도의 범위가 18 % 이상 23.5 % 미만, 이산화탄소의 농도가 1.5 % 미만, 일산화탄소의 농도가 30 ppm 미만, 황화수소의 농도가 10 ppm 미만인 수준의 공기
- 산소결핍 : 공기 중의 산소농도가 18 % 미만인 상태

06

중요도 ★★

AIHA(American Industrial Hygiene Association)에서 정의하고 있는 산업위생의 범위에 해당하지 않는 것은?

① 근로자의 작업 스트레스를 예측하여 관리하는 기술

② 작업장 내 기계의 품질 향상을 위해 관리하는 기술

③ 근로자에게 비능률을 초래하는 작업환경요인을 예측하는 기술

④ 지역사회 주민들에게 건강장애를 초래하는 작업환경요인을 평가하는 기술

해설 미국산업위생학회(AHIA) 기준 산업위생의 정의 -
근로자 및 일반 대중에게 질병, 건강장해와 안녕방해, 심각한 불쾌감 및 능률 저하 등을 초래하는 작업환경요인과 스트레스를 예측, 측정, 평가 및 관리하는 과학과 기술이다.

07

중요도 ★★★

하인리히의 사고예방대책의 기본원리 5단계를 순서대로 나타낸 것은?

① 조직 → 사실의 발견 → 분석 · 평가 → 시정책의 선정 → 시정책의 적용

② 조직 → 분석 · 평가 → 사실의 발견 → 시정책의 선정 → 시정책의 적용

③ 사실의 발견 → 조직 → 분석 · 평가 → 시정책의 선정 → 시정책의 적용

④ 사실의 발견 → 조직 → 시정책의 선정 → 시정책의 적용 → 분석 · 평가

해설 하인리히의 사고예방대책의 기본원리 5단계 ——

• 1단계 : 안전조직

• 2단계 : 사실의 발견

• 3단계 : 분석

• 4단계 : 시정책(대책)의 선정

• 5단계 : 시정책(대책)의 적용

08

중요도 ★★★

혈액을 이용한 생물학적 모니터링의 단점으로 옳지 않은 것은?

① 보관, 처치에 주의를 요한다.

② 시료채취 시 오염되는 경우가 많다.

③ 시료채취 시 근로자가 부담을 가질 수 있다.

④ 약물 동력학적 변이 요인들의 영향을 받는다.

해설 혈액을 이용한 생물학적 모니터링 ——————

혈액을 이용한 생물학적 모니터링은 시료채취 시 오염될 가능성이 적다.

09

중요도 ★★★

「산업안전보건법령」상 위험성평가를 실시하여야 하는 사업장의 사업주가 위험성평가의 결과와 조치사항을 기록할 때 포함되어야 하는 사항으로 볼 수 없는 것은?

① 위험성 결정의 내용

② 위험성평가 대상의 유해 · 위험요인

③ 위험성 평가에 소요된 기간, 예산

④ 위험성 결정에 따른 조치의 내용

위험성평가 결과에 포함해야 하는 사항 ─────

「산업안전보건법 시행규칙」 제37조
• 위험성평가 대상의 유해·위험요인
• 위험성 결정의 내용
• 위험성 결정에 따른 조치의 내용
• 그 밖에 위험성평가의 실시내용을 확인하기 위하여 필요한 사항으로서 고용노동부장관이 정하여 고시하는 사항

10

중요도 ★★

단순반복동작 작업으로 손, 손가락 또는 손목의 부적절한 작업방법과 자세 등으로 주로 손목 부위에 주로 발생하는 근골격계질환은?

① 테니스엘보 　　　② 회전근개손상
③ 수근관증후군 　　　④ 흉곽출구증후군

해설 수근관증후군(손목뼈터널증후군) ─────

반복적이고 지속적인 손목의 압박, 무리한 힘 등으로 인해 수근관(손가락을 구부리는 근육과 신경이 지나는 곳) 내부에 정중신경이 손상되어 발생한다.

11

중요도 ★★★

작업자의 최대 작업영역(Maximum area)이란?

① 어깨에서부터 팔을 뻗쳐 도달하는 최대 영역
② 위팔과 아래팔을 상, 하로 이동할 때 닿는 최대 범위
③ 상체를 좌, 우로 이동하여 최대한 닿을 수 있는 범위
④ 위팔을 상체에 붙인 채 아래팔과 손으로 조작할 수 있는 범위

해설 최대 작업영역 ─────

• 어깨로부터 팔을 뻗어 도달 가능한 작업영역
• 움직이지 않고 상지(팔)를 뻗어서 닿는 범위

12

중요도 ★★★

미국산업위생학술원(AAIH)에서 정한 산업위생전문가들이 지켜야 할 윤리강령 중 전문가로서의 책임에 해당되지 않는 것은?

① 기업체의 기밀을 누설하지 않는다.
② 전문 분야로서의 산업위생 발전에 기여한다.
③ 근로자, 사회 및 전문분야의 이익을 위해 과학적 지식을 공개하고 발표한다.
④ 위험요인의 측정, 평가 및 관리에 있어서 외부의 압력에 굴하지 않고 중립적 태도를 취한다.

해설 산업위생전문가의 윤리강령 중 전문가로서의 책임

• 성실성과 학문적 실력 면에서 최고수준을 유지해야 한다.
• 과학적 방법의 적용과 자료의 해석에서 경험을 통한 전문가의 객관성을 유지한다.
• 전문분야로서의 산업위생을 학문적으로 발전시킨다.
• 근로자, 사회 및 전문직종의 이익을 위해 과학적 지식을 공개하고 발표한다.
• 활동을 통해 얻은 개인 및 기업체의 기밀은 누설하지 않는다.
• 전문적 판단이 타협에 의하여 좌우될 수 있거나 이해관계가 있는 상황에는 개입하지 않는다.

13

중요도 ★★★

턱뼈의 괴사를 유발하여 영국에서 사용 금지된 최초의 물질은?

① 벤지딘(Benzidine)
② 청석면(Crocidolite)
③ 적린(Red phosphorus)
④ 황린(Yellow phosphorus)

해설 황린 ─────

황린은 낮은 온도에서도 불이 잘 붙는 성질이 있어 성냥 제조에 많이 사용했다.
황린은 독성이 매우 강해 성냥을 제조하던 작업자의 턱뼈가 괴사되어 영국에서 사용이 금지되었다.

14

「산업안전보건법령」상 강렬한 소음작업에 대한 정의로 옳지 않은 것은?

① 90데시벨 이상의 소음이 1일 8시간 이상 발생하는 작업

② 105데시벨 이상의 소음이 1일 1시간 이상 발생하는 작업

③ 110데시벨 이상의 소음이 1일 30분 이상 발생하는 작업

④ 115데시벨 이상의 소음이 1일 10분 이상 발생하는 작업

해설 강렬한 소음작업 ─────────

「안전보건규칙」제512조

• 90데시벨 이상의 소음이 1일 8시간 이상 발생하는 작업

• 95데시벨 이상의 소음이 1일 4시간 이상 발생하는 작업

• 100데시벨 이상의 소음이 1일 2시간 이상 발생하는 작업

• 105데시벨 이상의 소음이 1일 1시간 이상 발생하는 작업

• 110데시벨 이상의 소음이 1일 30분 이상 발생하는 작업

• 115데시벨 이상의 소음이 1일 15분 이상 발생하는 작업

15

38세 된 남성 근로자의 육체적 작업능력(PWC)은 15 kcal/min이다. 이 근로자가 1일 8시간 동안 물체를 운반하고 있으며 이때의 작업대사량이 7 kcal/min이고, 휴식 시 대사량이 1.2 kcal/min일 경우 이 사람이 쉬지 않고 계속하여 일을 할 수 있는 최대 허용시간(T_{end})은? (단, $\log T_{end} = 3.720 - 0.1949 E$이다)

① 7분
② 98분
③ 227분
④ 3,063분

해설 작업강도에 따른 허용 작업시간 ─────

$$\log T_{end} = 3.720 - 0.1949E$$

T_{end} : 최대 허용시간, E : 작업대사량

$$\log T_{end} = 3.720 - (0.1949 \times 7) = 2.3557$$

$$T_{end} = 10^{2.3557} = 226.83$$

16

다음 중 직업병의 발생원인으로 볼 수 없는 것은?

① 국소난방

② 과도한 작업량

③ 유해물질의 취급

④ 불규칙한 작업시간

해설 직업병의 발생원인 ─────────

너무 덥거나 추운 환경은 직업병의 원인이 될 수 있으나 국소난방이 직업병의 발생원인이 된다고 볼 수는 없다.

17

온도 25 ℃, 1기압 하에서 분당 100 mL씩 60분 동안 채취한 공기 중에서 벤젠이 3 mg 검출되었다면 이때 검출된 벤젠은 약 몇 ppm인가? (단, 벤젠의 분자량은 78이다)

① 11   ② 15.7

③ 111   ④ 157

해설 ppm과 mg/m^3의 농도변환 ─────

(1) 채취한 공기의 부피를 m^3로 변환

$$\frac{100mL}{1min} \times 60min \times \frac{10^{-6}m^3}{mL} = 0.006m^3$$

(2) 25 ℃에서 ppm과 mg/m^3의 상호 농도변환

$$mg/m^3 = \frac{ppm \times 그램분자량}{24.45}$$

$$ppm = mg/m^3 \times \frac{24.45}{그램 분자량}$$

$$= \frac{3}{0.006} \times \frac{24.45}{78} = 156.73$$

18

교대 근무제의 효과적인 운영방법으로 옳지 않은 것은?

① 업무효율을 위해 연속근무를 실시한다.

② 근무 교대시간은 근로자의 수면을 방해하지 않도록 정해야 한다.

③ 근무시간은 8시간을 주기로 교대하며 야간 근무 시 충분한 휴식을 보장해주어야 한다.

④ 교대작업은 피로회복을 위해 역교대 근무방식보다 전진근무방식(주간근무 → 저녁근무 → 야간근무 → 주간근무)으로 하는 것이 좋다.

해설 교대 근무제 ─────

교대 근무는 3조 3교재 근무나 4조 3교대 근무가 바람직하며 야간근무의 연속일수는 2 ~ 3일 정도로 해야 한다.

19

다음 물질에 관한 생물학적 노출지수를 측정하려 할 때 시료의 채취시기가 다른 하나는?

① 크실렌

② 이황화탄소

③ 일산화탄소

④ 트리클로로에틸렌

해설 시료의 채취시기 ─────

시료	채취시기
크실렌	작업종료 시
이황화탄소	작업종료 시
일산화탄소	작업종료 시
트리클로로에틸렌	주말작업종료 시

20

심한 작업이나 운동 시 호흡조절에 영향을 주는 요인과 거리가 먼 것은?

① 산소

② 수소이온

③ 혈중 포도당

④ 이산화탄소

해설 호흡조절에 영향을 주는 요인 ─────

• 산소
• 수소이온
• 이산화탄소

21
중요도 ★★★

어느 작업장에서 소음의 음압수준(dB)을 측정한 결과가 85, 87, 84, 86, 89, 81, 82, 84, 83, 88 일 때, 측정결과의 중앙값(dB)은?

① 83.5 ② 84.0
③ 84.5 ④ 84.9

해설 중앙값 계산

(1) 측정치를 크기 순서로 배열
81, 82, 83, 84, 84, 85, 86, 87, 88, 89
(2) 중앙에 위치하는 두 값 선정
84, 85
(3) 두 값의 평균값을 계산하면 중앙값이 됨
$$\frac{84+85}{2} = 84.5$$

22
중요도 ★

직경 25 mm 여과지(유효면적 385 mm²)를 사용하여 백석면을 채취하여 분석한 결과 단위 시야당 시료는 3.15개, 공시료는 0.05개였을 때 석면의 농도(개/cc)는? (단, 측정시간은 100분, 펌프유량은 2.0 L/min, 단위 시야의 면적은 0.00785 mm²이다)

① 0.74 ② 0.76
③ 0.78 ④ 0.80

해설 석면의 농도 계산

섬유의 개수농도(개/cm³) $= \dfrac{E \times A_c}{V}$

E : 단위시야당 시료(개/mm²)
A_c : 유효채취면적(mm²)
V : 공기의 부피(cm³)

(1) 공기의 부피 단위 환산

$$V = \frac{2.0\text{L}}{\text{min}} = \frac{2.0 \times 10^3 \text{cm}^3}{\text{min}} \times 100\text{min}$$
$$= 200,000\text{cm}^3$$
$$L = 10^3 \text{cm}^3, \ cc = cm^3$$

(2) 섬유의 개수농도 계산
섬유의 개수농도(개/cm³)

$$= \frac{\dfrac{(3.15 - 0.05)}{0.00785} \times 385}{200,000}$$
$$= 0.76 \text{개/cm}^3$$

23
중요도 ★

측정기구와 측정하고자 하는 물리적 인자의 연결이 틀린 것은?

① 피토관 - 정압
② 흑구온도 - 복사온도
③ 아스만통풍건습계 - 기류
④ 가이거뮬러카운터 - 방사능

해설 측정기구의 종류

아스만통풍건습계로는 습도를 측정한다.

24
중요도 ★★

양자역학을 응용하여 아주 짧은 파장의 전자기파를 증폭 또는 발진하여 발생시키며, 단일파장이고 위상이 고르며 간섭현상이 일어나기 쉬운 특성이 있는 비전리방사선은?

① X-ray ② Microwave
③ Laser ④ gamma-ray

해설 레이저(Laser) 광선의 특성 ─────
- 광선증폭에 해당된다.
- 단일파장으로 단색성이 뛰어나고 강력하며 예리한 지향성을 가진다.
- 레이저광은 출력이 대단히 강력하고 좁은 파장범위(직사광)를 갖기 때문에 쉽게 산란하지 않는다.
- 위상이 고르고 간섭현상이 일어나기 쉽다.

해설 기체 관련 법칙 ─────
- 보일의 법칙 : 일정한 온도에서 부피와 압력은 반비례한다.
- 샤를의 법칙 : 일정한 압력에서 온도와 부피는 비례한다.
- 게이 - 루삭의 법칙 : 일정한 부피조건에서 압력과 온도는 비례한다.

25
중요도 ★★★

태양광선이 내리쬐지 않는 옥외 장소의 습구흑구온도지수(WBGT)를 산출하는 식은?

① WBGT = 0.7 × 자연습구온도 + 0.3 × 흑구온도
② WBGT = 0.3 × 자연습구온도 + 0.7 × 흑구온도
③ WBGT = 0.3 × 자연습구온도 + 0.7 × 건구온도
④ WBGT = 0.7 × 자연습구온도 + 0.3 × 건구온도

해설 습구흑구온도지수(WBGT)의 산출 ─────
(1) 옥외(태양광선이 내리쬐는 장소)
$$WBGT(℃) = 0.7 × 자연습구온도 + 0.2 × 흑구온도 + 0.1 × 건구온도$$
(2) 옥내 또는 옥외(태양광선이 내리쬐지 않는 장소)
$$WBGT(℃) = 0.7 × 자연습구온도 + 0.3 × 흑구온도$$

27
중요도 ★★

소음의 단위 중 음원에서 발생하는 에너지를 의미하는 음력(Sound Power)의 단위는?

① dB
② Phon
③ W
④ Hz

해설 음향파워레벨(PWL) ─────
- 음향출력(음향파워, 음력)은 음원으로부터 단위시간당 방출되는 총 음에너지(음원이 발산하는 모든 에너지)이다.
- 단위는 W이다.

26
중요도 ★★

일정한 온도조건에서 가스의 부피와 압력이 반비례하는 것과 가장 관계가 있는 법칙은?

① 보일의 법칙
② 샤를의 법칙
③ 라울의 법칙
④ 게이 - 루삭의 법칙

28
중요도 ★★★

「산업안전보건법령」상 유해인자와 단위의 연결이 틀린 것은?

① 소음 - dB
② 흄 - mg/m^3
③ 석면 - 개/cm^3
④ 고열 - 습구·흑구온도지수, ℃

해설 유해인자의 단위 ─────
소음의 단위 - dB(A)

29 중요도 ★★

작업장의 기본적인 특성을 파악하는 예비조사의 목적으로 가장 적절한 것은?

① 유사노출그룹 설정
② 노출기준 초과여부 판정
③ 작업장과 공정의 특성파악
④ 발생되는 유해인자 특성조사

해설 예비조사의 목적 ────────

- 동일노출그룹(유사노출그룹)의 설정
- 정확한 시료채취 전략 수립

30 중요도 ★★

유기용제 취급 사업장의 메탄올 농도측정 결과가 100, 89, 94, 99, 120 ppm일 때, 이 사업장의 메탄올 농도의 기하평균(ppm)은?

① 99.4
② 99.9
③ 100.4
④ 102.3

해설 기하 평균농도(GM) ────────

$$\log(GM) = \frac{\log X_1 + \log X_2 + \cdots \log X_n}{N}$$

X_n : 측정값, n : 측정치의 개수

$\log(GM)$

$$= \frac{\log 100 + \log 89 + \log 94 + \log 99 + \log 120}{5}$$

$$= 1.9994$$

$$GM = 10^{1.9994} = 99.86$$

31 중요도 ★★

소음의 변동이 심하지 않은 작업장에서 1시간 간격으로 8회 측정한 산술평균의 소음수준이 93.5 dB(A)이었을 때, 작업시간이 8시간인 근로자의 하루 소음노출량(Noise dose ; %)은? (단, 기준소음 노출시간과 수준 및 Exchange Rate은 OHSA 기준을 준용한다)

① 104
② 135
③ 162
④ 234

해설 하루 소음 노출량 계산 ────────

$$TWA = 16.61 \times \log\left[\frac{D}{100}\right] + 90\text{dB[A]}$$

TWA : 시간가중 평균 소음수준(dB(A))
D : 누적소음노출량(%)

$$\log\left[\frac{D}{100}\right] = \frac{TWA - 90}{16.61} = \frac{93.5 - 90}{16.61} = 0.21$$

$$\frac{D}{100} = 10^{0.21} = 1.621$$

$$D = 162.1\%$$

32 중요도 ★★

흡착제를 이용하여 시료채취를 할 때 영향을 주는 인자에 관한 설명으로 틀린 것은?

① 흡착제의 크기 : 입자의 크기가 작을수록 표면적이 증가하여 채취효율이 증가하나 압력강하가 심하다.
② 흡착관의 크기 : 흡착관의 크기가 커지면 전체 흡착제의 표면적이 증가하여 채취용량이 증가하므로 파과가 쉽게 발생되지 않는다.
③ 습도 : 극성 흡착제를 사용할 때 수증기가 흡착되기 때문에 파과가 일어나기 쉽다.
④ 온도 : 온도가 높을수록 기공활동이 활발하여 흡착능력이 증가하나 흡착제의 변형이 일어날 수 있다.

2021-01

해설 시료채취에 영향을 주는 요소 ───────
온도가 높을수록 흡착대상 물질 간 반응속도가 증가하여 흡력능력이 떨어지고 파과되기 쉽다.

33

중요도 ★★

0.04 M HCl이 2 % 해리되어 있는 수용액의 pH는?

① 3.1   ② 3.3

③ 3.5   ④ 3.7

해설 pH 계산 ──────────────────

몰농도는 용액 1 L 속에 녹아 있는 용질의 몰수이다.

$$몰농도 = \frac{용질의 \ 몰수(mol)}{용액의 \ 부피(L)}$$

HCl이 물에 녹으면 다음처럼 이온화되므로 100 % 해리된다면 수용액 상의 H^+가 0.04 M이 존재한다.

$$HCl \rightarrow H^+ + Cl^-$$

문제에서 HCl이 2 % 해리된다고 했으므로 H^+의 농도는 다음과 같다.

$$H^+의 \ 농도 = 0.04 \times 0.02 = 0.0008 M$$

$$pH = -\log[H^+] = -\log[0.0008] = 3.09$$

34

중요도 ★★★

표집효율이 90 %와 50 %의 임핀저(Impinger)를 직렬로 연결하여 작업장 내 가스를 포집할 경우 전체 포집효율(%)은?

① 93   ② 95

③ 97   ④ 99

해설 전체 포집효율 계산 ──────────────

$$\eta_T = \eta_1 + \eta_2(1 - \eta_1)$$

η_T : 전체 포집효율

η_1 : 1차 집진장치의 포집효율

η_2 : 2차 집진장치의 포집효율

$$\eta_T = 0.9 + 0.5(1 - 0.9) = 0.95 = 95\%$$

35

중요도 ★

먼지를 크기별 분포로 측정한 결과를 가지고 기하표준편차(GSD)를 계산하고자 할 때 필요한 자료가 아닌 것은?

① 15.9 %의 분포를 가진 값

② 18.1 %의 분포를 가진 값

③ 50.0 %의 분포를 가진 값

④ 84.1 %의 분포를 가진 값

해설 기하표준편차(GSD) ─────────────

$$\begin{aligned} GSD &= \frac{84.1\%에 \ 해당하는 \ 값}{50\%에 \ 해당하는 \ 값} \\ &= \frac{50\%에 \ 해당하는 \ 값}{15.9\%에 \ 해당하는 \ 값} \end{aligned}$$

36

중요도 ★★

복사기, 전기기구, 플라즈마 이온방식의 공기청정기 등에서 공통적으로 발생할 수 있는 유해물질로 가장 적절한 것은?

① 오존　　　　　　② 이산화질소
③ 일산화탄소　　　④ 포름알데하이드

해설 **오존(O_3)**

• 대기 중에서 약 0.02 ppm 정도 존재한다.
• 가스상에서 2 ppm 미만 존재하면 냄새가 잘 나지 않지만 농도가 높아지면 자극성의 냄새가 난다.
• 실내에서는 복사기, 인쇄기, 공기청정기 등의 생활용품과 전기 아크 등에서 발생한다.

37

중요도 ★★★

벤젠이 배출되는 작업장에서 채취한 시료의 벤젠농도 분석결과가 3시간 동안 4.5 ppm, 2시간 동안 12.8 ppm, 1시간 동안 6.8 ppm일 때, 이 작업장의 벤젠 TWA(ppm)는?

① 4.5　　　　　　② 5.7
③ 7.4　　　　　　④ 9.8

해설 **시간가중평균노출기준(TWA)**

$$TWA = \frac{C_1 \times T_1 + C_2 \times T_2 + \cdots C_n \times T_n}{8}$$

C : 유해인자의 측정치(mg/m^3, ppm)
T : 유해인자의 발생시간(시간)

$$TWA = \frac{(4.5 \times 3) + (12.8 \times 2) + (6.8 \times 1)}{8}$$

$$= 5.737 ppm$$

38

중요도 ★★

「산업안전보건법령」상 고열 측정시간과 간격으로 옳은 것은?

① 작업시간 중 노출되는 고열의 평균온도에 해당하는 1시간, 10분 간격
② 작업시간 중 노출되는 고열의 평균온도에 해당하는 1시간, 5분 간격
③ 작업시간 중 가장 높은 고열에 노출되는 1시간, 5분 간격
④ 작업시간 중 가장 높은 고열에 노출되는 1시간, 10분 간격

해설 **고열 측정방법**

「작업환경 측정 및 정도관리 등에 관한 고시」 제31조
• 측정기의 위치는 바닥면으로부터 50 cm 이상, 150 cm 이하의 위치에서 측정한다.
• 측정기를 설치한 후 충분히 안정화시킨 상태에서 1일 작업시간 중 가장 높은 고열에 노출되는 1시간을 10분 간격으로 연속하여 측정한다.

39

중요도 ★★

입자상 물질의 여과원리와 가장 거리가 먼 것은?

① 차단　　　　　　② 확산
③ 흡착　　　　　　④ 관성충돌

해설 **입자상 물질의 6가지 여과원리**

• 직접차단　　　• 관성충돌
• 확산　　　　　• 중력침강
• 정전기 침강　• 체질

40

중요도 ★★

산화마그네슘, 망간, 구리 등의 금속 분진을 분석하기 위한 장비로 가장 적절한 것은?

① 자외선/가시광선 분광광도계
② 가스크로마토그래피
③ 핵자기공명분광계
④ 원자흡광광도계

해설 원자흡광광도계 ──────────

• 분석 대상 원소에 특정한 파장의 빛을 투과시킨 후 원자가 흡수하는 빛의 세기를 측정한다.
• 망간, 구리, 산화마그네슘, 카드뮴 등의 금속 및 중금속의 분석에 주로 사용한다.

3과목 작업환경관리대책

41

중요도 ★

유해물질의 증기 발생률에 영향을 미치는 요소로 가장 거리가 먼 것은?

① 물질의 비중   ② 물질의 사용량
③ 물질의 증기압   ④ 물질의 노출기준

해설 유해물질의 증기 발생률에 영향을 미치는 요소 ──

• 물질의 비중
• 물질의 사용량
• 물질의 증기압

42

중요도 ★★★

회전차 외경이 600 mm인 원심 송풍기의 풍량은 200 m^3/min이다. 회전차 외경이 1,000 mm인 동류(상사구조)의 송풍기가 동일한 회전수로 운전된다면 이 송풍기의 풍량(m^3/min)은? (단, 두 경우 모두 표준공기를 취급한다)

① 333   ② 556
③ 926   ④ 2,572

해설 송풍기의 풍량(Q) ──────────

$$Q_2 = Q_1 \times \left(\frac{N_2}{N_1} \right) \times \left(\frac{D_2}{D_1} \right)^3$$

Q_2 : 변경 후 풍량(m^3/min)

Q_1 : 변경 전 풍량(m^3/min)

N_2 : 변경 후 회전수(rpm)

N_1 : 변경 전 회전수(rpm)

D_2 : 변경 후 직경(m)

D_1 : 변경 전 직경(m)

회전수는 동일하다고 했으므로 직경만 계산하여 변경 후 풍량을 계산한다.

$$Q_2 = 200 \times \left(\frac{1,000}{600} \right)^3 = 925.925 \text{m}^3/\text{min}$$

43

중요도 ★★

후드의 유입계수가 0.82, 속도압이 50 mmH₂O일 때 후드의 유입손실(mmH₂O)은?

① 22.4　　　　　② 24.4

③ 26.4　　　　　④ 28.4

해설 후드의 압력손실($\triangle P$) ─────

$\triangle P = F_h \times VP$

$\triangle P$: 압력손실(mmH₂O)

F_h : 압력손실계수(유입손실계수)

$F_h = \dfrac{1}{Ce^2} - 1$

Ce : 유입계수

VP : 동압(mmH₂O)

$\triangle P = \left(\dfrac{1}{Ce^2} - 1\right) \times VP = \left(\dfrac{1}{0.82^2} - 1\right) \times 50$

$= 24.36 \text{mmH}_2\text{O}$

44

중요도 ★★

길이, 폭, 높이가 각각 25 m, 10 m, 3 m인 실내에 시간당 18회의 환기를 하고자 한다. 직경 50 cm의 개구부를 통하여 공기를 공급하고자 하면 개구부를 통과하는 공기의 유속(m/s)은?

① 13.7　　　　　② 15.3

③ 17.2　　　　　④ 19.1

해설 유속 계산 ─────

(1) 시간당 환기량(m³/sec) 계산

1회 환기량 = $25 \times 10 \times 3 = 750 \text{m}^3$

시간당 18회 환기한다고 했으므로 시간당 환기량은 다음과 같다.

$\dfrac{750 \text{m}^3 \times 18}{\text{hr}} = \dfrac{13{,}500 \text{m}^3}{\text{hr}} \times \dfrac{\text{hr}}{3{,}600 \text{sec}}$

$= 3.75 \text{m}^3/\text{sec}$

(2) 유량 공식을 이용하여 유속 계산

$Q = AV$

Q : 유량(m³/sec)

A : 단면적(m²)

V : 유속(m/sec)

$V = \dfrac{Q}{A} = \dfrac{3.75}{\dfrac{\pi}{4} \times 0.5^2} = 19.098 \text{m/sec}$

45

중요도 ★★

입자상 물질 집진기의 집진원리를 설명한 것이다. 아래의 설명에 해당하는 집진원리는?

> 분진의 입경이 클 때 분진은 가스흐름의 궤도에서 벗어나게 된다. 즉, 입자의 크기에 따라 비교적 큰 분진은 가스통과 경로를 따라 발산하지 못하고, 작은 분진은 가스와 같이 발산한다.

① 직접차단　　　② 관성충돌

③ 원심력　　　　④ 확산

해설 충돌(관성충돌) ─────

공기의 방향이 바뀌는 경우 입자의 관성 때문에 원래 방향대로 이동하다가 흐름이 바뀌는 지점에서 부딪치며 충돌에 의해 침착된다.

46

중요도 ★

철재 연마공정에서 생기는 철가루의 비산을 방지하기 위해 가로 50 cm, 높이 20 cm인 직사각형 후드를 플랜지를 부착하여 바닥면에 설치하고자 할 때, 필요환기량(m³/min)은? (단, 제어풍속은 ACGIH 권고치 기준의 하한으로 설정하며, 제어풍속이 미치는 최대거리는 개구면으로부터 30 cm라 가정한다)

① 112　　　　　② 119

③ 253　　　　　④ 238

2021-01

바닥면(작업테이블면)에 위치하고 플랜지가 부착된 후드의 필요환기량 ────────

$Q = 0.5 \times V_c \times (10X^2 + A)$

Q : 필요환기량(m^3/sec)

V_c : 제어속도(m/sec)

X : 후드 중심에서 오염원까지의 거리(m)

A : 개구면적(m^2)

철 연마공정에서 생기는 철가루의 비산의 ACGIH 권고치 기준 하한값 : 3.7 m/sec

$Q = 0.5 \times 3.7 \times (10 \times 0.3^2 + (0.5 \times 0.2))$

$\quad = \dfrac{1.85m^3}{sec} \times \dfrac{60sec}{min} = 111m^3/min$

47

다음 중 위생보호구에 대한 설명과 가장 거리가 먼 것은?

① 사용자는 손질방법 및 착용방법을 숙지해야 한다.

② 근로자 스스로 폭로대책으로 사용할 수 있다.

③ 규격에 적합한 것을 사용해야 한다.

④ 보호구 착용으로 유해물질로부터의 모든 신체적 장해를 막을 수 있다.

위생보호구 ────────

보호구 착용은 유해물질로부터 신체를 보호하는 가장 소극적인 대책이다.

48

곡관에서 곡률반경비(R/D)가 1.0일 때 압력손실계수 값이 가장 작은 곡관의 종류는?

① 2조각 관
② 3조각 관
③ 4조각 관
④ 5조각 관

곡관의 종류 ────────

곡관에서 곡률반경비(R/D)가 동일할 경우 조각관의 개수가 많을수록 압력손실계수 값이 작아진다.

49

작업 중 발생하는 먼지에 대한 설명으로 옳지 않은 것은?

① 일반적으로 특별한 유해성이 없는 먼지는 불활성 먼지 또는 공해서 먼지라고 하며, 이러한 먼지에 노출된 경우 일반적으로 폐용량에 이상이 나타나지 않으며, 먼지에 노출될 경우 일반적으로 폐용량에 이상이 나타나지 않으며, 먼지에 대한 폐의 조직반응은 가역적이다.

② 결정형 유리규산(Free silica)은 규산의 종류에 따라 Cristobalite, Quartz, Tridymite, Tripoli가 있다.

③ 용융규산(Fused silica)은 비결정형 규산으로 노출기준은 총먼지로 10 mg/m^3이다.

④ 일반적으로 호흡성 먼지란 종말 모세기관지나 폐포 영역의 가스교환이 이루어지는 영역까지 도달하는 미세먼지를 말한다.

먼지 관련 기준 ────────

용융규산(Fused silica)은 비결정형 규산으로 노출기준은 총먼지로 0.1 mg/m^3이다.

50

중요도 ★★

고열 배출원이 아닌 탱크 위에 한 변이 2 m인 정방형 모양의 캐노피형 후드를 3측면이 개방되도록 설치하고자 한다. 제어속도가 0.25 m/s, 개구면과 배출원 사이의 높이가 1.0 m일 때 필요 송풍량(m^3/min)은?

① 2.44 ② 146.46
③ 249.15 ④ 435.81

해설 3측면이 개방된 외부식 캐노피형 후드 ─────

$Q = 8.5 \times H^{1.8} \times W^{0.2} \times V_c$

Q : 필요 송풍량(m^3/sec)
H : 개구면과 배출원 사이의 거리(m)
W : 후드의 한 변의 길이(m)
V_c : 제어속도(m/sec)

$Q = 8.5 \times 1^{1.8} \times 2^{0.2} \times 0.25$

$= \dfrac{2.44m^3}{sec} \times \dfrac{60sec}{min} = 146.4m^3/min$

51

중요도 ★

「산업안전보건법령」상 안전인증 방독마스크에 안전인증 표시 외에 추가로 표시되어야 할 항목이 아닌 것은?

① 포집효율
② 파과곡선도
③ 사용시간 기록카드
④ 사용상의 주의사항

해설 안전인증 방독마스크의 추가 표시사항 ─────

「보호구 안전인증 고시」 별표5
• 파과곡선도
• 사용시간 기록카드
• 정화통의 외부 측면의 표시색
• 사용상의 주의사항

52

중요도 ★★

그림과 같은 형태로 설치하는 후드는?

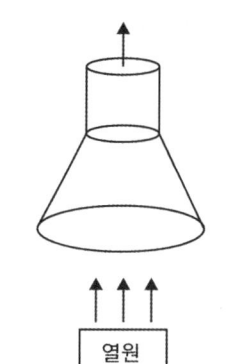

① 레시바식 캐노피형(Receiving Canopy Hoods)
② 포위식 커버형(Enclosures Cover Hoods)
③ 부스식 드래프트 챔버형(Boooth Draft Chamber Hoods)
④ 외부식 그리드형(Exterior Capturing Grid Hoods)

해설 레시바식 천개형 캐노피형 후드 ─────

오염물질이 열상승력을 가지고 자체적으로 발생될 때 발생되는 방향 쪽에 후드의 입구를 설치함으로써 보다 적은 풍량으로 오염물질을 포집할 수 있도록 만든 후드이다.

53

에틸벤젠의 농도가 400 ppm인 1,000 m³ 체적의 작업장의 환기를 위해 90 m³/min 속도로 외부 공기를 유입한다고 할 때, 이 작업장의 에틸벤젠 농도가 노출기준(TLV) 이하로 감소되기 위한 최소 소요 시간(min)은? (단, 에틸벤젠의 TLV는 100 ppm이고 외부유입공기 중 에틸벤젠의 농도는 0 ppm이다)

① 11.8   ② 15.4

③ 19.2   ④ 23.6

해설 오염물질이 감소하는 데 걸리는 시간(t) ─────

$$t = -\frac{V}{Q'} \ln\left(\frac{C_2}{C_1}\right)$$

t : 시간(min)

V : 작업공간의 부피(m^3)

Q' : 환기량(m^3/min)

C_1 : 유해물질의 처음농도(ppm)

C_2 : 유해물질의 나중농도 또는 노출기준(ppm)

$$t = -\frac{1,000}{90} \ln\left(\frac{100}{400}\right) = 15.403 \text{min}$$

54

덕트에서 공기 흐름의 평균속도압이 25 mmH₂O였다면 덕트에서의 공기의 반송속도(m/s)는? (단, 공기밀도는 1.21 kg/m³로 동일하다)

① 10   ② 15

③ 20   ④ 25

해설 속도압이 주어진 경우 유속 계산 ─────

$$V = 4.043 \sqrt{VP}$$

V : 유속(m/sec)

VP : 속도압(mmH₂O)

$$V = 4.043 \sqrt{25} = 20.215 \text{m/sec}$$

55

강제환기를 실시할 때 환기효과를 제고시킬 수 있는 방법이 아닌 것은?

① 공기배출구와 근로자의 작업위치 사이에 오염원이 위치하지 않도록 하여야 한다.

② 배출구가 창문이나 문 근처에 위치하지 않도록 한다.

③ 오염물질 배출구는 가능한 한 오염원으로부터 가까운 곳에 설치하여 점환기 효과를 얻는다.

④ 공기가 배출되면서 오염장소를 통과하도록 공기배출구와 유입구의 위치를 선정한다.

해설 환기효과 ─────

공기배출구와 근로자의 작업위치 사이에 오염원이 위치해야 한다. 이때 오염원이 근로자를 통과하지 않고 배출되어야 한다.

56

전기집진장치의 장·단점으로 틀린 것은?

① 운전 및 유지비가 많이 든다.

② 고온 가스처리가 가능하다.

③ 설치공간이 많이 든다.

④ 압력손실이 낮다.

해설 전기집진장치 ─────

전기집진장치는 초기 설치비용이 많이 들지만 운전 및 유지비용은 저렴하다.

57

중요도 ★★

산업위생관리를 작업환경관리, 작업관리, 건강관리로 나눠서 구분할 때, 다음 중 작업환경관리와 가장 거리가 먼 것은?

① 유해 공정의 격리
② 유해 설비의 밀폐화
③ 전체환기에 의한 오염물질의 회석 배출
③ 보호구 사용에 의한 유해물질의 인체 침입방지

해설 작업환경 관리대책 ──────────────

- 대치 : 공정의 변경, 유해물질 변경, 시설의 변경
- 격리 : 저장물질의 격리, 시설의 격리, 공정의 격리, 작업자의 격리
- 환기 : 국소환기, 전체환기
- 교육

58

중요도 ★★

국소환기시스템의 슬롯(Slot) 후드에 설치된 충만실(Plenum Chamber)에 관한 설명 중 옳지 않은 것은?

① 후드가 크게 되면 충만실의 공기속도 손실도 고려해야 한다.
② 제어속도는 슬롯속도와는 관계가 없어 슬롯속도가 높다고 흡인력을 증가시키지는 않는다.
③ 슬롯에서의 병목현상으로 인하여 유체의 에너지가 손실된다.
④ 충만실의 목적은 슬롯의 공기유속을 결과적으로 일정하게 상승시키는 것이다.

해설 충만실 ──────────────

충만실의 목적은 슬롯 후드 뒤쪽에 위치하여 압력을 균일화시키는 것이다.

59

중요도 ★★★

귀마개에 관한 설명으로 가장 거리가 먼 것은?

① 휴대가 편하다.
② 고온작업장에서도 불편 없이 사용할 수 있다.
③ 근로자들이 착용하였는지 쉽게 확인할 수 있다.
④ 제대로 착용하는 데 시간이 걸리고 요령을 습득해야 한다.

해설 귀마개 ──────────────

귀덮개는 근로자들이 착용하였는지 쉽게 확인할 수 있지만 귀마개는 근로자들이 착용하였는지 쉽게 알기 어렵다.

60

중요도 ★

덕트 설치 시 고려해야 할 사항으로 가장 거리가 먼 것은?

① 직경이 다른 덕트를 연결할 때는 경사 30° 이내의 테이퍼를 부착한다.
② 곡관의 곡률반경은 최대 덕트직경의 3.0 이상으로 하며 주로 4.0을 사용한다.
③ 송풍기를 연결할 때에는 최소 덕트직경의 6배 정도는 직선구간으로 한다.
④ 가급적 원형 덕트를 사용하여 부득이 사각형 덕트를 사용할 경우는 가능한 한 정방형을 사용한다.

해설 덕트 설치 ──────────────

곡관의 곡률반경은 최소 덕트직경의 1.5배 이상, 주로 2.0을 사용한다.

2021-01

61

중요도 ★★★

귀마개의 차음평가수(NRR)가 27일 경우 이 귀마개의 차음효과는 얼마인가? (단, OSHA의 계산방법을 따른다)

① 6 dB   ② 8 dB

③ 10 dB   ④ 12 dB

해설 차음효과[dB(A)] ————————————

차음효과 $= (NRR - 7) \times 0.5$

NRR : 차음평가수

차음효과 $= (27 - 7) \times 0.5 = 10 dB(A)$

62

중요도 ★★

소음성 난청에 영향을 미치는 요소의 설명으로 옳지 않은 것은?

① 음압 수준 : 높을수록 유해하다.

② 소음의 특성 : 저주파음이 고주파음보다 유해하다.

③ 노출시간 : 간헐적 노출이 계속적 노출보다 덜 유해하다.

④ 개인의 감수성 : 소음에 노출된 사람이 똑같이 반응하지는 않으며, 감수성이 매우 높은 사람이 극소수 존재한다.

해설 소음성 난청에 영향을 미치는 요인 ————

• 개인의 감수성

• 소음의 크기 : 음압수준이 높을수록 유해하다.

• 폭로시간 : 계속적 노출이 간헐적 노출보다 유해하다.

• 주파수 : 고주파음이 저주파음보다 유해하다.

63

중요도 ★★

진동 작업장의 환경관리 대책이나 근로자의 건강보호를 위한 조치로 옳지 않은 것은?

① 발진원과 작업자의 거리를 가능한 멀리한다.

② 작업자의 체온을 낮게 유지시키는 것이 바람직하다.

③ 절연패드의 재질로는 코르크, 펠트(Felt), 유리섬유 등을 사용한다.

④ 진동공구의 무게는 10 kg을 넘지 않게 하며 방진장갑 사용을 권장한다.

해설 진동 작업장의 관리 ————————————

진동 작업장에서는 따뜻하게 체온을 유지해주어야 하고, 14 ℃ 이하의 옥외 작업장에서는 별도의 보온대책이 필요하다.

64

중요도 ★★★

한랭 환경에 의한 건강장해에 대한 설명으로 옳지 않은 것은?

① 레이노씨병과 같은 혈관 이상이 있을 경우에는 증상이 악화된다.

② 제2도 동상은 수포와 함께 광범위한 삼출성 염증이 일어나는 경우를 의미한다.

③ 참호족은 지속적인 국소의 영양결핍 때문이며, 한랭에 의한 신경조직의 손상이 발생한다.

④ 전신 저체온의 첫 증상은 억제하기 어려운 떨림과 냉(冷)감각이 생기고 심박동이 불규칙하게 느껴지며 맥박은 약해지고 혈압이 낮아진다.

해설 한랭 환경에 의한 건강장해 ————————

참호족은 지속적인 한랭으로 인해 모세혈관벽이 손상되어 발생하는데 이는 국소부위의 산소결핍 때문이다.

65

중요도 ★★

다음 중 피부에 강한 특이적 홍반작용과 색소침착,
피부암 발생 등의 장해를 모두 일으키는 것은?

① 가시광선   ② 적외선
③ 마이크로파   ④ 자외선

해설 자외선 ─────────────

자외선에 지나치게 노출되면 홍반작용, 색소침착, 피
부암이 발생한다.
피부암의 90 % 이상은 햇빛에 노출된 신체 부위에서
발생한다.

66

중요도 ★★

인체에 미치는 영향이 가장 큰 전신진동의 주파수
범위는?

① 2 ~ 100 Hz   ② 140 ~ 250 Hz
③ 275 ~ 500 HZ   ④ 4,000 Hz 이상

해설 인체에 영향을 주는 진동범위 ─────────

- 전신진동 : 2 ~ 100 Hz
- 국소진동 : 8 ~ 1,500 Hz

67

중요도 ★★★

음력이 1.2 W인 소음원으로부터 35 m 되는 자유
공간 지점에서의 음압수준(dB)은 약 얼마인가?

① 62   ② 74
③ 79   ④ 121

해설 자유공간, 점음원의 음압수준 ─────────

$SPL(\text{dB}) = PWL - 20\log r - 11$

r : 소음원으로부터의 거리(m)

$PWL = 10\log\left(\dfrac{W}{W_0}\right)$

PWL : 음향파워레벨(dB)

W : 대상 음원의 음력(W)

W_0 : 기준음력(10^{-12} W)

$PWL = 10\log\left(\dfrac{1.2}{10^{-12}}\right) = 120.791\text{dB}$

$SPL(\text{dB}) = 120.791 - 20\log 35 - 11$
$\qquad\qquad = 78.909\text{dB}$

68

중요도 ★

인체와 환경 간의 열 교환에 관여하는 온열조건 인
자로 볼 수 없는 것은?

① 대류   ② 증발
③ 복사   ④ 기압

해설 열 교환에 영향을 미치는 요소 ─────────

- 기온(온도)
- 습도
- 기류(대류, 풍속)
- 복사열

69

중요도 ★

극저주파 방사선(Extremely Low Frequency Fields)에 대한 설명으로 옳지 않은 것은?

① 강한 전기장의 발생원은 고전류 장비와 같은 높은 전류와 관련이 있으며 강한 자기장의 발생원은 고전압 장비와 같은 높은 전하와 관련이 있다.

② 작업장에서 발전, 송전, 전기 사용에 의해 발생되며 이들 경로에 있는 발전기에서 전력선, 전기설비, 기계, 기구 등도 잠재적인 노출원이다.

③ 주파수가 1 ~ 3,000 Hz에 해당되는 것으로 정의되며, 이 범위 중 50 ~ 60 Hz의 전력선과 관련한 주파수의 범위가 건강과 밀접한 연관이 있다.

④ 교류전기는 1초에 60번씩 극성이 바뀌는 60 Hz의 저주파를 나타내므로 이에 대한 노출평가, 생물학적 및 인체 영향 연구가 많이 이루어져 왔다.

해설 극저주파 방사선 ─────────

강한 자기장의 발생원은 고전류 장비와 같은 높은 전류와 관련이 있으며 강한 전기장의 발생원은 고전압 장비와 같은 높은 전하와 관련이 있다.

70

중요도 ★★★

다음 중 전리방사선의 영향에 대하여 감수성이 가장 큰 인체 내의 기관은?

① 폐   ② 혈관
③ 근육   ④ 골수

해설 전리방사선에 대한 감수성 순서 ─────────

㉠ 골수, 흉선 및 림프조직(조혈기관), 눈의 수정체
㉡ 피부 등 상피세포
㉢ 뼈, 근육조직
㉣ 혈관 등 내피세포
㉤ 폐 등 내장기관
㉥ 결합조직, 지방조직
㉦ 신경조직
㉧ 뼈, 근육조직
㉨ 폐 등 내장기관
㉩ 신경조직

71

중요도 ★★★

1루멘의 빛이 1 ft²의 평면상에 수직방향으로 비칠 때 그 평면의 빛 밝기를 나타내는 것은?

① 1 lux   ② 1 candela
③ 1촉광   ④ 1 foot-candle

해설 조도의 단위 ─────────

(1) 푸트캔들(foot-candle)
미국에서 주로 사용하는 조도의 단위로 1 ft²(제곱피트)의 면적에 1 lm(루멘)의 광속이 균일하게 비추어질 때의 조도이다.

(2) 럭스(lux)
국제단위계(SI)에서 사용하는 조도의 단위로 1 m²(제곱미터)의 면적에 1 lm(루멘)의 광속이 균일하게 비추어질 때의 조도이다.

72

중요도 ★★★

감압병의 증상에 대한 설명으로 옳지 않은 것은?

① 관절, 심부 근육 및 뼈에 동통이 일어나는 것을 Bends라 한다.

② 흉통 및 호흡곤란은 흔하지 않은 특수형 질식이다.

③ 산소의 기포가 뼈의 소동맥을 막아서 후유증으로 무균성 골괴사를 일으킨다.

④ 마비는 감압증에서 보는 중증 합병증이며 하지의 강직성 마비가 나타나는데 이는 척수나 그 혈관에 기포가 형성되어 일어난다.

해설 감암병의 증상 ——————

감암병은 질소의 기포가 뼈의 소동맥을 막아서 발생하는 것으로 후유증으로 무균성 골괴사를 일으킨다.

73 중요도 ★★

작업환경 조건을 측정하는 기기 중 기류를 측정하는 것이 아닌 것은?

① Kata 온도계
② 풍차풍속계
③ 열선풍속계
④ Assmann 통풍건습계

해설 공기의 유속(기류) 측정기기 ——————

- 피토관
- 회전 날개형 풍속계, 그네 날개형 풍속계
- 열선 풍속계
- 카타온도계
- 풍향풍속계, 풍차풍속계

74 중요도 ★

음의 세기(I)와 음압(P) 사이의 관계로 옳은 것은?

① 음의 세기는 음압에 정비례
② 음의 세기는 음압에 반비례
③ 음의 세기는 음압의 제곱에 비례
④ 음의 세기는 음압의 세제곱에 비례

해설 음의 세기(I)와 음압(P)과의 관계 ——————

$$I = \frac{P^2}{\rho c}$$

음의 세기(I)는 음압(P)의 제곱에 비례하고, 매질의 밀도(ρ), 음속(c)에 반비례한다.

75 중요도 ★★★

작업장에 흔히 발생하는 일반 소음의 차음효과(Transmission loss)를 위해서 장벽을 설치한다. 이때 장벽의 단위 표면적당 무게를 2배씩 증가함에 따라 차음효과는 약 얼마씩 증가하는가?

① 2 dB ② 6 dB
③ 10 dB ④ 16 dB

해설 차음효과 ——————

장벽을 실시한 경우 표면적에 대하여 벽체 무게가 2배가 될 때마다 차음효과는 6 dB씩 증가한다.

76 중요도 ★★★

고압 환경의 인체작용에 있어 2차적인 가압현상에 대한 내용이 아닌 것은?

① 흉곽이 잔기량보다 적은 용량까지 압축되면 폐압박현상이 나타난다.
② 4기압 이상에서 공기 중의 질소가스는 마취작용을 나타낸다.
③ 산소의 분압이 2기압을 넘으면 산소중독증세가 나타난다.
④ 이산화탄소는 산소의 독성과 질소의 마취작용을 증강시킨다.

해설 고압 환경의 2차적 가압현상 ——————

- 질소 마취 : 4기압 이상이 되면 질소 가스는 마취작용을 일으킨다.
- 산소 중독 : 산소분압이 2기압을 넘으면 산소중독증세가 나타난다.
- 이산화탄소 중독 : 이산화탄소의 증가는 산소의 독성과 질소의 마취작용을 촉진시킨다.

77

중요도 ★★★

인간 생체에서 이온화시키는 데 필요한 최소에너지를 기준으로 전리방사선과 비전리방사선을 구분한다. 전리방사선과 비전리방사선을 구분하는 에너지의 강도는 약 얼마인가?

① 7 eV
② 12 eV
③ 17 eV
④ 22 eV

> **해설** 경계 에너지 ─────────────

전리방사선과 비전리방사선의 경계 에너지의 강도는 12 eV이다.

78

중요도 ★★★

「산업안전보건법령」상 상시작업을 실시하는 장소에 대한 작업면의 조도기준으로 옳은 것은?

① 초정밀작업 : 1,000럭스 이상
② 정밀작업 : 500럭스 이상
③ 보통작업 : 150럭스 이상
④ 그 밖의 작업 : 50럭스 이상

> **해설** 조도기준 ─────────────

「안전보건규칙」 제8조
사업주는 근로자가 상시 작업하는 장소의 작업면 조도(照度)를 다음의 기준에 맞도록 하여야 한다.
- 초정밀작업 : 750 lux 이상
- 정밀작업 : 300 lux 이상
- 보통작업 : 150 lux 이상
- 그 밖의 작업 : 75 lux 이상

79

중요도 ★★

「산업안전보건법령」상 근로자가 밀폐공간에서 작업을 하는 경우, 사업주가 조치해야 할 사항으로 옳지 않은 것은?

① 사업주는 밀폐공간 작업 프로그램을 수립하여 시행하여야 한다.
② 사업주는 사업장 특성상 환기가 곤란한 경우 방독마스크를 지급하여 착용하도록 하고 환기를 하지 않을 수 있다.
③ 사업주는 근로자가 밀폐공간에서 작업을 하는 경우에 그 장소에 근로자를 입장시킬 때와 퇴장시킬 때마다 인원을 점검하여야 한다.
④ 사업주는 밀폐공간에는 관계 근로자가 아닌 사람의 출입을 금지하고, 출입금지 표지를 밀폐공간 근처의 보기 쉬운 장소에 게시하여야 한다.

> **해설** 밀폐공간 작업 ─────────────

사업장 특성상 환기가 곤란한 경우 방독마스크가 아니라 송기마스크를 지급하여 착용하도록 해야 한다.

80

중요도 ★★★

고온 환경에서 심한 육체노동을 할 때 잘 발생하며, 그 기전은 지나친 발한에 의한 탈수와 염분소실로 나타나는 건강장해는?

① 열경련(Heat Cramps)
② 열피로(Heat Fatigue)
③ 열실신(Heat Syncope)
④ 열발진(Heat Rashes)

해설 고열 건강장해 ─────────

• 열경련 : 전형적인 고열 건강장해로 고온 환경에서 심한 육체적인 노동을 할 때 탈수와 염분소실로 인해 경련이 발생한다.
• 열성발진 : 가장 흔한 피부장해로 땀띠라고 한다.
• 열사병 : 태양의 복사열에 직접 노출되어 뇌의 온도 상승으로 체온조절 중추기능 장해가 발생하는 것이다.
• 열피로 : 고온 환경에서 장시간 노동을 할 때 과대 발한으로 인해 수분과 염분손실 및 탈수로 인한 혈장량이 감소하여 발생한다.

5과목 산업독성학

81

중요도 ★★★

호흡기에 대한 자극작용은 유해물질의 용해도에 따라 구분되는데 다음 중 상기도 점막 자극제에 해당하지 않는 것은?

① 염화수소
② 아황산가스
③ 암모니아
④ 이산화질소

해설 화학물질의 생리적 작용에 의한 분류 ───────

구분	내용
상기도 점막 자극제	물에 잘 녹는 물질로 암모니아, 염화수소, 불화수소, 아황산가스, 크롬산 등이 있다.
상기도 점막 및 폐조직 자극제	물에 대한 용해도가 중간 정도인 물질로 염소, 브롬, 요오드, 플루오르 등이 있다.
종말 기관지 및 폐포점막 자극제	물에 잘 녹지 않는 물질로 이산화질소, 3 염화비소, 포스겐 등이 있다.

82

중요도 ★★★

납 중독에 대한 치료방법의 일환으로 체내에 축적된 납을 배출하도록 하는 데 사용되는 것은?

① Ca-EDTA
② DMPS
③ 2-PAM
④ Atropin

해설 납 중독 ─────────

Ca-EDTA은 체내에 쌓인 납과 결합해서 납을 소변으로 배출하게 하는 대표적인 약물이다.

2021-01

83

다음에서 설명하고 있는 유해물질 관리기준은?

> 이것은 유해물질에 폭로된 생체시료 중의 유해물질 또는 그 대사물질 등에 대한 생물학적 감시(Monitoring)를 실시하여 생체 내에 침입한 유해물질의 총량 또는 유해물질에 의하여 일어난 생체변화의 강도를 지수로서 표현한 것이다.

① TLV(Threshold Limit Value)
② BEI(Biological Exposure Indices)
③ THP(Total Health Promotion Plan)
④ STEL(Short Term Eexposure Limit)

해설 생물학적 노출지수(BEI)

근로자가 유해물질에 얼마나 노출되었는지 평가하기 위해 혈액, 소변 등의 생체시료에서 유해물질 자체 또는 그 대사산물, 또는 이로 인한 생화학적 변화산물 등을 분석하여 얻는 수치이다.

84

중요도 ★★★

수치로 나타낸 독성의 크기가 각각 2와 3인 두 물질이 화학적 상호작용에 의해 상대적 독성이 9로 상승하였다면 이러한 상호작용을 무엇이라 하는가?

① 상가작용
② 가승작용
③ 상승작용
④ 길항작용

해설 독성물질의 상호작용

① 상가작용 : 두 물질에 동시에 노출될 경우 독성은 각 물질의 독성의 합과 같다.
   예 2 + 3 = 5
② 가승작용 : 독성이 없던 물질을 독성이 있는 물질과 혼합하면 독성이 강해진다.
   예 2 + 0 = 5

③ 상승작용 : 두 물질에 동시 노출될 경우 독성은 단독물질의 독성의 합보다 더 크게 증가한다.
   예 2 + 3 = 9
④ 길항작용 : 두 물질이 동시에 노출될 경우 독성은 단독물질의 독성보다 약해진다.
   예 2 + 3 = 1

85

중요도 ★★

「화학물질 및 물리적 인자의 노출기준」상 산화규소 종류와 노출기준이 올바르게 연결된 것은? (단, 노출기준은 TWA 기준이다)

① 결정체 석영 - 0.1 mg/m^3
② 결정체 트리폴리 - 0.1 mg/m^3
③ 비결정체 규소 - 0.01 mg/m^3
④ 결정체 트리디마이트 - 0.01 mg/m^3

해설 산화규소 종류의 노출기준(TWA, mg/m^3)

유해물질	노출기준
결정체 석영	0.05
결정체 트리폴리	0.1
비결정체 규소	0.1
결정체 트리디마이트	0.05

86

중요도 ★★

노출에 대한 생물학적 모니터링의 단점이 아닌 것은?

① 시료채취의 어려움

② 근로자의 생물학적 차이

③ 유기시료의 특이성과 복잡성

④ 호흡기를 통한 노출만을 고려

해설 생물학적 모니터링 ────

생물학적 모니터링은 혈액, 소변, 호기 등 모든 노출 경로에 따른 흡수 정도를 평가한다.

개념확인 생물학적 모니터링의 장점과 단점

구분	내용
장점	• 건강상의 위험을 정확하게 평가할 수 있다. • 모든 노출경로에 의한 흡수 정도를 평가할 수 있다. • 작업환경 측정(개인시료)보다 더 직접적으로 근로자 노출을 추정할 수 있다.
단점	• 근로자로부터 시료를 직접 채취해야 하기 때문에 시료채취가 어렵다. • 근로자마다 생물학적 차이가 나타날 수 있다. • 유기시료의 특이성과 복잡성이 존재한다. • 분석이 어렵고 시료가 오염될 수 있다. • 작업 이외의 다른 요인에 의한 영향을 받는다.

87

중요도 ★★★

인체 내 주요 장기 중 화학물질 대사능력이 가장 높은 기관은?

① 폐

② 간장

③ 소화기관

④ 신장

해설 유해물질의 대사 ────

유해물질은 대부분 간(간장)에서 대사되며 대사작용에 의해 유해물질의 독성이 감소 또는 증가한다.

88

중요도 ★★★

중추신경계에 억제작용이 가장 큰 것은?

① 알칸족

② 알켄족

③ 알코올족

④ 할로겐족

해설 중추신경계 억제작용 순서 ────

할로겐화합물(할로겐족) > 에테르 > 에스테르 > 유기산 > 알코올 > 알켄 > 알칸

89

중요도 ★★

망간중독에 대한 설명으로 옳지 않은 것은?

① 금속 망간의 직업성 노출은 철강제조 분야에서 많다.

② 망간의 만성 중독을 일으키는 것은 2가의 망간화합물이다.

③ 치료제는 Ca-EDTA가 있으며 중독 시 신경이나 뇌세포 손상 회복에 효과가 크다.

④ 이산화망간 흄에 급성 폭로되면 열, 오한, 호흡곤란 등의 증상을 특징으로 하는 금속열을 일으킨다.

해설 망간중독 ────

Ca-EDTA는 납 중독의 치료제이다.

90

중요도 ★

다음 단순 에스테르 중 독성이 가장 높은 것은?

① 초산염

② 개미산염

③ 부틸산염

④ 프로피온산염

해설 독성의 세기 ────

단순 에스테르 중 독성이 가장 높은 것 : 부틸산염

2021-01

91

작업장에서 생물학적 모니터링의 결정인자를 선택하는 기준으로 옳지 않은 것은?

① 검체의 채취나 검사과정에서 대상자에게 불편을 주지 않아야 한다.
② 적절한 민감도(Sensitivity)를 가진 결정인자이어야 한다.
③ 검사에 대한 분석적인 변이나 생물학적 변이가 타당해야 한다.
④ 결정인자는 노출된 화학물질로 인해 나타나는 결과가 특이하지 않고 평범해야 한다.

해설 결정인자의 조건 ─────────

결정인자는 노출된 화학물질로 인해 나타나는 결과가 특이성을 가져야 한다.

92

인체에 흡수된 납(Pb) 성분이 주로 축적되는 곳은?

① 간
② 뼈
③ 신장
④ 근육

해설 납 중독 ─────────

인체에 흡수된 납(Pb)의 약 90 ~ 95 % 정도는 뼈의 석회질에 저장된다.
뼈에 축적된 납은 천천히 혈액으로 스며들어서 조혈기관, 신장, 뇌에도 영향을 준다.

93

카드뮴의 만성 중독 증상으로 볼 수 없는 것은?

① 폐기능 장해
② 골격계의 장해
③ 신장기능 장해
④ 시각기능 장해

해설 카드뮴 중독 증상 ─────────

구분	내용
급성 중독	호흡기가 손상(천식)되며 심하면 사망할 수 있다.
만성 중독	• 신장기능 장해가 나타난다. • 골격계 장해가 나타난다. • 폐기능 장해가 나타난다. • 단백뇨가 발생한다. • 칼슘대사 장해를 일으켜 다량의 칼슘배설이 일어난다.

94

작업자의 소변에서 o-크레졸이 검출되었다. 이 작업자는 어떤 물질을 취급하였다고 볼 수 있는가?

① 톨루엔
② 에탄올
③ 클로로벤젠
④ 트리클로로에틸렌

해설 자주 출제되는 유해물질과 생물학적 노출지표 ─

• 벤젠 - 소변 중 페놀, t,t-뮤코닉산
• 크실렌 - 소변 중 메틸마뇨산
• 톨루엔 - 소변 중 o-크레졸
• 이황화탄소 - 소변 중 TTCA
• 노말헥산 - 소변 중 2,5-hexanedione
• 트리클로로에틸렌(삼염화에틸렌) - 트리클로로초산(삼염화초산), 트리클로로에탄올(삼염화에탄올)

95

중요도 ★★★

중금속의 노출 및 독성기전에 대한 설명으로 옳지 않은 것은?

① 작업환경 중 작업자가 흡입하는 금속형태는 흄과 먼지 형태이다.
② 대부분의 금속이 배설되는 가장 중요한 경로는 신장이다.
③ 크롬은 6가크롬보다 3가크롬이 체내 흡수가 많이 된다.
④ 납에 노출될 수 있는 업종은 축전지 제조, 합금업체, 전자산업 등이다.

해설 중금속의 노출 및 독성기전 ──────

크롬 중에서는 3가크롬보다 6가크롬이 쉽게 피부를 통과하고 독성이 더 강하다.

96

중요도 ★

약품 정제를 하기 위한 추출제 등에 이용되는 물질로 간장, 신장의 암 발생에 주로 영향을 미치는 것은?

① 크롬
② 벤젠
③ 유리규산
④ 클로로포름

해설 클로로포름 ──────

클로로포름은 페니실린을 비롯한 약품을 정제하기 위한 추출제에 주로 이용되고 인체에 흡입되면 간장, 신장의 암 발생에 영향을 준다.

97

중요도 ★★★

다음 중 악성중피종(Mesothelioma)을 유발시키는 대표적인 인자는?

① 석면
② 주석
③ 아연
④ 크롬

해설 석면 ──────

석면에 노출되면 악성중피종, 폐암, 석면폐증에 걸리게 된다.

98

중요도 ★★

유리규산(석영) 분진에 의한 규폐성 결정과 폐포벽 파괴 등 망상 내피계 반응은 분진입자의 크기가 얼마일 때 자주 일어나는가?

① $0.1 \sim 0.5 \, \mu m$
② $2 \sim 5 \, \mu m$
③ $10 \sim 15 \, \mu m$
④ $15 \sim 20 \, \mu m$

해설 유리규산(석영) ──────

유리규산(석영) 분진이 호흡기를 통해 인체에 흡입되었을 때, 규폐성 결정 및 폐포벽 파괴 등 망상 내피계 반응은 주로 분진 입자의 크기가 $2 \sim 5 \, \mu m$일 때 자주 발생한다.

99

중요도 ★★★

입자상 물질의 호흡기계 침착기전 중 길이가 긴 입자가 호흡기계로 들어오면 그 입자의 가장자리가 기도의 표면을 스치게 됨으로써 침착하는 현상은?

① 충돌
② 침전
③ 차단
④ 확산

해설 입자상 물질의 호흡기계 축적기전 ──────

- 충돌(관성충돌) : 공기의 흐름이 바뀔 때 입자가 원래 방향대로 이동하다가 부딪치며 충돌에 의해 침착된다.
- 침전(중력침강) : 폐의 심층부에서 공기흐름이 느려지면 입자가 중력에 의해 낙하하여 축적된다.
- 차단 : 길이가 긴 입자가 호흡기계로 들어오면서 그 입자의 가장자리가 기도의 표면을 스치게 됨으로써 침착되는 현상이다.
- 확산 : 미세입자의 무질서한 운동에 의해 기체분자와 충돌하여 침착되는 현상이다.

100

중요도 ★★

다음에서 설명하는 물질은?

> 이것은 소방제나 세척액 등으로 사용되었으나 현재는 강한 독성 때문에 이용되지 않으며 고농도의 이 물질에 노출되면 중추신경계 장애 외에 간장과 신장장애를 유발한다. 대표적인 초기증상으로는 두통, 구토, 설사 등이 있으며 그 후에 알부민뇨, 혈뇨 및 혈중 urea 수치의 상승 등의 증상이 있다.

① 납
② 수은
③ 황화수은
④ 사염화탄소

해설 사염화탄소(CCl_4) ─────────

- 피를 통하여 인체에 흡수된다.
- 고농도로 폭로되면 중추신경계 장애 외에 간장이나 신장에 장애가 일어난다.
- 간에 대한 독성이 강해 중심소엽성 괴사를 일으킨다.

2021 제2회 기출문제

1과목 산업위생학개론

01 중요도 ★★★

다음 중 최초로 기록된 직업병은?

① 규폐증
② 폐질환
③ 음낭암
④ 납 중독

해설 Hippocrates

- BC 4세기에 광산에서의 납 중독을 보고했다.
- 납 중독은 역사상 최초로 기록된 직업병이다.

02 중요도 ★

근골격계질환에 관한 설명으로 옳지 않은 것은?

① 점액낭염(Bursitis)은 관절 사이의 윤활액을 싸고 있는 윤활낭에 염증이 생기는 질병이다.
② 건초염(Tendosynovitis)은 건막에 염증이 생긴 질환이며, 건염(Tendonitis)은 건의 염증으로, 건염과 건초염을 정확히 구분하기 어렵다.
③ 수근관증후군(Carpal Tunnel Syndrome)은 반복적이고, 지속적인 손목의 압박, 무리한 힘 등으로 인해 수근관 내부에 정중신경이 손상되어 발생한다.
④ 요추 염좌(Lumbar Sprain)는 근육이 잘못된 자세, 외부의 충격, 과도한 스트레스 등으로 수축되어 굳어지면 근섬유의 일부가 띠처럼 단단하게 변하여 근육의 특정 부위에 압통, 방사통, 목부위 운동제한, 두통 등의 증상이 나타난다.

해설 근골격계질환

요추 염좌는 요추(허리뼈)부위의 뼈와 뼈를 이어주는 섬유조직인 인대가 손상되어 통증이 생기는 상태이다.

03 중요도 ★★

근로자가 노동환경에 노출될 때 유해인자에 대한 해치(Hatch)의 양-반응관계 곡선의 기관장해 3단계에 해당하지 않는 것은?

① 보상단계
② 고장단계
③ 회복단계
④ 항상성 유지단계

해설 양-반응관계 곡선의 기관장해 3단계

구분	내용
1단계 항상성 유지단계	유해인자 노출에 대하여 적응하며 정상 상태를 유지하는 단계
2단계 보상단계	방어기전을 동원하여 기능장애를 방어할 수 있는 단계
3단계 고장단계	보상이 불가능하여 기관이 파괴되는 단계

정답 01 ④ 02 ④ 03 ③

04

중요도 ★★★

산업피로의 용어에 관한 설명으로 옳지 않은 것은?

① 곤비란 단시간의 휴식으로 회복될 수 있는 피로를 말한다.

② 다음 날까지도 피로상태가 계속되는 것을 과로라 한다.

③ 보통피로는 하룻밤 잠을 자고 나면 다음날 회복되는 정도이다.

④ 정신피로는 중추신경계의 피로를 말하는 것으로 정밀작업 등과 같은 정신적 긴장을 요하는 작업 시에 발생된다.

해설 **피로의 3단계**

구분	내용
보통피로	하룻밤을 자고 나면 회복 가능
과로	• 다음날까지 피로상태 지속 • 단기간의 휴식으로는 회복될 수 있는 상태
곤비	• 과로가 축적되어 단기간의 휴식으로 회복될 수 없는 발병단계 • 심한 노동 후의 피로현상으로 병적인 상태

05

중요도 ★★

「산업안전보건법령」에서 정하고 있는 제조 등이 금지되는 유해물질에 해당되지 않는 것은?

① 석면(Asbestos)

② 크롬산 아연(Zinc chromates)

③ 황린 성냥(Yellow phosphorus match)

④ β-나프틸아민과 그 염(β-Naphthylamine and its salts)

해설 **제조 등이 금지되는 유해물질**

「산업안전보건법 시행령」 제87조

• β-나프틸아민과 그 염

• 4-니트로디페닐과 그 염

• 백연을 포함한 페인트(포함된 중량의 비율이 2 % 이하인 것은 제외)

• 벤젠을 포함하는 고무풀(포함된 중량의 비율이 5 % 이하인 것은 제외)

• 석면

• 폴리클로리네이티드 터페닐

• 황린(黃燐) 성냥

• 「화학물질관리법」에 따른 금지물질

06

중요도 ★★★

「사무실 공기관리 지침」에 관한 내용으로 옳지 않은 것은? (단, 고용노동부 고시를 기준으로 한다)

① 오염물질인 미세먼지(PM10)의 관리기준은 $100\ \mu g/m^3$이다.

② 사무실 공기의 관리기준은 8시간 시간가중평균농도를 기준으로 한다.

③ 총부유세균의 시료채취방법은 충돌법을 이용한 부유세균채취기(Bioair sampler)로 채취한다.

④ 사무실 공기질의 모든 항목에 대한 측정결과는 측정치 전체에 대한 평균값을 이용하여 평가한다.

해설 **사무실 공기관리**

일반적으로 사무실 공기질의 모든 항목에 대한 측정결과는 평균값을 이용하여 평가하지만 이산화탄소는 각 지점에서 측정한 측정치 중 최고값을 기준으로 비교·평가한다.

07
중요도 ★★

「산업안전보건법령」상 물질안전보건자료 대상 물질을 제조·수입하려는 자가 물질안전보건자료에 기재해야 하는 사항에 해당되지 않는 것은? (단, 그 밖에 고용노동부장관이 정하는 사항은 제외한다)

① 응급조치 요령
② 물리·화학적 특성
③ 안전관리자의 직무범위
④ 폭발·화재 시의 대처방법

해설 물질안전보건자료에 기재해야 하는 사항 ————

「산업안전보건법 시행규칙」 제156조
• 물리·화학적 특성
• 독성에 관한 정보
• 폭발·화재 시의 대처방법
• 응급조치 요령
• 그 밖에 고용노동부장관이 정하는 사항

08
중요도 ★

「산업안전보건법령」상 근로자에 대해 실시하는 특수건강진단 대상 유해인자에 해당되지 않는 것은?

① 에탄올(Ethanol)
② 가솔린(Gasoline)
③ 니트로벤젠(Nitrobenzene)
④ 디에틸에테르(Diethyl ether)

해설 특수건강진단 대상 유해인자(화학적 인자) ————

「산업안전보건법 시행규칙」 별표22
• 유기화합물(109종) : 가솔린, 니트로벤젠, 디에틸에테르 등
• 금속류(20종) : 구리, 납, 니켈, 망간 등
• 산 및 알칼리류(8종) : 무수초산, 불화수소, 시안화나트륨 등
• 가스상태 물질류(14종) : 불소, 브롬, 염소 등
• 허가 대상 유해물질(12종)
• 금속 가공유

09
중요도 ★★

산업피로에 대한 대책으로 옳은 것은?

① 커피, 홍차, 엽차 및 비타민 B_1은 피로회복에 도움이 되므로 공급한다.
② 신체 리듬의 적응을 위하여 야간근무는 연속으로 7일 이상 실시하도록 한다.
③ 움직이는 작업은 피로를 가중시키므로 될수록 정적인 작업으로 전환하도록 한다.
④ 피로한 후 장시간 휴식하는 것이 휴식시간을 여러 번으로 나누는 것보다 효과적이다.

해설 산업피로 ————

① 적절한 커피, 홍차, 엽차 및 비타민 B_1은 피로회복에 도움이 된다.
② 야간근무의 연속은 2 ~ 3일로 한다.
③ 정적인 작업과 동적인 작업을 적절히 혼합하여 배치해야 한다.
④ 여러 번 나누어 휴식하는 것이 장시간 휴식하는 것보다 더 효과적이다.

10
중요도 ★★★

직업성 질환 중 직업상의 업무에 의하여 1차적으로 발생하는 질환은?

① 합병증
② 일반 질환
③ 원발성 질환
④ 속발성 질환

해설 직업성 질환의 범위 ————

• 직업상 업무에 기인하여 1차적으로 발생하는 원발성 질환은 포함된다.
• 원발성 질환과 합병 적용하여 제2의 질환을 유발하는 경우(속발성 질환)는 포함된다.
• 합병증이 원발성 질환과 불가분의 관계를 가지는 경우는 포함된다.
• 원발성 질환에서 떨어진 다른 부위에 같은 원인에 의한 제2의 질환을 일으키는 경우는 포함된다.

11
중요도 ★★★

재해예방의 4원칙에 해당되지 않는 것은?

① 손실우연의 원칙
② 예방가능의 원칙
③ 대책선정의 원칙
④ 원인조사의 원칙

해설 산업재해 예방의 4원칙 ————

- 예방가능의 원칙 : 재해는 원칙적으로 예방이 가능하다.
- 손실우연의 원칙 : 사고의 결과 발생되는 손실은 우연적이므로 사고의 예방이 중요하다.
- 대책선정의 원칙 : 재해의 예방을 위한 안전대책은 반드시 존재한다.
- 원인계기의 원칙 : 재해발생에는 반드시 원인이 있으므로 사고와 원인의 관계는 필연적이다.

12
중요도 ★★★

토양이나 암석 등에 존재하는 우라늄의 자연적 붕괴로 생성되어 건물의 균열을 통해 실내공기로 유입되는 발암성 오염물질은?

① 라돈
② 석면
③ 알레르겐
④ 포름알데하이드

해설 라돈(Rn) ————

- 토양이나 암석 등에 존재하는 우라늄과 토륨의 방사성 붕괴로 만들어진다.
- 무색, 무취, 무미한 가스로 인간의 감각으로는 감지할 수 없다.
- 폐암을 발생시키는 발암성 물질이다.

13
중요도 ★★

NIOSH에서 제시한 권장무게한계가 6 kg이고, 근로자가 실제 작업하는 중량물의 무게가 12 kg일 경우 중량물 취급지수(LI)는?

① 0.5
② 1.0
③ 2.0
④ 6.0

해설 중량물 취급지수(LI) ————

$$LI = \frac{\text{실제 작업 무게}(L)}{\text{권장무게한계}(RWL)} = \frac{12}{6} = 2$$

14
중요도 ★★★

미국산업위생학술원(American Academy of Industrial Hygiene)에서 산업위생 분야에 종사하는 사람들이 반드시 지켜야 할 윤리강령 중 전문가로서의 책임 부분에 해당하지 않는 것은?

① 기업체의 기밀은 누설하지 않는다.
② 근로자의 건강보호 책임을 최우선으로 한다.
③ 전문분야로서의 산업위생을 학문적으로 발전시킨다.
④ 과학적 방법의 적용과 자료의 해석에서 객관성을 유지한다.

해설 산업위생의 윤리강령 ————

②는 근로자에 대한 책임이다.

개념확인 산업위생전문가의 전문가로서의 책임

- 성실성과 학문적 실력 면에서 최고수준을 유지해야 한다.
- 과학적 방법의 적용과 자료의 해석에서 경험을 통한 전문가의 객관성을 유지한다.
- 전문분야로서의 산업위생을 학문적으로 발전시킨다.
- 근로자, 사회 및 전문직종의 이익을 위해 과학적 지식을 공개하고 발표한다.
- 활동을 통해 얻은 개인 및 기업체의 기밀은 누설하지 않는다.
- 전문적 판단이 타협에 의하여 좌우될 수 있거나 이해관계가 있는 상황에는 개입하지 않는다.

15

중요도 ★★

근육운동을 하는 동안 혐기성 대사에 동원되는 에너지원과 가장 거리가 먼 것은?

① 글리코겐
② 아세트알데하이드
③ 크레아틴인산(CP)
④ 아데노신삼인산(ATP)

해설 혐기성 대사 ─────

• 근육 내에 존재하는 크레아틴인산(CP), 글리코겐 또는 포도당이 ATP(아데노신삼인산)를 만들고 ATP로 에너지를 생산한다.
• CP, ATP는 순환하고 글리코겐은 소모되어 고갈된다.

16

중요도 ★★★

「산업안전보건법령」상 중대재해에 해당되지 않는 것은?

① 사망자가 2명이 발생한 재해
② 상해는 없으나 재산피해 정도가 심각한 재해
③ 4개월의 요양이 필요한 부상자가 동시에 2명이 발생한 재해
④ 부상자 또는 직업성 질병자가 동시에 12명이 발생한 재해

해설 중대재해 ─────

산업안전보건법에서 정하는 중대재해에 재산피해액은 포함되지 않는다.

관련법령 중대재해의 범위
「산업안전보건법 시행규칙」 제3조
• 사망자가 1명 이상 발생한 재해
• 3개월 이상의 요양이 필요한 부상자가 동시에 2명 이상 발생한 재해
• 부상자 또는 직업성 질병자가 동시에 10명 이상 발생한 재해

17

중요도 ★

마이스터(D.Meister)가 정의한 내용으로 시스템으로부터 요구된 작업결과(Performance)와의 차이(Deviation)가 의미하는 것은?

① 인간실수
② 무의식 행동
③ 주변적 동작
④ 지름길 반응

해설 마이스터(D.Meister)가 정의한 인간실수 ─────

• 시스템으로부터 요구된 작업결과 와의 차이이다.
• 시스템의 안전, 성능, 효율을 저하시키거나 감소시킬 수 있는 인간의 결정 또는 행동으로 허용범위를 벗어난 일련의 동작이다.

18

중요도 ★★

작업대사율이 3인 강한작업을 하는 근로자의 실동률(%)은?

① 50
② 60
③ 70
④ 80

해설 실동률 ─────

실노동률(실동률)(%) = 85 - (5 × RMR)
RMR : 에너지대사율(작업대사율)
실노동률(실동률)(%) = 85 - (5 × 3) = 70

19

중요도 ★★★

산업위생활동 중 평가(Evaluation)의 주요과정에 대한 설명으로 옳지 않은 것은?

① 시료를 채취하고 분석한다.
② 예비조사의 목적과 범위를 결정한다.
③ 현장조사로 정량적인 유해인자의 양을 측정한다.
④ 바람직한 작업환경을 만드는 최종적인 활동이다.

④의 내용은 관리에 해당된다.

개념확인 산업위생활동 중 평가단계

- 유해인자가 근로자들에게 어떠한 영향을 미칠 것인지를 판단하는 의사결정단계이다.
- 넓은 의미에서는 측정(시료채취 및 분석, 유해인자의 양 측정, 예비조사의 목적과 범위 결정)도 포함된다.
- 유해정도의 평가는 관찰, 인터뷰, 측정에 의해 이루어지며 측정값을 고용노동부의 노출기준 고시, 미국의 허용기준 등의 값들과 비교하여 평가한다.

20 중요도 ★★★

톨루엔(TLV = 50 ppm)을 사용하는 작업장의 작업시간이 10시간일 때 허용기준을 보정하여야 한다. OSHA 보정법과 Brief and Scala 보정법을 적용하였을 경우 보정된 허용기준치 간의 차이는?

① 1 ppm ② 2.5 ppm
③ 5 ppm ④ 10 ppm

해설 허용기준 보정 ─────

OSHA의 보정법

$$보정기준 = 8시간 \, 노출기준 \times \frac{8시간}{노출시간/일}$$

$$= 50 \times \frac{8}{10} = 40 ppm$$

Brief and Scala 보정법
보정기준 = RF × 노출기준(허용농도)

$$RF = \left(\frac{8}{H}\right) \times \frac{24-H}{16}$$

H : 노출시간/일

$$RF = \left(\frac{8}{10}\right) \times \frac{24-10}{16} = 0.7$$

보정된 노출기준 = 50 × 0.7 = 35ppm
보정된 허용기준치 간의 차이
40 − 35 = 5ppm

---

21 중요도 ★

가스상 물질의 분석 및 평가를 위한 열탈착에 관한 설명으로 틀린 것은?

① 이황화탄소를 활용한 용매 탈착은 독성 및 인화성이 크고 작업이 번잡하여 열탈착이 보다 간편한 방법이다.
② 활성탄관을 이용하여 시료를 채취한 경우, 열탈착에 300 ℃ 이상의 온도가 필요하므로 사용이 제한된다.
③ 열탈착은 용매탈착에 비하여 흡착제에 채취된 일부 분석물질만 기기로 주입되어 감도가 떨어진다.
④ 열탈착은 대개 자동으로 수행되며 탈착된 분석물질이 가스크로마토그래피로 직접 주입되도록 되어 있다.

해설 열탈착 ─────

열탈착은 오염물질의 일부가 아닌 전체 양이 가스크로마토그래피에 주입된다.
열탈착은 낮은 농도의 물질을 분석할 수 있지만 단 한 번만 분석할 수 있는 단점이 있다.

22 중요도 ★★

정량한계에 관한 설명으로 옳은 것은?

① 표준편차의 3배 또는 검출한계의 5배(또는 5.5배)로 정의
② 표준편차의 3배 또는 검출한계의 10배(또는 10.3배)로 정의
③ 표준편차의 5배 또는 검출한계의 3배(또는 3.3배)로 정의
④ 표준편차의 10배 또는 검출한계의 3배(또는 3.3배)로 정의

해설 **정량한계(LOQ)** —————————

- 분석결과가 신뢰성을 가질 수 있는 양이다.
- 분석기기가 정량할 수 있는 가장 작은 양이다.
- 정량한계는 표준편차의 10배 또는 검출한계(LOD)의 3배 또는 3.3배이다.

해설 **고열 환경의 온열 측정** —————————

습구흑구온도지수(WBGT)의 계산 시에는 자연습구온도, 흑구온도, 건구온도 등을 고려하고 기류는 고려하지 않는다.

개념확인 **습구흑구온도지수(WBGT)의 산출**

(1) 옥외(태양광선이 내리쬐는 장소)
$$WBGT(℃) = 0.7 × 자연습구온도 + 0.2 × 흑구온도 + 0.1 × 건구온도$$

(2) 옥내 또는 옥외(태양광선이 내리쬐지 않는 장소)
$$WBGT(℃) = 0.7 × 자연습구온도 + 0.3 × 흑구온도$$

23 중요도 ★★

고온의 노출기준을 구분하는 작업강도 중 중등작업에 해당하는 열량(kcal/h)은? (단, 고용노동부 고시를 기준으로 한다)

① 130 ② 221
③ 365 ④ 445

해설 **작업강도의 분류** —————————

- 경작업 : 200 kcal까지의 열량이 소요되는 작업을 말하며 앉아서 또는 서서 기계의 조정을 하기 위하여 손 또는 팔을 가볍게 쓰는 일 등을 뜻한다.
- 중등작업 : 시간당 200 ~ 350 kcal의 열량이 소모되는 작업을 말하며 물체를 들거나 밀면서 걸어다니는 일 등을 뜻한다.
- 중(힘든)작업 : 시간당 350 ~ 500 kcal의 열량이 소요되는 작업을 말하며 곡괭이질 또는 삽질하는 일 등을 뜻한다.

25 중요도 ★

입경범위가 0.1 ~ 0.5 μm인 입자상 물질이 여과지에 포집될 경우에 관여하는 주된 메커니즘은?

① 충돌과 간섭 ② 확산과 간섭
③ 확산과 충돌 ④ 충돌

해설 **입자크기별 여과와 관련된 주된 메커니즘** ——

- 입경 0.1 μm 미만 입자 : 확산
- 입경 0.1 ~ 0.5 μm : 확산, 직접차단(간섭)
- 입경 0.5 μm 이상 : 관성충돌, 직접차단(간섭)
- 가장 낮은 채집효율을 가지는 입경 : 0.3 μm

24 중요도 ★★

고열(Heat Stress) 환경의 온열 측정과 관련된 내용으로 틀린 것은?

① 흑구온도와 기온과의 차를 실효복사온도라 한다.
② 실제 환경의 복사온도를 평가할 때는 평균복사온도를 이용한다.
③ 고열로 인한 환경적인 요인은 기온, 기류, 습도 및 복사열이다.
④ 습구흑구온도지수(WBGT) 계산 시에는 반드시 기류를 고려하여야 한다.

26 중요도 ★

접착공정에서 본드를 사용하는 작업장에서 톨루엔을 측정하고자 한다. 노출기준의 10 %까지 측정하고자 할 때, 최소시료채취시간(min)은? (단, 작업장은 25 ℃, 1기압이며, 톨루엔의 분자량은 92.14, 기체크로마토그래피의 분석에서 톨루엔의 정량한계는 0.5 mg, 노출기준은 100 ppm, 채취유량은 0.15 L/분이다)

① 13.3 ② 39.6
③ 88.5 ④ 182.5

정답 23 ② 24 ④ 25 ② 26 ③

해설 시료채취시간 계산 ————————

노출기준의 10 %까지 측정한다고 했으므로 노출기준은 100 ppm이 아니라 10 ppm을 적용해야 한다.

$$\text{mg/m}^3 = \frac{\text{ppm} \times \text{그램분자량}}{24.45}$$

$$\text{mg/m}^3 = \frac{10 \times 92.14}{24.45} = 37.685 \text{mg/m}^3$$

정량한계를 기준으로 계산된 노출기준값을 만족하는 최소시료채취시간을 계산한다.

$$\frac{37.685\text{mg}}{\text{m}^3} = \frac{0.5\text{mg}}{\dfrac{0.15\text{L}}{\text{min}} \times \dfrac{\text{m}^3}{1,000\text{L}} \times x\,\text{min}}$$

$$x = \frac{0.5}{0.15 \times \dfrac{1}{1,000} \times 37.685} = 88.452\text{min}$$

27

중요도 ★

1 % Sodium bisulfite의 흡수액 20 mL를 취한 유리제품의 미드젯임핀져를 고속시료포집 펌프에 연결하여 공기시료 0.480 m³를 포집하였다. 가시광선흡광광도계를 사용하여 시료를 실험실에서 분석한 값이 표준검량선의 외삽법에 의하여 50 μg/mL가 지시되었다. 표준상태에서 시료포집기간 동안의 공기 중 포름알데하이드 증기의 농도(ppm)는? (단, 포름알데하이드 분자량은 30 g/mol이다)

① 1.7   ② 2.5
③ 3.4   ④ 4.8

해설 증기의 농도 계산 ————————

(1) 문제의 조건에서 시료의 mg량 환산

$$\frac{50 \times 10^{-3}\text{mg}}{\text{mL}} \times 20\text{mL} = 1\text{mg}$$

$$\mu\text{g} = 10^{-6}\text{g} = 10^{-3}\text{mg}$$

(2) 증기의 농도(ppm) 계산

$$\text{ppm} = \text{mg/m}^3 \times \frac{24.45}{\text{분자량}}$$

$$\text{ppm} = \frac{1}{0.480} \times \frac{24.45}{30} = 1.69\text{ppm}$$

28

중요도 ★

고체흡착관의 뒤 층에서 분석된 양이 앞 층의 25 %였다. 이에 대한 분석자의 결정으로 바람직하지 않은 것은?

① 파과가 일어났다고 판단하였다.
② 파과실험의 중요성을 인식하였다.
③ 시료채취과정에서 오차가 발생되었다고 판단하였다.
④ 분석된 앞 층과 뒤 층을 합하여 분석결과로 이용하였다.

해설 고체흡착관 ————————

고체흡착관의 뒤 층에서 분석된 양이 앞 층의 10 % 이상이면 파과가 일어났다고 판단할 수 있다.
파과가 일어나면 분석결과로 이용할 수 없다.

29

중요도 ★★★

옥내의 습구흑구온도지수(WBGT)를 계산하는 식으로 옳은 것은?

① WBGT = 0.1 × 자연습구온도 + 0.9 × 흑구온도
② WBGT = 0.9 × 자연습구온도 + 0.1 × 흑구온도
③ WBGT = 0.3 × 자연습구온도 + 0.7 × 흑구온도
④ WBGT = 0.7 × 자연습구온도 + 0.3 × 흑구온도

해설 옥내 또는 옥외(태양광선이 내리쬐지 않는 장소)

WBGT = 0.7 × 자연습구온도 + 0.3 × 흑구온도

(3) 누적오차의 차이

$19.57\% - 16.06\% = 3.51\%$

30

활성탄관에 대한 설명으로 틀린 것은?

① 흡착관은 길이 7 cm, 외경 6 mm인 것을 주로 사용한다.

② 흡입구 방향으로 가장 앞쪽에는 유리섬유가 장착되어 있다.

③ 활성탄 입자는 크기가 20 ~ 40 mesh인 것을 선별하여 사용한다.

④ 앞 층과 뒤 층을 우레탄폼으로 구분하며 뒷층이 100 mg으로 앞 층 보다 2배 정도 많다.

해설 흡착관 ——————————

흡착관은 앞 층이 100 mg, 뒤 층이 50 mg으로 구성된다.

흡착관은 오염물질에 따라 다른 크기의 흡착제를 사용한다.

32

산업위생통계에서 적용하는 변이계수에 대한 설명으로 틀린 것은?

① 표준오차에 대한 평균값의 크기를 나타낸 수치이다.

② 통계집단의 측정값들에 대한 균일성, 정밀성 정도를 표현하는 것이다.

③ 단위가 서로 다른 집단이나 특성값의 상호 산포도를 비교하는 데 이용될 수 있다.

④ 평균값의 크기가 0에 가까울수록 변이계수의 의의가 작아지는 단점이 있다.

해설 변이계수(CV%) ——————————

표준편차의 수치가 평균치의 몇 % 정도인지를 나타낸다.

$$CV\% = \frac{\text{표준편차}}{\text{산술평균}} \times 100$$

31

처음 측정한 측정치는 유량, 측정시간, 회수율, 분석에 의한 오차가 각각 15 %, 3 %, 10 %, 7 %이였으나 유량에 의한 오차가 개선되어 10 %로 감소되었다면 개선 전 측정치의 누적오차와 개선 후 측정치의 누적오차의 차이(%)는?

① 6.5
② 5.5
③ 4.5
④ 3.5

해설 누적오차 ——————————

(1) 개선 전 누적오차

$$E_c = \sqrt{E_1^2 + E_2^2 + E_3^2 + \cdots E_n^2}$$

E_c : 누적오차(%)

E_n : 각 요소의 오차율(%)

$$E_c = \sqrt{15^2 + 3^2 + 10^2 + 7^2} = 19.57\%$$

(2) 개선 후 누적오차

$$E_c = \sqrt{10^2 + 3^2 + 10^2 + 7^2} = 16.06\%$$

33

누적소음노출량 측정기로 소음을 측정할 때의 기기 설정값으로 옳은 것은? (단, 고용노동부 고시를 기준으로 한다)

① Threshold = 80 dB, Criteria = 90 dB, Exchange Rate = 5 dB

② Threshold = 80 dB, Criteria = 90 dB, Exchange Rate = 10 dB

③ Threshold = 90 dB, Criteria = 80 dB, Exchange Rate = 10 dB

④ Threshold = 90 dB, Criteria = 80 dB, Exchange Rate = 5 dB

누적소음노출량 측정기로 소음을 측정하는 경우 기기 설정값 ─────────

「작업환경 측정 및 정도관리 등에 관한 고시」 제26조

- Criteria 90 dB
- Exchange Rate 5 dB
- Threshold 80 dB

34

중요도 ★

석면농도를 측정하는 방법에 대한 설명 중 (   ) 안에 들어갈 적절한 기체는? (단, NIOSH 방법기준을 따른다)

> 공기 중 석면농도를 측정하는 방법으로 충전식 휴대용 펌프를 이용하여 여과지를 통하여 공기를 통과시켜 시료를 채취한 다음 이 여과지에 (   )증기를 씌우고 (   ) 시약을 가한 후 위상차현미경으로 400 ~ 450배의 배율에서 섬유수를 계수한다.

① 솔벤트, 메틸에틸케톤
② 아황산가스, 클로로포름
③ 아세톤, 트리아세틴
④ 트리클로로에탄, 트리클로로에틸렌

해설 석면농도 측정방법(NIOSH방법) ───────

- 충전식 휴대용 펌프를 이용하여 여과지를 통하여 공기를 통과시켜 시료를 채취한 다음 이 여과지에 아세톤 증기를 씌우고 트리아세틴 시약을 가한 후 위상차현미경으로 400 ~ 450배의 배율에서 섬유수를 계수한다.
- 이 방법을 사용하면 간편하게 단시간에 분석할 수 있지만 석면과 다른 섬유를 구별할 수 없는 단점이 있다.

35

중요도 ★

방사성 물질의 단위에 대한 설명이 잘못된 것은?

① 방사능의 SI단위는 Becquerel(Bq)이다.
② 1 Bq는 3.7×10^{10} dps이다.
③ 물질에 조사되는 선량은 röntgen(R)으로 표시한다.
④ 방사선의 흡수선량은 Gray(Gy)로 표시한다.

해설 방사성 물질의 단위 ───────

$$1Ci = 3.7 \times 10^{10}Bq = 3.7 \times 10^{10}dps$$
$$1Bq = 2.7 \times 10^{-11}Ci$$

36

중요도 ★★★

세 개의 소음원의 소음수준을 한 지점에서 각각 측정해보니 첫 번째 소음원만 가동될 때 88 dB, 두 번째 소음원만 가동될 때 86 dB, 세 번째 소음원만이 가동될 때 91 dB이었다. 세 개의 소음원이 동시에 가동될 때 측정지점에서의 음압수준(dB)은?

① 91.6
② 93.6
③ 95.4
④ 100.2

해설 합성소음도 ───────

$$L = 10 \times \log\left(10^{\frac{L_1}{10}} + 10^{\frac{L_2}{10}} + \cdots 10^{\frac{L_n}{10}}\right)$$

L : 합성소음도(dB)

L_n : 각각 소음원의 소음(dB)

$$L = 10 \times \log\left(10^{\frac{88}{10}} + 10^{\frac{86}{10}} + 10^{\frac{91}{10}}\right)$$

$$= 93.59dB$$

37

채취시료 10 mL를 채취하여 분석한 결과 납(Pb)의 양이 8.5 μg이고 Blank 시료도 동일한 방법으로 분석한 결과 납의 양이 0.7 μg이다. 총 흡인유량이 60 L일 때 작업환경 중 납의 농도(mg/m³)는? (단, 탈착효율은 0.95이다)

① 0.14
② 0.21
③ 0.65
④ 0.70

해설 단위환산을 이용한 계산

금속의 농도(mg/m³)

$= \dfrac{분석량}{공기채취량 \times 탈착효율}$

$= \dfrac{(8.5-0.7)\mu g}{60L \times 0.95} = 0.136\mu g/L$

$\dfrac{0.136\mu g}{L} \times \dfrac{10^{-3}mg}{\mu g} \times \dfrac{1,000L}{m^3} = 0.136mg/m^3$

$10^{-3}mg = \mu g,\ 1,000L = m^3$

38

작업환경 내 105 dB(A)의 소음이 30분, 110 dB(A) 소음이 15분, 115 dB(A) 5분 발생하였을 때, 작업환경의 소음정도는? (단, 105, 110, 115 dB(A)의 1일 노출허용 시간은 각각 1시간, 30분, 15분이고, 소음은 단속음이다)

① 허용기준 초과
② 허용기준과 일치
③ 허용기준 미만
④ 평가할 수 없음(조건 부족)

해설 노출지수(EI)

$EI = \dfrac{C_1}{T_1} + \dfrac{C_2}{T_2} + \cdots + \dfrac{C_n}{T_n}$

C_n : 화학물질 각각의 측정치

T_n : 화학물질 각각의 노출기준

$EI > 1$: 노출기준 초과

$EI < 1$: 노출기준을 초과하지 않음

$EI = \dfrac{30}{60} + \dfrac{15}{30} + \dfrac{5}{15} = 1.33$

105 dB 1일 노출시간 : 1시간(60분)

110 dB 1일 노출시간 : 30분

115 dB 1일 노출시간 : 15분

$EI > 1$ 이므로 노출기준을 초과한다.

39

금속가공유를 사용하는 절단작업 시 주로 발생할 수 있는 공기 중 부유물질의 형태로 가장 적합한 것은?

① 미스트(Mist)
② 먼지(Dust)
③ 가스(Gas)
④ 흄(Fume)

해설 미스트(Mist)

• 공기 중에 부유 또는 비산되는 액체 미립자이다.
• 금속가공유를 사용하여 절단작업을 할 때에는 액체 미립자가 발생한다.

40

중요도 ★

두 집단의 어떤 유해물질의 측정값이 아래 도표와 같을 때 두 집단의 표준편차의 크기 비교에 대한 설명 중 옳은 것은?

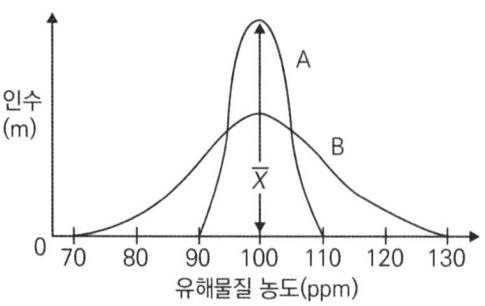

① A집단과 B집단은 서로 같다.
② A집단의 경우가 B집단의 경우보다 크다.
③ A집단의 경우가 B집단의 경우보다 작다.
④ 주어진 도표만으로 판단하기 어렵다.

해설 표준편차 ─────────────

• 표준편차란 측정값의 산포도로 평균 가까이에 얼마나 많은 측정값들이 분포하고 있는지를 측정하는 데 사용된다.
• A집단의 경우 B집단보다 평균 $\overline{X}$ 값에 더 가까이 분포하므로 A집단의 표준편차가 B집단보다 작다.

41

중요도 ★★

다음 중 특급 분리식 방진마스크의 여과재분진 등의 포집효율은? (단, 고용노동부 고시를 기준으로 한다)

① 80 % 이상
② 94 % 이상
③ 99.0 % 이상
④ 99.95 % 이상

해설 방진마스크의 표집효율 ─────────

「보호구안전인증 고시」 별표4

형태 및 등급		포집효율(%)
분리식	특급	99.95 이상
	1급	94.0 이상
	2급	80.0 이상
안면부 여과식	특급	99.0 이상
	1급	94.0 이상
	2급	80.0 이상

42

중요도 ★★

방진마스크에 대한 설명으로 가장 거리가 먼 것은?

① 방진마스크의 필터에는 활성탄과 실리카겔이 주로 사용된다.
② 방진마스크는 인체에 유해한 분진, 연무, 흄, 미스트, 스프레이 입자를 작업자가 흡입하지 않도록 하는 보호구이다.
③ 방진마스크의 종류에는 격리식과 직결식, 면체 여과식이 있다.
④ 비휘발성 입자에 대한 보호만 가능하며, 가스 및 증기로부터의 보호는 안 된다.

해설 방진마스크 ─────────────

방진마스크의 필터는 면, 모, 유리섬유, 합성섬유, 금속섬유 등이 주로 사용된다.

43

중요도 ★★

지름이 100 cm인 원형 후드 입구로부터 200 cm 떨어진 지점에 오염물질이 있다. 제어풍속이 3 m/s일 때, 후드의 필요환기량(m^3/s)은? (단, 자유공간에 위치하며 플랜지는 없다)

① 143　　　　　② 122
③ 103　　　　　④ 83

해설 외부식 후드(자유공간 배치, 플랜지 미부착)의 필요환기량 ─────────

$Q = V_c \times (10X^2 + A)$

Q : 필요환기량(m^3/sec)
V_c : 제어속도(m/sec)
X : 후드의 중심선으로부터 오염원까지의 거리(m)
A : 개구면적(m^2)

$Q = 3 \times \left(10 \times 2^2 + \dfrac{\pi}{4} \times 1^2\right)$

$\quad = 122.356 m^3$/sec

44

중요도 ★★

보호구의 재질과 적용 물질에 대한 내용으로 틀린 것은?

① 면 : 고체상 물질에 효과적이다.
② 부틸(Butyl) 고무 : 극성 용제에 효과적이다.
③ 니트릴(Nitrile) 고무 : 비극성 용제에 효과적이다.
④ 천연고무(Latex) : 비극성 용제에 효과적이다.

해설 보호구의 재질 ─────────

천연고무(Latex)는 극성 용제 및 수용성 용액에 효과적이다.

45

중요도 ★★★

국소환기장치 설계에서 제어속도에 대한 설명으로 옳은 것은?

① 작업장 내의 평균유속을 말한다.
② 발산되는 유해물질을 후드로 흡인하는 데 필요한 기류속도이다.
③ 덕트 내의 기류속도를 말한다.
④ 일명 반송속도라고도 한다.

해설 제어속도 ─────────

제어속도는 오염물질을 후드 안쪽으로 흡인하기 위하여 필요한 최소풍속(공기풍속)이다.

46

중요도 ★★★

흡인풍량이 200 m^3/min, 송풍기 유효전압이 150 mmH_2O, 송풍기 효율이 80 %인 송풍기의 소요동력(kW)은?

① 4.1　　　　　② 5.1
③ 6.1　　　　　④ 7.1

해설 송풍기의 소요동력(HP) ─────────

$HP = \dfrac{Q \times P}{6,120 \times \eta} K$

HP : 송풍기의 소요동력(kW)
Q : 풍량(m^3/min)
P : 유효전압(mmH_2O), η : 효율
K : 안전계수(주어지지 않으면 1로 간주)

$HP = \dfrac{200 \times 150}{6,120 \times 0.8} = 6.127 kW$

47

중요도 ★★

덕트 내 공기흐름에서의 레이놀즈수(Reynolds Number)를 계산하기 위해 알아야 하는 모든 요소는?

① 공기속도, 공기점성계수, 공기밀도, 덕트의 직경
② 공기속도, 공기밀도, 중력가속도
③ 공기속도, 공기온도, 덕트의 길이
④ 공기속도, 공기점성계수, 덕트의 길이

해설 레이놀즈수(Re)

$$Re = \frac{\rho Vd}{\mu} = \frac{Vd}{\nu}$$

ρ : 유체(공기)의 밀도(kg/m^3)
V : 유체(공기)의 속도(m/sec)
d : 관(덕트)의 직경(m)
μ : 유체(공기)의 점성계수($kg/m \cdot sec$)
ν : 유체(공기)의 동점성계수(m^2/sec)

48

중요도 ★★

작업환경관리 대책 중 물질의 대체에 해당되지 않는 것은?

① 성냥을 만들 때 백린을 적린으로 교체한다.
② 보온재료인 유리섬유를 석면으로 교체한다.
③ 야광시계의 자판에 라듐 대신 인을 사용한다.
④ 분체 입자를 큰 입자로 대체한다.

해설 작업환경관리

석면은 암을 일으키는 물질이기 때문에 현재는 제조가 금지된 물질이다.
석면으로 된 보온재료는 유리섬유, 암면 또는 스티로폼 등으로 교체해야 한다.

49

중요도 ★★★

7 m × 14 m × 3 m의 체적을 가진 방에 톨루엔이 저장되어 있고 공기를 공급하기 전에 측정한 농도가 300 ppm이었다. 이 방으로 10 m^3/min의 환기량을 공급한 후 노출기준인 100 ppm으로 도달하는 데 걸리는 시간(min)은?

① 12
② 16
③ 24
④ 32

해설 오염물질이 감소하는 데 걸리는 시간(t)

$$t = -\frac{V}{Q'} \ln\left(\frac{C_2}{C_1}\right)$$

t : 시간(min)
V : 작업공간의 부피(m^3)
Q' : 환기량(m^3/min)
C_1 : 유해물질의 처음농도(ppm)
C_2 : 유해물질의 나중농도 또는 노출기준(ppm)

$$t = -\frac{7 \times 14 \times 3}{10} \ln\left(\frac{100}{300}\right) = 32.299 \text{min}$$

50

중요도 ★★

후드의 선택에서 필요환기량을 최소화하기 위한 방법이 아닌 것은?

① 측면 조절판 또는 커텐 등으로 가능한 공정을 둘러 쌀 것
② 후드를 오염원에 가능한 가깝게 설치할 것
③ 후드 개구부로 유입되는 기류속도 분포가 균일하게 되도록 할 것
④ 공정 중 발생되는 오염물질의 비산속도를 크게 할 것

해설 **필요환기량을 최소화하는 방법**

오염물질의 비산속도가 커지면 후드로 오염물질이 유입되지 않는다.

개념확인 후드가 갖추어야 할 사항(필요환기량을 감소시키는 방법)

• 오염물질 발생원에 가깝게 설치한다.
• 제어속도는 작업조건을 고려하여 적정하게 선정한다.
• 작업에 방해가 되지 않도록 설치한다.
• 가급적이면 공정을 많이 포위한다.
• 공정에서 발생 또는 배출되는 오염물질의 절대량을 감소시킨다.
• 공정 내 측면 부착 차폐막이나 커튼 사용을 늘려 오염물질의 희석을 방지한다.

51 중요도 ★★★

송풍기의 회전수 변화에 따른 풍량, 풍압 및 동력에 대한 설명으로 옳은 것은?

① 풍량은 송풍기의 회전수에 비례한다.
② 풍압은 송풍기의 회전수에 반비례한다.
③ 동력은 송풍기의 회전수에 비례한다.
④ 동력은 송풍기 회전수의 제곱에 비례한다.

해설 **송풍기의 상사법칙**

• 풍량은 송풍기의 회전수에 비례한다.
• 풍압은 송풍기 회전수의 제곱에 비례한다.
• 동력은 송풍기 회전수의 세제곱에 비례한다.

52 중요도 ★★

1기압에서 혼합기체의 부피비가 질소 71 %, 산소 14 %, 탄산가스 15 %로 구성되어 있을 때, 질소의 분압(mmHg)은?

① 433.2
② 539.6
③ 646.0
④ 653.6

해설 **분압 계산**

1기압 = 760 mmHg
질소의 분압 $= 760 \text{mmHg} \times 0.71$
　　　　　$= 539.6 \text{mmHg}$

53 중요도 ★★

공기정화장치의 한 종류인 원심력집진기에서 절단 입경의 의미로 옳은 것은?

① 100 % 분리 포집되는 입자의 최소 크기
② 100 % 처리효율로 제거되는 입자크기
③ 90 % 이상 처리효율로 제거되는 입자크기
④ 50 % 처리효율로 제거되는 입자크기

해설 **원심력집진기의 용어**

• 최소입경 : 100 % 처리효율로 제거되는 입자의 크기
• 절단입경 : 50 % 처리효율로 제거되는 입자의 크기

54 중요도 ★★★

작업환경개선에서 공학적인 대책과 가장 거리가 먼 것은?

① 교육
② 환기
③ 대체
④ 격리

해설 **작업환경개선에서 공학적인 대책**

• 대치(대체) : 공정의 변경, 유해물질의 변경, 시설의 변경
• 격리 : 저장물질의 격리, 시설의 격리, 공정의 격리, 작업자의 격리
• 환기 : 국소환기, 전체환기

55

유입계수가 0.82인 원형 후드가 있다. 원형 덕트의 면적이 0.0314 m²이고 필요환기량이 30 m³/min 이라고 할 때, 후드의 정압(mmH₂O)은? (단, 공기밀도는 1.2 kg/m³이다)

① 16   ② 23
③ 32   ④ 37

해설 후드의 정압 계산 ─────────

(1) 필요환기량으로 공기의 속도 계산

$Q = AV$

Q : 필요환기량(m³/sec)

A : 단면적(m²), V : 속도(m/sec)

$$V = \frac{Q}{A} = \frac{30\text{m}^3\,\dfrac{}{}\,\dfrac{\min}{} \times \dfrac{\min}{60\sec}}{0.0314\text{m}^2} = 15.923\text{m/sec}$$

(2) 속도압(VP) 계산

$$VP = \frac{\gamma V^2}{2g}$$

VP : 속도압(동압)(mmH₂O)

γ : 공기의 밀도(kg/m³)

g : 중력가속도(m/sec²)

V : 공기의 속도(m/sec)

$$VP = \frac{1.2 \times 15.923^2}{2 \times 9.8} = 15.522\text{mmH}_2\text{O}$$

(3) 후드의 정압(SP_h) 계산

$SP_h = VP(1 + F_h)$

SP_h : 후드의 정압(mmH₂O)

F_h : 압력손실계수

$$F_h = \frac{1}{Ce^2} - 1 = \frac{1}{0.82^2} - 1 = 0.487$$

Ce : 유입계수

$SP_h = 15.522(1 + 0.487) = 23.08\text{mmH}_2\text{O}$

56

방사형 송풍기에 관한 설명과 가장 거리가 먼 것은?

① 고농도 분진함유 공기나 부식성이 강한 공기를 이송시키는 데 많이 이용된다.
② 깃이 평판으로 되어 있다.
③ 가격이 저렴하고 효율이 높다.
④ 깃의 구조가 분진을 자체 정화할 수 있도록 되어 있다.

해설 방사형 송풍기 ─────────

방사 날개형 송풍기의 효율은 다익형보다는 약간 높으나 터보팬보다는 낮다.

57

플랜지 없는 외부식 사각형 후드가 설치되어 있다. 성능을 높이기 위해 플랜지 있는 외부식 사각형 후드로 작업대에 부착했을 때, 필요환기량의 변화로 옳은 것은? (단, 포촉거리, 개구면적, 제어속도는 같다)

① 기존 대비 10 %로 줄어든다.
② 기존 대비 25 %로 줄어든다.
③ 기존 대비 50 %로 줄어든다.
④ 기존 대비 75 %로 줄어든다.

해설 후드의 필요환기량 변화 ─────────

• 플랜지 부착 → 송풍량 25 % 감소
• 후드를 작업대에 부착 → 송풍량 25 % 감소
• 플랜지 부착 + 후드를 작업대에 부착
  → 송풍량 50 % 감소

58

중요도 ★★★

50 ℃의 송풍관에 15 m/s의 유속으로 흐르는 기체의 속도압(mmH₂O)은? (단, 기체의 밀도는 1.293 kg/m³이다)

① 32.4 ② 22.6
③ 14.8 ④ 7.2

해설 속도압(VP) 계산 ————————————

$$VP = \frac{\gamma V^2}{2g}$$

VP : 속도압(동압)(mmH₂O)
γ : 공기의 밀도(kg/m³)
g : 중력가속도(m/sec²)
V : 공기의 속도(m/sec)

$$VP = \frac{1.293 \times 15^2}{2 \times 9.8} = 14.843 \text{mmH}_2\text{O}$$

59

중요도 ★★

온도 50 ℃인 기체가 관을 통하여 20 m³/min으로 흐르고 있을 때, 같은 조건의 0 ℃에서 유량(m³/min)은? (단, 관내 압력 및 기타 조건은 일정하다)

① 14.7 ② 16.9
③ 20.0 ④ 23.7

해설 유량 보정 ————————————

기체의 부피(m³)는 온도에 따라서 변하므로 0 ℃의 기체의 부피를 계산한다.
샤를의 법칙에 의해 다음 관계가 성립된다.

$$\frac{V_1}{T_1} = \frac{V_2}{T_2}$$

$$V_2 = \frac{T_2}{T_1} \times V_1 = \frac{0+273}{50+273} \times 20 = 16.904\text{m}^3$$

0 ℃에서의 유량 = 16.904m³/min

60

중요도 ★★

원심력 송풍기 중 다익형 송풍기에 관한 설명과 가장 거리가 먼 것은?

① 큰 압력손실에서도 송풍량이 안정적이다.
② 송풍기의 임펠러가 다람쥐 쳇바퀴 모양으로 생겼다.
③ 강도가 크게 요구되지 않기 때문에 적은 비용으로 제작가능하다.
④ 다른 송풍기와 비교하여 동일 송풍량을 발생시키기 위한 임펠러 회전속도가 상대적으로 낮기 때문에 소음이 작다.

해설 전향날개형(다익형) 송풍기 ——————

• 송풍기의 임펠러가 다람쥐 쳇바퀴 모양으로 생겼다.
• 강도가 크게 요구되지 않기 때문에 적은 비용으로 제작가능하다.
• 다른 송풍기와 비교하여 동일 송풍량을 발생시키기 위한 임펠러 회전속도가 상대적으로 낮기 때문에 소음이 작다.
• 저가로 제작할 수 있다.
• 큰 압력손실에서는 송풍량이 급격하게 떨어진다.
• 전체환기, 공기조화용으로 사용된다.

61

중요도 ★

인체와 작업환경과의 사이에 열 교환의 영향을 미치는 것으로 가장 거리가 먼 것은?

① 대류(Convection)
② 열복사(Radiation)
③ 증발(Evaporation)
④ 열순응(Acclimatization to Heat)

해설 열평형 방정식(인체의 열 교환)

$\triangle S = M - E \pm R \pm C$

$\triangle S$: 생체 내 열용량의 변화
M : 대사에 의한 열 생산
E : 수분 증발에 의한 열 방산
R : 복사에 의한 열 득실
C : 대류 및 전도에 의한 열 득실

62

중요도 ★★

비전리방사선의 종류 중 옥외작업을 하면서 콜타르의 유도체, 벤조피렌, 안트라센 화합물과 상호작용하여 피부암을 유발시키는 것으로 알려진 비전리방사선은?

① γ선
② 자외선
③ 적외선
④ 마이크로파

해설 자외선

자외선에 지나치게 노출되면 홍반작용, 색소침착, 피부암이 발생한다.
피부암의 90 % 이상은 햇빛에 노출된 신체 부위에서 발생한다.

63

중요도 ★★

진동증후군(HAVS)에 대한 스톡홀름 워크숍의 분류로서 옳지 않은 것은?

① 진동증후군의 단계를 0부터 4까지 5단계로 구분하였다.
② 1단계는 가벼운 증상으로 1개 또는 그 이상의 손가락 끝부분이 하얗게 변하는 증상을 의미한다.
③ 3단계는 심각한 증상으로 1개 또는 그 이상의 손가락 가운뎃마디 부분까지 하얗게 변하는 증상이 나타나는 단계이다.
④ 4단계는 매우 심각한 증상을 대부분의 손가락이 하얗게 변하는 증상과 함께 손끝에서 땀의 분비가 제대로 일어나지 않는 등의 변화가 나타나는 단계이다.

해설 진동증후군(HAVS)의 분류

단계	증상
0단계	증상 없음
1단계	• 가벼운 증상 발생 • 하나 또는 그 이상의 손가락 끝부분이 하얗게 변함
2단계	하나 또는 그 이상의 손가락의 중간부위 이상에 때때로 증상이 나타나는 단계
3단계	• 심각한 증상 발생 • 대부분의 손가락 전체에 빈번하게 증상이 나타나는 단계
4단계	• 매우 심각한 증상 발생 • 대부분의 손가락이 하얗게 변하고 손끝에서 땀의 분비가 제대로 일어나지 않는 등의 변화가 나타나는 단계

64

소독작용, 비타민D 형성, 피부색소 침착 등 생물학적 작용이 강한 특성을 가진 자외선(Dorno선)의 파장 범위는 약 얼마인가?

① 1,000 Å ~ 2,800 Å
② 2,800 Å ~ 3,150 Å
③ 3,150 Å ~ 4,000 Å
④ 4,000 Å ~ 4,700 Å

해설 도르노선(Dorno-ray)

• 자외선의 일종이다.
• 파장범위 : 280 ~ 315 nm(2,800 ~ 3,150 Å)
• 인체에 유익한 작용을 하여 건강선(생명선)이라고도 한다.
• 소독작용, 비타민 D 형성, 피부의 색소 침착 등 생물학적 작용이 강하다.

65

전리방사선 중 전자기방사선에 속하는 것은?

① α선
② β선
③ γ선
④ 중성자

해설 전리방사선(이온화 방사선)의 구분

• 전자기방사선 : X-ray, γ선
• 입자방사선 : α선, β선, 중성자선

66

다음 중 이상기압의 인체작용으로 2차적인 가압현상과 가장 거리가 먼 것은? (단, 화학적 장해를 말한다)

① 질소 마취
② 산소 중독
③ 이산화탄소의 중독
④ 일산화탄소의 작용

해설 고압 환경의 2차적 가압현상

• 질소 마취 : 4기압 이상이 되면 질소 가스는 마취작용을 일으킨다.
• 산소 중독 : 산소분압이 2기압을 넘으면 산소중독 증세가 나타난다.
• 이산화탄소 중독 : 이산화탄소의 증가는 산소의 독성과 질소의 마취작용을 촉진시킨다.

67

출력이 10 Watt의 작은 점음원으로부터 자유공간의 10 m 떨어져 있는 곳의 음압레벨(Sound Pressure Level)은 몇 dB 정도인가?

① 89
② 99
③ 161
④ 229

해설 자유공간, 점음원의 음압수준(SPL)

$SPL(\text{dB}) = PWL - 20\log r - 11$
r : 소음원으로부터의 거리(m)
$PWL = 10\log\left(\dfrac{W}{W_0}\right)$

PWL : 음향파워레벨(dB)
W : 대상 음원의 음력(W)
W_0 : 기준음력(10^{-12} W)

$PWL = 10\log\left(\dfrac{10}{10^{-12}}\right) = 130\text{dB}$

$SPL(\text{dB}) = 130 - 20\log 10 - 11 = 99\text{dB}$

68

1 sone이란 몇 Hz에서, 몇 dB의 음압레벨을 갖는 소음의 크기를 말하는가?

① 1,000 Hz, 40 dB
② 1,200 Hz, 45 dB
③ 1,500 Hz, 45 dB
④ 2,000 Hz, 48 dB

해설 sone ——————

• 감각적인 음의 크기를 나타낸다.
• 1 sone : 1,000 Hz, 40 dB의 음의 크기이다.

69

자연조명에 관한 설명으로 옳지 않은 것은?

① 창의 면적은 바닥면적의 15 ~ 20 % 정도가 이상적이다.
② 개각은 4 ~ 5°가 좋으며 개각이 작을수록 실내는 밝다.
③ 균일한 조명을 요구하는 작업실은 동북 또는 북창이 좋다.
④ 입사각은 28° 이상이 좋으며 입사각이 클수록 실내는 밝다.

해설 자연조명 ——————

자연조명에서 개각은 4 ~ 5°가 좋으며 개각이 클수록 실내는 밝다.

70

전신진동 노출에 따른 인체의 영향에 대한 설명으로 옳지 않은 것은?

① 평형감각에 영향을 미친다.
② 산소 소비량과 폐환기량이 증가한다.
③ 작업수행 능력과 집중력이 저하된다.
④ 지속노출 시 레이노증후군(Raynaud's Phenomenon)을 유발한다.

해설 레이노증후군 ——————

• 국소진동으로 인하여 말초혈관의 운동장해가 발생하는 것이다.
• 추운 환경에서 잘 발생하는 것으로 수지가 창백해지고 손이 차며 통증이 발생한다.

71

소음에 의한 인체의 장해 정도(소음성 난청)에 영향을 미치는 요인이 아닌 것은?

① 소음의 크기
② 개인의 감수성
③ 소음 발생장소
④ 소음의 주파수 구성

해설 소음성 난청에 영향을 미치는 요인 ——————

• 개인의 감수성
• 소음의 크기 : 음압수준이 높을수록 유해하다.
• 폭로시간 : 계속적 노출이 간헐적 노출보다 유해하다.
• 주파수 : 고주파음이 저주파음보다 유해하다.

72

중요도 ★★★

다음 중 전리방사선에 대한 감수성의 크기를 올바른 순서대로 나열한 것은?

> ㉠ 상피세포
> ㉡ 골수, 흉선 및 림프조직(조혈기관)
> ㉢ 근육세포
> ㉣ 신경조직

① ㉠ > ㉡ > ㉢ > ㉣
② ㉠ > ㉣ > ㉡ > ㉢
③ ㉡ > ㉠ > ㉢ > ㉣
④ ㉡ > ㉢ > ㉣ > ㉠

해설 전리방사선에 대한 감수성 순서 ─────

㉠ 골수, 흉선 및 림프조직(조혈기관), 눈의 수정체
㉡ 피부 등 상피세포
㉢ 혈관 등 내피세포
㉣ 결합조직, 지방조직
㉤ 뼈, 근육조직
㉥ 폐 등 내장기관
㉦ 신경조직

73

중요도 ★★★

한랭 환경에서 인체의 일차적 생리적 반응으로 볼 수 없는 것은?

① 피부혈관의 팽창
② 체표면적의 감소
③ 화학적 대사작용의 증가
④ 근육긴장의 증가와 떨림

해설 저온 환경에서의 생리적 변화 ─────

(1) 일차적 반응
  • 근육 긴장이 증가 및 떨림이 발생한다.
  • 피부혈관이 수축된다.
  • 체표면적이 감소한다.
  • 화학적 대사작용이 증가(갑상선 호르몬의 분비 증가)한다.

(2) 이차적 반응
  • 말초혈관의 수축으로 표면조직이 냉각된다.
  • 근육활동, 조직대사의 증진으로 식욕이 항진된다.
  • 피부혈관이 수축되어 혈압이 상승한다.
  • 피부혈관의 수축으로 순환기능이 감소한다.

74

중요도 ★★

10시간 동안 측정한 누적 소음노출량이 300 %일 때 측정시간 평균 소음수준은 약 얼마인가?

① 94.2 dB(A)
② 96.3 dB(A)
③ 97.4 dB(A)
④ 98.6 dB(A)

해설 소음수준(TWA)[dB(A)] ─────

$$TWA = 16.61 \times \log\left[\frac{D}{12.5 \times t}\right] + 90$$

D : 누적소음노출량(%)
t : 소음에 노출된 시간

$$TWA = 16.61 \times \log\left[\frac{300}{12.5 \times 10}\right] + 90$$
$$= 96.315 dB(A)$$

75

중요도 ★★

감압에 따른 인체의 기포 형성량을 좌우하는 요인과 가장 거리가 먼 것은?

① 감압속도
② 산소공급량
③ 조직에 용해된 가스량
④ 혈류를 변화시키는 상태

해설 감압 시 질소기포 형성량에 영향을 주는 요인 ─────

• 감압속도
• 조직에 용해된 가스량 : 체내 지방량, 고기압 폭로의 정도와 시간으로 결정된다.
• 혈류를 변화시키는 상태 : 연령, 기온, 음주, 공포감 등과 연관된다.

76

중요도 ★★

다음에서 설명하는 고열장해는?

> 이것은 작업환경에서 가장 흔히 발생하는 피부 장해로서 땀띠(Prickly Heat)라고도 말하며 땀에 젖은 피부 각질층이 떨어져 땀구멍을 막아 한선 내에 땀의 압력으로 염증성 반응을 일으켜 붉은 구진(Papules) 형태로 나타난다.

① 열사병(Heat Stroke)
② 열허탈(Heat Collapse)
③ 열경련(Heat Cramps)
④ 열발진(Heat Rashes)

해설 고열장해 ─────────

열발진은 가장 흔히 나타나는 고열장해로 흔히 땀띠라고 한다.

77

중요도 ★★

소음의 흡음평가 시 적용되는 반향시간(Reverberation Time)에 관한 설명으로 옳은 것은?

① 반향시간은 실내 공간의 크기에 비례한다.
② 실내 흡음량을 증가시키면 반향시간도 증가한다.
③ 반향시간은 음압수준이 30 dB 감소하는 데 소요되는 시간이다.
④ 반향시간을 측정하려면 실내 배경소음이 90 dB 이상 되어야 한다.

해설 반향시간(잔향시간) ─────────

• 반향시간은 음압수준이 60 dB 감소하는 데 소요되는 시간이다.
• 반향시간은 실내 공간의 크기에 비례한다.
• 실내 흡음량을 증가시키면 반향시간은 감소한다.
• 반향시간은 기록지의 레벨 감쇠곡선의 폭이 25 dB 이상일 때 이를 산출한다.

78

중요도 ★★★

1촉광의 광원으로부터 한 단위 입체각으로 나가는 광속의 단위를 무엇이라 하는가?

① 럭스(lux)
② 램버트(lambert)
③ 캔들(candle)
④ 루멘(lumen)

해설 광속 ─────────

루멘(lumen)이란 1촉광의 광원에서 나오는 빛의 총량으로 광속을 나타내는 단위이다.

79

중요도 ★

밀폐공간에서 산소결핍의 원인을 소모(Consumption), 치환(Displacement), 흡수(Absorption)로 구분할 때 소모에 해당하지 않는 것은?

① 용접, 절단, 불 등에 의한 연소
② 금속의 산화, 녹 등의 화학반응
③ 제한된 공간 내에서 사람의 호흡
④ 질소, 아르곤, 헬륨 등의 불활성 가스 사용

해설 산소결핍의 원인 ─────────

질소, 아르곤, 헬륨 등의 불활성 가스 사용은 소모가 아니라 치환에 해당된다.

80

중요도 ★★★

「산업안전보건법령」상 이상기압에 의한 건강장해의 예방에 있어 사용되는 용어의 정의로 옳지 않은 것은?

① 압력이란 절대압과 게이지압의 합을 말한다.
② 고압작업이란 고기압에서 잠함공법이나 그 외의 압기공법으로 하는 작업을 말한다.
③ 기압조절실이란 고압작업을 하는 근로자 또는 잠수작업을 하는 근로자가 가압 또는 감압을 받는 장소를 말한다.
④ 표면공급식 잠수작업이란 수면 위의 공기압축기 또는 호흡용 기체통에서 압축된 호흡용 기체를 공급받으면서 하는 작업을 말한다.

해설 이상기압 관련 용어 정의 ─────────

「안전보건규칙」 제522조
• 고압작업 : 고기압에서 잠함공법(潛函工法)이나 그 외의 압기공법(壓氣工法)으로 하는 작업을 말한다.
• 압력 : 게이지 압력
• 비상기체통 : 주된 기체공급 장치가 고장 난 경우 잠수작업자가 안전한 지역으로 대피하기 위하여 필요한 충분한 양의 호흡용 기체를 저장하고 있는 압력 용기와 부속장치를 말한다.

5과목 산업독성학

81

중요도 ★

건강영향에 따른 분진의 분류와 유발물질의 종류를 잘못 짝지은 것은?

① 유기성 분진 - 목분진, 면, 밀가루
② 알레르기성 분진 - 크롬산, 망간, 황
③ 진폐성 분진 - 규산, 석면, 활석, 흑연
④ 발암성 분진 - 석면, 니켈카보닐, 아민계 색소

해설 유해분진의 종류 ─────────

• 진폐성 분진 : 유리규산, 석면, 활석, 흑연 등
• 알레르기성 분진 : 꽃가루, 털, 나무가루 등
• 중독성 분진 : 납, 수은, 카드뮴 등
• 유기성 분진 : 목분진, 면, 밀가루 등
• 발암성 분진 : 석면, 니켈카보닐, 아민계 색소

82

중요도 ★★

다음 중 칼슘대사에 장해를 주어 신결석을 동반한 신증후군이 나타나고 다량의 칼슘배설이 일어나 뼈의 통증, 골연화증 및 골수공증과 같은 골격계 장해를 유발하는 중금속은?

① 망간
② 수은
③ 비소
④ 카드뮴

해설 카드뮴 중독 증상 ─────────

구분	내용
급성 중독	호흡기가 손상(천식)되며 심하면 사망할 수 있다.
만성 중독	• 신장기능 장해가 나타난다. • 골격계 장해가 나타난다. • 폐기능 장해가 나타난다. • 단백뇨가 발생한다. • 칼슘대사 장해를 일으켜 다량의 칼슘배설이 일어난다.

83
중요도 ★★

폐에 침착된 먼지의 정화과정에 대한 설명으로 옳지 않은 것은?

① 어떤 먼지는 폐포벽을 통과하여 림프계나 다른 부위로 들어가기도 한다.
② 먼지는 세포가 방출하는 효소에 의해 용해되지 않으므로 점액층에 의한 방출 이외에는 체내에 축적된다.
③ 폐에 침착된 먼지는 식세포에 의하여 포위되어, 포위된 먼지의 일부는 미세 기관지로 운반되고 점액 섬모운동에 의하여 정화된다.
④ 폐에서 먼지를 포위하는 식세포는 수명이 다한 후 사멸하고 다시 새로운 식세포가 먼지를 포위하는 과정이 계속적으로 일어난다.

해설 먼지의 정화과정

먼지는 점액층을 통해서만 방출되지 않고, 일부 먼지는 세포 효소(대식세포의 리소좀 등)에 의해 용해 및 분해될 수 있다.

84
중요도 ★★★

카드뮴이 체내에 흡수되었을 경우 주로 축적되는 곳은?

① 뼈, 근육
② 뇌, 근육
③ 간, 신장
④ 혈액, 모발

해설 카드뮴의 흡수

체내에 흡수된 카드뮴은 혈장단백질과 결합하여 간으로 이송되고, 간에서 서서히 배출되어 최종적으로 신장에 축적된다.

85
중요도 ★★

생물학적 모니터링(Biological Monitoring)에 관한 설명으로 옳지 않은 것은?

① 주목적은 근로자 채용시기를 조정하기 위하여 실시한다.
② 건강에 영향을 미치는 바람직하지 않은 노출상태를 파악하는 것이다.
③ 최근의 노출량이나 과거로부터 축적된 노출량을 파악한다.
④ 건강상의 위험은 생물학적 검체에서 물질별 결정인자를 생물학적 노출지수와 비교하여 평가된다.

해설 생물학적 모니터링

생물학적 모니터링은 근로자의 생체시료로부터 유해물질 자체 및 대사산물을 분석하여 유해물질의 체내 흡수 정도 및 건강영향 가능성을 평가하기 위해 실시한다.

86
중요도 ★★★

흡입분진의 종류에 따른 진폐증의 분류 중 유기성 분진에 의한 진폐증에 해당하는 것은?

① 규폐증
② 활석폐증
③ 연초폐증
④ 석면폐증

해설 분진의 종류에 따른 진폐증

구분	내용
무기성 분진	규폐증, 규조토폐증, 탄소폐증, 용접공폐증, 석면폐증, 베릴륨폐증, 활석폐증
유기성 분진	연초폐증, 면폐증, 설탕폐증, 목재분진폐증, 모발분진폐증

87

중요도 ★★

다음 중 중추신경의 자극작용이 가장 강한 유기용제는?

① 아민
② 알코올
③ 알칸
④ 알데하이드

해설 중추신경의 자극작용 순서 ─────────

아민류 > 유기산 > 케톤 > 알데하이드 > 알코올 > 알칸

88

중요도 ★★

화학물질의 상호작용인 길항작용 중 독성물질의 생체과정인 흡수, 대사 등에 변화를 일으켜 독성이 감소되는 것을 무엇이라 하는가?

① 화학적 길항작용
② 배분적 길항작용
③ 수용체 길항작용
④ 기능적 길항작용

해설 길항작용 ─────────

(1) 길항작용의 정의
두 물질이 서로의 작용을 방해하여 두 물질에 동시 노출될 경우 독성이 단독물질의 독성보다 약해지는 현상이다.

(2) 길항작용의 분류
• 화학적 길항작용 : 화학적인 상호반응에 의해 독성이 낮아진다.
• 배분적 길항작용 : 물질의 흡수, 대사 등에 변화를 일으켜 독성이 낮아진다.
• 수용체 길항작용 : 두 화학물질이 체내에서 같은 수용체에 결합하여 경쟁관계를 가짐으로서 독성이 낮아진다.
• 기능적 길항작용 : 생체 내에서 서로 반대되는 기능을 가져 독성이 낮아진다.

89

중요도 ★

직업성 천식에 관한 설명으로 옳지 않은 것은?

① 작업환경 중 천식을 유발하는 대표물질로 톨루엔 디이소시안산염(TDI), 무수 트리멜리트산(TMA)이 있다.
② 일단 질환에 이환하게 되면 작업환경에서 추후 소량의 동일한 유발물질에 노출되더라도 지속적으로 증상이 발현된다.
③ 항원공여세포가 탐식되면 T림프구 중 I형 T림프구(Type I killer T cell)가 특정 알레르기 항원을 인식한다.
④ 직업성 천식은 근무시간에 증상이 점점 심해지고, 휴일 같은 비근무시간에 증상이 완화되거나 없어지는 특징이 있다.

해설 직업성 천식 ─────────

직업성 천식의 면역기전에서 항원을 인식하는 주요 T림프구는 주로 Th2(Helper) T세포이다.

90

중요도 ★★

다음 중 납 중독에서 나타날 수 있는 증상을 모두 나열한 것은?

㉠ 빈혈
㉡ 신장장해
㉢ 중추 및 말초신경장해
㉣ 소화기 장해

① ㉠, ㉢
② ㉡, ㉣
③ ㉠, ㉡, ㉢
④ ㉠, ㉡, ㉢, ㉣

- 위장계통 장해
- 중추신경 및 말초신경 장해
- 신경 및 근육계통 장해
- 빈혈 등 조혈기능 장해
- 만성 신장기능 장해
- 골수침입
- 소아이미증(영유아의 납 중독으로 학습장애 및 기능 저하 발생)

91

중요도 ★★★

이황화탄소를 취급하는 근로자를 대상으로 생물학적 모니터링을 하는 데 이용될 수 있는 생체 내 대사산물은?

① 소변 중 마뇨산
② 소변 중 메탄올
③ 소변 중 메틸마뇨산
④ 소변 중 TTCA(2-thiothiazolidine-4-carboxylic acid)

해설 자주 출제되는 유해물질과 생물학적 노출지표

- 벤젠 - 소변 중 페놀, t,t-뮤코닉산
- 크실렌 - 소변 중 메틸마뇨산
- 톨루엔 - 소변 중 o-크레졸
- 이황화탄소 - 소변 중 TTCA
- 노말헥산 - 소변 중 2,5-hexanedione
- 니트로벤젠 - 혈중 메트헤모글로빈
- 일산화탄소 - 혈액 중 Carboxyhemglobin

92

중요도 ★★★

「산업안전보건법령」상 다음의 설명에서 ㉠ ~ ㉢에 해당하는 내용으로 옳은 것은?

단시간노출기준(STEL)이란 (㉠)분간의 시간가중평균노출값으로서 노출농도가 시간가중평균노출기준(TWA)을 초과하고 단시간노출기준(STEL) 이하인 경우에는 1회 노출 지속시간이 (㉡)분 미만이어야 하고, 이러한 상태가 1일 (㉢)회 이하로 발생하여야 하며, 각 노출의 간격은 60분 이상이어야 한다.

① ㉠ : 15, ㉡ : 20, ㉢ : 2
② ㉠ : 20, ㉡ : 15, ㉢ : 2
③ ㉠ : 15, ㉡ : 15, ㉢ : 4
④ ㉠ : 20, ㉡ : 20, ㉢ : 4

해설 단시간노출기준(STEL)

「화학물질 및 물리적 인자의 노출기준」 제2조
15분간의 시간가중평균노출값으로서 노출농도가 시간가중평균노출기준(TWA)을 초과하고 단시간노출기준(STEL) 이하인 경우에는 1회 노출 지속시간이 15분 미만이어야 하고, 이러한 상태가 1일 4회 이하로 발생하여야 하며, 각 노출의 간격은 60분 이상이어야 한다.

93

중요도 ★★

사염화탄소에 관한 설명으로 옳지 않은 것은?

① 생식기에 대한 독성작용이 특히 심하다.
② 고농도에 노출되면 중추신경계 장애 외에 간장과 신장장애를 유발한다.
③ 신장장애 증상으로 감뇨, 혈뇨 등이 발생하며, 완전 무뇨증이 되면 사망할 수도 있다.
④ 초기증상으로는 지속적인 두통, 구역 또는 구토, 복부선통과 설사, 간압통 등이 나타난다.

해설 사염화탄소 —————

사염화탄소는 간에 대한 독성작용이 특히 심하고 생식기에 대한 독성작용은 심하지 않다.

94

중요도 ★★★

단순 질식제에 해당되는 물질은?

① 아닐린
② 황화수소
③ 이산화탄소
④ 니트로벤젠

해설 질식제의 구분 —————

구분	내용
단순 질식제	• 생리적으로는 아무 작용도 하지 않으나 공기 중에 많이 존재하면 산소의 공급부족을 초래한다. • 수소, 이산화탄소, 질소, 헬륨, 메탄 등
화학적 질식제	• 인체의 산소공급 체계를 화학적 작용을 통해 방해하여 질식을 유발하는 물질이다. • 황화수소, 일산화탄소, 시안화수소, 아닐린 등

95

중요도 ★★★

상기도 점막 자극제로 볼 수 없는 것은?

① 포스겐
② 크롬산
③ 암모니아
④ 염화수소

해설 화학물질의 생리적 작용에 의한 분류 —————

구분	내용
상기도 점막 자극제	물에 잘 녹는 물질로 암모니아, 염화수소, 불화수소, 크롬산, 아황산가스 등이 있다.
상기도 점막 및 폐조직 자극제	물에 대한 용해도가 중간 정도인 물질로 염소, 브롬, 요오드, 플루오르 등이 있다.
종말 기관지 및 폐포점막 자극제	물에 잘 녹지 않는 물질로 이산화질소, 3염화비소, 포스겐 등이 있다.

96

중요도 ★★★

적혈구의 산소운반 단백질을 무엇이라 하는가?

① 백혈구
② 단구
③ 혈소판
④ 헤모글로빈

해설 산소운반 단백질 —————

헤모글로빈은 철을 함유한 단백질로 적혈구 안에 존재하며 산소를 운반하는 역할을 한다.

97

중요도 ★★

할로겐화탄화수소에 관한 설명으로 옳지 않은 것은?

① 대개 중추신경계의 억제에 의한 마취작용이 나타난다.
② 가연성과 폭발의 위험성이 높으므로 취급 시 주의하여야 한다.
③ 일반적으로 할로겐화탄화수소의 독성 정도는 화합물의 분자량이 커질수록 증가한다.
④ 일반적으로 할로겐화탄화수소의 독성 정도는 할로겐원소의 수가 커질수록 증가한다.

해설 할로겐화탄화수소 —————

• 중추신경계의 억제에 의한 마취작용이 나타난다.
• 일반적으로 할로겐화탄화수소의 독성 정도는 화합물의 분자량이 커질수록 증가한다.
• 일반적으로 할로겐화탄화수소의 독성 정도는 할로겐원소의 수가 커질수록 증가한다.
• 고농도에 노출되면 중추신경계 장해 외에 간장과 신장장해를 유발한다.
• 신장장해 증상으로 감뇨, 혈뇨 등이 발생하며 완전 무뇨증이 되면 사망할 수 있다.

98

중요도 ★★★

다음 중 중절모자를 만드는 사람들에게 처음으로 발견되어 Hatter's Shake라고 하며 근육경련을 유발하는 중금속은?

① 카드뮴　　　　　② 수은
③ 망간　　　　　　④ 납

해설 수은 중독 —————————

19세기와 20세기 초 중절모와 같은 모자는 주로 비버나 토끼의 털로 만들었다.

비버나 토끼의 털을 가공하는 과정에서 수은 화합물이 많이 사용되어 모자를 만드는 사람들이 수은 중독에 많이 걸렸다.

수은 중독에 걸린 작업자들이 신경계 이상, 떨림 등의 증세를 많이 겪어 Hatter's Shake라는 말이 생겼다.

99

중요도 ★★

다음 표는 A 작업장의 백혈병과 벤젠에 대한 코호트 연구를 수행한 결과이다. 이때 벤젠의 백혈병에 대한 상대위험비는 약 얼마인가?

구분	백혈병 발생	백혈병 비발생	합계(명)
벤젠 노출군	5	14	19
벤젠 비노출군	2	25	27
합계	7	39	46

① 3.29　　　　　　② 3.55
③ 4.64　　　　　　④ 4.82

해설 상대위험도(비교위험도) —————————

유해인자에 노출된 집단이 노출되지 않은 집단에 비하여 질병의 발생률이 몇 배인지를 나타내는 정도이다.

$$상대위험도 = \frac{노출군에서의 \ 질병발생률}{비노출군에서의 \ 질병발생률}$$

$$= \frac{\frac{5}{19}}{\frac{2}{27}} = 3.55$$

100

중요도 ★

유기용제별 중독의 대표적인 증상으로 올바르게 연결된 것은?

① 벤젠 – 간장해
② 크실렌 – 조혈장해
③ 염화탄화수소 – 시신경장해
④ 에틸렌글리콜에테르 – 생식기능장해

해설 유기용제별 중독증상 —————————

① 벤젠은 간에는 큰 영향을 주지 않고, 조혈장해(골수억제, 백혈병)를 일으킨다.
② 크실렌은 주로 중추신경계와 간, 신장에 영향을 준다.
③ 염화탄화수소는 중추신경계 억제와 간에 영향을 준다.
④ 에틸렌글리콜에테르는 생식기능장해, 불임, 태아기형 등을 일으킨다.

2021 제3회 기출문제

1과목 산업위생학개론

01
중요도 ★★★

「화학물질 및 물리적 인자의 노출기준」상 사람에게 충분한 발암성 증거가 있는 물질의 표기는?

① 1A
② 1B
③ 2C
④ 1D

해설 **발암성의 구분**

「화학물질의 분류·표시 및 물질안전보건자료에 관한 기준」별표1

구분	구분기준
1A	사람에게 충분한 발암성 증거가 있는 물질
1B	시험동물에서 발암성 증거가 충분히 있거나, 시험동물과 사람 모두에서 제한된 발암성 증거가 있는 물질
2	사람이나 동물에서 제한된 증거가 있지만, 구분 1로 분류하기에는 증거가 충분하지 않는 물질

02
중요도 ★★

미국산업안전보건연구원(NIOSH)에서 제시한 중량물의 들기작업에 관한 감시기준(Action Limit)과 최대허용기준(Maximum Permissible Limit)의 관계를 바르게 나타낸 것은?

① MPL = 5AL
② MPL = 3AL
③ MPL = 10AL
④ MPL = $\sqrt{2}$ AL

해설 **중량물의 들기작업에 관한 감시기준**

MPL(최대허용기준) = 3AL(감시기준)

03
중요도 ★★★

「산업안전보건법령」상 작업환경 측정에 관한 내용으로 옳지 않은 것은?

① 모든 측정은 지역시료채취방법을 우선으로 실시하여야 한다.
② 작업환경 측정을 실시하기 전에 예비조사를 실시하여야 한다.
③ 작업환경 측정자는 그 사업장에 소속된 사람으로 산업위생관리산업기사 이상의 자격을 가진 사람이어야 한다.
④ 작업이 정상적으로 이루어져 작업시간과 유해인자에 대한 근로자의 노출 정도를 정확히 평가할 수 있을 때 실시하여야 한다.

해설 **작업환경 측정 시 지켜야 할 사항**

「산업안전보건법 시행규칙」제189조
- 작업환경 측정을 하기 전에 예비조사를 할 것
- 작업이 정상적으로 이루어져 작업시간과 유해인자에 대한 근로자의 노출정도를 정확히 평가할 수 있을 때 실시할 것
- 모든 측정은 개인시료채취방법으로 하되, 개인시료채취방법이 곤란한 경우에는 지역시료채취방법으로 실시할 것
- 작업환경 측정기관에 위탁하여 실시하는 경우에는 해당 작업환경 측정기관에 공정별 작업내용, 화학물질의 사용실태 및 물질안전보건자료 등 작업환경 측정에 필요한 정보를 제공할 것

정답 01 ① 02 ② 03 ①

04

중요도 ★

근골격계질환 평가방법 중 JSI(Job Strain Index)에 대한 설명으로 옳지 않은 것은?

① 특히 허리와 팔을 중심으로 이루어지는 작업 평가에 유용하게 사용된다.
② JSI 평가결과의 점수가 7점 이상은 위험한 작업이므로 즉시 작업개선이 필요한 작업으로 관리기준을 제시하게 된다.
③ 이 기법은 힘, 근육사용 기간, 작업 자세, 하루 작업시간 등 6개의 위험요소로 구성되어, 이를 곱한 값으로 상지질환의 위험성을 평가한다.
④ 이 평가방법은 손목의 특이적인 위험성만을 평가하고 있어 제한적인 작업에 대해서만 평가가 가능하고, 손, 손목 부위에서 중요한 진동에 대한 위험요인이 배제되었다는 단점이 있다.

해설 JSI ————————————
JSI는 주로 상지 말단(손, 손목 부위)의 직업 관련성 근골격계 유해요인을 평가하기 위한 도구이다.

05

중요도 ★★

휘발성 유기화합물의 특징이 아닌 것은?

① 물질에 따라 인체에 발암성을 보이기도 한다.
② 대기 중에 반응하여 광화학 스모그를 유발한다.
③ 증기압이 낮아 대기 중으로 쉽게 증발하지 않고 실내에 장기간 머무른다.
④ 지표면 부근 오존 생성에 관여하여 결과적으로 지구온난화에 간접적으로 기여한다.

해설 휘발성 유기화합물 ————————————
휘발성 유기화합물(VOCs)는 증기압이 높아 대기 중으로 쉽게 증발한다.

06

중요도 ★★★

체중이 60 kg인 사람이 1일 8시간 작업 시 안전흡수량이 1 mg/kg인 물질의 체내 흡수를 안전흡수량 이하로 유지하려면 공기 중 유해물질 농도를 몇 mg/m³ 이하로 하여야 하는가? (단, 작업 시 폐환기율은 1.25 m³/hr, 체내 잔류율은 1로 가정한다)

① 0.06   ② 0.6
③ 6   ④ 60

해설 SHD : 체내 흡수량(mg) ————————————

$SHD = C \times T \times V \times R$
C : 공기 중 유해물질 농도(mg/m^3)
T : 노출시간(hr)
V : 호흡률(폐환기율)(m^3/hr)
R : 체내 잔류율(보통 1임)
$SHD = 60kg \times \dfrac{1mg}{kg} = 60mg$

$C = \dfrac{SHD}{T \times V \times R} = \dfrac{60}{8 \times 1.25 \times 1} = 6mg/m^3$

07

중요도 ★

업무상 사고나 업무상 질병을 유발할 수 있는 불안전한 행동의 직접원인에 해당되지 않는 것은?

① 지식의 부족   ② 기능의 미숙
③ 태도의 불량   ④ 의식의 우회

해설 산업재해의 원인 ————————————
의식의 우회(걱정과 고민 등으로 의식이 빗나감)는 간접원인 중의 정신적 원인이다.

개념확인 산업재해의 원인

구분	내용
직접원인	• 인적 원인(불안전한 행동) • 물적 원인(불안전한 상태)
간접원인	• 기술적 원인 • 교육적 원인 • 신체적 원인 • 정신적 원인 • 작업관리상 원인

08 중요도 ★★★

산업위생의 목적과 가장 거리가 먼 것은?

① 근로자의 건강을 유지시키고 작업능률을 향상시킴

② 근로자들의 육체적, 정신적, 사회적 건강을 증진시킴

③ 유해한 작업환경 및 조건으로 발생한 질병을 진단하고 치료함

④ 작업환경 및 작업조건이 최적화되도록 개선하여 질병을 예방함

해설 산업위생의 목적 ─────

• 작업환경과 근로조건의 개선 및 직업병의 근원적 예방
• 최적의 작업환경 및 작업조건을 개선하여 질병을 예방
• 근로자의 건강을 유지·증진시키고 작업능률을 향상

09 중요도 ★★★

교대근무에 있어 야간작업의 생리적 현상으로 옳지 않은 것은?

① 체중의 감소가 발생한다.

② 체온이 주간보다 올라간다.

③ 주간근무에 비하여 피로를 쉽게 느낀다.

④ 수면부족 및 식사시간의 불규칙으로 위장장애를 유발한다.

해설 생체리듬의 변화 ─────

• 야간에는 체중이 감소한다.
• 야간에는 말초운동 기능이 저하된다.
• 체온, 혈압, 맥박수는 주간에 상승하고 야간에 감소한다.
• 혈액의 수분과 염분량은 주간에 감소하고 야간에 증가한다.

10 중요도 ★★★

미국에서 1910년 납(Lead) 공장에 대한 조사를 시작으로 레이온 공장의 이황화탄소 중독, 구리 광산에서 규폐증, 수은 광산에서의 수은 중독 등을 조사하여 미국의 산업보건 분야에 크게 공헌한 선구자는?

① Leonard Hill

② Max Von Pettenkofer

③ Edward Chadwick

④ Alice Hamilton

해설 Alice Hamilton(20세기) ─────

• 미국의 여자 의사로 미국 최초의 산업보건학자이다.
• 현대적 의미의 최초의 산업위생전문가이다.
• 납, 수은, 이황화탄소 중독 및 직업성 질환과의 관계를 규명했다.
• 미국의 산업재해보상법을 제정하는 데에 크게 기여했다.

11

중요도 ★

「산업안전보건법령」상 작업환경 측정 대상 유해인자(분진)에 해당하지 않는 것은? (단, 그 밖에 고용노동부장관이 정하여 고시하는 인체에 해로운 유해인자는 제외한다)

① 면 분진(Cotton dusts)
② 목재 분진(Wood dusts)
③ 지류 분진(Paper dusts)
④ 곡물 분진(Grain dusts)

해설 작업환경 측정 대상 유해인자(분진)

• 광물성 분진
• 곡물 분진
• 면 분진
• 목재 분진
• 석면 분진
• 용접 흄
• 유리섬유

12

중요도 ★

RMR이 10인 격심한 작업을 하는 근로자의 실동률(A)과 계속작업의 한계시간(B)으로 옳은 것은? (단, 실동률은 사이또 오시마식을 적용한다)

① A : 55 %, B : 약 7분
② A : 45 %, B : 약 5분
③ A : 35 %, B : 약 3분
④ A : 25 %, B : 약 1분

해설 실동률 계산

실노동률(실동률)(%) = 85 - (5 × RMR)
RMR : 에너지대사율(작업대사율)
실노동률(실동률)(%) = 85 - (5 × 10) = 35 %
계속작업의 한계시간(CWT) 계산
$\log(CWT) = 3.724 - 3.23 \times \log(RMR)$
$\log(CWT) = 3.724 - 3.23 \times \log(10) = 0.494$
$CWT = 10^{0.494} = 3.118분$

13

중요도 ★★★

다음 중 「산업안전보건법령」상 제조 등이 허가되는 유해물질에 해당하는 것은?

① 석면(Asbestos)
② 베릴륨(Beryllium)
③ 황린 성냥(Yellow phosphorus match)
④ β-나프틸아민과 그 염(β-Naphthylamine and its salts)

해설 제조 등이 금지되는 유해물질

「산업안전보건법 시행령」 제87조
• β-나프틸아민과 그 염
• 4-니트로디페닐과 그 염
• 백연을 포함한 페인트(포함된 중량의 비율이 2 % 이하인 것은 제외)
• 벤젠을 포함하는 고무풀(포함된 중량의 비율이 5 % 이하인 것은 제외)
• 석면
• 폴리클로리네이티드 터페닐
• 황린(黃燐) 성냥
• 「화학물질관리법」에 따른 금지물질

14

중요도 ★★

직업병 진단 시 유해요인 노출 내용과 정도에 대한 평가요소와 가장 거리가 먼 것은?

① 성별
② 노출의 추정
③ 작업환경 측정
④ 생물학적 모니터링

해설 직업병 진단

성별은 직업병 진단 시 유해요인 노출 내용과 정도에 대한 평가요소와 거리가 멀다.

15

직업적성검사 중 생리적 기능검사에 해당하지 않는 것은?

① 체력검사
② 감각기능검사
③ 심폐기능검사
④ 지각동작검사

해설 직업적성검사 ─────────────

지각동작검사는 심리적 기능검사에 해당된다.

개념확인 적성검사의 분류

• 신체검사
• 생리적 적성검사 : 감각기능검사, 심폐기능검사, 체력검사
• 심리적 적성검사 : 지능검사, 지각동작검사, 인성검사, 기능검사

16

산업재해 통계 중 재해발생건수(100만 배)를 총 연인원의 근로시간수로 나누어 산정하는 것으로 재해발생의 정도를 표현하는 것은?

① 강도율
② 도수율
③ 발생율
④ 연천인율

해설 강도율과 도수율의 구분 ─────────

• 강도율 : 1,000 근로시간당 근로손실일수의 비율이다.
• 도수율 : 100만 근로시간당 재해발생건수의 비율이다.

17

직업병 및 작업 관련성 질환에 관한 설명으로 옳지 않은 것은?

① 작업 관련성 질환은 작업에 의하여 악화되거나 작업과 관련하여 높은 발병률을 보이는 질병이다.
② 직업병은 일반적으로 단일요인에 의해, 작업관련성 질환은 다수의 원인 요인에 의해서 발병된다.
③ 직업병은 직업에 의해 발생된 질병으로서 직업환경 노출과 특정 질병 간에 인과관계는 불분명하다.
④ 작업 관련성 질환은 작업환경과 업무수행상의 요인들이 다른 위험요인과 함께 질병발생의 복합적 병인 중 한 요인으로서 기여한다.

해설 직업병 ─────────────

직업병은 직업환경에서 유해인자에 저농도 또는 저수준의 상태로 장시간에 걸쳐 반복노출되어 생긴 질병으로 직업환경 노출과 관련이 크다.

18

미국산업위생학술원(AAIH)이 채택한 윤리강령 중 사업주에 대한 책임에 해당되는 내용은?

① 일반 대중에 관한 사항은 정직하게 발표한다.
② 위험요소와 예방조치에 관하여 근로자와 상담한다.
③ 성실성과 학문적 실력 면에서 최고 수준을 유지한다.
④ 근로자의 건강에 대한 궁극적인 책임은 사업주에게 있음을 인식시킨다.

해설 기업주(사업주)와 고객에 대한 책임

- 결과와 결론을 뒷받침할 수 있도록 정확한 기록을 유지하고, 산업위생 사업을 전문가답게 전문부서들로 운영·관리한다.
- 기업주와 고객보다는 근로자의 건강보호에 궁극적인 책임을 두고 행동한다.
- 쾌적한 작업환경을 조성하기 위하여 책임 있게 행동한다.
- 신뢰를 바탕으로 정직하게 권고하고 결과와 개선점 및 권고사항을 정확하게 보고한다.

19

중요도 ★★★

단기간의 휴식에 의하여 회복될 수 없는 병적상태를 일컫는 용어는?

① 곤비
② 과로
③ 국소피로
④ 전신피로

해설 곤비

곤비란 과로가 축적되어 단기간의 휴식을 통해서는 회복할 수 없는 병적인 상태이다.

20

중요도 ★★

「사무실 공기관리 지침」상 오염물질과 관리기준이 잘못 연결된 것은? (단, 관리기준은 8시간 시간가중평균농도이며, 고용노동부 고시를 따른다)

① 총 부유세균 - 800 CFU/m³
② 일산화탄소(CO) - 10 ppm
③ 초미세먼지(PM2.5) - 50 μg/m³
④ 포름알데하이드(HCHO) - 150 μg/m³

해설 오염물질 관리기준

포름알데하이드(HCHO) - 100μg/m³

관련법령 오염물질 관리기준
「사무실 공기관리 지침」 제2조

오염물질	관리기준
미세먼지(PM 10)	100 μg/m³
초미세먼지(PM 2.5)	50 μg/m³
이산화탄소(CO_2)	1,000 ppm
일산화탄소(CO)	10 ppm
이산화질소(NO_2)	0.1 ppm
포름알데하이드(HCHO)	100 μg/m³
총휘발성유기화합물(TVOC)	500 μg/m³
라돈(Radon)	148 μg/m³
총 부유세균	800 CFU/m³
곰팡이	500 CFU/m³

21

중요도 ★★

금속탈지 공정에서 측정한 trichloroethylene의 농도(ppm)가 아래와 같을 때, 기하평균 농도(ppm)는?

> 101, 45, 51, 87, 36, 54, 40

① 49.7

② 54.7

③ 55.2

④ 57.2

해설 기하평균(GM)

$$GM = \sqrt[N]{X_1 \cdot X_2 \cdots X_n}$$

N : 측정치의 수

X_n : 측정치

$$GM = \sqrt[7]{101 \times 45 \times 51 \times 87 \times 36 \times 54 \times 40}$$

$$= 55.23$$

22

중요도 ★★

공기 중 먼지를 채취하여 채취된 입자 크기의 중앙값(Median)은 1.12 μm이고 84 %에 해당하는 크기가 2.68 μm일 때, 기하표준편차 값은? (단, 채취된 입경의 분포는 대수정규분포를 따른다)

① 0.42

② 0.94

③ 2.25

④ 2.39

해설 기하표준편차(GSD)

$$GSD = \frac{84.1\%에\ 해당하는\ 값}{50\%에\ 해당하는\ 값}$$

$$= \frac{50\%에\ 해당하는\ 값}{15.9\%에\ 해당하는\ 값}$$

$$GSD = \frac{84.1\%에\ 해당하는\ 값}{50\%에\ 해당하는\ 값}$$

$$= \frac{2.68}{1.12} = 2.39$$

23

중요도 ★★★

입경이 20 μm이고 입자비중이 1.5인 입자의 침강속도(cm/s)는?

① 1.8

② 2.4

③ 12.7

④ 36.2

해설 Lippman식에 의한 침강속도

입자의 크기가 1 ~ 50 μm인 경우에 적용한다.

$$V = 0.003 \times \rho \times d^2$$

V : 침강속도(cm/sec)

ρ : 입자밀도(비중)(g/cm^3)

d : 입자직경(μm)

$$V = 0.003 \times 1.5 \times 20^2 = 1.8 cm/sec$$

24

중요도 ★★

어느 작업장에서 시료채취기를 사용하여 분진 농도를 측정한 결과 시료채취 전/후 여과지의 무게가 각각 32.4/44.7 mg일 때, 이 작업장의 분진 농도(mg/m^3)는? (단, 시료채취를 위해 사용된 펌프의 유량은 20 L/min이고, 2시간 동안 시료를 채취하였다)

① 5.1

② 6.2

③ 10.6

④ 12.3

해설 단위환산을 이용한 계산

$$\frac{mg}{m^3} = \frac{(44.7 - 32.4)mg}{\frac{20L}{min} \times \frac{m^3}{1,000L} \times 120min}$$

$$= 5.125 mg/m^3$$

$$1,000L = m^3$$

25

중요도 ★

근로자 개인의 청력 손실 여부를 알기 위해 사용하는 청력 측정용 기기는?

① Audiometer
② Noise dosimeter
③ Sound level meter
④ Impact sound level meter

해설 청력 측정용 기기 ─────────

근로자 개인의 청력 손실 여부를 알기 위해서는 청력 측정기(Audiometer)를 사용한다.
근로자 개인의 소음 노출량을 알기 위해서는 소음선량계(Noise Dosimeter)를 사용한다.

26

중요도 ★

Fick 법칙이 적용된 확산포집방법에 의하여 시료가 포집될 경우, 포집량에 영향을 주는 요인과 가장 거리가 먼 것은?

① 공기 중 포집대상 물질 농도와 포집매체에 함유된 포집대상 물질의 농도 차이
② 포집기의 표면이 공기에 노출된 시간
③ 대상 물질과 확산매체와의 확산계수 차이
④ 포집기에서 오염물질이 포집되는 면적

해설 포집량에 영향을 주는 요인 ─────────

확산계수는 물질마다 일정한 값을 가지므로 다른 변수들에 비해 포집량에 미치는 영향이 적다.

개념확인 확산포집방법에서 포집량에 영향을 주는 요인

• 공기 중 포집대상 물질 농도와 포집매체에 함유된 포집대상 물질의 농도 차이
• 포집기의 표면이 공기에 노출된 시간
• 포집기에서 오염물질이 포집되는 면적

27

중요도 ★★★

옥내의 습구흑구온도지수(WBGT)를 산출하는 식은?

① WBGT(℃) = 0.7 × 자연습구온도 + 0.3 × 흑구온도
② WBGT(℃) = 0.4 × 자연습구온도 + 0.6 × 흑구온도
③ WBGT(℃) = 0.7 × 자연습구온도 + 0.1 × 흑구온도 + 0.2 × 건구온도
④ WBGT(℃) = 0.7 × 자연습구온도 + 0.2 × 흑구온도 + 0.1 × 건구온도

해설 옥내 또는 옥외(태양광선이 내리쬐지 않는 장소) ·

WBGT(℃) = 0.7 × 자연습구온도 + 0.3 × 흑구온도

28

중요도 ★

87 ℃와 동등한 온도는? (단, 정수로 반올림한다)

① 351 K
② 189 ℉
③ 700 °R
④ 186 K

해설 섭씨온도와 화씨온도 변환 ─────────

$$°F = \left(\frac{9}{5} \times ℃\right) + 32$$

$$= \left(\frac{9}{5} \times 87\right) + 32 = 188.6°F$$

29

중요도 ★★

공기 중 유기용제 시료를 활성탄관으로 채취하였을 때 가장 적절한 탈착용매는?

① 황산
② 사염화탄소
③ 중크롬산칼륨
④ 이황화탄소

해설 탈착용매 ─────────

공기 중 유기용제 시료를 활성탄관으로 채취할 때 이황화탄소를 탈착용매로 사용한다.

이황화탄소는 탈착효율이 좋고, 분석 시 유리한 점이 있으나 독성이 있고, 인화성도 있으므로 사용 시 주의가 필요하다.

30

중요도 ★★★

입자상 물질을 채취하는 방법 중 직경분립충돌기의 장점으로 틀린 것은?

① 호흡기에 부분별로 침착된 입자크기의 자료를 추정할 수 있다.
② 흡입성, 흉곽성, 호흡성 입자의 크기별 분포와 농도를 계산할 수 있다.
③ 시료채취 준비에 시간이 적게 걸리며 비교적 채취가 용이하다.
④ 입자의 질량크기 분포를 얻을 수 있다.

해설 입경분립충돌기(직경분립충돌기) ─────────

구분	내용
장점	• 호흡기에 부분별로 침착된 입자크기의 자료를 추정할 수 있다. • 흡입성, 흉곽성, 호흡성 입자의 크기별 분포와 농도를 계산할 수 있다. • 입자의 질량크기 분포를 얻을 수 있다.
단점	• 시료채취가 까다로워 전문가가 측정해야 한다. • 시료채취 준비기간이 길고 비용이 많이 든다. • 되튐으로 인한 시료의 손실이 발생한다.

31

중요도 ★★

「산업안전보건법령」상 소음 측정방법에 관한 내용이다. ( ) 안에 맞는 내용은?

> 소음이 1초 이상의 간격을 유지하면서 최대음압수준이 ( ) dB(A) 이상의 소음인 경우에는 소음수준에 따른 1분 동안의 발생횟수를 측정할 것

① 110
② 120
③ 130
④ 140

해설 소음측정방법 ─────────

「작업환경 측정 및 정도관리 등에 관한 고시」 제26조 소음이 1초 이상의 간격을 유지하면서 최대음압수준이 120 dB(A) 이상의 소음인 경우에는 소음수준에 따른 1분 동안의 발생횟수를 측정할 것

32

중요도 ★★★

실리카겔과 친화력이 가장 큰 물질은?

① 알데하이드류
② 올레핀류
③ 파라핀류
④ 에스테르류

해설 실리카겔의 친화력(극성이 강한 순서) ─────────

물 > 알코올류 > 알데하이드류 > 케톤류 > 에스테르류 > 방향족탄화수소류 > 올레핀류 > 파라핀류

33

중요도 ★★

「산업안전보건법령」상 단위작업장소에서 작업근로자 수가 17명일 때, 측정해야 할 근로자 수는? (단, 시료채취는 개인시료채취로 한다)

① 1 ② 2
③ 3 ④ 4

해설 시료채취 ─────────────

기본적으로 2명의 근로자에게 시료채취를 해야 한다.
근로자 수가 17명으로 10명을 초과한다.
11 ~ 15명일 때는 1명 추가, 16 ~ 20명일 때는 2명을 추가해야 한다.
기본 2명 + 2명 추가 = 총 4명

관련법령 시료채취 근로자 수

「작업환경 측정 및 정도관리 등에 관한 고시」 제19조
• 단위작업장소에서 최고 노출근로자 2명 이상에 대하여 동시에 개인시료채취방법으로 측정하되, 단위작업장소에 근로자가 1명인 경우에는 그러하지 아니한다.
• 동일 작업근로자 수가 10명을 초과하는 경우에는 매 5명당 1명 이상 추가하여 측정하여야 한다.
• 동일 작업근로자 수가 100명을 초과하는 경우에는 최대 시료채취 근로자 수를 20명으로 조정할 수 있다.

34

중요도 ★★

시료채취방법 중 유해물질에 따른 흡착제의 연결이 적절하지 않은 것은?

① 방향족 유기용제류 - Charcoal Tube
② 방향족 아민류 - Silicagel Tube
③ 니트로벤젠 - Silicagel Tube
④ 알코올류 - Amberlite(XAD-2)

해설 시료채취방법 ─────────────

알코올류는 활성탄관(Charcoal Tube)을 사용하여 채취한다.

35

중요도 ★★

직독식 기구에 대한 설명과 가장 거리가 먼 것은?

① 측정과 작동이 간편하여 인력과 분석비를 절감할 수 있다.
② 연속적인 시료채취전략으로 작업시간 동안 하나의 완전한 시료채취에 해당된다.
③ 현장에서 실제 작업시간이나 어떤 순간에서 유해인자의 수준과 변화를 쉽게 알 수 있다.
④ 현장에서 즉각적인 자료가 요구될 때 민감성과 특이성이 있는 경우 매우 유용하게 사용될 수 있다.

해설 직독식 기구 ─────────────

직독식 기구는 현장에서 시료를 바로 분석할 수 있다. 직독식 기구는 채취와 분석이 짧은 시간에 이루어져 작업장의 순간농도를 측정할 수 있는 장점이 있으나 각 물질에 대한 특이성이 낮고 완전한 시료채취방법이라고 볼 수는 없다.

36

중요도 ★★

측정값이 1, 7, 5, 3, 9일 때, 변이계수(%)는?

① 183 ② 133
③ 63 ④ 13

해설 변이계수 계산 ─────────────

산술평균(M) 계산
$$M = \frac{1+7+5+3+9}{5} = 5$$

표준편차(SD) 계산
$$SD = \sqrt{\frac{\begin{array}{c}(1-5)^2+(7-5)^2+(5-5)^2\\+(3-5)^2+(9-5)^2\end{array}}{5-1}}$$
$$= 3.16$$

변이계수(CV%)

$$CV\% = \frac{\text{표준편차}}{\text{산술평균}} \times 100$$

$$= \frac{3.16}{5} \times 100 = 63.2\%$$

37 중요도 ★★★

어느 작업장에서 작동하는 기계 각각의 소음 측정 결과가 아래와 같을 때, 총 음압수준(dB)은? (단, A, B, C기계는 동시에 작동된다)

A기계 : 93 dB, B기계 : 89 dB, C기계 : 88 dB

① 91.5 ② 92.7
③ 95.3 ④ 96.8

해설 합성소음도(총 음압수준)

$$L = 10 \times \log\left(10^{\frac{L_1}{10}} + 10^{\frac{L_2}{10}} + \cdots 10^{\frac{L_n}{10}}\right)$$

L : 합성소음도(dB)
L_n : 각각 소음원의 소음(dB)

$$L = 10 \times \log\left(10^{\frac{93}{10}} + 10^{\frac{89}{10}} + 10^{\frac{88}{10}}\right)$$

$$= 95.34 \text{dB}$$

38 중요도 ★★

유해인자에 대한 노출평가방법인 위해도 평가(Risk assessment)를 설명한 것으로 가장 거리가 먼 것은?

① 위험이 가장 큰 유해인자를 결정하는 것이다.
② 유해인자가 본래 가지고 있는 위해성과 노출요인에 의해 결정된다.
③ 모든 유해인자 및 작업자, 공정을 대상으로 동일한 비중을 두면서 관리하기 위한 방안이다.
④ 노출량이 높고 건강상의 영향이 큰 유해인자인 경우 관리해야 할 우선순위도 높게 된다.

해설 위해도 평가

위해도 평가(Risk Assessment)란 위험이 가장 큰 유해인자를 결정하고 노출량이 높고 건강상의 영향이 큰 유해인자부터 우선적으로 관리하기 위한 방안이다.
화학물질이 유해인자인 경우 우선순위를 결정하는 요소는 화학물질의 위해성, 공기 중으로의 확산 가능성, 노출 근로자 수, 사용시간이다.

39 중요도 ★★★

검지관의 장·단점에 관한 내용으로 옳지 않은 것은?

① 사용이 간편하고, 복잡한 분석실 분석이 필요 없다.
② 산소결핍이나 폭발성 가스로 인한 위험이 있는 경우에도 사용이 가능하다.
③ 민감도 및 특이도가 낮고 색변화가 선명하지 않아 판독자에 따라 변이가 심하다.
④ 측정대상물질의 동정이 미리 되어 있지 않아도 측정을 용이하게 할 수 있다.

해설 검지관

검지관방식은 특정 가스에 반응하는 시약이 들어있는 검지관을 이용하는 것으로 동정(가스의 성분 확인)이 되어 있어야 한다.

개념확인 검지관의 장점과 단점

구분	내용
장점	• 사용이 간편하다. • 반응시간이 빨라 빠른 측정이 필요할 때 사용이 가능하다. • 비전문가도 어느 정도만 숙지하면 사용할 수 있다.
단점	• 민감도가 낮으며 비교적 고농도에 적용할 수 있다. • 일반적으로 단시간 측정만 가능하다. • 한 검지관으로 단일 물질만 측정할 수 있어 각 오염물질에 맞는 검지관을 선정해야 한다. • 미리 특정대상물질의 동정이 되어 있어야 측정할 수 있다.

40

어떤 작업장의 8시간 작업 중 연속음 소음 100 dB(A)가 1시간, 95 dB(A)가 2시간 발생하고 그 외 5시간은 기준 이하의 소음이 발생되었다. 이때 이 작업장의 누적소음도에 대한 노출기준 평가로 옳은 것은?

① 0.75로 기준 이하였다.
② 1.0으로 기준과 같았다.
③ 1.25로 기준을 초과하였다.
④ 1.50으로 기준을 초과하였다.

해설 노출지수(EI) 계산 ────────

$$EI = \frac{C_1}{T_1} + \frac{C_2}{T_2} + \cdots + \frac{C_n}{T_n}$$

C_n : 측정치

T_n : 노출기준

$EI > 1$: 노출기준 초과

$EI < 1$: 노출기준을 초과하지 않음

$$EI = \frac{1}{2} + \frac{2}{4} = 1.0$$

$EI = 1.0$ 으로 노출기준과 같다.

개념확인 소음의 노출기준

1일 노출시간(hr)	소음수준[dB(A)]
8	90
4	95
2	100
1	105
0.5	110
0.25	115

41

호흡기 보호구에 대한 설명으로 옳지 않은 것은?

① 호흡기 보호구를 선정할 때는 기대되는 공기 중의 농도를 노출기준으로 나눈 값을 위해비 (HR)라 하는데, 위해비보다 할당보호계수 (APF)가 작은 것을 선택한다.
② 할당보호계수(APF)가 100인 보호구를 착용하고 작업장에 들어가면 외부 유해물질로부터 적어도 100배 만큼의 보호를 받을 수 있다는 의미이다.
③ 보호구를 착용함으로써 유해물질로부터 얼마만큼 보호해주는지 나타내는 것은 보호계수 (PF)이다.
④ 보호계수(PF)는 보호구 밖의 농도(C_o)와 안의 농도(C_i)의 비(C_o/C_i)로 표현할 수 있다.

해설 호흡용 보호구 ────────

호흡용 보호구 선정 시 위해비(HR)보다 할당보호계수(APF)가 큰 것을 선택해야 한다.

42

흡입관의 정압 및 속도압은 -30.5 mmH₂O, 7.2 mmH₂O이고, 배출관의 정압 및 속도압은 20.0 mmH₂O, 15 mmH₂O일 때, 송풍기의 유효전압 (mmH₂O)은?

① 58.3   ② 64.2
③ 72.3   ④ 81.1

548 PART 06 | 과년도 기출문제

정답 40 ② 41 ① 42 ①

해설 유효전압 계산 ————————

전압 = 속도압(VP) + 정압(SP)

배출구 전압 = 15 + 20 = 35 mmH₂O

흡입구 전압 = 7.2-30.5 = -23.3 mmH₂O

송풍기의 유효전압 = 배출구 전압-흡입구 전압

송풍기 유효전압 = 35-(-23.3) = 58.3 mmH₂O

43   중요도 ★★

환기시설 내 기류가 기본적 유체역학적 원리에 의하여 지배되기 위한 전제조건에 관한 내용으로 틀린 것은?

① 환기시설 내외의 열 교환은 무시한다.

② 공기의 압축이나 팽창을 무시한다.

③ 공기는 포화 수증기 상태로 가정한다.

④ 대부분의 환기시설에서는 공기 중에 포함된 유해물질의 무게와 용량을 무시한다.

해설 유체역학적 원리의 기본조건 ————————

• 공기는 상대습도를 기준으로 한다.

• 공기는 건조하다고 가정한다.

• 공기의 압축이나 팽창은 무시한다.

• 환기시설 내외의 열 교환은 무시한다.

• 공기 중에 포함된 유해물질의 무게와 용량은 무시한다.

44   중요도 ★★

전기도금 공정에 가장 적합한 후드 형태는?

① 캐노피 후드   ② 슬롯 후드

③ 포위식 후드   ④ 종형 후드

해설 슬롯형 후드 ————————

• 후드의 개구면이 좁고 폭과 길이의 비가 0.2 이하인 것이다.

• 슬롯은 공기의 균일한 흡입을 돕는다.

• 도금조, 용해, 분무도장 작업 등에 사용된다.

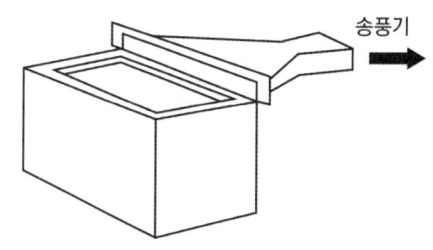

45   중요도 ★★

보호구의 재질에 따른 효과적 보호가 가능한 화학물질을 잘못 짝지은 것은?

① 가죽 – 알코올

② 천연고무 – 물

③ 면 – 고체상 물질

④ 부틸고무 – 알코올

해설 보호장구 재질에 따른 적용 물질 ————————

• Vitron : 비극성 용제에 사용

• Nitrile : 비극성 용제에 사용

• 천연고무(Latex) : 극성 용제 및 수용성 용액에 사용

• Butyl 고무 : 극성용제(알코올, 알데하이드 등)

• 면 : 고체상 물질에 사용(용제에는 사용 못 함)

• 가죽 : 찰과상 예방(용제에는 사용 못 함)

46

중요도 ★

슬롯(Slot) 후드의 종류 중 전원주형의 배기량은 1/4 원주형 대비 약 몇 배인가?

① 2배　　　　　　　② 3배

③ 4배　　　　　　　④ 5배

해설 외부식 슬롯형 후드의 필요 송풍량(Q) ────

$Q = C \times L \times V_c \times X$

Q : 필요 송풍량(m^3/sec)

C : 형상계수

L : 개구면의 길이(m)

V_c : 제어속도(m/sec)

X : 포촉점(포집점)까지의 거리(m)

형상계수는 전원주형의 경우 ACGIH 기준 3.7, 일반적인 경우는 5.0이다.

3/4 원주는 4.1, 1/2 원주는 2.6, 1/4 원주는 1.6이다. 다른 조건이 같다면 전원주형의 배기량과 1/4 원주형은 형상계수만 다르므로 배기량은 약 3.125배이다.

47

중요도 ★★★

터보(Turbo) 송풍기에 관한 설명으로 틀린 것은?

① 후향날개형 송풍기라고도 한다.

② 송풍기의 깃이 회전방향 반대편으로 경사지게 설계되어 있다.

③ 고농도 분진함유 공기를 이송시킬 경우, 집진기 후단에 설치하여 사용해야 한다.

④ 방사날개형이나 전향날개형 송풍기에 비해 효율이 떨어진다.

해설 터보(Turbo) 송풍기 ────

• 팬의 날이 회전방향에 반대되는 쪽으로 기울어진 형태이다.

• 송풍량이 증가해도 동력이 증가하지 않는다.

• 압력 변동이 있어도 풍량의 변화가 비교적 작다.

• 원심력식 송풍기 중 효율이 가장 좋다.

48

중요도 ★★★

밀도가 1.225 kg/m^3인 공기가 20 m/s의 속도로 덕트를 통과하고 있을 때 동압(mmH₂O)은?

① 15　　　　　　　② 20

③ 25　　　　　　　④ 30

해설 속도압(동압)(VP) ────

$$VP = \frac{\gamma V^2}{2g}$$

VP : 속도압(동압)(mmH₂O)

γ : 공기의 밀도(kg/m^3)

g : 중력가속도(m/sec^2)

V : 공기의 속도(m/sec)

$$VP = \frac{1.225 \times 20^2}{2 \times 9.8} = 25 mmH_2O$$

49

중요도 ★

다음 중 정압회복계수가 0.72이고 정압회복량이 7.2 mmH₂O인 원형 확대관의 압력손실(mmH₂O)은?

① 4.2　　　　　　　② 3.6

③ 2.8　　　　　　　④ 1.3

해설 확대관의 압력손실 계산 ────

(1) 정압회복량($SP_2 - SP_1$)으로 $\triangle P$ 정리

$(SP_2 - SP_1) = (VP_1 - VP_2) - \triangle P$

SP_1 : 확대 전의 정압(mmH₂O)

SP_2 : 확대 후의 정압(mmH₂O)

VP_1 : 확대 전의 속도압(mmH₂O)

VP_2 : 확대 후의 속도압(mmH₂O)

$7.2 = (VP_1 - VP_2) - \triangle P$

$\triangle P = (VP_1 - VP_2) - 7.2$

(2) 압력손실($\triangle P$)식을 (1)에 대입

$\triangle P = \zeta \times (VP_1 - VP_2)$

정압회복계수(R) = $1 - \zeta$

ζ : 압력손실계수

$\zeta = 1 - 0.72 = 0.28$

$(VP_1 - VP_2) = \dfrac{\triangle P}{\zeta}$

$\triangle P = \dfrac{\triangle P}{0.28} - 7.2$

(3) 압력손실($\triangle P$) 계산

$\triangle P - \dfrac{\triangle P}{0.28} = -7.2$

$\dfrac{0.28\triangle P - \triangle P}{0.28} = -7.2$

$\dfrac{-0.72\triangle P}{0.28} = -7.2$

$\triangle P = -7.2 \times \dfrac{0.28}{-0.72} = 2.8 \text{mmH}_2\text{O}$

50

중요도 ★

유기용제 취급 공정의 작업환경관리 대책으로 가장 거리가 먼 것은?

① 근로자에 대한 정신건강관리 프로그램 운영
② 유기용제의 대체사용과 작업공정 배치
③ 유기용제 발산원의 밀폐 등의 조치
④ 국소배기장치의 설치 및 관리

해설 작업환경관리 대책 —————

근로자에 대한 정신건강관리 프로그램보다는 유기용제 취급작업의 올바른 작업방법에 대한 교육을 해야 한다.

51

중요도 ★★

송풍기의 풍량조절기법 중에서 풍량(Q)을 가장 크게 조절할 수 있는 것은?

① 회전수 조절법
② 안내익 조절법
③ 댐퍼부착 조절법
④ 흡입압력 조절법

해설 송풍기의 풍량 조절방법 —————

• 회전수 조절법 : 풍량을 크게 하려고 할 때 가장 적절한 방법이다.
• 안내익 조절법 : 송풍기 흡입구에 부착된 방사상 Blade 각도를 변경하는 것이다.
• 댐퍼부착법 : 배관 내에 댐퍼를 부착하여 송풍량을 조절하는 것이다.

52

중요도 ★★★

회전차 외경이 600 mm인 원심 송풍기의 풍량은 200 m³/min이다. 회전차 외경이 1,200 mm인 동류(상사구조)의 송풍기가 동일한 회전수로 운전된다면 이 송풍기의 풍량(m³/min)은? (단, 두 경우 모두 표준공기를 취급한다)

① 1,000
② 1,200
③ 1,400
④ 1,600

해설 송풍기의 풍량(Q) —————

$Q_2 = Q_1 \times \left(\dfrac{N_2}{N_1}\right) \times \left(\dfrac{D_2}{D_1}\right)^3$

Q : 풍량(m³/min)
N : 회전수(rpm), D : 직경(m)
회전수는 동일하다고 했으므로 직경만 계산하여 변경 후 풍량을 계산한다.

$Q_2 = 200 \times \left(\dfrac{1,200}{600}\right)^3 = 1,600 \text{m}^3/\text{min}$

53

중요도 ★

송풍기 축의 회전수를 측정하기 위한 측정기구는?

① 열선풍속계(Hot Wire Anemometer)

④ 타코미터(Tachometer)

③ 마노미터(Manometer)

④ 피토관(Pitot tube)

해설 타코미터(Tachometer) —————

기계의 축의 회전수(회전속도)를 측정하는 계량·측정기이며 회전계의 일종이다.

54

중요도 ★★

20 ℃, 1기압에서 공기유속은 5 m/s, 원형 덕트의 단면적은 1.13 m²일 때, Reynolds 수는? (단, 공기의 점성계수는 1.8 × 10⁻⁵ kg/s · m이고, 공기의 밀도는 1.2 kg/m³이다)

① 4.0×10^5 ② 3.0×10^5

③ 2.0×10^5 ④ 1.0×10^5

해설 레이놀즈수(Re) —————

$$Re = \frac{\rho V d}{\mu} = \frac{Vd}{\nu}$$

ρ : 유체(공기)의 밀도(kg/m³)

V : 유체(공기)의 속도(m/sec)

d : 관(덕트)의 직경(m)

μ : 유체(공기)의 점성계수(kg/m · sec)

ν : 유체(공기)의 동점성계수(m²/sec)

문제에서 관의 직경은 주어지지 않고 단면적이 주어졌으므로 단면적으로 관의 직경(d)를 계산한다.

$$\frac{\pi}{4}d^2 = 1.13$$

$$d^2 = \frac{4 \times 1.13}{\pi}$$

$$d = \sqrt{\frac{4 \times 1.13}{\pi}} = 1.199m \risingdotseq 1.2m$$

$$Re = \frac{\rho V d}{\mu} = \frac{1.2 \times 5 \times 1.2}{1.8 \times 10^{-5}} = 4.0 \times 10^5$$

55

중요도 ★★

유해물질별 송풍관의 적정 반송속도로 옳지 않은 것은?

① 가스상 물질 : 10 m/s

② 무거운 물질 : 25 m/s

③ 일반 공업물질 : 20 m/s

④ 가벼운 건조물질 : 30 m/s

해설 유해물질별 덕트 내 반송속도(m/sec) —————

발생형태	반송속도
증기, 가스, 연기	5 ~ 10
흄	10 ~ 12.5
미세하고 가벼운 분진	12.5 ~ 15
건조한 분진이나 분말	15 ~ 20
일반 산업분진	17.5 ~ 20
무거운 분진	20 ~ 22.5
무겁고 습한 분진	22.5 이상

56

중요도 ★

신체 보호구에 대한 설명으로 틀린 것은?

① 정전복은 마찰에 의하여 발생되는 정전기의 대전을 방지하기 위하여 사용된다.

② 방열의에는 석면제나 섬유에 알루미늄 등을 중착한 알루미나이즈 방열의가 사용된다.

③ 위생복(보호의)에서 방한복, 방한화, 방한모는 −18 ℃ 이하인 급냉동 창고 하역작업 등에 이용된다.

④ 안면 보호구에는 일반 보호면, 용접면, 안전모, 방진 마스크 등이 있다.

해설 신체 보호구 —————

안면 보호구에는 일반 보호면, 용접면, 보안경 등이 있다.

정답 53 ② 54 ① 55 ④ 56 ④

57

중요도 ★★

호흡용 보호구 중 방독/방진 마스크에 대한 설명 중 옳지 않은 것은?

① 방진 마스크의 흡기저항과 배기저항은 모두 낮은 것이 좋다.
② 방진 마스크의 포집효율과 흡기저항 상승률은 모두 높은 것이 좋다.
③ 방독 마스크는 사용 중에 조금이라도 가스 냄새가 나는 경우 새로운 정화통으로 교체하여야 한다.
④ 방독 마스크의 흡수제는 활성탄, 실리카겔, sodalime 등이 사용된다.

해설 **호흡용 보호구** ─────────────
방진 마스크의 포집효율은 높을수록, 흡기저항 상승률은 낮을수록 좋다.

58

중요도 ★★

전체환기의 목적에 해당되지 않는 것은?

① 발생된 유해물질을 완전히 제거하여 건강을 유지·증진한다.
② 유해물질의 농도를 희석시켜 건강을 유지·증진한다.
③ 실내의 온도와 습도를 조절한다.
④ 화재나 폭발을 예방한다.

해설 **전체환기의 목적** ─────────────
전체환기는 작업장 전체를 환기시키는 것으로 공기를 희석하여 유해인자의 농도를 낮추는 것이다.
전체환기를 통해 발생된 유해물질을 완전히 제거할 수는 없다.

59

중요도 ★★★

심한 난류 상태의 덕트 내에서 마찰계수를 결정하는 데 가장 큰 영향을 미치는 요소는?

① 덕트의 직경
② 공기점도와 밀도
③ 덕트의 표면조도
④ 레이놀즈수

해설 **마찰계수에 영향을 미치는 요인** ─────────────
덕트 내 공기에 의한 마찰손실은 덕트면의 조도(거친 정도)가 가장 큰 영향을 준다.

60

중요도 ★★★

국소환기시설 설계에 있어 정압조절평형법의 장점으로 틀린 것은?

① 예기치 않은 침식 및 부식이나 퇴적문제가 일어나지 않는다.
② 설치된 시설의 개조가 용이하여 장치변경이나 확장에 대한 유연성이 크다.
③ 설계가 정확할 때에는 가장 효율적인 시설이 된다.
④ 설계 시 잘못 설계된 분지관 또는 저항이 제일 큰 분지관을 쉽게 발견할 수 있다.

해설 **정압조절평형법의 장점과 단점** ─────────────

구분	내용
장점	• 침식, 부식, 분진 퇴적에 의한 덕트 폐쇄가 없다. • 설계 시 잘못 설계된 분지관 또는 저항이 제일 큰 분지관을 쉽게 발견할 수 있다. • 설계가 정확할 때 가장 효율적인 시설이다.
단점	• 설계 시 잘못된 유량을 고치기 어렵다. • 설계가 복잡하고 시간이 오래 걸린다. • 설치된 후의 개조 및 변경이나 확장에 대한 유연성이 낮다. • 경우에 따라 전체 필요한 최소유량보다 더 초과될 수 있다.

61

중요도 ★

다음 파장 중 살균작용이 가장 강한 자외선의 파장 범위는?

① 220 ~ 234 nm ② 254 ~ 280 nm
③ 290 ~ 315 nm ④ 325 ~ 400 nm

해설 **자외선의 파장**

자외선 중 254 ~ 280 nm(254 nm 파장 정도에서 가장 강함)에서 살균작용이 가장 강하다.
실내공기를 소독할 때에도 이 파장 범위를 사용한다.

62

중요도 ★★★

다음 중 레이노현상(Raynaud's Phenomenon)의 주요 원인으로 옳은 것은?

① 국소진동 ② 전신진동
③ 고온 환경 ④ 다습 환경

해설 **레이노증후군**

• 국소진동으로 인하여 말초혈관의 운동장해가 발생하는 것이다.
• 추운 환경에서 잘 발생하는 것으로 수지가 창백해지고 손이 차며 통증이 발생한다.

63

중요도 ★★

「산업안전보건법령」상 고온의 노출기준 중 중등작업의 계속작업 시 노출기준은 몇 ℃(WBGT)인가?

① 26.7 ② 28.3
③ 29.7 ④ 31.4

해설 **고온의 노출기준(단위 : ℃)**

「화학물질 및 물리적 인자의 노출기준」별표3

구분	작업강도		
	경작업	중등작업	중작업
계속작업	30.0	26.7	25.0
매 시간 75 % 작업, 25 % 휴식	30.6	28.0	25.9
매 시간 50 % 작업, 50 % 휴식	31.4	29.4	27.9
매 시간 25 % 작업, 75 % 휴식	32.2	31.1	30.0

64

중요도 ★★★

일반소음에 대한 차음효과는 벽체의 단위표면적에 대하여 벽체의 무게가 2배될 때마다 약 몇 dB씩 증가하는가? (단, 벽체 무게 이외의 조건은 동일하다)

① 4 ② 6
③ 8 ④ 10

해설 **차음효과**

장벽을 설치하면 표면적에 대하여 무게가 2배가 될 때마다 차음효과는 6 dB씩 증가한다.

65

중요도 ★

전기성 안염(전광선 안염)과 가장 관련이 깊은 비전리방사선은?

① 자외선 ② 적외선
③ 가시광선 ④ 마이크로파

해설 자외선의 눈에 대한 작용 —————

• 전기용접, 자외선 살균 취급자 등에서 발생되는 자외선에 의해 전광선 안염인 극성 각막염이 유발될 수 있다.
• 나이가 많을수록 자외선 흡수량이 많아져 백내장을 일으킬 수 있다.

해설 적정공기 정의 —————

「안전보건규칙」 제618조
• 산소농도의 범위가 18 % 이상 23.5 % 미만
• 이산화탄소(탄산가스)의 농도가 1.5 % 미만
• 일산화탄소의 농도가 30 ppm 미만
• 황화수소의 농도가 10 ppm 미만

66 중요도 ★★★

한랭노출 시 발생하는 신체적 장해에 대한 설명으로 옳지 않은 것은?

① 동상은 조직의 동결을 말하며, 피부의 이론상 동결온도는 약 -1 ℃ 정도이다.
② 전신 체온강하는 장시간의 한랭노출과 체열상실에 따라 발생하는 급성 중증장해이다.
③ 참호족은 동결온도 이하의 찬 공기에 단기간의 접촉으로 급격한 동결이 발생하는 장해이다.
④ 침수족은 부종, 저림, 작열감, 소양감 및 심한 동통을 수반하며, 수포, 궤양이 형성되기도 한다.

해설 한랭노출 시 발생하는 신체적 장해 —————

참호족은 근로자의 발이 한랭 환경에 장기간 노출됨과 동시에 지속적으로 습기나 물에 잠기게 될 경우에 발생한다.

67 중요도 ★★★

「산업안전보건법령」상 "적정한 공기"에 해당하지 않는 것은? (단, 다른 성분의 조건은 적정한 것으로 가정한다)

① 탄산가스 농도 1.5 % 미만
② 일산화탄소 농도 100 ppm 미만
③ 황화수소 농도 10 ppm 미만
④ 산소농도 18 % 이상 23.5 % 미만

68 중요도 ★

인체와 작업환경 사이의 열 교환이 이루어지는 조건에 해당되지 않는 것은?

① 대류에 의한 열 교환
② 복사에 의한 열 교환
③ 증발에 의한 열 교환
④ 기온에 의한 열 교환

해설 열평형 방정식(인체의 열 교환) —————

$\triangle S = M - E \pm R \pm C$
$\triangle S$: 생체 내 열용량의 변화
M : 대사에 의한 열 생산
E : 수분 증발에 의한 열 방산
R : 복사에 의한 열 득실
C : 대류 및 전도에 의한 열 득실

69 중요도 ★★★

심한 소음에 반복 노출되면, 일시적인 청력 변화는 영구적 청력 변화로 변하게 되는데, 이는 다음 중 어느 기관의 손상으로 인한 것인가?

① 원형창
② 삼반규반
③ 유스타키오관
④ 코르티기관

해설 소음의 인체 영향 —————

심한 소음에 반복 노출되면 코르티기관이 손상되어 일시적인 청력변화가 영구적 청력변화로 변하게 된다.

70 중요도 ★★

방진재료로 적절하지 않은 것은?

① 방진고무
② 코르크
③ 유리섬유
④ 코일 용수철

[해설] 방진재료 ───────────

- 방진재료란 진동이나 충격을 흡수하여 전달을 막는 재료이다.
- 유리섬유는 유리를 섬유처럼 가늘게 뽑아낸 물질로 단열재로 주로 사용된다.

71 중요도 ★★

전리방사선이 인체에 미치는 영향에 관여하는 인자와 가장 거리가 먼 것은?

① 전리작용
② 피폭선량
③ 회절과 산란
④ 조직의 감수성

[해설] 전리방사선이 인체에 미치는 영향 ──────

- 피복선량 : 일시에 받는 것보다 여러 번 나누어 받는 것이 영향이 더 크다.
- 전리작용 : 전리방사선이 이온을 만드는 작용이다.
- 투과력
- 피폭방법
- 조직의 감수성

72 중요도 ★★

「산업안전보건법령」상 소음작업의 기준은?

① 1일 8시간 작업을 기준으로 80데시벨 이상의 소음이 발생하는 작업
② 1일 8시간 작업을 기준으로 85데시벨 이상의 소음이 발생하는 작업
③ 1일 8시간 작업을 기준으로 90데시벨 이상의 소음이 발생하는 작업
④ 1일 8시간 작업을 기준으로 95데시벨 이상의 소음이 발생하는 작업

[해설] 소음작업의 정의 ───────────

「안전보건규칙」 제512조
소음작업은 1일 8시간 작업을 기준으로 85 dB 이상의 소음이 발생하는 작업이다.

[연계학습] 충격소음작업 기준

- 120 dB을 초과하는 소음이 1일 1만 회 이상 발생하는 작업
- 130 dB을 초과하는 소음이 1일 1천 회 이상 발생하는 작업
- 140 dB을 초과하는 소음이 1일 1백 회 이상 발생하는 작업

73 중요도 ★★★

비전리방사선이 아닌 것은?

① 적외선
② 레이저
③ 라디오파
④ 알파(α)선

[해설] 비전리방사선 ───────────

- 전리방사선은 충분한 에너지를 가지고 있어 물질의 원자를 이온화시킬 수 있다.
  예 α선, β선, γ선, 중성자선, X-ray 등
- 비전리방사선은 물질의 원자를 이온화시킬 수 없다.
  예 레이저, 자외선, 가시광선, 라디오파 등

74

중요도 ★★

음원으로부터 40 m 되는 지점에서 음압수준이 75 dB로 측정되었다면 10 m 되는 지점에서의 음압수준(dB)은 약 얼마인가?

① 84
② 87
③ 90
④ 93

해설 소음과 거리 관계식 ─────

$$dB_2 = dB_1 - 20 \times \log\left(\frac{d_2}{d_1}\right)$$

dB_1 : 소음기계로부터 d_1 떨어진 곳의 소음

dB_2 : 소음기계로부터 d_2 떨어진 곳의 소음

$$dB_2 = 75 - 20 \times \log\left(\frac{10}{40}\right) = 87.041 dB$$

75

중요도 ★★★

「산업안전보건법령」상 정밀작업을 수행하는 작업장의 조도기준은?

① 150럭스 이상
② 300럭스 이상
③ 450럭스 이상
④ 750럭스 이상

해설 조도기준 ─────

「안전보건규칙」 제8조

사업주는 근로자가 상시 작업하는 장소의 작업면 조도(照度)를 다음의 기준에 맞도록 하여야 한다.

• 초정밀작업 : 750 lux 이상
• 정밀작업 : 300 lux 이상
• 보통작업 : 150 lux 이상
• 그 밖의 작업 : 75 lux 이상

76

중요도 ★★★

고압 환경의 2차적인 가압현상 중 산소중독에 관한 내용으로 옳지 않은 것은?

① 일반적으로 산소의 분압이 2기압이 넘으면 산소중독증세가 나타난다.
② 산소중독에 따른 증상은 고압산소에 대한 노출이 중지되면 멈추게 된다.
③ 산소의 중독작용은 운동이나 중등량의 이산화탄소의 공급으로 다소 완화될 수 있다.
④ 수지와 족지의 작열통, 시력장해, 정신혼란, 근육경련 등의 증상을 보이며 나아가서는 간질모양의 경련을 나타낸다.

해설 산소중독 ─────

• 산소의 분압이 2기압을 넘으면 산소 중독증세가 나타난다.
• 수지나 족지의 작열통, 시력장해, 근육경련 등의 증상을 보인다.
• 고압산소에 대한 폭로가 중지되면 증상은 즉시 멈춘다.

77

중요도 ★★

빛과 밝기에 관한 설명으로 옳지 않은 것은?

① 광도의 단위로는 칸델라(candela)를 사용한다.
② 광원으로부터 한 방향으로 나오는 빛의 세기를 광속이라 한다.
③ 루멘(lumen)은 1촉광의 광원으로부터 단위 입체각으로 나가는 광속의 단위이다.
④ 조도는 어떤 면에 들어오는 광속의 양에 비례하고, 입사면의 단면적에 반비례한다.

빛과 밝기의 단위 ────────

• 광도란 광원으로부터 한 방향(특정 방향)으로 나오는 빛의 세기이며 단위는 칸델라(cd)이다.
• 광속이란 광원에서 모든 방향으로 방출되는 빛의 총량을 에너지로 표현한 것이며 단위는 루멘(lm)이다.
• 조도는 면적에 입사하는 빛의 총량(광속)으로 광속에 비례하고 단면적에 반비례한다.

78
중요도 ★★★

감압병의 예방대책으로 적절하지 않은 것은?

① 호흡용 혼합가스의 산소에 대한 질소의 비율을 증가시킨다.
② 호흡기 또는 순환기에 이상이 있는 사람은 작업에 투입하지 않는다.
③ 감압병 발생 시 원래의 고압 환경으로 복귀시키거나 인공 고압실에 넣는다.
④ 고압실 작업에서는 탄산가스의 분압이 증가하지 않도록 신선한 공기를 송기한다.

감압병의 예방대책 ────────

헬륨은 호흡저항이 작고, 체외로 배출되는 시간이 질소에 비해 50 % 정도밖에 걸리지 않는다.
고압 환경에서 근무하는 근로자에게는 질소를 헬륨으로 대치한 공기를 호흡시키면 감압병을 예방할 수 있다.

79
중요도 ★

이상기압의 영향으로 발생되는 고공성 폐수종에 관한 설명으로 옳지 않은 것은?

① 어른보다 아이들에게서 많이 발생된다.
② 고공 순화된 사람이 해면에 돌아올 때에도 흔히 일어난다.
③ 산소공급과 해면 귀환으로 급속히 소실되며, 증세가 반복되는 경향이 있다.
④ 진해성 기침과 과호흡이 나타나고 폐동맥 혈압이 급격히 낮아진다.

고공성 폐수종 ────────

고공성 폐수종이 발생하면 진해성 기침과 과호흡이 나타나는 폐동맥의 혈압이 높아진다.

80
중요도 ★★★

1,000 Hz에서의 음압레벨을 기준으로 하여 등청감곡선을 나타내는 단위로 사용되는 것은?

① mel   ② bell
③ sone   ④ phon

phon ────────

• 1 phon : 1,000 Hz, 1 dB 음의 크기이다.
• 1,000 Hz에서의 음압수준(dB)을 기준으로 하여 등청감곡선을 나타내는 단위이다.

81

중요도 ★★

다음 중 무기연에 속하지 않는 것은?

① 금속연
② 일산화연
③ 사산화삼연
④ 4메틸연

해설 무기연 ────────

4알킬연, 4메틸연이 대표적인 유기연이다.

82

중요도 ★★

접촉에 의한 알레르기성 피부감작을 증명하기 위한 시험으로 가장 적절한 것은?

① 첩포시험
② 진균시험
③ 조직시험
④ 유발시험

해설 알레르기성 피부 시험 ────────

첩포시험은 피부에 알레르기를 일으키는 다양한 물질을 첩포(패치)에 담아 48시간 정도 부착한 뒤 부착 부위의 반응을 관찰하는 시험방법이다.

83

중요도 ★★★

피부는 표피와 진피로 구분하는데, 진피에만 있는 구조물이 아닌 것은?

① 혈관
② 모낭
③ 땀샘
④ 멜라닌세포

해설 멜라닌세포 ────────

표피는 피부의 가장 바깥쪽의 얇은 층이고, 진피는 표피의 아래 두꺼운 층이다.
멜라닌세포는 색소를 생성하여 피부, 머리카락, 눈 등에 색을 부여하고, 자외선으로부터 피부를 보호하는 역할을 한다.
멜라닌세포는 표피에만 국한되어 있다.

84

중요도 ★★★

근로자의 소변 속에서 o-크레졸이 다량검출 되었다면 이 근로자는 다음 중 어떤 유해물질에 폭로되었다고 판단되는가?

① 클로로포름
② 초산메틸
③ 벤젠
④ 톨루엔

해설 자주 출제되는 유해물질과 생물학적 노출지표 ──

• 벤젠 - 소변 중 페놀, t,t-뮤코닉산
• 톨루엔 - 소변 중 o-크레졸
• 이황화탄소 - 소변 중 TTCA
• 노말헥산 - 소변 중 2,5-hexanedione
• 니트로벤젠 - 혈중 메트헤모글로빈
• 일산화탄소 - 혈액 중 Carboxyhemglobin
• 에틸벤젠 - 소변 중 만델린산

85

중요도 ★★

카드뮴의 중독, 치료 및 예방대책에 관한 설명으로 옳지 않은 것은?

① 소변 속의 카드뮴 배설량은 카드뮴 흡수를 나타내는 지표가 된다.
② BAL 또는 Ca-EDTA 등을 투여하여 신장에 대한 독작용을 제거한다.
③ 칼슘대사에 장해를 주어 신결석을 동반한 증후군이 나타나고 다량의 칼슘배설이 일어난다.
④ 폐활량 감소, 잔기량 증가 및 호흡곤란의 폐증세가 나타나며, 이 증세는 노출기간과 노출농도에 의해 좌우된다.

해설 카드뮴 중독 ────────

BAL은 수은 해독제이고, Ca-EDTA은 체내에 쌓인 납과 결합해서 납을 소변으로 배출하게 하는 약물이다.
카드뮴 중독 시 BAL 또는 Ca-EDTA를 투여하면 신장 독성을 증가시키므로 위험하다.

86

중요도 ★★★

접촉성 피부염의 특징으로 옳지 않은 것은?

① 작업장에서 발생빈도가 높은 피부질환이다.
② 증상은 다양하지만 홍반과 부종을 동반하는 것이 특징이다.
③ 원인 물질은 크게 수분, 합성화학물질, 생물성 화학물질로 구분할 수 있다.
④ 면역학적 반응에 따라 과거 노출경험이 있어야만 반응이 나타난다.

해설 접촉성 피부염 —————

접촉성 피부염은 외부 물질과의 직접 접촉에 의하여 발생하는 피부염으로 과거의 노출경험과는 관련이 적다.

87

중요도 ★

대사과정에 의해서 변화된 후에만 발암성을 나타내는 간접 발암원으로만 나열된 것은?

① benzo(a)pyrene, ethylbromide
② PAH, methyl nitrosourea
③ benzo(a)pyrene, dimethyl sulfate
④ nitrosamine, ethyl methanesulfonate

해설 간접 발암물질 —————

대사과정에서 변화된 후에만 발암성을 나타낼 수 있는 물질이다.
예 benzo(a)pyrene, ethylbromide

88

중요도 ★★

직업성 피부질환에 영향을 주는 직접적인 요인에 해당되는 것은?

① 연령
② 인종
③ 고온
④ 피부의 종류

해설 직업성 피부질환에 영향을 주는 요인 —————

• 직접요인 : 온도, 자외선 및 유해광선, 진동, 피부염 물질, 바이러스 등
• 간접요인 : 인종, 피부의 종류, 연령, 성별, 계절 및 기후, 개인의 청결상태 등

89

중요도 ★★★

호흡기계로 들어온 입자상 물질에 대한 제거기전의 조합으로 가장 적절한 것은?

① 면역작용과 대식세포의 작용
② 폐포의 활발한 가스교환과 대식세포의 작용
③ 점액 섬모운동과 대식세포에 의한 정화
④ 점액 섬모운동과 면역작용에 의한 정화

해설 입자상 물질의 인체 내 방어기전 —————

• 점액 섬모운동(기관지) : 기도와 기관지에 침착된 먼지는 점막 섬모운동과 같은 방어작용에 의해 정화된다.
• 대식세포 작용(폐포) : 대식세포는 면역담당 세포로서 세균, 이물질 등을 포식, 소화하는 역할을 한다.

90

중요도 ★★★

노말헥산이 체내 대사과정을 거쳐 변환되는 물질로 노말헥산에 폭로된 근로자의 생물학적 노출지표로 이용되는 물질로 옳은 것은?

① hippuric acid
② 2,5-hexanedione
③ hydroquinone
④ 9-hydroxyquinoline

해설 자주 출제되는 유해물질과 생물학적 노출지표 ——

- 벤젠 - 소변 중 페놀, t,t-뮤코닉산
- 크실렌 - 소변 중 메틸마뇨산
- 톨루엔 - 소변 중 o-크레졸
- 이황화탄소 - 소변 중 TTCA
- 노말헥산 - 소변 중 2,5-hexanedione

91

중요도 ★★★

근로자가 1일 작업시간동안 잠시라도 노출되어서는 아니 되는 기준을 나타내는 것은?

① TLV-C
② TLV-STEL
③ TLV-TWA
④ TLV-skin

해설 노출기준 ——

① TLV-C : 근로자가 1일 동안 잠시라도 노출되어서는 안 되는 농도
② TLV-STEL : 단기허용농도로 최대 15분간 노출될 수 있는 농도
③ TLV-TWA : 시간가중평균허용농도로 1일 8시간, 주 40시간 동안 노출될 수 있는 허용 농도
④ TLV-skin : 피부를 통한 흡수 가능성이 있는 경우 표시하는 방법

92

중요도 ★★★

대상 먼지와 침강속도가 같고, 밀도가 1이며 구형인 먼지의 직경으로 환산하여 표현하는 입자상 물질의 직경을 무엇이라 하는가?

① 입체적 직경
② 등면적 직경
③ 기하학적 직경
④ 공기역학적 직경

해설 공기역학적 직경 ——

입자의 모양에 관계없이 해당 먼지가 밀도가 1 g/cm³인 구형이라고 가정했을 때 같은 침강속도를 가지는 가상 입자의 직경이다.

93

중요도 ★★

다음 중 규폐증(Silicosis)을 일으키는 원인 물질과 가장 관계가 깊은 것은?

① 매연
② 암석분진
③ 일반 부유분진
④ 목재분진

해설 규폐증(Silicosis) ——

- 이산화규소(SiO_2, 석영) 분진의 흡입으로 폐조직에 섬유화가 나타나는 진폐증이다.
- 암석에 이산화규소(석영)이 많이 포함되어 있다.
- 암석을 많이 사용하는 건축업, 도자기 작업장, 석재공장 근로자들이 규폐증에 많이 걸린다.

94

중요도 ★★★

방향족 탄화수소 중 만성노출에 의한 조혈장해를 유발시키는 것은?

① 벤젠
② 톨루엔
③ 클로로포름
④ 나프탈렌

해설 벤젠 ——

- 골수 및 조혈장해(재생불량성 빈혈)를 유발한다.
- 벤젠에 저농도로 만성노출될 경우 혈액장해, 간장장해, 빈혈, 백혈병에 걸릴 수 있다.

95

금속열에 관한 설명으로 옳지 않은 것은?

① 금속열이 발생하는 작업장에서는 개인 보호용구를 착용해야 한다.
② 금속 흄에 노출된 후 일정 시간의 잠복기를 지나 감기와 비슷한 증상이 나타난다.
③ 금속열은 일주일 정도가 지나면 증상은 회복되나 후유증으로 호흡기, 시신경 장애 등을 일으킨다.
④ 아연, 마그네슘 등 비교적 융점이 낮은 금속의 제련, 용해, 용접 시 발생하는 산화금속 흄을 흡입할 경우 생기는 발열성 질병이다.

해설 금속열 ───────────────

• 금속열은 용접, 절단 등의 용융 금속 취급 작업자가 금속 흄을 흡입했을 때 발생하는 것으로 발열이 대표적인 증상이다.
• 금속열은 특별한 치료를 하지 않아도 1 ~ 2일 정도 휴식을 취하면 증상이 사라지고, 심각한 후유증을 남기지 않는다.

96

납이 인체에 흡수됨으로 초래되는 결과로 옳지 않은 것은?

① δ-ALAD 활성치 저하
② 혈청 및 요중 δ-ALA 증가
③ 망상적혈구수의 감소
④ 적혈구 내 프로토폴피린 증가

해설 납 중독 ───────────────

망상적혈구는 쉽게 표현하면 새로 만들어지는 어린 적혈구이다.
납이 인체에 흡수되면 적혈구의 조혈과정을 방해하지만 인체 내의 방어기전으로 빈혈을 보상하기 위해 오히려 망상적혈구의 수치가 증가하는 경향을 보인다.

97

유해물질의 경구투여용량에 따른 반응범위를 결정하는 독성검사에서 얻은 용량–반응곡선(Dose-response Curve)에서 실험동물군의 50 %가 일정시간 동안 죽는 치사량을 나타내는 것은?

① LC_{50}
② LD_{50}
③ ED_{50}
④ TD_{50}

해설 독성검사 관련 용어 ───────────────

① LC_{50} : 실험동물의 50 %에서 사망을 유발하는 농도이다.
② LD_{50} : 실험동물의 50 %가 일정시간 안에 사망하게 되는 투여 용량이다.
③ ED_{50} : 실험동물의 50 %에서 가역적 반응을 나타내는 용량이다.
④ TD_{50} : 실험동물의 50 %에서 유독반응(부작용)이 나타나는 용량이다.

98

카드뮴에 노출되었을 때 체내의 주요 축적 기관으로만 나열한 것은?

① 간, 신장
② 심장, 뇌
③ 뼈, 근육
④ 혈액, 모발

해설 카드뮴의 흡수 및 축적 ───────────────

체내에 흡수된 카드뮴은 혈장 단백질과 결합하여 간으로 이송되고, 간에서 서서히 배출되어 최종적으로 신장에 축적된다.

99

인체 내에서 독성이 강한 화학물질과 무독한 화학
물질이 상호작용하여 독성이 증가되는 현상을 무엇
이라 하는가?

① 상가작용　　　　② 상승작용
③ 가승작용　　　　④ 길항작용

해설 독성의 상호작용 ─────────────

① 상가작용 : 두 물질에 동시에 노출될 경우 독성은
　각 물질의 독성의 합과 같다.
　2 + 3 = 5
② 상승작용 : 두 물질에 동시 노출될 경우 독성은 단
　독물질의 독성의 합보다 더 크게 증가한다.
　2 + 3 = 9
③ 가승작용 : 독성이 없던 물질을 독성이 있는 물질
　과 혼합하면 독성이 강해진다.
　2 + 0 = 5
④ 길항작용 : 두 물질이 동시에 노출될 경우 독성은
　단독물질의 독성보다 약해진다.
　2 + 3 = 1

100

무색의 휘발성 용액으로서 도금 사업장에서 금속표
면의 탈지 및 세정용, 드라이클리닝, 접착제 등으로
사용되며, 간 및 신장장해를 유발시키는 유기용제
는?

① 톨루엔
② 노르말헥산
③ 클로로포름
④ 트리클로로에틸렌

해설 트리클로로에틸렌 ─────────────

• 무색의 휘발성 용액이다.
• 도금 사업장에서 금속표면의 탈지 및 세정용으로 사
　용된다.
• 지속적으로 노출되면 간 및 신장장해를 유발시킨다.

2020 제1, 2회 기출문제

01
중요도 ★★

직업성 질환 발생의 요인을 직접적인 원인과 간접적인 원인으로 구분할 때 직접적인 원인에 해당되지 않는 것은?

① 물리적 환경요인
② 화학적 환경요인
③ 작업강도와 작업시간적 요인
④ 부자연스러운 자세와 단순 반복작업 등의 작업요인

해설 직업병의 발생요인의 분류

구분	내용
직접적 원인	• 물리적 환경요인 : 진동, 대기조건의 변화, 방사선 등 • 화학적 환경요인 : 화학물질의 취급 • 작업요인 : 격렬한 근육운동, 단순 반복작업
간접적 원인	• 작업요인 : 작업강도와 작업시간 • 환경요인 : 작업장의 환경 • 인적요인(개체요인) : 연소자의 직업병 발병률이 성인보다 높은 것, 유기인의 중독은 여성층이 더 많은 것 등

02
중요도 ★★

「산업안전보건법령」상 시간당 200 ~ 350 kcal의 열량이 소요되는 작업을 매 시간 50 % 작업, 50 % 휴식 시의 고온노출기준(WBGT)은?

① 26.7 ℃
② 28.0 ℃
③ 28.4 ℃
④ 29.4 ℃

해설 고온노출기준

시간당 200 ~ 350 kcal의 열량이 소요되는 작업은 중등작업으로 50 % 작업, 50 % 휴식 시의 고온노출기준(WBGT)는 29.4 ℃이다.

개념확인 작업강도의 분류

• 경작업 : 200 kcal까지의 열량이 소요되는 작업을 말하며 앉아서 또는 서서 기계의 조정을 하기 위하여 손 또는 팔을 가볍게 쓰는 일 등을 뜻한다.
• 중등작업 : 시간당 200 ~ 350 kcal의 열량이 소모되는 작업을 말하며 물체를 들거나 밀면서 걸어다는 일 등을 뜻한다.
• 중(힘든)작업 : 시간당 350 ~ 500 kcal의 열량이 소요되는 작업을 말하며 곡괭이질 또는 삽질하는 일 등을 뜻한다.

관련법령 고온의 노출기준(단위 : ℃)
「화학물질 및 물리적 인자의 노출기준」 별표3

구분	작업강도		
	경작업	중등작업	중작업
계속작업	30.0	26.7	25.0
매 시간 75 % 작업, 25 % 휴식	30.6	28.0	25.9
매 시간 50 % 작업, 50 % 휴식	31.4	29.4	27.9
매 시간 25 % 작업, 75 % 휴식	32.2	31.1	30.0

정답 01 ③ 02 ④

03

중요도 ★★★

「산업안전보건법령」상 사무실 오염물질에 대한 관리기준으로 옳지 않은 것은?

① 라돈 : 148 Bq/m^3 이하
② 일산화탄소 : 10 ppm 이하
③ 이산화질소 : 0.1 ppm 이하
④ 포름알데하이드 : 500 μg/m^3 이하

해설 오염물질 관리기준 ─────

100 μg/m^3 이하

관련법령 오염물질 관리기준
「사무실 공기관리 지침」제2조

오염물질	관리기준
미세먼지(PM 10)	100 μg/m^3
초미세먼지(PM 2.5)	50 μg/m^3
이산화탄소(CO_2)	1,000 ppm
일산화탄소(CO)	10 ppm
이산화질소(NO_2)	0.1 ppm
포름알데하이드(HCHO)	100 μg/m^3
총휘발성유기화합물(TVOC)	500 μg/m^3
라돈(Radon)	148 μg/m^3
총 부유세균	800 CFU/m^3
곰팡이	500 CFU/m^3

04

중요도 ★★★

유해인자와 그로 인하여 발생되는 직업병이 올바르게 연결된 것은?

① 크롬 - 간암
② 이상기압 - 침수족
③ 망간 - 비중격천공
④ 석면 - 악성중피종

해설 유해인자별 발생 직업병 ─────

유해인자	직업병
크롬	폐암, 비중격천공
이상기압	폐수종(잠함병)
망간	신장염, 신경염
석면	악성중피종
진동	레이노씨병
분진	규폐증

05

중요도 ★★

근골격계 부담작업으로 인한 건강장해 예방을 위한 조치항목으로 옳지 않은 것은?

① 근골격계 질환 예방관리 프로그램을 작성·시행 할 경우에는 노사협의를 거쳐야 한다.
② 근골격계 질환 예방관리 프로그램에는 유해요인조사, 작업환경개선, 교육·훈련 및 평가 등이 포함되어 있다.
③ 사업주는 25 kg 이상의 중량물을 들어 올리는 작업에 대하여 중량과 무게중심에 대하여 안내표시를 하여야 한다.
④ 근골격계 부담작업에 해당하는 새로운 작업·설비 등을 도입한 경우, 지체 없이 유해요인조사를 실시하여야 한다.

해설 중량의 표시 ─────

③ 25 kg → 5 kg

관련법령 중량의 표시 등
「안전보건규칙」제665조
사업주는 근로자가 5 kg 이상의 중량물을 들어 올리는 작업을 하는 경우에 다음의 조치를 해야 한다.
• 주로 취급하는 물품에 대하여 근로자가 쉽게 알 수 있도록 물품의 중량과 무게중심에 대하여 작업장 주변에 안내표시를 할 것
• 취급하기 곤란한 물품은 손잡이를 붙이거나 갈고리, 진공빨판 등 적절한 보조도구를 활용할 것

06

중요도 ★★

연평균 근로자 수가 5,000명인 사업장에서 1년 동안에 125건의 재해로 인하여 250명의 사상자가 발생하였다면, 이 사업장의 연천인율은 얼마인가? (단, 이 사업장의 근로자 1인당 연간 근로시간은 2,400시간이다)

① 10 　　　　　　② 25
③ 50 　　　　　　④ 200

해설 연천인율 ─────────

$$연천인율 = \frac{연간재해자 수}{연평균근로자 수} \times 1,000$$
$$= \frac{250}{5,000} \times 1,000 = 50$$

07

중요도 ★★★

영국의 외과의사 Pott에 의하여 발견된 직업성 암은?

① 비암 　　　　　② 폐암
③ 간암 　　　　　④ 음낭암

해설 Percivall Pott ─────────

- 영국의 의사로 직업성 암을 최초로 보고했다.
- 어린이 굴뚝청소부에서 많이 발생하는 음낭암 (Scrotal Cancer)의 원인 물질을 검댕(Soot)으로 규명했다.

08

중요도 ★★

산업피로(Industrial Fatigue)에 관한 설명으로 옳지 않은 것은?

① 산업피로의 유발원인으로는 작업부하, 작업환경조건, 생활조건 등이 있다.
② 작업과정 사이에 짧은 휴식보다 장시간의 휴식시간을 삽입하여 산업피로를 경감시킨다.
③ 산업피로의 검사방법은 한 가지 방법으로 판정하기는 어려우므로 여러 가지 검사를 종합하여 결정한다.
④ 산업피로란 일반적으로 작업현장에서 고단하다는 주관적인 느낌이 있으면서, 작업능률이 떨어지고, 생체기능의 변화를 가져오는 현상이라고 정의할 수 있다.

해설 산업피로 ─────────

장시간에 한 번 휴식하는 것보다 단시간씩 여러 번 휴식하는 것이 피로회복에 도움이 된다.

09

중요도 ★★★

재해예방의 4원칙에 대한 설명으로 옳지 않은 것은?

① 재해발생에는 반드시 그 원인이 있다.
② 재해가 발생하면 반드시 손실도 발생한다.
③ 재해는 원인 제거를 통하여 예방이 가능하다.
④ 재해예방을 위한 가능한 안전대책은 반드시 존재한다.

해설 산업재해 예방의 4원칙 ─────────

- 예방가능의 원칙 : 재해는 원칙적으로 예방이 가능하다.
- 손실우연의 원칙 : 사고의 결과 발생되는 손실은 우연적이므로 사고의 예방이 중요하다.
- 대책선정의 원칙 : 재해의 예방을 위한 안전대책은 반드시 존재한다.
- 원인계기의 원칙 : 재해발생에는 반드시 원인이 있으므로 사고와 원인의 관계는 필연적이다.

10

「산업안전보건법령」상 사무실 공기의 시료채취방법이 잘못 연결된 것은?

① 일산화탄소 – 전기화학검출기에 의한 채취

② 이산화질소 – 캐니스터(Canister)를 이용한 채취

③ 이산화탄소 – 비분산적외선검출기에 의한 채취

④ 총부유세균 – 충돌법을 이용한 부유세균채취기로 채취

해설 시료채취방법 ─────────────

이산화질소는 고체 흡착관으로 시료를 채취한다.

관련법령 시료채취방법 중 자주 출제되는 내용
「사무실 공기관리 지침」제6조

오염물질	시료채취방법
미세먼지 (PM10)	PM10 샘플러(Sampler)를 장착한 고용량 시료채취기에 의한 채취
초미세먼지 (PM2.5)	PM2.5 샘플러(Sampler)를 장착한 고용량 시료채취기에 의한 채취
이산화탄소 (CO_2)	비분산적외선검출기에 의한 채취
일산화탄소 (CO)	비분산적외선검출기 또는 전기화학검출기에 의한 채취
이산화질소 (NO_2)	고체흡착관에 의한 시료채취
라돈	라돈연속검출기(자동형), 알파트랙(수동형), 충전막전리함(수동형) 측정 등
총부유세균	충돌법을 이용한 부유세균채취기(Bioair Sampler)로 채취

11

작업환경 측정기관이 작업환경 측정을 한 경우 결과를 시료채취를 마친 날부터 며칠 이내에 관할 지방고용노동관서의 장에게 제출하여야 하는가? (단, 제출기간의 연장은 고려하지 않는다)

① 30일 ② 60일

③ 90일 ④ 120일

해설 작업환경 측정 ─────────────

작업환경 측정을 한 경우 시료채취를 마친 날부터 30일 이내에 지방고용노동관서의 장에게 제출하여야 한다.

관련법령 작업환경 측정 결과의 보고
「산업안전보건법 시행규칙」제188조

• 사업주는 작업환경 측정을 한 경우에는 작업환경 측정을 마친 날부터 30일 이내에 관할 지방고용노동관서의 장에게 제출해야 한다.

• 시료분석 및 평가에 상당한 시간이 걸려 시료채취를 마친 날부터 30일 이내에 보고하는 것이 어려운 사업장의 사업주는 그 사실을 증명하여 관할 지방고용노동관서의 장에게 신고하면 30일의 범위에서 제출기간을 연장할 수 있다.

12

「산업안전보건법령」상 보건관리자의 업무가 아닌 것은? (단, 그 밖에 작업관리 및 작업환경관리에 관한 사항은 제외한다)

① 물질안전보건자료의 게시 또는 비치에 관한 보좌 및 지도 · 조언

② 보건교육계획의 수립 및 보건교육 실시에 관한 보좌 및 지도 · 조언

③ 안전인증 대상 기계 등 보건과 관련된 보호구의 점검, 지도, 유지에 관한 보좌 및 지도 · 조언

④ 전체환기장치 등에 관한 설비의 점검과 작업방법의 공학적 개선에 관한 보좌 및 지도 · 조언

해설 보건관리자의 업무 ──────────

안전인증대상 기계 등과 자율안전확인대상 기계 등 중 보건과 관련된 보호구(保護具) 구입 시 적격품 선정에 관한 보좌 및 지도·조언이 보건관리자의 업무이다.

관련법령 보건관리자의 업무
「산업안전보건법 시행령」제22조
- 산업안전보건위원회 또는 노사협의체에서 심의, 의결한 업무와 안전보건관리규정 및 취업규칙에서 정한 업무
- 안전인증대상 기계 등과 자율안전확인대상 기계 등 중 보건과 관련된 보호구(保護具) 구입 시 적격품 선정에 관한 보좌 및 지도·조언
- 위험성평가에 관한 보좌 및 지도·조언
- 물질안전보건자료의 게시 또는 비치에 관한 보좌 및 지도·조언
- 산업보건의의 직무
- 해당 사업장 보건교육계획의 수립 및 보건교육 실시에 관한 보좌 및 지도·조언
- 해당 사업장의 근로자를 보호하기 위한 다음의 조치에 해당하는 의료행위
  - 자주 발생하는 가벼운 부상에 대한 치료
  - 응급처치가 필요한 사람에 대한 처치
  - 부상·질병의 악화를 방지하기 위한 처치
  - 건강진단 결과 발견된 질병자의 요양지도 및 관리
  - 위의 의료행위에 따르는 의약품의 투여
- 작업장 내에서 사용되는 전체환기장치 및 국소 배기장치 등에 관한 설비의 점검과 작업방법의 공학적 개선에 관한 보좌 및 지도·조언
- 사업장 순회점검, 지도 및 조치 건의
- 산업재해 발생의 원인 조사·분석 및 재발 방지를 위한 기술적 보좌 및 지도·조언
- 산업재해에 관한 통계의 유지·관리·분석을 위한 보좌 및 지도·조언
- 법 또는 법에 따른 명령으로 정한 보건에 관한 사항의 이행에 관한 보좌 및 지도·조언
- 업무 수행내용의 기록·유지

13

중요도 ★

인간공학에서 고려해야 할 인간의 특성과 가장 거리가 먼 것은?

① 인간의 습성
② 신체의 크기와 작업환경
③ 기술, 집단에 대한 적응능력
④ 인간의 독립성 및 감정적 조화성

해설 인간공학에서 고려해야 할 인간의 특성 ──────

- 인간의 습성
- 신체의 크기와 작업환경
- 감각과 지각
- 운동력과 근력
- 기술, 집단에 대한 적응능력

14

중요도 ★★

「산업안전보건법령」상 유해위험방지계획서의 제출 대상이 되는 사업이 아닌 것은? (단, 모두 전기 계약용량이 300킬로와트 이상이다)

① 항만운송사업
② 반도체 제조업
③ 식료품 제조업
④ 전자부품 제조업

해설 유해위험방지계획서의 제출대상 ──────

항만운송사업은 유해위험방지계획서 제출대상에 포함되지 않는다.

관련법령 유해위험방지계획서 제출 대상(전기 계약용량이 300 kW 이상일 경우가 해당)
「산업안전보건법 시행령」제42조
- 금속가공제품 제조업(기계 및 가구 제외)
- 비금속 광물제품 제조업
- 기타 기계 및 장비 제조업
- 자동차 및 트레일러 제조업
- 식료품 제조업

정답 13 ④ 14 ①

- 고무제품 및 플라스틱제품 제조업
- 목재 및 나무제품 제조업
- 기타 제품 제조업
- 1차 금속 제조업
- 가구 제조업
- 화학물질 및 화학제품 제조업
- 반도체 제조업
- 전자부품 제조업

15 　　　　　　　　　중요도 ★★★

산업위생전문가의 윤리강령 중 "전문가로서의 책임"에 해당하지 않는 것은?

① 기업체의 기밀은 누설하지 않는다.
② 과학적 방법의 적용과 자료의 해석에서 객관성을 유지한다.
③ 근로자, 사회 및 전문 직종의 이익을 위해 과학적 지식은 공개하거나 발표하지 않는다.
④ 전문적 판단이 타협에 의하여 좌우될 수 있는 상황에는 개입하지 않는다.

해설 산업위생전문가의 전문가로서의 책임 ─────

- 성실성과 학문적 실력 면에서 최고수준을 유지해야 한다.
- 과학적 방법의 적용과 자료의 해석에서 경험을 통한 전문가의 객관성을 유지한다.
- 전문분야로서의 산업위생을 학문적으로 발전시킨다.
- 근로자, 사회 및 전문직종의 이익을 위해 과학적 지식을 공개하고 발표한다.
- 활동을 통해 얻은 개인 및 기업체의 기밀은 누설하지 않는다.
- 전문적 판단이 타협에 의하여 좌우될 수 있거나 이해관계가 있는 상황에는 개입하지 않는다.

16 　　　　　　　　　중요도 ★★

작업자세는 피로 또는 작업능률과 밀접한 관계가 있는데, 바람직한 작업자세의 조건으로 보기 어려운 것은?

① 정적 작업을 도모한다.
② 작업에 주로 사용하는 팔은 심장 높이에 두도록 한다.
③ 작업물체와 눈과의 거리는 명시거리로 30 cm 정도를 유지토록 한다.
④ 근육을 지속적으로 수축시키기 때문에 불안정한 자세는 피하도록 한다.

해설 바람직한 작업자세 ───────────

동적인 작업과 정적인 작업을 적절하게 혼합하는 것이 피로가 적게 쌓이고 능률이 향상된다.

17 　　　　　　　　　중요도 ★★★

지능검사, 기능검사, 인성검사는 직업 적성검사 중 어느 검사항목에 해당되는가?

① 감각적 기능검사
② 생리적 적성검사
③ 신체적 적성검사
④ 심리적 적성검사

해설 적성검사의 분류 ─────────────

- 신체검사
- 생리적 적성검사 : 감각기능검사, 심폐기능검사, 체력검사
- 심리적 적성검사 : 지능검사, 지각동작검사, 인성검사, 기능검사

18

중요도 ★★★

근로자에 있어서 약한 손(왼손잡이의 경우 오른손)의 힘은 평균 45 kp라고 한다. 이 근로자가 무게 18 kg인 박스를 두 손으로 들어 올리는 작업을 할 경우의 작업강도(%MS)는?

① 15 % ② 20 %

③ 25 % ④ 30 %

해설 작업강도(%MS) 공식

$$작업강도(\%MS) = \frac{RF}{MS} \times 100$$

RF : 작업 시 요구되는 힘(한 손에 요구되는 힘)

MS : 근로자가 가지고 있는 약한 손의 최대 힘

문제에서 근로자가 무게 18 kg인 상자를 두 손으로 들어 올렸다고 했으므로 한 손에 요구되는 힘은 9 kg을 적용해야 함을 주의해야 한다.

$$작업강도(\%MS) = \frac{9}{45} \times 100 = 20\%$$

19

중요도 ★★★

산업위생 활동 중 유해인자의 양적, 질적인 정도가 근로자들의 건강에 어떤 영향을 미칠 것인지 판단하는 의사결정단계는?

① 인지 ② 예측

③ 측정 ④ 평가

해설 산업위생 활동

구분	내용
예측	작업환경 측정 및 새로운 물질, 공정 등의 도입 등을 고려하여 근로자의 건강장해와 영향을 사전에 예측한다.
인지	현재 상황에서 존재 또는 잠재하고 있는 유해인자를 파악한다.
측정	작업환경이나 조건의 유해 정도를 구체적, 정성적, 정량적으로 계측한다.
평가	유해인자에 대한 양, 정도가 근로자들의 건강에 어떠한 영향을 미칠 것인가를 판단하는 의사결정단계이다.
관리	유해인자로부터 근로자를 보호하는 모든 수단이다.

20

중요도 ★★★

물체 무게가 2 kg, 권고중량한계가 4 kg일 때 NIOSH의 중량물 취급지수(LI, Lifting Index)는?

① 0.5 ② 1

③ 2 ④ 4

해설 중량물 취급지수(LI)

$$LI = \frac{실제\ 작업\ 무게(L)}{권장무게한계(RWL)} = \frac{2}{4} = 0.5$$

21

중요도 ★★

시료채취기를 근로자에게 착용시켜 가스·증기·미스트·흄 또는 분진 등을 호흡기 위치에서 채취하는 것을 무엇이라고 하는가?

① 지역시료채취
② 개인시료채취
③ 작업시료채취
④ 노출시료채취

해설 시료채취방법의 정의 ──────

「작업환경 측정 및 정도관리 등에 관한 고시」 제2조
- 개인시료채취 : 개인시료채취기를 이용하여 가스·증기·분진·흄(Fume)·미스트(Mist) 등을 근로자의 호흡위치(호흡기를 중심으로 반경 30 cm인 반구)에서 채취하는 것을 말한다.
- 지역시료채취 : 시료채취기를 이용하여 가스·증기·분진·흄(Fume)·미스트(Mist) 등을 근로자의 작업행동 범위에서 호흡기 높이에 고정하여 채취하는 것을 말한다.

22

중요도 ★★

공장 내 지면에 설치된 한 기계로부터 10 m 떨어진 지점의 소음이 70 dB(A)일 때, 기계의 소음이 50 dB(A)로 들리는 지점은 기계에서 몇 m 떨어진 곳인가? (단, 점음원을 기준으로 하고, 기타 조건은 고려하지 않는다)

① 50
② 100
③ 200
④ 400

해설 소음과 거리 관계식 ──────

$$dB_2 = dB_1 - 20 \times \log\left(\frac{d_2}{d_1}\right)$$

dB_1 : 소음기계로부터 d_1 떨어진 곳의 소음
dB_2 : 소음기계로부터 d_2 떨어진 곳의 소음

$$\log\left(\frac{d_2}{d_1}\right) = \frac{dB_1 - dB_2}{20} = \frac{70 - 50}{20} = 1$$

$$\frac{d_2}{d_1} = 10^1 = 10$$

$$d_2 = d_1 \times 10 = 10 \times 10 = 100m$$

23

중요도 ★

Low Volume Air Sampler로 작업장 내 시료를 측정한 결과 2.55 mg/m^{3}이고, 상대농도계로 10분간 측정한 결과 155이고, Dark Count가 6일 때 질량농도의 변환계수는?

① 0.27
② 0.36
③ 0.64
④ 0.85

해설 질량농도 변환계수(K) ──────

$$K = \frac{C}{R - D}$$

C : 중량분석 실측치
R : Digital counter 계수(상대농도계의 1분간 측정치)
D : Dark Count 수치

$$K = \frac{2.55}{\frac{155}{10} - 6} = 0.268$$

24

중요도 ★★★

소음작업장에서 두 기계 각각의 음압레벨이 90 dB로 동일하게 나타났다면 두 기계가 모두 가동되는 이 작업장의 음압레벨(dB)은? (단, 기타 조건은 같다)

① 93

② 95

③ 97

④ 99

해설 합성소음도

$$L = 10 \times \log\left(10^{\frac{L_1}{10}} + 10^{\frac{L_2}{10}} + \cdots 10^{\frac{L_n}{10}}\right)$$

L : 합성소음도(dB)

L_n : 각각 소음원의 소음(dB)

$$L = 10 \times \log\left(10^{\frac{90}{10}} + 10^{\frac{90}{10}}\right)$$

$$= 93.01\text{dB}$$

25

중요도 ★★

대푯값에 대한 설명 중 틀린 것은?

① 측정값 중 빈도가 가장 많은 수가 최빈값이다.

② 가중평균은 빈도를 가중치로 택하여 평균값을 계산한다.

③ 중앙값은 측정값을 모두 나열하였을 때 중앙에 위치하는 측정값이다.

④ 기하평균은 n개의 측정값이 있을 때 이들의 합을 개수로 나눈 값으로 산업위생분야에서 많이 사용한다.

해설 대푯값

④번은 산술평균에 해당되는 설명이다.

개념확인 기하평균(GM)

• 곱셈을 사용하여 계산하는 측정치의 평균이다.

• 누적분포에서 50 %에 해당하는 값이다.

• $\text{GM} = \sqrt[N]{X_1 \cdot X_2 \cdots X_n}$

N : 측정치의 수, X_n : 측정치

26

중요도 ★★★

금속 도장 작업장의 공기 중에 혼합된 기체의 농도와 TLV가 다음 표와 같을 때, 이 작업장의 노출지수(EI)는 얼마인가? (단, 상가작용기준이며 농도 및 TLV의 단위는 ppm이다)

기체명	기체의 농도	TLV
Toluene	55	100
MBK	25	50
Aceton	280	750
MEK	90	200

① 1.573

② 1.673

③ 1.773

④ 1.873

해설 노출지수(EI)

$$EI = \frac{C_1}{T_1} + \frac{C_2}{T_2} + \cdots + \frac{C_n}{T_n}$$

C_n : 화학물질 각각의 측정치

T_n : 화학물질 각각의 노출기준

$$EI = \frac{55}{100} + \frac{25}{50} + \frac{280}{750} + \frac{90}{200}$$

$$= 1.873$$

27

중요도 ★★

허용농도(TLV) 적용상 주의할 사항으로 틀린 것은?

① 대기오염평가 및 관리에 적용될 수 없다.

② 기존의 질병이나 육체적 조건을 판단하기 위한 척도로 사용될 수 없다.

③ 사업장의 유해조건을 평가하고 개선하는 지침으로 사용될 수 없다.

④ 안전농도와 위험농도를 정확히 구분하는 경계선이 아니다.

TLV 적용 ───────────

TLV는 사업장의 유해조건을 평가하고 개선하기 위한 지침이다.

개념확인 허용농도(TLV) 적용상 주의해야 할 사항

• 대기오염평가 및 지표(관리)에 적용할 수 없다.
• 24시간 노출 또는 정상작업시간을 초과한 노출에 대한 평가에는 적용할 수 없다.
• 기존의 질병이나 신체적 조건을 판단하기 위한 척도로 사용될 수 없다.
• 작업조건이 다른 나라에서 기준을 그대로 적용할 수 없다.
• 안전농도와 위험농도를 정확하게 구분하는 경계선은 아니다.
• 독성의 강도를 비교할 수 있는 지표는 아니다.
• 반드시 산업보건위생 전문가에 의하여 설명하고 적용되어야 한다.
• 피부로 흡수되는 양은 고려하지 않는 기준이다.
• 산업장의 유해조건을 평가하기 위한 지침이며 건강장해를 예방하기 위한 지침이다.

28

중요도 ★

소음측정을 위한 소음계(Sound Level Meter)는 주파수에 따른 사람의 느낌을 감안하여 세 가지 특성 즉 A, B 및 C특성에서 음압을 측정 할 수 있다. 다음 내용에서 A, B 및 C특성에 대한 설명이 바르게 된 것은?

① A특성 보정치는 4,000 Hz 수준에서 가장 크다.
② B특성 보정치와 C특성 보정치는 각각 70 phon과 40 phon의 등감곡선과 비슷하게 보정하여 측정한 값이다.
③ B특성 보정치(dB)는 2,000 Hz에서 값이 0이다.
④ A특성 보정치(dB)는 1,000 Hz에서 값이 0이다.

소음계 ───────────

① A특성 보정치는 저주파에서 크다.
② B특성 보정치와 C특성 보정치는 각각 70 phon과 100 phon의 등감곡선과 비슷하게 보정하여 측정한 값이다.
③ B특성 보정치(dB)는 1,000 Hz에서 값이 0이다.
④ A, B, C 세 가지 값이 거의 일치하기 시작하는 주파수는 1,000 Hz이므로 이때 값이 0이다.

29

중요도 ★

「작업환경 측정 및 정도관리 등에 관한 고시」상 원자흡광광도법(AAS)으로 분석할 수 있는 유해인자가 아닌 것은?

① 코발트
② 구리
③ 산화철
④ 카드뮴

원자흡광광도법(AAS)로 분석 가능한 유해인자 – 「작업환경 측정 및 정도관리 등에 관한 고시」 별표3

• 구리
• 납
• 니켈
• 크롬
• 망간
• 산화마그네슘
• 산화아연
• 산화철
• 수산화나트륨
• 카드뮴

30

중요도 ★

불꽃방식 원자흡광광도계가 갖는 특징으로 틀린 것은?

① 분석시간이 흑연으로 장치에 비하여 적게 소요 된다.

② 혈액이나 소변 등 생물학적 시료의 유해금속 분석에 주로 많이 사용된다.

③ 일반적으로 흑연로장치나 유도결합플라스마 - 원자발광분석기에 비하여 저렴하다.

④ 용질이 고농도로 용해되어 있는 경우 버너의 슬롯을 막을 수 있으며 점성이 큰 용액이 분무 가 어려워 분무구멍을 막아버릴 수 있다.

해설 원자흡광광도계 ─────────

혈액이나 소변 등 생물학적 시료의 유해금속 분석에 는 주로 전열고온로법(흑연로방식)이 사용된다.

개념확인 불꽃방식의 원자흡광광도계(원자흡광분석기의 불 꽃에 의한 금속 정량의 특징)

• 흑연로 장치나 유도결합플라즈마에 비하여 가격이 저렴하다.

• 분석시간이 흑연로 장치에 비하여 적게 소요된다.

• 고체 시료의 경우 전처리에 의해 매트릭스(기질)를 제거하여야 한다.

• 시료량이 많이 소요되며 감도가 낮다.

• 시험용액 중의 납 등 작업환경 중 유해금속 분석(금 속 원소의 농도 측정)을 할 수 있다.

• 조작이 쉽고 간편하다.

31

중요도 ★★

작업환경 측정결과를 통계처리 시 고려해야 할 사 항으로 적절하지 않은 것은?

① 대표성

② 불변성

③ 통계적 평가

④ 2차 정규분포 여부

해설 작업환경 측정결과의 통계처리 시 고려사항 ─────

• 대표성
• 불변성
• 통계적 평가

32

중요도 ★

1 N-HCl(F = 1,000) 500 mL를 만들기 위해 필 요한 진한 염산의 부피(mL)는? (단, 진한 염산의 물성은 비중 1.18, 함량 35 %이다)

① 약 18

② 약 36

③ 약 44

④ 약 66

해설 부피 계산 ─────────

HCl는 수소 이온(H^+)이 한 개 있으므로
1 N = 1 M이다.

HCl의 분자량 = 1 + 35.5 = 36.5 g/mol

$$몰농도(M) = \frac{용질의 \ 몰수(mol)}{용액의 \ 부피(L)}$$

1 M-HCl 500 mL를 만들기 위한 HCl의 몰수

$1M \times 0.5L = 0.5mol$

필요한 HCl의 질량

$$\frac{36.5g}{mol} \times 0.5mol = 18.25g$$

염산의 비중 : 1.18 → 밀도 : 1.18 g/mL

진한 염산의 함량이 35 %인 것을 고려한다.

$$\frac{18.25g}{1.18g/mL \times 0.35} = 44.18mL$$

33

중요도 ★★★

고온의 노출기준에서 작업자가 경작업을 할 때, 휴식 없이 계속 작업할 수 있는 기준에 위배되는 온도는? (단, 고용노동부 고시를 기준으로 한다)

① 습구흑구온도지수 : 30 ℃
② 태양광이 내리쬐는 옥외장소
　- 자연습구온도 : 28 ℃
　- 흑구온도 : 32 ℃, 건구온도 : 40 ℃
③ 태양광이 내리쬐는 옥외장소
　- 자연습구온도 : 29 ℃
　- 흑구온도 : 33 ℃, 건구온도 : 33 ℃
④ 태양광이 내리쬐는 옥외장소
　- 자연습구온도 : 30 ℃
　- 흑구온도 : 30 ℃, 건구온도 : 30 ℃

해설 고온의 노출기준

경작업의 계속작업 노출기준은 30 ℃이다.
① 30 ℃로 노출기준을 초과하지 않았다.
② 30 ℃로 노출기준을 초과하지 않았다.
$$WBGT(℃) = 0.7 \times 28 + 0.2 \times 32 + 0.1 \times 40$$
$$= 30℃$$
③ 30.2 ℃로 노출기준을 초과했다.
$$WBGT(℃) = 0.7 \times 29 + 0.2 \times 33 + 0.1 \times 33$$
$$= 30.2℃$$
④ 30 ℃로 노출기준을 초과하지 않았다.
$$WBGT(℃) = 0.7 \times 30 + 0.2 \times 30 + 0.1 \times 30$$
$$= 30℃$$

개념확인 습구흑구온도지수(WBGT)의 산출
(1) 옥외(태양광선이 내리쬐는 장소)
$$WBGT(℃) = 0.7 \times 자연습구온도 + 0.2$$
$$\times 흑구온도 + 0.1 \times 건구온도$$
(2) 옥내 또는 옥외(태양광선이 내리쬐지 않는 장소)
$$WBGT(℃) = 0.7 \times 자연습구온도 + 0.3$$
$$\times 흑구온도$$

관련법령 고온의 노출기준
「화학물질 및 물리적 인자의 노출기준」 별표3

구분	작업강도		
	경작업	중등작업	중작업
계속작업	30.0	26.7	25.0
매 시간 75 % 작업, 25 % 휴식	30.6	28.0	25.9
매 시간 50 % 작업, 50 % 휴식	31.4	29.4	27.9
매 시간 25 % 작업, 75 % 휴식	32.2	31.1	30.0

34

중요도 ★★

다음 중 고열 측정기기 및 측정방법 등에 관한 내용으로 틀린 것은?

① 고열은 습구흑구온도지수를 측정할 수 있는 기기 또는 이와 동등 이상의 성능을 가진 기기를 사용한다.
② 고열을 측정하는 경우 측정기 제조자가 지정한 방법과 시간을 준수하여 사용한다.
③ 고열작업에 대한 측정은 1일 작업시간 중 최대로 고열에 노출되고 있는 1시간을 30분 간격으로 연속하여 측정한다.
④ 측정기의 위치는 바닥면으로부터 50 cm 이상, 150 cm 이하의 위치에서 측정한다.

해설 고열 측정방법

「작업환경 측정 및 정도관리 등에 관한 고시」 제31조
• 측정기의 위치는 바닥면으로부터 50 cm 이상, 150 cm 이하의 위치에서 측정한다.
• 측정기를 설치한 후 충분히 안정화시킨 상태에서 1일 작업시간 중 가장 높은 고열에 노출되는 1시간을 10분 간격으로 연속하여 측정한다.

35

중요도 ★★★

다음 중 활성탄에 흡착된 유기화합물을 탈착하는 데 가장 많이 사용하는 용매는?

① 톨루엔
② 이황화탄소
③ 클로로포름
④ 메틸클로로포름

해설 탈착용매 ———————

공기 중 유기용제 시료를 활성탄관으로 채취할 때 이황화탄소를 탈착용매로 사용한다.

이황화탄소는 탈착효율이 좋고, 분석 시 유리한 점이 있으나 독성이 있고, 인화성도 있으므로 사용 시 주의가 필요하다.

36

중요도 ★★★

입경이 50 μm이고 비중이 1.32인 입자의 침강속도(cm/s)는 얼마인가?

① 8.6
② 9.9
③ 11.9
④ 13.6

해설 Lippman식에 의한 침강속도 ———————

입자의 크기가 1 ~ 50 μm인 경우에 적용한다.

$V = 0.003 \times \rho \times d^2$

V : 침강속도(cm/sec)

ρ : 입자밀도(비중)(g/cm^3)

d : 입자직경(μm)

$V = 0.003 \times 1.32 \times 50^2 = 9.9$cm/sec

37

중요도 ★★

작업자가 유해물질에 노출된 정도를 표준화하기 위한 계산식으로 옳은 것은? (단, 고용노동부 고시를 기준으로 하며, C는 유해물질의 농도, T는 노출시간을 의미한다)

① $\dfrac{\sum\limits_{n=1}^{n}(C_n \times T_n)}{8}$

② $\dfrac{8}{\sum\limits_{n=1}^{n}(C_n \times T_n)}$

③ $\dfrac{\sum\limits_{n=1}^{n}(C_n) \times T_n}{8}$

④ $\dfrac{\sum\limits_{n=1}^{n}(C_n) + T_n}{8}$

해설 시간가중평균노출기준(TWA) ———————

TWA 환산값 $= \dfrac{C_1 \times T_1 + C_2 \times T_2 + \cdots C_n \times T_n}{8}$

C : 유해인자의 측정치(mg/m^3, ppm)

T : 유해인자의 발생시간(시간)

38

중요도 ★★

원자흡광분광법의 기본원리가 아닌 것은?

① 모든 원자들은 빛을 흡수한다.
② 빛을 흡수할 수 있는 곳에서 빛은 각 화학적 원소에 대한 특정파장을 갖는다.
③ 흡수되는 빛의 양은 시료에 함유되어 있는 원자의 농도에 비례한다.
④ 컬럼 안에서 시료들은 충진제와 친화력에 의해서 상호 작용하게 된다.

해설 원자흡광분광법 ———————

④는 가스크로마토그래피와 관련된 설명이다.

개념확인 원자흡광분광법의 기본원리

• 모든 원자들은 빛을 흡수한다.
• 빛을 흡수할 수 있는 곳에서 빛은 각 화학적 원소에 대한 특정 파장을 갖는다.
• 흡수되는 빛의 양은 시료에 함유되어 있는 원자의 농도에 비례한다.

39

중요도 ★★★

다음 ( ) 안에 들어갈 수치는?

단시간노출기준(STEL) : ( )분간의 시간가중 평균노출값

① 10
② 15
③ 20
④ 40

해설 **단시간 노출농도(STEL)**

근로자가 1회 15분간 유해인자에 노출되는 경우의 기준(허용농도)이다.

40

중요도 ★★

흡수액 측정법에 주로 사용되는 주요 기구로 옳지 않은 것은?

① 테드라 백(Tedlar Bag)
② 프리티드 버블러(Fritted Bubbler)
③ 간이가스 세척병(Simple Gas Washing Bottle)
④ 유리구 충진분리관(Packed Glass Bead Column)

해설 **흡수액 측정법**

테드라 백(Tedlar Bag)은 가스 포집을 위한 포집백이다.

41

중요도 ★★★

무거운 분진(납분진, 주물사, 금속가루 분진)의 일반적인 반송속도로 적절한 것은?

① 5 m/s
② 10 m/s
③ 15 m/s
④ 25 m/s

해설 **유해물질별 덕트 내 반송속도(m/sec)**

반송속도 : 유해물질이 덕트 안에서 퇴적이 일어나지 않고 이동하기 위해 필요한 최소속도

발생형태	반송속도
증기, 가스, 연기	5 ~ 10
흄	10 ~ 12.5
미세하고 가벼운 분진	12.5 ~ 15
건조한 분진이나 분말	15 ~ 20
일반 산업분진	17.5 ~ 20
무거운 분진	20 ~ 22.5
무겁고 습한 분진	22.5 이상

42

중요도 ★★

여과제진장치의 설명 중 옳은 것은?

㉠ 여과속도가 클수록 미세입자 포집에 유리하다. ㉡ 연속식은 고농도 함진 배기가스처리에 적합하다. ㉢ 습식제진에 유리하다. ㉣ 조작불량을 조기에 발견할 수 있다.

① ㉠, ㉢
② ㉡, ㉣
③ ㉡, ㉢
④ ㉠, ㉡

해설 **여과제진장치**

㉠ 여과속도가 느릴수록 미세입자 포집에 유리하다.
㉢ 여과제진장치로는 습한 가스를 취급할 수 없다.

43

중요도 ★★

호흡기 보호구의 밀착도 검사(Fit Test)에 대한 설명이 잘못된 것은?

① 정량적인 방법에는 냄새, 맛, 자극물질 등을 이용한다.

② 밀착도 검사란 얼굴피부 접촉면과 보호구 안면부가 적합하게 밀착되는지를 측정하는 것이다.

③ 밀착도 검사를 하는 것은 작업자가 작업장에 들어가기 전 누설정도를 최소화시키기 위함이다.

④ 어떤 형태의 마스크가 작업자에게 적합한지 마스크를 선택하는 데 도움을 주어 작업자의 건강을 보호한다.

해설 밀착도 검사(Fit Test) ─────────

• 얼굴의 접촉면과 보호구의 안면부가 적합하게 밀착되는지를 추정하는 검사이다.
• 정성적인 방법 : 냄새, 맛, 자극물질 등을 이용한다.
• 정량적인 방법 : 보호구 안과 밖의 농도와 압력 차이를 이용한다.

44

중요도 ★

어떤 공장에서 접착공정이 유기용제 중독의 원인이 되었다. 직업병 예방을 위한 작업환경관리대책이 아닌 것은?

① 신선한 공기에 의한 희석 및 환기실시

② 공정의 밀폐 및 격리

③ 조업방법의 개선

④ 보건교육 미실시

해설 작업환경관리대책 ─────────

보건교육을 실시하는 것이 작업환경 관리대책이다.

45

중요도 ★

후드의 개구(Opening) 내부로 작업환경의 오염공기를 흡인시키는 데 필요한 압력 차에 관한 설명 중 적합하지 않은 것은?

① 정지 상태의 공기가속에 필요한 것 이상의 에너지이어야 한다.

② 개구에서 발생되는 난류손실을 보전할 수 있는 에너지이어야 한다.

③ 개구에서 발생되는 난류손실은 형태나 재질에 무관하게 일정하다.

④ 공기의 가속에 필요한 에너지는 공기의 이동에 필요한 속도압과 같다.

해설 오염공기 흡인 ─────────

개구에서 발생하는 난류손실은 형태나 재질에 따라 달라진다.

46

중요도 ★★

90° 곡관의 반경비가 2.0일 때 압력손실계수는 0.27이다. 속도압이 14 mmH$_2$O라면 곡관의 압력손실(mmH$_2$O)은?

① 7.6
② 5.5
③ 3.8
④ 2.7

해설 곡관의 압력손실($\triangle P$) ─────────

$$\triangle P = \left(\zeta \times \frac{\theta}{90°}\right) \times VP$$

$\triangle P$: 압력손실(mmH$_2$O)
ζ : 압력손실계수
θ : 곡관의 각도
VP : 속도압(동압)(mmH$_2$O)

$$\triangle P = \left(0.27 \times \frac{90°}{90°}\right) \times 14 = 3.78\text{mmH}_2\text{O}$$

47

후드 흡인기류의 불량상태를 점검할 때 필요하지 않은 측정기기는?

① 열선풍속계
② Threaded Thermometer
③ 연기발생기
④ Pitot Tube

해설 후드 흡인기류의 불량상태 점검 ──────

나사산 온도계(Threaded Thermometer)는 액체 및 기체 형태의 유체의 온도를 측정하는 데 사용되는 기기로 기류의 불량상태를 측정할 때는 필요하지 않다.

48

용기충전이나 콘베이어 적재와 같이 발생기류가 높고 유해물질이 활발하게 발생하는 작업조건의 제어속도로 가장 알맞는 것은? (단, ACGIH 권고 기준이다)

① 2.0 m/s
② 3.0 m/s
③ 4.0 m/s
④ 5.0 m/s

해설 포착속도(제어속도) 범위(ACGIH) ──────

작업조건	제어속도 (m/sec)
움직이지 않는 공기 중에서 속도 없이 배출	0.25 ~ 0.5
비교적 조용한 대기 중에서 저속으로 비산하는 작업	0.5 ~ 1.0
발생기류가 높고 유해물질이 활발히 발생하는 작업	1.0 ~ 2.5
초고속기류가 있는 작업장소에서 초고속으로 비산하는 작업	2.5 ~ 10

49

귀덮개의 장점을 모두 짝지은 것으로 가장 옳은 것은?

> ㉠ 귀마개보다 쉽게 착용할 수 있다.
> ㉡ 귀마개보다 일관성 있는 차음효과를 얻을 수 있다.
> ㉢ 크기를 여러 가지로 할 필요가 없다.
> ㉣ 착용 여부를 쉽게 확인할 수 있다.

① ㉠, ㉡, ㉣
② ㉠, ㉡, ㉢
③ ㉠, ㉢, ㉣
④ ㉠, ㉡, ㉢, ㉣

해설 귀덮개의 장점과 단점 ──────

(1) 장점
- 귀마개보다 차음효과가 크다.
- 귀 안에 염증이 있어도 사용할 수 있다.
- 멀리서도 착용 유무를 쉽게 알 수 있다.

(2) 단점
- 고온에서는 땀이 나서 불편하다.
- 보안경과 동시에 착용하면 불편하고 차음효과가 줄어든다.

50

강제환기의 효과를 제고하기 위한 원칙으로 틀린 것은?

① 오염물질 배출구는 가능한 한 오염원으로부터 가까운 곳에 설치하여 점환기현상을 방지한다.
② 공기배출구와 근로자의 작업위치 사이에 오염원이 위치하여야 한다.
③ 공기가 배출되면서 오염장소를 통과하도록 공기배출구와 유입구의 위치를 선정한다.
④ 오염원 주위에 다른 작업 공정이 있으면 공기배출량을 공급량보다 약간 크게 하여 음압을 형성하여 주위 근로자에게 오염 물질이 확산되지 않도록 한다.

오염물질 배출구는 가능한 한 오염원으로부터 가까운 곳에 설치하여 점환기의 효과를 얻어야 한다.

51

중요도 ★★

원심력 송풍기 중 다익형 송풍기에 관한 설명으로 가장 거리가 먼 것은?

① 송풍기의 임펠러가 다람쥐 쳇바퀴 모양으로 생겼다.
② 큰 압력손실에서 송풍량이 급격하게 떨어지는 단점이 있다.
③ 고강도가 요구되기 때문에 제작비용이 비싸다는 단점이 있다.
④ 다른 송풍기와 비교하여 동일 송풍량을 발생시키기 위한 임펠러 회전속도가 상대적으로 낮기 때문에 소음이 작다.

해설 **다익형 송풍기**

다익형 송풍기는 큰 강도가 요구되지 않아 가격이 싸다.

개념확인 **전향날개형(다익형) 송풍기**
• 송풍기의 임펠러가 다람쥐 쳇바퀴 모양으로 생겼다.
• 강도가 크게 요구되지 않기 때문에 적은 비용으로 제작가능하다.
• 다른 송풍기와 비교하여 동일 송풍량을 발생시키기 위한 임펠러 회전속도가 상대적으로 낮기 때문에 소음이 작다.
• 저가로 제작할 수 있다.
• 큰 압력손실에서는 송풍량이 급격하게 떨어진다.
• 전체환기, 공기조화용으로 사용된다.

52

중요도 ★

덕트(Duct)의 압력손실에 관한 설명으로 옳지 않은 것은?

① 직관에서의 마찰손실과 형태에 따른 압력손실로 구분할 수 있다.
② 압력손실은 유체의 속도압에 반비례한다.
③ 덕트 압력손실은 배관의 길이와 정비례한다.
④ 덕트 압력손실은 관직경과 반비례한다.

해설 **덕트의 압력손실**

(1) 덕트의 압력손실($\triangle P$)
$\triangle P = F_h \times VP$
$\triangle P$: 압력손실(mmH$_2$O)
F_h(압력손실계수)
VP : 속도압(mmH$_2$O)
압력손실($\triangle P$)는 속도압(VP)에 비례한다.

(2) 압력손실계수, 속도압을 대입한 압력손실
F_h(압력손실계수) $= \lambda \times \dfrac{L}{D}$

λ : 관마찰계수
L : 덕트의 길이(m), D : 덕트의 직경(m)

$VP = \dfrac{\gamma V^2}{2g}$

γ : 공기의 밀도(kg/m^3)
g : 중력가속도(m/sec^2)
V : 공기의 속도(m/sec)

$\triangle P = \lambda \times \dfrac{L}{D} \times \dfrac{\gamma V^2}{2g}$

압력손실($\triangle P$)는 배관의 길이(L)에 비례하고, 관직경(D)과 반비례한다.

53

송풍기 깃이 회전방향 반대편으로 경사지게 설계되어 충분한 압력을 발생시킬 수 있고, 원심력송풍기 중 효율이 가장 좋은 송풍기는?

① 후향날개형 송풍기
② 방사날개형 송풍기
③ 전향날개형 송풍기
④ 안내깃이 붙은 축류 송풍기

해설 후향날개형(터보형) 송풍기 ─────────

- 팬의 날이 회전방향에 반대되는 쪽으로 기울어진 형태이다.
- 송풍량이 증가해도 동력이 증가하지 않는다.
- 압력 변동이 있어도 풍량의 변화가 비교적 작다.
- 원심력식 송풍기 중 효율이 가장 좋다.

54

전기집진장치의 장점으로 옳지 않은 것은?

① 가연성 입자의 처리에 효율적이다.
② 넓은 범위의 입경과 분진농도에 집진효율이 높다.
③ 압력손실이 낮으므로 송풍기의 가동비용이 저렴하다.
④ 고온가스를 처리할 수 있어 보일러와 철강로 등에 설치할 수 있다.

해설 전기집진장치 ─────────

전기집진장치로는 고온의 입자상 물질, 폭발성 가스 처리는 가능하나 가연성 입자의 처리는 곤란하다.

55

어떤 원형 덕트에 유체가 흐르고 있다. 덕트의 직경을 1/2로 하면 직관 부분의 압력손실은 몇 배로 되는가? (단, 달시의 방정식을 적용한다)

① 4배 ② 8배
③ 16배 ④ 32배

해설 달시의 방정식 ─────────

(1) 달시의 방정식

$$\triangle P = f \times \frac{L}{D} \times \frac{\gamma V^2}{2g}$$

$\triangle P$: 압력손실, f : 관마찰계수
L : 덕트의 길이, D : 덕트의 직경
γ : 유체의 밀도, V : 유체의 속도
g : 중력가속도

(2) 유속(V)을 달시의 방정식에 적용

$$Q = AV = \frac{\pi D^2}{4} V \rightarrow V = \frac{4Q}{\pi D^2}$$

$$\triangle P = f \times \frac{L}{D} \times \frac{\gamma \left(\frac{4Q}{\pi D^2}\right)^2}{2g}$$

(3) 직경을 1/2로 했을 때의 공식 정리

$$\triangle P = f \times \frac{L}{\frac{1}{2}D} \times \frac{\gamma \left(\frac{4Q}{\pi \left(\frac{1}{2}D\right)^2}\right)^2}{2g}$$

$$= 2f \times \frac{L}{D} \times \frac{16\gamma \left(\frac{4Q}{\pi D^2}\right)^2}{2g}$$

$$= 32f \times \frac{L}{D} \times \frac{\gamma \left(\frac{Q}{\pi D^2}\right)^2}{2g}$$

56

눈 보호구에 관한 설명으로 틀린 것은? (단, KS 표준기준이다)

① 눈을 보호하는 보호구는 유해광선 차광 보호구와 먼지나 이물을 막아주는 방진안경이 있다.
② 400A 이상의 아크 용접 시 차광도 번호 14의 차광도 보호안경을 사용하여야 한다.
③ 눈, 지붕 등으로부터 반사광을 받는 작업에서는 차광도 번호 1.2-3 정도의 차광도 보호안경을 사용하는 것이 알맞다.
④ 단순히 눈의 외상을 막는 데 사용되는 보호안경은 열처리를 하거나 색깔을 넣은 렌즈를 사용할 필요가 없다.

해설 눈 보호구 ―――――――――

눈의 외상을 막는 데 사용되는 보호안경은 열처리를 하거나 색깔을 넣은 렌즈를 사용한다.

57

소음 작업장에 소음수준을 줄이기 위하여 흡음을 중심으로 하는 소음저감대책을 수립한 후, 그 효과를 측정하였다. 소음 감소효과가 있었다고 보기 어려운 경우는?

① 음의 잔향시간을 측정하였더니 잔향시간이 약간이지만 증가한 것으로 나타났다.
② 대책 후의 총흡음량이 약간 증가하였다.
③ 소음원으로 부터 거리가 멀어질수록 소음수준이 낮아지는 정도가 대책수립 전보다 커졌다.
④ 실내상수 R을 계산해보니 R 값이 대책 수립전보다 커졌다.

해설 소음 감소효과 ―――――――――

잔향시간은 음원이 정지된 후 밀폐된 영역에서 소리가 희미해지기 위해 필요한 시간이다.
잔향시간이 증가하면 소음의 감소효과가 있다고 볼 수 없다.

58

국소환기시설에 필요한 공기송풍량을 계산하는 공식 중 점흡인에 해당하는 것은?

① $Q = 4\pi \times x^2 \times V_c$
② $Q = 2\pi \times L \times x \times V_c$
③ $Q = 60 \times 0.75 \times V_c (10x^2 + A)$
④ $Q = 60 \times 0.5 \times V_c (10x^2 + A)$

해설 점흡인 시의 필요 송풍량 ―――――

$Q = 4\pi \times x^2 \times V_c$

Q : 필요 송풍량(m^3/min)
V : 제어풍속(m/sec)
x : 제어거리(m)

59

확대각이 10°인 원형 확대관에서 입구직관의 정압은 -15 mmH$_2$O, 속도압은 35 mmH$_2$O이고, 확대된 출구직관의 속도압은 25 mmH$_2$O이다. 확대측의 정압(mmH$_2$O)은? (단, 확대각이 10°일 때 압력손실계수(ζ)는 0.28이다)

① 7.8
② 15.6
③ -7.8
④ -15.6

해설 확대측의 정압(SP$_2$) ―――――――

$SP_2 = SP_1 + (1 - \zeta) \times (VP_1 - VP_2)$

SP : 정압(mmH$_2$O)
VP : 속도압(mmH$_2$O)
ζ : 압력손실계수

$SP_2 = -15 + (1 - 0.28) \times (35 - 25)$
$\quad\quad = -7.8 mmH_2O$

60

중요도 ★

목재분진을 측정하기 위한 시료채취장치로 가장 적합한 것은?

① 활성탄관(Charcoal Tube)
② 흡입성분진 시료채취기(IOM Sampler)
③ 호흡성분진 시료채취기(Aluminum Cyclone)
④ 실리카겔관(Silica Gel Tube)

해설 목재분진의 시료채취장치 ─────

목재분진의 입경범위는 약 0 ~ 100 μm이므로 흡입성분진 시료채취기(IOM Sampler)를 이용한다.

61

중요도 ★★★

질식 우려가 있는 지하 맨홀작업에 앞서서 준비해야 할 장비나 보호구로 볼 수 없는 것은?

① 안전대
② 방독마스크
③ 송기마스크
④ 산소농도 측정기

해설 질식 우려가 있는 작업 ─────

질식 우려가 있는 지하 맨홀작업을 할 때에는 방독마스크가 아니라 송기마스크를 착용해야 한다.
안전대는 높은 곳에서 떨어지는 것을 방지하기 위한 장치로 맨홀작업을 할 때에도 추락 위험이 있으므로 준비해야 한다.

62

중요도 ★★

진동 발생원에 대한 대책으로 가장 적극적인 방법은?

① 발생원의 격리
② 보호구 착용
③ 발생원의 제거
④ 발생원의 재배치

해설 진동 발생원에 대한 대책 ─────

발생원의 제거가 가장 적극적인 대책이고, 보호구 착용이 가장 소극적인 대책이다.

2020-01 · 02

63 중요도 ★★

전리방사선에 의한 장해에 해당하지 않는 것은?

① 참호족
② 피부장해
③ 유전적 장해
④ 조혈기능 장해

해설 전리방사선에 의한 장해 ―――――――

참호족은 한랭 환경에서 장시간 노출됨과 동시에 발이 습기에 노출되었을 때 발생하는 것으로 전리방사선과는 관계가 없다.

64 중요도 ★★★

고소음으로 인한 소음성 난청 질환자를 예방하기 위한 작업환경 관리방법 중 공학적 개선에 해당되지 않는 것은?

① 소음원의 밀폐
② 보호구의 지급
③ 소음원의 벽으로 격리
④ 작업장 흡음시설의 설치

해설 작업환경 관리방법 ―――――――

보호구의 지급은 공학적 개선대책이 아니라 일반적인 개선대책이다.

65 중요도 ★

비이온화 방사선의 파장별 건강에 미치는 영향으로 옳지 않은 것은?

① UV-A : 315 ~ 400 nm - 피부노화 촉진
② IR-B : 780 ~ 1,400 nm - 백내장, 각막화상
③ UV-B : 280 ~ 315 nm - 발진, 피부암, 광결막염
④ 가시광선 : 400 ~ 700 nm - 광화학적이거나 열에 의한 각막손상, 피부화상

해설 비이온화 방사선의 구분 ―――――――

(1) 자외선의 구분

구분	내용
근자외선 (UV-A)	• 파장 : 315 ~ 400 nm(3,150 ~ 4,000 Å) • 피부의 색소침착을 일으킴
도르노선 (UV-B)	• 파장 : 280 ~ 315 nm(2,800 ~ 3,150 Å) • 소독작용, 비타민 D 형성 • 홍반, 피부암 유발
UV-C	• 파장 : 100 ~ 280 nm(1,000 ~ 2,800 Å) • 살균작용이 있음

(2) 적외선의 구분

구분	내용
IR-A	700 ~ 1,400 nm
IR-B	1,400 ~ 3,000 nm
IR-C	3,000 nm ~ 1 mm

(3) 가시광선 : 400 ~ 760 nm(4,000 ~ 7,600 Å)

66 중요도 ★★★

WBGT에 대한 설명으로 옳지 않은 것은?

① 표시단위는 절대온도(K)이다.
② 기온, 기습, 기류 및 복사열을 고려하여 계산된다.
③ 태양광선이 있는 옥외 및 태양광선이 없는 옥내로 구분된다.
④ 고온에서의 작업휴식시간비를 결정하는 지표로 활용된다.

해설 WBGT(습구흑구온도지수) ―――――――

근로자가 고열환경에서 작업할 때 받는 열 스트레스 또는 위해를 평가하기 위한 도구로 표시단위는 섭씨온도(℃)이다.

67

중요도 ★★

작업자 A의 4시간 작업 중 소음노출량이 76 %일 때, 측정시간에 있어서의 평균치는 약 몇 dB(A)인가?

① 88   ② 93

③ 98   ④ 103

해설 소음수준(TWA)[dB(A)]

$$TWA = 16.61 \times \log\left[\frac{D}{12.5 \times t}\right] + 90$$

D : 누적소음노출량(%)

t : 소음에 노출된 시간

$$TWA = 16.61 \times \log\left[\frac{76}{12.5 \times 4}\right] + 90$$
$$= 93.02 dB(A)$$

68

중요도 ★★★

이온화 방사선과 비이온화 방사선을 구분하는 광자 에너지는?

① 1 eV   ② 4 eV

③ 12.4 eV   ④ 15.6 eV

해설 경계 에너지 강도

전리방사선(이온화 방사선)과 비전리방사선(비이온화 방사선)의 경계 에너지의 강도는 약 12 eV이다.

69

중요도 ★★

이상기압에 의하여 발생하는 직업병에 영향을 미치는 유해인자가 아닌 것은?

① 산소(O_2)

② 이산화황(SO_2)

③ 질소(N_2)

④ 이산화탄소(CO_2)

해설 고압 환경의 2차적 가압현상

- 질소 마취 : 4기압 이상이 되면 질소 가스는 마취작용을 일으킨다.
- 산소 중독 : 산소분압이 2기압을 넘으면 산소중독 증세가 나타난다.
- 이산화탄소 중독 : 이산화탄소의 증가는 산소의 독성과 질소의 마취작용을 촉진시킨다.

70

중요도 ★★

채광계획에 관한 설명으로 옳지 않은 것은?

① 창의 면적은 방바닥 면적의 15 ~ 20 %가 이상적이다.

② 조도의 평등을 요하는 작업실은 남향으로 하는 것이 좋다.

③ 실내 각점의 개각은 4 ~ 5°, 입사각은 28° 이상이 되어야 한다.

④ 유리창은 청결한 상태여도 10 ~ 15 % 조도가 감소되는 점을 고려한다.

해설 채광계획

많은 채광을 요구할 경우 남향으로 하고, 조명의 평등을 요하는 작업실은 북향 또는 동북향으로 하는 것이 좋다.

71

중요도 ★★★

빛에 관한 설명으로 옳지 않은 것은?

① 광원으로부터 나오는 빛의 세기를 조도라 한다.

② 단위 평면적에서 발산 또는 반사되는 광량을 휘도라 한다.

③ 루멘은 1촉광의 광원으로부터 단위 입체각으로 나가는 광속의 단위이다.

④ 조도는 어떤 면에 들어오는 광속의 양에 비례하고, 입사면의 단면적에 반비례한다.

- 광도란 광원으로부터 한 방향(특정 방향)으로 나오는 빛의 양(세기)이며 단위는 칸델라(cd)이다.
- 광속이란 광원에서 모든 방향으로 방출되는 빛의 총량을 에너지로 표현한 것이며 단위는 루멘(lm)이다.
- 조도는 면적에 입사하는 빛의 총량(광속)으로 광속에 비례하고 단면적에 반비례한다.

72

중요도 ★★

태양으로부터 방출되는 복사 에너지의 52 % 정도를 차지하고 피부조직 온도를 상승시켜 충혈, 혈관확장, 각막손상, 두부장해를 일으키는 유해광선은?

① 자외선
② 적외선
③ 가시광선
④ 마이크로파

해설 적외선 ──────────
- 태양복사에너지의 52 % 정도를 차지한다.
- 피부조직 온도를 상승시켜 충혈, 혈관확장, 각막손상, 두부장해를 일으킨다.

73

중요도 ★★★

흑구온도는 32 ℃, 건구온도는 27 ℃, 자연습구온도는 30 ℃인 실내 작업장의 습구흑구온도지수는?

① 33.3 ℃
② 32.6 ℃
③ 31.3 ℃
④ 30.6 ℃

해설 옥내의 습구흑구온도지수(WBGT) ──────────

$$WBGT = 0.7 \times 자연습구온도 + 0.3 \times 흑구온도$$
$$= (0.7 \times 30) + (0.3 \times 32) = 30.6℃$$

74

중요도 ★★

감압병의 예방 및 치료의 방법으로 옳지 않은 것은?

① 감압이 끝날 무렵에 순수한 산소를 흡입시키면 예방적 효과와 함께 감압시간을 단축시킬 수 있다.
② 잠수 및 감압방법은 특별히 잠수에 익숙한 사람을 제외하고는 1분에 10 m 정도씩 잠수하는 것이 안전하다.
③ 고압 환경에서 작업 시 질소를 헬륨으로 대치하면 성대에 손상을 입힐 수 있으므로 할로겐 가스로 대치한다.
④ 감압병의 증상을 보일 경우 환자를 인공적 고압실에 넣어 혈관 및 조직 속에 발생한 질소의 기포를 다시 용해시킨 후 천천히 감압한다.

해설 감압병의 예방 및 치료 ──────────
헬륨은 호흡저항이 작고, 체외로 배출되는 시간이 질소에 비해 50 % 정도밖에 걸리지 않는다.
고압 환경에서 근무하는 근로자에게는 질소를 헬륨으로 대치한 공기를 호흡시키면 감압병을 예방할 수 있다.

75

중요도 ★★

저온 환경에서 나타나는 일차적인 생리적 반응이 아닌 것은?

① 체표면적의 증가
② 피부혈관의 수축
③ 근육긴장의 증가와 떨림
④ 화학적 대사작용의 증가

정답 72 ② 73 ④ 74 ③ 75 ①

해설 저온 환경에서의 생리적 변화 ─────────

(1) 일차적 반응
- 근육 긴장이 증가 및 떨림이 발생한다.
- 피부혈관이 수축된다.
- 체표면적이 감소한다.
- 화학적 대사작용이 증가(갑상선 호르몬의 분비 증가)한다.

(2) 이차적 반응
- 말초혈관의 수축으로 표면조직이 냉각된다.
- 근육활동, 조직대사의 증진으로 식욕이 항진된다.
- 피부혈관이 수축되어 혈압이 상승한다.
- 피부혈관의 수축으로 순환기능이 감소한다.

76

중요도 ★

소음에 의하여 발생하는 노인성 난청의 청력손실에 대한 설명으로 옳은 것은?

① 고주파영역으로 갈수록 큰 청력손실이 예상된다.
② 2,000 Hz에서 가장 큰 청력장해가 예상된다.
③ 1,000 Hz 이하에서는 20 ~ 30 dB의 청력손실이 예상된다.
④ 1,000 ~ 8,000 Hz 영역에서는 0 ~ 20 dB의 청력손실이 예상된다.

해설 난청(청력장해) ─────────

(1) 일시적 청력손실
- 4,000 ~ 6,000 Hz에서 가장 많이 발생한다.
- 12 ~ 24시간 정도 지나면 회복된다.

(2) 영구적 청력손실
- 청신경 말단부의 코르티기관의 손상으로 회복할 수 없는 청력손실이다.
- 3,000 ~ 6,000 Hz 범위에서 먼저 나타나고, 4,000 Hz에서 가장 심하게 발생한다.

(3) 노인성 난청
- 노화에 의한 퇴행성 질환이다.
- 일반적으로 고음역에 대한 청력손실이 현저하며 6,000 Hz에서부터 난청이 시작된다.

77

중요도 ★★★

고압 환경에서 발생할 수 있는 생체증상으로 볼 수 없는 것은?

① 부종
② 압치통
③ 폐압박
④ 폐수종

해설 폐수종 ─────────

폐수종은 저압 환경에서 나타나는 생체증상이다.

78

중요도 ★

음(Sound)에 관한 설명으로 옳지 않은 것은?

① 음(음파)이란 대기압보다 높거나 낮은 압력의 파동이고, 매질을 타고 전달되는 진동에너지이다.
② 주파수란 1초 동안에 음파로 발생되는 고압력 부분과 저압력 부분을 포함한 압력 변화의 완전한 주기를 말한다.
③ 음의 단위는 물리적 단위를 쓰는 것이 아니라 감각수준인 데시벨(dB)이라는 무차원의 비교 단위를 사용한다.
④ 사람이 대기압에서 들을 수 있는 음압은 0.000002 N/m^2에서부터 20 N/m^2까지 광범위한 영역이다.

해설 음에 관한 설명 ─────────

사람이 대기압에서 들을 수 있는 음압은 0.00002 N/m^2에서부터 20 N/m^2까지이다.

79

중요도 ★★

흡음재의 종류 중 다공질 재료에 해당되지 않는 것은?

① 암면
② 펠트(Felt)
③ 석고보드
④ 발포 수지재료

해설 흡음재의 종류 ─────────

석고보드는 판(막) 진동형 흡음제이다.

80

중요도 ★★★

6 N/m²의 음압은 약 몇 dB의 음압수준인가?

① 90
② 100
③ 110
④ 120

해설 음압레벨수준(L_p) 계산 ─────────

$$L_p = 20\log\left(\frac{P}{P_0}\right)$$

L_p : 음압레벨(dB), P : 측정된 음압(N/m²)

P_0 : 기준음압(N/m²) = 2×10^{-5}N/m²

$$L_p = 20\log\left(\frac{P}{P_0}\right) = 20 \times \log\left(\frac{6}{2 \times 10^{-5}}\right)$$

$$= 109.542\text{dB}$$

81

중요도 ★★★

Metallothionein에 대한 설명으로 옳지 않은 것은?

① 방향족 아미노산이 없다.
② 주로 간장과 신장에 많이 축적된다.
③ 카드뮴과 결합하면 독성이 강해진다.
④ 시스테인이 주성분인 아미노산으로 구성된다.

해설 카드뮴의 흡수 및 축적 ─────────

• 체내에 흡수된 카드뮴은 혈장 단백질과 결합하여 간으로 이송되고, 간에서 서서히 배출되어 최종적으로 신장에 축적된다.
• 체내에서 Metallothionein을 합성하여 노출된 중금속의 독성을 감소시킨다.

82

중요도 ★

직업병의 유병율이란 발생율에서 어떠한 인자를 제거한 것인가?

① 기간
② 집단수
③ 장소
④ 질병 종류

해설 유병률 ─────────

• 어떤 시점에서 이미 존재하는 질병의 비율(인구집단 내에 존재하는 환자의 비례적인 분율)을 나타낸다.
• 유병률이란 발생율에서 기간을 제거한 것이다.

83

투명한 휘발성 액체로 페인트, 시너, 잉크 등의 용제로 사용되며 장기간 노출될 경우 말초신경장해가 초래되어 사지의 지각상실과 심근마비 등 다발성 신경장해를 일으키는 파라핀계 탄화수소의 대표적인 유해물질은?

① 벤젠
② 노말헥산
③ 톨루엔
④ 클로로포름

해설 노말헥산 ────────────────

• 페인트, 시너, 접착제, 잉크 등의 다양한 산업용 용제로 광범위하게 사용된다.
• 장기간 흡입 시 손발의 감각 저하, 신경마비 등 다발성 신경장해를 일으킨다.
• 노말헥산에 장기 노출되면 보행이 불가능해져 앉은뱅이병이라는 속칭이 붙었다.

84

급성 전신중독을 유발하는 데 있어 그 독성이 가장 강한 방향족 탄화수소는?

① 벤젠(Benzene)
② 크실렌(Xylene)
③ 톨루엔(Toluene)
④ 에틸렌(Ethylene)

해설 독성이 강한 순서(급성 전신중독기준) ────────

톨루엔 > 크실렌 > 벤젠
발암성을 기준으로 한다면 벤젠의 발암성이 가장 크지만 급성 전신중독을 기준으로 하면 톨루엔의 독성이 가장 강하다.

85

사업장에서 노출되는 금속의 일반적인 독성기전이 아닌 것은?

① 효소억제
② 금속평형의 파괴
③ 중추신경계 활성 억제
④ 필수금속 성분의 대체

해설 금속의 독성작용기전 ────────────────

• 효소의 억제 : 독성 금속은 단백질과 직접 반응하여 효소구조와 기능을 변화시킨다.
• 금속평형의 파괴 : 어떤 금속이 과잉공급되면 생물학적 필수금속이 과잉되거나 고갈된다.
• 간접영향 : 세포성분의 역할을 변화시킨다.
• 필수 금속성분의 대체 : 필수금속과 유사한 독성금속이 필수금속을 대체한다.

86

무기성 분진에 의한 진폐증에 해당하는 것은?

① 면폐증
② 농부폐증
③ 규폐증
④ 목재분진폐증

해설 분진의 종류에 따른 진폐증 ────────────

구분	내용
무기성 분진	규폐증, 규조토폐증, 탄소폐증, 용접공폐증, 석면폐증, 베릴륨폐증, 활석폐증
유기성 분진	연초폐증, 면폐증, 설탕폐증, 목재분진폐증, 모발분진폐증

87 중요도 ★★★

생물학적 모니터링에 대한 설명으로 옳지 않은 것은?

① 화학물질의 종합적인 흡수 정도를 평가할 수 있다.
② 노출기준을 가진 화학물질의 수보다 BEI를 가지는 화학물질의 수가 더 많다.
③ 생물학적 시료를 분석하는 것은 작업환경 측정보다 훨씬 복잡하고 취급이 어렵다.
④ 근로자의 유해인자에 대한 노출정도를 소변, 호기, 혈액 중에서 그 물질이나 대사산물을 측정함으로써 노출정도를 추정하는 방법을 의미한다.

해설 **생물학적 모니터링** ————————

일반적으로 작업환경에서 노출기준(TLV)을 가진 물질이 생물학적 노출지수(BEI)를 가진 화학물질보다 훨씬 많다.
생물학적 노출지수(BEI)는 주로 일부 대표적 물질로 한정하여 설정되며 노출기준(TLV)이 있지만 BEI가 없는 경우가 많다.

88 중요도 ★★★

니트로벤젠의 화학물질의 영향에 대한 생물학적 모니터링 대상으로 옳은 것은?

① 요에서의 마뇨산
② 적혈구에서의 ALA
③ 요에서의 저분자량 단백질
④ 혈액에서의 메트헤모글로빈

해설 **자주 출제되는 유해물질과 생물학적 노출지표** —

• 벤젠 - 소변 중 페놀, t,t-뮤코닉산
• 크실렌 - 소변 중 메틸마뇨산
• 톨루엔 - 소변 중 o-크레졸
• 이황화탄소 - 소변 중 TTCA
• 노말헥산 - 소변 중 2,5-hexanedione

• 니트로벤젠 - 혈중 메트헤모글로빈
• 일산화탄소 - 혈액 중 Carboxyhemglobin

89 중요도 ★★★

직업성 천식을 유발하는 대표적인 물질로 나열된 것은?

① 알루미늄, 2-Bromopropane
② TDI(Toluene diisocyanate), Asbestos
③ 실리카, DBCP(1,2-dibromo-3-chloropropane)
④ TDI(Toluene diisocyanate), TMA(Trimellitic anhydride)

해설 **직업성 천식을 유발하는 대표적인 물질** ———

• 이소시아네이트류(TDI)
• 무수트리멜리트산(TMA)
• 니켈, 아연, 코발트, 크롬 등의 금속류

90 중요도 ★★★

생리적으로는 아무 작용도 하지 않으나 공기 중에 많이 존재하여 산소분압을 저하시켜 조직에 필요한 산소의 공급부족을 초래하는 질식제는?

① 단순 질식제
② 화학적 질식제
③ 물리적 질식제
④ 생물학적 질식제

해설 **질식제의 구분** ————————————

구분	내용
단순 질식제	• 생리적으로는 아무 작용도 하지 않으나 공기 중에 많이 존재하면 산소의 공급부족을 초래한다. • 수소, 이산화탄소, 질소, 헬륨, 메탄 등
화학적 질식제	• 인체의 산소공급 체계를 화학적 작용을 통해 방해하여 질식을 유발하는 물질이다. • 황화수소, 일산화탄소, 시안화수소, 아닐린 등

정답 87 ② 88 ④ 89 ④ 90 ①

91

크롬화합물 중독에 대한 설명으로 옳지 않은 것은?

① 크롬중독은 뇨 중의 크롬양을 검사하여 진단한다.
② 크롬 만성 중독의 특징은 코, 폐 및 위장에 병변을 일으킨다.
③ 중독치료는 배설촉진제인 Ca-EDTA를 투약하여야 한다.
④ 정상인보다 크롬 취급자는 폐암으로 인한 사망률이 약 13 ~ 31배나 높다고 보고된 바 있다.

해설 크롬중독 ─────────────
Ca-EDTA은 크롬이 아니라 납에 중독되었을 때 투약하는 약물이다.

92

자극성 접촉피부염에 대한 설명으로 옳지 않은 것은?

① 홍반과 부종을 동반하는 것이 특징이다.
② 작업장에서 발생빈도가 가장 높은 피부질환이다.
③ 진정한 의미의 알레르기 반응이 수반되는 것은 포함시키지 않는다.
④ 항원에 노출되고 일정시간이 지난 후에 다시 노출되었을 때 세포매개성 과민반응에 의하여 나타나는 부작용의 결과이다.

해설 자극성 접촉피부염 ─────────────
자극성 접촉피부염은 과거의 노출경험과는 큰 관련이 없다.
④번은 알레르기성 접촉피부염에 대한 설명이다.

93

기관지와 폐포 등 폐 내부의 공기통로와 가스교환 부위에 침착되는 먼지로서 공기역학적 지름이 30 μm 이하의 크기를 가지는 것은?

① 흉곽성 먼지   ② 호흡성 먼지
③ 흡입성 먼지   ④ 침착성 먼지

해설 입자상 물질의 분류(ACGIH) ─────────────

구분	기준
흡입성 분진 (IPM)	• 호흡기의 어느 부위에 침착하더라도 독성 유발 • 주로 호흡기의 기도 부위에 침착되어 독성 유발 • 평균입경 : 100 μm
흉곽성 분진 (TPM)	• 기도나 하기도(가스교환 부위) 또는 폐포나 폐기도에 침착하여 독성 유발 • 평균입경 : 10 μm
호흡성 분진 (RPM)	• 가스교환 부위(폐포)에 침착하여 독성 유발 • 평균입경 : 4 μm

94

중금속과 중금속이 인체에 미치는 영향을 연결한 것으로 옳지 않은 것은?

① 크롬 - 폐암
② 수은 - 파킨슨병
③ 납 - 소아의 IQ 저하
④ 카드뮴 - 호흡기의 손상

해설 중금속이 인체에 미치는 영향 ─────────────
파킨슨병은 망간에 노출되었을 때 발생한다.
수은에 중독되면 사지 떨림, 인지 저하 및 감정 변화가 심하게 나타난다.

95

중요도 ★★

작업환경에서 발생될 수 있는 망간에 관한 설명으로 옳지 않은 것은?

① 주로 철합금으로 사용되며, 화학공업에서는 건전지 제조업에 사용된다.
② 만성노출 시 언어가 느려지고 무표정하게 되며, 파킨슨증후군 등의 증상이 나타나기도 한다.
③ 망간은 호흡기, 소화기 및 피부를 통하여 흡수되며, 이 중에서 호흡기를 통한 경로가 가장 많고 위험하다.
④ 급성 중독 시 신장장해를 일으켜 요독증(Uremia)으로 8 ~ 10일 이내 사망하는 경우도 있다.

> **해설** 망간중독 ─────────

망간에 중독되면 신장보다는 신경계에 큰 영향을 미쳐 파킨슨증후군 증상이 나타난다.
④번은 망간보다는 크롬에 중독되었을 때 나타날 수 있는 현상이다.

96

중요도 ★★

유해물질을 생리적 작용에 의하여 분류한 자극제에 관한 설명으로 옳지 않은 것은?

① 상기도의 점막에 작용하는 자극제는 크롬산, 산화에틸렌 등이 해당된다.
② 상기도 점막과 호흡기관지에 작용하는 자극제는 불소, 요오드 등이 해당된다.
③ 호흡기관의 종말 기관지와 폐포점막에 작용하는 자극제는 수용성이 높아 심각한 영향을 준다.
④ 피부와 점막에 작용하여 부식작용을 하거나 수포를 형성하는 물질을 자극제라고 하며 고농도로 눈에 들어가면 결막염과 각막염을 일으킨다.

> **해설** 화학물질의 생리적 작용에 의한 분류 ─────

구분	내용
상기도 점막 자극제	물에 잘 녹는 물질로 암모니아, 염화수소, 불화수소, 아황산가스, 크롬산, 산화에틸렌 등이 있다.
상기도 점막 및 폐조직 자극제	물에 대한 용해도가 중간 정도인 물질로 염소, 브롬, 요오드, 플루오르 등이 있다.
종말 기관지 및 폐포점막 자극제	물에 잘 녹지 않는 물질로 이산화질소, 3염화비소, 포스겐 등이 있다.

97

중요도 ★★★

어떤 물질의 독성에 관한 인체실험 결과 안전흡수량이 체중 1 kg당 0.15 mg이었다. 체중이 70 kg인 근로자가 1일 8시간 작업할 경우, 이 물질의 체내 흡수를 안전흡수량 이하로 유지하려면, 공기 중 농도를 약 얼마 이하로 하여야 하는가? (단, 작업 시 폐환기율(또는 호흡률)은 1.3 m³/h, 체내 잔류율은 1.0으로 한다)

① 0.52 mg/m³
② 1.01 mg/m³
③ 1.57 mg/m³
④ 2.02 mg/m³

> **해설** 체내 흡수량 ─────────

$SHD = C \times T \times V \times R$
SHD : 체내 흡수량(mg)
C : 공기 중 유해물질 농도(mg/m³)
T : 노출시간(hr)
V : 호흡률(폐환기율)(m³/hr)
R : 체내 잔류율(보통 1임)

$$C = \frac{SHD}{T \times V \times R}$$

$$= \frac{\dfrac{0.15mg}{1kg} \times 70kg}{8 \times 1.3 \times 1.0} = 1.009 mg/m^3$$

98

중요도 ★★

ACGIH에서 규정한 유해물질 허용기준에 관한 사항으로 옳지 않은 것은?

① TLV-C : 최고 노출기준

② TLV-STEL : 단기간 노출기준

③ TLV-TWA : 8시간 평균 노출기준

④ TLV-TLM : 시간가중 한계농도기준

해설 유해물질 허용기준 ─────

① TLV-C : 근로자가 1일 동안 잠시라도 노출돼서는 안 되는 농도

② TLV-STEL : 단기허용농도로 최대 15분간 노출될 수 있는 농도

③ TLV-TWA : 시간가중평균허용농도로 1일 8시간, 주 40시간 동안 노출될 수 있는 허용 농도

④ TLV-TLM : 유해물질 허용기준 관련 용어로 잘 사용되지 않는다.

99

중요도 ★★★

먼지가 호흡기계로 들어올 때 인체가 가지고 있는 방어기전으로 가장 적정하게 조합된 것은?

① 면역작용과 폐 내의 대사작용

② 폐포의 활발한 가스교환과 대사작용

③ 점액 섬모운동과 가스교환에 의한 정화

④ 점액 섬모운동과 폐포의 대식세포의 작용

해설 입자상 물질의 인체 내 방어기전 ─────

• 점액 섬모운동(기관지) : 기도와 기관지에 침착된 먼지는 점막 섬모운동과 같은 방어작용에 의해 정화된다.

• 대식세포 작용(폐포) : 대식세포는 면역담당 세포로서 세균, 이물질 등을 포식, 소화하는 역할을 한다.

100

중요도 ★★★

공기 중 입자상 물질의 호흡기계 축적기전에 해당하지 않는 것은?

① 교환　　　　　② 충돌

③ 침전　　　　　④ 확산

해설 입자상 물질의 호흡기계 축적기전 ─────

• 충돌(관성충돌) : 공기의 흐름이 바뀔 때 입자가 원래 방향대로 이동하다가 부딪치며 충돌에 의해 침착된다.

• 침전(중력침강) : 폐의 심층부에서 공기흐름이 느려지면 입자가 중력에 의해 낙하하여 축적된다.

• 차단 : 길이가 긴 입자가 호흡기계로 들어오면서 그 입자의 가장자리가 기도의 표면을 스치게 됨으로써 침착되는 현상이다.

• 확산 : 미세입자의 무질서한 운동에 의해 기체분자와 충돌하여 침착되는 현상이다.

2020-01 · 02

2020 제3회 기출문제

1과목 산업위생학개론

01
중요도 ★

주로 정적인 자세에서 인체의 특정 부위를 지속적, 반복적으로 사용하거나 부적합한 자세로 장기간 작업할 때 나타나는 질환을 의미하는 것이 아닌 것은?

① 반복성 긴장장애
② 누적외상성 질환
③ 작업 관련성 신경계 질환
④ 작업 관련성 근골격계 질환

해설 근골격계 질환 관련 용어

• 누적외성성 질환(CTDs)
• 근골격계 질환(MSDs)
• 반복성 긴장장해(RSI)
• 경견완증후군

02
중요도 ★★

육체적 작업 시 혐기성 대사에 의해 생성되는 에너지원에 해당하지 않은 것은?

① 산소(Oxygen)
② 포도당(Glucose)
③ 크레아틴인산(CP)
④ 아데노신삼인산(ATP)

해설 혐기성 대사와 호기성 대사의 구분

구분	내용
혐기성 대사	• 근육 내에 존재하는 크레아틴인산(CP), 글리코겐 또는 포도당이 ATP(아데노신삼인산)를 만들고 ATP로 에너지 생산 • CP, ATP는 순환하고 글리코겐은 소모되어 고갈됨
호기성 대사	• 근육 사용 직후는 혐기성 대사로 에너지를 공급받지만 2분 정도 후 에너지의 고갈로 호기성 대사로 에너지를 공급받음 • 음식물로 섭취한 에너지(포도당, 단백질, 지방)가 산소와 결합하여 에너지를 생산

03
중요도 ★★

「산업안전보건법령」상 작업환경 측정에 대한 설명으로 옳지 않은 것은?

① 작업환경 측정의 방법, 횟수 등의 필요사항은 사업주가 판단하여 정할 수 있다.
② 사업주는 작업환경의 측정 중 시료의 분석을 작업환경 측정기관에 위탁할 수 있다.
③ 사업주는 작업환경 측정 결과를 해당 작업장의 근로자에게 알려야 한다.
④ 사업주는 근로자대표가 요구할 경우 작업환경 측정 시 근로자대표를 참석시켜야 한다.

해설 작업환경 측정

작업환경 측정의 방법, 횟수 등의 필요한 사항은 고용노동부령으로 정하는 바에 따라야 한다.

정답 01 ③　02 ①　03 ①

04

중요도 ★★★

「산업안전보건법령」상 발암성 정보물질의 표기법 중 '사람에게 충분한 발암성 증거가 있는 물질'에 대한 표기방법으로 옳은 것은?

① 1   ② 1A

③ 2A   ④ 2B

해설 발암성의 구분 ────────────

「화학물질의 분류·표시 및 물질안전보건자료에 관한 기준」 별표1

구분	구분기준
1A	사람에게 충분한 발암성 증거가 있는 물질
1B	시험동물에서 발암성 증거가 충분히 있거나, 시험동물과 사람 모두에서 제한된 발암성 증거가 있는 물질
2	사람이나 동물에서 제한된 증거가 있지만, 구분 1로 분류하기에는 증거가 충분하지 않는 물질

05

중요도 ★★

온도 25 ℃, 1기압 하에서 분당 100 mL씩 60분 동안 채취한 공기 중에서 벤젠이 5 mg 검출되었다면 검출된 벤젠은 약 몇 ppm인가? (단, 벤젠의 분자량은 78이다)

① 15.7   ② 26.1

③ 157   ④ 261

해설 mg/m³과 ppm의 변환 ──────────

문제의 조건에서 공기의 부피(m^3) 계산

$$\frac{100\text{mL}}{\text{min}} \times 60\text{min} \times \frac{10^{-6}\text{m}^3}{\text{mL}} = 0.006\text{m}^3$$

mg/m^3을 ppm으로 변환

$$ppm = mg/m^3 \times \frac{24.45}{\text{분자량}}$$

$$= \frac{5}{0.006} \times \frac{24.45}{78} = 261.22$$

06

중요도 ★

화학적 원인에 의한 직업성 질환으로 볼 수 없는 것은?

① 정맥류   ② 수전증

③ 치아산식증   ④ 시신경 장해

해설 직업성 질환 ────────────

정맥류는 장시간의 서 있는 작업, 진동에 의해 발생한다.
정맥류는 물리적 원인에 의한 직업성 질환이다.

07

중요도 ★★★

다음 ( ) 안에 들어갈 알맞은 것은?

> 「산업안전보건법령」상 화학물질 및 물리적 인자의 노출기준에서 "시간가중평균노출기준(TWA)"이란 1일 (㉠)시간 작업을 기준으로 하여 유해인자의 측정치에 발생시간을 곱하여 (㉡)시간으로 나눈 값을 말한다.

① A : 6, B : 6   ② A : 6, B : 8

③ A : 8, B : 6   ④ A : 8, B : 8

해설 시간가중평균노출기준(TWA) ──────

「화학물질 및 물리적 인자의 노출기준」 제2조
1일 8시간 작업을 기준으로 하여 유해인자의 측정치에 발생시간을 곱하여 8시간으로 나눈 값을 말한다.

08

중요도 ★★★

산업위생전문가의 윤리강령 중 "근로자에 대한 책임"에 해당하는 것은?

① 적절하고도 확실한 사실을 근거로 전문적인 견해를 발표한다.
② 기업주에 대하여는 실현 가능한 개선점으로 선별하여 보고한다.
③ 이해관계가 있는 상황에서는 고객의 입장에서 관련 자료를 제시한다.
④ 근로자의 건강보호가 산업위생전문가의 1차적인 책임이라는 것을 인식한다.

해설 산업위생전문가의 근로자에 대한 책임 ─────

• 근로자의 건강보호가 산업위생전문가의 1차적인 책임이라는 것을 인식한다.
• 근로자와 기타 여러 사람의 건강과 안녕이 산업위생전문가의 판단에 좌우된다는 것을 깨달아야 한다.
• 위험요인의 측정, 평가 및 관리에 있어서 외부의 영향력에 굴하지 않고 중립적(객관적)인 태도를 취해야 한다.
• 건강의 유해요인에 대한 정보와 필요한 예방조치에 대해 근로자와 상담한다.

09

중요도 ★★

주요 실내 오염물질의 발생원으로 보기 어려운 것은?

① 호흡   ② 흡연
③ 자외선   ④ 연소기기

해설 주요 실내 오염물질의 발생원 ─────

• 호흡 : 이산화탄소 발생
• 연소기기 : 일산화탄소, 아황산가스 등 발생
• 흡연 : 일산화탄소, 포름알데하이드 등 발생

10

중요도 ★★

산업피로의 종류에 대한 설명으로 옳지 않은 것은?

① 근육의 일부 부위에만 발생하는 국소피로와 전신에 나타나는 전신피로가 있다.
② 신체피로는 육체적 노동에 의한 근육의 피로를 말하는 것으로 근육노동을 할 경우 주로 발생된다.
③ 피로는 그 정도에 따라 보통피로, 과로 및 곤비로 분류할 수 있으며 가장 경증의 피로단계는 곤비이다.
④ 정신피로는 중추신경계의 피로를 말하는 것으로 정밀작업 등과 같은 정신적 긴장을 요하는 작업 시에 발생된다.

해설 산업피로 ─────

곤비는 3단계 피로로 피로가 축적되어 단기간의 휴식으로는 회복할 수 없는 발병단계이다.

11

중요도 ★

「산업안전보건법령」상 사업주가 사업을 할 때 근로자의 건강장해를 예방하기 위하여 필요한 보건상의 조치를 하여야 할 항목이 아닌 것은?

① 사업장에서 배출되는 기계·액체 또는 찌꺼기 등에 의한 건강장해
② 폭발성, 발화성 및 인화성 물질 등에 의한 위험작업의 건강장해
③ 계측감시, 컴퓨터 단말기 조작, 정밀공작 등의 작업에 의한 건강장해
④ 단순반복작업 또는 인체에 과도한 부담을 주는 작업에 의한 건강장해

해설 보건상의 조치

②는 보건상의 조치가 아니라 안전상의 조치이다.

관련법령 보건조치가 필요한 경우

「산업안전보건법」 제39조

- 원재료·가스·증기·분진·흄(Fume)·미스트(Mist)·산소결핍·병원체 등에 의한 건강장해
- 방사선·유해광선·고열·한랭·초음파·소음·진동·이상기압 등에 의한 건강장해
- 사업장에서 배출되는 기체·액체 또는 찌꺼기 등에 의한 건강장해
- 계측감시(計測監視), 컴퓨터 단말기 조작, 정밀공작(精密工作) 등의 작업에 의한 건강장해
- 단순반복작업 또는 인체에 과도한 부담을 주는 작업에 의한 건강장해
- 환기·채광·조명·보온·방습·청결 등의 적정기준을 유지하지 아니하여 발생하는 건강장해
- 폭염·한파에 장시간 작업함에 따라 발생하는 건강장해

12

중요도 ★★★

육체적 작업능력(PWC)이 16 kcal/min인 남성 근로자가 1일 8시간 동안 물체를 운반하는 작업을 하고 있다. 이때 작업대사율은 10 kcal/min이고, 휴식 시 대사율은 2 kcal/min이다. 매 시간마다 적정한 휴식시간은 약 몇 분인가? (단, Herting의 공식을 적용하여 계산한다)

① 15분   ② 25분
③ 35분   ④ 45분

해설 적정 휴식시간 비

피로예방을 위한 적정 휴식시간 비($T_{rest}(\%)$)

$$T_{rest}(\%) = \left(\frac{PWC의 \frac{1}{3} - 작업 대사량}{휴식 대사량 - 작업대사량} \right) \times 100$$

$$= \left(\frac{16 \times \frac{1}{3} - 10}{2 - 10} \right) \times 100 = 58.33\%$$

휴식시간 = 60 min × 0.5833 = 34.998 min

13

중요도 ★★★

Diethyl ketone(TLV = 200 ppm)을 사용하는 근로자의 작업시간이 9시간일 때 허용기준을 보정하였다. OSHA 보정법과 Brief and Scala 보정법을 적용하였을 경우 보정된 허용기준치 간의 차이는 약 몇 ppm인가?

① 5.05   ② 11.11
③ 22.22   ④ 33.33

해설 노출기준 보정

OSHA의 보정법

$$보정노출기준 = 8시간 노출기준 \times \frac{8시간}{노출시간/일}$$

$$= 200 \times \frac{8}{9} = 177.78 ppm$$

Brief and Scala 보정법

$$보정된 노출기준 = RF \times 노출기준(허용농도)$$

$$RF = \left(\frac{8}{H} \right) \times \frac{24-H}{16} \ (H : 노출시간/일)$$

$$RF = \left(\frac{8}{9} \right) \times \frac{24-9}{16} = 0.8333$$

보정된 노출기준 = 0.8333 × 200 = 166.66 ppm

보정된 허용기준치 간의 차이

177.78 − 166.66 = 11.12 ppm

14

중요도 ★★★

산업위생의 역사에서 직업과 질병의 관계가 있음을 알렸고, 광산에서의 납 중독을 보고한 인물은?

① Larigo   ② Paracelsus
③ Percival Pott   ④ Hippocrates

해설 산업위생의 역사

Hippocrates는 BC 4세기에 광산에서의 납 중독을 보고했다.

납 중독은 역사상 최초로 기록된 직업병이다.

15

중요도 ★★★

피로의 예방대책으로 적절하지 않은 것은?

① 충분한 수면을 갖는다.

② 작업환경을 정리, 정돈한다.

③ 정적인 자세를 유지하는 작업을 동적인 작업을 전환하도록 한다.

④ 작업과정 사이에 여러 번 나누어 휴식하는 것보다 장시간의 휴식을 취한다.

> **해설** 피로의 예방대책 ──────────
> 장시간의 휴식을 취하는 것보다 여러 번 나누어 휴식하는 것이 피로의 예방에 도움이 된다.

16

중요도 ★

직업성 변이(Occupational Stigmata)의 정의로 옳은 것은?

① 직업에 따라 체온량의 변화가 일어나는 것이다.

② 직업에 따라 체지방량의 변화가 일어나는 것이다.

③ 직업에 따라 신체 활동량의 변화가 일어나는 것이다.

④ 직업에 따라 신체 형태와 기능에 국소적 변화가 일어나는 것이다.

> **해설** 직업성 변이 ──────────
> 직업성 변이란 직업에 따라 신체 형태와 기능에 국소적 변화가 일어나는 것이다.

17

중요도 ★★

생체와 환경과의 열 교환 방정식을 올바르게 나타낸 것은? (단, △S : 생체 내 열용량의 변화, M : 대사에 의한 열 생산, E : 수분 증발에 의한 열 방산, R : 복사에 의한 열 득실, C : 대류 및 전도에 의한 열 득실이다)

① $\triangle S = M + E \pm R - C$

② $\triangle S = M - E \pm R \pm C$

③ $\triangle S = R + M + C + E$

④ $\triangle S = C - M - R - E$

> **해설** 열평형 방정식(인체의 열 교환) ──────────
> $\triangle S = M - E \pm R \pm C$
> $\triangle S$: 생체 내 열용량의 변화
> M : 대사에 의한 열 생산
> E : 수분 증발에 의한 열 방산
> R : 복사에 의한 열 득실
> C : 대류 및 전도에 의한 열 득실

18

중요도 ★★

작업적성에 대한 생리적 적성검사 항목에 해당하는 것은?

① 체력검사

② 지능검사

③ 인성검사

④ 지각동작검사

> **해설** 적성검사의 분류 ──────────
> • 신체검사
> • 생리적 적성검사 : 감각기능검사, 심폐기능검사, 체력검사
> • 심리적 적성검사 : 지능검사, 지각동작검사, 인성검사, 기능검사

19

중요도 ★★★

다음 ( ) 안에 들어갈 알맞은 용어는?

( )은/는 근로자나 일반 대중에게 질병, 건강장해와 능률저하 등을 초래하는 작업환경 요인과 스트레스를 예측, 인식(측정), 평가, 관리하는 과학인 동시에 기술을 말한다.

① 유해인자　　　　② 산업위생
③ 위생인식　　　　④ 인간공학

해설 미국산업위생학회(AHIA)의 산업위생 정의 ───

산업위생은 근로자나 일반 대중에게 질병, 건강장해와 안녕방해, 심각한 불쾌감 및 능률저하 등을 초래하는 작업환경 요인과 스트레스를 예측, 측정, 평가, 관리하는 과학과 기술이다.

20

중요도 ★★★

근로시간 1,000시간당 발생한 재해에 의하여 손실된 총 근로손실일수로 재해자의 수나 발생빈도와 관계없이 재해의 내용(상해정도)을 측정하는 척도로 사용되는 것은?

① 건수율　　　　　② 연천인율
③ 재해 강도율　　　④ 재해 도수율

해설 강도율과 도수율의 구분 ───

• 강도율 : 1,000 근로시간당 근로손실일수의 비율이다.
• 도수율 : 100만 근로시간당 재해발생 건수의 비율이다.

21

중요도 ★

분석용어에 대한 설명 중 틀린 것은?

① 이동상이란 시료를 이동시키는 데 필요한 유동체로서 기체일 경우를 GC라고 한다.
② 크로마토그램이란 유해물질이 검출기에서 반응하여 띠 모양으로 나타낸 것을 말한다.
③ 전처리는 분석물질 이외의 것들을 제거하거나 분석에 방해되지 않도록 하는 과정으로서 분석기기에 의한 정량을 포함한다.
④ AAS 분석원리는 원자가 갖고 있는 고유한 흡수파장을 이용한 것이다.

해설 분석용어 ───

전처리는 양질의 데이터를 얻기 위해 분석하고자 하는 대상 물질의 방해요인을 제거하는 것으로 분석기기에 의한 정량은 포함되지 않는다.

22

중요도 ★★

벤젠으로 오염된 작업장에서 무작위로 15개 지점의 벤젠의 농도를 측정하여 다음과 같은 결과를 얻었을 때, 이 작업장의 표준편차는?

8, 10, 15, 12, 9, 13, 16, 15, 11, 9, 12, 8, 13, 15, 14

① 4.7　　　　　② 3.7
③ 2.7　　　　　④ 0.7

산술평균과 표준편차 계산 ──────

산술평균(M) 계산

$$M = \frac{\begin{array}{c}8+10+15+12+9+13+16+15+11+\\9+12+8+13+15+14\end{array}}{15}$$

$$= 12$$

표준편차(SD) 계산

$$SD = \sqrt{\frac{\begin{array}{c}(8-12)^2+(10-12)^2+(15-12)^2\\+(12-12)^2+(9-12)^2+(13-12)^2\\+(16-12)^2+(15-12)^2+(11-12)^2\\+(9-12)^2+(12-12)^2+(8-12)^2\\+(13-12)^2+(15-12)^2+(14-12)^2\end{array}}{15-1}}$$

$$= 2.725$$

23　　　　　　　　　　중요도 ★

방사선이 물질과 상호작용한 결과 그 물질의 단위 질량에 흡수된 에너지(Gray ; Gy)의 명칭은?

① 조사산량
② 등가선량
③ 유효선량
④ 흡수선량

흡수선량 ──────

방사선에 피복되는 물질의 단위 질량당 인체에 흡수된 방사선의 에너지량(방사선량)이다.

24　　　　　　　　　　중요도 ★★★

두 개의 버블러를 연속적으로 연결하여 시료를 채취할 때, 첫 번째 버블러의 채취효율이 75 %이고, 두 번째 버블러의 채취효율이 90 %이면 전체 채취효율(%)은?

① 91.5
② 93.5
③ 95.5
④ 97.5

총집진율 계산 ──────

$$\eta_T = \eta_1 + \eta_2(1-\eta_1)$$

η_T : 총집진율

η_1 : 1차 집진장치의 집진율

η_2 : 2차 집진장치의 집진율

$$\eta_T = 0.75 + 0.9(1-0.75) = 0.975 = 97.5\%$$

25　　　　　　　　　　중요도 ★

시료채취 매체와 해당 매체로 포집할 수 있는 유해인자의 연결로 가장 거리가 먼 것은?

① 활성탄관 - 메탄올
② 유리섬유여과지 - 캡탄
③ PVC여과지 - 석탄분진
④ MCE막여과지 - 석면

시료채취 ──────

메탄올은 실리카겔관을 통해 채취한다.

26　　　　　　　　　　중요도 ★★★

고성능 액체크로마토그래피(HPLC)에 관한 설명으로 틀린 것은?

① 주 분석대상 화학물질은 PCB 등의 유기화학물질이다.
② 장점으로 빠른 분석속도, 해상도, 민감도를 들 수 있다.
③ 분석물질이 이동상에 녹아야 하는 제한점이 있다.
④ 이동상인 운반가스의 친화력에 따라 용리법, 치환법으로 구분된다.

고성능 액체크로마토그래피 ──────

고성능 액체크로마토그래피(HPLC)에서는 이동상으로 액체를 사용한다.

27

18 ℃ 770 mmHg인 작업장에서 methylethyl ketone의 농도가 26 ppm일 때 mg/m³ 단위로 환산된 농도는? (단, Methylethyl ketone의 분자량은 72 g/mol이다)

① 64.5

② 79.4

③ 87.3

④ 93.2

해설 ppm과 mg/m³의 농도변환 ────────

(1) 문제의 조건에서 기체 1몰의 부피 계산

$$V_2 = \frac{T_2}{P_2} \times \frac{P_1 V_1}{T_1} = \frac{291}{\frac{770}{760}} \times \frac{1 \times 22.4}{273}$$

$$= 23.566 \text{L}$$

(2) 환산한 농도(mg/m³) 계산

$$\text{mg/m}^3 = \frac{\text{ppm} \times 분자량}{23.566} = \frac{26 \times 72}{23.566}$$

$$= 79.436 \text{mg/m}^3$$

28

「작업환경 측정 및 정도관리 등에 관한 고시」상 시료채취 근로자 수에 대한 설명 중 옳은 것은?

① 단위작업장소에서 최고 노출근로자 2명 이상에 대하여 동시에 개인시료채취방법으로 측정하되, 단위작업장소에 근로자가 1명인 경우에는 그러하지 아니하며, 동일 작업 근로자 수가 20명을 초과하는 경우에는 매 5명당 1명 이상 추가하여 측정하여야 한다.

② 단위작업장소에서 최고노출 근로자 2명 이상에 대하여 동시에 개인시료채취방법으로 측정하되, 동일작업 근로자 수가 100명을 초과하는 경우에는 최대 시료채취 근로자 수를 20명으로 조정할 수 있다.

③ 지역시료채취방법으로 측정을 하는 경우 단위작업장소 내에서 3개 이상의 지점에 대하여 동시에 측정하여야 한다.

④ 지역시료채취방법으로 측정을 하는 경우 단위작업장소의 넓이가 60평방미터 이상인 경우에는 매 30평방미터마다 1개 지점 이상을 추가로 측정하여야 한다.

해설 시료채취 근로자 수 ────────

「작업환경 측정 및 정도관리 등에 관한 고시」 제19조

• 단위작업장소에서 최고노출 근로자 2명 이상에 대하여 동시에 개인시료채취방법으로 측정하되, 단위작업장소에 근로자가 1명인 경우에는 그러하지 아니한다. 다만 동일작업 근로자 수가 10명을 초과하는 경우에는 매 5명당 1명 이상 추가하여 측정하여야 한다.

• 동일작업 근로자 수가 100명을 초과하는 경우에는 최대 시료채취 근로자 수를 20명으로 조정할 수 있다.

• 지역시료채취방법으로 측정을 하는 경우 단위작업장소 내에서 2개 이상의 지점에 대하여 동시에 측정하여야 한다. 다만 단위작업장소의 넓이가 50평방미터 이상인 경우에는 매 30평방미터마다 1개 지점 이상을 추가로 측정하여야 한다.

29

중요도 ★★★

작업장에 작동되는 기계 두 대의 소음레벨이 각각 98 dB(A), 96 dB(A)로 측정되었을 때, 두 대의 기계가 동시에 작동되었을 경우에 소음레벨(dB(A))은?

① 98 ② 100

③ 102 ④ 104

해설 합성소음도 ────────────

$$L = 10 \times \log \left(10^{\frac{L_1}{10}} + 10^{\frac{L_2}{10}} + \cdots 10^{\frac{L_n}{10}} \right)$$

L : 합성소음도(dB)

L_n : 각각 소음원의 소음(dB)

$$L = 10 \times \log \left(10^{\frac{98}{10}} + 10^{\frac{96}{10}} \right) = 100.124 \text{dB}$$

30

중요도 ★★★

어떤 작업자에 50 % acetone, 30 % benzene, 20 % xylene의 중량비로 조성된 용제가 증발하여 작업환경을 오염시키고 있을 때, 이 용제의 허용농도(TLV ; mg/m³)는? (단, actone, benzene, xylene의 TVL는 각각 1,600, 720, 670 mg/m³이고, 용제의 각 성분은 상가작용을 하며, 성분 간 비휘발도 차이는 고려하지 않는다)

① 873 ② 973

③ 1,073 ④ 1,173

해설 액체 혼합물의 허용농도(노출기준) ────────

$$\text{TLV} = \frac{1}{\dfrac{f_a}{TLV_a} + \dfrac{f_b}{TLV_b} + \cdots + \dfrac{f_n}{TLV_n}}$$

f_n : 액체 혼합물에서 각 성분의 무게(중량)비

TLV_n : 해당 물질의 노출기준(mg/m³)

$$\text{TLV} = \frac{1}{\dfrac{0.5}{1,600} + \dfrac{0.3}{720} + \dfrac{0.2}{670}} = 973.07 \text{mg/m}^3$$

31

중요도 ★★★

시간당 약 150 kcal의 열량이 소모되는 작업조건에서 WBGT 측정치가 30.6 ℃일 때 고온의 노출기준에 따른 작업휴식조건으로 적절한 것은?

① 매 시간 75 % 작업, 25 % 휴식

② 매 시간 50 % 작업, 50 % 휴식

③ 매 시간 25 % 작업, 75 % 휴식

④ 계속 작업

해설 작업휴식조건 ────────────

시간당 약 150 kcal의 열량이 소모되는 작업은 경작업이고, WBGT 측정치가 30.6 ℃이므로 매 시간 75 % 작업, 25 % 휴식해야 한다.

관련법령 고온의 노출기준(단위 : ℃)
「화학물질 및 물리적 인자의 노출기준」 별표3

구분	작업강도		
	경작업	중등작업	중작업
계속작업	30.0	26.7	25.0
매 시간 75 % 작업, 25 % 휴식	30.6	28.0	25.9
매 시간 50 % 작업, 50 % 휴식	31.4	29.4	27.9
매 시간 25 % 작업, 75 % 휴식	32.2	31.1	30.0

• 경작업 : 200 kcal까지의 열량이 소요되는 작업을 말하며 앉아서 또는 서서 기계의 조정을 하기 위하여 손 또는 팔을 가볍게 쓰는 일 등을 뜻한다.

• 중등작업 : 시간당 200 ~ 350 kcal의 열량이 소모되는 작업을 말하며 물체를 들거나 밀면서 걸어다는 일 등을 뜻한다.

• 중(힘든)작업 : 시간당 350 ~ 500 kcal의 열량이 소요되는 작업을 말하며 곡괭이질 또는 삽질하는 일 등을 뜻한다.

32

중요도 ★★★

검지관의 장·단점으로 틀린 것은?

① 측정대상물질의 동정이 미리 되어 있지 않아도 측정이 가능하다.

② 민감도가 낮으며 비교적 고농도에 적용이 가능하다.

③ 특이도가 낮다. 즉, 다른 방해물질의 영향을 받기 쉬워 오차가 크다.

④ 색이 시간에 따라 변화하므로 제조자가 정한 시간에 읽어야 한다.

해설 검지관 ─────────────

검지관방식은 특정 가스에 반응하는 시약이 들어있는 검지관을 이용하는 것으로 동정(가스의 성분 확인)이 되어 있어야 한다.

개념확인 검지관의 장점과 단점

구분	내용
장점	• 사용이 간편하다. • 반응시간이 빨라 빠른 측정이 필요할 때 사용가능하다. • 비전문가도 어느 정도만 숙지하면 사용할 수 있다.
단점	• 민감도가 낮으며 비교적 고농도에 적용할 수 있다. • 일반적으로 단시간 측정만 가능하다. • 한 검지관으로 단일 물질만 측정할 수 있어 각 오염물질에 맞는 검지관을 선정해야 한다. • 미리 특정대상물질의 동정이 되어 있어야 측정할 수 있다.

33

중요도 ★

MCE여과지를 사용하여 금속 성분을 측정, 분석한다. 샘플링에 끝난 시료를 전처리하기 위해 회화용액(Ashing acid)을 사용하는 데 다음 중 NIOSH에서 제시한 금속별 전처리 용액 중 적절하지 않은 것은?

① 납 : 질산

② 크롬 : 염산 + 인산

③ 카드뮴 : 질산, 염산

④ 다성분 금속 : 질산 + 과염소산

해설 전처리 용액 ─────────────

크롬 : 염산 + 질산

34

중요도 ★★

Kata 온도계로 불감기류를 측정하는 방법에 대한 설명으로 틀린 것은?

① Kata 온도계의 구(球)부를 $50 \sim 60\,℃$의 온수에 넣어 구부의 알코올을 팽창시켜 관의 상부 눈금까지 올라가게 한다.

② 온도계를 온수에서 꺼내어 구(球)부를 완전히 닦아내고 스탠드에 고정한다.

③ 알코올의 눈금이 $100\,℉$에서 $65\,℉$까지 내려가는 데 소요되는 시간을 초시계로 $4 \sim 5$회 측정하여 평균을 낸다.

④ 눈금 하강에 소요되는 시간으로 Kata 상수를 나눈 값 H는 온도계의 구부 $1\,cm^2$에서 1초 동안에 방산되는 열량을 나타낸다.

해설 Kata 온도계 ─────────────

알코올의 눈금이 $100\,℉$에서 $95\,℉$까지 내려가는 데 소요되는 시간을 초시계로 $4 \sim 5$회 측정하여 평균을 낸다.

35

실리카겔 흡착에 대한 설명으로 틀린 것은?

① 실리카겔은 규산나트륨과 황산의 반응에서 유도된 무정형의 물질이다.

② 극성을 띠고 흡습성이 강하므로 습도가 높을수록 파과용량이 증가한다.

③ 추출액이 화학분석이나 기기분석에 방해물질로 작용하는 경우가 많지 않다.

④ 활성탄으로 채취가 어려운 아닐린, 오르쏘 - 톨루이딘 등의 아민류나 몇몇 무기물질의 채취도 가능하다.

해설 실리카겔 흡착 ────────

실리카겔 흡착은 극성을 띠고 흡습성이 강하여 습도가 높을수록 파괴되기 쉽고 파과용량이 감소한다.

36

작업장에서 어떤 유해물질의 농도를 무작위로 측정한 결과가 아래와 같을 때, 측정값에 대한 기하평균(GM)은?

(단위 : ppm)
5, 10, 28, 46, 90, 200

① 11.4　　　　　② 32.4

③ 63.2　　　　　④ 104.5

해설 기하평균(GM) ────────

$GM = \sqrt[N]{X_1 \cdot X_2 \cdots X_n}$

N : 측정치의 수, X_n : 측정치

$GM = \sqrt[6]{5 \times 10 \times 28 \times 46 \times 90 \times 200} = 32.411$

37

접착공정에서 본드를 사용하는 작업장에서 톨루엔을 측정하고자 한다. 노출기준의 10 %까지 측정하고자 할 때, 최소시료채취시간(min)은? (단, 작업장은 25 ℃, 1기압이며, 톨루엔의 분자량은 92.14, 기체크로마토그래피의 분석에서 톨루엔의 정량한계는 0.5 mg, 노출기준은 100 ppm, 채취유량은 0.15 L/분이다)

① 13.3　　　　　② 39.6

③ 88.5　　　　　④ 182.5

해설 최소시료채취시간 계산 ────────

(1) 25 ℃, 1기압인 경우 농도변환

$$mg/m^3 = \frac{ppm \times 그램분자량}{24.45}$$

노출기준의 10 %까지 측정한다고 했으므로 노출기준은 100 ppm이 아니라 10 ppm을 적용해야 한다.

$$mg/m^3 = \frac{10 \times 92.14}{24.45} = 37.685 mg/m^3$$

(2) 정량한계를 기준으로 최소시료채취시간 계산

$$\frac{37.685 mg}{m^3} = \frac{0.5 mg}{\frac{0.15 L}{min} \times \frac{m^3}{1,000 L} \times x\,min}$$

$$x = \frac{0.5}{0.15 \times \frac{1}{1,000} \times 37.685} = 88.452 min$$

38

셀룰로오스 에스테르 막여과지에 관한 설명으로 옳지 않은 것은?

① 산에 쉽게 용해된다.

② 중금속 시료채취에 유리하다.

③ 유해물질이 표면에 주로 침착된다.

④ 흡습성이 적어 중량 분석에 적당하다.

해설 셀룰로오스 에스테리 막여과지 ─────

셀룰로오스 에스테르 막여과지는 흡습성이 높아 중량 분석에는 적합하지 않다.

개념확인 셀룰로오스 에스테르 막여과지(MCE)

- 산에 쉽게 용해되므로 입자상 물질 중의 금속을 채취하여 원자흡광광도법으로 분석하는 데 사용된다.
- 유해물질이 여과지의 표면에 주로 침착되기 때문에 석면 등 현미경분석을 위한 시료채취에 유리하다.
- 셀룰로오스는 수분을 흡수하는 특성(흡습성)이 높아 오차를 유발할 수 있기 때문에 중량 분석에는 적합하지 못하다.
- 중금속, 석면, 살충제, 불소 화합물 및 기타 무기물질 채취에 많이 사용한다.

40

중요도 ★★★

코크스 제조공정에서 발생되는 코크스 오븐 배출물질을 채취할 때, 다음 중 가장 적합한 여과지는?

① 은막 여과지

② PVC 여과지

③ 유리섬유 여과지

④ PTFE 여과지

해설 은막 여과지 ─────

- 균일한 금속은을 소결하여 만든 것으로 열적·화학적 안정성이 있다.
- 코크스 제조공정에서 발생하는 코크스 오븐 배출물질 또는 다핵방향족탄화수소 등을 채취하는 데 사용된다.
- 결합제나 섬유가 포함되어 있지 않다.

39

중요도 ★★

작업장 소음에 대한 1일 8시간 노출 시 허용기준 [dB(A)]은? (단, 미국 OSHA의 연속소음에 대한 노출기준으로 한다)

① 45

② 60

③ 86

④ 90

해설 소음의 노출기준 ─────

1일 노출시간(hr)	소음수준[dB(A)]
8	90
4	95
2	100
1	105
0.5	110
0.25	115

41

중요도 ★★★

덕트에서 평균속도압이 25 mmH₂O일 때, 반송속도(m/s)는?

① 101.1   ② 50.5
③ 20.2   ④ 10.1

해설 속도압이 주어진 경우 유속(V) 계산 ─────

$V = 4.043\sqrt{VP}$

V : 유속(m/sec)

VP : 속도압(mmH₂O)

$V = 4.043\sqrt{25} = 20.215 \text{m/sec}$

42

중요도 ★★★

송풍기의 송풍량과 회전수의 관계에 대한 설명 중 옳은 것은?

① 송풍량과 회전수는 비례한다.
② 송풍량은 회전수의 제곱에 비례한다.
③ 송풍량은 회전수의 세제곱에 비례한다.
④ 송풍량과 회전수는 역비례한다.

해설 송풍기의 상사법칙 ─────

• 송풍량은 송풍기의 회전수에 비례한다.
• 풍압은 송풍기 회전수의 제곱에 비례한다.
• 동력은 송풍기 회전수의 세제곱에 비례한다.

43

중요도 ★★★

덕트 합류 시 댐퍼를 이용한 균형유지방법의 장점이 아닌 것은?

① 시설 설치 후 변경에 유연하게 대처 가능
② 설치 후 부적당한 배기유량 조절가능
③ 임의로 유량을 조절하기 어려움
④ 설계 계산이 상대적으로 간단함

해설 균형유지방법 ─────

댐퍼 자체가 유량을 조절하기 위해 설치하는 것으로 임의로 유량을 조절하기 쉽다.

개념확인 댐퍼를 이용한 평형법의 장점과 단점

구분	내용
장점	• 시설설치 후 송풍량의 조절, 덕트위치 변경이 가능하다. • 최소 설계풍량으로 평형유지가 가능하다. • 설계계산이 비교적 간단하고, 고도의 지식을 요하지 않는다.
단점	• 평형상태시설에 댐퍼를 잘못 설치하면 평형상태 파괴를 유발한다. • 임의로 댐퍼 조정 시 평형상태가 파괴될 수 있다. • 최대 저항경로 선정이 잘못되어도 설계 시 쉽게 발견하기 어렵다. • 댐퍼가 노출되어 누구나 쉽게 조절할 수 있어 정상기능을 저해할 우려가 있다.

44

중요도 ★★

동일한 두께로 벽체를 만들었을 경우에 차음효과가 가장 크게 나타나는 재질은? (단, 2,000 Hz 소음을 기준으로 하며, 공극률 등 기타 조건은 동일하다고 가정한다)

① 납   ② 석고
③ 알루미늄   ④ 콘크리트

해설 차음효과 ─────

동일한 두께일 경우 납의 차음효과가 가장 뛰어나다.

45

중요도 ★★★

다음 보기 중 공기공급시스템(보충용 공기의 공급장치)이 필요한 이유가 모두 선택된 것은?

> ㉠ 연료를 절약하기 위해서
> ㉡ 작업장 내 안전사고를 예방하기 위해서
> ㉢ 국소배기장치를 적절하게 가동시키기 위해서
> ㉣ 작업장의 교차기류를 유지하기 위해서

① ㉠, ㉡
② ㉠, ㉡, ㉢
③ ㉡, ㉢, ㉣
④ ㉠, ㉡, ㉢, ㉣

해설 공기공급시스템이 필요한 이유 ──────

- 연료를 절약하기 위해서
- 작업장 내 안전사고를 예방하기 위해서
- 국소배기장치를 적절하게 가동시키기 위해서
- 작업장 내의 교차기류(방해기류) 생성을 방지하기 위해서
- 외부 공기가 정화되지 않은 채로 건물 내로 유입되는 것을 방지하기 위해서

46

중요도 ★★★

동력과 회전수의 관계로 옳은 것은?

① 동력은 송풍기 회전속도에 비례한다.
② 동력은 송풍기 회전속도의 제곱에 비례한다.
③ 동력은 송풍기 회전속도의 세제곱에 비례한다.
④ 동력은 송풍기 회전속도에 반비례한다.

해설 송풍기의 상사법칙 ──────

- 송풍량은 송풍기의 회전수에 비례한다.
- 풍압은 송풍기 회전수의 제곱에 비례한다.
- 동력은 송풍기 회전수의 세제곱에 비례한다.

47

중요도 ★★

강제환기를 실시할 때 환기효과를 제고하기 위해 따르는 원칙으로 옳지 않은 것은?

① 배출공기를 보충하기 위하여 청정공기를 공급할 수 있다.
② 공기배출구와 근로자의 작업위치 사이에 오염원이 위치하여야 한다.
③ 오염물질 배출구는 가능한 한 오염원으로부터 가까운 곳에 설치하여 점환기현상을 방지한다.
④ 오염원 주위에 다른 작업공정이 있으면 공기배출량을 공급량보다 약간 크게 하여 음압을 형성하여 주위 근로자에게 오염물질이 확산되지 않도록 한다.

해설 강제환기 효과 ──────

오염물질 배출구는 가능한 한 오염원으로부터 가까운 곳에 설치하여 점환기의 효과를 얻어야 한다.

48

중요도 ★★

점음원과 1 m 거리에서 소음을 측정한 결과 95 dB로 측정되었다. 소음수준을 90 dB로 하는 제한구역을 설정할 때, 제한구역의 반경(m)은?

① 3.16
② 2.20
③ 1.78
④ 1.39

해설 제한구역의 반경 ──────

$$SPL_1 - SPL_2 = 20\log \frac{r_2}{r_1}$$

SPL_1 : 처음 소음측정치(dB)
SPL_2 : 나중 소음측정치(dB)
r_1 : 처음 거리(m), r_2 : 나중 거리(m)

$$95 - 90 = 20\log \frac{r_2}{1} \rightarrow 5 = 20\log r_2$$

$$\log r_2 = \frac{5}{20} = 0.25$$

$$r_2 = 10^{0.25} = 1.778\text{m}$$

49

중요도 ★★★

층류영역에서 직경이 2 μm이며 비중이 3인 입자상 물질의 침강속도(cm/s)는?

① 0.032
② 0.036
③ 0.042
④ 0.046

해설 Lippman식에 의한 침강속도 ─────

입자의 크기가 1 ~ 50 μm인 경우에 적용한다.

$V = 0.003 \times \rho \times d^2$

V : 침강속도(cm/sec)

ρ : 입자밀도(비중)(g/cm^3)

d : 입자직경(μm)

$V = 0.003 \times 3 \times 2^2 = 0.036$cm/sec

50

중요도 ★★

입자상 물질을 처리하기 위한 공기정화장치로 가장 거리가 먼 것은?

① 사이클론
② 중력집진장치
③ 여과집진장치
④ 촉매산화에 의한 연소장치

해설 입자상 물질 처리 ─────

촉매산화에 의한 연소장치는 가연성 가스 등을 연소시켜 제거하는 방법으로 입자상 물질보다는 가스상 물질을 처리하기 위한 공기정화장치이다.

51

중요도 ★★★

공기가 흡인되는 덕트관 또는 공기가 배출되는 덕트관에서 음압이 될 수 없는 압력의 종류는?

① 속도압(VP)
② 정압(SP)
③ 확대압(EP)
④ 전압(TP)

해설 속도압 ─────

속도압(VP)은 공기가 이동하는 힘으로 생기는 합력으로 항상 0 이상이기 때문에 음압이 될 수 없다.

52

중요도 ★★★

다음의 보호장구의 재질 중 극성용제에 가장 효과적인 것은?

① Viton
② Nitrile 고무
③ Neoprene 고무
④ Butyl 고무

해설 보호장구 재질에 따른 적용물질 ─────

- Neoprene 고무 : 비극성 용제, 산, 부식성 물질에 사용
- Vitron : 비극성 용제에 사용
- Nitrile : 비극성 용제에 사용
- 천연고무(Latex) : 극성 용제 및 수용성 용액에 사용
- Butyl 고무 : 극성용제(알코올, 알데하이드 등)
- 면 : 고체상 물질에 사용(용제에는 사용 못 함)
- 가죽 : 찰과상 예방(용제에는 사용 못 함)

53

중요도 ★

귀덮개 착용 시 일반적으로 요구되는 차음효과는?

① 저음에서 15 dB 이상, 고음에서 30 dB 이상
② 저음에서 20 dB 이상, 고음에서 45 dB 이상
③ 저음에서 25 dB 이상, 고음에서 50 dB 이상
④ 저음에서 30 dB 이상, 고음에서 55 dB 이상

해설 귀덮개의 차음효과 ─────

귀덮개는 귀 전체를 덮은 것으로 일반적으로 저음에서 20 dB 이상, 고음에서 45 dB 이상의 차음효과가 있다.

54

중요도 ★★★

움직이지 않는 공기 중으로 속도 없이 배출되는 작업조건(예시 : 탱크에서 증발)의 제어속도 범위(m/s)는? (단, ACGIH 권고기준이다)

① 0.1 ~ 0.3
② 0.3 ~ 0.5
③ 0.5 ~ 1.0
④ 1.0 ~ 1.5

해설 포착속도(제어속도) 범위(ACGIH) ──────

작업조건	제어속도 (m/sec)
움직이지 않는 공기 중에서 속도 없이 배출	0.25 ~ 0.5
비교적 조용한 대기 중에서 저속으로 비산하는 작업	0.5 ~ 1.0
발생기류가 높고 유해물질이 활발히 발생하는 작업	1.0 ~ 2.5
초고속기류가 있는 작업장소에서 초고속으로 비산하는 작업	2.5 ~ 10

55

중요도 ★★

기류를 고려하지 않고 감각온도(Effective Temperature)의 근사치로 널리 사용되는 지수는?

① WBGT
② Radiation
③ Evaporation
④ Glove Temperature

해설 WBGT(습구흑구온도지수) ──────

감각온도와 유사한 값으로 감각온도와 다른 점은 기류를 전혀 고려하지 않는 점이다.

56

중요도 ★★

「안전보건규칙」상 국소배기장치의 덕트 설치기준으로 틀린 것은?

① 가능하면 길이는 짧게 하고 굴곡부의 수는 적게 할 것
② 접속부의 안쪽은 돌출된 부분이 없도록 할 것
③ 덕트 내부에 오염물질이 쌓이지 않도록 이송속도를 유지할 것
④ 연결 부위 등은 내부 공기가 들어오지 않도록 할 것

해설 덕트의 설치기준 ──────

「안전보건규칙」 제73조
• 가능하면 길이는 짧게 하고 굴곡부의 수는 적게 할 것
• 접속부의 안쪽은 돌출된 부분이 없도록 할 것
• 청소구를 설치하는 등 청소하기 쉬운 구조로 할 것
• 덕트 내부에 오염물질이 쌓이지 않도록 이송속도를 유지할 것
• 연결 부위 등은 외부 공기가 들어오지 않도록 할 것

57

중요도 ★★★

Stokes 침강법칙에서 침강속도에 대한 설명으로 옳지 않은 것은? (단, 자유공간에서 구형의 분진 입자를 고려한다)

① 기체와 분진입자의 밀도차에 반비례한다.
② 중력가속도에 비례한다.
③ 기체의 점도에 반비례한다.
④ 분진입자 직경의 제곱에 비례한다.

해설 침강속도(Stokes 법칙) ──────

$$V = \frac{d_p^2(\rho_p - \rho)g}{18\mu}$$

V : 침강속도(m/sec)
d_p : 입자의 직경(m/sec)
ρ_p : 입자의 밀도(kg/m³)

정답 54 ② 55 ① 56 ④ 57 ①

2020-03

ρ : 가스(공기)의 밀도(kg/m³)

g : 중력가속도(9.8 m/sec²)

μ : 점성계수(kg/m·sec)

Stokes 침강법칙에서 침강속도(V)는 기체와 분진입자의 밀도차($\rho_p - \rho$)에 비례한다.

58

중요도 ★★

호흡용 보호구 중 마스크의 올바른 사용법이 아닌 것은?

① 마스크를 착용할 때는 반드시 밀착성에 유의해야 한다.

② 공기정화식 가스마스크(방독마스크)는 방진마스크와는 달리 산소결핍 작업장에서도 사용이 가능하다.

③ 정화통 혹은 흡수통(Canister)은 한번 개봉하면 재사용을 피하는 것이 좋다.

④ 유해물질의 농도가 극히 높으면 자기공급식장치를 사용한다.

해설 호흡용 보호구

공기정화식 가스마스크(방독마스크)와 방진마스크는 산소결핍(산소농도 18 % 미만) 작업장에서는 사용할 수 없다.

59

중요도 ★★

21 ℃, 1기압의 어느 작업장에서 톨루엔과 이소프로필알코올을 각각 100 g/h씩 사용(증발)할 때, 필요환기량(m³/h)은? (단, 두 물질은 상가작용을 하며, 톨루엔의 분자량은 92, TLV는 50 ppm, 이소프로필알코올의 분자량은 60, TLV는 200 ppm이고, 각 물질의 여유계수는 10으로 동일하다)

① 약 6,250

② 약 7,250

③ 약 8,650

④ 약 9,150

해설 필요환기량(전체환기량) 계산

(1) 21 ℃에서 톨루엔과 이소프로필알코올의 발생량(L/hr) 계산

21 ℃에서 기체 1몰의 부피 계산

$$V_2 = \frac{T_2}{T_1} \times V_1 = \frac{21+273}{273} \times 22.4L$$

$$= 24.123L$$

톨루엔 100 g의 부피 계산(21 ℃)

$$92g : 24.123L = 100g : x L$$

$$x = \frac{24.123L \times 100g}{92g} = 26.22L$$

이소프로필알코올 100 g의 부피 계산(21 ℃)

$$60g : 24.123L = 100g : x L$$

$$x = \frac{24.123L \times 100g}{60g} = 40.205L$$

(2) 전체환기량(Q) 계산

$$Q = \frac{G}{TLV} \times K$$

Q : 전체환기량(m³/hr)

G : 오염물질 발생률(mL/hr)

K : 안전계수(여유계수)

TLV : 노출기준(ppm 또는 mL/m³)

톨루엔의 환기량을 계산한다.

$$Q_1 = \frac{\dfrac{26.22L}{hr} \times \dfrac{1,000mL}{L}}{50mL/m^3} \times 10$$

$$= 5,244m^3/hr$$

이소프로필알코올의 환기량을 계산한다.

$$Q_2 = \frac{\dfrac{40.205L}{hr} \times \dfrac{1,000mL}{L}}{200mL/m^3} \times 10$$

$$= 2,010.25m^3/hr$$

전체환기량을 계산한다.

$$Q = Q_1 + Q_2 = 5,244 + 2,010.25$$

$$= 7,254.25m^3/hr$$

60

중요도 ★★

덕트에서 속도압 및 정압을 측정할 수 있는 표준기기는?

① 피토관
② 풍차풍속계
③ 열선풍속계
④ 임핀저관

해설 속도압 및 정압 측정기구 ─────────

덕트에서 속도압 및 정압은 피토관으로 측정한다. 피토관은 흐르는 유체(기체, 액체)의 압력 차이를 통해 속도를 측정하는 기구이다.

풍차풍속계, 열선풍속계로는 풍속을 측정한다.

61

중요도 ★★

지적 환경(Potimum Working Environment)을 평가하는 방법이 아닌 것은?

① 생산적(Productive) 방법
② 생리적(Physiological) 방법
③ 정신적(Psychological) 방법
④ 생물역학적(Biomechanical) 방법

해설 지적 환경 평가방법 ─────────

지적 환경은 작업자가 최적의 상태로 작업할 수 있는 환경으로 생산적, 생리적, 정신적 방법으로 평가한다.

62

중요도 ★

감압환경의 설명 및 인체에 미치는 영향으로 옳은 것은?

① 인체와 환경 사이의 기압 차이 때문으로 부종, 출혈, 동통 등을 동반한다.
② 화학적 장해로 작업력의 저하, 기분의 변환, 여러 종류의 증상이 일어난다.
③ 대기가스의 독성 때문으로 시력장해, 정신혼란, 간질 모양의 경련을 나타낸다.
④ 용해 질소의 기포 형성 때문으로 동통성 관절장해, 호흡곤란, 무균성 골괴사 등을 일으킨다.

해설 감압환경에서 나타나는 인체의 증상 ─────────

• 용해성 질소의 기포 형성으로 인해 동통성 관절장해, 호흡곤란, 무균성 골괴사 등을 일으킨다.
• 동통성 관절장해는 감압증에서 가장 흔하게 나타나는 급성장해이다.
• 질소의 기포가 뼈의 소동맥을 막아서 비감염성 골괴사를 일으키기도 한다.

63

중요도 ★

진동의 강도를 표현하는 방법으로 옳지 않은 것은?

① 속도(Velocity)
② 투과(Transmission)
③ 변위(Displacement)
④ 가속도(Acceleration)

해설 진동의 강도를 표현하는 방법 ────

진동의 강도를 표현하는 방법(진동의 크기를 나타내는 3요소)는 속도(Velocity), 변위(Displacement), 가속도(Acceleration)이다.

64

중요도 ★★

전리방사선의 흡수선량이 생체에 영향을 주는 정도를 표시하는 선당량(생체실효선량)의 단위는?

① R
② Ci
③ Sv
④ Gy

해설 선당량(생체실효선량)의 단위 ────

• 렘(Rem) : 1렌트겐의 X선이 인체에 조사되었을 때 이것을 피폭한 사람의 선당량(생체실효선량)을 나타낸다.
• Sv(Sievert) : 인체가 흡수한 방사선 때문에 일어나는 영향 정도를 수치화한 단위이다.

65

중요도 ★★★

실효음압이 2 × 10⁻³ N/m²인 음의 음압수준은 몇 dB인가?

① 40
② 50
③ 60
④ 70

해설 음압레벨수준(L_p) 계산 ────

$$L_p = 20\log\left(\frac{P}{P_0}\right)$$

L_p : 음압레벨(dB), P : 측정된 음압(N/m²)

P_0 : 기준음압(N/m²) = 2×10^{-5} N/m²

$$L_{p1} = 20\log\left(\frac{P}{P_0}\right) = 20\log\left(\frac{2 \times 10^{-3}}{2 \times 10^{-5}}\right)$$
$$= 40\,\text{dB}$$

66

중요도 ★★

고압 작업환경만으로 나열된 것은?

① 고소작업, 등반작업
② 용접작업, 고소작업
③ 탈지작업, 샌드블라스트(Sand blast)작업
④ 잠함(Caisson)작업, 광산의 수직갱 내 작업

해설 고압 작업환경 ────

잠함, 우물통, 수직갱 등 밀폐된 공간에서 굴착작업을 하는 것이 대표적인 고압 작업환경이다.

67 중요도 ★

다음 ( ) 안에 들어갈 내용으로 옳은 것은?

> 일반적으로 ( )의 마이크로파는 신체를 완전히 투과하며 흡수되어도 감지되지 않는다.

① 150 MHz 이하
② 300 MHz 이하
③ 500 MHz 이하
④ 1,000 MHz 이하

[해설] 마이크로파 ─────────────

일반적으로 150 MHz 이하의 마이크로파와 라디오파는 신체를 완전히 투과하기 때문에 신체에 흡수되어도 감지되지 않는다.

68 중요도 ★★

저온에 의한 1차적인 생리적 영향에 해당하는 것은?

① 말초혈관의 수축
② 혈압의 일시적 상승
③ 근육 긴장의 증가와 전율
④ 조직대사의 증진과 식욕항진

[해설] 저온 환경에서의 생리적 변화 ─────────

(1) 일차적 반응
- 근육 긴장의 증가 및 떨림이 발생한다.
- 피부혈관이 수축된다.
- 체표면적이 감소한다.
- 화학적 대사작용이 증가(갑상선 호르몬의 분비 증가)한다.

(2) 이차적 반응
- 말초혈관의 수축으로 표면조직이 냉각된다.
- 근육활동, 조직대사의 증진으로 식욕이 항진된다.
- 피부혈관이 수축되어 혈압이 상승한다.
- 피부혈관의 수축으로 순환기능이 감소한다.

69 중요도 ★★★

실내 작업장에서 실내 온도조건이 다음과 같을 때 WBGT(℃)는?

> - 흑구온도 : 32 ℃
> - 건구온도 : 27 ℃
> - 자연습구온도 : 30 ℃

① 30.1
② 30.6
③ 30.8
④ 31.6

[해설] 옥내의 습구흑구온도지수(WBGT)의 산출 ─────

$$WBGT(℃) = 0.7 \times 자연습구온도 + 0.3 \\ \times 흑구온도 \\ = (0.7 \times 30) + (0.3 \times 32) = 30.6℃$$

70 중요도 ★

다음 중 살균력이 가장 센 파장영역은?

① 1,800 ~ 2,100 Å
② 2,800 ~ 3,100 Å
③ 3,800 ~ 4,100 Å
④ 4,800 ~ 5,100 Å

[해설] 자외선 ─────────────

자외선 중에서 254 ~ 280 nm(2,800 ~ 3,100 Å)의 파장에서 가장 강한 살균력이 있다.

71

중요도 ★★★

고압 환경의 인체작용에 있어 2차적 가압현상에 해당하지 않는 것은?

① 산소 중독
② 질소 마취
③ 공기 전색
④ 이산화탄소 중독

해설 고압 환경의 2차적 가압현상 ————

- 질소 마취 : 4기압 이상이 되면 질소 가스는 마취작용을 일으킨다.
- 산소 중독 : 산소분압이 2기압을 넘으면 산소중독 증세가 나타난다.
- 이산화탄소 중독 : 이산화탄소의 증가는 산소의 독성과 질소의 마취작용을 촉진시킨다.

72

중요도 ★

소음성 난청에 대한 내용으로 옳지 않은 것은?

① 내이의 세포변성이 원인이다.
② 음이 강해짐에 따라 정상인에 비해 음이 급격하게 크게 들린다.
③ 청력손실은 초기에 4,000 Hz 부근에서 영향이 현저하다.
④ 소음 노출과 관계없이 연령이 증가함에 따라 발생하는 청력장해를 말한다.

해설 난청 ————

④번은 노인성 난청에 대한 설명이다.
소음성 난청은 심한 소음에 반복적으로 노출되어 코르티기관의 손상으로 인해 영구적인 청력손실이 발생한 것이다.

73

중요도 ★★

다음 중 차음평가지수를 나타내는 것은?

① sone
② NRN
③ NRR
④ phon

해설 차음평가지수 ————

NRR(Noise Reduction Rating)은 차음평가지수를 나타내는 단위이고, NRN(Noise Rating Number)은 소음 평가치의 단위이다.

74

중요도 ★

소음계(Sound level meter)로 소음측정 시 A 및 C 특성으로 측정하였다. 만약 C 특성으로 측정한 값이 A 특성으로 측정한 값보다 훨씬 크다면 소음의 주파수 영역은 어떻게 추정이 되겠는가?

① 저주파수가 주성분이다.
② 중주파수가 주성분이다.
③ 고주파수가 주성분이다.
④ 중 및 고주파수가 주성분이다.

해설 소음 측정결과 ————

- A 값과 C의 값이 큰 차이가 없을 경우 : 1,000 Hz 이상의 고주파가 주성분이다.
- C의 값이 A 값보다 클 때 : 저주파 성분이 많다.

75

중요도 ★★

전리방사선 방어의 궁극적 목적은 가능한 한 방사선에 불필요하게 노출되는 것을 최소화하는 데 있다. 국제방사선방호위원회(ICRP)가 노출을 최소화하기 위해 정한 원칙 3가지에 해당하지 않는 것은?

① 작업의 최적화
② 작업의 다양성
③ 작업의 정당성
④ 개개인의 노출량의 한계

해설 방사선 노출을 최소화하기 위한 원칙(ICRP)

• 작업의 최적화 : 피복 가능성, 피폭자수, 개인 선량의 크기 등을 고려하여 최소화한다.
• 작업의 정당성 : 피폭상황의 변화가 있는 경우 관련 행위가 손해(위해)보다 이익이 커야 한다.
• 개개인의 노출량의 한계 : 개인의 총 선량은 ICRP가 권고하는 선량한도를 초과하지 않아야 한다.

76

중요도 ★★★

현재 총 흡음량이 1,200 sabins인 작업장의 천장에 흡음물질을 첨가하여 2,800 sabins을 더할 경우 예측되는 소음감소량(dB)은 약 얼마인가?

① 3.5
② 4.2
③ 4.8
④ 5.2

해설 소음감소량

$$NR = 10\log\left(\frac{A_2}{A_1}\right)$$

NR : 소음감소량(dB)
A_1 : 흡음처리 전 실내의 전체 흡음력(sabin)
A_2 : 흡음처리 후 실내의 전체 흡음력(sabin)

$$NR(\text{dB}) = 10\log\left(\frac{1,200+2,800}{1,200}\right) = 5.228\text{dB}$$

77

중요도 ★★★

레이노현상(Raynaud's Phenomenon)과 관련이 없는 것은?

① 방사선
② 국소진동
③ 혈액순환장해
④ 저온 환경

해설 레이노현상

레이노증후군은 국소진동으로 인하여 말초혈관의 운동장해가 발생하는 것으로 추운 환경에서 더 잘 발생한다.

78

중요도 ★

작업장 내 조명방법에 관한 내용으로 옳지 않은 것은?

① 형광등은 백색에 가까운 빛을 얻을 수 있다.
② 나트륨등은 색을 식별하는 작업장에 가장 적합하다.
③ 수은등은 형광물질의 종류에 따라 임의의 광색을 얻을 수 있다.
④ 시계공장 등 작은 물건을 식별하는 작업을 하는 곳은 국소조명이 적합하다.

해설 조명방법

나트륨등은 황색광이기 때문에 색을 식별하는 작업장에는 적합하지 않고, 교량, 고속도로, 터널 내의 조명으로 주로 사용한다.

79

중요도 ★★

럭스(lux)의 정의로 옳은 것은?

① 1 m^2의 평면에 1루멘의 빛이 비칠 때의 밝기를 의미한다.

② 1촉광의 광원으로부터 한 단위 입체각으로 나가는 빛의 밝기 단위이다.

③ 지름이 1인치되는 촛불이 수평방향으로 비칠 때의 빛의 광도를 나타내는 단위이다.

④ 1루멘의 빛이 1 ft^2의 평면상에 수직방향으로 비칠 때 그 평면의 빛의 양을 의미한다.

해설 럭스(lux) ————

국제단위계(SI)에서 사용하는 조도의 단위로 1 m^2(제곱미터)의 면적에 1 lm(루멘)의 광속이 균일하게 비추어질 때의 조도(밝기)이다.

80

중요도 ★★

유해한 환경의 산소결핍 장소에 출입 시 착용하여야 할 보호구와 가장 거리가 먼 것은?

① 방독마스크

② 송기마스크

③ 공기호흡기

④ 에어라인마스크

해설 보호구 ————

산소결핍 장소에서는 송기마스크(호스마스크 및 에어라인 마스크) 또는 공기호흡기를 착용해야 한다.

81

중요도 ★★★

유해물질의 생리적 작용에 의한 분류에서 질식제를 단순 질식제와 화학적 질식제로 구분할 때 화학적 질식제에 해당하는 것은?

① 수소(H_2)

② 메탄(CH_4)

③ 헬륨(He)

④ 일산화탄소(CO)

해설 질식제 ————

일산화탄소(CO)가 대표적인 화학적 질식제이다.

개념확인 질식제의 구분

구분	내용
단순 질식제	• 생리적으로는 아무 작용도 하지 않으나 공기 중에 많이 존재하면 산소의 공급부족을 초래한다. • 수소, 이산화탄소, 질소, 헬륨, 메탄 등
화학적 질식제	• 인체의 산소공급 체계를 화학적 작용을 통해 방해하여 질식을 유발하는 물질이다. • 황화수소, 일산화탄소, 시안화수소, 아닐린 등

82

중요도 ★★★

「화학물질 및 물리적 인자의 노출기준」에서 근로자가 1일 작업시간동안 잠시라도 노출되어서는 아니되는 기준을 나타내는 것은?

① TLV-C

② TLV-skin

③ TLV-TWA

④ TLV-STEL

해설 노출기준 용어 ————

① TLV-C : 근로자가 1일 동안 잠시라도 노출돼서는 안 되는 농도

② TLV-skin : 피부를 통한 흡수 가능성이 있는 경우 표시하는 방법

③ TLV-TWA : 시간가중평균허용농도로 1일 8시간, 주 40시간 동안 노출될 수 있는 허용 농도

④ TLV-STEL : 단기허용농도로 최대 15분간 노출될 수 있는 농도

83

생물학적 모니터링을 위한 시료가 아닌 것은?

① 공기 중 유해인자
② 요 중의 유해인자나 대사산물
③ 혈액 중의 유해인자나 대사산물
④ 호기(Exhaled air) 중의 유해인자나 대사산물

해설 생물학적 모니터링 ─────────

근로자의 유해인자에 대한 노출정도를 소변(요), 호기, 혈액 중에서 그 물질이나 대사산물을 측정함으로써 근로자들이 얼마나 유해물질에 노출되었는지 추정하는 방법이다.

84

흡인분진의 종류에 의한 진폐증의 분류 중 무기성 분진에 의한 진폐증이 아닌 것은?

① 규폐증
② 면폐증
③ 철폐증
④ 용접공폐증

해설 분진의 종류에 따른 진폐증 ─────────

구분	내용
무기성 분진	규폐증, 규조토폐증, 탄소폐증, 용접공폐증, 석면폐증, 베릴륨폐증, 활석폐증
유기성 분진	연초폐증, 면폐증, 설탕폐증, 목재분진폐증, 모발분진폐증

85

3가 및 6가크롬의 인체 작용 및 독성에 관한 내용으로 옳지 않은 것은?

① 산업장의 노출의 관점에서 보면 3가크롬이 6가크롬보다 더 해롭다.
② 3가크롬은 피부 흡수가 어려우나 6가크롬은 쉽게 피부를 통과한다.
③ 세포막을 통과한 6가크롬은 세포 내에서 수 분 내지 수 시간 만에 발암성을 가진 3가 형태로 환원된다.
④ 6가에서 3가로의 환원이 세포질에서 일어나면 독성이 적으나 DNA의 근위부에서 일어나면 강한 변이원성을 나타낸다.

해설 크롬 ─────────

크롬 중에서는 3가크롬보다 6가크롬이 쉽게 피부를 통과하고 독성이 더 강하다

86

다음 중 만성 중독 시 코, 폐 및 위장의 점막에 병변을 일으키며, 장기간 흡입하는 경우 원발성 기관지 암과 폐암이 발생하는 것으로 알려진 대표적인 중금속은?

① 납(Pb)
② 수은(Hg)
③ 크롬(Cr)
④ 베릴륨(Be)

해설 크롬(Cr) 중독 ─────────

구분	내용
급성 중독	신장장해가 발생하고 심한 경우 무뇨증을 일으켜 요독증으로 사망할 수 있다.
만성 중독	• 접촉성 피부염 발생 • 폐암 발생(6가크롬의 영향) • 비중격천공증 발생

87

중요도 ★

독성물질 생체 내 변환에 관한 설명으로 옳지 않은 것은?

① 1상 반응은 산화, 환원, 가수분해 등의 과정을 통해 이루어진다.
② 2상 반응은 1상 반응이 불가능한 물질에 대한 추가적 축합반응이다.
③ 생체변환의 기전은 기존의 화합물보다 인체에서 제거하기 쉬운 대사물질로 변화시키는 것이다.
④ 생체 내 변환은 독성물질이나 약물의 제거에 대한 첫 번째 기전이며, 1상 반응과 2상 반응으로 구분된다.

해설 **독성물질의 생체 내 변환과정**

• 1상 반응 : 독성물질에 극성기를 도입하는 과정으로 이 과정에서 물질은 산화, 환원, 가수분해 등의 반응을 겪어 구조가 변한다.
• 2상 반응 : 1상 반응을 거친 중간 대사산물이 체내에서 존재하는 친수성 인자와 결합하는 것으로 친수성이 더 증가한다.

88

중요도 ★★

다음 중금속 취급에 의한 대표적인 직업성 질환을 연결한 것으로 서로 관련이 가장 적은 것은?

① 니켈 중독 - 백혈병, 재생불량성 빈혈
② 납 중독 - 골수침입, 빈혈, 소화기장해
③ 수은 중독 - 구내염, 수전증, 정신장해
④ 망간 중독 - 신경염, 신장염, 중추신경장해

해설 **니켈 중독**

• 급성 중독 : 접촉성 피부염, 복통 및 설사 등 소화기 증상, 두통 등 신경학적 증상
• 만성 중독 : 폐암, 비강암, 비중격천공증

89

중요도 ★★★

다음 중 가스상 물질의 호흡기계 축적을 결정하는 가장 중요한 인자는?

① 물질의 농도차
② 물질의 입자분포
③ 물질의 발생기전
④ 물질의 수용성 정도

해설 **가스상 물질의 호흡기계 축적**

가스상 물질 중 수용성 가스는 코와 같은 상기도에서 주로 흡수되고, 지용성 가스는 폐포와 같은 하기도까지 도달하여 축적된다.

90

중요도 ★★★

중금속에 중독되었을 경우에 치료제로 BAL이나 Ca-EDTA 등 금속배설 촉진제를 투여해서는 안 되는 중금속은?

① 납
② 비소
③ 망간
④ 카드뮴

해설 **중금속 중독 치료제**

중금속 중독 시 흔히 사용되는 금속배설 촉진제는 BAL, Ca-EDTA이다.
이 두 가지 약물은 비교적 넓은 범위의 중금속 중독에 효과적으로 사용되지만, 카드뮴 중독 시 사용하면 카드뮴이 신장에 더 잘 축적되게 하므로 투여해서는 안 된다.

91

중요도 ★★★

「산업안전보건법령」상 석면 및 내화성 세라믹 섬유의 노출기준 표시단위로 옳은 것은?

① %
② ppm
③ 개/cm^3
④ mg/m^3

해설 표시단위 ─────────

「화학물질 및 물리적 인자의 노출기준」 제11조
- 가스 및 증기의 노출기준 표시단위 : ppm
- 분진 및 미스트 등 에어로졸(Aerosol)의 노출기준 표시단위 : mg/m^3
- 석면 및 내화성 세라믹 섬유의 노출기준 표시단위 : 개/cm^3

92

중요도 ★★

피부독성 반응의 설명으로 옳지 않은 것은?

① 가장 빈번한 피부반응은 접촉성 피부염이다.
② 알레르기성 접촉피부염은 면역반응과 관계가 없다.
③ 광독성 반응은 홍반·부종·착색을 동반하기도 한다.
④ 담마진 반응은 접촉 후 보통 30 ~ 60분 후에 발생한다.

해설 피부독성 반응 ─────────

알레르기는 보통 인체에 해롭지 않은 꽃가루, 집먼지 등에 대해 우리 몸의 면역계가 과도하게 반응하는 현상이다.
알레르기성 접촉피부염은 면역반응과 관계가 있다.

93

중요도 ★★

「산업안전보건법령」상 사람에게 충분한 발암성 증거가 있는 물질(1A)에 포함되어 있지 않은 것은?

① 벤지딘(Benzidine)
② 베릴륨(Beryllium)
③ 에틸벤젠(Ethyl benzene)
④ 염화비닐(Vinyl chloride)

해설 발암성 증거가 있는 물질 ─────────

벤지딘, 베릴륨, 염화비닐(클로로에틸렌)은 모두 사람에게 충분한 발암성 증거가 있는 물질(1A)에 포함되어 있다.

94

중요도 ★★

단백질을 침전시키며 thiol(-SH)기를 가진 효소의 작용을 억제하여 독성을 나타내는 것은?

① 수은
② 구리
③ 아연
④ 코발트

해설 수은(Hg) ─────────

- 소화관으로는 2 ~ 7 % 소량으로 흡수되고, 금속 형태는 뇌, 혈관, 심근에 많이 분포된다.
- 체내에 흡수된 수은은 주로 신장에 축적된다.
- 뇌홍(뇌산 수은)의 제조에 사용된다.
- 알킬수은화합물(유기수은) 중 메틸수은은 미나마타병을 일으킨다.
- 전리된 수은이온이 단백질을 침전시키고 thiol기(-SH)를 가진 효소작용을 억제하여 독성을 나타낸다.

95

동물을 대상으로 약물을 투여했을 때 독성을 초래하지는 않지만 대상의 50 %가 관찰 가능한 가역적인 반응이 나타나는 작용량을 무엇이라 하는가?

① LC_{50}
② ED_{50}
③ LD_{50}
④ TD_{50}

해설 실험동물 관련 용어 ─────────

① LC_{50} : 실험동물의 50 %에서 사망을 유발하는 농도이다.
② ED_{50} : 실험동물의 50 %에서 가역적 반응을 나타내는 용량이다.
③ LD_{50} : 실험동물의 50 %가 일정시간 안에 사망하게 되는 투여 용량이다.
④ TD_{50} : 실험동물의 50 %에서 유독반응(부작용)이 나타나는 용량이다.

96

이황화탄소(CS_2)에 중독될 가능성이 가장 높은 작업장은?

① 비료 제조 및 초자공 작업장
② 유리 제조 및 농약 제조 작업장
③ 타르, 도장 및 석유 정제 작업장
④ 인조견, 셀로판 및 사염화탄소 생산 작업장

해설 이황화탄소 중독 ─────────

이황화탄소는 인조견(비스코스 레이온), 셀로판, 사염화탄소를 생산할 때 중간체 또는 원료로 많이 사용한다.
원진레이온이라는 인조견 제작 공장에서 이황화탄소 집단 중독 사건이 발생한 적이 있다.

97

다음 사례의 근로자에게서 의심되는 노출인자는?

> 41세 A씨는 1990년부터 1997년까지 기계공구 제조업에서 산소용접작업을 하다가 두통, 관절통, 전신근육통, 가슴 답답함, 이가 시리고 아픈 증상이 있어 건강검진을 받았다. 건강검진 결과 단백뇨와 혈뇨가 있어 신장질환 유소견자 진단을 받았다. 이 유해인자의 혈중 소변 중 농도가 직업병 예방을 위한 생물학적 노출기준을 초과하였다.

① 납
② 망간
③ 수은
④ 카드뮴

해설 카드뮴 중독 ─────────

산소용접을 할 때 금속을 녹여 접합하는 과정에서 고온이 발생한다. 산소용접 시 사용하는 용접봉(특히 은 납땜용 용접봉)이나 피용접물에는 카드뮴이 포함되어 있는 경우가 많아 산소용접을 하는 근로자가 카드뮴에 중독되는 경우가 있다.
카드뮴에 만성노출되었을 때 단백뇨 증상이 잘 나타난다.

98

유기용제의 중추신경 활성 억제의 순위를 큰 것에서부터 작은 순으로 나타낸 것 중 옳은 것은?

① 알켄>알칸>알코올
② 에테르>알코올>에스테르
③ 할로겐화합물>에스테르>알켄
④ 할로겐화합물>유기산>에테르

해설 중추신경계 억제작용 순서 ─────────

할로겐화합물(할로겐족) > 에테르 > 에스테르 > 유기산 > 알코올 > 알켄 > 알칸

99

다음 입자상 물질의 종류 중 액체나 고체의 2가지 상태로 존재할 수 있는 것은?

① 흄(Fume) ② 증기(Vapor)
③ 미스트(Mist) ④ 스모크(Smoke)

해설 입자상 물질 ──────────────

① 흄(Fume) : 금속이 기화 후 다시 응축한 것으로 미세한 고체 입자이다.
② 증기(Vapor) : 액체가 기화한 것으로 기체 상태이다.
③ 미스트(Mist) : 액체가 작은 방울로 분산된 것으로 액체이다.
④ 스모크(Smoke) : 불완전 연소에 의해 발생하는 고체 및 액체 입자이다.

100

벤젠을 취급하는 근로자를 대상으로 벤젠에 대한 노출량을 추정하기 위해 호흡기 주변에서 벤젠 농도를 측정함과 동시에 생물학적 모니터링을 실시하였다. 벤젠 노출로 인한 대사산물의 결정인자 (Determinant)로 옳은 것은?

① 호기 중의 벤젠
② 소변 중의 마뇨산
③ 소변 중의 총 페놀
④ 혈액 중의 만델리산

해설 자주 출제되는 유해물질과 생물학적 노출지표 ──

• 벤젠 – 소변 중 페놀, t,t-뮤코닉산
• 톨루엔 – 소변 중 o-크레졸
• 이황화탄소 – 소변 중 TTCA
• 노말헥산 – 소변 중 2,5-hexanedione
• 니트로벤젠 – 혈중 메트헤모글로빈
• 일산화탄소 – 혈액 중 Carboxyhemglobin

2020 제4회 기출문제

1과목 산업위생학개론

01
중요도 ★★★

미국산업위생학술원(AAIH)에서 채택한 산업위생 전문가의 윤리강령 중 기업주와 고객에 대한 책임과 관계된 윤리강령은?

① 기업체의 기밀은 누설하지 않는다.
② 전문적 판단이 타협에 의하여 좌우될 수 있는 상황에는 개입하지 않는다.
③ 근로자, 사회 및 전문 직종의 이익을 위해 과학적 지식을 공개하고 발표한다.
④ 결과와 결론을 뒷받침할 수 있도록 기록을 유지하고 산업위생사업을 전문가답게 운영, 관리한다.

해설 산업위생전문가의 윤리강령 ─────
①, ②, ③은 산업위생 전문가로서의 책임이다.

개념확인 산업위생전문가의 기업주와 고객에 대한 책임
• 결과 및 결론을 뒷받침할 수 있도록 정확한 기록을 유지하고 산업위생사업을 전문가답게 운영하고 관리한다.
• 산업위생전문가의 궁극적 책임은 기업주와 고객보다는 근로자의 건강보호에 있다.
• 쾌적한 작업환경을 조정하기 위하여 책임 있게 행동한다.
• 신뢰를 바탕으로 정직하게 권고하고 결과의 개선점 및 권고사항을 정확하게 보고한다.

02
중요도 ★★

「산업안전보건법령」상 보건관리자의 자격에 해당되지 않는 것은?

① 「의료법」에 따른 의사
② 「의료법」에 따른 간호사
③ 「국가기술자격법」에 따른 산업위생관리산업기사 이상의 자격을 취득한 사람
④ 「국가기술자격법」에 따른 대기환경기사 이상의 자격을 취득한 사람

해설 보건관리자의 자격 ─────
「산업안전보건법 시행령」별표6
• 산업보건지도사 자격을 가진 사람
• 「의료법」에 따른 의사 또는 간호사
• 「국가기술자격법」에 따른 산업위생관리산업기사 또는 대기환경산업기사 이상의 자격을 취득한 사람
• 「국가기술자격법」에 따른 인간공학기사 이상의 자격을 취득한 사람

03
중요도 ★

근육과 뼈를 연결하는 섬유조직을 무엇이라 하는가?

① 건(Tendon)
② 관절(Joint)
③ 뉴런(Neuron)
④ 인대(Ligament)

해설 섬유조직 ─────
근육과 뼈를 연결하는 섬유조직 - 건(Tendon)

04

중요도 ★★★

다음 중 18세기 영국에서 최초로 보고하였으며, 어린이 굴뚝청소부에게 많이 발생하였고, 원인 물질이 검댕(Soot)이라고 규명된 직업성 암은?

① 폐암　　　　　　② 후두암

③ 음낭암　　　　　④ 피부암

해설 Percivall Pott

• 영국의 의사로 직업성 암을 최초로 보고했다.
• 어린이 굴뚝청소부에서 많이 발생하는 음낭암 (Scrotal Cancer)의 원인 물질을 검댕(Soot)으로 규명했다.
• 8살 이하 어린이는 굴뚝청소부로 일하지 못하게 하는 굴뚝청소부법(1788년)을 제정하도록 했다.

05

중요도 ★

다음은 직업성 질환과 그 원인이 되는 직업이 가장 적합하게 연결된 것은?

① 평편족 - VDT 작업

② 진폐증 - 고압, 저압작업

③ 중추신경 장해 - 광산작업

④ 목위팔(경견완)증후군 - 타이핑작업

해설 직업성 질환과 그 원인

① 평편족 - 서서 하는 작업

② 진폐증 - 분진 취급작업

③ 중추신경 장해 - 화학물질 취급작업

06

중요도 ★★★

「산업안전보건법령」상 제조 등이 금지되는 유해물질이 아닌 것은?

① 석면　　　　　　② 염화비닐

③ β-나프틸아민　　④ 4-니트로티페닐

해설 제조 등이 금지되는 유해물질

「산업안전보건법 시행령」 제87조
• β-나프틸아민과 그 염
• 4-니트로디페닐과 그 염
• 백연을 포함한 페인트(포함된 중량의 비율이 2 % 이하인 것은 제외)
• 벤젠을 포함하는 고무풀(포함된 중량의 비율이 5 % 이하인 것은 제외)
• 석면
• 폴리클로리네이티드 터페닐
• 황린(黃燐) 성냥
• 「화학물질관리법」에 따른 금지물질

07

중요도 ★★★

재해발생의 주요 원인에서 불완전한 행동에 해당하는 것은?

① 보호구 미착용

② 방호장치 미설치

③ 시끄러운 주변 환경

④ 경고 및 위험표지 미설치

해설 재해발생의 원인

①은 불안전한 행동, ②, ③, ④는 불안전한 상태이다.

개념확인 산업재해의 원인의 분류

구분	내용
불안전한 행동 (인적 원인)	• 보호구 미착용 • 위험장소 접근 • 안전장치의 기능 제거 • 주변에 대한 부주의 • 불안전한 자세 • 복장, 보호구의 잘못된 착용
불안전한 상태 (물적 원인)	• 방호장치 미설치 • 시끄러운 주변 환경 • 경고 및 위험표지 미설치 • 안전보호장치의 결함 • 복장, 보호구의 결함

정답　04 ③　05 ④　06 ②　07 ①

08

중요도 ★★

효과적인 교대근무제의 운용방법에 대한 내용으로 옳은 것은?

① 야간근무 종료 후 휴식은 24시간 전후로 한다.
② 야근은 가면(假眠)을 하더라도 10시간 이내가 좋다.
③ 신체적 적응을 위하여 야간근무의 연속일수는 대략 1주일로 한다.
④ 누적 피로를 회복하기 위해서는 정교대방식보다는 역교대방식이 좋다.

> 해설 교대근무제 운용방법 ─────

① 야간근무 종료 후 다른 최소한 48시간 이상 휴식해야 한다.
③ 야간근무의 연속일수는 2 ~ 3일로 하고, 야간근무 후 1 ~ 2일 정도는 휴식해야 한다.
④ 누적 피로를 회복하기 위해서 근무시간표는 순차적으로 편성(정교대방식)하는 것이 좋다.

09

중요도 ★

「산업안전보건법령」상 입자상 물질의 농도 평가에서 2회 이상 측정한 단시간 노출농도 값이 단시간 노출기준과 시간가중 평균기준값 사이일 때 노출기준 초과로 평가해야 하는 경우가 아닌 것은?

① 1일 4회를 초과하는 경우
② 15분 이상 연속 노출되는 경우
③ 노출과 노출 사이의 간격이 1시간 이내인 경우
④ 단위작업장소의 넓이가 80평방미터 이상인 경우

> 해설 입자상 물질의 농도 평가 ─────

「작업환경 측정 및 정도관리 등에 관한 고시」 제34조 2회 이상 측정한 단시간 노출농도 값이 단시간 노출기준과 시간가중 평균기준값 사이의 경우로써 다음의 어느 하나에 해당되면 노출기준 초과로 평가하여야 한다.
• 15분 이상 연속 노출되는 경우
• 1일 4회를 초과하는 경우
• 노출과 노출 사이의 간격이 1시간 미만인 경우

10

중요도 ★★★

다음 산업위생의 정의 중 ( ) 안에 들어갈 내용으로 볼 수 없는 것은?

산업위생이란 근로자나 일반 대중에게 질병, 건강장해 등을 초래하는 작업환경 요인과 스트레스를 ( )하는 과학과 기술이다.

① 보상 　　　　② 예측
③ 평가 　　　　④ 관리

> 해설 산업위생의 정의(AHIA기준) ─────

근로자 및 일반 대중에게 질병, 건강장해와 안녕방해, 심각한 불쾌감 및 능률 저하 등을 초래하는 작업환경 요인과 스트레스를 예측, 측정, 평가 및 관리하는 과학과 기술이다.

11

중요도 ★

「산업안전보건법령」상 영상표시단말기(VDT) 취급 근로자의 작업자세로 옳지 않은 것은?

① 팔꿈치의 내각은 90° 이상이 되도록 한다.
② 근로자의 발바닥 전면이 바닥면에 닿는 자세를 기본으로 한다.
③ 무릎의 내각(Knee Angle)은 90° 전후가 되도록 한다.
④ 근로자의 시선은 수평선상으로부터 10 ~ 15° 위로 가도록 한다.

> 해설 영상표시단말기 취급근로자의 시선 ─────

• 작업 화면상의 시야는 수평선상으로부터 아래로 10° 이상 15° 이하에 오도록 한다.
• 화면과 근로자의 눈과의 거리는 40 cm 이상을 확보해야 한다.

정답　08 ②　09 ④　10 ①　11 ④

12

직업성 질환에 관한 설명으로 옳지 않은 것은?

① 직업성 질환과 일반 질환은 경계가 뚜렷하다.

② 직업성 질환은 재해성 질환과 직업병으로 나눌 수 있다.

③ 직업성 질환이란 어떤 작업에 종사함으로써 발생하는 업무상 질병을 의미한다.

④ 직업병은 저농도 또는 저수준의 상태로 장시간 걸쳐 반복노출로 생긴 질병을 의미한다.

해설 직업성 질환 ───────────────

직업성 질환과 일반질환의 경계는 뚜렷하지 않다.

13

사고예방대책 기본원리 5단계를 올바르게 나열한 것은?

① 사실의 발견 → 조직 → 분석·평가 → 시정방법의 선정 → 시정책의 적용

② 사실의 발견 → 조직 → 시정방법의 선정 → 시정책의 적용 → 분석·평가

③ 조직 → 사실의 발견 → 분석·평가 → 시정방법의 선정 → 시정책의 적용

④ 조직 → 분석·평가 → 사실의 발견 → 시정방법의 선정 → 시정책의 적용

해설 하인리히의 사고예방대책의 기본원리 5단계 ──

- 1단계 : 안전조직
- 2단계 : 사실의 발견
- 3단계 : 분석
- 4단계 : 시정책(대책)의 선정
- 5단계 : 시정책(대책)의 적용

14

유해물질의 생물학적 노출지수평가를 위한 소변시료 채취방법 중 채취시간에 제한 없이 채취할 수 있는 유해물질은 무엇인가? (단, ACGIH 권장기준이다)

① 벤젠

② 카드뮴

③ 일산화탄소

④ 트리클로로에틸렌

해설 시료채취기간 ───────────────

카드뮴과 같은 중금속은 반감기가 길기 때문에 시료채취기간이 중요하지 않아 채취시간에 제한 없이 채취할 수 있다.

15

A 유해물질의 노출기준은 100 ppm이다. 잔업으로 인하여 작업시간이 8시간에서 10시간으로 늘었다면 이 기준치는 몇 ppm으로 보정해주어야 하는가? (단, Brief와 Scala의 보정방법을 적용하며 1일 노출시간을 기준으로 한다)

① 60　　　　　　② 70

③ 80　　　　　　④ 90

해설 Brief and Scala 보정법 ───────────────

보정된 노출기준 = RF × 노출기준(허용농도)

$$RF = \left(\frac{8}{H}\right) \times \frac{24-H}{16}$$

H : 노출시간/일

$$RF = \left(\frac{8}{10}\right) \times \frac{24-10}{16} = 0.7$$

보정된 노출기준 = 0.7 × 100 = 70ppm

16 중요도 ★★★

젊은 근로자의 약한 손(오른손잡이일 경우 왼손)의 힘이 평균 45 kp일 경우 이 근로자가 무게 10 kg인 상자를 두 손으로 들어 올릴 경우의 작업강도(%MS)는 약 얼마인가?

① 1.1
② 8.5
③ 11.1
④ 21.1

해설 작업강도(%MS) 공식 ─────

$$작업강도(\%MS) = \frac{RF}{MS} \times 100$$

RF : 작업 시 요구되는 힘(한 손에 요구되는 힘)
MS : 근로자가 가지고 있는 약한 손의 최대 힘
문제의 조건으로 작업강도(%MS) 계산
문제에서 근로자가 무게 10 kg인 상자를 두 손으로 들어 올렸다고 했으므로 한 손에 요구되는 힘은 5 kg을 적용해야 함을 주의해야 한다.

$$작업강도(\%MS) = \frac{5}{45} \times 100 = 11.11$$

17 중요도 ★★

다음 중 최대 작업영역(Maximum Area)에 대한 설명으로 옳은 것은?

① 작업자가 작업할 때 팔과 다리를 모두 이용하여 닿는 영역
② 작업자가 작업을 할 때 아래팔을 뻗어 파악할 수 있는 영역
③ 작업자가 작업할 때 상체를 기울여 손이 닿는 영역
④ 작업자가 작업할 때 윗팔과 아래팔을 곧게 펴서 파악할 수 있는 영역

해설 최대 작업영역 ─────

• 어깨로부터 팔을 뻗어 도달 가능한 작업영역
• 움직이지 않고 상지(팔)를 뻗어서 닿는 범위

18 중요도 ★★★

산업스트레스의 반응에 따른 심리적 결과에 해당되지 않는 것은?

① 가정문제
② 수면방해
③ 돌발적 사고
④ 성(性)적 역기능

해설 산업스트레스의 반응에 따른 결과 ─────

구분	내용
행동적 결과	• 흡연 • 알코올 및 약물 남용 • 돌발적 사고 및 행동
심리적 결과	• 가정문제 • 불면증으로 인한 수면방해 • 성적 욕구 감퇴
생리적 결과	• 심혈관계 질환 • 위장관계 질환 • 기타 질환(두통, 우울증 등)

19 중요도 ★★

전신피로의 원인으로 볼 수 없는 것은?

① 산소공급의 부족
② 작업강도의 증가
③ 혈중 포도당 농도의 저하
④ 근육 내 글리코겐 양의 증가

해설 전신피로의 원인 ─────

• 근육 내 글리코겐의 양의 감소
• 혈중 포도당 농도 저하
• 혈중 젖산 농도 증가
• 산소공급의 부족
• 작업강도의 증가

20

중요도 ★★★

공기 중의 혼합물로서 아세톤 400 ppm(TLV = 750 ppm), 메틸에틸케톤 100 ppm(TLV = 200 ppm)이 서로 상가작용을 할 때 이 혼합물의 노출지수(EI)는 약 얼마인가?

① 0.82

② 1.03

③ 1.10

④ 1.45

해설 노출지수(EI)

$$EI = \frac{C_1}{T_1} + \frac{C_2}{T_2} + \cdots + \frac{C_n}{T_n}$$

C_n : 화학물질 각각의 측정치

T_n : 화학물질 각각의 노출기준

$$EI = \frac{400}{750} + \frac{100}{200} = 1.03$$

21

중요도 ★★★

공기 중에 카본 테트라클로라이드(TLV = 10 ppm) 8 ppm, 1,2-디클로로에탄(TLV = 50 ppm) 40 ppm, 1,2-디브로모에탄(TLV = 20 ppm) 10 ppm으로 오염되었을 때, 이 작업장 환경의 허용기준 농도(ppm)는? (단, 상가작용을 기준으로 한다)

① 24.5

② 27.6

③ 29.6

④ 58.0

해설 노출지수(EI)

$$EI = \frac{C_1}{T_1} + \frac{C_2}{T_2} + \cdots + \frac{C_n}{T_n}$$

혼합물의 허용기준 농도(TLV)

$$TLV = \frac{C_1 + C_2 + \cdots C_n}{EI}$$

C_n : 화학물질 각각의 측정치

T_n : 화학물질 각각의 노출기준

$$EI = \frac{8}{10} + \frac{40}{50} + \frac{10}{20} = 2.1$$

$$TLV = \frac{8 + 40 + 10}{2.1} = 27.619 \text{ppm}$$

22

중요도 ★★★

시간당 200 ~ 300 kcal의 열량이 소요되는 중등작업 조건에서 WBGT 측정치가 31.1 ℃일 때 고열작업 노출기준의 작업휴식조건으로 가장 적절한 것은?

① 계속 작업

② 매 시간 25 % 작업, 75 % 휴식

③ 매 시간 50 % 작업, 50 % 휴식

④ 매 시간 75 % 작업, 25 % 휴식

중등작업이고, WBGT 측정치가 31.1 ℃이므로 매 시간 25 % 작업, 75 % 휴식해야 한다.

관련법령 고온의 노출기준(단위 : ℃)

「화학물질 및 물리적 인자의 노출기준」 별표3

구분	작업강도		
	경작업	중등작업	중작업
계속작업	30.0	26.7	25.0
매 시간 75 % 작업, 25 % 휴식	30.6	28.0	25.9
매 시간 50 % 작업, 50 % 휴식	31.4	29.4	27.9
매 시간 25 % 작업, 75 % 휴식	32.2	31.1	30.0

- 경작업 : 200 kcal까지의 열량이 소요되는 작업이다.
- 중등작업 : 시간당 200 ~ 350 kcal의 열량이 소모되는 작업이다.
- 중(힘든)작업 : 시간당 350 ~ 500 kcal의 열량이 소요되는 작업이다.

23
중요도 ★

다음 중 직독식 기구로만 나열된 것은?

① AAS, ICP, 가스모니터
② AAS, 휴대용 GC, GC
③ 휴대용 GC, ICP, 가스검지관
④ 가스모니터, 가스검지관, 휴대용 GC

해설 직독식 기구

- 직독식 기구는 현장에서 시료를 분석할 수 있는 휴대용 가스크로마토그래피(GC)와 적외선분광광도계, 가스모니터, 가스검지관 등이다.
- 직독식 기구는 측정과 작동이 간편하여 인력과 분석비를 절감할 수 있으나 완전한 시료채취방법은 아니다.

24
중요도 ★

입자상 물질을 채취하는 데 사용하는 여과지 중 막여과지(Membrane filter)가 아닌 것은?

① MCE 여과지
② PVC 여과지
③ 유리섬유 여과지
④ PTFE 여과지

해설 여과지의 종류

유리섬유 여과지는 섬유상 여과지이다.

25
중요도 ★★

연속적으로 일정한 농도를 유지하면서 만드는 방법 중 Dynamic Method에 관한 설명으로 틀린 것은?

① 농도 변화를 줄 수 있다.
② 대개 운반용으로 제작된다.
③ 만들기가 복잡하고, 가격이 고가이다.
④ 소량의 누출이나 벽면에 의한 손실은 무시할 수 있다.

해설 Dynamic Method

Dynamic Method는 실험실 등 현장에서 직접 물질을 혼합하여 만드는 것으로 운반용보다는 현장용(즉석 제작)으로 제작된다.

개념확인 Dynamic Method의 방법의 특징

- 오염물질을 희석공기와 연속적으로 혼합하여 일정 농도를 유지하도록 만드는 방법이다.
- 농도 변화를 줄 수 있고 온도와 습도를 조절할 수 있다.
- 다양한 농도 범위에서 제조가 가능하다.
- 만들기가 복잡하고 가격이 비싸다.
- 소량의 누출이나 벽면에 의한 손실은 무시할 수 있다.
- 지속적인 모니터링이 필요하다.

26
중요도 ★★

다음 중 활성탄관과 비교한 실리카겔관의 장점과 가장 거리가 먼 것은?

① 수분을 잘 흡수하여 습도에 대한 민감도가 높다.
② 매우 유독한 이황화탄소를 탈착용매로 사용하지 않는다.
③ 극성물질을 채취한 경우 물, 에탄올 등 다양한 용매로 쉽게 탈착된다.
④ 추출액이 화학분석이나 기기분석에 방해물질로 작용하는 경우가 많지 않다.

해설 실리카겔관 ───────

실라카겔관은 수분을 잘 흡수하여 습도가 높을 때에는 흡착효율이 떨어질 수 있으므로 ①번은 장점보다는 단점에 가깝다.

개념확인 실리카겔관의 장점과 단점

구분	내용
장점	• 매우 유독한 이황화탄소를 탈착용매로 사용하지 않는다. • 극성물질을 채취한 경우 물, 에탄올 등 다양한 용매로 쉽게 탈착된다. • 추출액이 화학분석이나 기기분석에 방해물질로 작용하는 경우가 많지 않다. • 활성탄으로 채취가 어려운 아닐린, 등의 아민류 채취가 가능하다.
단점	• 수분을 잘 흡수하여 습도가 증가하면 흡착용량이 감소한다. • 습도가 높은 작업장에서는 파과용량이 작아져 파과를 일으키기 쉽다.

27
중요도 ★★★

호흡성 먼지에 관한 내용으로 옳은 것은? (단, ACGIH를 기준으로 한다)

① 평균입경은 1 μm이다.
② 평균입경은 4 μm이다.
③ 평균입경은 10 μm이다.
④ 평균입경은 50 μm이다.

해설 입자상 물질의 분류(ACGIH) ───────

구분	기준
흡입성 분진 (IPM)	• 호흡기의 어느 부위에 침착하더라도 독성 유발 • 평균입경 : 100 μm
흉곽성 분진 (TPM)	• 기도나 하기도(가스교환 부위) 또는 폐포나 폐기도에 침착하여 독성 유발 • 평균입경 : 10 μm
호흡성 분진 (RPM)	• 가스교환 부위(폐포)에 침착하여 독성 유발 • 평균입경 : 4 μm

28
중요도 ★★

셀룰로오스 에스테르 막여과지에 대한 설명으로 틀린 것은?

① 산에 쉽게 용해된다.
② 유해물질이 표면에 주로 침착되어 현미경분석에 유리하다.
③ 흡습성이 적어 중량분석에 주로 적용된다.
④ 중금속 시료채취에 유리하다.

해설 셀룰로오스 에스테르 막여과지(MCE) ───────

• 산에 쉽게 용해되므로 입자상 물질 중의 금속을 채취하여 원자흡광광도법으로 분석하는 데 사용된다.
• 유해물질이 여과지의 표면에 주로 침착되기 때문에 석면 등 현미경분석을 위한 시료채취에 유리하다.
• 셀룰로오스는 수분을 흡수하는 특성(흡습성)이 높아 오차를 유발할 수 있기 때문에 중량 분석에는 적합하지 못하다.
• 중금속, 석면, 살충제, 불소 화합물 및 기타 무기물질 채취에 많이 사용한다.

29
중요도 ★★

작업장의 유해인자에 대한 위해도 평가에 영향을 미치는 것과 가장 거리가 먼 것은?

① 유해인자의 위해성
② 휴식시간의 배분 정도
③ 유해인자에 노출되는 근로자 수
④ 노출되는 시간 및 공간적인 특성과 빈도

해설 위해도 평가에 영향을 미치는 것 ─────
• 유해인자의 위해성
• 유해인자에 노출되는 근로자 수
• 노출되는 시간 및 공간적인 특성과 빈도

30
중요도 ★★★

직경이 5 μm, 비중이 1.8인 원형 입자의 침강속도(cm/min)는? (단, 공기의 밀도는 0.0012 g/cm^3, 공기의 점도는 1.807 × 10^{-4} poise이다)

① 6.1   ② 7.1
③ 8.1   ④ 9.1

해설 Lippman식에 의한 침강속도 ─────
입자의 크기가 1 ~ 50 μm인 경우에 적용한다.

$V = 0.003 \times \rho \times d^2$

V : 침강속도(cm/sec)
ρ : 입자밀도(비중)(g/cm^3)
d : 입자직경(μm)

$V = 0.003 \times 1.8 \times 5^2$

$= \dfrac{0.135\text{cm}}{\text{sec}} \times \dfrac{60\text{sec}}{\text{min}} = 8.1\text{cm/min}$

31
중요도 ★★★

어느 작업장의 소음측정 결과가 다음과 같을 때, 총 음압레벨[dB(A)]은? (단, A, B, C 기계는 동시에 작동된다)

| • A기계 : 81 dB(A) | • B기계 : 85 dB(A) |
| • C기계 : 88 dB(A) | |

① 84.7   ② 86.5
③ 88.0   ④ 90.3

해설 합성소음도 ─────

$L = 10 \times \log \left(10^{\frac{L_1}{10}} + 10^{\frac{L_2}{10}} + \cdots 10^{\frac{L_n}{10}} \right)$

L : 합성소음도(dB)
L_n : 각각 소음원의 소음(dB)

$L = 10 \times \log \left(10^{\frac{81}{10}} + 10^{\frac{85}{10}} + 10^{\frac{88}{10}} \right) = 90.306\text{dB}$

32
중요도 ★★

작업환경 측정방법 중 소음측정시간 및 횟수에 관한 내용 중 (   ) 안에 들어갈 내용으로 옳은 것은? (단, 고용노동부고시를 기준으로 한다)

단위작업장소에서의 소음 발생시간이 6시간 이내인 경우나 소음 발생원에서의 발생시간이 간헐적인 경우에는 발생시간 동안 연속 측정하거나 등간격으로 나누어 (   )회 이상 측정하여야 한다.

① 2   ② 3
③ 4   ④ 6

해설 소음의 측정시간 ─────
「작업환경 측정 및 정도관리 등에 관한 고시」 제28조
단위작업장소에서의 소음 발생시간이 6시간 이내인 경우나 소음 발생원에서의 발생시간이 간헐적인 경우에는 발생시간 동안 연속 측정하거나 등간격으로 나누어 4회 이상 측정하여야 한다.

정답   29 ②   30 ③   31 ④   32 ③

33

레이저광의 폭로량을 평가하는 사항에 해당하지 않는 항목은?

① 각막 표면에서의 조사량(J/cm^2) 또는 폭로량을 측정한다.
② 조사량의 서한도는 1 mm 구경에 대한 평균치이다.
③ 레이저광과 같은 직사광파 형광등 또는 백열등과 같은 확산광은 구별하여 사용해야 한다.
④ 레이저광에 대한 눈의 허용량은 폭로시간에 따라 수정되어야 한다.

해설 레이저광의 폭로량 ─────────

레이저광에 대한 눈의 허용량(노출기준)은 그 파장에 따라 수정되어야 한다.

34

작업환경 공기 중의 물질 A(TLV 50 ppm)가 55 ppm이고, 물질 B(TLV 50 ppm)가 47 ppm이며, 물질 C(TLV 50 ppm)가 52 ppm이었다면, 공기의 노출농도 초과도는? (단, 상가작용을 기준으로 한다)

① 3.62
② 3.08
③ 2.73
④ 2.33

해설 노출지수(EI) ─────────

$$EI = \frac{C_1}{T_1} + \frac{C_2}{T_2} + \cdots + \frac{C_n}{T_n}$$

C_n : 측정치, T_n : 노출기준

$$EI = \frac{55}{50} + \frac{47}{50} + \frac{52}{50} = 3.08$$

35

작업장의 온도측정 결과가 다음과 같을 때, 측정결과의 기하평균은?

(단위 : ℃)
5, 7, 12, 18, 25, 13

① 11.6 ℃
② 12.4 ℃
③ 13.3 ℃
④ 15.7 ℃

해설 기하평균(GM) ─────────

$$GM = \sqrt[N]{X_1 \cdot X_2 \cdots X_n}$$

N : 측정치의 수, X_n : 측정치

$$GM = \sqrt[6]{5 \times 7 \times 12 \times 18 \times 25 \times 13}$$
$$= 11.616$$

36

금속제품을 탈지 세정하는 공정에서 사용하는 유기용제인 트리클로로에틸렌이 근로자에게 노출되는 농도를 측정하고자 한다. 과거의 노출농도를 조사해 본 결과, 평균 50 ppm이었을 때, 활성탄관(100 mg/50 mg)을 이용하여 0.4 L/min으로 채취하였다면 채취해야 할 시간(min)은? (단, 트리클로로에틸렌의 분자량은 131.39이고 기체크로마토그래피의 정량한계는 시료당 0.5 mg, 1기압, 25℃ 기준으로 기타 조건은 고려하지 않는다)

① 2.4
② 3.2
③ 4.7
④ 5.3

해설 시료채취시간 계산 ─────────

(1) 25 ℃, 1기압인 경우 농도변환

$$mg/m^3 = \frac{ppm \times 그램분자량}{24.45}$$
$$= \frac{50 \times 131.39}{24.45} = 268.691 mg/m^3$$

2020-04

(2) 정량한계를 기준으로 시료채취시간 계산

$$\frac{268.691 \text{mg}}{\text{m}^3} = \frac{0.5 \text{mg}}{\frac{0.4\text{L}}{\text{min}} \times \frac{\text{m}^3}{1,000\text{L}} \times x\,\text{min}}$$

$$x = \frac{0.5}{0.4 \times \frac{1}{1,000} \times 268.691} = 4.652\text{min}$$

37

중요도 ★★

5 M 황산을 이용하여 0.004 M 황산용액 3 L를 만들기 위해 필요한 5 M 황산의 부피(mL)는?

① 5.6　　　　　　② 4.8

③ 3.1　　　　　　④ 2.4

해설 부피 계산 ──────────

$$\text{몰농도} = \frac{\text{몰수(mol)}}{\text{용액의 부피(L)}}$$

$$0.004\text{M} = \frac{x\,\text{mol}}{3\text{L}}$$

$$x = 0.004 \times 3 = 0.012\text{mol}$$

5 M 황산용액에서 황산 0.012 mol을 얻기 위한 황산용액의 부피를 계산한다.

$$\frac{0.012\text{mol}}{5\frac{\text{mol}}{\text{L}}} = 0.0024\text{L} = 2.4\text{mL}$$

38

중요도 ★

다음 중 정밀도를 나타내는 통계적 방법과 가장 거리가 먼 것은?

① 오차　　　　　　② 산포도

③ 표준편차　　　　④ 변이계수

해설 정밀도를 나타내는 통계적 방법 ──────

오차는 측정값과 참값의 차이로 정밀도와는 거리가 멀다.

39

중요도 ★★★

분석기기에서 바탕선량(Background)과 구별하여 분석될 수 있는 최소의 양은?

① 검출한계　　　　② 정량한계

③ 정성한계　　　　④ 정도한계

해설 검출한계(LOD) ──────────

분석기기마다 바탕선량(Background)과 구별하여 분석될 수 있는 가장 적은 분석물질의 양이다.

40

중요도 ★

빛의 파장의 단위로 사용되는 Å(Ångström)을 국제표준 단위계(SI)로 나타낸 것은?

① 10^{-6} m　　　　② 10^{-8} m

③ 10^{-10} m　　　　④ 10^{-12} m

해설 빛의 파장의 단위 ──────────

$$\text{Å} = 10^{-10}\,\text{m}$$

정답　37 ④　38 ①　39 ①　40 ③

41

중요도 ★

두 분지관이 동일 합류점에서 만나 합류관을 이루도록 설계되어 있다. 한쪽 분지관의 송풍량은 200 m³/min, 합류점에서의 이 관의 정압은 -34 mmH₂O이며, 다른 쪽 분지관의 송풍량은 160 m³/min, 합류점에서의 이 관의 정압은 -30 mmH₂O이다. 합류점에서 유량의 균형을 유지하기 위해서는 압력손실이 더 적은 관을 통해 흐르는 송풍량(m³/min)을 얼마로 해야 하는가?

① 165　　　　　② 170

③ 175　　　　　④ 180

해설 송풍량 계산 ────────────

유량 균형 공식

$$\frac{Q_1}{|P_1|} = \frac{Q_2}{|P_2|}$$

분지관 1 : 송풍량 200 m³/min, 정압 -34 mmH₂O
분지관 2 : 송풍량 160 m³/min, 정압 -30 mmH₂O
합류점의 유량 Q = 200 + 160 = 360 m³/min
압력손실이 더 적은 관은 분지관 2이므로 분지관 2의 유량을 x로 놓으면 $Q_1 = 360 - x$, $Q_2 = x$이다.

$$\frac{360 - x}{|-34|} = \frac{x}{|-30|}$$

$$\frac{360 - x}{34} = \frac{x}{30}$$

$$x = 168.75 \text{m}^3/\text{min}$$

42

중요도 ★★

페인트 도장이나 농약 살포와 같이 공기 중에 가스 및 증기상 물질과 분진이 동시에 존재하는 경우 호흡 보호구에 이용되는 가장 적절한 공기 정화기는?

① 필터
② 만능형 캐니스터
③ 요오드를 입힌 활성탄
④ 금속산화물을 도포한 활성탄

해설 호흡 보호구 ────────────

만능형 캐니스터는 방진마스크와 방독마스크의 기능을 모두 가지고 있는 공기정화기이다.

43

중요도 ★★

전체환기시설을 설치하기 위한 기본원칙으로 가장 거리가 먼 것은?

① 오염물질 사용량을 조사하여 필요환기량을 계산한다.
② 공기배출구와 근로자의 작업위치 사이에 오염원이 위치해야 한다.
③ 오염물질 배출구는 가능한 한 오염원으로부터 가까운 곳에 설치하여 점환기 효과를 얻는다.
④ 오염원 주위에 다른 작업공정이 있으면 공기 공급량을 배출량보다 크게 하여 양압을 형성시킨다.

해설 전체환기시설을 설치하기 위한 기본원칙 ───

오염원 주위에 다른 작업공정이 있으면 공기 공급량을 배출량보다 적게 하여 음압을 형성시켜 주위 근로자에게 오염물질이 확산되지 않도록 해야 한다.

44

중요도 ★

송풍관(Duct) 내부에서 유속이 가장 빠른 곳은? (단, d는 송풍관의 직경을 의미한다)

① 위에서 1/10 d 지점
② 위에서 1/5 d 지점
③ 위에서 1/3 d 지점
④ 위에서 1/2 d 지점

해설 송풍관 내부에서 유속이 가장 빠른 곳 ————
관의 내부에서 유속이 가장 빠른 곳은 관의 중심부(위에서 1/2 d 지점)이다.

45

중요도 ★★★

작업장 용적이 10 m × 3 m × 40 m이고 필요환기량이 120 m³/min일 때 시간당 공기교환 횟수는?

① 360회
② 60회
③ 6회
④ 0.6회

해설 시간당 공기교환 횟수(ACH) ————

$$ACH = \frac{\text{실내 환기량}(m^3/hr)}{\text{실내 체적}(m^3)}$$

$$= \frac{\dfrac{120m^3}{min} \times \dfrac{60min}{hr}}{10m \times 3m \times 40m} = 6회/hr$$

46

중요도 ★★

국소배기시설이 희석환기시설보다 오염물질을 제거하는 데 효과적이므로 선호도가 높다. 이에 대한 이유가 아닌 것은?

① 설계가 잘 된 경우 오염물질의 제거가 거의 완벽하다.
② 오염물질의 발생 즉시 배기시키므로 필요 공기량이 적다.
③ 오염 발생원의 이동성이 큰 경우에도 적용 가능하다.
④ 오염물질 독성이 클 때도 효과적 제거가 가능하다.

해설 국소배기시설 ————
국소배기시설은 오염 발생원의 이동성이 큰 경우에는 적용이 불가능하다. 이 경우에는 전체환기방식을 적용해야 한다.

47

중요도 ★

「산업안전보건법령」상 관리대상 유해물질 관련 국소배기장치 후드의 제어풍속(m/s)의 기준으로 옳은 것은?

① 가스상태(포위식 포위형) : 0.4
② 가스상태(외부식 상방흡인형) : 0.5
③ 입자상태(포위식 포위형) : 1.0
④ 입자상태(외부식 상방흡인형) : 1.5

해설 관리대상 유해물질 후드의 제어풍속(m/sec) ──
「안전보건규칙」 별표13

상태	후드 형식	제어풍속
가스 상태	포위식 포위형	0.4
	외부식 측방흡인형	0.5
	외부식 하방흡인형	0.5
	외부식 상방흡인형	1.0
입자 상태	포위식 포위형	0.7
	외부식 측방흡인형	1.0
	외부식 하방흡인형	1.0
	외부식 상방흡인형	1.2

48

중요도 ★★★

총흡음량이 900 sabins인 소음 발생 작업장에 흡음재를 천장에 설치하여 2,000 sabins 더 추가하였다. 이 작업장에서 기대되는 소음 감소치[NR ; db(A)]는?

① 약 3   ② 약 5
③ 약 7   ④ 약 9

해설 소음감음량 ────────────

$$NR = 10\log\left(\frac{A_2}{A_1}\right)$$

NR : 소음감음량(dB)
A_1 : 흡음처리 전 실내의 전체 흡음력(sabin)
A_2 : 흡음처리 후 실내의 전체 흡음력(sabin)

$$NR(\text{dB}) = 10\log\left(\frac{900 + 2,000}{900}\right) = 5.08\text{dB}$$

49

중요도 ★★★

외부식 후드(포집형 후드)의 단점이 아닌 것은?

① 포위식 후드보다 일반적으로 필요 송풍량이 많다.
② 외부 난기류의 영향을 받아서 흡인효과가 떨어진다.
③ 근로자가 발생원과 환기시설 사이에서 작업하게 되는 경우가 많다.
④ 기류속도가 후드 주변에서 매우 빠르므로 쉽게 흡인되는 물질의 손실이 크다.

해설 외부식 후드의 장점과 단점 ────────

외부식 후드는 오염원과 일정 거리를 두고 설치하므로 근로자가 발생원과 환기시설 사이에서 작업하지 않는다.

개념확인 외부식 후드의 특징
• 포위식 후드보다 일반적으로 필요 송풍량이 많다.
• 작업자가 방해를 받지 않고 작업을 할 수 있어 일반적으로 많이 사용된다.
• 외부 난기류의 영향을 받아서 흡인효과가 떨어진다.
• 기류속도가 후드 주변에서 매우 빠르므로 쉽게 흡인되는 물질의 손실이 크다.

50

중요도 ★★★

송풍기의 효율이 큰 순서대로 나열된 것은?

① 평판송풍기 > 다익송풍기 > 터보송풍기
② 다익송풍기 > 평판송풍기 > 터보송풍기
③ 터보송풍기 > 다익송풍기 > 평판송풍기
④ 터보송풍기 > 평판송풍기 > 다익송풍기

해설 송풍기의 효율 ────────────

터보송풍기 > 평판(방사형)송풍기 > 다익송풍기

51

중요도 ★★★

송풍기 입구 전압이 280 mmH$_2$O이고 송풍기 출구 정압이 100 mmH$_2$O이다. 송풍기 출구 속도압이 200 mmH$_2$O일 때, 전압(mmH$_2$O)은?

① 20   ② 40

③ 80   ④ 180

해설 송풍기 전압 ─────────────

전압 = 속도압(VP) + 정압(SP)

출구 전압 = 100 + 200 = 300 mmH$_2$O

입구 전압 = 280 mmH$_2$O

송풍기 전압 = 출구 전압 - 입구 전압

송풍기 전압 = 300 - 280 = 20 mmH$_2$O

52

중요도 ★

플레넘형 환기시설의 장점이 아닌 것은?

① 연마분진과 같이 끈적거리거나 보풀거리는 분진의 처리가 용이하다.

② 주관의 어느 위치에서도 분지관을 추가하거나 제거할 수 있다.

③ 주관은 입경이 큰 분진을 제거할 수 있는 침강식의 역할이 가능하다.

④ 분지관으로부터 송풍기까지 낮은 압력손실을 제공하여 운전동력을 최소화할 수 있다.

해설 플레넘형 환기시설 ─────────

플레넘형 환기시설은 연마분진과 같이 끈적거리거나 보풀거리는 분진은 처리할 수 없다.

53

중요도 ★

레시버식 캐노피형 후드를 설치할 때, 적절한 H/E는? (단, E는 배출원의 크기이고, H는 후드면과 배출원 간의 거리를 의미한다)

① 0.7 이하   ② 0.8 이하

③ 0.9 이하   ④ 1.0 이하

해설 레시버식 캐노피형 후드 ─────

$F_3 = E + 0.8H$

$$\frac{H}{E} \leq 0.7$$

F_3 : 후드 직경

E : 배출원의 크기

H : 후드의 높이(후드면과 배출원 간의 거리)

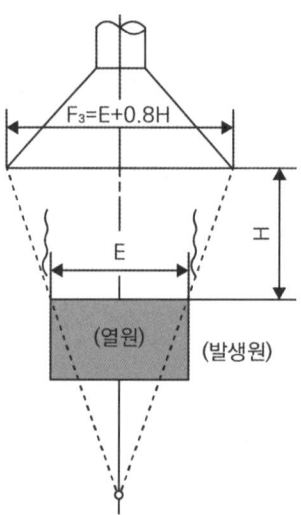

54

중요도 ★

귀덮개의 차음성능기준상 중심주파수가 1,000 Hz인 음원의 차음치(dB)는?

① 10 이상   ② 20 이상
③ 25 이상   ④ 35 이상

해설 귀마개, 귀덮개의 차음성능기준 ─────

「보호구 안전인증 고시」별표12

중심주파수 (Hz)	차음치(dB)		
	EP-1 (귀마개)	EP-2 (귀마개)	EM (귀덮개)
125	10 이상	10 미만	5 이상
250	15 이상	10 미만	10 이상
500	15 이상	10 미만	20 이상
1,000	20 이상	20 미만	25 이상
2,000	25 이상	20 이상	30 이상
4,000	25 이상	25 이상	35 이상
8,000	20 이상	20 이상	20 이상

55

중요도 ★★

다음 중 작업장에서 거리, 시간, 공정, 작업자 전체를 대상으로 실시하는 대책은?

① 대체   ② 격리
③ 환기   ④ 개인보호구

해설 작업장에서 전체를 대상으로 실시하는 대책 ──

격리는 작업장 전체를 대상으로 시간적, 공간적으로 격리하는 대책이다.

개념확인 작업환경개선에서 공학적인 대책
• 대치(대체) : 공정의 변경, 유해물질의 변경
• 격리 : 저장물질의 격리, 시설의 격리
• 환기 : 국소환기, 전체환기

56

중요도 ★★

작업대 위에서 용접할 때 흄(Fume)을 포집·제거하기 위해 작업면에 고정된 플랜지가 붙은 외부식 사각형 후드를 설치하였다면 소요 송풍량(m^3/min)은? (단, 개구면에서 작업지점까지의 거리는 0.25 m, 제어속도는 0.5 m/s, 후드 개구면적은 0.5 m^2이다)

① 0.281   ② 8.430
③ 16.875   ④ 26.425

해설 외부식 후드의 필요 송풍량(Q) ─────

작업대 위에 있고, 플랜지가 부착되어 있으므로 다음 공식을 적용한다.

$$Q = 0.5 \times V_c(10X^2 + A)$$

Q : 필요 송풍량(m^3/sec)

V_c : 제어속도(m/sec)

X : 후드의 중심선으로부터 발생원(오염원)까지의 거리(m)

A : 개구면적(m^2)

$$Q = 0.5 \times 0.5 \times (10 \times 0.25^2 + 0.5)$$

$$= \frac{0.281m^3}{sec} \times \frac{60sec}{min} = 16.86m^3/min$$

57

중요도 ★★

세정제진장치의 특징으로 틀린 것은?

① 배출수의 재가열이 필요 없다.
② 포집효율을 변화시킬 수 있다.
③ 유출수가 수질오염을 야기할 수 있다.
④ 가연성, 폭발성 분진을 처리할 수 있다.

해설 세정제진장치의 특징 ────────

- 습한 가스나 점착성 입자, 인화성·가열성·폭발성 입자를 처리할 수 있다.
- 포집효율(집진효율)을 다양화할 수 있다.
- 폐수가 발생하고, 폐슬러지 처리비용이 발생한다.
- 한랭기에는 동결의 우려가 있어 배출수의 재가열이 필요하다.
- 유출수가 수질오염을 일으킨다.

58

중요도 ★

산업위생보호구의 점검, 보수 및 관리방법에 관한 설명 중 틀린 것은?

① 보호구의 수는 사용하여야 할 근로자의 수 이상으로 준비한다.
② 호흡용 보호구는 사용 전, 사용 후 여재의 성능을 점검하여 성능이 저하된 것은 폐기, 보수, 교환 등의 조치를 취한다.
③ 보호구의 청결 유지에 노력하고, 보관할 때에는 건조한 장소와 분진이나 가스 등에 영향을 받지 않는 일정한 장소에 보관한다.
④ 호흡용 보호구나 귀마개 등은 특정 유해물질 취급이나 소음에 노출될 때 사용하는 것으로서 그 목적에 따라 반드시 공용으로 사용해야 한다.

해설 산업위생보호구 ────────

호흡용 보호구나 귀마개 등은 개인보호구를 지급하여 착용하도록 하여야 한다.

59

중요도 ★★

다음은 직관의 압력손실에 관한 설명으로 잘못된 것은?

① 직관의 마찰계수에 비례한다.
② 직관의 길이에 비례한다.
③ 직관의 직경에 비례한다.
④ 속도(관내유속)의 제곱에 비례한다.

해설 달시의 방정식 ────────

$$\triangle P = f \times \frac{L}{D} \times \frac{\gamma V^2}{2g}$$

$\triangle P$: 압력손실, f : 관마찰계수
L : 덕트의 길이, D : 덕트의 직경
γ : 유체의 밀도, V : 유체의 속도
g : 중력가속도
압력손실($\triangle P$)은 직관의 직경(D)에 반비례한다.

60

중요도 ★★

덕트의 설치 원칙과 가장 거리가 먼 것은?

① 가능한 한 후드와 먼 곳에 설치한다.
② 덕트는 가능한 짧게 배치하도록 한다.
③ 밴드의 수는 가능한 한 적게 하도록 한다.
④ 공기가 아래로 흐르도록 하향구배를 만든다.

해설 덕트의 일반적인 설치원칙 ────────

- 가능한 후드와 가까운 곳에 설치한다.
- 가급적 짧게 배치한다.
- 밴드의 수는 가능한 한 적게 한다.
- 공기가 아래로 흐르는 하향구배로 설치한다.

61

중요도 ★★

다음에서 설명하고 있는 측정기구는?

> 작업장의 환경에서 기류의 방향이 일정하지 않거나 실내 0.2 ~ 0.5 m/s 정도의 불감기류를 측정할 때 사용되며 온도에 따른 알코올의 팽창, 수축원리를 이용하여 기류속도를 측정한다.

① 풍차풍속계
② 카타(Kata)온도계
③ 가열온도풍속계
④ 습구흡구온도계(WBGT)

해설 카타온도계

사람이 느끼지 못하는 기류를 불감기류라고 하고, 이 불감기류는 0.2 ~ 0.5 m/s 정도이다.
카타온도계는 길이가 약 22 cm 정도 되는 알코올 온도계로 95 ℉, 100 ℉ 두 눈금만 있다. 카타온도계는 구부를 인위적으로 100 ℉까지 상승시킨 뒤 95 ℉까지 내려가는 시간을 측정하여 기류속도를 측정한다.

62

중요도 ★★★

진동에 의한 작업자의 건강장해를 예방하기 위한 대책으로 옳지 않은 것은?

① 공구의 손잡이를 세게 잡지 않는다.
② 가능한 한 무거운 공구를 사용하여 진동을 최소화한다.
③ 진동공구를 사용하는 작업시간을 단축시킨다.
④ 진동공구와 손 사이 공간에 방진재료를 채워 놓는다.

해설 진동에 의한 건강장해 예방

진동작업을 할 때 진동공구의 무게는 10 kg 이상을 초과하지 않아야 한다.

63

중요도 ★

마이크로파가 인체에 미치는 영향으로 옳지 않은 것은?

① 1,000 ~ 10,000 Hz의 마이크로파는 백내장을 일으킨다.
② 두통, 피로감, 기억력 감퇴 등의 증상을 유발시킨다.
③ 마이크로파의 열작용에 많은 영향을 받는 기관은 생식기와 눈이다.
④ 중추신경계는 1400 ~ 2,800 Hz 마이크로파 범위에서 가장 영향을 많이 받는다.

해설 마이크로파가 인체에 미치는 영향

주파수	영향
10,000 MHz	피부에 온감각을 줌
1,000 ~ 10,000 MHz	백내장을 일으킴
150 ~ 1,200 MHz	내장조직 손상
300 ~ 1,200 MHz	중추신경에 영향

64

중요도 ★★★

다음 중 전리방사선에 대한 감수성이 가장 낮은 인체조직은?

① 골수
② 생식선
③ 신경조직
④ 임파조직

해설 전리방사선에 대한 감수성 순서

㉠ 골수, 흉선 및 림프조직(조혈기관), 눈의 수정체
㉡ 피부 등 상피세포
㉢ 혈관 등 내피세포
㉣ 결합조직, 지방조직
㉤ 뼈, 근육조직
㉥ 폐 등 내장기관
㉦ 신경조직

65

중요도 ★★★

감압에 따르는 조직 내 질소기포 형성량에 영향을 주는 요인인 조직에 용해된 가스량을 결정하는 인자로 가장 적절한 것은?

① 감압속도
② 혈류의 변화 정도
③ 노출정도와 시간 및 체내 지방량
④ 폐 내의 이산화탄소 농도

해설 감압 시 질소기포 형성량에 영향을 주는 요인 ──
- 감압속도 : 조직에 녹아든 질소의 배출속도에 영향을 준다.
- 조직에 용해된 가스량 : 체내 지방량, 고기압 폭로의 정도와 시간으로 결정된다.
- 혈류를 변화시키는 상태 : 연령, 기온, 음주, 공포감 등과 연관된다.

66

중요도 ★★

비전리방사선 중 유도방출에 의한 광선을 증폭시킴으로서 얻는 복사선으로, 쉽게 산란하지 않으며 강력하고 예리한 지향성을 지닌 것은?

① 적외선   ② 마이크로파
③ 가시광선   ④ 레이저 광선

해설 레이저 광선의 특징 ──
- 광선을 증폭시킴으로 얻는 복사선이다.
- 단일파장으로 강력하고 예리한 지향성을 지난 광선이다.
- 출력이 강력하고 극히 좁은 파장범위를 갖기 때문에 쉽게 산란하지 않는다.

67

중요도 ★

한랭 환경에서 발생할 수 있는 건강장해에 관한 설명으로 옳지 않은 것은?

① 혈관의 이상은 저온 노출로 유발되거나 악화된다.
② 참호족과 침수족은 지속적인 국소의 산소결핍 때문이며, 모세혈관 벽이 손상되는 것이다.
③ 전신 체온강하는 단시간의 한랭폭로에 따른 일시적 체온상실에 따라 발생하는 중증장해에 속한다.
④ 동상에 대한 저항은 개인에 따라 차이가 있으나 중증환자의 경우 근육 및 신경조직 등 심부 조직이 손상된다.

해설 한랭 환경에서 발생할 수 있는 건강장해 ──
전신 체온강하는 장시간의 한랭노출과 체열상실에 따라 발생하는 급성 중증장해이다.

68

중요도 ★★★

일반소음의 차음효과는 벽체의 단위표적면에 대하여 벽체의 무게를 2배로 할 때 또는 주파수가 2배로 증가될 때 차음효과는 몇 dB 증가하는가?

① 2 dB   ② 6 dB
③ 10 dB   ④ 15 dB

해설 차음효과 ──
장벽을 실시한 경우 표면적에 대하여 벽체 무게가 2배가 될 때마다 차음효과는 6 dB씩 증가한다.

69

$3\ N/m^2$의 음압은 약 몇 dB의 음압수준인가?

① 95   ② 104

③ 110   ④ 1,115

해설 음압레벨수준(L_p) 계산 ─────────

$$L_p = 20\log\left(\frac{P}{P_0}\right)$$

L_p : 음압레벨(dB), P : 측정된 음압(N/m^2)

P_0 : 기준음압(N/m^2) = $2 \times 10^{-5} N/m^2$

$$L_p = 20\log\left(\frac{3}{2 \times 10^{-5}}\right) = 103.521 dB$$

70

손가락의 말초혈관운동의 장해로 인한 혈액순환장해로 손가락의 감각이 마비되고, 창백해지며, 추운 환경에서 더욱 심해지는 레이노(Raynaud)현상의 주요 원인으로 옳은 것은?

① 진동   ② 소음

③ 조명   ④ 기압

해설 레이노증후군 ─────────

- 국소진동으로 인하여 말초혈관의 운동장해가 발생하는 것이다.
- 추운 환경에서 잘 발생하는 것으로 수지가 창백해지고 손이 차며 통증이 발생한다.

71

고열장해에 대한 내용으로 옳지 않은 것은?

① 열경련(Heat Cramps) : 고온 환경에서 고된 육체적인 작업을 하면서 땀을 많이 흘릴 때 많은 물을 마시지만 신체의 염분 손실을 충당하지 못할 경우 발생한다.

② 열허탈(Heat Collapse) : 고열 작업에 순화되지 못해 말초혈관이 확장되고, 신체 말단에 혈액이 과다하게 저류되어 뇌의 산소부족이 나타난다.

③ 열소모(Heat Ehaustion) : 과다 발한으로 수분/염분손실에 의하여 나타나며, 두통, 구역감, 현기증 등이 나타나지만 체온은 정상이거나 조금 높아진다.

④ 열사병(Heat Stroke) : 작업환경에서 가장 흔히 발생하는 피부장해로서 땀에 젖은 피부 각질층이 떨어져 땀구멍을 막아 염증성 반응을 일으켜 붉은 구진 형태로 나타난다.

해설 고열장해 ─────────

④는 열사병이 아니라 열성발진에 대한 설명이다.

72

이상기압의 대책에 관한 내용으로 옳지 않은 것은?

① 고압실 내의 작업에서는 탄산가스의 분압이 증가하지 않도록 신선한 공기를 송기한다.

② 고압 환경에서 작업하는 근로자에게는 질소의 양을 증가시킨 공기를 호흡시킨다.

③ 귀 등의 장해를 예방하기 위하여 압력을 가하는 속도를 매 분당 $0.8\ kg/cm^2$ 이하가 되도록 한다.

④ 감압병의 증상이 발생하였을 때에는 환자를 바로 원래의 고압 환경 상태로 복귀시키거나, 인공고압실에서 천천히 감압한다.

해설 이상기압의 대책 ────────

헬륨은 호흡저항이 작고, 체외로 배출되는 시간이 질소에 비해 50 % 정도밖에 걸리지 않는다.
고압 환경에서 근무하는 근로자에게는 질소를 헬륨으로 대치한 공기를 호흡시키면 감압병을 예방할 수 있다.

73

중요도 ★★

산소농도가 6 % 이하인 공기 중의 산소분압으로 옳은 것은? (단, 표준상태이며, 부피기준이다)

① 45 mmHg 이하
② 55 mmHg 이하
③ 65 mmHg 이하
④ 75 mmHg 이하

해설 산소분압 ────────

산소분압(mmHg)

$= 기압(mmHg) \times \dfrac{산소농도(\%)}{100}$

$= 760 \times \dfrac{6}{100} = 45.6 \text{mmHg}$

74

중요도 ★

1 fc(foot-candle)은 약 몇 럭스(lux)인가?

① 3.9   ② 8.9
③ 10.8   ④ 13.4

해설 푸트캔들(foot-candle) ────────

• 미국에서 주로 사용하는 조도의 단위로 1 ft² (제곱피트)의 면적에 1 lm(루멘)의 광속이 균일하게 비추어질 때의 조도이다.
• 1 fc = 10 lux

75

중요도 ★★

작업장 내의 직접조명에 관한 설명으로 옳은 것은?

① 장시간 작업에도 눈이 부시지 않는다.
② 조명기구가 간단하고, 조명기구의 효율이 좋다.
③ 벽이나 천정의 색조에 좌우되는 경향이 있다.
④ 작업장 내의 균일한 조도의 확보가 가능하다.

해설 직접조명의 장점과 단점 ────────

구분	내용
장점	• 효율이 좋다. • 설비비가 저렴하며 설계가 단순하다. • 점검, 보수가 용이하다. • 천정면의 색조에 영향을 받지 않는다.
단점	• 눈이 부시다. • 균일한 조도를 얻기 힘들다. • 강한 음영을 만든다.

76

중요도 ★★

고압 환경의 생체작용과 가장 거리가 먼 것은?

① 고공성 폐수종
② 이산화탄소(CO_2) 중독
③ 귀, 부비강, 치아의 압통
④ 손가락과 발가락의 작열통과 같은 산소 중독

해설 고압 환경의 생체작용 ────────

고공성 폐수종은 저압 환경에서 나타나는 생체증상이다.

77

중요도 ★★

음압이 20 N/m²일 경우 음압수준(Sound Pressure Level)은 얼마인가?

① 100 dB
② 110 dB
③ 120 dB
④ 130 dB

해설 음압레벨수준(L_p) 계산 ─────────

$$L_p = 20\log\left(\frac{P}{P_0}\right)$$

L_p : 음압레벨(dB), P : 측정된 음압(N/m²)

P_0 : 기준음압(N/m²) $= 2 \times 10^{-5} \text{N/m}^2$

$$L_p = 20\log\left(\frac{P}{P_0}\right) = 20 \times \log\left(\frac{20}{2 \times 10^{-5}}\right)$$

$$= 120 \text{dB}$$

78

중요도 ★★

25 ℃일 때, 공기 중에서 1,000 Hz인 음의 파장은 약 몇 m인가? (단, 0 ℃, 1기압에서의 음속은 331.5 m/s이다)

① 0.035
② 0.35
③ 3.5
④ 35

해설 음속(C) ─────────

$C = 331.42 + 0.6t$

C : 음속(m/sec), t : 온도(℃)

$C = 331.42 + (0.6 \times 25) = 346.42 \text{m/sec}$

$C = f \times \lambda$

f : 주파수(Hz), λ : 파장(m)

$346.42 = 1,000 \times \lambda$

$$\lambda = \frac{346.42}{1,000} = 0.346 \text{m}$$

79

중요도 ★★

난청에 관한 설명으로 옳지 않은 것은?

① 일시적 난청은 청력의 일시적인 피로현상이다.
② 영구적 난청은 노인성 난청과 같은 현상이다.
③ 일반적으로 초기청력 손실을 C₅-dip현상이라 한다.
④ 소음성 난청은 내이의 세포변성을 원인으로 볼 수 있다.

해설 난청 ─────────

영구적 난청은 코르티기관(달팽이관)의 손상으로 회복될 수 없는 청력손실이다.

노인성 난청은 노화에 의한 퇴행성 질환으로 영구적 난청과는 다른 현상이다.

80

중요도 ★★★

다음 전리방사선 중 투과력이 가장 약한 것은?

① 중성자
② γ선
③ β선
④ α선

해설 전리방사선의 인체투과력 순서 ─────────

중성자 $> X$선 또는 γ선 $> \beta$선 $> \alpha$선

81

중요도 ★★★

물질 A의 독성에 관한 인체실험 결과, 안전흡수량이 체중 kg당 0.1 mg이었다. 체중이 50 kg인 근로자가 1일 8시간 작업할 경우 이 물질의 체내 흡수를 안전흡수량 이하로 유지하려면 공기 중 농도를 몇 mg/m³ 이하로 하여야 하는가? (단, 작업 시 폐환기율은 1.25 m³/h, 체내 잔류율은 1.0으로 한다)

① 0.5 ② 1.0
③ 1.5 ④ 2.0

해설 체내 흡수량 ─────────

$SHD = C \times T \times V \times R$

SHD : 체내 흡수량(mg)

C : 공기 중 유해물질 농도(mg/m³)

T : 노출시간(hr)

V : 호흡률(폐환기율)(m³/hr)

R : 체내 잔류율(보통 1임)

$$C = \frac{SHD}{T \times V \times R}$$

$$= \frac{\dfrac{0.1mg}{1kg} \times 50kg}{8 \times 1.25 \times 1.0} = 0.5mg/m^3$$

82

중요도 ★

소변을 이용한 생물학적 모니터링의 특징으로 옳지 않은 것은?

① 비파괴적 시료채취방법이다.
② 많은 양의 시료확보가 가능하다.
③ EDTA와 같은 항응고제를 첨가한다.
④ 크레아티닌 농도 및 비중으로 보정이 필요하다.

해설 소변을 이용한 생물학적 모니터링 ─────

① 소변을 채취하는 것은 신체에 손상을 주지 않고, 비파괴적, 비침습적으로 시료를 얻을 수 있는 대표적인 방법이다.
② 소변은 비교적 짧은 시간 내에 충분한 양을 양의 시료확보가 가능하다.
③ EDTA와 같은 항응고제는 주로 혈액 검사에 사용된다.
④ 소변 중 크레아티닌 농도는 근육의 양, 성별, 수분 섭취량, 나이 등에 따라 차이가 크므로 정확한 평가를 위해 크레아티닌 농도 및 비중으로 보정해야 한다.

83

중요도 ★★★

톨루엔(Toluene)의 노출에 대한 생물학적 모니터링 지표 중 소변에서 확인 가능한 대사산물은?

① Thiocyante
② Glucuronate
③ o-Cresol
④ Organic sulfate

해설 자주 출제되는 유해물질과 생물학적 노출지표 ──

• 벤젠 - 소변 중 페놀, t,t-뮤코닉산
• 톨루엔 - 소변 중 o-크레졸
• 이황화탄소 - 소변 중 TTCA
• 노말헥산 - 소변 중 2,5-hexanedione
• 니트로벤젠 - 혈중 메트헤모글로빈
• 일산화탄소 - 혈액 중 Carboxyhemglobin

84

생물학적 모니터링방법 중 생물학적 결정인자로 보기 어려운 것은?

① 체액의 화학물질 또는 그 대사산물
② 표적조직에 작용하는 활성 화학물질의 양
③ 건강상의 영향을 초래하지 않은 부위나 조직
④ 처음으로 접촉하는 부위에 직접 독성 영향을 야기하는 물질

해설 생물학적 결정인자 ─────────

생물학적 결정인자란 생물학적 시료(혈액, 소변, 호기 등) 내에서 측정할 수 있는 특정 물질로서 해당 물질이나 그 대사체의 농도를 정량적으로 측정함으로써 사람의 체내 노출수준을 판단할 수 있는 지표이다.
④번은 체내 흡수 여부와 무관하게 국소부위에 독성을 나타내는 것이므로 환경적인 모니터링을 해야 하는 것이다.

85

중요도 ★★★

작업환경 내의 유해물질과 그로 인한 대표적인 장애를 잘못 연결한 것은?

① 벤젠 - 시신경 장애
② 염화비닐 - 간 장애
③ 톨루엔 - 중추신경계 억제
④ 이황화탄소 - 생식기능 장애

해설 유해물질과 그로 인한 장애 ─────────

벤젠에 노출되면 골수 및 조혈장해(재생불량성 빈혈)이 발생하고, 시신경 장애와는 큰 관련이 없다.

86

중요도 ★

독성을 지속기간에 따라 분류할 때 만성독성(Chronic Toxicity)에 해당되는 독성물질 투여(노출)기간은? (단, 실험동물에 외인성 물질을 투여하는 경우로 한정한다)

① 1일 이상 ~ 14일 정도
② 30일 이상 ~ 60일 정도
③ 3개월 이상 ~ 1년 정도
④ 1년 이상 ~ 3년 정도

해설 만성독성 ─────────

만성독성에 해당되는 독성물질 투여기간은 일반적으로 3 ~ 12개월(1년) 정도이다.

87

중요도 ★★★

단시간 노출기준이 시간가중평균농도(TLV-TWA)와 단기간 노출기준(TLV-STEL) 사이일 경우 충족시켜야 하는 3가지 조건에 해당하지 않는 것은?

① 1일 4회를 초과해서는 안 된다.
② 15분 이상 지속 노출되어서는 안 된다.
③ 노출과 노출 사이에는 60분 이상의 간격이 있어야 한다.
④ TLV-TWA의 3배 농도에는 30분 이상 노출되어서는 안 된다.

해설 단시간노출기준(STEL) ─────────

「화학물질 및 물리적 인자의 노출기준」 제2조
• 15분간의 시간가중평균노출값이다.
• 노출농도가 시간가중평균노출기준(TWA)을 초과하고 단시간노출기준(STEL) 이하인 경우에는 1회 노출 지속시간이 15분 미만이어야 하고, 이러한 상태가 1일 4회 이하로 발생하여야 하며, 각 노출의 간격은 60분 이상이어야 한다.

88

중요도 ★

직업성 폐암을 일으키는 물질로 가장 거리가 먼 것은?

① 니켈   ② 석면

③ β-나프틸아민   ④ 결정형 실리카

해설 폐암을 일으키는 물질 ——————

① 니켈 : 광산, 제련 작업장에서 장기간 노출 시 폐암이 발생할 수 있다.
② 석면 : 가장 대표적인 직업성 폐암 원인 물질로 폐암, 악성중피종을 일으킨다.
③ β-나프틸아민 : 염료, 고무산업 등에서 사용하는 물질로 방광암의 원인 물질이다.
④ 결정형 실리카 : 만성적으로 노출되면 규폐증, 폐암을 일으킨다.

89

중요도 ★★★

2000년대 외국인 근로자에게 다발성말초신경병증을 집단으로 유발한 노말헥산(n-hexane)은 체내 대사과정을 거쳐 어떤 물질로 배설되는가?

① 2-hexanone
② 2.5-hexanedione
③ hexachlorophene
④ hexachloroethane

해설 자주 출제되는 유해물질과 생물학적 노출지표 ——

• 벤젠 - 소변 중 페놀, t,t-뮤코닉산
• 크실렌 - 소변 중 메틸마뇨산
• 톨루엔 - 소변 중 o-크레졸
• 이황화탄소 - 소변 중 TTCA
• 노말헥산 - 소변 중 2,5-hexanedione
• 니트로벤젠 - 혈중 메트헤모글로빈
• 일산화탄소 - 혈액 중 Carboxyhemglobin

90

중요도 ★★

비중격천공을 유발시키는 물질은?

① 납   ② 크롬

③ 수은   ④ 카드뮴

해설 크롬(Cr) 중독 ——————

구분	내용
급성 중독	신장장해가 발생하고 심한 경우 무뇨증을 일으켜 요독증으로 사망할 수 있다.
만성 중독	• 접촉성 피부염 발생 • 폐암 발생(6가크롬의 영향) • 비중격천공증 발생

91

중요도 ★★

진폐증의 독성병리기전과 거리가 먼 것은?

① 천식
② 섬유증
③ 폐 탄력성 저하
④ 콜라겐 섬유 증식

해설 진폐증의 독성병리기전 ——————

진폐증은 폐에 미세한 분진이 침착되어 염증과 섬유화가 유발되는 직업성 질환이다.
섬유화로 인해 폐조직이 경화되면 폐의 탄력성이 저하된다.
폐의 섬유와 과정에서 콜라겐 섬유의 증식이 일어난다.
천식은 기도의 만성적인 염증으로 진폐증과는 거리가 멀다.

92

중요도 ★★

중금속 노출에 의하여 나타나는 금속열은 흄 형태의 금속을 흡입하여 발생되는데, 감기증상과 매우 비슷하여 오한, 구토감, 기침, 전신위약감 등의 증상이 있으며 월요일 출근 후에 심해져서 월요일열(Monday fever)이라고도 한다. 다음 중 금속열을 일으키는 물질이 아닌 것은?

① 납 ② 카드뮴
③ 안티몬 ④ 산화아연

해설 금속열을 일으키는 물질 ─────

• 금속열은 아연, 카드뮴, 안티몬, 구리, 마그네슘 등의 금속 또는 흄을 흡입할 경우 발생하는 급성열성 진환이다.
• 납은 인체에 유해한 물질이지만 금속열을 일으키지는 않는다.

93

중요도 ★★

독성 물질의 생체과정인 흡수, 분포, 생전환, 배설 등에 변화를 일으켜 독성이 낮아지는 길항작용(Antagonism)은?

① 화학적 길항작용
② 기능적 길항작용
③ 배분적 길항작용
④ 수용체 길항작용

해설 길항작용의 분류 ─────

• 화학적 길항작용 : 화학적인 상호반응에 의해 독성이 낮아진다.
• 배분적 길항작용 : 물질의 흡수, 대사 등에 변화를 일으켜 독성이 낮아진다.
• 수용체 길항작용 : 두 화학물질이 체내에서 같은 수용체에 결합하여 경쟁관계를 가짐으로서 독성이 낮아진다.
• 기능적 길항작용 : 생체 내에서 서로 반대되는 기능을 가져 독성이 낮아진다.

94

중요도 ★★

합금, 도금 및 전지 등의 제조에 사용되며, 알레르기 반응, 폐암 및 비강암을 유발할 수 있는 중금속은?

① 비소 ② 니켈
③ 베릴륨 ④ 안티몬

해설 니켈 중독 ─────

• 급성 중독 : 접촉성 피부염, 복통 및 설사 등 소화기 증상, 두통 등 신경학적 증상
• 만성 중독 : 폐암, 비강암, 비중격천공증

95

중요도 ★

독성실험단계에 있어 제1단계(동물에 대한 급성 노출시험)에 관한 내용과 가장 거리가 먼 것은?

① 생식독성과 최기형성 독성실험을 한다.
② 눈과 피부에 대한 자극성 실험을 한다.
③ 변이원성에 대하여 1차적인 스크리닝 실험을 한다.
④ 치사성과 기관장해에 대한 양 – 반응곡선을 작성한다.

해설 독성실험단계 ─────

(1) 1단계(동물에 대한 급성폭로시험)
  • 치사성과 기관장해에 대한 양 – 반응곡선을 작성한다.
  • 눈과 피부에 대한 자극성 실험을 한다.
  • 변이원성에 대해 1차적인 스크리닝 실험을 한다.
(2) 2단계(동물에 대한 만성폭로시험)
  • 상승작용과 기승작용 및 상쇄작용에 대하여 시험한다.
  • 생식영향(생식독성)과 산아장해(최기형성) 독성시험을 한다.
  • 변이원성에 대해 2차적인 스크리닝 실험을 한다.
  • 장기독성을 시험한다.

2020-04

96

중요도 ★

암모니아(NH_3)가 인체에 미치는 영향으로 가장 적합한 것은?

① 전구증상이 없이 치사량에 이를 수 있으며, 심한 경우 호흡부전에 빠질 수 있다.
② 고농도일 때 기도의 염증, 폐수종, 치아산식증, 위장장해 등을 초래한다.
③ 용해도가 낮아 하기도까지 침투하며, 급성 증상으로는 기침, 천명, 흉부압박감 외에 두통, 오심 등이 온다.
④ 피부, 점막에 작용하며 눈의 결막, 각막을 자극하며 폐부종, 성대경련, 호흡장애 및 기관지 경련 등을 초래한다.

해설 암모니아가 인체에 미치는 영향 ─────

① 암모니아는 자극적 냄새가 있어 노출초기에 인지되며 전구증상이 있다.
② 치아산식증, 위장장해는 암모니아와 크게 관련이 없고, 주로 입으로 섭취하는 유해물질과 관련이 있다.
③ 암모니아는 용해도가 높아 상기도에서 주로 흡수된다.
④ 암모니아가 인체에 미치는 영향이다.

97

중요도 ★★★

지방족 할로겐화 탄화수소물 중 인체 노출 시, 간의 장해인 중심소엽성 괴사를 일으키는 물질은?

① 톨루엔
② 노말헥산
③ 사염화탄소
④ 트리클로로에틸렌

해설 사염화탄소(CCl_4) ─────

• 피를 통하여 인체에 흡수된다.
• 고농도로 폭로되면 중추신경계 장애 외에 간장이나 신장에 장애가 일어난다.
• 간에 대한 독성이 강해 중심소엽성 괴사를 일으킨다.

98

중요도 ★★★

납 중독을 확인하는 데 이용하는 시험으로 옳지 않은 것은?

① 혈중 납농도
② EDTA 흡착능
③ 신경전달속도
④ 헴(Heme)의 대사

해설 납 중독을 확인하는 시험 ─────

• 혈중 납농도 : 가장 표준적인 검사이다.
• 신경전달속도 : 납 중독에 의해 신경전달속도가 느려지는 경향이 있으므로 보조 진단자료로 활용한다.
• 헴의 대사(ALA 축적) : 납은 헴 합성효소를 억제하므로 헴 대사체 변화를 통해 보조 진단자료로 활용한다.

99

중요도 ★★

유기용제 중 벤젠에 대한 설명으로 옳지 않은 것은?

① 벤젠은 백혈병을 일으키는 원인 물질이다.

② 벤젠은 만성장해로 조혈장해를 유발하지 않는다.

③ 벤젠은 빈혈을 일으켜 혈액의 모든 세포성분이 감소한다.

④ 벤젠은 주로 페놀로 대사되며 페놀은 벤젠의 생물학적 노출지표로 이용된다.

해설 벤젠 ─────────────

• 골수 및 조혈장해(재생불량성 빈혈)를 유발한다.
• 벤젠에 저농도로 만성노출될 경우 혈액장해, 간장장해, 빈혈, 백혈병에 걸릴 수 있다.
• 벤젠은 주로 페놀로 대사된다.

100

중요도 ★★★

근로자의 유해물질 노출 및 흡수 정도를 종합적으로 평가하기 위하여 생물학적 측정이 필요하다. 또한 유해물질 배출 및 축적속도에 따라 시료채취시기를 적절히 정해야 하는데, 시료채취시기에 제한을 가장 작게 받는 것은?

① 요중 납

② 호기중 벤젠

③ 요중 총 페놀

④ 혈중 총 무기수은

해설 시료채취시기 ─────────────

납은 체내 반감기가 길어서 시료채취시기에 특별한 제한이 없다.

벤젠, 페놀, 수은은 비교적 단기간에 몸에서 배출되는 특성이 있으므로 작업자가 이러한 물질에 노출되었는지 알기 위해서는 작업종료 시 시료채취를 해야 한다.

2019 제1회 기출문제

1과목 산업위생학개론

01
중요도 ★

신체적 결함과 이에 따른 부적합 작업을 짝지은 것으로 틀린 것은?

① 심계항진 - 정밀작업
② 간기능 장해 - 화학공업
③ 빈혈증 - 유기용제 취급작업
④ 당뇨증 - 외상받기 쉬운 작업

해설 신체적 결함과 부적합 작업 ──────

심계항진은 불규칙적이거나 빠른 심장박동이 느껴지는 증상이다.
심계항진에 부적합 작업 - 격심작업, 고소작업

02
중요도 ★

OSHA가 의미하는 기관의 명칭으로 맞는 것은?

① 세계보건기구
② 영국보건안전부
③ 미국산업위생협회
④ 미국산업안전보건청

해설 미국산업안전보건청(OSHA) ──────

Occupational Safety and Health Administration

03
중요도 ★★★

사고예방대책의 기본원리 5단계를 순서대로 나열한 것으로 맞는 것은?

① 사실의 발견 → 조직 → 분석 → 시정책(대책)의 선정 → 시정책(대책)의 적용
② 조직 → 분석 → 사실의 발견 → 시정책(대책)의 선정 → 시정책(대책)의 적용
③ 조직 → 사실의 발견 → 분석 → 시정책(대책)의 선정 → 시정책(대책)의 적용
④ 사실의 발견 → 분석 → 조직 → 시정책(대책)의 선정 → 시정책(대책)의 적용

해설 하인리히의 사고예방대책의 기본원리 5단계 ──

• 1단계 : 안전조직
• 2단계 : 사실의 발견
• 3단계 : 분석
• 4단계 : 시정책(대책)의 선정
• 5단계 : 시정책(대책)의 적용

04
중요도 ★★

실내공기의 오염에 따른 건강상의 영향을 나타내는 용어가 아닌 것은?

① 새집증후군
② 헌집증후군
③ 화학물질과민증
④ 스티븐슨존슨증후군

해설 실내공기의 오염에 따른 건강상의 영향 ──────

스티븐슨존슨증후군은 피부병이 악화된 상태로 피부가 탈락되는 질환으로 대부분 약물에 의해 발생한다.

05

중요도 ★

국가 및 기관별 허용기준에 대한 사용 명칭을 잘못 연결한 것은?

① 영국 HSE - OEL
② 미국 OSHA - PEL
③ 미국 ACGIH - TLV
④ 한국 - 화학물질 및 물리적 인자의 노출기준

> **해설** 국가 및 기관별 허용기준 ─────────

영국 HSE - WEL(Workplace Exposure Limits)

06

중요도 ★★

물체의 실제 무게를 미국 NIOSH의 권고중량물한계기준(RWL)으로 나누어 준 값을 무엇이라고 하는가?

① 중량상수(LC)
② 빈도승수(FM)
③ 비대칭승수(AM)
④ 중량물 취급지수(LI)

> **해설** 중량물 취급지수(LI) ─────────

물체의 실제 무게를 권장무게한계(RWL)로 나누어 준 값이다.

$$LI = \frac{\text{실제 작업 무게}(L)}{\text{권장무게한계}(RWL)}$$

07

중요도 ★★★

1994년 ABIH에서 채택된 산업위생전문가의 윤리강령 내용으로 틀린 것은?

① 산업위생 활동을 통해 얻은 개인 및 기업의 정보는 누설하지 않는다.
② 과학적 방법의 적용과 자료의 해석에서 경험을 통한 전문가의 주관성을 유지한다.
③ 전문적 판단이 타협에 의하여 좌우될 수 있거나 이해관계가 있는 상황에는 개입하지 않는다.
④ 쾌적한 작업환경을 만들기 위해 산업위생이론을 적용하고 책임 있게 행동한다.

> **해설** 산업위생전문가의 윤리강령 ─────────

과학적 방법의 적용과 자료의 해석에서 경험을 통한 전문가의 객관성을 유지해야 한다.

08

중요도 ★★★

최대작업영역(Maximum Working Area)에 대한 설명으로 맞는 것은?

① 양팔을 곧게 폈을 때 도달할 수 있는 최대영역
② 팔을 위 방향으로만 움직이는 경우에 도달할 수 있는 작업영역
③ 팔을 아래 방향으로만 움직이는 경우에 도달할 수 있는 작업영역
④ 팔을 가볍게 몸체에 붙이고 팔꿈치를 구부린 상태에서 자유롭게 손이 닿는 영역

> **해설** 최대작업영역 ─────────

• 양팔을 곧게 폈을 때 도달할 수 있는 최대영역
• 전완과 상완을 곧게 펴서 파악할 수 있는 구역

2019-01

「산업안전보건법령」상 석면에 대한 작업환경 측정 결과 측정치가 노출기준을 초과하는 경우 그 측정일로부터 몇 개월에 몇 회 이상의 작업환경 측정을 하여야 하는가?

① 1개월에 1회 이상
② 3개월에 1회 이상
③ 6개월에 1회 이상
④ 12개월에 1회 이상

해설 작업환경 측정 ─────────

석면은 고용노동부장관이 정하여 고시하는 화학적 인자에 해당되므로 작업환경 측정 결과 측정치가 노출기준을 초과하는 경우 3개월에 1회 이상 작업환경 측정을 해야 한다.

관련법령 3개월에 1회 이상 작업환경 측정을 하는 경우
「산업안전보건법 시행규칙」 제190조
• 화학적 인자(고용노동부장관이 정하여 고시하는 물질)의 측정치가 노출기준을 초과하는 경우
• 화학적 인자(고용노동부장관이 정하여 고시하는 물질은 제외)의 측정치가 노출기준을 2배 이상 초과하는 경우

미국산업위생학회(AHIA)에서 정한 산업위생의 정의로 옳은 것은?

① 작업장에서 인종, 정치적 이념, 종교적 갈등을 배제하고 작업자의 알권리를 최대한 확보해주는 사회과학적 기술이다.
② 작업자가 단순하게 허약하지 않거나 질병이 없는 상태가 아닌 육체적, 정신적 및 사회적인 안녕 상태를 유지하도록 관리하는 과학과 기술이다.
③ 근로자 및 일반 대중에게 질병, 건강장애, 불쾌감을 일으킬 수 있는 작업환경요인과 스트레스를 예측, 측정, 평가 및 관리하는 과학과 기술이다.
④ 노동 생산성보다는 인권이 소중하다는 이념하에 노사 간 갈등을 최소화하고 협력을 도모하여 최대한 쾌적한 작업환경을 유지 증진하는 사회과학이며 자연과학이다.

해설 산업위생의 정의(AHIA기준) ─────────

근로자 및 일반 대중에게 질병, 건강장해와 안녕방해, 심각한 불쾌감 및 능률 저하 등을 초래하는 작업환경요인과 스트레스를 예측, 측정, 평가 및 관리하는 과학과 기술이다.

11

중요도 ★★

직업성 질환의 범위에 대한 설명으로 틀린 것은?

① 합병증이 원발성 질환과 불가분의 관계를 가지는 경우를 포함한다.
② 직업상 업무에 기인하여 1차적으로 발생하는 원발성 질환은 제외한다.
③ 원발성 질환과 합병 작용하여 제2의 질환을 유발하는 경우를 포함한다.
④ 원발성 질환부위가 아닌 다른 부위에서도 동일한 원인에 의하여 제2의 질환을 일으키는 경우를 포함한다.

해설 직업성 질환의 범위 ─────────
직업상 업무에 기인하여 1차적으로 발생하는 원발성 질환도 직업성 질환에 포함된다.

12

중요도 ★

산업피로에 대한 설명으로 틀린 것은?

① 산업피로는 원천적으로 일종의 질병이며 비가역적 생체변화이다.
② 산업피로는 건강장해에 대한 경고반응이라고 할 수 있다.
③ 육체적, 정신적 노동부하에 반응하는 생체의 태도이다.
④ 산업피로는 생산성의 저하뿐만 아니라 재해와 질병의 원인이 된다.

해설 산업피로 ─────────
산업피로는 원척적으로 질병은 아니고, 가역적인 생체변화이다.

13

중요도 ★★

「산업안전보건법」상 사무실 공기관리에 있어 오염물질에 대한 관리기준이 잘못 연결된 것은?

① 곰팡이 - 0.1 ppm 이하
② 일산화탄소 - 10 ppm 이하
③ 이산화탄소 - 1,000 ppm 이하
④ 포름알데하이드(HCHO) - 100 $\mu g/m^3$ 이하

해설 오염물질 관리기준 ─────────
곰팡이 - 500 CFU/m^3 이하
관련법령 오염물질 관리기준
「사무실 공기관리 지침」 제2조

오염물질	관리기준
미세먼지(PM 10)	100 $\mu g/m^3$
초미세먼지(PM 2.5)	50 $\mu g/m^3$
이산화탄소(CO_2)	1,000 ppm
일산화탄소(CO)	10 ppm
이산화질소(NO_2)	0.1 ppm
포름알데하이드(HCHO)	100 $\mu g/m^3$
총휘발성유기화합물(TVOC)	500 $\mu g/m^3$
라돈(Radon)	148 $\mu g/m^3$
총 부유세균	800 CFU/m^3
곰팡이	500 CFU/m^3

※ 관련 법령의 개정으로 문제의 보기 일부 수정

2019-01

14

밀폐공간과 관련된 설명으로 틀린 것은?

① 산소결핍이란 공기 중의 산소농도가 16 % 미만인 상태를 말한다.
② 산소결핍증이란 산소가 결핍된 공기를 들이마심으로써 생기는 증상을 말한다.
③ 유해가스란 탄산가스, 일산화탄소, 황화수소 등의 기체로서 인체에 유해한 영향을 미치는 물질을 말한다.
④ 적정공기란 산소농도의 범위가 18 % 이상 23.5 % 미만, 이산화탄소의 농도가 1.5 % 미만, 일산화탄소의 농도가 30 ppm 미만, 황화수소의 농도가 10 ppm 미만인 수준의 공기를 말한다.

[해설] 밀폐공간 ─────────────

산소결핍이란 공기 중의 산소농도가 18 % 미만인 상태를 말한다.

[관련법령] 용어의 정의
「안전보건규칙」제618조
• 유해가스 : 이산화탄소·일산화탄소·황화수소 등의 기체로서 인체에 유해한 영향을 미치는 물질
• 적정공기 : 산소농도의 범위가 18 % 이상 23.5 % 미만, 이산화탄소의 농도가 1.5 % 미만, 일산화탄소의 농도가 30 ppm 미만, 황화수소의 농도가 10 ppm 미만인 수준의 공기
• 산소결핍 : 공기 중의 산소농도가 18 % 미만인 상태
• 산소결핍증 : 산소가 결핍된 공기를 들이마심으로써 생기는 증상

15

산업피로의 대책으로 적합하지 않은 것은?

① 불필요한 동작을 피하고 에너지 소모를 적게 한다.
② 작업과정에 따라 적절한 휴식시간을 가져야 한다.
③ 작업능력에는 개인별 차이가 있으므로 각 개인마다 작업량을 조정해야 한다.
④ 동적인 작업은 피로를 더하게 하므로 가능한 한 정적인 작업으로 전환한다.

[해설] 산업피로 ─────────────

산업피로를 줄이기 위해서는 동적인 작업과 정적인 작업을 적절히 혼합하여 배치해야 한다.

16

「산업안전보건법」에서 정하는 중대재해라고 볼 수 없는 것은?

① 사망자가 1명 이상 발생한 재해
② 부상자 또는 직업성 질병자가 동시에 10명 이상 발생한 재해
③ 3개월 이상의 요양이 필요한 부상자가 동시에 2명 이상 발생한 재해
④ 재산피해액 5천만 원 이상의 재해

[해설] 중대재해 ─────────────

산업안전보건법에서 정하는 중대재해에 재산피해액은 포함되지 않는다.

[관련법령] 중대재해의 범위
「산업안전보건법 시행규칙」제3조
• 사망자가 1명 이상 발생한 재해
• 3개월 이상의 요양이 필요한 부상자가 동시에 2명 이상 발생한 재해
• 부상자 또는 직업성 질병자가 동시에 10명 이상 발생한 재해

17

중요도 ★★★

상시 근로자 수가 1,000명인 사업장에 1년 동안 6건의 재해로 8명의 재해자가 발생하였고, 이로 인한 근로손실일수는 80일이었다. 근로자가 1일 8시간씩 매월 25일씩 근무하였다면, 이 사업장의 도수율은 얼마인가?

① 0.03
② 2.50
③ 4.00
④ 8.00

해설 도수율

$$도수율 = \frac{6}{1,000명 \times 8시간 \times 25일 \times 12개월} \times 10^6$$
$$= 2.50$$

개념확인 도수율(빈도율)

• 100만 근로시간당 발생한 재해 건수이다.

• $도수율 = \dfrac{재해건수}{연 근로시간 수} \times 10^6$

18

중요도 ★★★

근육운동의 에너지원 중에서 혐기성 대사의 에너지원에 해당되는 것은?

① 지방
② 포도당
③ 글리코겐
④ 단백질

해설 혐기성 대사의 에너지원

혐기성 대사의 에너지원은 글리코겐이다.

개념확인 혐기성 대사와 호기성 대사의 구분

구분	내용
혐기성 대사	• 근육 내에 존재하는 크레아틴인산(CP), 글리코겐 또는 포도당이 ATP(아데노신삼인산)를 만들고 ATP로 에너지 생산 • CP, ATP는 순환하고 글리코겐은 소모되어 고갈됨
호기성 대사	• 근육 사용 직후는 혐기성 대사로 에너지를 공급받지만 2분 정도 후 에너지의 고갈로 호기성 대사로 에너지를 공급받음 • 음식물로 섭취한 에너지(포도당, 단백질, 지방)가 산소와 결합하여 에너지를 생산함

19

중요도 ★★

「산업안전보건법」에서 산업재해를 예방하기 위하여 잠재적 위험성을 발견하고 그 개선대책을 수립할 목적으로 고용노동부장관이 지정하는 조사 평가를 무엇이라 하는가?

① 위험성평가
② 작업환경 측정, 평가
③ 안전보건진단
④ 유해성위험성 조사

해설 안전보건진단

산업재해를 예방하기 위해 고용노동부장관이 지정하는 것은 안전보건진단이다.

관련법령 안전보건진단

「산업안전보건법」 제47조

고용노동부장관은 추락·붕괴, 화재·폭발, 유해하거나 위험한 물질의 누출 등 산업재해 발생의 위험이 현저히 높은 사업장의 사업주에게 지정받은 기관(안전보건진단기관)이 실시하는 안전보건진단을 받을 것을 명할 수 있다.

20

육체적 작업능력(PWC)이 15 kcal/min인 근로자가 1일에 8시간 동안 물체를 운반하고 있다. 이때의 작업대사량이 6.5 kcal/min이고, 휴식 시의 대사량이 1.5 kcal/min일 때 매 시간당 적정 휴식시간은 약 얼마인가? (단, Hering의 식을 적용한다)

① 18분 ② 25분
③ 30분 ④ 42분

해설 피로예방을 위한 적정 휴식시간 비($T_{rest}(\%)$) —

$$T_{rest}(\%) = \left(\frac{PWC의\ \frac{1}{3} - 작업\ 대사량}{휴식\ 대사량 - 작업대사량} \right) \times 100$$

$$= \left(\frac{15 \times \frac{1}{3} - 6.5}{1.5 - 6.5} \right) \times 100 = 30\%$$

매 시간당 적정 휴식시간
휴식시간 = 60 min × 0.3 = 18 min

21

유기용제 작업장에서 측정한 톨루엔 농도는 65, 150, 175, 63, 83, 112, 58, 49, 205, 178 ppm일 때 산술평균과 기하평균값은 약 몇 ppm인가?

① 산술평균 108.4, 기하평균 100.4
② 산술평균 108.4, 기하평균 117.6
③ 산술평균 113.8, 기하평균 100.4
④ 산술평균 113.8, 기하평균 117.6

해설 산술평균과 기하평균 계산 ————

• 산술평균(M) 계산
$$M = \frac{65 + 150 + 175 + 63 + 83 + 112 + 58 + 49 + 205 + 178}{10}$$
$$= 113.8$$

• 기하평균(GM)
$$GM = \sqrt[N]{X_1 \cdot X_2 \cdots X_n}$$
N : 측정치의 수
X_n : 측정치
$$GM = \sqrt[10]{65 \times 150 \times 175 \times 63 \times 83 \times 112 \times 58 \times 49 \times 205 \times 178}$$
$$= 100.357$$

22

유사노출그룹에 대한 설명으로 틀린 것은?

① 유사노출그룹은 노출되는 유해인자의 농도와 특성이 유사하거나 동일한 근로자그룹을 말한다.
② 역학조사를 수행할 때 사건이 발생된 근로자가 속한 유사노출그룹의 노출농도를 근거로 노출원인을 추정할 수 있다.
③ 유사노출그룹 설정을 위해 시료채취수가 과다해지는 경우가 있다.
④ 유사노출그룹은 모든 근로자의 노출 상태를 측정하는 효과를 가진다.

해설 유사노출그룹

유사노출그룹은 해당 근로자가 속한 동일 노출그룹의 노출농도를 근거로 노출원인 및 농도를 추정하는 것으로 시료채취의 수를 경제적으로 하기 위한 것이다.

23

중요도 ★★★

입자의 가장자리를 이등분한 직경으로 과대평가될 가능성이 있는 직경은?

① 마틴직경
② 페렛직경
③ 공기역학 직경
④ 등면적 직경

해설 물리적 직경의 종류

- 마틴직경 : 입자의 면적을 2등분하는 선의 길이로 나타내는 직경으로 과소평가할 수 있는 단점이 있다.
- 페렛직경 : 입자의 가장자리를 이등분한 직경으로 과대평가될 가능성이 있다.
- 등면적 직경 : 입자의 면적과 동일한 면적을 가진 원의 직경으로 환산한 직경이다.
- 공기역학 직경 : 대상 먼지와 침강속도가 같고 밀도가 1이며 구형인 먼지의 직경으로 환산한 직경이다.

24

중요도 ★★★

다음 중 1차 표준기구가 아닌 것은?

① 오리피스미터
② 폐활량계
③ 가스치환병
④ 유리피스톤미터

해설 표준기구의 종류

(1) 1차 표준기구의 종류
- 비누거품미터(Soap bubble meter)
- 폐활량계(Spirometer)
- 가스치환병(Mariotte bottle)
- 유리피스톤미터(Glass piston meter)
- 흑연피스톤미터(Fictionless meter)
- 피토튜브(Pitot tube)

(2) 2차 표준기구의 종류
- 로타미터(Rotameter)
- 습식테스트미터(Wet-test-meter)
- 건식가스미터(Dry-test-meter)
- 오리피스미터(Orifice meter)
- 열선기류계

25

중요도 ★

온도 표시에 대한 설명으로 틀린 것은? (단, 고용노동부고시를 기준으로 한다)

① 절대온도는 K로 표시하고 절대온도 $0K$는 -273 ℃로 한다.
② 실온은 1 ~ 35 ℃, 미온은 30 ~ 40 ℃로 한다.
③ 온도의 표시는 셀시우스(Celcius)법에 따라 아라비아 숫자의 오른쪽에 ℃를 붙인다.
④ 냉수는 4 ℃ 이하, 온수는 60 ~ 70 ℃를 말한다.

해설 온도 표시

- 상온 : 15 ~ 25 ℃
- 실온 : 1 ~ 35 ℃
- 미온 : 30 ~ 40 ℃
- 찬 곳은 따로 규정이 없는 한 0 ~ 15 ℃의 곳
- 냉수 : 15 ℃ 이하
- 온수 : 60 ~ 70 ℃
- 열수 : 약 100 ℃

26

중요도 ★★

원통형 비누거품미터를 이용하여 공기시료채취기의 유량을 보정하고자 한다. 원통형 비누거품미터의 내경은 4 cm이고 거품막이 30 cm의 거리를 이동하는 데 10초의 시간이 걸렸다면 이 공기시료채취기의 유량은 약 몇(cm³/sec)인가?

① 37.7　　　　　② 16.5

③ 8.2　　　　　　④ 2.2

해설 유량 계산 ─────────────

지름이 D인 원의 넓이 공식 $= \frac{\pi}{4}D^2$

$$채취유량 = \frac{\frac{\pi}{4} \times (4\text{cm})^2 \times 30\text{cm}}{10\text{sec}}$$

$$= 37.699\text{cm}^3/\text{sec}$$

27

중요도 ★★★

출력이 0.4 W의 작은 점음원에서 10 m 떨어진 곳의 음압수준은 약 몇 dB인가?(단, 공기의 밀도는 1.18 kg/m³이고, 공기에서 음속은 344.4 m/sec 이다)

① 80　　　　　　② 85

③ 90　　　　　　④ 95

해설 음압수준(SPL) ─────────────

$SPL(\text{dB}) = PWL - 20\log r - 11$

r : 소음원으로부터의 거리(m)

$PWL = 10\log\left(\frac{W}{W_0}\right)$

PWL : 음향파워레벨(dB)

W : 대상 음원의 음력(W)

W_0 : 기준음력(10^{-12} W)

$PWL = 10\log\left(\frac{0.4}{10^{-12}}\right) = 116.02\text{dB}$

$SPL(\text{dB}) = 116.02 - 20\log 10 - 11$

$\quad\quad\quad = 85.02\text{dB}$

28

중요도 ★

입자의 크기에 따라 여과기전 및 채취효율이 다르다. 입자크기가 0.1 ~ 0.5 μm일 때 주된 여과기전은?

① 충돌과 간섭　　　② 확산과 간섭

③ 차단과 간섭　　　④ 침강과 간섭

해설 입자크기별 여과와 관련된 주된 메커니즘 ─────

• 입경 0.1 μm 미만 입자 : 확산

• 입경 0.1 ~ 0.5 μm : 확산, 직접차단(간섭)

• 입경 0.5 μm 이상 : 관성충돌, 직접차단(간섭)

• 가장 낮은 채집효율을 가지는 입경 : 0.3 μm

29

중요도 ★★★

입경이 20 μm이고 입자비중이 1.5인 입자의 침강속도는 약 몇 cm/sec인가?

① 1.8　　　　　　② 2.4

③ 12.7　　　　　④ 36.2

해설 Lippman식에 의한 침강속도 ─────────────

입자의 크기가 1 ~ 50 μm인 경우에 적용한다.

$V = 0.003 \times \rho \times d^2$

V : 침강속도(cm/sec)

ρ : 입자밀도(비중)(g/cm³)

d : 입자직경(μm)

$V = 0.003 \times 1.5 \times 20^2 = 1.8\text{cm/sec}$

30

측정결과를 평가하기 위하여 "표준화 값"을 산정할 때 필요한 것은? (단, 고용노동부고시를 기준으로 한다)

① 시간가중평균값(단시간 노출값)과 허용기준
② 평균농도와 표준편차
③ 측정농도과 시료채취분석오차
④ 시간가중평균값(단시간 노출값)과 평균농도

해설 표준화 값 ──────────

표준화 값은 시간가중평균값 또는 단시간 노출값을 노출기준(허용기준)으로 나누어 산정한다.

31

에틸렌글리콜이 20 ℃, 1기압에서 공기 중에서 증기압이 0.05 mmHg라면, 20 ℃, 1기압에서 공기 중 포화농도는 약 몇 ppm인가?

① 55.4
② 65.8
③ 73.2
④ 82.1

해설 포화농도 계산 ──────────

$$포화농도(ppm) = \frac{증기압(mmHg)}{대기압(760mmHg)} \times 10^6$$

$$= \frac{0.05mmHg}{760mmHg} \times 10^6$$

$$= 65.789ppm$$

32

다음은 가스상 물질을 측정 및 분석하는 방법에 대한 내용이다. ( ) 안에 알맞은 것은?(단, 고용노동부 고시를 기준으로 한다)

> 가스상 물질을 검지관방식으로 측정하는 경우에는 1일 작업시간 동안 1시간 간격으로 (㉠)회 이상 측정하되 측정시간마다 (㉡)회 이상 반복 측정하여 평균값을 산출하여야 한다.

① ㉠ : 6 ㉡ : 2
② ㉠ : 6 ㉡ : 3
③ ㉠ : 8 ㉡ : 2
④ ㉠ : 8 ㉡ : 3

해설 검지관방식의 측정 ──────────

「작업환경 측정 및 정도관리 등에 관한 고시」 제25조 검지관방식으로 측정하는 경우에는 1일 작업시간 동안 1시간 간격으로 6회 이상 측정하되 측정시간마다 2회 이상 반복 측정하여 평균값을 산출하여야 한다. 다만 가스상 물질의 발생시간이 6시간 이내일 때에는 작업시간 동안 1시간 간격으로 나누어 측정하여야 한다.

33

유량, 측정시간, 회수율 및 분석에 의한 오차가 각각 18 %, 3 %, 9 %, 5 %일 때, 누적오차는 약 몇 %인가?

① 18
② 21
③ 24
④ 29

해설 누적오차(E_c) ──────────

$$E_c = \sqrt{E_1^2 + E_2^2 + E_3^2 + \cdots E_n^2}$$

E_c : 누적오차(%)

E_n : 각 요소의 오차율(%)

$$E_c = \sqrt{18^2 + 3^2 + 9^2 + 5^2} = 20.952\%$$

34

중요도 ★★★

입자상 물질을 채취하기 위해 사용하는 막여과지에 관한 설명으로 틀린 것은?

① MCE 막여과지 : 산에 쉽게 용해되므로 입자상 물질 중의 금속을 채취하여 원자흡광광도법으로 분석하는 데 적당하다.

② PVC 막여과지 : 유리규산을 채취하여 X-선 회절법으로 분석하는 데 적절하다.

③ PTFE 막여과지 : 농약, 알칼리성 먼지, 콜타르 피치 등을 채취하는 데 사용한다.

④ 은막 여과지 : 금속은, 결합제, 섬유 등을 소결하여 만든 것으로 코크스 오븐에 대한 저항이 약한 단점이 있다.

해설 은막 여과지 ────────────

• 균일한 금속은을 소결하여 만든 것으로 열적 · 화학적 안정성이 있다.

• 코크스 제조공정에서 발생하는 코크스 오븐 배출물질 또는 다핵방향족탄화수소 등을 채취하는 데 사용된다.

• 결합제나 섬유가 포함되어 있지 않다.

35

중요도 ★★★

옥외(태양광선이 내리쬐는 장소)에서 습구흑구온도지수(WBGT)의 산출식은?

① (0.7 × 자연습구온도) + (0.2 × 건구온도) + (0.1 × 흑구온도)

② (0.7 × 자연습구온도) + (0.2 × 흑구온도) + (0.1 × 건구온도)

③ (0.7 × 자연습구온도) + (0.3 × 흑구온도)

④ (0.7 × 자연습구온도) + (0.2 × 건구온도)

해설 습구흑구온도지수(WBGT)의 산출 ────────

(1) 옥외(태양광선이 내리쬐는 장소)
$$WBGT(℃) = 0.7 × 자연습구온도 + 0.2 × 흑구온도 + 0.1 × 건구온도$$

(2) 옥내 또는 옥외(태양광선이 내리쬐지 않는 장소)
$$WBGT(℃) = 0.7 × 자연습구온도 + 0.3 × 흑구온도$$

36

중요도 ★

다음 중 78 ℃와 동등한 온도는?

① 351 K
② 189 ℉
③ 26 ℉
④ 195 K

해설 섭씨온도와 화씨온도의 변환 ────────

$$78℃ + 273 = 351K$$
$$℉ = \left(\frac{9}{5} × ℃\right) + 32$$
$$= \left(\frac{9}{5} × 78\right) + 32 = 172.4℉$$

37

중요도 ★★★

이황화탄소(CS_2)가 배출되는 작업장에서 시료분석 농도가 3시간에 3.5 ppm, 2시간에 15.2 ppm, 3시간에 5.8 ppm 일 때, 시간가중 평균값은 약 몇 ppm인가?

① 3.7
② 6.4
③ 7.3
④ 8.9

해설 시간가중 평균노출기준(TWA) ────────

$$TWA = \frac{C_1 × T_1 + C_2 × T_2 + \cdots C_n × T_n}{8}$$

C : 유해인자의 측정치(mg/m^3, ppm)

T : 유해인자의 발생시간(시간)

$$TWA = \frac{(3.5 × 3) + (15.2 × 2) + (5.8 × 3)}{8}$$

$$= 7.287ppm$$

정답 34 ④ 35 ② 36 ① 37 ③

38

중요도 ★★

측정에서 변이계수를 알맞게 나타낸 것은?

① 표준편차/산술평균

② 기하평균/표준편차

③ 표준오차/표준편차

④ 표준편차/표준오차

해설 변이계수(CV%) ——————————

$$CV\% = \frac{표준편차}{산술평균} \times 100$$

39

중요도 ★★★

소음측정방법에 관한 내용으로 (   )에 알맞은 것은? (단, 고용노동부 고시를 따른다)

> 소음이 1초 이상의 간격을 유지하면서 최대음압수준이 120 dB(A) 이상의 소음인 경우에는 소음수준에 따른 ( ) 동안의 발생횟수를 측정할 것

① 1분   ② 2분

③ 3분   ④ 5분

해설 소음측정방법 ——————————

「작업환경 측정 및 정도관리 등에 관한 고시」제26조
소음이 1초 이상의 간격을 유지하면서 최대음압수준이 120 dB(A) 이상의 소음인 경우에는 소음수준에 따른 1분 동안의 발생횟수를 측정할 것

40

중요도 ★★

다음 중 자외선에 관한 내용과 가장 거리가 먼 것은?

① 비전리방사선이다.

② 인체와 관련된 Dorno선을 포함한다.

③ 100 ~ 1,000 nm 사이의 파장을 갖는 전자파를 총칭하는 것으로 열선이라고도 한다.

④ UV-B는 약 280 ~ 315 nm의 파장의 자외선이다.

해설 자외선 ——————————

자외선은 100 ~ 400 nm 사이의 파장을 가지고 일명 화학선이라고도 한다.

41
중요도 ★★

후드의 유입계수가 0.7이고 속도압이 20 mmH₂O일 때, 후드의 유입손실은 약 몇 mmH₂O인가?

① 10.5
② 20.8
③ 32.5
④ 40.8

해설 후드의 압력손실($\triangle P$) ────────

$\triangle P = F_h \times VP$

$\triangle P$: 압력손실(mmH₂O)

F_h : 압력손실계수

$F_h = \dfrac{1}{Ce^2} - 1$ (Ce : 유입계수)

VP : 속도압 또는 동압(mmH₂O)

$\triangle P = \left(\dfrac{1}{Cs^2} - 1\right) \times VP = \left(\dfrac{1}{0.7^2} - 1\right) \times 20$

   $= 20.816 \text{mmH}_2\text{O}$

42
중요도 ★★

주물작업 시 발생되는 유해인자로 가장 거리가 먼 것은?

① 소음 발생
② 금속흄 발생
③ 분진 발생
④ 자외선 발생

해설 주물작업 ────────

주물작업은 금속을 녹여 주형에 부어 원하는 형상을 만드는 제조공정이다.
주물작업과 자외선 발생은 거리가 멀다.

43
중요도 ★★

보호구의 보호정도와 한계를 나타내는 데 필요한 보호계수(PF)를 산정하는 공식으로 옳은 것은? (단, 보호구 밖의 농도는 C₀이고, 보호구 안의 농도는 Cᵢ이다)

① $PF = C_o / C_i$
② $PF = C_i / C_0$
③ $PF = (C_i / C_0) \times 100$
④ $PF = (C_i / C_0) \times 0.5$

해설 보호계수(PF) ────────

보호구를 착용함으로써 유해물질로부터 보호구가 얼마만큼을 보호해주는가를 나타내는 정도로 항상 1보다 크다.

$PF = \dfrac{C_0}{C_i}$

C_0 : 보호구 밖의 농도

C_i : 보호구 안의 농도

44
중요도 ★★★

국소배기시설의 일반적 배열순서로 가장 적절한 것은?

① 후드 → 덕트 → 송풍기 → 공기정화장치
   → 배기구
② 후드 → 송풍기 → 공기정화장치 → 덕트
   → 배기구
③ 후드 → 덕트 → 공기정화장치 → 송풍기
   → 배기구
④ 후드 → 공기정화장치 → 덕트 → 송풍기
   → 배기구

해설 국소배기시설의 일반적 배열순서 ────────

후드 → 덕트 → 공기정화장치 → 송풍기 → 배기구

45

중요도 ★★

작업장의 음압수준이 86 dB(A)이고, 근로자는 귀덮개(차음평가지수 = 19)를 착용하고 있을 때 근로자에게 노출되는 음압수준은 약 몇 dB(A)인가?

① 74　　　　　　② 76

③ 78　　　　　　④ 80

해설 **차음효과[dB(A)]**

차음효과 $= (NRR - 7) \times 0.5$

NRR : 차음평가수(차음평가지수)

차음효과 $= (19 - 7) \times 0.5 = 6 dB(A)$

근로자에게 노출되는 음압수준 계산

86 - 6 = 80 dB(A)

46

중요도 ★★★

회전수가 600 rpm이고, 동력은 5 kW인 송풍기의 회전수를 800 rpm으로 상향조정하였을 때, 동력은 약 몇 kW인가?

① 6　　　　　　② 9

③ 12　　　　　　④ 15

해설 **송풍기의 상사법칙**

동력(HP)은 송풍기 직경의 다섯 제곱, 회전수의 세제곱에 비례한다.

$$\frac{HP_2}{HP_1} = \left(\frac{D_2}{D_1}\right)^5, \ \frac{HP_2}{HP_1} = \left(\frac{N_2}{N_1}\right)^3$$

$$HP_2 = HP_1 \times \left(\frac{N_2}{N_1}\right)^3 = 5 \times \left(\frac{800}{600}\right)^3$$

$$= 11.851 kW$$

47

중요도 ★★

작업장에 설치된 후드가 100 m³/min으로 환기되도록 송풍기를 설치하였다. 사용함에 따라 정압이 절반으로 줄었을 때, 환기량의 변화로 옳은 것은? (단, 상사법칙을 적용한다)

① 환기량이 33.3 m³/min으로 감소하였다.

② 환기량이 50 m³/min으로 감소하였다.

③ 환기량이 57.7 m³/min으로 감소하였다.

④ 환기량이 70.7 m³/min으로 감소하였다.

해설 **송풍기의 상사법칙**

- 풍량(Q)은 송풍기 직경의 세제곱, 회전수에 비례한다.

$$\frac{Q_2}{Q_1} = \left(\frac{D_2}{D_1}\right)^3, \ \frac{Q_2}{Q_1} = \frac{N_2}{N_1}$$

- 풍압(정압)(P)은 송풍기 직경의 제곱, 회전수의 제곱에 비례한다.

$$\frac{P_2}{P_1} = \left(\frac{D_2}{D_1}\right)^2, \ \frac{P_2}{P_1} = \left(\frac{N_2}{N_1}\right)^2$$

- 위의 두 식에 따라 풍량(Q)와 정압(P)와는 다음 관계가 성립된다.

$$\frac{P_2}{P_1} = \left(\frac{Q_2}{Q_1}\right)^2$$

- 문제에서 정압이 절반으로 줄어들었다고 했으므로 $P_2 = 0.5 P_1$이다.

$$\frac{0.5 P_1}{P_1} = \left(\frac{Q_2}{100}\right)^2$$

$$\sqrt{0.5} = \frac{Q_2}{100}$$

$$Q_2 = \sqrt{0.5} \times 100 = 70.71 m^3/min$$

48

중요도 ★★

작업환경개선 대책 중 격리와 가장 거리가 먼 것은?

① 국소배기장치의 설치
② 원격 조정장치의 설치
③ 특수 저장창고의 설치
④ 콘크리트 방호벽의 설치

해설 작업환경개선 대책 ────────

국소배기장치의 설치는 환기에 해당된다.

개념확인 작업환경개선에서 공학적인 대책
• 대치(대체) : 공정의 변경, 유해물질의 변경
• 격리 : 저장물질의 격리, 시설의 격리
• 환기 : 국소환기, 전체환기

49

중요도 ★★

주물사, 고온가스를 취급하는 공정에 환기시설을 설치하고자 할 때, 다음 중 덕트의 재료로 가장 적절한 것은?

① 아연도금 강판
② 중질 콘크리트
③ 스테인레스 강판
④ 흑피 강판

해설 유해물질별 덕트의 재료 ────────

유해물질	덕트의 재질
유기용제	아연도금강판
강산, 염소계 용제	스테인리스스틸 강판
알칼리	강판
주물사, 고온가스	흑피 강판
전리방사선	중질 콘크리트

50

중요도 ★★★

보호구의 재질과 적용 대상 화학물질에 대한 내용으로 잘못 짝지어진 것은?

① 천연고무 – 극성 용제
② Butyl 고무 – 비극성 용제
③ Nitrile 고무 – 비극성 용제
④ Neoprene 고무 – 비극성 용제

해설 보호장구 재질에 따른 적용물질 ────────

• Neoprene 고무 : 비극성 용제, 산, 부식성 물질에 사용
• Vitron : 비극성 용제에 사용
• Nitrile : 비극성 용제에 사용
• 천연고무(Latex) : 극성 용제 및 수용성 용액에 사용
• Butyl 고무 : 극성용제(알코올, 알데하이드 등)
• 면 : 고체상 물질에 사용(용제에는 사용 못 함)
• 가죽 : 찰과상 예방(용제에는 사용 못 함)

51

중요도 ★★★

다음 중 개인보호구에서 귀덮개의 장점과 가장 거리가 먼 것은?

① 귀 안에 염증이 있어도 사용 가능하다.
② 동일한 크기의 귀 덮개를 대부분의 근로자가 사용할 수 있다.
③ 멀리서도 착용 유무를 확인할 수 있다.
④ 고온에서 사용해도 불편이 없다.

해설 귀덮개 ────────

고온에서 귀덮개를 사용하면 땀이 나는 등 불편하다.

52

중요도 ★★★

다음 중 덕트 합류 시 댐퍼를 이용한 균형유지법의 특징과 가장 거리가 먼 것은?

① 임의로 댐퍼 조정 시 평형상태가 깨진다.

② 시설 설치 후 변경이 어렵다.

③ 설계계산이 상대적으로 간단하다.

④ 설치 후 부적당한 배기유량의 조절이 가능하다.

해설 균형유지법 ─────────

댐퍼를 이용한 균형유지법은 시설 설치 후 덕트의 위치를 변경할 수 있다.

개념확인 댐퍼를 이용한 평형법의 장점과 단점

구분	내용
장점	• 시설설치 후 송풍량의 조절, 덕트위치 변경이 가능하다. • 최소 설계풍량으로 평형유지가 가능하다. • 설계계산이 비교적 간단하고, 고도의 지식을 요하지 않는다.
단점	• 평형상태시설에 댐퍼를 잘못 설치하면 평형상태 파괴를 유발한다. • 임의로 댐퍼 조정 시 평형상태가 파괴될 수 있다. • 최대 저항경로 선정이 잘못되어도 설계 시 쉽게 발견하기 어렵다. • 댐퍼가 노출되어 누구나 쉽게 조절할 수 있어 정상기능을 저해할 우려가 있다.

53

중요도 ★★

작업장 내 열부하량이 5,000 kcal/h이며, 외기온도 20 ℃, 작업장 내 온도는 35 ℃이다. 이때 전체환기를 위한 필요환기량은 약 몇 m³/min인가? (단, 정압비열은 0.3 kcal/(m³·℃)이다)

① 18.5 ② 37.1

③ 185 ④ 1111

해설 전체환기를 위한 필요환기량 ─────────

$$Q = \frac{H_s}{0.3\triangle t}$$

Q : 필요환기량(m³/min)

H_s : 작업장 내 열부하량(kcal/min)

0.3 : 정압비열

$\triangle t$: 급배기(실내, 실외)의 온도차(℃)

$$Q = \frac{\dfrac{5,000\text{kcal}}{\text{hr}} \times \dfrac{\text{hr}}{60\text{min}}}{\dfrac{0.3\text{kcal}}{\text{m}^3 \cdot ℃} \times 15℃} = 18.518\text{m}^3/\text{min}$$

54

중요도 ★★★

다음 중 전체환기를 적용할 수 있는 상황과 가장 거리가 먼 것은?

① 유해물질의 독성이 높은 경우

② 작업장 특성상 국소배기장치의 설치가 불가능한 경우

③ 동일 사업장에 다수의 오염 발생원이 분산되어 있는 경우

④ 오염 발생원이 근로자가 작업하는 장소로부터 멀리 떨어져 있는 경우

해설 국소환기와 전체환기 ─────────

유해물질이 독성이 높은 경우 국소환기를 하고, 유해물질의 독성이 비교적 낮은 경우 전체환기를 한다.

개념확인 국소환기와 전체환기가 필요한 상황

구분	내용
국소환기	• 유해물질 발생량이 많은 경우 • 유해물질의 독성이 강한 경우 • 유해물질 발생원과 작업위치가 근접해 있는 경우 • 발생주기가 균일하지 않은 경우
전체환기	• 유해물질의 독성이 비교적 낮은 경우 • 동일한 작업장에 다수의 오염원이 분산되어 있는 경우 • 유해물질의 발생량이 적은 경우 • 오염원이 근무자가 근무하는 장소로부터 멀리 떨어져 있는 경우

2019-01

55

중요도 ★★★

공기가 20 ℃의 송풍관 내에서 20 m/sec의 유속으로 흐를 때, 공기의 속도압은 약 몇 mmH$_2$O인가? (단, 공기밀도는 1.2 kg/m^{3}이다)

① 15.5 ② 24.5
③ 33.5 ④ 40.2

해설 속도압(VP) ─────────────

$$VP = \frac{\gamma V^2}{2g}$$

VP : 속도압(동압)(mmH$_2$O)
γ : 공기의 밀도(kg/m^3)
g : 중력가속도(m/sec^2)
V : 공기의 속도(m/sec)

$$VP = \frac{1.2 \times 20^2}{2 \times 9.8} = 24.489 \, mmH_2O$$

56

중요도 ★★

환기량을 Q(m^3/hr), 작업장 내 체적을 V(m^3)라고 할 때, 시간당 환기횟수(회/hr)로 옳은 것은?

① 시간당 환기횟수 = $Q \times V$
② 시간당 환기횟수 = V/Q
③ 시간당 환기횟수 = Q/V
④ 시간당 환기횟수 = $Q \times \sqrt{V}$

해설 시간당 환기횟수(ACH) ─────────

$$ACH = \frac{실내\ 환기량(m^3/hr)}{실내\ 체적(m^3)} = \frac{Q}{V}$$

57

중요도 ★★

푸쉬풀 후드(Push-pull Hood)에 대한 설명으로 적합하지 않은 것은?

① 도금조와 같이 폭이 넓은 경우에 사용하면 포집효율을 증가시키면서 필요유량을 감소시킬 수 있다.
② 공정에서 작업물체를 처리조에 넣거나 꺼내는 중에 발생되는 공기막 파괴현상을 사전에 방지할 수 있다.
③ 개방조 한 변에서 압축공기를 이용하여 오염물질이 발생하는 표면에 공기를 불어 반대쪽에 오염물질이 도달하게 한다.
④ 제어속도는 푸쉬 제트기류에 의해 발생한다.

해설 푸쉬풀 후드(Push-pull Hood) ───────

• 제어길이가 비교적 길어서 외부식 후드에 의한 제어 효과가 문제가 되어 공기를 불어주고 당겨주는 장치로 이루어져 있다.
• 도금조 및 자동차 도장공정과 같이 오염물질 발생원의 개방면적이 큰 작업공정에 주로 적용된다.
• 공정에서 작업물체를 처리조에 넣거나 꺼내는 중에 공기막이 파괴되어 오염물질이 발생한다.
• 포집효율을 증가시키면서 필요유량을 대폭 증가시킬 수 있다.

58

중요도 ★★

덕트직경이 30 cm이고 공기유속이 10 m/sec일 때, 레이놀즈수는 약 얼마인가? (단, 공기의 점성계수는 1.85×10^{-5} kg/sec·m, 공기밀도는 1.2 kg/m³이다)

① 195,000   ② 215,000
③ 235,000   ④ 255,000

해설 레이놀즈수(Re) ─────────

$$Re = \frac{\rho Vd}{\mu} = \frac{Vd}{\nu}$$

ρ : 유체(공기)의 밀도(kg/m³)
V : 유체(공기)의 속도(m/sec)
d : 관(덕트)의 직경(m)
μ : 유체(공기)의 점성계수(kg/m·sec)
ν : 유체(공기)의 동점성계수(m²/sec)

$$Re = \frac{\rho Vd}{\mu} = \frac{1.2 \times 10 \times 0.3}{1.85 \times 10^{-5}} = 194{,}594.594$$

59

중요도 ★★

다음 중 도금조와 사형주조에 사용되는 후드형식으로 가장 적절한 것은?

① 부스식   ② 포위식
③ 외부식   ④ 장갑부착상자식

해설 도금조와 사형주조에 사용되는 후드형식 ───
도금조와 사형주조에는 공정상 작업에 방해가 없는 외부식 후드를 설치한다.

60

중요도 ★★

사이클론 집진장치의 블로우다운에 대한 설명으로 옳은 것은?

① 유효 원심력을 감소시켜 선회기류의 흐트러짐을 방지한다.
② 관 내 분진부착으로 인한 장치의 폐쇄현상을 방지한다.
③ 부분적 난류 증가로 집진된 입자가 재비산된다.
④ 처리배기량의 50 % 정도가 재유입되는 현상이다.

해설 블로우다운(Blow-down)효과 ─────
• 사이클론 내의 난류현상을 억제(원심력 증대), 집진장치의 비산을 방지한다.
• 사이클론의 집진효율을 증대시킨다.
• 관 내 분진부착으로 인한 장치의 폐쇄현상을 방지한다.

2019-01

61

중요도 ★★

다음의 빛과 밝기의 단위로 설명한 것으로 ㉠, ㉡에 해당하는 용어로 맞는 것은?

> 1루멘의 빛이 1 ft²의 평면상에 수직 방향으로 비칠 때 그 평면의 빛의 양, 즉 조도를 (㉠)(이)라고 하고, 1 m²의 평면에 1루멘의 빛이 비칠 때의 밝기를 1(㉡)(이)라고 한다.

① ㉠ : 캔들(candle), ㉡ : 럭스(lux)

② ㉠ : 럭스(lux), ㉡ : 캔들(candle)

③ ㉠ : 럭스(lux), ㉡ : 푸트캔들(foot-candle)

④ ㉠ : 푸트캔들(foot-candle), ㉡ : 럭스(lux)

해설 조도의 단위 ──────────

(1) 푸트캔들(foot-candle)

미국에서 주로 사용하는 조도의 단위로 1 ft²(제곱피트)의 면적에 1 lm(루멘)의 광속이 균일하게 비추어질 때의 조도이다.

(2) 럭스(lux)

국제단위계(SI)에서 사용하는 조도의 단위로 1 m²(제곱미터)의 면적에 1 lm(루멘)의 광속이 균일하게 비추어질 때의 조도이다.

62

중요도 ★★

진동증후군(HAVS)에 대한 스톡홀름 워크숍의 분류로서 틀린 것은?

① 진동증후군의 단계를 0부터 4까지 5단계로 구분하였다.

② 1단계는 가벼운 증상으로 하나 또는 그 이상의 손가락 끝부분이 하얗게 변하는 증상을 의미한다.

③ 3단계는 심각한 증상으로 하나 또는 그 이상의 손가락 가운뎃마디 부분까지 하얗게 변하는 증상이 나타나는 단계이다.

④ 4단계는 매우 심각한 증상으로 대부분의 손가락이 하얗게 변하는 증상과 함께 손끝에서 땀의 분비가 제대로 일어나지 않는 등의 변화가 나타나는 단계이다.

해설 진동증후군(HAVS)의 분류 ──────────

단계	증상
0단계	증상 없음
1단계	• 가벼운 증상 발생 • 하나 또는 그 이상의 손가락 끝부분이 하얗게 변함
2단계	하나 또는 그 이상의 손가락의 중간부위 이상에 때때로 증상이 나타나는 단계
3단계	• 심각한 증상 발생 • 대부분의 손가락 전체에 빈번하게 증상이 나타나는 단계
4단계	• 매우 심각한 증상 발생 • 대부분의 손가락이 하얗게 변하고 손끝에서 땀의 분비가 제대로 일어나지 않는 등의 변화가 나타나는 단계

63

중요도 ★★★

다음 중 피부 투과력이 가장 큰 것은?

① X선
② α선
③ β선
④ 레이저

해설 전리방사선의 인체투과력 순서 ―――――――

중성자 > X선 또는 γ선 > β선 > α선

64

중요도 ★

저기압의 영향에 관한 설명으로 틀린 것은?

① 산소결핍을 보충하기 위하여 호흡수, 맥박수가 증가된다.
② 고도 18,000 ft(5,468 m)이상이 되면 21 % 이상의 산소가 필요하게 된다.
③ 고도 10,000 ft(3,048 m)까지는 시력, 협조운동의 가벼운 장해 및 피로를 유발한다.
④ 고도의 상승으로 기압이 저하되면 공기의 산소분압이 상승하여 폐포 내의 산소분압도 상승한다.

해설 저기압의 영향 ――――――――――

고도의 상승으로 기압이 저하되면 공기의 산소분압이 감소하여 폐포 내의 산소분압도 감소한다.

65

중요도 ★★★

온열지수(WBGT)를 측정하는 데 있어 관련이 없는 것은?

① 기습
② 기류
③ 전도열
④ 복사열

해설 WBGT(습구흑구온도지수) ―――――――

근로자가 고열환경에서 작업할 때 받는 열 스트레스 또는 위해를 평가하기 위한 도구로 기류, 기습(습도), 복사열을 고려하여 측정하고, 표시단위는 섭씨온도(℃)이다.

66

중요도 ★★★

열사병(Heat Stroke)에 관한 설명으로 맞는 것은?

① 피부가 차갑고 습한 상태로 된다.
② 보온을 시키고, 더운 커피를 마시게 한다.
③ 지나친 발한에 의한 탈수와 염분 소실이 원인이다.
④ 뇌 온도 상승으로 체온조절중추의 기능이 장해를 받게 된다.

해설 열사병 ――――――――――――

태양의 복사열에 직접 노출되어 뇌의 온도 상승으로 체온조절중추 기능에 장해가 발생하는 것이다.

67

중요도 ★★

자연조명에 관한 설명으로 틀린 것은?

① 창의 면적은 바닥면적의 15 ~ 20 % 정도가 이상적이다.
② 개각은 4 ~ 5°가 좋으며, 개각이 작을수록 실내는 밝다.
③ 균일한 조명을 요하는 작업실은 동북 또는 북창이 좋다.
④ 입사각은 28° 이상이 좋으며, 입사각이 클수록 실내는 밝다.

해설 자연조명 ――――――――――――

자연조명에서 개각은 4 ~ 5°가 좋으며, 개각이 클수록 실내는 밝다.

68

중요도 ★★

다음 중 저온에 의한 장해에 관한 내용으로 틀린 것은?

① 근육 긴장이 증가하고 떨림이 발생한다.
② 혈압은 변화되지 않고 일정하게 유지된다.
③ 피부 표면의 혈관들과 피하조직이 수축된다.
④ 부종, 저림, 가려움, 심한 통증 등이 생긴다.

해설 저온 환경에서의 생리적 변화 ─────

(1) 일차적 반응
  • 근육 긴장이 증가 및 떨림이 발생한다.
  • 피부혈관이 수축된다.
  • 체표면적이 감소한다.
  • 화학적 대사작용이 증가(갑상선 호르몬의 분비 증가)한다.
(2) 이차적 반응
  • 말초혈관의 수축으로 표면조직이 냉각된다.
  • 근육활동, 조직대사의 증진으로 식욕이 항진된다.
  • 피부혈관이 수축되어 혈압이 상승한다.
  • 피부혈관의 수축으로 순환기능이 감소한다.

69

중요도 ★

다음 중 적외선의 생체작용에 대한 설명으로 틀린 것은?

① 조직에 흡수된 적외선은 화학반응을 일으키는 것이 아니라 구성분자의 운동에너지를 증대시킨다.
② 만성노출에 따라 눈 장해인 백내장을 일으킨다.
③ 700 nm 이하의 적외선은 눈의 각막을 손상시킨다.
④ 적외선이 체외에서 조사되면 일부는 피부에서 반사되고 나머지만 흡수된다.

해설 적외선의 생체작용 ─────

적외선의 파장 범위는 약 700 nm ~ 1 mm이다.
적외선보다는 자외선이 눈의 각막을 손상시킨다.

70

중요도 ★★★

다음의 설명에서 ( ) 안에 들어갈 알맞은 숫자는?

> ( )기압 이상에서 공기 중의 질소가스는 마취작용을 나타내서 작업력의 저하, 기분의 변환, 여러 정도의 다행증(多幸症)이 일어난다.

① 2 　　　　　　② 4
③ 6 　　　　　　④ 8

해설 고압 환경의 2차적 가압현상 ─────

• 질소 마취 : 4기압 이상이 되면 질소 가스는 마취작용을 일으킨다.
• 산소 중독 : 산소분압이 2기압을 넘으면 산소중독 증세가 나타난다.
• 이산화탄소 중독 : 이산화탄소의 증가는 산소의 독성과 질소의 마취작용을 촉진시킨다.

71

중요도 ★

방사선 용어 중 조직(또는 물질)의 단위 질량당 흡수된 에너지를 나타낸 것은?

① 등가선량 　　　　② 흡수선량
③ 유효선량 　　　　④ 노출선량

해설 흡수선량 ─────

방사선에 피복되는 물질의 단위 질량당 인체에 흡수된 방사선 에너지량이다.

72
중요도 ★★★

감압병의 예방 및 치료에 관한 설명으로 틀린 것은?

① 고압 환경에서의 작업시간을 제한한다.
② 감압이 끝날 무렵에 순수한 산소를 흡입시키면 감압시간을 25 % 가량 단축시킬 수 있다.
③ 특별히 잠수에 익숙한 사람을 제외하고는 10 m/min 속도 정도로 잠수하는 것이 안전하다.
④ 헬륨은 질소보다 확산속도가 작고 체내에서 불안정적이므로 질소를 헬륨으로 대치한 공기로 호흡시킨다.

해설 감압병의 예방 및 치료 ────────

헬륨은 질소보다 확산속도가 크고, 체내에서 안정적이므로 잘 출적되지 않으며 체외로 배출되는 시간이 질소에 비해 50 % 정도밖에 걸리지 않는다.
고압 환경에서 근무하는 근로자에게는 질소를 헬륨으로 대치한 공기를 호흡시키면 감압병을 예방할 수 있다.

73
중요도 ★★

사람이 느끼는 최소 진동역치로 맞는 것은?

① 35 ± 5 dB
② 45 ± 5 dB
③ 55 ± 5 dB
④ 65 ± 5 dB

해설 사람이 느끼는 최소 진동치 ────────

55 ± 5 dB

74
중요도 ★★★

비전리방사선이 아닌 것은?

① 감마선
② 극저주파
③ 자외선
④ 라디오파

해설 전리방사선과 비전리방사선의 구분 ────────

• 전리방사선은 충분한 에너지를 가지고 있어 물질의 원자를 이온화시킬 수 있다.
  예 α선, β선, γ선, 중성자선, X-ray 등
• 비전리방사선은 물질의 원자를 이온화시킬 수 없다.
  예 레이저, 자외선, 가시광선, 라디오파 등

75
중요도 ★★★

소음성 난청에 관한 설명으로 틀린 것은?

① 소음성 난청은 4,000 ~ 6,000 Hz 정도에서 가장 많이 발생한다.
② 일시적 청력 변화 때의 각 주파수에 대한 청력손실의 양상은 같은 소리에 의하여 생긴 영구적 청력 변화 때의 청력손실 양상과는 다르다.
③ 심한 소음에 노출되면 처음에는 일시적 청력 변화를 초래하는데, 이것은 소음 노출을 중단하면 다시 노출 전의 상태로 회복되는 변화이다.
④ 심한 소음에 반복하여 노출되면 일시적 청력 변화는 영구적 청력 변화로 변하며 코르티기관에 손상이 온 것이므로 회복이 불가능하다.

해설 소음성 난청 ────────

영구적인 청력손실은 일시적인 청력손실이 반복되고 불완전한 회복이 계속될 경우 축적된 효과로 인해 발생한다.
일시적 청력손실과 영구적 청력손실의 전체적인 양상은 비슷하다.

76

중요도 ★

정상인이 들을 수 있는 가장 낮은 이론적 음압은 몇 dB인가?

① 0 ② 5
③ 10 ④ 20

해설 **정상인이 들을 수 있는 음압의 범위**

정상인이 들을 수 있는 음압의 범위는 약 0 ~ 130 dB 이다.

77

중요도 ★★

소음의 흡음평가 시 적용되는 반향시간(Reverbera-tion Time)에 관한 설명으로 맞는 것은?

① 반향시간은 실내공간의 크기에 비례한다.
② 실내 흡음량을 증가시키면 반향시간도 증가 한다.
③ 반향시간은 음압수준이 30 dB 감소하는 데 소 요되는 시간이다.
④ 반향시간을 측정하려면 실내 배경소음이 90 dB 이상 되어야 한다.

해설 **반향시간(잔향시간)**

• 잔향시간은 음압수준이 60 dB 감소하는 데 소요되 는 시간이다.
• 반향시간은 실내 공간의 크기에 비례한다.
• 실내 흡음량을 증가시키면 잔향시간은 감소한다.
• 잔향시간은 기록지의 레벨 감쇠곡선의 폭이 25 dB 이상일 때 이를 산출한다.

78

중요도 ★

사무실 실내환경의 이산화탄소 농도를 측정하였더 니 750 ppm이었다. 이산화탄소가 750 ppm인 사 무실 실내환경의 직접적 건강영향은?

① 두통
② 피로
③ 호흡곤란
④ 직접적 건강 영향은 없다.

해설 **이산화탄소의 농도가 건강에 미치는 영향**

• 700 ppm 이하 : 장기간 있어도 건강에 큰 영향이 없다.
• 700 ~ 1,000 ppm : 건강에 영향은 없으나 불쾌감 을 느낀다.
• 1,000 ~ 2,000 ppm : 피곤하고 졸린 현상이 발생 한다.
• 2,000 ppm 이상 : 두통이 발생한다.
• 3,000 ppm 초과 : 현기증이 발생한다.

79

중요도 ★★★

각각 90 dB, 90 dB, 95 dB, 100 dB의 음압수군 을 발생하는 소음원이 있다. 이 소음원들이 동시에 가동될 때 발생되는 음압수준은?

① 99 dB ② 102 dB
③ 105 dB ④ 108 dB

해설 **합성소음도**

$$L = 10 \times \log\left(10^{\frac{L_1}{10}} + 10^{\frac{L_2}{10}} + \cdots 10^{\frac{L_n}{10}}\right)$$

L : 합성소음도(dB), L_n : 소음원의 소음(dB)

$$L = 10 \times \log\left(10^{\frac{90}{10}} + 10^{\frac{90}{10}} + 10^{\frac{95}{10}} + 10^{\frac{100}{10}}\right)$$

$$= 101.807 \text{dB}$$

80

중요도 ★

일반적으로 소음계의 A특성치는 몇 phon의 등감 곡선과 비슷하게 주파수에 따른 반응을 보정하여 측정한 음압수준을 말하는가?

① 40
② 70
③ 100
④ 140

해설 소음계의 특성 ————

- A특성 : 40 phon의 등청감곡선과 비슷한 주파수에 따른 반응을 보정한 음압수준이다.
- B특성 : 70 phon의 등청감곡선과 비슷한 주파수에 따른 반응을 보정한 음압수준이다.
- C특성 : 100 phon의 등청감곡선과 비슷한 주파수에 따른 반응을 보정한 음압수준이다.

5과목 **산업독성학**

81

중요도 ★

작업장 내 유해물질 노출에 따른 위험성을 결정하는 주요 인자로만 나열된 것은?

① 독성과 노출량
② 배출농도와 사용량
③ 노출기준과 노출량
④ 노출기준과 노출농도

해설 유해물질 노출에 따른 위험성 ————

유해물질 노출에 따른 위험성을 결정하는 주요 인자는 독성(위해성)과 노출량이다.

82

중요도 ★★

베릴륨 중독에 관한 설명으로 틀린 것은?

① 베릴륨의 만성 중독은 Neighborhood Cases 라고도 불린다.
② 예방을 위해 X선 촬영과 폐기능 검사가 포함된 정기 건강검진이 필요하다.
③ 염화물, 황화물, 불화물과 같은 용해성 베릴륨 화합물은 급성 중독을 일으킨다.
④ 치료는 BAL 등 금속배설 촉진제를 투여하며, 피부병소에는 BAL 연고를 바른다.

해설 베릴륨 중독 ————

BAL은 주로 수은 중독 시 사용하고, 베릴륨 중독에 BAL의 효과는 입증되지 않았다.

83

중요도 ★★

유해물질의 분류에 있어 질식제로 분류되지 않는
것은?

① H_2
② N_2
③ O_3
④ H_2S

해설 질식제의 구분 ──────────────

구분	내용
단순 질식제	• 생리적으로는 아무 작용도 하지 않으나 공기 중 에 많이 존재하면 산소의 공급부족을 초래한다. • 수소, 이산화탄소, 질소, 헬륨 등
화학적 질식제	• 인체의 산소공급 체계를 화학적 작용을 통해 방 해하여 질식을 유발하는 물질이다. • 황화수소, 일산화탄소, 시안화수소, 아닐린 등

84

중요도 ★★★

다음 중 인체에 흡수된 대부분의 중금속을 배설, 제
거하는 데 가장 중요한 역할을 담당하는 기관은 무
엇인가?

① 대장
② 소장
③ 췌장
④ 신장

해설 중금속을 배설, 제거하는 기관 ──────────

신장은 우리 몸의 대표적인 배설기관으로 인체에 흡
수된 대부분의 중금속을 배설, 제거하는 역할을 한다.

85

중요도 ★★★

납의 독성에 대한 인체실험 결과, 안전흡수량이 체
중(kg)당 0.005 mg이었다. 1일 8시간 작업 시의
허용농도(mg/m³)는? (단, 근로자의 평균 체중은
70 kg, 해당 작업 시의 폐환기량(또는 호흡량)은
시간당 1.25 m³으로 가정한다)

① 0.030
② 0.035
③ 0.040
④ 0.045

해설 체내 흡수량 ──────────

$SHD = C \times T \times V \times R$

SHD : 체내 흡수량(mg)

C : 공기 중 유해물질 농도(mg/m^3)

T : 노출시간(hr)

V : 호흡률(폐환기율)(m^3/hr)

R : 체내 잔류율(보통 1임)

$$C = \frac{SHD}{T \times V \times R} = \frac{\frac{0.005mg}{1kg} \times 70kg}{8 \times 1.25 \times 1.0}$$

$$= 0.035 mg/m^3$$

86

중요도 ★★★

체내에 소량 흡수된 카드뮴은 체내에서 해독되는데
이들 반응에 중요한 작용을 하는 것은?

① 효소
② 임파구
③ 간과 신장
④ 백혈구

해설 카드뮴의 해독 ──────────

카드뮴이 체내에 들어오면 간에서 무독성 형태로 변
환되어 독성이 감소되고 혈액을 통해 신장으로 이동
하여 배출된다.

87

이황화탄소를 취급하는 근로자를 대상으로 생물학적 모니터링을 하는 데 이용될 수 있는 생체 내 대사산물은?

① 소변 중 마뇨산
② 소변 중 메탄올
③ 소변 중 메틸마뇨산
④ 소변 중 TTCA(2-thiothiazolidine-4-carboxylic acid)

해설 자주 출제되는 유해물질과 생물학적 노출지표 ─

• 벤젠 - 소변 중 페놀, t,t-뮤코닉산
• 크실렌 - 소변 중 메틸마뇨산
• 톨루엔 - 소변 중 o-크레졸
• 이황화탄소 - 소변 중 TTCA
• 노말헥산 - 소변 중 2,5-hexanedione
• 일산화탄소 - 혈액 중 Carboxyhemglobin

88

수은 중독의 예방대책이 아닌 것은?

① 수은 주입과정을 밀폐공간 안에서 자동화 한다.
② 작업장 내에서 음식물 섭취와 흡연 등의 행동을 금지한다.
③ 수은 취급 근로자의 비점막 궤양 생성여부를 면밀히 관찰한다.
④ 작업장에 흘린 수은은 신체가 닿지 않는 방법으로 즉시 제거한다.

해설 수은 중독의 예방대책 ─
③번의 경우 예방대책이 아니라 이미 발생한 수은 중독을 발견하고 진단하는 활동이다.

89

폐에 침착된 먼지의 정화과정에 대한 설명으로 틀린 것은?

① 어떤 먼지는 폐포벽을 통과하여 림프계나 다른 부위로 들어가기도 한다.
② 먼지는 세포가 방출하는 효소에 의해 용해되지 않으므로 점액층에 의한 방출 이외에는 체내에 축적된다.
③ 폐에 침착된 먼지는 식세포에 의하여 포위되어, 포위된 먼지의 일부는 미세 기관지로 운반되고 점액 섬모운동에 의하여 정화된다.
④ 폐에서 먼지를 포위하는 식세포는 수명이 다한 후 사멸하고 다시 새로운 식세포가 먼지를 포위하는 과정이 계속적으로 일어난다.

해설 폐에 침착된 먼지의 정화과정 ─
먼지는 점액층을 통해서만 방출되지 않고, 일부 먼지는 세포 효소(대식세포의 리소좀 등)에 의해 용해 및 분해될 수 있다.

90

메탄올에 관한 설명으로 틀린 것은?

① 특징적인 악성 변화는 간의 혈관육종이다.
② 자극성이 있고, 중추신경계를 억제한다.
③ 플라스틱, 필름제조와 휘발유첨가제 등에 이용된다.
④ 시각장해의 기전은 메탄올의 대사산물인 포름알데하이드가 망막조직을 손상시키는 것이다.

해설 메탄올의 인체영향 ─
혈관육종은 염화비닐에 노출되면 발생한다.

91
중요도 ★★

납 중독을 확인하는 시험이 아닌 것은?

① 혈중의 납농도
② 소변 중 단백질
③ 말초신경의 신경전달 속도
④ ALA(Amino Levulinic Acid) 축적

해설 납 중독을 확인하는 시험 ————

- 혈중 납농도 : 가장 표준적인 검사이다.
- 신경전달속도 : 납 중독에 의해 신경전달속도가 느려지는 경향이 있으므로 보조 진단자료로 활용한다.
- 헴의 대사(ALA 축적) : 납은 헴 합성효소를 억제하므로 헴 대사체 변화를 통해 보조 진단자료로 활용한다.

92
중요도 ★★★

유기용제의 종류에 따른 중추신경계 억제작용을 작은 것부터 큰 것으로 순서대로 나타낸 것은?

① 에스테르 < 유기산 < 알코올 < 알켄 < 알칸
② 에스테르 < 알칸 < 알켄 < 알코올 < 유기산
③ 알칸 < 알켄 < 알코올 < 유기산 < 에스테르
④ 알켄 < 알코올 < 에스테르 < 알칸 < 유기산

해설 중추신경계 억제작용 순서 ————

할로겐화합물(할로겐족) > 에테르 > 에스테르 > 유기산 > 알코올 > 알켄 > 알칸

93
중요도 ★★

메탄올의 시각장애 독성을 나타내는 대사단계의 순서로 맞는 것은?

① 메탄올 → 에탄올 → 포름산 → 포름알데하이드
② 메탄올 → 아세트알데하이드 → 아세테이트 → 물
③ 메탄올 → 아세트알데하이드 → 포름알데하이드 → 이산화탄소
④ 메탄올 → 포름알데하이드 → 포름산 → 이산화탄소

해설 메탄올의 시각장애 독성을 나타내는 대사단계 ——

메탄올 → 포름알데하이드 → 포름산 → 이산화탄소

94
중요도 ★

유기용제에 의한 장해의 설명으로 틀린 것은?

① 유기용제의 중추신경계 작용으로 잘 알려진 것은 마취작용이다.
② 사염화탄소는 간장과 신장을 침범하는 데 반하며 이황화탄소는 중추신경 계통을 침해한다.
③ 벤젠은 노출 초기에는 빈혈증을 나타내고 장기간 노출되면 혈소판 감소, 백혈구 감소를 초래한다.
④ 대부분의 유기용제는 유독성의 포스겐을 발생시켜 장기간 노출 시 폐수종을 일으킬 수 있다.

해설 유기용제에 의한 장해 ————

염화에틸렌과 같은 일부 유기용제가 화기에 접촉하면 유독성의 포스겐이 발생한다.

95

주로 비강, 인후두, 기관 등 호흡기의 기도 부위에 축적됨으로써 호흡기계 독성을 유발하는 분진은?

① 흡입성 분진
② 호흡성 분진
③ 흉곽성 분진
④ 총부유 분진

해설 입자상 물질의 분류(ACGIH)

구분	기준
흡입성 분진 (IPM)	• 호흡기의 어느 부위에 침착하더라도 독성 유발 • 주로 호흡기의 기도 부위에 침착되어 독성 유발 • 평균입경 : 100 μm
흉곽성 분진 (TPM)	• 기도나 하기도(가스교환 부위) 또는 폐포나 폐기도에 침착하여 독성 유발 • 평균입경 : 10 μm
호흡성 분진 (RPM)	• 가스교환 부위(폐포)에 침착하여 독성 유발 • 평균입경 : 4 μm

96

할로겐화 탄화수소의 사염화탄소에 관한 설명으로 틀린 것은?

① 생식기에 대한 독성작용이 특히 심하다.
② 고농도에 노출되면 중추신경계 장애 외에 간장과 신장장애를 유발한다.
③ 신장장애 증상으로 감뇨, 혈뇨 등이 발생하며 완전 무뇨증이 되면 사망할 수도 있다.
④ 초기 증상으로는 지속적인 두통, 구역 또는 구토, 복부선통과 설사, 간압통 등이 나타난다.

해설 사염화탄소

사염화탄소(CCl_4)는 주로 간, 신장, 중추신경계에 대한 독성이 강하고, 특히 간에 대한 독성이 강해 중심소엽성 괴사를 일으킬 수 있지만 생식기에 대한 독성은 심하지 않다.

97

다음의 설명에서 ㉠ ~ ㉢에 해당하는 내용이 맞는 것은?

> 단시간노출기준(STEL)이란 (㉠)분간의 시간가중평균노출값으로서 노출농도가 시간가중평균노출기준(TWA)을 초과하고 단시간노출기준(STEL) 이하인 경우에는 1회 노출 지속시간이 (㉡)분 미만이어야 하고, 이러한 상태가 1일 (㉢)회 이하로 발생하여야 하며, 각 노출의 간격은 60분 이상이어야 한다.

① ㉠ : 15, ㉡ : 20, ㉢ : 2
② ㉠ : 15, ㉡ : 15, ㉢ : 4
③ ㉠ : 20, ㉡ : 15, ㉢ : 2
④ ㉠ : 20, ㉡ : 20, ㉢ : 4

해설 단시간노출기준(STEL)

「화학물질 및 물리적 인자의 노출기준」 제2조
15분간의 시간가중평균노출값으로서 노출농도가 시간가중평균노출기준(TWA)을 초과하고 단시간노출기준(STEL) 이하인 경우에는 1회 노출 지속시간이 15분 미만이어야 하고, 이러한 상태가 1일 4회 이하로 발생하여야 하며, 각 노출의 간격은 60분 이상이어야 한다.

98

중요도 ★★

페니실린을 비롯한 약품을 정제하기 위한 추출제 혹은 냉동제 및 합성수지에 이용되는 물질로 가장 적절한 것은?

① 벤젠
② 클로로포름
③ 브롬화메틸
④ 핵사클로로나프탈렌

해설 클로로포름 ————————

클로로포름은 페니실린을 비롯한 약품을 정제하기 위한 추출제에 주로 이용되고 인체에 흡입되면 간장, 신장의 암 발생에 영향을 준다.

99

중요도 ★★★

채석장 및 모래 분사 작업장 작업자들이 석영을 과도하게 흡입하여 발생하는 질병은?

① 규폐증
② 탄폐증
③ 면폐증
④ 석면폐증

해설 규폐증 ————————

규폐증(Silicosis)은 이산화규소(SiO_2, 석영) 분진의 흡입으로 폐조직에 섬유화가 나타나는 진폐증이다.

100

중요도 ★★

근로자의 화학물질에 대한 노출을 평가하는 방법으로 가장 거리가 먼 것은?

① 개인시료 측정
② 생물학적 모니터링
③ 유해성 확인 및 독성평가
④ 건강감시(Medical Surveillance)

해설 근로자의 화학물질에 대한 노출 평가방법 ——

• 개인시료 측정 : 근로자가 장비를 착용해 유해물질의 농도를 직접 측정
• 생물학적 모니터링 : 혈액, 소변 등 생체시료를 채취하여 농도 측정
• 건강감시(Medical Surveillance) : 건강검진, 설문 등으로 평가

2019 제2회 기출문제

1과목 산업위생학개론

01

중요도 ★★

「산업안전보건법」상 최근 1년간 작업공정에서 공정 설비의 변경, 작업방법의 변경, 설비의 이전, 사용 화학물질의 변경 등으로 작업환경 측정 결과에 영향을 주는 변화가 없는 경우 작업공정 내 소음 외의 다른 모든 인자의 작업환경 측정 결과가 최근 2회 연속 노출기준 미만인 사업장은 몇 년에 1회 이상 측정할 수 있는가?

① 6월 ② 1년
③ 2년 ④ 3년

해설 작업환경 측정

사업주는 반기에 1회 이상 작업환경을 측정해야 하지만 작업환경 측정 결과가 최근 2회 연속 노출기준 미만인 경우 1년에 1회 이상 작업환경을 측정할 수 있다.

관련법령 작업환경 측정을 연 1회 이상 할 수 있는 경우
「산업안전보건법 시행규칙」 제190조
사업주는 최근 1년간 작업공정에서 공정 설비의 변경, 작업방법의 변경, 설비의 이전, 사용 화학물질의 변경 등으로 작업환경 측정 결과에 영향을 주는 변화가 없는 경우로서 다음의 하나에 해당하는 경우에는 해당 유해인자에 대한 작업환경 측정을 연(年) 1회 이상 할 수 있다.

• 작업공정 내 소음의 작업환경 측정 결과가 최근 2회 연속 85데시벨(dB) 미만인 경우
• 작업공정 내 소음 외의 다른 모든 인자의 작업환경 측정 결과가 최근 2회 연속 노출기준 미만인 경우

02

중요도 ★

해외 국가의 노출기준 연결이 틀린 것은?

① 영국 - WEL(Workplace Exposure Limit)
② 독일 - REL(Recommended Exposure Limit)
③ 스웨덴 - OEL(Occupational Exposure Limit)
④ 미국(ACGIH) - TLV(Threshold Limit Value)

해설 해외 국가의 노출기준

독일 - MAK(Maximum Concentration Values)

03

중요도 ★★

L_5/S_1 디스크에 얼마 정도의 압력이 초과되면 대부분의 근로자에게 장해가 나타나는가?

① 3,400 N ② 4,400 N
③ 5,400 N ④ 6,400 N

해설 디스크

L_5/S_1 디스크에 약 650 kg(6,400 N) 정도의 압력이 초과되면 대부분의 근로자에게 장해가 나타난다.

04

Flex-Time제도에 대한 설명으로 맞는 것은?

① 하루 중 자기가 편한 시간을 정하여 자유롭게 출·퇴근하는 제도

② 주휴 2일제로 주당 40시간 이상의 근무를 원칙으로 하는 제도

③ 연중 4주간 연차 휴가를 정하여 근로자가 원하는 시기에 휴가를 갖는 제도

④ 작업상 전 근로자가 일하는 중추시간(Core Time)을 제외하고 주당 40시간 내외의 근로조건하에서 자유롭게 출·퇴근하는 제도

해설 Flex-Time제도 ─────────

작업자가 자유로운 시간에 출퇴근이 가능하도록 전 근로자가 일하는 중추시간(Core Time)을 제외하고 주당 40시간 내외의 근로조건하에서 출퇴근 시간을 자유롭게 조정하는 제도이다.

05

하인리히의 사고연쇄반응이론(도미노이론)에서 사고가 발생하기 바로 직전의 단계에 해당하는 것은?

① 개인적 결함

② 사회적 환경

③ 선진 기술의 미적용

④ 불안전한 행동 및 상태

해설 하인리히의 사고연쇄반응이론(도미노이론) ──────

• 1단계 : 선천적 결함(사회, 환경, 유전적 결함)
• 2단계 : 개인적 결함
• 3단계 : 불안전한 행동 및 상태(인적 및 물적 결함)
• 4단계 : 사고
• 5단계 : 재해(상해)

06

화학물질의 국내 노출기준에 관한 설명으로 틀린 것은?

① 1일 8시간을 기준으로 한다.

② 직업병 진단 기준으로 사용할 수 없다.

③ 대기오염의 평가나 관리상 지표로 사용할 수 없다.

④ 직업성 질병의 이환에 대한 반증자료로 사용할 수 있다.

해설 노출기준 ─────────

유해인자에 대한 감수성은 개인에 따라 다르므로 노출기준을 직업성 질병의 이환(병에 걸림)의 반증자료로 사용해서는 안 된다.

관련법령 노출기준 사용상의 유의사항

「화학물질 및 물리적 인자의 노출기준」 제3조

• 각 유해인자의 노출기준은 해당 유해인자가 단독으로 존재하는 경우의 노출기준을 말하며, 2종 또는 그 이상의 유해인자가 혼재하는 경우에는 각 유해인자의 상가작용으로 유해성이 증가할 수 있으므로 산출하는 노출기준을 사용하여야 한다.

• 노출기준은 1일 8시간 작업을 기준으로 하여 제정된 것이므로 이를 이용할 경우에는 근로시간, 작업의 강도, 온열조건, 이상기압 등이 노출기준 적용에 영향을 미칠 수 있으므로 이와 같은 제반요인을 특별히 고려하여야 한다.

• 유해인자에 대한 감수성은 개인에 따라 차이가 있고, 노출기준 이하의 작업환경에서도 직업성 질병에 이환되는 경우가 있으므로 노출기준은 직업병 진단에 사용하거나 노출기준 이하의 작업환경이라는 이유만으로 직업성 질병의 이환을 부정하는 근거 또는 반증자료로 사용하여서는 아니 된다.

• 노출기준은 대기오염의 평가 또는 관리상의 지표로 사용하여서는 아니 된다.

07

중요도 ★

사업장에서의 산업보건관리업무는 크게 3가지로 구분될 수 있다. 산업보건관리업무와 가장 관련이 적은 것은?

① 안전관리 ② 건강관리
③ 환경관리 ④ 작업관리

해설 산업안전보건관리의 업무 ──────────
• 건강관리
• 환경관리
• 작업관리

08

중요도 ★★★

최근 실내공기질에서 문제가 되고 있는 방사성 물질인 라돈에 관한 설명으로 옳지 않은 것은?

① 무색, 무취, 무미한 가스로 인간의 감각에 의해 감지할 수 없다.
② 인광석이나 산업폐기물을 포함하는 토양, 석재, 각종 콘크리트 등에서 발생할 수 있다.
③ 라돈의 감마(γ) – 붕괴에 의하여 라돈의 딸핵종이 생성되며 이것이 기관지에 부착되어 감마선을 방출하여 폐암을 유발한다.
④ 우라늄 계열의 붕괴과정 일부에서 생성될 수 있다.

해설 라돈 ──────────
라돈(Rn)은 라듐(Ra)의 α붕괴로 생성되거나 우라늄 계열의 자연 방사성 붕괴 사슬의 중간 생성물로 생성된다.
라돈(Rn)은 α붕괴를 해서 최종적으로는 납(Pb)이 된다.

09

중요도 ★★★

어느 공장에서 경미한 사고가 3건이 발생하였다. 그렇다면 이 공장의 무상해 사고는 몇 건이 발생하는가? (단, 하인리히의 법칙을 활용한다)

① 25 ② 31
③ 36 ④ 40

해설 하인리히의 사고빈도법칙 ──────────
• 1 : 29 : 300의 법칙이라고도 한다.
• 무상해 사고 300건이 발생하면 경미한 상해는 29건, 중상 또는 사망은 1건이 발생한다.

문제의 조건에 따라 무상해 사고 건수 계산
$29 : 300 = 3 : x$

$x = \dfrac{300 \times 3}{29} = 31.03$

10

중요도 ★★

인간공학에서 고려해야 할 인간의 특성과 가장 거리가 먼 것은?

① 감각과 지각
② 운동과 근력
③ 감정과 생산능력
④ 기술, 집단에 대한 적응능력

해설 인간공학에서 고려해야 할 인간의 특성 ──────────
• 인간의 습성
• 운동과 근력
• 감각과 지각
• 신체의 크기와 작업환경
• 기술과 집단에 대한 적응능력

2019-02

11

중요도 ★★★

산업위생 분야에 종사하는 사람들이 반드시 지켜야 할 윤리강령의 전문가로서의 책임에 대한 설명 중 틀린 것은?

① 기업체의 기밀은 누설하지 않는다.
② 과학적 방법의 적용과 자료의 해석에서 객관성을 유지한다.
③ 근로자, 사회 및 전문직종의 이익을 위해 과학적 지식을 공개하고 발표한다.
④ 전문적 판단이 타협에 의하여 좌우될 수 있거나 이해관계가 있는 상황에는 적극적으로 개입한다.

해설 산업위생 윤리강령 ─────────

전문적 판단이 타협에 의하여 좌우될 수 있거나 이해관계가 있는 상황에는 개입하지 않아야 한다.

12

중요도 ★★

직업성 질환의 범위에 해당되지 않는 것은?

① 합병증
② 속발성 질환
③ 선천적 질환
④ 원발성 질환

해설 직업성 질환의 범위 ─────────

- 직업상 업무에 기인하여 1차적으로 발생하는 원발성 질환은 포함된다.
- 원발성 질환과 합병 적용하여 제2의 질환을 유발하는 경우(속발성 질환)는 포함된다.
- 합병증이 원발성 질환과 불가분의 관계를 가지는 경우는 포함된다.
- 원발성 질환에서 떨어진 다른 부위에 같은 원인에 의한 제2의 질환은 포함된다.

13

중요도 ★★★

단기간 휴식을 통해서는 회복될 수 없는 발병단계의 피로를 무엇이라 하는가?

① 곤비
② 정신피로
③ 과로
④ 전신피로

해설 피로의 단계 ─────────

곤비는 과로가 축적되어 단기간의 휴식을 통해서는 회복할 수 없는 병적인 상태이다.

14

중요도 ★★

NIOSH의 권고중량한계(Recommended Weight Limit, RWL)에 사용되는 승수(Multiplier)가 아닌 것은?

① 들기거리(Lift Multiplier)
② 이동거리(Distance Multiplier)
③ 수평거리(Horizontal Multiplier)
④ 비대칭각도(Asymmetry Multiplier)

해설 권고중량한계(RWL) ─────────

$RWL = LC \times HM \times VM \times DM \times AM \times FM \times CM$
LC : 중량상수(Load Constant)
HM : 수평계수(Horizontal Multiplier)
VM : 수직계수(Vertical Multiplier)
DM : 거리계수(Distance Multiplier)
AM : 비대칭계수(Asymmetric Multiplier)
FM : 빈도계수(Frequency Multiplier)
CM : 커플링계수(Coupling Multiplier)

15

인간공학에서 최대작업영역(Maximum Area)에 대한 설명으로 가장 적절한 것은?

① 허리에 불편 없이 적절히 조작할 수 있는 영역
② 팔과 다리를 이용하여 최대한 도달할 수 있는 영역
③ 어깨에서부터 팔을 뻗어 도달할 수 있는 최대 영역
④ 상완을 자연스럽게 몸에 붙인 채로 전완을 움직일 때 도달하는 영역

해설 최대작업영역
• 양팔을 곧게 폈을 때 도달할 수 있는 최대영역
• 전완과 상완을 곧게 펴서 파악할 수 있는 구역

16

심리학적 적성검사와 가장 거리가 먼 것은?

① 감각기능검사   ② 지능검사
③ 지각동작검사   ④ 인성검사

해설 적성검사
감각기능검사는 생리적 기능검사에 해당된다.

개념확인 적성검사의 분류
• 신체검사
• 생리적 적성검사 : 감각기능검사, 심폐기능검사, 체력검사
• 심리학적 적성검사 : 지능검사, 지각동작검사, 인성검사, 기능검사

17

한 근로자가 트리클로로에틸렌(TLV 50 ppm)이 담긴 탈지탱크에서 금속가공 제품의 표면에 존재하는 절삭유 등의 기름 성분을 제거하기 위해 탈지작업을 수행하였다. 또 이 과정을 마치고 포장단계에서 표면세척을 위해 아세톤(TLV 500 ppm)을 사용하였다. 이 근로자의 작업환경 측정결과는 트리클로로에틸렌이 45 ppm, 아세톤이 100 ppm이었을 때, 노출지수와 노출기준에 관한 설명으로 맞는 것은? (단, 두 물질은 상가작용을 한다)

① 노출지수는 0.9이며, 노출기준 미만이다.
② 노출지수는 1.1이며, 노출기준을 초과하고 있다.
③ 노출지수는 6.1이며, 노출기준을 초과하고 있다.
④ 트리클로로에틸렌의 노출지수는 0.9, 아세톤의 노출지수는 0.2이며, 혼합물로써 노출기준 미만이다.

해설 노출지수(EI)와 평가기준

$$EI = \frac{C_1}{T_1} + \frac{C_2}{T_2} + \cdots + \frac{C_n}{T_n}$$

C_n : 화학물질 각각의 측정치
T_n : 화학물질 각각의 노출기준
$EI > 1$: 노출기준 초과
$EI < 1$: 노출기준을 초과하지 않음
문제의 조건으로 노출지수 계산

$$EI = \frac{45}{50} + \frac{100}{500} = 1.1$$

$EI > 1$ 이므로 노출기준을 초과했다.

18

「산업안전법령」상 사무실 공기관리의 관리대상 오염물질의 종류에 해당하지 않는 것은?

① 곰팡이
② 총부유세균
③ 호흡성 분진(RPM)
④ 일산화탄소(CO)

호흡성 분진(RPM)은 사무실 공기관리의 관리대상 오염물질에 해당되지 않는다.

관련법령 오염물질 관리기준

「사무실 공기관리 지침」 제2조

오염물질	관리기준
미세먼지(PM 10)	$100\ \mu g/m^3$
초미세먼지(PM 2.5)	$50\ \mu g/m^3$
이산화탄소(CO_2)	1,000 ppm
일산화탄소(CO)	10 ppm
이산화질소(NO_2)	0.1 ppm
포름알데하이드(HCHO)	$100\ \mu g/m^3$
총휘발성유기화합물(TVOC)	$500\ \mu g/m^3$
라돈(Radon)	$148\ \mu g/m^3$
총 부유세균	$800\ CFU/m^3$
곰팡이	$500\ CFU/m^3$

19

중요도 ★★★

산업위생 역사에서 영국의 외과의사 Percivall Pott에 대한 내용 중 틀린 것은?

① 직업성 암을 최초로 보고하였다.

② 산업혁명 이전의 산업위생 역사이다.

③ 어린이 굴뚝 청소부에게 많이 발생하던 음낭암(Scrotal cancer)의 원인 물질을 검댕(Soot)이라고 규명하였다.

④ Pott의 노력으로 1788년 영국에서는 도제 건강 및 도덕법(Health and Morals of Apprentices Act)이 통과되었다.

해설 Percivall Pott

• 영국의 의사로 직업성 암을 최초로 보고했다.

• 어린이 굴뚝청소부에서 많이 발생하는 음낭암(Scrotal Cancer)의 원인 물질을 검댕(Soot)으로 규명했다.

• 8살 이하 어린이는 굴뚝청소부로 일하지 못하게 하는 굴뚝청소부법(1788년)을 제정하도록 했다.

20

중요도 ★★

젊은 근로자의 약한 쪽 손의 힘은 평균 50 kp이고, 이 근로자가 무게 10 kg인 상자를 두 손으로 들어 올릴 경우에 한 손의 작업강도(%MS)는 얼마인가? (단, 1 kp는 질량 1 kg을 중력의 크기로 당기는 힘을 말한다)

① 5

② 10

③ 15

④ 20

해설 작업강도(%MS) 공식

$$작업강도(\%MS) = \frac{RF}{MS} \times 100$$

RF : 작업 시 요구되는 힘(한 손에 요구되는 힘)

MS : 근로자가 가지고 있는 약한 손의 최대 힘

문제의 조건으로 작업강도(%MS) 계산

문제에서 근로자가 무게 10 kg인 상자를 두 손으로 들어 올렸다고 했으므로 한 손에 요구되는 힘은 5 kg을 적용해야 함을 주의해야 한다.

$$작업강도(\%MS) = \frac{5}{50} \times 100 = 10$$

21

중요도 ★★

어느 작업장에 8시간 작업시간 동안 측정한 유해인자의 농도는 0.045 mg/m³일 때, 95 %의 신뢰도를 가진 하한치는 얼마인가? (단, 유해인자의 노출기준은 0.05 mg/m³, 시료채취 분석오차는 0.132이다)

① 0.768   ② 0.929
③ 1.032   ④ 1.258

해설 표준화 값 ───────────

표준화 값(Y) 계산

$$Y = \frac{TWA \text{ 또는 } STEL}{\text{허용기준}} = \frac{0.045}{0.05} = 0.9$$

95 % 신뢰도를 가진 하한치 계산
하한치 = Y - 시료채취 분석오차
        = 0.9 - 0.132 = 0.768
"하한치 > 1"일 때 허용기준을 초과한다.

22

중요도 ★★★

옥내 작업장에서 측정한 건구온도가 73 ℃이고 자연습구온도가 65 ℃, 흑구온도가 81 ℃일 때, 습구흑구온도지수는?

① 64.4 ℃   ② 67.4 ℃
③ 69.8 ℃   ④ 71.0 ℃

해설 옥내 또는 옥외(태양광선이 내리쬐지 않는 장소) -

$$WBGT(℃) = 0.7 \times \text{자연습구온도} + 0.3 \times \text{흑구온도}$$
$$WBGT(℃) = 0.7 \times 65 + 0.3 \times 81 = 69.8℃$$

23

중요도 ★★★

다음 중 수동식 채취기에 적용되는 이론으로 가장 적절한 것은?

① 침강원리, 분산원리
② 확산원리, 투과원리
③ 침투원리, 흡착원리
④ 충돌원리, 전달원리

해설 수동식 채취기의 포집원리 ───────

- 확산
- 투과
- 흡착

24

중요도 ★★★

다음 중 흡착관인 실리카겔관에 사용되는 실리카겔에 관한 설명과 가장 거리가 먼 것은?

① 이황화탄소를 탈착용매로 사용하지 않는다.
② 극성 물질을 채취한 경우 물 또는 메탄올을 용매로 쉽게 탈착된다.
③ 추출용액이 화학분석이나 기기분석에 방해물질로 작용하는 경우가 많지 않다.
④ 파라핀류가 케톤류 보다 극성이 강하기 때문에 실리카겔에 대한 친화력도 강하다.

해설 실리카겔의 친화력(극성이 강한 순서) ────

물 > 알코올류 > 알데하이드류 > 케톤류 > 에스테르류 > 방향족탄화수소류 > 올레핀류 > 파라핀류

2019-02

25

중요도 ★★★

다음 중 PVC막 여과지에 관한 설명과 가장 거리가 먼 것은?

① 수분에 대한 영향이 크지 않다.
② 공해성 먼지, 총 먼지 등의 중량분석을 위한 측정에 이용된다.
③ 유리규산을 채취하여 X-선 회절법으로 분석하는 데 적절하다.
④ 코크스 제조공정에서 발생되는 코크스 오븐 배출물질을 채취하는 데 이용된다.

해설 여과지 ─────────
④번은 은막 여과지에 대한 설명이다.

26

중요도 ★

입자상 물질의 측정 및 분석방법으로 틀린 것은? (단, 고용노동부 고시를 기준으로 한다)

① 석면의 농도는 여과채취방법에 의한 계수방법으로 측정한다.
② 규산염은 분립장치 또는 입자의 크기를 파악할 수 있는 기기를 이용한 여과채취방법으로 측정한다.
③ 광물성 분진은 여과채취방법에 따라 석영, 크리스토바라이트, 트리디마이트를 분석할 수 있는 적합한 분석방법으로 측정한다.
④ 용접흄은 여과채취방법으로 하되 용접보안면을 착용한 경우에는 그 내부에서 채취하고 중량분석방법과 원자흡광분광기 또는 유도결합플라즈마를 이용한 분석방법으로 측정한다.

해설 입자상 물질의 측정 및 분석방법 ─────────
일반적으로 광물성 분진은 여과채취방법으로 측정하지만 규산염은 중량분석방법으로 분석한다.

관련법령 입자상 물질 측정 및 분석방법
「작업환경 측정 및 정도관리 등에 관한 고시」 제21조 광물성 분진은 여과채취방법으로 측정하고 석영, 크리스토바라이트, 트리디마이트를 분석할 수 있는 적합한 방법으로 분석할 것(다만 규산염과 그 밖의 광물성 분진은 중량분석방법으로 분석한다)

27

중요도 ★★

화학공장의 작업장 내에 먼지농도를 측정하였더니 5, 6, 5, 6, 6, 6, 4, 8, 9, 8 ppm일 때, 측정치의 기하평균은 약 몇 ppm인가?

① 5.13
② 5.83
③ 6.13
④ 6.83

해설 기하평균(GM) ─────────

$$GM = \sqrt[N]{X_1 \cdot X_2 \cdots X_n}$$

N : 측정치의 수, X_n : 측정치

$$GM = \sqrt[10]{5 \times 6 \times 5 \times 6 \times 6 \times 6 \times 4 \times 8 \times 9 \times 8}$$
$$= 6.127$$

28

중요도 ★★

어느 작업환경에서 발생되는 소음원 1개의 음압수준이 92 dB이라면, 이와 동일한 소음원이 8개일 때의 전체 음압수준은?

① 101 dB

② 103 dB

③ 105 dB

④ 107 dB

해설 전체 음압수준(PWL의 합)

$$PWL의 합 = 10\log\left(10^{\frac{PWL}{10}} \times n\right)$$

PWL : 음향파워레벨(dB)

n : 동일 소음을 발생시키는 기계의 수

$$PWL의 합 = 10\log\left(10^{\frac{92}{10}} \times 8\right)$$
$$= 101.03dB$$

29

중요도 ★★★

다음은 작업장 소음측정에서 관한 고용노동부 고시 내용이다. ( ) 안에 내용으로 옳은 것은?

누적소음 노출량 측정기로 소음을 측정하는 경우에는 Criteria 90 dB, Exchange Rate 5 dB, Threshold ( )dB로 기기를 설정한다.

① 50

② 60

③ 70

④ 80

해설 누적소음노출량 측정기의 기기 설정값

「작업환경 측정 및 정도관리 등에 관한 고시」 제26조

① Criteria 90 dB

② Exchange Rate 5 dB

③ Threshold 80 dB

30

중요도 ★★

다음 중 조선소에서 용접작업 시 발생 가능한 유해인자와 가장 거리가 먼 것은?

① 오존

② 자외선

③ 황산

④ 망간 흄

해설 용접작업 시 발생 가능한 유해인자

• 용접 흄 : 망간, 카드뮴, 크롬, 니켈 등

• 유해광선 : 자외선, 적외선, 가시광선

• 유해가스 : 오존, 일산화탄소, 포스핀 등

• 소음

31

중요도 ★★★

원자흡광광도계의 구성요소와 역할에 대한 설명 중 옳지 않은 것은?

① 광원은 속빈음극램프를 주로 사용한다.

② 광원은 분석물질이 반사할 수 있는 표준 파장의 빛을 방출한다.

③ 단색화 장치는 특정 파장만 분리하여 검출기로 보내는 역할을 한다.

④ 원자화장치에서 원자화방법에는 불꽃방식, 흑연로방식, 증기화방식이 있다.

해설 원자흡광광도계

광원은 분석물질이 잘 흡수할 수 있는 특정 파장의 빛을 방출해야 한다.

2019-02

32

중요도 ★★

고체 흡착제를 이용하여 시료채취를 할 때 영향을 주는 인자에 관한 설명으로 옳지 않은 것은?

① 온도 : 고온일수록 흡착성질이 감소하며 파과가 일어나기 쉽다.
② 오염물질농도 : 공기 중 오염물질의 농도가 높을수록 파과 공기량이 증가한다.
③ 흡착제의 크기 : 입자의 크기가 작을수록 채취효율이 증가하나 압력강하가 심하다.
④ 시료채취유량 : 시료채취유량이 높으면 파과가 일어나기 쉬우며 코팅된 흡착제일수록 그 경향이 강하다.

> 해설 시료채취에 영향을 주는 인자 ─────

공기 중 오염물질의 농도가 높을수록 파과 공기량은 감소한다.
공기 중에 오염물질 농도가 높으면 적은 공기량으로도 파과가 일어나기 때문이다.

33

중요도 ★

상온에서 벤젠(C_6H_6)의 농도 20 mg/m³는 부피단위 농도로 약 몇 ppm인가?

① 0.06
② 0.6
③ 6
④ 60

> 해설 ppm 농도 계산 ─────

문제에서 상온이라고 했고, 정확한 온도 수치는 주어지지 않았다.
상온은 일반적으로 15 ~ 25 ℃이므로 25 ℃ 기준으로 계산한다.
벤젠(C_6H_6)의 분자량 계산
$(12 \times 6) + (1 \times 6) = 78$
25 ℃, 1기압일 때 노출기준

$$mg/m^3 = \frac{ppm \times 분자량}{24.45}$$

$$ppm = mg/m^3 \times \frac{24.45}{분자량}$$

환산한 부피단위 농도(ppm) 계산

$$ppm = 20 \times \frac{24.45}{78} = 6.269ppm$$

34

중요도 ★

다음 중 비누거품방법(Bubble Meter Method)을 이용해 유량을 보정할 때의 주의사항과 가장 거리가 먼 것은?

① 측정시간의 정확성은 ±5초 이내이어야 한다.
② 측정장비 및 유량보정계는 Tygon Tube로 연결한다.
③ 보정을 시작하기 전에 충분히 충전된 펌프를 5분간 작동한다.
④ 표준뷰렛 내부면을 세척제 용액으로 씻어서 비누거품이 쉽게 상승하도록 한다.

> 해설 비누거품방법 ─────

비누거품방법에서 측정시간의 정확성은 ±1 % 이내이어야 한다.

35

중요도 ★★

시료공기를 흡수, 흡착 등의 과정을 거치지 않고 진공채취병 등의 채취용기에 물질을 채취하는 방법은?

① 직접채취방법
② 여과채취방법
③ 고체채취방법
④ 액체채취방법

> 해설 직접채취방법 ─────

직접채취방법은 시료공기를 흡수, 흡착 등의 과정을 거치지 않고 직접 진공채취병 등의 채취용기에 물질을 채취하는 것이다.

36
중요도 ★★★

어느 작업장에서 A 물질의 농도를 측정한 결과 각 각 23.9 ppm, 21.6 ppm, 22.4 ppm, 24.1 ppm, 22.7 ppm, 25.4 ppm을 얻었다. 측정결과에서 중앙값(Median)은 몇 ppm인가?

① 23.0
② 23.1
③ 23.3
④ 23.5

해설 중앙값 계산 ─────────

(1) 측정치를 크기 순서로 배열
   21.6, 22.4, 22.7, 23.9, 24.1, 25.4
(2) 중앙에 위치하는 두 값 선정
   22.7, 23.9
(3) 두 값의 평균값을 계산하면 중앙값이 됨
$$\frac{22.7+23.9}{2}=23.3$$

37
중요도 ★★

소음의 측정방법으로 틀린 것은? (단, 고용노동부 고시를 기준으로 한다)

① 소음계의 청감보정회로는 A 특성으로 한다.
② 소음계 지시침의 동작은 느린(Slow) 상태로 한다.
③ 소음계의 지시치가 변동하지 않는 경우에는 해당 지시치를 그 측정점에서의 소음수준으로 한다.
④ 소음이 1초 이상의 간격을 유지하면서 최대음압수준이 120 dB(A) 이상의 소음인 경우에는 소음수준에 따른 10분 동안의 발생횟수를 측정한다.

해설 소음측정방법 ─────────

「작업환경 측정 및 정도관리 등에 관한 고시」 제26조 소음이 1초 이상의 간격을 유지하면서 최대음압수준이 120 dB(A) 이상의 소음인 경우에는 소음수준에 따른 1분 동안의 발생횟수를 측정할 것

38
중요도 ★★

온도 표시에 대한 내용으로 틀린 것은? (단, 고용노동부 고시를 기준으로 한다)

① 미온은 20 ~ 30 ℃를 말한다.
② 온수(溫水)는 60 ~ 70 ℃를 말한다.
③ 냉수(冷水)는 15 ℃ 이하를 말한다.
④ 상온은 15 ~ 25 ℃, 실온은 1 ~ 35 ℃을 말한다.

해설 온도 표시 ─────────

- 상온 : 15 ~ 25 ℃
- 실온 : 1 ~ 35 ℃
- 미온 : 30 ~ 40 ℃
- 찬 곳은 따로 규정이 없는 한 0 ~ 15 ℃의 곳
- 냉수 : 15 ℃ 이하
- 온수 : 60 ~ 70 ℃
- 열수 : 약 100 ℃

39
중요도 ★★

작업환경 측정 대상이 되는 작업장 또는 공정에서 정상적인 작업을 수행하는 동일 노출집단의 근로자가 작업하는 장소는? (단, 고용노동부 고시를 기준으로 한다)

① 동일작업장소
② 단위작업장소
③ 노출측정장소
④ 측정작업장소

해설 단위작업장소의 정의 ─────────

「작업환경 측정 및 정도관리 등에 관한 고시」 제2조 단위작업장소란 작업환경 측정 대상이 되는 작업장 또는 공정에서 정상적인 작업을 수행하는 동일 노출집단의 근로자가 작업을 하는 장소를 말한다.

40

다음 중 작업환경 측정치의 통계처리에 활용되는 변이계수에 관한 설명과 가장 거리가 먼 것은?

① 평균값의 크기가 0에 가까울수록 변이계수의 의의는 작아진다.
② 측정단위와 무관하게 독립적으로 산출되며 백분율로 나타낸다.
③ 단위가 서로 다른 집단이나 특성값의 상호 산포도를 비교하는 데 이용될 수 있다.
④ 편차의 제곱 합들의 평균값으로 통계집단의 측정값들에 대한 균일성, 정밀성 정도를 표현한다.

해설 변이계수(CV%)────

표준편차의 수치가 평균치의 몇 % 정도인지를 나타낸다.

$$CV\% = \frac{표준편차}{산술평균} \times 100$$

3과목 작업환경관리대책

41

다음 중 오염물질을 후드로 유입하는 데 필요한 기류의 속도인 제어속도에 영향을 주는 인자와 가장 거리가 먼 것은?

① 덕트의 재질
② 후드의 모양
③ 후드에서 오염원까지의 거리
④ 오염물질의 종류 및 확산상태

해설 제어속도에 영향을 주는 요인────

• 후드의 모양
• 후드에서 오염원까지의 거리
• 오염물질의 종류 및 확산상태
• 오염물질의 비산방향 및 비산거리
• 오염물질의 독성 정도
• 작업장 내의 방해기류

42

어떤 작업장의 음압수준이 80 dB(A)이고 근로자가 NRR이 19인 귀마개를 착용하고 있다면, 차음효과는 몇 dB(A)인가? (단, OSHA방법 기준이다)

① 4
② 6
③ 60
④ 70

해설 차음효과[dB(A)]────

차음효과 $= (NRR - 7) \times 0.5$
NRR : 차음평가수
차음효과 $= (19 - 7) \times 0.5 = 6 dB(A)$

43

중요도 ★★★

송풍기에 관한 설명으로 옳은 것은?

① 풍량은 송풍기의 회전수에 비례한다.
② 동력은 송풍기의 회전수의 제곱에 비례한다.
③ 풍력은 송풍기의 회전수의 세제곱에 비례한다.
④ 풍압은 송풍기의 회전수의 세제곱에 비례한다.

해설 송풍기의 상사법칙 —————————

• 풍량은 송풍기의 회전수에 비례한다.
• 풍압은 송풍기 회전수의 제곱에 비례한다.
• 동력은 송풍기 회전수의 세제곱에 비례한다.

44

중요도 ★

다음 중 국소배기장치에 관한 주의사항과 가장 거리가 먼 것은?

① 유독물질의 경우에는 굴뚝에 흡인장치를 보강할 것
② 흡인되는 공기가 근로자의 호흡기를 거치지 않도록 할 것
③ 배기관은 유해물질이 발산하는 부위의 공기를 모두 흡입할 수 있는 성능을 갖출 것
④ 먼지를 제거할 때에는 공기속도를 조절하여 배기관 안에서 먼지가 일어나도록 할 것

해설 국소배기장치 —————————

먼지를 제거할 때에는 공기속도를 조절하여 배기관 내에서 먼지가 일어나지 않도록 해야 한다.

45

중요도 ★★

정압이 3.5 cmH$_2$O인 송풍기의 회전속도를 180 rpm에서 360 rpm으로 증가시켰다면, 송풍기의 정압은 약 몇 cmH$_2$O인가? (단, 기타 조건은 같다고 가정한다)

① 16 ② 14
③ 12 ④ 10

해설 송풍기의 상사법칙 —————————

풍압(정압)(P)은 송풍기 직경의 제곱, 회전수의 제곱에 비례한다.

$$\frac{P_2}{P_1} = \left(\frac{D_2}{D_1}\right)^2, \ \frac{P_2}{P_1} = \left(\frac{N_2}{N_1}\right)^2$$

$$P_2 = P_1 \times \left(\frac{N_2}{N_1}\right)^2 = 3.5 \times \left(\frac{360}{180}\right)^2 = 14 \text{cmH}_2\text{O}$$

46

중요도 ★★★

입자의 침강속도에 대한 설명으로 틀린 것은? (단, 스토크스식을 기준으로 한다)

① 입자직경의 제곱에 비례한다.
② 공기와 입자 사이의 밀도차에 반비례한다.
③ 중력가속도에 비례한다.
④ 공기의 점성계수에 반비례한다.

해설 침강속도(Stokes 법칙) —————————

$$V = \frac{d_p^2 (\rho_p - \rho)g}{18\mu}$$

V : 침강속도(m/sec), d_p : 입자의 직경(m)
ρ_p : 입자의 밀도(kg/m^3)
ρ : 가스(공기)의 밀도(kg/m^3)
g : 중력가속도(9.8 m/sec^2)
μ : 점성계수(kg/m·sec)
입자의 침강속도(V)는 공기와 입자 사이의 밀도차($\rho_p - \rho$)에 비례한다.

47

환기시설 내 기류가 기본적인 유체역학적 원리에 따르기 위한 전제조건과 가장 거리가 먼 것은?

① 공기는 절대습도를 기준으로 한다.
② 환기시설 내외의 열 교환은 무시한다.
③ 공기의 압축이나 팽창은 무시한다.
④ 공기 중에 포함된 유해물질의 무게와 용량을 무시한다.

해설 유체역학적 원리의 기본조건 ────────

• 공기는 상대습도를 기준으로 한다.
• 공기는 건조하다고 가정한다.
• 공기의 압축이나 팽창은 무시한다.
• 환기시설 내외의 열 교환은 무시한다.
• 공기 중에 포함된 유해물질의 무게와 용량은 무시한다.

48

작업환경의 관리원칙인 대체 중 물질의 변경에 따른 개선 예와 가장 거리가 먼 것은?

① 성냥 제조 시 황린 대신 적린을 사용하였다.
② 세척작업에서 사염화탄소 대신 트리클로로에틸렌을 사용하였다.
③ 야광시계의 자판에서 인 대신 라듐을 사용하였다.
④ 보온재료 사용에서 석면 대신 유리섬유를 사용하였다.

해설 작업환경 관리원칙 ────────

라듐은 처음 발견한 당시 어두운 곳에서 빛나는 성질 때문에 많은 사람들에게 각광을 받아 야광시계를 만드는 데 사용되었다.
라듐은 방사성 물질로 인체에 지나치게 노출되면 암을 일으킬 수 있기 때문에 라듐은 현재 거의 사용되지 않는다.

49

체적이 1,000 m³이고 유효환기량이 50 m³/min인 작업장에 메틸클로로포름 증기가 발생하여 100 ppm의 상태로 오염되었다. 이 상태에서 증기발생이 중지되었다면 25 ppm까지 농도를 감소시키는데 걸리는 시간은?

① 약 17분   ② 약 28분
③ 약 32분   ④ 약 41분

해설 오염물질이 감소하는 데 걸리는 시간(t) ────

$$t = -\frac{V}{Q'}\ln\left(\frac{C_2}{C_1}\right)$$

t : 시간(min)
V : 작업공간의 부피(m³)
Q' : 환기량(m³/min)
C_1 : 유해물질의 처음농도(ppm)
C_2 : 유해물질의 나중농도 또는 노출기준(ppm)

$$t = -\frac{1,000\text{m}^3}{\dfrac{50\text{m}^3}{\text{min}}}\ln\left(\frac{25}{100}\right) = 27.725\text{min}$$

50

다음 중 작업환경개선을 위해 전체환기를 적용할 수 있는 상황과 가장 거리가 먼 것은?

① 오염 발생원의 유해물질 발생량이 적은 경우
② 작업자가 근무하는 장소로부터 오염 발생원이 멀리 떨어져 있는 경우
③ 소량의 오염물질이 일정속도로 작업장으로 배출되는 경우
④ 동일 작업장에 오염 발생원이 한군데로 집중되어 있는 경우

국소환기와 전체환기 ─────────

오염 발생원이 한군데로 집중되어 있는 경우 그 곳에 맞게 국소환기를 하는 것이 좋다.

개념확인 국소환기와 전체환기가 필요한 상황

구분	내용
국소환기	• 유해물질 발생량이 많은 경우 • 유해물질의 독성이 강한 경우 • 유해물질 발생원과 작업위치가 근접해 있는 경우 • 발생주기가 균일하지 않은 경우
전체환기	• 유해물질의 독성이 비교적 낮은 경우 • 동일한 작업장에 다수의 오염원이 분산되어 있는 경우 • 유해물질의 발생량이 적은 경우 • 오염원이 근무자가 근무하는 장소로부터 멀리 떨어져 있는 경우

51

중요도 ★★

20 ℃의 송풍관 내부에 480 m/min으로 공기가 흐르고 있을 때, 속도압은 약 몇 mmH₂O인가? (단, 0 ℃, 공기밀도는 1.296 kg/m³로 가정한다)

① 2.3 ② 3.9
③ 4.5 ④ 7.3

해설 속도압 계산 ─────────

(1) 공기의 밀도 수치를 20 ℃로 보정

샤를의 법칙으로 20 ℃의 공기의 부피를 계산한다.

$$\frac{V_1}{T_1} = \frac{V_2}{T_2}$$

$$V_2 = \frac{T_2}{T_1} \times V_1 = \frac{20+273}{0+273} \times 1 = 1.073 \text{m}^3$$

$$밀도 = \frac{1.296\text{kg}}{1.073\text{m}^3} = 1.207\text{kg/m}^3$$

(2) 속도압(VP) 계산

$$VP = \frac{\gamma V^2}{2g}$$

VP : 속도압(동압)(mmH₂O)

γ : 공기의 밀도(kg/m³)

g : 중력가속도(m/sec²)

V : 공기의 속도(m/sec)

$$VP = \frac{1.207 \times \left(\frac{480\text{m}}{\text{min}} \times \frac{\text{min}}{60\text{sec}}\right)^2}{2 \times 9.8}$$

$$= 3.941\text{mmH}_2\text{O}$$

52

중요도 ★★★

다음은 분진발생 작업환경에 대한 대책이다. 옳은 것을 모두 고른 것은?

ㄱ 연마작업에서는 국소배기장치가 필요하다.
ㄴ 암석 굴진작업, 분쇄작업에서는 연속적인 살수가 필요하다.
ㄷ 샌드블라스팅에 사용되는 모래를 철사나 금강사로 대치한다.

① ㄱ, ㄴ ② ㄴ, ㄷ
③ ㄱ, ㄷ ④ ㄱ, ㄴ, ㄷ

해설 분진발생 작업에서 분진을 줄이기 위한 방법 ─────

• 연마작업에서는 발생하는 분진이 전체 작업장에 퍼지지 않도록 국소배기장치를 설치한다.
• 암석 굴진작업, 분쇄작업에서는 분진이 비산되지 않도록 연속적인 살수가 필요하다.
• 샌드블라스팅에 사용되는 모래를 철사나 금강사로 대치하여 분진 발생을 줄인다.

53

중요도 ★★★

보호장구의 재질과 대상 화학물질이 잘못 짝지어진 것은?

① 부틸고무 – 극성용제
② 면 – 고체상 물질
③ 천연고무(Latex) – 수용성 용액
④ Vitron – 극성용제

해설 보호장구 재질에 따른 적용물질 ────────

- Neoprene 고무 : 비극성 용제, 산, 부식성 물질에 사용
- Vitron : 비극성 용제에 사용
- Nitrile : 비극성 용제에 사용
- 천연고무(Latex) : 극성 용제 및 수용성 용액에 사용
- Butyl 고무 : 극성용제(알코올, 알데하이드 등)
- 면 : 고체상 물질에 사용(용제에는 사용 못 함)
- 가죽 : 찰과상 예방(용제에는 사용 못 함)

54

중요도 ★★★

후드로부터 0.25 m 떨어진 곳에 있는 공정에서 발생되는 먼지를, 제어속도가 5 m/s, 후드직경이 0.4 m인 원형 후드를 이용하여 제거할 때, 필요환기량은 약 몇 m³/min인가? (단, 플랜지 등 기타 조건은 고려하지 않는다)

① 205
② 215
③ 225
④ 235

해설 외부식 후드(자유공간 배치, 플랜지 미부착)의 필요환기량 ────────

$Q = V_c \times (10X^2 + A)$

Q : 필요환기량(m³/sec)
V_c : 제어속도(m/sec)
X : 후드 중심에서 오염원까지의 거리(m)
A : 개구면적(m²)

$$Q = 5 \times \left(10 \times 0.25^2 + \frac{\pi}{4} \times 0.4^2 \right)$$

$$= \frac{3.7533 \text{m}^3}{\text{sec}} \times \frac{60 \text{sec}}{\text{min}}$$

$$= 225.198 \text{m}^3/\text{min}$$

55

중요도 ★★

다음 그림이 나타내는 국소배기장치의 후드 형식은?

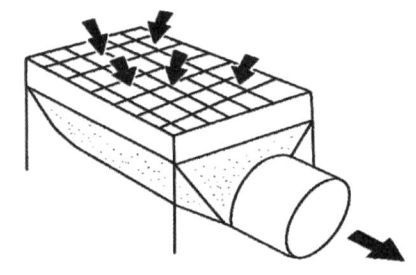

① 측방형
② 포위형
③ 하방형
④ 슬롯형

해설 후드 형식 ────────────────────

발생원의 아래 방향으로 포집하는 방법이기 때문에 하방형이다.

슬롯형 후드는 주로 측방형 후드 중에서 개구면이 좁고 긴 형태로 폭과 길이의 비가 0.2 이하인 것이다.

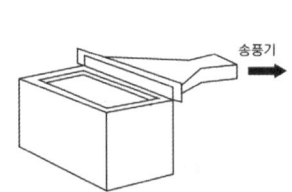

측방형 후드   포집형 후드

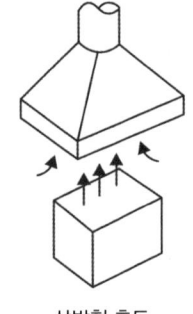

상방형 후드

정답 53 ④ 54 ③ 55 ③

56

중요도 ★★

슬로트 후드에서 슬로트의 역할은?

① 제어속도를 감소시킨다.
② 후드 제작에 필요한 재료를 절약한다.
③ 공기가 균일하게 흡입되도록 한다.
④ 제어속도를 증가시킨다.

해설 슬로트 후드 ────────────

- 개구면이 좁고 길어서 폭과 길이의 비가 0.2 이하인 것이다.
- 슬로트(Slot) 후드에서 플랜지를 부착하면 필요배기량을 약 30 % 줄일 수 있다.
- 슬로트(Slot)는 공기의 균일한 흡입을 위해 설치한다.

57

중요도 ★

1기압에서 혼합기체가 질소(N_2) 50 vol%, 산소(O_2) 20 vol%, 탄산가스 30 vol%로 구성되어 있을 때, 질소(N_2)의 분압은?

① 380 mmHg
② 228 mmHg
③ 152 mmHg
④ 740 mmHg

해설 혼합기체에서 분압 계산 ────────

1기압 = 760 mmHg
문제의 조건에서 질소(N_2)는 전체 공기 중 50 %이다.
질소(N_2)의 분압 = 760 mmHg×0.5 = 380 mmHg

58

중요도 ★★

방진마스크에 관한 설명으로 옳지 않은 것은?

① 일반적으로 활성탄 필터가 많이 사용된다.
② 종류에는 격리식, 직결식, 면체여과식이 있다.
③ 흡기저항 상승률은 낮은 것이 좋다.
④ 비휘발성 입자에 대한 보호가 가능하다.

해설 방진마스크 ────────────

방진마스크의 필터는 면, 모, 유리섬유, 합성섬유, 금속섬유 등이 주로 사용된다.

59

중요도 ★★★

흡인풍량이 200 m³/min, 송풍기 유효전압이 150 mmH₂O, 송풍기 효율이 80 %인 송풍기의 소요동력은?

① 3.5 kW
② 4.8 kW
③ 6.1 kW
④ 9.8 kW

해설 송풍기의 소요동력(HP) ────────

$$HP = \frac{Q \times P}{6,120 \times \eta} K$$

HP : 송풍기의 소요동력(kW)
Q : 풍량(m³/min)
P : 유효전압(mmH₂O), η : 효율
K : 안전계수(주어지지 않으면 1로 간주)

$$HP = \frac{200 \times 150}{6,120 \times 0.8} = 6.127 \text{kW}$$

60

작업장에서 Methylene chloride(비중 = 1.336, 분자량 = 84.94, TLV = 500 ppm)를 500 g/hr를 사용할 때, 필요한 환기량은 약 몇 m³/min인가? (단, 안전계수는 7이고, 실내온도는 21 ℃이다)

① 26.3
② 33.1
③ 42.0
④ 51.3

해설 전체환기량 계산 ————————————

(1) 21 ℃에서 벤젠의 발생량(mL/sec) 계산

21 ℃에서 기체 1몰의 부피 계산

$$V_2 = \frac{T_2}{T_1} \times V_1 = \frac{21+273}{273} \times 22.4L$$

$$= 24.123L$$

21 ℃에서 Methylene chloride 500 g의 발생량 계산

$$84.94g : 24.123L = 500g : xL$$

$$x = \frac{24.123L \times 500g}{84.94g} = 142L$$

$$\frac{142L}{hr} \times \frac{hr}{3,600sec} \times \frac{1,000mL}{L}$$

$$= 39.444mL/sec$$

(2) 전체환기량(Q) 계산

$$Q = \frac{G}{TLV} \times K$$

Q : 전체환기량(m³/sec)
G : 오염물질 발생률(mL/sec)
K : 안전계수
TLV : 노출기준(ppm 또는 mL/m³)

$$Q = \frac{39.444mL/sec}{500mL/m^3} \times 7$$

$$= \frac{0.552m^3}{sec} \times \frac{60sec}{min} = 33.132m^3/min$$

61

작업장에서 사용하는 트리클로로에틸렌을 독성이 강한 포스겐으로 전환시킬 수 있는 광화학 작용을 하는 유해 광선은?

① 적외선
② 자외선
③ 감마선
④ 마이크로파

해설 광화학 작용 ————————————

자외선은 공기 중의 트리클로로에틸렌을 독성이 강한 포스겐으로 전환시키는 광화학 작용을 한다.

62

다음 중 투과력이 커서 노출 시 인체 내부에도 영향을 미칠 수 있는 방사선의 종류는?

① γ선
② α선
③ β선
④ 자외선

해설 전리방사선의 인체투과력 순서 ————————

중성자 > X선 또는 γ선 > β선 > α선

63

「산업안전보건법령」상 소음의 노출기준에 따르면 몇 dB(A)의 연속소음에 노출되어서는 안 되는가? (단, 충격소음은 제외한다)

① 85
② 90
③ 100
④ 115

해설 소음의 노출기준 ─────────

「화학물질 및 물리적 인자의 노출기준」별표1

1일 노출시간(hr)	소음수준[dB(A)]
8	90
4	95
2	100
1	105
1/2	110
1/4	115

※ 주 : 115 dB(A)를 초과하는 소음수준에 노출되어서는 안 됨

64

중요도 ★★★

인공호흡용 혼합가스 중 헬륨-산소 혼합가스에 관한 설명으로 틀린 것은?

① 헬륨은 고압하에서 마취작용이 약하다.
② 헬륨은 분자량이 작아서 호흡저항이 적다.
③ 헬륨은 질소보다 확산속도가 작아 인체 흡수속도를 줄일 수 있다.
④ 헬륨은 체외로 배출되는 시간이 질소에 비하여 50 % 정도밖에 걸리지 않는다.

해설 인공호흡용 혼합가스 ─────────

헬륨은 질소보다 확산속도가 크며 인체 내에서 불필요한 반응이 없고 혈액에 대한 용해도가 작다.

65

중요도 ★★

개인의 평균 청력손실을 평가하기 위하여 6분법을 적용하였을 때, 500 Hz에서 6 dB, 1,000 Hz에서 10 dB, 2,000 Hz에서 10 dB, 4,000 Hz에서 20 dB이면 이때의 청력손실은 얼마인가?

① 10 dB ② 11 dB
③ 12 dB ④ 13 dB

해설 6분법 ─────────

평균 청력손실 $= \dfrac{a+2b+2c+d}{6}$

a : 500 Hz에서의 청력손실(dB)
b : 1,000 Hz에서의 청력손실(dB)
c : 2,000 Hz에서의 청력손실(dB)
d : 4,000 Hz에서의 청력손실(dB)
평균 청력손실
$= \dfrac{6+(2\times10)+(2\times10)+20}{6} = 11\mathrm{dB}$

66

중요도 ★

옥타브밴드로 소음의 주파수를 분석하였다. 낮은 쪽의 주파수가 250 Hz이고, 높은 쪽의 주파수가 2배인 경우 중심주파수는 약 몇 Hz인가?

① 250 ② 300
③ 354 ④ 375

해설 중심주파수(f_c) ─────────

$f_c = \sqrt{f_L \times f_U}$

f_c : 중심주파수(Hz)
f_L : 중심주파수 보다 낮은 쪽의 주파수(Hz)
f_U : 중심주파수 보다 높은 쪽의 주파수(Hz)
$f_c = \sqrt{250\times(250\times2)} = 353.553\mathrm{Hz}$

67

중요도 ★★

다음 중 체온의 상승에 따라 체온조절 중추인 시상 하부에서 혈액 온도를 감지하거나 신경망을 통하여 정보를 받아들여 체온 방산작용이 활발해지는 작용은?

① 정신적 조절작용
(Spiritual Thermo Regulation)
② 물리적 조절작용
(Physical Thermo Regulation)
③ 화학적 조절작용
(Chemical Thermo Regulation)
④ 생물학적 조절작용
(Biological Thermo Regulation)

해설 열평형 작용

• 물리적 조절작용 : 체온이 상승하면 시상하부에서 혈액 온도를 감지하여 체온 방산작용이 활발해진다.
• 화학적 조절작용 : 몸 안에서 세포호흡을 통해 생산되는 열의 양을 조절한다.

68

중요도 ★★★

질소마취 증상과 가장 연관이 많은 작업은?

① 잠수작업
② 용접작업
③ 냉동작업
④ 금속제조작업

해설 질소마취 증상

질소마취 증상은 잠수작업과 같은 고압 환경에서 주로 발생한다.

69

중요도 ★★★

사무실 책상면으로부터 수직으로 1.4 m의 거리에 1,000 cd(모든 방향으로 일정함)의 광도를 가지는 광원이 있다. 이 광원에 대한 책상에서의 조도(Intensity of illumination, lux)는 약 얼마인가?

① 410
② 444
③ 510
④ 544

해설 점광원일 경우 조도(E)

$$E = \frac{I}{r^2}$$

E : 조도(lux)
r : 광원으로부터의 거리(m)
I : 광도(cd)

$$E = \frac{1,000}{1.4^2} = 510.204 \text{lux}$$

70

중요도 ★★

빛 또는 밝기와 관련된 단위가 아닌 것은?

① weber
② candela
③ lumen
④ footlambert

해설 빛 또는 밝기과 관련된 단위

① weber : 자기선속의 단위
② candela : 빛의 세기단위(광도)
③ lumen : 광속의 단위
④ footlambert : 확산면의 휘도 단위

71

중요도 ★★

이상기압과 건강장해에 대한 설명으로 맞는 것은?

① 고기압 조건은 주로 고공에서 비행업무에 종사하는 사람에게 나타나며 이를 다루는 학문을 항공의학 분야이다.

② 고기압 조건에서의 건강장해는 주로 기후의 변화로 인한 대기압의 변화 때문에 발생하며 휴식이 가장 좋은 대책이다.

③ 고압 조건에서 급격한 압력저하(감압)과정은 혈액과 조직에 녹아있던 질소가 기포를 형성하여 조직과 순환기계 손상을 일으킨다.

④ 고기압 조건에서 주요 건강장해기전은 산소 부족이므로 일차적인 응급치료는 고압산소실에서 치료하는 것이 바람직하다.

해설 이상기압과 건강장해 ─────────

① 고공에서 비행업무에 종사하는 사람은 저기압 조건에 노출된다. 저기압에 지나치게 노출되면 산소 부족으로 인한 판단력 장해, 고공성 폐수종이 나타날 수 있다.

② 고기압 조건에서 발생하는 건강장해는 생체와 환경 사이의 압력 차이로 인한 1차 가압현상과 고압하의 대기가스 독성 때문에 나타내는 2차 가압현상이 있다.

④ 고기압 조건에서 주로 건강장해기전은 급격한 감압 시에 발생하는 감압병이며 환자를 인공고압실에 넣어 조직 속에 발생한 질소의 기포를 용해시킨 후 서서히 감압해야 한다.

72

중요도 ★

다음 중 단기간 동안 자외선(UV)에 초과 노출될 경우 발생할 수 있는 질병은?

① Hypothermia

② Welder's Flash

③ Phossy Jaw

④ White Fingers Syndrome

해설 Welder's Flash ─────────

전기용접, 자외선 살균 등의 작업을 하는 근로자가 자외선에 지나치게 노출되었을 때 발생하는 결막염 등을 의미한다.

73

중요도 ★

일반적으로 전신진동에 의한 생체반응에 관여하는 인자로 가장 거리가 먼 것은?

① 온도
② 강도
③ 방향
④ 진동수

해설 전신진동에 의한 생체반응에 관여하는 인자 ──

• 진동의 강도
• 진동수
• 진동방향
• 폭로시간(노출시간)

74

중요도 ★

저기압 환경에서 발생하는 증상으로 옳은 것은?

① 이산화탄소에 의한 산소중독증상
② 폐 압박
③ 질소마취 증상
④ 우울감, 두통, 식욕상실

해설 저기압 환경에서 발생하는 증상 ─────────

①, ②, ③은 고기압 환경에서 발생하는 증상에 해당된다.
저기압 환경에서 발생하는 고산병은 우울감, 두통, 식욕상실, 구토 등의 증세를 나타낸다.

75

다음 중 진동에 의한 장해를 최소화시키는 방법과 거리가 먼 것은?

① 진동의 발생원을 격리시킨다.
② 진동의 노출시간을 최소화시킨다.
③ 훈련을 통하여 신체의 적응력을 향상시킨다.
④ 진동을 최소화하기 위하여 공학적으로 설계 및 관리한다.

해설 진동에 의한 장해를 최소화시키는 방법 ————
훈련을 통해 신체의 적응력을 향상시키는 것보다는 근로자가 진동에 대해 지나치게 노출되지 않도록 관리하는 것이 중요하다.

76

전리방사선에 대한 감수성이 가장 큰 조직은?

① 간
② 골수세포
③ 연골
④ 신장

해설 전리방사선에 대한 감수성 순서 ————
㉠ 골수, 흉선 및 림프조직(조혈기관), 눈의 수정체
㉡ 피부 등 상피세포
㉢ 혈관 등 내피세포
㉣ 결합조직, 지방조직
㉤ 뼈, 근육조직
㉥ 폐 등 내장기관
㉦ 신경조직

77

고온 환경에 노출된 인체의 생리적 기전과 가장 거리가 먼 것은?

① 수분 부족
② 피부혈관 확장
③ 근육이완
④ 갑상선자극호르몬 분비 증가

해설 고온 환경에 노출된 인체의 생리적 기전 ————
④는 저온 환경에 노출된 인체의 생리적 기전에 해당된다.

78

현재 총흡음량이 1,000 sabins인 작업장에 흡음를 보강하여 4,000 sabins을 더할 경우, 총 소음감소는 약 얼마인가? (단, 소수점 첫째자리에서 반올림한다)

① 5 dB
② 6 dB
③ 7 dB
④ 8 dB

해설 소음감소량(NR) ————

$$NR = 10\log\left(\frac{A_2}{A_1}\right)$$

NR : 소음감소량(dB)
A_1 : 흡음처리 전 실내의 전체 흡음력(sabin)
A_2 : 흡음처리 후 실내의 전체 흡음력(sabin)

$$NR(\text{dB}) = 10\log\left(\frac{1,000+4,000}{1,000}\right)$$
$$= 6.9\text{dB} \fallingdotseq 7\text{dB}$$

79

중요도 ★★

다음 중 음의 세기라벨을 나타내는 dB의 계산식으로 옳은 것은? (단, I_0 = 기준음향의 세기, I = 발생음의 세기이다)

① $dB = 10\log\dfrac{I}{I_0}$

② $dB = 20\log\dfrac{I}{I_0}$

③ $dB = 10\log\dfrac{I_0}{I}$

④ $dB = 20\log\dfrac{I_0}{I}$

해설 음의 세기라벨(SIL) ─────────

$$SIL = 10\log\left(\dfrac{I}{I_0}\right)$$

SIL : 음의 세기라벨(dB)

I : 대상 음의 세기(W/m^2)

I_0 : 기준음향의 세기($10^{-12}\ W/m^2$)

80

중요도 ★★★

참호족에 관한 설명으로 맞는 것은?

① 직장온도가 35 ℃ 수준 이하로 저하되는 경우를 의미한다.

② 체온이 35 ~ 32.2 ℃에 이르면 신경학적 억제 증상으로 운동실조, 자극에 대한 반응도 저하와 언어이상 등이 온다.

③ 27 ℃에서는 떨림이 멎고 혼수에 빠지게 되고, 25 ~ 23 ℃에 이르면 사망하게 된다.

④ 근로자의 발이 한랭에 장기간 노출됨과 동시에 지속적으로 습기나 물에 잠기게 되면 발생한다.

해설 참호족 ─────────

• 근로자의 발이 한랭에 장기간 노출됨과 동시에 지속적으로 습기나 물에 잠기게 될 경우에 발생한다.

• 조직 내부의 온도가 10 ℃에 도달하면 조직 표면이 얼게 되며 이러한 현상을 참호족이라고 한다.

5과목 | 산업독성학

81

중요도 ★

다음 중 생물학적 모니터링에서 사용되는 약어의 의미가 틀린 것은?

① B-background, 직업적으로 노출되지 않은 근로자의 검체에서 동일한 결정인자가 검출될 수 있다는 의미

② Sc-susceptibiliy(감수성), 화학물질의 영향으로 감수성이 커질 수도 있다는 의미

③ Nq-nonqualitative, 결정인자가 동 화학물질에 노출되었다는 지표일 뿐이고 측정치를 정량적으로 해석하는 것은 곤란하다는 의미

④ Ns-nonspecific(비특이적), 특정 화학물질 노출에서뿐만 아니라 다른 화학물질에 의해서도 이 결정인자가 나타날 수 있다는 의미

해설 생물학적 모니터링에서 사용하는 약어 ─────────

구분	내용
B (background)	직업적으로 노출되지 않은 근로자의 검체에서 동일한 결정인자가 검출될 수 있다는 의미
Sc-susceptibiliy (감수성)	화학물질의 영향으로 감수성이 커질 수도 있다는 의미
Nq (nonqualitative)	충분한 자료가 없어 생물학적 노출지수가 설정되지 않았음을 의미
Ns-nonspecific (비특이적)	특정 화학물질 노출에서뿐만 아니라 다른 화학물질에 의해서도 이 결정인자가 나타날 수 있다는 의미

82

중요도 ★★

다음 중 직업성 피부질환에 관한 설명으로 틀린 것은?

① 가장 빈번한 직업성 피부질환은 접촉성 피부염이다.
② 알레르기성 접촉피부염은 일반적인 보호 기구로도 개선 효과가 좋다.
③ 첩포시험은 알레르기성 접촉피부염의 감작물질을 색출하는 임상시험이다.
④ 일부 화학물질과 식물은 광선에 의해서 활성화되어 피부반응을 보일 수 있다.

해설 직업성 피부질환 ─────────

알레르기성 접촉피부염은 특정 물질에 알레르기성 체질이 있는 사람에게만 발생하여 일반적인 보호기구로 잘 개선되지 않는다.

83

중요도 ★★★

노말헥산이 체내 대사과정을 거쳐 변환되는 물질로, 노말헥산에 폭로된 근로자의 생물학적 노출지표로 이용되는 물질로 옳은 것은?

① hippuric acid
② 2,5-hexanedione
③ hydroquonone
④ 9-hydroxyquinoline

해설 자주 출제되는 유해물질과 생물학적 노출지표 ─

• 벤젠 - 소변 중 페놀, t,t-뮤코닉산
• 톨루엔 - 소변 중 o-크레졸
• 이황화탄소 - 소변 중 TTCA
• 노말헥산 - 소변 중 2,5-hexanedione
• 니트로벤젠 - 혈중 메트헤모글로빈
• 일산화탄소 - 혈액 중 Carboxyhemglobin
• 에틸벤젠 - 소변 중 만델린산

84

중요도 ★

다음 중 석면작업의 주의사항으로 적절하지 않은 것은?

① 석면 등을 사용하는 작업은 가능한 한 습식으로 하도록 한다.
② 석면을 사용하는 작업장이나 공정 등은 격리시켜 근로자의 노출을 막는다.
③ 근로자가 상시 접근할 필요가 없는 석면취급설비는 밀폐실에 넣어 양압을 유지한다.
④ 공정상 밀폐가 곤란한 경우, 적절한 형식과 기능을 갖춘 국소배기장치를 설치한다.

해설 석면작업의 주의사항 ─────────

석면취급 설비는 석면이 외부로 유출되지 않도록 음압을 유지하여 오염된 공기가 외부로 유출되지 않도록 해야 한다.

85

중요도 ★★★

다음 중 카드뮴의 중독, 치료 및 예방대책에 관한 설명으로 틀린 것은?

① 소변 속의 카드뮴 배설량은 카드뮴 흡수를 나타내는 지표가 된다.
② BAL 또는 Ca-EDTA 등을 투여하여 신장에 대한 독작용을 제거한다.
③ 칼슘대사에 장해를 주어 신결석을 동반한 증후군이 나타나고 다량의 칼슘 배설이 일어난다.
④ 폐활량 감소, 잔기량 증가 및 호흡곤란의 폐증세가 나타나며, 이 증세는 노출기간과 노출농도에 의해 좌우된다.

해설 카드뮴의 중독 치료법 ─────────

BAL은 수은 해독제이고, Ca-EDTA은 체내에 쌓인 납과 결합해서 납을 소변으로 배출하게 하는 약물이다. 카드뮴 중독 시 BAL 또는 Ca-EDTA를 투여하면 신장 독성을 증가시키므로 위험하다.

86

중요도 ★★★

산업독성학에서 LC_{50}의 설명으로 맞는 것은?

① 실험동물의 50 %가 죽게 되는 양이다.
② 실험동물의 50 %가 죽게 되는 농도이다.
③ 실험동물의 50 %가 살아남을 비율이다.
④ 실험동물의 50 %가 살아남을 확률이다.

해설 산업독성학에서 사용하는 용어 ─────

- LC_{50} : 실험동물의 50 %에서 사망을 유발하는 농도이다.
- ED_{50} : 실험동물의 50 %에서 가역적 반응을 나타내는 용량이다.

87

중요도 ★★

다음 중 크롬에 관한 설명으로 틀린 것은?

① 6가크롬은 발암성 물질이다.
② 주로 소변을 통하여 배설된다.
③ 형광등 제조, 치과용 아말감 산업이 원인이 된다.
④ 만성 크롬중독인 경우 특별한 치료방법이 없다.

해설 크롬 ─────

① 6가크롬은 발암성 물질로 인체 내에 유입되면 폐암을 일으킨다.
② 인체 내에 유입된 크롬은 대부분 신장을 통해 소변으로 배출된다.
③ 형광등 제조는 크롬과 큰 관련이 없고, 치과용 아말감 산업은 수은과 관련이 깊다.
④ 만성 크롬중독인 경우 특별한 치료방법이 없으므로 크롬에 노출되지 않도록 관리하는 것이 중요하다.

88

중요도 ★★

납 중독을 확인하기 위한 시험방법과 가장 거리가 먼 것은?

① 혈액 중 납 농도 측정
② 헴(Heme)합성과 관련된 효소의 혈중 농도 측정
③ 신경전달속도 측정
④ β-ALA 이동 측정

해설 납 중독을 확인하는 시험 ─────

- 혈중 납농도 : 가장 표준적인 검사이다.
- 신경전달속도 : 납 중독에 의해 신경전달속도가 느려지는 경향이 있으므로 보조 진단자료로 활용한다.
- 헴의 대사(ALA 축적) : 납은 헴 합성효소를 억제하므로 헴 대사체 변화를 통해 보조 진단자료로 활용한다.

89

중요도 ★★

동물실험에서 구해진 역치량을 사람에게 외삽하여 "사람에게 안전한 양"으로 추정한 것을 SHD(Safe Human Dose)라고 하는데 SHD 계산에 필요하지 않은 항목은?

① 배설률   ② 노출시간
③ 호흡률   ④ 폐흡수비율

해설 체내 흡수량 ─────

$SHD = C \times T \times V \times R$
SHD : 체내 흡수량(mg)
C : 공기 중 유해물질 농도(mg/m^3)
T : 노출시간(hr)
V : 호흡률(폐환기율)(m^3/hr)
R : 체내 잔류율(보통 1임)

2019-02

90

중요도 ★★★

자동차 정비업체에서 우레탄 도료를 사용하는 도장 작업 근로자에게서 직업성 천식이 발생되었을 때, 원인 물질로 추측할 수 있는 것은?

① 시너(thinner)
② 벤젠(benzene)
③ 크실렌(Xylene)
④ TDI(Toluene diisocyanate)

해설 직업성 천식을 유발하는 대표적인 물질 ──────

• 이소시아네이트류(TDI)
• 무수트리멜리트산(TMA)
• 니켈, 아연, 코발트, 크롬 등의 금속류

91

중요도 ★★

다음 중 유해물질의 독성 또는 건강영향을 결정하는 인자로 가장 거리가 먼 것은?

① 작업강도
② 인체 내 침입경로
③ 노출농도
④ 작업장 내 근로자 수

해설 유해물질의 독성, 건강영향을 결정하는 인자 ──

• 기상조건
• 근로자의 감수성
• 인체 내 침입경로
• 작업강도 및 호흡량
• 유해물질의 농도와 접촉시간

92

중요도 ★★★

다음 중 피부의 색소침착(Pigmentation)이 가능한 표피층 내의 세포는?

① 기저세포
② 멜라닌세포
③ 각질세포
④ 피하지방세포

해설 멜라닌세포 ─────────────────────

멜라닌세포는 색소를 생성하여 피부, 머리카락, 눈 등에 색을 부여하고, 자외선으로부터 피부를 보호하는 역할을 한다.
멜라닌세포는 표피에만 국한되어 있다.

93

중요도 ★

소변 중 화학물질 A의 농도는 28 mg/mL, 단위시간(분)당 배설되는 소변의 부피는 1.5 mL/min, 혈장 중 화학물질 A의 농도가 0.2 mg/mL라면 단위시간(분)당 화학물질 A의 제거율(mL/min)은 얼마인가?

① 120
② 180
③ 210
④ 250

해설 화학물질 A의 제거율(mL/min) ──────────

$$제거율 = \frac{소변 중 농도 \times 소변 배설량}{혈장 중 농도}$$

$$= \frac{\dfrac{28mg}{mL} \times \dfrac{1.5mL}{min}}{\dfrac{0.2mg}{mL}} = \frac{\dfrac{42mg}{min}}{\dfrac{0.2mg}{mL}}$$

$$= \frac{42mg \times mL}{0.2mg \times min} = 210mL/min$$

94

중요도 ★★

다음 중 조혈장해를 일으키는 물질은?

① 납
② 망간
③ 수은
④ 우라늄

해설 조혈장해를 일으키는 물질 ──────

납 중독의 대표적인 장해는 빈혈, 혈색소 저하 등 조혈기능 장해, 위장계통 장해, 중추신경계통 장해이다.

95

중요도 ★★

다음 중 다핵방향족 탄화수소(PAHs)에 대한 설명으로 틀린 것은?

① 철강제조업의 석탄 건류공정에서 발생된다.
② PAHs의 대사에 관여하는 효소는 시토크롬 P-448이다.
③ PAHs의 배설을 쉽게 하기 위하여 수용성으로 대사된다.
④ 벤젠고리가 2개 이상인 것으로 톨루엔이나 크실렌 등이 있다.

해설 다핵방향족 탄화수소 ──────

다핵방향족 탄화수소는 벤젠고리가 2개 이상인 나프탈렌, 벤조피렌 등이다.
톨루엔, 크실렌은 모두 벤젠고리가 1개로 단핵방향족 탄화수소이다.

개념확인 다핵방향족 탄화수소(PAHs)
• 석유, 석탄 등에 포함되어 있으며 석탄연료 배출물, 자동차 연료 배출가스 등 흡연 및 연소공장에서 주로 생성된다.
• 대사 중에 Arene oxide를 생성한다.
• 벤젠고리가 2개 이상 연결되어 있고 대사가 거의 되지 않는 방향족 고리로 구성되어 있다.
• 대사에 관여하는 효소는 시토크롬 P-448로 대사되는 중간산물이 발암성을 나타낸다.

96

중요도 ★★

다음 중 납 중독의 주요 증상에 포함되지 않는 것은?

① 혈중의 Methallothionein 증가
② 적혈구 내 Protoporphyrin 증가
③ 혈색소량 저하
④ 혈청 내 철 증가

해설 납 중독 ──────

혈중의 Methallothionein 증가는 납 중독과는 큰 관련이 없고, 카드뮴과 관련이 있다.

97

중요도 ★★

다음 중 중금속에 의한 폐기능의 손상에 관한 설명으로 틀린 것은?

① 철폐증(Siderosis)은 철분진 흡입에 의한 암 발생(A1)이며, 중피종과 관련이 없다.
② 화학적 폐렴은 베릴륨, 산화카드뮴 에어로졸 노출에 의하여 발생하며 발열, 기침, 폐기종이 동반된다.
③ 금속열은 금속이 용융점 이상으로 가열될 때 형성되는 산화금속을 흄 형태로 흡입할 경우 발생한다.
④ 6가크롬은 폐암과 비강암 유발인자로 작용한다.

해설 중금속에 의한 폐기능 손상 ──────

철폐증은 장기간 철분진 또는 산화철 흄을 흡입해 발생하는 진폐증의 일종이다.
A1은 인체에 대한 발암성이 확인된 물질인데 철폐증과 암 발생과는 관계는 명확히 밝혀진 것이 없고, 중피종과도 큰 관련이 없다.

2019-02

98

중요도 ★★★

다음 중 유해화학물질에 의한 간의 중요한 장해인 중심소엽성 괴사를 일으키는 물질로 옳은 것은?

① 수은
② 사염화탄소
③ 이황화탄소
④ 에틸렌글리콜

해설 사염화탄소 ─────────

사염화탄소(CCl_4)는 주로 간, 신장, 중추신경계에 대한 독성이 강하고, 특히 간에 대한 독성이 강해 중심소엽성 괴사를 일으킨다.

99

중요도 ★★★

화학적 질식제(Chemical Asphyxiant)에 심하게 노출되었을 경우 사망에 이르게 되는 이유로 적절한 것은?

① 폐에서 산소를 제거하기 때문
② 심장의 기능을 저하시키기 때문
③ 폐 속으로 들어가는 산소의 활용을 방해하기 때문
④ 신진대사 기능을 높여 가용한 산소가 부족해지기 때문

해설 질식제 ─────────

단순 질식제는 공기 중에 많이 존재하여 산소의 공급 부족을 초래한다.
화학적 질식제는 인체의 산소공급 체계를 방해하여 질식을 유발한다.

100

중요도 ★★★

다음 중 유해물질의 흡수에서 배설까지의 과정에 대한 설명으로 옳지 않은 것은?

① 흡수된 유해물질은 원래의 형태든, 대사산물의 형태로든 배설되기 위하여 수용성으로 대사된다.
② 흡수된 유해화학물질은 다양한 비특이적 효소에 의한 유해물질의 대사로 수용성이 증가되어 체외로의 배출이 용이하게 된다.
③ 간은 화학물질을 대사시키고 콩팥과 함께 배설시키는 기능을 담당하여, 다른 장기보다도 여러 유해물질의 농도가 낮다.
④ 유해물질은 조직에 분포되기 전에 먼저 몇 개의 막을 통과하여야 하며, 흡수속도는 유해물질의 물리화학적 성상과 막의 특성에 따라 결정된다.

해설 간의 유해물질 해독 ─────────

• 유해물질은 대부분 간에서 대사되며 대사작용에 의해 유해물질의 독성이 감소 또는 증가한다.
• 간에는 각종 대사효소가 집중적으로 분포되어 있고, 이들 효소활용에 의해 다양한 대사물질이 만들어지기 때문에 다른 기관에 비해 유해물질의 농도가 높을 수 있다.

2019 제3회 기출문제

1과목 산업위생학개론

01
중요도 ★★★

다음 중 재해예방의 4원칙에 관한 설명으로 옳지 않은 것은?

① 재해발생과 손실의 관계는 우연적이므로 사고의 예방이 가장 중요하다.
② 재해발생에는 반드시 원인이 있으며, 사고와 원인의 관계는 필연적이다.
③ 재해는 예방이 불가능하므로 지속적인 교육이 필요하다.
④ 재해예방을 위한 가능한 안전대책은 반드시 존재한다.

해설 산업재해 예방의 4원칙

- 예방가능의 원칙 : 재해는 원칙적으로 예방이 가능하다.
- 손실우연의 원칙 : 사고의 결과 발생되는 손실은 우연적이므로 사고의 예방이 중요하다.
- 대책선정의 원칙 : 재해의 예방을 위한 안전대책은 반드시 존재한다.
- 원인계기의 원칙 : 재해발생에는 반드시 원인이 있으므로 사고와 원인의 관계는 필연적이다.

02
중요도 ★

다음 중 실내환경 공기를 오염시키는 요소로 볼 수 없는 것은?

① 라돈   ② 포름알데히드
③ 연소가스   ④ 체온

해설 공기오염 요소

실내환경 공기를 오염시키는 요소 : 라돈, 포름알데히드, 일산화탄소, 연소가스 등

03
중요도 ★★★

300명의 근로자가 1주일에 40시간, 연간 50주를 근무하는 사업장에서 1년 동안 50건의 재해로 60명의 재해자가 발생하였다. 이 사업장의 도수율은 약 얼마인가? (단, 근로자들은 질병, 기타 사유로 인하여 총 근로시간의 5 %를 결근하였다)

① 93.33   ② 87.72
③ 83.33   ④ 77.72

해설 도수율 계산

$$도수율 = \frac{50}{300명 \times 40시간 \times 50주 \times 0.95} \times 10^6$$
$$= 87.72$$

문제의 조건에서 5 % 결근했다고 했으므로 출근율은 95 %이고, 연 근로시간수에 0.95를 곱해야 한다.

개념확인 도수율(빈도율)
- 100만 근로시간당 발생한 재해건수이다.
- $도수율 = \dfrac{재해건수}{연 근로시간 수} \times 10^6$

04

다음 중 근육운동에 동원되는 주요 에너지 생산방법 중 혐기성 대사에 사용되는 에너지원이 아닌 것은?

① 아데노신삼인산
② 크레아틴인산
③ 지방
④ 글리코겐

해설 에너지원의 종류 ─────────

지방은 호기성 대사에 사용되는 에너지원이다.

개념확인 혐기성 대사와 호기성 대사의 구분

구분	내용
혐기성 대사	• 근육 내에 존재하는 크레아틴인산(CP), 글리코겐 또는 포도당이 ATP(아데노신삼인산)를 만들고 ATP로 에너지 생산 • CP, ATP는 순환하고 글리코겐은 소모되어 고갈됨
호기성 대사	• 근육 사용 직후는 혐기성 대사로 에너지를 공급받지만 2분 정도 후 에너지의 고갈로 호기성 대사로 에너지를 공급받음 • 음식물로 섭취한 에너지(포도당, 단백질, 지방)가 산소와 결합하여 에너지를 생산

05

다음 중 피로에 관한 설명으로 틀린 것은?

① 일반적인 피로감은 근육 내 글리코겐의 고갈, 혈중 글루코오스의 증가, 혈중 젖산의 감소와 일치하고 있다.
② 충분한 영양섭취와 휴식은 피로의 예방에 유효한 방법이다.
③ 피로의 주관적 측정방법으로는 CMI(Cornel Medical Index)를 이용한다.
④ 피로는 질병이 아니고 원래 가역적인 생체반응이며 건강장해에 대한 경고적 반응이다.

해설 피로의 발생기전 ─────────

• 영양소와 산소 등의 소모
• 혈중 포도당(글루코오스)의 농도 저하
• 근육 내 글로코겐의 감소
• 물질 대사의 노폐물인 젖산의 축적

06

영국에서 최초로 직업성 암을 보고하여, 1788년에 굴뚝청소부법이 통과되도록 노력한 사람은?

① Ramazzini
② Paracelsus
③ Percivall Pott
④ Robert Owen

해설 Percivall Pott ─────────

• 영국의 의사로 직업성 암을 최초로 보고했다.
• 어린이 굴뚝청소부에서 많이 발생하는 음낭암(Scrotal Cancer)의 원인 물질을 검댕(Soot)으로 규명했다.
• 8살 이하 어린이는 굴뚝청소부로 일하지 못하게 하는 굴뚝청소부법(1788년)을 제정하도록 했다.

07
중요도 ★★★

다음 중 「산업안전보건법령」상 물질안전보건자료 (MSDS)의 작성원칙에 관한 설명으로 가장 거리가 먼 것은?

① MSDS의 작성단위는 「계량에 관한 법률」이 정하는 바에 의한다.
② MSDS는 한글로 작성하는 것을 원칙으로 하되 화학물질명, 외국기관명 등의 고유명사는 영어로 표기할 수 있다.
③ 각 작성항목은 빠짐없이 작성하여야 하며, 부득이 어느 항목에 대해 관련 정보를 얻을 수 없는 경우, 작성란은 공란으로 둔다.
④ 외국어로 되어 있는 MSDS를 번역하는 경우에는 자료의 신뢰성이 확보될 수 있도록 최초 작성기관명 및 시기를 함께 기재하여야 한다.

해설 물질안전보건자료 작성원칙 ─────

물질안전보건자료(MSDS)의 각 작성항목은 빠짐없이 작성하여야 한다. 다만 부득이 어느 항목에 대해 관련 정보를 얻을 수 없는 경우에는 작성란에 "자료 없음"이라고 기재하고, 적용이 불가능하거나 대상이 되지 않는 경우에는 작성란에 "해당 없음"이라고 기재한다.

08
중요도 ★★★

「산업안전보건법령」상 사무실 공기관리에 대한 설명으로 옳지 않은 것은?

① 관리기준은 8시간 시간가중평균농도 기준이다.
② 이산화탄소와 일산화탄소는 비분산적외선검출기의 연속 측정에 의한 직독식 분석방법에 의한다.
③ 이산화탄소의 측정결과 평가는 각 지점에서 측정한 측정치 중 평균값을 기준으로 비교·평가한다.
④ 공기의 측정시료는 사무실 안에서 공기질이 가장 나쁠 것으로 예상되는 2곳 이상에서 채취하고, 측정은 사무실 바닥면으로부터 0.9 ~ 1.5 m의 높이에서 한다.

해설 사무실 공기관리 ─────

「사무실 공기관리 지침」 제8조
이산화탄소는 각 지점에서 측정한 측정치 중 최고값을 기준으로 비교·평가한다.

09
중요도 ★★

미국산업안전보건연구원(NIOSH)의 중량물 취급 작업기준 중 들어 올리는 물체의 폭에 대한 기준은 얼마인가?

① 55 cm 이하   ② 65 cm 이하
③ 75 cm 이하   ④ 85 cm 이하

해설 중량물 취급 작업기준 ─────

들어 올리는 물체의 폭은 75 cm 이하로 두 손을 적당히 벌리고 작업할 수 있어야 한다.

10
중요도 ★

다음 중 작업종류별 바람직한 작업시간과 휴식시간을 배분한 것으로 옳지 않은 것은?

① 사무작업 : 오전 4시간 중에 2회, 오후 1시에서 4시 사이에 1회, 평균 10 ~ 20분 휴식
② 정신집중작업 : 가장 효과적인 것은 60분 작업에 5분간 휴식
③ 신경운동성의 경속도 작업 : 40분간 작업과 20분간 휴식
④ 중근작업 : 1회 계속작업을 1시간 정도로 하고, 20 ~ 30분씩 오전에 3회, 오후에 2회 정도 휴식

해설 정신집중작업 ——————
30분 작업에 5분간 휴식

11
중요도 ★★★

"근로자 또는 일반 대중에게 질병, 건강장해, 불편함, 심한 불쾌감 및 능률 저하 등을 초래하는 작업요인과 스트레스를 예측, 측정, 평가하고 관리하는 과학과 기술"이라고 산업위생을 정의하는 기관은?

① 미국산업위생학회(AIHA)
② 국제노동기구(ILO)
③ 세계보건기구(WHO)
④ 산업안전보건청(OSHA)

해설 미국산업위생학회(AHIA)의 산업위생 정의 ——
근로자 및 일반 대중에게 질병, 건강장해와 안녕방해, 심각한 불쾌감 및 능률 저하 등을 초래하는 작업환경요인과 스트레스를 예측, 측정, 평가 및 관리하는 과학과 기술이다.

12
중요도 ★

다음 중 노동의 적응과 장애에 관련된 내용으로 적절하지 않은 것은?

① 인체는 환경에서 오는 여러 자극(Stress)에 대하여 적응하려는 반응을 일으킨다.
② 인체에 적응이 일어나는 과정은 뇌하수체와 부신피질을 중심으로 한 특유의 반응이 일어나는데 이를 부적응증상군이라고 한다.
③ 직업에 따라 신체 형태와 기능에 국소적 변화가 일어나는데 이것을 직업성 변이(Occupational Stigmata)라고 한다.
④ 외부의 환경변화나 신체활동이 반복되면 조절기능이 원활해지며, 이에 숙련 습득된 상태를 순화라고 한다.

해설 노동의 적응과 장애 ——————
인체가 외부의 스트레스에 대하여 뇌하수체와 부신피질을 중심으로 적응 반응을 나타내는 것을 적응증후군이라고 한다.

13
중요도 ★★★

「산업안전보건법령」에 따라 단위작업장소에서 동일 작업근로자가 13명을 대상으로 시료를 채취할 때의 최초 시료채취 근로자 수는 몇 명인가?

① 1명 ② 2명
③ 3명 ④ 4명

해설 시료채취 근로자 수 ——————
작업 근로자가 1명이 아니므로 최고 노출근로자 2명을 시료채취 해야 한다.
작업 근로자가 13인으로 10인을 초과하므로 5인당 1명을 추가해야 해서 총 3명의 근로자를 대상으로 시료채취를 해야 한다.
만약 근로자가 16명일 경우 4명의 시료를 채취해야 한다.

관련법령 시료채취 근로자 수

「작업환경 측정 및 정도관리 등에 관한 고시」제19조

- 단위작업장소에서 최고 노출근로자 2명 이상에 대하여 동시에 개인시료채취방법으로 측정하되, 단위작업장소에 근로자가 1명인 경우에는 그러하지 아니한다.
- 동일 작업근로자 수가 10명을 초과하는 경우에는 매 5명당 1명 이상 추가하여 측정하여야 한다.
- 동일 작업근로자 수가 100명을 초과하는 경우에는 최대 시료채취 근로자 수를 20명으로 조정할 수 있다.

14 중요도 ★★★

미국산업위생학술원(AAIH)이 채택한 윤리강령 중 산업위생전문가가 지켜야 할 책임과 거리가 먼 것은?

① 기업체의 기밀은 누설하지 않는다.
② 과학적 방법의 적용과 자료의 해석에서 객관성을 유지한다.
③ 근로자, 사회 및 전문직종의 이익을 위해 과학적 지식을 공개하고 발표한다.
④ 전문적 판단이 타협에 의하여 좌우될 수 있는 상황에 개입하여 객관적 자료로 판단한다.

해설 산업위생전문가의 윤리강령 ──────────

전문적 판단이 타협에 의하여 좌우될 수 있거나 이해관계가 있는 상황에는 개입하지 않아야 한다.

15 중요도 ★★★

다음 중 직업병 예방을 위하여 설비개선 등의 조치로는 어려운 경우 가장 마지막으로 적용하는 방법은?

① 격리 및 밀폐
② 개인보호구의 지급
③ 환기시설 등의 설치
④ 공정 또는 물질의 변경, 대치

해설 직업병 예방방법 ──────────

직업병 예방을 위하여 설비개선 등의 조치로는 어려운 경우 마지막으로 적용하는 방법이 개인보호구의 지급이다.
개인보호구 지급은 수동적인 2차적 대안이다.

16 중요도 ★★

다음 중 ACGIH에서 권고하는 TLV-TWA(시간 가중 평균치)에 대한 근로자 노출의 상한치와 노출가능시간의 연결로 옳은 것은?

① TLV-TWA의 3배 : 30분 이하
② TLV-TWA의 3배 : 60분 이하
③ TLV-TWA의 5배 : 5분 이하
④ TLV-TWA의 5배 : 15분 이하

해설 TLV-TWA(시간 가중 평균치)에 대한 근로자 노출의 상한치와 노출가능시간 ──────────

- TLV-TWA의 3배 : 30분 이하의 노출 권고
- TLV-TWA의 5배 : 잠시라도 노출 금지

2019-03

17

중요도 ★★★

정상 작업영역에 대한 정의로 옳은 것은?

① 위팔은 몸통 옆에 자연스럽게 내린 자세에서 아래팔의 움직임에 의해 편안하게 도달 가능한 작업영역

② 어깨로부터 팔을 뻗어 도달 가능한 작업영역

③ 어깨로부터 팔을 머리 위로 뻗어 도달 가능한 작업영역

④ 위팔은 몸통 옆에 자연스럽게 내린 자세에서 손에 쥔 수공구의 끝부분이 도달 가능한 작업영역

해설 작업영역 ─────────────

(1) 정상 작업영역
  • 위팔은 몸통 옆에 자연스럽게 내린 자세에서 아래팔의 움직임에 의해 편안하게 도달 가능한 작업영역
  • 움직이지 않고 전박(팔꿈치부터 손목까지)과 손으로 조작할 수 있는 범위

(2) 최대 작업영역
  • 어깨로부터 팔을 뻗어 도달 가능한 작업영역
  • 움직이지 않고 상지(팔)를 뻗어서 닿는 범위

18

중요도 ★★★

「산업안전보건법령」상의 "충격소음작업"은 몇 dB 이상의 소음이 1일 100회 이상 발생되는 작업을 말하는가?

① 110
② 120
③ 130
④ 140

해설 충격소음작업의 정의 ─────────────

「안전보건규칙」 제512조

충격소음작업은 소음이 1초 이상의 간격으로 발생하는 작업으로서 다음의 어느 하나에 해당하는 작업이다.

• 120 dB을 초과하는 소음이 1일 1만 회 이상 발생하는 작업

• 130 dB을 초과하는 소음이 1일 1천 회 이상 발생하는 작업

• 140 dB을 초과하는 소음이 1일 1백 회 이상 발생하는 작업

19

중요도 ★★

크롬에 노출되지 않은 집단의 질병발생율은 1.0이었고, 노출된 집단의 질병발생율은 1.2였을 때 다음 설명으로 옳지 않은 것은?

① 크롬의 노출에 대한 귀속위험도는 0.2이다.

② 크롬의 노출에 대한 비교위험도는 1.2이다.

③ 크롬에 노출된 집단의 위험도가 더 큰 것으로 나타났다.

④ 비교위험도는 크롬의 노출이 기여하는 절대적인 위험률의 정도를 의미한다.

해설 비교위험도와 귀속위험도 ─────────────

비교위험도(상대위험도)
$$= \frac{\text{노출군에서의 질병발생률}}{\text{비노출군에서의 질병발생률}} = \frac{1.2}{1.0} = 1.2$$

귀속위험도(기여위험도)
= 노출군 질병발생률 - 비노출군 질별발생률
$$= 1.2 - 1.0 = 0.2$$

귀속위험도(기여위험도)가 크롬의 노출이 기여하는 절대적인 위험률의 정도를 의미한다.

20

중요도 ★★

다음 중 전신피로에 관한 설명으로 틀린 것은?

① 작업에 의한 근육 내 글리코겐 농도의 변화는 작업자의 훈련유무에 따라 차이를 보인다.
② 작업강도가 증가하면 근육 내 글리코겐 양이 비례적으로 증가되어 근육피로가 발생된다.
③ 작업강도가 높을수록 혈중 포도당 농도는 급속히 저하하며, 이에 따라 피로감이 빨리 온다.
④ 작업대사량의 증가에 따라 산소 소비량도 비례하여 증가하나, 작업대사량이 일정한계를 넘으면 산소 소비량은 증가하지 않는다.

해설 **전신피로**

작업강도가 증가하면 근육 내 글리코겐 양이 비례적으로 감소하여 근육피로가 발생한다.

2과목 **작업위생 측정 및 평가**

21

중요도 ★★★

자연습구온도는 31 ℃, 흑구온도는 24 ℃, 건구온도는 34 ℃인 실내 작업장에서 시간당 400칼로리가 소모된다면 계속작업을 실시하는 주조공장의 WBGT는 몇 ℃ 인가? (단, 고용노동부 고시를 기준으로 한다)

① 28.9
② 29.9
③ 30.9
④ 31.9

해설 옥내 또는 옥외(태양광선이 내리쬐지 않는 장소)

$$WBGT(℃) = 0.7 \times 자연습구온도 + 0.3 \times 흑구온도$$
$$WBGT(℃) = 0.7 \times 31 + 0.3 \times 24 = 28.9℃$$

22

중요도 ★★★

작업환경 측정의 단위표시로 틀린 것은? (단, 고용노동부 고시를 기준으로 한다)

① 미스트, 흄의 농도는 ppm, mg/mm³로 표시한다.
② 소음수준의 측정단위는 dB(A)로 표시한다.
③ 석면의 농도표시는 섬유개수(개/cm³)로 표시한다.
④ 고열(복사열 포함)의 측정단위는 섭씨온도(℃)로 표시한다.

해설 **작업환경 측정의 단위**

「작업환경 측정 및 정도관리 등에 관한 고시」 제20조
• 가스, 증기, 분진, 흄(Fume), 미스트(Mist) : ppm 또는 mg/m³
• 석면 : 개/cm³
• 소음 : dB(A)
• 고온(복사열) : 습구흑구온도지수(WBGT)를 구하여 섭씨온도(℃)로 표기

23

공기시료채취 시 공기유량과 용량을 보정하는 표준기구 중 1차 표준기구는?

① 흑연피스톤미터　　② 로타미터
③ 습식테스트미터　　④ 건식가스미터

해설 표준기구의 종류

(1) 1차 표준기구의 종류
  • 비누거품미터(Soap bubble meter)
  • 폐활량계(Spirometer)
  • 가스치환병(Mariotte bottle)
  • 유리피스톤미터(Glass piston meter)
  • 흑연피스톤미터(Fictionless meter)
  • 피토튜브(Pitot tube)
(2) 2차 표준기구의 종류
  • 로타미터(Rotameter)
  • 습식테스트미터(Wet-test-meter)
  • 건식가스미터(Dry-test-meter)
  • 오리피스미터(Orifice meter)
  • 열선기류계

24

중요도 ★★

고열 측정방법에 관한 내용이다. ( ) 안에 들어갈 내용으로 맞는 것은? (단, 고용노동부 고시를 기준으로 한다)

> 측정기기를 설치한 후 일정시간 안정화시킨 후 측정을 실시하고, 고열작업에 대해 측정하고자 할 경우에는 1일 작업시간 중 최대로 높은 고열에 노출되고 있는 (㉠)시간을 (㉡)분 간격으로 연속하여 측정한다.

① ㉠ : 1, ㉡ : 5　　② ㉠ : 2, ㉡ : 5
③ ㉠ : 1, ㉡ : 10　　④ ㉠ : 2, ㉡ : 10

해설 고열 측정방법

「작업환경 측정 및 정도관리 등에 관한 고시」 제31조
• 측정은 단위작업장소에서 측정대상이 되는 근로자의 주 작업 위치에서 측정한다.
• 측정기의 위치는 바닥면으로부터 50 cm 이상, 150 cm 이하의 위치에서 측정한다.
• 측정기를 설치한 후 충분히 안정화시킨 상태에서 1일 작업시간 중 가장 높은 고열에 노출되는 1시간을 10분 간격으로 연속하여 측정한다.

25

중요도 ★★★

흉곽성 입자상 물질(TPM)의 평균입경(μm)은? (단, ACGIH 기준을 따른다)

① 1　　② 4
③ 10　　④ 50

해설 입자상 물질의 분류(ACGIH)

구분	기준
흡입성 분진 (IPM)	• 호흡기의 어느 부위에 침착하더라도 독성 유발 • 평균입경 : 100 μm
흉곽성 분진 (TPM)	• 기도나 하기도(가스교환 부위) 또는 폐포나 폐기도에 침착하여 독성 유발 • 평균입경 : 10 μm
호흡성 분진 (RPM)	• 가스교환 부위(폐포)에 침착하여 독성 유발 • 평균입경 : 4 μm

26

중요도 ★★★

일반적으로 소음계는 A, B, C 세 가지 특성에서 측정할 수 있도록 보정되어 있다. 그 중 A 특성치는 몇 phon의 등감곡선에 기준한 것인가?

① 20 phon　　② 40 phon
③ 70 phon　　④ 100 phon

해설 음의 크기 레벨(phon)과 청감보정회로

- 40 phon : A청감보정회로(A특성)
- 70 phon : B청감보정회로(B특성)
- 100 phon : C청감보정회로(C특성)

27

중요도 ★★

입자상 물질인 흄(Fume)에 관한 설명으로 옳지 않은 것은?

① 용접공정에서 흄이 발생한다.
② 일반적으로 흄은 모양이 불규칙하다.
③ 흄의 입자크기는 먼지보다 매우 커 폐포에 쉽게 도달하지 않는다.
④ 흄은 상온에서 고체상태의 물질이 고온으로 액체화된 다음 증기화되고, 증기물의 응축 및 산화로 생기는 고체상의 미립자이다.

해설 흄(Fume)

흄(Fume)의 입자크기는 약 0.1 μm 이하로 먼지(1 ~ 100 μm)보다 작아 폐포에 쉽게 도달한다.

28

중요도 ★★★

다음의 유기용제 중 실리카겔에 대한 친화력이 가장 강한 것은?

① 알코올류   ② 케톤류
③ 올레핀류   ④ 에스테르류

해설 실리카겔의 친화력(극성이 강한 순서)

물 > 알코올류 > 알데하이드류 > 케톤류 > 에스테르류 > 방향족탄화수소류 > 올레핀류 > 파라핀류

29

중요도 ★★

다음 중 0.2 ~ 0.5 m/sec 이하의 실내기류를 측정하는 데 사용할 수 있는 온도계는?

① 금속온도계   ② 건구온도계
③ 카타온도계   ④ 습구온도계

해설 카타온도계

카타온도계는 0.2 ~ 0.5 m/sec 정도의 약한 실내기류를 측정하는 데 사용한다.

30

중요도 ★★

누적소음노출량(D, %)을 적용하여 시간가중평균 소음기준[TWA, dB(A)]을 산출하는 식은? (단, 고용노동부 고시를 기준으로 한다)

① $\text{TWA} = 61.16 \times \log\left[\dfrac{D}{100}\right] + 70$

② $\text{TWA} = 16.61 \times \log\left[\dfrac{D}{100}\right] + 70$

③ $\text{TWA} = 16.61 \times \log\left[\dfrac{D}{100}\right] + 90$

④ $\text{TWA} = 61.16 \times \log\left[\dfrac{D}{100}\right] + 90$

해설 시간가중평균 소음수준(TWA)[dB(A)]

$$\text{TWA} = 16.61 \times \log\left[\dfrac{D}{100}\right] + 90$$

D : 누적소음노출량(%)

2019-03

31

중요도 ★★★

다음 소음의 측정시간에 관련한 내용에서 ( )에 들어갈 수치로 알맞은 것은? (단, 고용노동부 고시를 기준으로 한다)

> 단위작업장소에서의 소음 발생시간이 6시간 이내인 경우나 소음 발생원에서의 발생시간이 간헐적인 경우에는 발생시간 동안 연속 측정하거나 등간격으로 나누어 ( )회 이상 측정하여야 한다.

① 2 ② 4
③ 6 ④ 8

해설 소음의 측정시간

「작업환경 측정 및 정도관리 등에 관한 고시」 제28조 단위작업장소에서의 소음 발생시간이 6시간 이내인 경우나 소음 발생원에서의 발생시간이 간헐적인 경우에는 발생시간 동안 연속 측정하거나 등간격으로 나누어 4회 이상 측정하여야 한다.

32

중요도 ★★★

작업환경공기 중 A물질(TLV 10 ppm) 5 ppm, B물질(TLV 100 ppm)이 50 ppm, C물질(TLV 100 ppm)이 60 ppm 있을 때, 혼합물의 허용농도는 약 몇 ppm인가? (단, 상가작용기준이다)

① 78 ② 72
③ 68 ④ 64

해설 노출지수(EI)

$$EI = \frac{C_1}{T_1} + \frac{C_2}{T_2} + \cdots + \frac{C_n}{T_n}$$

혼합물의 허용기준 농도(TLV)

$$TLV = \frac{C_1 + C_2 + \cdots C_n}{EI}$$

C_n : 화학물질 각각의 측정치

T_n : 화학물질 각각의 노출기준

$$EI = \frac{5}{10} + \frac{50}{100} + \frac{60}{100} = 1.6$$

$$TLV = \frac{5 + 50 + 60}{1.6} = 71.875 ppm$$

33

중요도 ★★★

입자상 물질을 채취하는 데 이용되는 PVC 여과지에 대한 설명으로 틀린 것은?

① 유리규산을 채취하여 X-선 회절분석법에 적합하다.
② 수분에 대한 영향이 크지 않다.
③ 공해성 먼지, 총 먼지 등의 중량분석에 용이하다.
④ 산에 쉽게 용해되어 금속채취에 적당하다.

해설 여과지

④는 셀룰로오스 에스테르 막여과지(MCE)에 대한 설명이다.

개념확인 PVC막 여과지

• 가볍고 흡습성이 낮아 분진의 중량분석에 사용된다.
• 유리규산을 채취하여 X-선 회절분석법으로 분석하는 데에 적합하고 6가크롬 및 아연산화합물의 채취에 사용된다.
• 수분에 대한 영향이 크지 않아 공해성 먼지, 총 먼지 등의 중량분석에 용이하다.
• 습기에 영향을 적게 받기 위해 전기적인 전하를 가지고 있어 채취 시 입자를 반발하여 채취효율을 떨어뜨리는 단점이 있다.

34

중요도 ★★

다음 중 표본에서 얻은 표준편차와 표본의 수만 가지고 얻을 수 있는 것은?

① 산술평균치 ② 분산
③ 변이계수 ④ 표준오차

표준오차(σ) —————

$$\sigma = \frac{SD}{\sqrt{N}}$$

SD : 표준편차, N : 자료의 수

35

중요도 ★★

절삭작업을 하는 작업장의 오일미스트 농도 측정결과가 아래 표와 같다면 오일미스트의 TWA는 얼마인가?

측정시간	오일미스트농도(mg/m³)
09:00 ~ 10:00	0
10:00 ~ 11:00	1.0
11:00 ~ 12:00	1.5
13:00 ~ 14:00	1.5
14:00 ~ 15:00	2.0
15:00 ~ 17:00	4.0
17:00 ~ 18:00	5.0

① 3.24 mg/m³ ② 2.38 mg/m³
③ 2.16 mg/m³ ④ 1.78 mg/m³

시간가중평균노출기준(TWA) —————

$$TWA = \frac{C_1 \times T_1 + C_2 \times T_2 + \cdots C_n \times T_n}{8}$$

C : 유해인자의 측정치(mg/m³, ppm)
T : 유해인자의 발생시간(시간)
TWA

$$\frac{(0 \times 1) + (1 \times 1) + (1.5 \times 1) + (1.5 \times 1)}{+ (2 \times 1) + (4 \times 2) + (5 \times 1)}{8}$$

$= 2.375 ppm$

36

중요도 ★★

작업장에서 오염물질 농도를 측정했을 때 일산화탄소(CO)가 0.01 %이었다면 이때 일산화탄소 농도(mg/m³)는 약 얼마인가? (단, 25 ℃, 1기압 기준이다)

① 95 ② 105
③ 115 ④ 125

일산화탄소의 농도 계산 —————

(1) 일산화탄소(CO)의 분자량, ppm 농도 계산
분자량 = 12 + 16 = 28
$0.01\% = 0.0001$
$0.0001 \times 10^6 = 100 ppm$

(2) ppm 농도를 mg/m³로 변환

$$노출기준(mg/m^3) = \frac{ppm \times 분자량}{24.45}$$

$$노출기준(mg/m^3) = \frac{100 \times 28}{24.45}$$

$$= 114.519 mg/m^3$$

37

중요도 ★★★

다음 중 석면을 포집하는 데 적합한 여과지는?

① 은막 여과지
② 섬유상 막여과지
③ PTEE 막여과지
④ MCE 막여과지

해설 셀룰로오스 에스테르 막여과지(MCE) ─────

유해물질이 여과지의 표면에 주로 침착되기 때문에 석면 등 현미경분석을 위한 시료채취에 유리하다.

38

중요도 ★★

작업환경 측정 결과 측정치가 다음과 같을 때, 평균편차는 얼마인가?

7, 5, 15, 20, 8

① 2.8   ② 5.2
③ 11   ④ 17

해설 평균편차 계산 ─────

$$평균편차 = \frac{\sum_{i=1}^{n}\left|x_i - \bar{x}\right|}{n}$$

x_i : 측정치, $\bar{x}$: 산술평균
n : 측정치의 수

산술평균 $= \dfrac{7+5+15+20+8}{5} = 11$

평균편차 계산
$$\frac{|7-11|+|5-11|+|15-11|+|20-11|+|8-11|}{5}$$
$$= 5.2$$

39

중요도 ★★

초기 무게가 1.260 g인 깨끗한 PVC 여과지를 하이볼륨(High-volume) 시료채취기에 장착하여 작업장에서 오전 9시부터 오후 5시까지 2.5 L/분의 유량으로 시료채취기를 작동시킨 후 여과지의 무게를 측정한 결과가 1.280 g이었다면 채취한 입자상 물질의 작업장 내 평균농도(mg/m³)는?

① 7.8   ② 13.4
③ 16.7   ④ 19.2

해설 단위환산을 이용한 계산 ─────

$$\frac{mg}{m^3} = \frac{(1.280 - 1.260)\,g \times \dfrac{1{,}000\,mg}{g}}{\dfrac{2.5L}{min} \times \dfrac{m^3}{1{,}000L} \times (8\times60)\,min}$$

$$= 16.666\,mg/m^3$$

$1{,}000\,mg = g,\ 1{,}000\,L = m^3$

40

중요도 ★★★

누적소음노출량 측정기로 소음을 측정하는 경우, 기기 설정으로 적절한 것은? (단, 고용노동부 고시를 기준으로 한다)

① Criteria = 80 dB, Exchange Rate = 5 dB, Threshold = 90 dB
② Criteria = 80 dB, Exchange Rate = 10 dB, Threshold = 90 dB
③ Criteria = 90 dB, Exchange Rate = 10 dB, Threshold = 80 dB
④ Criteria = 90 dB, Exchange Rate = 5 dB, Threshold = 80 dB

해설 누적소음노출량 측정기로 소음을 측정하는 경우 기기 설정값 ─────

「작업환경 측정 및 정도관리 등에 관한 고시」 제26조
• Criteria 90 dB
• Exchange Rate 5 dB
• Threshold 80 dB

41

중요도 ★★

후드의 정압이 50 mmH₂O이고 덕트 속도압이 20 mmH₂O일 때, 후드의 압력손실계수는?

① 1.5
② 2.0
③ 2.5
④ 3.0

해설 후드의 정압(SP_h) 계산

$SP_h = VP(1+F_h)$

SP_h : 후드의 정압(mmH₂O)

VP : 속도압(동압)(mmH₂O)

F_h : 압력손실계수

$50 = 20(1+F_h)$

$F_h = \dfrac{50}{20} - 1 = 1.5$

42

중요도 ★★

내경 15 mm인 관에 40 m/min의 속도로 비압축성 유체가 흐르고 있다. 같은 조건에서 내경만 10 mm로 변화하였다면, 유속은 약 몇 m/min인가? (단, 관 내 유체의 유량은 같다)

① 90
② 120
③ 160
④ 210

해설 유량 공식

$Q = A_1 V_1 = A_2 V_2$

Q : 유량(m³/min)

A : 단면적(m²), V : 유속(m/min)

$V_2 = \dfrac{A_1}{A_2} \times V_1 = \dfrac{\dfrac{\pi}{4} \times 0.015^2}{\dfrac{\pi}{4} \times 0.01^2} \times 40$

$= 90 \text{m/min}$

43

중요도 ★★

0 ℃, 1기압에서 A 기체의 밀도가 1.415 kg/m³일 때, 100 ℃, 1기압에서 A 기체의 밀도는 몇 kg/m³인가?

① 0.903
② 1.036
③ 1.085
④ 1.411

해설 기체의 밀도 보정

100 ℃의 공기의 부피를 샤를의 법칙으로 계산한다.

$\dfrac{V_1}{T_1} = \dfrac{V_2}{T_2}$

$V_2 = \dfrac{T_2}{T_1} \times V_1 = \dfrac{100+273}{0+273} \times 1 = 1.3663 \text{m}^3$

밀도 $= \dfrac{1.415 \text{kg}}{1.3663 \text{m}^3} = 1.0356 \text{kg/m}^3$

44

중요도 ★★★

다음 중 국소배기장치에서 공기공급시스템이 필요한 이유와 가장 거리가 먼 것은?

① 에너지 절감
② 안전사고 예방
③ 작업장의 교차기류 촉진
④ 국소배기장치의 효율 유지

해설 공기공급시스템이 필요한 이유

• 연료를 절약하기 위해서
• 작업장 내 안전사고를 예방하기 위해서
• 국소배기장치를 적절하게 가동시키기 위해서
• 작업장 내의 교차기류(방해기류) 생성을 방지하기 위해서
• 외부 공기가 정화되지 않은 채로 건물 내로 유입되는 것을 방지하기 위해서

45

중요도 ★★★

다음 중 덕트 내 공기의 압력을 측정할 때 사용하는 장비로 가장 적절한 것은?

① 피토관
② 타코메타
③ 열선유속계
④ 회전날개형 유속계

해설 압력측정 기구 ─────────────

덕트에서 속도압 및 정압은 피토관으로 측정한다. 피토관은 흐르는 유체(기체, 액체)의 압력 차이를 통해 속도를 측정하는 기구이다.

46

중요도 ★★★

다음 중 귀마개의 특징과 가장 거리가 먼 것은?

① 제대로 착용하는 데 시간이 걸린다.
② 보안경 사용 시 차음효과가 감소한다.
③ 착용 여부 파악이 곤란하다.
④ 귀마개 오염에 따른 감염 가능성이 있다.

해설 귀마개 ─────────────

귀덮개를 착용할 경우 보안경 착용 시 차음효과가 감소할 수 있지만 귀마개는 보안경을 착용해도 차음효과가 감소하지 않는다.

47

중요도 ★★

오후 6시 20분에 측정한 사무실 내 이산화탄소의 농도는 1,200 ppm, 사무실이 빈 상태로 1시간이 경과한 오후 7시 20분에 측정한 이산화탄소의 농도는 400 ppm이었다. 이 사무실의 시간당 공기교환 횟수는? (단, 외부공기 중의 이산화탄소의 농도는 330 ppm이다)

① 0.56
② 1.22
③ 2.52
④ 4.26

해설 시간당 공기교환 횟수(ACH) ─────────

$$ACH = \frac{\ln(C_1 - C_0) - \ln(C_2 - C_0)}{hr}$$

C_1 : 처음의 이산화탄소 농도
C_2 : 시간이 경과한 후 이산화탄소 농도
C_0 : 외부 공기 중 이산화탄소 농도

$$ACH = \frac{\ln(1,200 - 330) - \ln(400 - 330)}{1}$$
$$= 2.519회$$

48

중요도 ★★

안지름이 200 mm인 관을 통하여 공기를 55 m³/min의 유량으로 송풍할 때, 관 내 평균유속은 약 몇 m/sec인가?

① 21.8
② 24.5
③ 29.2
④ 32.2

해설 유량 공식 ─────────────

$Q = AV$
Q : 유량(m³/sec)
A : 단면적(m²), V : 유속(m/sec)

$$V = \frac{Q}{A} = \frac{55m^3}{min} \times \frac{min}{60sec} \Big/ \frac{\pi}{4} \times 0.2^2 = 29.178m/sec$$

49

중요도 ★★

슬롯 길이가 3 m이고, 제어속도가 2 m/sec인 슬롯후드에서 오염원이 2 m 떨어져 있을 경우 필요 환기량은 몇 m³/min인가? (단, 공간에 설치하며 플랜지는 부착되어 있지 않다)

① 1,434
② 2,664
③ 3,734
④ 4,864

외부식 슬롯형 후드의 필요 송풍량(Q) ────

$Q = C \times L \times V_c \times X$

Q : 필요 송풍량(m^3/sec), C : 형상계수

형상계수는 전원주형의 경우 ACGIH 기준 3.7이다.

L : 개구면의 길이(m), V_c : 제어속도(m/sec)

X : 포촉점(포집점)까지의 거리(m)

$Q = 3.7 \times 3 \times 2 \times 2$

$$= \frac{44.4 m^3}{sec} \times \frac{60 sec}{min} = 2,664 m^3/min$$

침강속도(Stokes 법칙) ────

$$V = \frac{d_p^2 (\rho_p - \rho) g}{18\mu}$$

V : 침강속도(m/sec)

d_p : 입자의 직경(m/sec)

ρ_p : 입자의 밀도(kg/m^3)

ρ : 가스(공기)의 밀도(kg/m^3)

g : 중력가속도(9.8 m/sec^2)

μ : 점성계수(kg/m·sec)

입자의 침강속도(V)는 공기와 입자 사이의 밀도차 ($\rho_p - \rho$)에 비례한다.

50

중요도 ★★

다음 중 방독마스크의 카트리지의 수명에 영향을 미치는 요소와 가장 거리가 먼 것은?

① 흡착제의 질과 양

② 상대습도

③ 온도

④ 분진 입자의 크기

방독마스크 ────

방독마스크의 카트리지의 수명에 영향을 미치는 요소는 온도, 상대습도, 흡착제의 질과 양이다.

52

중요도 ★★

방진마스크에 대한 설명으로 옳은 것은?

① 흡기저항 상승률이 높은 것이 좋다.

② 형태에 따라 전면형 마스크와 후면형 마스크가 있다.

③ 필터의 여과효율이 낮고 흡입저항이 클수록 좋다.

④ 비휘발성 입자에 대한 보호가 가능하고 가스 및 증기의 보호는 안 된다.

방진마스크 ────

• 흡기저항 상승률이 낮은 것이 좋다.

• 형태에 따라 전면형 마스크와 반면형 마스크가 있다.

• 필터의 여과효율이 높고 흡입저항이 작을수록 좋다.

• 비휘발성 입자에 대한 보호가 가능하고 가스 및 증기의 보호는 안 된다.

• 필터의 재질은 면, 모, 합성섬유, 유리섬유, 금속섬유 등이다.

51

중요도 ★★★

스토크스식에 근거한 중력침강속도에 대한 설명으로 틀린 것은? (단, 공기 중의 입자를 고려한다)

① 중력가속도에 비례한다.

② 입자직경의 제곱에 비례한다.

③ 공기의 점성계수에 반비례한다.

④ 입자와 공기의 밀도차에 반비례한다.

53 중요도 ★

한랭작업장에서 일하고 있는 근로자의 관리에 대한 내용으로 옳지 않은 것은?

① 가장 따뜻한 시간대에 작업을 실시한다.
② 노출된 피부나 전신의 온도가 떨어지지 않도록 온도를 높이고 기류의 속도는 낮추어야 한다.
③ 신발은 발을 압박하지 않고 습기가 있는 것을 신는다.
④ 외부 액체가 스며들지 않도록 방수 처리된 의복을 입는다.

해설 한랭작업장 ─────

한랭작업장에서 일하고 있는 근로자는 발을 압박하지 않고 고무인 바닥을 천으로 둘러싸고 가죽으로 덮은 신발을 신어야 한다.

54 중요도 ★★

다음 중 국소배기장치 설계의 순서로 가장 적절한 것은?

① 소요풍량 계산 → 후드형식 선정 → 제어속도 결정
② 제어속도 결정 → 소요풍량 계산 → 후드형식 선정
③ 후드형식 선정 → 제어속도 결정 → 소요풍량 계산
④ 후드형식 선정 → 소요풍량 계산 → 제어속도 결정

해설 국소배기장치 설계의 순서 ─────

후드형식 선정 → 제어속도 결정 → 소요풍량 계산 → 반송속도 결정

55 중요도 ★★

원심력 송풍기인 방사 날개형 송풍기에 관한 설명으로 틀린 것은?

① 깃이 평판으로 되어 있다.
② 플레이트형 송풍기라고도 한다.
③ 깃의 구조가 분진을 자체 정화할 수 있도록 되어 있다.
④ 큰 압력손실에서 송풍량이 급격히 떨어지는 단점이 있다.

해설 송풍기 ─────

④는 전향 날개형(다익형) 송풍기의 특징이다.

개념확인 방사 날개형 송풍기

• 날개(깃)가 평판 모양으로 강도 높게 설계되어 있다.
• 깃의 구조가 분진을 자체적으로 정화할 수 있다.
• 시멘트, 곡물, 모래 등의 고농도의 분진을 함유한 공기, 부식성이 강한 공기를 이송시키는 데 많이 이용된다.
• 효율은 다익팬보다 약간 높으나 터보팬보다는 낮다.

56 중요도 ★★

작업환경개선을 위한 물질의 대체로 적절하지 않은 것은?

① 주물공정에서 실리카모래 대신 그린모래로 주형을 채우도록 한다.
② 보온재로 석면 대신 유리섬유나 암면 등 사용한다.
③ 금속표면을 블라스팅할 때 사용재료를 철 구슬 대신 모래를 사용한다.
④ 야광시계 자판의 라듐을 인으로 대체하여 사용한다.

해설 작업환경개선 ─────

금속표면을 블라스팅할 때 모래를 사용하면 분진이 많이 발생하므로 철 구슬을 사용하는 것이 좋다.

57

중요도 ★★★

원심력 송풍기의 종류 중 전향 날개형 송풍기에 관한 설명으로 옳지 않은 것은?

① 다익형 송풍기라고도 한다.
② 큰 압력손실에도 송풍량의 변동이 적은 장점이 있다.
③ 송풍기의 임펠러가 다람쥐 쳇바퀴 모양이며, 송풍기 깃이 회전방향과 동일한 방향으로 설계되어 있다.
④ 동일 송풍량을 발생시키기 위한 임펠러 회전속도가 상대적으로 낮아 소음문제가 거의 발생하지 않는다.

해설 전향 날개형(다익형) 송풍기 ─────────
• 송풍기의 임펠러가 다람쥐 쳇바퀴 모양으로 회전날개가 회전방향과 동일한 방향으로 설계되어 있다.
• 동일 송풍량을 발생시키기 위한 임펠러 회전속도가 상대적으로 낮아 소음문제가 거의 발생하지 않는다.
• 강도 문제가 그리 중요하지 않아 저가로 제작이 가능하다.
• 높은 압력손실에서는 송풍량이 급격하게 떨어지므로 이송시켜야 할 공기량이 많고 압력손실이 작게 걸리는 전체환기나 공기조화용으로 널리 사용된다.

58

중요도 ★★★

국소배기시스템 설계에서 송풍기 전압이 136 mmH₂O이고, 송풍량은 184 m³/min일 때, 필요한 송풍기 소요동력은 약 몇 kW인가? (단, 송풍기의 효율은 60 %이다)

① 2.7
② 4.8
③ 6.8
④ 8.7

해설 송풍기의 소요동력(HP) ─────────

$$HP = \frac{Q \times P}{6,120 \times \eta} K$$

HP : 송풍기의 소요동력(kW)
Q : 풍량(m³/min)
P : 유효전압(mmH₂O), η : 효율
K : 안전계수(주어지지 않으면 1로 간주)

$$HP = \frac{184 \times 136}{6,120 \times 0.6} = 6.814 \text{kW}$$

59

중요도 ★★★

필요환기량을 감소시키는 방법으로 옳지 않은 것은?

① 가급적이면 공정이 많이 포위되지 않도록 하여야 한다.
② 후드 개구면에서 기류가 균일하게 분포되도록 설계한다.
③ 공정에서 발생 또는 배출되는 오염물질의 절대량을 감소시킨다.
④ 포집형이나 레시버형 후드를 사용할 때는 가급적 후드를 배출 오염원에 가깝게 설치한다.

해설 후드가 갖추어야 할 사항(필요환기량을 감소시키는 방법) ─────────
• 오염물질 발생원에 가깝게 설치한다.
• 제어속도는 작업조건을 고려하여 적정하게 선정한다.
• 가급적이면 공정을 많이 포위한다.
• 공정 내 측면 부착 차폐막이나 커튼 사용을 늘려 오염물질의 희석을 방지한다.

2019-03

60

중요도 ★

다음 중 작업환경관리의 목적과 가장 거리가 먼 것은?

① 산업재해 예방   ② 작업환경의 개선

③ 작업능률의 향상   ④ 직업병 치료

해설 작업환경관리의 목적 ─────────

작업환경관리는 직업병을 치료하는 것이 아니라 직업병에 걸리지 않도록 작업환경을 관리하는 것이다.

61

중요도 ★

흑구온도가 260 K이고, 기온이 251 K일 때 평균 복사온도는? (단, 기류속도는 1 m/s이다)

① 227.8 K   ② 260.7 K

③ 287.2 K   ④ 300.6 K

해설 평균 복사온도(MRT) ─────────

$$MRT = 260 + 0.273\sqrt{V}(T_g - T_a)$$

MRT : 평균 복사온도(K)

V : 기류속도(cm/sec)

$V = 1\,m/sec = 100\,cm/sec$

T_g : 흑구온도(K), T_a : 기류온도(K)

$$MRT = 260 + 0.273\sqrt{100}(260 - 251)$$
$$= 284.57K$$

62

중요도 ★★★

「산업안전보건법령」상 적정한 공기에 해당하는 것은? (단, 다른 성분의 조건은 적정한 것으로 가정한다)

① 탄산가스가 1.0 %인 공기

② 산소농도가 16 %인 공기

③ 산소농도가 25 %인 공기

④ 황화수소 농도가 25 ppm인 공기

해설 적정공기 정의 ─────────

「안전보건규칙」 제618조

• 산소농도의 범위가 18 % 이상 23.5 % 미만

• 이산화탄소(탄산가스)의 농도가 1.5 % 미만

• 일산화탄소의 농도가 30 ppm 미만

• 황화수소의 농도가 10 ppm 미만

63

중요도 ★★★

높은(고)기압에 의한 건강영향에 설명으로 틀린 것은?

① 청력의 저하, 귀의 압박감이 일어나며 심하면 고막파열이 일어날 수 있다.
② 부비강 개구부 감염 혹은 기형으로 폐쇄된 경우 심한 구토, 두통 등의 증상을 일으킨다.
③ 압력상승이 급속한 경우 폐 및 혈액으로 탄산가스의 일과성 배출이 일어나 호흡이 억제된다.
④ 3 ~ 4기압의 산소 혹은 이에 상당하는 공기 중 산소분압에 의하여 중추신경계의 장해에 기인하는 운동장해를 나타내는 데 이것을 산소중독이라고 한다.

해설 **고기압에 의한 건강영향**
압력상승이 급속한 경우 호흡곤란이 발생하여 호흡이 더 빨라진다.

64

중요도 ★

피부로 감지할 수 없는 불감기류의 최고 기류범위는 얼마인가?

① 약 0.5 m/s 이하
② 약 1.0 m/s 이하
③ 약 1.3 m/s 이하
④ 약 1.5 m/s 이하

해설 **불감기류**
불감기류의 범위 : 0.2 ~ 0.5 m/sec

65

중요도 ★★

적외선의 생물학적 영향에 관한 설명으로 틀린 것은?

① 근적외선은 급성 피부화상, 색소침착 등을 일으킨다.
② 적외선이 흡수되면 화학반응에 의하여 조직온도가 상승한다.
③ 조사 부위의 온도가 흐르면 홍반이 생기고, 혈관이 확장된다.
④ 장기간 조사 시 두통, 자극작용이 있으며, 강력한 적외선은 뇌막자극 증상을 유발할 수 있다.

해설 **적외선**
적외선은 화학반응을 일으키지 않고 구성 분자의 운동에너지를 증가시켜 조직온도를 상승시킨다.

66

중요도 ★★★

진동에 의한 생체영향과 가장 거리가 먼 것은?

① C_5-dip현상
② Raynaud현상
③ 내분비계 장해
④ 뼈 및 관절의 장해

해설 **진동에 의한 생체영향**
C_5-dip현상은 소음성 난청의 초기단계로 약 4,000 Hz에서 청력 장해가 현저히 커지는 현상이다.

67 중요도 ★★★

소음작업장에서 각 음원의 음압레벨이 A = 110 dB, B = 80 dB, C = 70 dB이다. 음원이 동시에 가동될 때 음압레벨(SPL)은?

① 87 dB ② 90 dB
③ 95 dB ④ 110 dB

해설 합성소음도 ─────────

$$L = 10 \times \log\left(10^{\frac{L_1}{10}} + 10^{\frac{L_2}{10}} + \cdots 10^{\frac{L_n}{10}}\right)$$

L : 합성소음도(dB)

L_n : 각각 소음원의 소음(dB)

$$L = 10 \times \log\left(10^{\frac{110}{10}} + 10^{\frac{80}{10}} + 10^{\frac{70}{10}}\right)$$
$$= 110.004 \text{dB}$$

68 중요도 ★★

한랭 환경으로 인하여 발생되거나 악화되는 질병과 가장 거리가 먼 것은?

① 동상(Frist Bote)
② 지단자람증(Acrocyanosis)
③ 케이슨병(Caisson Disease)
④ 레이노씨병(Raynaud's Disease)

해설 한랭 환경으로 인한 질병 ─────────

케이슨병은 급격한 감압 시에 혈액 속의 질소와 혈액과 조직에 기포를 형성하여 혈액순환 장해와 조직 손상을 일으키는 병이다.

케이슨병은 한랭 환경이 아니라 고압 환경과 관련 있는 질병이다.

레이노씨병은 주로 진동에 의해 발생하지만 한랭 환경에서는 더 자주 발생하고, 상태를 악화시킬 수 있다.

69 중요도 ★

소음의 생리적 영향으로 볼 수 없는 것은?

① 혈압 감소 ② 맥박수 증가
③ 위분비액 감소 ④ 집중력 감소

해설 소음의 생리적 영향 ─────────

소음에 노출되면 혈압이 상승한다.

70 중요도 ★★

자유공간에 위치한 점음원의 음향파워레벨(PWL)이 110 dB일 때, 이 점음원으로부터 100 m 떨어진 곳의 음압레벨(SPL)은?

① 49 dB ② 59 dB
③ 69 dB ④ 79 dB

해설 자유공간, 점음원의 음압수준(SPL) ─────────

$$SPL(\text{dB}) = PWL - 20\log r - 11$$

r : 소음원으로부터의 거리(m)

PWL : 음향파워레벨(dB)

$$SPL(\text{dB}) = 110 - 20\log 100 - 11$$
$$= 59 \text{dB}$$

71 중요도 ★★

방사선을 전리방사선과 비전리방사선으로 분류하는 인자가 아닌 것은?

① 파장 ② 주파수
③ 이온화하는 성질 ④ 투과력

해설 전리방사선, 비전리방사선으로 분류하는 인자 ─────────

• 파장
• 주파수
• 진동수
• 이온화하려는 성질

72

중요도 ★★

기류의 측정에 사용되는 기구가 아닌 것은?

① 흑구온도계　　　② 열선풍속계
③ 카타온도계　　　④ 풍차풍속계

해설 기류측정 기구 ────────────

흑구온도계는 열복사 환경을 측정하는 것으로 기류(공기의 흐름)를 측정하는 기구가 아니다.
카타온도계는 알코올이 냉각되는 시간을 측정하여 기류속도를 계산한다.

73

중요도 ★★

전리방사선의 단위에 관한 설명으로 틀린 것은?

① rad-조사량과 관계없이 인체조직에 흡수된 량을 의미한다.
② rem-1 rad의 X선 혹은 감마선이 인체조직에 흡수된 양을 의미한다.
③ curoe-1초 동안에 3.7×10^{10}개의 원자 붕괴가 일어나는 방사능 물질의 양을 의미한다.
④ Roentgen(R) - 공기 중에 방사선에 의해 생성되는 이온의 양으로 주로 X선 및 감마선의 조사량을 표시할 때 쓰인다.

해설 렘(rem) ────────────

• 1 rad의 X선 또는 감마선 흡수에 의해 인체에 나타나는 생물학적 효과와 동일한 효과를 나타내는 방사선량이다.
• 생체에 대한 영향의 정도에 기초를 둔 단위이다.

74

중요도 ★

국소진동에 노출된 경우에 인체에 장해를 발생시킬 수 있는 주파수 범위로 알맞은 것은?

① 10 ~ 150 Hz　　　② 10 ~ 300 Hz
③ 8 ~ 500 Hz　　　④ 8 ~ 1,500 Hz

해설 인체에 영향을 주는 진동범위 ────────

• 전신진동 : 2 ~ 100 Hz
• 국소진동 : 8 ~ 1,500 Hz

75

중요도 ★

소음 평가치의 단위로 가장 적절한 것은?

① Hz　　　　② NRR
③ phon　　　④ NRN

해설 소음 평가치의 단위 ────────

NRR(Noise Reduction Rating)은 차음평가지수를 나타내는 단위이고, NRN(Noise Rating Number)은 소음 평가치의 단위이다.

76

중요도 ★★

조명을 작업환경의 한 요인으로 볼 때, 고려해야 할 사항이 아닌 것은?

① 빛의 색
② 조명시간
③ 눈부심과 휘도
④ 조도와 조도의 분포

해설 작업환경 측면에서 조명에 대한 고려사항 ──────

• 빛의 색
• 눈부심과 휘도
• 조도와 조도의 분포

77

중요도 ★★

감압에 따른 기포형성량을 좌우하는 요인이 아닌 것은?

① 감압속도
② 체내 가스의 팽창 정도
③ 조직에 용해된 가스량
④ 혈류를 변화시키는 상태

해설 감압 시 질소기포 형성량에 영향을 주는 요인 ──

• 감압속도
• 조직에 용해된 가스량 : 체내 지방량, 고기압 폭로의 정도와 시간으로 결정된다.
• 혈류를 변화시키는 상태 : 연령, 기온, 음주, 공포감 등과 연관된다.

78

중요도 ★★★

도르노선(Dorno-ray)에 대한 내용으로 맞는 것은?

① 가시광선의 일종이다.
② 280 ~ 315 Å 파장의 자외선을 의미한다.
③ 소독작용, 비타민 D 형성 등 생물학적 작용이 강하다.
④ 절대온도 이상의 모든 물체는 온도에 비례하여 방출한다.

해설 도르노선(Dorno-ray) ──────────

• 자외선의 일종이다.
• 파장범위 : 280 ~ 315 nm(2,800 ~ 3,150 Å)
• 인체에 유익한 작용을 하여 건강선(생명선)이라고도 한다.
• 소독작용, 비타민 D 형성, 피부의 색소 침착 등 생물학적 작용이 강하다.

79

중요도 ★★

일반적인 작업장의 인공조명 시 고려사항으로 적절하지 않은 것은?

① 조명도를 균등히 유지할 것
② 경제적이며 취급이 용이할 것
③ 가급적 직접조명이 되도록 설치할 것
④ 폭발성 또는 발화성이 없으며 유해가스를 발생하지 않을 것

해설 인공조명 ──────────────

일반적으로 작업장에 인공조명을 설치할 경우 가급적 간접조명이 되도록 설치해야 한다.

80

중요도 ★

미국(EPA)의 차음평가수를 의미하는 것은?

① NRR   ② TL
③ SNR   ④ SLC80

해설 차음평가수 ─────────────

• NRR : 미국의 차음평가수
• SNR : 유럽의 차음평가수

81

중요도 ★★

다음 중 카드뮴에 관한 설명으로 틀린 것은?

① 카드뮴은 부드럽고 연성이 있는 금속으로 납 광물이나 아연광물을 제련할 때 부산물로 얻어진다.
② 흡수된 카드뮴은 혈장 단백질과 결합하여 최종적으로 신장에 축적된다.
③ 인체 내에서 철을 필요로 하는 효소와의 결합 반응으로 독성을 나타낸다.
④ 카드뮴 흄이나 먼지에 급성 노출되면 호흡기가 손상되며 사망에 이르기도 한다.

해설 카드뮴의 흡수 및 축적 ──────
• 호흡기를 통한 독성이 경구독성보다 8배 정도 강하다.
• 체내에 흡수된 카드뮴은 혈장 단백질과 결합하여 간으로 이송되고, 간에서 서서히 배출되어 최종적으로 신장에 축적된다.
• 체내에 노출되면 Metallothionein이라는 단백질을 합성하여 노출된 중금속의 독성을 감소시킨다.

82

중요도 ★★

다음 중 실험동물을 대상으로 투여 시 독성을 초래하지는 않지만 관찰 가능한 가역적인 반응이 나타나는 양을 의미하는 용어는?

① 유효량(ED)　　② 치사량(LD)
③ 독성량(TD)　　④ 서한량(PD)

해설 실험동물 관련 용어 ──────
• 유효량(ED) : 실험동물 대상으로 투여 시 독성은 초래하지 않지만 가역적인 반응이 나타나는 양이다.
• ED_{50} : 실험동물의 50 %에서 가역적 반응을 나타내는 용량이다.

83

중요도 ★★

다음 중 진폐증 발생에 관여하는 인자와 가장 거리가 먼 것은?

① 분진의 노출기간
② 분진의 분자량
③ 분진의 농도
④ 분진의 크기

해설 진폐증 발생에 관여하는 인자 ──────
• 분진의 노출기간 : 노출기간이 길수록 진폐증 발생 위험이 높아진다.
• 분진의 농도 : 분진농도가 높을수록 진폐증 발생위험이 높아진다.
• 분진의 크기 : 분진의 크기가 작으면 폐의 깊은 곳까지 도달하기 때문에 진폐증 발생위험이 높아진다.

84

중요도 ★★

유해화학물질의 노출기준으로 정하고 있는 기관과 노출기준 명칭의 연결이 옳은 것은?

① OSHA - REL
② AIHA - MAC
③ ACGIH - TLV
④ NIOSH - PEL

해설 유해화학물질의 노출기준 ──────
① OSHA(미국 산업안전보건청) - PEL
② AIHA(미국 산업위생학회) - WEEL
③ ACGIH(미국 정부산업위생전문가회의) - TLV
④ NIOSH(국립산업안전보건연구원) - REL

85
중요도 ★★

다음 중 생물학적 모니터링에 관한 설명으로 적절하지 않은 것은?

① 생물학적 모니터링은 작업자의 생물학적 시료에서 화학물질의 노출 정도를 추정하는 것을 말한다.
② 근로자 노출평가와 건강상의 영향평가 두 가지 목적으로 모두 사용될 수 있다.
③ 내재용량은 최근에 흡수된 화학물질의 양을 말한다.
④ 내재용량은 여러 신체 부분이나 몸 전체에서 저장된 화학물질의 양을 말하는 것은 아니다.

해설 생물학적 모니터링 ────────

내재용량은 신체의 여러 부위에 분포된 화학물질의 총량을 의미한다.

86
중요도 ★★★

다음 중 생체 내에서 혈액과 화학작용을 일으키셔 질식을 일으키는 물질은?

① 수소　　　　　② 헬륨
③ 질소　　　　　④ 일산화탄소

해설 질식제 ────────

일산화탄소는 대표적인 화학적 질식제이다.

개념확인 질식제의 구분

구분	내용
단순 질식제	• 생리적으로는 아무 작용도 하지 않으나 공기 중에 많이 존재하면 산소의 공급부족을 초래한다. • 수소, 이산화탄소, 질소, 헬륨, 메탄 등
화학적 질식제	• 인체의 산소공급 체계를 화학적 작용을 통해 방해하여 질식을 유발하는 물질이다. • 황화수소, 일산화탄소, 시안화수소, 아닐린 등

87
중요도 ★

다음 중 핵산 하나를 탈락시키거나 첨가함으로써 돌연변이를 일으키는 물질은?

① 아세톤(Acetone)
② 아닐린(Aniline)
③ 아크리딘(Acridine)
④ 아세토니트릴(Acetonitrile)

해설 돌연변이 유발물질 ────────

아크리딘(Acridine)은 핵산 하나를 탈락시키거나 첨가함으로써 돌연변이를 일으키는 물질이다.

88
중요도 ★★★

직업적으로 벤지딘(Benzidine)에 장기간 노출되었을 때 암이 발생될 수 있는 인체 부위로 가장 적절한 것은?

① 피부　　　　　② 뇌
③ 폐　　　　　　④ 방광

해설 벤지딘 ────────

벤지딘에 급성 중독되면 피부염에 걸릴 수 있고, 만성 중독되면 방광암에 걸릴 수 있다.

89
중요도 ★★

다음 표와 같은 크롬중독을 스크린하는 검사법을 개발하였다면 이 검사법의 특이도는 얼마인가?

구분		크롬중독진단		합계
		양성	음성	
검사법	양성	15	9	24
	음성	9	21	30
합계		24	30	54

① 68 %　　　　　② 69 %
③ 70 %　　　　　④ 71 %

정답　85 ④　86 ④　87 ③　88 ④　89 ③

해설 특이도 ──────────

특이도란 실제로 중독이 없는 사람이 음성(중독이 아님)으로 정확하게 판별할 수 있는 비율이다.
특이도가 높을수록 검사결과가 정확하다고 평가할 수 있다.
TN(진짜 음성) : 검사법, 진단 모두 음성 = 21
FP(가짜 양성) : 검사법 양성, 진단 음성 = 9

$$특이도 = \frac{TN}{TN+FP} = \frac{21}{21+9} = 0.7 = 70\%$$

90

중요도 ★★

다음 중 수은 중독에 관한 설명으로 틀린 것은?

① 수은은 주로 골 조직과 신경에 많이 축적된다.
② 무기수은염류는 호흡기나 경구적 어느 경로라도 흡수된다.
③ 수은 중독의 특징적인 증상은 구내염, 근육진전 등이 있다.
④ 전리된 수은이온은 단백질을 침전시키고, thiol기(SH)를 가진 효소작용을 억제한다.

해설 수은(Hg) ──────────

• 소화관으로는 2 ~ 7 % 소량으로 흡수되고, 금속 형태는 뇌, 혈관, 심근에 많이 분포된다.
• 체내에 흡수된 수은은 주로 신장에 축적된다.
• 알킬수은화합물(유기수은) 중 메틸수은은 미나마타병을 일으킨다.
• 전리된 수은이온이 단백질을 침전시키고 thiol기(-SH)를 가진 효소작용을 억제하여 독성을 나타낸다.

91

중요도 ★★

다음 중 달걀 썩는 것 같은 심한 부패성 냄새가 나는 물질로, 노출 시 중추신경의 억제와 후각의 마비 증상을 유발하며, 치료를 위하여 100 % O_2를 투여하는 등의 조치가 필요한 물질은?

① 암모니아
② 포스겐
③ 오존
④ 황화수소

해설 황화수소(H_2S) ──────────

• 천연가스, 석유정제산업, 지하 석탄광업 등을 통해서 노출된다.
• 달걀 썩는 것 같은 심한 냄새가 난다.
• 독성이 강하며 노출 시 중추신경의 억제와 후각의 마비 증상을 유발한다.
• 치료를 위해 100 % O_2를 투여한다.

92

중요도 ★

다음 중 인체 순환기계에 대한 설명으로 틀린 것은?

① 인체의 각 구성세포에 영양소를 공급하며, 노폐물 등을 운반한다.
② 혈관계의 동맥은 심장에서 말초혈관으로 이동하는 원심성 혈관이다.
③ 림프관은 체내에서 들어온 감염성 미생물 및 이물질을 살균 또는 식균하는 역할을 한다.
④ 신체 방어에 필요한 혈액응고효소 등을 손상받은 부위로 수송한다.

해설 인체 순환기계 ──────────

림프관은 림프액을 운반하는 역할을 하고, 살균 또는 식균하는 역할을 하지 못한다.
림프절 안의 림프구와 대식세포 등이 살균 또는 식균작용을 한다.

2019-03

93

중요도 ★★★

다음 중 수은 중독환자의 치료방법으로 적합하지 않는 것은?

① Ca-EDTA 투여
② BAL(British Anti-Lewisite) 투여
③ N-acetyl-D-penicillamine 투여
④ 우유와 계란의 흰자를 먹인 후 위 세척

해설 수은 중독 치료

수은에 중독되었을 때 우유와 계란흰자를 먹으면 계란흰자와 우유가 수은 이온과 결합해 불용성 침전을 형성해 수은이 몸속에 흡수되는 것을 지연시킨다.
BAL, N-acetyl-D-penicillamine는 수은 중독의 전문적 해독제이다.
Ca-EDTA은 체내에 쌓인 납과 결합해서 납을 소변으로 배출하게 하는 대표적인 약물이다.

94

중요도 ★★

「산업안전보건법령」상 기타 분진의 산화규소 결정체 함유율과 노출기준으로 맞는 것은?

① 함유율 : 0.1 % 이상, 노출기준 : 5 mg/m³
② 함유율 : 0.1 % 이하, 노출기준 : 10 mg/m³
③ 함유율 : 1 % 이상, 노출기준 : 5 mg/m³
④ 함유율 : 1 % 이하, 노출기준 : 10 mg/m³

해설 노출기준

기타 분진(산화규소 결정체 1 % 이하)의 노출기준 (TWA) : 10 mg/m³

95

중요도 ★★★

ACGIH에 의하여 구분된 입자상 물질의 명칭과 입경을 연결된 것으로 틀린 것은?

① 폐포성 입자상 물질 - 평균입경이 1 μm
② 호흡성 입자상 물질 - 평균입경이 4 μm
③ 흉곽성 입자상 물질 - 평균입경이 10 μm
④ 흡입성 입자상 물질 - 평균입경이 0 ~ 100 μm

해설 입자상 물질의 분류(ACGIH)

구분	기준
흡입성 분진 (IPM)	• 호흡기의 어느 부위에 침착하더라도 독성 유발 • 주로 호흡기의 기도 부위에 침착되어 독성 유발 • 평균입경 : 100 μm
흉곽성 분진 (TPM)	• 기도나 하기도(가스교환 부위) 또는 폐포나 폐기도에 침착하여 독성 유발 • 평균입경 : 10 μm
호흡성(폐포성) 분진 (RPM)	• 가스교환 부위(폐포)에 침착하여 독성 유발 • 평균입경 : 4 μm

96

중요도 ★★

벤젠 노출 근로자의 생물학적 모니터링을 위하여 소변시료를 확보하였다. 다음 중 분석해야 하는 대사산물로 맞는 것은?

① 마뇨산(Hippuric acid)
② t,t-뮤코닉산(t,t-Muconic acid)
③ 메틸마뇨산(Methylhippuric acid)
④ 트리클로로아세트산(Trichloroacetic acid)

해설 자주 출제되는 유해물질과 생물학적 노출지표 ─

- 벤젠 – 소변 중 페놀, t,t-뮤코닉산
- 크실렌 – 소변 중 메틸마뇨산
- 톨루엔 – 소변 중 o-크레졸
- 이황화탄소 – 소변 중 TTCA
- 노말헥산 – 소변 중 2,5-hexanedione
- 니트로벤젠 – 혈중 메트헤모글로빈
- 일산화탄소 – 혈액 중 Carboxyhemglobin

97

중요도 ★★

다음 중 혈색소와 친화도가 산소보다 강하여 COHb를 형성하여 조직에서 산소공급을 억제하며, 혈중 COHb의 농도가 높아지면 HbO_2의 해리작용을 방해하는 물질은?

① 일산화탄소 ② 에탄올
③ 리도카인 ④ 염소산염

해설 일산화탄소 ─

혈색소(헤모글로빈)는 일산화탄소(CO), 산소(O_2)와 모두 결합할 수 있으나 일산화탄소는 산소에 비해 약 200 ~ 250배 정도 높은 친화도로 결합한다.
인체 내에 일산화탄소(CO)가 존재할 경우 혈색소는 우선적으로 일산화탄소와 결합하기 때문에 저산소증을 유발한다.

98

중요도 ★★

다음 중 ACGIH의 발암물질 구분 중 인체 발암성 미분류 물질 구분으로 알맞은 것은?

① A2 ② A3
③ A4 ④ A5

해설 ACGIH의 발암물질 구분 ─

등급	의미
A1	인체 발암성 확인 물질
A2	인체 발암성 의심 물질
A3	동물에서만 발암성이 확인된 물질(인체 연관성 불명)
A4	인체 발암성으로 분류할 수 없는 물질(미분류)
A5	인체 발암성이 의심되지 않는 물질

99

중요도 ★★

직업성 천식의 발생기전과 관계가 없는 것은?

① Metallothionein
② 항원공여세포
③ IgG
④ Histamine

해설 직업성 천식의 발생기전 ─

① Metallothionein : 카드뮴의 흡수와 연관된 단백질이다.
② 항원공여세포 : 면역반응을 유도하는 세포로 천식의 발생기전과 관계가 있다.
③ IgG : 반응성 염료로 인한 직업성 천식에 관여한다.
④ Histamine : 비만세포에서 분비되어 기관지의 수축 및 폐의 염증반응을 유발하는 물질로 천식에서 중심적 역할을 한다.

100

할로겐화 탄화수소에 속하는 삼염화에틸렌
(Trichloroethylene)은 호흡기를 통하여 흡수된
다. 삼염화에틸렌의 대사 산물은?

① 삼염화에탄올　　　② 메틸마뇨산
③ 사염화에틸렌　　　④ 페놀

해설 자주 출제되는 유해물질과 생물학적 노출지표 —
- 벤젠 – 소변 중 페놀, t,t-뮤코닉산
- 톨루엔 – 소변 중 o-크레졸
- 이황화탄소 – 소변 중 TTCA
- 노말헥산 – 소변 중 2,5-hexanedione
- 니트로벤젠 – 혈중 메트헤모글로빈
- 트리클로로에틸렌(삼염화에틸렌) – 트리클로로초산
  (삼염화초산), 트리클로로에탄올(삼염화에탄올)
- 일산화탄소 – 혈액 중 Carboxyhemglobin

정답 100 ①

모아북스

모아 산업위생관리기사 필기(핵심이론 + 과년도 7개년)

발행일	2025년 12월 8일 초판 1쇄
지은이	김용재
발행인	황모아
발행처	(주)모아교육그룹
주 소	서울특별시 영등포구 영신로 32길 29 세화빌딩 2층
전 화	02-2068-2393(출판, 주문)
등 록	제2015-000006호 (2015.1.16.)
이메일	moagbooks@naver.com
누리집	www.moate.co.kr
ISBN	979-11-6804-493-7 (13530)

이 책의 가격은 뒤표지에 있습니다.

시작부터 합격할 때까지 함께하는 모아북스 교재!

소방분야

모아 소방기술사　　　요해 소방기술사 시리즈　　　　금화도감 소방기술사 시리즈

소방시설관리사 시리즈(버닝 업/그로우 업/엔드 업)

초격차 소방설비기사·산업기사 시리즈　　　　소방기술사 합격비책

뇌박힘 시리즈　　　　뇌풀림 수리계산 핸드북　　　현장에서 통하는
소방설비 찐 실무

M 모아북스

전기분야

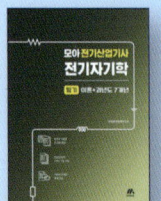

모아 전기기사 시리즈 　　　　모아 전기산업기사 시리즈 　　　　2025 모아
전기기사 봉투모의고사

모아 전기안전기술사 시리즈 　　　　모아 전기응용기술사

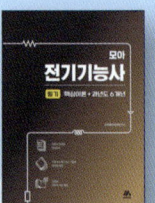

아우름 전기기능장 시리즈 　　　　모아 전기기능사 시리즈

모아 발송배전기술사(기본서/심화서) 　　　　정보통신기술사(이론서)

안전분야

모아 위험물기능장·산업기사·기능사 시리즈　　　　모아 건축설비기사 시리즈

 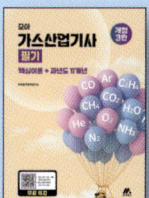 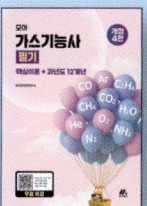  

모아 가스기사·산업기사·기능사 시리즈　　　　모아 산업안전기사 시리즈

모아 공조냉동기계기사·산업기사·기능사 시리즈　　　　모아 화공안전기술사　건축기계설비기술사 합격비책

모아 에너지관리기사·산업기사·기능사 시리즈　　　　모아 산업위생관리기사 시리즈

모아북스

모아북스

"수험생의 불필요한 시간을 아끼는 것"
모아북스가 가장 중요하게 생각하는 가치입니다.

모아북스는 매년 달라지는 법령과 변화하는 출제 경향, 새롭게 제정되는 규정까지 수험생보다 먼저 학습하고, 핵심만을 빠르게 정리합니다. 합격을 위한 가장 빠르고 정확한 수험서를 만들기 위해 한 페이지 한 페이지에 진심을 담아 제작합니다.

▌모아 출판 프로세스

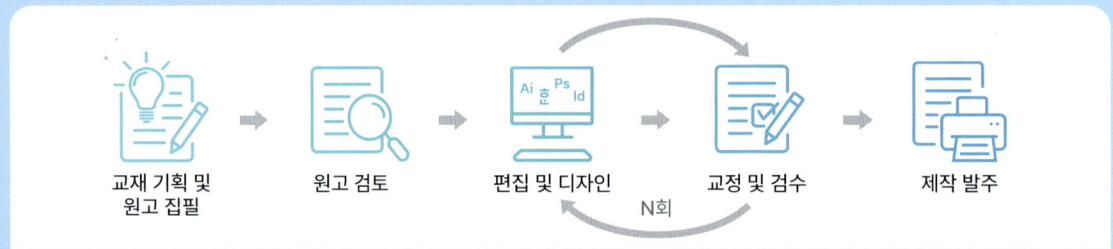

▌모아북스 블로그 소개

수험서를 구매하기 전 책을 훑어보러 서점까지 가기 힘드신가요? 모아북스 블로그에서는 수험생의 소중한 시간을 아껴드리기 위해 책의 구체적인 구성과 강점, 효과적인 학습법까지 직접 보는 것처럼 상세하게 소개해드립니다. 궁금한 교재가 있다면 모아북스 블로그에 '책 제목'을 검색해보세요!

모아북스 블로그

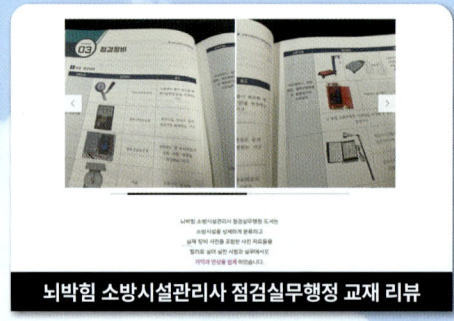

뇌박힘 소방시설관리사 점검실무행정 교재 리뷰

모아북스 블로그

▌고객의 소리

더 나은 교재 제작을 위해 여러분의 소중한 의견을 기다립니다. QR을 통해 남겨주신 피드백 중 우수 글에 선정되신 독자분께는 감사의 마음을 담아 소정의 선물을 드립니다.

고객의 소리